AF470350

LEÇONS

SUR

L'ÉLECTRICITÉ

ET

LE MAGNÉTISME

Corbeil. — Typ. et stér. Crété.

LEÇONS

SUR

L'ÉLECTRICITÉ

ET

LE MAGNÉTISME

PAR

E. MASCART
MEMBRE DE L'INSTITUT
PROFESSEUR AU COLLÈGE DE FRANCE,
DIRECTEUR DU BUREAU CENTRAL MÉTÉOROLOGIQUE

ET

J. JOUBERT
PROFESSEUR AU COLLÈGE ROLLIN
SECRÉTAIRE GÉNÉRAL DE LA SOCIÉTÉ DE PHYSIQUE

TOME II

MÉTHODES DE MESURES ET APPLICATIONS

PARIS
G. MASSON, ÉDITEUR
LIBRAIRE DE L'ACADÉMIE DE MÉDECINE
120, Boulevard Saint-Germain

M DCCC LXXXVI

LEÇONS

SUR

L'ÉLECTRICITÉ

ET LE

MAGNÉTISME

PREMIÈRE PARTIE — MÉTHODES DE MESURE

CHAPITRE PREMIER

MESURE DES ANGLES

656. Principales espèces de mesures. — Les différentes grandeurs qui se présentent dans les expériences de physique se ramènent aux trois unités fondamentales de la mécanique, les unités de *longueur*, de *masse* ou de *poids* et de *temps*.

Nous n'avons pas à insister ici sur la mesure des longueurs rectilignes, ni sur celle des poids ; ce sont les opérations les plus fréquentes de la physique, et elles ne présentent aucune difficulté particulière quand on ne cherche pas à atteindre les dernières limites de la précision. Nous nous bornerons à rappeler quelques-unes des corrections qu'elles entraînent.

La *règle* employée pour la mesure des longueurs est habituellement divisée en millimètres. Quelle que soit d'ailleurs la valeur des divisions, on évalue les fractions de division, soit par un vernier, soit par une lunette à micromètre ; il est clair que l'exactitude donnée par un mode quelconque de subdivision ne peut pas dépasser la précision avec laquelle la règle a été graduée.

Désignons par ε la valeur d'une division de la règle à la température de zéro ; en appelant λ le coefficient de dilatation linéaire de la règle, cette longueur, à la température t, sera égale à $\varepsilon(1+\lambda t)$.

Si une longueur l, évaluée par la règle à la température t, est représentée par n divisions, sa grandeur véritable est

$$l = n\varepsilon(1+\lambda t).$$

Supposons que les divisions de la règle aient leur valeur métrique ε_0 à une température t_0 peu éloignée des températures ordinaires, on aura

$$\varepsilon(1+\lambda t_0) = \varepsilon_0,$$

et, par suite,

$$l = n\varepsilon_0 \frac{1+\lambda t}{1+\lambda t_0} = n\varepsilon_0[1+\lambda(t-t_0)].$$

Pour le verre et les métaux usuels, les valeurs du coefficient λ varient de 8.10^{-6} à 20.10^{-6} ; une variation de température de 10° donnerait donc au maximum une correction de 2 dix-millièmes, qui sera le plus souvent négligeable.

Si l'objet à mesurer est lui-même à la température t' et qu'on veuille connaître sa longueur l_0 à zéro, on aura, en appelant λ' son coefficient de dilatation,

$$l_0 = \frac{l}{1+\lambda' t'} = n\varepsilon_0[1+\lambda(t-t_0)][1-\lambda' t'] = n\varepsilon[1+\lambda(t-t_0)-\lambda' t'].$$

Cette seconde correction a le même ordre d'importance que la première.

637. — La *balance* permet de constater l'égalité de deux poids apparents. Si P est le poids réel du corps pesé, π les poids marqués qui lui font équilibre, D, Δ et δ les poids spécifiques du corps, des poids marqués et de l'air, on a

$$P\left(1-\frac{\delta}{D}\right) = \pi\left(1-\frac{\delta}{\Delta}\right):$$

on en déduit avec une approximation suffisante

$$P = \pi\left[1 - \delta\left(\frac{1}{\Delta} - \frac{1}{D}\right)\right].$$

Afin de donner une idée de l'importance de cette orrection, on a réuni dans le tableau suivant les valeurs de D, de $\frac{\delta}{D}$ et du terme $\frac{\delta}{\Delta} - \frac{\delta}{D}$, pour quelques corps, quand on suppose l'air à la température de zéro et à la pression de 760 millimètres:

	D	$\frac{\delta}{D}$	$\frac{\delta}{\Delta}-\frac{\delta}{D}$ Poids en laiton.	$\frac{\delta}{\Delta}-\frac{\delta}{D}$ Poids en platine.
Platine......	21,30	60.10^{-6}	94.10^{-6}	0
Mercure.....	13,59	95 »	59 »	-15.10^{-6}
Cuivre.......	8,85	146 »	8 »	-86 »
Laiton.......	8,40	154 »	0 »	-94 »
Aluminium..	2,73	473 »	-319 »	-413 »
Eau.........	1,00	1293 »	-1139 »	-1233 »

Avec des poids en laiton, le terme correctif dans les pesées relatives aux métaux reste beaucoup au-dessous du dix-millième, sauf pour le platine d'un côté et l'aluminium de l'autre. Il n'y a pas d'ailleurs à tenir compte des changements de densité résultant des variations de la température, car ils n'amènent pas de modifications de l'ordre des millièmes dans les termes correctifs eux-mêmes.

Ces corrections aux pesées ont une importance relative beaucoup plus grande quand le corps que l'on a en vue fait partie d'un système beaucoup plus lourd et que le poids doit en être obtenu par différence, comme dans les analyses chimiques, par exemple.

658. Mesure des angles. — L'évaluation d'un angle, qui est en réalité un nombre abstrait, se ramène à la mesure d'une longueur, ou plus exactement à la comparaison de deux longueurs. Comme ce problème se présente souvent et dans les conditions les plus variées, il est utile d'en examiner rapidement les traits généraux.

Dans la plupart des cas, on mesure un angle par le déplacement d'un équipage mobile sur un cercle divisé. L'équipage porte : 1° une *ligne de visée*, définie par des alidades ou par une lunette à réticule que l'on amène alternativement dans la direction des deux côtés de l'angle ; 2° un *index* ou un *vernier* dont on observe le déplacement par rapport à la division du cercle.

La précision des mesures dépend de l'exactitude avec laquelle on pointe la ligne de visée et, d'autre part, de la graduation du cercle. Dans un instrument bien compris, l'approximation de visée doit être au moins équivalente à celle que donne la graduation. Si, par exemple, le cercle avec les verniers permet d'apprécier 10 secondes, il est nécessaire que les lunettes qui servent à la visée comportent elles-mêmes une erreur inférieure à 10 secondes.

659. — Quand on observe avec une lunette un point lumineux, sans dimension apparente appréciable, sur un fond obscur, une étoile dans le ciel, par exemple, l'image produite au foyer de la lunette n'est pas un point. Par suite de la diffraction, cette image est formée d'une tache centrale circulaire, entourée d'un cercle obscur, puis d'une série de cercles concentriques alternativement brillants et obscurs.

Pour que l'on puisse distinguer deux étoiles très voisines, il faut que les images centrales qui correspondent à chacune d'elles soient séparées, ou tout au moins n'empiètent pas trop l'une sur l'autre. D'après les lois de diffraction, l'angle apparent de la tache centrale, vue du centre optique de l'objectif (ou du miroir dans le cas du télescope), est en raison inverse du diamètre de l'objectif. On ne peut pas préciser *a priori* le degré d'empiètement des taches centrales, c'est-à-dire l'angle minimum de deux étoiles, en deçà duquel l'œil ne pourra plus affirmer l'existence, en tant qu'objets distincts, de deux astres voisins ; mais il est certain que cet angle limite est en raison inverse du diamètre de l'objectif ; c'est l'*angle de pénétration* de l'objectif ; on appelle *pouvoir optique* l'inverse de l'angle de pénétration. Le pouvoir optique est donc proportionnel au diamètre de l'objectif.

Pour déterminer expérimentalement le pouvoir optique,

Foucault [1] recommande l'emploi d'un réseau formé de traits blancs d'égale épaisseur, parallèles et équidistants, séparés par des traits noirs de même largeur. On cherche la distance maximum à laquelle on peut placer le réseau, sans que les traits cessent d'être perçus distinctement au moyen de l'objectif, muni d'un oculaire convenable ; l'angle apparent de deux traits consécutifs mesure la pénétration de l'instrument. Foucault a trouvé qu'une lunette (ou un télescope) de 14 centimètres d'ouverture permet de distinguer des traits dont l'écart n'excède pas 1″, quelle que soit d'ailleurs sa distance focale. Il en résulte que le rapport constant du pouvoir optique d'un objectif au diamètre de cet objectif, exprimé en centimètres, est égal à l'inverse du produit de 14 par l'arc d'une seconde, c'est-à-dire environ 15000. Le résultat ne serait pas tout à fait le même, si l'on évaluait le pouvoir optique d'une lunette par la séparation de deux étoiles voisines de même grandeur. On comprend encore qu'il soit possible, pour la mesure des angles, de pointer le fil d'un réticule sur l'image d'un objet avec une erreur moindre que l'angle de pénétration de la lunette, surtout quand on peut multiplier les pointés. C'est ce qui a lieu en particulier dans les observations de passage au méridien et dans les triangulations géodésiques : l'erreur du pointé est alors au moins dix fois plus faible que l'angle de pénétration de la lunette.

660. — Dans beaucoup de cas cependant, l'approximation indiquée par le pouvoir optique n'est pas dépassée ni même atteinte, surtout quand il s'agit d'images mobiles ou d'observations que l'on ne peut répéter à volonté ; on évitera tout mécompte dans la pratique, en admettant qu'un objectif de 16 centimètres de diamètre peut pointer à moins de 1″.

D'autre part, un cercle divisé de 80 centimètres de diamètre, quand il est bien construit, donne directement les 2″ par la lecture des verniers et permet d'apprécier la partie complémentaire avec une erreur moindre que 1″; un cercle de ce diamètre devra donc être associé à une lunette de 16 centimètres d'ouverture.

[1] *Annales de l'Observatoire de Paris*, t. V, 1858; *Œuvres*, p. 259.

Dans ces conditions le rapport du diamètre du cercle à celui de l'objectif est égal à 5. Ce rapport ne doit pas changer, si l'on veut conserver la même harmonie entre les deux organes pour une limite de précision quelconque.

Cette règle étant admise, il est intéressant d'examiner quelle est la grandeur absolue de l'approximation qu'on obtient dans la lecture des verniers. Un angle de 1″ vaut 0,0000048 ; il correspond, sur une circonférence de 80 centimètres de diamètre, à une longueur de $0^{mm},002$. Telle est la limite au-dessous de laquelle doivent rester les erreurs du tracé, à moins qu'on ne fasse une étude spéciale des divisions du cercle.

661. — Il arrive souvent que l'on se propose de déterminer la rotation qu'éprouve spontanément pendant une expérience un système mobile autour d'un axe.

Tel est le cas, par exemple, d'une aiguille aimantée reposant par une chape sur un pivot vertical, ou d'une aiguille d'inclinaison mobile autour d'un axe cylindrique qui roule sur un plan, ou d'un fléau de balance tournant sur l'arête d'un couteau, ou d'un appareil quelconque suspendu par un ou plusieurs fils. Il n'est pas possible alors de munir ces organes de verniers qui se mouvraient le long d'une division circulaire, parce qu'on doit éviter tout frottement et que les verniers ne sont vraiment utiles que lorsqu'ils peuvent être placés au contact des échelles. D'autre part, une lunette, montée sur l'équipage mobile, en augmenterait le poids inutilement.

La disposition la plus simple consiste à munir l'équipage d'un index, en forme d'aiguille très aiguë, qui se déplace au-dessus d'un cercle divisé. On doit alors viser l'aiguille dans un plan normal au cercle ; pour toute autre direction on la projetterait sur une division différente de la première et l'on commettrait l'erreur dite de *parallaxe*.

On évite quelquefois cette dernière erreur, en divisant le cercle sur une lame de verre argentée ; l'index mobile étant placé au-dessus, on vise de manière qu'il cache son image et on lit la division correspondante.

Ce mode de pointé est loin de donner la même approximation que l'emploi des verniers. Avec un cercle de 16 centimètres de diamètre, il est difficile de pointer à moins de 1′ ;

c'est à peu près le cas des boussoles d'inclinaison de Gambey. Dans les mêmes conditions un vernier donnerait 5″.

Une disposition très ingénieuse a été employée par MM. Brunner pour les boussoles d'inclinaison. Le cercle divisé vertical est mobile autour d'un axe coïncidant avec celui de l'aiguille et porte un petit miroir concave dont le centre de courbure décrit la même circonférence que l'extrémité de l'aiguille. Quand la pointe de l'aiguille se trouve dans le voisinage du centre de courbure du miroir, il se produit une image renversée dans le même plan que l'aiguille elle-même, et le pointé consiste à amener ces deux images dans le prolongement l'une de l'autre. Il est facile d'évaluer la précision que comporte ce mode d'observation. Si le diamètre du miroir est de $1^c,6$, son angle de pénétration est de 10″, ce qui, pour un rayon de courbure de 5 centimètres, correspond à une longueur absolue de $0^{mm},0025$; l'approximation est sensiblement la même qu'avec les verniers.

662. Méthode du miroir. — Pour améliorer la mesure des rotations, Poggendorff [1] a eu l'idée ingénieuse d'attacher à l'appareil mobile un miroir dans lequel on observe les déplacements de l'image d'un objet extérieur. Cette méthode s'est rapidement généralisée à la suite des beaux travaux de Gauss et de Weber.

Supposons que la partie mobile tourne autour d'un axe vertical et porte un miroir plan passant par l'axe.

Soit M le miroir (fig. 128), MN la direction de la normale en son milieu, lorsque le système mobile est dans la position d'équilibre, ou celle que l'on prend comme position initiale, et CC′DD′ le plan vertical passant par cette normale et l'axe de rotation. Une échelle divisée horizontale EE′ est placée à une certaine distance du miroir, au-dessous de l'horizontale MN et perpendiculairement à sa direction. Un peu au-dessus de l'échelle on place une lunette L, mobile autour d'un axe horizontal, de manière que son axe optique décrive le plan CC′DD′. On dirige la lunette vers le miroir et on la règle de façon qu'elle donne une image nette de l'échelle vue par

[1] *Pogg. Ann.*, t. VII, p. 121, 1826.

réflexion. Les conditions d'ajustement seront remplies pour la lunette si, par un simple jeu de l'oculaire et une rotation autour de l'axe horizontal, on peut faire coïncider successivement avec le réticule le fil de suspension du miroir et l'image donnée par ce miroir d'un fil à plomb DD′ tendu devant le milieu de l'objectif; l'échelle est réglée si ses deux extrémi-

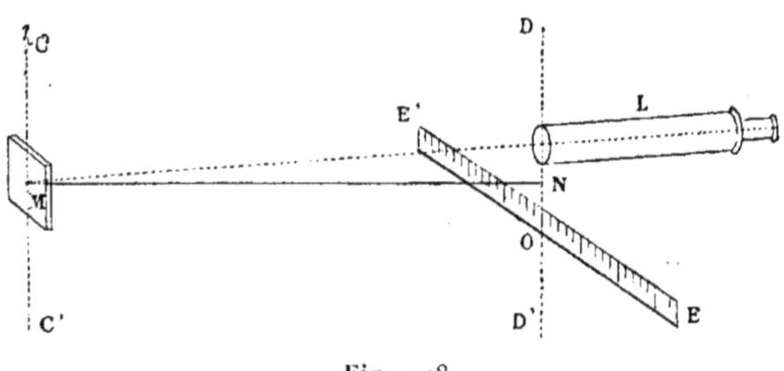

Fig. 128

tés E et E′ sont à la même distance du miroir et si, pendant les oscillations, l'image de ces deux extrémités se fait à la même hauteur dans le plan du réticule.

La position du miroir est définie par la division de l'échelle qui fait son image sur le réticule de la lunette. Si l'ajustement est parfait, le zéro de l'appareil correspond à la division de l'échelle qui, dans la lunette, se trouve cachée par le fil à plomb DD′.

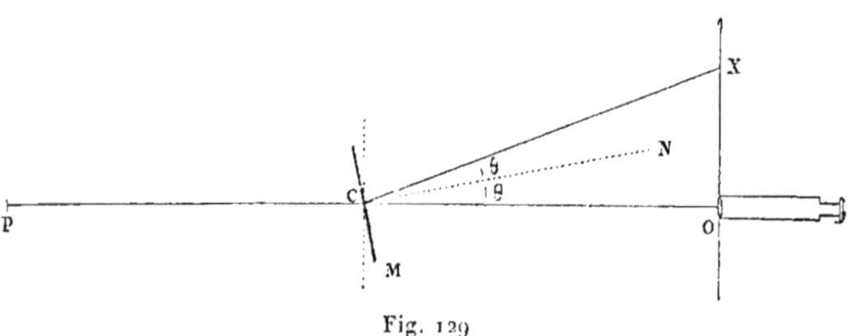

Fig. 129

On peut numéroter les divisions de l'échelle des deux

côtés, à partir du milieu; mais, pour éviter les erreurs qu'entraînent souvent les lectures de signes contraires et les changements de sens, il est préférable de placer le zéro de la graduation à l'une des extrémités de l'échelle.

663. Calcul de la déviation. — Prenons pour plan de figure le plan horizontal qui passe par le centre du miroir (fig. 129). Soit C l'axe de rotation, CO, CN et CX les traces de trois plans verticaux passant par l'axe optique de la lunette, par la position actuelle de la normale au miroir et par la division de l'échelle dont l'image coïncide avec le réticule. Les deux angles OCN et NCX sont égaux en vertu des lois de la réflexion; OCN est d'ailleurs l'angle dont a tourné le miroir. Si on le représente par θ et qu'on appelle x et p les distances au zéro des divisions situées en X et en O, et d la distance CO, on a

$$\tag{1} \operatorname{tang} 2\theta = \frac{OX}{OC} = \frac{x-p}{d}.$$

Si la surface du miroir M, au lieu d'être sur l'axe même de rotation, en est à une distance $\rho = CM$ (fig. 130), il est facile de

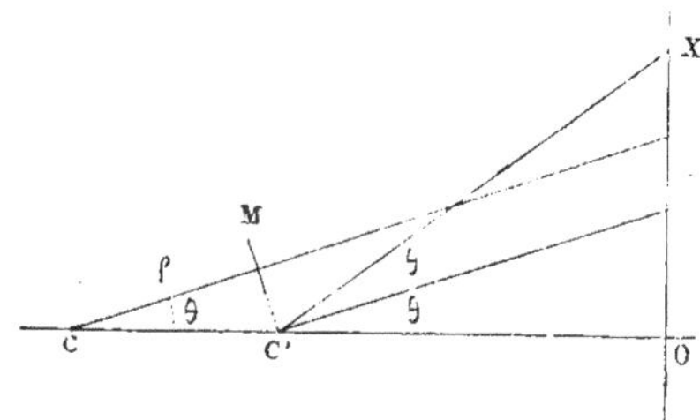

Fig. 130

voir que la division X vue par la lunette pour une déviation θ est la même que si le miroir avait tourné d'un angle θ autour du point C', et qu'on a

$$\tag{2} \operatorname{tang} 2\theta = \frac{x-p}{d - \frac{\rho}{\cos\theta}}.$$

Comme les déviations sont toujours petites, si l'écart ρ du miroir est petit par rapport à la distance de l'échelle, on peut remplacer dans cette expression $\cos\theta$ par l'unité.

Pour les déviations très faibles, on a sensiblement

$$(4) \qquad \operatorname{tang}\theta = \theta = \frac{1}{2}\frac{x-p}{d-\rho}.$$

Lorsque l'approximation donnée par cette formule simple n'est pas suffisante et qu'on veut éviter le calcul des lignes trigonométriques, on peut développer en série la valeur de $\operatorname{tang}\theta$. Représentant par m l'expression $\frac{1}{2}\frac{x-p}{d-\rho}$, il vient

$$\operatorname{tang}\theta = m\left[1 - m^2 + 2m^4\right] = m - m^3 + 2m^5.$$

Pour une déviation de 15°, l'erreur commise en négligeant les autres termes du développement reste encore inférieure au dix-millième.

664. — Si le miroir est une glace étamée sur sa seconde face ou, plus généralement, si une lame de verre est interposée entre la lunette et la surface réfléchissante de manière à être traversée par les rayons dans une direction voisine de la normale, une correction est nécessaire sur la valeur de la distance $d-\rho$. En appelant e l'épaisseur et n l'indice de réfraction de la lame, les rayons qui la traversent se comportent comme s'ils avaient traversé une couche d'air dont l'épaisseur serait seulement $\frac{e}{n}$; on devra donc diminuer de $e - \frac{e}{n}$ ou $e\frac{n-1}{n}$ la distance de l'échelle à la surface réfléchissante.

665. Graduation de l'échelle. — Le procédé le plus direct, pour obtenir la graduation angulaire de l'échelle, serait d'observer la déviation de l'image qui correspond à une rotation du miroir mesurée par un cercle divisé. Si le système mobile n'est soumis à aucune action extérieure qui tende à lui donner une direction déterminée, et que le fil soit attaché par sa partie supérieure à un équipage mobile sur un cercle divisé horizontal, ayant même axe que le fil, il suffira de faire tourner le système tout entier d'un angle connu, et d'observer en même temps dans la lunette le déplacement de l'image. Dans le cas où le système, auquel est fixé le miroir, serait soumis à une force étrangère, comme un aimant dans un champ magnétique, il sera nécessaire de fixer momentanément le miroir par rapport au reste de l'équipage ou de munir ce dernier d'un miroir fixe, situé à la même distance de l'axe que le miroir mobile.

La tangente de la déviation étant donnée par le rapport de deux longueurs, il suffit de mesurer directement, avec la même unité, l'échelle et sa distance au miroir.

L'opération qui consiste à mesurer la distance d'une échelle à un miroir mobile présente quelques difficultés quand on veut, comme il est parfois nécessaire, que l'erreur ne dépasse pas un dix-millième, ce qui correspond à une approximation de $0^{mm},1$ pour une distance de 1 mètre. On est souvent amené pour cette raison à augmenter, dans des proportions incommodes, la distance du miroir à l'échelle.

666. — On peut atténuer ces difficultés et en même temps se mettre à l'abri des erreurs dues aux petits déplacements de l'axe pendant les expériences, en employant [1] deux miroirs diamétralement opposés et deux échelles parallèles. Si on appelle ρ et d, ρ' et d', les distances à l'axe de chacun des miroirs et de l'échelle correspondante, et si deux observateurs notent de part et d'autre les déviations x et x' produites par une même rotation, on aura

$$\operatorname{tang} 2\theta = \frac{x-p}{d-\rho} = \frac{x'-p'}{d'-\rho'} = \frac{(x+x')-(p+p')}{(d+d')-(\rho+\rho')}.$$

La somme $d+d'$ est la distance des deux échelles qui sont fixes; $\rho+\rho'$ est la distance des deux miroirs qui sont liés l'un à l'autre. Cette dernière distance peut se réduire à l'épaisseur d'une glace argentée sur les deux faces.

667. Limite de précision dans la méthode du miroir. L'exactitude que l'on peut obtenir, dans l'emploi de la méthode de réflexion, dépend uniquement de la lunette d'observation

[1] W. Weber et Zöllner, *Berichte der K. S. Gesell.*, Leipsig, 1880.

et des dimensions du miroir, et l'on croit souvent à tort qu'on améliore l'observation en augmentant outre mesure la distance de l'échelle au miroir. L'avantage d'une grande distance, avec un miroir plan et une échelle rectiligne, consiste surtout en ce que la lunette peut voir sans changement de point les extrémités de l'échelle et le milieu ; d'autre part, si la lunette a été construite pour viser à l'infini, il suffira d'un petit déplacement de l'oculaire pour permettre la vision de l'échelle. Ce sont là des points secondaires ; la question principale est l'angle minimum de rotation du miroir que la lunette permettra d'apprécier.

Supposons que le miroir soit à une distance d de l'échelle et à une distance D de l'objectif de la lunette, et désignons par β l'angle limite que peut distinguer la lunette. L'image de l'échelle étant à une distance $D+d$ de l'objectif, cet angle limite correspond à une longueur ε de l'échelle telle qu'on ait

$$\beta=\frac{\varepsilon}{D+d};$$

la rotation α correspondante du miroir est

$$\alpha=\frac{\varepsilon}{2d},$$

ce qui donne

$$\alpha=\beta\frac{D+d}{2d}=\frac{\beta}{2}\left(1+\frac{D}{d}\right).$$

Dans les conditions habituelles où l'on fait $d=D$, il en résulte $\alpha=\beta$; la sensibilité, quelle que soit la distance de l'échelle et de la lunette, est alors exactement la même que si la lunette d'observation était montée directement sur l'équipage mobile ; le bénéfice apparent que produit le doublement du déplacement par la réflexion est compensé par la distance double à laquelle se trouve l'image de l'échelle. La sensibilité augmente quand on place l'échelle plus loin que la lunette ; elle serait même doublée si le rapport $\frac{D}{d}$ était très petit, mais il faudrait alors des échelles de grandes dimensions pour lesquelles il serait difficile d'obtenir un bon éclairage.

Ce raisonnement suppose toutefois que l'on utilise en entier le pouvoir optique de la lunette, c'est-à-dire que le faisceau de rayons qui provient d'un point de l'échelle couvre la totalité de l'objectif, ou au moins le diamètre horizontal perpendiculaire à la direction des traits. En appelant A le diamètre de l'objectif, a la dimension horizontale du miroir, on doit avoir

$$\frac{a}{d} > \frac{A}{D+d}.$$

La largeur minimum du miroir est donc

$$a = A\frac{d}{D+d};$$

elle est la moitié du diamètre de l'objectif pour la disposition ordinaire, et égale à ce diamètre même quand l'échelle est très éloignée.

On doit ajouter encore que la construction des surfaces planes présente les plus grandes difficultés; tous les défauts du miroir nuisent à la pureté des images et contribuent à diminuer la précision des observations.

Quand on se propose seulement d'observer les divisions d'une échelle, il suffit que le miroir ait les dimensions définies par l'équation précédente, dans le sens perpendiculaire aux traits. En outre, on améliore singulièrement la netteté des images en couvrant l'objectif d'un diaphragme percé d'une ouverture rectangulaire étroite dont la longueur, égale au diamètre de l'objectif, est perpendiculaire aux traits et dont la largeur est rendue aussi petite que le permet l'éclairage de l'échelle. Les images des chiffres sont moins bonnes, mais les traits apparaissent beaucoup plus purs.

668. — Si l'éloignement de la lunette n'améliore pas la sensibilité, il modifie le nombre des divisions de l'échelle que l'on pourra voir en même temps. On peut définir la limite pratique du champ par la condition que les rayons émanés d'un point couvrent au moins la moitié de l'objectif. D'après cela, en appelant l la longueur de la portion de l'échelle dont on voit l'image, on aura

$$\frac{l}{d+D} = \frac{a}{D}.$$

Avec la disposition habituelle, où $d = D$, on a $l = 2a$; la longueur visible de l'échelle est alors égale au double de la largeur du miroir, c'est-à-dire égale au diamètre de l'objectif, si le miroir a sa largeur minimum.

Nous avons admis implicitement que la valeur angulaire $\frac{l}{d+D}$ du champ ainsi défini est plus faible que le champ optique que comporte la lunette, ce qui est ordinairement le cas; si le miroir était très large, la grandeur du champ ne dépendrait que de la lunette.

669. — La méthode du miroir ne permet pas de mesurer de grandes déviations; il n'est pas commode d'évaluer, de part et d'autre de la position d'équilibre, une rotation supérieure à 5°, ou un angle total plus grand que 10°. Comme l'image a un déplacement double, l'angle apparent de l'échelle vue du miroir doit être d'au moins 20°; il faut alors que sa longueur totale soit 0,3 de sa distance, ce qui fait 40 centimètres pour un mètre de distance.

Si, la valeur moyenne des rotations que l'on mesure étant de 3°, on veut en apprécier le dix-millième, la précision du pointé doit être de $\frac{3.60.60''}{10\,000}$, ou environ 1″; pour que l'angle de penétration reste au-dessous de cette limite, il faut un objectif de 16 centimètres de diamètre et un miroir de 8 centimètres de largeur. Quant au pointé des divisions, il doit être fait à $\frac{1}{200\,000}$ près de la distance $d + D$, c'est-à-dire à $0^{mm},1$, si l'on a $d = D = 10$ mètres.

Avec des échelles plus longues il serait difficile, à moins d'augmenter beaucoup la distance, d'observer en même temps le milieu et les extrémités sans modifier la mise au point de la lunette. On peut alors courber l'échelle suivant une surface cylindrique dont l'axe coïncide avec l'axe de suspension du miroir. Dans ce cas, l'expression $\frac{x-p}{d}$ représente, non pas la tangente du double de la déviation, mais le double de cette déviation elle-même.

L'échelle est ordinairement divisée en millimètres. Les échelles sur papier ne peuvent être considérées comme suffisantes dans les mesures de précision; les échelles sur ivoire ou sur métal sont préférables, mais les échelles métalliques sont difficiles à éclairer.

On peut tracer les divisions sur verre et les éclairer par derrière au moyen d'un miroir réflecteur. Si le verre est transparent, les traits apparaissent en noir sur fond brillant; si le verre est argenté et la division tracée sur la couche d'argent, les traits paraissent brillants sur fond noir.

670. — Dans certaines circonstances, par exemple pour l'observation des phénomènes à longue période qui demandent une installation permanente, comme les variations du magnétisme terrestre, il est utile d'avoir dans le champ de la lunette un repère indépendant du réticule. Pour cela, on place au-dessous du miroir mobile un miroir fixe tout semblable. Si les deux miroirs étaient absolument parallèles, les deux images de l'échelle, l'une fixe et l'autre mobile, paraîtraient superposées, mais il suffit d'incliner un peu le miroir fixe pour les séparer.

L'angle des plans verticaux passant par les normales aux deux miroirs est donné par la différence des numéros des divisions qui coïncident avec le fil vertical du réticule: cette différence reste invariable lorsque la lunette, ou l'échelle, éprouve de petits déplacements, par suite d'une cause quelconque. L'instrument porte ainsi lui-même son repère, et l'immobilité relative de l'échelle et de la lunette, par rapport aux miroirs, peut être vérifiée à chaque instant par la position du réticule sur l'image du miroir fixe.

671. Miroirs concaves. — On peut modifier de bien des manières la méthode d'observation par les miroirs; une des plus commodes consiste à employer un miroir concave, en plaçant l'échelle dans le plan focal et visant vers le miroir avec une lunette réglée pour l'infini.

Soit O (fig. 131) le centre de courbure du miroir, F son foyer dans la position initiale, f sa longueur focale OF. L'axe

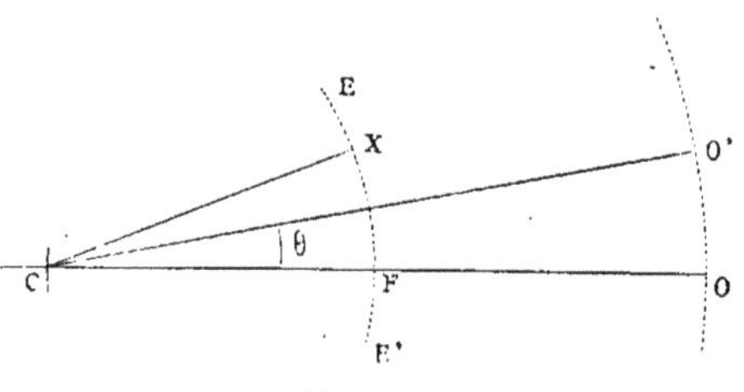

Fig. 131

de la lunette est dans le plan vertical OC et dirigé vers le milieu C du miroir. Une échelle EE′ tracée sur un cylindre a son milieu en F, et son axe placé verticalement passe par le milieu C du miroir. Il est clair que, si le miroir tourne d'un angle θ, on verra dans la lunette l'image du point X de l'échelle, tel que l'arc FX corresponde à l'angle 2θ. Tous les rayons émanés du point X forment après leur réflexion un faisceau parallèle à l'axe optique de la lunette, et l'image se fait dans le plan focal. La lunette, une fois réglée pour l'infini, pourra donc être placée à une distance quelconque; l'éloignement aura seulement pour effet de diminuer le champ.

En effet, le champ étant toujours limité par la condition que l'un au moins des rayons réfléchis émanés d'un point passe au milieu de l'objectif, la longueur l visible de l'échelle, en prenant les mêmes notations que plus haut, sera donnée par la relation

$$\frac{l}{f} = \frac{a}{D}, \quad \text{ou} \quad l = a\frac{f}{D};$$

on a encore $l = a$, pour $f = D$, mais la valeur de l est en raison inverse de la distance D de la lunette.

Dans ce cas, le diamètre a du miroir doit être égal à celui de l'objectif, si l'on veut utiliser complètement le pouvoir optique de la lunette.

Enfin on pourra observer une rotation moitié moindre que l'angle limite de la lunette, car, en conservant toujours les mêmes notations, on a

$$\beta = \frac{\varepsilon}{f}, \text{ et } \alpha = \frac{\varepsilon}{2f} = \frac{\beta}{2}.$$

En résumé, les conditions sont les mêmes que si l'on avait un miroir plan avec une échelle située à l'infini.

672. — Le miroir concave présente quelques avantages pratiques. D'abord il est plus facile d'obtenir une surface sphérique qu'une surface plane, sauf à déterminer par expérience la longueur focale. Si même, la surface n'étant pas sphérique, les rayons de courbure principaux ne sont pas très différents, on peut chercher par l'étude des images la direction des plans principaux et mettre l'un d'eux parallèlement aux traits de l'échelle; la pénétration de la lunette ne s'en trouve pas diminuée.

D'autre part les échelles, étant plus petites, sont plus faciles à éclairer. Enfin, on verrait aisément qu'à éclairement égal, les images dans la lunette sont aussi lumineuses qu'avec un miroir plan.

Toutefois si on voulait mesurer des déviations un peu grandes, l'échelle devrait alors être courbée suivant une ligne non circulaire; dans tous les cas, la graduation doit être faite empiriquement.

Une autre disposition consiste à placer l'échelle au centre de courbure du miroir. Il se produit alors dans le même plan une image renversée de l'échelle et de même grandeur, que l'on peut observer avec une loupe ou un microscope. La précision ne dépend alors que du diamètre du miroir, et on appréciera une rotation égale à la moitié de l'angle limite qui correspond à ce diamètre.

673. — On peut, dans les cas qui précèdent, remplacer le miroir concave par le système d'un miroir plan et d'une lentille convergente, placés à une faible distance l'un de l'autre.

Soit f la longueur focale de la lentille, et δ la distance du miroir au centre optique. Pour que l'échelle soit placée dans le plan focal principal du système optique, il faut que les rayons émanés d'un de ses points, après s'être réfractés dans la lentille, puis réfléchis sur le miroir, semblent partir du foyer principal de la lentille. On trouve aisément que l'échelle doit être placée à une distance d' de la lentille déterminée par l'équation

$$d' = \frac{f}{2}\frac{f-2\delta}{f-d},$$

et que l'on a, entre les angles α et β, la relation

$$\alpha = \frac{\beta}{2}\frac{f}{f-\delta}.$$

Le système est donc sensiblement équivalent à un miroir concave. L'hypothèse de $\delta = 0$ correspondrait au cas d'une lentille plan convexe de distance focale f, qui serait argentée sur la face plane.

Avec une construction aussi compliquée la graduation de la règle doit se faire nécessairement d'une manière empirique par l'intermédiaire d'un cercle divisé.

L'emploi d'une lentille est surtout utile dans les appareils de variations, où l'on veut conserver comme repère l'image fournie par un miroir fixe ; dans ce cas, en effet, il est plus commode de prendre un miroir plan.

674. Projection des images. — Pour les expériences courantes, on simplifie beaucoup la méthode du miroir en supprimant la lunette et en projetant directement sur l'échelle l'image réfléchie d'un objet lumineux.

Dans la disposition ordinaire, le plan de l'échelle et celui du réticule de la lunette sont conjugués par rapport au système formé par l'objectif et le miroir; si donc, l'oculaire étant supprimé, on éclaire le réticule, son image se projettera sur l'échelle à la division même qui aurait été lue dans la lunette. Le réticule peut être remplacé par une fente verticale éclairée par derrière.

L'emploi d'un miroir concave donne encore une disposition plus simple. On place l'échelle et la fente éclairée dans un même plan passant par le centre de courbure du miroir, autrement dit au double de la distance focale, et à égale distance de part et d'autre de ce centre dans le sens vertical : l'image de la fente se projette alors sur l'échelle en vraie grandeur.

On peut substituer au miroir concave un miroir plan et une lentille fixe placée à une petite distance. La fente doit encore être placée de façon que son image se forme nettement sur l'échelle.

Dans ce mode de lecture par projection, on est obligé d'affaiblir la lumière extérieure pour apercevoir sur l'échelle l'image de la fente; la lecture des divisions devient alors difficile. On évite cet inconvénient en prenant une fente ou une ouverture circulaire très large, sur laquelle on tend verticalement un fil opaque. L'image de l'ouverture se promène sur l'échelle et éclaire la région dans laquelle se trouve l'image du fil.

On obtient de très bons résultats avec une échelle sur verre dépoli, qu'on observe par derrière.

La méthode par projection, permettant l'impression photographique de l'image, est celle dont on fait usage pour les appareils enregistreurs des variations du magnétisme terrestre. En employant deux miroirs, l'un fixe et l'autre mobile (**670**), on reçoit sur une couche sensible deux images d'une même fente éclairée, l'une fixe, qui détermine le zéro, l'autre variable de position, qui donne la mesure de la variation. Si la feuille sensible est mobile dans une direction perpendiculaire au déplacement de l'image, on obtient dans l'épreuve une droite correspondant à l'image fixe et une courbe qui correspond à l'image mobile.

CHAPITRE DEUXIÈME

MESURE DES OSCILLATIONS

675. Équations du mouvement oscillatoire. — Nous aurons souvent à considérer le mouvement oscillatoire d'un corps solide autour d'un axe, de part et d'autre d'une position d'équilibre. Avant d'aborder les procédés d'observation, nous examinerons d'une manière générale les conditions mécaniques de ce mouvement.

Lorsque le système mobile est écarté de sa position d'équilibre, il est soumis, d'après les conditions mêmes de l'expérience, à un couple qui tend à l'y ramener et dont le moment est une fonction de l'angle d'écart. Ce couple directeur provient, soit de la réaction élastique du système, soit d'une force extérieure ou d'un ensemble de causes quelconques.

Outre cette action directrice dont la valeur ne dépend que de la position du système, il se présente aussi des forces retardatrices analogues au frottement, dues au mouvement luimême, et qui dépendent de la vitesse.

Appelons :

K le moment d'inertie du système mobile;

x l'angle d'écart à l'époque t, compté à partir de la position d'équilibre;

$f(x)$ le moment du couple qui tend à ramener le système vers la position d'équilibre;

$\omega = \dfrac{dx}{dt}$ la vitesse angulaire de rotation;

$\varphi(\omega)$ le moment des actions retardatrices.

On sait que, dans la rotation d'un corps solide autour d'un axe, le produit du moment d'inertie par l'accélération angulaire est égal à la somme des moments des forces par rapport à l'axe. L'équation du mouvement est donc

$$(1) \qquad K\frac{d^2x}{dt^2}+\varphi\left(\frac{dx}{dt}\right)+f(x)=0.$$

Remarquons d'abord que, si la fonction φ est nulle, le mobile reprend la même vitesse chaque fois qu'il repasse par la position d'équilibre. Le mouvement est *périodique* et le système exécute une série d'oscillations toutes identiques.

Dans tous les cas, que les oscillations successives soient ou non identiques, on appelle *élongation* la position du système quand il fait l'angle d'écart maximum avec la direction d'équilibre; *amplitude* de l'oscillation, la somme de deux angles d'écart successifs, c'est-à-dire l'angle de deux positions extrêmes; *durée d'une oscillation*, le temps qui s'écoule entre les époques de deux élongations consécutives.

Les seuls cas utiles à considérer au point de vue expérimental sont ceux où le couple directeur est proportionnel à l'angle d'écart ou au sinus de l'angle d'écart. On aura donc à remplacer le moment $f(x)$ par Cx ou $C\sin x$, le facteur C représentant le couple qui correspond à un angle égal à l'unité dans le premier cas, ou à une rotation de $90°$ dans le second.

Supposons d'abord que les actions retardatrices sont nulles et posons

$$n^2=\frac{C}{K};$$

l'équation (1) devient, suivant le cas considéré,

$$(2) \qquad \frac{d^2x}{dt^2}+n^2x=0.$$

ou

$$(3) \qquad \frac{d^2x}{dt^2}+n^2\sin x=0.$$

Les formules (2) et (3) se confondent pour les arcs très petits.

676. Oscillations isochrones. — L'intégrale générale de l'équation (2) est

$$x = A \sin nt + A' \cos nt;$$

on en déduit

$$\omega = \frac{dx}{dt} = n(A \cos nt - A' \sin nt).$$

Si on compte le temps t à partir du moment où le mobile passe par sa position d'équilibre et qu'on appelle ω_0 la vitesse angulaire initiale, on aura, pour les constantes A et A',

$$A' = 0, \qquad \omega_0 = nA;$$

il en résulte

$$(4) \qquad \begin{aligned} x &= \frac{\omega_0}{n} \sin nt, \\ \frac{dx}{dt} &= \omega_0 \cos nt. \end{aligned}$$

L'angle d'écart α, qui correspond à $\frac{dx}{dt} = 0$, ou $nt = \frac{\pi}{2}$, a pour valeur

$$(5) \qquad \alpha = \frac{\omega_0}{n}.$$

La première élongation est atteinte au bout d'un temps

$$nt = \frac{\pi}{2} \quad \text{ou} \quad t = \frac{\pi}{2n};$$

les suivantes, aux temps

$$\frac{3\pi}{2n}, \quad \frac{5\pi}{2n}, \quad \frac{7\pi}{2n}, \ldots$$

L'intervalle qui s'écoule entre deux élongations consécutives est constant; la *durée de l'oscillation* est donc constante et a pour valeur

$$(6) \qquad T = \frac{\pi}{n} = \pi \sqrt{\frac{K}{C}}.$$

Cette durée est indépendante de l'amplitude ; les oscillations sont dites *isochrones*.

Les conditions du problème, savoir, la valeur de n qui donne le rapport du couple directeur au moment d'inertie, et la vitesse angulaire initiale ω du système, peuvent être déterminées par l'étude du mouvement, c'est-à-dire déduites de la durée T d'oscillation et de l'angle d'écart α. On a, en effet,

$$(7) \qquad n = \frac{\pi}{T}, \qquad \omega_0 = \alpha n = \alpha\frac{\pi}{T}.$$

Le mouvement que nous considérons est susceptible d'une représentation géométrique très simple. Si on suppose l'arc 2α rectifié et pris comme diamètre d'une circonférence, la position du mobile sur le diamètre est donnée à chaque instant par la projection d'un second mobile parti en même temps que le premier de l'extrémité du diamètre et marchant sur la circonférence d'un mouvement uniforme, avec la vitesse

$$\omega_0 = n\alpha = \alpha\sqrt{\frac{C}{K}}.$$

677. Mouvement pendulaire. — L'équation (3) ne peut être intégrée d'une manière complète sous forme finie. Si on la multiplie par $\frac{dx}{dt}dt$, et qu'on l'intègre une première fois, on obtient, en remarquant que $x=\alpha$ pour $\frac{dx}{dt}=0$,

$$(7) \qquad \left(\frac{dx}{dt}\right)^2 = 2n^2(\cos x - \cos\alpha).$$

On en déduit, pour la durée T′ de l'oscillation,

$$T' = \frac{\sqrt{2}}{n}\int_0^\alpha \frac{dx}{\sqrt{\cos x - \cos\alpha}}.$$

Développant en série l'expression comprise sous le radical, on obtient, par un calcul connu,

$$(8) \qquad T' = \frac{\pi}{n}\left[1 + \left(\frac{1}{2}\right)^2 \sin^2\frac{\alpha}{2} + \left(\frac{1.3}{2.4}\right)^2 \sin^4\frac{\alpha}{2} + \ldots\ldots\right],$$

ou, en représentant la série par $1+\beta$ et continuant de désigner par T la durée $\frac{\pi}{n}$,

$$T' = T(1+\beta).$$

Les conditions du problème seront déterminées ici par les équations

$$(9) \qquad \begin{cases} n = \dfrac{\pi}{T'}(1+\beta), \\ \omega_0^2 = 2\dfrac{\pi^2}{T'^2}(1+\beta)^2(1-\cos\alpha). \end{cases}$$

Si, dans le développement de la valeur de T', on ne considère que le premier terme, c'est-à-dire si l'on suppose $\alpha=0$, on retrouve la durée d'oscillation obtenue précédemment; c'est ce qu'on appelle la durée de l'*oscillation infiniment petite*. Lorsque l'angle α est très petit, on peut réduire la série à ses deux premiers termes et écrire, en négligeant la quatrième puissance de l'amplitude,

$$(10) \qquad T' = T\left(1 + \frac{\alpha^2}{16}\right).$$

Dans tous les cas, la durée de l'oscillation augmente avec l'amplitude, mais d'abord d'une manière très lente. Ce mouvement est celui du pendule dans le vide.

678. Amortissement des oscillations. — Dans la pratique, les oscillations s'éteignent plus ou moins vite, ou *s'amortissent*, en raison d'actions retardatrices, telles que les frottements, la résistance du milieu, etc., et, quand il s'agit d'aimants en mouvement, les effets d'induction développés dans les masses métalliques voisines. Toutes les forces de cette espèce sont des fonctions de la vitesse. L'hypothèse la plus simple est de les considérer comme proportionnelles à une puissance entière m de la vitesse. Si on désigne par C_1 le moment de ces forces pour une vitesse angulaire égale à l'unité, l'équation du mouvement oscillatoire (1), dans le cas d'un couple directeur proportionnel à l'angle d'écart, devient

$$K\frac{d^2x}{dt^2}+C_1\left(\frac{dx}{dt}\right)^m+Cx=0;$$

ou, en posant

$$n^2=\frac{C}{K},\quad 2\varepsilon=\frac{C_1}{K},$$

$$(11)\qquad \frac{d^2x}{dt^2}+2\varepsilon\left(\frac{dx}{dt}\right)^m+n^2x=0.$$

Si le couple principal était proportionnel au sinus de la déviation, il faudrait remplacer le dernier terme par $n^2\sin x$; mais nous considérerons surtout l'équation (11), et, par suite, quand il s'agira de mouvements pendulaires, le cas des oscillations très petites.

679. Résistance proportionnelle au carré de la vitesse. — Poisson a examiné l'hypothèse $m=2$ [1]. Il remarque d'abord que si le mobile est écarté d'un angle α de sa position d'équilibre, puis abandonné à lui-même sans vitesse initiale, l'écart x à un instant donné est nécessairement une fonction de l'écart initial α; si on ne considère que de petites valeurs de α, l'arc x peut être développé en une série très convergente, qui ne contient pas de terme indépendant de α, puisque, la vitesse initiale étant nulle, x doit s'évanouir en même temps que α; on peut donc poser, en représentant par $x_1, x_2, \ldots$ des fonctions de t,

$$x=\alpha x_1+\alpha^2x_2+\ldots.$$

En substituant cette valeur dans l'équation (11) et égalant à zéro les coefficients des diverses puissances de α, on obtient une suite d'équations différentielles qui serviront à déterminer

[1] Poisson, *Mécan.*, 1re éd., t. I, p. 405, 1811.

les fonctions x_1, x_2,..... Si on néglige les puissances de α supérieures à la seconde, on a les deux équations

$$\frac{d^2x_1}{dt^2}+n^2x_1=0,$$
$$\frac{d^2x_2}{dt^2}+2\varepsilon\left(\frac{dx_1}{dt}\right)^2+n^2x_2=0.$$

La première a pour intégrale

$$x_1=A\cos(nt+\beta).$$

Si on suppose que pour $t=0$, on a $x=-\alpha$ et $\frac{dx}{dt}=0$, il en résulte $x_1=-1$ et $\frac{dx_1}{dt}=0$, et, par suite, $A=-1$ et $\beta=0$; ce qui donne

$$x_1=-\cos nt.$$

Substituant cette valeur de x_1 dans l'équation en x_2, celle-ci devient, en remarquant que $2\sin^2 nt=1-\cos 2nt$,

$$\frac{d^2x_2}{dt^2}+\varepsilon n^2(1-\cos 2nt)+n^2x_2=0;$$

cette dernière a pour intégrale générale

$$x_2=A'\cos(nt+\beta')-\varepsilon-\frac{\varepsilon}{3}\cos 2nt.$$

Les conditions initiales donnent $A'=\frac{4\varepsilon}{3}$ et $\beta'=0$; par suite,

$$x_2=-\varepsilon+\frac{4\varepsilon}{3}\cos nt-\frac{\varepsilon}{3}\cos 2nt.$$

Au moyen des deux valeurs de x_1 et x_2, on obtient

$$x=-\alpha^2\varepsilon-\alpha\left(1-\frac{4\alpha\varepsilon}{3}\right)\cos nt-\frac{\alpha^2\varepsilon}{3}\cos 2nt, \tag{12}$$

et

$$\frac{dx}{dt} = \alpha n \left(1 - \frac{4\alpha\varepsilon}{3}\right) \sin nt + \frac{2\alpha^2 n\varepsilon}{3} \sin 2nt.$$

On voit que la première valeur de t, après zéro, qui annule $\frac{dx}{dt}$, est $t = \frac{\pi}{n} = T$; d'où il suit que la durée de l'oscillation est la même que si la résistance n'existait pas.

L'écart α_1 de la demi-oscillation ascendante, qui succède à la demi-oscillation descendante initiale, s'obtiendra en faisant $t = \frac{\pi}{n}$ dans l'expression de x; il a pour valeur

$$\alpha_1 = \alpha - \frac{8\alpha^2\varepsilon}{3}.$$

L'écart suivant α_2 sera de même, en valeur absolue,

$$\alpha_2 = \alpha_1 - \frac{8\alpha_1^2\varepsilon}{3},$$

ou, au degré d'approximation adopté,

$$\alpha_2 = \alpha - \frac{16\alpha^2\varepsilon}{3}.$$

Les oscillations décroissent donc en progression arithmétique ; elles s'éteindront après un nombre p d'oscillations donné par la plus grande solution entière de l'inégalité

$$p < \frac{3}{8\varepsilon\alpha}.$$

On aura la durée t_1 de la demi-oscillation descendante, en faisant $x = 0$ dans l'équation (12), ce qui donne

$$0 = -\alpha\varepsilon - \left(1 - \frac{4\alpha\varepsilon}{3}\right) \cos nt_1 - \frac{\alpha\varepsilon}{3} \cos 2nt_1.$$

Si l'angle α était nul, cette équation donnerait $t_1 = \frac{\pi}{2n} = \frac{T}{2}$; on peut poser $t_1 = \frac{\pi}{2n} + \theta$, θ étant une quantité très petite, et on obtient, en négligeant les termes du deuxième ordre en α et en θ,

$$\theta = \frac{2\alpha\varepsilon}{3n}$$

et, par suite,

$$t_1 = \frac{T}{2} + \frac{2\alpha\varepsilon}{3n}.$$

On voit que la durée de l'oscillation n'est plus partagée en deux parties égales par l'instant du passage au zéro, la durée de la demi-oscillation descendante étant augmentée d'autant que celle de la demi-oscillation ascendante est diminuée, puisque la durée de l'oscillation entière n'a pas changé.

Ces diverses conditions ne sont pas celles que nous rencontrerons le plus souvent. L'expérience montre, en effet, que la résistance du milieu n'agit en raison du carré de la vitesse que pour des vitesses plus grandes que celles que nous aurons le plus souvent à considérer.

680. Résistance proportionnelle à la vitesse. — L'hypothèse de $m = 1$ est celle qui correspond le mieux au cas de la pratique pour la résistance de l'air et elle est toujours réalisée pour les effets d'induction; cette hypothèse a été étudiée par Gauss [1].

L'équation (11) devient alors

$$\frac{d^2x}{dt^2} + 2\varepsilon\frac{dx}{dt} + n^2x = 0; \tag{13}$$

elle a pour intégrale générale, comme nous l'avons vu (**536**),

$$x = Ae^{\rho t} + A'e^{\rho' t}, \tag{14}$$

[1] *Resultate aus den Beob. des magn. Vereins*, 1837; *Œuvres*, V, p. 374.

A et A′ étant des constantes et ρ et ρ' les racines de l'équation du second degré

$$\rho^2 + 2\varepsilon\rho + n^2 = 0. \tag{15}$$

Ces racines sont réelles ou imaginaires suivant que l'on a l'une ou l'autre des deux conditions $\varepsilon^2 - n^2 > 0$ ou $\varepsilon^2 - n^2 < 0$.

681. Oscillations isochrones. — Considérons d'abord le cas des racines imaginaires. En posant $\gamma^2 = n^2 - \varepsilon^2$, l'équation (14) devient

$$x = e^{-\varepsilon t}[A_1 \cos \gamma t + A_2 \sin \gamma t].$$

On peut l'écrire sous la forme équivalente

$$x = A e^{-\varepsilon t} \sin \gamma (t - t_0).$$

La constante t_0 représente l'époque à laquelle le mobile passe par la position d'équilibre ; si on compte le temps à partir de ce passage, on a $t_0 = 0$, et l'équation se réduit à

$$x = A e^{-\varepsilon t} \sin \gamma t; \tag{16}$$

on en déduit

$$\frac{dx}{dt} = A e^{-\varepsilon t} (\gamma \cos \gamma t - \varepsilon \sin \gamma t),$$

ce qui donne pour la vitesse angulaire initiale.

$$\omega_0 = A\gamma.$$

Les élongations correspondent aux époques pour lesquelles on a $\frac{dx}{dt} = 0$, c'est-à-dire

$$\operatorname{tang} \gamma t = \frac{\gamma}{\varepsilon}. \tag{17}$$

La première a lieu à l'époque t_1, donnée par la plus petite racine de cette équation ; la suivante, au temps t_2 tel que

$$\gamma t_2 = \pi + \gamma t_1,$$

c'est-à-dire qu'elle succède à la première après un intervalle $t_2 - t_1 = \tau$ ayant pour valeur

$$\tau = \frac{\pi}{\gamma}, \tag{18}$$

et il en est de même de toutes les autres. Les oscillations sont donc encore *isochrones*, mais la durée τ de l'oscillation est plus grande que la durée T qui correspondrait aux oscillations sans force retardatrice ; le rapport de ces deux durées est

$$\frac{\tau}{T} = \frac{n}{\gamma}.$$

L'époque t d'une élongation quelconque, déterminée par l'équation (17), satisfait à la relation

$$\sin \gamma t = \frac{\gamma}{\sqrt{\gamma^2 + \varepsilon^2}} = \frac{\gamma}{n}.$$

Substituant cette valeur dans l'équation (16), on obtient pour l'angle d'écart

$$\alpha = A\frac{\gamma}{n}e^{-\varepsilon t} = \frac{\omega_0}{n}e^{-\varepsilon t}.$$

Les époques des élongations croissant en progression arithmétique, il en résulte que les écarts diminuent comme les termes d'une progression géométrique dont la raison est $e^{-\varepsilon\tau}$. Si on représente par $\alpha_1, \alpha_2, \ldots \alpha_n$ les écarts successifs, on a

$$\frac{\alpha_2}{\alpha_1} = \frac{\alpha_3}{\alpha_2} \ldots\ldots = \frac{\alpha_n}{\alpha_{n-1}} = e^{-\varepsilon\tau}.$$

Les amplitudes, dont chacune est égale à la somme arithmétique de deux angles d'écart consécutifs, varient aussi suivant la même loi ; si on représente par $a_1, a_2, \ldots, a_n$ les amplitudes successives et qu'on pose

$$\varepsilon\tau = \lambda,$$

on aura

$$(19)\qquad \lambda = l.\frac{a_1}{a_2} = \frac{1}{2}\,l.\frac{a_1}{a_3} = \ldots\ldots = \frac{1}{n-1}\,l.\frac{a_1}{a_n}.$$

Le nombre λ est appelé par Gauss le *décrément logarithmique* des oscillations.

Remarquons que le premier angle d'écart α_1 correspond à l'époque t_1 donnée par la plus petite racine de l'équation (17)

$$\gamma t_1 = \text{arc tang}\frac{\gamma}{\varepsilon} \qquad \text{ou} \qquad \varepsilon t_1 = \frac{\varepsilon}{\gamma}\,\text{arc tang}\frac{\gamma}{\varepsilon};$$

on en déduit

$$\alpha_1 = \frac{\omega_0}{n}\,e^{-\varepsilon t_1} = \frac{\omega_0}{n}\,e^{-\frac{\varepsilon}{\gamma}\,\text{arc tg}\frac{\gamma}{\varepsilon}}.$$

Si l'on exprime les constantes du mouvement en fonction de la durée des oscillations τ, du décrément logarithmique λ et de l'angle d'écart initial α_1, qui sont des quantités directement observables, on obtient

$$(20)\qquad \left\{\begin{aligned} &\gamma = \frac{\pi}{\tau}, \quad \varepsilon = \frac{\lambda}{\tau},\\ &n = \sqrt{\gamma^2+\varepsilon^2} = \sqrt{\frac{\pi^2+\lambda^2}{\tau^2}} = \frac{\pi}{\tau}\sqrt{1+\frac{\lambda^2}{\pi^2}},\\ &\mathrm{T} = \tau\,\frac{\gamma}{n} = \frac{\tau}{\sqrt{1+\frac{\lambda^2}{\pi^2}}},\\ &\omega_0 = \alpha_1\,\frac{\pi}{\tau}\sqrt{1+\frac{\lambda^2}{\pi^2}}\;e^{\frac{\lambda}{\pi}\,\text{arc tg}\frac{\pi}{\lambda}}.\end{aligned}\right.$$

Lorsque l'amortissement n'est pas rapide, le rapport $\frac{\lambda}{\pi}$ est petit et on peut, dans la valeur de ω_0, remplacer l'exponentielle par les premiers termes de son développement en série. On obtient ainsi une expression plus simple qu'on retrouvera directement en remarquant qu'entre le premier angle d'écart α_1 et le troisième α_3, il y a eu 4 demi-oscillations, pendant chacune desquelles la déviation a subi sensiblement la même perte que pendant la première. Cette perte est donc $\frac{\alpha_3 - \alpha_1}{4}$; en l'ajoutant à la première déviation α_1, on aura sensiblement l'écart qui eût été obtenu sans amortissement. On peut alors écrire

$$\omega_0 = \frac{\pi}{\tau}\left(\alpha_1 + \frac{\alpha_3 - \alpha_1}{4}\right). \tag{21}$$

Inversement, si l'on constate par expérience que les amplitudes successives d'un mouvement vibratoire decroissent en progression géométrique, on peut en conclure qu'il existe une force retardatrice proportionnelle à la vitesse.

Borda avait reconnu, par exemple, que les amplitudes des petites oscillations d'un pendule dans l'air décroissent lentement en progression géométrique. Dans ses expériences sur la mesure de l'intensité de la pesanteur ([1]), l'amplitude se réduisait sensiblement aux $\frac{2}{3}$ de sa valeur au bout d'une heure, c'est-à-dire après 1800 oscillations, ce qui donne 0,0001 pour le décrément logarithmique.

Dans ces conditions, le carré de λ est négligeable et la durée des oscillations est, à moins de 0,000 000 001, la même que s'il n'y avait pas d'amortissement.

682. — Remarquons que si, outre le terme proportionnel à la vitesse, on introduit dans l'équation (11) un terme constant p, comme celui qui proviendrait du frottement d'une chape contre un pivot, l'équation prend la forme

$$\frac{d^2x}{dt^2} + 2\varepsilon\frac{dx}{dt} + n^2x + p = 0.$$

Pour résoudre ce nouveau problème, il suffit, dans la solution qui précède, de remplacer x par $x + \frac{p}{n^2}$. La durée de l'oscillation n'est pas modifiée et, par suite, l'isochronisme n'est pas

([1]) *Base du système métrique*, t. III, p. 345.

altéré. Dans ce cas, les amplitudes, augmentées d'une quantité constante $\frac{2p}{n^2}$, varient encore en progression géométrique. L'amortissement est plus rapide et le mouvement ne tarde pas à s'arrêter.

683. — Le mouvement représenté par l'équation (16) est encore susceptible d'une représentation géométrique simple. La position d'un point du système sur sa trajectoire rectifiée est à chaque instant la projection d'un mobile qui parcourrait

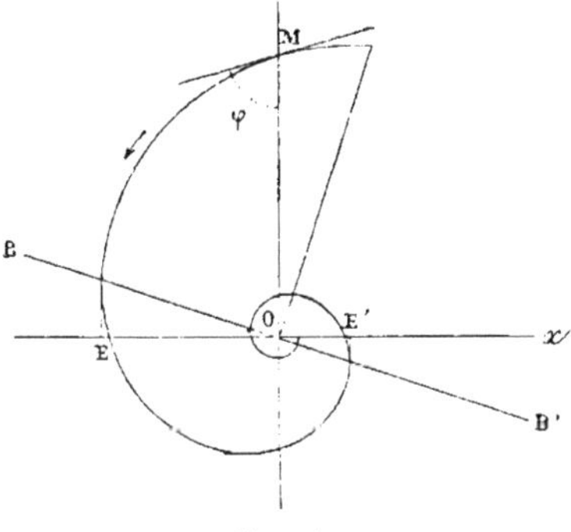

Fig. 132

avec une vitesse angulaire constante γ une spirale logarithmique (fig. 132), dans laquelle l'angle constant φ de la tangente avec le rayon vecteur serait défini par l'équation

$$\operatorname{cotg} \varphi = \frac{\varepsilon}{\gamma}.$$

L'équation de cette courbe est en effet

$$\rho = A e^{-\gamma t \operatorname{cotg} \varphi} = A e^{-\varepsilon t}.$$

Si on compte le temps à partir du moment où le rayon vecteur OM est vertical, la projection du mobile sur une horizontale est, à l'époque t, à une distance du pôle donnée par l'équation

$$x = A e^{-\varepsilon t} \sin \gamma t.$$

Les élongations E et E' correspondent aux points de la courbe où la tangente est verticale; ces points sont donnés par l'intersection avec la courbe d'une droite BB′ passant par le pôle O et faisant l'angle φ avec la verticale.

681. — Dans le cas plus général où le couple directeur, en vertu d'actions perturbatrices, cesse d'être exactement proportionnel à l'écart, on peut développer la fonction $f(x)$ par la formule de Taylor. On aura alors, en remarquant que $f(x_0) = 0$,

$$f(x) = x f'(x_0) + \frac{x^2}{1.2} f''(x_0) + \ldots = Cx + C'x^2 + \ldots.$$

Si l'on admet que la résistance est proportionnelle à la vitesse, l'équation du mouvement est de la forme

$$\frac{d^2x}{dt^2} + 2\varepsilon\frac{dx}{dt} + n^2x + n'^2x^2 + \ldots = 0. \tag{22}$$

Lorsque les écarts sont assez petits pour que les termes d'un ordre plus élevé que x^2 soient négligeables, on peut prendre comme intégrale de l'équation (22)

$$x = Ae^{-\varepsilon t}\sin\gamma(t - t_0) + A^2\frac{n'^2}{3n^2}e^{-2\varepsilon t}\Big[1 + \cos^2\gamma(t - t)_0\Big].$$

Cette expression montre qu'au degré d'approximation adopté, le mouvement troublé, pour une force très petite proportionnelle au carré de l'écart, peut être considéré comme la superposition de deux mouvements : l'un, représenté par le premier terme, est identique à celui que nous venons d'étudier, et s'effectue autour d'une certaine position d'équilibre ; l'autre, représenté par le second terme, est un déplacement périodique de cette position d'équilibre elle-même considérée comme mobile par le fait de la perturbation. Ce dernier atteint sa première élongation au temps, $t = t_0$, et la suivante, du même côté, au temps $t = t_0 + \frac{\pi}{\gamma}$. La période de ce mouvement est donc moitié moindre que celle du premier, de sorte qu'à chaque demi-oscillation l'effet de la perturbation redevient le même. Les valeurs extrêmes de la parenthèse sont 1 et 2; il en résulte que le minimum et le maximum du déplacement sont entre eux comme 1 : 2, ils correspondent à très peu près aux époques des élongations et à celles du milieu de l'oscillation ([1]).

685. Mouvement apériodique. — Si les racines de l'équation (15) sont réelles, c'est-à-dire si l'on a $\varepsilon^2 - n^2 > 0$, le mouvement représenté par l'équation (14) n'est plus périodique. Le système, écarté de sa position d'équilibre et abandonné à lui-même, y revient progressivement pour ne l'atteindre qu'au bout d'un temps infini.

M. Dubois-Raymond ([2]) a étudié ce mouvement qu'il désigne sous le nom d'*apériodique*. On peut d'abord chercher les conditions dans lesquelles le système revient pratiquement à sa position d'équilibre, sans oscillations, et dans un temps relativement assez court.

Posons cette fois $\gamma^2 = \varepsilon^2 - n^2$; l'équation (14) devient

$$x = e^{-\varepsilon t}\left[Ae^{\gamma t} + A'e^{-\gamma t}\right], \tag{23}$$

ce qui donne

$$\frac{dx}{dt} = -e^{-\varepsilon t}\left[A(\varepsilon - \gamma)e^{\gamma t} + A'(\varepsilon + \gamma)e^{-\gamma t}\right]. \tag{24}$$

Pour déterminer les constantes, nous supposerons qu'à l'époque $t = 0$, on abandonne le système à lui-même à une distance α de sa position d'équilibre; on a alors, pour $t = 0$, $x = \alpha$ et $\frac{dx}{dt} = 0$. On en déduit

$$A = \alpha \frac{\varepsilon + \gamma}{2\gamma},$$

$$A' = -\alpha \frac{\varepsilon - \gamma}{2\gamma},$$

([1]) Cornu et Baille, *Comptes rendus de l'Académie des sciences*, t. LXXXVI, p. 1001; 1878.

([2]) *Monatsberichte der K. P. Akad. der Wissenschaften*, 1869, 1870, 1873.

et, par suite,

$$(25) \qquad x = \frac{\alpha}{2\gamma} e^{-\epsilon t}\left[(\epsilon+\gamma)e^{\gamma t} - (\epsilon-\gamma)e^{-\gamma t}\right].$$

Dans ce cas, la déviation, représentée en coordonnées rectilignes comme une fonction du temps, est égale à la différence des ordonnées de deux courbes exponentielles, qui se rapprochent asymptotiquement de l'axe des abscisses. La valeur de x ne devient nulle que pour $t=\infty$.

686. — Au lieu d'abandonner à lui-même le système quand il est écarté de l'angle α, supposons qu'on lui donne alors une vitesse angulaire $-\omega$ dirigée vers la position d'équilibre. Dans ce cas, les constantes A et A′ de l'équation (23) deviennent

$$A = \frac{\alpha(\epsilon+\gamma)-\omega}{2\gamma}, \qquad A' = \frac{-\alpha(\epsilon-\gamma)+\omega}{2\gamma};$$

ce qui donne

$$(26) \quad x = \frac{e^{-\epsilon t}}{2\gamma}\left\{\left[\alpha(\epsilon+\gamma)-\omega\right]e^{\gamma t} - \left[\alpha(\epsilon-\gamma)-\omega\right]e^{-\gamma t}\right\}.$$

Le mouvement est encore apériodique; mais, si la vitesse initiale est convenable, le système peut dépasser la position d'équilibre. Le moment du passage à cette position est déterminé par l'équation

$$t_1 = \frac{1}{2\gamma}\, l.\, \frac{\omega-\alpha(\epsilon-\gamma)}{\omega-\alpha(\epsilon+\gamma)};$$

le maximum d'écart, au delà de la position d'équilibre, a lieu au temps

$$t_2 = \frac{1}{2\gamma}\, l.\, \frac{\omega-\alpha(\epsilon-\gamma)}{\omega-\alpha(\epsilon+\gamma)} \cdot \frac{\epsilon+\gamma}{\epsilon-\gamma},$$

qui correspond à la condition $\frac{dx}{dt}=0$. Le système revient ensuite à sa position d'équilibre après un temps infini.

Pour que la valeur de t_1 soit réelle, il faut évidemment que les deux termes de la fraction dont on prend le logarithme soient positifs, c'est-à-dire que l'on ait

$$\omega > \alpha(\varepsilon + \gamma).$$

687. — Enfin supposons que, pour $t = 0$, on ait $x = 0$ et $\frac{dx}{dt} = \omega_0$; on trouve alors pour les constantes

$$A = \frac{\omega_0}{2\gamma}, \qquad A' = -\frac{\omega_0}{2\gamma},$$

et l'équation du mouvement devient

$$(27) \qquad x = \frac{\omega_0}{2\gamma} e^{-\varepsilon t}\left[e^{\gamma t} - e^{-\gamma t}\right];$$

l'élongation est atteinte au temps t_1 donné par l'équation

$$t_1 = \frac{1}{2\gamma} l. \frac{\varepsilon + \gamma}{\varepsilon - \gamma}.$$

La valeur de l'élongation n'est pas susceptible d'une expression simple; mais, le temps t_1 étant indépendant de la vitesse initiale, l'équation (27) montre que l'élongation est proportionnelle à cette vitesse.

688. — Un cas particulier intéressant est celui où l'on a $\varepsilon = n$ et, par suite, $\gamma = 0$. Il suffit, dans les formules (25), (26) et (27), de développer en série les exponentielles $e^{\gamma t}$ et $e^{-\gamma t}$, en s'arrêtant aux deux premiers termes, et de supposer $\gamma = 0$.

Si le mobile est abandonné à lui-même, à l'instant $t = 0$, à une distance α de la position d'équilibre, l'équation (25) donne alors

$$(28) \qquad \begin{aligned} x &= \alpha(1 + \varepsilon t)e^{-\varepsilon t}, \\ \frac{dx}{dt} &= -\alpha\varepsilon^2 t\, e^{-\varepsilon t}. \end{aligned}$$

Le mobile s'approche asymptotiquement de sa position d'équilibre ; la vitesse, qui part de zéro, atteint son maximum au bout du temps $t = \frac{1}{\varepsilon}$ et décroît ensuite jusqu'à zéro.

Pour le cas d'une vitesse initiale $-\omega$, dirigée vers la position d'équilibre, l'équation (26) donne

$$(29)\qquad \begin{aligned} x &= e^{-\varepsilon t}\left[\alpha - (\omega - \alpha\varepsilon)t\right], \\ \frac{dx}{dt} &= -e^{-\varepsilon t}\left[\omega - \varepsilon(\omega - \alpha\varepsilon)t\right]; \end{aligned}$$

on voit que le mobile ne dépassera la position d'équilibre que si l'on a $\omega > \alpha\varepsilon$.

Enfin, lorsque le mobile est lancé de sa position d'équilibre avec la vitesse ω_0, on obtient par l'équation (27)

$$(30)\qquad \begin{aligned} x &= \omega_0 t e^{-\varepsilon t}, \\ \frac{dx}{dt} &= \omega_0 e^{-\varepsilon t}(1 - \varepsilon t). \end{aligned}$$

L'élongation est atteinte au temps $t_1 = \frac{1}{\varepsilon}$ et elle a pour valeur

$$\alpha_1 = \frac{\omega_0}{\varepsilon e}.$$

689. Observation des oscillations. — Il résulte de la discussion qui précède que toutes les circonstances d'un mouvement oscillatoire seront déterminées par l'époque des élongations successives et la grandeur des angles d'écart.

Pour étudier ce mouvement, on observera, soit le passage d'un index devant une échelle divisée, soit l'image d'un trait sur un micromètre au foyer d'une lunette, soit l'image d'une division sur le réticule de la lunette, que cette division ait été tracée sur le système mobile ou qu'elle provienne de la réflexion d'une échelle sur un miroir, etc. Dans tous les cas, on doit avoir le moyen de noter le passage du système par une position déterminée et d'évaluer les angles d'écart.

L'époque d'une élongation ne pourrait être déterminée avec exactitude, à cause du temps sensible pendant lequel le mobile reste en repos apparent; on peut, au contraire, apprécier exactement les époques de passage du mobile par une position arbitraire dans la région où la vitesse est maximum, c'est-à-dire voisine de la position d'équilibre.

Quelle que soit d'ailleurs la position qui sert de repère, la différence des époques de deux passages successifs dans le *même sens* représente exactement la durée d'une oscillation complète et, par suite, le double de la durée de l'oscillation simple, telle qu'on la considère habituellement.

Pour être obtenue avec précision, cette durée doit être déduite d'un nombre assez grand de passages. Quand les oscillations se conservent très longtemps, comme celles du pendule, la méthode des *coïncidences* de Borda permet de résoudre le problème avec toute la précision désirable; mais cette méthode se prêterait difficilement aux observations que nous avons ici en vue. D'ailleurs, la manière d'observer ne doit pas être la même suivant que l'amortissement est plus ou moins rapide.

690. — Si le mouvement est observable pendant quelque temps, un quart d'heure par exemple, on pourra déterminer la durée des oscillations de la manière suivante.

Supposons, comme dans le cas d'une aiguille aimantée, que la durée des oscillations soit de 3 à 5 secondes et que les divisions d'une échelle passent sur le réticule d'une lunette. On choisit comme repère une division voisine du milieu de l'amplitude, c'est-à-dire voisine de celle qui correspond à l'équilibre. Avec un compteur à pointage, on note l'époque t_0 à laquelle cette division passe sur le fil en marchant dans un certain sens, soit de gauche à droite, c'est le passage initial, d'ordre zéro; puis on compte les oscillations suivantes et on note l'époque t_1 du 20e passage, lequel est de même sens que le premier. En même temps, on a observé les divisions extrêmes qui correspondent à l'oscillation initiale et celles de la 20e, d'où l'on déduira les angles d'écart correspondants α_0 et α_1. Il n'est plus nécessaire de compter les oscillations suivantes, car on sait que le 40e passage aura lieu au voisinage de l'époque $t_1 + (t_1 - t_0)$. On se prépare à l'observation un peu avant et on note exactement l'époque t_2 du 40e passage; on observe l'amplitude correspondante qui donnera l'angle d'écart α_2. On déterminera de même les époques t_3, t_4, t_5, et les écarts α_3, α_4, α_5, des 60e, 80e et 100e passages.

On déduit de ces observations les valeurs $t_1 - t_0$, $t_2 - t_1$,..... de la durée de 20 oscillations pendant les séries successives, et les écarts moyens $\frac{\alpha_0 + \alpha_1}{2}$, $\frac{\alpha_1 + \alpha_2}{2}$,..... correspondants.

Si les durées successives ne diffèrent pas d'une manière appréciable, pour de grandes variations dans les angles d'écart, on en conclut que le couple directeur est proportionnel à la déviation; la durée de l'oscillation sera donnée alors par le $\frac{1}{100}$ de la différence totale.

691. — Le plus souvent, le couple directeur est proportionnel au sinus de la déviation; la durée d'oscillation varie alors avec l'amplitude, suivant la loi du mouvement pendulaire, et elle est donné par la formule (8). Pour simplifier les opérations, on a calculé des tables qui donnent les valeurs de la parenthèse $1+\beta$ pour différents angles d'écart. Voici, par exemple, les valeurs de cette table jusqu'à 30 degrés ([1]).

Table pour la réduction des oscillations pendulaires aux angles infiniment petits.

Écart.	$1+\beta$	Écart.	$1+\beta$	Écart.	$1+\beta$
1°	1,0000	11°	1,0023	21°	1,0085
2	1,0001	12	1,0027	22	1,0093
3	1,0002	13	1,0032	23	1,0102
4	1,0003	14	1,0037	24	1,0111
5	1,0005	15	1,0043	25	1,0120
6	1,0007	16	1,0049	26	1,0130
7	1,0009	17	1,0056	27	1,0141
8	1,0011	18	1,0062	28	1,0151
9	1,0015	19	1,0070	29	1,0162
10	1,0019	20	1,0077	30	1,0174

([1]) Darondeau et Chevalier, *Voyage de la Bonite. Observations magnétiques*, t. II, p. 9.

On divise chaque durée partielle $t_1 - t_0$, $t_2 - t_1$,..... par la valeur $1 + \beta_0$, $1 + \beta_1$, ... qui convient à l'écart correspondant $\frac{\alpha_0 + \alpha_1}{2}$, $\frac{\alpha_1 + \alpha_2}{2}$,..... et on obtient une valeur approchée t'_0, t'_1,.... de 20 oscillations infiniment petites. Si les valeurs ainsi calculées ne diffèrent pas d'une manière systématique, c'est que le phénomène est régulier et la correction exacte. On prendra enfin comme durée d'oscillation la moyenne de toutes ces valeurs.

On constituera comme il suit le tableau des observations et des réductions successives :

Ordre du passage.	Époque de passage.	Angle d'écart.	Durée de 20 oscillations.	Écart moyen.	Durée réduite.
0	t	α_0			
			$t_1 - t_0$	$\frac{\alpha_0 + \alpha_1}{2}$	$t'_0 = \frac{t_1 - t_0}{1 + \beta_0}$
20	t_1	α_1			
			$t_2 - t_1$	$\frac{\alpha_1 + \alpha_2}{2}$	$t'_1 = \frac{t_2 - t_1}{1 + \beta_1}$
40	t_2	α_2			
			$t_3 - t_2$	$\frac{\alpha_2 + \alpha_3}{2}$	$t'_2 = \frac{t_3 - t_2}{1 + \beta_3}$
60	t_3	α_3			
			$t_4 - t_3$	$\frac{\alpha_3 + \alpha_4}{2}$	$t'_3 = \frac{t_4 - t_3}{1 + \beta_3}$
80	t_4	α_4			
			$t_5 - t_4$	$\frac{\alpha_4 + \alpha_5}{2}$	$t'_4 = \frac{t_5 - t_4}{1 + \beta_4}$
100	t_5	α_5			

On aura enfin, pour la durée τ des oscillations infiniment petites,

$$\tau = \frac{t'_0 + t'_1 + t'_2 + t'_3 + t'_4}{100}.$$

Les erreurs commises sur l'époque des passages intermédiaires n'affectent pas d'une manière appréciable la valeur de τ et la précision dépend surtout de l'exactitude avec laquelle on a pointé le passage initial et le dernier. Si ces observations sont faites à $\frac{1}{10}$ de seconde près, on aura, pour un quart d'heure, une approximation d'environ $\frac{1}{5000}$.

Si l'on n'a pas intérêt à vérifier l'exactitude de la correction des écarts séparément pour les différentes séries, on peut faire là réduction d'une manière plus rapide. Soient $p_1, p_2, \ldots, p_5$ les nombres des oscillations infiniment petites, de durées τ, qui seraient effectuées pendant les durées $t_1 - t_0$, $t_2 - t_1$, $t_3 - t_2, \ldots, t_5 - t_4$ des 20 oscillations qui forment les séries successives ; on a

$$\begin{aligned} t_1 - t_0 &= p_1\tau = 20\tau(1+\beta_1), \\ t_2 - t_1 &= p_2\tau = 20\tau(1+\beta_2), \\ &\vdots \\ t_5 - t_4 &= p_5\tau = 20\tau(1+\beta_5). \end{aligned}$$

Appelant P le nombre total d'oscillations infiniment petites qui correspondrait à la durée totale $t_5 - t_0$ des 5 séries, il en résulte

$$P = 20[5+\beta_1+\beta_2+\beta_3+\beta_4+\beta_5] = 100\left[1+\frac{\beta_1+\beta_2+\cdots\beta_5}{5}\right],$$

$$\tau = \frac{t_5 - t_0}{P}.$$

Plus généralement, si l'on a observé, pendant le temps θ, m séries de n oscillations, soit un nombre total de $nm = N$ oscillations, et que les termes correctifs des amplitudes moyennes soient $\beta_1, \beta_2 \ldots \beta_m$, on a

$$(31) \qquad P = N\left[1+\frac{\beta_1+\beta_2+\cdots+\beta_m}{m}\right], \quad \text{et} \quad \tau = \frac{\theta}{P}.$$

692. — Quand les déviations sont assez faibles pour que la valeur de β puisse se réduire à son premier terme $\frac{\alpha^2}{16}$, et que les amplitudes sont en progression géométique, la correction peut se faire simplement à l'aide du décrément logarithmique. Les durées successives de n oscillations seront

$$\tau(1+\beta_1),\quad \tau(1+\beta_1 e^{-2\lambda}),\ldots\quad \tau(1+\beta_1 e^{-2(n-1)\lambda})$$

et la durée totale θ

$$\theta=\tau\left[n+\beta_1\left(1+e^{-2\lambda}+\ldots+e^{-2(n-1)\lambda}\right)\right]=\tau\left[n+\beta_1\frac{1-e^{-2n\lambda}}{1-e^{-2\lambda}}\right].$$

En posant

$$\gamma=\beta_1\frac{1-e^{-2n\lambda}}{1-e^{-2\lambda}},$$

il vient

$$(32)\qquad \theta=\tau(n+\gamma)=n\tau\left(1+\frac{\gamma}{n}\right).$$

La correction $\frac{\gamma}{n}$ étant de l'ordre des millièmes, on en déduit avec une approximation suffisante,

$$\tau=\frac{\theta}{n}\left(1-\frac{\gamma}{n}\right)=\frac{\theta}{n}-\frac{\theta\gamma}{n^2}.$$

Le terme $\frac{\theta\gamma}{n}$ est la correction de temps relative à la durée totale de n oscillations, $\frac{\theta\gamma}{n^2}$ est la correction relative à la durée moyenne $\frac{\theta}{n}$ de l'oscillation.

Le décrément logarithmique λ ne dépend d'ailleurs que des écarts extrêmes α_1 et α_n, ou des valeurs correspondantes β_1 et β_n. On a

$$2\lambda=\frac{2}{n-1}\,l.\frac{\alpha_1}{\alpha_n}=\frac{1}{n-1}\,l.\frac{\beta_1}{\beta_n},$$

et l'on peut écrire

$$\gamma=\frac{\beta_1-\beta_n e^{-2\lambda}}{1-e^{-2\lambda}}=\frac{\beta_1 e^{-2\lambda}-\beta_n}{e^{2\lambda}-1}=\beta_1+\frac{\beta_1-\beta_n}{e^{2\lambda}-1}.$$

Lorsque le décrément logarithmique est aussi très petit, de l'ordre des millièmes, de façon que son carré soit négligeable, le développement de $e^{2\lambda}$ en série donne simplement

$$e^{2\lambda} - 1 = 2\lambda.$$

Il en résulte

$$\gamma = \beta_1 + \frac{\beta_1 - \beta_n}{2\lambda} = \frac{\beta_1(1+2\lambda) - \beta_n}{2\lambda},$$

ou encore, au même degré d'approximation,

$$(33) \qquad \gamma = \frac{\beta_1 - \beta_n}{2\lambda} = \frac{1}{16}\,\frac{\alpha_1^2 - \alpha_n^2}{2\lambda}.$$

Si les amplitudes des oscillations sont données par les lectures a d'une échelle vue par réflexion et située à une distance D de l'axe de rotation, on a

$$\alpha = \frac{a}{4\mathrm{D}}, \qquad \alpha^2 = \frac{a^2}{16\mathrm{D}^2};$$

il vient alors

$$(34) \qquad \gamma = \frac{1}{(16\mathrm{D})^2}\,\frac{a_1^2 - a_n^2}{2\lambda} = \frac{1}{512\,\mathrm{D}^2}\,\frac{a_1^2 - a_2}{\lambda}.$$

En général, l'amortissement ne modifie pas beaucoup la durée des oscillations. Supposons, par exemple, que l'angle d'écart ait diminué de 10° à 2° de la première à la centième oscillation ; le décrément logarithmique a pour valeur

$$\lambda = \frac{1}{99}\,l.\frac{10}{2} = 0{,}0163.$$

La correction $\frac{\gamma}{n}$ qu'on doit apporter à la durée moyenne d'oscillation, calculée par l'équation (32), ne dépasse pas alors 0,0005.

693. — Nous prendrons d'abord comme exemple l'observation d'une boussole d'intensité horizontale faite à Pondichery, le 7 juin 1837, par Darondeau et Chevalier [1]. Les

[1] *Voyage de la Bonite.* Observations magnétiques, t. II, p. 131.

observateurs avaient pointé 1400 oscillations par série de 50; mais, pour abréger, nous donnerons seulement les lectures relatives aux différentes centaines.

Ordre du passage.	Époque de passage.	Écart.	Durée de 100 oscillations.	Écart moyen.	Durée réduite.
0	1h35m31s,7	35°,0			
			369s,3	31°,5	362s,33
100	41 41,0	28,0			
			366,0	25,0	361,66
200	47 47,0	22,0			
			364,7	19,5	362,04
300	53 51,7	17,0			
			363,3	15,5	361,64
400	59 55,0	14,0			
			363,0	12,5	361,94
500	2 5 58,0	11,0			
			362,3	9,75	361,65
600	12 0,3	8,5			
			362,0	7,75	361,70
700	18 2,3	7,0			
			362,0	6,0	361,75
800	24 4,3	5,0			
			362,4	4,5	362,26
900	30 6,7	4,0			
			362,0	3,75	361,89
1000	36 8,7	3,5			
			362,0	3,25	361,93
1100	42 10,7	3,0			
			362,3	2,75	362,23
1200	48 13,0	2,5			
			362,0	2,25	361,96
1300	54 15,0	2,0			
			362,3	1,75	362,27
1400	3 0 17,0	1,5			

moyenne = 361s,94,

$\tau = 3^s,6194.$

Le calcul fait par l'équation (31) donnerait

$$P = 1400[1,00363] = 1405,08,$$

et

$$\tau = \frac{1^h 24^m 45^s,6}{1405,08} = \frac{5085^s,6}{1405,08} = 3^s,6194.$$

Les observations sont rapportées à un compteur dont on doit connaître la marche, et il ne reste plus à faire que la correction relative à la marche de ce compteur.

Les deux méthodes conduisent naturellement au même résultat, mais le tableau des réductions successives, malgré les différences qui tiennent aux erreurs d'observation, a l'avantage de montrer que la durée réduite des oscillations tend manifestement à augmenter avec le temps. Dans ce cas particulier, l'accroissement de durée était dû à une élévation de température de l'aiguille oscillante.

691. — Si le zéro est fixe ou s'il se déplace seulement en vertu d'un mouvement périodique, comme celui dont il a été question plus haut (**681**), on peut noter les passages sur une division quelconque, puisqu'on en compte toujours un nombre pair. Il n'en est plus de même quand le zéro se déplace sans aucune loi, comme cela a lieu le plus souvent, quand il s'agit de barreaux aimantés, par suite des variations de la déclinaison. Si, au moment où l'on note un passage, la position d'équilibre n'est plus la même qu'à l'observation précédente, on commet une erreur égale au temps que le mobile met à parcourir l'arc dont le zéro s'est déplacé, et cette erreur ne peut être évitée qu'en notant chaque fois le passage sur la division qui correspond au zéro actuel. A cet effet, un peu avant l'observation, on dictera les valeurs de deux élongations consécutives à un aide, qui en déduira immédiatement, en tenant compte de l'amortissement, la division qui correspond au zéro, et le pointé sera fait sur cette division.

Cette méthode de correction suppose évidemment que la position d'équilibre ne se déplace pas d'une manière sensible pendant la durée de quelques oscillations.

695. Méthode de Gauss. — La méthode suivante employée par Gauss ([1]), peut s'appliquer à toute espèce d'oscillations, quel que soit l'amortissement, mais elle convient surtout quand les oscillations sont très lentes.

Supposons, pour préciser les idées, que l'on observe l'image d'une échelle dont les divisions sont numérotées à partir d'une

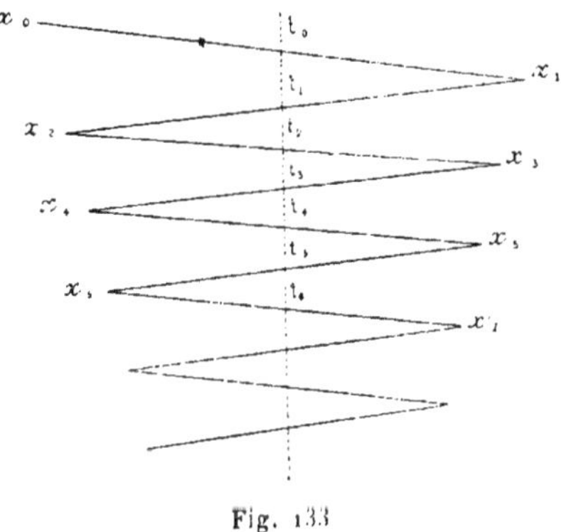

Fig. 133

des extrémités. Nous désignerons par x_0, x_1, x_2,.... les divisions qui correspondent aux élongations successives (fig. 133); les indices pairs se rapportent aux oscillations de gauche et les indices impairs aux oscillations de droite.

Il faut d'abord déterminer la position d'équilibre par les oscillations elles-mêmes, sans attendre que le système arrive au repos. Si l'on appelle p la division qui correspond à l'équilibre, on peut prendre la valeur

$$p = \frac{x_0 + 2x_1 + x_2}{4}, \qquad (35)$$

qui représente la position moyenne $\frac{1}{2}\left(\frac{x_0 + x_1}{2} + \frac{x_1 + x_2}{2}\right)$ des milieux de deux amplitudes successives.

Si cette première approximation ne suffit pas, on obtient

([1]) Gauss, *Resultate aus den Beob. des M. Vereins*, 1837; *Œuv.* V, p. 374.

une valeur plus exacte en écrivant que les trois écarts successifs sont en progression géométrique et qu'on a

$$x_0 - p = (p - x_1)e^{\lambda} = (x_2 - p)e^{2\lambda};$$

on en déduit

$$(p - x_1)^2 = (x_0 - p)(x_2 - p),$$

ou

$$(36) \qquad p = \frac{x_0 x_2 - x_1^2}{x_0 + x_2 - 2x_1}.$$

La division p ainsi définie partage l'oscillation en deux parties qui sont entre elles dans le rapport de 1 à $e^{-\lambda}$. En outre, ce point jouit de la propriété que les passages successifs, de sens inverse, s'y font à des intervalles égaux.

Il n'en serait plus de même pour le mouvement troublé examiné plus haut (**681**), dans lequel interviennent des forces perturbatrices proportionnelles aux carrés des écarts. Si on appelle p_1 la division qui correspond à des durées égales d'oscillation de part et d'autre, les divisions p et p_1 ne coïncident plus, et ni l'une ni l'autre ne représente la véritable position d'équilibre p_0, sous l'action des mêmes forces. La valeur de p diffère de p_0 de la quantité $A^2 \frac{n'^2}{3n^2} e^{-2\epsilon t}$; celle de p_1 en diffère d'une quantité double et dans le même sens. Il en résulte que la différence $p_1 - p$ donne la valeur de $A^2 \frac{n'^2}{3n^2} e^{-2\epsilon t}$, et que la position de p_0 s'obtiendra en prenant le point symétrique de p_1 par rapport à p.

696. — Pour déterminer la durée des oscillations, on note 7 élongations successives, x_0, x_2, x_4, x_6, d'un côté, et x_1, x_3, x_5, de l'autre, ainsi que les époques t_0, t_1, ….. t_5, de passage sur le réticule, dans les deux sens, d'une division voisine de celle qui correspond à l'équilibre; puis, au bout d'un temps quelconque, qu'il est inutile de noter, on observe de nouveau une série de 7 élongations x'_0, x'_1, x'_2, ….. et les époques de passage correspondantes t'_0, t'_1, …..

La première série donne lieu au tableau suivant :

Élongation.	Époque du passage	Époque de l'élongation.	Position du zéro.	Amplitude de chaque oscillation.
x_0				
	t_0			
x_1		$\frac{t_0+t_1}{2}$	$\frac{x_0+2x_1+x_2}{4}$	$\frac{x_0+x_2-2x_1}{2}=a_1$
	t_1			
x_2		$\frac{t_1+t_2}{2}$	$\frac{x_1+2x_2+x_3}{4}$	$\frac{2x_2-(x_1+x_3)}{2}=a_2$
	t_2			
x_3		$\frac{t_2+t_3}{2}$	$\frac{x_2+2x_3+x_4}{4}$	$\frac{x_2+x_4-2x_3}{2}=a_3$
	t_3			
x_4		$\frac{t_3+t_4}{2}$	$\frac{x_3+2x_4+x_5}{4}$	$\frac{2x_4-(x_3+x_5)}{2}=a_4$
	t_4			
x_5		$\frac{t_4+t_5}{2}$	$\frac{x_4+2x_5+x_6}{4}$	$\frac{x_4+x_6-2x_5}{2}=a_5$
	t_5			
x_6				

Soit n l'ordre de l'élongation initiale dans la seconde série, ou la différence des ordres de deux élongations correspondantes. On sait si ce nombre n est pair ou impair et la valeur approximative de la durée des oscillations, déduite de la première série, permet de le déterminer sans erreur possible.

La différence des époques des élongations correspondantes dans les deux séries est successivement

$$\frac{t'_0+t'_1}{2}-\frac{t_0+t_1}{2},\quad \frac{t'_1+t'_2}{2}-\frac{t_1+t_2}{2},\ \ldots\ldots$$

On obtient ainsi 5 valeurs

$$\frac{1}{n}\left(\frac{t'_0+t'_1}{2}-\frac{t_0+t_1}{2}\right),\quad \frac{1}{n}\left(\frac{t'_1+t'_2}{2}-\frac{t_1+t_2}{2}\right),\ldots$$

de la durée d'oscillation relative à l'époque moyenne comprise entre les deux séries. On pourra réduire cette durée à celle des oscillations infiniment petites, en faisant aux durées $\frac{t_2-t_0}{2}$, $\frac{t_3-t_1}{2}$, ... de chaque série la correction de l'angle d'écart, ou à la durée moyenne $\frac{1}{n}\left(\frac{t'_0+t'_1}{2}-\frac{t_0+t_1}{2}\right)$ celle de l'écart moyen des élongations qui se correspondent dans les deux séries.

La réduction de chaque durée d'oscillation aux angles infiniment petits rend les calculs plus longs, mais elle a l'avantage de fournir un contrôle continu des observations.

697. — Le décrément logarithmique, déduit de l'amplitude initiale a et de l'amplitude b de la n^e oscillation qui suit la précédente, est $\lambda=\frac{1}{n}l.\frac{a}{b}$.

Si l'on considère la première amplitude a comme connue exactement et que l'erreur absolue probable soit la même pour toutes les suivantes, on peut se proposer de choisir le nombre n d'oscillations qui donne la valeur de λ avec la plus grande approximation. Désignant par $d\lambda$ l'erreur qui correspond à une erreur db sur la dernière amplitude b, on a

$$\frac{d\lambda}{\lambda}=-\frac{db}{bl.\frac{a}{b}}.$$

Le premier membre de cette équation, qui représente l'erreur relative commise sur la détermination de λ, a la moindre valeur lorsque le produit $bl.\frac{a}{b}$, considéré comme une fonction de b, est maximum, c'est-à-dire quand on a

$$l.\frac{a}{b}=1,\ \text{ou}\ n=\frac{1}{\lambda}.$$

Avec la suite des observations de Gauss, on détermine le décrément logarithmique λ, suivant les cas, soit par les amplitudes d'une même série

$$\lambda = l.\frac{a_1}{a_2} = l.\frac{a_2}{a_3} = l.\frac{a_3}{a_4} = l.\frac{a_4}{a_5} = \frac{1}{4}l.\frac{a_1}{a_5},$$

soit, par les amplitudes correspondantes de deux séries consécutives, séparées par un nombre $n - 1$ d'oscillations,

$$\lambda = \frac{1}{n}l.\frac{a_1}{a'_1} = \frac{1}{n}l.\frac{a_2}{a'_2} = \ldots = \frac{1}{5n}\left[l.\frac{a_1}{a'_1} + l.\frac{a_2}{a'_2} + \ldots + l.\frac{a_5}{a'_5}\right].$$

soit enfin, plus simplement, par les amplitudes moyennes a, a', a'',.... des séries différentes.

En calculant la valeur de λ par les oscillations successives d'une même série ou par les oscillations correspondantes de deux séries différentes, on se réserve l'avantage de vérifier si les amplitudes varient bien en progression géométrique.

698. — Nous reproduisons l'exemple donné par Gauss lui-même comme application de la méthode, avec quelques changements dans la disposition des colonnes et en supprimant les dernières décimales qu'on peut considérer comme illusoires. Cette observation se rapporte aux oscillations d'un aimant de 25 livres soumis simplement à l'action de la terre.

Les époques observées sont celles du passage du trait 1000 de l'échelle sur le réticule. On a joint au tableau les valeurs de la position du zéro déduites de la formule (35). Ces valeurs n'interviennent pas dans les calculs ; mais il est nécessaire de s'assurer que le zéro n'a pas varié de quantités sensibles dans le cours d'une même série, et, par suite, dans l'intervalle de deux passages consécutifs, car le calcul de l'époque de l'élongation n'est exact qu'autant que cette dernière condition se trouve remplie.

Les élongations 0 et 4 donnent $42^s,20$ comme valeur approchée de la durée de l'oscillation; en divisant par cette durée l'intervalle compris entre la quatrième élongation et la première de la série suivante, on obtient le nombre 142,98; cette dernière élongation, qui est d'ordre impair, portera donc le numéro 147. On opérera de même pour les séries suivantes.

Ordre des élongat.	Élongation.	Époque du passage.	Époque de l'élongation.	Position du zéro.	Amplitude de l'oscillat.
	1755,1				
		$21^h55^m26^s,9$			
0	266,0		$21^h55^m47^s,65$	1009,72	1487,45
		56 8,4			
1	1731,8		56 29,80	1009,52	1484,55
		51,2			
2	268,5		57 12,10	1009,42	1481,85
		57 33,0			
3	1748,9		57 54,25	1009,47	1478,85
		58 15,5			
4	271,6		58 36,45	1009,07	1474,95
		57,4			
	1744,2				
	497,8				
		23 38 49,2			
147	1502,2		23 39 10,35	1000,57	1003,15
		39 31,5			
148	500,1		52,55	1000,37	1000,55
		40 13,6			
149	1499,1		40 34,80	1000,22	997,75
		56,0			
150	502,6		41 17,05	1000,20	995,20
		41 38,1			
151	1496,5		59,20	1000,40	992,20
		42 20,3			
	506,1				
	645,9				
		1 10 12,6			
277	1341,5		1 10 33,40	994,05	694,90
		54,2			
278	647,3		11 15,60	993,87	693,15
		11 37,0			
279	1339,4		57,70	993,70	691,40
		12 18,4			
280	648,7		12 39,85	993,45	689,50
		13 1,3			
281	1337,0		13 22,15	993,35	687,30
		43,0			
	650,7				
	1232,1		2 49 40,60	1003,72	455,65
		2 49 19,7			
418	775,9		50 22,80	1003,57	454,85
		50 1,5			
419	1231,0		51 4,95	1003,12	453,45
		44,1			
420	776,4		47,15	1002,95	451,50
		51 25,8			
421	1228,7		52 29,25	1092,92	449,85
		52 8,5			
422	778,0				
		0,05			
	1227,0				

Les élongations correspondantes dans les deux premières séries, donnent, pour la durée de 147 oscillations :

Entre les élongations	0	et	147......	$1^h43^m22^s,70$
—	1	—	148	22,75
—	2	—	149	22,70
—	3	—	150	22,80
—	4	—	151	22,75

La moyenne $1^h43^m22^s,74$ donne $42^s,195$ pour la durée moyenne d'une oscillation dans le premier intervalle ; on obtient de même $42^s,176$ pour le second intervalle, et $42^s,179$ pour le troisième. La moyenne générale est $42^s,1834$.

Entre les séries successives 1 et 2, 2 et 3, 3 et 4, on trouve, pour le décrément logarithmique, 0,002689, 0,002813, 0,002996. Ces valeurs sont légèrement croissantes ; les amplitudes diminuent donc un peu plus vite que ne le comporterait la loi de la progression géométrique.

La distance de l'échelle était de 4775,9 millimètres. La réduction aux oscillations infiniment petites, calculée par la formule (34), donne, pour l'intervalle qui sépare les milieux de deux séries consécutives,

Élongations.			$\frac{6\gamma}{n}$	$\frac{6\gamma}{n^2}$	τ
2	et	149	$1^s,611$	$0^s,0109$	$42^s,184$
149	—	279	0,622	0,0051	42,171
279	—	420	0,328	0,0023	42,176

La moyenne $42^s,177$ représente la valeur de τ avec une erreur probable inférieure à 5 millièmes de secondes.

CHAPITRE TROISIÈME

MESURE DES COUPLES

699. — Le couple de torsion qui tend à ramener, vers sa position d'équilibre, un appareil mobile autour d'un axe, pourrait être déterminé en toute rigueur par l'action d'un couple antagoniste, tel que celui qu'on obtiendrait par un poids attaché à l'extrémité d'un bras de levier de longueur connue; cette méthode directe a été employée par Wertheim [1] pour étudier l'élasticité de torsion des barres métalliques, mais elle ne serait pas applicable dans la plupart des cas, et la valeur d'un couple de torsion se déduit le plus souvent de l'étude des oscillations.

La durée T des oscillations infiniment petites, lorsque l'amortissement est négligeable, permet de déterminer, par l'équation

$$\frac{C}{K} = n^2 = \frac{\pi^2}{T^2}, \tag{1}$$

le rapport du coefficient C (**675**) au moment d'inertie K du système.

700. Moments d'inertie. — La détermination du moment d'inertie K peut être faite, soit directement, quand le corps est homogène et de forme géométrique, d'après son poids et ses dimensions, soit indirectement, par comparaison avec un corps dont le moment d'inertie est calculable directement.

[1] *Ann. de chim. et de phys.* [3] T. L, p. 195 et 385, 1857.

Nous rappellerons ici les principales formules, relatives aux moments d'inertie, dont nous aurons à faire usage.

Dans le système C.G.S. (**612**), la masse d'un corps est donnée directement par la valeur numérique de son poids p en grammes. Quand on prend le gramme comme unité de force, la masse est égale à $\frac{p}{g}$, g étant l'accélération de la pesanteur exprimée en centimètres.

Le *rayon de giration* d'un corps par rapport à un axe est la distance à laquelle il faudrait transporter toute la masse du corps pour que son moment d'inertie par rapport à cet axe ne fût pas modifié. Si on appelle ρ le rayon de giration évalué en centimètres, le moment d'inertie a pour expression, en unités C.G.S,

$$K = p\rho^2.$$

et, avec le gramme comme unité de force,

$$K = \frac{p}{g}\rho^2.$$

Rappelons encore ce théorème très utile dans la pratique :

Le moment d'inertie K' *d'un corps, par rapport à un axe quelconque, est égal au moment d'inertie* K *du corps par rapport à un axe parallèle au premier et passant par le centre de gravité, plus le produit de la masse par le carré de la distance* r *des deux axes.*

Le rayon de giration ρ' par rapport au nouvel axe satisfait donc à la relation

$$\rho'^2 = \rho^2 + r^2.$$

701. — Nous donnerons la valeur du rayon de giration pour un certain nombre de corps homogènes de forme simple.

Parallélépipède rectangle. — Si les dimensions du parallélépipède sont $2a$, $2b$, $2c$, on a, pour un axe passant par le centre parallèlement à la dimension c,

$$\rho^2 = \frac{a^2 + b^2}{3}.$$

L'expression $\sqrt{a^2+b^2}$ représente la moitié de la diagonale de la face perpendiculaire à l'axe. Lorsque l'une des dimensions transversales, b par exemple, est très petite, comme dans le cas d'une lame mince, cette expression, mise sous la forme

$$\rho^2 = \frac{a^2}{3}\left(1+\frac{b^2}{a^2}\right),$$

montre que l'on peut prendre, pour ρ, la valeur approchée $\frac{a}{\sqrt{3}}$, quand $\frac{b^2}{a^2}$ est de l'ordre des quantités négligeables.

Cylindre plein. — Pour un cylindre circulaire droit à bases parallèles, de rayon a et de hauteur quelconque, le rayon de giration par rapport à l'axe, est donné par l'expression

$$\rho^2 = \frac{a^2}{2}.$$

Par rapport à une droite passant par le centre et perpendiculaire à l'axe, on a, en appelant $2l$ la longueur du cylindre,

$$\rho^2 = \frac{l^2}{3}+\frac{a^2}{4} = \frac{l^2}{3}\left(1+\frac{3}{4}\frac{a^2}{l^2}\right).$$

Cylindre creux. — Soient a et a' les rayons de deux cylindres circulaires droits concentriques, le rayon de giration, par rapport à l'axe commun, du volume compris entre eux est donné par la formule

$$\rho^2 = \frac{a^2+a'^2}{2};$$

on peut écrire

$$\rho^2 = \frac{(a+a')^2+(a'-a)^2}{4} = \left(\frac{a+a'}{2}\right)^2\left[1+\left(\frac{a'-a}{a+a'}\right)^2\right].$$

Si l'épaisseur $a'-a=e$ est très petite, on a, en négligeant les termes du deuxième ordre en $\frac{e}{a}$,

$$\rho^2 = a^2\left(1+\frac{e}{a}\right).$$

Sphère. — Pour une sphère pleine de rayon a, on a

$$\rho^2 = \frac{2}{5}a^2.$$

702. — Dans les expériences de précision, il faut employer des corps de construction facile et dont les dimensions puissent être mesurées rigoureusement; il est en outre préférable, afin de charger le moins possible les appareils oscillants, de choisir ceux qui ont le moment d'inertie maximum pour un poids donné, c'est-à-dire ceux qui ont le plus grand rayon de giration.

Coulomb se servait d'un *cylindre plein*, mobile autour de son axe. Sir W. Thomsom recommande l'emploi d'un *cylindre creux* reposant sur une lame mince, carrée ou circulaire, qui permette de le centrer exactement par rapport à l'axe de rotation. Ces deux formes ont l'avantage de se prêter facilement au travail du tour et aux vérifications, et elles ne donnent contre le milieu extérieur qu'un frottement très faible. Le cylindre creux est moins facile à régler, mais les défauts d'homogénéité de la matière y présentent moins d'inconvénients et n'altèrent pas d'une manière appréciable le rayon de giration.

Un *parallélépipède rectangle*, sous la forme de *lame mince* très allongée, peut être aussi employé avec avantage. Les dimensions d'une lame peuvent être mesurées plus facilement que celles du cylindre et l'épaisseur n'apporte qu'un terme de correction très petit. Toutes choses égales d'ailleurs, une lame donne une valeur plus grande du rayon de giration que le cylindre annulaire employé par sir W. Thomson, car, si on suppose ce cylindre fendu et rectifié, son moment d'inertie sous forme de lame est $\frac{\pi^2}{3}$ fois plus grand que sous forme d'anneau.

703. — **Détermination expérimentale des moments d'inertie et des couples**. — Lorsque le système mobile a une forme complexe ou n'est pas homogène, son moment d'inertie ne peut être déterminé, en général, que par l'expérience et par comparaison avec celui d'un corps homogène de forme simple.

Il se présente deux cas distincts, suivant que le couple directeur, qui tend à ramener le système à sa position d'équilibre, est indépendant ou non du poids du système.

Dans le premier cas, on détermine la durée T des oscillations infiniment petites du système; si l'amortissement n'est pas négligeable, on déduit la valeur de T de la durée réelle τ des oscillations infiniment petites, en la corrigeant de l'effet d'amortissement. On ajoute ensuite au système un corps auxiliaire, de moment d'inertie K′ connu et on détermine, de la même manière, la nouvelle durée T′ des oscillations. On a alors

$$\frac{C}{\pi^2}=\frac{K}{T^2}=\frac{K+K'}{T'^2}=\frac{K'}{T'^2-T^2};$$

on en déduit

$$K=\frac{T^2}{T'^2-T^2}K',$$

$$C=\frac{\pi^2}{T'^2-T^2}K'.$$

Dans ses expériences sur le magnétisme terrestre, Gauss [1] fixait à l'équipage mobile une règle horizontale divisée et employait, comme corps auxiliaire, *deux sphères* qu'il suspendait à la règle par des crochets, de part et d'autre et à égale distance de l'axe. On mesure exactement la distance d des points d'attache des deux crochets. Si q' est le poids de chaque crochet, ρ' son rayon de giration par rapport à un axe passant par le centre de gravité de la sphère, a le rayon des sphères et q le poids de chacune d'elles, le moment d'inertie du système additionnel a pour valeur

$$K'=2(q+q')\frac{d^2}{4}+\frac{2}{5}qa^2+q'\rho'^2;$$

le terme $q'\rho'^2$ est généralement négligeable

Si l'on veut éliminer le moment d'inertie K_1 de la règle, on

(1) *Intensitas vis magnet*, etc. *Comm. Gott.*, VIII, 1841; *Œuv.* V, p. 95.

fera osciller le système dans trois conditions différentes : 1° sans la règle ; 2° avec la règle et sans les sphères ; 3° avec la règle et les sphères. Les équations

$$\frac{C}{\pi^2} = \frac{K}{T^2} = \frac{K+K_1}{T_1^2} = \frac{K+K_1+K'}{T'^2}$$

permettent de déterminer les trois quantités K, K_1 et C, en fonction du moment d'inertie K′ et des trois durées d'oscillation T, T_1 et T′. Il est utile, d'ailleurs, de répéter la troisième détermination avec des valeurs différentes de d, et de calculer les inconnues en combinant toutes les équations par une méthode convenable.

Une *lame rectangulaire*, une *sphère* suspendue à l'axe, un *cylindre* plein ou creux rempliraient le même office avec plus ou moins d'avantages.

704. — En réalité, il y a toujours lieu de craindre, quel que soit le mode de suspension du système mobile, que le couple directeur ne soit pas indépendant du poids.

On dirige alors les expériences de manière à modifier le moment d'inertie du système d'une quantité connue, sans en altérer le poids total. Il suffit que l'équipage oscillant soit composé d'une partie fixe, de moment d'inertie K, et d'une partie mobile dont le moment d'inertie prenne dans deux positions successives des valeurs connues K′ et K″ ; les durées d'oscillations T′ et T″ correspondantes donneront

$$\frac{C}{\pi^2} = \frac{K+K'}{T'^2} = \frac{K+K''}{T''^2} = \frac{K'-K''}{T'^2-T''^2}.$$

Si l'on se propose seulement de déterminer le couple de torsion C, on aura

$$C = \frac{\pi^2}{T'^2 - T''^2}(K'-K'') ;$$

il suffit donc de connaître la différence K′ — K″ des moments d'inertie du système mobile dans les deux positions.

Supposons, par exemple, que la partie mobile soit formée

par les deux sphères de Gauss, ou par deux poids q de forme quelconque placés successivement aux distances d' et d'' et d'une manière symétrique par rapport à l'axe de rotation ; on aura

$$K' - K'' = \frac{q}{2}(d'^2 - d''^2).$$

On peut encore employer une *règle rectangulaire* de poids q, disposée de façon que deux des dimensions a et b puissent être rendues alternativement perpendiculaires à l'axe, par une simple rotation de 90° autour d'une parallèle à l'arête c.

Dans ce cas, les valeurs absolues des moments d'inertie K' et K'' dépendent de la distance du centre de gravité de la règle à l'axe de rotation, mais leur différence est

$$K' - K'' = q\left(\frac{a^2 + c^2}{3} - \frac{b^2 + c^2}{3}\right) = q\frac{a^2}{3}\left(1 - \frac{b^2}{a^2}\right).$$

105. — Supposons enfin que le moment du couple directeur soit dans un rapport connu avec le poids du système, proportionnel par exemple, comme nous le verrons pour la suspension bifilaire. En appelant P le poids, et K le moment d'inertie du système primitif, P' et K' les mêmes quantités relatives au corps additionnel, et h un coefficient constant, on aura

$$C = hP,$$
$$C' = h(P + P'),$$

et, par suite, pour les durées T et T' d'oscillation,

$$hPT^2 = \pi^2 K,$$
$$h(P + P')T'^2 = \pi^2(K + K').$$

On en déduit

$$K = \frac{PT^2}{(P + P')T'^2 - PT^2}K',$$
$$h = \frac{\pi^2 K'}{(P + P')T'^2 - PT^2}.$$

706. Balance unifilaire. — La balance unifilaire ou *balance de torsion* a été imaginée par Coulomb, qui a montré tout le parti qu'on en pouvait tirer pour la mesure des petites forces (¹); elle se compose essentiellement d'un fil élastique, ordinairement de métal, fixé à sa partie supérieure et soutenant un système mobile, par exemple, une aiguille portant une sphère électrisée, un barreau aimanté, etc.

Le fil est attaché par sa partie supérieure à un tambour divisé; ce tambour, mobile en face d'un repère ou d'un vernier, permet de mesurer la rotation qu'on imprime à l'extrémité du fil. Lorsque le système est libre et n'a pas par lui-même de force directrice, il a pour position d'équilibre celle où le fil est sans torsion. Si le système est soumis à une force directrice étrangère, s'il porte, par exemple, un aimant soumis à l'action de la terre, on peut toujours, par une rotation convenable du tambour, amener le système dans la direction qu'il prendrait sous la seule action de la force directrice, le fil étant alors sans torsion. La condition est évidemment réalisée si la position d'équilibre ne change pas quand on supprime la force directrice extérieure, quand, par exemple, on remplace le barreau aimanté par un barreau de cuivre de même poids. Tout déplacement angulaire α du corps, à partir de cette position, détermine une torsion de même angle dans le fil, si l'extrémité supérieure est restée fixe; si on tourne, en outre, le micromètre supérieur d'un angle A en sens contraire, la torsion totale du fil est égale à la somme des deux angles et, par suite, égale à $A+\alpha$.

707. Lois de la torsion. — Quand on écarte de sa position d'équilibre un système suspendu à un fil métallique et qu'on l'abandonne à lui-même, il exécute de part et d'autre des oscillations. Les expériences de Coulomb ont démontré que, dans des limites assez étendues, ces oscillations sont très sensiblement isochrones. Il en résulte que le moment du couple qui tend à ramener le fil tordu à sa position d'équilibre est proportionnel à l'angle d'écart.

(¹) Coulomb, *Mém. des savants étrangers*, t. X, 1777; et *Mém. de l'Acad.* pour 1784.

Si la torsion totale est θ, ce couple a pour expression $C\theta$. La constante C représente le moment du couple qui serait nécessaire pour tordre le fil d'un angle égal à l'unité, si la loi de la proportionnalité s'étendait à un angle quelconque; nous l'appellerons le *coefficient de torsion du fil*. L'expérience montre que sa valeur est sensiblement indépendante du poids du corps suspendu, autrement dit, de la tension du fil.

Si le fil est cylindrique et de section circulaire, de longueur l et de diamètre d, on a, d'après Coulomb,

$$C = \mu \frac{d^4}{l}. \tag{2}$$

Le coefficient C d'un fil est donc en raison inverse de sa longueur et proportionnel à la quatrième puissance de son diamètre, ou au carré de la section, le facteur μ ne dépendant que de la nature du fil et de sa température.

708. — Si l'on fait, dans cette formule, $d = 1$ et $l = 1$, on a $C = \mu$. Le coefficient μ est donc l'expression numérique du couple capable de tordre d'un angle égal à l'unité un cylindre ayant un centimètre de diamètre de base et un centimètre de hauteur, et qui agirait sur l'une des bases, l'autre étant fixée invariablement. Toutefois le coefficient μ n'est pas en réalité le moment d'un couple : il représente le quotient d'une force par une surface et ne diffère que par un facteur numérique de ce qu'on appelle ordinairement la *rigidité* ou le *second module d'élasticité*.

Considérons, en effet, un cylindre droit de section S, et supposons que, l'une des bases étant fixée d'une manière invariable, on soumette l'autre, en chaque point, à l'action d'une force tangentielle, de grandeur et de direction constante, égale à F par unité de surface : chaque section parallèle aux bases se déplace parallèlement à elle-même, sans déformation, et d'une quantité proportionnelle à sa distance à la base fixe; le cylindre s'incline donc d'un angle α indépendant de sa hauteur et proportionnel à la force F, et on peut écrire

$$\alpha = \frac{1}{\varphi} F \quad \text{ou} \quad F = \alpha\varphi.$$

Le coefficient φ est le second module d'élasticité ; il représente physiquement la force qui serait nécessaire pour incliner, d'un angle égal à l'unité, un cylindre dont la section serait égale à l'unité et l'une des bases fixe.

Supposons maintenant qu'un cylindre circulaire, de longueur l et de diamètre d, soit tordu d'un angle θ ; chacune des génératrices primitives devient une hélice. La base inférieure étant fixe, le déplacement d'un point de la base supérieure, situé à une distance r de l'axe, est égal à $r\theta$, et l'inclinaison sur l'axe de l'hélice correspondante est $\alpha = \frac{r\theta}{l}$; la réaction élastique par unité de surface est

$$F = \alpha\varphi = \theta \frac{\varphi}{l} r,$$

et son moment par rapport à l'axe

$$Fr = \theta \frac{\varphi}{l} r^2.$$

Le moment par rapport à l'axe des réactions élastiques relatives à la surface d'une couronne circulaire comprise entre les rayons r et $r + dr$ a pour valeur

$$Fr . 2\pi r dr = \theta \frac{2\pi\varphi}{l} r^3 dr.$$

Le couple de torsion $C\theta$ est égal à l'intégrale de cette expression étendue à toute la base du cylindre ; on a donc

$$C = \frac{2\pi\varphi}{l} \int_0^{\frac{d}{2}} r^3 dr = \frac{\pi}{32} \varphi \frac{d^4}{l}.$$

Comparant cette valeur avec celle de Coulomb, donnée par l'équation (2), on en déduit

$$\mu = \frac{\pi}{32} \varphi.$$

709. Détermination du coefficient de torsion. — L'application des méthodes dont il a été question plus haut à la détermination du coefficient de torsion d'un fil ne laisse pas que de présenter des difficultés sérieuses.

Si l'on veut que le fil employé ait un moment de torsion bien fixe, il faut le recuire avec le plus grand soin, de manière à faire disparaître toute trace de torsion antérieure. S'il conservait des restes de torsion, le zéro se déplacerait avec le temps et, en outre, la réaction élastique ne serait pas la même de part et d'autre de la position d'équilibre.

Les expériences de Coulomb tendent à montrer que le coefficient C est indépendant de la tension ; mais cette loi n'est qu'approchée, et des recherches plus précises ont montré que l'élasticité d'un fil diminue quand la tension augmente, déduction faite de la variation qui résulte du changement de longueur et de diamètre [1].

Les oscillations doivent toujours rester comprises dans d'étroites limites, car les déformations permanentes ne tardent pas à se manifester. D'après M. Wiedemann [2], ces déformations se produiraient même sous les angles les plus petits et le mouvement oscillatoire d'un fil autour de son axe serait en réalité beaucoup plus compliqué que le mouvement pendulaire simple, la position d'équilibre se trouvant à chaque instant déplacée par les oscillations.

L'expérience semble indiquer, en effet, que le coefficient de rigidité qu'on déduit de très petites oscillations est plus grand que celui que fournissent des oscillations plus grandes. On peut attribuer à la même cause une partie au moins des écarts entre les valeurs des coefficients trouvés par la méthode des oscillations et par la méthode statique de simple torsion ; ces derniers, qui sont les plus petits, ont toujours été déduits de torsions plus considérables.

Une torsion permanente diminue la rigidité. Dans une expérience citée par sir W. Thomson, une torsion permanente de 10 tours faisant perdre à un fil de cuivre de $3^{m},50$ de longueur

(1) W. Thomson, *Encyc. Brit.*, article « *Elasticity* », § 81.

(2) Wiedemann, *Ann. Wied.*, t. VI, p. 485, 1879.

et de $0^c,154$ de diamètre, le vingtième de sa rigidité; pour 100 tours, la diminution dépassait un dixième, et elle allait en croissant jusqu'à la rupture du fil. Un allongement permanent produit le même effet.

710. — Une autre remarque curieuse, due à sir W. Thomson, est que la rigidité d'un fil diminue toujours à la suite d'une longue période d'oscillations. La *fatigue* du fil tend donc à diminuer son élasticité de torsion.

Cette influence de la fatigue se fait sentir d'une manière encore plus marquée sur une autre propriété à laquelle sir W. Thomson donne le nom de *viscosité* et qui est l'analogue du frottement moléculaire dans les liquides. Un corps ne peut changer de forme, fût-il absolument élastique, sans qu'il y ait dépense ou dissipation d'énergie, et c'est à cette cause qu'est due la plus grande part de l'amortissement progressif des oscillations. L'expérience montre que la viscosité augmente avec la vitesse des oscillations, avec la tension et la fatigue du fil : le temps nécessaire pour que l'amplitude des oscillations décroisse de 2 à 1 est, en effet, d'autant moindre que l'amplitude initiale est plus grande, et, toutes choses égales d'ailleurs, les oscillations s'éteignent plus vite avec un fil maintenu pendant longtemps en vibration que pour un fil identique resté en repos pendant le même temps.

La viscosité du verre est plus grande que celle de l'argent, du fer, de l'alumium ; celle du zinc est exceptionnellement grande, et on ne peut jamais, avec un fil de ce métal, compter qu'un très petit nombre d'oscillations.

711. — Le tableau suivant donne les valeurs des coefficients φ et μ pour les métaux usuels. Le gramme est pris comme unité de force, le centimètre comme unité de longueur.

Nous y avons ajouté d'autres coefficients utiles à connaître. La *ténacité* d'un fil est le poids maximum qu'il peut porter sans se rompre; ce poids est évidemment indépendant de la longueur du fil et proportionnel à sa section. Le *coefficient de ténacité* T est la ténacité d'un fil dont la section est égale à un centimètre carré.

Lorsqu'un fil est tendu par un poids, il éprouve un allongement λ proportionnel à sa longueur l, au poids tenseur P, et en raison inverse de sa section S; on peut donc écrire

$$\lambda = \frac{lP}{ES}.$$

Le coefficient E, que l'on appelle *premier module d'élasticité* ou module d'Young, représenterait le poids nécessaire pour doubler la longueur d'un fil de section égale à l'unité. Les différents coefficients μ, φ, T et E ont les mêmes dimensions; ils représentent le quotient d'une force par une surface. On aura leurs valeurs en unités C.G.S. en multipliant les nombres du tableau par la valeur de g exprimée en centimètres, c'est-à-dire par 981.

Nature du métal.	Rigidité 2ᵉ module d'élasticité. φ	Coefficient de Coulomb. μ	Coefficient de Ténacité. T	1ᵉʳ module d'élasticité. E	$\frac{\varphi}{T}$	$\frac{E}{T}$	$\sqrt{\frac{E}{T}}$
Aluminium	$265,2.10^6$	$260,1.10^5$	»	673.10^6	»	»	
Argent	271,8 »	266,5 »	$2,96.10^6$	742 »	91,8	250	15,8
Or	281,0 »	274,8 »	2 70 »	813 »	104,1	301	17,3
Zinc	338,4 »	331,9 »	1,58 »	767 »	214,0	485	22,0
Laiton	350.5 »	343,8 »	3,43 »	988 »	102,0	288	17,0
Pl.-Arg. (1)	369,9 »	362,7 »	»	1050 »	»	»	
Cuivre	440,6 »	432 8 »	4,22 »	1200 »	104,4	284	16,8
Maillechort	493,7 »	483,3 »	»	1300 »	»	»	
Platine	692 7 »	679,5 »	3,50 »	1490 »	189,0	329	20,9
Fer	773,1 »	758,9 (2)	6,40 »	2000 »	136	312	17,6

Toutes choses égales d'ailleurs, un fil sera d'autant plus sensible que, pour un couple de torsion déterminé, il pourra porter la plus grande charge, c'est-à-dire que le rapport des coefficients φ et T sera plus petit; c'est ce qui a lieu pour l'argent. Ce métal présente en outre d'autres qualités qui l'ont fait souvent employer dans les appareils de torsion.

712. Influence de la température. — Le coefficient de torsion varie beaucoup avec la température. D'après les expériences de M. F. Kohlrausch (3) sur le fer, le cuivre et le lai-

(1) Alliage de platine et d'argent formé de 2 Arg. + 1 Plat.

(2) Les expériences de Coulomb conduiraient au nombre 744.10^5. *Mémoires de l'Académie pour* 1784.

(3) F. Kohlrausch, *Ann. Pogg.* [3], t. CXLI, p. 481, 1870.

ton, l'élasticité de torsion μ à une température quelconque peut être représentée, en fonction de sa valeur μ_0 à zéro, par une expression de la forme

$$\mu = \mu_0(1 - \alpha t - \beta t^2).$$

Pour ces métaux, les valeurs des coefficients α et β sont :

	α	β
Fer.....	$4{,}47.10^{-4}$	$5{,}2.10^{-7}$
Cuivre.	5,20	2,8
Laiton.	4,28	13,4

L'élévation de température produisant en outre une dilatation, le coefficient de torsion, pour la température t, d'un fil dont l et d représentent la longueur et le diamètre à zéro, et δ le coefficient de dilatation linéaire, sera donné en fonction du coefficient de torsion C_0 relatif à la température de zéro, par la formule

$$C = C_0(1 - \alpha t - \beta t^2)(1 + 3\delta t),$$

ou, plus simplement,

$$C = C_0[1 - (\alpha - 3\delta)t].$$

Pour le cuivre, on a $3\delta = 0{,}51.10^{-4}$; la variation résultant du changement d'élasticité est donc 10 fois plus grande que celle qui est due à la dilatation.

713. Fils de soie. — Ces fils, tels qu'ils sortent du cocon, sont cylindriques; ils présentent une très grande régularité et sont très résistants : d'après les nombres cités par Coulomb (¹), un fil de soie simple peut porter 10 grammes sans se rompre. Weber (²) a trouvé qu'au moment de la rupture, l'allongement d'un fil de soie est de $\frac{1}{7}$, dont les deux tiers restent à l'état

(¹) Coulomb, *Mém. de l'Académie pour* 1777.
(²) Weber, *Comm. Gottin.*, VIII; *Ann. Pog.*, t. XXXIV et LIV (1834-44).

permanent quand on diminue le poids tenseur. L'influence de la température et de l'état hygrométrique seraient deux fois moindres environ que sur les cheveux [1].

Coulomb cite une expérience dans laquelle un petit cylindre de cuivre de 1 pouce de longueur ($2^c,707$) pesant 6 grains ($0^g,3187$), suspendu à un fil de cocon de 1 pouce de long, faisait son oscillation en 40 secondes. On déduit de ces nombres que le coefficient de torsion d'un fil de soie simple de 1 centimètre de longueur est, en unités C.G.S,

$$C = 0,003254.$$

Un fil d'argent, pour présenter le même coefficient de torsion, devrait avoir seulement un diamètre de $0^{mm},00595$ et ne pourrait supporter sans se rompre un poids supérieur à $0^g,818$, tandis que le fil de cocon peut porter jusqu'à 10 grammes, c'est-à-dire un poids 13 fois plus grand. Pour porter le même poids, il faudrait employer au moins 13 de ces fils d'argent, ou un fil unique ayant une section 13 fois plus grande. Dans le premier cas, en supposant la distance des fils négligeable, le coefficient de torsion serait 13 fois plus grand; dans le second cas, ce coefficient serait 169 fois plus grand que celui du fil de cocon.

Ces nombres montrent l'avantage des fils de cocon dans toutes les suspensions, comme celle des aimants, où le système mobile a par lui-même une force directrice et où il y a intérêt à diminuer autant que possible celle de la suspension. En associant ces fils parallèlement entre eux et de manière que tous éprouvent sensiblement la même tension, on peut obtenir un faisceau aussi résistant qu'il est nécessaire et dont le couple de torsion est à peu près la somme des couples relatifs à chacun des fils. Quand on cherche à diminuer le couple de torsion, un faisceau de fils parallèles vaut toujours mieux qu'un seul fil ayant la même section totale. Si l'on pouvait négliger l'effet provenant de la distance des points

(1) *Ann. de chim. et de phys.*, [2], t. XXVI, p. 367, 1824. Rapport de Fresnel sur l'hygromètre de Babinet.

d'attache, le couple résultant serait, avec un fil unique, proportionnel au carré de la section, c'est-à-dire au carré n^2 du nombre des fils équivalents, et par suite n fois plus grand que le couple constitué par ces n fils.

711. Balance bifilaire. — On peut au contraire, profiter de la distance même des fils pour produire le couple de torsion. Tel est le principe de la *balance bifilaire*, employé d'abord par Snow Harris (¹), mais en réalité introduite dans la pratique par les travaux de Gauss et de Weber (²).

Dans la balance bifilaire, le système mobile est suspendu à deux fils voisins dont les points d'attache en haut et en bas

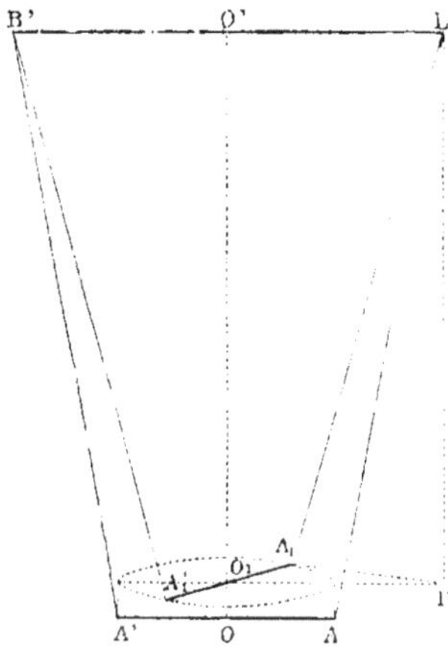

Fig. 134

sont habituellement à la même hauteur. Lorsque l'appareil est dévié de sa position d'équilibre, le poids du système donne naissance à un couple horizontal qui tend à le ramener dans sa direction primitive.

Nous supposerons d'abord que les deux fils de suspension sont égaux entre eux, les deux points d'attache supérieurs B

(¹) Snow Harris, *Phil. Trans.*, 1836. p. 417.
(²) Gauss et W. Weber. *Resultate aus den Beob. des Magn. Vereins*, 1837.

et B′ (fig. 134) à la même hauteur, et que le centre de gravité du corps suspendu est dans la verticale qui passe par le milieu O de la distance des deux points d'attache A et A′ des extrémités inférieures des fils. Dans ces conditions, et si les fils n'ont pas de torsion par eux-mêmes, l'équilibre existe quand les quatre points d'attache sont dans le même plan vertical, la ligne AA étant parallèle à la ligne BB′ et que, par suite, les deux fils sont symétriques par rapport à la verticale passant par le centre de gravité du système.

Posons $AA' = 2a$, $BB' = 2b$, $AB = l$.

Si on fait tourner le diamètre AA′ de l'angle θ autour de la droite OO′, chacun des fils s'incline sur la verticale, tout en restant rectiligne; le milieu O de la traverse AA′ s'élève en O_1 et les fils prennent les positions BA_1 et $B'A'_1$. Appelons z la distance $O'O_1 = BD$; on a

$$(1) \qquad z^2 = l^2 - \overline{A_1D}^2 = l^2 - a^2 - b^2 + 2ab\cos\theta$$
$$= l^2 - (b-a)^2 - 4ab\sin^2\frac{\theta}{2}.$$

On en déduit

$$(2) \qquad z\,dz = -ab\sin\theta\,d\theta.$$

Soit Q le moment du couple horizontal nécessaire pour maintenir le système dans sa nouvelle position. Le travail de ce couple, pour une rotation infiniment petite, est égal et contraire au travail de la pesanteur sur le poids P du système; on a donc

$$Q\,d\theta = -P\,dz = \frac{Pab\sin\theta\,d\theta}{z},$$

ou, en tenant compte des équations (1) et (2),

$$(3) \qquad Q = \frac{Pab}{z}\sin\theta = P\frac{ab}{l}\frac{\sin\theta}{\sqrt{1 - \frac{(b-a)^2}{l^2} - \frac{4ab}{l^2}\sin^2\frac{\theta}{2}}}.$$

Si la condition $a = b$ se trouve remplie, c'est-à-dire si les deux fils sont parallèles dans la position d'équilibre, il reste

$$(4) \qquad Q = P\frac{ab}{l}\frac{\sin\theta}{\sqrt{1-\frac{4a^2}{l^2}\sin^2\frac{\theta}{2}}}.$$

Le plus souvent les rapports $\frac{a}{l}$ et $\frac{b}{l}$ sont très petits; dans ce cas, le dénominateur ne diffère de l'unité que par un infiniment petit du second ordre, et on peut écrire

$$(5) \qquad Q = \frac{Pab}{l}\sin\theta = C'\sin\theta,$$

en posant

$$C' = \frac{Pab}{l}.$$

La quantité C' peut être appelée le *coefficient de torsion* du bifilaire; c'est le moment du couple qui produirait une déviation de 90°. On voit que ce moment est proportionnel au poids suspendu, au produit des distances des points d'attache et en raison inverse de la longueur des fils.

La *sensibilité* de la suspension, étant en raison inverse de ce couple, peut être mesurée par le rapport

$$\frac{l}{Pab}.$$

La torsion ne peut pas dépasser 90°, parce que le couple irait ensuite en diminuant. Snow Harris évitait cette restriction en employant un long bifilaire dont il réunissait les fils à différentes hauteurs par plusieurs traverses, de longueurs égales à la distance des points de suspension; l'appareil constituait ainsi une série de bifilaires ajoutés bout à bout. Pour n bifilaires identiques et une déviation totale θ, le couple de torsion a pour valeur

$$nC'\sin\frac{\theta}{n}.$$

715. — On peut encore tenir compte de la rigidité des fils qui n'est pas toujours négligeable. Lorsque le système éprouve une déviation θ, chacun des fils est tordu sensiblement du même angle. Si donc ils étaient sans torsion dans la position initiale, il suffit d'ajouter au couple $C'\sin\theta$ les deux couples de torsion $C\theta$ qui agissent dans le même sens ; l'équation d'équilibre devient alors

$$Q = C'\sin\theta + 2C\theta = C'\sin\theta\left[1 + 2\frac{C}{C'}\frac{\theta}{\sin\theta}\right].$$

Comme l'angle θ est inférieur à $\frac{\pi}{2}$, si le rapport $\frac{C}{C'}$ est très petit, on peut considérer les termes compris dans la parenthèse comme constants; en posant

$$(6) \qquad C_1 = C'\left(1 + 2\frac{C}{C'}\frac{\theta}{\sin\theta}\right),$$

il vient

$$Q = C_1 \sin\theta,$$

c'est-à-dire que le couple est encore sensiblement proportionnel au sinus de la déviation.

716. — Les conditions de symétrie, supposées dans le calcul qui précède, ne peuvent jamais être remplies d'une manière absolue, et il est nécessaire d'examiner les conséquences d'un défaut d'ajustement. Quelles que soient la longueur des fils et la disposition des points d'attache, il n'y a de position d'équilibre que celle où les fils sont dans un même plan vertical contenant le centre de gravité du système. Si on écarte le système de cette position et qu'on le maintienne dévié d'un angle θ sous l'action d'un couple horizontal, les seules forces agissantes, outre le couple extérieur et le couple de torsion des fils, sont le poids du système et les tensions des deux fils. Les composantes verticales des tensions font équilibre au poids; les composantes horizontales constituent un couple qui, avec les couples de torsion, fait équilibre au couple extérieur; ces composantes sont donc égales et parallèles.

Il résulte de là que si on projette le système sur un plan horizontal (fig. 135), les projections des deux fils A_1D et

A'_1D' sont toujours parallèles; les projections DD' et $A_1A'_1$ des lignes qui joignent les points d'attache se coupent en O, sur la verticale qui passe par le centre de gravité du système, et

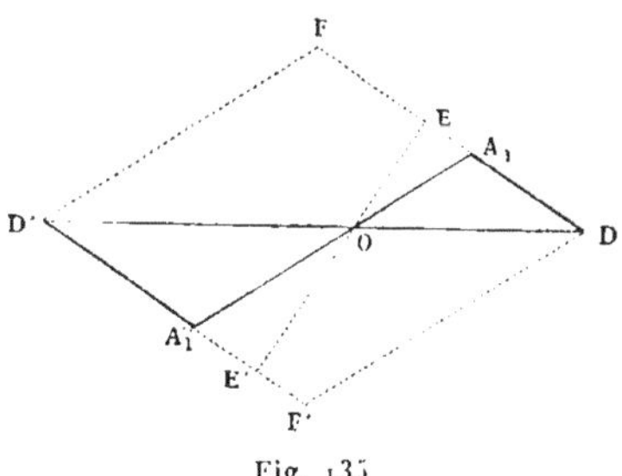

Fig. 135

sont partagées par ce point en parties inversement proportionnelles aux composantes verticales des tensions.

Soient p et p' ces composantes verticales, q la valeur commune des composantes horizontales, h et h' les projections verticales des deux fils, λ et λ' leurs projections horizontales, enfin $2a$ et $2b$ les projections des distances des points d'attache; on a les relations

$$P = p + p',$$

$$q = p\frac{\lambda}{h} = p'\frac{\lambda'}{h'}.$$

D'autre part, en appelant k la perpendiculaire commune EE' aux projections des deux fils, on a aussi

$$(\lambda + \lambda')k = 4ab\sin\theta,$$

car les deux membres de cette équation représentent la surface du parallélogramme DFD'F'.

Le moment Q du couple des forces q a pour valeur

$$Q = qk = \frac{4ab}{\frac{h}{p} + \frac{h'}{p'}}\sin\theta; \tag{7}$$

cette formule se réduit à l'expression (5), trouvée plus haut, lorsqu'on suppose $h = h'$ et $p' = p = \frac{P}{2}$, c'est-à-dire quand les conditions de symétrie sont remplies.

En appelant z la distance verticale des milieux des deux lignes qui joignent les points d'attache, on peut poser

$$h = z(1 - \varepsilon),$$
$$h' = z(1 + \varepsilon).$$

Posons de même, en remarquant que la plus grande valeur de p correspond à la plus petite valeur de h,

$$p = \frac{P}{2}(1 + \delta),$$
$$p' = \frac{P}{2}(1 - \delta);$$

il en résulte

$$\frac{h}{p} + \frac{h'}{p'} = \frac{4z}{P}\frac{1 + \varepsilon\delta}{1 - \delta^2},$$

et, par suite,

$$(8) \qquad Q = P\frac{ab}{z}\frac{1 - \delta^2}{1 + \varepsilon\delta}\sin\theta.$$

Comme δ est un nombre positif, on voit que le maximum de Q correspond à $\delta = 0$. Les conditions de symétrie sont donc celles pour lesquelles l'appareil a le minimum de sensibilité, c'est-à-dire celles qui donnent les oscillations les plus rapides. On se servira de cette propriété pour achever le réglage.

En général, les points d'attache supérieurs sont à la même hauteur et, d'autre part, le levier AA_1 est par construction perpendiculaire à la droite qui joint son milieu au centre de gravité du système mobile; il ne reste plus alors qu'à donner aux fils la même longueur. Toute difficulté est supprimée si on ne conserve que deux points d'attache, soit en haut, soit en bas, pour les deux extrémités d'un fil unique qui passe de l'autre côté sur une poulie. Quand les deux fils sont indépendants, on utilise la propriété du minimum de durée des oscillations, et le réglage se fait d'autant mieux que le centre de gravité du système mobile est plus bas. Lorsque l'appareil a été une fois ajusté, la même condition sert à le remettre en position après qu'il a été déplacé : on agit sur les vis calantes jusqu'à ce qu'on obtienne le minimum de sensibilité.

717. — Si le fil est fixé invariablement à ses points d'attache et de manière que le premier élément, à chaque bout, soit maintenu vertical, il ne reste plus rectiligne [1]. Dans ces conditions, le système, sous l'action d'un couple horizontal donné, subit un déplacement moindre que si le fil était parfaitement flexible. Pour une suspension symétrique, l'extrémité inférieure d'un fil parfaitement flexible se déplacerait, l'autre extrémité étant supposée fixe, d'une quantité $\delta = \frac{q}{p} l$. Quand les deux éléments extrêmes sont maintenus verticaux, on trouve que le déplacement a sensiblement pour valeur

$$(9) \qquad \delta_1 = \frac{q}{p}\left(l - 2\sqrt{\frac{\mathrm{EK}}{p}}\right),$$

E étant le premier module d'élasticité et K le moment d'inertie de la section du fil par rapport à un axe passant par son centre de gravité et perpendiculaire au plan de flexion.

Dans le cas d'un fil à section circulaire de rayon r, on a $\mathrm{K} = \frac{\pi r^4}{4}$ et, par suite,

$$(10) \qquad \delta_1 = \frac{q}{p}\left[l - r^2\sqrt{\frac{\mathrm{E}\pi}{p}}\right];$$

la correction revient donc à diminuer la longueur du fil d'une quantité indépendante de sa longueur.

Si on désigne par T′ la ténacité pratique du métal, c'est-à-dire le poids qu'on peut faire supporter sans inconvénient à un fil d'un centimètre carré de section, on peut poser

$$p = 2\pi r^2 \mathrm{T}' = 2\pi r^2 \alpha \mathrm{T},$$

[1] F. Kohlrausch, *Ann. Wied.*, t. XVII, p. 741, 1882.

α étant un coefficient inférieur à l'unité. La correction a alors pour expression $r\sqrt{\frac{E}{2\alpha T}}$ ou $r\sqrt{\frac{E}{T}}$, si l'on suppose $\alpha = \frac{1}{2}$. On trouve la valeur du radical dans la dernière colonne du tableau du n° **711**.

En supposant $r = 0{,}005$ et $p = 100$, on trouve que la correction s'élève à $0^c{,}28$ pour le fer, à $0^c{,}22$ pour le cuivre, à $0^c{,}17$ pour l'argent, et $0^c{,}25$ pour le platine; elle est donc loin d'être négligeable.

D'ailleurs le couple de torsion du bifilaire sera déterminé le plus souvent par les méthodes d'oscillation, et la valeur expérimentale renfermera ainsi en bloc toutes les corrections. Les formules qui précèdent ne seraient utiles que si l'on voulait calculer la valeur absolue du coefficient du bifilaire au moyen de ses dimensions.

718. Influence de la température. — La suspension bifilaire a sur l'unifilaire l'avantage d'être beaucoup moins sensible aux variations de la température; le seul effet résultant d'une élévation de température est la dilatation qui modifie la longueur des fils et les distances des points d'attache. La sensibilité étant proportionnelle à la première de ces quantités et en raison inverse du produit des deux autres, il serait possible, par un choix convenable de la nature des corps employés, d'établir entre les deux effets une compensation complète; mais cette précaution est superflue. Si les fils et les traverses sont en un même métal, la variation de sensibilité est proportionnelle au coefficient de dilatation; d'après les nombres cités plus haut (**712**) et les valeurs moyennes des coefficients de dilatation (**656**), cette variation n'est pas le trentième de celle qui résulterait, pour l'unifilaire, du changement d'élasticité correspondant à la même variation de température.

719. Comparaison de l'unifilaire et du bifilaire. — Supposons qu'on veuille suspendre un corps de p grammes, en lui donnant une force directrice déterminée.

Pour un bifilaire à fils parallèles de diamètre d et distants de $2a$, on aura

$$C' = \frac{pa^2}{l} + 2\mu\frac{d^4}{l}.$$

Le diamètre minimum du fil est déterminé, comme plus haut, par l'équation

$$p = \frac{\pi d^2 T'}{2},$$

ce qui donne

$$C' = \frac{d^4}{l}\left[\frac{\pi T'}{2}\frac{a^2}{d^2} + 2\mu\right].$$

Avec une suspension unifilaire, le fil doit avoir une section double, c'est-à-dire un diamètre égal à $d\sqrt{2}$; si la longueur est la même, le moment de torsion est

$$C = 4\mu\frac{d^4}{l}.$$

On déduit de ces expressions le rapport des coefficients

$$(11) \qquad \frac{C'}{C} = \frac{\pi T'}{8\mu}\frac{a^2}{d^2} + \frac{1}{2}.$$

Ce rapport est égal à l'unité si l'on a

$$\frac{a^2}{d^2} = \frac{4}{\pi}\frac{\mu}{T'} = \frac{\varphi}{8T'};$$

en faisant $T' = \frac{T}{2}$, il vient

$$\frac{a}{d} = \frac{1}{2}\sqrt{\frac{\varphi}{T}}.$$

Les chiffres rapportés au n° **211** montrent que, pour la plupart des métaux usuels, la valeur du rapport $\sqrt{\frac{\varphi}{T}}$ est voisine de 10; il en résulte que, pour un même métal, la sensibilité du bifilaire devient égale à celle de l'unifilaire quand on écarte seulement les deux fils de 5 fois leur diamètre. On arriverait à un résultat très différent avec des fils non métalliques, par exemple, des fils de cocon.

720. — Malgré les avantages du bifilaire, au point de vue des variations de température, ce mode de suspension semble avoir été toujours considéré comme se prêtant moins bien aux mesures absolues que la balance unifilaire, sans doute à cause de sa construction plus compliquée.

Cependant c'est le seul appareil pour lequel le couple de torsion puisse être déterminé directement d'après les seules dimensions, c'est-à-dire la longueur et l'écartement des fils, sans qu'on ait à faire intervenir le moment d'inertie d'un corps, ni à déterminer des durées d'oscillation. Il est vrai qu'on doit alors connaître avec une grande précision les distances a et b des points d'attache. Comme l'épaisseur du fil lui-même introduit dans la mesure de ces distances une cause d'incertitude, il faut qu'elles soient un peu grandes, ce qui diminue beaucoup la sensibilité. M. F. Kohlrausch a construit ainsi une suspension bifilaire de dimensions exceptionnelles, avec des fils de 2 mètres de longueur, et dans laquelle la distance des points d'attache, qui est de plusieurs centimètres, peut être mesurée directement à l'aide d'une division micrométrique.

721. Différentes positions d'équilibre d'un aimant porté par un système de fils. — Si le corps soutenu par la suspension a lui-même une force directrice, comme lorsqu'il s'agit d'un aimant soumis à l'action de la terre, l'équilibre peut être obtenu de plusieurs manières.

Gauss dit que l'aimant est dans la position *naturelle* lorsque son axe magnétique étant dans le méridien, le pôle N est tourné vers le nord, et dans la position *inverse* quand le pôle N est dirigé vers le sud.

Appelons M le moment magnétique du barreau, H la composante horizontale du magnétisme terrestre. Quand l'aimant est dans la position naturelle, le moment MH s'ajoute au couple de torsion C de la suspension, de sorte que le couple directeur Q du système a pour valeur

$$Q = C + MH,$$

et l'équilibre est toujours stable.

Si l'aimant est dans la position inverse, le couple directeur du système devient

$$Q = C - MH.$$

Dans ce cas, l'équilibre du système est stable ou instable suivant que l'on a

$$C \gtrless MH.$$

Avec le bifilaire, on peut toujours régler la distance des deux fils de manière que la condition $C > MH$ soit réalisée. Si l'on fait alors osciller le système alternativement dans les deux positions naturelle et inverse, les nombres N et N' des oscillations infiniment petites, ou d'égale amplitude, qui s'effectuent pendant le même temps, donnent la relation

$$\frac{N^2}{N'^2} = \frac{C + MH}{C - MH},$$

d'où l'on déduit le rapport des deux couples

$$(12) \qquad \frac{C}{MH} = \frac{N^2 + N'^2}{N^2 - N'^2}.$$

Supposons que, le barreau étant dans sa position naturelle et le fil sans torsion, on tourne le micromètre supérieur d'un angle ω. Pour atteindre le nouvel état d'équilibre, le plan vertical qui passe par l'axe magnétique du barreau tourne d'un angle θ et l'on a, avec une suspension unifilaire,

$$MH \sin\theta = C(\omega - \theta).$$

Un bifilaire donnerait, de même,

$$MH \sin\theta = C' \sin(\omega - \theta).$$

La direction de l'aimant est alors *oblique* au méridien magnétique. Si les coefficients C ou C′ sont connus, les angles ω et θ permettront de déterminer le produit HM.

L'aimant est dans la position *transverse* quand son axe magnétique est perpendiculaire au méridien. Dans ce cas, les deux équations précédentes deviennent

$$(13)\qquad \begin{aligned} MH &= C\left(\omega+\frac{\pi}{2}\right),\\ MH &= C'\cos\omega. \end{aligned}$$

Si la valeur de M reste constante, ainsi que le couple relatif à la suspension, les variations de la composante H pourront être déterminées par les changements de direction du système dans le voisinage de sa position transverse ([1]).

([1]) Gauss, *Resultate aus den Beob. des Mag. Ver.*, 1837; *Œuvres*, p. 137.

CHAPITRE QUATRIÈME

PROPRIÉTÉS DES COURANTS CIRCULAIRES

722. — Avant d'entreprendre l'étude des instruments électro-magnétiques, il est utile d'examiner d'une manière générale les propriétés des circuits conducteurs et surtout des bobines circulaires.

Nous considérerons principalement les bobines circulaires cylindriques, qui sont formées par un fil métallique entouré d'une matière isolante et enroulé dans une gorge de section rectangulaire. Ces bobines sont les plus faciles à construire, celles qui se prêtent le mieux aux mesures et au calcul et, par suite, celles dont il convient de faire usage dans les appareils destinés aux mesures absolues.

Une bobine cylindrique (**195**) formée de spires équidistantes, à la condition d'avoir un nombre pair de couches, ou un fil de retour si ce nombre est impair, équivaut à un système de courants circulaires équidistants normaux à l'axe. L'action d'une pareille bobine traversée par un courant est égale à l'induction magnétique d'un cylindre de même forme aimanté uniformément. Nous admettrons que les conditions de régularité d'enroulement, que cette assimilation suppose, sont remplies exactement et, lorsque la bobine est formée de plusieurs couches successives, que les rayons de ces couches varient en progression arithmétique.

L'enroulement d'un fil est *homogène* quand les spires de chaque couche sont équidistantes ainsi que les couches successives, et l'enroulement est *uniforme* quand la distance des couches successives est égale à celles des spires.

Nous supposerons que, dans chaque fil, le courant est concentré sur l'axe même du conducteur. Les résultats calculés dans cette hypothèse, quelquefois rigoureux, sont toujours très approchés tant que le diamètre des fils est très petit par rapport au rayon de courbure du circuit, et qu'on ne considère pas l'action en un point trop voisin du fil.

728. — Les propriétés d'une bobine doivent se déduire des différentes données qui en définissent les dimensions et le mode de construction.

Supposant l'enroulement homogène, nous appellerons :

y le rayon du fil nu ;

$y' = y + z$ le rayon extérieur du fil recouvert de son enveloppe isolante ;

l la longueur du fil comptée suivant son axe ;

d le poids spécifique du métal ;

ρ la résistance spécifique du métal ;

a' le rayon de la gorge de la bobine ;

a'' le rayon extérieur de la bobine ;

$2c$ l'épaisseur de la gorge suivant le rayon : $2c = a'' - a'$;

$2b$ la longueur de la gorge suivant l'axe ;

ω la section méridienne de la gorge : $\omega = 2b(a'' - a') = 4bc$;

a la distance de l'axe au centre de gravité de la section de la gorge : $a = \dfrac{a'' + a'}{2}$;

U le volume de la gorge : $U = 2\pi(a''^2 - a'^2)b = 2\pi a\omega$;

V le volume du métal ;

V' le volume total du fil, y compris l'isolant ;

n le nombre total des spires ;

n_1 le nombre des spires par unité de longueur suivant l'axe de la bobine ;

n_2 le nombre des spires par unité de longueur suivant le rayon de la bobine.

Ces données permettront de déterminer les autres éléments, tels que la longueur, le volume et le poids du fil, le volume de l'isolant, etc., enfin les propriétés électriques de la bobine.

Laissant de côté, pour le moment, les effets d'induction, nous aurons à calculer :

1° La résistance totale R du fil ;

2° La surface totale S, c'est-à-dire la somme des surfaces limitées par les différentes spires, ou le moment magnétique de la bobine pour l'unité de courant;

3° L'action électro-magnétique G de la bobine, ou l'intensité du champ magnétique pour l'unité de courant.

721. Longueur du fil. — Rayon moyen. — Le pas de chacune des spires est égal à $\frac{1}{n_1}$; une spire dont la projection sur un plan perpendiculaire à l'axe est une circonférence de rayon r a pour longueur

$$2\pi r\sqrt{1+\frac{1}{4\pi^2 n_1^2 r^2}}$$

ou, approximativement, si le pas est très petit par rapport au diamètre de la bobine,

$$2\pi r\left(1+\frac{1}{8\pi^2 n_1^2 r^2}\right)$$

En général, le facteur compris entre parenthèses ne diffère de l'unité que d'une quantité négligeable, et on peut confondre la spire avec sa circonférence de projection.

La *circonférence moyenne* des spires d'une bobine est celle dont la longueur est la moyenne des circonférences de toutes les spires; le *rayon moyen* est donc la moyenne de tous les rayons. Ce rayon est évidemment égal à la distance a du centre de gravité de la gorge à l'axe de la bobine et, par suite, indépendant du diamètre du fil. On en déduit pour la longueur totale du fil

(1) $$l=2\pi a n$$

ou, en tenant compte de la correction due à l'obliquité des spires,

(1)' $$l=2\pi a n\left(1+\frac{1}{8\pi^2 n_1^2 a^2}\right).$$

On a d'ailleurs

$$n=n_1 n_2 \omega=2 n_1 n_2 b(a''-a')=4 n_1 n_2 b c.$$

Si l'enroulement est uniforme,

$$n_1 = n_2 \qquad \text{et} \qquad n = n_1^2\omega = 4n_1^2 bc\,;$$

l'expression (1) de la longueur du fil devient alors

$$(2) \qquad l = 2\pi a\omega n_1^2 = n_1^2 \mathrm{U} = 2\pi n_1^2 b(a''^2 - a'^2) = 8\pi n_1^2 abc.$$

725. Volume et poids du fil. — Le plus souvent nous supposerons l'enroulement uniforme : on peut considérer alors chaque section du fil comme occupant, dans la section méridienne de la gorge, le milieu d'un carré dont le côté est égal à $\frac{1}{n_1}$.

Si l'on représente par δ le rapport $\frac{\varepsilon}{\rho}$ de l'épaisseur de l'enveloppe au rayon du fil, on voit que la section du fil nu occupe une fraction $n_1^2\pi\rho^2$ de la surface du carré et la section totale, enveloppe comprise, une fraction $n_1^2\pi\rho'^2$ ou $n_1^2\pi\rho^2(1+\delta)^2$ de la même surface. Chacune de ces fractions est maximum quand les fils sont au contact : le côté du carré est alors égal au diamètre du fil et la dernière fraction a pour valeur $\frac{\pi}{4}$.

Le rapport du volume total du fil à celui de la gorge est évidemment égal à celui des sections : on a donc, lorsque les fils sont en contact,

$$(3) \qquad \frac{\mathrm{V}'}{\mathrm{U}} = \frac{\mathrm{V}(1+\delta)^2}{\mathrm{U}} = \frac{\pi}{4},$$

ce qui donne, pour le poids du fil,

$$\mathrm{P} = \mathrm{V}d = \frac{\pi}{4}\,\frac{d}{(1+\delta)^2}\,\mathrm{U}.$$

Il en résulte que, si δ est constant, c'est-à-dire si l'épaisseur de l'isolant est une fraction constante du rayon du fil, le poids du métal, pour un volume donné de la gorge, est indépendant du diamètre du fil ; ce poids est d'ailleurs proportionnel au volume de la gorge.

Dans le cas d'un enroulement uniforme, on a

$$(4) \qquad l = n_1^2 U$$

et, quand les fils sont en contact,

$$l = \frac{U}{4y'^2}.$$

Le volume de la gorge U étant donné, la longueur totale du fil varie donc en raison inverse du carré du diamètre du fil couvert; pour un fil de diamètre y' donné, la longueur varie comme le volume de la gorge.

726. Résistance. — La résistance de la bobine a pour expression

$$(5) \qquad R = \frac{\rho l}{\pi y^2}.$$

Quand les fils sont en contact, on peut écrire, en tenant compte des relations $2n_1 y' = 1$ et $l = n_1^2 U$,

$$(6) \qquad R = \frac{4}{\pi}(1+\delta)^2 \rho n_1^4 U = \frac{\rho U}{4\pi(1+\delta)^2} \frac{1}{y'^4}.$$

D'où il suit que, si δ est constant, et que le volume de gorge et, par conséquent, le poids de métal soit donné, la résistance varie en raison inverse de la quatrième puissance du diamètre du fil. Pour un fil donné, la résistance varie comme le volume de la gorge.

Cette dernière conclusion est évidente. On peut arriver directement à la première en remarquant que, si on réduit à moitié le diamètre du fil, on rend la section quatre fois plus petite, et, pour le même volume de la gorge, la longueur quatre fois plus grande : la résistance devient donc seize fois plus grande.

727. Surface. — Moment magnétique. Le moment magnétique d'une bobine cylindrique (**495**), pour l'unité de courant, est égal à la surface totale comprise par les différentes spires. Si la bobine est formée d'une seule couche comprenant n spires de rayon a, on aura

$$S = n\pi a^2.$$

Si la bobine se compose de plusieurs couches, on fera la somme des surfaces correspondant à chacune d'elles; ce calcul revient à déterminer la somme des carrés d'une série de termes qui varient en progression arithmétique.

Si r_0 est le plus petit rayon, un rayon quelconque r a pour valeur

$$r = r_0 + x,$$

ce qui donne

$$r^2 = r_0^2 + 2r_0 x + x^2.$$

Soit p le nombre des couches, la somme des carrés des rayons est

$$\Sigma r^2 = p r_0^2 + 2 r_0 \Sigma x + \Sigma x^2.$$

Le rayon a_1 du cercle moyen est donné alors par l'équation

$$(7) \qquad a_1^2 = r_0^2 + 2r_0 \frac{\Sigma x}{p} + \frac{\Sigma x^2}{p}.$$

D'autre part, le rayon moyen a a pour valeur

$$a = \frac{1}{p} \Sigma r = r_0 + \frac{\Sigma x}{p},$$

ce qui donne

$$a^2 = r_0^2 + 2r_0 \frac{\Sigma x}{p} + \left(\frac{\Sigma x}{p}\right)^2.$$

Substituant dans l'équation (7), il vient

$$(8) \qquad a_1^2 = a^2 + \frac{\Sigma x^2}{p} - \left(\frac{\Sigma x}{p}\right)^2.$$

Désignant par h la distance $\frac{1}{n_2}$ de deux spires voisines, on devra donner à x les valeurs successives o, h, $2h \ldots (p-1)h$;

il en résulte

$$\Sigma x = h\frac{(p-1)p}{2},$$

$$\Sigma x^2 = h^2\frac{(p-1)p(2p-1)}{2.3},$$

et, par suite,

$$\left(\frac{\Sigma x}{p}\right)^2 = \frac{p^2h^2}{4}\left(1-\frac{1}{p}\right)^2,$$

$$\frac{\Sigma x^2}{p} = \frac{p^2h^2}{3}\left(1-\frac{1}{p}\right)\left(1-\frac{1}{2p}\right).$$

Comme l'épaisseur $2c$ de la gorge est égale à ph, on en déduit

$$\frac{\Sigma x^2}{p} - \left(\frac{\Sigma x}{p}\right)^2 = \frac{c^2}{3}\left(1-\frac{1}{p^2}\right) = \frac{c^2}{3}\left(1-\frac{1}{4n_1^2c^2}\right),$$

$$(9) \qquad a_1^2 = a^2 + \frac{c^2}{3}\left[1-\frac{1}{4n_1^2c^2}\right].$$

Le rayon a_1 du *cercle moyen* diffère donc très sensiblement du rayon a de la circonférence moyenne.

Si les spires sont assez serrées pour que le dernier terme de correction soit négligeable, le rayon a_1 ne dépend que des dimensions de la gorge.

Dans ce cas, pour une gorge donnée, la surface de la bobine est proportionnelle au nombre des spires et, par suite, en raison inverse du carré du diamètre du fil.

Pour un fil donné et des volumes semblables de la gorge, la surface est, d'une part, proportionnelle au nombre des spires, c'est-à-dire à la section de la gorge et, d'autre part, à la surface du cercle moyen; elle varie donc comme la quatrième puissance du rapport des dimensions homologues.

728. Action électro-magnétique. — La loi de distribution des forces dans le champ d'une bobine ne dépend que de la forme de la bobine, et l'intensité du champ en chaque point est proportionnelle à l'intensité du courant. Il suffit donc de calculer l'action relative à l'unité de courant.

Imaginons d'abord que la gorge soit remplie par une masse

métallique homogène et le courant réparti uniformément dans la section méridienne ; on pourra appeler *densité du courant* l'intensité par unité de surface.

Supposons maintenant que, par une série de lignes, les unes parallèles, les autres perpendiculaires à l'axe, on partage la section méridienne en carrés égaux, en nombre n_1^2 par unité de surface, et que la masse métallique soit divisée en une série d'anneaux concentriques isolés les uns des autres et correspondant aux carrés de la section méridienne ; cette opération ne change rien à la distribution du courant, ni à son action extérieure. Si on suppose que chacun des anneaux est parcouru par l'unité de courant, la densité du courant est n_1^2 et l'action électro-magnétique est proportionnelle à n_1^2, c'est-à-dire qu'elle varie en raison inverse des dimensions de chaque carré élémentaire.

En remplaçant chaque anneau par un fil cylindrique qui occupe la partie centrale du carré correspondant, on constituera une bobine à enroulement uniforme. Si chaque fil est traversé par la quantité d'électricité qui traversait précédemment le carré, la densité du courant n'est plus uniforme, mais sa valeur moyenne reste la même, quel que soit d'ailleurs le diamètre du fil.

D'un autre côté, si le courant est réparti uniformément dans la section du fil, son action extérieure est sensiblement la même, que l'on suppose le fil réduit à son axe ou qu'il ait pour diamètre le côté du carré.

La différence des actions exercées par la bobine, quand on y remplace le fil cylindrique par un fil à section carrée, est négligeable pour tout point situé à une grande distance relativement au diamètre du fil (**722**).

Il en résulte que, pour une gorge donnée et, par conséquent, pour un poids donné de métal, si le rapport est constant, l'intensité du champ en chaque point varie en raison inverse du carré du diamètre du fil, ou encore (**719**) proportionnellement à la racine carrée de la résistance.

Cette conséquence conduit à une remarque curieuse : si R est la résistance de la bobine, et I l'intensité du courant, l'énergie calorifique W dégagée dans chaque unité de temps est égale à RI^2. Comme la résistance R est proportionnelle à n_1^2, ou au carré G^2 de l'action magnétique pour l'unité de courant, on voit que l'énergie calorifique W est proportionnelle au produit G^2I^2, c'est-à-dire au carré de l'action magnétique de la bobine pour le courant I. Il en résulte que si, faisant varier le diamètre du fil, on modifie l'intensité de manière que l'action magnétique reste constante, le travail calorifique de la bobine restera également constant ([1]).

729. Action sur l'axe. — Le potentiel d'un courant est le même que celui d'un feuillet magnétique uniforme de même contour dont la puissance est égale à l'intensité du courant. Le potentiel d'un courant circulaire, de rayon r et d'intensité égale à l'unité, en un point P de l'axe situé à une distance x du centre, a pour expression (**393**)

$$V = 2\pi\left(1 - \frac{x}{u}\right),$$

en posant

$$u^2 = x^2 + r^2.$$

La force magnétique est

$$F = -\frac{\partial V}{\partial x} = 2\pi\frac{u^2 - x^2}{u^3} = 2\pi\frac{r^2}{u^3}.$$

En divisant cette expression par la longueur $2\pi r$ de la circonférence, on obtient l'action du courant par unité de longueur

$$f = \frac{F}{2\pi r} = \frac{r}{u^3}, \tag{10}$$

qu'on peut appeler *l'action spécifique* du courant.

L'action d'une bobine de longueur $2b$ et de rayon r, recouverte par une couche de fils comprenant n_1 spires par unité de longueur est, pour l'unité du courant, égale à l'induction magnétique d'un cylindre aimanté uniformément (**195**), dont l'intensité d'aimantation serait n_1.

([1]) Marcel Deprez, *Comptes rendus de l'Acad.*, t. XCIV, p. 431. 1882.

Si on désigne par α et β les angles sous lesquels on voit du point P les rayons extrêmes de la bobine, et par x la distance du point P au plan médian (**373**), l'action G de la bobine au point P a pour valeur

$$(11)\quad G=2\pi n_1(\cos\beta-\cos\alpha)=2\pi n_1\left[\frac{x+b}{\sqrt{r^2+(x+b)^2}}-\frac{x-b}{\sqrt{r^2+(x-b)^2}}\right].$$

Supposons maintenant que la bobine soit formée de plusieurs couches comprises dans une gorge de longueur $2b$ et d'épaisseur $2c=a''-a'$, l'enroulement étant uniforme.

Une couche d'épaisseur dr contient un nombre $n_1^2 dr$ de spires par unité de longueur. En remplaçant n_1 par cette valeur dans l'expression précédente et intégrant entre les limites a' et a'', on aura, pour l'action de la bobine,

$$G=2\pi n_1^2\int_{a'}^{a''}\left[\frac{x+b}{\sqrt{r^2+(x+b)^2}}-\frac{x-b}{\sqrt{r^2+(x-b)^2}}\right]dr,$$

ce qui donne

$$(12)\qquad G=2\pi n_1^2\left\{\begin{aligned}&(x+b)\,l.\frac{a''+\sqrt{a''^2+(x+b)^2}}{a'+\sqrt{a'^2+(x+b)^2}}\\&-(x-b)\,l.\frac{a''+\sqrt{a''^2+(x-b)^2}}{a'+\sqrt{a'^2+(x-b)^2}}\end{aligned}\right\}.$$

Au centre de la bobine, où $x=0$, l'action se réduit à

$$(13)\quad G_0=4\pi n_1^2 b\,l.\frac{a''+\sqrt{a''^2+b^2}}{a'+\sqrt{a'^2+b^2}}=\frac{n\pi}{c}\,l.\frac{a''+\sqrt{a''^2+b^2}}{a'+\sqrt{a'^2+b^2}}.$$

On peut écrire

$$G_0=n\frac{2\pi}{a_2},$$

en posant

$$(14)\qquad \frac{1}{a_2}=\frac{1}{2c}\,l.\frac{a''+\sqrt{a''^2+b^2}}{a'+\sqrt{a'^2+b^2}}.$$

La quantité a_2 représente le *rayon de la spire d'action moyenne* relativement au centre.

Si on néglige les quatrièmes puissances des rapports $\frac{b}{a}$ et $\frac{c}{a}$, on a simplement

$$a_2 = a\left[1 + \frac{1}{a^2}\left(\frac{b^2}{2} - \frac{c^2}{3}\right)\right].$$

730. Dimensions les plus avantageuses d'une gorge rectangulaire (¹). — La longueur du fil étant donnée, ainsi que le rayon a' du noyau, on peut chercher les dimensions de la section rectangulaire qui donne l'action maximum au centre de la bobine, pour un enroulement uniforme; il s'agit alors de choisir a'' et b de manière à rendre G_0 maximum, ces deux quantités devant satisfaire à l'équation (2).

Au lieu de résoudre ce problème par les méthodes ordinaires des maxima, on peut y arriver plus simplement par les considérations suivantes.

Il est évident que, si le maximum est obtenu, l'action spécifique moyenne de la couche extérieure est la même que l'action spécifique moyenne de la tranche latérale, sans quoi il y aurait avantage à transporter les spires d'une région sur l'autre.

Or l'action totale de la couche extérieure de rayon a'' a pour valeur au centre, d'après l'équation (11),

$$2\pi n_1 \frac{2b}{\sqrt{a''^2 + b^2}},$$

la longueur du fil qui la constitue étant $2\pi a'' \times 2n_1 b = 4\pi a'' n_1 b$, l'action spécifique est égale à

$$\frac{1}{a''\sqrt{a''^2 + b^2}}.$$

Une couronne de la couche latérale, comprise entre les rayons r et $r + dr$, renferme un nombre $n_1 dr$ de spires: l'action de cette couche sur le centre est donc

$$\int_{a'}^{a''} 2\pi \frac{r^2}{u^3} n_1 dr = 2\pi n_1 \int_{a'}^{a''} \frac{r^2 dr}{(b^2 + r^2)^{\frac{3}{2}}}.$$

(¹) W. Weber, *Galvanométrie. Abh. der K. G. der Wiss. zu Göttingen*, t. X, 1861-62.

Comme la longueur du fil correspondant est

$$\int_{a'}^{a''} 2\pi r . n_1 dr = \pi n_1 (a''^2 - a'^2),$$

l'action spécifique de cette couche est

$$\frac{2}{a''^2 - a'^2}\int_{a'}^{a''}\frac{r^2 dr}{(b^2+r^2)^{\frac{3}{2}}} = \frac{2}{a''^2 - a'^2}\left(\frac{a'}{\sqrt{b^2+a'^2}} - \frac{a''}{\sqrt{b^2+a''^2}} + l.\frac{a''+\sqrt{b^2+a''^2}}{a'+\sqrt{b^2+a'^2}}\right).$$

Egalant les deux actions spécifiques, il en résulte, pour la condition du maximum,

$$(15) \qquad l.\frac{a''+\sqrt{a''^2+b^2}}{a'+\sqrt{a'^2+b^2}} = \frac{3a''^2 - a'^2}{2a''\sqrt{a''^2+b^2}} - \frac{a'}{\sqrt{a'^2+b^2}}.$$

Si l'on y joint l'équation (2), qui donne la valeur de l, on pourra déterminer les dimensions a'' et b de la bobine.

731. Bobine d'action maximum pour une source donnée. — Sans changer les dimensions de la gorge, on peut chercher encore quels doivent être la longueur et le diamètre du fil, pour qu'avec une source donnée, l'intensité du champ magnétique soit maximum au centre de la bobine. Il est nécessaire de faire intervenir ici les éléments de la source qui est définie par sa force électromotrice E et par sa résistance propre R′, y compris la résistance des fils de jonction, sans quoi l'action magnétique croîtrait sans limite avec le nombre des spires, ou, en d'autres termes, avec la densité du courant.

L'intensité du courant a pour expression

$$I = \frac{E}{R+R'}$$

et l'action au centre de la bobine est

$$(16) \qquad F_0 = G_0 I = G_0 \frac{E}{R+R'}.$$

La condition du maximum de cette expression s'obtient facilement dans le cas d'un enroulement uniforme, quand on suppose le fil nu ou l'épaisseur de l'isolant proportionnelle au rayon du fil, c'est-à-dire ε constant, et que toutes les spires sont en contact. En effet, si on remplace le fil primitif de la bobine par un autre fil de diamètre m fois plus petit, de manière à remplir toujours le volume de la gorge, les valeurs de R et de G_0 deviennent

$$R_1 = m^4 R, \qquad G_1 = m^2 G_0,$$

ce qui donne, pour l'action au centre,

$$(17) \qquad F_1 = \frac{EG_1}{R_1 + R'} = \frac{Em^2 G_0}{m^4 R + R'} = \frac{EG_0}{m^2 R + \frac{R'}{m^2}}.$$

Le facteur m étant ici la seule variable, la condition du maximum est

$$m^2 R = \frac{R'}{m^2},$$

ou

$$(18) \qquad m^4 R = R' = R_1.$$

Il faut donc que *la résistance de la bobine soit égale à la résistance du circuit extérieur.*

Cette condition est indépendante de la forme de la bobine. Elle serait encore vraie si le diamètre du fil, au lieu d'être uniforme, variait d'une spire à l'autre, pourvu que le rapport des diamètres dans les deux bobines que l'on compare fût le même en tous les points.

Si l'épaisseur z de l'isolant n'est pas proportionnelle au diamètre du fil, il faut prendre l'expression générale

$$R = \frac{\varepsilon}{\pi} \frac{l}{\rho^2};$$

comme les spires sont supposées en contact, et l'enroulement uniforme, on a

$$(19) \qquad U = 4(\rho + z)^2 l.$$

On peut d'ailleurs, en désignant par g une constante, poser

$$(20) \qquad G_0 = gl,$$

car il est évident que, dans tous les cas, l'action magnétique totale, pour un volume donné de la gorge, est proportionnelle à la longueur du fil. Il en résulte

$$F_0 = E\frac{gl}{\frac{\rho}{\pi}\frac{l}{y^2} + R'} = E\frac{g}{\frac{\rho}{\pi y^2} + \frac{R'}{l}}.$$

Il s'agit alors de rendre minimum l'expression $\frac{\rho}{\pi y^2} + \frac{R'}{l}$, ce qui donne la condition

$$2\frac{\rho}{\pi}\frac{dy}{y^3} + \frac{R'dl}{l^2} = 0, \qquad \text{ou} \qquad 2R\frac{dy}{y} + R'\frac{dl}{l} = 0.$$

On a d'ailleurs, par l'équation (19), U étant constant,

$$\frac{2dy}{y+\delta} + \frac{dl}{l} = 0;$$

par suite,

$$(21) \qquad \frac{R}{R'} = \frac{y}{y+\delta},$$

c'est-à-dire que *la résistance de la bobine doit être à la résistance extérieure comme le diamètre du fil nu est au diamètre du fil couvert* (¹).

Ce résultat est indépendant de la forme de la gorge.

732. — La résistance totale du fil étant déterminée par l'une des conditions précédentes, on pourra calculer le diamètre et la longueur du fil dont il faudra couvrir la bobine.

Dans le premier cas, on a

$$R = \frac{\rho l}{\pi y^2} = R',$$
$$U = 4y^2(1+\delta)^2 l;$$

(¹) Schwendler, *Phil. Mag.* [4] vol. XXIX, 1867.

on en déduit

$$y^4 = \frac{U\rho}{4\pi R(1+\delta)^2},$$
$$l = \frac{\pi R'}{\rho} y^2.$$

Dans le second cas, les équations

$$R = \frac{\rho l}{\pi y^2} = \frac{y}{y+\varepsilon} R',$$
$$U = 4(y+\varepsilon)^2 l$$

donnent

$$y^4\left(1+\frac{\varepsilon}{y}\right) = \frac{U\rho}{4\pi R'},$$
$$(22) \qquad l = \frac{4\pi^2 R'^2}{U\rho^2} y^6,$$
$$R = \frac{4\pi R'^2}{U\rho} y^4.$$

La première équation peut s'écrire

$$y = \sqrt[4]{\frac{U\rho}{4\pi R'}} \frac{1}{\sqrt[4]{1+\frac{\varepsilon}{y}}} = \frac{y_0}{\sqrt[4]{1+\frac{\varepsilon}{y}}}.$$

La valeur approchée y_0 représente le rayon qu'il faudrait prendre pour le fil, si l'épaisseur ε de l'isolant était égale à zéro. On résoudra cette équation par approximations successives, en commençant par donner à y sous le radical une valeur arbitraire, y_0 par exemple.

733. Forme la plus avantageuse de la gorge. — Nous avons supposé jusqu'ici la section de la gorge rectangulaire, mais on voit aisément que cette forme n'est pas la plus avantageuse. L'action d'une spire étant, toutes choses égales d'ailleurs, en raison inverse de son rayon, il y a intérêt manifeste à multiplier le nombre des tours qui correspondent aux plus petits rayons, c'est-à-dire ceux dont l'effet est prédominant. On n'est pas maître de diminuer sans limite le rayon des premières spires : d'abord il faut un noyau pour porter les fils et, dans les bobines destinées aux galvanomètres, on doit en outre ménager autour de l'axe la place nécessaire au mouvement de l'aimant.

Quant au contour de la gorge, un raisonnement analogue à celui qui a été fait plus haut (**730**) montre que la forme la plus avantageuse est celle pour laquelle toutes les spires situées sur la surface ont la même action spécifique sur l'aimant, sans quoi il y aurait avantage à déplacer quelques-uns des fils pour les reporter sur un autre point. Nous supposerons l'aimant infiniment petit et placé au centre de la bobine.

Cela posé, considérons la section méridienne ; soit P (fig. 136) un point de la courbe limite, r le rayon de la spire

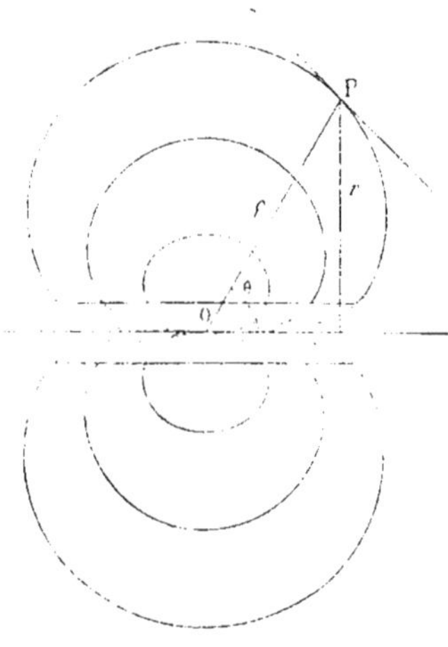

Fig. 136

et x la distance de son plan au centre. L'action spécifique de la spire au point O devant être la même, quelle que soit la position du point P sur la courbe, celle-ci sera définie par l'équation

$$\frac{r}{(r^2+x^2)^{\frac{3}{2}}} = \mathrm{C}^{te} = \frac{1}{c^2}.$$

Appelant u le rayon vecteur OP du point P et θ l'angle de ce rayon avec l'axe, l'équation devient

$$u^2 = c^2 \sin\theta. \tag{23}$$

La courbe représentée par l'équation (23) a la forme d'un cercle écrasé suivant le diamètre vertical. Sa tangente est verticale au point d'intersection avec la droite dont le coefficient angulaire est égal à $\frac{\sqrt{2}}{2}$. La figure 136 donne les courbes successives pour des valeurs de c croissant en progression arithmétique; les parties pointillées des courbes correspondent au vide central ménagé pour l'aimant.

734. — Le paramètre c sera, en général, déterminé par la résistance et les dimensions que l'on veut donner à la bobine.

Pour un enroulement uniforme avec des fils en contact, on a entre la résistance et le volume la relation (6)

$$R = \frac{\rho U}{4\pi\gamma^4\left(1+\frac{\varepsilon}{\gamma}\right)^2},$$

qui détermine γ.

Le volume U′, compris dans la surface engendrée par la révolution de la courbe de paramètre c, a pour expression

$$U' = 2\pi\int_0^{\pi}\sin\theta\,d\theta\int_0^{u}u^2\,du = \frac{2}{3}\pi\int_0^{\pi}u^3\sin\theta\,d\theta = \frac{2}{3}\pi c^3\int_0^{\pi}\sin^{\frac{5}{2}}\theta\,d\theta.$$

L'intégrale $2\pi\int_0^{\pi}\sin^{\frac{5}{2}}\theta\,d\theta$ est un nombre; si on le représente par N, on aura

$$U' = \frac{1}{3}Nc^3.$$

La cavité réservée à l'intérieur de la bobine, y compris le noyau, est habituellement cylindrique, et la partie qu'elle prélève sur le volume précédent peut être exprimée par $\frac{1}{3}Na^3$, a représentant le paramètre de la courbe qui limiterait un volume égal à celui de la cavité. Le volume V de la gorge est alors

$$V = \frac{N}{3}(c^3 - a^3), \tag{24}$$

équation qui déterminera c en fonction de V.

En considérant u comme le rayon vecteur de la courbe qui correspond à l'élément dl du courant, et le paramètre c comme une variable, l'action de la bobine sur le centre, pour l'unité de courant, a pour expression

$$G_0 = \int \frac{dl}{u^2} \sin\theta = \int \frac{dl}{c^2}.$$

Le paramètre c est une fonction de l. Si on considère également le volume U comme une fonction de c, ou de l, l'équation (24) donne

$$dU = Nc^2 dc = 4(y+z)^2\, dl;$$

on a d'ailleurs

$$dR = \frac{\rho\, dl}{\pi y^2}.$$

On déduit de ces relations

$$\begin{aligned} dG_0 &= \frac{N}{4(y+z)^2}\, dc = n_1^2 N\, dc \\ dl &= \frac{Nc^2}{4(y+z)^2}\, dc = n_1^2 N c^2\, dc, \\ dR &= \frac{\rho}{\pi} \frac{Nc^2\, dc}{4(y+z)^2 y^2} = \frac{\rho n_1^2 N c^2}{\pi y^2}\, dc. \end{aligned} \tag{25}$$

Ces valeurs de dG_0, dl et dR sont celles qui correspondent à la couche limitée par les deux courbes méridiennes pour lesquelles les valeurs du paramètre sont c et $c + dc$. Le quotient

$$\frac{dG_0}{dl} = \frac{1}{c^2}$$

représente l'action spécifique de la couche : cette action est en raison inverse du carré de c, c'est-à-dire du carré de la distance de la couche au centre.

Si l'on tient compte du vide intérieur, les quantités G_0, l et R, exprimées en fonction de c, ont pour valeurs

$$
(26) \qquad \begin{aligned}
G_0 &= n_1^2 N(c-a),\\
l &= n_1^2 N \frac{c^3-a^3}{3},\\
R &= \frac{\rho n_1^2 N}{\pi\delta^2}\,\frac{c^3-a^3}{3}.
\end{aligned}
$$

735. Fil de diamètre variable. — Au lieu d'employer un fil de diamètre constant pour toute la bobine, il serait plus avantageux, tout en conservant la même gorge et la même résistance totale, de diminuer le diamètre du fil dans les premières couches pour l'augmenter progressivement dans les suivantes; on multiplierait ainsi le nombre des spires des premières couches, qui sont surtout efficaces, pour réduire le nombre des plus éloignées qui le sont moins.

En supposant qu'on se donne les valeurs de R, R' et U, on peut se proposer de déterminer le diamètre $\delta+\varepsilon$ du fil pour chacune des couches semblables d'épaisseur dc, de manière à rendre maximum l'expression

$$F_0 = E\frac{G_0}{R+R'}.$$

Considérons l'une de ces couches correspondant aux deux valeurs c et $c+dc$ du paramètre. Si on y change le diamètre du fil, la constante de la bobine variera de dG_0, la résistance de dR, et l'action magnétique au centre éprouvera une variation

$$\delta F_0 = E\left(\frac{G_0+dG_0}{R+dR+R'} - \frac{G_0}{R+R'}\right),$$

ou, en négligeant les infiniment petits du second ordre,

$$\delta F = E\frac{G_0}{R+R'}\left[\frac{dG_0}{G} - \frac{dR}{R+R'}\right].$$

La condition du maximun de δF est évidemment

$$\frac{\frac{d}{dy}\cdot dG_0}{\frac{d}{dy}\cdot dR}=\frac{G_0}{R+R'}=C^{te}.$$

Si on se reporte aux expressions (25), on trouve

$$\frac{d}{dy}dG_0=-\frac{Ndc}{2}\frac{1}{(y+z)^3},$$

$$\frac{d}{dy}dR=-\frac{\rho}{\pi}\frac{Nc^2dc}{2}\frac{2y+z}{y^3(y+z)^3};$$

il en résulte, pour la condition cherchée,

$$c^2\frac{2y+z}{y^3}=C^{te}. \tag{27}$$

Si l'épaisseur de l'isolant est dans un rapport constant avec le diamètre du fil, l'équation se réduit à

$$\frac{c}{y}=C^{te},$$

c'est-à-dire que le diamètre du fil dans chaque couche doit être proportionnel aux dimensions linéaires de cette couche. Si l'épaisseur z est constante, l'équation (27) montre que le diamètre du fil croîtra un peu moins vite que le paramètre c.

Dans la première hypothèse, si on pose

$$y=\alpha c,$$

on aura $y+z=\alpha(1+\delta)c$; les expressions de dG_0 et dR (25), prendront la forme

$$dG_0=\frac{N}{4\alpha^2(1+\delta)^2}\cdot\frac{dc}{c^2},$$

$$dR=\frac{\rho}{\pi}\cdot\frac{N}{4\alpha^4(1+\delta)^2}\cdot\frac{dc}{c^2}.$$

On peut tenir compte de la cavité centrale en supposant qu'elle soit limitée par la courbe de paramètre a; il vient alors

$$G_o = \frac{N}{4\alpha^2(1+\delta)^2}\frac{1}{a}\left(1-\frac{a}{c}\right),$$
$$R = \frac{\rho N}{4\pi\alpha^4(1+\delta)^2}\frac{1}{a}\left(1-\frac{a}{c}\right).$$

On voit que l'influence des couches extérieures diminue très rapidement, quand l'épaisseur de la bobine augmente, et que l'action magnétique est sensiblement en raison inverse du paramètre de la courbe qui limite la cavité.

Par le même raisonnement que plus haut (**731**), on trouve que l'action maximum correspond au cas où la résistance de la bobine est égale à celle du circuit extérieur [1].

736. Action d'un courant circulaire en dehors de l'axe. — Le potentiel d'une couche magnétique circulaire de densité égale à l'unité (**366**), en un point situé à une distance y de l'axe, peut s'exprimer par une série développée suivant les puissances paires de y de la forme

$$(28) \qquad P = 2\pi(f_0 + f_1 y^2 + f_2 y^4 + \ldots),$$

dans laquelle les coefficients $f_0, f_1, f_2, \ldots$ sont des fonctions de la distance x du point considéré au plan du courant.

Si on appelle a le rayon du cercle et qu'on pose

$$u^2 = a^2 + x^2,$$

la série est toujours convergente quand $y < u$.

En désignant par $f'_0, f'_1, f'_2, \ldots f''_0, f''_1 \ldots$ les dérivées successives des coefficients par rapport à x, le potentiel V, au même point, d'un feuillet uniforme de même contour dont la puissance magnétique serait égale à l'unité (**368**), ou le potentiel de l'unité du courant qui suivrait le contour circulaire, est alors

$$V = -\frac{\partial P}{\partial x} = -2\pi(f'_0 + f'_1 y^2 + f'_2 y^4 + \ldots).$$

[1] Ayrton et Perry, *Journal of the S. of teleg. Eng.*, t. VII, p. 297, 1878.

Les composantes de l'action magnétique du courant ont pour expressions

$$(29)\qquad \begin{aligned} X &= -\frac{\partial V}{\partial x} = 2\pi(f''_0 + f''_1 y^2 + f''_2 y^4 + \ldots), \\ Y &= -\frac{\partial V}{\partial y} = 4\pi y(f'_1 + 2f'_2 y^2 + 3f'_3 y^4 + \ldots). \end{aligned}$$

Les valeurs des coefficients sont

$$(30)\qquad \begin{aligned} f_0 &= u - x, & f'_0 &= \frac{du}{dx} - 1, \\ f_1 &= -\frac{1}{2^2}\cdot\frac{d^2u}{dx^2}, & f'_1 &= -\frac{1}{2^2}\cdot\frac{d^3u}{dx^3}, \\ f_2 &= \frac{1}{(2.4)^2}\cdot\frac{d^4u}{dx^4}, & f'_2 &= \frac{1}{(2.4)^2}\cdot\frac{d^5u}{dx^5}, \\ f_3 &= -\frac{1}{(2.4.6)^2}\cdot\frac{d^6u}{dx^6}, & f'_3 &= -\frac{1}{(2.4.6)^2}\cdot\frac{d^7u}{dx^7}. \\ &\ldots\ldots\ldots\ldots & &\ldots\ldots\ldots\ldots; \end{aligned}$$

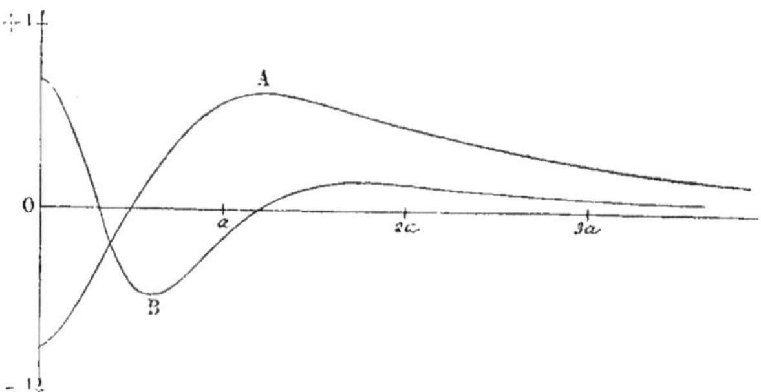

Fig. 137

Les dérivées successives satisfont aux relations

$$(31)\qquad \begin{aligned} f''_0 &= -2^2 f_1, & f'''_0 &= -2^2 f'_1, & &\ldots \\ f''_1 &= -4^2 f_2, & f'''_1 &= -4^2 f'_2, & &\ldots \\ f''_2 &= -6^2 f_3, & f'''_2 &= -6^2 f'_3, & &\ldots \\ &\ldots\ldots\ldots & &\ldots\ldots\ldots & &\ldots \end{aligned}$$

Les coefficients dont on aura à faire usage, quand on néglige les puissances de y supérieures à la quatrième, s'exprimeront à l'aide des dérivées suivantes :

$$
(32)\qquad
\begin{aligned}
\frac{du}{dx} &= \frac{x}{u},\\
\frac{d^2u}{dx^2} &= \frac{a^2}{u^3},\\
\frac{d^3u}{dx^3} &= -\frac{3a^2x}{u^5},\\
\frac{d^4u}{dx^4} &= \frac{3a^2(4x^2-a^2)}{u^7},\\
\frac{d^5u}{dx^5} &= \frac{3.5a^2x(3a^2-4x^2)}{u^9},\\
\frac{d^6u}{dx^6} &= \frac{3^2 5a^2(a^4-12a^2x^2+8x^4)}{u^{11}}.\\
\frac{d^7u}{dx^7} &= \frac{3^2 5a^2x(-35a^4+140a^2x^2-56x^4)}{u^{13}}.
\end{aligned}
$$

Si l'on borne les développements à la quatrième puissance de l'ordonnée y, les composantes de la force sont

$$
(33)\qquad
\begin{aligned}
X &= 2\pi\frac{a^2}{u^3}\left[1-\frac{3}{2^2}\frac{4x^2-a^2}{u^2}\frac{y^2}{u^2}+\frac{3^2.5}{(2.4)^2}\frac{a^4-12a^2x^2+8x^4}{u^4}\frac{y^4}{u^4}\right].\\
Y &= 3\pi\frac{a^2xy}{u^5}\left[1+\frac{5}{2.4}\frac{(3a^2-4x^2)}{u^2}\frac{y^2}{u^2}\right].
\end{aligned}
$$

737. — Lorsque le rapport $\frac{y}{u}$ est très petit, la valeur de la composante Y est un infiniment petit du premier ordre par rapport à X.

Si, dans l'expression de la composante X, on multiplie haut et bas par a^2 le terme en y^2 et par a^4 le terme en y^4, les facteurs de $\frac{y^2}{a^2}$ et de $\frac{y^4}{a^4}$, exprimés en fonction de $\frac{x}{a}$, sont des nombres dont les variations sont représentées respectivement par les courbes A et B de la figure 137 ; la courbe A représente les variations du facteur de $\frac{y^2}{a^2}$, la courbe **B** celles du facteur de $\frac{y^4}{a^4}$. La seconde correction sera le plus souvent négligeable.

Le premier terme de correction est positif pour $x=0$, ce qui montre que l'action magnétique au centre du cercle est un minimum par rapport aux points du plan; on sait au contraire qu'elle est un maximum relativement à l'axe. La correction s'annule pour $x=\frac{a}{2}$ et reste ensuite toujours négative; le maximum a lieu pour $x=1,22a$ et sa valeur est alors $0,8$ de celle qui correspond à $x=0$.

Le second terme de correction est également positif pour $x=0$; il s'annule pour $x=0,3a$ et $x=1,187a$, devient négatif entre ces deux points et reste positif pour toutes les autres valeurs de x. Il atteint son maximum pour $x=0,586a$, c'est-à-dire presque au point où le premier terme s'annule.

738. — Si on néglige les termes d'un ordre supérieur au second, on trouve, pour les composantes **X** et **Y** et leurs dérivées partielles par rapport à x,

$$\mathbf{X}=2\pi(f''_0+f''_1 y^2)=2\pi\frac{a^2}{u^3}\left[1-\frac{3}{4}\frac{4x^2-a^2}{u^2}\frac{y^2}{u^2}\right],$$

$$\frac{\partial\mathbf{X}}{\partial x}=2\pi(f'''_0+f'''_1 y^2)=-6\pi\frac{a^2x}{u^5}\left[1+\frac{5}{4}\frac{3a^2-4x^2}{u^2}\frac{y^2}{u^2}\right],$$

$$\frac{\partial^2\mathbf{X}}{\partial x^2}=2\pi(f^{\text{IV}}_0+f^{\text{IV}}_1 y^2)=-6\pi\frac{a^2}{u^5}\left[\frac{a^2-4x^2}{u^2}+\frac{15}{4}\frac{a^4-12a^2x^2+8x^4}{u^4}\frac{y^2}{u^2}\right].$$

$$\mathbf{Y}=4\pi f''_1 y=3\pi\frac{a^2x}{u^4}\frac{y}{u},$$

$$\frac{\partial\mathbf{Y}}{\partial x}=4\pi f'''_1 y=-3\pi\frac{a^2}{u^4}\frac{4x^2-a^2}{u^2}\frac{y}{u},$$

$$\frac{\partial^2\mathbf{Y}}{\partial x^2}=4\pi f^{\text{IV}}_1 y=-15\pi\frac{a^2x}{u^6}\frac{3a^2-4x^2}{u^2}\frac{y}{u}.$$

La valeur de **X** va en décroissant d'une manière continue depuis le plan du cercle jusqu'à l'infini. La première dérivée, nulle pour $x=0$, est constamment négative; le point où elle est maximum varie de position avec y, mais est toujours assez voisin du plan du cercle.

La valeur de Y, d'abord nulle pour $x=0$, atteint son maximum pour $x=\frac{a}{2}$, puis décroît jusqu'à zéro. La dérivée seconde est nulle pour $x=0$ et pour $4x^2=3a^2$. Cette dernière valeur de x correspond au maximum négatif de la première dérivée.

739. Action d'une bobine en dehors de l'axe. — Pour avoir l'action d'une bobine régulière, comprenant n_1 spires par unité de longueur, il suffira encore de calculer celle d'un cylindre aimanté uniformément (**195**), dont l'intensité d'aimantation serait n_1, ou celle de deux surfaces magnétiques A et B de densités constantes $+n_1$ et $-n_1$, qui recouvriraient les bases.

D'après ce qu'on vient de voir (**736**), le potentiel V d'une couche circulaire de rayon r et de densité n_1, en un point P dont les coordonnées par rapport au centre du cercle sont x et y, a pour valeur

$$V=2\pi n_1(f_0+f_1 y^2+f_2 y^4+\ldots).$$

Les composantes de l'action de la première surface A sont alors

$$X_a=-\frac{\partial V}{\partial x}=-2\pi n_1(f'_0+f'_1 y^2+f'_2 y^4+\ldots).$$

$$Y_a=-\frac{\partial V}{\partial y}=-4\pi n_1 y(f_1+2f_2 y^2+3f_3 y^4+\ldots).$$

Les valeurs des coefficients trouvées plus haut (**736**) donnent, en posant toujours $u^2=r^2+x^2$,

$$X_a=2\pi n_1\left(1-\frac{x}{u}-\frac{3}{2^2}\frac{r^2 x}{u^3}\frac{y^2}{u^2}-\frac{3.5}{(2.4)^2}\frac{r^2 x}{u^3}\frac{3r^2-4x^2}{u^2}\frac{y^4}{u^4}+\ldots\right),$$

$$Y_a=\pi n_1\frac{r^2 y}{u^3}\left(1-\frac{3}{2.4}\frac{4x^2-r^2}{u^2}\frac{y^2}{u^2}\right.$$
$$\left.+\frac{3.5}{(2.4)^2}\frac{r^4-12r^2x^2+8x^4}{u^4}\frac{y^4}{u^4}+\ldots\right).$$

Si on prend le centre de la bobine pour origine des coordonnées, on devra remplacer x par $x-b$ dans les expressions précèdentes qui deviennent

$$u^2 = r^2 + (x-b)^2,$$
$$X_a = 2\pi n_1 \left(1 - \frac{x-b}{u} - \frac{3}{2^2}\frac{r^2(x-b)}{u^3}\frac{y^2}{u^2} - \ldots\right).$$
$$Y_a = \pi n_1 \frac{r^2 y}{u^3}\left(1 - \frac{3}{2.4}\frac{4(x-b)^2 - r^2}{u^2}\frac{y^2}{u^2} - \ldots\right).$$

Sur la deuxième base B de la bobine, la densité est $-n_1$; on obtiendra les composantes X_b et Y_b de l'action que cette seconde surface produit au point P en changeant le signe de n_1 et remplaçant b par $-b$.

Les composantes X et Y de l'action des deux bases sont données par les sommes $X_a + X_b$ et $Y_a + Y_b$.

En posant

$$v^2 = r^2 + (x+b)^2,$$

on obtient ainsi

$$X = 2\pi n_1 \left[\frac{x+b}{v} - \frac{x-b}{u} + \frac{3}{2^2}\left(\frac{x+b}{v^5} - \frac{x-b}{u^5}\right) r^2 y^2 + \ldots\right],$$
$$Y = \pi n_1 r^2 y \left[\frac{1}{u^3} - \frac{1}{v^3} - \frac{3}{2.4}\left(\frac{4(x-b)^2 - r^2}{u^7} - \frac{4(x+b)^2 - r^2}{v^7}\right) y^2 + \ldots\right].$$

Pour une bobine d'épaisseur dr, dont l'enroulement est uniforme, il suffira de remplacer dans ces expressions n_1 par $n_1 dr$. En intégrant ensuite par rapport à r, depuis a' jusqu'à a'', on aura les composantes **X** et **Y** de l'action magnétique d'une bobine d'épaisseur $a'' - a'$, ce qui donne

$$(34) \quad \begin{cases} \mathbf{X} = 2\pi n_1^2 \displaystyle\int_{a'}^{a''} \left[\frac{x+b}{v} - \frac{x-b}{u} + \frac{3}{2^2}(\ldots) r^2 y^2 + \ldots\right] dr, \\ \mathbf{Y} = \pi n_1^2 y \displaystyle\int_{a'}^{a''} \left[\left(\frac{1}{u^3} - \frac{1}{v^3}\right) r^2 - \frac{3}{2.4}(\ldots) r^2 y^2 + \ldots\right] dr. \end{cases}$$

Le premier terme $\mathbf{X}_0$ de la valeur de **X** représente évidemment l'action sur l'axe donnée par l'équation (12).

Le second terme X_1 a pour valeur

$$X_1 = \frac{3}{2}\pi n_1^2 y^2 \int_{a'}^{a''} \left(\frac{x+b}{[r^2+(x+b)^2]^{\frac{5}{2}}} - \frac{x-b}{[r^2+(x-b)^2]^{\frac{5}{2}}} \right) r^2 dr.$$

Comme on a

$$\int \frac{r^2 dr}{(r^2+a^2)^{\frac{5}{2}}} = \frac{1}{3a^2} \cdot \frac{r^3}{(r^2+a^2)^{\frac{3}{2}}},$$

il vient

$$X_1 = \frac{\pi n_1^2 y^2}{2} \left\{ \frac{1}{x+b} \left[\frac{r^3}{[r^2+(x+b)^2]^{\frac{3}{2}}} \right]_{a'}^{a''} - \frac{1}{x-b} \left[\frac{r^3}{[r^2+(x-b)^2]^{\frac{3}{2}}} \right]_{a'}^{a''} \right\}.$$

Le premier terme de Y est

$$Y_1 = \pi n_1^2 y \int_{a'}^{a''} \left(\frac{1}{[r^2+(x-b)^2]^{\frac{3}{2}}} - \frac{1}{[r^2+(x+b)^2]^{\frac{3}{2}}} \right) r^2 dr.$$

Une expression semblable a déjà été intégrée précédemment (**730**), et l'on a

$$Y_1 = \pi n_1^2 y \left\{ \begin{array}{l} \dfrac{a'}{\sqrt{a'^2+(x-b)^2}} - \dfrac{a'}{\sqrt{a'^2+(x+b)^2}} \\ - \dfrac{a''}{\sqrt{a''^2+(x-b)^2}} + \dfrac{a''}{\sqrt{a''^2+(x+b)^2}} \\ + l.\dfrac{a''+\sqrt{a''^2+(x-b)^2}}{a'+\sqrt{a'^2+(x-b)^2}} - l\,\dfrac{a''+\sqrt{a''^2+(x+b)^2}}{a'+\sqrt{a'^2+(x+b^2)}} \end{array} \right\}.$$

Dans le cas de $x = 0$, la composante X se réduit à

$$X = G_0 = \frac{2\pi n}{a_2} + \frac{\pi n_1^2}{b} \left[\frac{a''^3}{(a''^2+b^2)^{\frac{3}{2}}} - \frac{a'^3}{(a'^2+b^2)^{\frac{3}{2}}} \right] y^2 + \ldots,$$

a_2 représentant le rayon de la spire d'action moyenne par rapport au centre (**720**).

La valeur de Y_1 est alors nulle et la composante Y est du troisième ordre en y.

740. Cas particuliers. — Action d'une bobine à petite distance. — Il est utile pour les applications d'effectuer le calcul d'une manière plus complète.

Pour déterminer l'action d'une bobine sur un point voisin du centre, on pourrait développer les expressions (34), mais il est plus avantageux de traiter le problème directement.

Nous devons surtout considérer la composante parallèle à l'axe. La valeur X_1 de cette composante, pour un courant circulaire de rayon r, en un point dont les coordonnées par rapport au centre sont x et y, est (**736**)

$$(35)\qquad X_1 = 2\pi\left[\frac{d^2u}{dx^2} - \frac{y^2}{2^2}\frac{d^4u}{dx^4} + \frac{y^4}{(2.4)^2}\frac{d^6u}{dx^6} - \frac{y^6}{(2.4.6)^2}\frac{d^8u}{dx^8} + \ldots\right].$$

On a d'ailleurs, avec $u^2 = r^2 + x^2$,

$$\frac{d^2u}{dx^2} = \frac{r^2}{u^3} = \frac{1}{r}\left(1 + \frac{x^2}{r^2}\right)^{-\frac{3}{2}},$$

$$(36)\qquad r\frac{d^2u}{dx^2} = 1 - \frac{1.3}{2}\frac{x^2}{r^2} + \frac{1.3.5}{2.4}\frac{x^4}{r^4} - \frac{1.3.5.7}{2.4.6}\frac{x^6}{r^6} + \ldots$$

On en déduira les dérivées successives de u par rapport à x, et il est facile de voir que toutes les séries ainsi obtenues sont convergentes, plus ou moins rapidement, tant que le rapport $\frac{x}{r}$ est inférieur à l'unité. On obtient ainsi

$$(37)\qquad X_1 = \frac{2\pi}{r}\left\{\begin{aligned} &1 - \frac{1.3}{2}\frac{x^2}{r^2} + \frac{1.3.5}{2.4}\frac{x^4}{r^4} - \frac{1.3.5.7}{2.4.6}\frac{x^6}{r^6} + \ldots \\ &+ \frac{1}{2^2}\frac{y^2}{r^2}\left[1^2 3 - \frac{1.3^2 5}{2}\frac{x^2}{r^2} + \frac{1.3.5^2 7}{2.4}\frac{x^4}{r^4} - \frac{1.3.5.7^2 9}{2.4.6}\frac{x^6}{r^6} + \ldots\right] \\ &+ \frac{1}{(2.4)^2}\frac{y^4}{r^4}\left[1^2 3^2 5 - \frac{1.3^2 5^2 7}{2}\frac{x^2}{r^2} + \frac{1.3.5^2 7^2 9}{2.4}\frac{x^4}{r^4} - \ldots\right] \\ &+ \frac{1}{(2.4.6)^2}\frac{y^6}{r^6}\left[1^2 3^2 5^2 7 - \frac{1.3^2 5^2 7^2 9}{2}\frac{x^2}{r^2} + \frac{1.3.5^2 7^2 9^2 11}{2.4}\frac{x^4}{a^4} - \ldots\right] \\ &+ \ldots\ldots\ldots\ldots\ldots\ldots\ldots\ldots \end{aligned}\right\}.$$

Pour obtenir la composante X relative à une bobine à gorge rectangulaire, dont les dimensions sont $2b$ et $2c$, il suffira de multiplier la valeur précédente de X_1 par $n_1 dx$ et $n_1 dr$, et d'intégrer ensuite entre les limites $x - b$ et $x + b$ d'une part, $r - c$ et $r + c$ d'autre part, c'est-à-dire de calculer l'intégrale

$$(38) \qquad X = n_1^2 \int_{r-c}^{r+c} dr \int_{x-b}^{x+b} X_1 dx,$$

dans laquelle on remplacera r par le rayon moyen a de la bobine.

Si les conditions sont telles que l'on puisse négliger les quatrièmes puissances des rapports $\frac{c}{a}$, $\frac{b}{a}$ et $\frac{x}{a}$, on trouve ainsi, toutes réductions faites,

$$(39) \qquad \begin{aligned} X = \frac{2n\pi}{a} \Bigg\{ & 1 + \frac{c^2}{3a^2} - \frac{b^2}{2a^2} - \frac{3x^2}{2a^2} \\ & + \frac{3}{2^2}\frac{\lambda^2}{a^2}\left[1 + \frac{3.4}{2.3}\frac{c^2}{a^2} - \frac{3.5}{2.3}\frac{b^2 + 3x^2}{a^2}\right] \\ & + \frac{3^2 5}{(2.4)^2}\frac{\lambda^4}{a^4}\left[1 + \frac{5.6}{2.3}\frac{c^2}{a^2} - \frac{5.7}{2.3}\frac{b^2 + 3x^2}{a^2}\right] \\ & + \frac{3^2 5^2 7}{(2.4.6)^2}\frac{\lambda^6}{a^6}\left[1 + \frac{7.8}{2.3}\frac{c^2}{a^2} - \frac{7.9}{2.3}\frac{b^2 + 3x^2}{a^2}\right] \\ & + \ldots\ldots\ldots\ldots \Bigg\}. \end{aligned}$$

La série est convergente toutes les fois que le rapport $\frac{\lambda}{a}$ est plus petit que l'unité, car le facteur qui multiplie les puissances successives de ce rapport tend vers $\frac{2}{\pi}$.

741. Action d'une bobine à une grande distance. — Considérons de même ce que devient la valeur de X, lorsque la distance x du point P au plan de la bobine est très grande par rapport au rayon. On devra cette fois, dans l'expression relative à l'action d'un courant circulaire, développer la valeur de u suivant les puissances croissantes du rapport $\frac{x}{r}$.

On a alors

$$\frac{du}{dx} = \frac{x}{u} = \left(1 + \frac{r^2}{x^2}\right)^{-\frac{1}{2}},$$

$$\frac{du}{dx} = 1 - \frac{1}{2}\frac{r^2}{x^2} + \frac{1.3}{2.4}\frac{r^4}{x^4} - \frac{1.3.5}{2.4.6}\frac{r^6}{x^6} - \frac{1.3.5.7}{2.4.6.8}\frac{r^8}{x^8} + \ldots,$$

et, par suite,

$$\begin{aligned} \mathbf{X}_1 = \frac{2\pi r^2}{x^3} \Bigg\{ & 1 - \frac{3}{2}\frac{r^2}{x^2} + \frac{3.5}{2.4}\frac{r^4}{x^4} - \frac{3.5.7}{2.4.6}\frac{r^6}{x^6} + \ldots \\ & - \frac{1}{2^2}\frac{\gamma^2}{x^2}\left[\frac{1}{2}2.3.4 - \frac{1.3}{2.4}4.5.6\frac{r^2}{x^2} + \frac{1.3.5}{2.4.6}6.7.8\frac{r^4}{x^4} - \ldots\right] \\ & + \frac{1}{(2.4)^2}\frac{\gamma^4}{x^4}\left[\frac{1}{2}2.3.4.5.6 - \frac{1.3}{2.4}4.5.6.7.8\frac{r^2}{x^2} + \ldots\right] \\ & - \frac{1}{(2.4.6)^2}\frac{\gamma^6}{x^6}\left[\frac{1}{2}2.3.4.5.6.7.8 - \frac{1.3}{2.4}4.5.6.7.8.9.10\frac{r^2}{x^2} + \ldots\right] \\ & + \ldots\ldots\ldots\ldots\ldots\ldots \Bigg\}. \end{aligned} \tag{40}$$

L'action d'une bobine s'obtiendra encore par une double intégration. Quand on néglige les quatrièmes puissances des rapports $\frac{a}{x}$, $\frac{b}{x}$, $\frac{c}{a}$ et, par suite, le rapport $\frac{c^2}{x^2}$, il vient

$$\begin{aligned} \mathbf{X} = \frac{2n\pi a^2}{x^3} \Bigg\{ & 1 + \frac{c^2}{3a^2} + \frac{2b^2}{x^2} - \frac{3}{2}\frac{a^2}{x^2} \\ & - \frac{3.4}{2^2}\frac{\gamma^2}{x^2}\left[1 + \frac{c^2}{3a^2} + \frac{5.6}{2.3}\frac{b^2}{x^2} - \frac{5.6}{2.4}\frac{a^2}{x^2}\right] \\ & + \frac{3.4.5.6}{(2.4)^2}\frac{\gamma^4}{x^4}\left[1 + \frac{c^2}{3a^2} + \frac{7.8}{2.3}\frac{b^2}{x^2} - \frac{7.8}{2.4}\frac{x^2}{a^2}\right] \\ & - \ldots\ldots\ldots\ldots\ldots\ldots \Bigg\}. \end{aligned} \tag{41}$$

Cette action tend à devenir en raison inverse du cube de la

distance, comme on pouvait le voir directement par l'assimilation de la bobine à un aimant.

742. Action d'une bobine longue. — Dans l'intérieur d'une bobine d'une grande longueur, le champ intérieur est sensiblement uniforme (**195**); l'examen de ce problème présente donc un intérêt particulier.

Nous pouvons remarquer d'abord que l'action exercée à l'intérieur d'une bobine de longueur $2b$ ne renfermant qu'une couche de fils, étant égale à l'induction du cylindre magnétique équivalent, a pour composante parallèle à l'axe

$$X_1 = 4\pi n_1 - (X_a + X_b),$$

expression dans laquelle X_a et X_b désignent les valeurs absolues des composantes relatives aux deux bases du cylindre où la densité est n_1.

On a d'ailleurs (**739**)

$$X_a = 2\pi n_1 \left[1 - \frac{du}{dx} + \frac{r^2}{2^2}\frac{d^3u}{dx^3} - \frac{r^4}{(2.4)^2}\frac{d^5u}{dx^5} + \ldots \right],$$

avec

$$u^2 = r^2 + (b+x)^2.$$

Si l'on pose

$$p = \frac{r}{b+x}, \quad \text{ce qui donne} \quad \frac{dp}{dx} = -\frac{p^2}{r},$$

on peut écrire

$$\frac{du}{dx} = \frac{b+x}{u} = 1 - \frac{1}{2}p^2 + \frac{1.3}{2.4}p^4 - \frac{1.3.5}{2.4.6}p^6 + \ldots.$$

On en déduira les valeurs successives des dérivées qui entrent dans l'expression de X_a; il suffira ensuite d'y changer le signe de x pour avoir celle de X_b.

Si on néglige les quatrièmes puissances du rapport $\frac{x}{b}$, on trouve ainsi

$$\begin{aligned}
X_1 = 4\pi n_1 \Bigg\{ & 1 - \frac{1}{2}\frac{r^2}{b^2}\left(1 + \frac{2.3}{1.2}\frac{x^2}{b^2}\right) + \frac{1.3}{2.4}\frac{r^4}{b^4}\left(1 + \frac{4.5}{1.2}\frac{x^2}{b^2}\right) - \ldots \\
& - \frac{y^2 r^2}{2^2 b^4}\left[\frac{1}{2}2.3\left(1 + \frac{4.5}{1.2}\frac{x^2}{b^2}\right) - \frac{1.3}{2.4}4.5\frac{r^2}{b^2}\left(1 + \frac{6.7}{1.2}\frac{x^2}{b^2}\right) + \ldots\right] \\
(42) \quad & + \frac{y^4 r^2}{(2.4)^2 b^6}\left[\frac{1}{2}2.3.4.5\left(1 + \frac{6.7}{1.2}\frac{x^2}{b^2}\right) - \frac{1.3}{2.4}4.5.6.7\frac{r^2}{b^2}\left(1 + \frac{8.9}{1.2}\frac{x^2}{b^2}\right) + \ldots\right] \\
& - \frac{y^6 r^2}{(2.4.6)^2 b^8}\left[\frac{1}{2}2.3.4.5.6.7\left(1 + \frac{8.9}{1.2}\frac{x^2}{b^2}\right) - \ldots\right] \\
& + \ldots\ldots\ldots\ldots\ldots\ldots \Bigg\}.
\end{aligned}$$

La composante X relative à une bobine s'obtiendra en intégrant cette expression depuis $r - c$ jusqu'à $r + c$, après l'avoir multipliée par $n_1 dr$, et remplaçant r par le rayon moyen a.

Négligeant encore les quatrièmes puissances du rapport $\frac{c}{a}$, on obtient

$$\begin{aligned}
X = \frac{2n\pi}{b}\Bigg\{ & 1 - \frac{1}{2}\frac{a^2}{b^2}\left(1 + \frac{1}{3}\frac{c^2}{a^2} + 3\frac{x^2}{b^2}\right) + \frac{3}{8}\frac{a^4}{b^4}\left(1 + 2\frac{c^2}{a^2} + 10\frac{x^2}{b^2}\right) - \ldots \\
(43) \quad & - \frac{y^2 a^2}{2^2 b^4}\left[3\left(1 + \frac{1}{3}\frac{c^2}{a^2} + 10\frac{x^2}{b^2}\right) - \frac{15}{2}\frac{a^2}{b^2}\left(1 + 2\frac{c^2}{a^2} + 21\frac{x^2}{b^2}\right) + \ldots\right] \\
& + \frac{y^4 a^2}{(2.4)^2 b^6}\left[60\left(1 + \frac{1}{3}\frac{c^2}{a^2} + 21\frac{x^2}{b^2}\right) - \ldots\right] \\
& - \ldots\ldots\ldots\ldots\ldots\ldots \Bigg\}.
\end{aligned}$$

Si les rapports $\frac{a}{c}$, $\frac{x}{b}$ et $\frac{a^2}{b^2}$ sont de même ordre, il reste simplement, au même degré d'approximation

$$\begin{aligned}
X = \frac{2n\pi}{b}\Bigg[& 1 - \frac{1}{2}\frac{a^2}{b^2} + \frac{3}{8}\frac{a^2}{b^2}\left(\frac{a^2}{b^2} - \frac{4}{9}\frac{c^2}{a^2} - 4\frac{x^2}{b^2}\right) \\
(44) \quad & - \frac{3}{4}\frac{a^2 y^2}{b^4}\left(1 - \frac{5}{2}\frac{a^2}{b^2}\right) + \frac{15}{16}\frac{a^2 y^4}{b^6}\Bigg].
\end{aligned}$$

743. Méthode de Maxwell. — Quand on veut passer de l'action d'un courant unique à celle d'une bobine, il est quelquefois plus avantageux, au lieu d'employer les quadratures comme dans les paragraphes précédents, d'appliquer la méthode suivante indiquée par Maxwell [1].

Soit P une fonction de deux variables x et y; on se propose de calculer la fonction $\overline{P}$ définie par l'équation

$$\overline{P} = \frac{1}{xy}\int_{-\frac{x}{2}}^{+\frac{x}{2}}\int_{-\frac{y}{2}}^{+\frac{y}{2}} P\,dx\,dy, \tag{45}$$

c'est-à-dire la valeur moyenne de P dans les limites de l'intégration.

Si P_0 est la valeur de la fonction P pour $x = 0$ et $y = 0$, la formule de Taylor donne

$$P = P_0 + x\frac{\partial P_0}{\partial x} + y\frac{\partial P_0}{\partial y} + \frac{x^2}{2}\frac{\partial^2 P_0}{\partial x^2} + \ldots$$

Quand on remplace P par cette valeur dans l'expression considérée et qu'on effectue les intégrations entre les limites indiquées, tous les termes de degré impair en x et en y disparaissent; le résultat final, divisé par xy, est la valeur cherchée de $\overline{P}$.

Le terme $\frac{x^2}{2}\frac{\partial^2 P_0}{\partial x^2}$, par exemple, donne

$$\frac{1}{2}\frac{\partial^2 P_0}{\partial x^2}\int_{-\frac{x}{2}}^{+\frac{x}{2}}\int_{-\frac{y}{2}}^{+\frac{y}{2}} x^2\,dx\,dy = \frac{x^3 y}{3.2^3}\cdot\frac{\partial^2 P_0}{\partial x^2}.$$

On a finalement

$$\overline{P} = P_0 + \frac{1}{3.2^3}\left(x^2\frac{\partial^2 P_0}{\partial x^2} + y^2\frac{\partial^2 P_0}{\partial y^2}\right) + \frac{1}{3.4.5.2^5}\left[x^4\frac{\partial^4 P_0}{\partial x^4} + 2x^2y^2\frac{\partial^4 P_0}{\partial x^2\partial y^2} + y^4\frac{\partial^4 P_0}{\partial y^4}\right] + \ldots$$

[1] Maxwell, *Electricity and magnetism*, t. II, p. 304.

744. — Si on applique cette formule au premier terme de la valeur de X, celui qui représente l'action d'un courant circulaire de rayon r, sur un point de l'axe à la distance x, on obtient, en désignant le rayon moyen par a et les dimensions radiale et axiale de la bobine par $2c$ et $2b$,

$$\overline{P} = \frac{a^2}{u^3}\left[1 + \frac{1}{6}\cdot\frac{3a^2(4x^2 - a^2)}{u^4}\frac{b^2}{a^2} + \frac{1}{6}\frac{2x^4 - 11a^2x^2 + 2a^4}{u^4}\cdot\frac{c^2}{a^2}\right],$$

et le premier terme de la valeur X est égal à $2n\pi\overline{P}$.

745. — Pour un point situé en dehors de l'axe, si l'on s'arrête aux termes du second ordre en y, il suffit de considérer comme constant le second terme de la valeur de X dans l'équation (33), ce qui donne

$$X = 2\pi n\overline{P} - 2n\pi\frac{a^2}{u^3}\frac{3}{4}\frac{4x^2 - a^2}{u^2}\cdot\frac{y^2}{u^2}.$$

Si l'on veut pousser l'approximation plus loin, on appli-

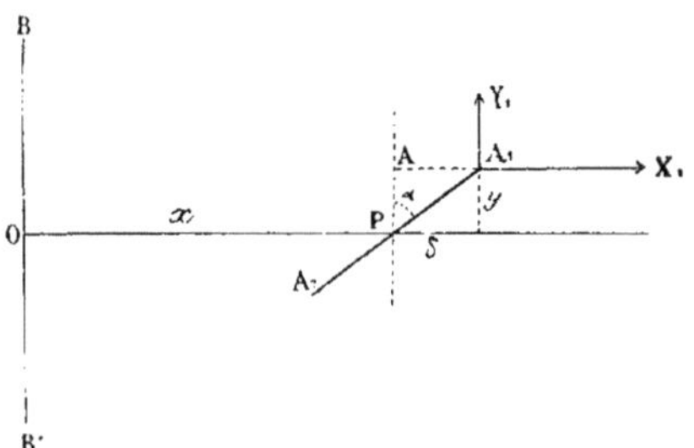

Fig. 138

quera la méthode de Maxwell au terme de correction en considérant comme constant le terme en y^2.

746. — Action d'une bobine sur une aiguille aimantée. — Dans l'étude du galvanomètre, en particulier pour la boussole des tangentes (**503**), nous aurons à considérer l'action qu'exerce sur une aiguille aimantée le courant d'une bobine.

Si le champ de la bobine était uniforme, ou l'aiguille infiniment petite, l'action électromagnétique se réduirait à un couple; mais, en général, elle équivaudra à une force unique et à un couple.

Soit BB′ (fig. 138), un courant circulaire du rayon a, dont le centre est en O, Ox son axe, A_2A_1 une aiguille dont le milieu P est sur l'axe de la bobine à une distance x du centre. Soient $2l$ la longueur de l'aiguille, y et $x+\delta$ les coordonnées du pôle A_1, $-y$ et $x-\delta$ celles du pôle A_2; nous supposerons ces pôles égaux à l'unité.

Désignons par X_1, Y_1 et X_2, Y_2 les composantes du champ du cadre, en valeurs absolues, aux points A_1 et A_2. Comme les pôles A_1 et A_2 sont de signes contraires, les composantes ξ et η de la force et le moment D du couple ont pour valeurs

$$\xi = X_1 - X_2, \qquad \eta = Y_1 - Y_2;$$
$$D = (X_1 + X_2)y - (Y_1 - Y_2)\delta.$$

D'un autre côté, appelant X et Y les composantes du champ au point A, dont les coordonnées sont x et y, on a

$$X_1 = X + \delta\frac{\partial X}{\partial x} + \frac{\delta^2}{1.2}\frac{\partial^2 X}{\partial x^2} + \frac{\delta^3}{1.2.3}\frac{\partial^3 X}{\partial x^3} + \frac{\delta^4}{1.2.3.4}\frac{\partial^4 X}{\partial x^4} + \ldots,$$
$$Y_1 = Y + \delta\frac{\partial Y}{\partial x} + \frac{\delta^2}{1.2}\frac{\partial^2 Y}{\partial x^2} + \frac{\delta^3}{1.2.3}\frac{\partial^3 Y}{\partial x^3} + \frac{\delta^4}{1.2.3.4}\frac{\partial^4 Y}{\partial x^4} + \ldots$$

Les valeurs de X_2 et Y_2 se déduiraient des précédentes en changeant le signe δ; il en résulte

$$X_1 + X_2 = 2\left[X + \frac{\delta^2}{2}\frac{\partial^2 X}{\partial x^2} + \frac{\delta^4}{24}\frac{\partial^4 X}{\partial x^4} + \ldots\right],$$
$$Y_1 - Y_2 = 2\delta\left[\frac{\partial Y}{\partial x} + \frac{\delta^2}{6}\frac{\partial^3 Y}{\partial x^3} + \ldots\right].$$

Si on prend, comme plus haut (736),

$$X = 2\pi(f''_0 + f''_1 y^2 + f''_2 y^4 + \ldots),$$
$$Y = 4\pi y(f'_1 + 2f'_2 y^2 + \ldots),$$

on aura, en bornant le développement aux termes du quatrième ordre,

$$D = 4\pi y \left\{ \begin{array}{l} f''_0 + f''_1 y^2 + (f^{IV}_0 - 4 f''_1)\dfrac{\delta^2}{2} \\ + f''_2 y^4 + (f^{IV}_1 - 8 f''_2)\dfrac{y^2\delta^2}{2} + (f^{VI}_0 - 8 f^{IV}_1)\dfrac{\delta^4}{2.4} \end{array} \right\}.$$

Les propriétés (31) des fonctions $f_0, f_1, \ldots$, donnent immédiatement

$$D = 4\pi y\left[f''_0 + f''_1(y^2 - 4\delta^2) + f''_2(y^4 - 12 y^2\delta^2 + 8\delta^4)\right].$$

A des facteurs près, les termes de correction sont les mêmes, f''_1, f''_2, que ceux de la composante **X** au point A donnée par l'équation (29). Les facteurs de f''_1 et f''_2 sont d'ailleurs composés en y et en δ comme ces fonctions elles-mêmes le sont en a et x, c'est-à-dire comme les fonctions relatives à un courant circulaire de rayon y, parallèle au premier, pour un point dont l'abscisse serait δ.

En appelant α l'angle que fait l'axe magnétique A_2A_1 de l'aiguille avec le plan du courant, ce qui donne

$$\delta = l\sin\alpha,$$
$$y = l\cos\alpha,$$

il vient

$$D = 4\pi f''_0 l\cos\alpha\left[1 + \frac{f''_1}{f''_0}(1 - 5\sin^2\alpha) + \frac{f''_2}{f''_0}(1 - 14\sin^2\alpha + 21\sin^4\alpha)\right].$$

Enfin, si l'on remplace les fonctions f''_0, f''_1 et f''_2 par leurs valeurs (**236**), on obtient finalement

$$(47)\qquad D = 2\pi\frac{a^2}{u^3}2l\cos\alpha\left[1 + \frac{3}{2^2}\,\frac{a^2 - 4x^2}{u^2}(1 - 5\sin^2\alpha)\frac{l^2}{u^2} + \frac{3.5}{(2.4)^2}\,\frac{a^4 - 12a^2x^2 + 8x^4}{u^4}\left(1 - 14\sin^2\alpha + 21\sin^4\alpha\right)\frac{l^4}{u^4}\right].$$

Quand on fait $x=0$, c'est-à-dire quand le milieu de l'aiguille est au centre du cadre, la formule se réduit à

$$(48) \qquad D_0 = \frac{2\pi}{a} 2l \cos\alpha \left[1 - \frac{3}{2^2}(1-5\sin^2\alpha)\frac{l^2}{a^2} \right.$$
$$\left. + \frac{3^2 5}{(2.4)^2}\left(1 - 14\sin^2\alpha + 21\sin^4\alpha\right)\frac{l^4}{a^4} \right].$$

Les composantes ξ et η de la force φ se calculeraient de la même manière, mais cette force est très petite et ne présente pas d'intérêt dans les expériences; quand on fait agir une bobine sur un aimant suspendu à un fil, la force φ n'a pour effet que d'écarter un peu le fil de la verticale.

747. — Lorsque le cadre est formé par une bobine à gorge rectangulaire, il faut remplacer le terme principal $2\pi\frac{a^2}{u^3}$ par la valeur de G (12). Quant aux termes de correction compris dans la parenthèse, il suffira en général, à moins que l'aiguille n'ait une longueur notable par rapport au diamètre du cadre, de prendre pour les quantités a et u leurs valeurs relatives à la circonférence moyenne de la bobine.

Si l'aiguille, supposée symétrique, ne peut pas être réduite à deux pôles, il est facile de voir que l'on doit remplacer la longueur l par $\frac{\Sigma\mu\lambda}{\Sigma\mu}$ et l^2 par $\frac{\Sigma\mu\lambda^3}{\Sigma\mu\lambda}$, μ désignant la masse magnétique située à une distance λ de l'axe de rotation.

Le terme principal, dans l'expression de D, représente le moment de l'action qu'éprouverait l'aiguille dans un champ uniforme dont l'intensité serait la même qu'au point P.

Le premier terme de correction dans la parenthèse est proportionnel au facteur $(1-5\sin^2\alpha)$. Ce facteur est positif et égal à l'unité pour $\alpha=0$; il s'annule pour $\sin^2\alpha=\frac{1}{5}$ ou $\tang\alpha=\frac{1}{2}$, c'est-à-dire pour un angle de $26°4'$. Il devient ensuite négatif et atteint la valeur 1,5 pour $\alpha=45°$.

Le second terme, proportionnel à $(1-14\sin^2\alpha+21\sin^4\alpha)$, est nul pour $\alpha=4°40'$ et $\alpha=35°49'$. Ce facteur est positif et égal à l'unité pour $\alpha=0$, passe par un minimum égal à $-\frac{4}{3}$, vers

19°28′ et reprend la même valeur positive vers 43°36′. Dans la plupart des cas ce terme sera négligeable.

718. Bobine de Gaugain. — Différents artifices peuvent être employés pour faire disparaître le premier terme de correction du couple D, afin que l'aiguille soit sensiblement dans les mêmes conditions que si le champ était uniforme.

On peut d'abord disposer les expériences de façon que l'aiguille fasse toujours avec le plan du cadre un angle voisin de 26°, qui rend le facteur $(1-5\sin^2\alpha)$ sensiblement nul.

Un autre moyen consiste à placer le centre de l'aiguille à la distance $x=\frac{a}{2}$, condition qui annule le facteur a^2-4x^2.

Gaugain avait trouvé par expérience[1] qu'une aiguille dont le centre est placé sur l'axe d'un courant circulaire et à une distance du centre égale à la moitié du rayon, éprouve des déviations dont la tangente est très exactement proportionnelle à l'intensité du courant, c'est-à-dire que le couple du courant est proportionnel au cosinus de la déviation. Partant de cette remarque, il avait construit des bobines ayant la forme d'un tronc de cône tel que la tangente du demi-angle au sommet fût égale à 2. Si on place le centre de l'aiguille au sommet du cône, la condition précédente alors est satisfaite pour toutes les spires, mais cette disposition présente de grandes difficultés pratiques pour l'enroulement du fil et le centrage de l'aiguille. Il est plus avantageux de combiner des bobines à section rectangulaire de manière à réaliser un champ très sensiblement uniforme.

719. Disposition de M. Helmholtz. — Si l'on considère deux circonférences B_1 et B_2 (fig. 139) de même rayon a, ayant même axe O_1O_2 et parcourues par des courants parallèles, on voit aisément qu'au point O, milieu de la distance O_1O_2, la composante X parallèle à l'axe est un minimum ou un maximum relativement aux points situés sur l'axe, ou dans un plan perpendiculaire à l'axe, et que la composante Y est nulle dans le plan perpendiculaire à l'axe qui passe par ce point O. Le champ est donc sensiblement uniforme au voisinage du

[1] Gaugain, *Comptes rendus de l'Acad. des sc.* T. XXXVI, p. 191, 1853.

point O, et le moment de l'action produite par les deux courants, sur une aiguille aimantée située dans cette région, est

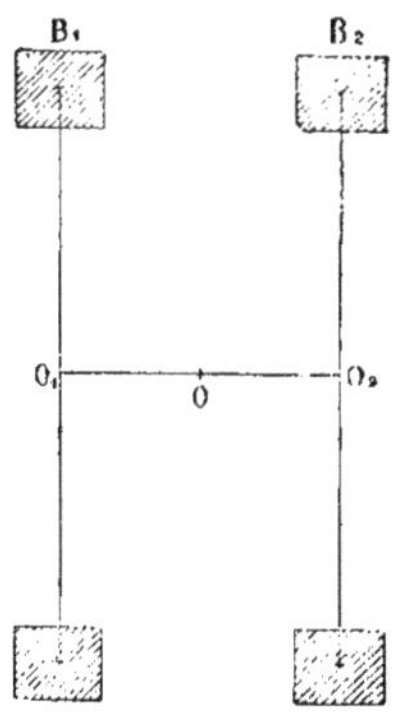

Fig. 139

sensiblement le même que si l'aiguille était centrée ; on supprimera ainsi une difficulté de réglage.

En outre, si la distance des cadres est égale au rayon a, le premier terme de correction dans la valeur de X donnée par l'équation (33) s'annule, et l'on a

$$X = 4\pi \frac{a^2}{u^3}\left[1 - \frac{3}{2}\cdot\frac{45}{64}\frac{a^4}{u^4}\cdot\frac{y^4}{u^4}\right] = \frac{32\pi}{5a\sqrt{5}}\left[1 - \frac{54}{125}\cdot\frac{y^4}{a^4}\right].$$

Telle est la disposition imaginée par M. Helmholtz (¹). L'état du champ magnétique est représenté par la figure 140 empruntée à Maxwell (²) : les deux systèmes de lignes orthogonales représentent, l'un les lignes de force, l'autre l'intersection du plan de figure par les surfaces du niveau.

L'action au point O est

$$G_0 = \frac{32\pi}{5a\sqrt{5}}.$$

Si on remplace les cercles par des bobines à gorge rectan-

(¹) Wiedmann, *Galvanismus*, Bd II, p. 225 (2ᵉ éd.).
(²) Maxwell, *Electricity and Magnetism*, t. II, pl. XIX.

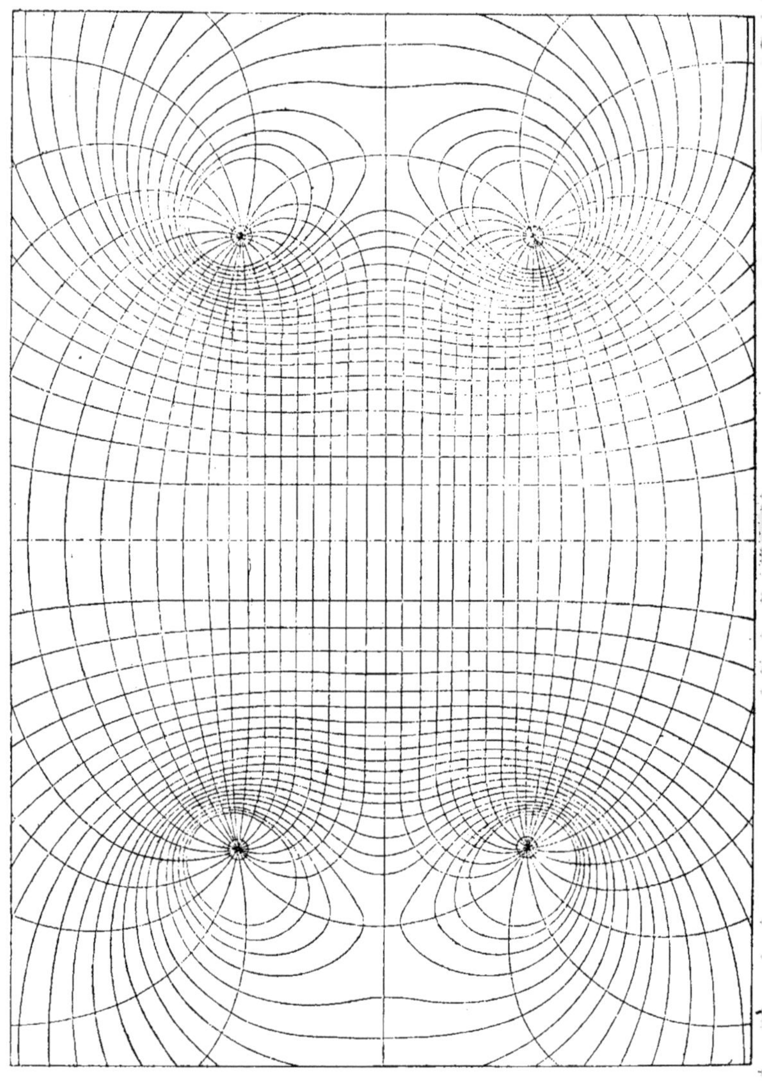

Fig. 140

CHAMP MAGNÉTIQUE DE DEUX COURANTS CIRCULAIRES.

gulaire de dimensions $2b$ et $2c$, contenant chacune n spires, et qu'on s'en tienne aux termes du second ordre, on a

$$G_0 = \frac{32 n\pi}{5a\sqrt{5}}\left[1 - \frac{1}{15}\frac{b^2}{a^2}\right],$$

le terme en c^2 disparaît comme ayant en facteur $a^2 - 4x^2$.

Si l'on pousse l'approximation jusqu'aux termes du quatrième ordre, on trouve que le terme en y^2 renferme le facteur $(31b^2 - 36c^2)$; on fera donc disparaître ce terme en choisissant la section de la gorge de manière que

$$\frac{b}{c} = \frac{6}{\sqrt{31}} = 1,079.$$

Il ne restera alors, pour le quatrième ordre, que le terme en y^4, lequel a pour valeur

$$-\frac{54}{125}\cdot\frac{y^4}{a^4}.$$

750. Bobine à quatre cercles. — On obtient une solution plus complète au moyen de quatre courants circulaires ayant même axe, symétriques deux à deux par rapport à un point de cet axe. Nous supposerons que ces courants sont quatre cercles parallèles d'une même sphère ayant pour centre le point considéré. Soit a le rayon de la sphère, r et r' les rayons des cercles, x et x' leurs distances au centre, p le rapport du nombre de spires des grands circuits à celui des petits. Si les courants sont de même sens, les composantes horizontales s'ajoutent. On peut disposer de deux des trois indéterminées r, r' et p de manière à annuler les deux premiers termes de correction dans la valeur de X. Comme on a $u = a$ pour tous les courants, cette condition est exprimée par les deux équations

$$pr^2(4x^2 - r^2) + r'^2(4x'^2 - x'^2) = 0,$$
$$pr^2(r^4 - 12r^2x^2 + 8x^4) + r'^2(r'^4 - 12r'^2x'^2 + 8x'^4) = 0.$$

En tenant compte des relations

$$a^2 = r^2 + x^2 = r'^2 + x'^2,$$

et posant

$$m = \frac{r}{a}, \qquad m' = \frac{r'}{a},$$

ces équations peuvent s'écrire

$$pm^2(4 - 5m^2) + m'^2(4 - 5m'^2) = 0,$$
$$pm^2(21m^4 - 28m^2 + 8) + m'^2(21m'^4 - 28m'^2 + 8) = 0.$$

En retranchant deux fois la première équation de la seconde, on peut remplacer la dernière par l'équation plus simple

$$pm^4(7m^2 - 6) + m'^4(7m'^2 - 6) = 0.$$

On en déduit

$$p = -\frac{m'^2}{m^2}\frac{4 - 5m'^2}{4 - 5m^2} = -\frac{m'^4}{m^4}\frac{7m'^2 - 6}{7m^2 - 6},$$

ce qui donne

$$(19) \qquad \begin{cases} m'^2 = \dfrac{4}{7}\dfrac{7m^2 - 6}{5m^2 - 4}, \\[2ex] p = \dfrac{32}{49}\dfrac{7m^2 - 6}{m^2(5m^2 - 4)^3}. \end{cases}$$

On peut remarquer que m et m' représentent les sinus des angles α et α' sous lesquels on voit du centre les deux rayons r et r'; leurs carrés doivent toujours être compris entre zéro et l'unité, il en résulte les conditions

$$m^2 \geqq 0, \qquad m'^2 \geqq \frac{6}{7}, \qquad p \leqq \infty,$$
$$m^2 \leqq \frac{4}{7}, \qquad m'^2 \leqq 1, \qquad p \geqq \frac{49}{32};$$

ou

$$m^2 \geqq \frac{6}{7}, \qquad m'^2 \geqq 0, \qquad p \geqq 0,$$

$$m^2 \leqq 1, \qquad m'^2 \leqq \frac{4}{7}, \qquad p \leqq \frac{32}{49}.$$

751. Bobine à trois cercles. — Un cas particulier remarquable est celui où $m^2 = 1$, d'où résulte $m'^2 = \frac{4}{7}$ et $p = \frac{32}{49}$: les deux cercles de rayon r se confondent alors avec le grand cercle de la sphère et forment une seule bobine ayant 64 spires, si les deux petits cercles en ont chacun 49, soit en tout 162 spires.

Le rayon de ces petits cercles est égal à $a\sqrt{\frac{4}{7}}$ et leur distance au centre égale à $a\sqrt{\frac{3}{7}}$.

L'action magnétique au centre est alors

$$G_0 = \frac{2\pi}{a}\left(n + \frac{8n'}{7}\right) = \frac{2\pi}{a} \cdot 120, \tag{50}$$

c'est-à-dire 120 fois celle du grand cercle.

On sait qu'une sphère, entièrement recouverte de courants circulaires situés dans des plans parallèles, dont les distances successives sont égales à $\frac{1}{n_1}$, présente à l'intérieur un champ uniforme dont l'intensité est $\frac{8}{3}\pi n_1$ (**197**). Cette disposition serait difficile à réaliser pratiquement, tandis que celles que nous venons d'étudier en fournissent à peu près l'équivalent. Pour que l'action au centre fût la même dans le cas d'une bobine sphérique complète et dans celui d'une bobine à trois cercles, il faudrait qu'on eût

$$n_1 = \frac{90}{a},$$

c'est-à-dire que la sphère fût recouverte de 180 spires.

Pour la sphère, la longueur totale du fil serait

$$2\pi n_1 \int_{-a}^{+a} r\,dx = n_1\pi^2 a^2 = 90\pi^2 a = 2\pi a.141,4.$$

Dans le cas des trois cercles, on aurait

$$64.2\pi a + 98.2\pi a \frac{2}{\sqrt{7}} = 2\pi a\left(64 + \frac{196}{\sqrt{7}}\right) = 2\pi a.138\,;$$

la longueur du fil est encore un peu moindre, de sorte que cette dernière combinaison est avantageuse sous tous les rapports.

752. Deux cercles avec courants de sens contraires. — Supposons que dans deux cadres parallèles on fasse passer le courant en sens contraires. Les composantes parallèles à l'axe des actions des deux cadres sont en chaque point dirigées en sens contraires, et les composantes perpendiculaires à l'axe restent de même sens dans l'intervalle des cadres.

Soient X_0 et Y_0 les valeurs de chacune des composantes partielles dans le plan de symétrie des deux courants. Dans deux plans situés de part et d'autre à la distance dx, et pour la même distance à l'axe, on aura

$$X_1 = X_0 + \frac{\partial X_0}{\partial x}dx + \frac{1}{2}\frac{\partial^2 X_0}{\partial x^2}dx^2 + \ldots\ldots,$$
$$X_2 = X_0 - \frac{\partial X_0}{\partial x}dx + \frac{1}{2}\frac{\partial^2 X_0}{\partial x^2}dx^2 - \ldots\ldots,$$

et des expressions analogues pour les composantes Y_1 et Y_2.

On en déduit, en se bornant aux premiers termes,

$$X = 2\frac{\partial X_0}{\partial x}dx = -\frac{12\pi a^2 x}{u^5}\left[1 + \frac{5}{4}\frac{3a^2 - 4x^2}{u^2}\cdot\frac{y^2}{u^2}\right]dx,$$
$$Y = 2Y_0 + \frac{\partial^2 Y_0}{\partial x^2}dx^2 = \frac{6\pi a^2 x}{u^4}\cdot\frac{y}{u} - \frac{15\pi a^2 x}{u^6}\cdot\frac{3a^2 - 4x^2}{u^2}\cdot\frac{y}{u}dx^2.$$

Dans ces expressions x représente la distance du plan médian aux deux cercles. On voit que la composante **X** sera indépendante de y, et la composante $\mathbf{Y}$ indépendante de dx, si l'on prend $4x^2 = 3a^2$.

Avec cette disposition, le champ est symétrique par rapport au centre du système des deux cadres, et l'action du courant serait nulle sur une aiguille exactement centrée en ce point.

753. Actions moyennes. — Imaginons qu'un cercle de rayon y, recouvert d'une couche magnétique uniforme de densité égale à l'unité, soit situé dans le champ d'un courant ou d'une bobine. Si le cercle a le même axe que les courants considérés, l'action du champ sur ce cercle est parallèle à l'axe et égale à l'intégrale de $\mathrm{X} 2\pi y\, dy$, prise entre les limites 0 et y. Si la valeur de $\mathbf{X}$ a une expression de la forme

$$\mathrm{X} = \mathrm{A} + \mathrm{B} y^2 + \mathrm{C} y^4 + \ldots\ldots$$

dans laquelle A, B, C,... sont des fonctions de x, on aura

$$\int_0^y \mathrm{X}\, 2\pi y\, dy = \pi y^2 \left[\mathrm{A} + \mathrm{B} \frac{y^2}{2} + \mathrm{C} \frac{y^4}{3} + \ldots.. \right].$$

Appelant S la surface πy^2 du cercle et F_m l'*action moyenne* du champ sur le cercle, il en résulte

$$\int_0^y \mathrm{X}\, 2\pi y\, dy = \mathrm{F}_m \mathrm{S},$$

$$(51) \qquad \mathrm{F}_m = \mathrm{A} + \mathrm{B} \frac{y^2}{2} + \mathrm{C} \frac{y^4}{3} + \ldots..$$

L'expression de la force moyenne est donc la même que celle de la composante $\mathbf{X}$, avec cette seule différence qu'on doit diviser y^2 par 2, y^4 par 3,... y^{2n} par $n+1$. Si on applique cette remarque aux expressions calculées plus haut, on voit que l'action moyenne d'un courant circulaire est, d'après l'équation (33),

$$(52) \qquad \mathrm{F}_m = 2\pi \frac{a^2}{u^3} \left[1 - \frac{3}{2^3} \frac{4x^2 - a^2}{u^2} \cdot \frac{y^2}{u^2} + \frac{3.5}{(2.4)^2} \frac{a^4 - 12a^2x^2 + 8x^4}{u^4} \cdot \frac{y^4}{u^4} - \ldots \right].$$

On obtiendra, de même, l'action moyenne d'une bobine par les équations (34), (39), (41), (43), etc., pour les différents cas particuliers.

Nous considérerons surtout l'équation (**39**) ; elle donne pour l'action moyenne d'une bobine sur un cercle, à une petite distance du plan moyen,

$$
(53)\qquad
\begin{aligned}
F_m = \frac{2n\pi}{a}\Bigg\{ & 1 + \frac{c^2}{3a^2} - \frac{b^2}{2a^2} - \frac{3x^2}{2a^2} \\
& + \frac{3}{2.2^2}\frac{\gamma^2}{a^2}\left[1 + \frac{3.4}{2.3}\frac{c^2}{a^2} - \frac{3.5}{2.3}\frac{b^2+3x^2}{a^2}\right] \\
& + \frac{3^2 5}{3(2.4)^2}\frac{\gamma^4}{a^4}\left[1 + \frac{5.6}{2.3}\frac{c^2}{a^2} - \frac{5.7}{2.3}\frac{b^2+3x^2}{a^2}\right] \\
& + \frac{3^2 5^2 7}{4(2.4.6)^2}\frac{\gamma^6}{a^6}\left[1 + \frac{7.8}{2.3}\frac{c^2}{a^2} - \frac{7.9}{2.3}\frac{b^2+3x^2}{a^2}\right] \\
& + \dots\dots\dots\dots \Bigg\}.
\end{aligned}
$$

751. Bobine annulaire. — On a vu que, dans l'intérieur d'une bobine *annulaire* (**196**), le flux de force qui traverse un élément dS de la section, à la distance x de l'axe, est égal, pour l'unité de courant, à $4\pi n_1 \frac{dS}{x}$.

L'action moyenne sur une surface S est donc

$$F_m = \frac{4\pi n_1}{S}\int\frac{dS}{x} = \frac{2n}{S}\int\frac{dS}{x}.$$

Si la surface S est un cercle de rayon a dont le centre soit situé à une distance R de l'axe de la bobine, on a

$$\int\frac{dS}{x} = 2\pi\left(R - \sqrt{R^2 - a^2}\right),$$

et, par suite,

$$F_m = \frac{4n}{a^2}R\left(1 - \sqrt{1 - \frac{a^2}{R^2}}\right) = \frac{2n}{R}\left[1 + \frac{1}{4}\frac{a^2}{R^2} + \frac{1}{8}\frac{a^4}{R^4} + \dots\right].$$

Supposons que la section S soit une ellipse dont les axes $2a$ et $2b$ sont l'un perpendiculaire et l'autre parallèle à l'axe de l'anneau, on a

$$\int \frac{dS}{x} = 2\pi \frac{b}{a}\left(R - \sqrt{R^2 - a^2}\right).$$

L'action moyenne est la même que pour un cercle de rayon a; elle est indépendante du rayon b.

On aurait de même, pour un rectangle dont les côtés $2a$ et $2b$ sont l'un perpendiculaire, et l'autre parallèle à l'axe de l'anneau,

$$\int \frac{dS}{x} = 2b\,l.\frac{R+a}{R-a},$$

$$F_m = \frac{n}{a}\,l.\frac{R+a}{R-a} = \frac{2n}{R}\left[1 + \frac{1}{3}\frac{a^2}{R^2} + \frac{1}{5}\frac{a^4}{R^4} + \ldots\right].$$

L'action moyenne est encore indépendante de la dimension b; il en serait de même pour toute figure ayant un axe de symétrie parallèle à l'axe de l'anneau.

CHAPITRE V

COEFFICIENTS D'INDUCTION

755. Induction dans un circuit. — On peut admettre encore, comme première approximation (**722**), que le courant qui traverse un fil est concentré sur l'axe du conducteur.

L'induction d'un champ dans un circuit est alors le flux de force qui traverse une surface S limitée à l'axe du fil qui constitue le circuit, et l'erreur relative commise par ce mode de calcul est très petite, tant que les dimensions de la surface restent très grandes par rapport au diamètre du fil. Si le milieu est magnétique, on devra d'ailleurs, pour avoir le flux d'induction, multiplier la force par le coefficient d'induction ou de perméabilité magnétique μ_0 (**383**) du milieu. En désignant par F_n la composante moyenne de la force normale à la surface S, l'induction du champ dans le circuit est $\mu_0 F_n S$.

Si le champ est produit par un courant qui parcourt un second circuit, le flux de force est proportionnel à l'intensité I de ce courant, et peut être représenté par MI ; le flux d'induction est alors μ_0MI. Le facteur M est le *coefficient d'induction mutuelle* (**519**) des deux circuits; c'est la portion du flux de force émané de l'un des circuits, pour l'unité de courant, qui traverse la surface limitée par le second.

De même, le *coefficient de self-induction* d'un circuit est le flux d'induction qu'il émet pour l'unité de courant et qui traverse la surface limitée à l'axe du fil.

Ces considérations simples suffisent dans la plupart des cas; mais, si l'on ne peut négliger la section des fils conducteurs, il est nécessaire de recourir aux propriétés générales du champ électro-magnétique.

756. Courants parallèles. — Considérons d'abord un système de courants rectilignes parallèles et de longueur assez grande pour que dans un plan perpendiculaire aux courants la distribution des forces soit indépendante de la manière dont les extrémités des conducteurs sont reliées entre elles et avec les sources d'électricité.

L'action d'un courant rectiligne et linéaire d'intensité I sur un point P, situé à la distance r (**111** et **149**), est égale à $\frac{2I}{r}$ et normale au plan qui passe par le point et le courant.

Si le fil conducteur a une section circulaire et que le courant y soit distribué en couches concentriques homogènes, la force F, par raison de symétrie, est la même pour tous les points d'une circonférence centrée sur l'axe. Le travail du courant sur une masse extérieure égale à l'unité, qui suivrait la circonférence de rayon r, a pour valeur $2\pi r$F. Comme ce travail est d'ailleurs égal à $4\pi I$ (**152**), on a

$$4\pi I = F.2\pi r, \qquad \text{ou} \qquad F = \frac{2I}{r};$$

la force est encore en raison inverse de la distance du point à l'axe du courant.

Il résulte de là que, sur un point intérieur, l'action ne dépend que de la quantité d'électricité qui traverse le noyau central dont le rayon ρ est égal à la distance du point à l'axe. Si le courant est homogène et de densité σ par unité de surface, le rayon du cylindre étant a, l'action extérieure est

$$(1) \qquad F_e = \frac{2I}{r} = 2\pi\sigma\frac{a^2}{r},$$

et l'action intérieure

$$(2) \qquad F_i = \frac{2I_i}{\rho} = 2\pi\sigma\rho = 2I\frac{\rho}{a^2};$$

l'action du courant qui traverse la couronne $\pi(a^2-\rho^2)$ est nulle dans la cavité du tube formé par le conducteur.

Menons un plan par l'axe et considérons dans ce plan un rectangle de hauteur égale à l'unité, dont la base comptée à partir de l'axe soit égale à b. Le flux de force que le courant émet dans le rectangle de base $b-a$ a pour expression

$$2I\int_a^b \frac{dr}{r} = 2I l.\frac{b}{a}.$$

Imaginons maintenant qu'un courant I′ de sens contraire parcoure un second fil de rayon a' dont l'axe est à la distance b. Le flux de force émis par ce second courant dans le rectangle de base $b-a'$ est $2I'(l.b-l.a')$. Si le second courant n'est autre que le retour du premier, on a $I=I'$, et le flux de force compris entre les deux conducteurs, pour une hauteur égale à l'unité, est

$$2I\left(l.\frac{b}{a}+l.\frac{b}{a'}\right) = 2Il.\frac{b^2}{aa'}.$$

L'expression

$$L_1 = 2l.\frac{b^2}{aa'} \tag{3}$$

représente l'induction relative à un courant égal à l'unité; c'est, pour l'unité de longueur, le coefficient de self-induction de deux fils parallèles. Toutefois la valeur ainsi obtenue n'est qu'approchée; il reste à tenir compte de l'action que chaque fil exerce dans l'espace qu'il occupe lui-même.

757. — Supposons que le conducteur cylindrique ait une section quelconque S et que la densité σ du courant soit constante. L'action *magnétique* que le filet d'intensité σdS, qui correspond à l'élément dS, exerce sur le point P situé à la distance r est égale à $2\frac{\sigma dS}{r}$ et perpendiculaire au plan $r.dS$.

S'il existe au point P un courant linéaire parallèle au premier et d'intensité égale à l'unité, l'action que le filet σdS exercerait sur l'unité de longueur du second est dirigée suivant la droite r et égale à $\frac{2\sigma dS}{r}$. Cette action a pour potentiel, à une constante près, $-2\sigma dS l.r$.

Cette expression, intégrée par rapport à la surface S, donnera, pour le potentiel V de l'action du courant total σdS sur l'unité de longueur de l'autre,

$$V = -2\sigma \int dS l.r.$$

En posant

$$S l.R_0 = \int dS l.r, \tag{4}$$

on peut écrire

$$V = -2\sigma S l.R_0 = -2 I l.R_0.$$

758. Moyennes distances géométriques dans un plan. — La valeur de R_0 définie par l'équation (4) est la *moyenne distance géométrique* (¹) du point P aux différents points de la surface S. Considérons, de même, deux surfaces S et S′ situées dans un même plan, et soit r la distance de deux éléments dS et dS'; si l'on pose

$$SS' l.R_1 = \iint dS dS' l.r, \tag{5}$$

l'intégration s'étendant aux surfaces S et S′, la longueur R_1 est la moyenne distance géométrique des deux surfaces.

Enfin, si les deux éléments dS et dS' appartiennent à la même surface, la valeur de R_2 donnée par l'équation

$$S^2 l.R_2 = \iint dS dS' l.r \tag{6}$$

est la moyenne distance géométrique de la surface S, c'est-à-dire celle de tous les points de la surface pris deux à deux.

Les moyennes distances géométriques jouent un rôle important dans le calcul des coefficients de self-induction.

La moyenne distance géométrique d'un point à une figure est évidemment comprise entre la plus grande et la plus petite des distances de ce point aux différents éléments de la figure.

(¹) Maxwell, *Trans. R. S. Edinb.*, 1871-72.

Il en est de même pour la moyenne distance géométrique de deux figures A et B.

La propriété suivante est une conséquence directe de la définition.

Si R_{ac} et R_{bc} sont les moyennes distances géométriques de deux figures A et B à une troisième C, et $R_{(a+b)c}$ la moyenne distance géométrique de la somme des deux figures A et B à la troisième, on a

$$(A+B)\,l.R_{(a+b)c} = A\,l.R_{ac} + B\,l.R_{bc}.$$

Cette relation permet de déterminer la valeur de R pour une figure complexe, quand on la connaît séparément pour les différentes parties de la figure.

Le calcul de R dans ces différents cas se ramène à une question d'analyse ; nous en donnerons quelques exemples :

1° Pour une droite de longueur a et un point situé à une distance x de la droite, la moyenne distance géométrique du point à la droite est déterminée par l'équation

$$a\,l.R_0 = \int ds\,l.r = \int ds\,l.\sqrt{s^2+x^2},$$

s étant la distance de l'élément ds de la droite au pied de la perpendiculaire x. On en déduit

$$a\,l.R_0 = \left[s\,l.\sqrt{s^2+x^2} - s + x \operatorname{arc\,tang} \frac{s}{x} \right]_{s_0}^{s_0+a}.$$

Si la perpendiculaire x tombe à l'extrémité de la droite, on a $s_0 = 0$ et, par suite,

$$l.R_0 = l.\sqrt{a^2+x^2} - 1 + \frac{x}{a} \operatorname{arc\,tang} \frac{a}{x}.$$

2° En multipliant cette expression par $a\,dx$ on aura la moyenne distance géométrique d'un point au rectangle $a\,dx$, ce qui permettra de calculer les valeurs de R_0 relatives à un rectangle.

On obtient ainsi, pour le sommet d'un rectangle ab,

$$2l.R_0+3=2l.\sqrt{a^2+b^2}+\frac{a}{b}\operatorname{arc\,tang}\frac{b}{a}+\frac{b}{a}\operatorname{arc\,tang}\frac{a}{b}.$$

Si le point a une position quelconque, on décomposera le rectangle en quatre autres ayant un sommet en ce point.

3° L'action d'un courant uniforme qui parcourt un cylindre dont la section est une couronne circulaire étant nulle à l'intérieur et en raison inverse de la distance à l'axe pour un point extérieur, il en résulte (757) que :

La moyenne distance géométrique d'un point à une circonférence est constante ; elle est égale au rayon, si le point est intérieur, ou à la distance au centre, si le point est extérieur.

4° La moyenne distance géométrique d'un point à une couronne limitée par les rayons a_1 et a, est égale à la distance au centre si le point est extérieur.

Si le point est à l'intérieur de la couronne, la valeur de R_0 est la même que pour le centre, ce qui donne

$$\pi(a^2-a_1^2)l.R_0=\int_{a_1}^{a}2\pi r dr l.r=2\pi\left[\frac{r^2}{2}l.r-\frac{r^2}{4}\right]_{a_1}^{a},$$

$$l.R_0=\frac{a^2l.a-a_1^2l.a_1}{a^2-a_1^2}-\frac{1}{2}.$$

5° La moyenne distance géométrique d'une couronne à une figure quelconque est égale à la moyenne distance géométrique du centre à la figure, si celle-ci est tout entière en dehors de la couronne.

Si la figure est comprise dans l'intérieur de la couronne, la distance géométrique étant la même pour tous les points, la moyenne distance est égale à celle du centre à la couronne et indépendante de la forme de la figure.

6° Pour un point situé dans un cercle de rayon a et à une distance r du centre, la moyenne distance s'obtiendra en considérant le point comme extérieur au cercle de rayon r et intérieur à la couronne complémentaire. On trouve ainsi

$$l.R_0 = l.a - \frac{1}{2}\left(1 - \frac{r^2}{a^2}\right),$$

et, pour le centre,

$$R_0 = ae^{-\frac{1}{2}} = 0,60663\,a.$$

7° Pour deux cercles extérieurs l'un à l'autre, la moyenne distance géométrique R_1 est la distance des centres, puisque l'action de deux courants parallèles à sections circulaires (**756**) ne dépend que de cette distance R_1.

8° La moyenne distance géométrique R_2 d'un point à une droite permet de déterminer la moyenne distance géométrique de tous les points d'une droite de longueur a, ce qui donne

$$l.R_2 = l.a - \frac{3}{2}, \quad \text{ou} \quad R_2 = ae^{-\frac{3}{2}} = 0,22313\,a;$$

9° On a, de même, pour un rectangle dont les côtés sont a et b,

$$l.R_2 = l.\sqrt{a^2+b^2} - \frac{1}{6}\frac{a^2}{b^2}l.\sqrt{1+\frac{b^2}{a^2}} - \frac{1}{6}\frac{b^2}{a^2}l.\sqrt{1+\frac{a^2}{b^2}}$$
$$+\frac{2}{3}\frac{a}{b}\operatorname{arc\,tang}\frac{b}{a} + \frac{2}{3}\frac{b}{a}\operatorname{arc\,tang}\frac{a}{b} - \frac{25}{12},$$

et, pour un carré de côté a,

$$l.R_2 = l.a + \frac{1}{3}l.2 + \frac{\pi}{3} - \frac{25}{12} = l.a - 0,80508,$$

ou

$$R_2 = 0,44705\,a.$$

10° La moyenne distance géométrique de tous les points d'une couronne de rayons a et a_1 se déduira de la moyenne distance géométrique d'un point à la couronne, ce qui donne

$$l.R_2 = l.a - \frac{a_1^4}{(a^2-a_1^2)^2}l.\frac{a}{a_1} + \frac{1}{4}\frac{3a_1^2-a^2}{a^2-a_1^2}.$$

Il en résulte, pour un cercle de rayon a,

$$l.R_2 = l.a - \frac{1}{4},$$

ou

$$R_2 = ae^{-\frac{1}{4}} = 0,7788\,a,$$

et, pour une circonférence de rayon a,

$$R_3 = a.$$

759. Self-induction de deux fils parallèles. — On a vu (**566**) que les propriétés d'un champ électro-magnétique sont définies par la force électromotrice J en chaque point. Les composantes de l'induction s'expriment (**567**) en fonction des composantes de la force électromotrice, et les composantes du courant (**569**) à l'aide de celles d'induction.

Si le champ ne renferme que des courants parallèles dans des conducteurs cylindriques, et qu'on prenne l'axe des z parallèle aux courants, la force électromotrice, par raison de symétrie, est aussi parallèle à l'axe des z. Tous les phénomènes ne dépendent donc que de la composante H.

Considérons un courant linéaire d'intensité I, à l'origine des coordonnées. A la distance r de l'axe, la force F ne dépend que de r; prenant le point sur l'axe des x, on a

$$X = 0,$$
$$Y = F = \frac{2I}{r}.$$

Les équations (2) du n° **567** donnent alors, en changeant la direction des y pour avoir la représentation habituelle dans un plan,

$$\mu_0 X - \frac{\partial H}{\partial y} = 0,$$
$$\mu_0 Y = -\frac{\partial H}{\partial x} = -\frac{\partial H}{\partial r} = \mu\frac{2I}{r}.$$

Il en résulte, à une constante près qui dépend de la position du courant de retour,

$$(7)\qquad H = -2\mu_0 I\int\frac{dr}{r} = -2\mu_0 I\, l.r.$$

Pour une série de courants parallèles, la valeur de H en chaque point est la somme des valeurs qui proviennent des différents courants.

Considérons deux courants parallèles de densités constantes σ et σ' dans des conducteurs cylindriques dont les sections sont S et S'. L'énergie potentielle de ces courants (**570**) se réduit dans le cas actuel à

$$W = \frac{1}{2}\iiint H w\, dx\, dy\, dz.$$

Si on limite le champ à l'espace compris entre deux plans parallèles, distants de l'unité, et perpendiculaires aux courants, l'énergie relative à cette portion de champ devient

$$W = \frac{1}{2}\iint H w\, dx\, dy = \frac{1}{2}\int H w\, dS.$$

L'intégrale doit être prise dans toute l'étendue du plan, mais elle ne diffère de zéro que pour les points où le courant w existe, c'est-à-dire pour les sections S et S' des conducteurs. Si on désigne par H et H' les valeurs de la force électromotrice qui proviennent des courants σS et $\sigma' S'$, et qu'on indique par un indice au signe $\int$ les régions qui correspondent aux différentes intégrales, on peut écrire

$$(8)\qquad 2W = \int_{S'} H\sigma'\, dS' + \int_S H'\sigma\, dS + \int_S H\sigma\, dS + \int_{S'} H'\sigma'\, dS'.$$

Si le second conducteur S' n'est autre chose que le fil de retour du premier courant, on a $I + I' = 0$, ou $\sigma S + \sigma' S' = 0$. Dans ce cas, la constante commune des différentes intégrations donne un terme nul dans la valeur de l'énergie. Au point P' où se trouve l'élément dS', la portion δH de la force électromotrice qui provient du courant élémentaire σdS, situé à la distance r est, d'après l'équation (7),

$$\delta H = -2\mu_0 \sigma dS\, l.r.$$

La valeur de H au point P′ est l'intégrale de cette expression étendue à toute la surface S, ce qui donne

$$H = -2\mu_0 \sigma \int dS\, l.r.$$

On a donc

$$\int_{S'} H\sigma' dS' = -2\mu_0 \sigma\sigma' \int dS' \int dS\, l.r = -2\mu_0 \sigma\sigma' SS'\, l.R_1 = 2\mu_0 I^2 l.R_1,$$

ou

$$\int_{S'} H\sigma' dS' = I^2 \mu_0\, l.R_1^2,$$

R_1 étant la moyenne distance géométrique des sections S et S′ des deux conducteurs.

On a, de même,

$$\int_S H'\sigma dS = I^2 \mu_0\, l.R_1^2.$$

Appelant μ le coefficient de perméabilité magnétique du premier conducteur, la valeur de H au point P, où se trouve l'élément dS, est

$$H = -2\mu\sigma \int dS_1\, l.r,$$

expression dans laquelle dS_1 désigne un autre élément quelconque de la surface S. Il en résulte

$$\int_S H\sigma dS = -2\mu\sigma^2 \int dS \int dS_1\, l.r = -2\mu I^2 l.R_2,$$

R_2 étant la moyenne distance géométrique de la surface S.

On a enfin

$$\int_{S'} H'\sigma' dS' = -2\mu' I^2 l.R_2'.$$

Substituant ces valeurs dans l'expression (8) de l'énergie, il vient

$$\frac{2W}{I^2} = 2[\mu_0 l.R_1^2 - \mu l.R_2 - \mu' l.R'_2].$$

D'autre part, l'énergie intrinsèque d'un courant (**524**) est égale à $\frac{1}{2}LI^2$. Remplaçant W par cette expression, on trouve que le coefficient de self-induction de deux fils parallèles, parcourus par le même courant en sens contraires, pour l'unité de longueur de chacun d'eux, est

$$(9) \qquad L = 2[\mu_0 l.R_1^2 - \mu l.R_2 - \mu' l.R'_2].$$

A moins que le champ ne renferme du fer, on pourra poser $\mu_0 = \mu = \mu' = 1$, ce qui donne

$$(10) \qquad = 2[l.R_1^2 - l.R_2 - l.R'_2] = 2l.\frac{R_1^2}{R_2 R'_2}.$$

760. — Si les sections des conducteurs sont des cercles de rayons a et a', dont les centres sont à la distance b, on a

$$R_1 = b, \qquad l.R_2 = l.a - \frac{1}{4},$$

$$(11) \qquad L = 2\left(l.\frac{b^2}{aa'} + \frac{1}{2}\right).$$

Cette expression ne diffère notablement de celle qui a été trouvée plus haut (**756**) que si les fils sont très rapprochés. Lorsque les fils ont le même diamètre et sont en contact, on a $b = a + a' = 2a$, et, par suite,

$$(12) \qquad L = 2\left(l.4 + \frac{1}{2}\right) = 3,7726.$$

Telle est la moindre valeur que puisse prendre, pour l'unité de longueur, le coefficient de self-induction d'un fil replié sur lui-même, comme ceux qu'on emploie pour les bobines de résistance.

Les fils devant être séparés par une matière isolante, si on désigne, comme on l'a fait plus haut (**723**), par y le rayon du fil nu et par z l'épaisseur de la couche isolante, on devra faire $b=2(y+z)$, ce qui donne pour la valeur minimum

$$(13)\quad L=2\left[l.\frac{4(y+z)^2}{y^2}+\frac{1}{2}\right]=3,7726+4l.\left(1+\frac{z}{y}\right).$$

On diminuerait beaucoup ce coefficient en remplaçant les fils par des lames de métal très minces.

Les moyennes distances géométriques R_π et R_q relatives au cercle de rayon y et au carré de côté $2(y+z)$, circonscrit à la couche isolante du fil, donnent la relation

$$l.\frac{R_q}{R_\pi}=l.\frac{y+z}{y}+\frac{4}{3}l.2+\frac{\pi}{3}-\frac{11}{6}=l.\frac{y+z}{y}+0,1380606.$$

L'excès du coefficient de self-induction du fil circulaire sur celui du fil carré, pour l'unité de longueur, est donc, d'après la formule (10)

$$(14)\qquad 2l.\frac{R_q}{R_\pi}=2\left[l.\frac{y+z}{z}+0,1380606\right].$$

761. Induction mutuelle de deux cercles. — Les formules données dans le chapitre précédent, pour l'expression du champ magnétique d'un courant circulaire, permettront de calculer le coefficient d'induction mutuelle de deux cercles. Nous supposerons que le milieu n'est pas magnétique et nous négligerons d'abord l'épaisseur des fils. Si l'un des cercles S a un diamètre très petit par rapport à la distance des centres, on pourra prendre comme valeur moyenne de la force celle que le second cercle exercerait, pour l'unité de courant, sur le centre du premier. Dans le cas contraire, on devra tenir compte des variations de la force.

Considérons deux courants circulaires S et S', parallèles et de même sens, de rayons a et a', de même axe, à une distance x, et prenons le centre du premier pour origine des coordonnées. Le flux de force que le premier circuit, pour l'unité de courant, envoie dans la surface du second, c'est-à-dire le coefficient d'induction mutuelle, est alors

$$M = F_m S'. \tag{15}$$

L'expression de la force moyenne F_m est déterminée comme on l'a vu (753) par celle de la composante X, ce qui donne

$$M = \frac{2SS'}{a^3}\left[1 - \frac{3}{2^3}\frac{4x^2 - a^2}{a^2}\frac{a'^2}{a^2} + \frac{3.5}{(2.4)^2}\frac{a^4 - 12a^2x^2 + 8x^4}{a^4}\cdot\frac{a'^4}{a^4}\right].$$

Les différentes expressions de X que nous avons calculées pour les bobines, dans des cas particuliers, donneront donc directement le coefficient d'induction mutuelle de ces bobines et d'un cercle de même axe.

762. Induction mutuelle de deux bobines. — Connaissant ainsi l'action moyenne F_m d'une bobine sur un cercle de rayon y, on pourra calculer le coefficient d'induction mutuelle des deux bobines. En effet, le flux de force Q, émané de la bobine et qui traverse le cercle, est

$$Q = \pi F_m y^2.$$

Si y représente le rayon moyen a' d'une bobine à gorge rectangulaire dont les dimensions sont $2b'$ et $2c'$, le flux total de force émané de la première bobine et qui traverse les différentes spires de la seconde, c'est-à-dire le coefficient d'induction mutuelle M des deux bobines, s'obtiendra en multipliant la valeur de Q par $n'_1 dy \times n'_1 dx$, et intégrant ensuite entre les valeurs $y - c'$ et $y + c'$, $x - b'$ et $x + b'$:

$$M = n_1'^2 \int_{y-c'}^{y+c'} dy \int_{x-b'}^{x+b'} Q\,dx.$$

Supposons, par exemple, que les dimensions des bobines soient telles qu'on puisse négliger les quatrièmes puissances des rapports $\frac{c}{a}$, $\frac{b}{a}$, $\frac{c'}{a}$, $\frac{b'}{a}$ et $\frac{x}{a}$, en conservant les lettres a, b et c pour désigner les dimensions de la plus grande des deux bobines. L'équation (39) du n° 740, qui donne la valeur de X, donnera aussi l'expression de l'action moyenne F_m par la règle ordinaire (**753**), et il suffit d'effectuer les intégrations qui ne présentent aucune difficulté.

On trouve ainsi, en appelant l et l' les longueurs des fils, n et n' les nombres de spires pour les deux bobines, et posant

$$(16) \qquad M_0 = \pi \frac{n^2 l'^2}{n' l},$$

$$(17) \qquad \begin{aligned} \frac{M}{M_0} = 1 &+ \frac{1}{3}\left(\frac{c^2}{a^2} + \frac{c'^2}{a'^2}\right) - \frac{b^2 + b'^2 + 3x^2}{2a^2} \\ &+ \frac{3}{2.2^2}\frac{a'^2}{a^2}\left[1 + \frac{3.4}{2.3}\left(\frac{c^2}{a^2} + \frac{c'^2}{a'^2}\right) - \frac{3.5}{2.3}\frac{b^2 + b'^2}{a^2}\right] \\ &+ \frac{3^2 5}{3(2.4)^2}\frac{a'^4}{a^4}\left[1 + \frac{5.6}{2.3}\left(\frac{c^2}{a^2} + \frac{c'^2}{a'^2}\right) - \frac{5.7}{2.3}\frac{b^2 + b'^2}{a^2}\right] \\ &+ \frac{3^2 5^2 7}{4(2.4.6)^2}\frac{a'^6}{a^6}\left[1 + \frac{7.8}{2.3}\left(\frac{c^2}{a^2} + \frac{c'^2}{a'^2}\right) - \frac{7.9}{2.3}\cdot\frac{b^2 + b'^2}{a^2}\right] \\ &+ \ldots\ldots\ldots\ldots \end{aligned}$$

La série est toujours convergente, puisque le rapport $\frac{a'}{a}$ est plus petit que l'unité.

Pour abréger les calculs on posera, par exemple,

$$\alpha = \frac{a'^2}{a^2},$$

$$\beta = \frac{1}{2.3}\left[\frac{b^2}{a^2} + \frac{b'^2}{a^2}\right] = \frac{1}{2.3}\left[\frac{b^2}{a^2} + \alpha\frac{b'^2}{a'^2}\right],$$

$$\gamma = \frac{1}{2.3}\left(\frac{c^2}{a^2} + \frac{c'^2}{a'^2}\right).$$

Il vient alors, pour les premiers termes,

$$(18) \qquad \begin{aligned} \frac{M}{M_0} = 1 + 2\gamma - 3\beta - \frac{3x}{2a^2} \\ &+ 0,37500\alpha[1 + 12\gamma - 15\beta] \\ &+ 0,23437\alpha^2[1 + 30\gamma - 35\beta] \\ &+ 0,17090\alpha^3[1 + 56\gamma - 63\beta] \\ &+ 0,13458\alpha^4[1 + 90\gamma - 99\beta] \\ &+ 0,11103\alpha^5[1 + 132\gamma - 143\beta] \\ &+ 0,09451\alpha^6[1 + 182\gamma - 195\beta]. \end{aligned}$$

Un calcul analogue appliqué à l'expression (41) du n° **741** donnerait le coefficient d'induction mutuelle de deux bobines très éloignées; avec l'expression (44) du n° **742**, on aurait, de même, le coefficient d'induction d'une bobine longue sur une autre bobine située à l'intérieur.

Lorsque les expressions ainsi obtenues ne convergent pas assez rapidement, il vaut mieux recourir à l'emploi des intégrales elliptiques, dont elles ne sont d'ailleurs que le développement en série.

763. Détermination de M par les intégrales elliptiques. — Si l'on appelle r la distance de deux éléments ds et ds' des contours, ε l'angle que font entre eux ces deux éléments, on peut calculer le coefficient d'induction mutuelle par la formule de Neumann

$$M = \iint \frac{\cos\varepsilon}{r}\, ds\, ds'.$$

En désignant par φ et φ' les angles que les éléments ds et ds' font respectivement avec un plan fixe passant par l'axe, la distance r est donnée par l'équation

$$r^2 = x^2 + a^2 + a'^2 - 2aa'\cos(\varphi - \varphi').$$

Comme on a

$$\varepsilon = \varphi - \varphi', \qquad ds = a\,d\varphi, \qquad ds' = a'\,d\varphi',$$

la substitution de ces valeurs dans la formule de Neumann donnera

$$M = \int_0^{2\pi}\int_0^{2\pi} \frac{aa'\cos(\varphi - \varphi')\,d\varphi\,d\varphi'}{\sqrt{a^2 + a'^2 + x^2 - 2aa'\cos(\varphi - \varphi')}}.$$

Cette intégrale est donnée par l'expression

$$(19) \qquad M = 4\pi\sqrt{aa'}\left[\left(k - \frac{2}{k}\right)F + \frac{2}{k}E\right],$$

dans laquelle

$$k = \frac{2\sqrt{aa'}}{\sqrt{(a + a')^2 + x^2}}.$$

et F et E désignent des intégrales elliptiques complètes de première et de seconde espèce au module k.

Soient r_1 et r_2 les valeurs extrêmes de r ; on a

$$r_1^2=(a+a')^2+x^2, \qquad r_2^2=(a-a')^2+x^2.$$

Si on pose

$$\cos\gamma=\frac{r_2}{r_1}, \qquad \text{ou} \qquad k=\sin\gamma,$$

la formule (19) peut s'écrire

$$(20) \qquad M=4\pi\sqrt{aa'}\left[\left(\sin\gamma-\frac{2}{\sin\gamma}\right)F+\frac{2}{\sin\gamma}E\right].$$

En prenant $k_1=\frac{r_1-r_2}{r_1+r_2}$, ce qui donne $k=\frac{2\sqrt{k}}{1+k_1}$, on a, dans le cas des intégrales complètes, les relations

$$F(k)=(1+k_1)F(k_1),$$
$$E(k)=\frac{2}{1+k_1}E(k_1)-(1-k_1)F(k_1).$$

La substitution de ces valeurs dans l'équation (19) donne, pour la valeur de M, une expression qui est quelquefois plus avantageuse :

$$(21) \qquad M=8\pi\sqrt{aa'}\frac{1}{\sqrt{k_1}}\Big[E(k_1)-F(k_1)\Big].$$

En écrivant l'équation (20) sous la forme

$$(22) \qquad \frac{M}{4\pi\sqrt{aa'}}=\frac{1}{\sin\gamma}\Big[2E-(1+\cos^2\gamma)F\Big],$$

on voit que le second membre est uniquement une fonction de l'angle γ. Les tables suivantes, empruntées à la seconde édition du traité de Maxwell, donnent les logarithmes des valeurs du premier membre pour des valeurs de γ variant de 6' en 6', depuis 60° jusqu'à 90°.

Table des valeurs de $\log \frac{M}{4\pi\sqrt{aa'}}$

γ	$\text{Log}\,\frac{M}{4\pi\sqrt{aa}}$.	γ	$\text{Log}\,\frac{M}{4\pi\sqrt{aa}}$.	γ	$\text{Log}\,\frac{M}{4\pi\sqrt{aa}}$.
60° 0′	$\bar{1}.4994783$	65° 0	$\bar{1}.6376629$	70° 0′	$\bar{1}.7758000$
6	$\bar{1}.5022651$	6	$\bar{1}.6404137$	6	$\bar{1}.7785903$
12	$\bar{1}.5050505$	12	$\bar{1}.6431645$	12	$\bar{1}.7813823$
18	$\bar{1}.5078345$	18	$\bar{1}.6459153$	18	$\bar{1}.7841762$
24	$\bar{1}.5106173$	24	$\bar{1}.6486660$	24	$\bar{1}.7869720$
30	$\bar{1}.5133989$	30	$\bar{1}.6514169$	30	$\bar{1}.7897696$
36	$\bar{1}.5161791$	36	$\bar{1}.6541678$	36	$\bar{1}.7925692$
42	$\bar{1}.5189582$	42	$\bar{1}.6569189$	42	$\bar{1}.7953709$
48	$\bar{1}.5217361$	48	$\bar{1}.6596701$	48	$\bar{1}.7981745$
54	$\bar{1}.5245128$	54	$\bar{1}.6624215$	54	$\bar{1}.8009803$
61° 0′	$\bar{1}.5272883$	66° 0′	$\bar{1}.6651732$	71° 0′	$\bar{1}.8037882$
6	$\bar{1}.5300628$	6	$\bar{1}.6679250$	6	$\bar{1}.8065983$
12	$\bar{1}.5328361$	12	$\bar{1}.6706772$	12	$\bar{1}.8094107$
18	$\bar{1}.5356084$	18	$\bar{1}.6734296$	18	$\bar{1}.8122253$
24	$\bar{1}.5383796$	24	$\bar{1}.6761824$	24	$\bar{1}.8150423$
30	$\bar{1}.5411498$	30	$\bar{1}.6789356$	30	$\bar{1}.8178617$
36	$\bar{1}.5439190$	36	$\bar{1}.6816891$	36	$\bar{1}.8206836$
42	$\bar{1}.5466872$	42	$\bar{1}.6844431$	42	$\bar{1}.8235080$
48	$\bar{1}.5494545$	48	$\bar{1}.6871976$	48	$\bar{1}.8263349$
54	$\bar{1}.5522209$	54	$\bar{1}.6899526$	54	$\bar{1}.8291645$
62° 0′	$\bar{1}.5549864$	67° 0′	$\bar{1}.6927081$	72° 0′	$\bar{1}.8319967$
6	$\bar{1}.5577510$	6	$\bar{1}.6954642$	6	$\bar{1}.8348316$
12	$\bar{1}.5605147$	12	$\bar{1}.6982209$	12	$\bar{1}.8376693$
18	$\bar{1}.5632776$	18	$\bar{1}.7009782$	18	$\bar{1}.8405099$
24	$\bar{1}.5660398$	24	$\bar{1}.7037362$	24	$\bar{1}.8433534$
30	$\bar{1}.5688011$	30	$\bar{1}.7064949$	30	$\bar{1}.8461998$
36	$\bar{1}.5715618$	36	$\bar{1}.7092544$	36	$\bar{1}.8490493$
42	$\bar{1}.5743217$	42	$\bar{1}.7120146$	42	$\bar{1}.8519018$
48	$\bar{1}.5770809$	48	$\bar{1}.7147756$	48	$\bar{1}.8547575$
54	$\bar{1}.5798394$	54	$\bar{1}.7175375$	54	$\bar{1}.8576164$
63° 0′	$\bar{1}.5825973$	67° 0′	$\bar{1}.7203003$	73° 0′	$\bar{1}.8604785$
6	$\bar{1}.5853546$	6	$\bar{1}.7230640$	6	$\bar{1}.8633440$
12	$\bar{1}.5881113$	12	$\bar{1}.7258286$	12	$\bar{1}.8662129$
18	$\bar{1}.5908675$	18	$\bar{1}.7285942$	18	$\bar{1}.8690852$
24	$\bar{1}.5936231$	24	$\bar{1}.7313609$	24	$\bar{1}.8719611$
30	$\bar{1}.5963782$	30	$\bar{1}.7341287$	30	$\bar{1}.8748406$
36	$\bar{1}.5991329$	36	$\bar{1}.7368975$	36	$\bar{1}.8777237$
42	$\bar{1}.6018871$	42	$\bar{1}.7396675$	42	$\bar{1}.8806106$
48	$\bar{1}.6046408$	48	$\bar{1}.7424387$	48	$\bar{1}.8835013$
54	$\bar{1}.6073942$	54	$\bar{1}.7452111$	54	$\bar{1}.8863958$
64° 0′	$\bar{1}.6181472$	68° 0′	$\bar{1}.7479848$	74° 0′	$\bar{1}.8892943$
6	$\bar{1}.6128998$	6	$\bar{1}.7507597$	6	$\bar{1}.8921969$
12	$\bar{1}.6156522$	12	$\bar{1}.7535361$	12	$\bar{1}.8951036$
18	$\bar{1}.6184042$	18	$\bar{1}.7563138$	18	$\bar{1}.8980144$
24	$\bar{1}.6211560$	24	$\bar{1}.7590929$	24	$\bar{1}.9009295$
30	$\bar{1}.6239076$	30	$\bar{1}.7618735$	30	$\bar{1}.9038489$
36	$\bar{1}.6266589$	36	$\bar{1}.7646556$	36	$\bar{1}.9067728$
42	$\bar{1}.6294101$	42	$\bar{1}.7674392$	42	$\bar{1}.9097012$
48	$\bar{1}.6321612$	48	$\bar{1}.7702195$	48	$\bar{1}.9126341$
54	$\bar{1}.6340121$	55	$\bar{1}.7730114$	54	$\bar{1}.9155717$

Table des valeurs de $\log \dfrac{M}{4\pi\sqrt{aa'}}$

γ	$\text{Log}\,\dfrac{M}{4\pi\sqrt{aa'}}$.	γ	$\text{Log}\,\dfrac{M}{4\pi\sqrt{aa'}}$.	γ	$\text{Log}\,\dfrac{M}{4\pi\sqrt{aa'}}$.
75° 0′	$\bar{1}$.9185141	80° 0′	0.0741816	85° 0′	0.2654152
6	$\bar{1}$.9214613	6	0.0775316	6	0.2700156
12	$\bar{1}$.9244135	12	0.0808944	12	0.2746655
18	$\bar{1}$.9273707	18	0.0842702	18	0.2793670
24	$\bar{1}$.9303330	24	0.0876592	24	0.2841221
30	$\bar{1}$.9333005	30	0.0910619	30	0.2889329
36	$\bar{1}$.9362733	36	0.0944784	36	0.2938018
42	$\bar{1}$.9392515	42	0.0979091	42	0.2987312
48	$\bar{1}$.9422352	48	0.1013542	48	0.3037238
54	$\bar{1}$.9452246	54	0.1048142	54	0.3087823
76° 0′	$\bar{1}$.9482196	81° 0′	0.1082893	86° 0′	0.3139097
6	$\bar{1}$.9512205	6	0.1117799	6	0.3191092
12	$\bar{1}$.9542272	12	0.1152863	12	0.3243843
18	$\bar{1}$.9572400	18	0.1188089	18	0.3297387
24	$\bar{1}$.9602590	24	0.1223481	24	0.3351762
30	$\bar{1}$.9632841	30	0.1259043	30	0.3407012
36	$\bar{1}$.9663157	36	0.1294778	36	0.3463184
42	$\bar{1}$.9693537	42	0.1330691	42	0.3520327
48	$\bar{1}$.9723983	48	0.1366786	48	0.3578495
54	$\bar{1}$.9754497	54	0.1403067	54	0.3637749
77° 0′	$\bar{1}$.9785079	82° 0′	0.1439539	87° 0′	0.3698153
6	$\bar{1}$.9815731	6	0.1476207	6	0.3759777
12	$\bar{1}$.9846454	12	0.1513075	12	0.3822700
18	$\bar{1}$.9877249	18	0.1550149	18	0.3887006
24	$\bar{1}$.9908118	24	0.1587434	24	0.3952792
30	$\bar{1}$.9939062	30	0.1624935	30	0.4020162
36	$\bar{1}$.9970082	36	0.1662658	36	0.4089234
42	0.0001181	42	0.1700609	42	0.4160138
48	0.0032359	48	0.1738794	48	0.4233022
54	0.0063618	54	0.1777219	54	0.4308053
78° 0′	0.0094959	83° 0′	0.1815890	88° 0′	0.4385420
6	0.0126385	6	0.1854815	6	0.4465341
12	0.0157896	12	0.1894001	12	0.4548064
18	0.0189494	18	0.1933455	18	0.4633880
24	0.0221181	24	0.1973184	24	0.4723127
30	0.0252959	30	0.2013197	30	0.4816206
36	0.0284830	36	0.2053502	36	0.4913595
42	0.0316794	42	0.2094108	42	0.5015870
48	0.0348855	48	0.2135026	48	0.5123738
54	0.0381014	54	0.2176259	54	0.5238079
79° 0′	0.0413273	84° 0′	0.2217823	89° 0′	0.5360007
6	0.0445633	6	0.2259728	6	0.5490069
12	0.0478098	12	0.2301983	12	0.5632886
18	0.0510668	18	0.2344600	18	0.5788460
24	0.0543347	24	0.2387591	24	0.5961320
30	0.0576136	30	0.2430970	30	0.6157370
36	0.0609037	36	0.2474748	36	0.6385907
42	0.0642054	42	0.2518940	42	0.6663883
48	0.0675187	48	0.2563561	48	0.7027765
54	0.0708441	55	0.2608626	54	0.7586941

764. — On passera du cas de deux cercles à celui d'une bobine et d'un cercle, ou de deux bobines ayant même axe, par la méthode du n° **713**.

Soient a et a' les rayons moyens des deux bobines et x la distance de leurs plans médians, $2c$ et $2b$, $2c'$ et $2b'$, les dimensions des deux gorges; on aura, en appelant M_0 le coefficient relatif aux deux cercles moyens,

$$M = M_0 + \frac{1}{6}\left\{\frac{\partial^2 M_0}{\partial y^2}(c^2+c'^2) + \frac{\partial^2 M_0}{\partial x^2}(b^2+b'^2)\right\} + \ldots$$

Si M_0 est exprimé par la formule (19), on trouve, en tenant compte des relations connues

$$\frac{\partial F}{\partial k} = \frac{E}{k(1-k^2)} - \frac{F}{k}, \quad \text{et} \quad \frac{\partial E}{\partial k} = \frac{1}{k}(E-F),$$

relatives aux intégrales complètes,

$$\frac{\partial^2 M_0}{\partial y^2} = -\frac{\pi}{\sqrt{aa'}}\left\{\frac{E}{2\sqrt{aa'}(1-k^2)}\left[2\sqrt{aa'}\,k + \frac{4k^3x^2}{8\sqrt{aa'}(1-k^2)}(1-3k^2+2k^3)\right] - F\left(k + \frac{k^3x^2}{4aa'}\right)\right\},$$

$$\frac{\partial^2 M_0}{\partial x^2} = \frac{\pi k}{\sqrt{aa'}(1-k^2)}\left\{F\left[2(1-k^2) - \frac{k^2x^2}{4aa'}(2-k^2)\right] - E\left[2-k^2-k^2x^2\frac{1-k^2+k^4}{2aa'(1-k^2)}\right]\right\}.$$

765. — Le calcul se fera plus simplement, au moyen des tables, par la méthode suivante de lord Rayleigh [1].

Soit

n et n' les nombres de spires des bobines,
a et a' les rayons moyens,
x la distance des centres,
$2b$, $2c$, $2b'$ et $2c'$ les dimensions des gorges.

[1] Maxwell, *Electricity and magnetism*, 2e édition, t. II, p. 320.

Si on désigne le coefficient d'induction mutuelle des deux cercles moyens par

$$M_0 = f(a, a', x),$$

on a

$$M = \frac{1}{6} nn' \left\{ \begin{array}{l} f(a+c, a', x) + f(a-c, a', x) \\ + f(a, a'+c', x) + f(a, a'-c', x) \\ + f(a, a', x+b) + f(a, a', x-b) \\ + f(a, a', x+b') + f(a, a', x-b') \\ - 2f(a, a', x) \end{array} \right\}.$$

Il y aura donc simplement à calculer les neuf valeurs de γ qui correspondent aux neuf valeurs de la fonction f.

766. Emploi des polynomes de Legendre. — Supposons qu'un système soit symétrique autour d'un axe, et que le potentiel U_0 de ce système en un point P_0 de l'axe, à une distance x d'une origine arbitraire O, ait été exprimé par une série convergente de la forme

$$U_0 = A_0 + \frac{B_0}{x} + A_1 x + \frac{B_1}{x^2} + A_2 x^2 + \frac{B_2}{x^3} + \cdots,$$

où A_0, A_1,... B_0, B_1,... sont des coefficients constants. Si l'on peut passer du point P_0 à un point P situé en dehors de l'axe sans rencontrer de masses agissantes, le potentiel U du système au point P est représenté par la série également convergente

$$(23)\quad U = A_0 + \frac{B_0}{r} + \left(A_1 r + \frac{B_1}{r^2}\right) X_1 + \left(A_2 r^2 + \frac{B_2}{r^3}\right) X_2 + \cdots,$$

dans laquelle r désigne la distance OP, et X_1, X_2,... X_n les polynomes de Legendre (**367**), ou les fonctions harmoniques d'ordre 1, 2,... n de l'angle θ que fait la droite OP avec l'axe de symétrie.

Si l'on pose

$$\mu = \cos\theta,$$

d'où

$$d\mu = -\sin\theta\, d\theta,$$

et que l'on considère les polynomes X_n comme des fonctions de μ, l'équation de Laplace donne la condition générale

$$n(n+1)X_n + \frac{\partial}{\partial\mu}\left[(1-\mu^2)\frac{\partial X_n}{\partial\mu}\right] = 0;$$

on en déduit

$$(24)\qquad \int_\mu^1 X_n d\mu = \frac{1-\mu^2}{n(n+1)}\frac{\partial X_n}{\partial\mu} = \frac{1-\mu^2}{n(n+1)}X'_n(0).$$

Comme les fonctions X_n et leurs dérivées X'_n par rapport à μ jouent un grand rôle dans ce mode de calcul, nous donnerons les valeurs des premières :

$$X_1 = \mu,$$
$$X_2 = \frac{1}{2}(3\mu^2 - 1),$$
$$X_3 = \frac{\mu}{2}(5\mu^2 - 3),$$
$$X_4 = \frac{1}{4}\left(\frac{5.7}{2}\mu^4 - 3.5\mu^2 + \frac{3}{2}\right),$$
$$X_5 = \frac{\mu}{4}\left(\frac{7.9}{2}\mu^4 - 5.7\mu^2 + \frac{3.5}{2}\right),$$
$$X_6 = \frac{1}{8}\left(\frac{7.9.11}{2.3}\mu^6 - \frac{5.7.9}{2}\mu^4 + \frac{3.5.7}{2}\mu^2 - \frac{5}{2}\right);$$

$$X'_1 = 1,$$
$$X'_2 = 3\mu,$$
$$X'_3 = \frac{3}{2}(5\mu^2 - 1),$$
$$X'_4 = \frac{5}{2}\mu(7\mu^2 - 3),$$
$$X'_5 = \frac{15}{8}(21\mu^4 - 14\mu^2 + 1),$$
$$X'_6 = \frac{21}{8}\mu(33\mu^4 - 30\mu^2 + 5).$$

On a d'ailleurs, pour $\theta = 0$ ou $\mu = 1$,

$$X_n = 1, \qquad X'_{2n} = n(2n+1),$$
$$X'_{2n+1} = (n+1)(2n+1);$$

et, pour $\theta = \frac{\pi}{2}$ ou $\mu = 0$,

$$X_{2n} = (-1)^n \frac{1.3.5\ldots(2n-1)}{2.4\ldots 2n}, \quad X'_{2n} = 0,$$

$$X_{2n+1} = 0, \qquad X'_{2n+1} = (-1)^n \frac{1.3.5\ldots(2n+1)}{2.4\ldots 2n}.$$

707. Couche circulaire uniforme. — Le potentiel U d'une couche circulaire uniforme (**367**) de densité égale à l'unité, et de rayon a, à la distance r du centre, peut être exprimé par l'une ou l'autre des deux séries

$$(25)\quad \begin{cases} U = 2\pi a\left[1 - \frac{r}{a}X_1 + \frac{1}{2}\frac{r^2}{a^2}X_2 + \ldots + (-1)^{n-1}\frac{1.1.3\ldots(2n-3)}{2.4\ldots 2n}\left(\frac{r}{a}\right)^{2n}X_{2n}\right], \\ U = 2\pi a\left[\frac{1}{2}\frac{a}{r} - \frac{1.1}{2.4}\frac{a^3}{r^3}X_2 + \ldots + (-1)^n\frac{1.1.3\ldots(2n-1)}{2.4\ldots(2n+2)}\left(\frac{a}{r}\right)^{2n+1}X_{2n}\right], \end{cases}$$

suivant que l'on a $r \lessgtr a$.

Nous considérerons surtout la seconde de ces expressions et, désignant la parenthèse par $\varphi(\theta)$, nous écrirons

$$(26)\qquad U = 2\pi a\varphi(\theta).$$

Les composantes X et Y de l'action de la couche sur un point P dont les coordonnées, par rapport à l'axe et à une perpendiculaire à l'axe, sont x et y, ont pour valeur

$$X = -2\pi a\frac{\partial\varphi(\theta)}{\partial x},$$
$$Y = -2\pi a\frac{\partial\varphi(\theta)}{\partial y}.$$

Comme on a

$$x = r\cos\theta, \quad \frac{\partial r}{\partial x} = \cos\theta, \quad \frac{\partial\theta}{\partial x} = -\frac{\sin\theta}{r},$$
$$y = r\sin\theta, \quad \frac{\partial r}{\partial y} = \sin\theta, \quad \frac{\partial\theta}{\partial y} = \frac{\cos\theta}{r},$$

il en résulte

$$\frac{\partial X_n}{\partial x} = \frac{X'_n}{r}\sin^2\theta,$$
$$\frac{\partial X_n}{\partial y} = -\frac{X'_n}{r}\sin\theta\cos\theta.$$

Utilisant enfin les relations connues

$$(27) \qquad X_{n+1} = \mu X_n - \frac{1-\mu^2}{n+1}X'_n, \qquad X'_{n+1} = (n+1)X_n + \mu X'_n,$$

il vient

$$(28) \qquad \begin{aligned} X &= \frac{2S}{r^2}\left[\frac{1}{2}X_1 - \frac{1.3}{2.4}\frac{a^2}{r^2}X_3 + \dots + (-1)^n\frac{1.3\dots(2n+1)}{2.4\dots(2n+2)}\left(\frac{a}{r}\right)^{2n}X_{2n+1}\right], \\ Y &= \frac{2S}{r^2}\sin\theta\left[\frac{1}{2}X'_1 - \frac{1.1}{2.4}\frac{a^2}{r^2}X'_3 + \dots + (-1)^n\frac{1.1.3\dots(2n-1)}{2.4\dots(2n+2)}\left(\frac{a}{r}\right)^{2n}X'_{2n+1}\right]. \end{aligned}$$

On peut écrire

$$(29) \qquad X = \frac{2S}{r^2}\chi(\theta), \qquad Y = \frac{2S}{r^2}\psi(\theta).$$

Dans le plan de la couche, en particulier, où $\theta = \frac{\pi}{2}$, on a

$$(30) \qquad \begin{aligned} U &= \frac{S}{r}\left[1 + \frac{1}{2}\left(\frac{1}{2}\right)^2\frac{a^2}{r^2} + \dots + \frac{1}{n+1}\left(\frac{1.3\dots(2n-1)}{2.4\dots2n}\right)^2\left(\frac{a}{r}\right)^{2n}\right], \\ X &= 0, \\ Y &= \frac{S}{r^2}\left[1 + \frac{3}{2}\left(\frac{1}{2}\right)^2\frac{a^2}{r^2} + \dots + \frac{2n+1}{n+1}\left(\frac{1.3\dots(2n-1)}{2.4\dots2n}\right)^2\left(\frac{a}{r}\right)^{2n}\right]. \end{aligned}$$

768. Courant circulaire. — D'après l'équation (14) du n° **367**, le potentiel sur l'axe d'un courant circulaire de rayon a et d'intensité égale à l'unité est, pour $x > a$,

$$V_0 = 2\pi\left[\frac{1}{2}\frac{a^2}{x^2} - \frac{1.3}{2.4}\frac{a^4}{x^4} + \cdots + (-1)^n \frac{1.3\ldots(2n+1)}{2.4\ldots(2n+2)}\left(\frac{a}{r}\right)^{2n+2}\right].$$

Le potentiel au point P en dehors de l'axe est donc

$$V = 2\pi\left[\frac{1}{2}\frac{a^2}{r^2}X_1 - \frac{1.3\,a^4}{2.4\,r^4}X_3 + \cdots + (-1)^n \frac{1.3\ldots(2n+1)}{2.4\ldots(2n+2)}\left(\frac{a}{r}\right)^{2n+2}X_{2n+1}\right].$$

Les composantes de l'action sont alors, en tenant compte des équations (27),

(31)
$$X = \frac{2S}{r^3}\left[X_2 - \frac{3}{2}\frac{a^2}{r^2}X_4 + \cdots + (-1)^n \frac{1.3\ldots(2n+1)}{2.4\ldots2n}\left(\frac{a}{r}\right)^{2n}X_{2n+2}\right],$$
$$Y = \frac{2S}{r^3}\sin\theta\left[\frac{1}{2}X'_2 - \frac{1.3}{2.4}\frac{a^2}{r^2}X'_4 \cdots + (-1)^n \frac{1.3\ldots(2n+1)}{2.4\ldots(2n+2)}\left(\frac{a}{r}\right)^{2n}X'_{2n+2}\right].$$

Lorsque le point P est très rapproché du plan du courant, mais à une distance du centre du cercle plus grande que le rayon a, on peut poser $\theta = \frac{\pi}{2} - \delta$, l'angle δ étant très petit. Si on néglige alors les termes de l'ordre de δ^3, il vient

(32)
$$X = -\frac{S}{r^3}\left[1 + \frac{1}{2}\left(\frac{3}{2}\right)^2\frac{a^2}{r^2} + \cdots + \frac{1}{n+1}\left(\frac{1.3\ldots(2n+1)}{2.4\ldots2n}\right)^2\left(\frac{a}{r}\right)^{2n} - 3\delta^2\left(1 + \frac{3.5}{2^2}\frac{a^2}{r^2} + \frac{3.5^2.7}{(2.4)^2}\frac{a^4}{r^4}\right)\right],$$
$$Y = 3\frac{S}{r^3}\delta\left[1 + \frac{3.5}{2.2^2}\frac{a^2}{r^2} + \frac{5^2.7}{(2.4)^2}\frac{a^4}{r^4}\right].$$

769. Potentiel d'une bobine longue à l'extérieur. — Considérons une bobine cylindrique C (fig. 141) de rayon a, de longueur h et formée d'une seule couche de fils comprenant n_1 tours par unité de longueur. Le potentiel en un point extérieur P est le même que celui des deux bases A et B sur lesquelles seraient des couches magnétiques de densités égales respectivement à $+n_1$ et $-n_1$, c'est-à-dire, d'après l'équation (26),

$$V = 2\pi a n_1[\varphi(\theta) - \varphi(\theta')],$$

et les composantes de l'action sont

$$X = -2\pi a n_1\left[\frac{\partial\varphi(\theta)}{\partial x} - \frac{\partial\varphi(\theta')}{\partial x}\right],$$
$$Y = -2\pi a n_1\left[\frac{\partial\varphi(\theta)}{\partial y} - \frac{\partial\varphi(\theta')}{\partial y}\right],$$

ou, d'après l'équation (29),

$$(33)\quad \begin{cases} X = \dfrac{2Sn_1}{r^2}[\chi(\theta) - \chi(\theta')], \\ Y = \dfrac{2Sn_1}{r^2}[\psi(\theta) - \psi(\theta')]. \end{cases}$$

Il suffira donc, dans chaque cas particulier, de remplacer

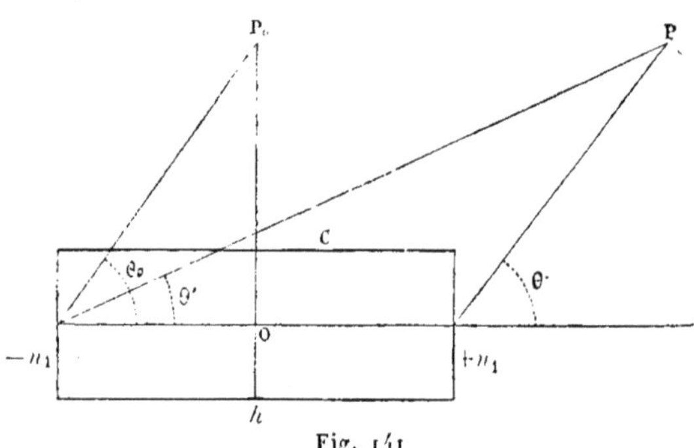

Fig. 141

les fonctions φ, χ et ψ par leurs valeurs données plus haut.

Il est clair qu'en général

$$\varphi(\theta) = \varphi(\pi - \theta),$$
$$\chi(\theta) = -\chi(\pi - \theta),$$
$$\psi(\theta) = \psi(\pi - \theta).$$

Pour un point P_0, situé dans le plan moyen de la bobine, on aura donc

$$\begin{aligned} V &= 0, \\ X &= -\frac{2Sn_1}{r^2}\,2\chi(\theta_0), \qquad (34) \\ Y &= 0. \end{aligned}$$

Le nombre total de tours étant $n = n_1 h$, on peut écrire

$$X = -\frac{2Sn}{r^2 h}\,2\chi(\theta_0), \qquad (35)$$

Si l'angle θ_0 est très grand, c'est-à-dire si le rapport de la distance OP_0 à la demi-longueur $\frac{h}{2}$ du cylindre est très grand, on a sensiblement

$$2\chi(\theta_0) = \cos\theta_0 = \frac{h}{2r},$$

et, par suite,

$$X = -\frac{nS}{r^3},$$

ce qui était évident (**153**).

Pour obtenir l'action d'une bobine d'épaisseur $2c$, il faudra développer la valeur de X en fonction des puissances croissantes de $\frac{a}{r}$, puis la multiplier par $n_2 da$ et l'intégrer entre les limites $a - c$ et $a + c$.

770. Induction mutuelle de deux bobines longues. — L'action intérieure d'une pareille bobine, si elle était de longueur indéfinie (**551**), aurait pour valeur $4\pi n_1$; son coefficient d'induction sur une bobine C′ parallèle, de même axe, située dans l'intérieur de la première, de section S′ et comprenant n' tours, aurait pour expression

$$M = 4\pi n_1 n' S'.$$

Si la bobine C est limitée, il faut retrancher de cette valeur le flux d'induction qui correspond aux deux bases.

Pour traiter le problème directement, on peut d'abord supposer que la bobine C′, ayant même axe que la première, est située à l'extérieur (fig. 142).

Le coefficient d'induction mutuelle est égal et de signe

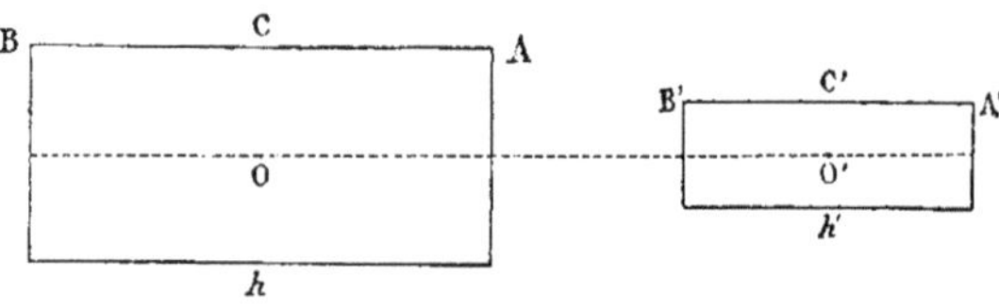

Fig. 142

contraire (151) à l'énergie potentielle de quatre couches magnétiques A et B, A′ et B′, dont les densités sont respectivement $+n_1$ et $-n_1$, $+n'_1$ et $-n'_1$. Soit x la distance des bases A et B′, P_m le potentiel moyen de la couche A, pour une masse égale à l'unité, sur la surface B′; le potentiel moyen de la bobine C sur cette surface est

$$n_1[P_m(x)-P_m(x+h)].$$

L'énergie potentielle de la couche B′ par rapport à la bobine C est donc

$$-n_1 n'_1 S'[P_m(x)-P_m(x+h)].$$

L'énergie potentielle de la couche A′ est, de même, en appelant h' la longueur de la bobine C′,

$$n_1 n'_1 S'[P_m(x+h')-P_m(x+h'+h)].$$

Il en résulte, pour le coefficient d'induction mutuelle des deux bobines,

$$(36)\qquad M=n_1 n'_1 S'[P_m(x)-P_m(x+h)-P_m(x+h')+P_m(x+h+h')].$$

Les valeurs de P_m pourront être calculées de différentes manières, suivant les cas particuliers.

771. — Supposons que les deux bobines soient concentriques, la seconde C′ ayant un plus petit rayon et une longueur moindre (fig. 143) et la distance des bases voisines étant x.

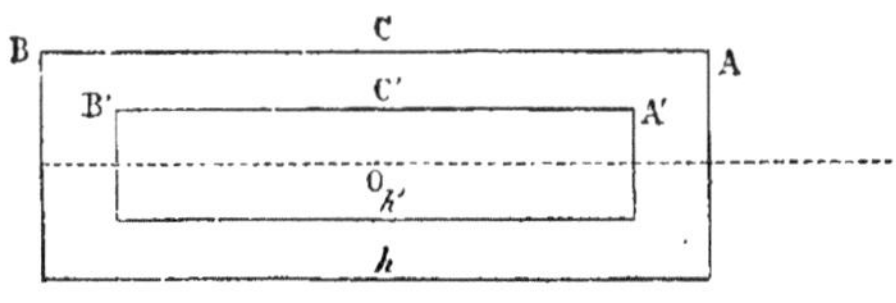

Fig. 143

Le potentiel moyen de la bobine C, sur la base B′, peut être exprimé (**195**) par

$$-4\pi n_1 x - n_1 P_m(x) + n_1 P_m(h-x),$$

et l'énergie potentielle de la base B′ est

$$n_1 n_1' S' [4\pi x + P_m(x) - P_m(h-x)].$$

L'énergie potentielle de la base A′ est, de même,

$$-n_1 n_1' S' [4\pi(x+h') + P_m(x+h') - P_m(x)],$$

ce qui donne pour le coefficient d'induction mutuelle

$$(37)\quad \begin{aligned} M &= n_1 n_1' S' [4\pi h' + P_m(h-x) + P_m(x+h') - 2P_m(x)] \\ &= 4\pi n_1 n' S' - n_1 n_1' S' [2P_m(x) - P_m(h-x) - P_m(h'+x)]. \end{aligned}$$

772. — Enfin, si les bobines sont d'égales longueurs et concentriques, $x=0$ et $h'=h$; on a alors

$$(38)\quad \begin{aligned} M &- 4\pi n_1 n' S' - 2n_1 n_1' S' [P_m(0) - P_m(h)] \\ &= 4\pi n_1 n' S' - 2n_1 n' S' \frac{1}{h} [P_m(0) - P_m(h)]. \end{aligned}$$

Pour calculer le potentiel $P_m(o)$, on peut utiliser la première des équations (25) qui donne, en faisant $\theta = \frac{\pi}{2}$,

$$V = 2\pi a \left[1 + \frac{1}{4}\frac{r^2}{a^2} - \ldots + (-1)^{n-1} \left(\frac{1.3\ldots(2n-3)}{2.4\ldots 2n} \right)^2 (2n-1) \left(\frac{r}{a} \right)^{2n} \right].$$

Il en résulte, d'après la règle habituelle et en faisant $r = a'$,

$$P_m(o) = 2\pi a \left[1 + \frac{1}{4}\frac{1}{2}\frac{a'^2}{a^2} - \ldots + (-1)^{n-1} \left(\frac{1.3\ldots(2n-3)}{2.4\ldots 2n} \right)^2 \frac{2n-1}{n+1} \left(\frac{a'}{a} \right)^{2n} \right]$$

Pour avoir la valeur de $P_m(h)$, on pourra développer le potentiel d'un cercle en fonction du rapport $\frac{a}{h}$ en prenant l'expression (**736**)

$$\begin{aligned} P_m(x) &= 2\pi \left(f_0 + \frac{y^2}{2} f_1 + \frac{y^4}{3} f_2 + \ldots \right) \\ &= 2\pi \left[u - x - \frac{y^2}{2.2^2} \frac{d^2u}{dx^2} + \frac{y^4}{3(2.4)^2} \frac{d^4u}{dx^4} - \ldots \right]. \end{aligned}$$

Si on développe $u = \sqrt{a^2 + x^2}$ en fonction des puissances croissantes de $\frac{1}{x}$, on a

$$u = x + \frac{1}{2}\frac{a^2}{x} - \frac{1.1}{2.4}\frac{a^4}{x^3} + \ldots + (-1)^{n+1} \frac{1.1.3..(2n-3)}{2.4\ldots 2n} \frac{a^{2n}}{x^{2n-1}},$$

ce qui donne, en effectuant les calculs et faisant $x = l$, $y = a'$,

$$\begin{aligned} P_m(h) = 2\pi a \frac{a}{h} \Big\{ & \frac{1}{2} - \frac{1.1}{2.4}\frac{a^2}{h^2} + \frac{1.1.3}{2.4.6} \cdot \frac{a^4}{h^4} - \ldots \\ & - \frac{1}{2.2^2} \frac{a'^2}{h^2} \left[\frac{2}{2} - \frac{3.4}{2.4}\frac{a^2}{h^2} + \frac{3.5.6}{2.4.6} \cdot \frac{a^4}{h^4} - \right] \\ & + \frac{1}{3(2.4)^2} \frac{a'^4}{h^4} \left[\frac{2.3.4}{2} - \frac{3.4.5.6}{2.4} \cdot \frac{a^2}{h^2} + \ldots \right] \\ & - \frac{1}{4(2.4.6)^2} \frac{a'^6}{h^6} \left[\frac{2.3.4.5.6}{2} - \frac{3.4.5.6.7.8}{2.4} \frac{a^2}{h^2} + \ldots \right] \\ & + \ldots\ldots\ldots\ldots\ldots \Big\}. \end{aligned}$$

Si les rapports $\frac{a}{h}$ et $\frac{a'^2}{a^2}$ sont de même ordre et qu'on ne tienne compte que des premiers termes, il vient

$$(39)\qquad M = 4\pi n_1 n' S'\left[1 - \frac{a}{h}\left(1 + \frac{1}{8}\frac{a'^2}{a^2} - \frac{a}{2h}\right)\right].$$

773. Potentiel d'une calotte sphérique homogène. — Considérons une couche sphérique homogène, de densité égale à

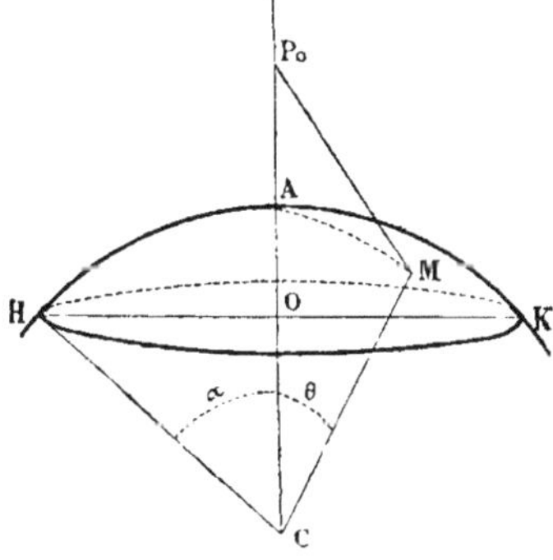

Fig. 144

l'unité, limitée par un petit cercle HK (fig. 144). Soit C le centre de la sphère, O le centre du cercle, A le pôle du cercle. Posons

$$CH = u,$$
$$OH = a,$$
$$OCH = \alpha,$$
$$CP_0 = x,$$

et cherchons le potentiel de la couche en P_0.

Le potentiel en P_0 d'un élément dS de la couche, situé au point M, sur le rayon qui fait avec l'axe OP_0 l'angle θ, a pour valeur

$$\frac{dS}{MP} = \frac{dS}{(x^2 + u^2 - 2ux\cos\theta)^{\frac{1}{2}}}.$$

Suivant que l'on a $x \lesseqgtr u$, on peut exprimer ce potentiel par l'une ou l'autre des deux séries convergentes.

$$(40) \quad \begin{aligned} \frac{dS}{MP} &= \frac{dS}{u}\left[1+\frac{x}{u}X_1+\frac{x^2}{u^2}X_2+\cdots\right] \\ &= \frac{dS}{x}\left[1+\frac{u}{x}X_1+\frac{u^2}{x^2}X_2+\cdots\right]. \end{aligned}$$

Désignant par φ l'angle des deux plans OCH et OCM, et posant $\mu=\cos\theta$, on peut écrire

$$dS = u^2 \sin\theta\, d\theta\, d\varphi = -u^2 d\mu\, d\varphi.$$

Le potentiel U_0 de la couche sphérique s'obtiendra en intégrant l'expression de $\frac{dS}{MP}$ par rapport à φ, de 0 à 2π, et par rapport à μ, de $\mu=1$ à $\mu=\cos\alpha$. On a ainsi les deux valeurs

$$(41) \quad \begin{aligned} U_0 &= 2\pi u\left[\int_\mu^1 d\mu+\frac{x}{u}\int_\mu^1 X_1 d\mu+\frac{x^2}{u^2}\int_\mu^1 X_2 d\mu+\cdots\right] \\ &= 2\pi\frac{u^2}{x}\left[\int_\mu^1 d\mu+\frac{u}{x}\int_\mu^1 X_1 d\mu+\frac{u^2}{x^2}\int_\mu^1 X_2 d\mu+\cdots\right]. \end{aligned}$$

L'équation (25) permettant d'éliminer toutes les intégrales, on a, en se rappelant que la valeur limite de μ est $\cos\alpha$,

$$(42) \quad \begin{aligned} U_0 &= 2\pi u\left(1-\mu+\frac{x}{u}\,\frac{1-\mu^2}{1.2}X_1'(\alpha)+\frac{x^2}{u^2}\,\frac{1-\mu^2}{2.3}X_2'(\alpha)+\cdots\right) \\ &= 2\pi\frac{u^2}{x}\left(1-\mu+\frac{u}{x}\,\frac{1-\mu^2}{1.2}X_1'(\alpha)+\frac{u^2}{x^2}\,\frac{1-\mu^2}{2.3}X_2'(\alpha)+\cdots\right). \end{aligned}$$

774. Potentiel d'un feuillet sphérique. — Le potentiel V_0 au point P_0 d'un feuillet magnétique uniforme de puissance égale à l'unité, limité au même contour que la couche précédente, sera donné (**361**) par l'expression

$$V_0 = -\frac{1}{u}\,\frac{\partial(xU_0)}{\partial x}.$$

On obtient ainsi

$$(43)\quad \begin{aligned} V_0 &= -2\pi\left[1-\mu+\frac{x}{u}\,\frac{1-\mu^2}{1}X_1'(\alpha)+\cdots+\left(\frac{x}{u}\right)^n\frac{1-\mu^2}{n}X_n'(\alpha)\right] \\ &= 2\pi(1-\mu^2)\left[\frac{1}{2}\,\frac{u^2}{x^2}X_1'(\alpha)+\cdots+\frac{1}{n+1}\left(\frac{u}{x}\right)^{n+1}X_n'(\alpha)\right]. \end{aligned}$$

Enfin le potentiel V du feuillet en un point P, situé à la distance r et dans une direction qui fait l'angle θ avec l'axe, est, d'après l'équation (23), en remplaçant μ par $\cos\alpha$,

$$(44)\quad \begin{aligned} V &= -2\pi\left[1-\cos\alpha+\frac{r}{u}\sin^2\alpha\, X_1'(\alpha)X_1(\theta)+\cdots+\frac{1}{n}\left(\frac{r}{u}\right)^n\sin^2\alpha\, X_n'(\alpha)X_n(\theta)\right] \\ &= 2\pi\sin^2\alpha\left[\frac{1}{2}\,\frac{u^2}{r^2}X_1'(\alpha)X_1(\theta)+\cdots+\frac{1}{n+1}\left(\frac{u}{r}\right)^{n+1}X_n'(\alpha)X_n(\theta)\right]. \end{aligned}$$

La première série est convergente tant que $r < u$ et la seconde pour $u < r$. A la surface de la sphère, où $r = u$, les deux séries ont la même valeur si l'on a $\theta > \alpha$, c'est-à-dire si le point P est en dehors du feuillet; mais, quand on a $\theta < \alpha$, c'est-à-dire pour des points du feuillet lui-même, la différence des deux séries est égale à 4π.

Le potentiel d'un feuillet circulaire ou d'un courant circulaire se trouve ainsi rapporté à une origine C située en un point quelconque de l'axe.

Si l'origine C coïncide avec le centre O du feuillet, on a $u = a$ et $\sin\alpha = 1$; il vient alors

$$(45)\quad \begin{aligned} V &= -2\pi\left[1+\frac{r}{a}X_1(\theta)-\cdots+(-1)^n\frac{1.3.5\ldots(2n-1)}{2.4.6\ldots 2n}\left(\frac{r}{a}\right)^{2n+1}X_{2n+1}(\theta)\right] \\ &= 2\pi\left[\frac{1}{2}\,\frac{a^2}{r^2}X_1(\theta)-\cdots+(-1)^n\frac{1.3.5\ldots(2n+1)}{2.4.6\ldots(2n+2)}\left(\frac{a}{r}\right)^{2n+2}X_{2n+1}(\theta)\right]. \end{aligned}$$

Ce sont les expressions qu'on a obtenues plus haut (768).

775. Induction mutuelle de deux courants circulaires. — Considérons d'abord deux circonférences HK et H'K' (fig. 145) ayant même axe, de rayons a et a' et parcourues par des courants parallèles égaux à l'unité. Prenons pour origine un point C de l'axe, menons deux sphères de rayon u et u' qui passent respectivement par les deux courants, et remplaçons ces courants par deux feuillets sphériques σ et σ' ; soient α et α'

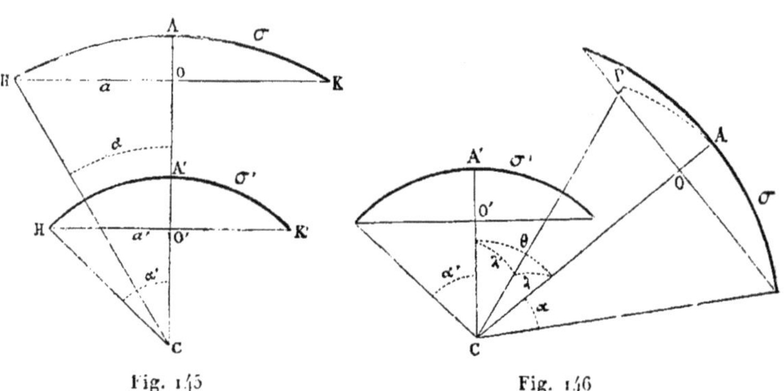

Fig. 145 Fig. 146

les angles soutendus par les rayons a et a', V' le potentiel du feuillet σ'.

Le flux de force que le feuillet σ' envoie dans un élément $d\sigma$ du premier est égal à $-\dfrac{\partial V'}{\partial r}d\sigma$ et le coefficient d'induction mutuelle est l'intégrale de cette expression étendue à toute la surface du feuillet σ.

Posant encore

$$d\sigma = -u^2 d\mu\, d\varphi,$$

on a

$$M = \iint \frac{\partial V'}{\partial r} u^2 d\mu d\varphi = 2\pi u^2 \int_1^{\mu} \frac{\partial V'}{\partial r} d\mu = 2\pi u^2 \int_{\mu}^{1} -\frac{\partial V'}{\partial r} d\mu.$$

Prenant pour V' la valeur donnée par la seconde des équations (44) où on remplacera u par u', α par α', et y faisant ensuite $r = u$, on obtient

$$M = 4\pi^2 u' \sin^2\alpha' \left[\frac{u'}{u} X_1'(\alpha') \int_{\mu}^{1} X_1 d\mu + \dots \left(\frac{u'}{u}\right)^n X_n'(\alpha') \int_{\mu}^{1} X_n d\mu\right],$$

les intégrations devant être faites à partir de $\mu = \cos\alpha$. Substituant aux intégrales leurs valeurs (24), il vient

$$(l)\,\mathrm{M} = 4\pi^2 u' \sin^2\alpha \sin^2\alpha' \left[\frac{1}{2}\frac{u'}{u} \mathrm{X}_1'(\alpha')\mathrm{X}_1'(\alpha) + \cdots + \frac{1}{n(n+1)}\left(\frac{u'}{u}\right)^n \mathrm{X}_n'(\alpha')\mathrm{X}_n'(\alpha)\right].$$

Si l'origine est située au centre O′ du petit cercle, il suffit de faire $u' = a'$ et $\sin\alpha' = 1$. On obtient alors, en remplaçant $\sin^2\alpha$ par $\frac{a^2}{u^2}$, et en appelant S et S′ les surfaces πa^2 et $\pi a'^2$ des deux cercles,

$$(47)\quad \mathrm{M} = \frac{2\mathrm{SS}'}{u^3}\left[\mathrm{X}_1'(\alpha) + \cdots + \frac{(-1)^n}{(n+1)} \frac{1.3.5\ldots(2n-1)}{2.4\ldots 2n}\left(\frac{a'}{u}\right)^{2n} \mathrm{X}_{2n-1}'(\alpha)\right].$$

On retrouve ainsi le développement dont les premiers termes ont été donnés au n° **761**.

776. — Supposons maintenant que les axes (fig. 146) des deux courants circulaires se coupent en C sous l'angle θ, et considérons au point P un élément $d\sigma$ du feuillet σ qui correspond au courant de surface S.

Appelant

λ' l'angle O′CP,
λ l'angle OCP,
φ l'angle des deux plans O′CO et PCO,

on peut encore écrire

$$d\sigma = u^2 \sin\lambda\, d\lambda\, d\varphi = -u^2 d\mu\, d\varphi.$$

Le potentiel V′ du feuillet σ' dans la direction CP est une fonction de l'angle λ' ; la seconde des équations (44) donne

$$\mathrm{V}' = 2\pi \sin^2\alpha' \sum \frac{1}{n+1}\left(\frac{u'}{r}\right)^{n+1} \mathrm{X}_n'(\alpha')\mathrm{X}_n(\lambda').$$

Il en résulte pour le point P, où $r = u$,

$$\frac{\partial \mathrm{V}'}{\partial r} = -\frac{2\pi u' \sin^2\alpha'}{u^2} \sum \left(\frac{u'}{u}\right)^n \mathrm{X}_n'(\alpha')\mathrm{X}_n(\lambda').$$

Le coefficient d'induction mutuelle est alors

$$M = \iint -\frac{\partial V'}{\partial r}\,d\sigma = u^2 \iint \frac{\partial V'}{\partial r}\,d\mu\,d\varphi,$$

$$M = -2\pi u' \sin^2\alpha' \sum \left(\frac{u'}{u}\right)^n X'_n(\alpha) \iint X_n(\lambda')\,d\mu\,d\varphi,$$

la double intégration devant être faite de o à 2π pour l'angle φ et de o à α pour l'angle λ; l'angle λ' satisfait d'ailleurs à l'équation

$$\cos\lambda' = \cos\lambda\cos\theta + \sin\lambda\sin\theta\cos\varphi.$$

Faisant d'abord l'intégration par rapport à φ, on a, d'après un théorème de Legendre,

$$\int_0^{2\pi} X_n(\lambda')\,d\varphi = 2\pi X_n(\lambda) X_n(\theta);$$

par suite

$$M = -4\pi^2 u' \sin^2\alpha' \sum \left(\frac{u'}{u}\right)^n X'_n(\alpha') X_n(\theta) \int_1^{\mu} X_n(\lambda)\,d\mu.$$

Substituant enfin à l'intégrale définie sa valeur donnée par l'équation (24), et remplaçant $1-\mu^2$ par $\sin^2\alpha$, il vient

$$(48)\quad M = 4\pi^2 u' \sin^2\alpha \sin^2\alpha' \sum \frac{1}{n(n+1)} \left(\frac{u'}{u}\right)^n X'_n(\alpha') X'_n(\alpha) X_n(\theta).$$

On obtient donc le coefficient d'induction de deux courants circulaires dont les axes se coupent sous l'angle θ, par la valeur relative aux courants parallèles, en multipliant respectivement chacun des termes par le polynome $X_n(\theta)$ de même ordre que celui dont ce terme renferme déjà les dérivées.

777. Méthode de Maxwell. — On peut dans certaines conditions employer une méthode de Maxwell [1], qui repose sur le théorème suivant :

[1] Maxwell, *Electricity and magnetism*, t. II, p. 307.

Étant donné un cercle défini par sa distance x à un point fixe de l'axe, et par son rayon r, le coefficient d'induction **M** *par rapport à ce cercle, d'un système quelconque d'aimants ou de courants, satisfait à la relation*

$$(49) \qquad \frac{\partial^2 M}{\partial r^2}+\frac{\partial^2 M}{\partial x^2}-\frac{1}{r}\frac{\partial M}{\partial r}=0.$$

En effet, soit P un point de la surface du cercle pris sur un rayon qui fait l'angle θ avec un rayon de direction fixe et V le potentiel du système au point P. La composante normale de la force est égale à $-\frac{\partial V}{\partial x}$; le flux de force qui traverse un élément de surface $rd\theta dr$ est

$$-r\,d\theta dr\frac{\partial V}{\partial x}.$$

Si l'on donne au rayon du cercle un accroissement δr, le flux de force augmente de

$$-r\delta r\int_0^{2\pi}\frac{\partial V}{\partial x}d\theta;$$

comme cet accroissement est égal à la variation $\frac{\partial M}{\partial r}\delta r$ du coefficient d'induction, on a

$$(50) \qquad \frac{\partial M}{\partial r}=-r\int_0^{2\pi}\frac{\partial V}{\partial x}d\theta.$$

Donnons maintenant à x un accroissement δx, la variation correspondante $\frac{\partial M}{\partial x}\delta x$ du coefficient d'induction est égale et de signe contraire au flux total de force coupé par la surface latérale du cylindre de rayon r et de hauteur δx. Ce dernier a pour valeur

$$-r\delta x\int_0^{2\pi}\frac{\partial V}{\partial r}d\theta;$$

par suite

$$(51) \qquad \frac{\partial M}{\partial x}=r\int_0^{2\pi}\frac{\partial V}{\partial r}d\theta.$$

En différentiant l'équation (50) par rapport à r, et l'équation (51) par rapport x, on a

$$\frac{\partial^2 M}{\partial r^2} = -\int_0^{2\pi} \frac{\partial V}{\partial x} d\theta - r \int_0^{2\pi} \frac{\partial^2 V}{\partial x \partial r} d\theta,$$

$$\frac{\partial^2 M}{\partial x^2} = -r \int_0^{2\pi} \frac{\partial^2 V}{\partial x \partial r} d\theta;$$

par suite

$$\frac{\partial^2 M}{\partial r^2} + \frac{\partial^2 M}{\partial x^2} = -\int_0^{2\pi} \frac{\partial V}{\partial x} d\theta = \frac{1}{r} \frac{\partial M}{\partial r},$$

ce qui démontre le théorème (49).

778. — La méthode de Maxwell s'applique spécialement au

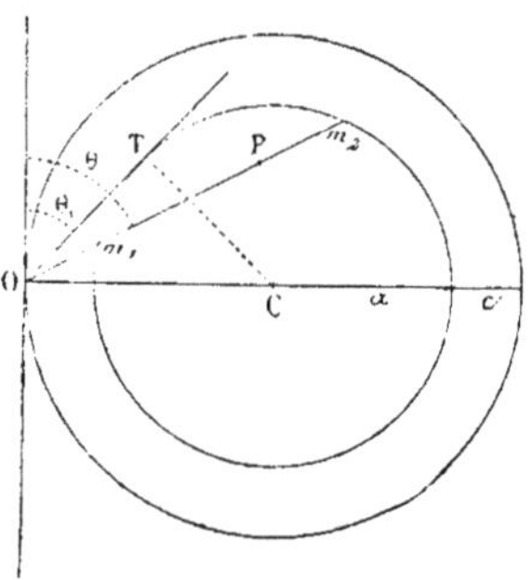

Fig. 147

cas de deux courants circulaires parallèles très rapprochés ayant même axe et des rayons peu différents, par exemple deux spires voisines d'une même bobine.

Considérons d'abord deux circonférences concentriques situés dans le même plan ; soient a et $a + c$ leurs rayons, la différence c de ces rayons étant très petite (fig. 147).

L'action exercée par l'élément ds du plus grand contour en un point P du plan, situé à une distance ρ et dans une direction faisant l'angle θ avec celle de l'élément, est normale au plan et a pour valeur

$$\frac{ds \sin\theta}{\rho^2}.$$

Le flux de force correspondant à un élément de surface $\rho d\rho d\theta$ situé au point P est alors

$$\frac{ds \sin\theta \, d\theta \, d\rho}{\rho};$$

par suite, le flux total de force δM, ou $\frac{\partial M}{\partial s} ds$, dû à l'élément ds, et qui traverse le cercle de rayon a, a pour valeur

$$\delta M = 2 ds \int_{\theta_1}^{\frac{\pi}{2}} \int_{\rho_1}^{\rho_2} \frac{\sin\theta}{\rho} d\theta \, d\rho.$$

La limite θ_1 est l'angle de la tangente OT avec l'élément ds, on a évidemment

$$\cos\theta_1 = \frac{a}{a+c}, \qquad \text{ou} \qquad \sin^2\theta_1 = \frac{c(2a+c)}{(a+c)^2}.$$

Les deux limites ρ_1 et ρ_2, qui correspondent aux deux segments om_1 et om_2 de la sécante OP, sont les racines de l'équation du second degré

$$\rho^2 - 2\rho(a+c)\sin\theta + c(2a+c) = 0.$$

Si le rapport $\frac{c}{a}$ est très petit, on peut prendre

$$\rho_1 = \frac{c}{\sin\theta} \qquad \text{et} \qquad \rho_2 = 2a\sin\theta,$$

et une première intégration par rapport à ρ donne

$$\delta M = 2 ds \int_{\theta_1}^{\frac{\pi}{2}} \left(l.\frac{2a}{c}\sin^2\theta \right) \sin\theta \, d\theta.$$

Cette expression, intégrée par rapport à θ, donne

$$\delta M = 2 ds \left[\cos\theta \left(2 - l.\frac{2a}{c}\sin^2\theta \right) + 2 l. \operatorname{tang}\frac{\theta}{2} \right]_{\theta_1}^{\frac{\pi}{2}};$$

comme l'angle θ_1 est très petit, l'expression se réduit à

$$\delta M = 2ds\left[l.\frac{8a}{c} - 2\right].$$

On en conclut pour la valeur du flux total, ou le coefficient d'induction mutuelle,

$$M = 4\pi a\left[l.\frac{8a}{c} - 2\right]. \tag{52}$$

779. — Supposons maintenant que les plans de deux cercles soient éloignés d'une distance x très petite, leurs rayons étant a et $a+y$. Le flux de force émané du second courant et qui traverse le premier, de rayon a, n'a plus la même valeur que précédemment, mais, si x est très petit, on en aura une expression très approchée en remplaçant la plus courte distance c de deux arcs par sa nouvelle valeur $r=\sqrt{x^2+y^2}$. On pourra donc représenter le coefficient M par une expression de la forme

$$M = 4\pi\left[A\,l.\frac{8a}{r} + B\right], \tag{53}$$

les coefficients A et B étant des fonctions de x et y dont les valeurs approchées sont respectivement a et $-2a$, et qu'il s'agit maintenant de déterminer.

Remarquons d'abord que ces deux fonctions ne doivent pas changer de valeur quand on change x en $-x$; par suite leurs développements en série ne comprennent pas de puissances impaires de x. On peut donc poser

$$A = a + A_1 y + A_2\frac{y^2}{a} + A_2'\frac{x^2}{a} + A_3\frac{y^3}{a^2} + A_3'\frac{yx^2}{a^2} + \ldots,$$

$$B = -2a + B_1 y + B_2\frac{y^2}{a} + B_2'\frac{x^2}{a} + B_3\frac{y^3}{a^2} + B_3'\frac{yx^2}{a^2} + \ldots$$

Il résulte d'ailleurs de la propriété fondamentale du coefficient M (**341**), que sa valeur ne change pas quand on permute les deux cercles, c'est-à-dire quand on remplace a par $a+y$ et y par $-y$.

D'autre part, la fonction M doit satisfaire à l'équation générale (49)

$$\frac{\partial^2 M}{\partial y^2}+\frac{\partial^2 M}{\partial x^2}-\frac{1}{a+y}\frac{\partial M}{\partial y}=0.$$

Ces deux conditions fournissent le nombre d'équations nécessaires pour déterminer les coefficients; on trouve ainsi

$$(54)\quad \begin{cases} A=a\left[1+\frac{1}{2}\frac{y}{a}+\frac{y^2+3x^2}{16a^2}-\frac{y^3+3yx^2}{32a^3}+\ldots\right], \\ B=a\left[-2-\frac{1}{2}\frac{y}{a}+\frac{3y^2-x^2}{16a^2}-\frac{y^3-6yx^2}{48a^3}+\ldots\right]. \end{cases}$$

Dans le cas de deux cercles égaux placés à la distance x, on a, en faisant $y=0$,

$$(55)\quad M=4\pi a\left[1+\frac{3x^2}{16a^2}+\ldots\right]l.\frac{8a}{x}-4\pi a\left[2+\frac{x^2}{16a^2}+\ldots\right].$$

780. Self-induction d'une bobine. — La formule qui précède permettra de calculer le coefficient de self-induction d'une bobine, c'est-à-dire le flux total de force qui traverse la surface comprise par les différentes spires pour un courant égal à l'unité.

Considérons la section méridienne de la gorge, et soit P la trace dans cette section d'une spire de rayon a. En négligeant les termes de correction, le flux de force provenant des spires qui correspondent à un élément $dxdy$ de la section, situé à une distance r, et qui traverse le cercle de rayon a, a pour valeur

$$4\pi a n_1^2 dxdy\left[l.\frac{8a}{r}-2\right].$$

Si l'on intègre cette expression pour toute l'étendue de la surface ω de la section, on aura le flux total relatif à ce cercle,

$$M=4\pi a n_1^2\iint dxdy\left[l.\frac{8a}{r}-2\right].$$

Au lieu d'une seule spire au point P, considérons le nombre $n_1^2 dx'dy'$ des spires qui correspondent à l'élément de surface $dx'dy'$; la valeur M' du flux de force relatif à cet élément de surface est

$$M' = n_1^2 dx'dy' M.$$

Le flux total relatif à la bobine entière, ou le coefficient de self-induction cherché, sera l'intégrale de cette expression étendue à toute la surface ω. Considérant d'abord a comme une constante égale au rayon moyen de la bobine, on peut écrire

$$(56)\quad \begin{aligned} L &= 4\pi a n_1^4 \iiiint dx dy dx' dy' \left(l.\frac{8a}{r} - 2\right) \\ &= 4\pi a n_1^4 \omega^2 (l.8a - 2) - 4\pi a n_1^4 \iiiint l.r\, dx dy dx' dy'. \end{aligned}$$

Comme le produit $n_1^2\omega$ représente le nombre total n de spires, si l'on pose

$$\omega^2 l.R_2 = \iiiint l.r\, dx dy\, dx' dy',$$

il en résulte

$$(57)\qquad L = 4\pi a n^2 \left(l.\frac{8a}{R_2} - 2\right).$$

Le coefficient de self-induction L de la bobine est donc égal au produit par n^2 du coefficient d'induction mutuelle de deux cercles concentriques, de rayons a et $a+R_2$, ou de deux cercles égaux, ayant pour rayon le rayon moyen de la bobine et placés à une distance R_2, laquelle est la moyenne distance géométrique de la surface ω.

781. — Pour une bobine à gorge rectangulaire de rayon moyen a, de largeur de $2b$ et de hauteur $2c$, la quantité entre parenthèses, que nous représenterons par λ, a pour valeur (**758**)

$$\begin{aligned} \lambda = l.\frac{8a}{\sqrt{b^2+c^2}} &+ \frac{1}{6}\left[\frac{c^2}{b^2} l.\sqrt{1+\frac{b^2}{c^2}} + \frac{b^2}{c^2} l.\sqrt{1+\frac{c^2}{b^2}}\right] \\ &- \frac{2}{3}\left[\frac{c}{b}\operatorname{arc\,tg}\frac{b}{c} + \frac{b}{c}\operatorname{arc\,tg}\frac{c}{b}\right] + \frac{1}{12}. \end{aligned}$$

Si on pose

$$\lambda = l.\frac{4a}{\sqrt{b^2+c^2}} - \lambda_1$$

on voit que la quantité λ_1 ne dépend que du rapport $m = \frac{c}{b}$ des deux dimensions b et c, et ne change pas quand on permute ces quantités; on a

$$\lambda_1 = \frac{2}{3}\left[m \operatorname{arc tg} \frac{1}{m} + \frac{1}{m} \operatorname{arc tg} m\right]$$
$$- \frac{1}{6}\left[m^2 l.\sqrt{1+\frac{1}{m^2}} + \frac{1}{m^2} l.\sqrt{1+m^2}\right] - \frac{1}{12}.$$

Il suffit de connaître les valeurs de λ_1 correspondant à des valeurs de m plus petites que l'unité; on abrégera beaucoup les calculs au moyen de la table suivante :

m	λ_1	m	λ_1
0.	0.50000	0.50	0.79600
0.05	0.54899	0.55	0.80815
0.10	0.59243	0.60	0.81823
0.15	0.63102	0.65	0.82648
0.20	0.66520	0.70	0.83311
0.25	0.69532	0.75	0.83831
0.30	0.72172	0.80	0.84225
0.35	0.74469	0.85	0.84509
0.40	0.76454	0.90	0.84697
0.45	0.78155	0.95	0.84801
0.50	0.79600	1	0.84834

Cette valeur de L ne convient toutefois que pour les cas où les dimensions de la section méridienne ω de la bobine sont très petites par rapport au rayon moyen.

782. — Si, au lieu de la formule (52), on emploie la formule (53), le coefficient de self-induction de la bobine rectangulaire peut se mettre sous la forme

$$L = 4\pi a n^2\left[\lambda + \frac{\mu}{a^2} + \ldots\right],$$

avec

$$\mu = \frac{3b^2+c^2}{24} l.\frac{4a}{\sqrt{b^2+c^2}} - \frac{1}{120}\frac{c^4}{b^2} l.\sqrt{1+\frac{b^2}{c^2}}$$
$$+ \frac{1}{24}\frac{b^4}{c^2} l.\sqrt{1+\frac{c^2}{b^2}} - \frac{2}{15}\frac{b^3}{c}\operatorname{arc\,tg}\frac{c}{b} + \frac{23}{160}b^2 + \frac{221}{1440}c^2.$$

Posant, comme plus haut,

$$\mu = \frac{3b^2+c^2}{24} l.\frac{4a}{\sqrt{b^2+c^2}} + \frac{b^2}{4}\mu_1,$$

on a

$$\mu_1 = \frac{23}{40} + \frac{221}{360}{}^2 - \frac{m^4}{30} l.\sqrt{1+\frac{1}{m^2}}$$
$$+ \frac{1}{6m^2} l.\sqrt{1+m^2} - \frac{8}{15m}\operatorname{arc\,tg} m.$$

On reconnaît que μ_1 ne dépend encore que du rapport $\frac{c}{b} = m$. On pourra donc le calculer au moyen de la table suivante :

m	μ_1	m	μ_1
0.	0.1250	0.50	0,3066
0.05	0.1269	0.55	0.3437
0.10	0.1325	0.60	0.3839
0.15	0.1418	0.65	0.4274
0.20	0.1548	0.70	0.4739
0.25	0.1714	0.75	0.5234
0.30	0.1916	0.80	0.5760
0,35	0.2152	0.85	0.6317
0.40	0.2423	0.90	0.6902
0.45	0.2728	0.95	0.7518
0.50	0.3066	1.	0.8162

La valeur du coefficient d'induction de la bobine à gorge rectangulaire s'obtiendra ainsi par la formule [1]

$$(58)\quad L = 4\pi a n^2\left[\left(1+\frac{3b^2+c^2}{24a^2}\right) l.\frac{4a}{\sqrt{b^2+c^2}} - \lambda_1 + \frac{b^2}{4a^2}\mu_1\right]$$

[1] Stefan, *Stitzb. der K. Akad. d. Wissensch.* Wien. Bd LXXXVIII, page 1201, 1883.

783. Bobine de self-induction maximum. — Comme application, on peut résoudre le problème suivant : le fil étant donné, ainsi que la section de la gorge, laquelle doit rester semblable à elle-même, trouver les dimensions qui rendent le coefficient de self-induction maximum. La moyenne distance géométrique R_2 varie comme les dimensions linéaires de la section de la gorge; le nombre n_1^2 des spires par unité de surface restant le même, le nombre total de spires n varie comme le carré de ces mêmes dimensions.

Comme, d'autre part, la longueur totale du fil est constante, on a les équations de condition

$$2\pi a n = C^{te},$$
$$n = k R_2^2,$$

qui donnent

$$\frac{dn}{n} = 2\frac{dR_2}{R_2} = -\frac{da}{a}.$$

En prenant l'expression du coefficient L sous sa forme simple (57), on trouve que la condition du maximum est

$$l.\frac{8a}{R_2} = \frac{7}{2}.$$

Si la section de la gorge est un cercle de rayon c, on a (**758**)

$$l.\frac{R_2}{c} = -\frac{1}{4},$$

et, par suite,

$$a = 3,22\,c.$$

Pour une section carrée de côté c, on trouve

$$a = 1,85\,c.$$

784. Correction pour l'isolant. — On a supposé implicitement, dans ce qui précède, que les courants sont distribués uniformément dans toute la section de la gorge ; mais, si le fil est entouré par une substance isolante, ce qui est le cas général, l'intégrale du second membre de la formule (56) au lieu d'être étendue à la section totale de la gorge, doit être étendue seulement à la somme des sections des fils. La correction qui résulte de l'écartement des fils est évidemment proportionnelle à la longueur totale du fil, et peut être calculée pour l'unité de longueur.

On remarquera d'abord que l'induction propre est plus grande pour le fil nu que pour un fil carré circonscrit à la couche isolante; la différence pour l'unité de longueur, d'après l'équation (14), est égale à

$$2\left[l.\frac{y+z}{z}+0,1380606\right].$$

En second lieu, l'action éprouvée par un fil, de la part de ceux qui l'entourent, est plus petite pour des fils cylindriques mis en contact que pour des fils carrés juxtaposés occupant le même volume ; en réalité, il suffit de tenir compte des fils les plus voisins.

Considérons, par exemple, le fil qui occupe le centre d'un carré de neuf fils, l'action de tous les autres étant négligée comme insensible. Pour deux sections circulaires, la moyenne distance géométrique est celle des centres; pour deux carrés voisins parallèles, la moyenne distance géométrique est à celle des centres comme 0,99401 est à 1, quand les carrés sont placés côte à côte, et comme 1,0011 est à 1 quand les carrés sont disposés en diagonale. Pour quatre des fils considérés plus haut, la moyenne distance géométrique doit donc être divisée par 0,99401 et pour les quatre autres par 1,0011; pour les huit, pris ensemble, par la moyenne 0,9975 des deux facteurs, dont le logarithme népérien est $-$ 0,002463. Il y a donc à retrancher dans la parenthèse le produit de ce nombre par 8, soit 0,01971, et la correction pour l'unité de longueur est égale à

$$2\left[l.\frac{y+z}{y}+0,1380606-0,01971\right]=2\left[l.\frac{y+z}{z}+0,11835\right].$$

Si on désigne par l la longueur totale du fil, qui comprend n spires, et par M le coefficient d'induction mutuelle de deux spires dont le rayon est égal au rayon moyen et la distance égale à la moyenne géométrique des distances de tous les points de la section, pris deux à deux, le coefficient de self-induction de la bobine aura finalement pour valeur

$$L = n^2 M_1 + 2l \left[l.\frac{y+z}{y} + 0,11835 \right]. \tag{59}$$

785. Actions réciproques. — L'énergie relative de deux circuits A et A', parcourus par des courants égaux à l'unité, étant égale à $-M$, la variation $\frac{\partial M}{\partial x} dx$, qui correspond au déplacement d'un des circuits parallèlement à lui-même et à l'axe des x, représente, abstraction faite des courants induits que produirait un déplacement réel, le travail dT accompli par le système pendant ce déplacement. La dérivée $\frac{\partial M}{\partial x}$ est donc égale à la composante ξ, suivant l'axe des x, de l'action réciproque des deux circuits, comptée positivement quand elle est répulsive, et on a

$$\xi = \frac{\partial M}{\partial x}.$$

De même, si un des circuits tourne autour d'un axe de l'angle $d\theta$, le moment Θ des actions réciproques des deux circuits par rapport à cet axe a pour expression

$$\Theta = \frac{\partial M}{\partial \theta}.$$

786. Circuits de même axe. — Lorsque les circuits A et A' sont des bobines de révolution autour du même axe, que nous prendrons pour axe des x, l'action réciproque est parallèle à l'axe, par raison de symétrie; cette action étant nulle pour une position convenable des deux circuits (la position concentrique, par exemple, pour deux bobines cylindriques), et aussi nulle à une très grande distance, elle passe par une valeur maximum qui correspond à la condition

$$\frac{\partial^2 M}{\partial x^2} = 0.$$

787. Action de deux courants circulaires. — Pour deux courants circulaires de rayons a et a', à la distance x, la valeur de M peut être exprimée en général au moyen des fonctions elliptiques (**763**). En tenant compte des valeurs de $\frac{dF}{dk}$ et $\frac{dE}{dk}$ (**764**), on trouve

$$(60) \qquad \xi = -\frac{\pi k x}{\sqrt{aa'}}\left(2F - \frac{2 - k^2}{1 - k^2}E\right).$$

L'emploi des séries est souvent plus commode. Le coefficient d'induction du circuit A (courant circulaire ou bobine) sur un courant circulaire de surface S' étant égal (**761**) à $F_m S'$, l'action réciproque est

$$\xi = S'\frac{dF_m}{dx}.$$

Lorsque le potentiel du circuit A en un point (x, y) de la surface S' peut être développé utilement en fonction des puissances croissantes de y, par une des expressions trouvées précédemment, on exprimera la valeur de ξ par une série analogue également convergente.

Si le circuit A est une circonférence de rayon a, on a, d'après l'équation (29) du n° **736**,

$$F_m = 2\pi\left(f_0'' + \frac{y^2}{2}f_1'' + \frac{y^4}{3}f_2'' + \ldots\right),$$

$$(61) \qquad \frac{\partial F_m}{\partial x} = 2\pi\left(f_0''' + \frac{y^2}{2}f_1''' + \frac{y^4}{3}f_2''' + \ldots\right)$$

$$= 2\pi\left(\frac{d^3u}{dx^3} - \frac{y^2}{2 . 2^2}\frac{d^5u}{dx^5} + \frac{y^4}{3(2 . 4)^2}\frac{d^7u}{dx^7} - \ldots\right).$$

En posant $S = \pi a^2$, on trouve ainsi :
par les équations (32) du n° **736**, en fonction de $u = \sqrt{a^2 + x^2}$,

$$\xi = -\frac{6SS'}{u^5} x \left(1 - \frac{5}{2.2^2} \frac{a'^2}{u^2} \frac{4x^2 - 3a^2}{u^2} + \frac{3.5}{2(2.4)^2} \frac{a'^4}{u^4} \frac{56x^4 - 140a^2x^2 + 35a^4}{u^4} + \ldots \right); \tag{62}$$

par l'équation (37) du n° **740**, qui convient surtout aux petites valeurs de x,

$$\begin{aligned} \xi = -\frac{6SS'}{a^5} x \Big\{ & 1 - \frac{5}{2} \frac{x^2}{a^2} + \frac{5.7}{2.4} \frac{x^4}{a^4} - \frac{5.7.9}{2.4.6} \frac{x^6}{a^6} + \ldots \\ & + \frac{1}{2.2^2} \frac{a'^2}{a^2} \left(3.5 - \frac{5^2.7}{2} \frac{x^2}{a^2} + \frac{5.7^2.9}{2.4} \frac{x^4}{a^4} - \ldots \right), \\ & + \frac{1}{3(2.4)^2} \frac{a'^4}{a^4} \left(3.5^2.7 - \frac{5^2.7^2.9}{2} \frac{x^2}{a^2} + \ldots \right) \\ & + \ldots \Big\}; \end{aligned} \tag{63}$$

enfin par l'équation (40) du n° **741**, qui convient pour une grande distance,

$$\begin{aligned} \xi = -\frac{6SS'}{x^4} \Big\{ & 1 - \frac{5}{2} \frac{a^2}{x^2} + \frac{5.7}{2.4} \frac{a^4}{x^4} - \ldots \\ & - \frac{1}{2.2^2} \cdot \frac{a'^2}{x^2} \left(4.5 - \frac{7}{2.4} 4.5.6 \frac{a^2}{x^2} + \ldots \right), \\ & + \frac{1}{3(2.4)^2} \frac{a'^4}{x^4} \left(4.5.6.7 - \frac{9}{2.4} 4.5.6.7.8 \frac{a^2}{x^2} + \ldots \right), \\ & - \frac{1}{4(2.4.6)^2} \frac{a'^6}{x^6} \left(4.5.6.7.8.9 - \ldots \right), \\ & + \ldots \Big\}. \end{aligned} \tag{64}$$

L'action est d'abord proportionnelle à la distance x des deux cercles ; elle devient ensuite en raison inverse de la quatrième puissance, ce qu'on pouvait voir *a priori* par l'assimilation des courants et des feuillets magnétiques.

Si le circuit A est une bobine à gorge rectangulaire de

dimensions $2b$, $2c$ et de rayon moyen a, l'action moyenne sur le cercle A' et l'action réciproque des deux systèmes se déduiront de même des expressions (39), (41) et (43) du chapitre précédent; mais il pourra être utile dans certains cas de pousser plus loin le développement par rapport aux puissances croissantes de x.

788. — Ces expressions ne sont plus assez convergentes quand il s'agit de deux courants circulaires très voisins et de même ordre de grandeur; on peut employer alors la formule (53) de Maxwell. On en déduit, avec les valeurs (54),

$$(65)\quad \begin{aligned}\xi = -4\pi a x\Bigg[&\frac{1}{r^2}\left(1+\frac{y}{2a}+\frac{y^2+3x^2}{16a^2}-\frac{y^3+3yx^2}{32a^2}+\dots\right)\\ &+\frac{3}{8a^2}\left(1-\frac{y}{2a}+\dots\right)l.\frac{r}{8a}+\frac{1}{8a^2}\left(1-\frac{2y}{a}+\dots\right)\Bigg].\end{aligned}$$

Lorsque les cercles sont égaux,

$$(66)\quad \xi = -\frac{4\pi a}{x}\left[\left(1+\frac{3x^2}{16a^2}+\dots\right)+\left(\frac{3x^2}{8a^2}+\dots\right)l.\frac{x}{8a}+\left(\frac{x^2}{8a^2}+\dots\right)\right].$$

Le terme principal est alors $-\frac{4\pi a}{x}$, de sorte que l'action réciproque est en raison inverse de la distance des deux cercles; cette action provient principalement des portions parallèles des deux courants (**480**).

789. — D'une manière plus générale, si le coefficient d'induction mutuelle de deux courants circulaires parallèles et de même axe est exprimé à l'aide des polynomes X_n, par l'équation (47), on a, en utilisant l'équation

$$(1-\mu^2)X''_n - 2\mu X'_n + n(n+1)X_n = 0$$

et la seconde des équations (27),

$$(67)\quad \begin{aligned}\xi = \frac{\partial M}{\partial x} = -\frac{2SS'}{a^4}\Bigg[&X'_2-\frac{1}{2}\cdot\frac{3}{2}\frac{a'^2}{a^2}X'_4+\dots\\ &+\frac{(-1)^n}{n+1}\,\frac{1.3\dots(2n+1)}{2.4\dots 2n}\left(\frac{a'}{a}\right)^{2n}X'_{2n+2}\Bigg].\end{aligned}$$

790. Action de deux bobines. — Pour deux bobines à gorges rectangulaires on pourra employer la valeur de M exprimée en fonctions elliptiques soit par la formule de Maxwell (**761**), soit par l'expression de lord Rayleigh (**763**); mais les calculs sont généralement très compliqués, et il vaut mieux avoir recours aux développements en série.

Pour remplacer le circuit A' du paragraphe précédent par une bobine à gorge rectangulaire, de dimensions a', $2b'$, $2c'$, n_1' et n', on multiplie l'une des expressions trouvées par $n_1'^2 dx dy$ et on effectue la double intégration entre les limites ordinaires $a'-c'$ et $a'+c'$, $x-b'$ et $x+b'$.

Lorsque les rapports $\frac{b'}{a'}$ et $\frac{c'}{a'}$ sont très petits, on peut calculer la valeur $F_m(a_1')$ de l'action moyenne sur le cercle moyen de rayon a_1' (**727**), et on a sensiblement

$$(68) \qquad \xi = n'\pi a_1'^2 \frac{\partial F_m(a_1')}{\partial x}.$$

791. Action sur une bobine longue. — Pour calculer l'action d'un système de courants sur une bobine longue, il sera souvent plus simple d'évaluer directement l'action qui s'exerce

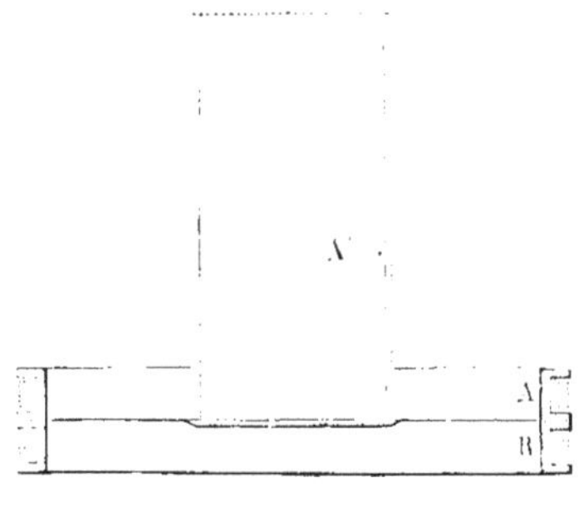

Fig. 148

sur les surfaces magnétiques équivalentes; nous considérerons un cas particulier comme exemple.

A et B (fig. 148) sont deux bobines égales, à gorges rectangulaires, de dimensions $a, 2b, 2c$ et n, les plans moyens étant à la distance $2x$. Une bobine longue A′ ayant n' spires, une hauteur h', un diamètre moyen a' et une épaisseur $2c'$, est placée de manière que sa base inférieure soit dans le plan de symétrie des deux bobines A et B.

Le cercle moyen de cette base est

$$S' = \pi a_1'^2 = \pi a'^2\left(1 + \frac{1}{3}\frac{c'^2}{a'^2}\right),$$

et la masse totale de la couche magnétique équivalente

$$S'\frac{n'}{h'} = \pi\frac{n'}{h'}a'^2\left(1 + \frac{1}{3}\frac{c'^2}{a'^2}\right).$$

L'action moyenne de chacune des bobines A et B sur cette base S′ est, d'après l'équation (39) du n° **740**,

$$F_m = \frac{2n\pi}{a}\varphi,$$

en posant

$$\begin{aligned}\varphi = 1 &+ \frac{1}{3}\frac{c^2}{a^2} - \frac{1}{2}\frac{b^2+3x^2}{a^2} + \frac{3.5}{2.4}\frac{x^4}{a^4} + \ldots,\\ &+ \frac{3}{2.2^2}\frac{\rho^2}{a^2}\left[1 + \frac{3.4}{2.3}\frac{c^2}{a^2} - \frac{3.5}{2.3}\frac{b^2+3x^2}{a^2} + \ldots\right]\\ &+ \frac{3^2.5}{2.(2.4)^2}\frac{\rho^4}{a^4}\left[1 + \frac{5.6}{2.3}\frac{c^2}{a^2} - \frac{5.7}{2.3}\frac{b^2+3x^2}{a^2} + \ldots\right] + \ldots,\end{aligned}$$

expression dans laquelle on remplacera ρ^2 par le carré du rayon du cercle moyen $a_1'^2$, ou simplement par a'^2.

L'action des deux bobines A et B sur la base inférieure de la bobine A′ est donc, en appelant l la longueur totale du fil de ces bobines, et l' celle de la bobine A′,

$$\frac{4nn'\pi^2a'^2}{ah'}\left(1 + \frac{1}{3}\frac{c'^2}{a'^2}\right)\varphi = \pi\frac{n^2l'^2}{n'h'l}\left(1 + \frac{1}{3}\frac{c'^2}{a'^2}\right)\varphi.$$

Pour calculer l'action moyenne F'_m des bobines A et B sur la base supérieure de la bobine A′, on supposera ces deux bobines situées dans leur plan moyen, et on utilisera l'équation (41) du n° **741**, qui donne

$$F'_m = \frac{2n\pi}{a}\varphi',$$

en posant, après avoir négligé les termes très petits,

$$\varphi' = \frac{a^3}{h'^3}\left[1 - \frac{3}{2}\,\frac{a^2+a'^2}{h'^2} + \frac{3.5}{2.4}\,\frac{a^4+3a^2a'^2+a'^4}{h'^4}\right].$$

L'action totale est donc

$$(69)\qquad \xi = \pi\frac{n^2l'^2}{n'h'l}\left(1+\frac{1}{3}\,\frac{c'^2}{a'^2}\right)(\varphi-\varphi').$$

792. Système de trois bobines symétriques. — Considérons encore, comme plus haut, deux bobines égales A et B, dont les plans moyens sont à la distance $2x$, mais supposons que les courants circulent en sens contraires dans ces deux bobines, et qu'une troisième bobine A' de même axe soit symétriquement placée entre elles. Dans ce cas, les actions des bobines A et B sont de même sens.

Désignant par ξ_0 l'action de l'une d'elles sur A' à la distance x, l'action totale ξ, quand la bobine intermédiaire s'est déplacée de δx par rapport au plan de symétrie, est

$$\xi = 2\left[\xi_0 + \frac{(\delta x)^2}{1.2}\,\frac{\partial^2\xi_0}{\partial x^2} + \frac{(\delta x)^4}{1.2.3.4}\,\frac{\partial^4\xi_0}{\partial x^4} + \ldots\right].$$

Pour une valeur convenable de x, la valeur de ξ_0 est un maximum, ce qui correspond à la condition

$$\frac{\partial^3 M}{\partial x^3} = 0, \quad \text{ou} \quad \frac{\partial^3 F_m}{\partial x^3} = 0.$$

L'action réciproque ne varie alors que par un terme du quatrième ordre et peut être considérée comme constante.

Supposons d'abord que les bobines A, B et A' soient réduites à leurs circonférences moyennes de rayons a et a', la condition de maximum pour ξ_0 est (787)

$$\frac{d^5u}{dx^5}-\frac{a'^2}{2.2^2}\frac{d^7u}{dx^7}+\frac{a'^4}{2.(2.4)^2}\frac{d^9u}{dx^9}-\ldots=0.$$

Lorsque le rapport $\frac{a'}{a}$ des deux rayons est très petit, il en résulte, d'après les équations (32) du n° 736,

$$x=\frac{a\sqrt{3}}{2}.$$

Si les puissances du rapport $\frac{a'}{a}$ supérieures au carré sont négligeables, on a, de même,

$$4x^2=3a^2\left[1+\frac{1}{8}\frac{a'^2}{a^2}\frac{35a^4-140a^2x^2+56x^4}{(a^2+x^2)^2}\right],$$

ou, en remplaçant x dans le second membre par sa valeur approchée,

$$x=\frac{a\sqrt{3}}{2}\left(1-\frac{a'^2}{a^2}\right).$$

Enfin, si les rayons a et a' diffèrent très peu l'un de l'autre, on pourra prendre l'expression (65).

En ne tenant compte que du premier terme, qui est le plus important, la condition $\frac{d^2\xi}{dx^2}=0$ donne alors

$$3y^2-x^2=0,$$

ou

$$x=(a-a')\sqrt{3}.$$

Lorsqu'on remplace les circonférences par des bobines à gorges rectangulaires de petites dimensions, ces différentes conditions, relatives aux rayons moyens, donnent encore une force sensiblement constante.

793. Couple de rotation de deux courants circulaires. — Si les axes de deux courants circulaires se rencontrent sous un angle θ (fig. 146), le moment du couple, dû aux actions réciproques, qui tend à faire varier l'angle θ, c'est-à-dire à faire tourner l'un des courants autour d'une droite passant par le point C et perpendiculaire au plan des axes, est

$$\Theta = \frac{\partial M}{\partial \theta} = -4\pi^2 u' \sin^2\alpha \sin^2\alpha' \sin\theta \left[\frac{1}{2}\frac{u'}{u} \mathbf{X}'_1(\alpha')\mathbf{X}'_1(\alpha)\mathbf{X}'_1(\theta) + \cdots \right.$$

$$(70) \qquad \left. + \frac{1}{n(n+1)}\left(\frac{u'}{u}\right)^n \mathbf{X}'_n(\alpha')\mathbf{X}'_n(\alpha)\mathbf{X}'_n(\theta) \right].$$

Si l'origine C est au centre O' du cercle de rayon a', on a $u' = a'$, $\mu' = \cos\alpha' = 0$; il vient alors

$$\Theta = -\frac{2SS'}{u^3}\sin\theta \left[\mathbf{X}'_1(\alpha)\mathbf{X}'_1(\theta) + \cdots \right.$$

$$(71) \qquad \left. + \frac{(-1)^n}{n+1}\left(\frac{a'}{u}\right)^{2n} \frac{1.3.5\ldots(2n-1)}{2.4\ldots 2n} \mathbf{X}'_{2n+1}(\alpha)\,\mathbf{X}'_{2n+1}(\theta) \right].$$

Lorsque les plans des cercles sont presque rectangulaires, on peut poser $\theta = \frac{\pi}{2} - \delta$, l'angle δ étant très petit, et on a

$$(72) \qquad \Theta = -\frac{2SS'}{u^3}(P - Q\delta^2)\cos\delta.$$

La valeur de P est

$$P = 1 + \cdots + \frac{2n+1}{n+1}\left(\frac{a'}{u}\right)^{2n}\left(\frac{1.3.5\ldots(2n-1)}{2.4\ldots 2n}\right)^2 \mathbf{X}'^{2}_{2n+1}(\alpha).$$

et les premiers termes de Q

$$Q = \frac{3}{2}\left(\frac{1}{2}\right)^2\left(\frac{a'}{u}\right)^2 5\mathbf{X}'_3(\alpha) + \frac{5}{3}\left(\frac{1.3}{2.4}\right)^2\left(\frac{a'}{u}\right)^4 14\mathbf{X}'_5(\alpha) - \cdots$$

Enfin, si les cercles sont concentriques, on a aussi $u = a$, $\mu = \cos\alpha = 0$, ce qui donne

$$P = 1 - \frac{3^2}{2}\left(\frac{1}{2}\right)^3\left(\frac{a'}{a}\right)^2 + \cdots$$

$$+ (-1)^n \frac{(2n+1)^2}{n+1}\left(\frac{1.3.5\ldots(2n-1)}{2.4\ldots 2n}\right)^3\left(\frac{a'}{a}\right)^{2n},$$

$$Q = -5\frac{3^2}{2}\left(\frac{1}{2}\right)^3\left(\frac{a'}{a}\right)^2 + 14\frac{5^2}{3}\left(\frac{1.3}{2.4}\right)^3\left(\frac{a'}{a}\right).$$

Pour passer au cas de deux bobines à gorges rectangulaires, on multipliera la valeur de Θ, donnée par l'équation (70) une fois développée, par $n_1^2 n_1'^2 dx\,dy\,dx'\,dy'$ et on étendra les deux intégrations aux sections des gorges.

Si les dimensions des gorges sont petites, on aura une première approximation en multipliant la valeur du couple calculée pour les rayons moyens a et a' par le produit nn' des nombres de spires des deux bobines.

701. — Le calcul précédent ne convient plus lorsque la rotation s'effectue autour d'une droite oblique au plan des axes ou qui ne passe plus par leur point de concours.

Considérons, par exemple, deux courants circulaires S et S′ de rayons a et a', ayant leurs axes situés dans un même plan et à angle droit, et tels que le plan du premier passe par le centre du second ; supposons que le second puisse tourner autour de l'intersection des deux plans.

Désignant par X la composante parallèle à l'axe de l'action du courant S, donnée par l'équation (31), et dS' un élément de la surface S′, l'expression du couple sera

$$\Theta = \int X\,dS',$$

l'intégrale étant étendue à toute la surface S′.

Soit r la distance des deux centres ; si les rapports $\frac{a'}{r}$ et $\frac{a^2}{r^2}$ sont de même ordre α, et qu'on néglige les termes d'ordre supérieur à α^3, on trouve, en utilisant la valeur de X donnée par l'équation (32),

$$(73)\quad \Theta = -\frac{SS'}{r^3}\left[1 + \frac{1}{2}\left(\frac{3}{2}\right)^2\frac{a^2}{r^2} + \frac{1}{3}\left(\frac{3.5}{2.4}\right)^2\frac{a^4}{r^4} + \frac{1}{4}\left(\frac{3.5.7}{2.4.6}\right)^2\frac{a^6}{r^6} + \frac{3}{2}\frac{a'^2}{r^2} - \frac{5}{4}\left(\frac{3}{2}\right)^3\frac{a^2a'^2}{r^4}\right].$$

La valeur du terme principal est la moitié de celle qui correspond au cas où l'axe du courant S passe par le centre du courant S′, ce qu'on savait déjà.

795. — Si on remplace le courant S' par un aimant de longueur $2l$, faisant un angle δ avec le plan du courant, on trouve, par un raisonnement analogue à celui du n° **716**, que le couple produit par l'action du courant S sur l'aimant a pour expression, en négligeant les termes d'ordre supérieur à $\frac{l^2}{r^2}$,

$$D = \frac{\pi a^2}{r^3} 2l \cos\delta \left[1 + \frac{1}{2}\left(\frac{3}{2}\right)^2 \frac{a^2}{r^2} + \frac{1}{3}\left(\frac{3.5}{2.4}\right)^2 \frac{a^4}{r^4} + \dots + 15\frac{l^2}{r^2}\left(1 - \frac{1}{2}\sin^2\delta\right) \right].$$

Lorsqu'on remplace le courant S par une bobine de n spires, avec une gorge rectangulaire dont les dimensions sont $2b$ et $2c$, on a, de même, en intégrant la valeur de X donnée par l'équation (31) dans laquelle on donnera à θ une valeur très voisine de $\frac{\pi}{2}$, et négligeant les termes d'ordre supérieur au carré des dimensions de la gorge,

$$(74) \quad D = n\frac{\pi a^2}{r^3} 2l \cos\delta \left[1 + \frac{1}{2}\left(\frac{3}{2}\right)^2 \frac{a^2}{r^2} + \frac{1}{3}\left(\frac{3.5}{2.4}\right)^2 \frac{a^4}{r^4} + \frac{1}{3}\frac{c^2}{a^2} + \left(\frac{3}{2}\right)^2 \frac{c^2}{r^2} - \frac{3}{2}\frac{b^2}{r^2} + 15\frac{l^2}{r^2}\left(1 - \frac{1}{2}\sin^2\delta\right) \right].$$

DEUXIÈME PARTIE — MESURES ÉLECTRIQUES

CHAPITRE PREMIER

ÉLECTROMÉTRIE

796. Caractère général des électromètres. — Un *électromètre* est un instrument destiné à mesurer, soit une quantité d'électricité, soit la différence de potentiel qui existe entre deux conducteurs en équilibre ou entre deux points d'un conducteur non en équilibre.

L'électromètre le plus simple, comme aussi le plus ancien et le plus répandu, se compose d'un conducteur isolé auquel sont suspendus deux corps légers, par exemple, un double pendule ou deux feuilles d'or. Il comprend en outre habituellement deux conducteurs fixes qu'on appelle les *bornes*, placés symétriquement par rapport aux feuilles d'or et communiquant avec le sol.

797. Électromètres à feuilles d'or. — Les feuilles d'or sont ordinairement entourées par une cloche en verre (fig. 149) qui sert à la fois de support isolant pour la tige et d'écran contre les courants d'air.

Cette cloche renferme des corps desséchants, ordinairement des fragments de chaux vive; elle est quelquefois enveloppée d'une seconde cage, percée d'un trou qui laisse passer librement la tige et qui contient elle-même des matières desséchantes pour garantir les parois extérieures de la cloche contre l'humidité de l'air. Toutes ces précautions ont pour but de bien isoler les feuilles d'or.

L'emploi d'une cage de verre peut présenter des inconvénients par suite des traces d'électricité qui se trouveraient accidentellement sur les parois. Cette électrisation se produit avec la plus grande facilité sur du verre très sec.

Il vaut mieux se servir d'une cage conductrice reliée avec les bornes et avec le sol, la tige passant par une ouverture libre et étant portée, par exemple, par une baguette en verre située à l'intérieur de la cage. Celle-ci constitue alors, par rapport aux feuilles, une surface conductrice formée à potentiel

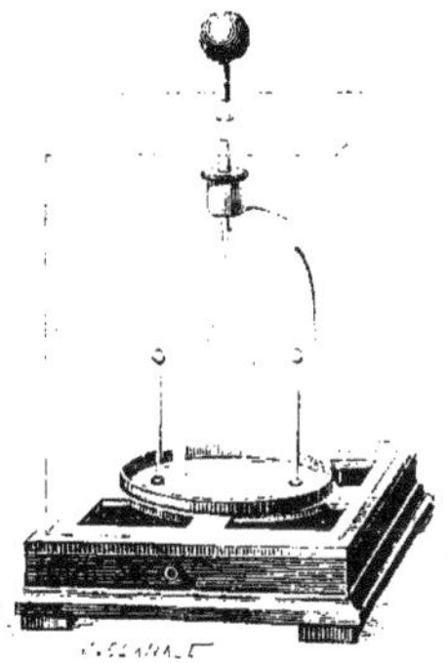

Fig. 149.

constant, qui protège les feuilles d'or contre l'action de tout corps électrisé extérieur (57).

Supposons maintenant les feuilles électrisées ; soit V leur potentiel, V_0 celui de la cage et des bornes. La charge des feuilles est proportionnelle au produit de leur capacité, variable en général avec l'angle d'écart, par la différence $V - V_0$ de potentiel, et de même signe que cette différence.

La divergence des pailles, due à leur répulsion réciproque et à l'attraction de chacune d'elles par la borne voisine, ne dépend que la charge ou de la différence de potentiel ; elle pourra donc servir à mesurer l'une ou l'autre de ces deux quantités. Il n'en serait pas de même si les parois de la cage, électrisées par places, n'étaient pas à un potentiel constant, les bornes, restant isolées, avaient une charge propre.

L'avantage d'une cage conductrice est donc manifeste. Toutefois, la portion de la tige isolée qui fait saillie en dehors pourrait encore subir une influence étrangère. Il sera quelquefois utile de supprimer aussi cette cause d'erreur, à l'exemple de Faraday, en entourant complètement l'appareil et le corps qu'on veut faire agir d'une toile métallique en communication avec le sol.

798. Graduation des électromètres. — On peut se proposer de déterminer la loi de l'écart en fonction de la charge ou du potentiel et la *constante* de l'instrument, c'est-à-dire la charge ou le potentiel qui correspond à un écart donné.

Dans certains instruments cette double détermination peut être faite *a priori*, d'après la forme et les dimensions des conducteurs en présence; ce sont les instruments *absolus*. La balance de Coulomb et l'électromètre absolu de sir W. Thomson, que nous décrirons plus loin, satisfont à cette condition; mais, le plus souvent, la loi de l'écart devra être déterminée par l'expérience et la valeur de la constante par comparaison avec un électromètre absolu.

Considérons, par exemple, l'électromètre à feuille d'or avec une cage métallique et supposons que la cage soit reliée au sol, c'est-à-dire maintenue au potentiel zéro. Si le système formé par la tige et les feuilles a une capacité sensiblement indépendante de l'angle d'écart, le potentiel V est simplement proportionnel à la charge, et on pourra graduer l'instrument en faisant varier la charge dans un rapport connu.

De Saussure [1] se servait de deux électromètres identiques. L'un d'eux étant d'abord électrisé, on observe l'angle d'écart, puis on le met en communication avec le second primitivement à l'état neutre. Le nouvel angle d'écart correspond à une charge moitié moindre, et dans l'hypothèse de la capacité constante, à un potentiel deux fois moins grand. Dans tous les cas, l'appareil est ainsi gradué en tant que *mesureur de charges*.

[1] De Saussure, *Voyage dans les Alpes*, t. II, p. 165-175. Neuchâtel, 1804.

On arriverait plus simplement au même résultat en mettant les feuilles d'or en communication avec un cylindre de Faraday (**15**), dans lequel on introduirait une succession de charges égales entre elles.

La méthode employée par Volta [1] donnait une graduation en fonction des potentiels. L'électromètre était mis en communication avec le bouton d'une bouteille de Leyde chargée d'un nombre variable d'étincelles par le plateau d'un électrophore. Les étincelles d'un électrophore décroissent rapidement dès le début, mais elles deviennent bientôt sensiblement égales. D'un autre côté, la bouteille de Leyde, à cause de sa grande capacité, peut être considérée comme prenant toujours au plateau la même fraction de sa charge, et, par suite, comme acquérant un potentiel proportionnel au nombre des étincelles. Volta reconnut ainsi que, jusqu'à 20 ou 25 degrés, l'écart des pailles de son électromètre était proportionnel au nombre des étincelles.

Les indications de l'instrument étant, pour de faibles distances, proportionnelles aux charges et aux potentiels, il en résulte que la capacité de l'électroscope reste sensiblement constante dans les mêmes limites.

Pour déterminer la constante de l'instrument, Volta suspendait au fléau d'une balance un disque métallique qu'il maintenait à une distance constante d'un plan conducteur horizontal en communication avec le sol. Il évaluait en poids l'attraction exercée à cette distance fixe entre le disque électrisé et le plan, et observait d'autre part l'écart de l'électromètre mis en communication avec le disque et le bouton de la bouteille de Leyde.

Ces différentes méthodes ne sont qu'approximatives; elles pourraient être rendues plus rigoureuses, mais elles comportent de nombreuses causes d'erreur résultant en particulier des déperditions par l'air et par les supports. La graduation peut se faire aujourd'hui d'une manière beaucoup plus simple et plus précise, au moyen de couples électriques, des couples Daniell par exemple, bien isolés et disposés en série; la différence

[1] Volta, *Della meteorologia elettrica*, 2e lettre.

de potentiel entre les deux pôles est proportionnelle au nombre des couples (**265**), et on peut déterminer la valeur absolue de cette différence au moyen d'un électromètre absolu.

Ajoutons toutefois que les instruments analogues à ceux que nous venons d'indiquer sont employés le plus souvent comme de simples *électroscopes*, pour reconnaître si un corps est électrisé et quel est le signe de son électrisation.

799. Classification des électromètres. — On a imaginé un grand nombre de formes d'électromètres ([1]). Nous ne nous arrêterons qu'à quelques-uns d'entre eux, ceux qui se prêtent particulièrement aux mesures précises et dont une sélection naturelle a rendu l'usage presque exclusif.

Sir W. Thomson ([2]) range les divers électromètres dans trois groupes principaux :

I. *Les électromètres à répulsion.* — Ce groupe comprend par exemple l'électromètre à boules de Cavallo et de Saussure, à pailles de Volta, à feuilles d'or de Bennet ; la balance de Coulomb, l'électromètre de Peltier, l'électromètre à sinus de Riess, l'électromètre de Dellmann, etc.

II. *Les électromètres symétriques.* — Dans ceux-ci un organe mobile, aiguille ou feuille d'or, est placé entre deux systèmes de conducteurs symétriquement disposés, mais isolés l'un de l'autre et portés à des potentiels différents. La déviation de l'organe mobile dépend de son potentiel propre et de la différence de potentiel des deux conducteurs fixes. Tels sont les électromètres de Bohnenberger, de Hankel, et l'électromètre à quadrants de Thomson.

III. *Les électromètres-balances.* — Cette troisième catégorie renferme tous les instruments dans lesquels on équilibre par des poids l'attraction qui s'exerce entre deux conducteurs. La première idée des instruments de ce genre est due à Volta, comme on l'a rappelé plus haut (**798**), et l'électromètre absolu de Thomson en est aujourd'hui la forme la plus parfaite.

Pour compléter cette liste, il faudrait y ajouter encore les appareils à oscillations, les électromètres à décharge, les ther-

([1]) Voir Mascart, *Traité d'électricité statique*, t. I, p. 344 et suiv., 1876.

([2]) Sir W. Thomson, *Report on electrometers and electrostatic measurements*, *B. Assoc. Rep. for* 1867 ; *Reprint. of papers*, p. 260.

momètres électriques, les électromètres à polarisation (électromètre capillaire), etc., qui ne rentrent pas dans les catégories qui précèdent.

Sir W. Thomson a indiqué une autre classification répondant à un point de vue différent. Il appelle *idiostatiques*, ceux dans lesquels un des organes est seul électrisé, et *hétérostatiques*, ceux dans lesquels interviennent des charges dues à des sources étrangères. Mais cette distinction est plutôt relative à la manière dont on emploie l'instrument qu'à l'instrument lui-même : un même appareil peut ordinairement être employé dans les deux formes. Les électromètres symétriques sont nécessairement hétérostatiques ; les deux autres genres peuvent être simplement idiostatiques.

Dans les électromètres idiostatiques, l'action réciproque des conducteurs en présence est évidemment une fonction du carré de la différence des potentiels, et l'indication est indépendante du signe de la charge.

Dans les instruments hétérostatiques, le sens de la déviation change généralement avec le signe de l'électricité, et la déviation est proportionnelle au potentiel, au moins pour les charges faibles. La sensibilité pour les faibles charges peut être rendue beaucoup plus grande que dans les instruments idiostatiques.

800. Balance de Coulomb. — La forme de la balance employée par Coulomb (¹), pour évaluer à l'aide de la torsion d'un fil l'action qui s'exerce entre deux petites sphères électrisées, est assez connue pour qu'il suffise d'en rappeler les principaux organes. Le fil porte une aiguille horizontale de gomme laque terminée à l'une de ses extrémités par une petite sphère conductrice ; une autre boule de même diamètre, placée sur la circonférence que décrit la première, est portée par une tige isolante. Dans les appareils de Coulomb, le diamètre de ces boules ne dépassait pas 5 ou 6 millimètres et le rayon de la circonférence décrite par la boule mobile était d'un peu plus de 10 centimètres. Le fil, en argent, avait une longueur de 76 centimètres et une finesse telle qu'il suffisait d'une force

(¹) Coulomb, *Mém. de l'Acad. des sc.*, 1785, p. 569, etc.

de 0,15 milligrammes appliquée à l'extrémité de l'aiguille pour le tordre de 360°.

Le fil est fixé à sa partie supérieure à un tambour divisé, qui permet d'évaluer les torsions. Quant à la déviation de l'aiguille, on peut la mesurer, soit au moyen d'une division collée sur la cage, soit plus exactement par la méthode du miroir.

Supposons la position du tambour telle que, pour la position d'équilibre de l'aiguille, le centre de la sphère mobile coïncide avec le centre de la sphère fixe. Quand la boule fixe est en place, les deux sphères sont appliquées l'une contre l'autre par la légère torsion qui résulte du déplacement de la boule mobile. Si on électrise le système, les deux sphères se partagent la charge électrique; elles se repoussent et, par une torsion convenable A du micromètre, on les ramène à une distance angulaire α, de sorte que la torsion du fil est $A+\alpha$, et le moment du couple qui tend à ramener l'aiguille vers sa position d'équilibre $C(A+\alpha)$ **(700)**.

Si l est la distance à l'axe du centre de la boule mobile, et f la répulsion qui s'exerce entre les deux boules, le moment de cette force par rapport à l'axe est égal à $fl\cos\frac{\alpha}{2}$. L'équation d'équilibre est donc

$$(1) \qquad fl\cos\frac{\alpha}{2}=C(A+\alpha),$$

ce qui donne

$$f=\frac{C}{l}\,\frac{A+\alpha}{\cos\frac{\alpha}{2}}.$$

Dans le cas plus général où les deux boules sont à des distances différentes l et l' de l'axe, en appelant d la distance des centres des boules, h la perpendiculaire abaissée de l'axe sur la direction de d, on a

$$hd=ll'\sin\alpha.$$

Le moment de la force f étant fh, l'équation d'équilibre devient

$$(2) \qquad f\frac{ll'\sin\alpha}{d}=C(A+\alpha).$$

La distance d est donnée d'ailleurs par la relation

$$d^2 = l^2 + l'^2 - 2ll' \cos \alpha.$$

On doit considérer ainsi la force f comme déterminée en fonction des dimensions de l'appareil, des angles observés et du coefficient de torsion C, qui sera mesuré par les procédés ordinaires (**707**).

801. Mesure des masses ou des potentiels. — Soient m et m' les charges des deux boules, exprimées en unités électrostatiques. Si l'électricité était distribuée uniformément sur chacune d'elles et qu'il n'existât aucune action étrangère, l'action réciproque serait la même que si les masses m et m' étaient respectivement concentrées en leurs centres, et on aurait

$$\frac{mm'}{d^2} = f.$$

Si les boules, étant de même rayon r, se trouvent en contact au moment de l'électrisation, les charges m et m' sont égales, ce qui donne

$$m^2 = \quad d^2. \tag{3}$$

Pour des distances l et l' égales, cette expression devient

$$m^2 = 4\,C\,l\,(A + \alpha) \sin\frac{\alpha}{2} \operatorname{tang}\frac{\alpha}{2}.$$

Quand les rayons sont inégaux, on peut avoir le rapport des charges m et m' à l'aide de tables calculées par M. Plana [1].

Si les boules étaient très éloignées, le potentiel V de chacune d'elles dépendrait uniquement de la charge qu'elle possède, mais cette hypothèse est en général insuffisante.

On obtient une première approximation en supposant que l'action extérieure de chaque masse est la même que si elle était concentrée en son centre.

[1] Plana, *Mém. de l'acad. de Turin* [2], tome VII, p. 71, 1845. — *Voir* Mascart, *Traité d'électricité statique*, t. I, p. 281.

On a ainsi (**177**), dans le cas de deux boules égales de rayon r, et dont la distance d est représentée par cr,

$$m = rV\frac{d}{d+r} = rV\frac{c}{c+1},$$

(4)
$$f = V^2\left(\frac{r}{d+r}\right)^2 = \frac{V^2}{(c+1)^2},$$

$$f = \frac{m^2}{d^2} = \frac{m^2}{r^2}\frac{1}{c^2}.$$

Ces formules ne suffisent pas lorsque la distance minimum des boules ne dépasse pas beaucoup leur diamètre, et les tables données par sir W. Thomson ([1]) s'arrêtent à la valeur $c=4$ qui correspond à cette distance ; il est donc très utile de calculer des expressions plus approchées.

802. — En appliquant la méthode de Murphy au cas de deux sphères égales A et B dont les centres sont O et O', nous supposerons que les images électriques (**176**) produites par l'influence successive, au lieu d'être situées en des points différents, se trouvent toutes aux points conjugués P' et P des centres O et O' par rapport aux deux surfaces, c'est-à-dire sur les images électriques principales dues à l'influence sur chacune des sphères d'une couche homogène répandue sur l'autre. Si on désigne par x la distance OP ou O'P' et par d' les distances OP' et O'P, on a

$$x = \frac{r^2}{d}, \text{ et } d' = d - x.$$

Comme la charge relative à l'unité du potentiel est égale au rayon r des sphères, on trouve aisément que les capacités C_a et C'_a (**86**) ont pour valeurs

$$C_a = r + \frac{r^2}{d}\frac{r}{d'}\frac{1}{1-\left(\frac{r}{d'}\right)^2},$$

$$C'_a = \frac{r^2}{d}\frac{1}{1-\left(\frac{r}{d'}\right)^2}.$$

([1]) Sir W. Thomson, *Reprint of papers*, p. 96 et 97.

Soient m et m' les deux masses, V et V' les potentiels correspondants, la masse m a pour expression

$$m = rV - \frac{r(c^2-1)^2}{c[(c^2-1)^2-c^2]}\left[V' - \frac{c}{c^2-1}V\right],$$

et il suffit de permuter les potentiels V et V' pour avoir la valeur de la masse m'.

Considérons la masse totale m comme formée de deux parties, l'une $m_1 = rV$, dont la distribution est uniforme et qu'on peut supposer concentrée au centre de la sphère, l'autre $-m_2 = m - m_1$, qui provient des couches induites et que nous supposons pouvoir être concentrée au point P.

L'action réciproque des deux sphères est la somme des actions exercées par les masses m_1 et $-m_2$ de l'une des sphères sur les deux masses semblables m'_1 et $-m'_2$ de l'autre sphère, ce qui donne

$$f = \frac{m_1 m'_1}{d^2} - \frac{m_2 m'_1 + m'_2 m_1}{(d-x)^2} + \frac{m_2 m'_2}{(d-2x)^2}.$$

On aura ainsi les valeurs de m, m' et f en fonction des potentiels V et V' des deux sphères.

Lorsque les masses m et m' sont égales et, par suite, les potentiels égaux, les expressions se simplifient et donnent

$$(5)\quad \begin{cases} m = rV\left[1 - \dfrac{c^2-1}{c(c^2+c-1)}\right] \\ f = V^2\left[\dfrac{1}{c^2} - \dfrac{2c}{(c^2-1)(c^2+c-1)} + \dfrac{(c^2-1)^2}{(c^2-2)^2(c^2+c-1)^2}\right], \end{cases}$$

d'où l'on déduira le rapport $\frac{fr^2}{m^2}$.

Pour contrôler ces formules, nous y ferons $c = 4$. Il vient alors

$$m = rV \times 0,80262,$$
$$f = V^2 \times 0,03761,$$
$$f = \frac{m^2}{r^2} \times 0,05838.$$

Si on compare ces résultats respectivement avec les valeurs correspondantes 0,80258 — 0,03766 — 0,05846 de la table de sir W. Thomson (**177**), on voit que l'approximation donnée par les formules (5) est alors d'environ 0,001, tandis que les formules simples (4) laissaient encore une erreur relative supérieure à 0,06.

Lorsque la distance d est notablement plus grande, on peut développer les expressions (5) en fonction des puissances croissantes de $\frac{1}{c}$; on obtient ainsi

$$(6)\quad \begin{aligned} m &= rV\frac{c}{c+1}\left[1+\frac{1}{c^4}\left(1-\frac{1}{c}+\frac{2}{c^2}-\frac{3}{c^3}+\frac{5}{c^4}-\ldots\right)\right],\\ f &= \frac{V^2}{(c+1)^2}\left[1-\frac{2}{c^3}\left(2-\frac{1}{c}+\frac{4}{c^2}-\frac{7}{c^3}+\frac{11}{c^4}-\ldots\right)\right],\\ f &= \frac{m^2}{d^2}\left[1-\frac{2}{c^3}\left(2+\frac{3}{c^2}-\frac{5}{c^3}+\frac{4}{c^4}-\ldots\right)\right]. \end{aligned}$$

Le terme principal, dans chacune de ces expressions, représente la première approximation donnée par les équations (4). On peut remarquer, en particulier, que pour l'expression de la force en fonction des masses électriques, la formule simple employée par Coulomb ne comporte pas une erreur relative de 0,02 quand on fait seulement $c=6$, c'est-à-dire quand la distance des centres est égale à 3 fois le diamètre des sphères.

803. Influence de la cage. — Lorsque la cage est en verre, aucune correction n'est possible parce qu'on ne connaît pas l'état électrique que prend sa surface pour un état donné des boules; si, de plus, cette surface se trouve électrisée accidentellement en quelques points, il peut en résulter des erreurs très graves. Il est donc indispensable que la surface intérieure soit conductrice et maintenue en communication avec le sol. La charge de la cage est alors égale et de signe contraire à la somme algébrique $m+m'$ des charges des deux sphères, et son potentiel est nul.

La présence de l'électricité induite sur la cage conductrice peut modifier notablement l'action réciproque des sphères et, par suite, le calcul des charges en fonction de la force répulsive ; mais elle change surtout la valeur des potentiels et cette influence est d'autant plus grande que la cage est plus petite, puisque la quantité d'électricité induite est la même dans tous les cas.

Le calcul de cette correction présenterait, en général, les plus grandes difficultés d'analyse. Pour donner une idée de son importance, nous considérerons le cas d'une cage sphérique : nous supposerons d'abord que, l'axe de suspension de l'aiguille étant excentrique, les deux boules sont situées au voisinage du centre. L'électricité induite forme alors une couche à peu près uniforme, à potentiel intérieur constant; l'action réciproque des sphères s'exprimera donc, en fonction des charges, de la même manière que si la cage n'existait pas.

Il n'en est plus de même pour les potentiels. Si on continue d'appeler V le potentiel dû aux charges m et m' et qu'on désigne par U le potentiel réel, on a, pour un point voisin du centre, en appelant R le rayon de la cage,

$$U = V - \frac{m+m'}{R}.$$

Lorsque les charges sont égales, et qu'on prend la première approximation donnée par les équations (4), il vient, pour le potentiel de chaque boule,

$$(7) \qquad U = V - 2\frac{r}{R}V\frac{d}{d+r} = V\left[1 - 2\frac{r}{R}\frac{d}{d+r}\right],$$

ou

$$(8) \qquad V = \frac{m}{r}\left[1 + \frac{r}{d} - \frac{2r}{R}\right].$$

Si l'on fait $r = 1^c$, $R = 20^c$, $d = 10\,r$, ce qui représente à peu près les conditions d'une balance ordinaire, le terme de correction relatif à l'influence de la cage est de 0,1. On peut remarquer que, en vertu de la formule (8), le potentiel de chaque boule serait simplement $\frac{m}{r}$, si l'on avait $R = 2d$.

804. — L'influence de la cage est beaucoup plus grande lorsque les boules sont rapprochées des parois. Supposons, la cage étant toujours sphérique et de rayon R, que le centre de rotation de l'aiguille coïncide avec le centre de la sphère; soient l et l' les distances à l'axe de la boule fixe et de la boule mobile dont les masses sont m et m'. Si on néglige les inégalités de distribution, l'image électrique de la masse m', par rapport à la cage, est située sur le prolongement du levier l' et ne modifie pas la déviation; l'image de la masse m est à une distance D de l'axe (**168**)

$$D = \frac{R^2}{l},$$

et elle est égale à

$$m\frac{D}{R} = m\frac{R}{l}.$$

La distance x de cette image à la boule m' est déterminée par l'équation

$$x^2 = D^2 + l'^2 - 2Dl'\cos\alpha = \frac{R^4}{l^2} + l'^2 - 2\frac{R^2 l'}{l}\cos\alpha.$$

L'action de cette image sur la boule m' est $\dfrac{m'mR}{lx^2}$, et son bras de levier $\dfrac{Dl'\sin\alpha}{x}$. L'équation d'équilibre est donc, en continuant de désigner par f l'action directe des deux boules,

$$(9) \qquad f\frac{ll'\sin\alpha}{d} - \frac{mm'DRl'\sin\alpha}{lx^3} = C(A+\alpha).$$

Si on remplace le produit mm' par sa valeur approchée fd^2 et D par $\dfrac{R^2}{l}$, il vient

$$(10) \qquad f\frac{ll'\sin\alpha}{d}\left[1 - \left(\frac{dR}{lx}\right)^3\right] = C(A+\alpha).$$

Lorsque le rayon R de la sphère est assez grand par rapport

aux distances l et l', on peut remplacer x par D ou $\frac{R^2}{l}$, ce qui donne

$$(11)\qquad f\frac{ll'\sin\alpha}{d}\left[1-\left(\frac{d}{R}\right)^3\right]=C(A+\alpha).$$

Comparant avec l'équation (2), on voit que le terme de correction est égal à $\left(\frac{d}{R}\right)^3$.

Supposons encore les masses égales et les boules de même rayon, et soit V le potentiel de chaque boule produit par les masses m. Le potentiel réel sera

$$(12)\quad U=V-\frac{1}{D-l}m\frac{R}{l}-\frac{1}{x}m\frac{R}{l}=V-m\frac{R}{l}\left[\frac{l}{R^2-l^2}+\frac{1}{x}\right].$$

Substituant à m la valeur approchée que donne la première des équations (4), on a

$$(13)\qquad U=V\left[1-\frac{Rr}{l}\,\frac{d}{d+r}\left(\frac{l}{R^2-l^2}+\frac{1}{x}\right)\right]$$

Si l'on remplace encore x par $\frac{R^2}{l}$, pour avoir une idée de l'importance de la correction, il vient

$$(14)\qquad U=V\left[1-\frac{r}{R}\,\frac{d}{d+r}\,\frac{2R^2-l^2}{R^2-l^2}\right].$$

En faisant $l=\frac{3}{4}R$, et adoptant les mêmes valeurs numériques que plus haut, la correction est d'environ 0,15.

805. — En toute rigueur, il y aurait encore à tenir compte des tiges qui supportent les sphères. Dans le cas où l'on mesure des charges, l'aiguille et le support de la boule fixe sont des corps isolants; on ne peut guère empêcher l'électricité de cheminer peu à peu à la surface, ce qui introduit des causes d'erreurs difficiles à évaluer. Quand on emploie la balance pour mesurer des potentiels, le fil de suspension et l'aiguille elle-même servent comme conducteurs, ainsi que la tige qui supporte la boule fixe. Leur influence ne peut être considérée comme négligeable que si les distances sont grandes et si les parties conductrices ont un diamètre très petit, afin que leur capacité soit très faible.

806. Électromètre absolu de Thomson. — Cet instrument mesure en poids l'attraction qui s'exerce entre un plan indéfini et une plaque qui lui est parallèle, quand ils sont portés à des potentiels différents (**81**).

La force P, évaluée en unités absolues, qui fait équilibre à l'attraction électrique, est donnée par la formule

$$(15) \qquad P = \frac{a}{8\pi}\left(\frac{V_1 - V_2}{e}\right)^2,$$

dans laquelle a représente la surface de la plaque, e la distance des deux plans, V_1 et V_2 leurs potentiels respectifs. Toutefois cette expression s'applique seulement au cas où la surface de la plaque est recouverte d'une couche de densité uniforme, et se trouve, par suite, dans le même état que si elle faisait partie d'un plan indéfini.

Nous avons vu (**81**) comment sir W. Thomson réalise ces conditions par l'emploi du *plateau* ou *anneau de garde*. La plaque mobile est entourée d'un anneau B (fig. 150) situé dans le même plan et en communication avec elle, l'intervalle ($0^c,04$ à $0^c,06$) étant juste suffisant pour en permettre le libre mouvement, sans risque de contact. Le système est complété par une boîte fermée D en communication avec l'anneau de garde. Cette boîte a pour but d'empêcher la production d'électricité sur la surface supérieure de la plaque mobile, et de la préserver contre toute action électrique des corps environnants. La distribution de l'électricité est sensiblement uniforme sur la face inférieure de la plaque; toutefois la densité est un peu plus grande sur les bords, et il y a lieu d'ajouter un terme correctif dans le calcul de la surface a. Il est évident que la surface corrigée doit être plus grande que la surface réelle et plus petite que la surface a' de l'ouverture de l'anneau de garde. On aura donc une valeur plus approchée en prenant la moyenne $\frac{a+a'}{2}$ des deux surfaces; comme elles diffèrent très peu l'une de l'autre, cette correction peut être considérée comme suffisante.

La plaque et l'anneau de garde, en communication l'un avec l'autre, ne sont en réalité au même potentiel que si les métaux

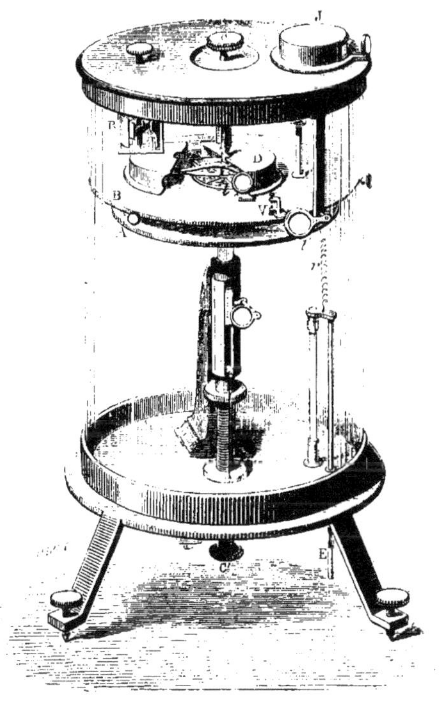

Fig. 136

qui les forment sont identiques (**9**). Dans la plupart des instruments, la plaque est en aluminium et l'anneau en laiton : il existe donc entre eux une différence de potentiel. De là une perturbation dont l'effet pourrait devenir sensible dans les expériences très délicates.

807. — La mesure précise de la distance e de la plaque mobile au plateau A qu'on lui oppose, présenterait de grandes difficultés. Sir W. Thomson les évite en modifiant la méthode de manière à n'avoir à mesurer que la différence de deux distances. L'un des potentiels, celui de l'anneau par exemple, ayant une valeur fixe V_1, on porte le plateau successivement à des potentiels V et V′, et on l'écarte jusqu'à ce que l'attraction sur la plaque soit la même dans les deux cas; appelant e et e' les distances correspondantes, on aura

$$V - V_1 = e\sqrt{\frac{8\pi F}{a}},$$
$$V' - V_1 = e'\sqrt{\frac{8\pi F}{a}};$$

par suite,

$$(16) \qquad V - V' = (e - e')\sqrt{\frac{8\pi F}{a}}.$$

De cette manière on mesure, non plus la différence de potentiel qui existe entre les plans en regard, mais celle des deux potentiels auxquels on a porté successivement le plateau **A**. Il est à remarquer qu'avec ce procédé les densités électriques sur les deux surfaces en regard, qui sont nécessairement de signes contraires, ont toujours la même valeur absolue.

208. — Dans l'appareil de sir W. Thomson la plaque est supportée par un système flexible formé de trois ressorts placés symétriquement et ayant une forme qui rappelle celle des ressorts de voiture. Ces ressorts sont enfermés dans la boîte **D** et soutenus eux-mêmes par une pièce isolante qu'on peut élever ou abaisser au moyen d'une vis micrométrique **C**.

La plaque doit être ramenée, pour chaque observation, à une position fixe, aussi exactement que possible dans le plan de l'anneau. A cet effet, la pièce d'attache de la plaque et des ressorts porte une espèce de réticule formé par un fil fin tendu horizontalement. Une lentille l donne de ce fil une image réelle qui vient se former entre deux pointes très fines V qu'on règle de manière qu'elles comprennent l'image du fil quand la plaque est dans le plan de l'anneau. On observe les pointes et l'image avec une loupe l'. La position de la lame est ainsi fixée sans erreur de parallaxe.

Pour tarer l'instrument, on amène la plaque au repère, à l'aide de la vis micrométrique; on la charge alors de poids marqués, distribués symétriquement ($0^{gr},6$ dans l'appareil de sir W. Thomson) et on tourne la vis jusqu'à ce que la plaque soit ramenée de nouveau à son repère. Ces poids représentent évidemment l'attraction électrique qui maintiendrait la plaque dans le plan de l'anneau pour la même position de la vis. Une échelle latérale indique le nombre de tours, et une tête divisée les fractions de tour; on peut ainsi constater si le déplacement dû à un poids donné varie avec la température ou même avec le temps.

809. — Dans l'électromètre absolu, le système de la plaque, de l'anneau et de la boîte est maintenu à un potentiel constant; il est en communication permanente avec l'armature intérieure d'une bouteille de Leyde, dont la lame isolante est la cloche même de l'appareil et les armatures deux lames d'étain collées sur ses faces. Des morceaux de ponce imbibés d'acide sulfurique concentré et contenus dans des boîtes en plomb maintiennent l'intérieur de la cloche à l'état sec. Deux organes accessoires, le *reproducteur de charge* (*replenisher*) R et la *jauge* J, permettent d'amener, dans chaque expérience, le potentiel à une valeur constante.

Le *replenisher* (fig. 151) est une de ces machines couplées à induction dont nous avons indiqué la théorie générale (**195**).

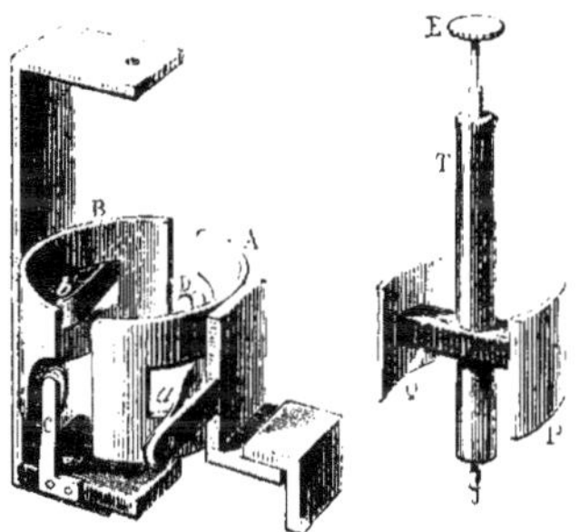

Fig. 151

Le transmetteur T, tournant dans un sens, augmente la charge de la bouteille; tourné en sens contraire, il la diminue.

La *jauge* permet de reconnaître l'instant où le potentiel atteint une valeur donnée. Cet appareil, fondé sur le même principe que l'électromètre lui-même, se compose d'une plaque mobile p (fig. 152) avec son anneau de garde G, et d'un plateau qui l'attire, le tout enfermé dans une boîte J (fig. 150). La plaque et l'anneau sont en communication avec l'armature

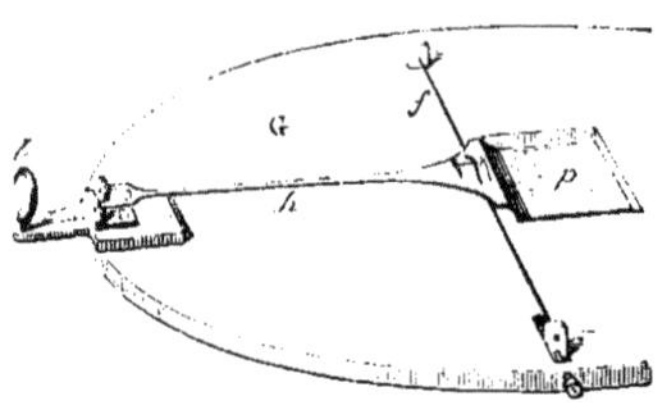

Fig. 152

extérieure de l'électromètre; le plateau est à une distance fixe de la plaque et en communication avec l'armature intérieure. Le potentiel reprend évidemment la même valeur toutes les fois que la plaque est ramenée dans le plan de l'anneau. La jauge doit être assez sensible pour accuser des différences de potentiel sans effet appréciable sur l'électromètre lui-même.

La plaque mobile de la jauge est carrée et elle tourne autour d'un axe formé par un fil de platine f fixé à ses extrémités; dans la position d'équilibre du fil, le plan de la plaque n'est pas celui de l'anneau; quand les deux plans coïncident, l'attraction électrique fait équilibre à la torsion du fil.

Le système de visée, qui permet de constater le retour au repère, diffère un peu de celui qui a été décrit plus haut. La petite plaque d'aluminium se prolonge par une queue h de même métal un peu plus grande que le rayon de la boîte J et dont l'extrémité, terminée en forme de fourche, porte le fil qui sert de mire. Cette extrémité, étant en dehors de la boîte, est soumise à l'action des masses électriques extérieures, et, à cause de la grandeur du bras de levier qu'elle présente, il en pourrait résulter des erreurs graves. Sir W. Thomson les évite en protégeant l'extrémité par des fils métalliques en communication avec la boîte et disposés de manière à ne pas gêner la vue. Le fil de mire doit être amené exactement entre deux petits points noirs tracés sur du papier blanc et à une distance moindre que l'épaisseur du fil. On regarde le fil et les deux points au moyen d'une loupe. Pour éviter autant que possible les erreurs de parallaxe, sir W. Thomson emploie comme loupe une petite lentille plan-convexe, la surface plane étant tournée vers l'œil ; le fil est à une distance très peu inférieure à la distance focale, et l'œil doit être placé de l'autre côté à une distance assez grande, de 20 centimètres au moins. Dans ces conditions, le champ est réduit au minimum ; quand la ligne de visée coïncide avec l'axe optique, le fil apparaît comme un trait rectiligne très épanoui à ses extrémités ; pour peu qu'elle s'en écarte, l'image du fil se courbe très fortement dans un sens ou dans l'autre. D'après sir W. Thomson, ce mode de visée permet d'estimer un déplacement du fil moindre que 0,001 millimètre.

Les variations de température ont un effet marqué sur les indications de la jauge, à cause des changements qu'elles apportent dans l'élasticité du fil.

810. Électromètre à quadrants. — L'électromètre à quadrants ne se prête pas aussi bien que le précédent aux mesures absolues, mais il est d'un maniement plus commode et peut être rendu beaucoup plus sensible ; on l'emploie surtout pour la comparaison des potentiels.

Le calcul fait pour le cas de trois cylindres concentriques (**98**) représente assez exactement la théorie de l'électromètre à quadrants.

Les deux cylindres fixes A et B de la figure théorique sont

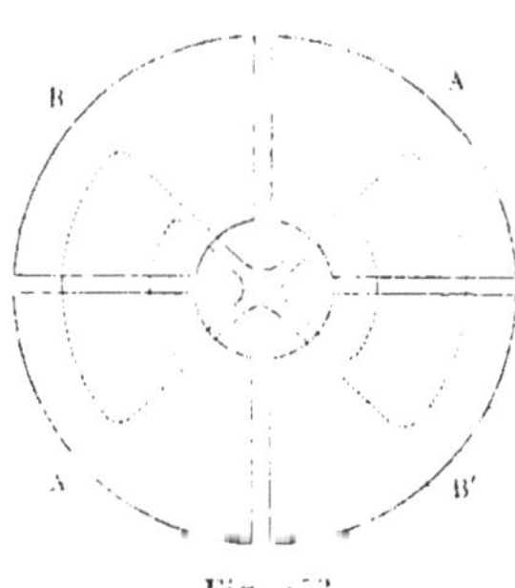

Fig. 153

remplacés par deux paires de quadrants A, A' et B, B' (fig. 153) dont l'ensemble représente une boîte cylindrique plate divisée en quatre parties égales par deux sections à angle droit passant par l'axe. Chacun des quadrants porte au sommet une échancrure circulaire. Deux quadrants opposés par le sommet sont reliés électriquement.

Le cylindre C est remplacé par une aiguille très légère placée au milieu de la boîte et mobile autour d'un axe vertical. Cette aiguille, découpée dans une feuille mince d'aluminium, peut avoir une forme symétrique quelconque, mais, pour se rapprocher autant que possible de la théorie et obtenir des résultats plus réguliers, on la réduit à deux lames circulaires de 90° rattachées au centre par deux bandes étroites qui en figurent les rayons extrêmes.

Cette aiguille est portée par une suspension bifilaire [1] réglée de façon que l'équilibre ait lieu, tous les organes étant à l'état neutre, quand l'aiguille est symétriquement placée par rapport aux plans de séparation des quadrants. Les rayons sont alors dans la partie moyenne des quadrants, c'est-à-dire dans une position où l'action qu'ils éprouvent est sensiblement nulle.

811. — Supposons que chacune des paires de quadrants et l'aiguille soient maintenues à des potentiels constants, respectivement égaux à V_1, V_2 et V ; si l'aiguille tourne d'un angle très petit θ, elle se trouve dans les conditions du cylindre mobile dans le cas des trois cylindres (**98**); en désignant encore par α la capacité de l'aiguille pour l'unité d'angle, la variation d'énergie du système pour le déplacement θ, ou, ce qui revient au même, le travail accompli par les forces électriques pendant ce déplacement, aura pour expression

$$(16) \qquad W - W_0 = \alpha\theta(V_1 - V_2)\left[V - \frac{V_1 + V_2}{2}\right].$$

Le moment du couple qui agit sur l'aiguille a pour valeur

$$(17) \qquad \alpha(V_1 - V_2)\left[V - \frac{V_1 + V_2}{2}\right].$$

[1] On peut prendre aussi un fil de métal ou un seul fil de cocon avec un petit aimant.

L'équilibre a lieu lorsque ce couple est égal au couple $C \sin \theta$ dû à la rotation du bifilaire, ce qui donne l'équation

$$(18) \qquad \alpha(V_1 - V_2)\left[V - \frac{V_1 + V_2}{2}\right] = C \sin \theta.$$

On peut remplacer le sinus de la déviation par l'angle si les déviations sont très petites ou la suspension unifilaire.

La sensibilité de l'instrument est proportionnelle au rapport $\frac{\alpha}{C}$, c'est-à-dire à la capacité de l'aiguille et à la longueur du fil, en raison inverse du poids de l'aiguille et du carré de l'écart des fils.

812. — On peut calculer la constante α. Appelons S_1 la surface de la bande circulaire qui correspond à l'unité d'angle. La portion de l'aiguille comprise dans la paire de quadrants au potentiel V_1 a sur ses deux faces des couches électriques dont les densités sont respectivement (**82**)

$$\sigma = \frac{V - V_1}{4\pi d}, \quad \sigma' = \frac{V - V_1}{4\pi d'},$$

d et d' étant les distances de ces faces aux côtés opposés de la boîte. La charge de la surface S_1 est donc

$$S_1(\sigma + \sigma') = S_1 \frac{V - V_1}{4\pi}\left(\frac{1}{d} + \frac{1}{d'}\right),$$

ce qui donne, pour la constante,

$$(19) \qquad \alpha = \frac{S_1(\sigma + \sigma')}{V - V_1} = \frac{S_1}{4\pi}\left(\frac{1}{d} + \frac{1}{d'}\right).$$

Cette expression atteint son minimum pour $d = d'$, c'est-à-dire quand l'aiguille occupe exactement le milieu de la boîte : la sensibilité est alors minimum.

La valeur de α serait assez difficile à calculer directement par des mesures de S_1, d et d' ; il sera en général préférable de déterminer cette constante par comparaison avec un électromètre absolu.

813. — Quant à la capacité de l'électromètre lui-même, elle est variable avec la déviation. Soit a la capacité de chacune des moitiés de l'aiguille, de part et d'autre de l'axe longitudinal de symétrie, m_0 la charge de l'aiguille lorsqu'elle occupe une position symétrique par rapport aux quadrants, et m la charge qu'elle prend quand elle est déviée d'un angle θ; on a évidemment

$$m_0 = a(V - V_2) + a(V - V_1) = 2a\left(V - \frac{V_1 + V_2}{2}\right).$$

On voit déjà que, dans la position d'équilibre, la charge de l'aiguille dépend, non seulement du potentiel de l'aiguille, mais de ceux des quadrants. Elle n'est indépendante du potentiel des quadrants que dans les cas où l'on a $V_1 + V_2 = 0$; elle est alors égale à $2aV$.

Quand la déviation devient θ, on a, dans la supposition de $V - V_2 > V - V_1$,

$$\begin{aligned} m &= (a + \alpha\theta)(V - V_2) + (a - \alpha\theta)(V - V_1) \\ &= 2aV - a(V_1 + V_2) + \alpha\theta(V_1 - V_2) \\ &= 2a\left(V - \frac{V_1 + V_2}{2}\right) + \alpha\theta(V_1 - V_2). \end{aligned}$$

Il en résulte, en appelant c_0 et c les capacités pour la position d'équilibre et pour la déviation θ,

$$(20) \qquad c = c_0 + \alpha\theta\frac{V_1 - V_2}{V}.$$

La capacité change donc, en général, avec la déviation. Toutefois, dans le cas où $V_1 + V_2 = 0$, on a, en tenant compte de l'équation (18),

$$(21) \qquad c = 2a + \frac{\alpha^2(V_1 - V_2)^2}{C}\frac{\theta}{\sin\theta}.$$

La capacité est alors sensiblement constante, tout au moins pour les faibles déviations.

814. — La déviation θ de l'aiguille, d'après la formule (18) est déterminée par le produit de trois facteurs : le premier ne dépend que de la construction de l'instrument, le second de la différence des potentiels des quadrants, le troisième du potentiel de l'aiguille et des potentiels des quadrants.

Le second facteur est nul quand les deux paires de quadrants sont au même potentiel; l'aiguille reste donc immobile quelle que soit la charge qu'on lui communique. Il en serait toujours ainsi si l'aiguille était réduite à la bande circulaire; mais, à cause des rayons, elle ne reste immobile que s'il y a symétrie parfaite par rapport aux quadrants. On utilise cette remarque pour le réglage de l'instrument.

Le troisième facteur devient nul et l'aiguille reste au zéro toutes les fois que le potentiel de l'aiguille est la moyenne algébrique des potentiels des quadrants.

Si, pour un état donné des quadrants, on porte successivement l'aiguille à des potentiels égaux et des signes contraires, les déviations

$$\theta_1 = \frac{\alpha}{C}(V_1 - V_2)\left(V - \frac{V_1 + V_2}{2}\right),$$

$$\theta_2 = -\frac{\alpha}{C}(V_1 - V_2)\left(V + \frac{V_1 + V_2}{2}\right),$$

ne sont pas nécessairement des signes contraires, comme cela résulte d'ailleurs de la remarque précédente; leur somme algébrique a pour valeur

$$\theta_1 + \theta_2 = \frac{\alpha}{C}(V_1 - V_2)(V_1 + V_2) = \frac{\alpha}{C}(V_1^2 - V_2^2).$$

et leur différence

$$\theta_1 - \theta_2 = 2\frac{\alpha}{C}(V_1 - V_2)V.$$

On a ainsi le moyen de déterminer à la fois la différence de potentiel des deux quadrants et le potentiel de l'aiguille.

Une remarque est encore nécessaire. Si, pour donner à l'aiguille deux potentiels égaux et contraires, on la met en communication avec chacun des pôles d'une pile dont l'autre pôle communique avec le sol, les formules qui précèdent ne sont plus rigoureusement applicables. La communication introduit en général une force électromotrice de contact qui ne change pas de signe avec le pôle de la pile, de sorte que l'aiguille ne prend pas deux potentiels égaux et de signes contraires.

815. — Si le potentiel de l'aiguille est assez élevé pour que le rapport $\frac{V_1+V_2}{2V}$ soit négligeable, la formule (18) se réduit à

$$\theta = \frac{\alpha}{C}(V_1 - V_2)V. \tag{22}$$

Lorsque le potentiel V de l'aiguille reste constant, la déviation est simplement proportionnelle à la différence des potentiels des deux quadrants, et la capacité de l'aiguille est alors indépendante de la déviation. C'est dans ces conditions que fonctionne l'instrument de sir W. Thomson. La jauge est ordinairement réglée lorsque le potentiel de la bouteille de Leyde et, par suite, celui de l'aiguille qui communique avec elle, atteint une valeur de 500 à 1 000 volts, suivant le degré de sensibilité qu'on veut obtenir.

La déviation est encore exprimée par la même formule (22), quand on donne aux quadrants des potentiels constants, égaux et de signes contraires, et que le potentiel variable à mesurer est celui de l'aiguille. L'instrument est alors parfaitement symétrique, et l'aiguille, sous la réserve faite ci-dessus, prend des déviations égales de part et d'autre, quand on la porte à des potentiels égaux et de signes contraires.

816. — Lorsqu'on relie l'aiguille à une des paires de quadrants, celle, par exemple, dont le potentiel était désigné par V_2, la formule devient

$$\theta = \frac{\alpha}{2C}(V - V_1)^2.$$

Dans ce cas, la déviation est proportionnelle au carré de la différence des deux potentiels et l'aiguille se déplace du côté de la paire de quadrants avec laquelle elle ne communique pas.

Par suite, la déviation ne change pas de signe quand on change le signe de cette différence. Il faut encore remarquer ici que si on met alternativement les deux quadrants en communication avec deux points présentant une différence constante de potentiel, la déviation ne restera constante que si le métal des quadrants est le même que celui de l'aiguille, la force électro-motrice de contact ne changeant pas de signe en même temps que la différence de potentiel des quadrants.

Si la paire de quadrants restée libre est alors mise en communication avec le sol, $V_1 = 0$ et on a

$$\theta = \frac{\alpha}{2C} V^2.$$

Dans ce cas, l'appareil se prêterait facilement aux mesures absolues, si l'on pouvait déterminer le facteur $\frac{\alpha}{2C}$. Pour cet objet, on pourrait revenir à la forme simple de trois cylindres concentriques qui nous a servi à établir la théorie de l'appareil. Supposons que les cylindres soient verticaux et que le cylindre mobile soit suspendu aux plateaux d'une balance. Un des cylindres extérieurs étant isolé et relié électriquement au cylindre mobile, l'autre est en communication avec le sol. La force P nécessaire pour maintenir le fléau horizontal est donnée par la formule

$$P = \frac{V^2}{4l\frac{R_1}{R}};$$

mais, dans ces conditions, comme il est facile de le voir, l'appareil aurait une sensibilité très faible.

817. — Dans la disposition adoptée par sir W. Thomson, l'aiguille est chargée à un potentiel constant et très élevé (**815**); les deux paires de quadrants sont mises en communication avec les deux points dont on veut mesurer la différence de potentiel. L'appareil entier est dans une enveloppe conductrice en communication avec le sol et, par suite, au potentiel zéro.

Une cloche en verre renversée est fermée par un couvercle

en métal auquel sont attachés tous les organes. L'aiguille porte suivant son axe un fil de platine, qui plonge dans de l'acide sulfurique concentré. Cet acide forme l'une des armatures d'une bouteille de Leyde, dont l'isolant est constitué par la cloche, et l'autre armature par une feuille d'étain, en communication avec le sol, qui tapisse l'extérieur de la cloche sur une partie de sa surface ; la partie découverte de la cloche est généralement assez humide pour qu'on puisse la considérer comme étant également au potentiel zéro. On peut ainsi maintenir l'aiguille à un potentiel très élevé et les parois intérieures de la cloche sont assez isolantes pour rendre la déperdition très faible.

Les deux paires de quadrants sont soutenues par des baguettes de verre, que l'atmosphère de la cloche maintient parfaitement isolantes, et sont reliées à des tiges extérieures qui servent d'électrodes. Ces tiges sont isolées du couvercle par des manchons en ébonite.

Pour charger la bouteille et maintenir constant le potentiel de l'armature intérieure, on se sert d'un *replenisher* et d'une *jauge* de sensibilité convenable. Ces deux organes, installés aussi sur le couvercle de l'instrument, peuvent être séparés à volonté de l'armature intérieure afin d'éviter les pertes inutiles.

L'aiguille seule pèse $0^{gr},07$ et n'atteint que $0^{gr},12$, en y comprenant le miroir qui sert à mesurer les déviations ; elle est portée par deux fils de cocon indépendants dont on peut faire varier à volonté la distance. Dans les conditions ordinaires de sensibilité, une différence de potentiel de 3 à 4 volts entre les quadrants jette l'image hors de l'échelle.

Il est facile d'ailleurs de diminuer la sensibilité sans modifier la charge de la bouteille, ni l'écart des fils de suspension. Quand on isole une des paires de quadrants, l'un des corps dont on détermine la différence de potentiel étant alors réuni à la cage, les déviations deviennent de 10 à 15 fois plus faibles, tout en restant proportionnelles. On peut aller plus loin au moyen d'une plaque de métal dite *inducteur*, placée au-dessus de l'un des quadrants. Quand les quatre quadrants sont réunis deux à deux, l'inducteur n'a pas d'influence, qu'on l'isole ou qu'on le relie soit à la cage soit au quadrant voisin ; mais, si les quadrants sont tous ou en partie isolés et qu'on remplace l'un d'eux par l'inducteur, on peut obtenir une série de sensibilités différentes.

818. — La construction de cet électromètre paraît présenter d'assez grandes difficultés. La qualité du verre est très importante, parce que la bouteille doit conserver sa charge, sans perte sensible, au moins pendant une journée. D'autre part, les montures d'ébonite s'altèrent assez rapidement, et il peut arriver que les quadrants ne soient plus suffisamment isolés pour l'étude des corps qui ne sont pas reliés à des sources électriques. Enfin les déviations de l'aiguille ne sont pas rigoureusement symétriques pour des différences de potentiel égales et de signes contraires, ce qui peut présenter des inconvénients dans certains cas, comme pour les observations relatives à l'électricité atmosphérique.

Supposons, par exemple, que l'on ait $V = 800$ volts, $V_1 = 0$ et $V_2 = \pm 40$ volts. Le rapport des déviations θ et $-\theta'$ correspondant à ces deux valeurs du potentiel V_2 est alors

$$\frac{\theta}{-\theta'} = \frac{V - \frac{V_2}{2}}{V + \frac{V_2}{2}} = \frac{780}{820} = \frac{39}{41}.$$

La différence des déviations est déjà de 0,05 et le potentiel de l'air atteint souvent des valeurs de beaucoup supérieures à 40 volts. Il peut même arriver que les deux déviations soient du même côté : il suffit que l'on ait $V_2 > 2V$.

819. — On peut simplifier notablement la construction de cet électromètre sans lui rien enlever de sa sensibilité et de son exactitude. La bouteille de Leyde et ses accessoires, replenisher, jauge, etc., sont supprimés ; l'appareil, réduit aux quadrants et à l'aiguille, est renfermé dans une cage métallique (fig. 154) dont le couvercle soutient le tube qui porte la suspension bifilaire, et laisse passer trois électrodes respectivement en relation avec les quadrants et l'aiguille. Ces électrodes sont portées elles-mêmes par des tiges de verre, disposition qui avait déjà été adoptée par sir W. Thomson pour son électromètre portatif.

Deux des électrodes communiquent avec les paires de quadrants. La troisième est reliée à l'aiguille par l'intermédiaire d'un vase contenant de l'acide sulfurique dans lequel plonge,

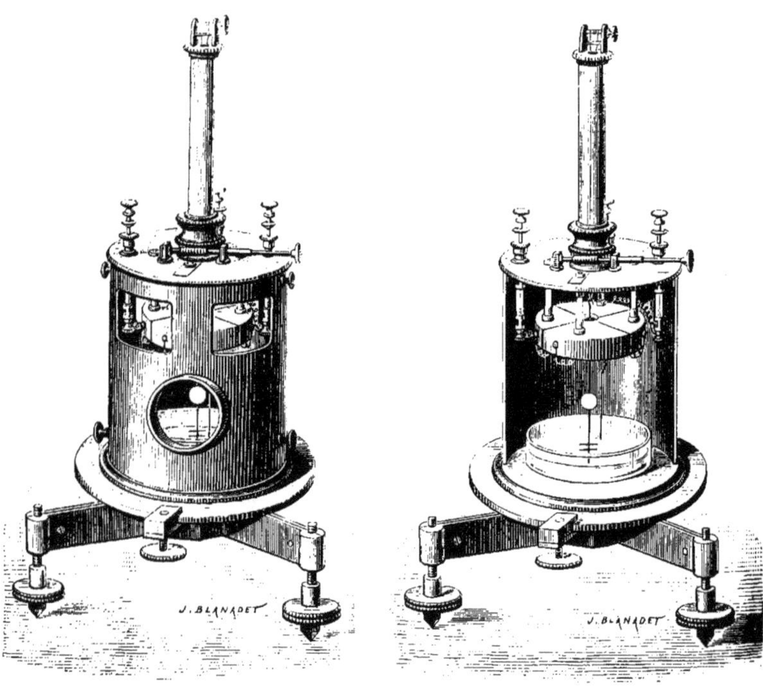

Fig. 154

d'une part, un fil de platine attaché à l'électrode et, d'autre part, un prolongement en platine de l'axe de l'aiguille ; ce prolongement porte une ou deux petites aiguilles transversales qui amortissent très rapidement les oscillations.

Dans la disposition habituelle on porte les quadrants à des potentiels égaux et de signes contraires en reliant respectivement les électrodes avec les deux pôles d'une pile, formée de très petits couples de Volta ou de Daniell, dont le milieu communique avec le sol. La sensibilité est alors, toutes choses égales, proportionnelle au nombre des couples.

Les fils de cocon, formés d'un seul brin auquel l'aiguille est suspendue par un crochet, sont enroulés sur un treuil à la partie supérieure et passent entre les dents d'une vis ayant deux pas en sens contraires ou dans deux encoches en forme de V dont la distance est variable : on peut ainsi régler facilement la distance des fils à la partie supérieure et la hauteur

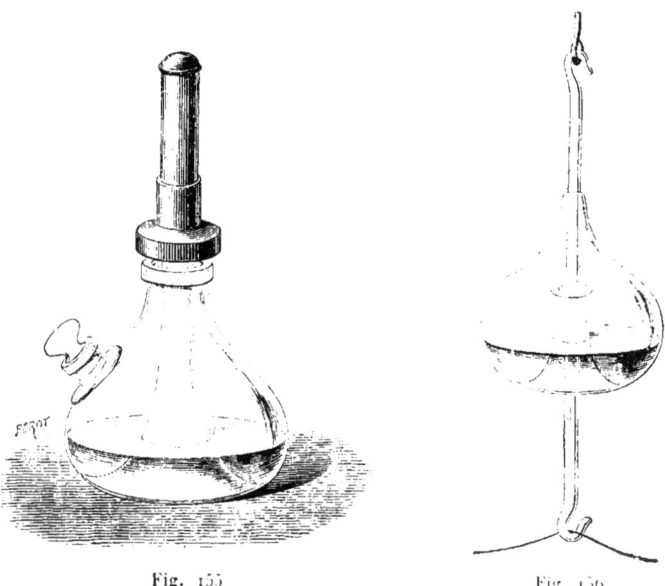

Fig. 155

Fig. 156

de l'aiguille. Enfin la colonne peut tourner sur elle-même par un mouvement gras ou à l'aide d'une vis tangente pour achever le réglage.

Il est facile, les trois électrodes étant libres, de les relier d'une manière quelconque et d'utiliser, suivant les cas, les différentes combinaisons indiquées précédemment.

Dans toutes les expériences faites avec les électromètres, il faut évidemment que les corps mis en communication avec les électrodes soient isolés avec le même soin que ces électrodes elles-mêmes. On doit considérer comme nulles les pertes par l'air, même très humide, et la déperdition de l'électricité comme s'effectuant uniquement par la couche d'humidité qui recouvre les supports et rend leur surface conductrice. On échappe à cette difficulté en maintenant les supports en verre, au moins dans une partie de leur longueur, dans une atmosphère desséchée par l'acide sulfurique. Les figures 155 et 156, qui s'expliquent d'elles-mêmes, montrent comment ces conditions peuvent être réalisées [1].

820. Méthodes d'oscillations. — Pour vérifier la loi des actions électriques, Coulomb [2] a étudié aussi les oscillations obtenues quand on fait agir une sphère électrisée de grand diamètre sur un petit disque électrisé en sens contraire et attaché à une aiguille suspendue par un fil de cocon.

La distribution de l'électricité sur la sphère n'étant pas troublée d'une manière sensible par celle du disque, l'action de la sphère est en raison inverse du carré de la distance de son centre au disque ; la durée des oscillations, étant en raison inverse de la racine carrée de la force, est alors proportionnelle à la distance.

Cette méthode peut fournir aussi des mesures absolues si on choisit les dimensions de l'appareil de manière que l'action puisse être calculée en fonction des masses électriques ou des potentiels, par exemple, dans le cas où on emploierait des boules de même diamètre (**802**).

Si l'expérience elle-même ne comporte pas une grande précision, comme lorsqu'il s'agit de la production des étincelles, on aura des résultats très approchés par une disposition analogue à celle de Coulomb [3]. Il suffit de substituer à l'aiguille isolante une aiguille conductrice terminée par une petite boule a et communiquant au sol par le fil de suspension ; sur la direction d'équilibre de l'aiguille on place une sphère A électrisée. Si on a pris des précautions convenables pour que l'action se réduise à celle des deux sphères et que la distribution sur la sphère A ne soit pas sensiblement modifiée par l'électricité induite sur la sphère a, en appelant M et

(1) Mascart, *Journal de physique*, t. VII, p. 217, 1878.
(2) Coulomb, *Mém. de l'Acad. des sciences*, p. 581, 1785.
(3) Mascart, *Traité d'électricité statique*, t. I, p. 52, 1876.

$-m$ leurs charges électriques, R et r leurs rayons, D la distance des centres, les potentiels ont pour valeurs très approchées

$$V = \frac{M}{R} - \frac{m}{D},$$

$$o = \frac{-m}{r} + \frac{M}{D}.$$

L'action électrique F est alors

$$F = \frac{Mm}{D^2} = \frac{V^2R^2r}{D^3\left(1 - \frac{Rr}{D^2}\right)^2}.$$

D'autre part, si on appelle n le nombre d'oscillations de l'aiguille pendant l'unité de temps en l'absence de toute électrisation, N le nombre d'oscillations quand la sphère A est portée au potentiel V, K le moment d'inertie de l'aiguille, l la distance de l'axe au centre de la petite sphère, on a

$$Fl = (N^2 - n^2)\pi^2K = \frac{V^2R^2rl}{D^3\left(1 - \frac{Rr}{D^2}\right)^2}.$$

En déterminant le moment d'inertie K par les méthodes habituelles (**700**), cette équation donnera le potentiel V en fonction des dimensions de l'appareil. Il serait nécessaire de pousser plus loin l'approximation du calcul si on voulait utiliser cette méthode pour des expériences plus précises.

821. Méthodes fondées sur les propriétés de l'étincelle. — Les expériences ordinaires d'électricité statique mettent en jeu des charges et des différences de potentiel beaucoup trop grandes, en général, pour être mesurées par les procédés qui précèdent. Les méthodes, très anciennes d'ailleurs, auxquelles on peut avoir recours dans ce cas sont fondées sur les propriétés de l'étincelle électrique.

Quand on rapproche progressivement des conducteurs à potentiels différents, l'équilibre tend à s'établir avant le contact par le passage brusque de l'électricité à travers le diélectrique. Ce passage, désigné sous le nom de *décharge disruptive*, est un phénomène très complexe et dont le mécanisme est encore inconnu, qui dépend de la nature, de la forme, de la capacité, de la différence de potentiel des conducteurs en présence, de la nature du diélectrique qui les sépare, et, si celui-ci est gazeux, de la pression, de la température du gaz, etc.

Dans un gaz à la pression ordinaire, la décharge disruptive se produit sous forme d'*étincelle* ou d'*aigrette*, la dernière ayant lieu surtout avec les conducteurs qui présentent des parties aiguës. On peut d'ailleurs passer d'une forme à l'autre, en modifiant seulement la capacité du conducteur; c'est ce qu'on constate facilement avec la machine de Holtz, qui donne des aigrettes dans les conditions ordinaires et des étincelles quand on augmente la capacité des conducteurs par l'adjonction de bouteilles de Leyde. L'expérience montre encore que la distance à laquelle se produit la décharge, ou la *distance explosive*, correspond dans les deux cas à une même différence de potentiel. A chaque étincelle, cette différence diminue brusquement presque jusqu'à zéro, comme si l'étincelle établissait une communication momentanée entre les conducteurs; avec l'aigrette, la différence de potentiel reste presque constante : l'aigrette, correspondant à des décharges de faibles quantités d'électricité qui se succèdent très rapidement, constitue ainsi une sorte de *trop-plein*.

Dans les gaz raréfiés, la décharge se produit sous forme de lueurs présentant des apparences très diverses suivant les cas; pour les basses pressions, en particulier, elle forme des bandes stratifiées alternativement brillantes et obscures. Même avec des sources continues, les lueurs sont dues à une succession très rapide de décharges. Enfin, dans le vide poussé aux dernières limites, la décharge ne se produit plus.

822. Distance explosive. — De nombreuses recherches ont été faites pour déterminer la relation qui existe entre la distance explosive et la différence de potentiel. D'après les expériences de Harris (1) et de Riess (2), la distance explosive serait

(1) Harris, *Phil. Trans. R. S. L.*, p. 225, 1834.
(2) Riess, *Reibungselectricität*, t. I, p. 377.

à peu près proportionnelle à cette différence. Si la loi était générale, on en conclurait, pour le cas de deux plateaux parallèles, que la production de l'étincelle correspond toujours à une même valeur de la densité électrique et, par suite, de la force électrique et de la pression électrostatique, ou, dans les idées de Maxwell, à un même état ou une même énergie spécifique (**107**) du milieu interposé. Mais les expériences plus récentes n'ont pas confirmé la généralité de cette loi.

Sir W. Thomson a mesuré avec un électromètre absolu la différence du potentiel qui correspond à la production d'une étincelle entre deux plateaux parallèles, l'un en communication avec la source, l'autre avec le sol. Pour empêcher l'étincelle d'éclater sur les bords, ce dernier est légèrement sphérique, mais son rayon de courbure est très grand et la distribution des potentiels est sensiblement la même qu'entre deux plans. Le tableau suivant résume les résultats des expériences [1]; les nombres de la troisième colonne ont été obtenus en multipliant ceux de la précédente par $\frac{3.10^{10}}{10^8} = 300$ (**610**).

Distance entre les surfaces d	Différence de potentiel en unités électrostatiques V	en volts V'	Force électrique. $\frac{V}{d}$
0^c,0086	2,30	690	267,1
0,0127	3,26	978	257,0
0,0190	4,26	1278	224,2
0,0281	5,64	1692	200,6
0,0408	6,18	1854	151,5
0,0563	8,11	2433	144,1
0,0584	8,15	2445	139,6
0,0688	9,69	2907	140,8
0,0904	12,20	3660	134,9
0,1056	13,95	4185	132,1
0,1325	17,36	5208	131,0

Ce tableau met en évidence ce fait remarquable, que la force électrique est plus grande pour les faibles distances que pour les grandes. Il en résulte que la densité électrique et la

[1] Thomson, *Reprint of papers*, p. 258.

pression électrostatique vont aussi en diminuant à mesure que la distance explosive augmente.

Dans les expériences de sir W. Thomson, la distance explosive n'a pas dépassé $0^c,15$. Pour les distances plus grandes, il est difficile de mesurer directement la différence de potentiel; on peut alors relier l'électromètre à un conducteur isolé B, soumis à l'influence d'un conducteur A en communication avec l'une des électrodes entre lesquelles a lieu la décharge, l'autre étant en communication avec le sol. Tant que le système B ne prend pas de charge propre, son potentiel est dans un rapport constant avec celui du système A; ce rapport, qu'on peut faire varier avec la distance des deux conducteurs, est déterminé dans chaque cas par une expérience spéciale.

Cette méthode a été employée par Gaugain [1] pour étudier la loi de la distance explosive entre deux boules, ou entre deux plateaux, et aussi pour mettre en évidence la loi suivant laquelle varie la densité électrique, entre deux cylindres concentriques (**80**), le cylindre intérieur étant en communication avec la source et l'extérieur avec le sol. En prenant comme instrument de mesure un électromètre à feuilles d'or, Gaugain a constaté que la densité explosive reste constante quand on fait varier le diamètre du cylindre extérieur, mais que sa valeur change avec le diamètre du cylindre intérieur et qu'elle va en croissant quand ce diamètre diminue.

M. Macfarlane [2] a utilisé la même méthode pour des distances explosives comprises entre $0^c,1$ et 1 centimètre; en désignant par V la différence de potentiel et par x la distance explosive entre deux plateaux, il trouve que les résultats sont exactement représentés par la formule

$$V = 66,940\sqrt{x^2 + 0,20500x},$$

c'est-à-dire par une branche d'hyperbole, dont l'axe réel correspond aux distances et l'axe imaginaire aux différences de potentiel. Dans le cas d'une boule et d'un disque, ou de deux boules, la courbe se rapproche davantage d'une parabole.

(1) Gaugain, *Ann. de chimie et de phys.*, [4], t. VIII, p. 75, 1866.
(2) Macfarlane, *Trans. R. S. E.*, t. XXVIII, p. 633, 1878.

Pour étudier la loi des distances explosives entre deux boules, M. Mascart [1] s'est servi utilement d'un trop-plein électrique. Les deux boules d'un excitateur à étincelles, mises séparément en communication avec un conducteur B et une pointe placée en regard, sont reliées aux deux pôles d'une machine de Holtz et on détermine, pour chaque distance explosive, quelle est la distance équivalente de la pointe au conducteur, de façon que les décharges aient lieu indifféremment par l'aigrette du trop-plein ou par une étincelle entre les boules. Séparant ensuite l'excitateur à étincelles, on met le conducteur B en communication avec le sol, la pointe avec une sphère A qui agit par influence sur un appareil à oscillations (**820**), et on fait tourner la machine de manière à obtenir une aigrette continue. La durée des oscillations donne alors la différence de potentiel en valeur absolue pour chacune des distances de la pointe au conducteur B et, par suite, pour les distances correspondantes de l'excitateur à boules.

Cette disposition est encore insuffisante quand il s'agit de

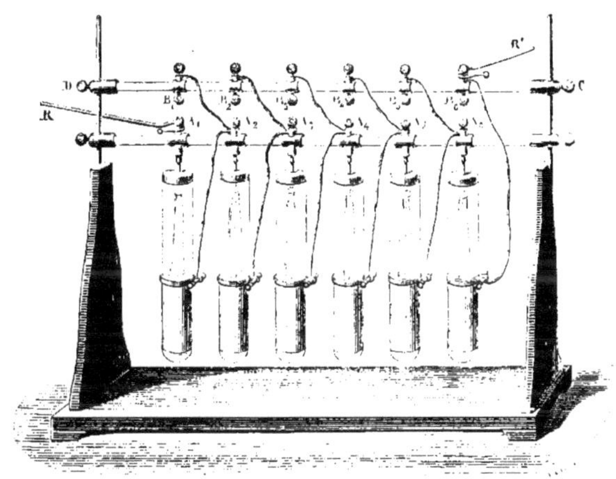

Fig. 157

grandes distances explosives ; on peut alors équilibrer une longue étincelle par une somme d'autres étincelles plus courtes.

[1] Mascart, *Traité d'électricité statique*, t. II, p. 87 et 93, 1876.

On réunit en cascade une série de bouteilles de Leyde (fig. 157) et on établit entre elles des communications telles que les deux armatures de chaque bouteille soient reliées à deux boules A_1 et B_1, A_2 et B_2, ... placées en regard et à la même distance d. Les armatures extrêmes A_1 et B_6, étant reliées aux deux boules d'un excitateur à étincelles, si la décharge a lieu indifféremment par toutes les bouteilles de la batterie ou par l'excitateur, la différence de potentiel entre les boules de l'excitateur est égale à la somme des différences connues relatives à toutes les bouteilles de la batterie, ou au produit de l'une d'elles par le nombre des bouteilles.

Le tableau suivant renferme les résultats des expériences pour des boules de 22 millimètres de diamètre.

Distance explosive d	Différence de potentiel en unités électrostatiques V	Différence de potentiel en volts V'	$\frac{V}{d}$
0,1	18,3	5490	183
0,5	89,1	26730	178,2
1,0	162	48600	162
1,5	190	57000	127
2	216	64800	108
3	256	76800	85,3
4	291	77300	72,7
5	316	94800	63,2
6	338	101400	56,3
7	359	107700	51,3
8	375	112500	46,9
9	386	115800	42,9
10	397	119100	39,7
12	412	124200	34,3
15	426	127800	28,4

On peut remarquer d'abord, par la comparaison de ce tableau avec celui de sir W. Thomson, que, pour une même distance explosive, la différence de potentiel est plus grande entre deux boules qu'entre deux plateaux, ce qu'il est facile de vérifier directement.

MM. Warren de la Rue et H. Müller [1] ont repris ces déterminations en substituant aux machines électriques une pile à haute tension dont le nombre des couples donnait directement la différence de potentiel. Les couples sont formées d'argent, chlorure d'argent, chlorhydrate d'ammoniaque et zinc; leur force électromotrice est d'environ 1,03 volt. Le tableau suivant donne les résultats obtenus entre deux disques.

Distance explosive d	Différence de potentiel en volts V'	Différence de potentiel en unités électrostatiques V	Force électrique $\frac{V}{d}$
0c,0205	1000	3,33	163
0,0430	2000	6,67	155
0,0660	3000	10,00	152
0,0914	4000	13,33	146
0,1176	5000	16,67	142
0,1473	6000	20,00	136
0,1800	7000	23,33	130
0,2146	8000	26,67	124
0,2495	9000	30,00	120
0,2863	10000	33,33	116
0,3235	11000	36,67	113
0,3378	11330	37,77	112

Les différences de potentiel sont ici un peu plus grandes que dans les expériences analogues de sir W. Thomson.

D'après les mêmes auteurs, la distance explosive entre une pointe et un disque croît à peu près comme le carré de la différence de potentiel, pour des distances comprises entre une fraction de millimètre et 1 centimètre; pour la distance de 1 centimètre, elle est de 9200 volts.

Les résultats obtenus dans l'air sont assez concordants pour qu'on puisse, avec une certaine approximation, en déduire la mesure des différences de potentiel par les distances explosives, au moins quand ces distances ne dépassent pas 2 centimètres. Au-delà, la différence de potentiel augmente très lentement,

[1] Warren de la Rue et H. Müller, *Phil. Trans. R. S. L.*, t. CLXIX, p. 55 et 155; t. CLXXI, p. 65; t. CLXXIV, p. 447.

si même elle ne tend pas vers une limite peu supérieure à 400 unités électrostatiques ou 120000 volts. On commettrait par conséquence une grave erreur si l'on voulait apprécier la différence de potentiel d'une machine par la longueur des étincelles qu'on peut en tirer; de même pour les éclairs, on ne saurait conclure de leur longueur, quelquefois prodigieuse, que le potentiel d'un nuage électrisé soit hors de proportion avec ceux qu'on obtient avec les machines à frottement.

823. Influence de la pression. — Quand on diminue la pression du gaz la force électromotrice correspondant à une distance explosive donnée décroît rapidement. Les expériences s'accordent à montrer que la loi de variation est très sensiblement représentée par une branche d'hyperbole, l'axe réel correspondant aux pressions et l'axe imaginaire aux différences de potentiel.

Dans les gaz très raréfiés, la force électromotrice ne va en diminuant que jusqu'à une certaine pression limite, au-delà de laquelle elle croît ensuite avec une rapidité extrême. Il y a donc une pression pour laquelle la résistance à la production de la décharge passe par un minimum. Cette limite varie d'un gaz à l'autre et, pour un même gaz, elle est d'autant plus basse que le tube est plus étroit. MM. Warren de la Rue et H. Muller ont trouvé que, pour l'air, elle varie de 3 millimètres dans les tubes larges à $0^{mm},38$ dans les tubes étroits. Enfin, la pression continuant à diminuer, l'étincelle refuse de passer quelle que soit la force électromotrice. Toutes les expériences tendent ainsi à montrer que la matière est nécessaire au transport de l'électricité et que ce sont les molécules même du diélectrique qui lui servent de véhicule. Une diminution progressive de la pression aurait pour effet de donner plus de liberté au mouvement des molécules gazeuses, mais, au-delà d'une certaine limite, la diminution du nombre des molécules n'est plus compensée par la plus grande liberté de leurs mouvements.

824. Mesure des charges par l'étincelle. — L'étincelle est surtout employée pour la mesure des charges. La disposition la plus simple est celle de la bouteille de Lane (fig. 158). C'est une bouteille de Leyde dont l'armature extérieure est en communication avec un bouton B qu'on peut rapprocher plus ou moins du bouton A qui termine l'armature intérieure. Si le bouton B communique avec le sol et le bouton A avec une source d'électricité, il se produit une étincelle entre les deux boules quand le potentiel de l'armature intérieure est celui qui correspond à la distance explosive, et toutes les étincelles laissent écouler une même quantité d'électricité.

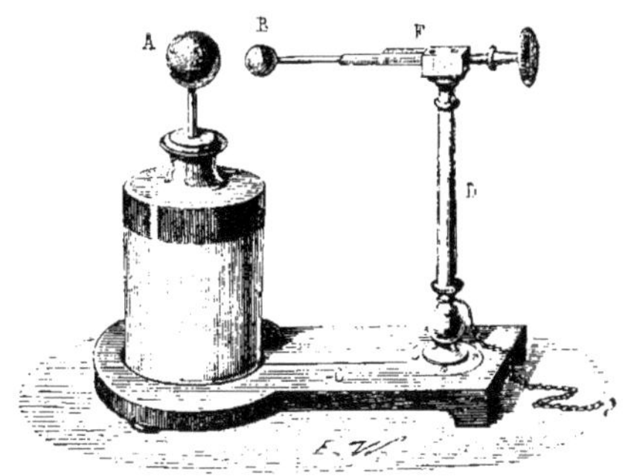

Fig. 158

La bouteille de Lane s'emploie surtout pour mesurer la charge d'une batterie; l'expérience peut alors être disposée de deux manières.

La batterie étant isolée, on fait communiquer l'armature intérieure avec la source, l'armature extérieure avec le bouton A de la bouteille de Lane et le bouton B de celle-ci avec le sol. Soit C la capacité de la batterie, c celle de la bouteille de Lane, V le potentiel de l'armature intérieure de la batterie, v celui qui reste sur l'armature extérieure à la fin de l'expérience et n le nombre des étincelles observées à la bouteille de Lane. La charge M de la batterie est $M = C(V - v)$. Cette batterie formant un condensateur fermé, l'armature extérieure a une charge égale à $-M + m$, la charge m étant celle qui produit le potentiel v. La quantité totale d'électricité qui a traversé la bouteille de Lane étant $M - m$, si q est celle qui correspond à chaque étincelle et V_1 la différence de potentiel explosible, on a $q = c\,V_1$ et

$$M - m = nq, \qquad \text{ou} \qquad M = m + nq.$$

Le produit nq, ou ncV_1, ne représente la charge de la batterie que si la quantité m est négligeable, ce qui a lieu en général.

Le plus souvent on isole la bouteille de Lane; le bouton A est mis en communication avec la source et le bouton B en communication avec l'armature intérieure de la batterie, l'armature extérieure étant au sol. Comme la production de l'étincelle entre deux conducteurs ne dépend que de la différence des potentiels et non de leurs valeurs absolues, une même quantité d'électricité passe à chaque étincelle; dans ce cas, la charge de la batterie est exactement proportionnelle au nombre des étincelles.

Quand les charges à mesurer sont faibles, on remplace la bouteille de Lane par un *électromètre à décharges* de Gaugain (fig. 159), qui joue exactement le même rôle. C'est un

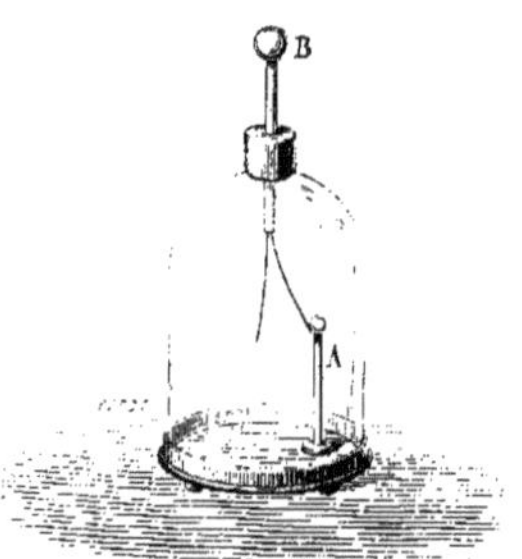

Fig. 159

électromètre à feuilles d'or muni, dans le plan de divergence des feuilles et à portée de l'une d'elles, d'une boule de laiton en communication avec le sol : pour une charge suffisante de l'électromètre, le contact a lieu et l'instrument est déchargé.

Si l'électricité afflue d'une manière continue, il se produit alors une succession de décharges toutes identiques entre elles, à la condition que la feuille d'or retombe immédiatement. Quand on veut mesurer la charge d'un corps électrisé, il est bon, puis ralentir la décharge, de relier ce corps à l'électromètre par un mauvais conducteur tel qu'un fil de coton. En général, l'expérience ne produit pas une décharge complète et il reste sur l'ensemble des conducteurs une charge résiduelle incapable de donner un contact de la feuille d'or dans l'électromètre ; ce résidu peut être évalué par divers procédés dans le détail desquels nous n'entrerons pas (¹).

Si le fil de coton fait communiquer l'électromètre, non avec un corps électrisé, mais avec une source à potentiel constant, ou tout au moins avec un conducteur de grande capacité tel qu'une batterie, le nombre des décharges dans chaque unité de temps mesure le *débit* d'électricité et, par conséquent, l'intensité du courant qui traverse le fil.

D'autre part, si le potentiel de la source est très élevé par rapport au potentiel variable de la feuille d'or pendant les alternatives d'isolement et de décharge, le débit est proportionnel au potentiel de la source ; cette expérience fournit ainsi une méthode très simple pour comparer des potentiels de l'ordre de ceux que l'on a à considérer dans les phénomènes d'électricité statique.

En mettant l'électromètre à décharges en communication avec un cylindre conducteur fermé (**58**), on pourrait aussi comparer des charges électriques ; pour déterminer, par exemple, le partage de l'électricité entre deux conducteurs de forme quelconque, il suffirait de compter le nombre de décharges que donne chacun d'eux, après le contact commun, quand on l'introduit dans le cylindre.

825. Electromètre capillaire. — Cet instrument très délicat, imaginé par M. Lippmann (²), permet de déterminer la différence de potentiel entre deux points, à la condition que cette différence ne dépasse pas 0,9 volt. Il se compose d'un tube A (*fig.* 160), terminé inférieurement par une pointe très effilée ; ce tube, ouvert aux deux bouts, contient une colonne de mercure suspendue par l'action capillaire. Un vase plus large renferme du mercure B et de l'eau acidulée par un cinquième d'acide sulfurique, dans laquelle plonge la pointe capillaire ; deux fils de platine α et β, reliés l'un avec le mercure du tube et l'autre avec le mercure du vase, constituent les électrodes. Quand on réunit ces électrodes par un conducteur qui ren-

(¹) Voir Mascart, *Traité d'électricité statique*, t. I, p. 417, 1876.
(²) Lippmann, *Ann. de Chim. et de Phys.* [5], t. V, p. 494 ; 1873.

ferme une force électromotrice de signe convenable, la polarisation augmente la valeur de la constante capillaire du mercure (**270**) et l'extrémité inférieure de la colonne se relève ; on la ramène au niveau primitif, défini par un repère du microscope M, en exerçant une pression à la partie supérieure du tube A au moyen d'une poire de caoutchouc T.

La force électromotrice se déduit de la différence de pression mesurée par le manomètre H. En effet, la pression totale étant en raison inverse du diamètre du tube au niveau infé-

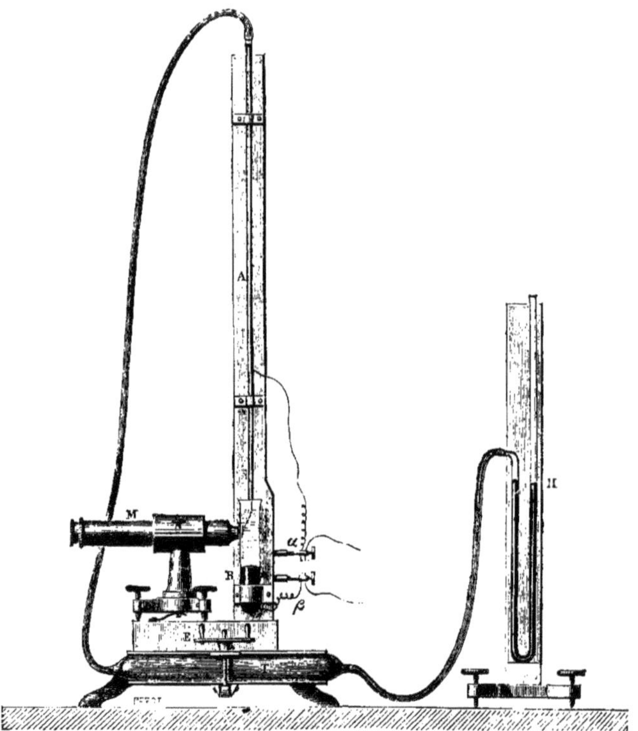

Fig. 160

rieur et proportionnelle à la constante capillaire, la différence de pression relative à la variation de constante capillaire produite par une force électromotrice donnée est proportionnelle à la pression primitive.

La table suivante a été calculée pour une colonne de mercure de 75 centimètres; la force électromotrice est exprimée en fractions de celle d'un couple Daniell.

L'accroissement de pression est d'abord à peu près proportionnel à la force électromotrice, puis il passe par un maximum pour une force électromotrice de 0,9; la constante capillaire atteint alors 1,47 fois sa valeur normale.

Force électromotrice.	Accroissement. Pression.	Force électromotrice.	Accroissement. Pression.
0,016	$1^{c},5$	0,500	$28^{c},8$
0,024	2,15	0,588	31,4
0,040	4,0	0,833	35,65
0,109	8,9	0,900	35,85
0,140	11,1	0,909	35,85
0,170	13,1	1,000	35,3
0,197	14,8	1,261	30,1
0,269	18,85	1,444	23,9
0,364	23,5	1,833	11,0
0,450	27,05	2,000	9,4

Il importe que l'électrode α qui correspond au tube capillaire soit toujours négative, afin d'éviter l'oxydation du mercure; il faut aussi veiller à ce que le tube capillaire soit bien mouillé par l'eau acidulée, ce qu'on obtient en faisant osciller légèrement la colonne de mercure.

La capacité de l'électromètre est proportionnelle à la surface du mercure dans le tube effilé; quoique cette surface soit très petite, la capacité est beaucoup plus grande que celle des instruments décrits plus haut, une surface polarisée agissant toujours comme un condensateur à armatures très rapprochées. La capacité de polarisation du platine est au minimum de 0,1 microfarad par millimètre carré, par suite, égale à celle d'une sphère de 900 mètres de rayon environ; la capacité du mercure doit être une quantité de même ordre.

CHAPITRE DEUXIÈME

MESURE DES COURANTS

826. Différentes méthodes. — On peut évaluer l'intensité d'un courant, soit par une mesure directe du débit (**824**) sous forme d'étincelles successives, soit par l'un quelconque des effets physiques qui l'accompagnent, tels que l'échauffement d'un conducteur en vertu de la loi de Joule, l'échauffement local d'une soudure, les actions chimiques, etc.; mais on utilise surtout les propriétés électromagnétiques des circuits, qui donnent des méthodes d'observation plus rapides et susceptibles d'une plus grande précision.

L'intensité en un point du champ magnétique d'une bobine parcourue par un courant est proportionnelle à l'intensité du courant; la mesure du courant est ainsi ramenée à la mesure de l'intensité du champ.

On appelle habituellement *galvanomètres* les instruments dans lesquels le champ est mesuré par son action sur une aiguille aimantée; l'idée et le nom de galvanomètre sont dus à Ampère (¹); Schweigger (²) a imaginé l'emploi du cadre *multiplicateur*, c'est-à-dire d'une bobine qui multiplie l'intensité du champ, ou l'action du courant sur l'aiguille.

Le moment magnétique d'une bobine est égal au produit de l'intensité du courant par sa surface totale, plus exactement par la somme des projections, sur le plan moyen de la bobine, des surfaces comprises par les différentes spires. On

(¹) Ampère, *Ann. de Chim. et de Phys.*, [2], t. XV, p. 59, 1820.
(²) Schweigger, *Allgemeine Litteraturzeitung*, n° 296 (nov. 1820).

pourra donc aussi déduire l'intensité d'un courant de l'action exercée par un champ magnétique sur une *bobine mobile*.

Enfin, on peut faire agir une bobine fixe parcourue par un courant I sur une bobine mobile parcourue par un courant I′, différent ou non du premier; l'action est proportionnelle au produit des intensités II′ et peut servir à les mesurer l'une et l'autre. Les instruments construits sur ce principe portent le nom d'*électrodynamomètres*.

827. — Quand on veut seulement comparer deux intensités, il n'est pas nécessaire de connaître les dimensions des bobines, les facteurs qui en dépendent disparaissant dans le rapport, comme communs aux deux termes. Alors, on vise surtout à obtenir des instruments dont la sensibilité soit appropriée aux courants qu'on veut évaluer, et on donne aux bobines la forme la plus avantageuse à ce point de vue (**733**).

Pour la mesure absolue du courant, il faut calculer l'action électro-magnétique (**728**) ou la surface (**727**) de la bobine en fonction de ses dimensions. Les cadres circulaires à gorge rectangulaire et de petite section, dont le fil est enroulé régulièrement, sont alors les seuls pour lesquels le calcul ne présente pas trop de difficultés, et qu'il convient d'adopter pour les instruments dits *absolus*.

828. Sensibilité absolue et relative. — Quelle que soit la méthode employée, si l'intensité du courant est déterminée en fonction d'une quantité x donnée par l'observation,

$$I = f(x),$$

la *sensibilité absolue* S_a de l'instrument est le rapport de l'accroissement dx de la variable à l'accroissement correspondant dI du courant

$$S_a = \frac{dx}{dI} = \frac{1}{f'(x)};$$

la *sensibilité relative* S_r est le rapport de l'accroissement dx à la variation relative $\frac{dI}{I}$ du courant,

$$S_r = I\frac{dx}{dI} = \frac{f(x)}{f'(x)}.$$

829. Galvanomètres. — Supposons que l'on fasse agir une bobine, parcourue par un courant I, sur une aiguille aimantée mobile autour d'un axe. Lorsque l'aiguille est infiniment petite, si on appelle M la projection de son moment magnétique sur un plan perpendiculaire à l'axe de rotation, GI la projection sur le même plan de l'action du courant au point où se trouve l'aiguille, β l'angle des deux directions GI et M, le moment du couple qui agit sur l'aiguille est égal à $IMG \sin\beta$. Le facteur G, qui représente l'action de l'unité de courant, est la *constante galvanométrique* du cadre.

Si l'aiguille a une longueur notable par rapport aux dimensions du cadre et que la valeur de G se rapporte au centre de l'aiguille, le moment peut encore se mettre sous la forme

$$(1) \qquad IMG(1+\gamma)\sin\beta = IMG_1 \sin\beta,$$

le facteur G_1 étant une valeur moyenne de l'action du cadre dans l'espace occupé par l'aiguille. Le terme de correction γ qui permet d'exprimer G_1 en fonction de G, dépend des dimensions de l'aiguille et de l'angle qu'elle fait avec le plan moyen du cadre. Le facteur G_1 peut encore être considéré comme constant quand l'aiguille, dans les différentes expériences, occupe la même position par rapport au cadre ou se déplace très peu autour d'une position moyenne.

Si le cadre est de révolution, la force G est parallèle à l'axe du cadre pour tous les points de l'axe ou du plan moyen; nous dirons que l'aiguille est dans une position *principale* quand son centre occupe un de ces points. En appelant δ l'angle que fait la direction de l'aiguille avec le plan du cadre, on a alors, abstraction faite du terme de correction γ,

$$(2) \qquad IMG \sin\beta = IMG \cos\delta.$$

Ce couple est maximum quand l'aiguille est parallèle au cadre; on sait d'ailleurs que, si le cadre est symétrique par rapport à son plan moyen, le facteur G est maximum au centre relativement aux points de l'axe.

Les différentes méthodes se distinguent par la manière dont

on mesure le couple $IMG \sin\beta$ pour en déduire l'intensité du courant, en valeurs relatives ou absolues.

Nous verrons que, dans les galvanomètres proprement dits, on évalue le moment du courant en fonction du couple MH qu'exerce sur l'aiguille un champ extérieur d'intensité H. Si le champ est uniforme, ou l'aiguille assez petite pour que le terme de correction soit négligeable, le moment magnétique M de l'aiguille s'élimine de lui-même, comme facteur commun aux deux actions. Les indications des galvanomètres sont alors indépendantes de l'aimantation et de la forme de l'aiguille.

830. Méthode de torsion. — On peut équilibrer l'action du courant par celle d'un couple de torsion. Supposons l'aiguille suspendue à un fil métallique et en équilibre dans le méridien magnétique ; la torsion est alors nulle. Soit θ l'angle dont il faut tordre le fil pour maintenir l'aiguille dans cette position malgré l'action du courant I; en appelant C le coefficient du fil, on a

$$IMG \sin\beta = C\theta.$$

Si l'aiguille occupe une position principale et que sa direction primitive soit parallèle au plan du cadre,

$$I = \frac{C}{MG}\theta. \tag{3}$$

Supposons que, le fil ayant une torsion initiale, la direction de l'aiguille, dans la position de repère, fasse un angle α avec le méridien ; en appelant θ_0 l'angle dont il faudrait détordre le fil pour ramener l'aiguille dans le méridien, on a

$$MH \sin\alpha = C(\theta_0 - \alpha).$$

On éliminera ce défaut de réglage en faisant une seconde observation avec le courant renversé; les torsions observées θ et θ' satisfont aux relations

$$IMG \sin\beta + MH \sin\alpha = C(\theta + \theta_0 - \alpha),$$
$$IMG \sin\beta - MH \sin\alpha = C(\theta' - \theta_0 + \alpha),$$

qui donnent, par addition,

$$\text{(4)} \qquad \text{IMG}\sin\beta = C\frac{\theta+\theta'}{2}.$$

La moyenne des torsions observées à droite et à gauche est égale à celle qu'on aurait obtenue avec un fil primitivement sans torsion.

Cette méthode, employée par Ohm ([1]), a surtout l'inconvénient d'exiger une manipulation qui trouble l'aiguille chaque fois qu'on touche au fil pour arriver à la position de repère; il faut attendre ensuite que l'aiguille soit revenue au repos, ce qui entraine de grandes pertes de temps. On ne peut guère l'appliquer qu'à des courants constants. Si l'on veut s'en servir pour comparer deux courants variables avec le temps, une série d'épreuves alternatives permettrait d'éliminer les variations, pourvu qu'elles ne soient pas trop rapides.

La sensibilité absolue (**828**) de la méthode de torsion

$$S_a = \frac{MG}{C}$$

est constante; la sensibilité relative

$$S_r = \theta$$

est proportionnelle à la torsion, ou au courant lui-même.

831. Méthode des oscillations. — Supposons que l'aiguille occupe une position principale et que la direction d'équilibre soit parallèle à l'axe du cadre; on vérifie ce réglage par la condition que le passage du courant ne produise aucune déviation. On fait alors osciller l'aiguille successivement sous l'action de la terre seule et sous l'action combinée de la terre et du courant.

Dans cette position relative du cadre et de l'aiguille, les petites oscillations ne déterminent pas de courants d'induction appréciables; on peut alors appliquer la formule du pendule. En appelant n et N les nombres d'oscillations, réduits aux

([1]) Ohm, *Pogg. Ann.*, t. IV, p. 79, 1825.

angles infiniment petits (**692**), qui correspondent à un même temps dans les deux cas, on a

$$\frac{N^2}{n^2} = \frac{H + GI}{H};$$

d'où

$$(5) \qquad I = \frac{H}{G} \frac{N^2 - n^2}{n^2}.$$

C'est la méthode (**111**) appliquée par Biot et Savart ([1]); elle est quelquefois avantageuse pour la comparaison de deux courants, mais elle a, comme la précédente, l'inconvénient d'exiger une expérience assez longue.

Au point de vue de la sensibilité, on a

$$S_a = \frac{G^2 n^2}{2H} \frac{1}{N},$$

$$S_r = \frac{N^2 - n^2}{2N} = \frac{1}{2}\left(N - \frac{n^2}{N}\right);$$

la sensibilité absolue est en raison inverse du nombre N d'oscillations et la sensibilité relative, qui est nulle pour $N = n$, ou pour un courant très faible, est d'autant plus grande que N est plus grand.

832. Boussole des sinus. — Dans la boussole des sinus, imaginée par Pouillet ([2]), la position relative de l'aiguille et du cadre est maintenue invariable et on donne au système une direction telle que l'action de la terre et celle du courant se fassent équilibre. L'instrument se compose d'un cadre mobile autour d'un axe vertical sur un cercle gradué; l'aiguille repose sur un pivot au centre du cadre, et un repère permet de constater que, dans les différentes expériences, elle se trouve ramenée dans la même position par rapport au cadre. Pour cela, l'aiguille porte, par exemple, une lame d'ivoire perpendiculaire à sa direction et sur laquelle est marqué un trait qui se meut en face d'une échelle divisée.

L'aiguille étant d'abord réglée à son repère, on fait passer

([1]) Biot et Savart, *Ann. de Chim. et de Phys.* [2], t. XV, p. 222, 1820. Biot, *Précis élém. de Phys.*, 2e édit., t. II, p. 715, 1825.

([2]) Pouillet, *C. R. de l'Acad. des sc.*, t. IV, p. 267, 1837.

le courant et on tourne ensuite le cadre jusqu'à ce qu'elle revienne au repère. En appelant δ l'angle dont on a tourné le cadre, β l'angle constant de l'aiguille avec l'axe du cadre, on a

$$\mathrm{IMG}\sin\beta = \mathrm{MH}\sin\delta,$$

$$\text{(6)} \qquad \mathrm{I} = \frac{\mathrm{H}}{\mathrm{G}\sin\beta}\sin\delta.$$

Le courant est proportionnel au *sinus* du déplacement du cadre, ce qui justifie le nom donné à l'instrument. La méthode ne permet pas de mesurer des courants dont l'intensité soit supérieure à $\frac{\mathrm{H}}{\mathrm{G}\sin\beta}$, mais on peut augmenter cette valeur limite, autant qu'on le veut, en faisant varier l'angle β qui détermine la position du repère.

L'expérience est encore longue, mais les instruments fondés sur cette méthode des sinus ont l'avantage de présenter une graduation systématique indépendante des conditions de construction et peuvent être employés avec avantage pour la graduation des galvanomètres ordinaires.

On a encore

$$\mathrm{S}_a = \frac{\mathrm{G}_1\sin\beta}{\mathrm{H}}\frac{1}{\cos\delta},$$

$$\mathrm{S}_r = \tan\delta;$$

les deux sensibilités ont leur valeur maximum quand la rotation du cadre est voisine de 90°.

833. Boussole des tangentes. — Dans les galvanomètres proprement dits, le cadre reste fixe et l'aiguille prend une direction d'équilibre sous l'action combinée du courant et du champ extérieur.

Si le plan du cadre fait l'angle α avec le champ extérieur et que le courant I dévie l'aiguille de l'angle δ, on a

$$\mathrm{IMG}\cos(\delta+\alpha) = \mathrm{HM}\sin\delta,$$

ou

$$\text{(7)} \qquad \mathrm{I} = \frac{\mathrm{H}}{\mathrm{G}}\frac{\sin\delta}{\cos(\alpha+\delta)}.$$

En général, l'angle α est nul et, par suite,

$$(8) \qquad I = \frac{H}{G} \operatorname{tang} \delta;$$

l'intensité est proportionnelle à la *tangente* de la déviation. Cette méthode est aussi due à Pouillet.

Pour que la loi des tangentes soit à peu près exacte, il faut que le terme de correction γ, que l'on doit introduire dans la valeur de G (**822**), soit très petit, en d'autres termes que la longueur de l'aiguille soit petite par rapport au rayon moyen du cadre.

On a, pour la boussole des tangentes,

$$S_a = \frac{G}{H} \cos^2 \delta,$$

$$S_r = \frac{1}{2} \sin 2\delta;$$

la sensibilité absolue est maximum pour des déviations très faibles et la sensibilité relative pour la déviation de 45°.

831. — Si la direction du champ n'est pas parallèle au plan moyen du cadre, on peut corriger le défaut de réglage en observant la nouvelle déviation δ' obtenue après avoir renversé le courant. En admettant que la valeur de G reste la même pour les deux positions de l'aiguille, les deux équations d'équilibre sont

$$(9) \qquad \begin{aligned} IG \cos(\delta + \alpha) &= H \sin \delta, \\ IG \cos(\delta' - \alpha) &= H \sin \delta'; \end{aligned}$$

elles donnent, par addition,

$$IG \cos\left(\frac{\delta - \delta'}{2} + \alpha\right) = H \operatorname{tang} \frac{\delta + \delta'}{2} \cos \frac{\delta - \delta'}{2}.$$

Si la différence $\delta' - \delta$ est assez petite pour qu'on en puisse négliger le carré, l'angle α est du même ordre de grandeur, et on a sensiblement

$$(10) \qquad I = \frac{H}{G} \operatorname{tang} \frac{\delta + \delta'}{2}.$$

Lorsque cette simplification n'est pas permise, les équations (9) donnent

$$I^2 = \frac{H^2}{G^2} \frac{(\operatorname{tg}\delta' - \operatorname{tg}\delta)^2 + 4\operatorname{tg}^2\delta \operatorname{tg}^2\delta'}{(\operatorname{tg}\delta' + \operatorname{tg}\delta)^2}.$$

Dans les deux cas, on prendra pour G la moyenne des valeurs relatives aux déviations de droite et de gauche.

835. — Si l'aiguille est posée sur un pivot, le frottement, quelque faible qu'il soit, l'empêche d'atteindre en toute rigueur sa position d'équilibre et aucune méthode ne permet de corriger complètement cette cause d'erreur. On l'atténue en prenant une aiguille très légère et la faisant reposer par une chape d'agate bien polie sur une pointe d'acier très fine. Il faut s'assurer qu'en écartant l'aiguille de sa position d'équilibre de quantités très petites, elle y revient dans les limites des erreurs de lecture.

On préfère généralement suspendre l'aiguille à un fil, bien que le centrage soit alors moins sûr. Si la torsion du fil n'est pas négligeable, il est facile de l'éliminer. Lorsque le courant est supprimé, l'aiguille ne se place exactement dans le méridien magnétique que si le fil est sans torsion. Supposons qu'elle s'en écarte alors d'un angle β_0; en appelant encore θ_0 l'angle dont il faudrait détordre le fil pour ramener l'aiguille dans le méridien et C le coefficient du fil, on a

$$MH \sin\beta_0 = C(\theta_0 - \beta_0).$$

Si on tord le fil à la partie supérieure d'un angle θ, l'aiguille tourne d'un angle β et fait alors avec le méridien l'angle $\beta + \beta_0$; en répétant une seconde opération semblable avec une torsion θ' qui donne une déviation β', les conditions d'équilibre sont

$$MH \sin(\beta + \beta_0) = C(\theta - \beta + \theta_0 - \beta_0),$$
$$MH \sin(\beta' + \beta_0) = C(\theta' - \beta + \theta_0 - \beta_0).$$

Ces trois équations déterminent les angles θ_0 et β_0, qui permettraient au besoin de rectifier la position initiale, et le rapport $\varepsilon = \frac{C}{MH}$ du coefficient du fil au couple produit par le champ sur l'aiguille.

Comme l'écart β_0 est en général très petit, on en déduit

$$\varepsilon = \frac{\sin\beta(1+\cos\beta') - \sin\beta'(1+\cos\beta)}{(\theta-\beta)(1+\cos\beta') - (\theta'-\beta')(1+\cos\beta)}.$$

Si la torsion initiale θ_0 est nulle, on a aussi $\beta_0 = 0$ et

$$\varepsilon = \frac{\sin\beta}{\theta-\beta}.$$

Enfin, si les déviations β sont elles-mêmes très petites, comme lorsqu'on emploie des fils de cocon, cette expression devient plus simplement

$$\varepsilon = \frac{\beta}{\theta}.$$

Un moyen très simple de donner une torsion au fil, quand il n'est pas suspendu à un tambour mobile portant une graduation, consiste à faire tourner l'aiguille d'une circonférence entière par un aimant extérieur; on a alors

$$\theta = 2\pi.$$

En tenant compte de cette torsion et de l'angle α que fait la direction du champ avec le plan moyen du cadre, les équations d'équilibre, pour les directions directe et inverse du courant, sont

$$IMG\cos(\delta+\alpha-\beta_0) = HM\sin(\delta-\beta_0) + C(\theta_0-\beta_0+\delta),$$
$$IMG\cos(\delta'-\alpha+\beta_0) = HM\sin(\delta'+\beta_0) - C(\theta_0-\beta_0-\delta');$$

il en résulte

$$IMG\cos\frac{\delta+\delta'}{2}\cos\left(\frac{\delta-\delta'}{2}+\alpha-\beta_0\right)$$
$$= HM\sin\frac{\delta+\delta'}{2}\cos\left(\frac{\delta-\delta'}{2}-\beta_0\right) + C\frac{(\delta+\delta')}{2}.$$

Lorsque les angles α et β_0 sont très petits, il en est de même de la différence $\delta - \delta'$ et on a sensiblement

$$(11) \qquad I = \frac{H}{G} \operatorname{tang} \frac{\delta + \delta'}{2} + \varepsilon \frac{\frac{\delta + \delta'}{2}}{\cos \frac{\delta + \delta'}{2}}.$$

Si les déviations δ et δ' sont elles-mêmes très faibles, on peut écrire encore

$$I = \frac{H}{G} \operatorname{tang} \frac{\delta + \delta'}{2} + \varepsilon \frac{\delta + \delta'}{2}.$$

836. — D'après ce qu'on a vu plus haut (**746**), le terme de correction γ relatif à une aiguille de longueur magnétique $2l$, dont le milieu est situé sur l'axe, à la distance x du centre de la bobine, a pour valeur, quand on s'arrête aux quantités du second ordre,

$$\gamma = \frac{3}{4} \frac{a^2 - 4x^2}{u^2} (1 - 5 \sin^2 \delta) \frac{l^2}{u^2},$$

expression dans laquelle a est le rayon moyen de la bobine et u la distance $\sqrt{a^2 + x^2}$. L'équation (8) donne alors, au même degré d'approximation,

$$I = \frac{H}{G} \left[1 - \frac{3}{4} \frac{a^2 - 4x^2}{u^2} (1 - 5 \sin^2 \delta) \frac{l^2}{u^2} \right] \operatorname{tang} \frac{\delta + \delta'}{2},$$

ou, pour une aiguille située au centre du cadre,

$$I = \frac{H}{G} \left[1 - \frac{3}{4} (1 - 5 \sin^2 \delta) \frac{l^2}{a^2} \right] \operatorname{tang} \frac{\delta + \delta'}{2}.$$

La longueur $2l$ est assez difficile à déterminer pour une aiguille de forme quelconque, mais pour un barreau court et cylindrique on peut admettre, d'après les expériences de Coulomb, que le pôle est au tiers de la demi-longueur à partir de chaque extrémité et que, par suite, la valeur de l est égale aux $\frac{2}{3}$ de la demi-longueur de l'aimant.

Lorsque l'angle δ varie de zéro à 45°, le facteur $(1-5\sin^2\delta)$ reste inférieur à 1,5. Si donc le rapport $\frac{l^2}{a^2}$ est de l'ordre des erreurs expérimentales, ou du moins de l'approximation que l'on veut atteindre, la loi des tangentes sera applicable dans le même intervalle. Au delà de cette limite, la sensibilité irait d'ailleurs rapidement en diminuant.

Pour étendre ces limites, M. Bertin (¹) a proposé de placer le cadre à 45° du méridien magnétique et de faire passer le courant de manière que l'aiguille soit ramenée vers le cadre. L'équation (7) devient alors

$$I = \frac{H}{G}\frac{\sin\delta}{\cos(\alpha-\delta)},$$

ou, en appelant θ l'angle $\alpha-\delta$ de l'aiguille avec le cadre et faisant $\alpha = 45°$,

$$I = \frac{H}{G\sqrt{2}}(1-\tan\theta).$$

L'angle θ peut ainsi varier de $+45°$ à $-45°$, de sorte que la déviation totale peut atteindre 90°; l'intensité du courant que permet de mesurer la boussole, sans terme de correction, est alors doublée. Toutefois, avec cette méthode, il n'est plus possible de renverser le courant et d'éliminer les défauts de réglage.

837. — Dans l'instrument primitif de Pouillet, le cadre était formé par un cercle unique de 25 à 30 centimètres de diamètre, avec une aiguille de 7 à 8 centimètres de longueur posée sur un pivot et portant un index mobile sur un cercle gradué; le rapport $\frac{l^2}{a^2}$ était alors d'environ $\frac{1}{16}$ et le terme de correction de même ordre.

L'inexactitude de la loi des tangentes dans cet appareil fut

(¹) Bertin, *Ann. de Chim. et de Phys.* [4], t. XVI, p. 25, 1869.

d'abord mise en évidence par les expériences de Despretz [1], et Blanchet a calculé la correction (**716**) que l'on doit apporter aux lectures.

M. Joule [2] paraît avoir été le premier à employer une boussole des tangentes dans des conditions plus conformes à la théorie. L'aiguille, formée d'un petit barreau de 5 à 6 millimètres de longueur, est suspendue par un fil de cocon au centre d'un cadre de 15 centimètres de diamètre ; on a alors $\frac{l}{a}=\frac{1}{30}$, et la correction ne dépasse pas $\frac{1}{800}$, même avec une déviation de 45°. Pour la lecture des déviations, l'aiguille porte un fil de verre dont l'extrémité se déplace au-dessus d'un cercle gradué. Le frottement de ce fil dans l'air produit un amortissement énergique et la moyenne des lectures, après inversion du courant, donne la mesure de la déviation avec une erreur qui ne dépasse pas 2′, d'après M. Joule.

On préfère généralement, dans les expériences de précision, donner aux boussoles une sensibilité moindre, en diminuant le nombre des spires ou augmentant le diamètre du cadre, et mesurer les déviations par la méthode du miroir. Le terme de correction γ est alors sensiblement constant.

La bobine de Gaugain (**718**), à enroulement conique, supprime le terme de correction du second ordre quand l'aiguille est située au sommet du cône, mais ce mode de construction présente des difficultés pratiques et une dissymétrie qui l'ont bientôt fait abandonner.

Les deux cadres égaux de M. Helmholtz (**719**) font disparaître le terme du second ordre quand la distance des cadres est égale au rayon moyen, et même le terme du quatrième ordre qui dépend de la bobine, pour un rapport convenable des dimensions des gorges.

Enfin les bobines à quatre cadres (**750**) et les bobines à trois cadres (**751**) donnent encore d'autres solutions pour obtenir un champ sensiblement uniforme, mais ces dispositions paraissent avoir été rarement utilisées.

(1) Despretz, *C. R. de l'Acad. des sc.*, t. XXXV, p. 449, 1852.
(2) Joule, *Brit. Ass. Rep.*, Cork, 1843; *Scientific. papers*, t. I, p. 404.

Une autre disposition, employée par W. Weber [1], consiste à placer l'aiguille aimantée en dehors de la bobine et dans une position principale, sur l'axe ou dans le plan moyen, l'axe étant d'ailleurs perpendiculaire au méridien.

Dans le premier cas, si la distance x est assez grande, le terme de correction peut se mettre sous la forme

$$\gamma = -3(1 - 5\sin^2\delta)\frac{l^2}{u^2}.$$

Quand l'aiguille est dans le plan moyen, à la distance r du centre, on a (**795**)

$$\gamma = \frac{15\frac{l^2}{r^2}\left(1 - \frac{1}{2}\sin^2\delta\right)}{1 + \frac{1}{2}\left(\frac{3}{2}\right)^2\frac{a^2}{r^2} + \dots} = 15\frac{l^2}{r^2}\frac{\cos^2\frac{\delta}{2}}{1 + \frac{9}{8}\frac{a^2}{r^2}}.$$

La boussole des tangentes est un des instruments qui conviennent le mieux pour la mesure des courants en valeurs absolues. Il faut alors, indépendamment de la constante galvanométrique G, qui doit être calculée en fonction des dimensions du cadre, mesurer en valeurs absolues l'intensité H du champ extérieur. Nous examinerons plus loin les méthodes employées pour cette dernière détermination.

838. — La figure 161 représente une boussole des tangentes à cadres mobiles, entièrement construite en bois. Chacun des deux cadres est porté par une monture qui, glissant sur deux règles de bois, peut être fixée par une vis de pression et déplacée par une vis de rappel ; deux verniers permettent de mesurer la distance des cadres.

L'aiguille, munie d'un miroir et suspendue par un fil de cocon, est placée sur l'axe des bobines ; la lecture des angles se fait avec une lunette et une échelle graduée. L'ensemble de l'appareil tournant autour d'un axe vertical, on peut le régler de façon que, pour la position normale, l'aiguille soit parallèle aux plans des cadres.

[1] Weber, *Electrodyn. Maasbestim.*, t. I, p. 16, 1846.

On satisfait à la condition de la boussole de Helmholtz par un écartement convenable des cadres. Dans tous les cas, la longueur de l'aiguille n'est que le dixième du diamètre des cadres et la faible correction à la loi des tangentes peut être déterminée avec une approximation suffisante. La sensibilité est maximum quand les deux cadres sont rapprochés au contact du tube qui renferme le fil de suspension.

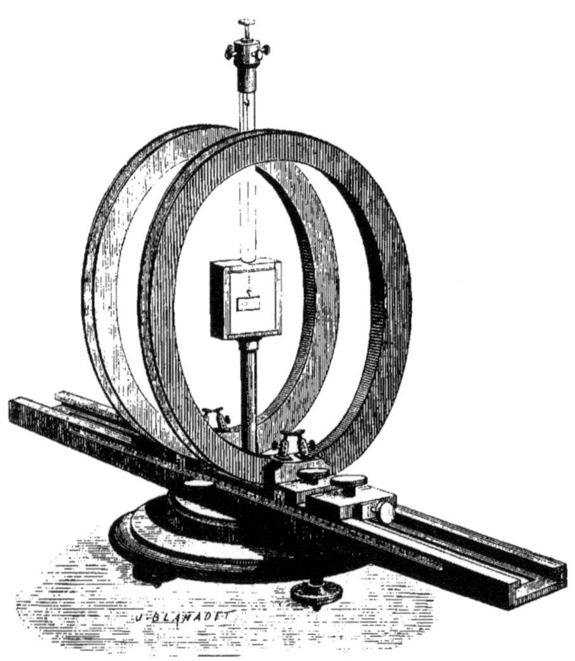

Fig. 161

839. Galvanomètres usuels. — Dans un instrument qui n'est pas destiné aux mesures absolues on cherche surtout à obtenir une grande sensibilité en même temps que des lectures rapides et faciles.

La sensibilité est proportionnelle à G et en raison inverse de H. Pour augmenter le facteur G, il faut rapprocher autant que possible les spires de l'aiguille et enrouler le fil de manière que la courbe qui limite la section de la gorge (**733**) satisfasse à l'équation $u^2 = c^2 \sin\theta$; il vaudrait mieux encore distribuer le fil par couches satisfaisant à cette condition et dans chacune desquelles le diamètre du fil augmente comme le paramètre c (**735**). Enfin on se sert d'aiguilles très petites pour réduire au minimum la cavité centrale qui supprime précisément les spires dont l'action spécifique est la plus grande.

Nous ajouterons qu'il est très important de n'employer dans la construction de la bobine que du cuivre très pur et surtout exempt de fer. La présence de matières étrangères diminue très rapidement la conductibilité du cuivre. Les traces de fer donnent lieu à des actions locales qui deviennent considérables dès que la masse des fils se rapproche beaucoup de l'aiguille; les perturbations dues à cette cause ont été pendant longtemps une source de difficultés très graves dans l'emploi des galvanomètres de grande sensibilité.

840. Champ artificiel. — Plusieurs dispositions peuvent être employées pour diminuer l'action du champ extérieur. On compense généralement l'action de la terre par celle d'un barreau. Si le barreau est placé symétriquement par rapport à l'axe de rotation de l'aiguille et que tous ses points soient à une grande distance de l'aiguille, son champ magnétique est sensiblement uniforme et horizontal dans la région qu'elle occupe.

Appelons H′ et H les composantes horizontales du champ du barreau et du champ terrestre, et θ l'angle de leurs directions respectives ; l'intensité R du champ résultant et l'angle α qu'il fait avec le méridien magnétique sont donnés par les équations

$$R^2 = H^2 + H'^2 + 2HH'\cos\theta,$$
$$(H + H'\cos\theta)\,\mathrm{tg}\,\alpha = H'\sin\theta.$$

Le minimum de R, qui correspond à $\theta = \pi$, est $\pm(H - H')$. Si le rapport des champs H et H′ est voisin de l'unité, l'angle α est voisin de $\frac{\theta}{2}$; il tend vers $\frac{\pi}{2}$ quand θ s'approche de π, c'est-à-dire que la position d'équilibre de l'aiguille tend à faire un angle droit avec le méridien, comme pour un système d'aiguilles quasi astatiques (**299**).

L'instrument est alors très sensible aux variations d'intensité ou de direction des champs composants; on a, en effet, pour les changements $d\text{H}$ du champ terrestre,

$$\frac{d\text{R}}{\text{R}}=\frac{\text{H}+\text{H}'\cos\theta}{\text{R}^2}d\text{H}, \text{ ou sensiblement }=\frac{d\text{H}}{\text{H}-\text{H}'},$$

et, pour les changements de direction,

$$\frac{d\alpha}{d\theta}=\frac{\text{H}'(\text{H}\cos\theta+\text{H}')}{\text{R}^2},\ldots.=-\frac{\text{H}'}{\text{H}-\text{H}'}.$$

Dans les conditions de sensibilité maximum, la différence $\text{H}-\text{H}'$ étant très petite, la variation relative du champ résultant est très grande et la position d'équilibre change beaucoup avec les variations de la déclinaison.

L'aimant compensateur est ordinairement porté par une tige verticale placée sur le galvanomètre dans le prolongement de l'axe de rotation de l'aiguille. Une vis de pression permet de le fixer sur cette tige à une hauteur quelconque et une vis tangente fait tourner la tige elle-même autour de son axe. On donne à l'aimant la forme d'un arc de cercle pour avoir un champ plus uniforme dans la région comprise entre les deux pôles, et pouvoir au besoin placer les deux pôles sur le prolongement de l'aiguille.

841. **Aiguilles astatiques.** — Un second procédé consiste à employer, comme Nobili (¹) l'a fait le premier, un système d'aiguilles astatiques (**299**). L'action de la terre sur le système peut être réduite à volonté; en plaçant dans l'intérieur du cadre une seule des aiguilles et laissant l'autre à l'extérieur, l'action du cadre est légèrement augmentée, l'action sur l'aiguille extérieure, très faible d'ailleurs, étant toujours de même sens que l'action principale.

L'appareil est plus symétrique quand on emploie deux cadres superposés, avec une aiguille au milieu de chacun

(¹) Nobili, *Memorie ed osservazioni*, vol. I, p. 1, Firenze, 1834. — Le galvanomètre de Nobili a été construit en 1825.

d'eux, et qu'on fait passer le courant en sens contraires dans les deux bobines. Comme un système presque astatique tend à se placer normalement au méridien, on peut se servir de cette propriété, ainsi que de la durée des oscillations, pour apprécier le degré de compensation du système.

842. Suspension bifilaire. — Un troisième procédé, indiqué par Gauss [1], consiste à soutenir le barreau par une suspension bifilaire, de manière que sa position d'équilibre soit encore dans le méridien, mais en sens inverse de celui qu'il prendrait sous l'action de la terre. Le couple directeur résultant est égal à l'excès du couple bifilaire sur le couple terrestre ; cette différence peut être rendue très petite, mais la disposition expérimentale est moins commode que les précédentes et ne convient qu'aux aimants très lourds.

843. Amortissement. — Avec des instruments non amortis les observations sont toujours longues et fastidieuses. Bien qu'il ne soit pas nécessaire d'attendre le repos complet de l'aiguille, encore faut-il, pour déduire la position d'équilibre de trois élongations consécutives (**695**), que les amplitudes soient suffisamment réduites. Lorsque les galvanomètres ont un amortissement propre très faible, on peut arrêter l'aiguille par l'action d'un petit aimant tenu à la main qu'on manœuvre d'une manière méthodique pour contrarier les oscillations : il est commode alors d'employer un aimant articulé en forme de compas, dont l'action devient insensible quand les deux branches sont rapprochées au contact. On trouve souvent plus d'avantage à installer auprès du galvanomètre une petite bobine dans laquelle on lance à propos le courant d'une pile auxiliaire, dans un sens ou dans l'autre, au moyen d'une clef placée sous la main de l'observateur. Toutefois, pour les galvanomètres usuels, il est préférable que l'instrument ait par lui-même un amortissement notable.

L'amortissement naturel des oscillations est dû à la résistance de l'air et aux courants d'induction développés par le mouvement de l'aimant, soit dans les fils de la bobine, soit dans les masses métalliques voisines.

[1] Gauss, *Œuvres*, t. V, p. 367; *Resultate des M. Vereins*, t. I, 1837.

Lorsque les oscillations décroissent en progression géométrique, le décrément logarithmique λ peut être pris comme mesure de l'amortissement. Le couple directeur qui provient du champ et du courant est égal à RM; en appelant, comme plus haut (**678**), C_1 le coefficient de résistance du milieu, K le moment d'inertie du système, et négligeant les effets d'induction, on a (**681**)

$$\lambda^2 = \varepsilon^2\tau^2 = \pi^2 \frac{\varepsilon^2}{n^2 - \varepsilon^2} = \frac{C_1^2}{4KMR - C_1^2}.$$

844. — L'amortissement par l'air peut être très grand, comme dans la boussole de Joule (**837**). On munit quelquefois l'aiguille d'ailettes en aluminium ou en mica qui augmentent beaucoup le frottement de l'air; ce moyen est encore plus efficace quand les ailettes sont enfermées dans une boîte et très rapprochées des parois. Dans les appareils à réflexion, le miroir lui-même agit comme amortisseur; quand on le place dans une cavité cylindrique très étroite on peut arriver jusqu'au mouvement apériodique (galvanomètre *dead beat* de sir W. Thomson).

845. — L'amortissement par le cadre est un effet plus complexe. Soit α l'angle que fait le plan moyen du cadre avec la direction du champ extérieur H, x_0 la déviation qui correspond à l'équilibre de l'aiguille pour le courant constant I_0. Lorsque l'aiguille, dans ses oscillations, fait un angle x avec sa position d'équilibre, le moment de l'action du cadre relatif à l'unité du courant est MG cos $(\alpha + x_0 + x)$; pour un déplacement dx, le travail de cette action sur l'aiguille, ou la variation du flux de force qui émane de l'aiguille et traverse le circuit, est

$$dQ = MG\cos(\alpha + x_0 + x)\,dx.$$

Si R est la résistance et L le coefficient de self-induction du circuit, l'intensité I du courant induit par l'aiguille satisfait (**518**) à l'équation

$$(12) \qquad L\frac{dI}{dt} + RI + MG\cos(\alpha + x_0 + x)\frac{dx}{dt} = 0;$$

on a d'ailleurs

$$(13)\qquad I_0 MG\cos(\alpha + x_0) = HM\sin x_0.$$

D'autre part, le moment du couple qui agit sur l'aiguille à l'instant considéré a pour valeur

$$(I_0 + I)MG\cos(\alpha + x_0 + x) - C_1\frac{dx}{dt} - HM\sin(x_0 + x);$$

l'équation du mouvement de l'aiguille est donc (**675**)

$$(14)\quad K\frac{d^2x}{dt^2} + C_1\frac{dx}{dt} + HM\sin(x_0 + x) = (I_0 + I)MG\cos(\alpha + x_0 + x).$$

L'élimination de I entre les équations (12) et (14) conduirait à une équation différentielle du troisième ordre, à coefficients transcendants, même si l'on suppose que la valeur de G est une constante.

L'équation se simplifie un peu quand on considère des oscillations très petites autour de la position d'équilibre, mais les coefficients de l'équation différentielle ne deviennent constants que si l'écart α et la déviation initiale x_0 sont eux-mêmes très petits; on peut écrire alors, en tenant compte de l'équation (13),

$$(12)'\qquad L\frac{dI}{dt} + RI + MG\frac{dx}{dt} = 0,$$

$$(14)'\qquad K\frac{d^2x}{dt^2} + C_1\frac{dx}{dt} + HMx = MGI.$$

Dans ce cas particulier, le mouvement de l'aiguille de part et d'autre de sa position d'équilibre est indépendant du courant primitif I_0.

Si on pose

$$(15)\qquad 2\varepsilon_0 = \frac{C_1}{K},\quad n_0^2 = \frac{HM}{K},\quad \delta = \frac{M^2G^2}{2KR},$$

et qu'on élimine l'intensité I du courant induit entre les équations (12)′ et (14)′, on obtient l'équation différentielle linéaire du troisième ordre

$$(16)\quad L\left(\frac{d^3x}{dt^3}+2\varepsilon_0\frac{d^2x}{dt^2}+n_0^2\frac{dx}{dt}\right)+R\left(\frac{d^2x}{dt^2}+2(\varepsilon_0+\delta)\frac{dx}{dt}+n_0^2\right)=0.$$

Lorsque le circuit est ouvert, on a $I=0$ et le phénomène est défini par l'équation

$$\frac{d^2x}{dt^2}+2\varepsilon_0\frac{dx}{dt}+n_0^2x=0.$$

Si l'amortissement est assez faible pour que le mouvement ne soit pas apériodique et qu'on prenne pour origine du temps l'époque où l'aiguille passe par la position d'équilibre (**681**), l'intégrale est de la forme

$$x=A_0e^{-\varepsilon_0 t}\sin\gamma_0 t=A_0e^{-\frac{\lambda_0}{\tau_0}t}\sin\pi\frac{t}{\tau_0},$$

le coefficient A_0 dépendant des conditions initiales. On a d'ailleurs la condition

$$\gamma_0^2+\varepsilon_0^2=n_0^2.$$

Si on pose $\varphi_0^2=1+\frac{\lambda_0^2}{\pi^2}$ et qu'on appelle T la durée des oscillations sans amortissement, on a aussi

$$n_0^2=\frac{HM}{K}=\frac{\pi^2}{T^2}=\pi^2\frac{\varphi_0^2}{\tau_0^2}.$$

Lorsque le circuit est fermé, l'intégrale générale de l'équation (16) est de la forme

$$x=A_1e^{\rho_1 t}+A_2e^{\rho_2 t}+A_3e^{\rho_3 t},$$

les valeurs de ρ_1, ρ_2 et ρ_3 étant les racines de l'équation

$$(17)\qquad L(\rho^3+2\varepsilon_0\rho^2+n_0^2\rho)+R(\rho^2+2(\varepsilon_0+\delta)\rho+n_0^2)=0.$$

Comme le rapport de L à R est très petit, l'une des racines ρ_1 est très grande et voisine de $-\frac{R}{L}$; les deux autres racines ρ_2 et ρ_3 diffèrent très peu des racines de l'équation

$$u^2+2(\varepsilon_0+\delta)u+n_0^2=0,$$

lesquelles sont imaginaires.

L'équation (17) étant mise sous la forme

$$Lf(\rho)+R\varphi(\rho)=0,$$

si on y remplace ρ par $u+y$, y étant une quantité très petite, et qu'on la développe par la série de Taylor en ne prenant que les premiers termes et remarquant que $\varphi(u)=0$, on en déduit pour y la valeur très approchée

$$y=-\frac{L}{R}\frac{f(u)}{\varphi'(u)}=-\frac{L}{R}\frac{u}{2}\frac{u^2+2\varepsilon_0 u+n_0^2}{u+\varepsilon_0+\delta}=\frac{L}{R}\delta\frac{u^2}{u+\varepsilon_0+\delta}.$$

En posant

$$(18)\qquad \begin{aligned} \beta^2 &= n_0^2-(\varepsilon_0+\delta)^2,\\ \delta' &= 2\frac{L}{R}\delta(\varepsilon_0+\delta),\\ \beta' &= \frac{L}{R}\frac{\delta}{\beta}(2\beta^2-n_0^2), \end{aligned}$$

on obtient, pour les valeurs de ρ_2 et ρ_3,

$$\rho=-(\varepsilon_0+\delta+\delta')\pm(\beta+\beta')\sqrt{-1}.$$

Si on prend pour origine du temps l'époque où l'aiguille passe par une élongation d'amplitude a, les facteurs constants A_1, A_2 et A_3 seront déterminés par la condition que pour $t=0$, on ait

$$x=a,\quad \frac{dx}{dt}=0\quad \text{et}\quad I=0.$$

Le coefficient A_1 est proportionnel au cube du rapport $\frac{L}{R}$ et le terme correspondant est négligeable; t_0 étant l'époque de passage par la position d'équilibre, la valeur de x peut donc se mettre encore sous la forme

$$x = Ae^{-\varepsilon t}\sin\gamma(t-t_0) = Ae^{-\frac{\lambda}{\tau}t}\sin\pi\frac{t-t_0}{\tau},$$

et on a, en négligeant le carré du rapport $\frac{L}{R}$,

$$(19)\qquad \begin{aligned} &\varepsilon = \varepsilon_0 + \delta + \delta' = \varepsilon_0 + \delta\left(1 + \frac{2L}{R}\varepsilon\right),\\ &\gamma = \beta + \beta'. \end{aligned}$$

On déduit de la première de ces équations [1]

$$(20)\qquad \frac{1}{\delta} = \frac{2KR}{M^2G^2} = R\frac{2H}{G^2M}\frac{\tau_0^2}{\pi^2\varphi_0^2} = \frac{1}{\varepsilon-\varepsilon_0}\left(1+\frac{2L}{R}\varepsilon\right).$$

Au même degré d'approximation, les équations (18) et (19) donnent, en posant $\varphi^2 = 1 + \frac{\lambda^2}{\pi^2}$,

$$\varepsilon^2 + \gamma^2 = \frac{\pi^2\varphi^2}{\tau^2} = n_0^2\left(1 + 2\frac{L}{R}\delta\right) = \frac{\pi^2\varphi_0^2}{\tau_0^2}\left(1 + 2\frac{L}{R}\delta\right),$$

$$\varepsilon - \varepsilon_0 = \frac{\varphi_0}{\tau_0}\left(\frac{\lambda}{\varphi} - \frac{\lambda_0}{\varphi_0}\right)\left(1 + \frac{L}{R}\varepsilon\right).$$

A moins que l'amortissement ne soit considérable, les durées d'oscillation τ et τ_0 diffèrent très peu l'une de l'autre.

Si on néglige le rapport $\frac{L}{R}$, on déduit de l'équation (20)

$$\frac{\lambda}{\tau} = \frac{\lambda_0}{\tau_0} + \frac{M^2G^2}{2RK}.$$

(1) Maxwell, *Electr. and Magn*, t. II, p. 363.

L'amortissement λ augmente donc avec la constante G du cadre, avec le rapport du carré du moment magnétique de l'aiguille à son moment d'inertie et en sens inverse de la résistance du circuit; il est maximum quand la bobine est fermée sur elle-même.

Quand on ajoute au circuit une résistance R', les valeurs approchées des éléments λ' et τ' des oscillations nouvelles satisfont à l'équation

$$R\left(\frac{\lambda}{\tau}-\frac{\lambda_0}{\tau_0}\right)=(R+R')\left(\frac{\lambda'}{\tau'}-\frac{\lambda_0}{\tau_0}\right),$$

ou

$$\frac{\lambda'}{\tau'}=\frac{R}{R+R'}\frac{\lambda}{\tau}+\frac{R'}{R+R'}\frac{\lambda_0}{\tau_0}.$$

L'équation (20), comme nous le verrons plus tard, est une de celles dont on peut faire usage pour déterminer la résistance R en fonction des données de l'expérience; elle donne, en effet, au même degré d'approximation [1],

$$(20)' \qquad R=\frac{G^2}{2}\frac{M}{H}\frac{\pi^2\varphi_0^2}{\tau_0^2(\varepsilon-\varepsilon_0)}+2L\varepsilon.$$

Si on y remplace $\varepsilon-\varepsilon_0$ par sa valeur on peut écrire [1],

$$(20)'' \qquad R=\frac{G^2M}{2H}\frac{\pi^2\varphi_0}{\tau_0\left(\frac{\lambda}{\varphi}-\frac{\lambda_0}{\varphi_0}\right)}+L\frac{\lambda}{\tau}.$$

846. — Dans la plupart des galvanomètres usuels, la bobine a par elle-même une résistance considérable, de sorte que l'amortissement dû aux courants induits dans le fil est toujours très faible.

Depuis la découverte de Gambey [2] sur l'amortissement des aimants par les plaques métalliques, on place souvent au-dessous ou autour de l'aiguille une masse de cuivre très épaisse et par suite très conductrice. Cette disposition peut être appli-

(1) E. Dorn, *Wied. Ann.* Bd. XXII, p. 265, 1884.
(2) Arago, *Ann. de chim. et de phys.* [2], t. XXVIII, p. 325, 1824.

quée avec avantage à tous les instruments, comme les boussoles des tangentes, où le cadre ne produit pas d'amortissement appréciable, à cause de sa distance à l'aiguille. Pour que le rapport du moment magnétique au moment d'inertie du système mobile reste aussi grand que possible et pour éviter toute pièce accessoire, W. Weber [1] s'est servi, comme aiguille, d'un petit miroir circulaire en acier, aimanté suivant un diamètre, et oscillant au milieu d'une cavité ménagée au centre d'une sphère en cuivre rouge très épaisse. Cette sphère, formant un écran conducteur (**563**) entre l'aimant et la bobine, rend presque nul l'amortissement dû au cadre, alors même que celui-ci est très rapproché de l'aiguille.

Avec une sphère de cuivre un peu épaisse, sans solution de continuité, et une aiguille très aimantée, on obtient facilement un mouvement apériodique (**685**).

Toutefois cette disposition ne convient pas pour les galvanomètres très sensibles, parce que l'introduction d'une masse métallique autour de l'aiguille augmente la cavité centrale de la bobine, ce qui a pour effet de diminuer la sensibilité.

Ces principes généraux posés, nous allons passer en revue les principaux types de galvanomètres en usage.

847. Galvanomètre de Nobili. — Le galvanomètre qui pendant longtemps a été le plus répandu est celui de Nobili [2]. Les aiguilles, formant un système astatique, sont des morceaux d'aiguilles à coudre, de 5 à 6 centimètres de longueur; le cadre est rectangulaire (fig. 162), et le noyau juste assez grand pour permettre le libre mouvement de l'une des aiguilles; sa largeur est de 4 à 5 centimètres. L'aiguille inférieure est à l'intérieur du cadre, l'autre est à l'extérieur et munie d'un index effilé. Le système est attaché à un fil de cocon L et peut être élevé ou abaissé à l'aide d'une vis K.

Une plaque de cuivre rouge S est interposée entre le cadre et l'aiguille supérieure; elle porte le cadran divisé et contribue en même temps à amortir les oscillations. A la partie supérieure, les spires forment deux paquets laissant entre eux un

[1] W. Weber, *Maasbestimmungen*, t. I, p. 17, 1846.

[2] Nobili, *Descrizione d'un nuovo galvanometro*. (Maggio 1825), *Memorie ed osservazioni*, etc., vol. I, p. 1.

intervalle pour l'introduction du système astatique ; on doit alors percer la plaque de cuivre d'une fente correspondante. qui a l'inconvénient d'interrompre la plaque au voisinage du maximum de vitesse de l'aiguille et nuit beaucoup à l'amor-

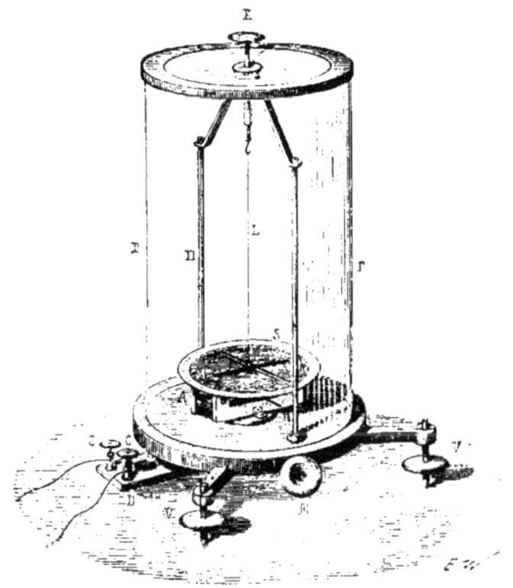

Fig. 162

tissement. Une cloche en verre PP′ garantit l'appareil contre les courants d'air.

Cette forme de galvanomètre a été l'objet de travaux importants de Nobili, Melloni, Péclet, Dubois-Raymond, de la Provostaye et Desains, etc., relatifs à la chaleur rayonnante ou à la physiologie. Les instruments très sensibles étaient sujets à l'inconvénient, dont il a été question plus haut, de donner plusieurs positions d'équilibre, par suite de la présence de quelques traces de fer dans le fil de cuivre. Pour faire disparaître en grande partie les difficultés relatives au zéro, Péclet [1] réunissait en un seul paquet le fil enroulé sur la bobine et supportait l'aiguille par un étrier coudé faisant le tour du cadre; cette disposition supprimait la fente diamétrale de la plaque de cuivre.

[1] Péclet, *Ann. de chim. et de phys.* [3], t. II, p. 103, 1841.

848. Galvanomètre de Weber. — Les méthodes employées par Weber [1] l'ont conduit à augmenter beaucoup les dimensions du barreau aimanté; il emploie un cylindre de 10 centimètres de longueur et 15 millimètres de diamètre, ordinairement creux, pour diminuer le moment d'inertie sans diminuer notablement le moment magnétique. L'aimant est entouré d'un manchon elliptique de cuivre rouge très épais, qui sert à la fois d'amortisseur et de noyau pour la bobine. La suspension est formée par un faisceau de fils de soie, et on fait les lectures par la méthode du miroir.

Cette disposition ne permet pas l'usage de systèmes astatiques, mais on peut augmenter la sensibilité par une suspension bifilaire qui tend à donner au barreau une direction opposée à celle du champ terrestre (**842**).

849. Galvanomètres Thomson. — Sir W. Thomson a cherché à se rapprocher autant que possible des conditions théoriques dans la construction des galvanomètres.

L'aiguille est formée d'une lame mince d'acier, de $0^c,8$ environ de longueur, collée sur le dos du miroir qui doit servir aux observations; au lieu d'une seule lame, on peut en employer quatre ou cinq disposées parallèlement. On cherche à rendre aussi petit que possible le poids du miroir et de l'aiguille; ce poids ne dépasse guère $0^{gr},05$ dans les instruments bien construits. Le système est suspendu à un fil de cocon de 1 centimètre environ, et logé dans une cavité de section rectangulaire juste suffisante pour laisser à l'aiguille de très petits mouvements de part et d'autre de la position d'équilibre. Les courants d'induction n'interviennent que pour une faible part dans l'amortissement, à cause de la petitesse de l'aiguille, de sa distance au cadre et de la grande résistance que le fil présente ordinairement. La bobine est circulaire et la section de la gorge est un rectangle circonscrit à la courbe théorique (**733**) de meilleur enroulement. Un aimant correcteur permet de faire varier à volonté la force directrice qui agit sur l'aiguille.

Sir W. Thomson a construit des galvanomètres de cette

(1) Weber, *Electrodyn. Maasbest. Widerstandmess.*, p. 337.

forme dans lesquels le diamètre du fil des différentes couches varie suivant la loi indiquée par la théorie (**735**). Chaque couche communique avec un bouton extérieur, qui permet de prendre, dans la partie centrale, la longueur totale de fil

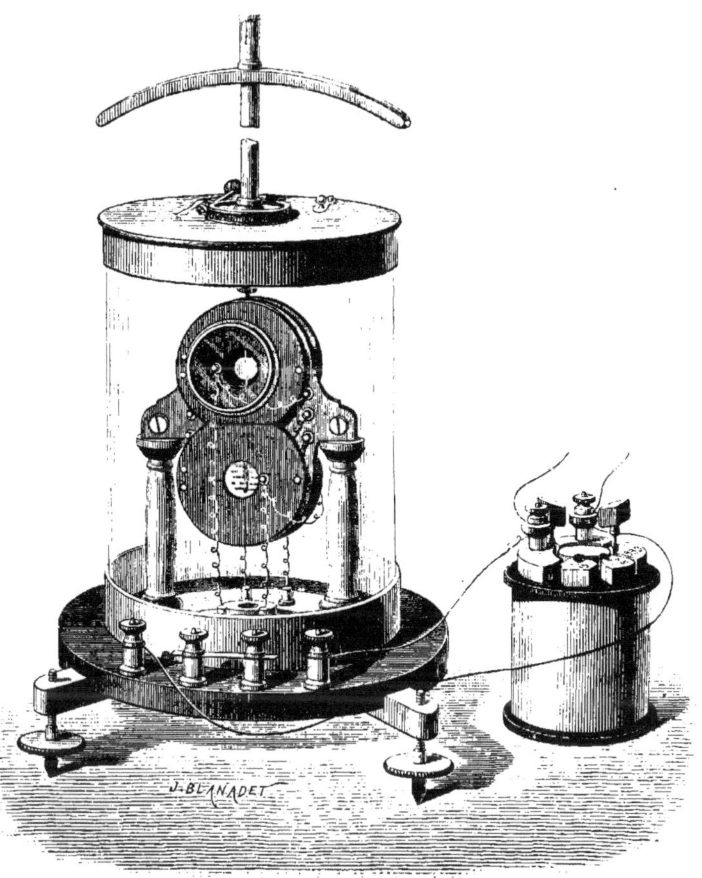

Fig. 163

dont la résistance est égale à celle du circuit extérieur. On peut opérer ainsi dans les conditions du maximum de sensibilité pour toutes les expériences (*Graded galvanometer*).

Dans le galvanomètre astatique (fig. 163), les deux aiguilles du système sont placées séparément au centre d'une bobine circulaire. Chacune de ces bobines se compose de deux cadres qui s'appliquent l'un contre l'autre en laissant seulement entre eux un passage suffisant pour la tige d'aluminium qui relie les aiguilles. Cette tige porte le miroir au centre de l'une des bobines et, dans le vide de l'autre bobine, une lame mince d'aluminium ou de mica pour l'amortissement. On fait passer le courant en sens inverses dans les deux bobines, pour que les actions s'ajoutent. Un aimant correcteur, en modifiant inégalement le champ extérieur sur les deux aiguilles, permet de faire varier à volonté la sensibilité de l'appareil. Si le système des aiguilles est très voisin d'être astatique, la position d'équilibre ne dépend plus que de l'aimant et le zéro est beaucoup plus stable.

La résistance des bobines, sauf pour les instruments destinés aux expériences de chaleur rayonnante, est généralement considérable et s'élève à 8 ou 10 000 ohms.

Ces galvanomètres ont des oscillations rapides qui s'amortissent très promptement. Leur sensibilité est très grande et ils sont surtout appropriés aux méthodes de réduction au zéro, dans lesquels on a seulement à constater l'existence et le sens d'un courant très faible.

850. Galvanomètre Siemens. — Ce galvanomètre se distingue surtout par l'aiguille, qui est une espèce d'aimant en fer à cheval, ayant la forme d'une cloche cylindrique échancrée dans une grande partie de sa longueur suivant un plan diamétral. Cette cloche tourne autour de son axe dans une cavité cylindrique creusée au milieu d'une sphère pleine en cuivre rouge. Les oscillations se faisant autour de l'axe de révolution, l'aimant reste toujours dans la même situation par rapport à la sphère ; il en résulte, ce qui n'a pas lieu dans les autres dispositions, que les courants induits sont rigoureusement proportionnels à la vitesse, quelle que soit l'amplitude des oscillations.

Comme ces courants induits sont très intenses et que le système oscillant a un moment d'inertie très faible, on obtient sans difficulté un amortissement assez grand pour que le mouvement devienne apériodique.

La bobine se compose de deux parties cylindriques qui se rejoignent presque au contact, en comprenant, chacune dans son noyau, une moitié de la sphère de cuivre. Quand on emploie un système astatique, deux aiguilles semblables sont ainsi placées chacune au centre des bobines dans lesquelles le courant circule en sens contraires.

Pour modifier le champ extérieur, deux aimants égaux, ayant leurs centres sur l'axe de rotation, sont placés sous le socle de l'instrument et peuvent, au moyen de boutons à engrenage, être orientés d'une manière quelconque, soit l'un par rapport à l'autre, soit par rapport à l'instrument. La durée de l'oscillation est beaucoup plus grande que dans les appareils du système Thomson.

851. Instruments divers. — A la suite des instruments que nous venons de décrire et qui sont les types principaux employés aujourd'hui dans les recherches scientifiques, nous en indiquerons quelques autres présentant, par quelqu'une de leurs particularités, un intérêt théorique.

Nous citerons en premier lieu le *galvanomètre marin* de sir W. Thomson. Les mouvements d'un vaisseau et ses changements d'orientation rendent impossible l'utilisation du champ terrestre. On place alors la bobine entre les branches d'un aimant en fer à cheval, qui produit un champ magnétique sensiblement uniforme, et de manière que l'axe de l'aiguille, dans sa position d'équilibre, soit à peu près sur la ligne des pôles. Le champ de la terre est tellement faible par rapport à celui de l'aimant que son action est à peine sensible. On la supprime d'une façon presque absolue, ainsi que celle des masses de fer du navire, en enfermant l'instrument tout entier dans un cylindre épais de fer doux qui fait écran magnétique. Un aimant correcteur, parallèle à l'aiguille et ayant ses pôles opposés à celui de l'aimant fixe, peut être déplacé parallèlement à lui-même au moyen d'une vis. Enfin, on supprime les mouvements pendulaires de l'aiguille en lui donnant pour axe un fil de soie attaché d'une part à un point fixe et de l'autre à un ressort qui maintient une tension convenable. La résistance de ces galvanomètres s'élève jusqu'à 30000 ou 40000 ohms.

852. — Pour donner aux galvanomètres une force directrice considérable et une grande fixité de zéro, M. Deprez (1) utilise également le champ magnétique très intense d'un aimant en fer à cheval, mais il remplace l'aiguille aimantée ordinaire par un système d'aiguilles de fer doux montées parallèlement sur un même axe (aiguille en forme d'arête de poisson). Comme l'aimantation de l'aiguille est à peu près proportionnelle à l'intensité du champ résultant, le couple directeur et l'action du courant sont tous deux très intenses, et la durée des oscillations est très petite. D'autre part, la force électromotrice d'induction produite par le mouvement de l'aiguille est très grande et l'amortissement peut être tel que le système s'arrête sans oscillations appréciables à sa position d'équilibre.

Le plan des branches du fer à cheval est horizontal, ainsi que celui de la bobine; le système d'aiguilles tourne autour d'un axe horizontal et il est muni d'une paille qui sert d'index sur un cadran divisé ; on peut, par un système de poulies, multiplier les déviations de l'index.

Cet appareil présente des conditions de solidité qui le rendent très utile pour les applications industrielles.

853. Galvanomètre différentiel. — Le galvanomètre différentiel, imaginé par A. Becquerel (2), est un instrument formé de deux bobines agissant en sens contraires sur une aiguille aimantée. Les courants qui traversent les deux bobines peuvent être indépendants ou constituer deux dérivations d'un même circuit. La déviation de l'aiguille est alors proportionnelle à la différence des actions des courants, et l'expérience consiste, en général, à modifier l'intensité de l'un d'eux de manière à ramener l'aiguille au zéro. Soient I et I' les intensités des deux courants, G et G' les constantes des bobines, la déviation δ de l'aiguille sera donnée par l'équation

$$GI - G'I' = H \tan\delta.$$

(1) M. Deprez, *Journ. de Physique*, t. IX, p. 227, 1880.

(2) Becquerel, *Ann. de ch. et de phys.* [2], t. XXXII, 1826 — *Traité d'Élect. et de Magn.*, t. III, p. 74.

La déviation δ est nulle lorsqu'on a

$$GI = G'I';$$

si l'instrument a été construit de façon que les constantes G et G' soient égales, il en résulte

$$I = I'.$$

Les deux bobines sont ordinairement symétriques et de résistances R et R' égales entre elles.

Pour vérifier le réglage d'un galvanomètre différentiel, on fait d'abord passer un même courant dans les deux bobines en sens contraires; la déviation doit être nulle si les constantes galvanométriques sont égales. On divise ensuite un même courant entre les deux cadres; l'aiguille doit encore rester au zéro si les résistances sont égales.

Un moyen simple de réaliser à la fois ces deux conditions consiste à prendre deux fils identiques et à en faire un toron qu'on enroule ensuite sur le cadre. Quels que soient l'enroulement et la position de l'aiguille, les actions des deux fils sont égales. Comme le toron donne un enroulement peu régulier, les constructeurs préfèrent enrouler simultanément et parallèlement les deux fils sur le cadre. Le système est alors équivalent à celui de deux bobines identiques dont l'une aurait été déplacée parallèlement à elle-même d'une quantité égale au diamètre du fil; il en résulte que les actions des deux bobines cessent d'être égales sitôt que le centre de l'aiguille n'est plus dans le plan de symétrie. On pourrait remédier, il est vrai, à cet inconvénient en ayant soin d'intervertir l'ordre des fils à chaque nouvelle couche, c'est-à-dire de placer à droite celui qui était à gauche dans la couche précédente; l'ajustement de l'aiguille n'aurait plus alors besoin d'être aussi rigoureux.

Du reste, il n'est pas nécessaire que les bobines coïncident. Le galvanomètre astatique de Thomson, formé de deux bobines à double cadre superposées (**819**), peut être employé comme galvanomètre différentiel : il suffit que les courants traversent séparément les deux bobines dans un sens tel que leurs actions sur les aiguilles correspondantes soient de sens contraires. Appelant M et M′ les moments magnétiques des aiguilles, H et H′ les champs correspondants produits par l'action combinée de la terre et d'un aimant correcteur, on a

$$GMI - G'M'I' = (MH - M'H') \tang \delta.$$

Outre l'égalité des résistances, on devrait réaliser encore la condition $GM = G'M'$, mais on obtient une disposition plus symétrique quand on réunit séparément les deux cadres de chaque bobine. Pour faciliter le réglage, on donne à l'un des systèmes une résistance moindre qu'à l'autre; on le complète ensuite par une petite bobine additionnelle dont l'axe coïncide avec celui d'une bobine principale et qu'on peut rapprocher ou éloigner de l'aiguille correspondante. L'égalité des résistances étant ainsi obtenue, on cherche par tâtonnements la position que doit occuper cette bobine auxiliaire pour qu'un même courant, traversant les deux systèmes en sens contraires, ne produise pas de déviation; les constantes galvanométriques sont alors égales.

854. — Le galvanomètre différentiel est employé le plus souvent pour constater l'égalité de deux courants; il pourrait au besoin servir à mesurer leur différence. La disposition suivante, due à M. Jenkin [1], permettrait de mesurer le rapport de deux courants.

Supposons que deux cadres circulaires identiques, comme ceux d'une boussole des tangentes, soient fixés à angle droit l'un par rapport à l'autre, avec un diamètre vertical commun, et qu'une aiguille soit suspendue au centre. Si on fait passer des courants I et I′ séparément dans les deux cadres, on peut trouver une position du système telle que l'aiguille reste dans le méridien. Appelons φ l'angle que fait alors l'un des cadres avec le méridien, G et G′ les constantes des deux cadres, l'équation d'équilibre de l'aiguille est alors

$$GI \cos \varphi - G'I' \sin \varphi = 0.$$

[1] Jenkin. *Report of the committee of B. A. Dundee*, 1867.

On en déduit

$$\operatorname{tang}\varphi = \frac{GI}{G'I'}.$$

Si les constantes galvanométriques G et G' sont égales par construction, il en résulte

$$\frac{I}{I'} = \operatorname{tang}\varphi.$$

855. Balance électromagnétique. — A. Becquerel [1] est aussi le premier qui ait eu l'idée d'évaluer en poids l'action d'un courant. Supposons qu'un aimant, suspendu verticalement au fléau d'une balance, soit maintenu dans l'axe d'une bobine traversée par un courant. Suivant le sens du courant, il y a attraction ou répulsion ; l'action serait nulle, par raison de symétrie, si le milieu de l'aimant était placé au centre de la bobine et elle prend une valeur maximum quand le milieu de l'aimant est en un certain point P de l'axe situé en dehors de la bobine. On ramène le fléau à l'horizontalité par l'addition ou la soustraction de poids, de manière à faire équilibre à l'action du courant sur l'aimant.

Il est avantageux que la bobine ait une forme cylindrique allongée et que l'aimant soit lui-même assez long, sans quoi la force serait très faible. Dans le cas d'une répulsion, l'équilibre est stable lorsque le centre de l'aimant est plus éloigné du centre de la bobine que le point P qui correspond au maximum. Il est également stable, dans le cas d'attraction, si le centre de l'aimant est plus rapproché que le point P. Enfin, il serait encore stable, dans l'un et l'autre cas, si le centre de l'aimant était au point P ou tout à fait dans le voisinage, puisque l'action est alors sensiblement constante et que la balance a par elle-même un équilibre stable. Cette position est évidemment celle qu'il convient de choisir comme repère : on peut remarquer, en outre, que c'est la seule pour laquelle la sensibilité propre de la balance n'est pas modifiée.

Si l'aimantation restait constante, l'action serait propor-

[1] A. Becquerel, *C. R. de l'Acad. des sc.*, t. V, p. 35, 1837.

tionnelle à l'intensité du courant. C'est ce qui a lieu pour des courants faibles; mais, en général, la bobine produit en outre une aimantation temporaire qui est d'abord, pour des courants moyens, proportionnelle à l'intensité et donne toujours une action attractive.

La condition d'équilibre peut alors être exprimée par une équation de la forme

$$p = (A \pm A'I)\, I,$$

dans laquelle p est le poids qui rétablit l'équilibre, A et A' deux constantes à déterminer par l'expérience.

Cette formule a été employée par Lenz et Jacobi [1] qui ont apporté quelques modifications à la balance de Becquerel. Leur appareil comprend deux bobines et deux aimants suspendus aux deux extrémités du même fléau. Les deux fils de suspension sont inégaux et, les deux pôles N étant en bas, l'un des aimants est au-dessus de la bobine correspondante, l'autre au-dessous; on opère par répulsion.

La proportionnalité de l'aimantation temporaire à l'intensité du courant ne serait plus admissible pour des courants très intenses, et la graduation de l'appareil devrait alors être déterminée empiriquement.

Si on remplace l'aimant par un morceau de fer doux, l'action, toujours attractive, commence par être proportionnelle au carré de l'intensité du courant pour croître ensuite moins rapidement; dans ce cas encore, une graduation empirique est nécessaire.

La seconde disposition est préférable pour les courants intenses et la première pour les courants faibles.

856. Cadres mobiles. — Lorsqu'une bobine de surface S est parcourue par un courant I, son moment magnétique est SI. Si la bobine est attachée à une suspension unifilaire ou bifilaire, de manière que, pour la position d'équilibre, son axe soit perpendiculaire au méridien magnétique, le passage du courant tend à rapprocher cet axe du méridien. On peut encore, ou bien ramener le cadre à sa position primitive par

[1] Lenz et Jacobi, *Pogg. Ann.*, Bd. XLVII, p. 227, 1839.

une torsion convenable de la suspension, comme dans la méthode de torsion appliquée aux aimants (**830**), ou bien, comme dans les galvanomètres ordinaires, abandonnner l'appareil à lui-même et observer la déviation δ qui correspond à la nouvelle position d'équilibre ; c'est cette seconde méthode qui est généralement employée. On a alors, pour une suspension bifilaire,

$$HSI\cos\delta = C\sin\delta,$$

ou

$$I = \frac{C}{HS}\operatorname{tang}\delta, \tag{22}$$

et, pour une suspension unifilaire,

$$I = \frac{C}{HS}\frac{\delta}{\cos\delta}. \tag{23}$$

Cette méthode est due à Weber [1]. Si la suspension est bifilaire, les deux fils sont utilisés pour amener le courant à la bobine ; si elle est unifilaire, le circuit est complété par un second fil vertical situé au dessous de la bobine et attaché à un ressort léger, ou par une tige qui plonge dans un godet contenant du mercure.

Pour régler la position initiale de la bobine, on met son axe à peu près dans le méridien et on agit sur la suspension jusqu'à ce que le passage d'un courant dans la bobine ne produise aucune déviation; on tourne alors la suspension ou l'appareil tout entier de 90°.

On corrige le petit défaut d'ajustement qui pourrait encore subsister, en renversant le sens du courant dans la bobine. Soit α l'angle de l'axe de la bobine avec la normale au méridien dans la position initiale, δ et δ' les déviations observées de part et d'autre pour les deux sens du courant; avec une suspension bifilaire, les équations d'équilibre

$$HSI\cos(\delta+\alpha) = C\sin\delta,$$
$$HSI\cos(\delta'-\alpha) = C\sin\delta'$$

[1] W. Weber, *Electrodyn. Maasbestimmungen*, t. I, p. 16, 1846.

permettraient, comme plus haut (**834**), de calculer l'angle α; mais, si les déviations δ et δ' diffèrent peu l'une de l'autre, l'angle α qui correspond au défaut de réglage est lui-même très petit et on a sensiblement

$$I = \frac{C}{HS} \tang \frac{\delta + \delta'}{2}.$$

Une suspension unifilaire donnerait, de même,

$$I = \frac{C}{HS} \frac{\frac{\delta + \delta'}{2}}{\cos \frac{\delta + \delta'}{2}}.$$

Les conditions de sensibilité de l'appareil, dans le cas de la suspension bifilaire, sont les mêmes que pour la boussole des tangentes.

Avec une suspension unifilaire, on a

$$S_a = \frac{HS}{C} \frac{\cos \delta}{1 + \delta \tang \delta},$$

$$S_r = \frac{\delta}{1 + \delta \tang \delta}.$$

La sensibilité absolue, qui est proportionnelle à l'intensité du champ et à la surface du cadre, est encore maximum pour une déviation nulle, et la sensibilité relative est maximum pour $\delta = \cos \delta$, ou environ $\delta = 40°$.

857. — L'intensité du courant dans la boussole des tangentes est proportionnelle à la composante horizontale du champ terrestre; elle est, au contraire, en raison inverse de cette composante avec une bobine mobile. La combinaison des deux méthodes permettra donc d'éliminer l'action de la terre et de déterminer l'intensité du courant en fonction des dimensions des deux instruments et du couple directeur de la suspension de la bobine.

Si, comme l'a indiqué M. F. Kohlrausch (¹), on fait passer

(¹) F. Kohlrausch *Pogg. Annal.*, t. 138, p. 1, 1869.

le même courant I dans une boussole des tangentes et dans un cadre mobile à suspension bifilaire, on aura, en affectant d'un accent la déviation et les éléments de la bobine et supposant toutes les corrections de réglage effectuées,

$$I = \frac{H}{G} \operatorname{tang} \delta = \frac{C'}{HS'} \operatorname{tang} \delta'.$$

Ces deux équations donnent séparément l'intensité I et la composante H :

$$(24) \qquad \begin{aligned} I^2 &= \frac{C'}{GS'} \operatorname{tang} \delta \operatorname{tang} \delta', \\ H^2 &= \frac{GC'}{S'} \frac{\operatorname{tang} \delta'}{\operatorname{tang} \delta}. \end{aligned}$$

En général, le champ magnétique n'est pas identique pour les deux instruments; il est alors nécessaire de déterminer aussi, par exemple par les oscillations d'une même aiguille, le rapport des intensités H et H' des deux champs.

858. — Sir W. Thomson (¹) a proposé de combiner l'expérience de manière à obtenir les deux déviations δ et δ' par un même instrument. Ce galvanomètre double est constitué par un cadre de diamètre assez grand, ayant en son centre une petite aiguille, comme dans une boussole des tangentes; seulement le cadre et l'aiguille sont tous deux mobiles. L'un et l'autre étant parallèles au méridien magnétique pour la position primitive d'équilibre, on observe les déviations δ et δ' que l'aiguille et le cadre éprouvent, en sens contraires, pendant le passage du courant.

L'équilibre de l'aiguille est déterminé par l'équation

$$(25) \qquad IMG \cos(\delta + \delta') = MH \sin \delta ;$$

l'action de l'aiguille sur le cadre étant égale à celle du cadre sur l'aiguille, on a, d'autre part, pour l'équilibre du cadre avec une suspension bifilaire,

$$(26) \qquad HIS \cos \delta' + IMG \cos(\delta + \delta') = C \sin \delta'.$$

(¹) Voir Maxwell, *Electricity and Magnetism*, t. II, p. 337.

Il résulte de ces deux équations

$$(27)\qquad I=\frac{C}{HS}\frac{\tang\delta'}{1+\frac{MG}{HS}\frac{\cos(\delta+\delta')}{\cos\delta'}}=\frac{C}{HS}\frac{\tang\delta'}{1+\frac{M}{IS}\frac{\sin\delta}{\cos\delta'}}.$$

Pour déduire de ces dernières les valeurs de I et de H, il est nécessaire de connaître l'un des rapports $\frac{MG}{HS}$ ou $\frac{M}{IS}$; mais, comme l'aiguille est très petite, le terme de correction est très faible, et on pourra déterminer, par exemple, le rapport $\frac{M}{H}$ d'une manière approchée par les méthodes habituelles.

L'appareil permettrait d'ailleurs de faire cette correction directement. En effet, si on fixe l'aiguille dans sa position primitive, indépendamment du cadre, et qu'on observe la déviation δ_1 du cadre produite par le même courant, la condition d'équilibre est alors

$$C\tang\delta_1=HIS\left(1+\frac{MG}{HS}\right);$$

comparant avec l'équation (27), il en résulte

$$(28)\qquad \frac{MG}{HS}\frac{\cos(\delta+\delta')}{\cos\delta'}=\frac{\tang\delta_1-\tang\delta'}{\frac{\sin\delta'}{\cos(\delta+\delta_1)}-\tang\delta_1}.$$

859. — L'idée de sir W. Thomson ne paraît pas avoir été encore réalisée sous cette forme simple. La précision de la méthode exige que les déviations du cadre et de l'aiguille soient de même ordre de grandeur ; on ne pourrait arriver à ce résultat qu'avec un cadre très léger, ayant seulement quelques tours de fil et porté par une suspension à coefficient très faible. Dans ces conditions, il serait difficile de rendre le cadre assez rigide pour connaître exactement ses dimensions, et de déterminer son moment d'inertie pour en déduire le couple de torsion. On peut éviter tous ces inconvénients en utilisant une des dispositions employées par Weber (**837**) pour la boussole des tangentes.

L'aiguille est placée en dehors du cadre dans une position principale, sur l'axe ou dans le plan moyen, et à une distance assez grande pour que l'action du courant soit considérablement diminuée; on peut alors donner à la bobine un grand nombre de tours et employer une suspension dont le couple directeur se détermine aisément.

Supposons, par exemple, la suspension étant réglée de manière que le plan moyen de la bobine en équilibre soit dans le méridien, qu'on place l'aiguille sur l'axe à une distance d du centre; appelons δ et δ' les déviations de l'aiguille et du cadre produites par le passage d'un courant I, y et x les coordonnées du milieu P de l'aiguille par rapport à l'axe et à une droite située dans le plan moyen de la bobine pour sa nouvelle position. On a d'abord

$$y = d\sin\delta',$$
$$x = d\cos\delta'.$$

Si la déviation δ' reste très petite, les composantes X et Y, au point P, de l'action du cadre, qu'on suppose d'abord réduit à la spire de rayon moyen a, pour l'unité de courant, peuvent être calculées comme au n° **736**.

Le couple produit sur une aiguille infiniment petite a pour expression

$$\mathrm{M}\Big[\mathrm{X}\cos(\delta+\delta')+\mathrm{Y}\sin(\delta+\delta')\Big]=\mathrm{M}\cos(\delta+\delta')\Big[\mathrm{X}+\mathrm{Y}\,\mathrm{tang}(\delta+\delta')\Big].$$

Remplaçant X et Y par leurs développements en série en fonction de y, et négligeant les termes d'ordre supérieur au second, on a

$$\mathrm{X}+\mathrm{Y}\,\mathrm{tang}(\delta+\delta')=2\pi\frac{a^2}{u^3}\Big\{1+\frac{3}{2}\frac{d^2}{u^2}\sin\delta'\Big[\cos\delta'\,\mathrm{tang}(\delta+\delta')$$
$$-2\left(1-\frac{5}{4}\frac{a^2}{u^2}\right)\sin\delta'\Big]\Big\}.$$

Si l'aiguille est à une distance notable du cadre, on peut.

dans le terme de correction, remplacer u par d, les sinus et la tangente par les angles correspondants, et négliger le produit du carré des déviations par le rapport $\frac{a^2}{d^2}$; il vient alors

$$X + Y \operatorname{tang}(\delta + \delta') = 2\pi \frac{a^2}{u^3}\left[1 + \frac{3}{2}\delta'(\delta - \delta')\right].$$

Pour tenir compte de la longueur de l'aiguille, on multipliera ce résultat par le facteur habituel (**746**) qui se réduit sensiblement à $1 - 3\frac{l^2}{d^2}$.

On a donc l'expression

$$D = X + Y \operatorname{tang}(\delta + \delta') = 2\pi \frac{a^2}{u^3}\left[1 + \frac{3}{2}\delta'(\delta - \delta') - 3\frac{l^2}{d^2}\right],$$

dans laquelle on remplacera u^2 par $x^2 + a^2 = d^2\cos^2\delta' + a^2$.

Enfin, pour passer au cas d'une bobine, on substituera au facteur principal $2\pi\frac{a^2}{u^3}$, qui représente l'action du cadre sur l'axe à la distance x, la valeur de G donnée par l'équation (12) du n° **729**.

La valeur du facteur D étant ainsi calculée par les dimensions de la bobine et la distance de l'aiguille, avec les corrections relatives aux déviations observées et à la longueur de l'aiguille, les équations d'équilibre sont alors, pour l'aiguille,

$$(29) \qquad \text{IMD}\cos(\delta + \delta') = \text{MH}\sin\delta,$$

et, pour le cadre,

$$(30) \qquad \text{HS}\cos\delta' + \text{IMD}\cos(\delta + \delta') = \text{C}\sin\delta';$$

elles ne diffèrent des équations (25) et (26) que par la substitution de D à G.

Pour déterminer directement le terme de correction relatif à l'aimantation de l'aiguille, il suffit de la fixer dans sa position primitive et d'observer la nouvelle déviation δ_1 du cadre.

L'équation (30) donne alors, en faisant $\delta = 0$,

$$C \tang \delta_1 = HIS\left(1 + \frac{MD}{HS}\right);$$

on en déduira le rapport $\frac{MD}{HS}$, en fonction des angles δ, δ' et δ_1, par une expression semblable à l'équation (28).

On calculerait d'une manière analogue, par les formules du n° **795**, les expériences relatives au cas où l'aiguille serait située dans le plan moyen de la bobine.

Pour réaliser l'instrument, on monte la bobine sur un équipage mobile autour d'un axe vertical muni d'un cercle gradué ; l'aiguille est placée dans une cage mobile elle-même autour d'un axe vertical et portée par un chariot qui glisse le long d'une règle divisée ; enfin la règle divisée peut aussi tourner autour du même axe que l'équipage de la bobine.

On voit aisément que ces différentes dispositions permettent, soit directement, soit avec des rotations de 90° et des retournements convenables : 1° de placer le plan moyen de la bobine dans le méridien ; 2° de placer l'aiguille sur l'axe de la bobine ou dans son plan moyen ; 3° de mesurer la distance d du milieu de l'aiguille au centre du cadre.

L'aiguille et la bobine portent d'ailleurs deux miroirs dans lesquels un observateur peut, d'une position fixe, viser avec deux lunettes les images de deux échelles divisées, en ayant sous la main un commutateur pour renverser le sens du courant, afin d'éliminer à la manière habituelle ce qui reste des défauts de réglage.

860. Siphon recorder. — Les appareils à cadre mobile peuvent acquérir une grande sensibilité si l'intensité du champ extérieur est suffisante. Sir W. Thomson a mis à profit cette propriété dans la construction du *siphon recorder*, employé comme récepteur pour la télégraphie sous marine (fig. 164). La bobine s est enroulée sur un cadre rectangulaire mince, placé entre les pôles d'un électro-aimant dont les extrémités A et B sont indiquées sur la figure ; en outre, une masse fixe de fer doux f occupe l'espace vide laissé au milieu du cadre et augmente l'intensité du champ dans la région que traverse le fil.

Le cadre est attaché à une suspension bifilaire ; la partie inférieure porte un poids Q qui glisse le long d'une planchette plus ou moins inclinée sur la verticale et sert à régler la tension. Le courant est amené par deux spirales très flexibles en communication avec les boutons *p* et *q*.

L'amortissement est rapide, parce que l'induction due au déplacement du cadre est très grande.

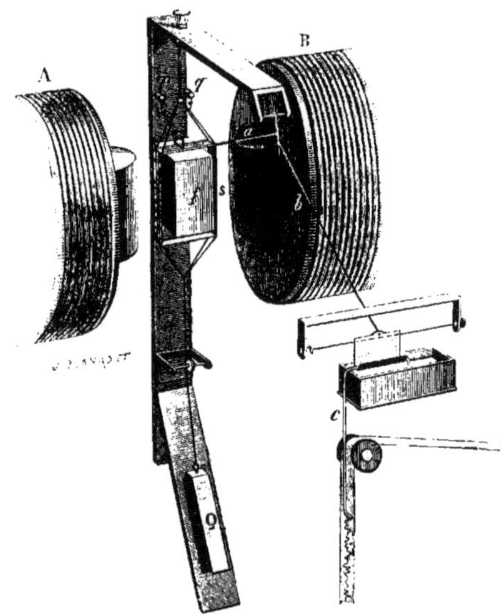

Fig. 164

Le nom de *siphon recorder*, ou enregistreur à siphon, provient d'un détail de construction. Le cadre agit par un fil *ab* et des leviers amplificateurs sur un tube de verre très fin et très léger *c*, courbé en siphon, et dont la courte branche plonge dans un liquide coloré. Le liquide, étant électrisé par un petit multiplicateur électrique (**195**) à rotation (*mouse mill*), est projeté par le tube sur une bande de papier qui se déroule en regard. Les mouvements du cadre se transmettent au siphon et produisent sur le papier un trait continu, avec des dents à droite et à gauche qui correspondent aux signes + ou − du courant.

861. — MM. Deprez et d'Arsonval ([1]) ont construit, sur le même principe, un galvanomètre (fig. 165) qui est également remarquable par la rapidité de son amortissement. Le cadre, encore rectangulaire, est suspendu entre deux fils métalliques qui servent à amener le courant et dont on règle la tension par un ressort à vis. Le champ est produit par un aimant en fer à cheval, à branches très rapprochées, et un cylindre creux en

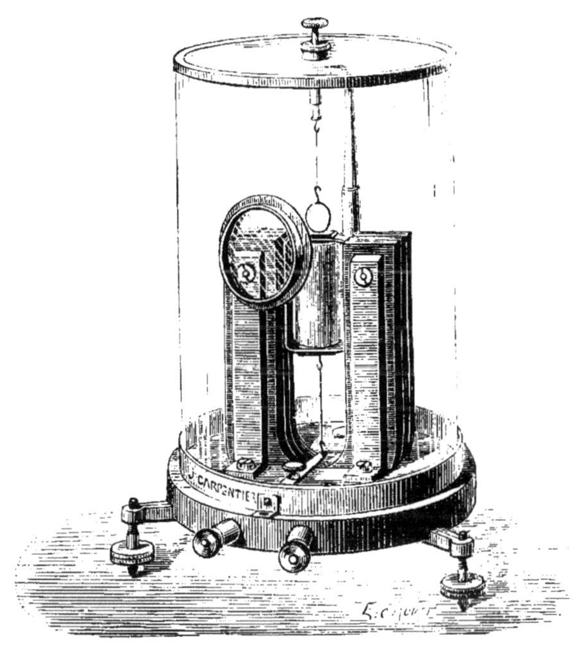

Fig. 165

fer doux est placé dans l'intérieur du cadre. Ce cylindre s'aimante à peu près comme s'électriserait un conducteur dans un champ électrique de même forme (**387**). La lecture des déviations se fait par un miroir attaché au cadre.

862. Galvanomètre de M. Lippmann. — On peut rattacher encore au même ordre d'idées le galvanomètre imaginé par

([1]) Deprez et d'Arsonval, *C. R. de l'Acad. des sc.*, t. XCIV, p. 1347, 1882.

M. Lippmann [1]. Deux tubes verticaux contenant du mercure (fig. 166), communiquent par leur partie inférieure avec une cavité très étroite comprise entre deux lames de verre parallèles, et située dans un champ magnétique dont la direction est perpendiculaire au plan des lames.

Le courant, amené par deux lames de platine, traverse verticalement le liquide situé dans cette cavité. Si la cavité est rec-

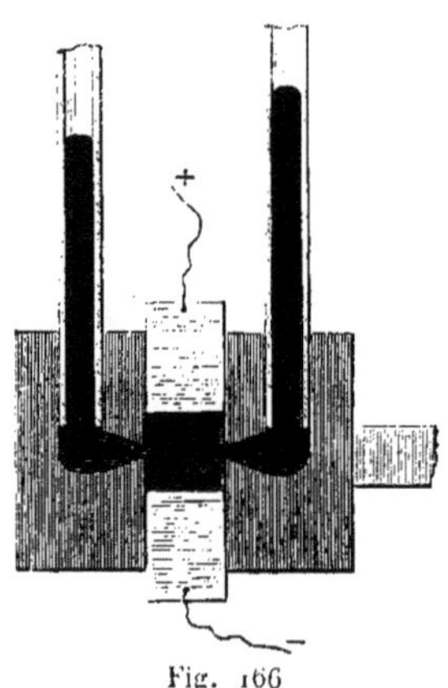

Fig. 166

tangulaire et de hauteur a, l'action du champ H sur le courant est (**158**) égale à IHa, et tend à déplacer le liquide dans un certain sens; il s'établit donc une différence de niveau entre les deux branches de mercure. En appelant p la différence de pression correspondante et e l'épaisseur de la cavité, la condition d'équilibre du liquide est

$$pea = \mathrm{IH}a,$$

ou

$$\mathrm{I} = \frac{e}{\mathrm{H}} p.$$

Pour un même courant, la différence de pression est proportionnelle à l'intensité du champ et en raison inverse de l'épaisseur de la cavité.

[1] Lippmann, *C. R. de l'Acad. des sc.*, t. XCVIII, p. 1256, 1884.

863. Électrodynamomètres. — L'électrodynamomètre de Weber [1] n'est autre chose qu'une bobine mobile à suspension bifilaire ou unifilaire, sur laquelle on fait agir le courant d'une bobine fixe. Dans la position initiale d'équilibre, les deux bobines sont à angle droit et, pour diminuer autant que possible l'action de la terre, l'axe de la bobine mobile est parallèle au méridien magnétique.

Soit S' la surface de la bobine mobile, I' le courant qui la traverse, I le courant de la bobine fixe; ces courants tendent à rapprocher les axes des bobines et, pour une déviation δ de la direction primitive, le couple de l'action réciproque est $II'GS'\cos\delta$, le facteur G étant une valeur moyenne de la constante galvanométrique du cadre fixe dans la région occupée par le cadre mobile.

On peut équilibrer ce couple en donnant à la suspension, par la partie supérieure, une torsion θ qui ramène le cadre dans sa position primitive. On a alors, pour un bifilaire,

$$II'GS' = C\sin\theta,$$

et, pour l'unifilaire,

$$II'GS' = C\theta.$$

L'angle θ change de signe quand on change le sens d'un seul des courants, mais il reste le même quand on renverse en même temps les deux courants; c'est là une propriété caractéristique de l'électrodynamomètre. Lorsque les deux courants sont égaux, on en déduit, suivant le cas,

$$I^2 = \frac{C}{GS'}\sin\theta, \quad \text{ou} \quad I^2 = \frac{C}{GS'}\theta.$$

Si, au contraire, on observe la déviation δ que prend la bobine mobile, le champ extérieur intervient dans la condition d'équilibre; on a alors, suivant le mode de suspension,

$$(31)\quad \begin{cases} II'GS'\cos\delta = (C \pm S'I'H)\sin\delta, \\ II'GS'\cos\delta = C\delta \pm S'I'H\sin\delta. \end{cases}$$

[1] W. Weber, *Elektrodyn. Maasbestimm.*, 1re part., 1846.

864. — Ces équations ne sont rigoureuses que si l'appareil est bien réglé. Supposons que, pour l'état primitif, les bobines n'étant pas exactement rectangulaires, le méridien fasse un angle α avec l'axe de la bobine mobile et un angle β avec le plan de la bobine fixe.

Les déviations δ_1 et δ_2 obtenues pour deux directions différentes du courant dans la bobine mobile seule donnent, avec une suspension bifilaire, les équations

$$\begin{aligned} \mathrm{II'GS'}\cos(\delta_1+\alpha+\beta) &= \mathrm{C}\sin\delta_1+\mathrm{I'S'H}\sin(\delta_1+\alpha),\\ \mathrm{II'GS'}\cos(\delta_2-\alpha-\beta) &= \mathrm{C}\sin\delta_2-\mathrm{I'S'H}\sin(\delta_2-\alpha);\end{aligned}$$

les déviations δ_3 et δ_4, relatives à un changement de sens du courant dans la bobine fixe, donnent, de même,

$$\begin{aligned} \mathrm{II'GS'}\cos(\delta_3-\alpha-\beta) &= \mathrm{C}\sin\delta_3+\mathrm{I'S'H}\sin(\delta_3-\alpha),\\ \mathrm{II'GS'}\cos(\delta_4+\alpha+\beta) &= \mathrm{C}\sin\delta_4-\mathrm{I'S'H}\sin(\delta_4+\alpha).\end{aligned}$$

Si les conditions d'ajustement sont à peu près satisfaites et que le coefficient C soit assez grand par rapport au produit I'S'H, les angles α et β sont très petits et les valeurs des quatre déviations voisines les unes des autres. En combinant ces équations comme plus haut (**831**) et négligeant les carrés des petits angles, on a

$$\mathrm{II'} = \frac{\mathrm{C}}{\mathrm{GS'}}\,\frac{1}{2}\left(\operatorname{tang}\frac{\delta_1+\delta_3}{2}+\operatorname{tang}\frac{\delta_2+\delta_4}{2}\right),$$

ou sensiblement

$$\mathrm{II'} = \frac{\mathrm{C}}{\mathrm{GS'}}\operatorname{tang}\frac{\delta_1+\delta_2+\delta_3+\delta_4}{4}. \tag{32}$$

Dans les conditions précédentes on peut donc négliger l'action de la terre et prendre, comme déviation normale, la moyenne des quatre lectures.

Avec la méthode de torsion, on prendra, comme valeur normale, la moyenne des quatre angles nécessaires pour ramener la bobine mobile à sa position primitive.

L'expérience étant toujours longue, on fera des épreuves alternatives pour éliminer les variations du courant.

865. — Il serait difficile d'atteindre avec l'électrodynamomètre le même degré de sensibilité qu'avec le galvanomètre. Mais, comme la méthode donne des indications indépendantes de l'intensité du champ magnétique extérieur, ou du moins qui n'en dépendent que par des termes de correction, elle est particulièrement propre aux mesures absolues. Il est alors nécessaire de calculer les coefficients G et S′ relatifs aux deux bobines.

Dans l'appareil de Weber, les deux cadres sont concentriques et la bobine mobile, formée par un grand nombre de spires, occupe une partie notable de l'espace vide laissé par la bobine fixe; avec ce mode de construction le calcul de G en particulier présente de grandes difficultés.

Dans l'électrodynamomètre construit par Latimer Clark [1] pour l'Association britannique, les deux cadres sont encore concentriques; mais le diamètre de la bobine mobile est petit par rapport à celui de la bobine fixe, et chacune d'elles est formée, comme la boussole de M. Helmholtz, par deux cadres égaux dont la distance est égale à leur rayon moyen. Le calcul de G se déduit alors facilement des dimensions des bobines par la formule (70) du n° **793**.

Les deux bobines étant toujours rectangulaires pour la position primitive d'équilibre, ce qui facilite les calculs, on peut éloigner ces bobines l'une de l'autre à quelque distance, de façon, par exemple, que la bobine mobile occupe une position principale, c'est-à-dire que son centre soit situé dans le plan moyen ou sur l'axe de la bobine fixe. Ces dispositions ont été employées par W. Weber dans les expériences qu'il a instituées pour étudier l'action élémentaire des courants sur les courants. Les formules indiquées aux n°s **793** et **794** permettent alors de calculer le couple produit par l'action réciproque des bobines.

866. Électrodynamomètres-balances. — Un autre mode d'emploi de l'électrodynamomètre consiste à mesurer en poids, à l'aide d'une balance, l'attraction ou la répulsion qui s'exerce entre deux circuits traversés par des courants.

(1) Voir Maxwell, *Electr. and Magnet.*, t. II, p. 339.

Nous avons vu (**786**) que l'action réciproque qui s'exerce entre deux bobines A et A' de même axe passe par une valeur maximum lorsque la distance des centres est convenablement choisie. Il y a évidemment avantage à prendre cette position du maximum pour l'équilibre de la bobine mobile, puisque l'action est alors sensiblement constante, au moins entre certaines limites d'oscillation, et que, par suite, la sensibilité de la balance n'est pas modifiée.

En toute rigueur, l'équilibre serait instable au point de vue électrique, mais la stabilité fournie par la balance elle-même est suffisante pour permettre les observations.

M. Joule [1] a mis cette méthode en pratique pour étudier les variations d'un courant dans des recherches de calorimétrie. Il employait le système de trois bobines symétriques dont les propriétés ont été étudiées plus haut (**792**). Les trois bobines étaient de dimensions égales et constituées chacune par une spirale plate. Dans ces conditions, les formules s'appliqueraient difficilement; aussi M. Joule se contentait-il de remarquer que, si on tient compte seulement des actions des portions de fil voisines, en considérant chaque élément comme soumis à l'action d'un courant parallèle indéfini (**480**), et qu'on appelle l la longueur totale du fil dans chaque bobine, S la surface et p le poids nécessaire pour maintenir la bobine mobile à égale distance des bobines fixes, l'intensité du courant est donnée par une expression de la forme

$$I = \frac{1}{2l}\sqrt{\frac{Sgp}{\pi}}(1+A),$$

dans laquelle A est un terme de correction qui dépend des dimensions de l'appareil et qu'on détermine par comparaison avec une boussole des tangentes.

M. Lallemand [2] s'était déjà servi d'une disposition analogue, avec cette différence que la spirale mobile était placée à l'extrémité d'un levier horizontal soutenu par un fil métallique dont on faisait varier la torsion. Ici l'action de la terre n'est pas nulle, comme dans la balance de M. Joule, mais on l'éli-

[1] Joule, *B. A. Report.*, 1864; *Scientific papers*, t. I, p. 584.

[2] Lallemand. *Ann. de chim. et de phys.* [3], t. XXXII, p. 432, 1851.

mine en plaçant à l'autre extrémité du levier une bobine symétrique à la première et parcourue dans le même sens par le courant (**189**).

Tel est également l'électrodynamomètre employé par Maxwell ([1]) dans ses recherches sur le rapport des unités électrostatiques et électromagnétiques. Un levier horizontal suspendu à un fil par son milieu porte deux bobines plates verticales; chacune de celles-ci se trouve placée entre deux autres bobines fixes de plus grand diamètre, dont la distance satisfait à la condition de maximum (**792**).

On peut remarquer, à ce sujet, que le carré de l'intensité d'un courant (**609**) a les mêmes dimensions qu'une force. Le facteur par lequel il faut multiplier l'action qui s'exerce sur la bobine mobile, pour obtenir le carré de l'intensité du courant, est donc un nombre abstrait. On voit, en effet, par les valeurs de ξ des n^{os} **787** et **792**, qu'on peut considérer ce facteur comme renfermant le rapport de la distance $2x$ des bobines fixes à leur rayon moyen a, et le rapport des rayons moyens a et a'. Il suffira donc de mesurer directement avec une unité quelconque les valeurs de a et de x et déterminer les rapports des rayons a et a'. Ce dernier rapport peut être ramené à la comparaison de deux résistances et déterminé électriquement avec la plus grande précision (**876**).

Au lieu de bobines circulaires, M. Cazin ([2]) s'est servi, pour mesurer l'intensité absolue d'un courant, de deux cadres rectangulaires égaux et parallèles. Le calcul de cette action a été donné au n° **492**.

M. Mascart ([3]) a employé, dans le même but, l'action (**791**) de deux bobines égales et parallèles sur une bobine longue ayant même axe que les premières et dont la base inférieure est située dans le plan de symétrie des deux bobines fixes. La bobine mobile A′ est suspendue au plateau d'une balance et le courant y est amené par des fils de platine très flexibles. L'action réciproque étant voisine du maximum, l'équilibre est parfaitement stable.

([1]) Maxwell, *Phil. Trans. R. S. L.* for 1868, p. 643.
([2]) Cazin, *Ann. de chim. et de phys.* [4], t. I, p. 257, 1864.
([3]) Mascart, *Journal de physique* [2], t. I, p. 109, 1882.

Comme l'intensité du courant subit presque toujours des variations continues, il est difficile d'établir un équilibre exact, mais on peut évaluer les petites différences par le déplacement de l'aiguille de la balance. Si on veut observer dans la position même d'équilibre et que le courant aille en diminuant, par exemple, l'action étant attractive, on met des poids un peu trop faibles et on note le moment du passage de l'aiguille au zéro. La même opération, répétée de temps en temps, permet de construire par points la courbe des intensités, d'où l'on déduit la valeur du courant à une époque déterminée ou l'intégrale par rapport au temps; cette intégrale donnera la quantité totale d'électricité qui s'est écoulée.

Un artifice analogue peut être employé d'ailleurs avec tous les appareils, soit de torsion, soit de sinus, qui exigent le retour d'un organe mobile à un repère déterminé.

Enfin nous citerons une disposition de M. Helmholtz (¹) qui, sans se prêter aux mesures absolues, est d'un emploi commode. Aux plateaux d'une balance ordinaire on suspend deux bobines identiques, dont le diamètre est égal à la hauteur, et qui se meuvent librement à l'intérieur de deux bobines fixes de même hauteur. Celles-ci sont portées par une tige métallique horizontale qu'on peut fixer sur la colonne de la balance; l'une agit par attraction, l'autre par répulsion, sur la bobine mobile correspondante. On règle la position des bobines fixes par la condition que la balance ait la même sensibilité avant et pendant le passage du courant; l'action est alors maximum.

Le courant est amené dans les bobines mobiles, par des bandes très minces de clinquant larges de 5 à 6 millimètres; la résistance de ces bandes est très faible, elles ne s'échauffent pas d'une manière notable, grâce à leur grande surface, et ne nuisent pas aux oscillations.

867. Dérivations et shunts. — Quand le courant à mesurer a une intensité trop grande eu égard à la sensibilité du galvanomètre, on en mesure par dérivation une fraction déterminée. Le courant principal aboutissant aux deux bornes du

(¹) Helmholtz, *Proc. of the Roy. Soc. London*, 1881. — *Wissenschaftliche abhandlungen*, t. I, p. 922.

galvanomètre est divisé en deux parties, dont l'une passe par le cadre et l'autre par un conducteur en dérivation, auquel on donne habituellement le nom de *shunt*.

Soit g la résistance du galvanomètre, s celle du shunt, I le courant principal, i le courant qui passe dans le galvanomètre muni du shunt ; on a

$$(33) \qquad gi = s(I - i) = \frac{gs}{g+s} I, \qquad \text{ou} \qquad I = \frac{g+s}{s} i.$$

Le facteur $\frac{g+s}{s} = m$, par lequel il faut multiplier le courant observé pour avoir la valeur du courant principal, est appelé *le pouvoir multiplicateur* du shunt.

La résistance g_1 du système formé par le shunt et le galvanomètre est

$$g_1 = \frac{1}{\frac{1}{g} + \frac{1}{s}} = \frac{g}{\frac{g+s}{s}} = \frac{g}{m}.$$

Pour réaliser un shunt de pouvoir m, il est préférable, au lieu de mesurer la résistance $s = \frac{g}{m-1}$, d'ajuster le fil sur les deux bornes du galvanomètre jusqu'à ce que la résistance de l'ensemble soit égale à $\frac{g}{m}$.

Supposons que le circuit renferme une force électromotrice constante E ; soit R la résistance extérieure jusqu'aux bornes du galvanomètre, I_0 l'intensité qu'aurait le courant dans le circuit R seul, I_1 son intensité dans la résistance $R+s$ du circuit et du shunt, I_2 dans la résistance R et le galvanomètre, et I quand on met sur le galvanomètre un shunt de pouvoir multiplicateur m. Les équations

$$(34) \qquad E = I_0 R = I_1(R+s) = I_2(R+g) = I\left(R + \frac{g}{m}\right)$$

permettront de calculer les différentes intensités I_0, I_1 et I_2 en fonction de l'intensité totale I et, par suite, en fonction de l'intensité observée i.

Pour que l'intensité reste la même dans le circuit extérieur, quel que soit le shunt mis sur le galvanomètre, il suffit d'insérer en même temps dans le circuit principal une résistance ρ telle que

$$R+g=R+\frac{g}{m}+\rho,$$

ou

$$\rho=g\left(1-\frac{1}{m}\right). \tag{35}$$

On emploie, à cet effet, la disposition représentée dans la

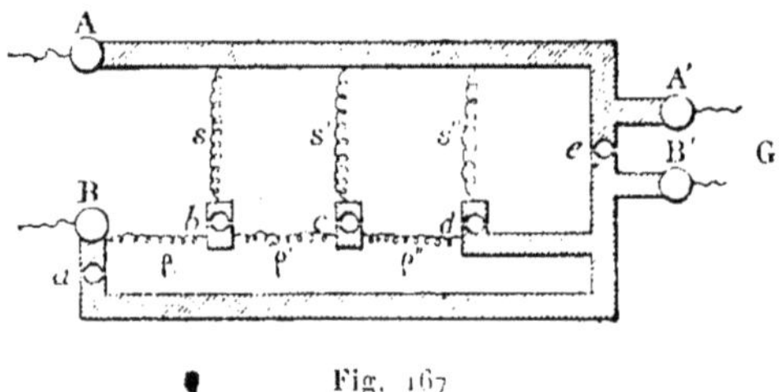

Fig. 167

figure 167 qui s'explique d'elle-même : s, s', s'' sont les différents shunts de résistances $\frac{g}{m-1}$, $\frac{g}{m'-1}$, $\frac{g}{m''-1}$ et ρ, ρ', ρ'' des résistances qui satisfont aux équations

$$\rho=g\left(1-\frac{1}{m}\right),$$

$$\rho+\rho'=g\left(1-\frac{1}{m'}\right),$$

$$\rho+\rho'+\rho''=g\left(1-\frac{1}{m''}\right).$$

Une cheville placée en a laisse passer le courant entier dans le galvanomètre G; placée en b, elle introduit à la fois le shunt s et la résistance compensatrice ρ, et ainsi de suite pour les autres positions c et d. Quand on la met en e, elle ferme le galvanomètre sur lui-même; c'est une position de sûreté.

Un système de shunts, munis de leurs résistances compensatrices, forme le complément nécessaire de tout galvanomètre de précision (fig. 163); on donne habituellement aux shunts les résistances $\frac{g}{9}, \frac{g}{99}, \frac{g}{999}$, de sorte que leurs pouvoirs multiplicateurs sont alors 10, 100, 1000.

L'emploi des shunts facilite beaucoup les opérations galvanométriques, mais il entraîne quelques inconvénients qui exigent une grande circonspection toutes les fois que l'on doit faire des mesures exactes. Un des principaux résulte des variations de température qui, se faisant sentir inégalement sur le fil de la bobine et sur celui du shunt, altèrent d'une manière inconnue la valeur du pouvoir multiplicateur.

868. Mesure des courants par la chute de potentiel. — Une disposition fréquemment employée, et qui est surtout avantageuse quand il s'agit de courants très intenses, consiste à mettre les extrémités du fil galvanométrique en communication avec deux points A et B du circuit principal, comprenant entre eux une résistance s qui joue le rôle de shunt. Si le galvanomètre a une résistance considérable par rapport à celle du shunt, la résistance composée

$$g_1 = \frac{g}{m} = \frac{gs}{g+s} = s\frac{g+s}{g}$$

diffère très peu de la résistance s, et l'intensité I_1 de l'intensité I (équat. 34), de sorte que l'introduction du galvanomètre en dérivation dans le circuit considéré n'altère pas d'une manière sensible l'intensité du courant total. On peut alors évaluer directement la différence de potentiel $E = V_1 - V_2$ qui existe entre les deux points A et B en comparant la déviation obtenue δ avec la déviation δ que donne une force électromotrice étalon E_0, comme celle d'un couple Daniell, dont la résistance propre est très faible par rapport à celle du galvanomètre. On a

$$(36) \qquad \frac{E}{\delta} = \frac{E_0}{\delta_0}, \qquad \text{d'où} \qquad i = \frac{E}{s} = \frac{E_0}{s}\frac{\delta}{\delta_0}.$$

L'introduction d'un galvanomètre à très grande résistance

entre deux points A et B équivaut à l'emploi d'un électromètre dont les électrodes seraient reliées aux mêmes points. L'électromètre, une fois gradué par une force électromotrice étalon, donne la différence de potentiel E, d'où l'on déduit l'intensité i du courant.

En particulier, si on emploie l'électromètre à quadrants comme au n° **816**, en reliant l'aiguille à l'une des paires de quadrants et ceux-ci séparément aux points A et B, la déviation δ peut être représentée, en appelant k une constante de l'instrument, par la formule (¹)

$$\delta = \frac{k}{2}(V_1 - V_2)^2 = \frac{k}{2}E^2.$$

Si δ_0 est la déviation produite par la force électromotrice étalon E_0, on a encore

$$\delta_0 = \frac{k}{2}E_0^2$$

et, par suite,

$$i = \frac{E}{s} = \frac{E_0}{s}\frac{E}{E_0} = \frac{E_0}{s}\sqrt{\frac{\delta}{\delta_0}}.$$

869. — La différence de potentiel mesurée entre deux points A et B, par un galvanomètre à grande résistance ou par un électromètre, peut être due simplement au passage du courant dans la résistance interposée, ou comprendre en outre une force électromotrice de nature quelconque. Dans tous les cas, si l'on connaît la valeur I du courant et la différence de potentiel E des points A et B, le produit EI représente le travail électrique effectué entre ces deux points.

On peut déterminer séparément ces deux facteurs par un galvanomètre à grande résistance ou par un électromètre ; il suffit de mettre successivement l'appareil en communication avec les deux points A et B comprenant la force électromotrice totale E, et avec deux autres points A′ et B′ séparés seulement par une résistance connue R.

Le travail EI peut être évalué directement par l'électro-

(¹) Joubert, *C. R. de l'Acad. des sc.* t. XCI, p. 161, 1880. — *Ann. de l'École norm. sup.* [2] t. X, p. 131, 1881.

mètre à quadrants ([1]). Soient V_1 et V_2, V'_1 et V'_2 les potentiels respectifs des points A et B, A′ et B′ ; on met les deux paires de quadrants en communication avec A′ et B′, séparés par une résistance R. Si l'aiguille est reliée au point A, la déviation observée α satisfait à l'équation

$$\alpha = k(V'_2 - V'_1)\left[V_1 - \frac{V'_2 + V'_1}{2}\right];$$

si l'aiguille est reliée au point B, la déviation β donne aussi

$$\beta = k(V'_2 - V'_1)\left[V_2 - \frac{V'_2 + V'_1}{2}\right].$$

Retranchant ces deux équations membre à membre, on obtient

$$\beta - \alpha = k(V'_2 - V'_1)(V_2 - V_1);$$

comme on a $V'_2 - V'_1 = RI$ et $V_2 - V_1 = E$, il en résulte

$$EI = \frac{\beta - \alpha}{kR}.$$

On peut enfin employer un électrodynamomètre dont la bobine fixe est dans le circuit principal, et dont la bobine mobile, de grande résistance, est placée en déviation sur les deux points A et B ; la déviation observée est alors proportionnelle au travail électrique entre ces deux points ([2]).

870. Graduation des galvanomètres. — Dans les instruments à miroir, où les déviations restent très petites, l'intensité du courant est sensiblement proportionnelle à la tangente de la déviation, ou à la simple déviation, et il en est de même pour tous les galvanomètres tant que les déviations restent comprises entre certaines limites. Toutefois cette proportionnalité cesse rapidement d'être admissible quand les aiguilles sont longues par rapport aux dimensions du cadre ; une graduation empirique est alors nécessaire.

Quand on a à sa disposition un galvanomètre à graduation

([1]) Potier, *Journal de physique*, t. IX, p. 445, 1881.
([2]) M. Deprez, *C. R. de l'Acad. des sc.*, t. XC, p. 592, 1880.

systématique, comme une boussole de sinus ou une boussole de tangentes, on fait passer un même courant dans l'instrument étalon et dans le galvanomètre étudié, en ayant recours à l'emploi d'un shunt au besoin, pour que les déviations dans les deux instruments soient d'un ordre de grandeur convenable. Faisant varier ensuite l'intensité du courant commun, les indications du galvanomètre gradué donneront la graduation de l'autre. Toutefois, on préfère éviter, autant que possible l'emploi d'un appareil auxiliaire.

871. — Dans les expériences sur la chaleur rayonnante, on se préoccupe surtout d'obtenir, par les déviations d'un galvanomètre, des nombres proportionnels aux quantités de chaleur que reçoit, pendant l'unité de temps, une pile thermoélectrique placée dans le circuit. Le mode de graduation doit être alors relatif aux quantités de chaleur, et il ne correspond à une graduation électrique que si l'intensité du courant est proportionnelle au rayonnement calorifique que reçoit la pile, ou, plus exactement, à la différence des rayonnements qui tombent sur ses deux faces.

La méthode employée par Melloni ([1]) consiste à placer, de part et d'autre de la pile, des sources de chaleur constantes S et S'. Sur une des faces on ne fait tomber que le rayonnement de la source S; on lit une déviation δ. L'action de la source S étant supprimée, on fait agir sur l'autre face la source S', qui donne une déviation δ' de sens contraire à la première. Enfin les deux sources simultanément donnent une déviation δ'', par exemple de même signe que la première. Si l'on a $\delta''=\delta-\delta'$, on peut admettre que les déviations sont restées proportionnelles aux rayonnements. Dans la plupart des galvanomètres construits sur le modèle de Nobili, cette proportionnalité se vérifie jusqu'à 20 ou 25 degrés; au delà, on trouve $\delta''>\delta-\delta'$, et il faut construire une table de graduation. Si la déviation δ est seule en dehors des limites de proportionnalité, on a

$$\frac{S'}{\delta'}=\frac{S-S'}{\delta''}=\frac{S}{\delta'+\delta''};$$

([1]) Melloni, *Ann. de chim. et de phys.* [2], t. LIII, p. 5, 1833.

la déviation observée δ correspond à la graduation $\delta' + \delta''$, et on continue ainsi de proche en proche.

On peut encore placer les deux sources du même côté de la pile et les faire agir sous le même angle, ou bien utiliser avec une source unique la loi du carré des distances. M. P. Desains se sert d'une seule source devant laquelle il place un écran percé d'une fenêtre à quatre secteurs égaux ; en laissant libres un, deux, trois ou quatre de ces secteurs il obtient des rayonnements calorifiques dans le rapport des nombres 1, 2, 3 et 4, qu'il fait agir successivement sur la pile. Si on répète les expériences à des distances différentes, on aura tous les éléments nécessaires pour une graduation complète du galvanomètre jusqu'aux limites de l'échelle.

872. — La méthode de Poggendorff [1] consiste à transformer le galvanomètre en boussole des sinus pour en faire la graduation. Si l'instrument ne possède pas de cercle horizontal, on le place sur un cercle gradué pouvant tourner autour d'un axe vertical. Le cadre étant d'abord parallèle au méridien, on y fait passer un courant constant, la déviation δ_0 donne une équation de la forme

$$I = H \frac{\sin \delta_0}{\varphi(\delta_0)}.$$

On fait alors tourner le cadre de quantités α', α'', α'''..., à partir de la position initiale, et on observe les déviations correspondantes δ', δ'', δ''',... de l'aiguille par rapport au cadre pour le même courant ; on a

$$\frac{I}{H} = \frac{\sin \delta_0}{\varphi(\delta_0)} = \frac{\sin(\alpha' + \delta')}{\varphi(\delta')} = \frac{\sin(\alpha'' + \delta'')}{\varphi(\delta'')} = \ldots.$$

Les valeurs de $\varphi(\delta)$ sont ainsi proportionnelles aux sinus des angles déterminés par expérience, ce qui donne la table des valeurs de $\frac{\sin \delta}{\varphi(\delta)}$ relatives à la position normale du cadre.

Cette méthode permettrait, par exemple, de déterminer le

[1] Poggendorff, *Pogg. Ann.*, t. LVI, p. 324, 1842.

terme de correction d'une boussole des tangentes. Si la loi des tangentes était exacte, la valeur de $\varphi(\delta)$ devrait, en effet, à un facteur constant près, être égale à $\cos\delta$.

873. — Pétrina [1] utilisait les propriétés des courants dérivés en plaçant le fil du galvanomètre en dérivation entre deux points A et B d'un conducteur rectiligne homogène parcouru par un courant. Si la résistance g du galvanomètre est très grande par rapport à la résistance s comprise entre les deux points (**868**), l'intensité I du courant principal et celle i du galvanomètre satisfont à la relation simple

$$i = \frac{s}{g} I.$$

L'intensité I étant constante, l'intensité i est proportionnelle à la résistance s; il suffit donc de mesurer la distance AB des points de contact, les déviations observées pour différentes valeurs de cette distance avec un même courant donneront la table de graduation.

874. — La méthode la plus rapide est encore d'utiliser la loi d'Ohm en faisant varier suivant une loi connue, par l'addition de résistances étalonnées, l'intensité du courant produit par une force électromotrice constante, comme celle d'un couple Daniell. Si la résistance propre du couple est très faible par rapport à la résistance totale, les différentes intensités I, I', I'',... du courant, qui correspondent à des résistances R, R', R'',... de la portion du circuit extérieure au galvanomètre, donnent les relations

$$\frac{I}{\frac{1}{R+g}} = \frac{I'}{\frac{1}{R'+g}} = \frac{I''}{\frac{1}{R''+g}} = \ldots\ldots$$

Si les résistances R, R' R''..., sont elles-mêmes très grandes par rapport à celle du galvanomètre, ces équations se réduisent à

$$\frac{I}{\frac{1}{R}} = \frac{I'}{\frac{1}{R'}} = \frac{I''}{\frac{1}{R''}} = \ldots\ldots$$

(1) Petrina, *Holger's Zeitschrift*, Bd. I, p. 171, 1842.

L'expérience devient très simple quand le galvanomètre est muni d'un shunt bien ajusté avec sa résistance compensatrice. Le shunt étant placé sur le galvanomètre, on règle la résistance extérieure de manière à obtenir une déviation de n divisions; on enlève alors le shunt, le courant principal ne change pas, mais il devient m fois plus grand dans le galvanomètre et donne une nouvelle déviation n'. En prenant pour m un nombre peu élevé, 2 par exemple, on construit facilement la table de l'instrument en faisant varier la valeur de n.

Beaucoup d'autres méthodes ont été proposées pour le même objet; mais nous n'insisterons pas davantage sur cette question qui a perdu la plus grande partie de son intérêt.

875. Comparaison des galvanomètres. — Soient, pour deux galvanomètres, G et G' les constantes des cadres supposées constantes, H et H' les intensités horizontales du champ extérieur sur chacune des aiguilles, δ et δ' les déviations, corrigées par la graduation, qui correspondent au passage d'un même courant dans les deux instruments, on a

$$(37)\qquad I = \frac{H}{G}\delta = \frac{H'}{G'}\delta'.$$

Lorsque les sensibilités des deux instruments sont de même ordre, les déviations δ et δ' sont données directement par le courant commun; dans le cas contraire, on interpose un shunt sur l'instrument le plus sensible et la déviation correspondante est égale au produit de la déviation observée par le pouvoir multiplicateur du shunt.

Si le galvanomètre de comparaison, le premier par exemple, est un instrument absolu, cette expérience donne immédiatement le facteur par lequel il faut multiplier les indications du second galvanomètre pour en déduire l'intensité du courant en valeurs absolues.

876. — Si le champ extérieur était le même pour les deux instruments, on déduirait aussi de l'équation (37) le rapport des constantes galvanométriques des deux cadres; mais les influences locales empêchent, en général, de répondre de cette identité, même pour deux points assez voisins.

Pour déterminer directement la constante galvanométrique G' d'un galvanomètre, on le place au milieu du cadre d'une boussole des tangentes, les plans moyens des spires étant parallèles, et on met les deux cadres en dérivation sur deux points d'un même circuit, de manière à constituer une sorte de galvanomètre différentiel. Soit I l'intensité dans la boussole, I' dans le galvanomètre, et δ la déviation, on a

$$H \operatorname{tang} \delta = GI - G'I'.$$

L'action du galvanomètre serait en général prépondérante, mais on peut la réduire par une résistance convenable ; si on ramène ainsi l'aiguille au zéro, on a alors

$$\frac{G'}{G} = \frac{I}{I'}.$$

Les résistances totales des deux instruments étant g et g', on peut écrire aussi

$$\frac{G'}{G} = \frac{I}{I'} = \frac{g'}{g}.$$

Il est important de remarquer que cette expérience donne, par la comparaison des résistances g et g', le rapport des rayons d'action moyenne des deux cadres (**720**) et, par suite, le rapport de leurs rayons moyens, si les gorges ont une forme simple qui permette de calculer facilement les termes de correction.

827. — La formule (20)' du n° **815** donne l'équation

$$G^2 = 2\left(R - 2L\frac{\lambda}{\tau}\right)\frac{H}{M}\frac{\tau_0^2}{\pi^2 + \lambda_0^2}\left(\frac{\lambda}{\tau} - \frac{\lambda_0}{\tau_0}\right),$$

qui permettrait de déterminer la constante galvanométrique par l'étude des oscillations relatives au cadre ouvert ou au cadre fermé sur lui-même, à la condition de connaître la résistance et le coefficient du self-induction de ce cadre, ainsi que le rapport $\frac{M}{H}$ du moment magnétique de l'aiguille à l'intensité horizontale du champ.

En observant la déviation produite dans le galvanomètre par un courant d'intensité connue I, on pourrait éliminer de cette formule la valeur de H, mais la méthode ne paraît pas avoir d'intérêt pratique.

878. Tarage d'un galvanomètre. — Dans les galvanomètres à aiguilles astatiques ou à aimants correcteurs, la sensibilité peut changer d'une manière notable, soit par les variations de température, soit par le déplacement des aimants; il serait nécessaire de répéter fréquemment la comparaison avec un instrument absolu, mais cette méthode n'est pas assez expéditive pour les mesures pratiques qui ne demandent pas une grande précision.

Le plus simple est d'avoir recours à un étalon de force électromotrice E, par exemple un couple Daniell, que l'on réunit au galvanomètre par l'intermédiaire d'une résistance convenable R [1]. Si, en outre, on emploie un shunt de pouvoir multiplicateur m et que la déviation observée donne un nombre x de divisions sur une échelle quelconque, l'intensité i du courant dans le galvanomètre est alors (**867**)

$$i = \frac{I}{m} = \frac{E}{mR + g}.$$

Comme cette intensité est sensiblement proportionnelle à la déviation, on peut écrire, en désignant par N le nombre de divisions qui correspondrait à l'unité de courant,

$$i = \frac{x}{N} = \frac{E}{mR + g}.$$

Appelant R_1 la résistance que devrait avoir le circuit pour que la force électromotrice étalon produise une déviation d'une division, on a

$$\frac{1}{N} = \frac{E}{R_1}, \text{ ou } R_1 = NE.$$

Le coefficient R_1 mesure la sensibilité; on l'appelle souvent le *nombre de mérite* (figure of merit) du galvanomètre.

[1] 20 000 ou 30 000 ohms avec les galvanomètres astatiques du système Thomson (**819**) et un shunt d'un millième.

On a d'ailleurs

$$N = \frac{mR + g}{E}x,$$
$$R_1 = (mR + g)x.$$

Avec les galvanomètres très sensibles, tels qu'on les emploie aujourd'hui, la résistance R est en général très grande par rapport à $\frac{g}{m}$, et on peut écrire simplement

$$R_1 = NE = mxR.$$

Si la force électromotrice E est exprimée en volts et la résistance R en ohms, l'intensité i est donnée en ampères.

870. — Lorsque la résistance R n'est pas très grande, la résistance propre ρ du couple employé n'est pas négligeable,

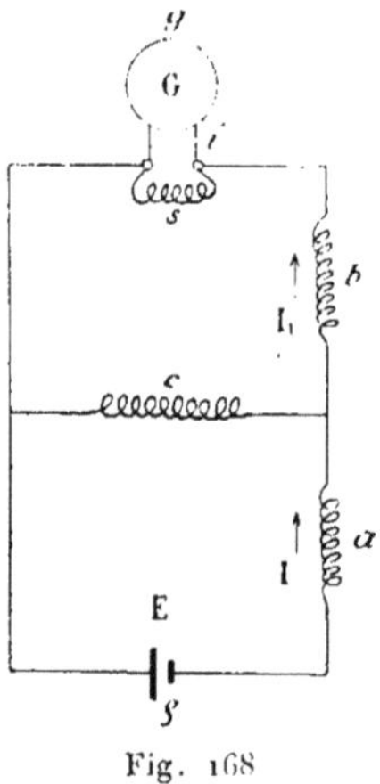

Fig. 168

mais on peut éliminer cette cause d'erreur par une des méthodes suivantes dues à M. Hockin (¹).

La disposition de l'expérience étant représentée par la figure 168, on note la déviation du galvanomètre G muni du shunt s. Appelant a, b et c les résistances des trois branches

(¹) Hockin, *Report of the Committee of electrical Standards* (*Brit. Assoc.*), edited by F. Jenkin, p. 149.

indiquées par ces mêmes lettres, g_1 celle du galvanomètre avec son shunt, I l'intensité du courant dans la branche a et I_1 l'intensité dans la branche b, on a

$$I_1 = (I - I_1)\frac{c}{g_1+b} = I\frac{1}{1+\frac{g_1+b}{c}},$$

$$E = I\left[\rho + a + \frac{1}{\frac{1}{c}+\frac{1}{g_1+b}}\right] = I_1\left[(\rho+a)\left(1+\frac{g_1+b}{c}\right)+(g_1+b)\right].$$

On remplace alors a par une autre résistance très différente a' et on donne à la branche b une résistance correspondante b' telle que le courant dans le galvanomètre et, par suite, l'intensité I_1 ne changent pas ; il en résulte la condition

$$\frac{E}{I_1} = (\rho+a)\left(1+\frac{g_1+b}{c}\right)+g_1+b = (\rho+a')\left(1+\frac{g_1+b'}{c}\right)+g_1+b',$$

qui donne

$$\frac{E}{I_1} = c\left[\frac{a'-a}{b'-b}\left(1+\frac{g_1+b}{c}\right)\left(1+\frac{g_1+b'}{c}\right)-1\right].$$

L'intensité i du courant dans le galvanomètre étant

$$i = \frac{I_1}{m} = \frac{x}{N} = \frac{Ex}{R_1},$$

on en déduit l'équation

$$R_1 = mx\frac{E}{I_1} = mxc\left[\frac{a'-a}{b'-b}\left(1+\frac{g_1+b}{c}\right)\left(1+\frac{g_1+b'}{c}\right)-1\right],$$

qui donne le coefficient R_1 par les résistances connues g_1, b, b', c et par les différences $a'-a$, $b'-b$.

Une méthode plus directe consiste, après avoir observé le courant dans le premier état, à couper ensuite le conducteur c et à remplacer la résistance b par une résistance b_1 telle que la déviation ne change pas. On a alors, comme condition

$$(\rho+a)\left(1+\frac{g_1+b}{c}\right)+g_1+b=\rho+a+g_1+b_1=\frac{b_1-b}{g_1+b}c+g_1+b_1;$$

d'où

$$R_1=mcx\left[\frac{b_1-b}{g_1+b}+\frac{g_1+b_1}{c}\right],$$

et il n'y a que quatre résistances à mesurer.

880. Observation des déviations. — Avec les galvanomètres dont l'amortissement est rapide, l'équilibre s'établit au bout d'un temps assez court pour que la déviation relative au courant permanent s'observe sans difficulté. Dans les autres cas, on a recours à un amortisseur auxiliaire (**842**), aimant ou courant, mais on peut aussi utiliser le courant lui-même par l'une des méthodes suivantes, qui sont dues à Gauss [1], et qui conviennent surtout pour l'observation de systèmes magnétiques dont le moment d'inertie est considérable.

L'établissement du courant déplace brusquement d'un angle δ la position d'équilibre de l'aiguille. Lorsque le mouvement est pendulaire, l'arc de première impulsion relatif au courant permanent est 2δ; mais, si on supprime le courant quand l'arc parcouru est $\frac{\delta}{2}$, ce qui correspond au tiers de la durée d'oscillation T, l'aiguille a acquis une vitesse suffisante pour atteindre l'arc δ, c'est-à-dire la position d'équilibre, avec une vitesse nulle à l'époque $\frac{2}{3}$T; si on rétablit alors le courant, l'aiguille restera immobile. Comme il y a toujours un peu d'amortissement, et que le courant n'est pas supprimé et rétabli exactement aux époques voulues, l'aiguille fait encore de petites oscillations dont on peut alors prendre la moyenne.

De même, pour ramener l'aiguille au zéro avec une vitesse nulle, il faut interrompre le courant pendant un tiers d'oscillation, le rétablir pendant le deuxième tiers, puis le supprimer d'une manière définitive.

[1] Gauss, *Resultate aus den Beob. des Magn. Vereins*, 1839; Œuvres, t. V, p. 395.

Cette règle ne suffit plus lorsque l'amortissement est notable. Gauss a calculé, par les formules du n° **681**, et pour différentes valeurs de λ, la fraction $\frac{t_1 - t_0}{T}$ de la durée d'oscillation pendant laquelle on doit maintenir le courant, ainsi que la fraction $\frac{t_2 - t_1}{T}$ pendant laquelle on doit le supprimer, pour qu'à l'époque t_2 l'aiguille atteigne la position d'équilibre avec une vitesse nulle.

Voici un extrait de cette table :

λ	$\frac{t_1 - t_0}{T}$	$\frac{t_2 - t_1}{T}$
0	0,333	0,333
0,1	0,376	0,291
0,2	0,418	0,251
0,3	0,459	0,214
0,4	0,498	0,180
0,5	0,535	0,149
0,6	0,569	0,123

La fraction $\frac{t_1 - t_0}{T}$ croît avec l'amortissement et la fraction $\frac{t_2 - t_1}{T}$ varie en sens contraire; leur somme est d'abord égale à $\frac{2}{3}$ et augmente très lentement avec la valeur de λ.

Il est inutile de pousser plus loin la table, car si l'amortissement est plus rapide, les oscillations de l'aiguille s'éteignent d'elles-mêmes assez vite pour qu'il n'y ait pas lieu de s'en préoccuper.

881. — On corrigera les changements d'intensité du champ extérieur en répétant souvent la tare du galvanomètre, mais en réalité on doit se préoccuper surtout d'éliminer les changements de direction qui correspondent, pour le champ terrestre, aux variations de déclinaison. Au lieu de déterminer le zéro à chaque observation, il vaut mieux renverser le courant et observer les élongations de part et d'autre, ce qui élimine la position du zéro. Cette inversion est surtout nécessaire dans les observations continues ; on renverse alors le courant à intervalles réguliers, toutes les trois oscillations par exemple. Pour que celles-ci restent très petites, on laisse le courant interrompu juste pendant la durée T d'une oscillation avant de le rétablir en sens contraire. Désignant par x_1, x_2, x_3 ; x_4, x_5, x_6 ;... les élongations observées à droite et à gauche, et comptées à partir d'un zéro arbitraire, on aura pour l'écart permanent a_0 une série de valeurs telles que

$$(38) \qquad a_0 = \frac{1}{2}\left(\frac{x_1+2x_2+x_3}{4} - \frac{x_4+2x_5+x_6}{4}\right).$$

882. Arc de première impulsion. — Méthode de multiplication. — On pourrait aussi calculer la déviation permanente a_0, comptée à partir de la position d'équilibre, par l'écart de première impulsion. L'aiguille étant d'abord en repos, cet écart est de $2a_0$ quand l'amortissement est nul ; si l'amortissement est notable, l'écart d'impulsion est une oscillation dont la première partie est a_0 et la seconde $a_0 e^{-\lambda}$, de sorte que l'amplitude totale d'impulsion a_1 est

$$a_1 = a_0(1+e^{-\lambda}), \quad \text{d'où} \quad a_0 = \frac{a_1}{1+e^{-\lambda}}.$$

Quand la déviation est très faible, on peut, par des renversements convenables du courant, obtenir des oscillations plus facilement mesurables. Il suffit, au moment où l'aiguille, s'arrêtant dans sa position extrême, va prendre un mouvement en sens contraire, de changer brusquement le sens du courant, en maintenant celui-ci constant pendant toute la durée de l'oscillation suivante.

L'écart de première impulsion est

$$a_1 = a_0(1+q) = a_0 q + a_0,$$

et les suivants

$$\begin{aligned} a_2 &= (a_0+a_1)q + a_0 = a_0(1+q)(1+q), \\ a_3 &= (a_0+a_2)q + a = a_0(1+q)(1+q+q^2), \\ &\dots\dots\dots\dots\dots \\ a_n &= (a_0+a_{n-1})q + a_0 = a_0(1+q)(1+q+\dots+q^{n-1}). \end{aligned}$$

L'écart limite a, relatif à un régime permanent d'inversions, est donc

$$a = a_0 \frac{1+q}{1-q} = a_0 \frac{1+e^{-\lambda}}{1-e^{-\lambda}},$$

d'où

$$a_0 = a \frac{1-e^{-\lambda}}{1+e^{-\lambda}}.$$

La *méthode de multiplication* se prêterait difficilement à des mesures précises, mais elle est excellente pour mettre en évidence l'existence d'un courant très faible.

883. Courants momentanés. — Galvanomètre balistique. — La quantité d'électricité que débite un courant momentané, ou une décharge de forme quelconque, peut être déterminée par l'impulsion imprimée à l'aiguille d'un galvanomètre.

Il est nécessaire, pour cela, que la durée de la décharge soit très faible par rapport à la durée des oscillations de l'aiguille, en d'autres termes, que le courant cesse avant que l'aiguille se soit écartée d'une manière notable de sa position d'équilibre. C'est une méthode *balistique* analogue à celle qui est employée pour mesurer la vitesse des projectiles.

Appelant toujours K le moment d'inertie de l'aiguille, M son moment magnétique, T la durée des oscillations sans amortissement, la vitesse angulaire ω_0 imprimée à l'aiguille par la décharge instantanée d'une quantité m d'électricité est (**506**)

$$\omega_0 = \frac{MG}{K} m = \frac{G}{H} \frac{\pi^2}{T^2} m.$$

D'autre part (**681**), si les écarts sont assez petits, la vitesse initiale ω_0 est liée à l'arc d'impulsion α_1 correspondant par l'expression

$$\omega_0 = \alpha_1 \frac{\pi}{T} e^{\frac{\lambda}{\pi} \operatorname{arc\,tg} \frac{\pi}{\lambda}};$$

il en résulte

$$(39) \qquad m = \alpha_1 \frac{H}{G} \frac{T}{\pi} e^{\frac{\lambda}{\pi} \operatorname{arc\,tg} \frac{\pi}{\lambda}} = \alpha_1 \frac{H}{G} \frac{\tau}{\pi} \sqrt{1 + \frac{\lambda^2}{\pi^2}}\, e^{\frac{\lambda}{\pi} \operatorname{arc\,tg} \frac{\pi}{\lambda}}.$$

Lorsque l'amortissement est très faible, on peut prendre la valeur approchée

$$m = \frac{H}{G}\frac{T}{\pi}\left(\alpha_1 + \frac{\alpha_3 + \alpha_1}{4}\right).$$

La sensibilité de l'instrument est mesurée par le rapport de l'arc d'impulsion à la décharge, ou par l'expression

$$\frac{G}{H}\frac{\pi}{T} = G\sqrt{\frac{M}{KH}}.$$

Comme il est nécessaire que la durée T des oscillations de l'aiguille soit assez grande, non seulement pour éliminer l'influence de la durée de la décharge, mais aussi pour permettre la lecture de l'élongation, c'est en diminuant l'intensité H du champ qu'on réalisera les meilleures conditions expérimentales. En outre, afin de se rapprocher des conditions théoriques, on réduira autant que possible l'amortissement par l'air, dont la loi présente alors des incertitudes, pour ne conserver que celui qui provient des courants induits dans le cadre. Enfin, si on veut répéter une série d'observations successives, on arrêtera chaque fois l'aiguille par un amortisseur auxiliaire, aimant ou courant.

L'aiguille n'étant jamais absolument immobile au début, on observe d'abord son amplitude totale initiale $2\alpha_0$; il faut ensuite diminuer ou augmenter de α_0 l'angle d'écart observé α_1, suivant que l'impulsion a eu lieu dans le sens ou en sens contraire du mouvement initial.

La mesure de la quantité m, en valeurs absolues, exige la connaissance du rapport $\frac{G}{H}$, que l'on détermine directement ou par comparaison avec un galvanomètre absolu (**874**).

881. — L'emploi des shunts, dans un galvanomètre balistique, peut donner lieu à de graves erreurs. Les décharges ne se partagent suivant les lois des courants dérivés, entre le shunt et le galvanomètre, que si l'aiguille reste immobile pendant toute la durée de la décharge (**517**), condition qu'il est presque impossible de réaliser.

L'expérience suivante de M. Latimer Clark [1] met bien en évidence l'influence du mouvement de l'aiguille. Deux galvanomètres identiques, placés en dérivation l'un par rapport à l'autre sur le même circuit, reçoivent la décharge d'un condensateur ; tous les deux donnent une même déviation, moitié moindre que celle qu'on observe dans chacun d'eux quand il reçoit seul la décharge. Si on recommence l'expérience en fixant l'une des aiguilles, on trouve une déviation beaucoup plus petite pour l'aiguille restée libre. Dans le premier cas, les deux aiguilles reçoivent une même impulsion et dépensent un même travail ; dans le second cas, il n'y a de travail électromagnétique que pour l'un des circuits, et pour celui-là seulement augmentation apparente de résistance (**535**) : le courant dès lors ne se partage plus également entre les deux branches.

Avec les galvanomètres différentiels où l'aiguille reste immobile, on peut toujours employer les shunts, même pour les courants instantanés.

885. — La méthode balistique comporte deux sortes d'erreurs [2] qu'il paraît difficile d'éliminer complètement et qui, dans certains cas, peuvent avoir une influence notable.

En premier lieu, le courant qui traverse le galvanomètre agit pendant un temps très court, mais avec une très grande énergie ; cette action, qui est perpendiculaire à l'axe de l'aiguille, n'est-elle pas de nature à amener dans son moment magnétique un changement temporaire assez grand pour que l'impulsion reçue ne soit plus égale à celle qui correspondrait au moment primitif?

En second lieu, on applique à la correction de l'arc d'impulsion le décrément logarithmique déduit de l'observation des oscillations continues. Ce procédé serait parfaitement correct si l'amortissement était dû uniquement aux courants induits par le mouvement de l'aiguille ; mais, lorsqu'une partie notable de l'effet est due à la résistance de l'air, il est permis de se demander si cette résistance agit de la même ma-

(1) L. Clark, *Jour. Telegr. Eng.*, t. II, p. 16, 1873.

(2) L. Rayleigh, *Experiments to determine the value of unit of resistance.* — *Phil. Trans.*, part. II, 1882, p. 619.

nière, en particulier dans le voisinage de la position d'équilibre, sur un mobile qui oscille régulièrement ou sur ce même mobile, primitivement au repos, et qui se meut sous l'action d'un choc. La résistance de l'air doit être beaucoup plus grande dans le second cas que dans le premier; par suite, la correction, telle qu'on la fait, doit être insuffisante. Il est vrai que cette même cause aurait pour effet d'augmenter la durée de l'oscillation et, par conséquent; d'introduire une nouvelle erreur de sens contraire à la première et qui la détruirait en partie.

886. Observation des impulsions. — Lorsqu'on est maître de reproduire le phénomène dans des conditions identiques, on peut répéter l'expérience un grand nombre de fois, alternativement dans les deux sens, pour éliminer les erreurs accidentelles de lecture, ainsi que les déplacements du zéro, et on prend la moyenne des observations. Dans ce cas, la *méthode de multiplication* permet encore d'augmenter beaucoup l'angle d'impulsion, si on a soin de provoquer les décharges alternatives chaque fois que l'aiguille passe au zéro.

L'aiguille, étant lancée d'abord avec la vitesse ω_0 par une première décharge positive, revient à sa position d'équilibre au bout du temps τ avec la vitesse $-\omega_0 q$; à ce moment, une décharge négative lui communique en outre la vitesse $-\omega_0$, ce qui fait $-\omega_0(1+q)$; à son retour au zéro, elle recevra une nouvelle vitesse $+\omega_0$, et ainsi de suite. Les écarts successifs $a_0, a_1, a_2, \ldots$, étant proportionnels aux vitesses qui correspondent aux différents passages, on aura

$$
\begin{aligned}
a_1 &= a_0 q + a_0 = a_0(1+q),\\
a_2 &= a_1 q + a_0 = a_0(1+q+q^2),\\
&\ldots\ldots\ldots\ldots\\
a_n &= a_{n-1} q + a_0 = a_0(1+q+\ldots+q^n)
\end{aligned}
$$

L'écart limite a, relatif à un régime d'inversions établi, et l'écart initial a_0, qui serait produit par une décharge unique, sont liés par la relation

$$a = a_0 \frac{1}{1-q} = a_0 \frac{1}{1-e^{-\lambda}}.$$

La valeur de a_0 déterminée par cette équation est exprimée en divisions d'une échelle et on en déduira l'angle correspondant α_1 par la distance de l'échelle.

Cette méthode présente, en outre, l'avantage de substituer un régime permanent et régulier à une impulsion unique, ce qui facilite les lectures. Mais, à moins que l'impulsion initiale ne soit très faible ou l'amortissement considérable, on arrive rapidement à des écarts exagérés, car la valeur de a augmente sans limite quand λ tend vers zéro.

On peut, par d'autres méthodes, réaliser un régime régulier avec des déviations de même ordre que celle de la première impulsion.

887. — La *méthode de recul* a été imaginée par Weber [1]. L'aiguille ayant été lancée dans la direction positive, on lui laisse atteindre la première élongation positive A (fig. 169),

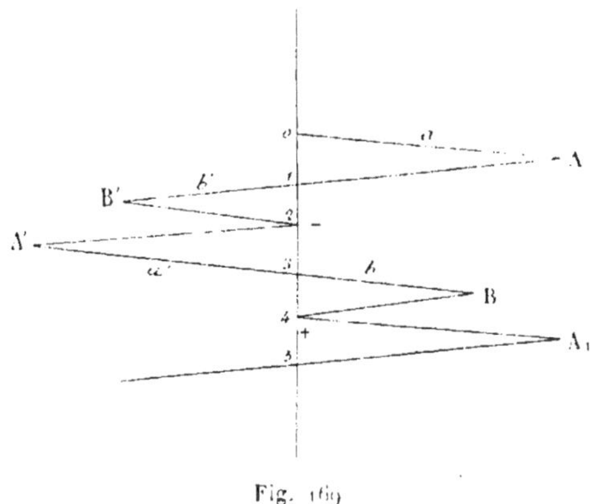

Fig. 169.

puis l'élongation négative suivante B′. Au moment où elle revient au zéro en marchant dans le sens positif, on lance une décharge négative; l'aiguille s'arrête brusquement et repart dans le sens négatif. On lui laisse atteindre une première élongation négative A′, puis l'élongation positive suivante B et, au moment où elle repasse par le zéro, on donne une dé-

(1) W. Weber, *Abh. der K. Gesell. zu Göttingue*, t. I, p. 349. — *Resultate des Magn. Vereins*, 1838, p. 98.

charge positive qui arrête l'aiguille et la ramène à une élongation positive A_1, etc.

Désignant par a, b', a', b, a_1.., les écarts successifs, on a

$$\begin{aligned} b' &= aq, \\ a' &= a_0 - b'q, \\ b &= a'q, \\ a_1 &= a_0 - bq. \end{aligned}$$

On en déduit

$$q = \frac{b'}{a} = \frac{b}{a'} = \frac{b+b'}{a+a'} = e^{-\lambda},$$

$$2a_0 = a' + a_1 + (b'+b)q = a_1 + a' + b + b' - (b+b')(1-q).$$

Le décrément λ et l'écart a_0 relatif à une impulsion unique sont ainsi déterminés par la somme des impulsions à droite et à gauche, c'est-à-dire par la différence des lectures de l'échelle, sans qu'il soit nécessaire de connaître la position du zéro. Cette position se déterminerait d'ailleurs par deux élongations successives A et B', A' et B..., d'une oscillation libre, en tenant compte de l'amortissement.

Comme ces oscillations libres se répètent de deux en deux, elles permettent de suivre les variations du zéro pendant la durée de l'expérience.

Lorsque l'amortissement n'est pas très petit, il s'établit bientôt un régime permanent, dont la période comprend quatre oscillations avec deux espèces d'écarts, les uns plus grands a, les autres plus petits b, les valeurs de a et de b étant données d'ailleurs par la demi-distance des élongations de même ordre A et A', B et B'. On a alors

$$q = \frac{b}{a},$$

$$a_0 = a + bq = \frac{a^2+b^2}{\sqrt{ab}}\sqrt{q} = \frac{a^2+b^2}{\sqrt{ab}} e^{-\frac{\lambda}{2}}.$$

Désignant par α l'angle qui correspond à l'écart $\dfrac{a^2+b^2}{\sqrt{ab}}$, et remarquant que

$$\text{arc tg}\frac{\pi}{\lambda} = \frac{\pi}{2} - \text{arc tg}\frac{\lambda}{\pi},$$

l'équation (39) devient

$$(40)\qquad m = \alpha \frac{H}{G} \frac{\tau}{\pi} \sqrt{1 + \frac{\lambda^2}{\pi^2}}\, e^{-\frac{\lambda}{\pi} \operatorname{arc\,tg} \frac{\lambda}{\pi}}.$$

888. — La méthode de recul ne convient pas lorsque l'amortissement est faible. MM. Weber et Zöllner ([1]) ont employé, dans ce cas, une *méthode mixte :* on donne encore à l'aiguille, à son passage au zéro, des impulsions successives alternativement de sens contraires, comme dans les cas précédents, mais ces impulsions sont tantôt en concordance et tantôt en discordance avec sa vitesse actuelle.

A la suite d'une grande élongation A (fig. 170) du côté positif, l'aiguille reçoit, à son passage au zéro, une impulsion

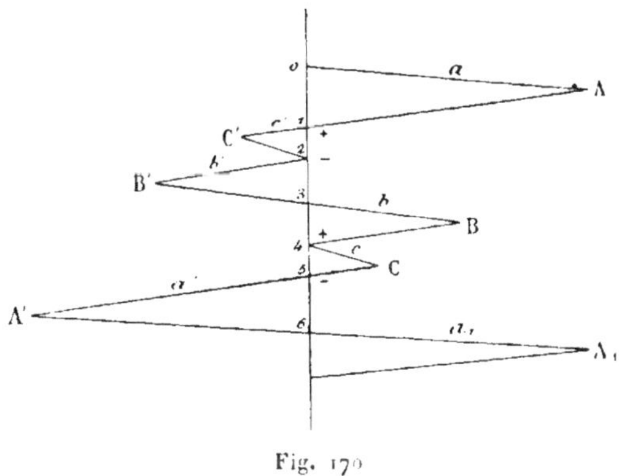

Fig. 170

positive qui réduit l'élongation suivante en C' ; au deuxième passage, une impulsion négative donne une élongation B' de grandeur moyenne et l'oscillation suivante B'B est libre ; au quatrième passage, une impulsion positive donne une petite élongation C, puis une impulsion négative, au cinquième passage, reproduit une grande élongation A'. L'oscillation $A'A_1$ est encore libre et la même série recommence.

Tant que le régime permanent n'est pas établi, il se pro-

([1]) W. Weber et Zöllner, *Berichte der K. S. Gesell.*, Leipzig, 1880.

duit trois espèces d'oscillations et la forme de l'expérience donne une période qui comprend six oscillations.

Appelant a, c', b', b, c, a', a_1... les écarts successifs, on a les relations

$$c' = aq - a_0,$$
$$b' = a_0 - c'q,$$
$$b = b'q,$$
$$c = a_0 - bq,$$
$$a' = a_0 + cq,$$
$$a_1 = a'q.$$

L'amortissement étant déterminé par une série d'oscillations libres, on peut déduire des équations précédentes plusieurs valeurs de l'amplitude a_0 ; les expressions les plus avantageuses sont

$$2a_0 = a' + bq + c(1-q) = (a' + b) - (b - c)(1 - q),$$
$$2a_0 = \frac{(a' + b) + (b' + a_1)}{2} + (a' + b')(1 - q) + (c' - c)q.$$

La première est tout à fait indépendante de la position du zéro ; la seconde n'exige la connaissance du zéro que pour des termes déjà très petits.

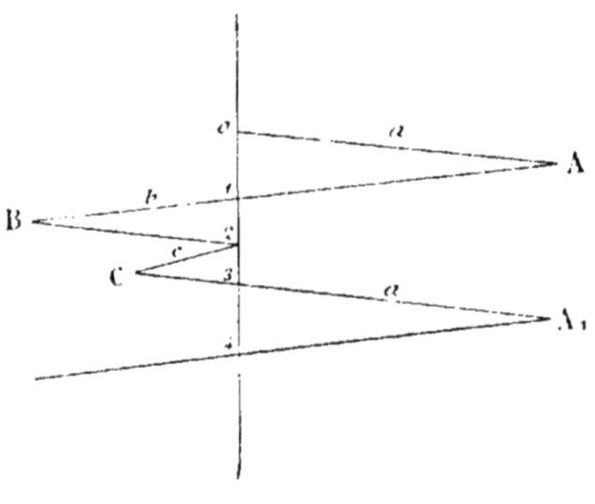

Fig. 171

Si l'amortissement était assez grand pour que l'on pût atteindre rapidement un régime définitif, la période ne comprendrait plus que trois oscillations correspondant aux écarts a, b et c (fig. 171). On aurait alors

$$\begin{aligned} b &= aq, \\ c &= a_0 - bq = a_0 - aq^2, \\ a &= a_0 + cq = a_0(1+q) - aq^3. \end{aligned}$$

Ces équations donnent, comme condition expérimentale,

$$b + c = a.$$

On pourrait profiter de cette relation pour déterminer la position du zéro; la première équation donnerait la valeur de q et on aurait

$$a_0 = a\frac{1+q}{1+q^3}.$$

Toutefois la méthode ne présente plus d'intérêt quand l'amortissement est notable.

889. Influence de la durée et de l'époque de l'impulsion. — L'emploi du galvanomètre balistique, dans les différents cas qui précèdent, suppose que l'impulsion est donnée à l'aiguille en un temps très court et au moment précis où elle passe par sa position d'équilibre; il importe d'examiner quelles sont les corrections qu'on doit apporter aux formules si ces deux conditions ne sont pas exactement réalisées [1].

Nous supposerons que la durée du courant momentané, ainsi que l'erreur commise sur l'époque à laquelle il débute, sont très petites par rapport à la durée d'oscillation de l'aiguille. Il suffira d'ailleurs de considérer le mouvement pendulaire, qui peut être représenté par les équations

$$(41)\qquad \begin{aligned} u &= u_0 \cos\gamma t, \\ \gamma x &= u_0 \sin\gamma t, \end{aligned}$$

dans lesquelles x est l'écart à l'époque t, u la vitesse de déplace-

[1] O. Chwolson, *Mélanges de Phys. et de Chim.* Saint-Pétersbourg, 1881, p. 403. — E. Dorn, *Ann. Wied.*, t. XVII, p. 654, 1882.

ment et u_0 la vitesse à l'époque $t=0$ qui correspond à la position d'équilibre, la durée T d'oscillation étant égale à $\frac{\pi}{\gamma}$.

Remarquons d'abord que la relation

$$(42) \qquad u_0^2 = u^2 + \gamma^2 x^2$$

donne, quelle que soit d'ailleurs l'origine du temps, la vitesse relative à la position d'équilibre par la vitesse à un instant quelconque et l'écart correspondant.

Supposons, comme premier cas, qu'à l'époque t_1 on communique au système une vitesse instantanée v_1; on aura

$$(43) \qquad \begin{aligned} u_1 &= u_0 \cos\gamma t_1 + v_1, \\ \gamma x_1 &= u_0 \sin\gamma t_1. \end{aligned}$$

Le mouvement reste pendulaire et peut être représenté par les équations

$$(44) \qquad \begin{aligned} u &= u'_0 \cos\gamma t - \gamma x'_0 \sin\gamma t, \\ \gamma x &= u'_0 \sin\gamma t + \gamma x'_0 \cos\gamma t, \end{aligned}$$

dans lesquelles u'_0 et x'_0 désignent encore la vitesse et l'écart pour l'époque $t=0$, qui n'est plus l'époque de passage réel ou fictif par la position d'équilibre. Si l'on y fait $t=t_1$ et qu'on tienne compte des équations (43), il vient

$$(45) \qquad \begin{aligned} u'_0 &= u_0 + v_1 \cos\gamma t_1, \\ \gamma x'_0 &= -v_1 \sin\gamma t_1. \end{aligned}$$

L'équation (42) permet de calculer la vitesse v_0 avec laquelle le mobile passe par position d'équilibre :

$$\begin{aligned} v_0^2 = u_0'^2 + \gamma^2 x_0'^2 &= u_0^2 + v_1^2 + 2u_0 v_1 \cos\gamma t_1 \\ &= (u_0 + v_1)^2 - 4u_0 v_1 \sin^2\frac{\gamma t_1}{2}; \end{aligned}$$

on en déduit, si le temps t_1 est très petit,

$$(46) \qquad \frac{v_0}{u_0 + v_1} = 1 - \frac{u_0 v_1}{2(u_0 + v_1)^2}\gamma^2 t_1^2 = 1 - \frac{u_0 v_1}{2(u_0 + v_1)^2}\pi^2\frac{t_1^2}{T^2}.$$

La vitesse v_0 est moindre que la vitesse $u_0 + v_1$ qu'aurait prise le mobile si la décharge avait eu lieu à l'époque $t = 0$.

890. — Il est facile de généraliser ces expressions. Si on donne au système une série quelconque d'impulsions instantanées $u_1, u_1', u_1''\ldots$, respectivement aux époques $t_1, t_1', t_1''\ldots$, le mouvement modifié peut encore être représenté par les équations (44), avec les valeurs suivantes pour l'époque $t = 0$:

$$u_0' = u_0 + \Sigma v_1 \cos \gamma t_1,$$
$$\gamma x_0' = -\Sigma v_1 \sin \gamma t_1.$$

Les sommes Σ doivent être remplacées par des intégrales lorsque l'impulsion est continue. Supposons, par exemple, que l'impulsion, débutant à l'époque t_0, dure un temps θ et donne une accélération w à l'époque t ; on a alors

$$(47) \qquad \begin{aligned} u_0' &= u_0 + \int_{t_0}^{t_0+\theta} w \cos \gamma t \, dt, \\ \gamma x_0' &= -\int_{t_0}^{t_0+\theta} w \sin \gamma t \, dt. \end{aligned}$$

891. — Nous appliquerons d'abord ces formules au cas d'une impulsion maintenue uniforme pendant le temps θ, ce qui correspond à un courant constant momentané. L'accélération w est alors constante et l'impulsion totale donnée à un système libre, ou à un système ayant une durée d'oscillation très grande, serait

$$v = \int_{0}^{t_0+\theta} w \, dt = w\theta.$$

En appelant t_1 l'époque moyenne $t_0 + \frac{\theta}{2}$ de l'impulsion, on a

$$\int_{t_1-\frac{\theta}{2}}^{t_1+\frac{\theta}{2}} w \cos \gamma t \, dt = \frac{2w}{\gamma} \cos \gamma t_1 \sin \frac{\gamma\theta}{2} = v \frac{\sin \frac{\gamma\theta}{2}}{\frac{\gamma\theta}{2}} \cos \gamma t_1,$$

$$\int_{t_1-\frac{\theta}{2}}^{t_1+\frac{\theta}{2}} w \sin \gamma t \, dt = \frac{2w}{\gamma} \sin \gamma t_1 \sin \frac{\gamma\theta}{2} = v \frac{\sin \frac{\gamma\theta}{2}}{\frac{\gamma\theta}{2}} \sin \gamma t_1.$$

Si on substitue ces valeurs dans les équations (47) et que l'on compare les expressions ainsi obtenues avec les seconds membres des équations (45), on voit qu'une impulsion uniforme pendant le temps θ produit le même effet que si l'on avait donné au système, à l'époque t_1, la vitesse instantanée

$$v\frac{\sin\frac{\gamma\theta}{2}}{\frac{\gamma\theta}{2}} = v\left[1-\frac{1}{6}\frac{\gamma^2\theta^2}{4}\right].$$

En remplaçant v_1 par cette valeur dans l'équation (46), on obtient, au même degré d'approximation,

$$(48)\qquad \frac{v_0}{u_0+v} = 1 - \frac{v\gamma^2}{u_0+v}\left[\frac{u_0}{2(u_0+v)}t_1^2 + \frac{1}{6}\frac{\theta^2}{4}\right].$$

Si le milieu de l'impulsion correspond à la position d'équilibre, il faut faire $t_1 = 0$ dans cette expression.

Enfin si l'aiguille était en repos au moment de l'impulsion, on a $u_0 = 0$ et, par suite,

$$\frac{v_0}{v} = 1 - \frac{1}{6}\frac{\gamma^2\theta^2}{4} = 1 - \frac{\pi^2}{24}\frac{\theta^2}{T^2} = 1 - 0{,}41123\frac{\theta^2}{T^2}.$$

892. — Un autre cas particulièrement intéressant est celui d'une impulsion ayant le caractère sinusoïdal, comme celle qui résulterait du courant produit par induction quand on fait tourner un cadre de 180° dans le champ terrestre avec une vitesse constante. Si on néglige l'extra-courant, on peut écrire

$$w = w_1 \sin\pi\frac{t-t_0}{\theta},$$

et l'impulsion totale qu'imprimerait la décharge à un système libre a pour valeur

$$v = \int_{t_0}^{t_0+\theta} w_1 \sin\pi\frac{t-t_0}{\theta}\,dt = \frac{2w_1\theta}{\pi}.$$

On a alors, en désignant encore par t_1 l'époque moyenne de l'impulsion,

$$\int_{t_1-\frac{\theta}{2}}^{t_1+\frac{\theta}{2}} w_1 \sin\pi\frac{t-t_0}{\theta}\sin\gamma t\,dt = v\frac{\cos\frac{\gamma\theta}{2}}{1-\frac{\gamma^2\theta^2}{\pi^2}}\cos\gamma t_1,$$

$$\int_{t_1-\frac{\theta}{2}}^{t_1+\frac{\theta}{2}} w_1 \sin\pi\frac{t-t_0}{\theta}\sin\gamma t\,dt = v\frac{\cos\frac{\gamma\theta}{2}}{1-\frac{\gamma^2\theta^2}{\pi^2}}\sin\gamma t_1.$$

Une impulsion sinusoïdale produit donc le même effet que si l'on communiquait instantanément à l'aiguille, à l'époque t_1, la vitesse

$$v\frac{\cos\frac{\gamma\theta}{2}}{1-\frac{\gamma^2\theta^2}{\pi^2}} = v\left[1-\gamma^2\theta^2\left(\frac{1}{8}-\frac{1}{\pi^2}\right)\right],$$

et l'équation (46) donne

$$(49)\qquad \frac{v_0}{u_0+v} = 1-\frac{v\gamma^2}{u_0+v}\left[\frac{u_0}{2(u_0+v)}t_1^2+\left(\frac{1}{8}-\frac{1}{\pi^2}\right)\theta^2\right].$$

Enfin, si l'aiguille était d'abord en repos à la position d'équilibre,

$$\frac{v_0}{v} = 1-\left(\frac{1}{8}-\frac{1}{\pi^2}\right)\gamma^2\theta^2 = 1-\left(\frac{\pi^2}{8}-1\right)\frac{\theta^2}{T^2} = 1-0,2337\frac{\theta^2}{T^2}.$$

893. Correction des observations. — Quand on évalue un courant instantané par l'impulsion imprimée à une aiguille d'abord en repos, la durée de la décharge a donc pour effet de diminuer l'angle d'écart, qui est proportionnel à la vitesse initiale, de la fraction $0,4112\frac{\theta^2}{T^2}$ ou $0,2337\frac{\theta^2}{T^2}$, suivant que le courant est uniforme ou sinusoïdal.

Dans la méthode de multiplication (**886**), par exemple, l'écart initial a_0 relatif à une impulsion unique est lié à l'écart maximum a_0 par la relation

$$a_0 = a(1-q).$$

Pour avoir l'influence du retard et de la durée d'impulsion, on devra, en substituant les écarts aux vitesses initiales et supposant l'impulsion uniforme, remplacer dans l'équation (48) v_0 par a, u_0 par aq et v par a_0 ; représentant le second membre par $1-\delta$, il vient

$$\frac{a}{aq+a_0} = 1-\delta,$$

ou

$$a_0 = a\left(\frac{1}{1-\delta} - q\right) = a(1-q)\left(1+\frac{\delta}{1-q}\right).$$

Le terme de correction δ est alors, en remplaçant a_0 par sa valeur approchée $a(1-q)$ et $aq+a_0$ par a,

$$\delta = (1-q)\gamma^2\left[\frac{q}{2}t_1^2 + \frac{1}{6}\frac{\theta^2}{4}\right];$$

par suite

$$a_0 = a(1-q)\left[1+\frac{\pi^2}{T^2}\left(\frac{q}{2}t_1^2+\frac{1}{6}\frac{\theta^2}{4}\right)\right].$$

Avec une impulsion sinusoïdale, on aurait de même, par l'équation (49),

$$a_0 = a(1-q)\left\{1+\frac{\pi^2}{T^2}\left[\frac{q}{2}t_1^2+\left(\frac{1}{8}-\frac{1}{\pi^2}\right)\frac{\theta^2}{4}\right]\right\}.$$

Dans la méthode de recul (**887**), l'écart b' relatif à la petite impulsion est encore égal à aq ; mais, pour avoir l'écart a' de l'impulsion contrariée, on doit remplacer dans l'équation (48) v_0 par a', u_0 par $-b'q$ et v par a_0 ; on a alors

$$\frac{a'}{a_0 - b'q} = 1-\delta,$$

ce qui donne

$$a_0 = \frac{a'}{1-\delta} + b'q = (a'+b'q)\left(1+\frac{a'}{a_0}\right).$$

ou

$$a_0 = (a' + b'q)\left[1 + \frac{\pi^2}{T^2}\left(-\frac{q^2}{2}t_1^2 + \frac{1}{6}\frac{\theta^2}{4}\right)\right].$$

Pour une impulsion sinusoïdale, il suffirait de remplacer dans cette formule

$$\frac{1}{6}\frac{\theta^2}{4} \text{ par } \left(\frac{1}{8} - \frac{1}{\pi^2}\right)\frac{\theta^2}{4}.$$

La méthode mixte (**888**) donnerait lieu à des corrections analogues; mais, à moins que les rapports $\frac{t_1^2}{T^2}$ et $\frac{\theta^2}{T^2}$ ne soient tout à fait négligeables, il paraît difficile de régler les expériences d'une manière assez parfaite pour que ces corrections puissent être faites avec quelque sécurité.

894. Décharge d'un condensateur. — Lorsqu'on met un condensateur de capacité C en communication avec le sol, ou les deux armatures entre elles, par un conducteur de résistance R dont le coefficient du self-induction est L, la charge Q et l'intensité du courant I à l'époque t sont données par les expressions (**536**)

$$Q = Ae^{\rho t} + A'e^{\rho' t}$$
$$I = -[A\rho e^{\rho t} + A'\rho' e^{\rho' t}],$$

dans lesquelles ρ et ρ' sont les racines de l'équation

$$\rho^2 + \frac{R}{L}\rho + \frac{1}{CL} = 0. \tag{50}$$

Les coefficients A et A′ sont déterminés par les conditions relatives au début de la décharge, à l'époque t_0,

$$Q_0 = Ae^{\rho t_0} + A'e^{\rho' t_0},$$
$$0 = A\rho e^{\rho t_0} + A'\rho' e^{\rho' t_0}.$$

Si le circuit renferme un galvanomètre, l'accélération du mouvement, étant proportionnelle à l'intensité du courant, est de la forme

$$w = -[a\rho e^{\rho t} + a'\rho' e^{\rho' t}],$$

avec la condition

$$\frac{A}{a} = \frac{A'}{a'}.$$

En remplaçant $\cos\gamma t$ par sa valeur en exponentielles imaginaires, on a

$$\begin{aligned} -2w\cos\gamma t &= (a\rho e^{\rho t} + a'\rho' e^{\rho' t})(e^{\gamma t\sqrt{-1}} + e^{-\gamma t\sqrt{-1}}) \\ &= a\rho\left[e^{(\rho+\gamma\sqrt{-1})t} + e^{(\rho-\gamma\sqrt{-1})t}\right] + a'\rho'\left[e^{(\rho'+\gamma\sqrt{-1})t} + e^{(\rho'-\gamma\sqrt{-1})t}\right], \end{aligned}$$

expression qu'on peut écrire sous la forme

$$-2w\cos\gamma t = a\rho(e^{\alpha t} + e^{\beta t}) + a'\rho'(e^{\alpha' t} + e^{\beta' t}).$$

On trouverait, de même,

$$-2w\sqrt{-1}\sin\gamma t = a\rho(e^{\alpha t} - e^{\beta t}) + a'\rho'(e^{\alpha' t} - e^{\beta' t}).$$

La décharge n'étant nulle en toute rigueur qu'au bout d'un temps infini, on devra, pour le calcul de u'_0 et de x'_0 par les équations (47), intégrer ces expressions depuis t_0 jusqu'à un temps θ très grand. Or, on a

$$\int_{t_0}^{\theta} e^{\alpha t} = \frac{1}{\alpha}(e^{\alpha\theta} - e^{\alpha t_0}).$$

Si les valeurs de ρ et de ρ' sont réelles, elles doivent être négatives, d'après l'équation (50); si elles sont imaginaires, les parties réelles sont encore négatives et égales à $-\frac{R}{2L}$. La partie réelle de l'exposant α est donc négative et le rapport $\frac{e^{\alpha\theta}}{\alpha}$ tend vers zéro quand θ tend vers l'infini. Comme il en est de même pour les autres termes, les intégrales se réduisent à

$$\begin{aligned} 2\int_0^{\infty} w\cos\gamma t &= a\rho\left(\frac{e^{\alpha t_0}}{\alpha} + \frac{e^{\beta t_0}}{\beta}\right) + a'\rho'\left(\frac{e^{\alpha' t_0}}{\alpha'} + \frac{e^{\beta' t_0}}{\beta'}\right), \\ 2\sqrt{-1}\int_0^{\infty} w\sin\gamma t &= a\rho\left(\frac{e^{\alpha t_0}}{\alpha} - \frac{e^{\beta t_0}}{\beta}\right) + a'\rho'\left(\frac{e^{\alpha' t_0}}{\alpha'} - \frac{e^{\beta' t_0}}{\beta'}\right). \end{aligned}$$

Si l'on suppose $t_0 = 0$, ce qui donne $a\rho + a'\rho' = 0$, il vient, en remplaçant les exponentielles par leurs valeurs,

$$(51)\qquad \begin{aligned} \int_0^\infty w \cos\gamma t &= \frac{a\rho^2}{\rho^2+\gamma^2} + \frac{a'\rho'^2}{\rho'^2+\gamma^2}, \\ -\int_0^\infty w \sin\gamma t &= \gamma\left(\frac{a\rho}{\rho^2+\gamma^2} + \frac{a'\rho'}{\rho'^2+\gamma^2}\right). \end{aligned}$$

L'impulsion totale imprimée par la décharge à un système libre serait

$$v = \int_0^\infty w\,dt = a + a';$$

il en résulte

$$a = v\frac{\rho'}{\rho - \rho'},$$

$$a' = v\frac{\rho}{\rho' - \rho}.$$

La valeur de v est déterminée par la décharge totale $m = Q_0$.

Si on remplace a et a' par ces valeurs dans les équations (51) et qu'on appelle p et t_1 deux constantes, on peut écrire

$$(52)\qquad \begin{aligned} \int_0^\infty w \cos\gamma t &= v\,\frac{\rho\rho'(\gamma^2 - \rho\rho')}{(\rho^2+\gamma^2)(\rho'^2+\gamma^2)} = pv\cos\gamma t_1, \\ \int_0^\infty w \sin\gamma t &= \gamma v\,\frac{\rho\rho'(\rho+\rho')}{(\rho^2+\gamma^2)(\rho'^2+\gamma^2)} = pv\sin\gamma t_1. \end{aligned}$$

La décharge produit encore le même effet que si l'on donnait à l'aiguille une impulsion instantanée pv à l'époque t_1. On a d'ailleurs, par les équations (52),

$$p = \rho\rho' = \frac{1}{CL},$$

$$\operatorname{tang}\gamma t_1 = \gamma\frac{\rho+\rho'}{\gamma^2 - \rho\rho'} = \frac{\pi}{T}\,\frac{R}{\dfrac{\pi^2 L}{T^2} - \dfrac{1}{C}}.$$

Ce résultat est indépendant de la nature de la décharge, qu'elle soit continue ou oscillante.

On peut remarquer encore que le facteur p, par lequel on doit multiplier l'impulsion totale pour obtenir l'impulsion instantanée, est indépendant de la résistance du conducteur; ce facteur peut devenir très grand. Le temps t_1, qui représente une sorte de retard, est proportionnel à la résistance, toutes choses égales d'ailleurs.

895. Mesure d'une durée très courte. — Si la décharge m qui traverse le galvanomètre provient d'un courant constant I_0, dont le circuit a été fermé pendant un temps θ très court par rapport à la durée d'oscillation de l'aiguille, l'angle d'impulsion α, corrigé de l'amortissement (**882**) et de la durée de la décharge (**891**), satisfait à l'équation

$$m = I_0\theta = \frac{HT}{G\pi}\alpha;$$

on en déduit, en appelant δ la déviation que donnerait le courant permanent I_0,

$$\theta = \frac{T}{\pi}\frac{\alpha}{\tan\delta}. \tag{53}$$

Pouillet [1] a indiqué cette méthode pour mesurer un intervalle de temps très petit, comme celui que met une balle pour parcourir le canon d'un fusil. Elle n'est applicable qu'autant que les effets d'induction sont négligeables, c'est-à-dire quand il s'agit de circuits rectilignes et très courts; dans les autres cas, il faut tenir compte des extra-courants de fermeture et de rupture. Ce dernier n'a le plus souvent qu'une influence très faible, parce qu'il se produit au moment où le circuit n'est fermé que par la couche d'air dans laquelle a lieu l'étincelle et dont la résistance est très grande. Si on considère comme négligeable la quantité d'électricité qui lui correspond, et qu'on appelle R et L les éléments du circuit (**532**), on a

$$m = \int_0^{\theta} I\,dt = I_0\left[\theta - \frac{L}{R}\left(1 - e^{-\frac{R\theta}{L}}\right)\right]. \tag{54}$$

Lorsque la durée θ est très grande par rapport au temps né-

[1] Pouillet, *C. R. de l'Acad. des Sc.*, t. XIX, p. 1384, 1844.

cessaire pour l'établissement définitif du courant, l'exponentielle a une valeur négligeable et cette équation donne, au moins d'une manière très rapprochée,

$$(53)' \qquad \theta = \frac{T}{\pi} \frac{\alpha}{\tang \delta} + \frac{L}{R};$$

on voit qu'il suffit d'ajouter à la durée calculée par l'équation (53) un terme constant égal au quotient du coefficient de self-induction du circuit par sa résistance. Toutefois, ce mode de correction n'est plus suffisant pour de très courtes durées; la formule (**54**) montre que l'impulsion décroît alors beaucoup plus vite que le temps [1].

Un artifice expérimental permet d'éliminer toutes les difficultés relatives aux courants induits : au lieu de rompre le circuit à la fin de l'intervalle θ, on supprime seulement la force électromotrice constante en lui substituant un fil métallique de résistance égale. Les deux courants d'induction suivent alors la même loi (**531**) et, comme ils sont de sens contraires, la quantité totale d'électricité qui traverse le galvanomètre pendant le temps θ est bien égale à $I_0 \theta$.

896. — Lorsqu'on réunit par un conducteur de résistance R, sans coefficient de self-induction, les armatures d'un condensateur de capacité C, dont la conductibilité intérieure est négligeable, l'intensité I du courant à une époque quelconque est lié à la différence E de potentiel des armatures par la loi d'Ohm $E = IR$ et on a $I dt + C dE = 0$. Il en résulte

$$\frac{E}{R} + C\frac{dE}{dt} = 0, \quad \text{ou} \quad t = RCl.\frac{E_0}{E},$$

E_0 étant la différence de potentiel à l'origine du temps.

Tel est le principe de la méthode employée par M. R. Sabine [2] pour évaluer des intervalles de temps très petits, et en particulier la vitesse des projectiles. Les armatures d'un con

(1) Helmholtz, *Pogg. Ann.*, Bd 83, p. 505, 1851; *Wissens. Abh.*, t. I, p. 529.

(2) R. Sabine, *Phil. Mag.* [5], t. I, p. 337, 1876.

densateur communiquent, d'une part, avec une pile à faible résistance qui maintient constante une différence de potentiel E_0 et, d'autre part, avec un fil de très grande résistance R. Les deux fils étant situés à une distance déterminée sur le trajet d'un projectile, le premier est coupé d'abord, puis le second au bout du temps t. Le rapport de la différence de potentiel résiduelle E à la valeur initiale E_0 s'évalue par les décharges dans un galvanomètre à impulsion.

On peut d'ailleurs graduer l'appareil directement à l'aide d'un commutateur tournant auquel on donne brusquement une vitesse déterminée et qui, une fois le condensateur chargé et isolé, ferme le circuit pendant un intervalle de temps connu par la distance de deux butoirs sur le bord d'un disque dont on connaît la vitesse. On évalue ainsi des intervalles de temps qui ne dépassent pas $0^s,0001$.

897. Mesure d'une décharge par l'électrodynamomètre. — Lorsqu'un même courant I passe dans les deux bobines d'un électrodynamomètre (**861**), le couple relatif à une déviation δ est égal à $S'GI^2\cos\delta$.

K étant le moment d'inertie de la bobine mobile, la vitesse angulaire ω_0, imprimée par une décharge dont la durée totale θ est très petite par rapport à la durée des oscillations, est donnée par l'équation

$$K\omega_0 = S'G\int_0^\theta I^2\cos\delta\,dt.$$

Si les déviations sont très petites et que I_m^2 représente le carré moyen de l'intensité du courant, on peut écrire

$$K\omega_0 = S'G_1 I_m^2\theta.$$

Désignant encore par T la durée des scillations corrigée de l'amortissement et par α_1 l'angle d'impulsion, on a, par les relations connues (**681**),

$$T^2 = \pi^2\frac{C}{K},$$

$$I_m^2\theta = \frac{K}{S'G}\omega_0 = \alpha_1\frac{C}{S'G}\frac{T}{\pi}e^{\frac{\lambda}{\pi}\operatorname{arctg}\frac{\pi}{\lambda}}. \tag{55}$$

et, pour un amortissement très faible,

$$I_m^2\theta = \frac{C}{S'G}\frac{T}{\pi}\left(\alpha_1 + \frac{\alpha_3 - \alpha_1}{4}\right).$$

Si les deux bobines de l'électrodynamomètre sont parcourues par des courants différents, la vitesse angulaire imprimée par deux décharges qui correspondent respectivement à des intensités I et I' est déterminée par l'équation

$$K\omega_0 = S'G\int II'dt,$$

l'intégrale étant étendue seulement au temps θ pendant lequel les deux courants existent à la fois; on suppose d'ailleurs que les déviations restent très petites pendant cet intervalle. La valeur de l'intégrale dépend de la loi de variation des deux courants; cette loi n'est généralement pas la même, non seulement pour deux décharges distinctes, mais aussi pour une même décharge qui serait partagée par dérivation entre les deux bobines. L'impulsion produite dans ces conditions correspond donc à un phénomène très complexe.

898. Durée d'une décharge. — L'observation des impulsions imprimées par une même décharge au galvanomètre et à l'électrodynomomètre peut, comme l'a montré W. Weber [1], donner une valeur approchée de sa durée et de la quantité d'électricité qui lui correspond.

On a, en effet, avec le galvanomètre, quand on suppose l'intensité I du courant constante,

$$m = I\theta = \frac{H}{G}\frac{T}{\pi}\alpha;$$

l'électrodynamomètre donne, de même, en accentuant les lettres qui ont une signification analogue,

$$I^2\theta = \frac{S'G'}{C}\frac{T'}{\pi}\alpha'.$$

[1] W. Weber, *Electrodyn. Maasb.*, I, p. 80, 1846.

On déduit de ces deux équations,

$$I = \frac{C}{S'H}\frac{G}{G'}\frac{T'}{T}\frac{\alpha'}{\alpha},$$

$$\theta = \frac{S'H^2}{C}\frac{G'}{G^2}\frac{T^2}{\pi T'}\frac{\alpha^2}{\alpha'}.$$

On peut éliminer les constantes de l'électrodynomamètre en observant les déviations δ et δ' que produit un même courant dans le galvanomètre et dans l'électrodynamomètre. On a, en effet,

$$\frac{H^2}{G^2}\operatorname{tang}^2\delta = \frac{C}{S'G'}\operatorname{tang}\delta';$$

par suite

$$I = \frac{H}{G}\frac{T'}{T}\frac{\operatorname{tg}^2\delta}{\alpha}\frac{\alpha'}{\operatorname{tg}\delta'},$$

$$\theta = \frac{T^2}{\pi T'}\frac{\alpha^2}{\operatorname{tg}^2\delta}\frac{\operatorname{tg}\delta'}{\alpha'}.$$

La dernière expression ne renferme plus que les nombres de l'expérience, mais elle ne donnera en général qu'une évaluation assez grossière de la durée réelle de la décharge, parce que l'hypothèse de l'uniformité du courant est le plus souvent très éloignée de la vérité.

899. Série de décharges. — Courants interrompus. — Il est évident qu'une série continue de décharges identiques entre elles et telles que la somme de la durée de chacune des décharges et de l'intervalle qui la sépare de la suivante soit petite par rapport à la durée de l'oscillation de l'aiguille, donnera au galvanomètre la même déviation permanente que le courant d'intensité constante qui mettrait en mouvement la même quantité d'électricité dans chaque unité de temps.

En appelant N le nombre des décharges par seconde, m la quantité d'électricité qui correspond à chacune d'elles, on aura donc

$$i = Nm = \frac{H}{G}\operatorname{tang}\delta.$$

On peut ainsi mesurer des décharges qui ne donneraient isolément que des impulsions trop faibles.

Pour démontrer que l'action d'un courant est proportionnelle à la quantité d'électricité qui passe, Pouillet [1] envoyait à travers un galvanomètre la succession des décharges obtenues en interrompant périodiquement le circuit d'une pile constante. L'interrupteur était formé par une roue en bois portant sur son contour un anneau métallique continu d'un côté et échancré de l'autre; deux languettes élastiques appuient l'une sur la partie pleine, l'autre sur la partie évidée; quand celle-ci repose sur un plein le courant passe, il est interrompu quand elle est sur un vide. Avec un circuit court et des conducteurs sans induction sensible, la déviation va d'abord en augmentant avec la vitesse, mais devient ensuite constante, à partir d'une certaine vitesse, et proportionnelle au rapport qui existe entre la largeur d'une dent et la somme d'un plein et d'un creux. Dans les expériences de Pouillet, les courants ont pu être interrompus 1200 fois par seconde sans que l'intensité subît de variations; mais cette loi cesse d'être vraie sitôt que les effets d'induction ne sont plus négligeables et on ne tarde pas à constater que l'intensité diminue à mesure que la vitesse augmente.

Soit, en effet, I_0 l'intensité du courant permanent, N le nombre des interruptions par seconde, α le rapport d'un plein à la somme d'un plein et d'un vide, la valeur de m déterminée par l'équation (54) donne, pour l'intensité moyenne

$$I = \alpha I_0 \left[1 - \frac{NL}{R\alpha} \left(1 - e^{-\frac{\alpha R}{NL}} \right) \right],$$

expression qui tend vers zéro quand N tend vers l'infini.

Les expériences de M. Bertin [2] et de Cazin [3] sur les courants interrompus sont entièrement d'accord avec cette formule; il en résulte que la quantité d'électricité qui correspond à l'extra-courant de rupture est réellement négligeable.

(1) Pouillet, *C. R. de l'Acad. des sc.*, t. IV, p. 787, 1837.
(2) Bertin, *Ann. de chim. et de phys.*, [4], t. XVI, p. 25, 1869.
(3) Cazin, *Ann. de chim. et de phys.*, [4], t. XVII, p. 385, 1869.

900. Courants alternatifs. — Lorsqu'un circuit est parcouru par une série de courants instantanés ou de décharges alternativement de sens contraires et se succédant avec une rapidité suffisante, l'intensité moyenne du courant est égale à la somme algébrique des quantités d'électricité qui passent dans chaque unité de temps. Elle est nulle en particulier, si les décharges successives sont égales et de sens contraires. Tel serait le cas d'un courant sinusoïdal, ou, plus généralement, d'un courant périodique de forme quelconque dont l'intensité change de signe en conservant la même valeur au bout d'une demi-période. Il en serait encore de même avec les courants d'une bobine d'induction, comme celle de Ruhmkorff, dans un circuit fermé, puisque les quantités d'électricité qui correspondent aux deux espèces de courants induits sont égales (**541**). Si le circuit renferme en outre une force électromotrice constante, la déviation est la même que si cette force électromotrice existait seule ([1]).

On peut remarquer, en passant, que cette expérience est une vérification indirecte de la théorie : elle montre, en effet, que la résistance du circuit n'est pas une fonction de l'intensité, puis qu'à chaque instant le courant ne dépend que de la somme algébrique des forces électromotrices.

901. Déviation indifférente ou bilatérale. — Il arrive cependant, en particulier avec des galvanomètres astatiques, que, pour un courant dont l'intensité moyenne est nulle, l'aiguille est en équilibre instable au zéro, et qu'une fois déviée, elle s'en écarte jusqu'à 90°. Ce fait, signalé par Poggendorff ([2]) et appelé par lui *déviation indifférente* (Doppelsinnige Ablenkung), est dû au magnétisme temporaire développé dans l'aiguille par le courant. Il a été étudié depuis et expliqué d'une manière plus complète par M. Chrystal ([3]).

Lorsque le champ extérieur est faible et le courant alternatif suffisamment intense, l'aiguille quitte sa position d'équilibre, dévie de 90 degrés environ indifféremment dans un

([1]) Schuster, *Phil. Mag.* [4], t. XLVIII, p. 251, 1874. — Jamin, *C. R. de l'Acad. des sc.*, t. XCIV, p. 1616, 1882.

([2]) Poggendorff. *Pogg. Ann.* Bd 45, p. 353, 1838.

([3]) Chrystal, *Phil. Mag.* [5], t. II, p. 401, 1876.

sens ou dans l'autre ; c'est le phénomène observé d'abord par Poggendorff et que M. Chrystal désigne sous le nom de *déviation bilatérale*.

Si on diminue l'intensité du courant ou qu'on augmente l'intensité du champ magnétique, deux cas peuvent se présenter suivant la position initiale de l'aiguille : 1° si elle est alors exactement dirigée dans le plan de symétrie du cadre, elle reste immobile malgré le passage du courant ; 2° si sa direction initiale est à droite ou à gauche du plan de symétrie, le passage du courant augmente toujours la déviation d'une quantité qui est d'abord proportionnelle à l'écart primitif. Cette déviation, que M. Chrystal appelle *unilatérale*, est indépendante de la rapidité avec laquelle se succèdent les courants alternatifs.

Soient α et β les angles que fait la direction de l'aiguille avec le plan moyen des spires, dans sa position d'équilibre et à l'instant t et I l'intensité du courant au même instant. Si le magnétisme de l'aiguille était invariable, le moment du couple agissant sur elle serait

$$C = HM\sin(\beta - \alpha) - GMI\cos\beta = M[H\sin(\beta - \alpha) - GI\cos\beta];$$

mais supposons que le moment magnétique M varie proportionnellement à la composante des forces qui agissent parallèlement à l'axe de l'aiguille, on peut poser

$$M = M_0 + M_0 k_1 = M_0(1 + k_1),$$

avec

$$k_1 = k[GI\sin\beta + H\cos(\beta - \alpha)].$$

Le moment du couple est donc, à l'instant considéré,

$$C = \Big[1 + k[GI\sin\beta + H\cos(\beta - \alpha)]\Big]\Big[H\sin(\beta - \alpha) - GI\cos\beta\Big]M_0.$$

Pour en obtenir la valeur moyenne C_m, il faut multiplier cette expression par dt, l'intégrer de 0 à θ et diviser le résultat par θ. Les termes qui ne renferment pas l'intensité ne changent pas; ceux qui renferment la première puissance de I disparaissent; ceux qui renferment la seconde doivent être multipliés par le carré moyen I_m^2 de l'intensité. On a ainsi

$$C_m = \left[\sin(\beta - \alpha) - \frac{G^2 I_m^2}{2H} k \sin 2\beta + \frac{H}{2} k \sin 2(\beta - \alpha)\right] HM_0.$$

Le coefficient k étant très petit, le troisième terme de la parenthèse est négligeable devant les deux autres et, en posant

$$A = \frac{G^2 I_m^2}{2H} k,$$

on peut écrire simplement

$$C_m = \left[\sin(\beta - \alpha) - A \sin 2\beta\right] HM_0.$$

Pour rendre compte de l'effet produit, il suffit de construire les deux courbes B et B' (fig. 172) ayant pour équations

$$y = \sin\beta,$$
$$y' = A \sin 2\beta,$$

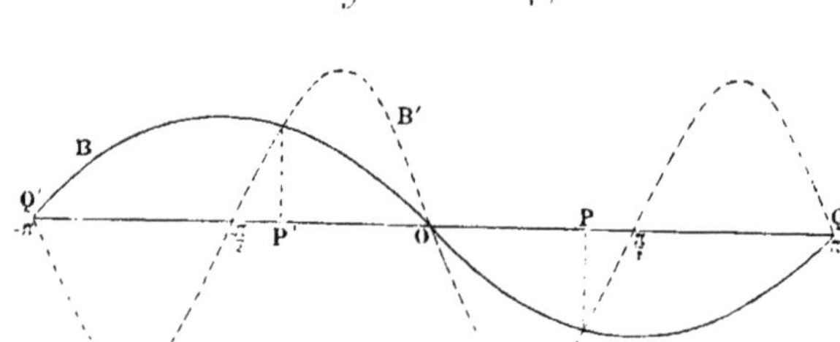

Fig. 172

et de les superposer avec une différence de phase égale à α. Les abscisses des intersections correspondront aux positions d'équilibre de l'aiguille.

Supposons d'abord $\alpha = 0$, c'est-à-dire la position initiale de l'aiguille dans le plan de symétrie. On est dans le cas de la figure 172. Il y a cinq positions d'équilibre : O, P, P', Q et Q'.

et l'aiguille peut en occuper trois, O, P et P′. La première, qui correspond au zéro, est instable ; les deux autres sont stables et correspondent à des déviations voisines de 90°. Lorsque le facteur A est < 1, on a la disposition de la figure 173, ou

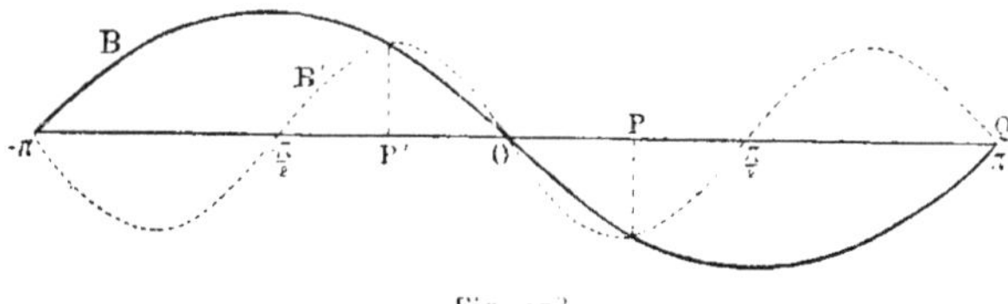

Fig. 173

celle de la figure 174, suivant que A est plus grand ou plus petit que 0,5. Dans le premier cas, le zéro est une position

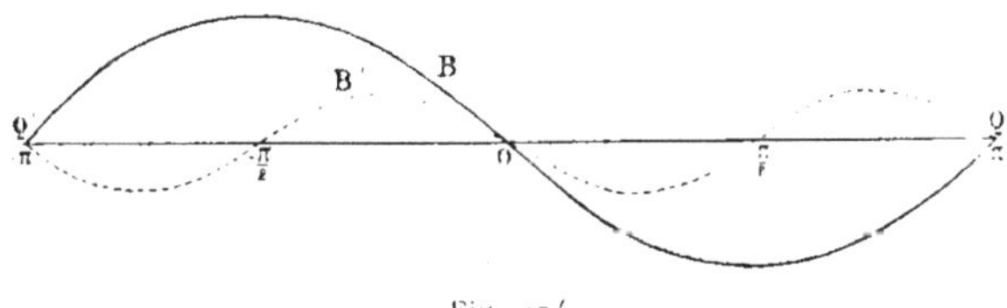

Fig. 174

d'équilibre instable et il existe de part et d'autre deux positions voisines P et P′ d'équilibre stable. Dans le second cas, les courbes ne se coupent qu'au point O et ce point est une position d'équilibre stable.

Le rapport A étant plus petit que 0,5, supposons qu'on déplace de l'angle α la courbe $\sin \beta$, ce qui revient à dire que la

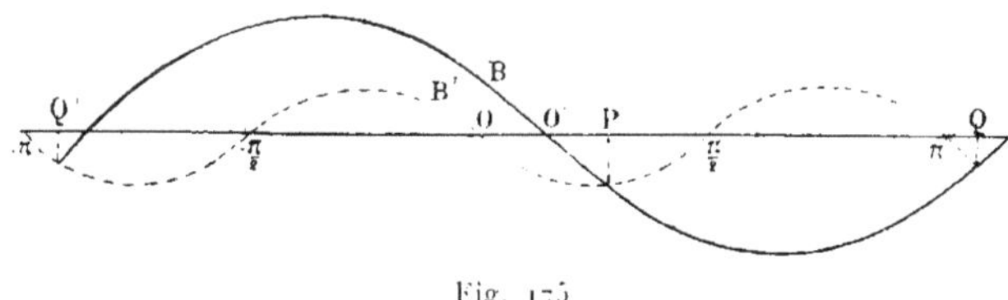

Fig. 175

position initiale de l'aiguille n'est pas dans le plan de symétrie, mais en O′ (fig. 175). Quand le courant passe, l'aiguille se met en équilibre au point P, et cette position est d'autant plus voisine de 90° que l'écart α était lui-même plus grand.

La condition d'équilibre

$$\sin(\beta - \alpha) = A \sin 2\beta,$$

montre que, si la déviation primitive α est très faible, l'angle β et le déplacement $\beta - \alpha = \delta$ de l'aiguille sont tous deux proportionnels à l'écart primitif α.

902. Emploi de l'électrodynamomètre avec les courants alternatifs. — L'électrodynamomètre (**853**) se prête particulièrement à la mesure des courants alternatifs périodiques, à la condition que la période soit petite par rapport à la durée d'oscillation de la bobine mobile et que le courant passe intégralement dans les deux bobines. La déviation δ donne alors le carré moyen de l'intensité par les mêmes expressions que s'il s'agissait d'un courant uniforme.

Tel serait, par exemple, le cas d'un courant sinusoïdal. Lorsqu'un circuit renferme une force électromotrice sinusoïdale (**535**) de la forme

$$E = E_0 \sin 2\pi \frac{t}{T},$$

le courant est aussi sinusoïdal et de même période T ; l'intensité peut être représentée par l'équation

$$I = A \sin 2\pi \left(\frac{t}{T} - \varphi\right),$$

et le carré moyen de l'intensité est égal à $\frac{A^2}{2}$. Il est bon de rappeler que la résistance et le coefficient de self-induction de l'électrodynamomètre interviennent dans l'expression de l'amplitude maximum et de la phase du courant.

903. — Si les bobines sont parcourues séparément par des courants sinusoïdaux de même période, mais différents par l'intensité et par la phase,

$$I = A \sin 2\pi \frac{t}{T},$$

$$I' = A' \sin 2\pi \left(\frac{t}{T} - \psi\right),$$

comme dans les cas où ces bobines seraient placées en dérivation l'une sur l'autre (**548**), on aurait pour la déviation permanente

$$\operatorname{tang}\delta = \frac{S'G}{C}\,\frac{AA'}{\theta}\int_0^\theta \sin 2\pi\frac{t}{T}\sin 2\pi\left(\frac{t}{T}-\psi\right)dt.$$

L'intégration étant faite pour un temps θ quelconque qui renferme un nombre entier de périodes, on a

$$(56)\qquad \operatorname{tang}\delta = \frac{S'G}{C}AA'\left(\frac{1}{2}-\sin^2\pi\psi\right).$$

Si on suppose que le coefficient d'induction mutuelle est négligeable, ce qui est à peu près le cas avec la disposition de l'électrodynamomètre ordinaire où les axes des deux bobines sont rectangulaires, la différence de phase (**548**) est donnée par l'expression

$$\operatorname{tang} 2\pi\psi = \frac{2\pi}{T}\,\frac{L'r - Lr'}{(r+r')r + \frac{4\pi^2}{T^2}(L+L')L},$$

dans laquelle L et L', r et r' désignent les coefficients de self-induction et les résistances des deux bobines.

La différence de phase est nulle si on a

$$\frac{L}{L'} = \frac{r}{r'},$$

c'est-à-dire si les résistances des bobines sont proportionnelles à leurs coefficients de self-induction : cette condition est réalisée pour deux bobines semblables.

Dans le cas général, la différence de phase étant comprise entre o et $\frac{1}{4}$, $\sin^2\pi\psi$ est compris entre o et $\frac{1}{2}$; par suite, pour des intensités données des deux courants, le facteur compris entre parenthèses, dans l'équation (56), peut varier de o à $\frac{1}{2}$, suivant la différence de phase, laquelle dépend de la résistance et des coefficients d'induction des deux bobines.

Lorsque la résistance r' et le coefficient de self-induction L′ de la bobine mobile sont très grands par rapport à ceux de la bobine fixe, on a sensiblement

$$\operatorname{tang} 2\pi\psi = \frac{2\pi}{T}\,\frac{\dfrac{r}{r'}-\dfrac{L}{L'}}{\dfrac{r}{L'}+\dfrac{4\pi^2}{T^2}\dfrac{L}{r'}} = \frac{2\pi L'}{Tr}\,\frac{\dfrac{r}{r'}-\dfrac{L}{L'}}{1+\dfrac{4\pi^2}{T^2}\dfrac{LL'}{rr'}}.$$

904. — Supposons enfin que, pour mesurer un courant sinusoïdal, on joigne bout à bout les deux bobines d'un électrodynamomètre, dont r' et L′ représentent la résistance totale et le coefficient de self-induction, et qu'on mette l'instrument en dérivation sur deux points du circuit principal entre lesquels se trouve un fil dont les éléments sont r et L, et soit M le coefficient d'induction mutuelle des deux fils dérivés. Les amplitudes A, A′ et A_0 du courant dans les deux branches et dans le circuit principal satisfont aux équations

$$\frac{A^2}{r'^2+\dfrac{4\pi^2}{T^2}(L'-M)^2} = \frac{A'^2}{r^2+\dfrac{4\pi^2}{T^2}(L-M)^2} = \frac{A_0^2}{(r+r')^2+\dfrac{4\pi^2}{T^2}(L+L'-2M)^2}.$$

Lorsque le coefficient de self-induction du fil qui fait fonction de shunt est nul, on a $L=0$, $M=0$ et, par suite,

$$A_0^2 = A'^2\left(\frac{r+r'}{r}\right)^2\left[1+\frac{4\pi^2 L'^2}{T^2(r+r')^2}\right].$$

Si le second terme de la parenthèse est très petit, ce qui est le cas le plus habituel, on voit que l'emploi des shunts, avec les précautions indiquées, peut servir aussi pour déterminer les courants alternatifs à l'aide d'un électrodynamomètre.

Si le rapport $\dfrac{L'}{r+r'}$ avait une valeur notable, on pourrait l'éliminer par deux expériences différentes en faisant varier l'une des résistances r ou r'.

905. Mesure des courants alternatifs par l'électromètre. — Le moyen le plus correct de mesurer l'intensité des courants alternatifs est celui qui a été indiqué au n° **868**, et qui consiste à mettre en communication avec deux points A et B du circuit, les deux électrodes d'un électromètre à quadrants dont l'aiguille communique avec une des paires de quadrants [1]. La déviation de l'aiguille, étant proportionnelle au carré de la différence de potentiel, ne change pas avec le signe de cette différence. Si donc les courants alternativement de sens contraires se succèdent à des intervalles très courts par rapport à la durée de l'oscillation de l'aiguille, celle-ci, comme la bobine mobile de l'électrodynamomètre, prend une déviation fixe proportionnelle au carré moyen de l'intensité.

Si R est la résistance comprise entre les deux points A et B, k la constante de l'instrument, et δ la déviation observée, le carré moyen I_m^2 de l'intensité est donné par l'expression

$$I_m^2 = \frac{2\delta}{kR^2}$$

La seule condition à remplir est que le coefficient de self-induction de la résistance R interposée soit négligeable.

La méthode employée au n° **869** pour la mesure de l'énergie consommée entre les points A et B s'applique également aux courants alternatifs ; la différence des déviations observées α et β donne

$$\frac{\beta-\alpha}{kR} = \frac{1}{Rt_e}\int_0^t (V_2 - V_1)(V'_2 - V'_1) = \frac{1}{t_e}\int_0^t EI\,dt.$$

906. Étude des courants dans l'état variable. — Les méthodes galvanométriques ordinaires permettent encore d'observer des courants variables dont les variations sont lentes par rapport au temps nécessaire pour l'amortissement de l'aiguille, mais elles ne suffisent plus quand il s'agit de variations rapides, comme celles qui accompagnent les effets d'induction. Les méthodes auxquelles on doit alors recourir dépendent beaucoup des conditions de l'expérience ; nous nous bornerons à quelques considérations générales et à quelques exemples.

(1) Joubert, *C. R. de l'Acad. des sc.*, t. XCI, p. 161, 1880.

Le moyen le plus direct pour connaître l'état d'un circuit à une époque t donnée est de mettre deux points A et B en communication avec un électromètre, pendant un temps θ très court, et d'isoler ensuite l'électromètre. La déviation permanente, ou l'impulsion initiale de l'aiguille, est proportionnelle à la charge de l'instrument, c'est-à-dire à la différence de potentiel E_0 qui existe entre les points A et B, ou à l'intensité I du courant à l'époque t. On peut aussi substituer à l'électromètre un condensateur de capacité C, dont on mesure ensuite la charge par un galvanomètre.

Toutefois la charge acquise par l'instrument, dans le dernier cas, n'est pas en toute rigueur indépendante de la durée θ du contact. Si les effets de self-induction sont négligeables, la différence de potentiel E des armatures au temps θ est donnée (**242**) par la formule

$$E = E_0 \frac{R}{R+r}\left[1 - e^{-\frac{\theta(R+r)}{CRr}}\right],$$

dans laquelle R désigne la résistance du diélectrique et r la résistance des fils de communication.

Comme le rapport $\frac{r}{R}$ est en général extrêmement petit, on a sensiblement

$$E = E_0\left[1 - e^{-\frac{\theta}{Cr}}\right].$$

La charge peut être considérée comme instantanée, si la quantité Cr est infiniment petite par rapport à la durée θ du contact, laquelle doit être aussi assez petite pour que le courant principal I n'ait pas eu le temps de subir une variation appréciable. Enfin, il faut admettre encore que la quantité d'électricité enlevée au circuit principal par l'électromètre ou le condensateur ne modifie pas d'une manière appréciable le courant qui a lieu entre les points A et B. Ces conditions sont en général faciles à réaliser.

Les communications en A et B doivent être établies et rompues simultanément, à moins que les conditions de l'expérience ne permettent de maintenir l'un de ces points A à un potentiel constant, en le joignant au sol par exemple; il suffit alors de régler le contact au point B.

On peut encore remplacer l'électromètre par un galvanomètre. L'impulsion imprimée à l'aiguille sera proportionnelle, toutes choses égales d'ailleurs, au courant principal I.

907. — La rupture brusque du courant dans le circuit principal S produirait dans un circuit fermé voisin S', de résistance R', un courant induit dont la quantité d'électricité m, proportionnelle au coefficient M d'induction mutuelle, satisferait à l'équation (**541**)

$$mR' = MI.$$

Il en résulte un moyen de déterminer I par l'impulsion d'un galvanomètre balistique situé dans le circuit S'; si le circuit principal S ne renferme ni résistances ni capacités d'une grandeur considérable et que l'intensité I du courant soit faible, la durée de l'étincelle de rupture peut être considérée comme négligeable.

L'époque t à laquelle on observe un courant variable doit être comptée à partir d'une origine en relation avec la nature du phénomène. S'il s'agit de courants induits, cette origine sera naturellement l'époque à laquelle l'induction prend naissance. L'intervalle t se déduira des dispositions mécaniques employées, soit directement, soit à l'aide d'un courant auxiliaire, comme dans la méthode de Pouillet (**895**).

908. — Nous citerons d'abord, comme plus simple, la méthode employée par M. R. Sabine [1] pour déterminer la forme et la vitesse de propagation de l'onde électrique produite sur un câble dont l'un des bouts communique au sol et dont l'autre bout A est porté à un potentiel qui varie suivant une loi quelconque (**294** et suiv.).

Le bout A du câble est isolé et un point quelconque M de sa longueur est relié à un condensateur dont la seconde armature est au sol. Un commutateur tournant (**896**) fait communiquer d'abord le point A avec une pile et, au bout d'un temps connu t, isole le condensateur du point M et le

[1] R. Sabine, *Phil. Mag.* (5), t. II, p. 321, 1876.

décharge par un galvanomètre. L'impulsion de l'aiguille est proportionnelle au potentiel acquis par le point M au moment de la rupture. On déterminera ainsi la loi de variation du potentiel en M pendant la période d'établissement.

En disposant des butoirs d'une manière convenable sur le commutateur tournant, on peut limiter le temps de contact du point A avec la pile, ou porter successivement ce point, pendant des intervalles de temps connus, à des potentiels différents, d'un signe quelconque, de manière à propager dans le câble des ondes électriques alternativement positives et négatives; si le butoir relatif au point M est alors réglé de manière que la charge du condensateur soit nulle, il déterminera l'époque à laquelle le point M est à l'état neutre entre deux ondes successives.

Toutefois, on suppose que la présence du condensateur au point M ne change pas les conditions primitives de l'expérience, ce qui exige que sa capacité soit très petite par rapport à celle du câble.

909. — Les expériences de M. Helmholtz [1] sur la période variable du courant de fermeture se rapportent à un phénomène plus complexe.

La quantité totale d'électricité qui correspond à l'extra-courant (**533**) de fermeture ou d'ouverture, pour un courant I arrivé à l'état permanent, est égale à $I\frac{L}{R}$.

On peut remarquer d'abord que si la gorge d'une bobine est donnée ainsi que le courant I, cette quantité d'électricité ne dépend que du poids du fil, car le coefficient de self-induction L (**780**) et la résistance R (**726**) sont tous deux proportionnels au carré du nombre des spires; pour des bobines semblables, cette quantité est proportionnelle à la section de la gorge et augmente avec le poids du métal. Il y a donc tout avantage, pour l'étude du phénomène, à employer un fil gros et un métal très conducteur. M. Helmholtz se servait d'une bobine à gros fil de cuivre qu'il faisait agir sur une aiguille

[1] Helmholtz, *Pogg. Ann.*, Bd LXXXIII, p. 505, 1851. — *Wissensch. Abh.*, I, p. 429.

aimantée destinée à mesurer la décharge relative à un courant momentane. Une bascule ferme le circuit et l'ouvre ensuite au bout d'un temps θ; on a alors (**895**)

$$m = \int_0^\theta \mathrm{I}\, dt = \mathrm{I}_0 \left[\theta - \frac{\mathrm{L}}{\mathrm{R}}\left(1 - e^{-\frac{\mathrm{R}\theta}{\mathrm{L}}}\right)\right].$$

On recommence ensuite l'expérience avec cette différence qu'au lieu de rompre le circuit au temps θ, on substitue à la pile une résistance égale; la nouvelle impulsion correspond à la quantité d'électricité $m_0 = \mathrm{I}_0\theta$. Le rapport des deux impulsions donne le rapport du courant moyen pendant le temps θ à sa valeur finale; on en déduit facilement l'intensité à chaque instant.

910. — Pour ouvrir ou fermer différents circuits à des époques connues on peut employer des appareils animés d'un mouvement de translation, comme la chute d'un poids, des appareils oscillants ou rotatifs. Un des plus commodes est un pendule très lourd qu'on laisse tomber d'une hauteur déterminée et qu'on fait agir sur les contacts au moment de sa vitesse maximum.

Dans le cas d'un courant de fermeture, par exemple, le pendule rencontre d'abord un premier levier qui ferme le circuit et marque l'origine du phénomène, puis un autre levier qui ouvre le circuit. Ce second levier peut être déplacé parallèlement à lui-même au moyen d'une vis micrométrique; l'intervalle θ qui sépare les deux contacts se déduit de la durée de l'oscillation et de la distance des leviers.

911. — Cette disposition a été utilisée par M. Helmholtz [1] et, après lui, par M. Schiller [2] pour étudier les oscillations électriques produites dans un circuit ouvert par la rupture d'un courant voisin. Soit A la bobine inductrice, A' la bobine induite dont les extrémités du fil restent en communication avec les armatures d'un condensateur. La rupture du courant inducteur détermine dans le circuit A' une force électromo-

(1) Helmholtz, *Verhandl. der naturhist. medicin. Vereins zu Heidelberg*, Bd V, p. 27, 1869. — *Wissenschaft. Abh.*, I, p. 531.

(2) Schiller, *Pogg. Ann.* Bd CLII, p. 535, 1874.

trice qui porte sur les deux armatures des électricités de noms contraires. La capacité propre du fil est la charge de chacune de ses moitiés pour une différence de potentiel égale à l'unité entre ses deux extrémités. Si celles-ci communiquent avec un condensateur, la capacité du condensateur s'ajoute à celle du fil pour former la capacité totale C.

L'appareil, ainsi chargé par induction, se trouve ensuite abandonné à lui-même; la décharge qui s'opère à travers le fil induit est continue ou oscillante (**536**), suivant qu'on a l'une ou l'autre des conditions

$$L \lesseqgtr \frac{R^2C}{4}.$$

M. Helmholtz a employé dans ses expériences une petite bobine de Ruhmkorff sans noyau de fer doux; pour déterminer l'état du fil induit, à l'époque t après la rupture du courant inducteur, un commutateur intercalait à cet instant, dans le circuit induit, le nerf sciatique d'une grenouille, ce qui est encore le plus sensible des galvanoscopes. L'intensité du courant de décharge est maximum aux époques où la charge du condensateur passe par zéro (**538**) et nulle aux époques intermédiaires. C'est alors seulement que la grenouille reste insensible; la résistance très grande qu'elle oppose éteint les oscillations suivantes. On a pu ainsi constater plus de 50 oscillations équidistantes.

M. Schiller faisait communiquer les armatures du condensateur avec un électromètre à quadrants, l'une des armatures et la paire de quadrants correspondante étant au sol. Le premier contact du pendule rompt le circuit inducteur, le second sépare le fil induit de l'armature isolée du condensateur; l'électromètre donne alors la différence de potentiel des deux armatures à l'instant du second contact. La vis micrométrique du second levier permettait d'apprécier des intervalles de temps de $0^s,000001$.

912. — Lorsque le courant variable est naturellement périodique, comme celui de la plupart des machines fondées sur l'induction, ou que, par un artifice quelconque, on peut rendre les effets périodiques, il est plus avantageux, au lieu d'opérer sur une période unique, de disposer l'interrupteur de manière à saisir l'effet qu'on veut mesurer dans une phase déterminée, et toujours la même, des périodes successives; on peut ainsi substituer la mesure d'un effet permanent à celle d'un effet temporaire.

Telles sont les expériences de Guillemin [1] sur le courant de fermeture dans les lignes télégraphiques.

Un cylindre tournant en bois porte un certain nombre de viroles continues ou de lames de cuivre de largeurs différentes qui permettent par des ressorts de fermer le courant pendant des intervalles de temps t connus et d'établir alors une communication instantanée, en fait d'une durée d'environ 0^s,0002, entre un galvanomètre et deux points du circuit. L'aiguille du galvanomètre reçoit une impulsion à chaque contact; mais, si le cylindre tourne d'une manière continue, elle atteint une déviation permanente proportionnelle au courant principal. M. Guillemin a pu constater ainsi que, sur des lignes aériennes de 280 à 1000 kilomètres, le temps nécessaire à l'établissement du courant définitif variait de 0^s,004 à 0^s,028. Les résultats dépendent d'ailleurs de l'énergie de la pile et surtout de l'état de la ligne.

M. Blaserna [2] s'est servi d'un commutateur analogue pour observer les extra-courants qui se produisent quand on ouvre ou qu'on ferme le circuit d'une pile. L'intensité du courant principal à une époque quelconque se déduisait de la quantité d'électricité induite dans un circuit voisin au moment de sa rupture (**907**). Les deux effets se reproduisant d'une manière périodique, le galvanomètre du circuit inducteur et le galvanomètre balistique du circuit induit donnaient tous deux des déviations permanentes.

M. Bernstein [3] et M. Mouton [4] ont appliqué la même méthode à l'étude des oscillations électriques produites par induction dans un circuit ouvert.

(1) C. M. Guillemin, *Ann. de Chim. et de Phys.* [3], t. LX, p. 385, 1860.

(2) Blaserna, *Journ. des sc. nat. et économ. de Palerme*, t. VI, 9. 1. 1870. — *Ann. de chim. et de phys.*, [4], t. XXII, p. 300.

(3) Bernstein, *Pogg. Ann.*, t. CXLII, p. 54, 1871.

(4) Mouton, *Ann. de l'Éc. norm. sup.*, [2], t. VI, p. 207, 1877. — *Journal de Physique*, t. VI, p. 5 et 46.

Dans l'appareil de M. Bernstein un disque tournant autour d'un axe vertical porte quatre pointes réunies deux à deux et situées sur un même diamètre. Les deux premières, plongeant dans des rigoles à mercure en forme de secteurs, ferment le circuit inducteur et le rompent au bout d'un temps assez long pour que le régime permanent soit établi. Les extrémités du fil induit communiquent par un galvanomètre à grande résistance, d'une part avec une rigole continue voisine de l'axe, dans laquelle plonge la troisième pointe et, d'autre part, avec un fil de fer tendu sur lequel la dernière pointe bute un instant à chaque tour du disque. Une vis micrométrique agissant sur le fil permet d'évaluer le temps qui s'écoule entre ce contact et la rupture du courant inducteur. L'aiguille du galvanomètre tend à prendre une déviation permanente quand les communications restent établies; sans attendre l'état d'équilibre, M. Bernstein observait l'arc de première impulsion.

M. Mouton se servait de trois roues A, B, C, montées sur un même axe et tournant d'un mouvement uniforme. La première A ferme le courant inducteur pendant un temps suffisant pour établir le régime permanent, puis rompt la communication; au bout d'un intervalle θ variable, les deux roues B et C, par l'intermédiaire de couteaux dont elles sont munies, mettent au même instant et pendant un temps qui n'excède pas $0^s,000025$, un électromètre à quadrants en communication avec les extrémités du fil de la bobine induite. L'électromètre prend une déviation permanente qui mesure la différence de potentiel des deux extrémités du fil à l'instant du contact. L'avantage de l'électromètre est que, quelle que soit sa capacité, il atteint bientôt sa charge normale, malgré la faible durée du contact, et cette charge ne trouble pas la distribution des potentiels dans le fil induit, puisqu'une fois le régime établi, l'électromètre est dans un état permanent et que les contacts successifs n'ont d'autre effet que de réparer les pertes qui peuvent être rendues négligeables.

Les observations s'accordent à montrer que les oscillations qui suivent la première sont isochrones; leur durée ne dépend que de la bobine induite: celle de la première oscillation, qui est toujours plus longue, dépend en outre de la bobine inductrice; en particulier, on l'augmente beaucoup en plaçant du fer doux dans le noyau de la bobine inductrice.

913. — Le même procédé peut être appliqué à l'étude des courants alternatifs produits par les machines d'induction [1]. Il suffit de placer l'interrupteur sur l'axe même de la machine et de le caler de manière que le contact qui établit la communication entre l'électromètre et deux points quelconques du fil induit, que l'on maintient ouvert ou fermé, s'opère à une phase déterminée de la période.

Le phénomène étant rendu permanent, on pourrait aussi employer un galvanomètre; toutefois il y aurait à craindre que la dérivation fournie par le circuit du galvanomètre au moment du contact n'altérât la distribution des potentiels sur le fil induit. Mais on peut éviter cet inconvénient par une méthode d'opposition, en intercalant dans le circuit du galvanomètre une force électromotrice capable de ramener l'aiguille au zéro. Il faut remarquer que la compensation est indépendante de la façon dont fonctionne l'interrupteur, puisqu'il commande de la même manière le courant à mesurer et celui de la pile qu'on lui oppose.

La figure 176 indique la disposition employée. Soit R la

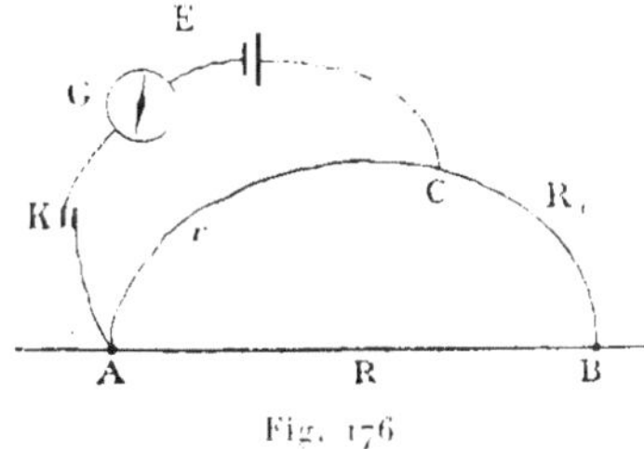

Fig. 176

résistance qui sépare deux points A et B du circuit principal, R_1 une résistance en dérivation sur ces deux points, enfin AKGC une dérivation de résistance quelconque mais très grande, entre le point A et un point variable C de la résistance R_1, interceptant entre ces deux points une résistance r.

(1) Joubert, *Ann. de l'Éc. norm. sup.*, [2], t. X, p. 145, 1882.

Cette dérivation contient le galvanomètre G, la pile d'opposition E et l'interrupteur K. Si les résistances R et R_1 n'ont pas d'induction propre, on a, en appelant V la différence de potentiel des deux points A et B, I l'intensité du courant principal, I_1 celle du courant dérivé à l'instant du contact, et enfin E la force électromotrice de la pile d'opposition,

$$V = E\frac{R_1}{r} = IR = I_1R_1;$$

par suite,

$$I = \frac{E}{r}\left(1 + \frac{R_2}{R_1}\right).$$

914. Galvanomètre optique. — L'action d'un champ magnétique sur la lumière polarisée (**591**) fournit encore le moyen de mesurer l'intensité d'un courant. Supposons qu'un rayon de lumière polarisée traverse, dans la direction x, l'épaisseur $x_1 - x_0 = e$ d'un corps pour lequel la constante de Verdet (**594**) est ω, la rotation θ du plan de polarisation s'exprime, en fonction de la composante F_1 du champ parallèle à la direction du rayon, par l'expression

$$(57) \qquad \theta = \omega(V - V') = \omega\int_{x_0}^{x_1} F_1\,dx,$$

ou, en appelant F_m la valeur moyenne de cette composante pour la longueur e,

$$\theta = \omega e F_m.$$

Lorsque le champ magnétique est produit par un courant, la force magnétique moyenne F_m est égale au produit de l'intensité par une fonction plus ou moins complexe des dimensions du circuit.

Si le rayon lumineux chemine, par exemple, suivant l'axe d'une bobine, on aura

$$F_m = IX_m,$$

et le facteur X_m se calculera par l'intégrale des valeurs (**720**) relatives aux différentes spires de la bobine. L'équation (43) du n° **712**, par exemple, donnerait ce facteur pour une bobine de grande longueur par rapport à l'épaisseur e du corps, en le supposant d'ailleurs au voisinage du centre.

Si V et V′ représentent les potentiels relatifs à l'unité de courant, on a, en général,

$$(58)\qquad \theta = I\omega(V - V').$$

Toutes choses égales, l'intensité est proportionnelle à la rotation du plan de polarisation, ce qui permettra de déterminer le rapport de deux courants.

915. — Pour déterminer la valeur absolue d'un courant, il faut d'abord connaître la constante ω relative au corps observé, et les éléments de la bobine qui permettent de calculer V — V′, mais on peut choisir des conditions expérimentales qui éliminent toutes les mesures de dimensions. Il suffit de se rappeler que, lorsqu'on passe d'un point à un autre dans le champ d'un courant, la variation du potentiel électromagnétique V — V′ doit être augmentée d'autant de fois $4\pi I$ qu'on a traversé de fois la surface du circuit dans un sens contraire à la direction du champ (**152**).

Si les extrémités du milieu considéré sont situées de part et d'autre de la bobine et assez éloignées pour que les potentiels V et V′ aient une valeur insensible, la rotation produite par chaque spire sera $\omega 4\pi I$. Une bobine de n spires donnera donc la rotation

$$(59)\qquad \theta = \omega 4\pi n I.$$

Cette expression ne dépend ni de la forme, ni de la grandeur, ni de l'orientation relative des spires, ni enfin de la direction du rayon par rapport à leur plan moyen ; il suffit donc de connaître le nombre des spires.

916. — On peut d'abord utiliser l'équation (59) pour déterminer la constante ω relative à un corps très actif qui servira ensuite d'organe galvanométrique ; le sulfure de carbone est la substance qui convient le mieux. Il faudrait, en toute rigueur, prendre un tube d'une longueur indéfinie, mais on peut d'abord calculer par la formule (12) du n° **366** la correction relative à la valeur du potentiel aux deux bouts du tube; cette correction se déterminerait encore expérimentalement par la rotation observée avec deux tubes situés, de part et d'autre, à partir des extrémités du tube réellement employé. En fait, le maximum d'action se produit sur les couches liquides situées au voisinage des courants; si la moindre distance de chaque extrémité du tube à une spire est supérieure à 10 fois le rayon de la spire, les angles solides qui correspondent aux valeurs de V et de V' sont inférieurs à $\pm \frac{4\pi}{400}$ et la correction correspondante n'atteint pas 0,005.

Enfin il suffit de renverser le courant pour observer une rotation double de celle qui correspond au liquide.

M. Gordon [1], M. H. Becquerel [2] et lord Rayleigh [3] ont déterminé la constante du sulfure de carbone, mais leurs résultats ne sont pas directement comparables, car le premier a rapporté ses mesures à la raie verte du thallium, les deux autres à la raie D du spectre, et les expériences ont été faites à des températures différentes. La rotation diminue d'environ 0,0013 pour une élévation de température de 1°, d'après M. Bichat [4]. Si on corrige l'effet de la température et qu'on ramène les résultats à la même longueur d'onde par la formule de Verdet [5], on trouve que, pour une différence de potentiel égale à l'unité C.G.S., la rotation du sulfure de carbone serait

à zéro	à 18°	
0,04260	0,04163	Gordon,
0,04626	0,04520	H. Becquerel,
0,04298	0,04200	L. Rayleigh.

Une bobine de 5000 tours, avec un courant d'un ampère, donnerait donc une rotation d'environ 275' ou une rotation

(1) Gordon, *Phil. Trans. L. R. S.* pour 1877, p. 1.
(2) H. Becquerel, *Ann. de ch. et de phys.* [5], t. XXVII, p. 312, 1882.
(3) L. Rayleigh, *Proceed. of the Roy. Soc.*, n° 232, 1884.
(4) Bichat, *Journal de Phys.*, t. VIII, p. 204, 1879.
(5) Verdet, *C. R. de l'Acad. des sc.*, t. LVII, p. 670, 1863. — *Ann. de Ch. et de Phys.* [3], t. LXIX, p. 415.

double de 550', c'est-à-dire une approximation de 0,002 si l'erreur de lecture est de 1'.

Cette méthode optique présente de grands avantages, elle donne toujours la valeur actuelle de l'intensité et il n'y a pas de perturbation due à l'échauffement du circuit par le passage du courant. La seule précaution est de maintenir constante la température du sulfure de carbone, surtout dans les couches les plus efficaces.

917. Mesures calorimétriques. — L'énergie calorifique W, développée pendant un temps t dans un conducteur de résistance R, a pour valeur

$$W = I^2Rt.$$

Si le fil est placé dans un calorimètre, la quantité Q de chaleur abandonnée au liquide sera, en désignant par J l'équivalent mécanique de la chaleur,

$$Q = \frac{W}{J} = \frac{I^2Rt}{J};$$

par suite

$$I^2 = \frac{JQ}{Rt}.$$

Appelons M la masse totale du calorimètre réduite en eau, $T_1 - T_0$ l'élévation de température, correction faite des déperditions qui ont lieu par rayonnement ou par conductibilité, on a $Q = M(T_1 - T_0)$, et, par suite,

$$I^2 = J\frac{M}{R}\frac{T_1 - T_0}{t}.$$

Pour tenir compte des variations qu'éprouvent la résistance du fil et la chaleur spécifique c du liquide, on peut admettre que ces variations sont proportionnelles à la température et poser

$$R = R_0(1 + \alpha T),$$
$$c = 1 + \gamma T;$$

il en résulte, pour la température T,

$$\frac{I^2R_0}{J}(1 + \alpha T)\,dt = M(1 + \gamma T)\,dT,$$

ou

$$\frac{dT}{1+(\alpha-\gamma)T}=\frac{R_0}{JM}I^2dt.$$

En intégrant cette expression pendant l'intervalle de temps θ et déterminant la constante par la condition d'avoir $T=T_0$ pour $t=0$, on obtient

$$\frac{1}{1-\gamma}\,l.\frac{1+(\alpha-\gamma)T_1}{1+(\alpha-\gamma)T_0}=\frac{R_0}{JM}\int_0^\theta I^2dt.$$

Les coefficients α et γ étant très petits, on peut écrire

$$\frac{1}{\theta}\int_0^\theta I^2dt=\frac{JM}{R_0\theta}(T_1-T_0)\left[1-(\alpha-\gamma)\frac{T_1-T_0}{2}\right].$$

Si le courant est constant, le premier membre de cette équation est égal à I^2. Dans le cas d'un courant variable, l'expérience donne le carré moyen de l'intensité.

Comme le phénomène ne dépend que du carré de l'intensité, la méthode se prête à la mesure des courants alternatifs.

On peut varier de bien des manières la disposition expérimentale : une des plus simples est celle où le calorimètre, ayant la forme d'un thermomètre [1], donne directement les températures. Si le courant passe d'une manière continue, l'échauffement du calorimètre est compensé à chaque instant par les pertes de chaleur; comme ces dernières sont sensiblement proportionnelles à l'excès de la température du calorimètre sur celle de l'enceinte, le carré moyen de l'intensité du courant est proportionnel au même excès de température.

Une cause d'erreur inhérente à la méthode tient à ce que, pendant le passage du courant, l'intérieur du fil est nécessairement à une température plus élevée que l'extérieur; il en résulte que la résistance réelle est plus grande que la résistance calculée pour la température du calorimètre. La méthode donnera donc, en général, une valeur trop forte pour l'intensité du courant.

[1] Jamin et Amaury, *C. R. de l'Acad. des sc.*, t. LXX, p. 661, 1870.

Pour déterminer cette intensité en valeurs absolues, il suffira de connaître les valeurs absolues de R_0 et de J. Habituellement, le nombre J est exprimé en kilogrammètres et les quantités de chaleurs en *grandes calories*, c'est-à-dire rapportées à la masse du kilogramme. Si on se rappelle que le kilogrammètre (**612**) vaut $g.10^5$ unités C.G.S. et qu'on adopte le nombre 425 de M. Joule pour l'équivalent de la chaleur en unités habituelles, il en résulte que la valeur de J en unités C.G.S., pour la calorie rapportée à la masse du gramme, ou *petite calorie*, est environ $4,17 \times 10^7$.

918. Mesure des courants par l'électrolyse. — L'électrolyse fournit encore un procédé de mesurer les courants qui peut être utile dans beaucoup de cas, par exemple pour l'évaluation directe des courants intenses.

Il résulte de la loi de Faraday que l'action chimique provoquée par un courant est proportionnelle à la quantité d'électricité qui passe (**255**). Le rapport de la quantité d'électrolyte décomposée au temps correspondant donnera l'intensité du courant, si celui-ci est constant, ou, dans le cas contraire, son intensité moyenne. Les corps qui ont été le plus employés, et qui paraissent en effet le mieux convenir, sont l'eau acidulée, une dissolution de sulfate de cuivre dans l'eau, une dissolution de nitrate ou de chlorate d'argent.

Avec l'eau, on mesure généralement le volume des gaz dégagés; les gaz doivent être desséchés, et il faut connaître leur température et leur pression. Pour éviter ces corrections et l'emploi des densités, M. Bunsen trouve préférable de peser l'eau décomposée; le voltamètre est pesé avant l'expérience, les gaz s'échappent en abandonnant leur vapeur d'eau à un appareil desséchant qui fait corps avec le voltamètre, et on pèse de nouveau, après avoir remplacé les gaz restants par de l'air. Une cause d'erreur résulte de la quantité de gaz qui reste en dissolution dans l'eau; on pourrait s'en affranchir en récoltant les gaz avec une pompe à mercure.

L'eau doit être acidulée. Quand on emploie l'acide sulfurique, il se forme généralement des corps accessoires, de l'ozone, de l'acide persulfurique, etc., et la quantité de gaz recueillie est trop faible; ces composés oxygénés se forment en quantité négligeable si on porte la température du voltamètre à 40 ou 50°.

Les expériences sont plus commodes et plus sûres avec les sels métalliques. La condition essentielle est d'obtenir sur l'électrode négative un dépôt continu et bien adhérent, qu'on puisse laver facilement, de manière à le débarrasser de toute trace du sel dissous, et qui ne s'oxyde pas à l'air.

La forme du dépôt dépend surtout de la *densité* du courant, c'est-à-dire du quotient de l'intensité par la surface des électrodes. Avec le cuivre, le dépôt n'est beau que si cette densité est faible; si elle augmente, il est rugueux et mamelonné; avec un courant plus fort, il devient pulvérulent. La concentration de la dissolution n'a qu'une influence beaucoup plus faible. La lame recouverte de cuivre doit être plongée dans l'eau distillée bouillie, immédiatement au sortir du bain, puis, après quelques minutes d'immersion, essuyée et séchée avec du papier buvard. Elle s'oxyderait rapidement si elle restait humide au contact de l'air.

Avec l'argent, la lame, une fois lavée dans l'eau distillée, peut être abandonnée à elle-même jusqu'à ce qu'elle se soit desséchée par évaporation spontanée.

On peut employer comme électrode positive, soit une lame de platine, soit une lame de même nature que le métal déposé et qui, en se dissolvant, reconstitue le sel décomposé par électrolyse. Avec une lame de platine, la dissolution s'appauvrit et l'acide est mis en liberté, mais cette circonstance n'a pas d'influence sur le dépôt, si la réduction du sel n'est pas poussée au point d'altérer d'une manière notable la richesse de la dissolution.

Quand on emploie deux lames de même métal, l'électrode soluble doit, théoriquement, perdre tout ce que l'autre électrode a gagné; par suite, il devrait être indifférent de peser l'une ou l'autre lame. C'est ce que l'on constate, en effet, avec des lames d'argent bien pur, dans une dissolution d'azotate à 15 p. 100, et une densité convenablement choisie du courant: le changement de poids peut être exactement le même pour les deux lames, et cette concordance est un contrôle excellent des mesures. Mais l'expérience montre, en général, pour le cuivre surtout, que la perte de la lame positive est plus grande que le gain de la lame négative : le métal en se désagrégeant tombe en parcelles d'une finesse extrême dans la liqueur et il faut prendre des précautions pour que ces parcelles ne se déposent pas sur la lame négative; il se forme en outre sur la lame soluble des composés oxygénés dont l'importance et la nature dépendent de l'intensité du courant (¹).

Les expériences les plus récentes ont donné, pour l'action chimique d'un ampère,

	Par seconde	
	Argent.	Eau.
Kohlrausch. . . .	1mg,1183	0mg,09325
Mascart.	1 ,1156	0 ,09303
L. Rayleigh. . . .	1 ,1179	0 ,09321

D'après la moyenne de ces nombres, le poids d'argent déposé par un ampère en une heure est de

$$4^{gr}022.$$

(¹) *Voir* F. et W. Kohlrausch, *Sitz. des Phys. med. Ges. zu Würzburg*, 1884. — Rayleigh, *Phil. Trans. of the R. S. L.*, part. II, p. 411, 1884. — Mascart, *Journal de Physique* [2], t. I, p. 109, 1882 et t. III, p. 283, 1884.

CHAPITRE TROISIÈME

COMPARAISON DES RÉSISTANCES

919. — La résistance d'un conducteur linéaire est le quotient de la différence de potentiel des deux extrémités par l'intensité du courant qui le traverse. La mesure d'une résistance en valeurs absolues exige donc la connaissance d'une force électromotrice et d'un courant; mais, pour comparer deux résistances, il suffira de comparer les courants qui correspondent à une même force électromotrice, ou les forces électromotrices qui correspondent à un même courant.

Nous ne nous occuperons pour le moment que des mesures de comparaison. Elles ont une importance exceptionnelle, parce que la résistance est la seule quantité électrique qu'on ait pu représenter par des étalons d'un emploi facile, comme pour les longueurs et les poids, et d'une grande fixité. Il en est des résistances comme des masses : un courant est aussi nécessaire pour la comparaison de deux résistances qu'une force, telle que la pesanteur, pour la comparaison de deux masses; dans un cas comme dans l'autre, le rapport obtenu est indépendant de l'intensité de l'action mise en jeu, pourvu qu'elle soit la même pour les deux termes.

920. Unité de résistance. — Ohm légal. — L'étalon de résistance pourrait être choisi arbitrairement. Jacobi (1) avait proposé d'employer un fil de cuivre de dimensions déterminées, et, pour éviter les erreurs dues à l'inégale pureté du métal, de distribuer aux physiciens des échantillons de ce fil.

(1) Jacobi, *C. R. de l'Acad. des sc.*, t. XXXIII, p. 277, 1851.

Pendant longtemps les administrations télégraphiques ont pris, comme unité, un kilomètre ou un mille de fil de fer ou de cuivre d'un diamètre donné, mais l'industrie exige aujourd'hui des mesures plus exactes. En effet, les moindres traces de matières étrangères et les changements physiques, tels que la trempe ou l'écrouissage, modifient tellement la conductibilité d'un métal, que la nature et les dimensions d'un fil ne suffisent pas pour en définir la résistance; en outre, la température a une influence considérable. Pouillet ([1]), qui a constaté ces différentes causes de variations, a rapporté toutes ses mesures de conductibilités, dès 1837, à celle du mercure distillé. Il prenait comme terme de comparaison la colonne de mercure comprise dans un tube cylindrique dont le diamètre était déterminé par des pesées de mercure, et dont les extrémités se terminaient par deux flacons de large ouverture.

M. Werner Siemens ([2]) a répandu dans l'industrie un grand nombre d'étalons qui représentent très approximativement la résistance d'une colonne de mercure à 0°, ayant 1 mètre de longueur et 1 millimètre carré de section.

Cette unité reste encore arbitraire. Tout en conservant le mercure comme métal étalon, il est plus rationnel de choisir une colonne dont la résistance soit dans un rapport déterminé avec une unité absolue. La commission internationale des Unités électriques, réunie à Paris en 1884, a adopté comme unité *pratique* sous le nom d'ohm *légal*, la résistance d'une colonne de mercure de 1 millimètre carré de section et de 106 centimètres de longueur, à la température de la glace fondante. D'après de nombreuses expériences, faites par différentes méthodes, cette unité ne diffère que de quelques millièmes de la valeur 10^9 unités absolues C.G.S., qui correspondrait à la définition théorique de l'ohm (**613**).

921. Construction de l'étalon. — La construction d'un étalon conforme à sa définition légale est une opération qui se résume dans le calibrage d'un tube et la pesée du mercure qu'il contient à la température de zéro. Il importe peu d'ailleurs que

([1]) Pouillet, *Eléments de physique*, 3e édit., t. I, p. 586, 1837.
([2]) W. Siemens, *Pogg. Ann.*, Bd CX, p. 1, 1860; *Œuvres*, p. 229.

la forme du tube réponde exactement à la définition, pourvu qu'on connaisse les dimensions de la colonne de mercure qui le remplit, mais il est nécessaire, pour la facilité des comparaisons, que la résistance de l'étalon ne s'écarte pas beaucoup de la valeur théorique [1].

Le calibrage doit être fait par les méthodes employées pour les thermomètres de précision. Nous supposerons que le tube, choisi avec soin parmi ceux dont la section est la plus régulière, a été d'abord divisé en parties d'égales longueurs. Soit a le numéro d'une division quelconque, $a+\alpha$ la longueur de la colonne cylindrique, de section égale à la section moyenne du tube, qui aurait un volume égal à celui qui est compris entre la division a et le zéro de l'échelle. Il s'agit de déterminer la correction α relative à chaque division.

On prend une colonne de mercure qui occupe la n^e partie du tube, et on mesure sa longueur dans n parties successives de l'échelle. Soient a_0 et a_1, a'_1 et a_2, a'_2 et a_3, ..., a'_{n-1} et a_n les divisions qui correspondent aux extrémités de la colonne, α_0, α_1, α_2, ..., α_n les différents termes de correction ; pour une première approximation au moins, on peut admettre que ces corrections sont respectivement les mêmes pour les divisions voisines a_1 et a'_1, a_2 et a'_2..... La longueur corrigée l de la colonne, c'est-à-dire la longueur qu'elle occuperait dans un tube ayant la section moyenne, a pour expression une série de valeurs telles que

$$l = a_1 + \alpha_1 - (a_0 + \alpha_0) = a_1 - a_0 + \alpha_1 - \alpha_0.$$

Si on appelle

$$(1) \qquad \begin{aligned} \delta_1 &= a_1 - a_0, \\ \delta_2 &= a_2 - a'_1, \\ &\vdots \\ \delta_n &= a_n - a'_{n-1}, \end{aligned}$$

les différentes longueurs observées, on aura donc, en suppo-

[1] Mascart, de Nerville et Benoît, *Résumé d'expériences sur la détermination de l'ohm*, Paris, Gauthier-Villars, 1884.

sant que le volume du mercure est resté le même, c'est-à-dire que la température n'a pas varié,

$$
(2)\qquad
\begin{aligned}
\alpha_0 - \alpha_1 + l &= \delta_1,\\
\alpha_1 - \alpha_2 + l &= \delta_2,\\
\alpha_2 - \alpha_3 + l &= \delta_3,\\
\vdots \qquad \vdots \qquad & \vdots \quad \vdots\\
\alpha_{n-1} - \alpha_n + l &= \delta_n.
\end{aligned}
$$

Comme les divisions a_0 et a_n correspondent aux extrémités de l'échelle, les corrections α_0 et α_n sont nulles. Si on élimine l entre ces n équations, il en résulte

$$
(3)\qquad
\begin{aligned}
\alpha_1 - \alpha_2 + \alpha_1 &= \delta_2 - \delta_1,\\
\alpha_1 - \alpha_3 + \alpha_2 &= \delta_3 - \delta_1,\\
\alpha_1 - \alpha_4 + \alpha_3 &= \delta_4 - \delta_1,\\
\vdots \qquad \vdots \qquad \vdots \quad & \vdots \qquad \vdots\\
\alpha_1 + \alpha_{n-1} &= \delta_n - \delta_1.
\end{aligned}
$$

En ajoutant ces dernières membre à membre, on obtient

$$
(4)\qquad n\alpha_1 = \Sigma(\delta - \delta_1),
$$

l'expression $\delta - \delta_1$ désignant l'excès d'une mesure quelconque de longueur sur la première.

La correction α_1 étant ainsi connue, toutes les autres seront déterminées successivement par les équations (3). On aura d'ailleurs un contrôle en répétant la même série d'observations avec des colonnes de longueurs différentes. On trace enfin la courbe des corrections obtenues pour un certain nombre de points et on en déduit les valeurs relatives à toutes les divisions intermédiaires.

922. — Pour tirer le meilleur parti possible des expériences de contrôle, il faut les diriger méthodiquement.

La première colonne occupant à très peu près la n^e partie de la longueur totale L de l'échelle, ses extrémités seront toujours voisines des $n+1$ points de division de l'échelle en

n parties égales; ce sont les *points principaux* de calibrage. Appelant λ_n l'excès de la longueur réduite l de la colonne de mercure sur la n^e partie de la distance L, et $\delta'_1, \delta'_2, \delta'_3, \dots \delta_n$ les excès des différentes longueurs observées sur la même quantité, en posant

$$(1)' \qquad \begin{aligned} \lambda_n &= l - \frac{L}{n}, \\ \delta'_1 &= \delta_1 - \frac{L}{n}, \\ \delta'_2 &= \delta_2 - \frac{L}{n}, \\ \vdots \quad &\quad \vdots \quad \vdots \\ \delta'_n &= \delta_n - \frac{L}{n}, \end{aligned}$$

on pourra remplacer les n équations (2) par les suivantes

$$(2)' \qquad \begin{aligned} x_0 - x_1 + \lambda_n &= \delta'_1, \\ x_1 - x_2 + \lambda_n &= \delta'_2, \\ x_2 - x_3 + \lambda_n &= \delta'_3, \\ \vdots \qquad \vdots \quad &\quad \vdots \\ x_{n-1} - x_n + \lambda_n &= \delta'_n, \end{aligned}$$

dans lesquelles $\delta'_1, \delta'_2 \dots$ sont des quantités de l'ordre des corrections données par les lectures et λ_n une constante relative à ce premier calibrage.

Une deuxième colonne de longueur double $2l$, que l'on mesurera de la même manière, en plaçant successivement ses extrémités au voisinage des points principaux consécutifs, donnera $n-1$ équations de la forme

$$(2)'' \qquad \begin{aligned} x_0 - x_2 + \lambda_{n-1} &= \delta_1, \\ x_1 - x_3 + \lambda_{n-1} &= \delta''_1, \\ x_2 - x_4 + \lambda_{n-1} &= \delta''_1, \\ \vdots \qquad \vdots \quad &\quad \vdots \\ x_{n-2} - x_n + \lambda_{n-1} &= \delta''_{n-1}. \end{aligned}$$

Une colonne de longueur triple $3l$ donne $n-2$ équations

$$(2)''' \qquad \begin{aligned} \alpha_0 - \alpha_3 + \lambda_{n-2} &= \delta_1''', \\ \alpha_1 - \alpha_4 + \lambda_{n-2} &= \delta_2''', \\ \vdots \quad \vdots \quad \vdots \quad & \quad \vdots \\ \alpha_{n-3} - \alpha_n + \lambda_{n-2} &= \delta_{n-2}'''. \end{aligned}$$

En continuant ainsi avec des colonnes croissantes, la colonne de longueur égale à $(n-2)l$ donnera 3 équations

$$(2)^{(n-2)} \qquad \begin{aligned} \alpha_0 - \alpha_{n-2} + \lambda_3 &= \delta_1^{(n-2)}, \\ \alpha_1 - \alpha_{n-1} + \lambda_3 &= \delta_2^{(n-2)}, \\ \alpha_2 - \alpha_n \quad + \lambda_3 &= \delta_1^{(n-2)}, \end{aligned}$$

et la dernière colonne 2 équations

$$(2)^{(n-1)} \qquad \begin{aligned} \alpha_0 - \alpha_{n-1} + \lambda_2 &= \delta_2^{(n-1)}, \\ \alpha_1 - \alpha_n \quad + \lambda_2 &= \delta_2^{(n-1)}. \end{aligned}$$

On est ainsi conduit à un système de $\frac{n(n+1)}{2} - 1$ équations avec $2n$ inconnues, ou plutôt $2(n-1)$ inconnues, puisque α_0 et α_n sont nuls, qui déterminent les corrections de tous les points principaux avec la même exactitude. La symétrie particulière de ce système permet de résoudre les équations sous différentes formes symétriques. Il serait plus correct de considérer aussi les différentes valeurs de λ comme des inconnues, mais on n'augmente pas sensiblement l'erreur probable en éliminant ces quantités par la soustraction de deux équations consécutives de chaque groupe [1].

En posant

$$(5) \qquad \begin{aligned} \Delta_1' &= \delta_1' - \delta_1', \\ \Delta_2' &= \delta_3' - \delta_2', \\ &\vdots \\ \Delta_1'' &= \delta_2'' - \delta_1'', \\ &\vdots \\ \Delta_1^{(n-1)} &= \delta_1^{(n-1)} - \delta_1^{(n-1)}, \end{aligned}$$

[1] M. Thiesen, *Carl Repertorium*, t. XV, p. 285 et 678; Munich, 1879.

on obtient un nouveau système d'équations qu'on peut écrire

$$(3)' \quad \left\{ \begin{array}{l} x_1 - x_0 = x_2 - x_1 + \Delta'_1, \\ x_2 - x_1 = x_3 - x_2 + \Delta'_2, \\ \vdots \qquad \vdots \\ x_{n-1} - x_{n-2} = x_n - x_{n-1} + \Delta'_{n-1}; \end{array} \right.$$

$$(3)'' \quad \left\{ \begin{array}{l} x_1 - x_0 = x_3 - x_2 + \Delta''_1, \\ x_2 - x_1 = x_4 - x_3 + \Delta''_1, \\ \vdots \qquad \vdots \\ x_{n-1} - x_{n-3} = x_n - x_{n-1} + \Delta''_{n-2}; \text{ etc.} \end{array} \right.$$

Les mêmes soustractions en sens inverse donnent les mêmes équations changées de signe. L'ensemble de ces deux systèmes d'équations peut être représenté d'une manière synoptique par un tableau dont la symétrie est évidente :

	$x_1 - x_0$	$x_2 - x_1$	$x_3 - x_2$		$x_{n-1} - x_{n-2}$	$x_n - x_{n-1}$
	=	=	=		=	=
$x_1 - x_0$	0	$-\Delta'_1$	$-\Delta''_1$	...	$-\Delta_1^{(n-2)}$	$-\Delta_1^{(n-1)}$
$x_2 - x_1$	$+\Delta'_1$	0	$-\Delta'_2$	...	$-\Delta_2^{(n-3)}$	$-\Delta_2^{(n-2)}$
$x_3 - x_2$	$+\Delta''_1$	$+\Delta'_2$	0	...	$-\Delta_3^{(n-4)}$	$-\Delta_3^{(n-3)}$
$\vdots \quad \vdots$	$\vdots$	$+\Delta''_2$	$+\Delta'_3$	...	$\vdots$	$\vdots$
$\vdots \quad \vdots$	$\vdots$	$\vdots$	$\vdots$	...	$\vdots$	$\vdots$
$x_{n-1} - x_{n-2}$	$+\Delta_1^{(n-2)}$	$+\Delta_2^{(n-3)}$	$+\Delta_3^{(n-4)}$	...	0	$-\Delta'_{n-1}$
$x_n - x_{n-1}$	$+\Delta_1^{n-1}$	$+\Delta_2^{(n-2)}$	$+\Delta_3^{(n-3)}$	...	$+\Delta'_{n-1}$	0

La somme des termes de la première colonne verticale étant nulle, la somme de chaque colonne verticale donne

$$(6) \quad \left\{ \begin{array}{l} n(x_1 - x_0) = \Sigma_1 \Delta, \\ n(x_2 - x_1) = \Sigma_2 \Delta, \\ \vdots \qquad \vdots \\ n(x_n - x_{n-1}) = \Sigma_n \Delta. \end{array} \right.$$

Comme les corrections α_0 et x_n sont nulles, on a directement les valeurs de α_1 et x_{n-1}, et, par suite, celles de tous les autres points principaux.

Le calcul présente plusieurs vérifications sur lesquelles il n'est pas utile d'insister ici. La courbe construite avec ces différentes valeurs de α indiquera par sa continuité si la subdivision du tube a été portée assez loin pour qu'on en puisse déduire les corrections relatives aux points intermédiaires. Nous renverrons, pour plus de détails, au mémoire publié par M. Benoît sur cette question [1].

923. — On détermine ensuite la capacité moyenne v d'une division du tube à zéro en observant le nombre n de divisions, corrigé des erreurs de calibrage et de la courbure sphérique du mercure aux extrémités de la colonne, qu'occupe un poids p de mercure dans la glace fondante, et l'expérience sera aussi répétée, comme contrôle, avec des colonnes de longueurs différentes. En appelant d le poids spécifique du mercure, et ε la longueur d'une division à zéro, on a

$$v = \frac{p}{n\varepsilon d}.$$

Enfin, si on appelle ρ la résistance spécifique du mercure, c'est-à-dire la résistance d'une colonne ayant l'unité de longueur et l'unité de section, s la section du tube correspondant à une division quelconque, la résistance totale du tube est

$$R = \rho\varepsilon\Sigma\frac{1}{s}.$$

En réalité, il n'est pas nécessaire de calculer la section en chaque point. Si l'on considère la colonne comprise entre deux divisions a et b, dont les corrections sont α et β, la section moyenne de cette colonne est

$$s = \frac{v(b-a+\beta-\alpha)}{\varepsilon(b-a)} = \frac{v}{\varepsilon}\left(1+\frac{\beta-\alpha}{b-a}\right),$$

et la résistance correspondante

$$r = \rho\frac{\varepsilon(b-a)}{s} = \rho\frac{\varepsilon^2}{v}\frac{(b-a)^2}{b-a+\beta-\alpha}.$$

(1) J.-R. Benoît, *Travaux et Mémoires du bureau international des poids et mesures*, t. II, 1re partie, p. C. 35, 1883.

Supposons qu'on partage le tube en une série de longueurs égales par des divisions $a, b, c, \ldots\ldots l, m$, également distantes, sauf la dernière qui reste arbitraire, et dont les corrections sont $\alpha, \beta, \gamma, \ldots\ldots \lambda, \mu$; en posant

$$b-a=c-b=\ldots\ldots=C,$$

on obtiendra une valeur approchée de la résistance du tube, entre les divisions a et m, par l'expression

$$R=\rho\frac{\varepsilon^2C^2}{v}\left[\frac{1}{C+\beta-\alpha}+\frac{1}{C+\gamma-\beta}+\ldots\right]+\rho\frac{\varepsilon^2}{v}\frac{(m-l)^2}{m-l+\mu-\lambda},$$

et cette valeur est d'autant plus exacte que le nombre total des divisions est plus grand.

Pour s'assurer que la subdivision est suffisante, on répète une série de calculs analogues, en donnant à C des valeurs de plus en plus petites, et on s'arrête quand les différences des résultats successifs deviennent inappréciables.

Si l'on choisit les divisions extrêmes a et m, de façon que le rapport $\frac{R}{\rho}$ donné par cette expression soit égal à $\frac{106^{c}}{(0,1)^2}$, la résistance de la colonne de mercure comprise entre elles, à la température de zéro, sera exactement d'un *ohm*.

Toutefois, il est nécessaire, pour les expériences de comparaison, d'engager les extrémités du tube dans des flacons de grand diamètre renfermant aussi du mercure. La théorie et l'expérience montrent qu'à la résistance propre du tube il faut ajouter celle des portions de mercure qui avoisinent ses extrémités dans les flacons, et que la correction relative à cette double communication s'obtient avec une exactitude suffisante en ajoutant à la longueur du tube une fraction de son diamètre égale à 0,82. Après avoir calculé la longueur du tube qui correspondrait à un ohm, on en retranche 0,82 du diamètre et on le coupe à cette nouvelle longueur.

M. Benoît a pu réaliser ainsi quatre étalons prototypes dont la différence des résistances n'atteint pas 0,00002 (¹).

(¹) Benoît, *C. R. de l'Acad. des sc.*, t. XCIX, p. 864, 1884.

924. — L'étalon rectiligne de mercure n'est pas d'un emploi commode. On peut construire des copies à l'aide d'un tube étroit, de forme quelconque, contenant du mercure et dont les extrémités communiquent avec des réservoirs de grand diamètre. La figure 177 représente un étalon dont le tube, contourné sous forme d'une double spirale, a été rem-

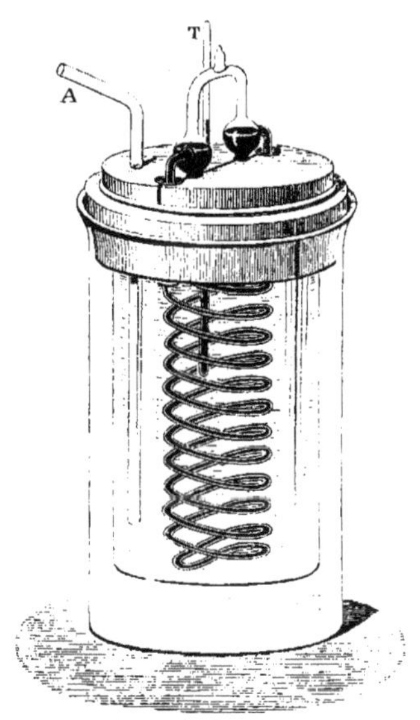

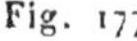
Fig. 177

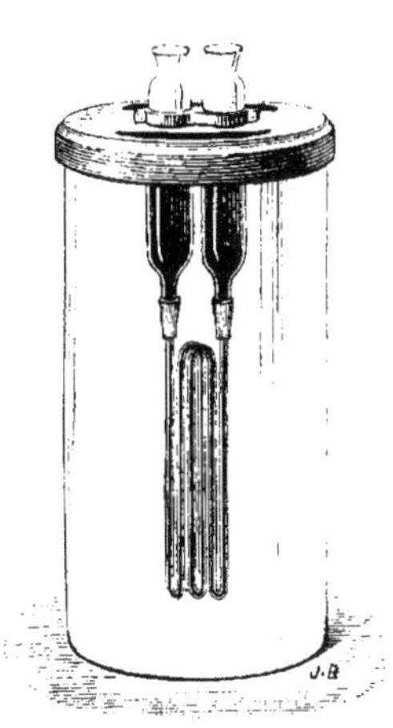

Fig. 178

pli de mercure dans le vide, et communique avec des réservoirs extérieurs par des fils de platine. La partie capillaire du tube plonge dans un bain dont la température est connue par un thermomètre T; un tube latéral A permet d'agiter le liquide par un courant d'air. On a déterminé d'ailleurs par expérience, soit la correction qu'on doit apporter à cette résistance à la température de zéro, soit la température à laquelle elle vaut un ohm légal. La variation de résistance du mercure dans un tube de verre, en fonction de la température, peut être calculée par la formule

$$R = R_0(1 + 0,0008649\,t + 0,00000112\,t^2).$$

Toutefois, on peut craindre que le platine situé dans le mercure intérieur ne s'y dissolve en partie avec le temps et ne modifie la conductibilité. Dans ses recherches récentes sur la réalisation pratique de l'ohm légal, M. Benoît a adopté une forme un peu différente (fig. 178). Les extrémités du tube capillaire se terminent dans des tubes plus larges ouverts à l'air libre. Le remplissage a lieu encore dans le vide, mais le mercure peut être facilement renouvelé.

Les instruments de verre étant fragiles, on construit géné-

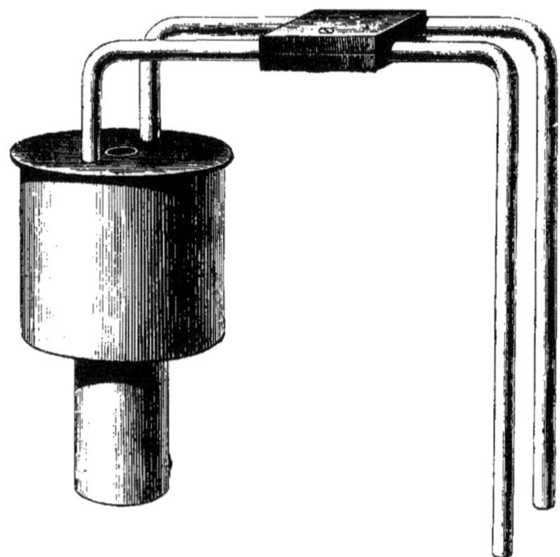

Fig. 179

ralement les étalons pratiques avec des fils métalliques ; les alliages doivent être préférés aux métaux purs parce que leur résistance varie moins avec la température. Tandis que le coefficient de variation avec la température est de 0,0039 pour le cuivre, il n'est que de 0,00044 pour le maillechort et 0,00031 pour un alliage de platine et d'argent renfermant un tiers de platine.

La figure 179 représente la forme d'étalon qui avait été adoptée par le comité de l'Association britannique en 1865. Le fil est en alliage de platine-argent; il est recouvert d'une double enveloppe de soie et verni à la gomme laque. Après l'avoir replié sur lui-même, on lui donne la forme d'une double spirale, qui est ensuite placée entre deux cylindres concentriques en laiton et noyée dans une masse de paraffine remplissant l'intervalle des deux cylindres. Les deux bouts du fil sont soudés à deux gros fils de cuivre recourbés deux fois à angle droit et dont les extrémités amalgamées viennent plonger dans des godets pleins de mercure.

Le cylindre peut être plongé dans la glace ou dans l'eau; un thermomètre placé dans le tube central donne alors la température. Bien que cette disposition de l'étalon donne une grande surface de contact avec l'eau, la mauvaise conductibilité de la paraffine laisse toujours une incertitude assez grande sur la température réelle du fil, à moins que la température du bain n'ait été maintenue constante pendant plusieurs heures.

La forme adoptée par M. Siemens est représentée dans la figure 180. Le fil, en maillechort recouvert de soie et verni,

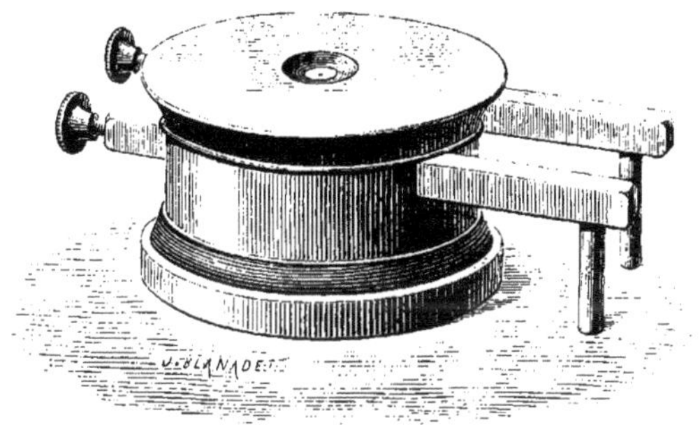

Fig. 180

est enroulé en double spirale sur la surface d'un cylindre de bois et terminé par deux grosses tiges de métal. Il est protégé par une enveloppe métallique qui laisse un intervalle suffisant pour la circulation de l'air et le tout est enfermé dans une boite en bois. Une cavité cylindrique ménagée au milieu de la bobine permet d'y placer un thermomètre, mais la détermination de la température est plus difficile, parce que l'instrument ne peut pas être plongé dans un liquide. Le mieux est de l'entourer d'une couche épaisse d'ouate.

925. — Le degré de permanence des étalons de résistance est une question sur laquelle on ne possède pas encore de renseignements très exacts. Avec le mercure les seuls changements à craindre sont ceux qui proviendraient de la déformation du verre ; les défauts de pureté que peut présenter le mercure du commerce n'ont pas d'influence appréciable ; un nouveau remplissage du tube ne change pas les résultats, et, sauf la facilité de l'opération, il paraît indifférent de faire ce remplissage dans le vide ou dans l'air ; enfin la température se détermine très facilement.

Les étalons métalliques ne présentent pas les mêmes garanties. Le comité de l'Association Britannique a fait déposer à l'observatoire de Kew plusieurs étalons, soit en platine, soit en alliages de platine et d'argent, de platine et d'iridium, ou d'or et d'argent. MM. Matthiessen et Hockin ont comparé ces étalons en 1867 et déterminé les températures auxquelles ils avaient alors la même résistance (1). Une nouvelle comparaison faite en 1876 par MM. Chrystal et Saunder (2), avec des précautions minutieuses pour la mesure exacte des températures, n'a pas donné les mêmes résultats, mais on pouvait croire que les différences étaient dues à la détermination des températures. M. Fleming (3) reprit le même travail en 1881 ; il a trouvé encore des différences notables avec les mesures précédentes, et les écarts s'élevaient parfois à 0,0011. Il paraît difficile d'affirmer si des variations aussi grandes tiennent à une modification réelle des étalons de résistance ou simplement aux difficultés que présente la connaissance exacte des températures.

926. Boîtes de résistances. — Il est nécessaire, pour les expériences de comparaison, d'avoir à sa disposition une série de résistances dont les valeurs croissent d'une manière régulière. Elles sont formées habituellement de bobines pla-

(1) *Brit. Ass. Rep.* for 1867. Dundee. — *Reprint*, p. 145.
(2) *Brit. Ass. Rep.* for 1876, p. 13, Glasgow.
(3) *Brit. Ass. Rep.* for 1883, p. 41, Southport.

cées dans une même boîte, et munies de clefs qui permettent de les introduire à volonté dans un circuit.

Pour éviter l'action de ces bobines sur les galvanomètres et réduire au minimum les effets d'induction (**760**), le fil est enroulé sur la bobine après avoir été replié sur lui-même. Ces fils doivent être bien isolés, et, la bobine une fois construite, il est bon de l'entourer d'une couche de paraffine.

Les deux extrémités du fil de chaque bobine sont soudées à des pièces de cuivre épaisses, laissant entre elles un petit intervalle; une double échancrure permet d'introduire entre elles, avec une forte pression, une cheville qui les réunit ainsi par un conducteur de résistance négligeable. Ce mode de communication est excellent dans la pratique.

La résistance offerte par les chevilles n'est cependant pas nulle, et l'expérience montre que dans les appareils usuels elle peut s'élever à 0,0001 d'ohm [1].

Les bobines sont disposées à la suite les unes des autres, de manière que chaque pièce de cuivre joigne deux bobines successives. Quand une cheville est enlevée, la résistance de la bobine correspondante est introduite dans le circuit; en plaçant la cheville, on supprime cette résistance.

Si, au lieu de souder les fils aux masses de cuivre elles-mêmes, on les réunit à ces masses, comme on le fait souvent pour la facilité de la construction, par de petites tiges en cuivre, on ne doit pas souder les fils de deux bobines successives à une même tige, mais terminer chaque fil par une tige spéciale, afin que la résistance qu'on obtient en enlevant deux chevilles soit exactement la somme des résistances obtenues quand on enlève chacune de ces chevilles successivement. Ces tiges de raccord, en effet, telles qu'on les emploie ordinairement, ont une résistance qui n'est pas négligeable dans les mesures précises.

Il est très avantageux, pour la vérification des boîtes, que chacune des pièces de cuivre soit percée d'un trou pouvant recevoir une cheville spéciale munie d'un serre-fils. Cette disposition permet d'introduire dans un circuit, et d'une

[1] Dorn, *Ann. Wied.*, t. XXII, p. 558, 1884.

manière indépendante, une quelconque des résistances qui composent la boîte.

927. — Plusieurs systèmes de subdivisions peuvent être adoptés pour graduer les valeurs des résistances. Le plus économique consisterait à employer une série de bobines dont les résistances varieraient comme les termes de la progression 1, 2, 2^2, 2^3, ... 2^n. Avec $n+1$ bobines on aurait toutes les résistances depuis 1 jusqu'à $2^{n+1}-1$. En prenant douze bobines, dont la première est un ohm, on peut réaliser toutes les résistances depuis 1 ohm jusqu'à 8191 ohms.

Pour obtenir une résistance donnée, 107 par exemple, il suffirait d'écrire le nombre dans le système binaire, $2^6+2^5+2^3+2+1$, ou 1101011, et de laisser ouvertes toutes les bobines qui correspondent aux chiffres 1, en fermant par des chevilles toutes celles qui correspondent aux zéros.

Il est bon d'ajouter à la série une bobine supplémentaire égale à l'unité, qui permettra de vérifier par comparaison les valeurs relatives des diverses bobines.

Le petit calcul exigé par la disposition qui précède en rendrait l'emploi très incommode.

On peut combiner les bobines comme les boîtes de poids, en leur donnant la série des valeurs

$$1;\ 1,\ 2,\ 2,\ 5;\ 10,\ 10,\ 20,\ 50;\ 100,\ 100,\ 200,\ 500;\ 1000,\ 1000,\ 2000,\ 5000.$$

On a ainsi un total de 10 000 unités et le moyen de vérifier toutes les bobines.

Le plus souvent on dispose les bobines en série linéaire et on remplace par des chevilles toutes celles qu'on veut supprimer; mais cette disposition a l'inconvénient d'introduire un nombre variable de chevilles pour chaque combinaison, et, par suite, un nombre variable de contacts dont l'effet n'est pas toujours négligeable.

Une disposition meilleure est celle des boîtes à cadrans (fig. 181). Chaque cadran est composé de 9 bobines toutes égales, reliées entre elles par des plaques de cuivre au nombre de 10 et numérotées de 0 à 9, sans communication entre les plaques 9 et 0. Au centre est un disque en cuivre, relié à la plaque 0 du cadran suivant par l'intermédiaire de lames ou de barres de cuivre L, L′, L″. Les chevilles se placent entre le disque et les plaques de la couronne; comme elles sont en nombre fixe, une par cadran, et toujours en fonction, on peut regarder comme constante la résistance qu'elles introduisent dans le circuit.

Les boîtes contiennent ordinairement quatre cadrans correspondant aux *unités*, aux *dizaines*, aux *centaines* et aux *mille*, comme on le voit à la partie inférieure de la figure 181.

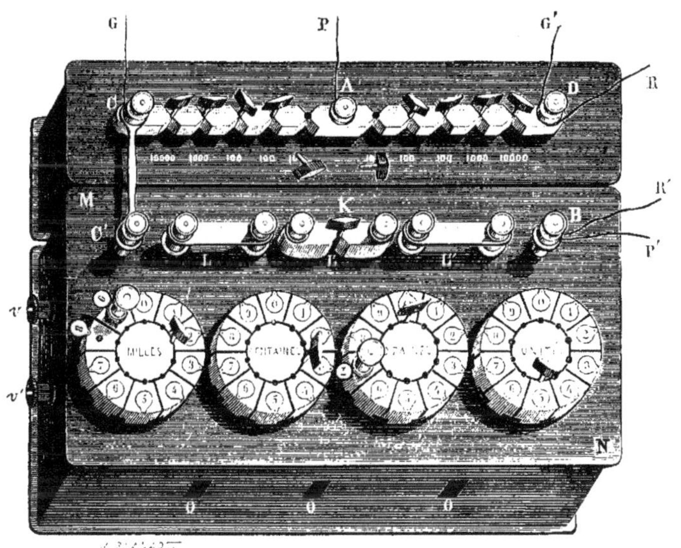

Fig. 181

Avec une unité supplémentaire placée dans l'intérieur de la boîte, et dont les extrémités aboutissent à deux bornes latérales v et v', la résistance totale est de 10 000 ohms.

Des chevilles spéciales, munies de serre-fils, et qui se placent dans des trous situés au milieu des plaques en couronne, permettent de prélever une résistance quelconque sur l'ensemble des cadrans.

Le fil des boîtes de résistance est habituellement très fin ; il serait dangereux d'y faire passer des courants intenses qui risqueraient d'altérer la matière isolante ou même de brûler le métal. On peut réaliser des résistances moins délicates avec des baguettes de charbon, comme celles qui servent pour la lumière électrique, auxquelles on adapte des garnitures de cuivre. Ces résistances en charbon varient très peu avec la température.

Enfin, on obtient des résistances très grandes et d'un emploi très commode avec des traits de plombagine tracés sur l'ébonite, ou mieux dans une rainure bien polie pratiquée dans l'ébonite. Les extrémités du trait sont reliées à des bornes de cuivre, et le trait lui-même est ensuite recouvert de vernis (1). Il est nécessaire de vérifier de temps en temps la valeur de ces résistances ; l'expérience montre, en effet, qu'elles peuvent s'altérer avec le temps, mais elles sont très peu sensibles aux influences de la température (2).

928. Boîtes de conductibilité. — Sir W. Thomson donne ce nom à des systèmes de bobines disposées de manière à comparer directement les inverses des résistances, c'est-à-dire les conductibilités.

Lorsque plusieurs résistances r_1, r_2, ... r_n sont disposées en arcs multiples, entre deux points (**209**), la conductibilité du système, ou l'inverse de sa résistance R, est égale à la somme des conductibilités de chacun des arcs (3) :

$$\frac{1}{R}=\frac{1}{r_1}+\frac{1}{r_2}+\ldots.+\frac{1}{r_n}.$$

Considérons, par exemple, une série de bobines dont les résistances varient comme les puissances de 2. Toutes les bobines communiquent par une de leurs extrémités avec une même barre de laiton AA' (fig. 182), tandis que l'autre extré-

(1) Philipps, *Ph. magaz.* 47, t. XL, p. 41, 1870.

(2) Werner Siemens, *Reprod. de l'unité de résistance*, Broch. in-4°, 1882.

(3) Sir W. Thomson a proposé de désigner par *mho*, qui est le mot *ohm* renversé, la conductibilité d'un corps dont la résistance est un *ohm*. Un *mhomètre* serait un appareil de mesure pour les conductibilités.

mité est terminée par une plaque de cuivre épaisse. Ces plaques sont à une petite distance d'une seconde barre de cuivre BB', parallèle à la première, et à laquelle elles peuvent être réunies par des chevilles. On introduit ainsi entre les deux barres et, par suite, entre les points A et B du circuit, autant de bobines en arcs parallèles qu'on place de chevilles.

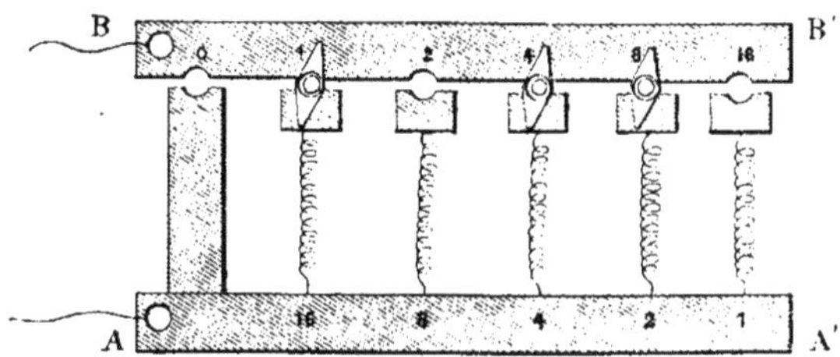

Fig. 182

Les chiffres de la barre supérieure représentent les résistances de chaque bobine, les chiffres inférieurs représentent leurs conductibilités multipliées par 16. Avec la disposition des chevilles indiquée par la figure, la conductibilité du système serait $\frac{22}{16}$ et sa résistance $\frac{16}{22}$.

929. Correction de température. — Les bobines des boîtes de résistance n'ont la valeur assignée qu'à une température déterminée, indiquée généralement par le constructeur; une correction est nécessaire quand on opère à une autre température. Soit t_0 la température normale, t la température actuelle et α le coefficient de variation, on a

$$R = R_0[1 + \alpha(t - t_0)].$$

Les boîtes doivent être disposées de manière qu'on puisse connaître la température des bobines. La meilleure disposition consiste à laisser l'intérieur de la boîte en communication facile avec l'air extérieur par des ouvertures O (fig. 181), dans lesquelles on introduit des thermomètres dont les réservoirs sont ainsi placés auprès des bobines. Une différence de température de 1° correspond à une erreur relative maximum de 0,0003 ou 0,0004, suivant que le fil est en alliage de platine-argent ou en maillechort.

Dans les boîtes de résistances construites par MM. Elliot (fig. 181), l'unité supplémentaire $v\,v'$ permet d'obtenir la température par une méthode électrique très sensible. Cette unité est formée d'un fil de cuivre rouge enroulé sur un cylindre d'ébonite et occupant toute la longueur de la boîte. La variation de résistance du cuivre pour 1° étant 0,0039 environ, c'est-à-dire onze fois plus grande que celle du fil des bobines, la mesure de cette résistance par la boîte elle-même, avec une approximation relative de 0,0001, donnera la température à moins d'un trentième de degré.

Les variations de température les plus à craindre sont celles qui résultent du passage même du courant; il n'est pas inutile d'en donner une idée par un calcul numérique.

La quantité de chaleur développée par seconde dans chaque unité de longueur d'un fil de section ω et de résistance spécifique σ, soumis à une différence de potentiel E par unité de longueur, est égale, en unités mécaniques, à $EI = E^2\frac{\omega}{\sigma}$ ou, en calories, à $\frac{E^2}{J}\frac{\omega}{\sigma}$, en désignant par J l'équivalent mécanique de la chaleur. Si p est le poids spécifique du fil, c sa chaleur spécifique et, par suite, $\gamma = cp$ la capacité calorifique de l'unité de volume, l'élévation de température $d\theta$ correspondant au temps dt est donnée par l'équation

$$\omega\gamma\,d\theta = \frac{E^2}{J}\frac{\omega}{\sigma}dt, \quad \text{ou} \quad \frac{d\theta}{dt} = \frac{E^2}{J}\frac{1}{\gamma\sigma}.$$

La vitesse d'échauffement $\frac{d\theta}{dt}$ est donc indépendante du diamètre, et l'accroissement relatif de la résistance, pendant l'unité de temps, est

$$\frac{dr}{dt} = \alpha\frac{d\theta}{dt} = \frac{E^2}{J}\frac{\alpha}{\gamma\sigma}.$$

Pour un fil de cuivre, on a $p=8,85$, $c=0,095$, $\gamma=0,840$ et $\alpha=0,0039$; en prenant d'ailleurs $E=n$ volts $=n.10^8$, $\sigma=1615$ et $J=4,2.10^7$, il vient

$$\frac{d\theta}{dt}=\frac{n^2}{57}10^7.$$

Tel est le nombre de degrés centigrades dont, abstraction faite des déperditions, s'élèverait en chaque seconde la température d'un fil de cuivre présentant une chute de potentiel de n volts par centimètre.

Pour le maillechort, on a $\alpha'=\alpha\times 0,11$ et $\sigma'=13\sigma$, la valeur de γ étant sensiblement la même; il en résulte que l'échauffement sera, toutes choses égales d'ailleurs, 120 fois moindre pour le maillechort que pour le cuivre.

On atténue ces effets en ne laissant passer le courant que le moins de temps possible à travers les bobines.

930. Rhéostats. — Avant l'emploi des boîtes de bobines, on introduisait dans le circuit une longueur plus ou moins grande d'un fil métallique. Pouillet [1] se servit d'un fil de platine de 132 mètres de longueur tendu en bouts parallèles sur une planchette. Wheatstone réalisa le même appareil sous une forme plus commode et lui donna le nom de *rhéostat* [2].

Le rhéostat de Wheatstone se compose de deux cylindres parallèles de même diamètre, tournant dans le même sens et avec la même vitesse : l'un est en laiton et à surface lisse, l'autre, en verre ou en bois, porte des rainures en hélice. Un fil de laiton s'enroule de l'un sur l'autre des cylindres, suivant le sens de la rotation commune. Toute la portion du fil qui est dans les rainures du verre est isolée et agit comme résistance; celle qui est sur le cylindre de laiton fait corps avec lui et se trouve en réalité supprimée.

Cette disposition ingénieuse présente de grands inconvénients dans la pratique. Le fil, tiré dans un sens et dans l'autre par les enroulements inverses, se modifie ou même se déforme; on ne peut plus considérer sa résistance comme

(1) Pouillet, *C. R. de l'Acad. des sc.*, t. IV, p. 785, 1837.
(2) Wheatstone, *Bakerian lecture* for 1843. — *Ph. Tr. R. S. L.* t. V, 133, p. 303. — *Wheatstone's scientific papers*, p. 105.

régulière et proportionnelle à la longueur. Enfin, le point de contact avec le cylindre de laiton est très mal défini ; l'incertitude est beaucoup plus grande que celle que comportent les procédés de mesure ordinairement employés.

Le rhéostat de Jacobi ([1]) présente à certains égards des avantages sur celui de Wheatstone. L'appareil est réduit à un cylindre isolant, sur lequel le fil est enroulé à demeure, et qui tourne autour de son axe ; une molette, mobile parallèlement à l'axe, est pressée sur le fil par un ressort et établit le contact en un point variable. Le mouvement de la molette est commandé par celui du cylindre, et celle-ci avance d'un pas de l'hélice quand le cylindre fait un tour. On évite ainsi les déformations du fil et le point de contact se trouve défini d'une manière plus précise, mais la résistance au contact est encore très variable. Cet inconvénient est l'obstacle principal à l'emploi des rhéostats comme appareils de mesure ; ils sont, au contraire, très commodes quand on veut faire varier une résistance d'une manière continue, sans qu'il soit nécessaire d'en connaître exactement la valeur.

Les rhéostats à cylindre peuvent être remplacés par les *rhéostats à corde* de Pouillet ([2]) et de Poggendorf ([3]). Deux fils de platine sont tendus parallèlement ; un contact glissant établit en un point quelconque la communication entre les deux fils, et permet d'en introduire une longueur plus ou moins grande dans le circuit. Le double contact s'obtient habituellement à l'aide d'une pièce de métal creusée de deux godets remplis de mercure ; chacun des fils passe dans une sorte de filière qui traverse le godet correspondant, et la capillarité suffit pour empêcher l'écoulement du mercure. Toutefois, quand il s'agit de mesures exactes, il est difficile d'obtenir que la communication du fil au mercure se produise toujours au même point du contact glissant.

On évite une partie de ces inconvénients en plaçant les deux fils dans un tube de verre vertical que l'on remplit plus ou moins de mercure à l'aide d'un réservoir latéral.

([1]) Jacobi, *Pogg. Ann.*, LIV, p. 340, 1841 ; LIX, p. 145, 1843.
([2]) Pouillet, *Éléments de phys. expérim.*, 3e édition, t. I, p. 585, 1837.
([3]) Poggendorf, *Pogg. Ann.*, LII, p. 511, 1841.

Des bornes convenables permettent d'introduire dans le circuit les deux fils séparément, en série ou en arcs parallèles [1], de manière à obtenir des sensibilités très inégales. On peut ainsi connaître la température des fils en les noyant dans un liquide très mauvais conducteur comme le pétrole.

931. Comparaison des résistances par le rapport des courants ou des forces électromotrices. — La méthode la plus simple, au moins en théorie, pour comparer deux résistances est de comparer les courants que donne une même force électromotrice E dans des circuits dont elles font partie successivement.

Soit r_0 la résistance de la pile et du galvanomètre, y compris les fils de jonction, r et r' deux résistances à comparer. I_0 l'intensité du courant avec la résistance r_0 seule, I et I' les intensités obtenues quand on intercale successivement dans le circuit les résistances r et r'. On a

$$I_0 r_0 = I(r_0+r) = I'(r_0+r') = E, \tag{7}$$

d'où

$$\frac{r}{r'} = \frac{I_0 - I}{I_0 - I'}\frac{I'}{I}; \tag{8}$$

le rapport des résistances ne dépend que du rapport des intensités, et il suffit d'employer un galvanomètre gradué.

Les variations correspondantes dr et dI de la résistance r et du courant I donnent, d'après l'équation (8) :

$$-\frac{dr}{r} = \frac{I_0}{I(I_0-I)}\,dI.$$

Pour une même sensibilité absolue dI du galvanomètre, l'erreur relative sur la valeur de r est minimum quand le produit $I(I_0-I)$ est maximum, c'est-à-dire quand $I_0=2I$ ou $r=r_0$, ce qui donne

$$-\frac{dr}{r} = 2\frac{dI}{I};$$

l'erreur relative sur la résistance r est double de la sensibilité relative du galvanomètre.

[1] Crova, *Journal de phys.*, t. III, p. 124, 1874.

Si les résistances r et r' sont réunies d'abord bout à bout, puis en arcs parallèles, les intensités correspondantes I_1 et I_2 du courant donnent encore les relations

$$(7)' \qquad I_0 r_0 = I_1(r_0 + r + r') = I_2\left(r_0 + \frac{1}{\frac{1}{r} + \frac{1}{r'}}\right) = E.$$

Comparant avec les équations (7), on en déduit

$$(8)' \qquad \frac{r}{r'} = \frac{I_0 - I I_1}{I - I_1 I_0} = \frac{I_2 - I}{I_0 - I_2}\frac{I_0}{I},$$

de sorte que l'expérience fournit plusieurs vérifications.

932. — Lorsque les résistances r et r' sont très grandes par rapport à celle du circuit, et très différentes entre elles, on peut faciliter la comparaison par l'emploi des shunts.

Appelant ρ la résistance de la pile jusqu'aux bornes du galvanomètre, g celle du galvanomètre, m et m' les shunts placés sur le galvanomètre avec les résistances r et r', i et i' les intensités correspondantes, on a (**867**)

$$(9) \qquad E = mi\left(\rho + \frac{g}{m} + r\right) = m i r\left(1 + \frac{\rho + \frac{g}{m}}{r}\right),$$

ou sensiblement

$$E = m i r = m' i' r';$$

par suite,

$$(10) \qquad \frac{r}{r'} = \frac{m' i'}{m i}.$$

Si l'une des résistances r est tellement grande, par rapport à l'autre, que l'emploi des shunts ne suffise pas pour avoir des déviations mesurables et dans les limites de l'échelle, on modifiera la force électromotrice en prenant un nombre variable de couples identiques. Les nombres de couples dans les deux cas étant n et n', on a

$$\frac{n}{n'} = \frac{m i r}{m' i' r'}, \quad \text{ou} \quad \frac{r}{r'} = \frac{n}{n'}\frac{m' i'}{m i}.$$

On supprime habituellement le shunt pour l'observation relative à la grande résistance, et on ne prend qu'un couple pour la petite, ce qui donne $n' = 1$, $m = 1$; dans ce cas, le rapport des résistances est donné par l'expression simple

$$(11) \qquad \frac{r}{r'} = nm' \frac{i'}{i}.$$

C'est ainsi, en particulier, qu'on mesure souvent la résistance de l'enveloppe isolante d'un câble télégraphique ; le câble étant plongé dans une cuve pleine d'eau, l'un des bouts reste isolé et l'autre est relié à la cuve par l'intermédiaire de la pile et du galvanomètre.

933. — Quand les résistances sont assez grandes pour que la chute du potentiel d'un bout à l'autre soit directement mesurable, on peut les faire traverser par un même courant et mettre alternativement leurs extrémités en communication avec les quadrants d'un électromètre ou avec un galvanomètre à très grande résistance ; le rapport des forces électromotrices observées est alors égal à celui des résistances.

L'électromètre permet même l'emploi des courants alternatifs, si les résistances n'ont pas un coefficient de self-induction appréciable et si le circuit est assez isolé pour que le régime ne soit pas altéré quand on met un des points en communication avec le sol. Dans le cas contraire, il faudrait isoler la cage de l'électromètre.

934. Résistance d'un galvanomètre ou d'une pile. — Cette méthode permet de déterminer la résistance de la pile et celle du galvanomètre lui-même, sans avoir recours à un autre galvanomètre. L'équation (8) donne, en effet,

$$(12) \qquad r_0 = \frac{I}{I_0 - I} r.$$

Si l'on connaît r, le second membre représente sensiblement la résistance de la pile ou celle du galvanomètre, lorsque l'une d'elles est très petite par rapport à l'autre.

On peut déterminer séparément la résistance de la pile et celle du galvanomètre, en faisant usage de shunts. On mesure d'abord le courant i avec un shunt s, de pouvoir m, sur le galvanomètre; puis, supprimant le shunt, on ajoute une résistance r et on observe le courant total I.

On a alors

$$E = mi\left(\rho + \frac{g}{m}\right) = I(\rho + g + r). \tag{13}$$

Cette seconde équation entre ρ et g, combinée avec la précédente (12), qui donne $r_0 = \rho + g$, permettra de calculer les deux valeurs cherchées.

Si la résistance r a été choisie de façon que les deux intensités i et I soient égales, il reste simplement

$$\rho = \frac{r}{m-1} = \frac{rs}{g},$$

ou

$$\rho g = rs. \tag{13'}$$

Un galvanomètre à grande résistance peut donner directement la résistance de la pile [1]. On observe d'abord le courant total I, puis le courant i obtenu en intercalant entre les pôles un shunt s de même ordre de résistance que celle de la pile. On a alors

$$E = I(\rho + g) = i\left(\rho\frac{g+s}{s} + g\right).$$

Si les rapports $\frac{\rho}{g}$ et $\frac{s}{g}$ sont très petits, on peut écrire

$$Ig = ig\left(\frac{\rho}{s} + 1\right);$$

par suite,

$$\rho = s\,\frac{I - i}{i}. \tag{14}$$

935. Emploi de deux galvanomètres. — Dans les méthodes précédentes il est nécessaire que la force électromotrice reste constante, ce qui n'a pas toujours lieu, surtout avec des piles

[1] Sir W. Thomson, *Journ. of Tel. Eng.*, t. I, p. 399, 1873.

polarisables, lorsqu'elles sont traversées par des courants d'intensités très différentes.

On peut éliminer cette cause d'erreur par l'emploi de deux galvanomètres. Le circuit de la pile renferme un rhéostat R (fig. 183) et un galvanomètre G_1; en deux points A et B du

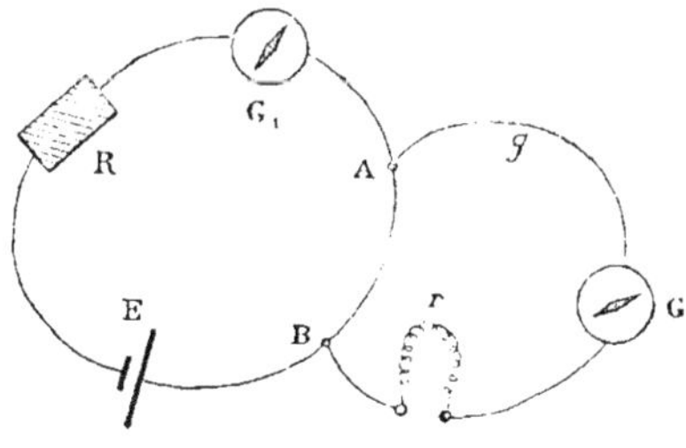

Fig. 183

circuit, séparé par une résistance a, on fait aboutir les extrémités d'un fil qui renferme un second galvanomètre G, puis on intercale successivement dans cette branche AGB, de résistance g, les deux résistances r et r' à comparer.

A l'aide du rhéostat, on peut maintenir constante la déviation de l'un ou l'autre des deux galvanomètres dans les trois expériences. Supposons d'abord que l'intensité I_0 reste constante sur le circuit principal et désignons par i_0, i, i' les trois intensités observées dans le galvanomètre G; on a

$$I_0 = \left(\frac{g}{a} + 1\right) i_0 = \left(\frac{g+r}{a} + 1\right) i = \left(\frac{g+r'}{a} + 1\right) i',$$

d'où

$$(15) \qquad \frac{r}{r'} = \frac{i_0 - i}{i_0 - i'}\,\frac{i'}{i}.$$

Les conditions sont les mêmes que dans le premier cas (**931**).

Si l'intensité i_0 est maintenue constante dans la branche dérivée, les intensités I_0, I, I' du courant principal donnent les relations

$$i_0 = I_0 \frac{a}{g+a} = I \frac{a}{g+r+a} = I' \frac{a}{g+r'+a},$$

d'où on déduit

$$(15)' \qquad \frac{r}{r'} = \frac{I - I_0}{I' - I_0}.$$

Cette dernière méthode, indiquée par M. Bosscha [1], ne peut fournir des résultats exacts que si les différences des intensités $I - I_0$ et $I' - I_0$ sont assez grandes, c'est-à-dire si les résistances r et r' sont du même ordre que celle du galvanomètre.

Lorsque la résistance du galvanomètre qui sert aux lectures est très grande, il suffit de le placer lui-même en dérivation sur une partie constante du circuit dérivé, et les formules ne changent pas.

936. Courants instantanés. — On peut utiliser également une force électromotrice instantanée comme celles qui sont produites par induction, pourvu que la durée du courant soit très faible par rapport à celle des oscillations de l'aiguille du galvanomètre ; dans les méthodes fondées sur la comparaison de deux courants, il suffira donc de remplacer les déviations de l'aiguille par les arcs d'impulsion. W. Weber [2], par exemple, déplaçait un aimant entre des limites fixes, dans l'intérieur d'une bobine. Les résistances à comparer r et r' seront introduites dans le circuit comme précédemment (**931**), mais on peut encore disposer l'expérience autrement. On ferme d'abord le circuit par un galvanomètre de résistance g, et on ajoute successivement en dérivation sur le galvanomètre les résistances r et r', puis les mêmes résistances en arcs parallèles, et enfin les deux résistances en série ; on a alors, en appelant α_0, α, α', α_1 et α_2 les impulsions qui correspondent aux différentes expériences, et ρ la résistance du circuit principal jusqu'au galvanomètre,

$$\alpha_0(\rho + g) = \alpha\left[\left(\frac{g}{r} + 1\right)\rho + g\right] = \alpha'\left[\left(\frac{g}{r'} + 1\right)\rho + g\right]$$

$$= \alpha_1\left\{\left[g\left(\frac{1}{r} + \frac{1}{r'}\right) + 1\right]\rho + g\right\} = \alpha_2\left[\left(\frac{g}{r + r'} + 1\right)\rho + g\right].$$

(1) Bosscha, *Pogg. Ann.*, t. CX, p. 452, 1860.

(2) W. Weber, *Electrodyn. maasb. Wiederstand mess.*, p. 209, 1863.

On en déduit, pour le rapport des résistances, les différentes valeurs

$$(16)\qquad \frac{r}{r'}=\frac{\frac{x_0}{x'}-1}{\frac{x_0}{x}-1}=\frac{1-\frac{x_1}{x}}{1-\frac{x_1}{x'}}=\frac{\frac{1}{x_1}+\frac{1}{x_2}-\frac{1}{x}-\frac{1}{x'}}{\frac{1}{x}-\frac{1}{x_2}}.$$

937. Galvanomètre différentiel. — Un galvanomètre différentiel peut être employé de plusieurs manières à la mesure des résistances. La pile, de force électromotrice E et de résistance ρ, est fermée par deux branches A et B; l'une d'elles renferme la résistance r et une des bobines g du galvanomètre, l'autre la bobine g' et une résistance étalonnée r'. Le courant principal I et les courants i et i' dans les deux branches donnent les relations

$$\frac{i}{\frac{1}{g+r}}=\frac{i'}{\frac{1}{g'+r'}}=\frac{I}{\frac{1}{g+r}+\frac{1}{g'+r'}}=E-I\rho.$$

Désignant par k et k' des facteurs respectivement proportionnels aux constantes galvanométriques des deux cadres, la déviation δ de l'aiguille peut être exprimée par la formule

$$\delta=ki-k'i',$$

ou, en posant

$$D=(g+r)(g'+r')+\rho(g+g'+r+r'),$$

$$\delta=\frac{I}{g+g'+r+r'}[k(g'+r')-k'(g+r)]=\frac{E}{D}[k(g'+r')-k'(g+r)].$$

Si on ajuste la résistance r' de façon que l'aiguille reste au zéro, il en résulte

$$\frac{k}{k'}=\frac{g+r}{g'+r'}.$$

Lorsque le galvanomètre différentiel est réglé, on a $k=k'$ et $g=g'$; par suite

$$r=r'.$$

Il est facile d'éliminer les défauts de réglage, par substitution, comme dans une double pesée ; on emploie pour r' une résistance variable non étalonnée, puis on remplace r par une résistance étalonnée r_1 qui rétablisse l'équilibre, et on a

$$r=r_1.$$

Si, au lieu de ramener l'aiguille au zéro dans chaque expérience, on l'observait à un même repère correspondant à une déviation δ, la méthode de substitution ne serait rigoureuse que si le courant principal I, et par suite la force électromotrice, restait invariable.

938. — On détermine par expérience la sensibilité absolue de la méthode en cherchant la déviation que produit une variation connue de l'une des résistances.

Supposons que, le galvanomètre différentiel étant réglé, les deux résistances r et r' diffèrent de dr.

La déviation δ est donnée par l'équation

$$\delta=k(i-i')=\frac{k\mathrm{E}}{\mathrm{D}}dr,$$

et la sensibilité absolue est mesurée par le rapport

$$\frac{\delta}{dr}=\frac{k\mathrm{E}}{\mathrm{D}};$$

pour une force électromotrice donnée, elle est proportionnelle au facteur $\frac{k}{\mathrm{D}}$.

Les résistances r et r' étant très voisines, on a sensiblement

$$\mathrm{D}=(g+r)^2+2\rho\,(g+r)=(g+r)^2\left(1+\frac{2\rho}{g+r}\right),$$

de sorte que, si la résistance de la pile est très faible par rapport à celle du galvanomètre, la sensibilité est sensiblement proportionnelle à $\frac{k}{(g+r)^2}$.

On peut chercher dans ces conditions quelle doit être la résistance du galvanomètre, avec une gorge donnée, pour que la sensibilité soit maximum. Si on substituait au fil employé un autre fil de diamètre m fois plus petit, on devrait remplacer la constante k par $m^2 k$ (**731**) et g par $m^4 g$, ce qui revient à remplacer

$$\frac{k}{(g+r)^2} \text{ par } k\left(\frac{m}{m^4 g+r}\right)^2.$$

Or, cette dernière expression est maximum pour

$$m^4 g = \frac{r}{3},$$

c'est-à-dire quand la résistance de chacune des bobines est *le tiers de la résistance à mesurer* (¹).

Quand cette condition est réalisée, on a

$$D = \left(\frac{4}{3} r\right)^2, \qquad \delta = \left(\frac{3}{4}\right)^2 kE \frac{dr}{r^2}.$$

La déviation Δ que donnerait la branche seule qui renferme la résistance r, l'autre étant coupée, est

$$\Delta = k\frac{E}{\rho+g+r} = \frac{3}{4}\frac{kE}{r};$$

par suite,

$$\frac{dr}{r} = \frac{4}{3}\frac{\delta}{\Delta}.$$

939. — Quand les résistances à comparer sont très faibles, on les met respectivement en dérivation sur les bobines du galvanomètre différentiel (²); il est avantageux alors de faire passer le courant de la pile successivement et en sens contraires dans les deux bobines, et on a

$$I = \frac{g+r}{r} i = \frac{g'+r'}{r'} i' = \frac{E}{\rho + \dfrac{gr}{g+r} + \dfrac{g'r'}{g'+r'}}.$$

(¹) Weber, *Zur Galvanometrie*. — *Mém. de Göttingue*, t. X, p. 65, 1862.
(²) Heaviside, *Journ. of telegr. Eng.*, t. II, p. 115, 1873.

En posant

$$D_1 = \rho(g+r)(g'+r') + gr(g'+r') + g'r'(g+r),$$

il vient

$$\delta = ki - k'i' = \frac{E}{D_1}[kr(g'+r') - k'r'(g+r)].$$

Comme précédemment, on a $r=r'$ pour $\delta=0$, lorsque le galvanomètre est réglé, et on pourra éliminer les défauts de réglage par substitution.

Avec un galvanomètre réglé, la déviation δ_1 que produit une différence dr entre les deux résistances est

$$\delta_1 = \frac{kEg}{D_1} dr.$$

Comparant avec la valeur obtenue dans la disposition précédente, on a

$$\frac{\delta_1}{\delta} = \frac{Dg}{D_1} = \frac{(g+r+2\rho)g}{\rho(g+r)+2gr};$$

on voit que la seconde méthode est plus sensible que la première quand

$$(g+r+2\rho)g > \rho(g+r) + 2gr,$$

ou

$$r < g.$$

Si le rapport $\frac{r}{g}$ est très petit, on a sensiblement

$$D_1 = g^2(\rho + 2r),$$

et, par suite,

$$\delta_1 = \frac{kE}{g(\rho+2r)} dr.$$

La déviation Δ_1 produite par un seul cadre serait

$$\Delta_1 = \frac{kEr}{g(\rho+r)};$$

il en résulte

$$\frac{dr}{r} = \frac{\rho + 2r}{\rho + r} \frac{\delta_1}{\Delta_1}.$$

940. — Le galvanomètre différentiel permet aussi de comparer des résistances très différentes, à la condition de mettre un shunt sur la bobine qui correspond à la résistance r' la plus faible. Soit m' le pouvoir multiplicateur du shunt, i et i' les intensités; l'aiguille étant au zéro, on a

$$k i = k' i',$$

$$i(r+g) = m' i' \left(r' + \frac{g'}{m'}\right);$$

par suite,

$$k(m'r' + g') = k'(r+g),$$

et, si le galvanomètre est réglé,

$$r = m'r'.$$

Quand le shunt ne suffit pas, on met les deux bobines dans des circuits séparés, l'une avec la résistance r et n couples, l'autre avec la résistance r', un seul couple et le shunt. C'est aussi un procédé souvent employé pour la mesure de la résistance d'un isolant; on a alors

$$r = n m' r'.$$

941. — Nous citerons encore, comme se rattachant à l'emploi du galvanomètre différentiel, la méthode de sir W. Siemens[1] et celle de M. Jenkin[2].

Dans l'appareil de Siemens, les deux bobines du galvanomètre différentiel sont éloignées l'une de l'autre d'une quantité fixe; on les déplace parallèlement à elles-mêmes par rapport à l'aiguille, jusqu'à ce que celle-ci revienne au zéro. Une graduation empirique donne le rapport des intensités des deux courants.

(1) C. W. Siemens, *B. A. Report*, 1867; *Reprint*, p. 142.
(2) Jenkin, *B. A. Report*, 1867; *Reprint*, p. 144.

Ce rapport est également donné par les deux cadres rectangulaires de M. Jenkin (**851**), quand le système est tourné d'un angle tel que l'aiguille reste dans le méridien. Si φ est l'angle dont il a fallu faire tourner le système à partir du méridien, on a

$$\operatorname{tang} \varphi = \frac{ki}{k'i'} = \frac{k}{k'} \frac{g'+r'}{g+r}.$$

912. Pont de Wheatstone. — La disposition connue sous le nom de *Pont de Wheatstone* ([1]) a été imaginée d'abord par Christie ([2]), et appliquée par lui à la mesure des résistances dès 1833. C'est une combinaison de six fils qu'on peut se représenter comme les quatre côtés et les deux diagonales d'un quadrilatère. La forme primitive de l'appareil de Wheatstone, où les fils aboutissaient aux quatre sommets d'un losange, fait souvent donner à cette disposition le nom de *parallélogramme* de résistances. L'une des diagonales contient la pile, l'autre un galvanomètre; l'expérience consiste à ajuster les résistances des quatre côtés de manière qu'aucun courant ne passe dans le galvanomètre.

Soient A et B (fig. 184) les deux sommets reliés par la pile,

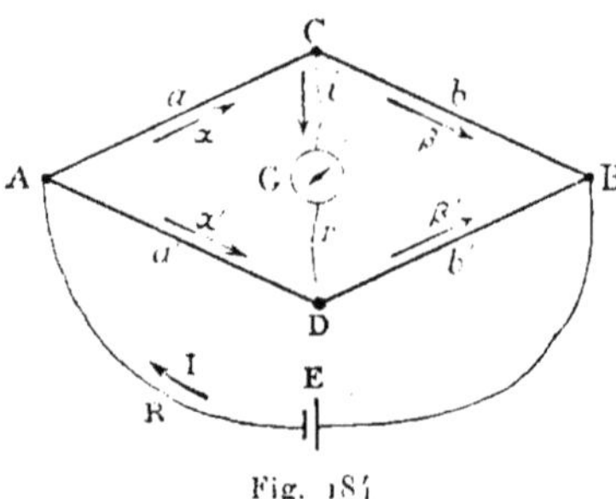

Fig. 184

C et D ceux que rattache le galvanomètre; nous appellerons

([1]) Wheatstone, *On account of several new instruments and processes for determining the constants of a voltaic circuit.* — *The Backerian lecture*, for 1843. — *Phil. Trans. L. R. S.*, V, 133, p. 303, 327. — *Wheatstone scientif. papers*, p. 127.

([2]) Christie, *Experimental determination of the law of magneto-electric induction.* — *Phil. Trans. L. R. S.*, for 1833.

a, b, a' et b' les résistances des quatre côtés AC, CB, AD et DB; α, β, α', β' les courants qui les parcourent respectivement; R la résistance de la diagonale de la pile, r celle de la diagonale du galvanomètre ou du *pont;* I et i les intensités du courant dans ces deux diagonales.

Pour qu'aucun courant ne passe dans le galvanomètre, il faut et il suffit que les deux points C et D soient au même potentiel. Désignons par V et V' les potentiels des deux sommets A et B, et supposons que le fil CD soit coupé; la chute du potentiel de A en C est

$$(V-V')\frac{a}{a+b}=(V-V')\frac{1}{1+\frac{b}{a}},$$

et la chute du potentiel de A en D est, de même,

$$(V-V')\frac{1}{1+\frac{b'}{a'}}.$$

Les potentiels sont égaux en C et D, et aucun courant ne passera dans un fil intercalé entre ces deux points, si l'on a

$$\frac{b}{a}=\frac{b'}{a'}, \qquad \text{ou} \qquad ab'=ba'. \tag{17}$$

C'est la condition d'équilibre que l'on cherche habituellement à réaliser.

943. Propriétés générales d'un réseau de conducteurs [1]. — Nous dirons qu'un réseau de conducteurs linéaires forme un système *complet*, lorsque deux points quelconques peuvent être reliés entre eux par un circuit fermé emprunté au réseau. Les résistances étant données, ainsi que les forces électromotrices qu'elles renferment, les intensités des courants dans les

[1] Voir Poggendorf, *Ann. de chim. et de phys.* (3), t. XVIII, p. 180, 1846. — Bosscha, *Pogg. Annal.*, t. CIV, p. 460, 1858. — Lucien de la Rive, *Archiv. de Genève*, t. XVII, p. 105, 1863. — J. Raynaud, *Journal de physique*, t. II, p. 161, 1873.

différentes branches peuvent être déterminées par les équations de Kirchhoff.

La forme des équations, au point de vue algébrique, permet d'établir plusieurs propriétés importantes; mais nous chercherons plutôt à déduire ces propriétés de considérations empruntées à la nature des phénomènes.

Supposons que le réseau renferme n conducteurs, et soit m le nombre des sommets, c'est-à-dire des points où aboutissent au moins trois conducteurs.

La condition

$$\Sigma i = 0, \tag{18}$$

appliquée aux sommets, donnera lieu à $m - 1$ équations distinctes. En effet, considérons les deux extrémités A et A' d'un conducteur, et appliquons cette loi (18) successivement à tous les sommets que l'on rencontre en allant du point A au point A' par un chemin extérieur au conducteur AA'; nous obtiendrons ainsi une série d'équations différentes, puisque chacune d'elles renferme au moins un nouveau courant; mais ces équations impliquent la condition que la somme des courants qui traversent un plan quelconque P, coupant le faisceau entier des conducteurs, y compris le premier, soit toujours égale à 0; il en est ainsi, en particulier, pour la somme des courants qui aboutissent en A', de sorte que l'équation relative à ce point est déjà implicitement contenue dans les précédentes.

Désignons par p le nombre minimum de conducteurs qu'il faut enlever pour supprimer tout circuit fermé. Ces p conducteurs forment ce que nous appellerons un système de fils *nécessaires*, et peuvent être choisis en général de plusieurs manières différentes.

La condition relative aux circuits fermés,

$$\Sigma(ir - e) = 0, \tag{19}$$

donne lieu à p équations distinctes. En effet, nous allons montrer d'abord que l'addition d'un fil dans un réseau quelconque n'introduit qu'une équation nouvelle de la seconde espèce.

Soient A et A' deux points réunis déjà par plusieurs chemins, V et V' leurs potentiels. La différence de potentiel $V-V'$ est égale à l'une quelconque des expressions $\Sigma(i_1r_1-e_1)$, $\Sigma(i_2r_2-e_2)\ldots$, relatives aux différents chemins $C_1, C_2,\ldots$ qu'on peut suivre pour aller de A en A'. Si on joint ces deux points par un conducteur nouveau r, renfermant une force électromotrice e et parcouru par le courant i, on aura aussi

$$V-V'=ir-e=\Sigma(i_1r_1-e_1)=\Sigma(i_2r_2-e_2)=\ldots;$$

l'addition du conducteur r introduit donc dans le système une équation nouvelle, et une seule.

Quand on supprime un système de p fils nécessaires, le réseau est entièrement ouvert et ne peut donner lieu à aucune équation de la dernière forme. L'addition successive des p fils nécessaires, qui rétablit le réseau primitif, introduit donc p équations distinctes, ce qui démontre la proposition.

Comme le réseau renferme n conducteurs différents et que le phénomène physique est défini, la somme totale des équations doit être égale à la somme n des intensités à déterminer; il en résulte la condition

$$p+m-1=n,$$

ou

$$p=n-m+1.$$

Le nombre minimum p des conducteurs nécessaires est donc déterminé par le nombre des sommets et le nombre des côtés du réseau.

944. — Les intensités étant multipliées par leurs résistances respectives dans les p équations (19) relatives aux circuits fermés, et par ± 1 dans les $m-1$ équations (18) relatives aux sommets, le dénominateur commun Δ, déterminé par la règle ordinaire, comprend des combinaisons p à p des différentes résistances.

On obtiendra d'ailleurs le numérateur de la fraction qui exprime la valeur d'une intensité i_k, en remplaçant au dénominateur Δ le coefficient $\pm r_k$ de i_k dans chacune des équations par le terme connu correspondant. Le numérateur renferme donc les forces électromotrices multipliées respectivement par des sommes de combinaisons $p-1$ à $p-1$ des résistances.

Toute combinaison $r_1 r_2 \ldots r_p$ de p fils nécessaires entre dans le dénominateur. En effet, quand on fait toutes ces résistances infinies, ce qui équivaut à supprimer les fils correspondants, il n'y a plus de circuit fermé et les équations doivent être satisfaites par des valeurs nulles des intensités. Or, si on divise par le produit $r_1 r_2 \ldots r_p$ les deux termes de la fraction qui donne une intensité i, le numérateur est nul puisqu'il ne renferme que des combinaisons de résistances $p-1$ à $p-1$; le dénominateur, ne pouvant être nul, doit renfermer la combinaison $r_1 r_2 \ldots r_p$.

Inversement, si une combinaison $r_1 r_2 \ldots r_p$ ne correspond pas à un système de fils nécessaires, et qu'on répète le même raisonnement, la fraction doit se présenter sous la forme $\frac{0}{0}$ pour quelques-uns des courants, puisqu'il reste des circuits fermés; par suite, le dénominateur ne renferme pas la combinaison considérée.

Ainsi le dénominateur commun des équations, résolues par rapport aux intensités, renferme toutes les combinaisons de fils nécessaires et ne renferme qu'elles.

Enfin, toutes ces combinaisons ont le même signe. En effet, si on supprime $p-1$ fils nécessaires, le réseau ne renferme plus qu'un circuit fermé. La fraction qui donne l'intensité du courant dans ce circuit se présente alors sous la forme $\frac{0}{0}$, mais, après suppression d'un facteur commun, elle doit donner

$$i = \frac{\Sigma e}{\Sigma r}.$$

Toutes les résistances qui forment le circuit résidu entrent donc au dénominateur dans des termes de même signe; par suite, tous les termes sont de même signe.

On peut remarquer que tous les conducteurs qui aboutissent à un même sommet ne font pas en même temps partie d'un système de fils nécessaires, car si on les supprime tous, sauf un, il est évident que ce dernier fil reste ouvert.

945. — Enfin, il existe une corrélation remarquable entre les éléments de deux fils du réseau. Soient r_1 et r_2 deux fils quelconques, e_1 et e_2 les forces électromotrices qu'ils renferment; les intensités i_1 et i_2 correspondantes seront déterminées par des équations de la forme

$$i_1 = \frac{A_1^1 e_1 + A_2^1 e_2 + \dots}{\Delta} = \frac{N_1}{\Delta},$$
$$i_2 = \frac{A_2^2 e_2 + A_1^2 e_1 + \dots}{\Delta} = \frac{N_2}{\Delta}.$$

Le numérateur N_1 s'obtient en remplaçant, dans chacune des combinaisons que renferme Δ, le facteur $\pm r_1$ par le second membre de l'équation correspondante. Ce numérateur renferme donc les combinaisons $p-1$ à $p-1$ des résistances qui laissent un circuit fermé simple dont r_1 fait partie.

D'autre part, les termes de N_1 qui renferment e_2 proviennent eux-mêmes d'équations dans lesquelles entrait r_2, et, par suite, de circuits simples dont r_2 fait partie.

Le coefficient A_2^1 de e_2 dans la valeur de i_1 renferme donc uniquement les combinaisons $p-1$ à $p-1$ de conducteurs qui laissent des circuits simples dont r_1 et r_2 font partie en même temps. Le coefficient A_1^2 dans l'expression de i_2 renferme évidemment les mêmes combinaisons.

En outre, ces combinaisons sont respectivement de même signe, car, dans un circuit restant quelconque, la portion du courant i_1 qui provient de e_2 est de même signe que la portion du courant i_2 qui provient de e_1; par suite, $A_1^2 = A_2^1$.

Ainsi, lorsqu'un réseau de conducteurs linéaires est complet, l'intensité du courant envoyé dans une branche r_1, par la force électromotrice d'une autre branche r_2, est égale à celle du courant qui serait envoyé dans le conducteur r_2 par la même force électromotrice placée en r_1.

En particulier, si les coefficients A_1^2 et A_2^1 sont nuls, le courant dans chacun des conducteurs r_1 ou r_2 est indépendant des forces électromotrices que renferme l'autre. Ces deux conducteurs, ainsi que les côtés correspondants du réseau, sont dits alors *conjugués*.

Les états électriques de deux conducteurs conjugués sont indépendants l'un de l'autre; si l'on change, par exemple, la force électromotrice ou la résistance du conducteur r_1, ou même si on le supprime du système, la distribution générale des courants dans le réseau est modifiée, mais le courant dans le conducteur r_2 ne change pas, au moins tant qu'il s'agit d'un régime permanent.

Dans le cas d'un régime variable, au contraire, les variations d'intensité du courant dans les autres branches y produiraient des forces électromotrices d'induction dont la réaction se ferait sentir sur le conducteur conjugué de celui qui a été modifié.

216. — Nous indiquerons aussi une propriété remarquable démontrée par M. Thévenin [1]. Dans un système quelconque de conducteurs parcourus par des courants permanents, considérons deux points A et A′ dont les potentiels sont V et V′. Si on réunit ces deux points par un nouveau conducteur r, la différence de potentiel V—V′ tend à produire un courant dans ce conducteur, mais on rétablit l'équilibre primitif en y introduisant en même temps une force électromotrice — E de sens contraire, égale à V—V′ en valeur absolue, et le courant est nul dans le conducteur r. Désignant par ρ la résistance totale du système primitif entre les points A et A′, si on introduit maintenant dans le conducteur r une force électromotrice +E, qui annule la précédente, il se produit une nouvelle distribution des courants; mais, en vertu du principe de la superposition des états d'équilibre (**202**), l'intensité du courant qui parcourt le conducteur r est déterminée par l'équation

$$E = V - V' = i(\rho + r).$$

Les deux points A et A′ du système primitif se comportent donc, à l'égard d'un conducteur nouveau par lequel on les réunit, comme un conducteur unique de résistance ρ, égale

[1] Thévenin, *C. R. de l'Acad. des sciences*, t. XCVII, p. 159, 1883.

à celle qui existait d'abord entre eux, et renfermant une force électromotrice égale à la différence de potentiel de ces deux points dans l'état primitif.

Cette relation importante pourra être utilisée pour déterminer soit la résistance entre deux points, soit la différence de leurs potentiels.

947. Problème du pont de Wheatstone. — Dans la disposition de Wheatstone, les six conducteurs présentent entre eux les mêmes relations de position que les six arêtes d'une pyramide triangulaire (fig. 185), puisque chaque conducteur est

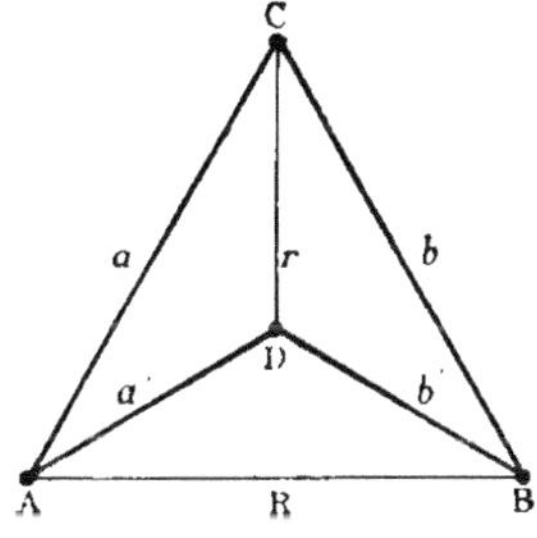

Fig. 185.

adjacent à quatre autres et opposé au sixième. On peut supposer, dans le cas général, que tous les côtés renferment des forces électromotrices; nous les désignerons par la même lettre E_a, $E_{a'}$, ..., affectée d'un indice qui indique la résistance du côté dans lequel elle est placée.

Remarquons d'abord que deux côtés opposés R et r sont conjugués si les quatre autres satisfont à l'équation (17). En outre, si deux couples de côtés opposés R et r, a et b' sont respectivement conjugués, les deux autres le sont également, car les équations de condition

$$ab' = ba',$$
$$Rr = ba',$$

donnent aussi

$$Rr = ab',$$

et tous les côtés opposés sont conjugués deux à deux.

D'après ce qui a été dit plus haut (**913**), les quatre sommets fourniront trois équations distinctes, et les circuits fermés trois autres équations, c'est-à-dire que le nombre des conducteurs nécessaires est égal à trois. On pourra prendre, par exemple, les six équations

$$(20)\qquad \begin{cases} I = \alpha + \alpha', \\ I = \beta + \beta', \\ \alpha = \beta + i; \\ a\alpha + ri - a'\alpha' = E_a + e - E_{a'}, \\ b\beta - b'\beta' - ri = E_b - E_{b'} - e, \\ RI + a\alpha + b\beta = E + E_a + E_b. \end{cases}$$

Il n'est pas utile de résoudre ces équations dans toute leur généralité.

Quand il s'agit d'un régime permanent, il suffit, pour le cas habituel de la pratique, de considérer une seule force électromotrice. D'ailleurs, en vertu du principe de la superposition des états permanents (**202**), on obtiendra l'intensité du courant dans un côté quelconque par la simple addition des courants relatifs à chacune des forces électromotrices prises séparément.

Le problème est plus complexe pour des forces électromotrices variables, mais nous supposerons alors que deux des résistances, r et R par exemple, sont conjuguées. Ce cas correspond encore à celui qu'on cherche à réaliser dans la pratique pour comparer les coefficients d'induction.

Les remarques générales (**911**) relatives aux propriétés d'un réseau complet permettent de trouver immédiatement le dénominateur commun des équations (20). Les six résistances donnent 20 combinaisons 3 à 3, mais, comme on doit en retrancher les quatre combinaisons de trois conducteurs aboutissant à un même sommet, il ne reste que 16 termes au dénominateur, et on peut l'écrire sous la forme

$$\Delta = Rr(a + a' + b + b') + R(a + a')(b + b') + r(a + b)(a' + b') + aa'bb'\left(\frac{1}{a} + \frac{1}{a'} + \frac{1}{b} + \frac{1}{b'}\right).$$

Les numérateurs s'en déduisent directement par la règle connue. En posant

$$D=(a+a')(b+b')+r(a+a'+b+b'),$$

on a

$$(21)\qquad \begin{aligned} I&=E\frac{D}{\Delta},\\ i&=E\frac{a'b-ab'}{\Delta},\\ \alpha&=E\frac{a'(b+b')+r(a'+b')}{\Delta},\\ \alpha'&=E\frac{a(b+b')+r(a+b)}{\Delta},\\ \beta&=E\frac{b'(a+a')+r(a'+b')}{\Delta},\\ \beta'&=E\frac{b(a+a')+r(a+b)}{\Delta}. \end{aligned}$$

Si on appelle ρ la résistance de l'ensemble des conducteurs a, b, a', b' et r, compris entre les points A et B, l'intensité I du courant total peut s'écrire

$$I=\frac{E}{R+\rho};$$

il en résulte

$$R+\rho=\frac{\Delta}{D}=R+\frac{r(a+b)(a'+b')+ab(a'+b')+a'b'(a+b)}{D},$$

ou

$$\rho=\frac{r(a+b)(a'+b')+ab(a'+b')+a'b'(a+b)}{r(a+a'+b+b')+(a+a')(b+b')}.$$

Représentons, pour abréger, par le symbole (a, b) la résistance $\dfrac{1}{\frac{1}{a}+\frac{1}{b}}=\dfrac{ab}{a+b}$ de deux branches a et b disposées en arcs parallèles; cette valeur de ρ peut s'écrire alors

$$\rho=\frac{r+(a,b)+(a',b')}{\dfrac{r}{(a+b),(a'+b')}+\dfrac{(a,b)(a',b')}{(a,a')(b,b')}}.$$

Quand la diagonale r est ouverte, ou $r = \infty$, cette expression devient

$$\rho = (a+b), (a'+b') = \frac{1}{\frac{1}{a+b} + \frac{1}{a'+b'}},$$

ce qui était évident.

La résistance ρ a encore la même valeur lorsque le pont est équilibré, les diagonales r et R étant conjuguées, car alors le courant i est nul et la résistance r n'intervient pas dans les équations.

918. — En indiquant par l'indice zéro les valeurs qui correspondent à l'équilibre du pont, et posant, pour abréger,

$$M = b(a+a') + r(a+b),$$
$$N = R(a+a') + a'(a+b),$$

on a

$$D_0 = \frac{a+a'}{a} M,$$
$$\Delta_0 = \frac{D_0}{a+a'}, \ N = \frac{MN}{a};$$

il en résulte

$$(22) \quad \begin{cases} i_0 = 0, \\ I_0 = E \dfrac{a+a'}{N}, \\ \alpha_0 = \beta_0 = E \dfrac{a'}{N}, \\ \alpha'_0 = \beta_0 = E \dfrac{a}{N}. \end{cases}$$

919. — Supposons maintenant qu'il existe des forces électromotrices dans toutes les branches, mais que les diagonales R et r soient conjuguées; on peut poser

$$P = (a+a')E + a'(E_a + E_b) + a(E_{a'} + E_{b'}),$$
$$Q = ar(E_a - E_{a'} + E_b - E_{b'}).$$

Les équations (20), ou la somme des équations (21) relatives à toutes les forces électromotrices considérées séparément, donnent alors, en éliminant la résistance b' par la relation d'équilibre du pont:

$$\mathrm{I} = \frac{\mathrm{P}}{\mathrm{N}},$$

$$i = b\,\frac{(\mathrm{E}_a - \mathrm{E}_{a'} + e) - a(\mathrm{E}_b - \mathrm{E}_{b'} - e)}{\mathrm{M}},$$

(23)
$$\alpha = \frac{a'}{a+a'}\,\frac{\mathrm{P}}{\mathrm{N}} + \frac{\mathrm{Q}}{(a+a')\mathrm{M}} + \frac{b(\mathrm{E}_a - \mathrm{E}_{a'} + e)}{\mathrm{M}},$$

$$\alpha' = \frac{a}{a+a'}\,\frac{\mathrm{P}}{\mathrm{N}} - \frac{\mathrm{Q}}{(a+a')\mathrm{M}} - \frac{b(\mathrm{E}_a - \mathrm{E}_{a'} + e)}{\mathrm{M}},$$

$$\beta = \frac{a'}{a+a'}\,\frac{\mathrm{P}}{\mathrm{N}} + \frac{\mathrm{Q}}{(a+a')\mathrm{M}} - \frac{a(\mathrm{E}_b - \mathrm{E}_{b'} + e)}{\mathrm{M}},$$

$$\beta' = \frac{a}{a+a'}\,\frac{\mathrm{P}}{\mathrm{N}} - \frac{\mathrm{Q}}{(a+a')\mathrm{M}} - \frac{a(\mathrm{E}_b - \mathrm{E}_{b'} - e)}{\mathrm{M}}.$$

On voit que les intensités I et i sont respectivement indépendantes des forces électromotrices et des résistances du côté conjugué, ce qui devait être (**915**).

950. — Lorsque la force électromotrice E est seule permanente et que les coefficients d'induction mutuelle des différents fils sont négligeables, les autres forces électromotrices ne dépendent que des effets de self-induction dus aux variations des courants. Désignant par L_a, $\mathrm{L}_{a'}$, ... les coefficients respectifs de self-induction des branches dont les résistances sont a, a'...., on a (**518**)

$$\mathrm{E}_a = -\mathrm{L}_a\,\frac{d\alpha}{dt}, \qquad \mathrm{E}_{a'} = -\mathrm{L}_{a'}\,\frac{d\alpha'}{dt}, \quad \ldots\ldots$$

Ces valeurs, substituées dans les équations précédentes (23), donneront les intensités à chaque instant.

Pour la branche r en particulier, qui renferme le galvanomètre, on a

(24)
$$i = \frac{a\left(\mathrm{L}_b\,\frac{d\beta}{dt} - \mathrm{L}_{b'}\,\frac{d\beta'}{dt} - \mathrm{L}_r\,\frac{di}{dt}\right) - b\left(\mathrm{L}_a\,\frac{d\alpha}{dt} - \mathrm{L}_{a'}\,\frac{d\alpha'}{dt} + \mathrm{L}_r\,\frac{di}{dt}\right)}{\mathrm{M}}.$$

Si la variation totale s'effectue pendant un temps très court relativement à la durée d'oscillation de l'aiguille, celle-ci reçoit une impulsion proportionnelle à l'intégrale $\int idt$ étendue à toute la durée de la variation.

Chacun des termes de cette intégrale qui ne dépend pas de i, tel que $L_a \int \frac{d\alpha}{dt}\, dt$, est égal à $L_a(\alpha_2 - \alpha_1)$, α_1 et α_2 étant les intensités initiale et finale. Ce terme est nul lorsque l'intensité est la même aux deux limites.

Il en serait ainsi, en particulier, pour les termes relatifs à toutes les branches du réseau si, au lieu d'une force électromotrice constante E, on introduisait dans la branche R une force électromotrice instantanée, comme celle que l'on obtient, soit en fermant et ouvrant aussitôt après le circuit d'une pile, soit par le déplacement d'un aimant voisin ou la rotation d'un circuit. La condition d'équilibre du pont étant réalisée, l'aiguille reste immobile dans tous les cas, puisque l'intensité i est nulle aux deux limites.

951. — Quand on introduit dans la branche R une force électromotrice constante E, les diagonales étant toujours conjuguées, tous les courants sont d'abord nuls au moment de la fermeture du circuit et prennent finalement, d'après les équations (22), les valeurs

$$\alpha_2 = \beta_2 = \alpha_0 = \mathrm{E}\frac{a'}{\mathrm{N}},$$

$$\alpha'_2 = \beta'_2 = \alpha'_0 = \mathrm{E}\frac{a}{\mathrm{N}}.$$

L'impulsion de l'aiguille est proportionnelle à

$$\int idt = \mathrm{E}\frac{aa'}{\mathrm{MN}}\left[a\left(\frac{\mathrm{L}_b}{a} - \frac{\mathrm{L}_{b'}}{a'}\right) - b\left(\frac{\mathrm{L}_a}{a} - \frac{\mathrm{L}_{a'}}{a'}\right)\right].$$

En tenant compte de la relation $ab' = ba'$, cette expression peut s'écrire

$$\int idt = \mathrm{E}\frac{aba'}{\mathrm{MN}}\left[\left(\frac{\mathrm{L}_b}{b} - \frac{\mathrm{L}_{b'}}{b'}\right) - \left(\frac{\mathrm{L}_a}{a} - \frac{\mathrm{L}_{a'}}{a'}\right)\right].$$

La rupture du circuit produit le même effet, mais en sens contraire. Dans les deux cas, l'aiguille restera donc immobile si l'on a

$$(25)\qquad \frac{L_b}{b}-\frac{L_{b'}}{b'}=\frac{L_a}{a}-\frac{L_{a'}}{a'}.$$

Toutefois les courants induits ne sont généralement pas d'assez courte durée pour que l'aiguille n'ait pas le temps de se déplacer un peu dans le sens du premier effet. Si on veut équilibrer le pont de telle manière que le courant dans le galvanomètre soit nul à chaque instant, il faut que le numérateur de l'équation (24) soit toujours nul, c'est-à-dire qu'on ait identiquement

$$(26)\qquad a\left(L_b\frac{d\beta}{dt}-L_{b'}\frac{d\beta'}{dt}\right)-b\left(L_a\frac{d\alpha}{dt}-L_{a'}\frac{d\alpha'}{dt}\right)-(a+b)L_r\frac{di}{dt}=0.$$

Il en résulte d'abord $\frac{di}{dt}=0$, ce qui donne, pour une époque quelconque,

$$\alpha=\beta \quad \text{et} \quad \alpha'=\beta',$$

ou

$$\frac{d\alpha}{dt}=\frac{d\beta}{dt} \quad \text{et} \quad \frac{d\alpha'}{dt}=\frac{d\beta'}{dt}.$$

L'équation (26) devient alors

$$ab\left[\left(\frac{L_b}{b}-\frac{L_a}{a}\right)\frac{d\alpha}{dt}-\left(\frac{L_{b'}}{b}-\frac{L_{a'}}{a}\right)\frac{d\alpha'}{dt}\right]=0.$$

Comme les courants α et α' sont indépendants, il en résulte, en vertu de la relation $ab'=ba'$,

$$(27)\qquad \frac{L_a}{a}=\frac{L_b}{b}=\frac{L_{a'}}{a'}=\frac{L_{b'}}{b'}.$$

L'équilibre complet du pont, aussi bien pour les courants variables que pour les courants constants, exige donc, outre la condition ordinaire des diagonales conjuguées, que les coefficients de self-induction des quatre branches du pont soient respectivement proportionnels à leurs résistances.

952. — Lorsque les diagonales r et R ne sont pas conjuguées, les courants induits obéissent à des lois plus complexes; l'impulsion de l'aiguille, au moment où l'on ferme la branche R qui renferme la pile, peut être même de signe contraire à la déviation permanente. Pour éviter cette difficulté, qui rend les observations beaucoup plus longues, on a soin de fermer d'abord la pile, puis le galvanomètre [1]; l'aiguille reste alors au zéro, quels que soient les coefficients d'induction, si l'équilibre du pont pour le régime permanent est établi, et elle se déplace toujours dans le sens de la déviation définitive.

On arrive généralement à ce résultat en manœuvrant deux clefs indépendantes placées l'une sur la branche de la pile et l'autre sur celle du galvanomètre. Cette double opération peut aussi s'exécuter d'une manière automatique, au moyen d'une clef spéciale à deux contacts successifs (fig. 186) formée

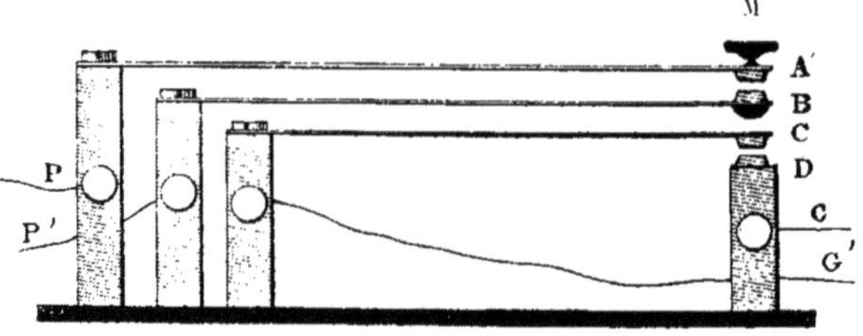

Fig. 186

par trois lames élastiques superposées et parallèles. Quand on appuie sur le bouton M, le contact qui s'établit entre A et B ferme le circuit de la pile; un instant après, le contact qui s'établit entre C et D ferme le circuit du galvanomètre.

953. Conditions de sensibilité. — La valeur de i donnée par l'équation (18)

$$i = E\frac{a'b - ab'}{\Delta}$$

[1] Sir W. Thomson, *Phil. mag.* [4], t. XXIV, p. 149, 1862.

montre que la sensibilité de la méthode, toutes choses égales d'ailleurs, est en raison inverse de Δ (**917**).

On peut se demander d'abord s'il est indifférent, au point de vue de la sensibilité, que la pile et le galvanomètre occupent l'une ou l'autre des diagonales.

Si on permute les deux diagonales, la pile et le galvanomètre emportant chacun sa résistance propre, le dénominateur Δ prend une nouvelle valeur Δ', telle que

$$\begin{aligned}(28)\qquad \Delta' - \Delta &= (R - r)\left[(a+b)(a'+b') - (a+a')(b+b')\right] \\ &= (R - r)(a - b')(a' - b).\end{aligned}$$

Supposons que le produit $(a - b')(a' - b)$ soit positif, c'est-à-dire que l'on ait à la fois

$$a > b' \quad \text{et} \quad a' > b,$$

ou

$$a < b' \quad \text{et} \quad a' < b.$$

La relation $ab' = a'b$ pouvant être considérée comme à peu près satisfaite, ces deux conditions reviennent à supposer que les quatre résistances a, a', b, b', sont rangées par ordre de grandeurs croissantes ou décroissantes, c'est-à-dire que les deux sommets A et B (fig. 184) sont les points de jonction, l'un des deux plus grandes résistances, et l'autre des deux plus petites.

Dans ce cas, si $R > r$, $\Delta' > \Delta$ et la première disposition vaut mieux que la seconde ; l'inverse aurait lieu pour $R < r$. De là cette règle :

Le maximum de sensibilité a lieu lorsque, dans le quadrilatère de Wheatstone, la diagonale qui joint les sommets où aboutissent séparément les deux plus grandes et les deux plus petites résistances, est formée par celle des branches, de la pile ou du galvanomètre, qui a elle-même la plus grande résistance.

Dans la pratique, le galvanomètre est généralement plus résistant que la pile.

934. — Soit b la résistance à mesurer, b' la résistance étalonnée qu'on lui compare et qu'on ajustera de manière à établir l'équilibre, a et a' étant des résistances arbitraires. Si on prend $a = a'$, on a aussi $b' = b$; mais il suffit d'établir tel rapport qu'on voudra entre les branches a et a', pour que la condition d'équilibre corresponde au même rapport entre les branches b et b'.

En poursuivant l'analogie des résistances et des poids, on peut désigner sous le nom de *balance* la disposition de Wheatstone et appeler les résistances a et a' les deux bras du *fléau*; il faut remarquer cependant qu'à l'inverse de ce qui a lieu pour les poids, les résistances à comparer b et b' sont ici proportionnelles à leurs bras de levier respectifs lorsque l'équilibre est atteint.

955. — Quand on est près de l'équilibre ([1]), le courant i, qui correspond à une erreur ε commise sur la valeur de b', a pour expression

$$i = \mathrm{E}\frac{a}{\Delta}\varepsilon.$$

On peut remplacer Δ par la valeur Δ_0 qui correspond à l'équilibre du pont (**918**), ce qui donne

$$i = \mathrm{E}\frac{a}{\Delta_0}\varepsilon = \mathrm{E}\frac{\varepsilon}{\mathrm{K}}.$$

En éliminant la résistance a' de l'expression de Δ_0 par la condition d'équilibre, on a

$$\mathrm{K} = \frac{\Delta_0}{a} = \left[\mathrm{R}\left(1+\frac{b'}{b}\right)+b'\left(1+\frac{a}{b}\right)\right]\left[r\left(1+\frac{b}{a}\right)+b\left(1+\frac{b'}{b}\right)\right];$$

si l'on pose

$$\begin{aligned} \mathrm{S} &= \mathrm{R}b + bb' + \mathrm{R}b', \\ \mathrm{T} &= r + b + b', \end{aligned}$$

la valeur de K peut s'écrire

$$\mathrm{K} = \frac{\mathrm{ST}}{b} + br' + \mathrm{T}\frac{b'}{b}a + \frac{\mathrm{S}r}{a}. \tag{29}$$

[1] Voir Schwendler, *Ph. M.* [4], XXXI, 1866 et XXXIII, 1867. — Heaviside, *Ph. M.* [4], XLV, p. 114, 1873. — Gray, *Ph. M.* [5], XII, p. 283, 1881.

Le minimum de l'erreur absolue ε est la valeur qui correspond au plus faible courant i que le galvanomètre permet d'apprécier. L'erreur absolue est donc

$$\varepsilon = \frac{i}{E} K,$$

et l'erreur relative

$$\frac{\varepsilon}{b'} = \frac{i}{E} \frac{K}{b'} = \frac{i}{E} H,$$

en représentant par H la fonction $\frac{K}{b'}$.

956. — Il est intéressant de chercher les conditions d'ajustement qui correspondent au maximum de sensibilité.

Des six quantités a, a', b, b', r, R, la résistance b à mesurer est la seule qui soit donnée à priori ; R et r sont entièrement arbitraires; les trois autres résistances a, a' et b', sont reliées à b par la condition d'équilibre.

Supposons qu'avec b, on donne b', r et R ; la résistance a est la seule indéterminée, le rapport de a' à a étant connu. La valeur de a qui correspond au minimum des valeurs de K ou de H est déterminée par la condition

$$\frac{dK}{da} = 0;$$

l'équation (29) et la condition d'équilibre du pont donnent immédiatement

$$(30) \qquad \begin{aligned} a^2 &= \frac{b}{b'} \frac{rS}{T}, \\ a'^2 &= \frac{b'}{b} \frac{rS}{T}. \end{aligned}$$

Les valeurs minima de K et de H sont alors

$$(31) \qquad \begin{aligned} K_1 &= \frac{ST}{b} + b'r + 2\sqrt{b'r \frac{ST}{b}}, \\ H_1 &= \frac{1}{b}\left[\frac{ST}{b'} + br + 2\sqrt{br \frac{ST}{b'}}\right]. \end{aligned}$$

957. — Quand on se donne seulement b, R et r, ce qui est le cas ordinaire de la pratique, il reste à choisir a et le rapport des deux bras du fléau. Quel que soit b', il est clair que les meilleures valeurs de a et de a' devront d'abord satisfaire aux conditions précédentes qui donnent les minima K_1 et H_1. Il suffit donc de considérer b' comme la seule quantité indépendante, et de chercher la valeur qui rend minimum les quantités K_1 et H_1.

L'expression de K_1 montre que l'erreur absolue est d'autant plus petite que b' est plus petit, mais cette circonstance ne présente qu'un intérêt secondaire dans la pratique.

En posant

$$\frac{ST}{b'} = y,$$

on peut écrire

$$H_1 = \frac{1}{b}\left(y + br + 2\sqrt{bry}\right),$$

et, si on représente par y' la dérivée de y par rapport à b', la condition du minimum est

$$y'\left(1 + \sqrt{\frac{br}{y}}\right) = 0.$$

Le facteur entre parenthèses ne pouvant être nul, il en résulte $y' = 0$, ou

$$b'^2 = \frac{Rb}{R+b}(r+b). \tag{32}$$

Les formules (30) donnent alors

$$\begin{aligned} a'^2 &= Rr, \\ a^2 &= rb\frac{R+b}{r+b}, \\ \frac{a^2}{a'^2} &= \frac{b}{R}\,\frac{R+b}{r+b} = \frac{1+\dfrac{b}{R}}{1+\dfrac{r}{b}}. \end{aligned} \tag{33}$$

958. — On voit que, si R et r sont très grands par rapport à b, on a

$$b'^2 = br,$$
$$a'^2 = Rr,$$
$$a^2 = bR,$$

et le rapport $\frac{a}{a'}$ des bras du pont est très petit.

Ce rapport est encore très petit si la résistance r seulement est très grande, ce qui donne sensiblement

$$b'^2 = Rb\frac{r}{R+b},$$
$$a'^2 = Rr,$$
$$a^2 = b(R+b).$$

La dernière équation, pouvant s'écrire

$$\frac{a^2}{b^2} = \frac{R+b}{b},$$

montre que l'on a $a > b$.

Si on voulait réaliser la condition de sensibilité maximum avec des bras a et a' égaux, les équations (33) donneraient

$$b^2 = Rr = a^2$$

et, par suite,

$$a = a' = b = b' = \sqrt{Rr}.$$

Dans ce cas, les quatre côtés du pont devraient avoir des résistances égales.

959. — Le même genre de discussion ne s'applique plus aux résistances du galvanomètre et de la pile, parce qu'il faut faire intervenir la constante galvanométrique et la force électromotrice. Si on se donne le galvanomètre et la pile, il est clair que toute résistance auxiliaire placée sur l'une ou l'autre des diagonales diminue la sensibilité.

Supposons que la pile soit donnée, ainsi que les résistances des quatre côtés et la gorge de la bobine galvanométrique; les conditions de sensibilité maximum sont réalisées (**731**) quand la résistance de la bobine est égale à la résistance ρ du réseau total entre les deux extrémités C et D (fig. 184) de la diagonale sur laquelle se trouve le galvanomètre. En effet (**946**), si on appelle V et V′ les potentiels de ces deux points, quand la diagonale r est ouverte, le courant i est le même que si les points C et D étaient les extrémités d'un conducteur unique de résistance ρ renfermant une force électromotrice égale à V — V′.

D'autre part, étant donnés un certain nombre de couples identiques entre eux, on obtient le courant maximum quand on les dispose de manière que la résistance de la pile soit égale à la résistance du reste du circuit [1].

Dans le cas actuel, lorsque la balance est établie, les deux diagonales étant conjuguées, la résistance extérieure à considérer pour la pile (**917**) est celle des deux branches ACB et ADB disposées parallèlement entre elles et, pour le galvanomètre, celle des deux branches CAD et CBD.

Les conditions de sensibilité maximum relatives à la pile et au galvanomètre sont donc

$$\frac{1}{R} = \frac{1}{a+b} + \frac{1}{a'+b'},$$

$$\frac{1}{r} = \frac{1}{a+a'} + \frac{1}{b+b'},$$

[1] Soit n le nombre des couples, e la force électromotrice et r la résistance de chacun d'eux ; si on les dispose par séries de p couples et qu'on réunisse en dérivation les $\frac{n}{p}$ séries ainsi obtenues, l'intensité I du courant dans une résistance extérieure ρ qui joint les deux pôles est

$$I = \frac{pe}{\frac{p}{n}pr + \rho} = \frac{e}{\frac{r}{n}p + \frac{\rho}{p}}.$$

La valeur de p qui rend cette expression maximum est donnée par la condition

$$\frac{r}{n}p = \frac{\rho}{p}, \quad \text{ou} \quad \frac{p^2}{n}r = \rho,$$

c'est-à-dire que la résistance $\frac{p^2}{n}r$ de la pile est alors égale à la résistance extérieure.

ou, en tenant compte de la condition d'équilibre,

$$(34)\qquad R = b'\frac{a+b}{b+b'},\qquad r = a\frac{b+b'}{a+b};$$

il en résulte

$$(35)\qquad Rr = ab' = ba'.$$

Toutes les branches sont alors conjuguées deux à deux.

Si l'on veut satisfaire en même temps à toutes les conditions de maximum, aussi bien pour la pile et le galvanomètre que pour les branches du pont, les équations (32), (33 et (35) donnent

$$Rr = ab' = ba' = a'^2, \quad \text{ou} \quad b = a' = \sqrt{Rr},$$

$$b'^2 = b\,\frac{Rr + Rb}{R+b} = b^2;$$

il en résulte

$$a = a' = b = b' = \sqrt{Rr},$$

c'est-à-dire que les quatre branches du pont sont égales.

Les équations (34) donnent aussi

$$R = r = a = a' = b = b';$$

les six résistances du réseau sont alors égales entre elles.

960. Emploi de l'électromètre ou de l'électrodynamomètre.— On pourrait substituer l'électromètre au galvanomètre dans l'emploi du pont de Wheatstone : l'aiguille de l'électromètre doit rester au zéro quand la balance est établie. On doit recourir surtout à cette disposition quand les résistances sont considérables, parce que l'intensité du courant dans un galvanomètre serait alors très faible.

L'emploi de l'électrodynamomètre dans les conditions ordinaires serait évidemment désavantageux, les indications de l'instrument, étant proportionnelles au carré de l'intensité, ne pourraient être utilisées pour des courants très faibles. En outre, comme la déviation se fait toujours dans le même sens, on n'aurait pas de guide pour le réglage des résistances.

On évite ces inconvénients ([1]) en mettant la bobine fixe sur le circuit de la pile et la bobine mobile seule dans le pont; la déviation est alors, comme pour le galvanomètre, proportionnelle au courant i et change de signe avec lui.

Pour trouver les meilleures conditions de sensibilité, il faut examiner l'expression

$$GS'Ii,$$

dans laquelle S' désigne la surface de la bobine mobile; comme on a (**917**)

$$I = E\frac{D}{\Delta} \quad \text{et} \quad i = I\frac{a'b - ab'}{D},$$

il en résulte

$$Ii = I^2\frac{a'b - ab'}{D} = E^2\frac{D}{\Delta^2}(a'b - ab').$$

Si on suppose l'équilibre à peu près établi, on peut remplacer les expressions D et Δ par leurs valeurs approchées (**918**), ce qui donne

$$Ii = E^2\frac{a(a+a')(a'b - ab')}{[b(a+a')+r(a+b)][R(a+a')+a'(a+b)]^2}.$$

Il y aurait à chercher comment il faut disposer du fil de l'électrodynamomètre pour rendre maximum l'expression GS'Ii, mais cette discussion ne présenterait aucun intérêt, la sensibilité de l'électrodynamomètre étant beaucoup moindre que celle du galvanomètre.

961. Résistance d'un galvanomètre. — La condition d'équilibre du pont permet de déterminer directement la résistance d'un galvanomètre, quand on ne dispose pas d'un second galvanomètre qui permette d'employer le premier comme une simple résistance ([2]). On met le galvanomètre dans une branche latérale b du parallélogramme, tandis que le pont, qui

([1]) J. Kohlrausch, *Pogg. Ann.*, t. CXLII, p. 427, 1871.

([2]) Sir W. Thomson, *Proc. of the R. S. L.* t. XIX, p. 253, Janv. 1871.

renferme habituellement le galvanomètre, est formé par un fil muni d'un interrupteur K (fig. 187). L'aiguille du galvanomètre est déviée par le passage du courant β; on ajuste la résistance b' de manière que la déviation reste la même quand on ferme ou qu'on ouvre le pont. Si les résistances des quatre branches satisfont à la relation d'équilibre ordinaire, les deux

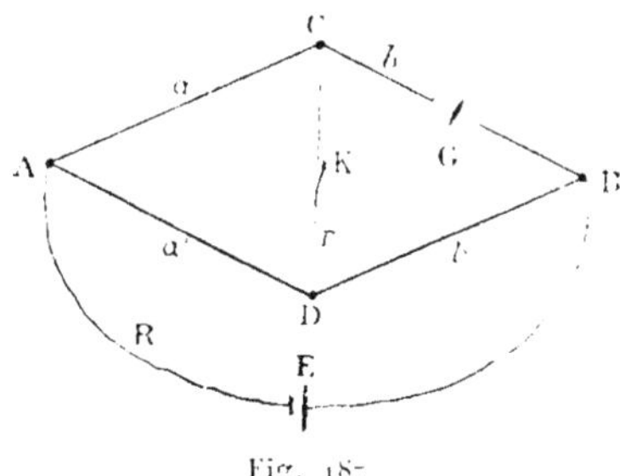

Fig. 187.

extrémités du pont sont au même potentiel, le courant est nul dans le fil qui les réunit et la suppression ou l'introduction de ce fil ne modifie en rien les courants qui parcourent les branches latérales.

On voit, en effet, dans les équations (22) que les courants dans les branches latérales sont indépendants de la résistance r du pont.

Pour apprécier la sensibilité de cette méthode, on peut supposer que le pont est formé par un fil très court, et qu'en abaissant ou relevant la clef de l'interrupteur, on fait passer la résistance r de zéro à l'infini. La balance étant à peu près établie, on peut remplacer le dénominateur Δ par la valeur approchée

$$\Delta_0 = \frac{\mathrm{MN}}{a} = \frac{\mathrm{N}}{a}\left[b(a+a')+r(a+b)\right].$$

Les équations (21) donnent alors, pour $r = 0$,

$$\beta_1 = \mathrm{E}\frac{a}{\mathrm{N}}\frac{b'}{b},$$

et, pour $r=\infty$,

$$\beta_2 = \mathrm{E}\frac{a}{\mathrm{N}}\frac{a'+b'}{a+b};$$

on en déduit

$$\beta_1 - \beta_2 = \mathrm{E}\frac{a}{\mathrm{N}}\frac{b'a-ba'}{b(a+b)} = \mathrm{E}\frac{a}{\mathrm{N}}\frac{a\varepsilon}{b(a+b)},$$

ε étant l'erreur de réglage sur la branche b'.

Si l'on suppose $b=b'$ et $a=a'=mb$, il vient

$$\beta_1 - \beta_2 = \frac{\varepsilon}{b'}\frac{\mathrm{E}}{\left(1+\frac{1}{m}\right)[2\mathrm{R}+b(1+m)]}.$$

Le dénominateur est minimum pour $m^2=\frac{2\mathrm{R}+b}{b}$ et devient alors égal à $2\left[\mathrm{R}+b+\sqrt{b(2\mathrm{R}+b)}\right]$.

La résistance b étant donnée, la différence des déviations est d'autant plus grande, pour une erreur relative donnée sur b', que la résistance R de la pile est plus faible.

962. Résistance d'une pile. Méthode de Mance. — Supposons que la résistance à mesurer soit en même temps le siège d'une force électromotrice, qu'il s'agisse d'un couple électrique par

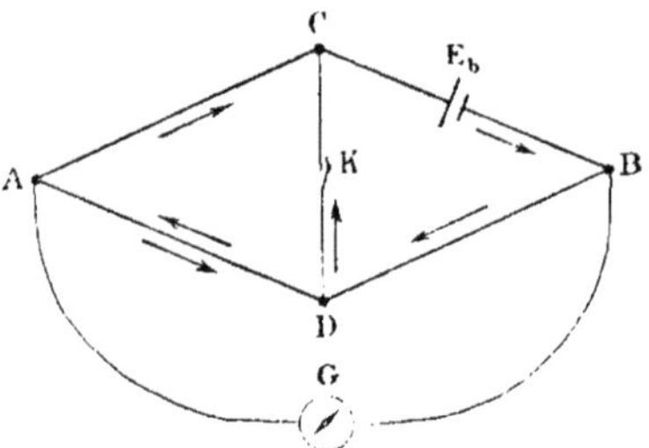

Fig. 188

exemple, on peut encore [1] placer cette résistance dans une branche latérale b (fig. 188), le galvanomètre sur la diagonale R à la place de la pile, et enfin substituer un interrupteur K au galvanomètre dans le pont r.

[1] Mance, *Proceed. of the* R. S. L., t. XIX, p. 248, Janv. 1871.

On ajuste la résistance b' de manière que la déviation reste constante dans le galvanomètre quand on fait jouer l'interrupteur; la relation $a'b = ab'$ est alors satisfaite. En effet, c'est seulement dans ce cas que, les deux branches r et R étant conjuguées, les changements de résistance de la première ne peuvent avoir aucune influence sur le courant qui traverse la seconde.

Si on veut discuter plus complètement l'expérience, il suffit de ne conserver dans les formules générales (23) que la force électromotrice E_b; on a alors

$$P = a'E_b, \qquad Q = arE_b,$$

et il vient

$$(36)\qquad \begin{aligned} i &= -E_b \frac{a}{M}, \\ I &= E_b \frac{a'}{N}, \\ \alpha &= \frac{E_b}{a+a'}\left[\frac{a'^2}{N} + \frac{ar}{M}\right], \\ \alpha' &= E_b \frac{a(a'b - Rr)}{MN}, \\ \beta &= \frac{E_b}{a+a'}\left[\frac{a'^2}{N} + \frac{a(r+a+a')}{M}\right], \\ \beta' &= E_b \frac{a\{(a+a'+r)R + aa'\}}{MN}. \end{aligned}$$

D'après les conventions de signes faites plus haut (**937**), les courants ont dans les différentes branches les directions indiquées par les flèches de la figure 188; il n'y a d'ambiguïté que pour le courant de la branche AD, dont le sens correspond à la flèche supérieure ou à la flèche inférieure, suivant qu'on a $a'b \gtrless Rr$, et il peut arriver que cette branche ne soit traversée par aucun courant.

On voit que le courant α' change de sens suivant qu'on fait $r = 0$ ou $r = \infty$, c'est-à-dire quand on ferme ou qu'on ouvre la clef d'interruption. Le courant étant modifié dans toutes les branches, sauf celle du galvanomètre, par les interruptions du pont, l'aiguille ne peut rester immobile que si les effets d'induction sont négligeables ou équilibrés; on devra donc, en général, attendre qu'elle revienne au repos après chaque opération.

Les variations du courant qui traverse la pile peuvent avoir pour effet de modifier la force électromotrice E_b, que nous avons supposée constante. D'autre part, il n'y a pas lieu de chercher à atténuer ces variations, puisque c'est d'elles que dépend la sensibilité de la méthode.

On déterminera par expérience quelle est la variation de résistance nécessaire pour obtenir un changement appréciable dans l'intensité du courant observé.

Un autre défaut de la méthode, quand il s'agit de la résistance d'une pile, est de ne pas permettre l'emploi de galvanomètres délicats, à moins de les introduire en dérivation sur la diagonale R.

903. — M. Lodge [1] supprime une partie des inconvénients de la méthode de Mance en coupant le circuit du gal-

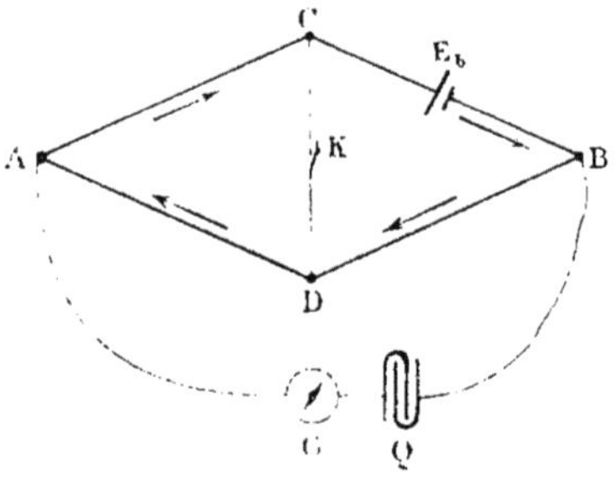

Fig. 189.

vanomètre pour y intercaler un condensateur Q (fig. 189). Cette disposition revient à faire $R = \infty$ et, par suite, $I = 0$.

Dès que la condition d'équilibre du pont est satisfaite, les deux diagonales sont conjuguées; les variations de résistance dans l'une d'elles CD sont sans effet sur la différence du potentiel aux extrémités A et B de la seconde et, par suite, sur

[1] Lodge, *Phil. Mag.* (5), t. III, p. 515, 1877.

la charge du condensateur. L'aiguille du galvanomètre reste donc au zéro quand on fait fonctionner l'interrupteur; mais il est nécessaire, cette fois, que les effets d'induction soient absolument éliminés, puisqu'on n'observe pas une déviation permanente.

Les équations générales (20) donnent alors

$$i = -E_b \frac{a+a'}{D},$$

$$\alpha = E_b \frac{r}{D} = -\alpha',$$

$$\beta = E_b \frac{a+a'+r}{D} = -\beta'.$$

La différence de potentiel entre les sommets A et B, c'est-à-dire entre les armatures du condensateur, a pour valeur

$$\delta V = a'\alpha' + b'\beta' = -E_b \frac{r(a'+b') + b'(a+a')}{(a+a')(b+b') + r(a+a'+b+b')};$$

elle devient, pour $r = 0$,

$$\delta V_1 = -E_b \frac{b'}{b+b'},$$

et, pour $r = \infty$,

$$\delta V_2 = -E_b \frac{a'+b'}{a+a'+b+b'}.$$

La variation de potentiel est donc

$$\frac{\delta V_2 - \delta V_1}{E_{b_0}} = \frac{ab' - ba'}{(b+b')(a+a'+b+b')} = \frac{a\varepsilon}{(b+b')(a+a'+b+b')}.$$

Si on suppose encore $b = b'$ et $a = a' = mb$, il vient

$$\frac{\delta V_2 - \delta V_1}{E_b} = \frac{m}{4(1+m)} \frac{\varepsilon}{b} = \frac{1}{4\left(1+\frac{1}{m}\right)} \frac{\varepsilon}{b}.$$

Dans le cas actuel la sensibilité est d'autant plus grande que le rapport m est plus grand, et la variation relative de potentiel à observer tend à devenir le quart de l'erreur relative de résistance.

964. Pont à bobines. — Les deux formes de la balance électrique de Wheatstone les plus employées aujourd'hui sont le *pont à bobines* et le *pont à corde.*

Les boîtes de résistance sont ordinairement disposées de manière à fournir en même temps les éléments d'un pont de Wheatstone. L'ensemble de la figure 181 représente la disposition de MM. Elliot. MN est la boîte de résistances à cadrans décrite plus haut ; une série de bobines CAD forment les deux bras a et a' du fléau. La résistance à mesurer b est reliée aux bornes D et B par les fils R et R′ et la série des cadrans constitue la résistance b' de comparaison ; les bornes A, B, C et D représentent donc les quatre sommets du parallélogramme. La pile est intercalée entre les deux sommets A et B par les fils P et P′, et le galvanomètre entre les sommets C et D par les fils G et G′. Les circuits du galvanomètre et de la pile sont ouverts ou fermés à volonté, soit par deux clefs distinctes, soit par une clef à double contact. Enfin une cheville spéciale K permet au besoin d'interrompre le circuit des cadrans et d'introduire une résistance pratiquement infinie.

Le galvanomètre est habituellement à grande résistance avec aiguille astatique ; il est muni d'un shunt et la sensibilité peut être modifiée par un aimant auxiliaire.

Le fléau CAD est une forte barre de cuivre de deux centimètres de côté environ, divisée en plusieurs fragments qu'on peut réunir par des chevilles et entre lesquels sont placées des bobines symétriquement égales deux à deux. Pour assurer l'égalité de température de deux bobines de même ordre, les fils correspondants sont enroulés simultanément sur un même noyau. Les résistances de ces bobines sont respectivement égales à 10, 100, 1000 et 10000 ohms. En enlevant une cheville de part et d'autre, on introduit dans les deux bras des résistances égales, si les chevilles sont symétriques, ou, dans le cas contraire, des résistances dont le rapport a l'une des valeurs 10, 100, 1000. Si on laissait toutes les chevilles en place, la résistance propre du fléau serait tellement faible que le galvanomètre ne donnerait plus d'indication ; si on n'enlevait qu'une cheville, la résistance d'une des branches serait sensiblement nulle vis-à-vis de l'autre.

La boîte fournit directement les résistances en nombres entiers depuis un jusqu'à 10 000 ohms; mais, par le jeu du fléau qui permet d'établir entre les deux bras a et a' l'un des rapports 1, 10, 100 et 1000, ou leurs inverses, on peut mesurer toutes les résistances depuis 0,001 jusqu'à 10 000 000.

La balance n'est jamais établie qu'à une unité près d'un nombre de quatre chiffres au plus, fourni par les quatre cadrans, mais on peut pousser l'approximation plus loin; il suffit d'observer les déplacements δ et δ' de sens contraires (déviations permanentes ou impulsions) qu'éprouve l'aiguille pour deux nombres successifs n et $n+1$ de la boîte entre lesquels est comprise la valeur x qui correspond à la résistance cherchée. Les déplacements de l'aiguille étant proportionnels à l'erreur de réglage, on prendra pour x la valeur très approchée

$$x = n + \frac{\delta}{\delta + \delta'}.$$

Dans le cas des résistances moyennes, on commence par établir la balance à une unité près, avec des bras égaux et en mettant le shunt du galvanomètre au $\frac{1}{1000}$; puis on multiplie successivement le rapport des bras du fléau par 10, 100...., en faisant passer dans le galvanomètre une fraction de plus en plus grande du courant, jusqu'à ce qu'on utilise tous les cadrans; enfin, l'équilibre étant presque atteint, on supprime le shunt, et on observe les déplacements δ et δ' de part et d'autre du zéro, pour faire la correction finale.

Il est important de ne laisser passer le courant que pendant le temps strictement nécessaire à l'observation du galvanomètre, afin d'éviter l'échauffement des fils.

Pour éliminer le défaut d'exactitude du rapport des bras, on peut opérer par substitution. Les résistances b et b_1, introduites successivement entre les bornes C et B, étant équilibrées par les valeurs n et n_1 de la boîte, leur rapport est

$$\frac{b}{b_1} = \frac{n}{n_1}.$$

965. — On doit s'assurer aussi, surtout avec les instruments très sensibles, que le circuit du galvanomètre ne renferme pas lui-même une force électromotrice parasite e, résultant par exemple d'un effet thermoélectrique, ce qui apporterait un grand trouble dans les mesures ([1]).

Lorsque les forces électromotrices E et e existent seules, les équations générales (14) donnent

$$i = \frac{e(a+a'+b+b') + \mathrm{I}(a'b-ab')}{\mathrm{D}}.$$

Si la condition d'équilibre est presque réalisée, on peut remplacer D par D_0 (**918**) et l'intensité I par sa valeur approchée $\frac{a+a'}{\mathrm{N}}$ E; on a donc

$$i = \frac{a}{\mathrm{M}}\left[e\left(1+\frac{b+b'}{a+a'}\right) + \mathrm{E}\frac{a'b-ab'}{\mathrm{N}}\right],$$

ou sensiblement

$$i = \frac{a}{\mathrm{M}}\left[e\left(1+\frac{b}{a}\right) + \mathrm{E}\frac{ab}{\mathrm{N}}\left(\frac{a'}{a}-\frac{b'}{b}\right)\right].$$

Le courant est nul dans le galvanomètre lorsque la quantité comprise entre parenthèses est nulle. On en déduit

$$\frac{b'}{b} = \frac{a'}{a} + \frac{e}{\mathrm{E}}\frac{\mathrm{N}}{a}\left(\frac{1}{b}+\frac{1}{a}\right),$$

ou

$$\frac{b'}{b} = \frac{a'}{a} + \frac{e}{\mathrm{E}}\mathrm{R}\left(\frac{1}{a}+\frac{1}{b}\right)\left(1+\frac{a'}{a}\right)\left(1+\frac{a'}{\mathrm{R}}\frac{a+b}{a+a'}\right).$$

On voit que l'influence de la force électromotrice e peut être considérable quand la résistance R de la branche qui renferme la pile est grande en comparaison de a et de b. En outre, le terme de correction change de signe avec E; si donc on renverse le courant de la pile et qu'on observe les valeurs

([1]) Glazebrook, *Ph. Mag.* [5], t. XI, p. 291, 1881.

b' et b'_1 qui établissent la balance, on aura, en désignant par δ le terme de correction,

$$\frac{b'}{b}=\frac{a'}{a}+\delta, \quad \frac{b'_1}{b}=\frac{a'}{a}-\delta,$$

ou

$$\frac{\frac{b'+b'_1}{2}}{b}=\frac{a'}{a}.$$

On prendra donc pour la résistance cherchée la moyenne des valeurs, correspondant aux deux sens de la pile, qui donnent un courant nul.

Si, en renversant le courant de la pile, la balance reste établie, on en conclut que la force électromotrice e est nulle; on s'en assurerait également en fermant sur lui-même le circuit du galvanomètre.

Lorsque, la force électromotrice e du galvanomètre n'étant pas nulle, la condition $a'b=ab'$ est satisfaite exactement, la déviation de l'aiguille est indépendante de la pile; elle ne change pas quand on renverse le courant, ou qu'on ouvre et qu'on ferme alternativement le circuit de la pile.

On peut dès lors, si l'on veut éviter toute correction, fermer d'abord le circuit du galvanomètre, observer la déviation de l'aiguille et ajuster ensuite la résistance de manière que la déviation ne change pas quand on ferme la pile. Toutefois cette méthode n'est encore rigoureuse que si les effets d'induction sont insensibles.

966. Pont à corde. — Cette modification du pont de Wheatstone est due à M. Kirchhoff [1]. Elle convient particulièrement pour la mesure des faibles résistances et pour la comparaison des étalons.

Remplaçons dans le parallélogramme ordinaire (fig. 190) un des sommets C par un fil rectiligne A'B', le long duquel puisse se déplacer un contact mobile C. Au lieu de faire varier l'une des résistances, on établira la balance par un déplacement convenable du point C sur le fil.

[1] Kirchhoff, *Pogg. Ann.*, t. C, p. 177, 1857.

Si on appelle l la longueur A'B' du fil supposé homogène et régulier, x la distance A'C, on aura pour condition d'équilibre, en exprimant les résistances a et b des côtés AA' et BB' en unités de longueur du fil,

$$\frac{a'}{b'}=\frac{a+x}{b+l-x}.$$

Le fil a ordinairement 1 mètre de longueur environ et un diamètre de 1mm,5 à 2 millimètres; il est en laiton, en

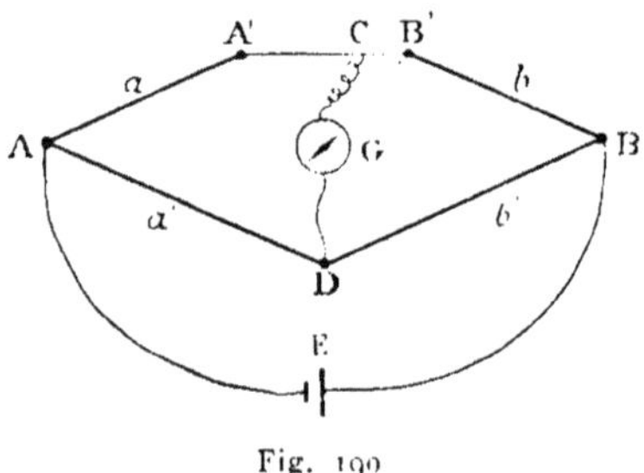

Fig. 190

maillechort ou mieux en platine iridié (85 plat. + 15 irid.). Ce dernier alliage présente l'avantage d'être inoxydable et de ne pas s'amalgamer.

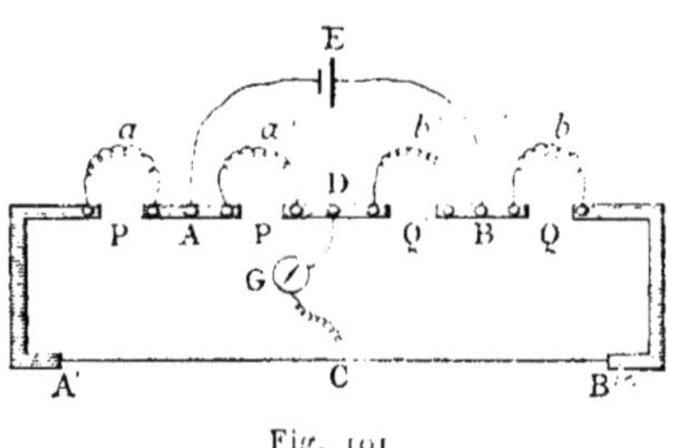

Fig. 191

Ce fil forme l'un des côtés d'un rectangle allongé (fig. 191) et les trois autres côtés sont constitués par de larges bandes de cuivre dont les résistances peuvent être considérées comme négligeables. Ces bandes présentent en P, Q, P' et Q' des interruptions qui peuvent être fermées, soit par des bandes épaisses de cuivre, soit par des résistances a, b, a', b'. Les deux points A et B sont reliés par la pile, le fil du galvanomètre est attaché en D et au contact mobile C; une règle divisée permet de déterminer la position de ce contact.

Le contact en C s'opère au moyen d'une espèce de couteau à arête mousse, ordinairement en platine, qui vient s'appliquer perpendiculairement sur le fil. Ce mode de contact serait très défectueux s'il s'agissait d'un rhéostat, mais il convient très bien dans le cas actuel, parce que sa résistance n'intervient pas et qu'il s'agit seulement de déterminer exactement la position du point touché.

Il faut avoir grand soin d'éviter toute déformation ou altération du fil; on doit dans ce but apporter une grande attentention aux dispositions mécaniques employées pour établir le contact. Pour la même raison, on se gardera de mettre la pile entre les points D et C, dût-on manquer à la règle du n° **953**, pour éviter l'altération de la surface du fil par les étincelles de rupture.

La figure 192 représente un pont de construction très soignée, exécuté par M. Carpentier pour la reproduction de l'ohm. La règle est en laiton et divisée en millimètres; elle sert à mettre le contact mobile en communication avec le galvanomètre, ce qui évite l'emploi d'un fil flottant. Le contact s'établit par un couteau en acier qui est relevé dans sa position habituelle; en appuyant sur une touche M en ébonite, on n'agit pas sur le couteau lui-même, mais on l'abandonne à l'action d'un petit ressort qui produit sur le fil une pression légère, toujours égale et indépendante de l'opérateur. Ce couteau est porté par un chariot qui glisse le long de la règle, que l'on peut fixer par une vis de pression et déplacer légèrement par une vis de rappel. Enfin un vernier tracé sur le chariot donne les fractions de division de l'échelle. Les fils P et P' vont à la pile, les fils G et G' au galvanomètre.

Les résistances a et b, qui sont représentées sur la figure par une copie A de l'ohm et une bobine B renfermée dans un cylindre de cuivre, sont introduites dans le circuit au moyen de godets en cuivre montés sur les bandes latérales et contenant du mercure ; on peut ainsi les substituer l'une à l'autre très facilement. Les résistances a' et b' sont aussi enfermées dans un même cylindre C; les prises de contact se font dans des godets à mercure dont deux sont en ébonite et un commutateur D permet de permuter leur fonction dans l'équilibre du pont sans les déplacer.

967. — Avec la disposition habituelle des ponts à corde, les

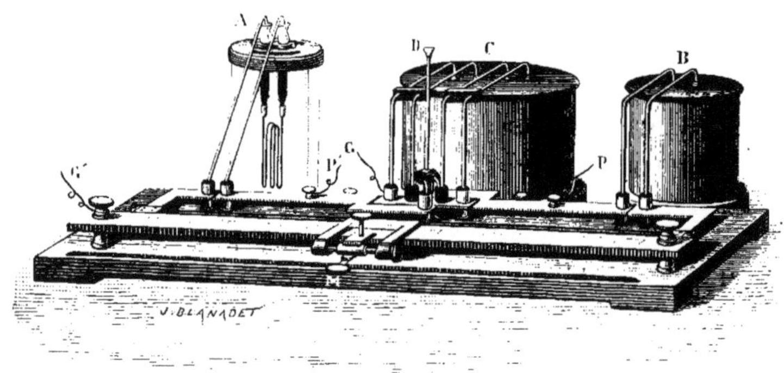

Fig. 192

barres de cuivre qui servent de jonction ont une résistance négligeable, et les rapports $\frac{a}{a'}$ et $\frac{b}{b'}$ des résistances à comparer doivent être assez voisins pour que la différence puisse être compensée par deux portions du fil. Comme ces résistances sont très faibles, de l'ordre d'un ohm, un galvanomètre à grande résistance se trouverait, pour ainsi dire, fermé en court circuit; c'est le cas d'employer un galvanomètre de faible résistance satisfaisant aux conditions du n° **959**.

Si les interruptions P et Q (fig. 191) sont formées elles-mêmes par des pièces de résistance négligeable, l'équation d'équilibre se réduit à

$$\frac{a'}{b'} = \frac{l-x}{x}.$$

Le second membre de cette équation pouvant prendre toutes les valeurs positives, on pourra comparer par ce procédé des résistances quelconques; mais il est facile de voir que la sensibilité diminue à mesure que le point d'équilibre s'approche de l'une ou l'autre des extrémités du fil. En appelant Δx le déplacement du contact qui correspond à une variation $\Delta b'$ de b', on a

$$\frac{\Delta b'}{b'} = \frac{l}{x(l-x)}\Delta x,$$

ce qui montre que la sensibilité absolue ou relative est maximum au milieu du fil et nulle aux extrémités.

Les courants thermo-électriques sont particulièrement à craindre dans le pont à corde, et on doit éviter de toucher avec les doigts aucune des pièces métalliques de l'appareil.

968. — Le pont à corde peut encore être employé de deux manières différentes, soit par substitution, soit par comparaison des rapports.

La méthode de substitution est la plus exacte et elle n'exige aucune connaissance des résistances auxiliaires. On place successivement en Q les deux résistances à comparer b et b_1 et on détermine les positions x et x_1 du curseur qui correspondent à l'équilibre; on a alors

$$\frac{a'}{b'} = \frac{a+x}{b+l-x} = \frac{a+x_1}{b_1+l-x_1} = \frac{x-x_1}{b-b_1-(x-x_1)}.$$

Cette équation donne la différence $b-b_1$ en fonction de la différence $x-x_1$ des lectures et du rapport $\frac{a'}{b'}$.

Si l'on veut éliminer ce rapport, il suffit de permuter les résistances a' et b'. Les deux nouvelles lectures y et y_1 donnent alors

$$\frac{x-x_1}{b-b_1-(x-x_1)} = \frac{b-b_1-(y-y_1)}{y-y_1},$$

ou

$$b-b_1 = (x-x_1)+(y-y_1).$$

Si on choisit la résistance a de façon que les positions x et y soient voisines des extrémités de l'échelle, on pourra mesurer une différence double de la résistance du fil.

Quand la différence $b - b_1$ est plus grande que la longueur du fil, on peut la déterminer par une série d'expériences avec des résistances intermédiaires $r_1, r_2, \ldots r_n$, telles que les différences successives de deux d'entre elles soient mesurables directement, ainsi que celles de la première avec b et de la dernière avec b_1, et on aura

$$b - b_1 = (b - r_1) + (r_1 - r_2) + \cdots + (r_n - b_1).$$

969. — Pour la comparaison des rapports, il est nécessaire de connaître les valeurs de a et de b en fonction de l'unité de longueur du fil, dont elles forment pour ainsi dire le prolongement. Comptons d'abord ces résistances respectivement depuis les points A et B jusqu'aux positions extrêmes des contacts aux bouts correspondants du fil. On introduit alors en P' et Q' des résistances a' et b' dont le rapport p est connu et on observe la position d'équilibre x du contact, puis la position x' après inversion des résistances a' et b'. On a

$$\frac{a'}{b'} = p = \frac{a + x}{b + l - x} = \frac{b + l - x'}{a + x'};$$

il en résulte

$$a = \frac{px' - x}{1 - p}, \quad b = \frac{p(l - x) - (l - x')}{1 - p}.$$

Si le rapport p est égal à l'unité, il en résulte $x = x'$ et l'expérience donne seulement la différence

$$a - b = l - 2x.$$

En fermant les intervalles P et Q par des pièces de cuivre sans résistance, on déterminera ainsi les résistances α et β des bouts AA' et BB' comptés jusqu'à la position du contact aux divisions extrêmes.

Si la résistance intercalée b est inférieure au double de celle du fil, on peut opérer par substitution, en introduisant et supprimant la résistance b.

970. — Les résistances a et b, y compris leurs compléments α et β, étant connues, les résistances à comparer a' et b' seront placées en P' et Q'; il est encore avantageux de permuter ces résistances, ce qui donne deux lectures x et x', et on a

$$\frac{a'}{b'}=\frac{a+x}{b+l-x}=\frac{b+l-x'}{a+x'}=\frac{a+b+l+(x-x')}{a+b+l-(x-x')}.$$

Si le rapport est voisin de l'unité, on n'utilise qu'une portion $(x-x')$ très petite du fil; on peut écrire alors

$$\frac{a'}{b'}=1+2\frac{x-x'}{a+b+l}, \qquad \text{ou} \qquad \frac{a'-b'}{b'}=2\frac{x-x'}{a+b+l}.$$

La différence $a'-b'$ est proportionnelle à l'écart des deux positions x et x'; en outre, pour une même valeur de cette différence, l'écart $x-x'$ est d'autant plus grand que les résistances auxiliaires a et b sont elles-mêmes plus grandes.

On met cette remarque à profit pour la reproduction des étalons de résistance. On prépare une série de résistances a et b, a_1 et b_1, a_2 et b_2, égales deux à deux, afin de maintenir les lectures dans le milieu du fil, et dont les valeurs sont de dix en dix fois plus grandes environ. La résistance b' étant l'étalon, on ajuste la copie a', avec les résistances a et b, à une division près de l'échelle. On remplace a et b par a_1 et b_1 et on ajuste de nouveau a' à une division près, et ainsi de suite tant que la sensibilité du galvanomètre le permet. L'erreur commise est indiquée par la formule qui précède; si l'ajustement a été fait à une division près avec les bobines de l'ordre a_n, l'erreur de la copie est $\pm\dfrac{1}{a_n+\dfrac{l}{2}}$.

Cette méthode de comparaison, appliquée à des résistances qui ne sont pas très petites, permet aisément d'atteindre une approximation inférieure à 0,00001, ce qui correspond pour un fil de cuivre, par exemple, à une variation de température de $\frac{1}{400}$ de degré centigrade.

971. — Quand le rapport des résistances à comparer diffère trop de l'unité, on emploie encore une série de résistances intermédiaires r_1, r_2, ..., r_n, telles que leurs rapports successifs et ceux des extrêmes avec a' et b' soient directement mesurables; on a alors

$$\frac{a'}{b'}=\frac{a'}{r_1}\cdot\frac{r_1}{r_2}\cdots\frac{r_n}{b'}.$$

Pour des résistances très inégales, il sera quelquefois avantageux de choisir les résistances auxiliaires de telle sorte que, disposées en séries, elles soient à peu près égales à a', et qu'en fils parallèles elles aient une conductibilité voisine de celle de b'. En désignant par p et q des rapports ainsi déterminés par expérience, le rapport des résistances a' et b' se déduira des équations

$$a'=(r_1+r_2+\ldots+r_n)p,$$
$$\frac{1}{r_1}+\frac{1}{r_2}+\ldots+\frac{1}{r_n}=\frac{1}{b'q}.$$

Si les différentes résistances r_1, r_2, $\cdots$ r_n avaient la même valeur r, ces équations se réduiraient à

$$a'=nrp,$$
$$nb'q=r,$$

et donneraient

$$\frac{a'}{b'}=n^2pq.$$

Si les résistances r_1, r_2, ..., r_n, sans être égales, sont seulement très voisines, on peut poser, en désignant par r leur valeur moyenne et β_1, β_2, ... β_n des quantités très petites dont la somme est nulle,

$$r_1+r_2+\ldots+r_n=r(n+\beta_1+\beta_2+\ldots+\beta_n)=rn;$$

en négligeant les quantités de l'ordre de β^2, il en résulte

$$\frac{1}{r_1}+\frac{1}{r_2}+\ldots+\frac{1}{r_n}=\frac{n}{r}\left(1-\frac{\Sigma\beta}{n}\right)=\frac{n}{r},$$

et, par suite,

$$\frac{a'}{b'}=n^2pq.$$

Lorsque le carré des corrections β est négligeable, il n'est donc pas nécessaire de les déterminer.

972. Calibrage du fil. — L'exactitude des méthodes précédentes suppose la parfaite homogénéité du fil, sinon dans toute sa longueur, au moins dans la partie utilisée pour les lectures. Cette condition est ordinairement réalisée quand le fil a été préparé avec de bons alliages et étiré avec soin, mais il est nécessaire de la contrôler par un calibrage.

Une première méthode consiste à reproduire les mêmes opérations que pour le calibrage d'un tube thermométrique et pour la construction de l'étalon (**921**). On prend une résistance auxiliaire qui soit équivalente à la n^e partie du fil et on la mesure par substitution, en choisissant les résistances latérales de manière à utiliser successivement les n parties du fil. On emploie ensuite une résistance auxiliaire double, triple, etc., de la première, de façon que les portions de fil utilisées soient toujours limitées au voisinage des points principaux du calibrage.

La disposition suivante rendra ces opérations plus faciles.

On remplace les résistances a' et b' par un second fil auxiliaire A_1B_1 (fig. 193) semblable au premier. Les intervalles P' et Q' restant ouverts, les intervalles P et Q sont fermés l'un

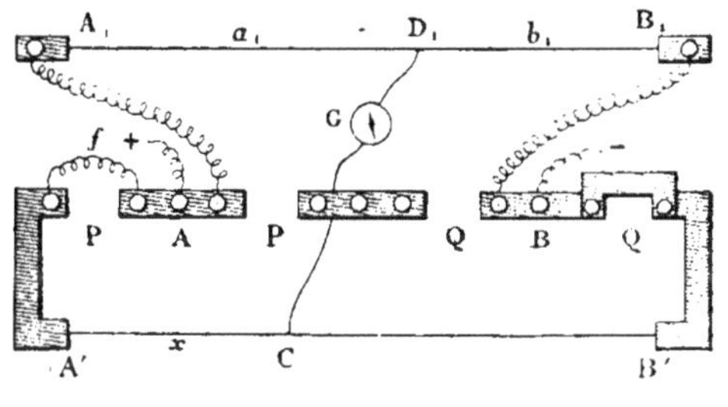

Fig. 193

par une plaque sans résistance, l'autre par une résistance auxiliaire f équivalente à la n^e partie du fil A'B'. Enfin les attaches du galvanomètre sont toutes deux variables, l'une en D_1 et l'autre en C.

Le contact D_1 étant placé en un point quelconque du fil A_1B_1, appelons a_1 et b_1 les deux résistances, inutiles à connaître d'ailleurs, AA_1D_1 et BB_1D_1, x et x' les lectures faites sur le fil A′B′ quand on intercale successivement la résistance f en P et en Q, l la longueur totale du fil, y compris les branches terminales. On a

$$\frac{a_1}{b_1}=\frac{f+x}{l-x}=\frac{x'}{f+l-x'};$$

par suite

$$f=x'-x.$$

En changeant la position du point D_1 sur le second fil, on pourra mesurer la résistance f successivement par les portions différentes du fil comprises entre les points principaux du calibrage. Une série d'opérations semblables avec des résistances auxiliaires différentes permettra de déterminer la correction ξ relative à chaque division x.

973. — L'idée de la méthode suivante est due à M. Helmholtz (¹). Considérons deux circuits S et S′ (fig. 194) contenant des forces électromotrices E et E′; deux points A et B du pre-

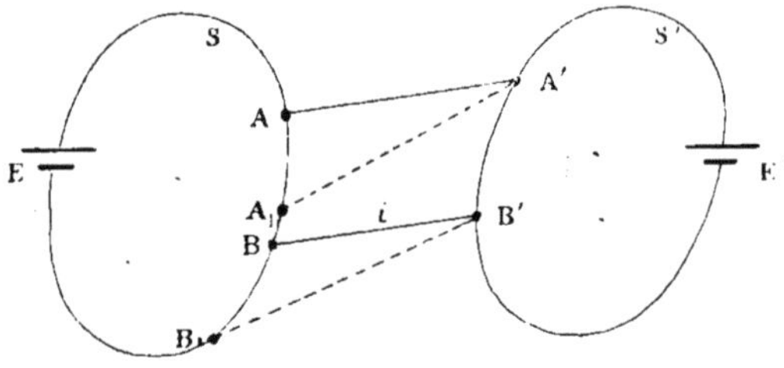

Fig. 194

mier circuit sont joints respectivement aux deux points A′ et B′ du second, et soit i l'intensité du courant dans un des fils auxiliaires, BB′ par exemple.

Si on déplace les points A et B en A_1 et B_1 de façon que la résistance A_1B_1 reste égale à AB, l'intensité i ne change pas, et la résistance de la portion AA_1 est la même que celle de BB_1. En particulier, si le point A_1 est venu au point B, les résistances AB et BB_1 sont égales; de là un procédé qui permet de diviser une résistance donnée en deux parties égales.

Soit PQ le fil à calibrer (fig. 195) et AB la portion que l'on veut

(¹) Giese, *Wied. Ann.*, t. XI, p. 440, 1880.

diviser en deux parties égales au point M, A′ et B′ deux points d'un fil quelconque P′Q′. Désignons par les n°s 1, 2, 3, 4, 5, 6,

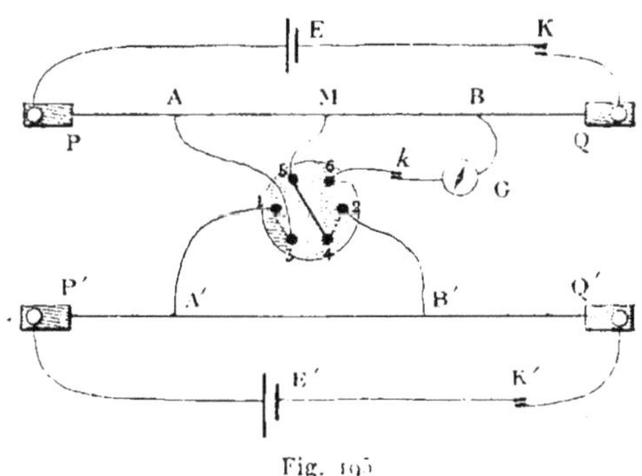

Fig. 195

les godets d'un commutateur à bascule [1], dont les communi-

[1] Cette bascule est une modification légère du *gyrotrope de Pohl* (*Katsner's Archiv*, t. XIII, p. 49, 1828) très fréquemment employé comme *inverseur de courants* (fig. 196).

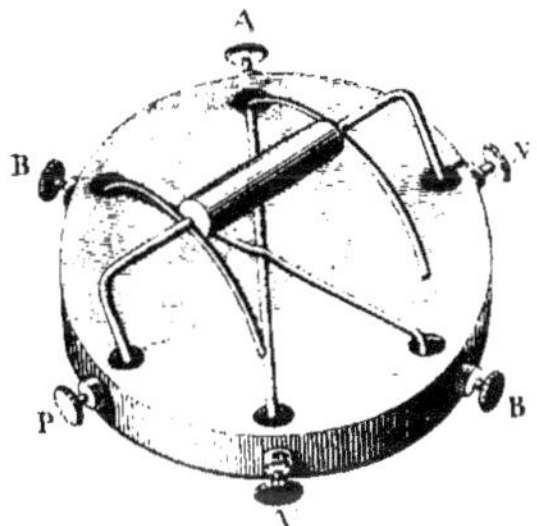

Fig. 196

Les six godets A, B, A′, B′, P et N sont remplis de mercure et communiquent avec les serre-fils correspondants. Les godets A A′, B B′ sont réunis en croix par deux gros fils de cuivre isolés ; les deux godets P et N servent d'axe à la bascule proprement dite, laquelle se compose de deux arcs conducteurs isolés l'un de l'autre et communiquant respectivement avec les godets P et N.

Les extrémités de la pile étant attachées en P et en N, le bouton B est positif pour la position de la bascule indiquée sur la figure, et négatif si on renverse la bascule de manière que les extrémités des arcs plongent dans les godets A′ et B′. Pour l'expérience qui précède, on a supprimé un des fils en croix.

cations avec les différentes parties des deux fils sont indiquées par la figure, les godets 1 et 2 servant d'axe au commutateur.

Suivant le sens où l'on incline la bascule, on fait communiquer les godets 1 et 3, 2 et 4, ou 1 et 5, 2 et 6; dans le premier cas, les communications des deux circuits sont AA′ et MB′; dans le second, MA′ et BB′, la dernière des deux combinaisons renfermant toujours le fil du galvanomètre.

La bascule étant dans la première position, on déplace le contact B′ de manière que le courant soit très faible dans le galvanomètre. On renverse la bascule et on déplace le contact M jusqu'à ce que le jeu de la bascule laisse l'aiguille du galvanomètre immobile; les résistances AM et MB sont alors égales.

Les communications sont établies par des fils fins munis de petits poids à leurs extrémités libres; ces poids servent à tendre les fils que l'on pose simplement en A et B.

Des clefs d'interruption K, K′ et *k* permettent de n'établir les courants dans les deux circuits principaux, puis dans le galvanomètre, qu'au moment des observations.

On peut d'ailleurs laisser le courant passer dans les deux circuits d'une manière continue, l'échauffement des fils n'ayant pas d'influence sur l'exactitude de la méthode. La seule condition est que les courants soient constants.

974. Vérification d'une boîte de résistances. — Dans les expériences de précision il est nécessaire de connaître le rapport exact des bobines qui composent une boîte de résistances et un instrument bien construit doit fournir le moyen de faire cette vérification; il faut donc que l'on puisse par un système convenable de contacts prendre isolément les différentes bobines. Nous avons vu que dans la boîte d'Elliot (fig. 181) les cavités des plaques qui constituent la couronne de chaque cadran permettent de prendre avec des chevilles munies de serre-fils dans la résistance de toutes les bobines intermédiaires. On peut alors étudier ces bobines isolément ou par séries à l'aide d'un pont auxiliaire.

On compare d'abord entre elles les différentes bobines d'un même cadran, une à une, deux à deux, etc., ce qui fournit un grand nombre d'équations de condition. Une unité supplémentaire, par exemple celle qui se trouve à l'intérieur de la boîte en vv', permet ensuite de constituer avec le premier cadran dix unités que l'on compare avec les dizaines. Ces deux cadrans et l'unité supplémentaire forment aussi 100 unités qui serviront à comparer les centaines et de même pour les bobines de 1000 unités.

Il faut avoir soin, quand on compare deux systèmes de bobines b et b', de déterminer la résistance des fils de communication β et β'. Comme les résistances b et b' sont presque égales et les valeurs de β et β' très faibles, on peut écrire, en désignant par p le rapport obtenu directement, lequel est très voisin de l'unité,

$$p = \frac{b+\beta}{b'+\beta'} = \frac{b}{b'}\left[1 + \frac{\beta-\beta'}{b}\right],$$

ou

$$\frac{b}{b'} = p\left[1 + \frac{\beta'-\beta}{b}\right] = p + \frac{\beta'-\beta}{b}.$$

Cette précaution est surtout importante quand il s'agit de la comparaison des unités. On construit alors une table des valeurs des bobines en fonction de l'une d'entre elles ou de la valeur moyenne.

975. Pont double de Thomson. — On doit à sir W. Thomson

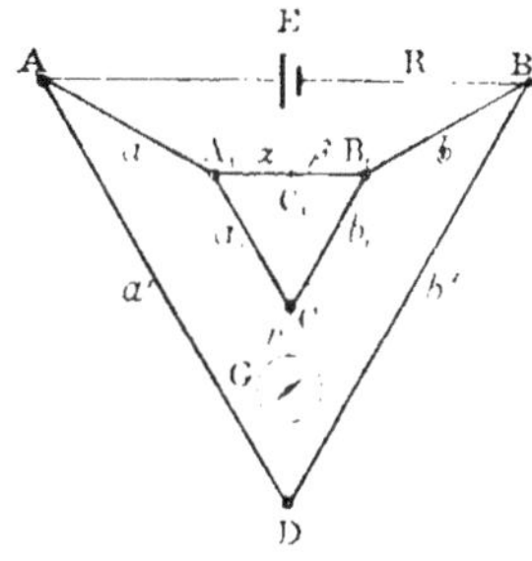

Fig. 197

une modification du pont de Wheatstone qui se rapproche du pont à corde en ce que l'équilibre s'établit au moyen de contacts glissants. Cette disposition (fig. 197) comprend neuf conducteurs qui peuvent être considérés comme formant les neuf arêtes d'une pyramide triangulaire tronquée. Le galvanomètre étant intercalé dans la branche CD, le courant est nul quand les deux points C et D sont au même potentiel; cette condition ne peut être réalisée sans qu'un certain point C_1 de la branche A_1B_1 soit au même potentiel que les deux points C et D : un conducteur qui réunirait les points C_1 et C ne serait donc traversé par aucun courant.

Lorsque l'équilibre est établi, les résistances a_1 et b_1 sont respectivement proportionnelles aux résistances α et β des portions A_1C_1 et B_1C_1 comptées des points A_1 et B_1 jusqu'à la surface du niveau qui passe par les points C_1 et C. En appelant γ la résistance totale $\alpha+\beta$ du conducteur A_1B_1, on a d'abord

$$\frac{a_1}{\alpha}=\frac{b_1}{\beta}=\frac{a_1+b_1}{\gamma}. \tag{37}$$

La même règle appliquée aux résistances comptées à partir des sommets A et B jusqu'au point D, d'une part, et jusqu'à la surface CC_1 d'autre part, donne aussi

$$\frac{a'}{b'}=\frac{a+\dfrac{1}{\dfrac{1}{a_1}+\dfrac{1}{\alpha}}}{b+\dfrac{1}{\dfrac{1}{b_1}+\dfrac{1}{\beta}}}=\frac{a+\dfrac{a_1}{1+\dfrac{a_1}{\alpha}}}{b+\dfrac{b_1}{1+\dfrac{b_1}{\beta}}},$$

ou, en remplaçant les rapports $\frac{a_1}{\alpha}$ et $\frac{b_1}{\beta}$ par leurs valeurs tirées des équations (37),

$$\frac{a'}{b'}=\frac{a+\dfrac{a_1}{1+\dfrac{a_1+b_1}{\gamma}}}{b+\dfrac{b_1}{1+\dfrac{a_1+b_1}{\gamma}}}. \tag{38}$$

Le courant serait évidemment nul dans le galvanomètre si on le réunissait aux points D et C_1. On peut donc considérer cette disposition comme un moyen indirect de déterminer le rapport des résistances α et β, c'est-à-dire le point du conducteur A_1B_1 qui correspond à la position d'équilibre, par le rapport des résistances a_1 et b_1 relatives à un conducteur auxiliaire A_1CB_1 de dimensions plus grandes.

En particulier, si la somme des deux résistances a_1 et b_1 est constante et qu'on la prenne égale à γ, l'équation se réduit simplement à

$$(39) \qquad \frac{a'}{b'} = \frac{a + \frac{a_1}{2}}{b + \frac{b_1}{2}}.$$

Considérons les neuf branches disposées comme dans la figure 198 : a' et b' sont les deux résistances à comparer; AB et PQ deux fils cylindriques et homogènes; l'extrémité C du fil du galvanomètre peut glisser le long de PQ; deux contacts A_1 et B_1 isolés l'un de l'autre, mais maintenus à une distance

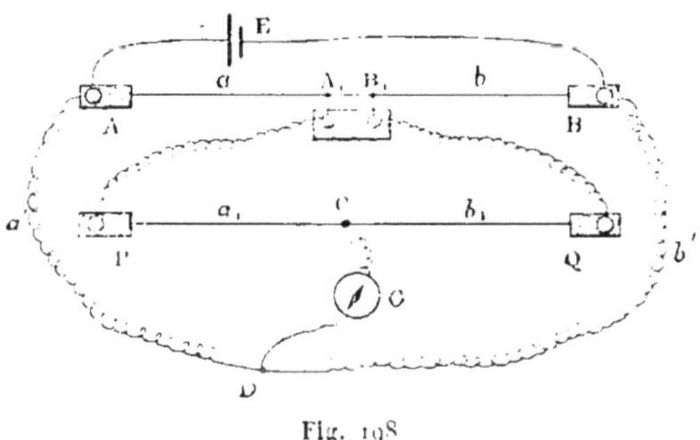

Fig. 198

constante, et communiquant respectivement avec les deux extrémités de PQ, peuvent se déplacer le long du fil AB. Le curseur A_1B_1 à contact double, est placé d'abord dans une position telle que l'aiguille du galvanomètre soit à peu près au zéro, et on achève le réglage en déplaçant le point C. La formule (38) donne le rapport des deux résistances a' et b' et elle se réduit à la formule (39) si la résistance γ de la portion du fil AB comprise entre les contacts A_1 et B_1 est égale à la résistance totale du fil PQ.

976. — Cette disposition a été réalisée par sir W. Thomson et M. Varley sous la forme représentée par la figure 199. Chacun des fils AB et PQ est remplacé par une série de bobines égales entre elles, réunies bout à bout et disposées en cercle sur deux cadrans désignés par les mêmes lettres. La première série est formée de 101 bobines de 1000 ohms; la

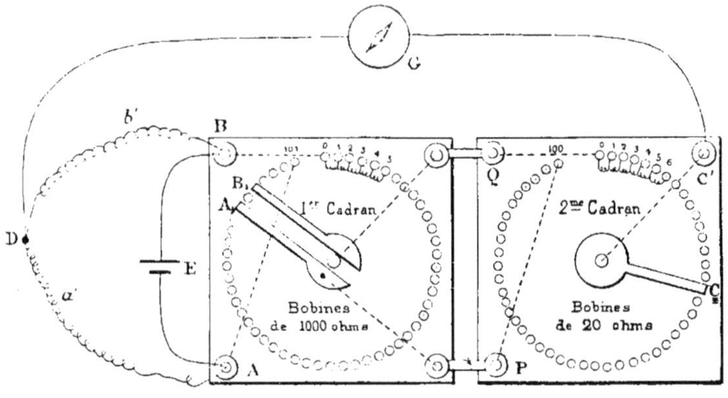

Fig. 199

seconde de 100 bobines de 20 ohms. Les curseurs appuient sur les boutons qui relient les bobines successives et se déplacent au moyen de manivelles. Les deux contacts du curseur A_1B_1 laissent entre eux deux bobines de 1000 ohms et par conséquent une résistance égale à celle des 100 bobines renfermées dans l'autre cadran.

La manivelle du second cadran étant sur le premier contact, on déplace la manivelle du premier cadran jusqu'à ce que la résistance introduite soit suffisante, à moins d'une bobine près, pour établir l'équilibre. Déplaçant ensuite la manivelle du second cadran, on cherche encore, à moins d'une bobine près de cette seconde série, le contact qui donne l'équilibre le plus approché.

Si le contact A_1 s'arrête sur la N^e bobine et le contact C sur la n^e, on a

$$a = 1000\,N, \qquad b = (101 - N - 2)\,1000,$$
$$a_1 = 20\,n, \qquad b_1 = (100 - n);$$

par suite

$$\frac{b'}{a'}=\frac{(101-N-2)1000+(100-n)10}{1000N+10n}=\frac{1000}{100N+n}-1.$$

Lorsque le rapport cherché est voisin de l'unité, N est voisin de 50 ; une erreur d'une unité sur la valeur de n n'entraîne qu'une erreur de $\frac{1}{50000}$ sur le rapport des résistances. L'approximation est moindre quand on se rapproche des extrémités du premier cadran, mais en observant les déviations du galvanomètre pour les deux contacts n et $n+1$ qui comprennent la position d'équilibre, on peut par une proportion trouver pour n une valeur fractionnaire plus exacte.

977. Mesure des résistances très faibles. — L'emploi du point sous ses diverses formes convient très bien aux résistances moyennes, mais la méthode cesse de donner de bons résultats toutes les fois qu'il s'agit de comparer des résistances très grandes ou très petites.

Les difficultés spéciales que présente la mesure des résistances très faibles sont dues principalement à l'importance relative que prennent les résistances des points de jonction. D'autre part, un conducteur à très faible résistance ne peut plus être assimilé à un fil linéaire, dont deux dimensions sont négligeables par rapport à la troisième ([1]).

Nous avons défini **(218)** ce qu'il faut entendre par *résistance* d'un conducteur à trois dimensions. Considérons dans la masse deux surfaces de niveau infiniment petites, deux petites sphères, par exemple, l'une traversée par l'électricité qui entre, l'autre par l'électricité qui sort; si ces deux sphères, servant d'électrodes, sont respectivement aux potentiels V_1 et V_2, et que I soit le courant total qui les traverse, la résistance R est donnée par la formule

$$R=\frac{I}{V_1-V_2}.$$

([1]) Kirchhoff, *Uber die Messung elekt. Leitungsfäh.* — *Monatsb. der Ak. Berlin*, 1880; *Gesamm. abh.*, p. 66.

Cette résistance peut être calculée en divisant en tubes de flux la portion du milieu comprise entre les deux surfaces des électrodes, et appliquant à ces tubes les propriétés des courants dérivés.

Pour mesurer la résistance d'un conducteur, en général, quatre électrodes sont nécessaires : deux d'entre elles, 1 et 4, mettent le conducteur sur le trajet d'un courant, deux autres, 2 et 3, réunissent deux points du conducteur avec le galvanomètre ou tout autre appareil de mesure. Désignons par les lettres V et I, affectées d'un indice égal au numéro de l'électrode, le potentiel et le courant relatifs à chacune des électrodes ; on a, pour les courants,

$$(40)\qquad \begin{aligned} I_1 &= -I_4, \\ I_3 &= -I_2 ; \end{aligned}$$

comme les potentiels sont des fonctions linéaires des courants, on peut écrire aussi

$$(41)\qquad \begin{aligned} V_1 &= C + a_{11}I_1 + a_{12}I_2 + a_{13}I_3 + a_{14}I_4, \\ V_2 &= C + a_{21}I_1 + a_{22}I_2 + a_{23}I_3 + a_{24}I_4, \\ V_3 &= C + a_{31}I_1 + a_{32}I_2 + a_{33}I_3 + a_{34}I_4, \\ V_4 &= C + a_{41}I_1 + a_{42}I_2 + a_{43}I_3 + a_{44}I_4. \end{aligned}$$

La quantité C et tous les coefficients a sont des constantes ; il existe des relations de condition entre ces n^2 coefficients, et on peut les ramener à $\frac{n(n-1)}{2}$ coefficients indépendants.

Si on tient compte des équations (40), on en déduit

$$V_1 - V_3 = (a_{21} - a_{31} - a_{24} + a_{34})I_1 + (a_{22} - a_{32} - a_{23} + a_{33})I_2,$$

expression que nous mettrons sous la forme

$$(42)\qquad V_2 - V_3 = xI_1 + yI_2.$$

Le facteur x représente la différence du potentiel $V_2 - V_3$ quand $I_2 = 0$, c'est-à-dire quand le circuit des deux électrodes

2 et 3 n'est pas fermé, et que $I_1 = 1$; c'est donc la résistance du conducteur entre ces deux électrodes. On voit qu'il suffira de deux équations comme la précédente, dans lesquelles on connaîtra par expérience la différence $V_2 - V_3$ et les courants I_1 et I_2, pour déterminer la valeur de x.

Toutefois, on a supposé que les électrodes sont des surfaces de niveau. Cette condition est réalisée si on établit les contacts par des pointes assez fines pour que la surface du contact puisse être considérée comme infiniment petite par rapport à une petite sphère infiniment petite elle-même par rapport aux dimensions des conducteurs.

S'il s'agit, par exemple, d'un barreau cylindrique, on pourra prendre les électrodes 1 et 4 sur les deux bases, puis les électrodes 2 et 3 sur une génératrice, à une distance assez grande des extrémités pour que les surfaces de niveau puissent être considérées comme des sections normales dans l'intervalle des points 2 et 3. Dans ces conditions, la résistance mesurée x est précisément celle du cylindre compris entre les deux sections normales passant par les points de contact 2 et 3.

978. — D'après M. Kirchhoff [1], dans le cas d'un barreau homogène ayant la forme d'un parallélipipède à base carrée de longueur l et de côté a, si on prend les quatre électrodes aux sommets qui correspondent à une même face latérale, chacune d'elles peut être considérée comme limitée par un huitième de sphère; en appelant σ la résistance spécifique du barreau et γ un coefficient égal à 0,7272, la résistance mesurée a pour expression

$$x = \frac{\sigma}{a^2}(l - \gamma a).$$

Cette résistance est donc égale à celle d'un barreau de même section dont la longueur serait seulement $l - \gamma a$. En réalité, on a supposé dans le calcul que le rapport $\frac{a}{l}$ est infiniment petit, mais, même lorsque ce rapport est égal à 0,5, l'erreur n'atteint pas encore 0,0003.

(1) Kirchhoff, *Monatsb. der Aka. d. Wiss. zu Berlin*, 1er juillet 1880. — *Gesammelte Abhand.*, p. 71. — Greenhill, *Proc. Camb. Ph. soc.*, 1879, p. 293.

La discussion qui précède définit nettement les conditions dans lesquelles il faut opérer; tout l'artifice expérimental devra consister à réduire les surfaces de contact des électrodes et à éliminer les résistances correspondantes.

979. — Sir W. Thomson [1] a utilisé, pour la mesure des faibles résistances, le pont double indiqué au n° **975**.

Supposons qu'il s'agisse de comparer les résistances a et b (fig. 200) comprises, la première entre deux points A et A_1, la seconde entre deux points B et B_1. Les deux conducteurs sont réunis par un troisième c de résistance très faible; les

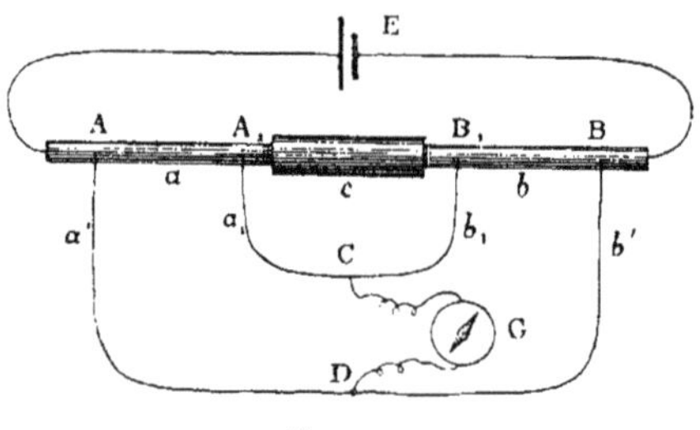

Fig. 200

résistances a', b', a_1 et b_1 sont très grandes. On déplace les deux points extrêmes C et D de la branche du galvanomètre jusqu'à ce que le courant soit nul. En appelant γ la résistance intermédiaire A_1B_1, le rapport des résistances a' et b' est donné par l'équation (38). Si la résistance γ était nulle, on aurait la relation ordinaire

$$\frac{a}{b}=\frac{a'}{b'}; \tag{43}$$

si la résistance γ est seulement très petite, on peut écrire

$$\frac{a'}{b'}=\frac{a+a_1\dfrac{\gamma}{a_1+b_1}}{b+b_1\dfrac{\gamma}{a_1+b_1}}=\frac{a}{b}\left[1+\left(\frac{a_1}{a}-\frac{b_1}{b}\right)\frac{\gamma}{a_1+b_1}\right].$$

[1] Sir W. Thomson, *Ph. M.* [4], t. XXIV, p. 149, 1862.

Comme la différence $\frac{b_1}{b} - \frac{a_1}{a}$ est très voisine de zéro, on voit que si γ est très petit par rapport à la somme $a_1 + b_1$, l'équation (43) est très sensiblement exacte.

On n'a pas tenu compte des résistances dues aux contacts en A, B, A_1 et B_1, mais l'erreur est négligeable si on a choisi les résistances auxiliaires a', b', a_1 et b_1 assez grandes.

980. — La modification suivante, due à MM. Hockin et Matthiessen [1], met à l'abri de cette cause d'erreur. X et Y (fig. 201) sont des résistances connues formées par des bobines qu'on peut à volonté porter d'un côté sur l'autre, sans que leur somme soit changée; PQ est le fil d'un pont à corde. Les

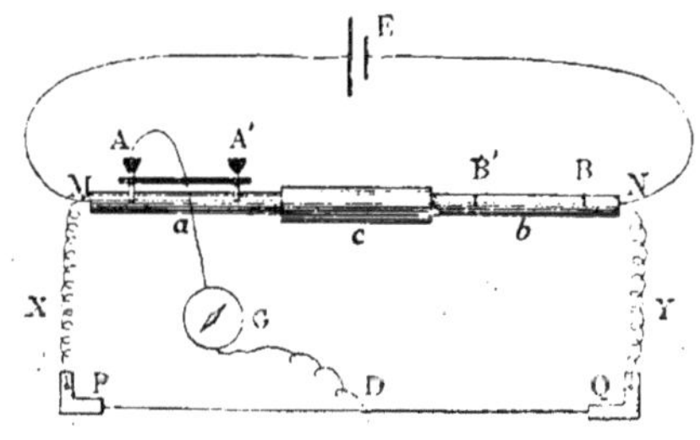

Fig. 201

contacts sont pris sur chacun des conducteurs au moyen de deux pointes ou de deux couteaux montés sur une lame isolante à une distance constante et mesurée exactement. Chacune des pointes communique avec un petit godet à mercure, dans lequel on plonge l'un des fils du galvanomètre dont l'autre extrémité est en D. On règle les résistances X et Y et le point D de manière que l'aiguille du galvanomètre reste au zéro. Appelons z la résistance MA, S la résistance totale de M en N, l la résistance du fil PQ, x celle de PD et T la somme $X + l + Y$. Si on prend le contact successivement en A et A', les valeurs X et X', x et x' relatives aux deux équilibres donnent

$$\frac{S}{T} = \frac{z}{X + x} = \frac{z + a}{X' + x'} = \frac{a}{X' - X + x' - x}.$$

[1] Maxwell, *Électr. and Magnet.*, t. I, p. 444.

Prenant, de même, les contacts en B′ et B, les valeurs X'_1 et X_1, x'_1 et x_1 donnent, de la même manière,

$$\frac{S}{T}=\frac{b}{X_1-X'_1+x_1-x'_1};$$

par suite

$$\frac{a}{b}=\frac{X'-X+x'-x}{X_1-X'_1+x_1-x'_1}.$$

Les résistances des points de contact, n'agissant que sur la branche du galvanomètre, n'interviennent pas dans les équations d'équilibre; la seule condition à remplir est que les résistances S et T restent invariables.

981. Emploi du galvanomètre différentiel. — M. Tait [1] s'est servi avec beaucoup d'avantages du galvanomètre différentiel pour comparer les résistances de grosses barres métalliques. L'une des bobines du galvanomètre est reliée aux points A et A′ du premier conducteur, l'autre aux points B et B′ du second, tandis que les deux conducteurs, placés à la suite l'un de l'autre dans le circuit d'une pile, sont parcourus par un même courant. On choisit ces points de manière que l'aiguille reste au zéro; si le galvanomètre est réglé, on a $a=b$. Le mode d'établissement des contacts n'a pas d'importance pourvu que la résistance du galvanomètre soit considérable.

L'emploi du galvanomètre différentiel, dans les conditions indiquées n° **939**, paraît encore la méthode la plus exacte.

Les deux conducteurs sont traversés par le même courant; les extrémités des fils des deux bobines constituent pour chacun d'eux les électrodes 2 et 3 (**977**). Le galvanomètre étant réglé de manière que les constantes galvanométriques des deux bobines soient égales, on ajuste par l'addition de fils les résistances g et g' des deux circuits de manière que l'aiguille reste au zéro.

La différence de potentiel entre les deux électrodes A et A′ a pour expression

$$V_2-V_3=xI_1+yI_2;$$

[1] Tait, *Trans. R. S. Edimb.*, t. XXVIII, p. 717, 1877-78.

on a, d'autre part,

$$V_2 - V_3 = gI_2,$$

et, par suite,

$$xI_1 = (g - y)I_2.$$

L'autre bobine, reliée aux points B et B′ du second conducteur, donne aussi

$$x'I_1 = (g' - y')I_2;$$

il en résulte

$$\frac{x}{x'} = \frac{g - y}{g' - y'}.$$

On fait ensuite une nouvelle expérience en donnant aux résistances du galvanomètre des valeurs nouvelles g_1 et g_1', très différentes des premières, et on a

$$\frac{x}{x'} = \frac{g_1 - y}{g_1' - y'} = \frac{g - y}{g' - y'} = \frac{g_1 - g}{g_1' - g'}.$$

982. Mesure des résistances très grandes. — Les méthodes données aux numéros **902** et **910** permettent de comparer des résistances très grandes aux résistances étalonnées dont on dispose ordinairement. On peut arriver au même résultat par d'autres dispositions.

On ferme par les deux résistances à comparer, placées bout à bout, les deux extrémités d'une pile comprenant un grand nombre de couples identiques réunis en série. Entre le point de jonction des deux résistances et un point de la pile on jette un pont contenant un galvanomètre et on déplace la seconde extrémité du fil jusqu'à ce que l'aiguille du galvanomètre soit ramenée au zéro [1]. Sur les n couples qui composent la pile, le fil en laisse p d'un côté et $n - p$ de l'autre. Puisqu'aucun courant ne passe dans le pont, l'intensité I est la même dans les deux branches; en appelant E la force électromotrice d'un couple, ρ sa résistance, R et R′ les deux résistances à compa-

[1] Foussereau, *Ann. de ch. et de phys.* (6), t. V, p. 260.

rer, qui correspondent respectivement aux nombres p et $n-p$ de couples, on a

$$I = \frac{pE}{R+p\rho} = \frac{(n-p)E}{R'+(n-p)\rho},$$

d'où l'on déduit

$$\frac{R}{R'} = \frac{p}{n-p}.$$

983. — Lorsque la résistance à mesurer est celle de l'enveloppe isolante d'un câble, le courant est très intense au moment où l'on établit la communication avec la pile, puis il va en diminuant progressivement. Le courant initial est la superposition de trois effets : la charge du câble fonctionnant comme condensateur, le courant qui correspond au phénomène de l'absorption électrique, enfin la déperdition du câble. Le premier cesse rapidement, le second dure un temps plus ou moins long, le troisième seul est permanent ; c'est de l'intensité de ce dernier que l'on déduira la résistance.

Les méthodes employées pour la mesure des résistances impliquent nécessairement la condition d'un état permanent. Les phénomènes d'absorption et ceux de polarisation, qui se présentent même dans le cas des corps solides, font que cet état n'est souvent atteint qu'au bout d'un temps assez long.

Quand les résistances sont extrêmement grandes, le courant final est parfois trop faible pour agir sur le galvanomètre. On emploiera alors un électromètre.

984. — Une méthode très simple consiste à mesurer le débit d'électricité que laisse passer la résistance considérée, quand on établit une différence de potentiel constante entre ses deux extrémités A et B.

L'extrémité A est mise en communication avec une source constante à potentiel très élevé, comme l'armature intérieure d'une batterie de grande capacité, ou l'un des pôles d'une pile composée d'un grand nombre de couples, l'autre armature ou l'autre pôle étant en communication avec le sol. L'extrémité B pourra être mise en relation avec un électroscope à décharges (**821**) ; le nombre des contacts dans l'unité de temps sera en raison inverse de la résistance.

On peut également mettre l'extrémité B en communication avec un condensateur. En appelant R la résistance à déterminer, C la capacité du condensateur, V le potentiel de la source et V′ celui du condensateur au bout du temps t, on a la relation (**896**)

$$\frac{1}{R}=\frac{C}{t}l.\frac{V}{V-V'},$$

ou, sensiblement, si V′ est très petit par rapport à V,

$$R=\frac{t}{C}\frac{V}{V'}.$$

985. — Sans faire intervenir directement le potentiel de la source, on peut encore réunir par la résistance considérée les deux armatures d'un condensateur et déterminer le temps t nécessaire pour que la différence de potentiel des deux armatures passe de V_0 à V ; on a alors

$$\frac{1}{R}=\frac{C}{t}l.\frac{V_0}{V}.$$

Dans ce cas, le rapport des potentiels V_0 et V sera déterminé par un électromètre ou par les impulsions données à l'aiguille du galvanomètre balistique quand on décharge le condensateur dans l'état initial et dans l'état final.

Pour les expériences de comparaison, le choix des unités est indifférent. Pour les mesures absolues, la résistance R se trouve exprimée en unités électrostatiques ou électromagnétiques, suivant que la capacité C est évaluée en unités du premier ou du second système.

Si le condensateur a une déperdition, elle équivaut, quelle qu'en soit la cause, à celle qui serait produite par une résistance R_0 interposée entre les deux armatures. On détermine d'abord R_0 par la même méthode. En réunissant ensuite les armatures par la résistance R, l'état du condensateur est le même que s'il était fermé par deux conducteurs parallèles. Enfin une nouvelle expérience détermine la somme $\frac{1}{R}+\frac{1}{R_0}$

des deux conductibilités, d'où l'on déduit par différence la valeur de la résistance R.

Cette méthode est directement applicable à la détermination de la résistance d'isolement des câbles qui constituent par eux-mêmes des condensateurs de grande capacité. L'une des extrémités du câble étant isolée et l'armature extérieure au sol, on met l'autre extrémité en communication avec une source qui lui donne le potentiel V_0 et un électromètre; puis, la communication étant rompue avec la source, on observe le temps t au bout duquel le potentiel du câble est devenu V.

La méthode donne le produit CR de la capacité du câble par sa résistance d'isolement. L'expérience se trouve compliquée, dans ce cas, par le phénomène de l'absorption électrique et les résultats sont très différents suivant le temps pendant lequel on a laissé l'extrémité du câble en contact avec la source; il est donc nécessaire de préciser les conditions. La règle établie par l'administration des télégraphes en France est d'employer comme source une pile de 100 couples Daniell ayant chacun une résistance de 10 ohms. On met le câble en communication avec la pile pendant 15 secondes et on mesure alors V_0 par la décharge instantanée. On charge de nouveau pendant 15 secondes, puis on décharge le câble après l'avoir abandonné à lui-même pendant une minute.

Il est à remarquer que le produit CR est indépendant de la forme et des dimensions du câble et qu'il est simplement proportionnel au produit de la résistance spécifique de l'isolant par son pouvoir inducteur spécifique. En désignant par σ et μ ces deux constantes, la capacité d'un cable, dont l'âme et l'armature peuvent être assimilées à un condensateur formé de cylindres concentriques de longueur L et de rayons R_1 et R_2, a pour valeur (**80** et **123**)

$$C = \frac{\mu L}{2 l . \frac{R_2}{R_1}},$$

et sa résistance (**217**)

$$R = \frac{\sigma}{2\pi L} l . \frac{R_2}{R_1};$$

par suite

$$CR = \frac{\mu\sigma}{4\pi}.$$

Ce résultat est d'ailleurs général ; c'est la conséquence de la corrélation qui existe entre le flux d'électricité et le flux d'induction électrostatique (**213**).

986. Balance d'induction. — Les courants induits dans un conducteur sont, toutes choses égales d'ailleurs, en raison inverse de sa résistance, et on a déjà utilisé cette propriété (**936**) pour comparer les résistances par la mesure des décharges induites. L'emploi des courants induits est surtout précieux dans un grand nombre de cas particuliers où les méthodes ordinaires ne seraient pas applicables.

La disposition la plus simple consiste à équilibrer les effets d'induction de deux circuits différents.

Supposons, par exemple, qu'on intercale dans un circuit

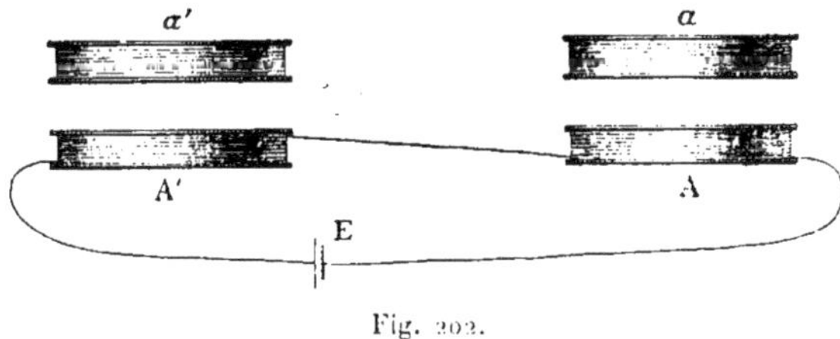

Fig. 202.

qui renferme une force électromotrice variable E (fig. 202) deux bobines égales A et A' séparées par une distance assez grande pour que leur induction mutuelle soit négligeable.

Au-dessus d'elles on place à la même distance et respectivement suivant le même axe deux autres bobines égales a et a', de manière que les coefficients d'induction mutuelle soient les mêmes pour les deux systèmes.

Lorsque les bobines induites a et a' ont le même coefficient de self-induction et qu'on ferme respectivement leurs circuits par des fils de résistances égales R et R', dont les coefficients de self-induction sont égaux ou négligeables, les courants induits de part et d'autre par une variation quelconque de la force électromotrice sont égaux à chaque instant. L'addition de deux résistances égales r et r', sans coefficient de self-induction ou ayant des coefficients égaux, ne trouble pas l'égalité, de sorte que si on joint séparément les bobines induites aux deux cadres d'un galvanomètre différentiel parfaitement équilibré, l'aiguille doit rester immobile.

Le galvanomètre ne mesurant que les quantités totales d'électricité, il suffit pour l'équilibre que la décharge ou la valeur intégrale des deux courants induits soit la même, et approximativement aussi leur durée, pourvu que cette durée soit très courte par rapport à celle de l'oscillation de l'aiguille. Cette condition n'exige pas la symétrie complète des deux systèmes, mais seulement l'égalité des résistances et des coefficients d'induction mutuelle, quels que soient d'ailleurs les coefficients de self-induction.

Le galvanomètre ne peut plus servir si le courant inducteur, au lieu des variations brusques de sens déterminé que donne la rupture ou la fermeture du circuit, éprouve des variations se succédant rapidement en sens contraires, comme celles que produirait un interrupteur vibrant ou un microphone placé dans le circuit de la pile, ou encore un électromoteur à courants alternatifs. Dans ce cas, il faut avoir recours à un instrument, tel que le téléphone, sensible seulement aux variations instantanées du courant. Un téléphone différentiel, par exemple, restera silencieux si les courants induits sont égaux à chaque instant, ce qui implique en outre la condition que les coefficients de self-induction des deux systèmes soient égaux (**505**).

Il est du reste indifférent que le téléphone différentiel soit actionné par les courants induits dans les bobines a et a' ou par deux dérivations du circuit inducteur traversant respectivement les deux bobines A et A' (1).

987. — C'est sur ce principe de l'équilibre de deux circuits que repose la disposition employée par M. Hughes (2), sous le nom de *balance d'induction*, pour comparer les propriétés

(1) Chrystal, *Ph. Tr. R. S. E.*, t. XXIX, p. 609, 1880.
(2) Hughes, *Phil. mag.* [5], t. II, p. 50, 1879.

électriques et, en particulier, la résistance de corps qui se présentent sous une forme quelconque.

On place un téléphone (fig. 203) dans le circuit des deux bobines induites a et a', réunies de manière que leurs courants soient de sens contraires. Quand les coefficients d'induc-

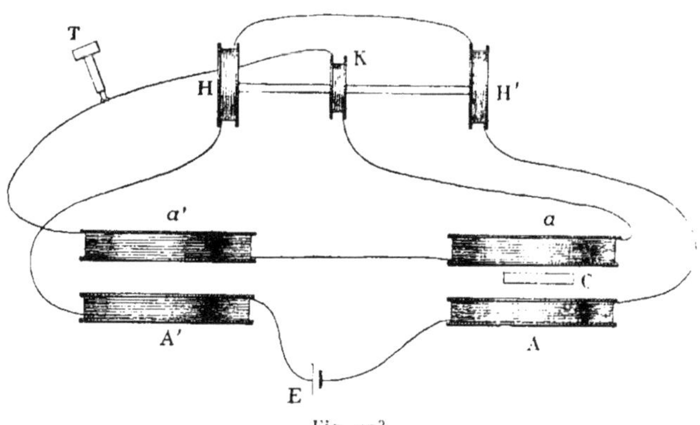

Fig. 203

tion mutuelle ont la même valeur M_0, la balance est établie et le téléphone reste silencieux. L'introduction d'un conducteur quelconque C entre les bobines A et a forme un écran partiel (**563**) qui détruit l'équilibre et fait reparaître le bruit.

Soient L, R, I pour le circuit inducteur, l, r, i pour le circuit induit, λ, ρ, γ, pour le conducteur, ou plus exactement pour un anneau qui lui serait équivalent, le coefficient de self-induction, la résistance et l'intensité du courant à l'époque t; M et m les coefficients d'induction mutuelle du conducteur vis-à-vis des bobines A et a. En tenant compte de l'équilibre primitif, on a les équations

$$(44)\qquad \begin{aligned} &L\frac{dI}{dt}+M\frac{d\gamma}{dt}+RI=E,\\ &l\frac{di}{dt}+m\frac{d\gamma}{dt}+ri=0,\\ &\lambda\frac{d\gamma}{dt}+M\frac{dI}{dt}+m\frac{di}{dt}+\rho\gamma=0. \end{aligned}$$

Si on diminue alors d'une quantité m, le coefficient d'induction mutuelle des bobines A′ et a', par exemple en les éloignant l'une de l'autre, les deux premières équations deviennent

$$(45)\quad \begin{cases} L\dfrac{dI}{dt} - m_0\dfrac{di}{dt} + M\dfrac{d\gamma}{dt} + RI = E, \\ l\dfrac{di}{dt} - m_0\dfrac{dI}{dt} + m\dfrac{d\gamma}{dt} + ri = 0. \end{cases}$$

Pour que le courant soit toujours nul dans le fil induit, il faut qu'on ait

$$m_0\,dI = m\,d\gamma,$$

ou

$$\gamma = \frac{m_0}{m}\left(I_0 + I\right);$$

les variations simultanées étant proportionnelles, les deux courants doivent avoir la même période et la même phase, le courant constant I_0 étant d'ailleurs sans action sur le téléphone. Cette condition n'est pas réalisable en général et, sans éteindre le son dans le téléphone, on ne peut obtenir ainsi qu'un minimum de bruit.

Au lieu de modifier la position relative des bobines principales, ce qui donnerait lieu à des changements trop brusques, M. Hughes a trouvé plus commode d'avoir recours à un appareil auxiliaire qu'il appelle *sonomètre*.

Cet appareil se compose de deux bobines identiques H et H′, fixées aux extrémités d'une règle horizontale, entre lesquelles peut se déplacer parallèlement à elle-même une bobine K; les premières sont intercalées dans le circuit inducteur et la bobine mobile dans le circuit induit. Les actions de H et H′ sur K étant de signes contraires, la résultante est nulle quand la bobine K occupe exactement le milieu de la règle; l'induction augmente sur l'un ou l'autre des deux systèmes suivant qu'on déplace la bobine K à droite ou à gauche. La position de la bobine qui dans chaque cas ramène le silence fournit une mesure arbitraire de l'effet produit par le conducteur.

Une autre méthode de mesure consiste à modifier seulement la balance par l'introduction d'un conducteur entre les bobines A′ et a'. M. Hughes y fait glisser une lame de zinc taillée en forme de coin très aigu; une division permet d'évaluer l'épaisseur de la lame qui rétablit le silence et équilibre l'effet produit par le conducteur C.

On peut encore placer au-dessous du système A′a' un petit disque de cuivre, ou un anneau du même métal, mobile autour d'un axe horizontal. L'action est nulle quand le plan du disque est normal à celui des bobines et maximum pour la position parallèle.

On conçoit que cette disposition puisse compenser mieux que le sonomètre l'action d'une plaque métallique, parce qu'elle donne lieu à un phénomène de même nature. En désignant par des lettres accentuées les quantités relatives au nouveau conducteur C′, les équations (44) doivent être remplacées par les suivantes :

$$(46)\qquad \begin{cases} L\dfrac{dI}{dt}+M\dfrac{d\gamma}{dt}+M'\dfrac{d\gamma'}{dt}+RI=E, \\ l\dfrac{di}{dt}+m\dfrac{d\gamma}{dt}-m'\dfrac{d\gamma'}{dt}+ri=0, \\ \lambda\dfrac{d\gamma}{dt}+M\dfrac{dI}{dt}+m\dfrac{di}{dt}+\rho\gamma=0, \\ \lambda'\dfrac{d\gamma'}{dt}+M'\dfrac{dI}{dt}-m'\dfrac{di}{dt}+\rho'\gamma'=0. \end{cases}$$

Dans le cas du silence absolu, la deuxième équation donne

$$m\frac{d\gamma}{dt}=m'\frac{d\gamma'}{dt}, \qquad \text{ou} \qquad \gamma'=\frac{m}{m'}\gamma+C,$$

et les deux dernières

$$\left(\frac{\lambda}{M}-\frac{\lambda'}{M'}\frac{m}{m'}\right)\frac{d\gamma}{dt}+\left(\frac{\rho}{M}-\frac{\rho'}{M'}\frac{m}{m'}\right)\gamma-\frac{\rho'}{M'}C=0$$

Cette relation devant être satisfaite à toute époque, il en résulte

$$(47)\qquad C=0, \qquad \frac{\rho}{\rho'}=\frac{\lambda}{\lambda'}=\frac{M'm'}{Mm}.$$

La balance d'induction associée au téléphone est un appareil d'une sensibilité extrême. Elle met en évidence les plus petites différences entre le poids, la nature, le degré de pureté ou la température de deux conducteurs de même dimension, tels que deux pièces de monnaie, placées dans des conditions identiques par rapport aux deux systèmes de bobines.

Elle permet de déceler dans un corps mauvais conducteur la présence de masses métalliques très petites (¹) et peut être employée avec beaucoup d'avantages pour vérifier l'isolation des différentes spires d'une bobine, dont on laisse les extrémités ouvertes (²), etc. C'est donc un instrument très précieux pour les recherches qualitatives, mais qui se prête moins bien aux déterminations quantitatives : il est en général impossible d'obtenir l'extinction complète du bruit et, quel que soit le mode de correction adopté, il est difficile d'interpréter d'une manière rigoureuse les résultats obtenus.

988. Résistances liquides. — La mesure de la résistance d'un liquide électrolysable présente des difficultés particulières à cause de la polarisation variable des électrodes. Une quantité quelconque d'électricité ne peut traverser le liquide sans en décomposer un poids proportionnel et transporter les produits de la décomposition sur les électrodes. Celles-ci, supposées identiques à l'origine, présentent alors au contact du liquide des chutes de potentiel qui ne sont plus égales et de signes contraires; si on appelle H et H′ les valeurs de ces chutes pour chacune d'elles, I l'intensité de courant et R la résistance réelle du liquide entre les électrodes, leur différence de potentiel est égale à

$$H - H' + IR.$$

La différence $H - H' = e$ est ce qu'on appelle la force électromotrice de polarisation. Cette différence est nulle quand les électrodes sont identiques et va en croissant, avec la quantité d'électricité qui passe, jusqu'à un maximum (**252**).

(¹) Graham Bell, *American Journ. of sciences*. Août 1882.
(²) Lord Rayleigh and Mrs Sidgwich, *Ph. Tr. R. S. L.*, p. 411, 1884.

Si la force électromotrice extérieure E est inférieure à ce maximum, un état d'équilibre tend à s'établir et le courant devrait cesser complètement; en réalité, le courant ne s'annule pas, mais reste très faible, sans qu'il y ait décomposition apparente de l'électrolyte ni dégagement de gaz sur les électrodes; le courant est juste suffisant pour maintenir la polarisation constante et réparer les pertes par diffusion (¹). Si la force électromotrice est supérieure au maximum de polarisation, des bulles de gaz se dégagent sur les électrodes.

L'effet immédiat de la polarisation des électrodes est donc de diminuer l'intensité du courant et de produire une augmentation *apparente* de la résistance. On attribuait autrefois cet effet à une résistance spéciale que l'électricité aurait rencontrée en passant d'un corps solide dans un corps liquide ou inversement, et on l'avait appelé *résistance au passage*. La présence sur les électrodes de dépôts non conducteurs, de bulles de gaz par exemple, peut introduire dans certains cas une résistance nouvelle qu'on peut encore appeler résistance au passage, mais dans un sens très différent du précédent.

080. — Afin d'éliminer la polarisation des électrodes, Wheatstone (²) opérait avec des colonnes liquides de longueurs différentes et maintenait constante l'intensité du courant en compensant par un rhéostat les variations de résistance. En effet, si on suppose constante la force électromotrice E de la pile, ainsi que la force électromotrice e de polarisation, et qu'on appelle x, x',... les résistances du liquide, ρ, ρ',... les résistances correspondances du rhéostat, on a

$$I = \frac{E-e}{R+x+\rho} = \frac{E-e}{R+x'+\rho'} = \ldots;$$

par suite,

$$x+\rho = x'+\rho',$$

ou

$$x-x' = \rho-\rho'.$$

Cependant la méthode n'est pas à l'abri de toute objection :

(¹) Helmholtz, *Pogg. Ann.*, t. CL, p. 483, 1873; *Wiss. Abh.*, t. I, p. 823.
(²) Wheatstone, *Phil. Trans. R. S. L.*, vol. 133, p. 303, 1843; *Scient. pap.*, p. 122.

les dépôts gazeux amènent des variations de résistance dont il est impossible de tenir compte et on n'est pas assuré que la polarisation des électrodes reste constante.

990. — La difficulté disparaît quand on considère des dissolutions métalliques et qu'on emploie comme électrodes des lames du métal de la dissolution. Dans ce cas, la polarisation est toujours très faible, si elle n'est pas nulle. Pouillet (¹) a mesuré par ce procédé la résistance des dissolutions de sulfate de cuivre, sulfate de zinc, etc. Il employait un tube bien cylindrique partagé en parties d'égale longueur. Ce tube était fermé à sa partie inférieure par une lame du métal considéré, et un fil du même métal, mastiqué dans un tube de verre, ne laissant en communication avec le liquide que la partie inférieure, pouvait être amené à une distance variable du fond. A des déplacements égaux du fil correspondent évidemment des colonnes de même résistance. Cette disposition donne un rhéostat d'un emploi assez commode.

M. Paalzow (²) a généralisé la méthode. Le liquide que l'on veut étudier est renfermé dans un tube en forme de siphon dont les branches plongent dans des vases poreux remplis du même liquide; les deux vases poreux sont placés dans des vases plus larges contenant une dissolution de sulfate de zinc et deux électrodes en zinc amalgamé. Pour comparer deux liquides, on remplit successivement avec ces liquides les vases poreux et le siphon. Il est clair que dans ces conditions on fait disparaître la polarisation des électrodes métalliques, mais on n'évite pas, au moins d'une manière complète, les variations de force électromotrice qui peuvent se produire aux surfaces de contact du liquide avec le sulfate de zinc à travers le vase poreux.

991. — La mesure de la chute de potentiel entre deux points donnés (**933**) fournit une méthode très simple et qui paraît irréprochable (³). Le liquide est contenu dans un tube bien cylindrique fermé à ses deux extrémités par des plaques de

(¹) Pouillet, *C. R. de l'Ac. des sc.*, t. IV, p. 786, 1837.

(²) Paalzow, *Pogg. Ann.*, t. CXXXVI, p. 419, 1869.

(³) Branly, *Ann. de l'Éc. norm.* (2), tome II, p. 209, 1873. — Lippmann, *C. R. de l'Acad. des Sc.*, t. LXXXIII, p. 192, 1876.

métal de même section que le tube et qui servent d'électrodes principales. Le flux d'électricité peut être considéré comme uniforme et les surfaces de niveau comme perpendiculaires à l'axe du tube.

Deux fils de platine isolés, appelés *électrodes parasites*, plongent en deux points C et D du liquide et communiquent avec les électrodes d'un électromètre. La déviation mesure la différence de potentiel des deux points C et D ; cette différence est égale au produit IR, R étant la résistance de la colonne liquide entre les deux plans C et D, si les fils ne sont pas polarisés. Il suffit, pour cela, qu'ils n'aient livré passage à aucun courant appréciable, ce qui revient à dire que la capacité de l'électromètre doit être infiniment petite par rapport à la capacité de polarisation des fils.

La capacité d'un électromètre à quadrants est toujours très faible par rapport à celle des électrodes parasites. Avec un électromètre capillaire, on aura soin que la surface immergée des électrodes soit très grande par rapport à celle du mercure dans le tube capillaire de l'électromètre. Il y a avantage, dans ce cas, à employer des lames de platine platiné dont la capacité de polarisation est ordinairement de 20 à 25 fois plus grande que celle d'une lame ordinaire.

Pour comparer directement la résistance de la colonne liquide à celle d'un conducteur métallique, on fait passer le courant principal à travers une boîte de résistances et on met alternativement en communication avec l'électromètre les deux électrodes parasites du liquide et celles de deux points de cette boîte. Si l'indication est la même dans les deux cas, les résistances sont égales. S'il existait entre les forces électromotrices de contact en C et en D une différence accidentelle, indépendante du courant et de la polarisation, on l'éliminerait en renversant le sens du courant et prenant la moyenne des déviations observées.

992. Emploi des courants sinusoïdaux. — M. Kohlrausch [1] a utilisé pour la mesure des résistances liquides une propriété curieuse des courants alternatifs de forme sinusoïdale.

[1] F. Kohlrausch, *Pogg. Annalen*, t. CXXXVIII, p. 280 et 370, 1869; t. CXXXXVIII, p. 143, 1873; Jubelband, p. 290, 1874.

Considérons un circuit renfermant un voltamètre et une source S. Appelant R et L la résistance et le coefficient de self-induction du circuit, E la force électromotrice de la source, e la force électromotrice de polarisation du voltamètre, on a, pour une époque quelconque,

$$L\frac{dI}{dt}+RI+e=E. \tag{48}$$

Si la polarisation reste toujours très inférieure à sa valeur maximum, on peut admettre que la force électromotrice qui lui correspond est proportionnelle à la quantité d'électricité qui a passé depuis l'origine; en appelant c la capacité des électrodes, c'est-à-dire l'inverse du potentiel auquel elles seraient portées par une unité d'électricité dans l'hypothèse d'une proportionnalité rigoureuse, on peut écrire alors

$$e=\frac{1}{c}\int_{0}^{t} I\,dt, \qquad \text{ou} \qquad \frac{de}{dt}=\frac{I}{c}.$$

Substituant cette valeur dans l'équation (48), on en déduit

$$L\frac{d^2I}{dt^2}+R\frac{dI}{dt}+\frac{I}{c}=\frac{dE}{dt}. \tag{49}$$

La force électromotrice E étant de la forme

$$E=E_0\sin 2\pi\frac{t}{T},$$

le courant est aussi périodique et, une fois le régime établi, il peut être représenté par l'expression

$$I=A\sin 2\pi\left(\frac{t}{T}-\varphi\right).$$

L'équation (49), devant être satisfaite par cette valeur de I pour une époque quelconque, donne

$$(50)\qquad \begin{cases} A^2=\dfrac{E_0^2}{R^2+\left(\dfrac{2\pi L}{T}-\dfrac{T}{2\pi c}\right)^2},\\[2ex] \tan 2\pi\varphi=\dfrac{1}{R}\left(\dfrac{2\pi L}{T}-\dfrac{T}{2\pi c}\right).\end{cases}$$

On voit que, pour des valeurs données de L et de c, il existe toujours une valeur de T, c'est-à-dire une vitesse de l'inducteur sinusoïdal, pour laquelle les effets de self-induction et de polarisation s'annulent mutuellement ; quand cette condition est réalisée, le changement de phase est nul et l'intensité est égale à chaque instant au quotient de la force électromotrice par la résistance vraie.

993. — Remarquons en passant l'analogie de ce problème avec celui d'un circuit qui renfermerait une force électromotrice variable et un condensateur de capacité C placé en dérivation [1]. Supposons les deux armatures du condensateur réunies par une résistance R' ; soit I' le courant qui traverse cette résistance, I le courant de la pile et R la résistance totale du circuit. Si V est, à un instant donné, la différence de potentiel des deux armatures, on a

$$
(51)\qquad \begin{aligned}
V &= I'R',\\
I - I' &= C\frac{dV}{dt},\\
L\frac{dI}{dt} + RI + V &= E.
\end{aligned}
$$

L'élimination de V entre ces équations donne

$$
(52)\qquad L\frac{d^2I}{dt^2} + \left(R + \frac{L}{R'C}\right)\frac{dI}{dt} + \frac{R + R'}{R'C}I = \frac{E}{R'C} + \frac{dE}{dt}.
$$

Si la force électromotrice E est sinusoïdale, cette équation est également satisfaite par un courant sinusoïdal, lorsque le régime permanent est établi. En outre, les équations (49) et (52) deviennent identiques, si l'on suppose $R' = \infty$ et $C = c$, c'est-à-dire la dérivation R' ouverte et la capacité de polarisation des électrodes égale à celle du condensateur. Dans les deux cas, la condition nécessaire pour que la compensation soit établie est

$$
(53)\qquad T^2 = 4\pi^2 cL ;
$$

(1) Maxwell, *Ph. Mag.* [4], t. XXXV, p. 360, 1868.

elle est indépendante de la résistance du circuit et de l'amplitude de la force électromotrice.

Ce résultat remarquable peut être présenté sous une forme qui fait mieux comprendre le mécanisme du phénomène. Trois forces électromotrices sont en jeu dans le circuit : la force électromotrice principale de la source, $E = E_0 \sin 2\pi \frac{t}{T}$, et deux forces électromotrices inverses E_1 et E_2, conséquences de la première, qui ont respectivement pour valeurs

$$
(54) \qquad \begin{aligned} E_1 &= -L\frac{dI}{dt}, \\ E_2 &= -\frac{1}{c}\int I\,dt. \end{aligned}
$$

Le courant résultant étant de la forme

$$I = A \sin 2\pi \frac{t}{T},$$

on en déduit

$$E_1 = -\frac{2\pi AL}{T}\cos 2\pi\frac{t}{T},$$

$$E_2 = \frac{2\pi c}{AT}\cos 2\pi\frac{t}{T}.$$

La constante d'intégration est nulle dans la dernière équation, car la charge du condensateur est nulle, par raison de symétrie, lorsque le courant a sa valeur maximum. Les deux forces électromotrices ont la même période, et une différence de phase égale à π ; elles sont donc représentées par deux sinusoïdes ayant les mêmes nœuds, avec les ordonnées de signes contraires, et leur somme est nulle si les amplitudes sont égales en valeurs absolues, c'est-à-dire si l'équation (53) est satisfaite.

991. — Désignons par T_0 la valeur de la période qui répond à cette condition : pour toute valeur de T plus grande ou plus petite, la résistance apparente est supérieure à la résistance réelle et l'intensité du courant plus faible ; la vitesse T_0 est donc celle qui, pour un circuit donné, correspond au maximum d'intensité.

On pourrait utiliser cette propriété pour la mesure des résistances liquides. Appelant x la résistance du liquide, R celle du circuit principal, on observerait le courant maximum; remplaçant ensuite le liquide par une résistance métallique r, on ferait varier la vitesse de manière à obtenir le même courant. On aurait alors

$$A^2 = \frac{E_0^2}{(R+x)^2} = \frac{E_0^2}{(R+r)^2 + \frac{4\pi^2 L^2}{T^2}},$$

d'où l'on déduirait

$$(R+x)^2 = (R+r)^2 + \frac{4\pi^2 L^2}{T^2}.$$

Il faudrait pouvoir réaliser le courant maximum, mesurer la période T et connaître le coefficient L ou l'éliminer par une seconde expérience.

Il est plus avantageux de déterminer par expérience la résistance métallique r qui, substituée au liquide, et n'apportant pas par elle-même de coefficient de self-induction, donne la même intensité pour la même vitesse. On a alors

$$A^2 = \frac{E_0^2}{(R+x)^2 + \left(\frac{2\pi L}{T} - \frac{T}{2\pi c}\right)^2} = \frac{E_0^2}{(R+r)^2 + \frac{4\pi^2 L^2}{T^2}}.$$

Pour que les résistances x et r soient égales, il faut qu'on ait

$$\left(\frac{2\pi L}{T} - \frac{T}{2\pi c}\right)^2 = \frac{4\pi^2 L^2}{T^2},$$

ou

$$T^2 = 8\pi^2 c L = 2T_0^2,$$

c'est-à-dire que la période doit être égale à $T_0\sqrt{2}$. Pour une valeur de la période plus grande ou plus petite que $T_0\sqrt{2}$, on aura $r \lessgtr x$.

Dans ce cas encore, il serait souvent très difficile de déterminer et de réaliser la vitesse convenable. M. Kohlrausch échappe à cette difficulté en employant des courants très faibles avec des électrodes à grande surface et platinées, c'est-à-dire dont la capacité soit très grande. Si la capacité c est assez grande et la période assez petite pour que le terme $\frac{T}{2\pi c}$ soit négligeable devant $\frac{2\pi L}{T}$, l'équation de condition est satisfaite et les deux résistances x et r sont égales, quel que soit T. On devra constater alors que l'équivalence des résistances x et r est indépendante de la vitesse; cette vérification servira de contrôle à l'exactitude des expériences.

925. — M. Kohlrausch s'est également servi du pont de Wheatstone avec les courants sinusoïdaux. L'inducteur et la bobine fixe d'un électrodynamomètre sont placés dans la branche R de la pile; la bobine mobile occupe la place ordinaire du galvanomètre. Les deux bras a et a' du parallélogramme sont pris égaux; un commutateur permet d'échanger les deux autres résistances b et b', dont l'une b est la résistance liquide. Si les quatre branches n'ont pas d'induction mutuelle ni d'induction propre, la déviation de la bobine mobile ne change pas quand on permute les deux résistances b et b', à la condition qu'elles soient égales. Les diagonales étant alors conjuguées, les équations (23) du n° **919** montrent, en effet, que le courant qui traverse à un instant donné la bobine mobile, dans laquelle peut existe une force électromotrice e d'induction, a pour valeur

$$i = \frac{e(a+b) - aE_b}{2ab + r(a+b)},$$

ou

$$i = \frac{e(a+b) + aE_{b'}}{2ab + r(a+b)},$$

suivant que le liquide occupe la branche b ou la branche b'. Or ces deux valeurs sont identiques si l'on tient compte du sens dans lequel ont été comptées les forces électromotrices E_b et $E_{b'}$.

Quant à la déviation elle-même, elle dépend, non seulement des amplitudes, mais de la phase des deux courants I et i (**903**); elle serait nulle si la force électromotrice de polarisation était nulle elle-même, puisque l'intensité du courant serait nulle à chaque instant dans la bobine mobile.

996. Entraînement par induction. — MM. Guthrie et Boys [1] ont cherché à déduire la conductibilité des liquides de l'intensité des courants induits dans leur masse par le mouvement d'un aimant (**590**). Ces courants étant fermés sur eux-mêmes et sans électrodes ne peuvent donner aucun effet de polarisation.

Le liquide est renfermé dans un vase de révolution suspendu par un fil métallique. Un système d'aimants extérieurs donnant un champ horizontal sensiblement uniforme peut recevoir un mouvement rapide de rotation autour de l'axe commun du fil et du vase. Des écrans empêchent la communication du mouvement par l'intermédiaire de l'air.

Toutes choses égales d'ailleurs, les courants développés dans la masse liquide sont proportionnels à l'intensité du champ, à la vitesse du déplacement relatif et à la conductibilité du liquide; ils tendent à s'opposer au mouvement. S'il n'y avait aucun frottement du liquide contre lui-même, ni contre les parois, le vase resterait immobile et le liquide finirait par prendre la même vitesse de rotation que les aimants. D'autre part, si la masse liquide formait avec le vase un système rigide, celui-ci serait entraîné dans le sens du mouvement jusqu'à ce que le couple de torsion fît équilibre au moment des actions électromagnétiques. En réalité, les diverses couches concentriques prennent un mouvement de rotation très lent dont la vitesse angulaire va en décroissant du centre à la circonférence et dont la valeur moyenne n'atteint pas le $\frac{1}{20\,000}$ de celle des aimants. On peut donc admettre sans erreur sensible que la torsion mesure l'action électromagnétique et, par suite, pour une même vitesse et un même champ, la conductibilité du liquide.

On s'assurait que le vase seul ne donnait lieu par lui-même à aucune action. Pour tenir compte des variations du champ et du coefficient de torsion du fil, on recommençait chaque

(1) Guthrie et Boys, *Phil. Mag.* [5], t. X, p. 398, 1880.

expérience en suspendant dans le vase un disque de laiton : la torsion devait rester la même pour une même vitesse, lorsque le champ et le fil n'avaient pas été modifiés.

Les auteurs ont appliqué cette méthode à des mélanges d'acide sulfurique et d'eau. Leurs résultats s'accordent assez bien avec ceux de M. Kolhrausch, surtout en ce qui concerne la position du maximum et du point d'inflexion de la courbe qui représente la conductibilité de ces mélanges.

997. Résultats généraux. — Au point de vue de la résistance les différents corps se rangent naturellement en trois catégories : les corps métalliques, métaux purs ou alliages, qui ne subissent pas d'altération par le fait du passage du courant, et dont la résistance va en augmentant avec la température ; les électrolytes, qui sont le siège d'une action chimique corrélative du courant; enfin les corps non métalliques simples ou composés, présentant une conductibilité très faible ou presque nulle, comme les diélectriques, et dont la résistance diminue quand la température augmente. La séparation de ces trois classes n'est pas du reste absolue et il y a des corps dont il est difficile d'assigner la place exacte.

998. Résistance des métaux. — L'argent et le cuivre purs sont les corps les plus conducteurs, mais il suffit d'une faible quantité de matière étrangère pour faire tomber beaucoup leur conductibilité (1) ; les alliages de ces métaux entre eux, ou avec l'or, le platine, le nickel, sont beaucoup moins conducteurs que celui d'entre eux qui l'est le moins. Au contraire les alliages dans lesquels entrent seulement des métaux tels que le plomb, l'étain, le zinc, le cadmium, ont une conductibilité qui se rapproche de la moyenne calculée d'après leur composition.

Entre les températures de 0° et 100° la résistance r d'un corps métallique en fonction de la température t peut être exprimée par une formule à deux coefficients, analogue à celle des dilatations, le coefficient β étant très petit par rapport à α.

$$r = r_0(1 + \alpha t + \beta t^2).$$

(1) Sir W. Thomson, *Proceed. of the R. S. L.*, t. VIII, p. 556, 1857.

Il est très remarquable que pour tous les métaux purs la valeur de α est très voisine de 0,0038 et par conséquent sensiblement égale au coefficient de dilatation des gaz.

La résistance des métaux purs est donc sensiblement proportionnelle à la température absolue. Toutefois la résistance du mercure pur, à l'état liquide, présente une variation beaucoup moindre (**924**); mais MM. Cailletet et Bouty [1] ont constaté que la conductibilité de ce corps devient subitement 4,08 fois plus grande au moment de sa solidification et qu'à l'état solide le coefficient de variation se rapproche beaucoup de celui des autres métaux purs.

Le coefficient α est encore plus faible dans le cas des alliages. Avec le maillechort (argent allemand), qui est un alliage de cuivre de nickel, on a trouvé pour ce coefficient des nombres qui varient de 0,000 27 à 0,000 44; les moindres valeurs, de 0,000 22 à 0,000 31, ont été obtenues avec l'alliage de platine-argent.

D'après sir W. Siemens [2], les formules paraboliques ne suffisent plus quand on dépasse beaucoup la température de 100°; les résistances du platine, du fer et du cuivre sont assez bien représentées par une expression de la forme

$$r = r_0(1 + a\mathrm{T} + b\sqrt{\mathrm{T}}),$$

dans laquelle a et b sont des constantes et T la température absolue comptée à partir de −273°.

La résistance des métaux est en général plus grande à l'état liquide qu'à l'état solide; il y a exception pour le bismuth et probablement pour tous les métaux qui diminuent de volume en passant à l'état liquide.

999. Conductibilités électrique et calorifique. — Forbes [3] a remarqué le premier que l'ordre des métaux pour la conductibilité calorifique est le même que pour la conductibilité électrique. MM. Wiedemann et Franz [4], allant plus loin, ont

(1) Cailletet et Bouty, *C. R. de l'Acad. des sc.*, t. C, p. 1188, 1885.
(2) C.-W. Siemens, *J. of telg. eng.*, t. I, p. 123, 1872; t. III, p. 296, 1874.
(3) Forbes, *Phil. Mag.*, t. IV, p. 15, 1834.
(4) Wiedemann et Franz, *Pogg. Ann.*, t. LXXXIX, p. 530, 1853.

constaté que les deux espèces de conductibilités sont sensiblement proportionnelles. Restait à reconnaître si, au point de vue de la température, la conductibilité calorifique suit les mêmes lois que la conductibilité électrique et diminue, comme elle, quand la température augmente.

Cette corrélation semble résulter des expériences de Forbes([1]) d'Angström ([2]), de Neumann ([3]) et de M. Lenz ([4]) qui, opérant par la méthode des températures variables, cherchèrent à déterminer, non seulement les rapports des conductibilités des différents corps, mais leurs conductibilités absolues. Toutefois les nombres obtenus présentent quelque incertitude; ils sont d'ailleurs insuffisants, les calculs étant faits dans l'hypothèse que les deux coefficients de conductibilité calorifique intérieure et extérieure sont indépendants de la température.

M. Tait ([5]) considère les deux coefficients comme des fonctions linéaires de la température. La méthode qu'il emploie est celle de Forbes ; elle exige deux expériences, l'une statique, consistant à déterminer la distribution des températures stationnaires dans une barre chauffée à l'une de ses extrémités ; l'autre dynamique, dans laquelle on étudie le refroidissement d'un morceau très court de la même barre. Cette seconde expérience donne la quantité de chaleur perdue par la surface extérieure à chaque température ; on peut alors déduire de la première la conductibilité intérieure et sa variation avec la température. Les expériences de M. Tait ont porté sur le fer, le cuivre pur et le cuivre ordinaire, le plomb et le maillechort. Il résulte des nombres obtenus que le sens des variations est le même dans les deux ordres de phénomènes, mais que ces variations sont loin d'être proportionnelles.

1000. — Les propriétés physiques des métaux varient tellement d'un échantillon à un autre que la question ne pouvait être résolue d'une manière rigoureuse qu'en étudiant les deux phénomènes sur le même échantillon. C'est dans ces condi-

([1]) Forbes, *Phil. trans. R. S. E.*, fév. 1860 et fév. 1864.

([2]) Angström, *Pogg. Ann.*, t. CXIV, p. 513, 1861 ; t. CXVIII, p. 423, 1863.

([3]) Neumann, *Ann. de chim. et de phys.* [3], t. LXVI, p. 185, 1863.

([4]) Lenz, *Bull. de l'Acad. de Saint-Pétersb.*, t. XV, p. 54, 1870.

([5]) Tait, *Phil. trans. R. S. E.*, t. XXVIII, p. 717, 1877.

tions qu'ont été faites les expériences de M. F. Weber, de MM. Kirchhoff et Hansemann et de M. Lorenz.

M. F. Weber [1] prend le métal à étudier sous la forme d'un tore de révolution. Pour déterminer la conductibilité calorifique, il chauffe l'une des sections jusqu'à ce que la distribution des températures soit devenue stationnaire; puis il étudie le refroidissement, en observant les températures successives en deux points situés l'un à 45°, l'autre à 225° de la section primitivement chauffée. La théorie montre que, si les dimensions de l'anneau sont convenablement choisies, la température peut être considérée sans erreur sensible comme constante dans toute une section, et la propagation comme s'effectuant parallèlement à la circonférence moyenne de l'anneau. On admet d'ailleurs que les deux coefficients de conductibilité, ainsi que la chaleur spécifique, sont des fonctions linéaires de la température.

Il suffit de connaître les excès de température t_1 et t_2 à un instant donné aux deux points considérés, pour en déduire les deux coefficients de conductibilité.

Quant à la conductibilité électrique, elle était déterminée par la méthode de l'amortissement en plaçant l'anneau verticalement dans le méridien magnétique et faisant osciller au centre une petite aiguille aimantée. La résistance R de l'anneau se déduit de la formule (20)'' du n° **815**, dans laquelle on peut supprimer le terme en L, qui est absolument négligeable dans le cas actuel. Si on suppose les courants induits distribués uniformément dans tout l'anneau parallèlement à la circonférence moyenne, ce qui peut, et doit même, s'éloigner sensiblement de la réalité, et qu'on désigne par a le rayon de la section et par b celui de la circonférence moyenne, le coefficient c de conductibilité a pour expression

$$c=\frac{2b}{a^2\mathrm{R}}.$$

Les expériences de M. Weber ne sont pas favorables à l'existence d'une relation simple entre la conductibilité calo-

[1] F. Weber, *Bibl. univ. de Genève* [3], t. IV, p. 107, 1880.

rifique et la conductibilité électrique; mais l'auteur croit pouvoir en déduire que le rapport de la conductibilité calorifique k à la conductibilité électrique c est une fonction linéaire de la chaleur spécifique γ de l'unité de volume du métal, de sorte qu'on pourrait poser, en désignant par a et b deux constantes,

$$\frac{k}{c} = a + b\gamma.$$

Cette relation, d'après la remarque de M. Weber, permettrait d'expliquer pourquoi les expériences antérieures semblent vérifier la proportionnalité des deux conductibilités, les métaux employés, tels que le cuivre, le fer, le laiton, et le maillechort, ayant sensiblement la même chaleur spécifique γ.

1001. — MM. Kirchhoff et Hansemann [1] ont adopté pour la mesure des conductibilités calorifiques une méthode dans laquelle le coefficient de conductibilité extérieure n'intervient que comme terme de correction d'une faible importance. Ils considèrent un milieu indéfini terminé par un plan. La température étant supposée uniforme dans toute l'étendue du milieu, on porte à un instant donné la surface entière du plan à une température différente qu'on maintient ensuite constante, et on observe la marche des températures intérieures. Si on désigne par U l'excès de la température du plan sur la température initiale et par u l'excès à l'époque t en un point situé à une distance r, on a

$$u = \mathrm{U}\frac{r}{2}\sqrt{\frac{k}{\gamma t}}. \tag{55}$$

Le milieu était représenté par un cube de 15 centimètres de côté dont la face antérieure était encastrée dans une lame de zinc; la température étant uniforme et égale à celle du milieu extérieur, on lançait normalement sur la face un jet d'eau à température fixe, supérieure ou inférieure de quel-

(1) G. Kirchhoff et Hansemann, *Wied. Ann.*, t. IX, p. 1, 1880 et t. XIII, p. 406, 1881. — Kirchhoff, *Gesamm. abh.*, p. 495.

ques degrés seulement à la température ambiante, et qui l'inondait pendant la durée, d'ailleurs très courte, de l'expérience. Des sondes thermoélectriques donnaient la variation de la température à diverses distances du plan.

Pour obtenir la conductibilité électrique on débitait ensuite le cube en prismes à base carrée de 5 millimètres de côté et d'une longueur égale à l'arête du cube, et on opérait par la méthode du n° **981**. Malheureusement les prismes provenant d'un même cube ont présenté des différences allant jusqu'à 10 et même parfois 25 pour 100, ce qui enlève beaucoup de leur netteté aux conclusions qu'on peut tirer des expériences.

Celles-ci tendent à montrer que le rapport $\frac{k}{c}$ est sensiblement constant pour les métaux essayés, c'est-à-dire le plomb, l'étain, le zinc et le cuivre, sauf pour le fer. Par contre, elles ne confirment point la loi trouvée par M. Weber.

1002. — M. Lorenz [1] a étudié la conductibilité calorifique et la conductibilité électrique de barres étroites ayant 30 centimètres de long et 1,5 centimètre de diamètre.

Supposons la barre divisée en n parties égales de longueur l, et soient u_0, u_1 .... u_n les excès de température aux points de division 0, 1, 2 ... n. Si on appelle q la section, la quantité de chaleur qui traverse pendant l'unité de temps la section A prise à égale distance des points 0 et 1 est

$$kq\frac{u_0 - u_1}{l},$$

et la section B, prise à égale distance des points $n-1$ et n, est traversée par une quantité de chaleur

$$kq\frac{u_{n-1} - u_n}{l}.$$

La différence

$$\frac{kq}{l}\left[u_0 - u_1 - u_{n-1} + u_n\right] = \frac{kq}{l}\delta$$

représente la quantité de chaleur reçue dans chaque unité de

[1] Lorenz, *Wied. Ann.*, t. XIII, p. 422 et 582, 1881.

temps par la portion AB de la barre; une partie est employée à l'échauffer et l'autre est perdue par la surface extérieure.

La quantité de chaleur employée dans l'unité de temps à échauffer une portion l de la barre ayant son milieu à la division p, est, en appelant m la densité, $\gamma l m q \frac{du_p}{dt}$; la quantité otale relative à la longueur AB est donc

$$\gamma m q l\left[\frac{du_1}{dt}+\frac{du_2}{dt}\cdots+\frac{du_n}{dt}\right]=\frac{\gamma m q l}{n-1}\frac{d\theta}{dt},$$

$\frac{\theta}{n-1}$ représentant la température moyenne de cette barre.

Quant à la chaleur perdue par la surface extérieure, M. Lorenz admet qu'elle est une fonction $f(\theta)$ de la température moyenne. On a donc

$$\frac{kq}{l}\delta=\frac{\gamma m q l}{n-1}\frac{d\theta}{dt}+f(\theta).$$

Si on arrête l'échauffement de la barre, la différence δ s'abaisse rapidement et prend une valeur δ', θ prenant la valeur θ'; on a alors

$$\frac{kq}{l}\delta'=\frac{\lambda m q l}{n-1}\frac{d\theta'}{dt}+f(\theta');$$

si les températures θ' et θ sont égales au moment considéré, il vient

$$\frac{k}{l}(\delta-\delta')=\frac{\gamma m l}{n-1}\left(\frac{d\theta}{dt}-\frac{d\theta'}{dt}\right), \tag{56}$$

équation d'où l'on tirera la valeur de k. La formule est d'autant plus approchée que l'on a pris l plus petit, mais M. Lorenz a montré que l'erreur est négligeable avec les bons conducteurs quand, pour des barres de $1^c,5$ de diamètre, on prend la longueur l égale à 2 centimètres.

Cette méthode était mise en œuvre d'une manière très simple. La barre était percée de 9 trous très fins de $0^{mm},4$ de diamètre destinés à recevoir les soudures de couples thermoélectriques, et numérotés 0, 1, 2 ... 8. Deux couples ayant leurs soudures, l'un en 0 et 1, l'autre en 7 et 8, sont réunis en sens contraires dans un même circuit et donnent immédiatement ε. Sept autres couples associés en série ont leurs soudures impaires dans les trous 1, 2, 3... 7, les soudures paires étant à une même température, et donnent directement θ. On a ainsi tous les éléments pour calculer la valeur de k.

Les conductibilités électriques étaient déterminées sur les mêmes barres aux températures de 0 et de 100°.

Les résultats de M. Lorenz confirment la loi de Wiedemann et Franz et mettent en évidence cette autre relation remarquable que le rapport $\frac{k_{100}}{c_{100}} : \frac{k_0}{c_0}$ est sensiblement constant et égal à 1,367. M. Lorenz pense qu'on peut donc écrire d'une manière générale

$$\frac{k}{c} = CT,$$

T étant la température absolue et C une constante. Dans le cas des métaux très conducteurs, le coefficient k varie très peu avec la température ; la formule exprime alors simplement le résultat connu que la résistance de métaux purs est proportionnelle à la température absolue. Il est très remarquable que la relation indiquée par M. Lorenz se maintienne pour les alliages tels que le laiton et le maillechort ; le coefficient de variation de la conductibilité électrique est alors moindre, mais celui de la conductibilité calorifique beaucoup plus grand que pour les métaux purs : il y a exactement compensation.

1003. Résistance des électrolytes. — On obtient les nombres les plus variables pour la résistance de l'eau, quelque soin qu'on ait mis à la purifier. Les moindre traces de matières étrangères en dissolution, même gazeuses, en augmentent considérablement la conductibité ; on doit admettre que les résistances les plus grandes correspondent à l'eau la plus pure. M. F. Kohlrausch [1] a obtenu la valeur 7.10^6 ohms

[1] F. Kohlrausch, *Bericht. des Berl. K. Ak.*, oct. 1884.

pour la résistance spécifique, c'est-à-dire 74 billions de fois la résistance du mercure. M. Foussereau trouve 3.10^5 ohms environ pour l'eau distillée ordinaire [1]. La résistance à l'état solide est beaucoup plus plus grande qu'à l'état liquide. Un même échantillon, dont la résistance à l'état liquide était de $3,231.10^5$ ohms, avait à l'état solide une résistance de $3,987.10^{10}$ à 0° et de $4,380.10^{10}$ à — 15°.

Quand on ajoute à l'eau une matière saline, la conductibilité commence par croître proportionnellement à la quantité de sel ajoutée, puis elle varie d'une manière plus ou moins complexe en passant généralement par un maximum.

M. Bouty [2] a montré que la résistance des dissolutions très étendues obéit à une loi extrêmement simple : la conductibilité est la même pour les solutions qui renferment des poids de sels proportionnels aux équivalents chimiques; en d'autres termes, la conductibilité moléculaire est la même pour tous les sels. Les équivalents qui satisfont à cette loi sont ceux qui sont déterminés par l'électrolyse, c'est-à-dire les équivalents électro-chimiques proprement dits. La loi de M. Bouty doit être considérée comme un cas limite, les phénomènes devenant beaucoup plus complexes dès que la dissolution renferme plus de quelques millièmes de son poids de sel.

Pour toutes les dissolutions, et plus généralement pour tous les électrolytes, la résistance diminue quand la température augmente; la conductibilité c peut être représentée par une expression de la forme

$$c = c_0(1 + \alpha t + \beta t^2).$$

1001. — M. Wiedemann [3], considérant la résistance d'un électolyte comme due au transport matériel des éléments du sel à travers la masse du dissolvant, a cherché s'il existait une relation entre la résistance électrique et le frottement intérieur d'un liquide.

(1) Foussereau, *Ann. de ch. et de phys.* [6], t. V, p. 317, 1885.
(2) Bouty, *Ann. de ch. et de phys.* [6], t. III, p. 433, 1884.
(3) Wiedemann, *Pogg. Ann.*, t. XCIX, p. 228, 1856. — *Die Lehre von der Elekt.*, t. II, p. 946.

Supposons qu'un liquide se meuve parallèlement à un plan fixe, la vitesse d'un point étant une fonction $f(r)$ de sa distance r au plan. Deux tranches infiniment voisines, parallèles au plan et situées aux distances r et $r+dr$, exercent l'une sur l'autre une action parallèle au mouvement, proportionnelle à leur vitesse relative et égale à $\eta f'(r)$ par unité de surface, η étant une constante qui dépend de la nature du liquide.

La constante η, qu'on appelle le coefficient de frottement intérieur, peut être déduite des expériences relatives à l'écoulement des liquides par les tubes capillaires. Poiseuille [1] a montré que si on appelle D le diamètre du tube, L sa longueur, p la différence des pressions aux deux extrémités et t la température, la quantité Q de liquide qui s'écoule dans l'unité de temps a pour expression

$$Q = K\frac{pD^4}{L}.$$

Le facteur K, qui dépend de la nature du liquide, est en raison inverse de η; il varie avec la température t et peut être représenté par

$$K = A(1 + at + bt^2);$$

on en déduit pour le coefficient η une expression de la forme

$$\eta = \frac{\eta_0}{1 + at + bt^2}.$$

On peut aussi, comme l'a montré M. Meyer [2], déduire le coefficient η de la méthode employée par Coulomb [3] pour déterminer la *cohérence* d'un fluide, et qui consiste à étudier l'amortissement des oscillations d'un corps plongé dans la masse fluide. En appelant λ le décrément logarithmique des oscillations, R le rayon du disque oscillant, M le moment d'inertie du

(1) Poiseuille, *Mém. des sav. étrang.*, t. XI, p. 433. — *Ann. de chim. et de phys.* [3], t. VII, p. 50, 1843.

(2) O. Meyer, *Pogg. Ann.*, t. CXIII, p. 55, 193, 383, 1861.

(3) Coulomb, *Mém. de l'Institut*, t. III, 1801. — *Collect. de mém. de la Société de phys.*, t. I, p. 331.

système et T_0 la durée des oscillations dans le vide, M. Mayer arrive à la formule

$$\lambda \frac{M}{R^4} = \sqrt{\frac{5}{8} \pi^3 T_0 \eta}.$$

M. Grossmann [1], appliquant cette dernière formule convenablement corrigée aux expériences de MM. Kohlrausch et Grotrian, trouve que le produit de la conductibilité électrique par le coefficient de frottement intérieur est pour un même sel, au même état de dissolution, indépendant de la température; il en résulte que les deux coefficients α et β, relatifs à la variation de conductibilité, sont respectivement égaux aux coefficients a et b relatifs à la variation du frottement.

M. Bouty a confirmé cette loi pour les dissolutions très étendues; il a constaté que la conductibilité moléculaire d'un sel quelconque varie comme le binome

$$1 + 0,033695\,t.$$

D'après Poiseuille, le frottement intérieur de l'eau est en raison inverse de l'expression

$$1 + 0,0336793\,t + 0,000209938\,t^2.$$

Il résulte de là que les variations, avec la température, de la conductibilité électrique d'une dissolution saline très étendue dépendent uniquement du frottement intérieur de l'eau.

La loi de Grossmann s'applique également aux sels fondus, comme cela résulte des expériences de M. Foussereau. La valeur constante du produit de la conductibilité par le coefficient de frottement intérieur varie d'ailleurs d'un sel à l'autre, et ces produits différents ne paraissent présenter aucune relation simple, soit par rapport à chacun de ces coefficients, soit par rapport à l'équivalent chimique du sel.

1005. Corps mauvais conducteurs. Diélectriques. — Certains corps, comme le charbon de cornue, le sélénium et différents

(1) Grossmann, *Wied. Ann.*, t. XVIII, p. 119. 1883.

sulfures métalliques, se comportent à la manière des métaux quoiqu'ils présentent une conductibilité beaucoup plus faible; mais leur résistance va en diminuant lorsque la température s'élève. La résistance spécifique des charbons employés pour la lumière électrique est d'environ 0,004 ohm, soit 42 fois celle du mercure; elle varie environ de 0,0003 par degré entre les températures de zéro et de 100°.

La résistance du sélénium dépend beaucoup de sa structure; la forme métallique conduit beaucoup mieux que la forme cristallisée. M. Mercadier [1] trouve que la résistance du sélénium décroît d'une manière continue quand la température augmente depuis zéro jusqu'à 125°, et qu'ensuite, vers 163°, elle présente un maximum relatif correspondant à un changement d'état. Entre zéro et 36° la variation est très rapide et sensiblement proportionnelle à la variation de la température. D'après M. Shelford Bidwell [2], au contraire, la résistance passerait par un maximum entre 20 et 30°.

Le sélénium présente en outre la propriété curieuse, observée d'abord par M. Willoughby Smith [3], de devenir beaucoup plus conducteur sous l'action de la lumière. L'accroissement de la conductibilité par l'illumination disparaît extrêmement vite, dès que le sélénium est ramené à l'obscurité.

Le phosphore et surtout le soufre présentent une grande résistance à l'état solide, mais deviennent relativement conducteurs quand ils sont fondus. Leur conductibilité s'accroît rapidement avec la température; M. Foussereau a trouvé que la résistance de ces deux corps peut être représentée par une expression de la forme

$$\log. R = a - bt + ct^2. \tag{57}$$

Les expériences sont bien régulières avec le phosphore, mais les nombres obtenus pour le soufre varient beaucoup, comme du reste ses autres propriétés physiques, avec les conditions antérieures par lesquelles il a passé. La résistance spécifique

(1) Mercadier, *C. R. de l'Ac. des sc.*, t. XCII, p. 1407, 1881.
(2) Shelford Bidwell, *Phil. mag.* [5], t. XI, p. 302, 1881.
(3) Willougby Smith, *Amer. journ. of. sc.*, t. V, p. 301, 1873.

du phosphore à 50° est de $1,33.10^6$ ohms; de 25° à 100°, elle diminue dans le rapport à 6,6 à 1. La résistance spécifique du soufre à 120° est d'environ 10^{10} ohms.

Le verre sec peut être considéré comme parfaitement isolant aux températures ordinaires. Cependant Cavendish ([1]) avait déjà reconnu qu'à la température de 300°, il laisse passer l'électricité; le décroissement de la résistance est très rapide et il suffit d'une différence de 6 à 9° pour doubler la conductibilité. La résistance des différents verres peut encore être représentée, d'après M. Foussereau, par une expression de même forme (57) que pour le soufre et le phosphore.

Il résulte encore de ces expériences que le cristal présente une résistance beaucoup plus grande que le verre ordinaire, et celui-ci que le verre de Bohême, car les résistances spécifiques de ces trois corps à 50° sont respectivement 3410.10^{12}, $2,4.10^{12}$ et $0,3.10^{12}$ ohms. Il est présumable que la conductibilité du verre chauffé est de même nature que celle des électrolytes et que le passage d'un courant y est accompagné de phénomènes chimiques.

Les expériences relatives à la gutta-percha sont rendues très difficiles par les phénomènes d'absorption électrique, mais la conductibilité croît manifestement avec la température. D'après MM. Bright et Clark ([2]) la résistance entre les températures de 0° et de 24° peut être représentée par la formule

$$r = r_0\, 0.8878^t.$$

1006. Gaz et vapeurs. — On sait que les gaz et les vapeurs, qui sont absolument isolants aux basses températures et à la pression atmosphérique, deviennent conducteurs aux températures élevées. Volta a reconnu que la flamme d'une bougie ou d'un fil soufré se comporte comme une pointe infiniment aiguë (73) et laisse échapper l'électricité, au moins pour des potentiels assez élevés; sir W. Thomson, mettant à profit cette propriété des gaz chauds, a réalisé par la combustion lente d'une mèche de papier imprégnée de nitrate de plomb

([1]) Maxwell, *Elect. researches of Cavendish*, p. 430.
([2]) Bright et Clark, *Electrician*, t. I, p. 3, 1862.

un égaliseur de potentiel qui est très utile pour l'étude de l'électricité atmosphérique.

De même, le courant électrique dans une lumière à arc se propage par la couche de gaz chauds et de vapeurs qui sépare les deux charbons. Il en est ainsi encore pour les étincelles électriques dans l'air et les décharges dans les tubes à gaz raréfiés. La résistance du gaz diminue avec la pression jusqu'à un certain minimum correspondant à une pression de quelques millimètres de mercure, variable du reste d'un gaz à l'autre; elle croît ensuite avec une très grande rapidité et toutes les expériences tendent à montrer que l'électricité ne peut se propager dans le vide absolu.

M. Edlund [1] considère la résistance que présentent les gaz au passage de l'électricité comme due à deux causes, une résistance proprement dite qui décroît indéfiniment avec la pression et une force électromotrice inverse développée au contact du gaz et des électrodes, laquelle au contraire croît avec la raréfaction.

Une autre circonstance qui complique les phénomènes, et dont il est difficile de faire la part, est le transport de l'électricité par les molécules mêmes du gaz. Aussi malgré de nombreux travaux sur cette question, il paraît difficile de se faire une idée exacte de la conductibilité propre des gaz.

[1] Edlund, *Ann. de ch. et de phys.* [5], t. XXVII, p. 114, 1882.

CHAPITRE QUATRIÈME

MESURE DES FORCES ÉLECTROMOTRICES

1007. Étalons de force électromotrice. — Lorsqu'un conducteur est traversé par un courant permanent, la force électromotrice entre les éléments correspondants de deux surfaces de niveau, ou la différence de potentiel de deux points de ces surfaces, est le produit de l'intensité du courant qui traverse l'un des éléments par la résistance qui les sépare. L'unité pratique de force électromotrice, ou le *volt*, est la force électromotrice qui maintient un courant d'un ampère dans la résistance d'un ohm légal (**920**). Le volt ainsi évalué présente avec la valeur qui résulterait de sa définition théorique (**613**) la même erreur relative que celle de l'ohm légal.

On n'est pas encore parvenu à réaliser pour les forces électromotrices un étalon défini et invariable comme pour les résistances, et on est obligé, faute de mieux, de recourir à des couples qui renferment des éléments liquides. Le couple Daniell à sulfates et celui de M. Latimer Clark sont encore ceux qui présentent le plus de garanties.

Diverses formes ont été proposées pour le couple Daniell, soit en vue d'empêcher le mélange des deux dissolutions, soit pour éviter l'emploi des vases poreux, comme dans l'étalon de sir W. Thomson, où les liquides sont simplement superposés dans l'ordre de leurs densités décroissantes. Dans tous les cas, il est nécessaire de renouveler les liquides quand on veut procéder à une nouvelle série de mesures.

La force électromotrice dépend de la densité des dissolutions. Avec du sulfate de cuivre saturé et du sulfate de zinc de richesse croissante, M. Carhart [1] a constaté que la force électromotrice varie de $1^v,04$ pour l'eau pure à un maximum de 1,137 pour du sulfate de zinc à 5 p. 100; elle diminue lentement jusqu'à 1,111 pour une dissolution de sulfate à 10 p. 100 et reste ensuite constante.

Malheureusement, il ne suffit pas de prendre des liquides de même concentration pour avoir une force électromotrice déterminée; les différences, qui tiennent sans doute à l'inégale pureté des métaux, peuvent atteindre 2 ou 3 p. 100 [2].

La température influe d'ailleurs d'une manière notable sur la force électromotrice du couple Daniell. Cette influence est nulle d'après M. Helmholtz [3] quand, la dissolution de sulfate de cuivre étant saturée, celle du sulfate de zinc a pour densité 1,04; la force électromotrice décroît quand la température augmente pour les dissolutions de zinc plus concentrées et augmente au contraire avec la température pour les dissolutions plus étendues.

La lumière semble avoir une action encore plus marquée; M. Pellat [4] a reconnu que le siège de cette action de la lumière est sur la lame de cuivre et qu'elle est due aux radiations les plus réfrangibles; elle peut abaisser la force électromotrice de 1 à 2 p. 100.

Dans le modèle de sir W. Thomson à sulfates concentrés et superposés [5], la force électromotrice est très sensiblement égale à $1^v,074$ pour la température de 15°.

Au lieu d'employer ce couple en circuit ouvert, sir W. Thomson [6] préfère prendre comme étalon la différence de potentiel des deux pôles quand ceux-ci sont réunis par une résistance de 250 ohms. Cette différence augmente d'abord pendant quelques heures après la fermeture du circuit, mais elle devient ensuite remarquablement constante.

(1) H.-S. Carhart, *Amer. Journ. of science*, t. XXVIII, p. 374, 1884. — *Journ. de Phys.* [2], t. IV, p. 98.

(2) L. Rayleigh, *Ph. trans. R. S. L.* for 1884, part. II, p. 460.

(3) Helmholtz, *Sitz. der K. A. der Wissensch., Berlin*, p. 26, 1882. — *Wiss. Abhand.*, t. II, p. 958.

(4) Pellat, *C. R. de l'Ac. des Sc.*, t. LXXXIX, p. 222, 1879.

(5) L. Rayleigh, *loc. cit.*

(6) Sir W. Thomson, *B. A. Report*, Southampton, 1882.

Le couple de Latimer Clark est presque entièrement formé de matières solides, ce qui en rend le transport et la conservation plus faciles, et il paraît donner des résultats plus constants. Les éléments qui le constituent sont les suivants : zinc, sulfate de zinc, sulfate de mercure et mercure.

On prépare une dissolution concentrée de sulfate de zinc dans l'eau bouillante ; on ajoute dans la dissolution refroidie du sulfate de protoxyde de mercure jusqu'à formation d'une pâte épaisse et on maintient ensuite ce mélange pendant quelque temps à la température de 100°. La pâte est versée à la surface du mercure pur préalablement chauffé et un bâton de zinc pur y est encastré. Les électrodes sont formées de fils de platine reliés au zinc et au mercure. A cause même de son état physique, le couple se polarise facilement, mais il ne tarde pas à reprendre sa force électromotrice primitive ; si les matières employées sont bien pures, les modèles ainsi construits ne diffèrent pas entre eux d'un millième. Sous cette forme, on n'a plus à craindre la diffusion des dissolutions et le couple, une fois monté et scellé dans le verre, est toujours prêt à servir. D'après les expériences de L. Rayleigh [1] la force électromotrice à 15° est de $1^{v},435$.

Une élévation de température a pour effet de diminuer la force électromotrice du couple L. Clark. Les coefficients de variation obtenus par différents physiciens oscillent depuis 0,00041 (Wright et Thomson) jusqu'à 0,00082 (L. Rayleigh, Helmholtz) ; ces différences peuvent tenir au mode de construction, mais aussi à une évaluation inexacte de la température, très difficile à connaître à cause de la forme même du couple [2]. En introduisant un thermomètre dans l'intérieur de cet instrument, M. Pellat trouve que la force électromotrice de l'étalon L. Clark est exactement représentée entre 0° à 25° par la formule

$$E = E_0(1 - 0,00078 1 t).$$

1008. — Pour fractionner la force électromotrice d'un

[1] Rayleigh, *Ph. Trans. R. S. L.*, for 1884, partie II, p. 459.

[2] Wright et Thomson, *Phil. mag.* [6], t. XVI, p. 33, 1883. — Helmholtz, *Sitz. der K. A. der Wiss. Berlin*, p. 26, 1882.

étalon, il suffit de joindre les pôles par une résistance très grande par rapport à la sienne : deux points qui comprennent entre eux une fraction quelconque de cette résistance ont pour différence de potentiel, en vertu de la loi d'Ohm, la même fraction de la force électromotrice totale.

La boîte de résistances à cadrans d'Elliot (**927**) permet de réaliser cette expérience d'une manière très simple. Les chevilles ordinaires étant placées sur le n° 9 de chaque cadran, on réunit l'étalon aux bornes extrêmes, ce qui intercale une résistance de 9999 ohms ou de 10000 ohms, si on y joint l'unité supplémentaire. Si on place dans les plaques des couronnes deux chevilles auxiliaires séparés par une résistance de n ohms, la différence de potentiel de ces chevilles est une fraction égale à n dix-millièmes de celle des bornes extrêmes ou, sensiblement, de la force électromotrice étalon.

Lorsque les boîtes ne permettent pas la prise de résistances partielles, on joint bout à bout deux boîtes différentes dont les bornes extrêmes sont réunies à l'étalon. Si on prend n unités sur la première boîte et n' unités sur la seconde, la résistance totale est $N=n+n'$ et la différence de potentiel des bornes de la première est une fraction égale à $\frac{n}{n+n'}=\frac{n}{N}$ de celle des bornes extrêmes. Il est avantageux, dans ce cas, de changer en même temps les deux nombres n et n', de manière que la somme $n+n'=N$ reste constante et égale, par exemple, à 10000 ohms.

1009. Mesures électrométriques. — Les forces électromotrices peuvent être déterminées, en valeur absolues ou relatives, par les différentes méthodes indiquées au chapitre Ier (**976** et suiv.), pour la détermination des différences de potentiel, ainsi qu'aux n[os] **868** et **869**. Quand il s'agit des piles et des courants permanents, ces méthodes sont, en général, plus simples que dans les expériences d'électricité statique, parce que les appareils sont alors des sources d'électricité et que les pertes électriques dues aux communications sont aussitôt réparées, de sorte qu'il n'y a pas, en général, à tenir compte de la capacité des corps qui interviennent.

Remarquons encore que, pour les mesures absolues, les

méthodes électrostatiques donnent des résultats évalués également en unités électrostatiques et que, si l'on veut passer d'un système à l'autre, il est nécessaire de connaître le rapport des unités (**610**). Sir W. Thomson [1], par exemple, a trouvé que la force électromotrice d'un couple Daniell est égale à 0,00374 unités électrostatiques (C.G.S). Si on admet pour le rapport des unités la valeur $a = 3 \times 10^{10}$, ce résultat correspond à $0{,}00374 \times 3.10^{10} = 1{,}12.10^{8}$ en unités électromagnétiques (C.G.S), ou 1,12 volts.

1010. Piles ouvertes. — Méthode d'opposition. — Quand il s'agit des piles à liquides, on doit considérer la force électromotrice à deux points de vue, suivant que le circuit est ouvert ou fermé, ou encore qu'il a été fermé déjà pendant quelque temps. Dans tous les cas, la force électromotrice est la somme des différences de potentiel aux surfaces de contact des éléments successifs qui constituent chacun des couples. Mais, si la pile a été traversée par un courant, le travail chimique a modifié par la polarisation les différences de potentiel de contact, et la force électromotrice réellement en jeu peut avoir une valeur toute différente; c'est cette dernière qui présente surtout un intérêt pratique et qui règle l'intensité du courant. Il est donc très important de spécifier les conditions dans lesquelles ont été faites les expériences.

Le courant est nul dans un circuit lorsque la somme algébrique des forces électromotrices est nulle, c'est-à-dire lorsque les forces électromotrices se partagent en deux groupes opposés formant la même somme. Pour appliquer cette méthode d'opposition directe, il faut avoir à sa disposition une série de couples dont la force électromotrice soit très faible par rapport à celles qu'on veut évaluer. M. J. Regnauld [2] prenait comme unité un couple thermoélectrique bismuth-cuivre dont les soudures étaient maintenues respectivement aux températures de 0° et de 100°.

Afin d'éviter l'emploi d'un trop grand nombre de couples thermoélectriques, M. Regnauld s'est servi, comme mul-

(1) Sir W. Thomson, *Reprint of papers on electr. and magn.*, p. 245.

(2) J. Regnauld, *Ann. de ch. et de phys.* [3], t. XLIV, p. 453, 1855.

tiple auxiliaire, d'un couple Daniell dans lequel le cuivre et le sulfate de cuivre étaient remplacés par du cadmium et du sulfate du cadmium, et dont la force électromotrice a été trouvée sensiblement égale à celle de 55 couples thermoélectriques. L'expérience consiste alors à placer le couple à étudier dans un circuit qui renferme un galvanomètre sensible et où l'on intercale des couples à cadmium et des couples thermoélectriques jusqu'à ce que le courant soit à peu près nul. Cette condition n'est jamais réalisée exactement et on détermine en réalité les deux nombres n et $n+1$ de couples thermoélectriques qu'il faut opposer à la force électromotrice considérée pour obtenir dans le galvanomètre des déviations de sens contraires. On obtient ainsi la force électromotrice du couple étudié à une unité près.

On pourrait évaluer la fraction complémentaire, soit par le rapport des déviations finales, soit en cherchant à quelle température il faut abaisser la soudure chaude du $n+1^{e}$ couple pour que le courant soit rigoureusement nul, mais il serait superflu de pousser l'approximation aussi loin. Cette méthode, en effet, outre les difficultés pratiques qu'elle entraîne, ne comporte pas le degré de précision qu'on pourrait en espérer. Le couple à cadmium est très constant; mais, quelque précaution que l'on prenne dans la construction des couples thermoélectriques, ils présentent entre eux, comme l'a constaté M. Gaugain [1], de grandes différences qui tiennent à la cristallisation du bismuth et qui atteignent souvent le dixième de leur valeur. Le couple cuivre-or, dont la force électromotrice est 62,5 fois plus faible que celle du couple bismuth-cuivre, fournirait des étalons plus satisfaisants.

Quoi qu'il en soit, M. Regnauld a trouvé que la force électromotrice du couple Daniell était comprise entre 175 et 176 unités; le couple thermoélectrique bismuth-cuivre, entre les températures de 0° et de 100°, vaut donc environ $0^{v},0061$, et le couple Daniell au zinc et au cadmium $0^{v},34$.

1011. Méthodes de compensation. — On désigne habituellement sous ce nom les méthodes dans lesquelles la force

[1] Gaugain, *Ann. de chim. et de phys.* (3), t. LXV, p. 1, 1862.

électromotrice à déterminer est compensée par la différence de potentiel de deux points d'un circuit traversé par un courant permanent.

La disposition employée d'abord par Poggendorff [1] est représentée par la figure 204.

Le circuit d'une pile constante E renferme deux rhéostats R et r, le dernier compris entre les deux points A et B. Le couple e à mesurer est relié aux points A et B par l'intermédiaire d'un galvanomètre G, les courants produits par les

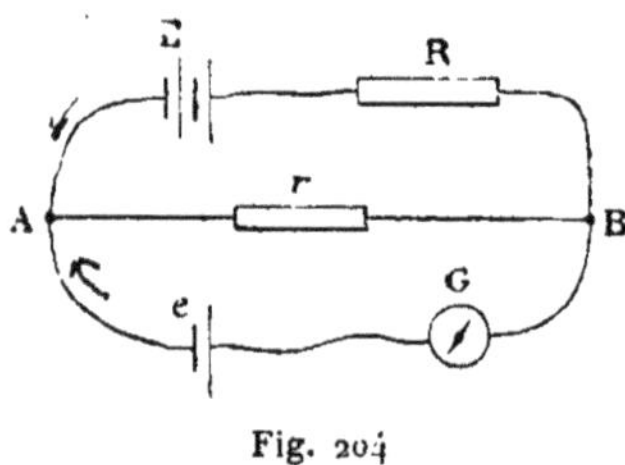

Fig. 204

forces électromotrices E et e étant tous deux dirigés vers le point A. On règle les deux rhéostats de manière que le courant soit nul dans le galvanomètre. On a alors, en désignant par R la résistance de la portion AEB du circuit, et par r celle du pont AB,

$$\frac{e}{E}=\frac{r}{R+r}.$$

Si l'on veut éviter de déterminer les résistances R et r, qui seraient difficiles à connaître, surtout la première, il suffit de les remplacer par d'autres valeurs R' et r', de manière à obtenir de nouveau un courant nul. On a alors

$$\frac{e}{E}=\frac{r}{R+r}=\frac{r'}{R'+r'}=\frac{r'-r}{R'-R+r'-r}=\frac{1}{1+\frac{r'-r}{R'-R}};$$

et le rapport des forces électromotrices est donné par les variations de résistance dans chacun des deux rhéostats.

(1) Poggendorff, *Pogg. Ann.*, t. LIV, p. 161, 1841.

1012. — On peut supprimer le rhéostat r, en prenant pour AB un fil homogène (fig. 205) et cherchant à quel point C du fil doit communiquer le second pôle du couple e pour que l'aiguille du galvanomètre reste au zéro [1]. Appelant l la ré-

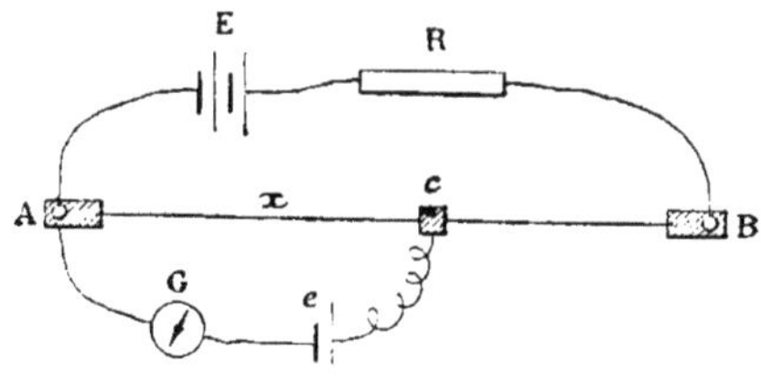

Fig. 205

sistance totale du fil AB, x et x' les résistances des longueurs AC qui satisfont à la condition quand la résistance totale du circuit ABC a successivement pour valeurs R et R', on a

$$\frac{e}{E}=\frac{x}{R+l}=\frac{x'}{R'+l}=\frac{x'-x}{R'-R}.$$

Au lieu de comparer la force électromotrice e à celle qui fournit le courant principal et qui, par cela même, est mal définie, il est préférable d'opérer par substitution et de mettre successivement dans le circuit AGC les deux forces électromotrices e et e' à comparer [2]. Les deux expériences donnant les rapports $\frac{e}{E}$ et $\frac{e'}{E}$, on en déduit le rapport $\frac{e}{e'}$.

Dans la seconde disposition, par exemple, si la valeur de R reste constante et que x et x' désignent les valeurs de la résistance AC qui correspondent à l'équilibre pour les deux couples e et e', on a simplement

$$\frac{e}{e'}=\frac{x}{x'}.$$

(1) Dubois-Reymond, *Abh. d. B. Ak.*, p. 787, 1862. — *Ges. abh.*, I, p. 176.

(2) Pellat, *Ann. de ch. et phys.* [5], t. XXIV, p. 5, 1881; — *Journ. de phys.*, IX, p. 145.

Si le fil est homogène, les forces électromotrices sont proportionnelles aux distances correspondantes du point de contact au point A. Le rhéostat R sert alors à régler la résistance R de manière que les distances x et x' qui satisfont à l'équation précédente soient comprises dans la longueur du fil AB.

Le galvanomètre G peut évidemment être remplacé par un électromètre et, en particulier, par l'électromètre capillaire de M. Lippmann.

1013. — Les deux expériences peuvent être faites simultanément : les deux couples e et e', communiquant au point A

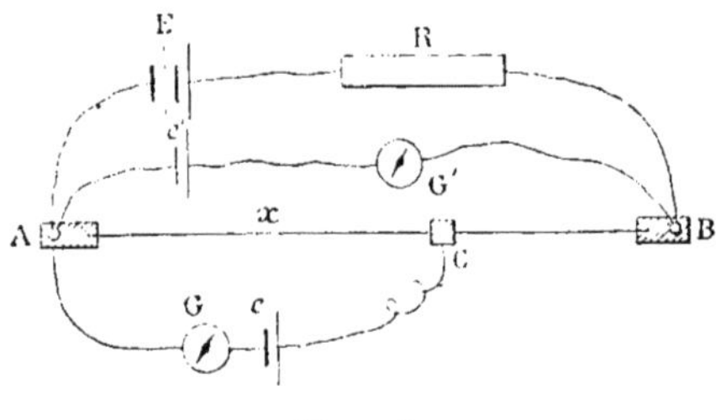

Fig. 206

par un pôle, sont reliés par des galvanomètres à deux points différents C et C′ du fil AB, choisis de manière que le courant soit nul à la fois dans les deux galvanomètres; c'est la disposition connue sous le nom de *potentiomètre* de Clark [1].

On intercale entre les deux points A et B (fig. 206), avec un galvanomètre G′, celui des deux couples, e' par exemple, dont la force électromotrice est la plus grande et on règle le rhéostat R de manière que l'aiguille reste au zéro. Le second couple e est relié, d'une part au point A, d'autre part au contact mobile C et on déplace celui-ci jusqu'à ce que le courant soit nul dans le galvanomètre correspondant G. Au besoin, on pourrait supprimer ce galvanomètre, puisqu'après le premier réglage, l'aiguille du galvanomètre G′ ne peut rester au zéro que s'il ne passe aucun courant dans le fil AeC ; mais la sensibilité serait alors beaucoup moindre.

[1] L. Clark, *Journ. of tel. eng.*, t. II, p. 20, 1873.

Dans toutes ces méthodes, on n'arrive pas à la compensation du premier coup et, pendant les tâtonnements nécessaires pour atteindre la position d'équilibre, le couple dont on veut mesurer la force électromotrice se trouve traversé par des courants; il finit donc par être plus ou moins polarisé. On atténue cet inconvénient en interposant sur le circuit une clef qu'on abaisse seulement pendant un temps très court. Néanmoins, avec les piles facilement polarisables, il est préférable, avant de faire la lecture définitive, ou de remonter l'élément ou de le laisser reposer un temps assez long pour que la polarisation disparaisse.

1014. Mesures absolues électromagnétiques. — La méthode de compensation donne en valeur absolue la mesure de la force électromotrice, si l'on connaît la résistance r interposée entre les points de dérivation et l'intensité I du courant qui traverse cette résistance. Telle est la méthode employée par M. L. Clark (¹) pour mesurer la force électromotrice absolue de son étalon.

Lord Rayleigh et Mrs Sidgwick (²) ont répété cette mesure

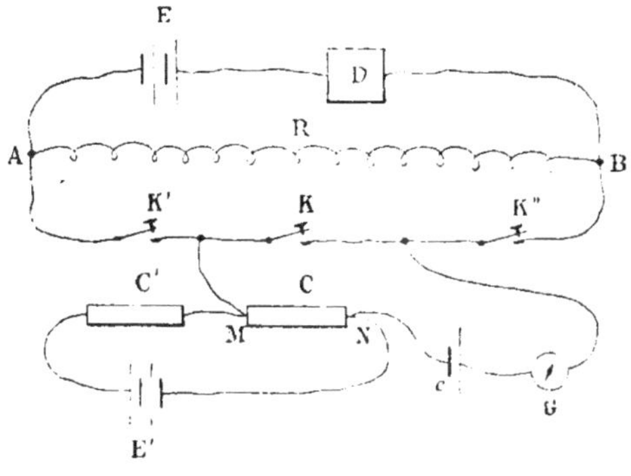

Fig. 207

à l'aide d'une disposition un peu plus compliquée (fig. 207)

C et C' sont deux boîtes de résistances qui ferment le circuit d'une pile auxiliaire E' et dont les chevilles sont disposées de

(¹) L. Clark, *Ph. Tr. R. S. L.*, for 1873. — *J. of teleg. eng.*, t. VII, p. 85.

(²) Lord Rayleigh et Mrs Sidgwick, *Ph. Tr. L. R. S.*, for 1884, p. 411.

manière à laisser toujours entre les pôles de la pile une résistance fixe de 10000 ohms. Laissant ouvertes les deux clefs K' et K'' et fermant la clef K, on cherche d'abord sur la boîte C la résistance r qui compense la force électromotrice du couple e. Ouvrant ensuite la clef K, on ferme K' et K'', et on cherche la résistance r' qui compense la force électromotrice $e - \mathrm{RI}$ du circuit MABN. On a alors

$$\frac{e}{e - \mathrm{RI}} = \frac{r}{r'}, \qquad \text{ou} \qquad e = \mathrm{RI}\frac{r}{r - r'}.$$

La résistance R est connue en valeur absolue et le courant principal I est mesuré par un électrodynamomètre-balance D analogue à celui de Joule (**792**).

1015. Piles fermées. — Lorsqu'une pile polarisable, de résistance R_0 et de force électromotrice E_0 en circuit ouvert, est fermée par une résistance r, elle prend une force électromotrice plus petite E, et sa résistance elle-même a généralement une valeur différente R. L'intensité I du courant est déterminée par l'équation

$$E = I(R + r).$$

La différence $E_0 - E$ représente la force électromotrice de polarisation. Si, au delà d'une certaine intensité, la polarisation est indépendante du courant, on aura, en faisant varier la résistance interpolaire, une suite d'équations telles que

$$E = I(R + r) = I'(R + r') = I''(R + r'') \ldots,$$

qui donnent

$$E = \frac{II'}{I' - I}(r - r') = \frac{II''}{I'' - I}(r - r'') = \ldots\ldots,$$

$$R = \frac{Ir - I'r'}{I' - I} = \frac{Ir - I''r''}{I'' - I} = \ldots\ldots$$

L'identité des différentes valeurs ainsi obtenues servira de vérification à l'hypothèse de la constance de la polarisation.

Lorsqu'il s'agit seulement de comparer deux forces électromotrices E et E_1, on opère de même pour chacune d'elles et on a

$$\frac{E}{E_1} = \frac{I_1 I'_1}{I I'} \frac{I' - I}{I'_1 - I_1} \frac{r_1 - r'_1}{r - r'}.$$

Si on règle les résistances de manière que les intensités soient les mêmes dans les deux cas, la formule se réduit à

$$\frac{E_1}{E} = \frac{r_1 - r'_1}{r - r'};$$

le rapport des forces électromotrices ne dépend que du rapport des variations de résistances, et le galvanomètre n'a pas même besoin d'être gradué. Cette dernière méthode a été employée par Wheatstone ([1]).

1016. — La méthode suivante, indiquée par Poggendorf ([2]), conduit au même résultat d'une manière plus immédiate. Les deux couples E et E' (fig. 208) sont placés dans un même circuit de telle façon que leurs forces électromotrices s'ajoutent, et on introduit entre eux une dérivation AB contenant un galvanomètre.

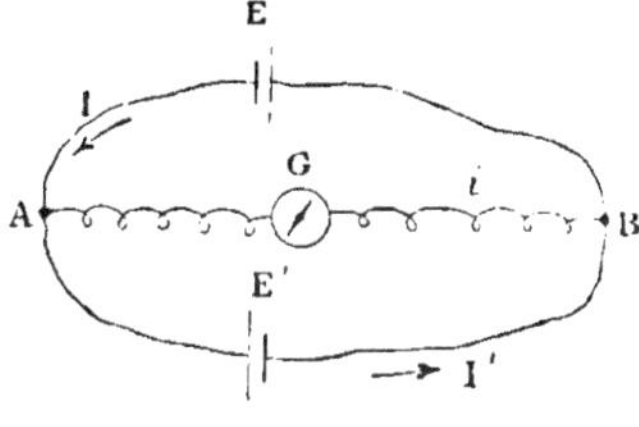

Fig. 208

Le point A étant quelconque, on déplace le point B ou on modifie les résistances de manière que le courant soit nul dans la dérivation ; les résistances R et R' ou deux portions AEB, AE'B du circuit total sont alors entre elles comme les forces électromotrices (982).

([1]) Wheatstone, *Ph. Tr. R. S. L.*, t. CXXXIII, p. 313, 1843. — *Scient. pap.*, p. 112.

([2]) *Voir* Bosscha, *Pogg. Ann.*, t. XCVII, p. 172, 1851.

Sans changer la position du point B, on ajoute respectivement aux segments R et R′ des résistances r et r' de manière que le courant reste nul et on a alors, sans qu'il soit nécessaire de déterminer les résistances R et R′ de circuits qui renferment des forces électromotrices,

$$\frac{E}{E'}=\frac{R}{R'}=\frac{R+r}{R'+r'}=\frac{r}{r'}.$$

1017. Emploi des galvanomètres à grande résistance. — Si la résistance r qui ferme le circuit d'une pile est très grande par rapport à sa résistance intérieure R, l'expression

$$E=I(R+r)=Ir\left(1+\frac{R}{r}\right)$$

se réduit sensiblement à

$$E=Ir.$$

De même, quand on veut comparer deux forces électromotrices, on a simplement

$$\frac{E_1}{E}=\frac{I_1}{I}\frac{r_1}{r},$$

et, si on dispose l'expérience de façon que les résistances ou les intensités soient les mêmes dans les deux cas, le rapport des forces électromotrices est égal au rapport des intensités observées ou des résistances introduites dans le circuit.

La sensibilité des galvanomètres à grande résistance étant pour ainsi dire illimitée, cette méthode est la plus exacte, la plus expéditive, et presque la seule employée aujourd'hui. On ferme les couples à comparer par une résistance constante de 30 ou 40 mille ohms, en mettant au besoin un shunt sur le galvanomètre : avec les instruments à miroir, les forces électromotrices sont proportionnelles aux déviations. La méthode équivaut d'ailleurs à l'emploi d'un électromètre (**868**) et les forces électromotrices ainsi déterminées sont celles qui correspondent aux circuits ouverts, ou du moins à des courants tellement faibles et de si courte durée que la polarisation est absolument négligeable.

1018. — La méthode s'applique également à la mesure d'une différence de potentiel quelconque entre deux points situés sur le trajet d'un courant, quand la résistance s qui les sépare n'est pas de même ordre de grandeur que celle du circuit galvanométrique. Appelant, comme plus haut (**867**), g la résistance du fil qui contient le galvanomètre, R celle du circuit en dehors des points touchés, I_1 et I les intensités du courant principal avant et après l'introduction du galvanomètre, et i le courant dans le galvanomètre, la différence de potentiel V observée par le galvanomètre est $V = Is = ig$, et la différence primitive $V_1 = I_1 s$. On a d'ailleurs

$$I_1(R+s) = I\left(R + \frac{gs}{g+s}\right) = I\left(R + \frac{s}{1+\frac{s}{g}}\right);$$

les deux courants I et I_1 sont sensiblement égaux, ainsi que les différences de potentiel V et V_1, si le rapport $\frac{s}{g}$ est très petit par rapport à l'unité.

Supposons même, d'une manière plus générale, que la résistance s renferme une force électromotrice e, de même sens, par exemple, que le courant, et soit E la force électromotrice totale. L'intensité primitive du courant est

$$I_1 = \frac{E}{R+s}$$

et la différence de potentiel des deux points considérés est

$$V_1 = I_1 s - e.$$

Quand on introduit le galvanomètre, on a

$$V = ig = Is - e,$$
$$E = (I+i)R + Is,$$

d'où l'on déduit

$$I = \frac{E + e\frac{R}{g}}{R\left(1 + \frac{s}{g}\right) + s}.$$

Si le rapport $\frac{R}{g}$ est lui-même très petit, les deux courants I et I_1 sont sensiblement égaux et, à moins que les différences V et V_1 ne soient extrêmement petites, ce qui correspondrait à un cas très particulier, elles sont sensiblement égales.

1019. Mesure de la polarisation. — Lorsqu'une pile de force électromotrice e_0 et de résistance r_0 est fermée par un circuit de résistance ρ assez faible pour que la polarisation atteigne sa valeur maximum, les valeurs nouvelles e et r donnent un courant d'intensité

$$i = \frac{e}{r + \rho}.$$

et la différence de potentiel V des deux pôles est

$$V = i\rho = e\frac{\rho}{r + \rho}.$$

Si on applique la méthode de compensation (**1012**) dans les deux cas en joignant chaque fois l'un des pôles de la pile au point A (fig. 205) et déterminant la position du point C qui correspond à un courant nul dans le galvanomètre, on obtiendra les rapports m_0 et m des différences de potentiel e_0 et V à la force électromotrice E de la pile principale. On aura ainsi

$$\frac{V}{e_0} = \frac{e}{e_0}\frac{\rho}{r + \rho} = \frac{m}{m_0},$$

équation qui donne le rapport de la force électromotrice de la pile polarisée à sa force électromotrice primitive [1].

[1] Paalzow, *Pogg. Ann.*, t. CXXXV, p. 326, 1868.

Pour éliminer la résistance r, il suffit de remplacer ρ par une autre valeur ρ' et de déterminer la valeur correspondante m'. On a alors

$$\frac{e}{e_0} = \frac{r+\rho}{m_0 \frac{\rho}{m}} = \frac{r+\rho'}{m_0 \frac{\rho'}{m'}} = \frac{\rho-\rho'}{m_0\left(\frac{\rho}{m}-\frac{\rho'}{m'}\right)}.$$

On pourrait d'ailleurs déterminer le rapport des différences de potentiel Δ et e_0 par un électromètre ou par un galvanomètre à grande résistance.

1020. Étude d'une pile en action. — Lorsqu'une pile est en fonction, il peut être très utile d'en étudier les propriétés en évitant autant que possible de l'interrompre.

Considérons une pile de force électromotrice efficace E et de résistance R fermée par un circuit de résistance ρ, et soit I l'intensité du courant. La différence de potentiel aux deux bornes est

$$V = E - IR = I\rho = E\frac{\rho}{R+\rho}.$$

Si on ouvre la pile, la différence de potentiel V_0 entre les mêmes points, avant que la polarisation n'ait eu le temps de se dissiper, est

$$V_0 = E.$$

Les valeurs de V et V_0 étant déterminées par comparaison avec un étalon, au moyen d'un électromètre ou d'un galvanomètre à grande résistance, on en déduit

$$R = \rho\frac{V_0 - V}{V}.$$

Si la pile est formée de n couples disposés en série, dont les forces électromotrices sont e_1, $e_2 \ldots e_n$ et les résistances r_1, $r_2 \ldots r_n$, l'expérience précédente donnera d'abord

$$E = \Sigma e = V_0,$$
$$R = \Sigma r = \rho\frac{V_0 - V}{V}.$$

On répétera ensuite la même épreuve pour chacun des couples en particulier. Les différences de potentiel v et v_0, avant et après l'ouverture de la pile, donneront aussi

$$v = e - Ir = v_0 - Ir,$$

d'où

$$r = \frac{v_0 - v}{I} = \rho \frac{v_0 - v}{V}.$$

Comme vérification expérimentale, il est clair que la force électromotrice et la résistance totales de la pile doivent être respectivement égales à la somme des valeurs obtenues pour les différents couples, ce qui exige que l'on ait

$$V_0 = \Sigma v_0,$$
$$V_0 - V = \Sigma(v_0 - v),$$

ou, plus simplement,

$$V_0 = \Sigma v_0,$$
$$V = \Sigma v.$$

Un couple n'a d'effet utile dans la série que si sa force électromotrice est supérieure à la chute de potentiel produite par la résistance qu'il apporte, c'est-à-dire que si la différence de potentiel v est positive et qu'on ait

$$e > E \frac{r}{R + \rho}.$$

Le seul signe de v permet donc de reconnaître les couples qui sont en mauvais état, sans qu'il soit nécessaire d'ouvrir le circuit.

Si tous les couples sont de même espèce, ils ont la même force électromotrice et ne diffèrent que par la résistance. On peut donc poser $E = ne$, et la condition précédente devient

$$r < \frac{R + \rho}{n}.$$

Il en résulte que, si la résistance propre d'un couple n'est pas inférieure à la n^e partie de la résistance totale, ce qui est indiqué simplement par le signe de v, il y a avantage à retirer ce couple de la pile.

1021. Méthode des décharges. — Lorsque, dans un système électrique arrivé à un régime permanent, deux points sont en communication avec les armatures d'un condensateur, la charge du condensateur est proportionnelle à la différence de potentiel V des deux points considérés. En outre, si le régime permanent est maintenu par des forces électromotrices constantes et que les pertes du condensateur soient négligeables, cette différence de potentiel est la même que si le condensateur n'était pas interposé.

La capacité du condensateur étant C, la charge m est égale à CV. La comparaison des décharges mesurées par un galvanomètre balistique (**883**) permettra donc de déterminer le rapport des forces électromotrices; la méthode équivaut encore à l'emploi d'un électromètre ou d'un galvanomètre à grande résistance.

Pour éviter les corrections compliquées, il est avantageux que les arcs d'impulsion à comparer soient du même ordre de grandeur, même lorsque les forces électromotrices sont très différentes. Au lieu de se servir de shunts, dont nous avons signalé les inconvénients (**884**), il est préférable d'avoir recours à des capacités étalonées dont on utilise, pour chaque expérience, une valeur telle que les quantités d'électricités soient de même ordre.

1022. — L'expérience peut être disposée de manière à déterminer la résistance r d'une pile. On joint les pôles de la pile à un condensateur par l'intermédiaire d'un galvanomètre balistique; l'impulsion δ de l'aiguille est proportionnelle à la force électromotrice e de la pile en circuit ouvert. Laissant cette communication établie, on réunit les pôles par une dérivation de résistance ρ; l'impulsion δ' de l'aiguille a lieu en sens contraire et elle est proportionnelle à l'excès $e-e'$ de la force électromotrice sur la différence de potentiel des pôles dans le nouvel état. On en déduit

$$r=\rho\frac{e-e'}{e}=\rho\frac{\delta'}{\delta}.$$

Deux clefs permettent de faire les opérations rapidement et la polarisation n'a pas le temps de s'établir.

On peut opérer en sens contraire. La pile étant d'abord fermée par la résistance ρ, on joint les pôles au condensateur par le galvanomètre; puis on coupe la dérivation. On obtient ainsi des impulsions de même sens, respectivement proportionnelles à e' et a $e-e'$, mais cette fois la résistance et la force électromotrice correspondent à la pile fermée (¹).

1023. Siège de la force électromotrice. — Dans toute pile, ouverte ou fermée, la force électromotrice doit être considérée comme la somme algébrique des différences de potentiel existant dans le circuit; à l'exception de celles qui sont dues aux effets Thomson (**276**), ces différences de potentiel doivent être cherchées aux différentes surfaces de séparation des solides et des liquides en présence.

Volta plaçait le siège de la force électromotrice de la pile uniquement à la surface de contact des deux métaux, réduisant le rôle du liquide à ramener les métaux de deux couples successifs à la même tension, ou, en d'autres termes, au même potentiel. Une expérience ingénieuse de sir W. Thomson semble confirmer cette vue de Volta (²).

Au-dessous d'une aiguille légère suspendue horizontalement, on place deux demi-cercles ou deux demi-anneaux isolés, l'un en zinc, l'autre en cuivre, en les rapprochant presque jusqu'au contact et de manière que la fente de séparation soit exactement dans le plan d'équilibre de l'aiguille. Quand on réunit par un conducteur quelconque deux points des anneaux, l'aiguille électrisée dévie vers le cuivre, si elle est positive, vers le zinc, si elle est négative ; lorsque l'appareil est bien réglé, ces déviations de part et d'autre sont égales pour des charges égales et de signes contraires de l'aiguille. L'expérience démontre ainsi le fait général de la différence de potentiel des deux métaux en contact (**186**). Mais si, au lieu d'établir la communication entre les deux anneaux au moyen d'un conducteur solide, on l'établit par une goutte d'eau ou

(¹) Kempe, *Handbook of electr. testing*, p. 195.

(²) Sir W. Thomson, *Reprint of pap. on electrostat. and magn.*, p. 317; — Jenkin, *Electricity and magnetism*, p. 48.

d'alcool, l'aiguille reste dans le plan d'équilibre, quelle que soit sa charge, ce qui prouve que les deux métaux sont au même potentiel.

Pour déterminer la différence de potentiel des deux métaux, Sir W. Thomson les met respectivement en communication avec les deux points d'un conducteur traversé par un courant (**1007**) et cherche la position de contact mobile qui ramène l'aiguille au zéro. Il a constaté ainsi que la différence de potentiel change avec l'état des métaux, par exemple, qu'elle augmente notablement quand on oxyde le cuivre en le chauffant et qu'on décape avec soin la lame de zinc.

1024. Mesure des forces électromotrices de contact. — Cas de deux métaux. — Une méthode générale, pour déterminer la force électromotrice de contact entre deux métaux, consiste à les employer comme armatures d'un condensateur à plateaux qu'on réunit par un fil conducteur et dont on mesure la charge après les avoir isolés l'un de l'autre et séparés à une grande distance (**187**). La charge est proportionnelle au produit de la capacité par la différence de potentiel, ou seulement à cette dernière, si la capacité reste constante.

M. Kohlrausch [1] mesure la charge au moyen d'un électromètre de Dellmann et, pour ramener les mesures à un étalon

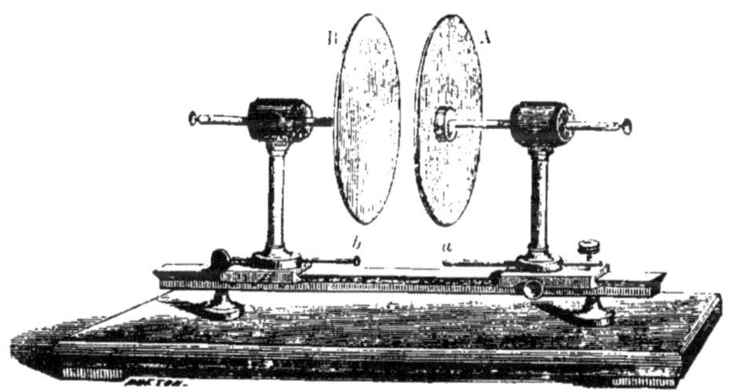

Fig. 209

déterminé, il fait successivement trois expériences en réunissant les deux plateaux A et B (fig. 209) : 1° par un simple fil ;

[1] R. Kohlrausch, *Pogg. Ann.*, t. LXXXII, p. 1 et 40, 1851 ; t. LXXXVIII, p. 465, 1853.

2° par un fil dans lequel est intercalé un couple Daniell; 3° par le même fil et le même couple, mais tourné en sens contraire. Il obtient aussi trois déviations correspondant aux différences de potentiel V_1, V_2 et V_3; si on désigne par δV la force électromotrice de contact des deux métaux, par D celle du couple Daniell, on a :

$$V_1 = \delta V,$$
$$V_2 = D + \delta V,$$
$$V_3 = D - \delta V;$$

d'où l'on déduit

$$\delta V = 2D \frac{V_1}{V_2 + V_3},$$

avec l'équation de condition

$$V_2 - V_3 = 2V_1.$$

La méthode exige que les plateaux soient exactement à la même distance dans les trois expériences et que l'électromètre soit gradué. Les buttoirs *a* et *b* permettent de satisfaire à la première condition.

Cette méthode a été employée dans des conditions analogues par différents physiciens. M. Pellat (1) l'a beaucoup améliorée en réunissant les deux plateaux par un fil conducteur qui renferme, non plus une force électromotrice fixe, mais une force électromotrice variable obtenue au moyen d'un contact mobile sur un fil parcouru par un courant permanent. On règle ce contact de manière que la charge des deux plateaux soit nulle ; la force électromotrice de contact est alors égale et a son signe contraire à celle que comprend le fil. Une seule expérience suffit et on n'a à se préoccuper ni de la distance des plateaux ni de la graduation de l'électromètre.

1025. — Nous citerons encore une disposition ingénieuse employée par MM. Ayrton et Perry (2), quoiqu'elle soit plus compliquée et moins sûre.

(1) Pellat, *Ann. phys. et chimie* [5], t. XXIV, p. 5, 1881. — *J. de phys.*, t. IX, p. 145, 1880.

(2) Ayrton et Perry, *Phil. Trans. R. S. L.*, for 1880, p. 15.

Quatre plateaux A, A′, B, B′ (fig. 210) forment deux systèmes de condensateurs. Les plateaux inférieurs A et A′ sont formés des deux métaux dont on veut avoir la force électromotrice de

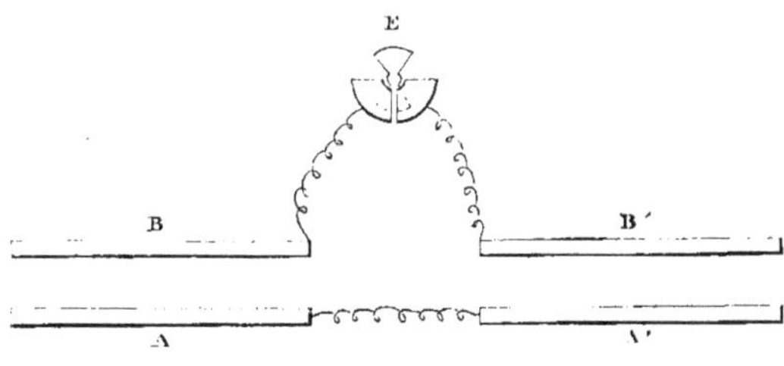

Fig. 210

contact ; les plateaux supérieurs B et B′, tous deux en laiton, sont isolés et communiquent respectivement avec les quadrants d'un électromètre dont l'aiguille est maintenue à un potentiel très élevé.

Une communication permanente étant établie entre A et A′, on fait communiquer B et B′ ; l'aiguille de l'électromètre vient au zéro. La communication entre B et B′ étant rompue, on fait tourner le système des deux plateaux A et A′ de 180°, de manière que le plateau A′ vienne sous le plateau B et A sous B′ ; la déviation de l'aiguille est proportionnelle à la différence de potentiel entre A et A′.

Soient, en effet, c et c' la capacité des plateaux B et B′, y compris les quadrants correspondants, q et q' les quantités d'électricité prises par chacun d'eux dans la première expérience, V le potentiel de A, $V+\delta V$ celui de A′ et V′ le potentiel commun de B et de B′ ; on a

$$q=c(V'-V),\qquad q'=c'(V'-V-\delta V).$$

Après la rotation de 180°, les quatres plateaux A, A′, B et B′ ont des potentiels représentés respectivement par U, $U+\delta V$, U′ et U″, ce qui donne, les charges et les capacités des deux systèmes B et B′ étant restées invariables,

$$q=c(U'-U-\delta V),\qquad q'=c'(U''-U).$$

On en déduit

$$1 = \frac{V' - V}{U' - U - \delta V} = \frac{V' - V - \delta V}{U'' - U} = \frac{\delta V}{U' - U'' - \delta V},$$

ou

$$\delta V = \frac{1}{2}(U' - U'');$$

la différence $U' - U''$ est donnée par l'électromètre.

Cette méthode suppose que la capacité de l'électromètre est indépendante de la déviation (**813**) ; en outre, la nécessité de ramener les plateaux rigoureusement à la même distance, exige dans le mécanisme une perfection difficile à réaliser.

1026. Métal et liquide. — Pour obtenir la force électromotrice de contact entre un solide et un liquide, M. Hankel [1] place le liquide dans un siphon (fig. 211) présentant d'un côté

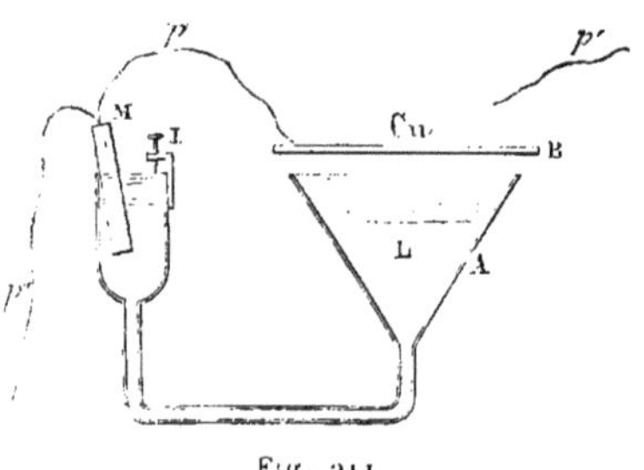

Fig. 211

la forme d'un entonnoir, au bord duquel vient affleurer le liquide. Le condensateur est formé d'une part par la surface du liquide, de l'autre par la lame de cuivre B en communication par un fil de platine p avec le métal à étudier M qui plonge dans la seconde branche du siphon et qui est d'ailleurs relié au sol par un fil de platine p''.

Si on rompt les communications p et p'' et que, soulevant le plateau B, on le mette en communication avec un électromètre par le fil p', la charge est proportionnelle à la différence de

[1] Hankel, *Abh. der K. S. Gesells. math.-phys. klasse*, 1861 et 1865. — *Pogg. ann.*, t. CXV, p. 57, 1862; t. CXXVI, p. 286, 440, 1865; t. CXXXI. p. 607, 1867.

potentiel V_1 du cuivre et du liquide, c'est-à-dire à la somme des forces électromotrices de contact du cuivre avec le métal M et de celui-ci avec le liquide L,

$$Cu|M + M|L = V_1.$$

On vide l'entonnoir et on substitue à la surface du liquide une lame du métal M, que l'on met en communication par un fil de platine avec B et avec le sol; pour la même distance, la charge observée correspond à la différence de potentiel

$$Cu|M = V_2,$$

d'où

$$M|L = V_1 - V_2.$$

En prenant comme plateau inférieur A (fig. 210), la surface du liquide considéré mise en communication par un siphon avec le métal du plateau A', MM. Ayrton et Perry obtiennent la force électromotrice de contact du métal ou du liquide.

Les vapeurs émanées du liquide et qui viennent se condenser sur le plateau qui le surmonte apportent dans ces expériences une cause d'erreur qu'il est difficile d'écarter et dont il est impossible de tenir compte.

1027. Deux liquides. — La méthode de MM. Ayrton et Perry peut s'appliquer au cas de deux liquides; on remplace les deux plateaux inférieurs A et A' (fig. 210) par les surfaces des deux liquides en expérience qu'on réunit par un siphon. Pour permettre le retournement des vases, tout en ne laissant qu'une très petite distance entre les surfaces des liquides et les plateaux supérieurs, ceux-ci sont suspendus par un châssis en forme de parallélogramme, qui permet de les soulever parallèlement à eux-mêmes. Cette complication ajoute encore à la difficulté de ramener les surfaces exactement à la même distance; on doit craindre en outre les condensations de vapeur sur les plateaux supérieurs.

MM. Bichat et Blondlot (1) emploient une méthode qui paraît à l'abri de ces difficultés.

(1) Bichat et Blondlot, *C. R. de l'Acad. des sc.*, t. XC, p. 1202 et 1293 1883. — *Journal phys.* [2], t. II, p. 533, 1883.

Soient L et L′ les liquides à comparer. Les deux vases X et Y contenant tous deux le liquide L communiquent respectivement par un fil de platine avec les quadrants d'un électromètre. Le liquide L′ contenu dans le vase Z communique avec le vase X par un siphon fermé par un diaphragme poreux et rempli du liquide L. Les liquides des deux vases Y et Z étant ramenés au même potentiel par un artifice spécial, la différence de potentiel entre les vases X et Y est égale à la force électromotrice de contact L|L′. L'artifice en question consiste à faire écouler le liquide L′ par un jet fin se divisant en gouttelettes au milieu d'un large tube sur les parois intérieures duquel le liquide L coule d'une manière continue; les deux flacons d'où s'écoulent les liquides communiquent respectivement avec les vases Y et Z au moyen de siphons remplis du même liquide et n'amenant par suite aucune différence de potentiel.

1028. — Maxwell [1] a été le premier à appeler l'attention sur la nature du phénomène que l'on mesure par toutes les méthodes où les corps sont séparés par une couche diélectrique. Dans l'expérience relative à la force électromotrice de contact de deux métaux M et M′ par exemple, il y a en réalité trois contacts à considérer : celui des deux métaux entre eux, et celui de chacun des métaux avec le milieu A dans lequel il est plongé. On mesure donc en réalité la somme

$$A|M + M|M' + M'|A = \Delta$$

et cette somme ne serait égale à la force électromotrice vraie M|M′ des deux métaux qu'autant que les deux forces électromotrices A|M et A|M′ seraient nulles, ce qui n'est rien moins que démontré, ou, dans le cas contraire, seraient égales, ce qui n'est point probable. On peut appeler Δ la force électromotrice apparente, et cette remarque s'applique à toutes les méthodes qui précèdent. Ainsi, dans la méthode de MM. Bichat et Blondlot, il est évident que la différence observée représente la somme

$$L|L' + A|L' - A|L.$$

[1] Maxwell, *Electrician*, 26 avril 1879.

Maxwell admet que le phénomène de Peltier donne la force électromotrice vraie entre deux métaux; comme les résultats obtenus par les méthodes calorimétriques et les méthodes électrométriques sont très différents (**218**), que les premiers nombres sont incomparablement plus petits que les seconds et quelquefois de signes contraires, il résulterait de cette hypothèse que la force électromotrice de contact entre les corps considérés et l'air doit entrer pour la plus grande part dans le phénomène observé.

Cette manière de voir n'est pas en contradiction avec l'expérience de sir W. Thomson (**1022**). Le liquide L, interposé entre les deux parties de l'anneau, intervient alors et l'expérience démontre qu'on a

$$A|M + M|L + L|M' + M'|A = 0,$$

ou

$$M|L + L|M' = M|A + A|M',$$

ce qui prouve simplement que les forces électromotrices de contact du métal avec l'air et avec un liquide oxygéné tel que l'eau ou l'alcool sont sensiblement égales.

Il y aurait donc un grand intérêt à mesurer les forces électromotrices dans d'autres conditions et surtout en dehors de l'intervention du diélectrique.

1029. — L'idée la plus simple serait de répéter les mesures dans le vide; mais les expériences ne seraient concluantes que si le vide était rendu parfait. M. Pellat, en réduisant la pression de l'air à 1 ou 2 centimètres de mercure, ou en remplaçant celui-ci par un gaz inerte vis-à-vis des métaux employés, tel que l'azote ou l'hydrogène, n'a trouvé que des variations très faibles de la force électromotrice. Dans le cas du cuivre et du zinc, la différence du potentiel augmente quand la pression diminue, et la variation est plus grande pour l'oxygène que pour l'hydrogène.

M. Brown [1] a, au contraire, trouvé des différences très grandes en employant des gaz capables d'agir sur les métaux,

[1] J. Brown, *Ph. mag.* [5], t. VI, p. 142, 1878; [5] t. VII, p. 109, 1879.

comme l'acide chlorhydrique et l'hydrogène sulfuré. La disposition employée est celle de l'anneau divisé de sir W. Thomson (**1025**). En plaçant l'appareil dans une cloche où l'on introduit alternativement de l'air et de l'hydrogène sulfuré, on voit l'aiguille dévier alternativement à droite et à gauche jusqu'à ce que le cuivre soit recouvert d'une couche bleue de sulfure de cuivre. Mais cette altération permanente de la surface d'un des métaux laisse des doutes sur les conséquences qu'on est en droit de tirer de ces expériences.

Après avoir discuté les résultats fournis par les méthodes électrostatiques, Maxwell conclut ainsi :

« Ces expériences semblent montrer que l'accord que présentent les résultats obtenus par les méthodes ordinaires pour les forces électromotrices de contact, et ceux qu'on obtient en plongeant les métaux dans l'eau ou dans tout autre électrolyte oxygéné, tient moins à l'extrême petitesse de la force électromotrice entre un métal et un gaz ou entre un métal et un électrolyte, qu'à ce fait que les propriétés de l'air concordent jusqu'à un certain point avec celles des électrolytes oxygénés. Et, en effet, si le composant actif de l'électrolyte est le soufre, les résultats changent du tout au tout, et les mêmes différences se reproduisent quand on remplace l'air par l'hydrogène sulfuré. »

1030. — M. Garbe ([1]) a déduit des propriétés de la tension superficielle démontrées par M. Lippmann, une méthode ingénieuse pour mesurer les forces électromotrices de contact. Cette méthode peut fournir, comme l'ont fait remarquer MM. Bichat et Blondlot ([2]), des valeurs absolues, indépendantes du milieu extérieur.

On a vu (**651**) que la tension superficielle du mercure au contact d'un liquide est fonction seulement de la différence de potentiel qui existe entre le liquide et le mercure, et cette différence est nulle lorsque la tension superficielle A est maximum, puisque la capacité X de l'unité de surface est alors nulle. La force électromotrice E, qu'il faut introduire

([1]) Garbe, *C. R. de l'Ac. des sc.*, t. IC, p. 123, 1884.
([2]) Bichat et Blondlot, *C. R. de l'Acad. des sc.*, t. C, p. 791, 1885.

entre les deux liquides pour atteindre le maximum de A est donc égale et de signe contraire à la différence de potentiel préexistante.

Dans un électromètre capillaire à l'état ordinaire, la force électromotrice extérieure E, qui produit la tension maximum, est égale à la différence de potentiel de contact $Hg|L$ du mercure avec l'eau acidulée. Si on remplace l'eau acidulée par un liquide L' on aura de même la valeur de $Hg|L'$ par la force électromotrice E' qui produit la tension maximum.

Mettons maintenant les deux liquides L et L' dans deux vases au-dessus d'une couche de mercure, et faisons-les communiquer par un siphon rempli de l'un ou de l'autre des liquides et muni d'un diaphragme. En mesurant la force électromotrice E_1 du couple ainsi constitué et dont les deux couches de mercure sont les électrodes, on a

$$E_1 = Hg|L + L|L' + L'|Hg = E + L|L' - E',$$

d'où l'on déduit la valeur de $L|L'$ en fonction des trois forces électromotrices E, E' et E_1 déterminées directement.

Cette méthode donne des résultats qui diffèrent complètement non seulement par l'ordre de grandeur, mais encore souvent par le signe, de ceux que fournissent les méthodes ordinaires. Une telle divergence ne peut s'expliquer que par ce fait qu'il existe une différence électrique entre un liquide et l'air, comme l'avait indiqué Maxwell. Cette manière de voir est confirmée par les résultats déduits de la considération des effets Peltier.

1031. — L'explication des courants thermoélectriques par le seul principe de Volta (**275**) conduit à cette conséquence que tous les couples auraient une marche uniforme et, dans ce cas (**286**), la force électromotrice de contact de deux métaux devrait être proportionnelle à la température absolue. M. Potier [1] arrive au même résultat directement.

Supposons que deux plateaux, de zinc et de cuivre par exemple, formant condensateur, soient réunis par un fil con

[1] Potier, *Journal de Physique*, [2], t. IV, p. 220, 1885.

ducteur et maintenus à température constante. La capacité de système étant C et la différence du potentiel de contact H, on laisse les plateaux se rapprocher infiniment peu, la capacité augmente alors de dC; si la valeur de H reste constante, il passe de l'un à l'autre une quantité d'électricité

$$dM = H\,dC,$$

et l'énergie calorifique absorbée à la soudure est

$$dQ = H\,dM = H^2 dC.$$

D'autre part, le travail électrique du système, qui est à potentiel constant (**97**), est égal à la variation d'énergie électrique, c'est-à-dire

$$d\left(\frac{1}{2}CH^2\right) = \frac{H^2}{2}dC,$$

de sorte que le travail des forces extérieures est

$$dW = -\frac{H^2}{2}dC.$$

Comme le courant est infiniment faible, la chaleur dégagée en vertu de la loi de Joule est négligeable, le phénomène est reversible et on peut appliquer le principe de Carnot. Si l'on se reporte au n° **615**, on a ici $a = H^2$, $b = -\frac{H^2}{2}$, et l'équation (5) du n° **616** donne

$$\frac{H^2}{T} = \frac{\partial}{\partial T}\left(\frac{H^2}{2}\right) = H\frac{\partial H}{\partial T},$$

ou

$$H = AT.$$

L'expérience n'étant pas favorable à cette conséquence, il en résulte que, dans l'emploi du condensateur, la différence de potentiel des plateaux ne peut pas en général être considérée comme constante ; elle dépend de la quantité d'électricité dont ils sont chargés, et on doit admettre qu'il s'y produit, sans doute par l'action du milieu ambiant, un phénomène analogue à la polarisation des électrodes.

1032. Mesure de l'effet Peltier. — Corps solides. — Le phénomène de Peltier (**217**) peut être considéré comme fournissant un procédé général pour la mesure des variations locales de potentiel. Entre deux points dont la différence de potentiel II est indépendante de l'existence d'un courant, l'énergie fournie ou absorbée pendant l'unité de temps par un courant I est $W = I\Pi$. Si cette énergie est uniquement transformée en une quantité Q de chaleur, on a

$$JQ = I\Pi$$

et la détermination de Π se ramène à une mesure calorimétrique. La seule difficulté consiste à éliminer la chaleur dégagée entre les mêmes points en vertu de la loi de Joule.

Si toutes les mesures sont faites en unités C. G. S, l'équivalent mécanique J de la calorie rapportée au gramme et au degré centigrade est égal à $4,17 \times 10^7$ (**917**). Sans changer l'unité de chaleur, si on évalue le courant en ampères et la différence de potentiel Π en volts, on a simplement

$$I\Pi = 4,17 Q, \qquad \text{ou} \qquad \Pi = 4,17 \frac{Q}{I}.$$

Le rapport $\frac{Q}{I}$ représente la quantité de chaleur qui correspond au passage de l'unité d'électricité ou d'un coulomb.

On doit à M. Le Roux [1] des déterminations très soignées de la valeur absolue de Π pour un assez grand nombre de métaux à la température moyenne de 25°. Pour le couple formé par le cuivre et un alliage renfermant 10 de bismuth et 1 d'antimoine, l'expérience a été faite aux températures de 25° et de 100° ; les quantités de chaleur dégagées ont été dans le rapport de 308 à 398.

[1] Le Roux, *Ann. de chim. et de phys.*, [4], t. X, p. 201, 1867.

Le rapport 1,29 des quantités de chaleur dégagées aux températures de 100° et de 25° ne diffère pas beaucoup du rapport 1,25 des températures absolues; la force électromotrice du contact H est donc sensiblement proportionnelle à la température absolue, et le couple bismuth-cuivre doit avoir une marche uniforme, ce qui est conforme à l'expérience (**280**).

Les forces électomotrices de contact sont très faibles : pour le couple précédent, qui donne la valeur la plus élevée, M. Le Roux a obtenu $0^v,0219$; M. Bellati [1] a trouvé qu'un coulomb dégage 0,0006065 calories dans le couple fer-zinc à 13°,8, ce qui correspond à $0^v,00253$.

1033. Solides et liquides. — Un courant ne peut traverser la surface de séparation d'un solide et d'un liquide électrolisable sans y produire une action chimique déterminée par la loi de Faraday (**255**).

Si l'on admet qu'un coulomb décompose $0^{mgr},09316$ d'eau (**918**), ou $0,1035 \times 10^{-4}$ grammes d'hydrogène, l'action d'un coulomb sur un corps quelconque sera représentée par la même fraction $0,1035 \times 10^{-4}$ de son équivalent électrochimique exprimé en grammes.

Remarquons encore que si la chaleur de combinaison du corps considéré est de q calories, la chaleur relative à un coulomb sera

$$q \times 0,1035 \times 10^{-4} \text{ calories},$$

et la force électromotrice correspondante, exprimée en volts,

$$4,17 \times q \times 0,1035 \times 10^{-4} = \frac{q}{10000}\, 0,432.$$

Comme rien n'autorise à supposer que l'effet Peltier est alors négligeable, on doit admettre en général qu'il y a, en même temps que l'opération chimique, un dégagement ou une absorption de chaleur, et que l'énergie HI fournie par le courant est égale à la somme algébrique de ces deux travaux.

La mesure de la chaleur dégagée sur l'électrode est très

(1) Bellati, *Atti del R. Inst. Veneto*, [5], t. V, 1879.

difficile à cause de sa dissémination par conductibilité et par convection dans le liquide environnant. M. Bouty a surmonté très heureusement cette difficulté en prenant comme électrode le thermomètre lui-même. Pour graduer le thermomètre en calories, il enroule en spirale un fil bien isolé autour du réservoir et, l'appareil étant plongé dans le liquide, il fait passer dans le fil un courant d'intensité connue ; on mesure ainsi l'élévation de la colonne qui correspond à une quantité de chaleur connue dégagée pendant chaque seconde à la surface du réservoir. La spirale enlevée, on argente la surface du réservoir et on y dépose par l'électrolyse une mince couche de cuivre, par exemple. Le thermomètre peut être alors employé, avec un autre thermomètre semblable, comme électrodes pour un bain de cuivre.

Au contact d'une électrode de cuivre, par exemple, avec une dissolution de sulfate de cuivre, on constate un dégagement de chaleur, si l'électrode est positive, et un refroidissement si l'électrode est négative. Comme les quantités de chaleur sont proportionnelles à l'intensité du courant, le phénomène présente bien le caractère d'un effet Peltier. M. Bouty [1] a constaté qu'avec les métaux tels que le cuivre, le zinc, le cadmium, l'effet observé est indépendant de la nature de l'acide et du degré de concentration des dissolutions, pourvu qu'elles ne soient pas trop étendues. Pour le cuivre, la quantité de chaleur par coulomb est $0^c,0507 8$, ce qui correspondrait à une différence de potentiel de $0^v,212$; le zinc donne $0^v,241$. Ces nombres surpassent beaucoup ceux qu'on trouve, par le même procédé, pour le contact des métaux entre eux.

L'électrode positive est le siège du travail chimique positif. La formation d'un équivalent d'oxyde de cuivre hydraté dégage 19000 calories, et la combinaison de cet oxyde avec l'acide sulfurique étendu 9200, soit en tout 28200. La quantité de chaleur produite à l'électrode par l'action chimique est donc de $0^c,292$ pour un coulomb, ce qui correspond à une différence de potentiel de $1^v,217$. La chaleur dégagée est l'excès de l'énergie chimique sur la chaleur absorbée par l'élévation du

[1] Bouty, *Journ. de physique*, [1], t. IX, p. 229, 1880.

niveau électrique. L'excès de potentiel de la dissolution sur celui du métal, ou la force électromotrice de contact, est donc

$$\Pi = 1^{v},217 - 0^{v},212 = 1^{v},005.$$

On ferait un calcul analogue avec le sulfate de zinc en partant des nombres 53500 calories pour la chaleur de formation du sulfate de zinc; la force électromotrice de contact est alors

$$\Pi' = 2^{v},309 - 0^{v},241 = 2^{v},068.$$

1031. Mesure de l'effet Thomson. — L'effet Thomson (**276**) est analogue à l'effet Peltier et reversible comme lui avec le sens du courant; il n'en diffère qu'en ce que la chute de potentiel, au lieu d'être localisée à la surface de contact de deux substances différentes à la même température, se produit entre deux portions de la même substance à des températures différentes. Nous avons indiqué (**285**) par quelle méthode sir W. Thomson a vérifié le transport électrique de la chaleur qui en est la conséquence.

M. Le Roux a mesuré cet effet par une méthode ingénieuse. Deux barres de même métal AB, A'B' (fig. 212) sont disposées

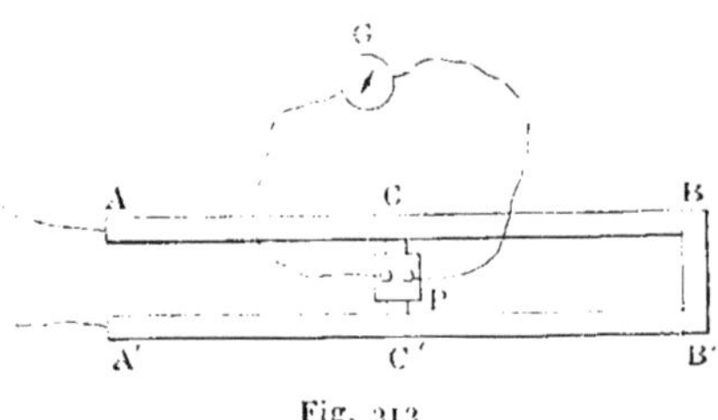

Fig. 212

parallèlement entre elles. Les extrémités A et A' sont maintenues dans un bain à zéro et les extrémités B et B', réunies par une lame de cuivre, dans un bain à 100°. Lorsqu'on fait communiquer les extrémités A et A' avec une pile énergique, la température des points intermédiaires est modifiée en raison de la loi de Joule et du transport électrique de la chaleur. La différence des températures de deux points C et C′ situés de la même manière, laquelle correspond au double de l'effet Thomson, est estimée à l'aide d'une pile thermoélectrique P située entre les deux barres. Si la symétrie de l'appareil était complète, le galvanomètre G de la pile thermoélectrique devrait rester au repos quand on supprime le courant dans les barres, mais cette condition n'est pas nécessaire, car, si on renverse le sens du courant, la différence des déviations observées dans le galvanomètre correspond dans tous les cas au quadruple de l'effet Thomson. On peut encore recommencer l'expérience en remplaçant l'un par l'autre les bains à température constante, et la moyenne des résultats élimine tous les défauts de symétrie.

Si on admet que la variation de température est uniforme entre les deux bains, l'effet observé au milieu de la barre est proportionnel à la chaleur spécifique du métal (**281**) pour la température moyenne. M. Le Roux a vérifié d'abord que cet effet est proportionnel à l'intensité du courant. Il résulte aussi de ses expériences que la chaleur spécifique d'électricité est nulle pour le plomb; positive pour le laiton, le cuivre, l'argent, le zinc, le cadmium, l'antimoine et un alliage de bismuth avec un dixième d'antimoine; négative pour l'étain, l'aluminium, le platine, le maillechort et le bismuth pur. Dans les deux listes, les métaux ont été rangés dans l'ordre des valeurs croissantes des chaleurs spécifiques d'électricité.

1035. Forces électromotrices thermoélectriques. — Dans un couple thermoélectrique dont les soudures sont à des températures différentes, la force électromotrice E est la somme des effets Peltier et des effets Thomson dont il est le siège. Nous avons vu (**282**) comment sir W. Thomson [1] a établi entre la force électromotrice, les effets Peltier et les chaleurs spécifiques d'électricité la relation

$$\frac{dE}{dT} = \frac{d\Pi}{dT} + \sigma' - \sigma.$$

[1] Sir W. Thomson, *Phil. Trans. R. S. L.*, t. XXI, p. 751, 1854; — *Math. and phys. papers*, t. I, p. 232.

En assimilant le couple à une machine thermique reversible, on en déduit

$$(1) \qquad H = T\frac{dE}{dT},$$

de sorte que la variation de potentiel à la soudure des deux métaux peut se déduire des variations de la force électromotrice du couple qu'ils forment.

Nous n'avons rien à ajouter à ce qui a été dit plus haut sur la mesure des forces électromotrices thermo-électriques. Les expériences de Gaugain ont montré que la force électromotrice d'un couple en fonction de la différence des températures peut être représentée par une parabole (**373**). Nous ne mentionnerons ici que deux expériences faites en vue de vérifier la formule (1) par M. Bellati pour le couple fer-zinc, et par M. Bouty pour le couple cuivre-sulfate de cuivre.

Pour le couple fer-zinc, dont l'une des soudures est à zéro, la force électromotrice en fonction de la température t de la soudure chaude est

$$E = 917,77t - 1,9488t^2;$$

on en déduit pour la valeur de l'effet Peltier à 13°,8 le nombre $0^v,00235$, au lieu du nombre $0^v,00253$ qui avait été obtenu directement (**1032**).

Pour les couples thermoélectriques métal-liquide fonctionnant entre des températures t et t', M. Bouty trouve que la force électromotrice est représentée par une expression du premier degré

$$E = a + m(t - t'),$$

dans laquelle le paramètre m ne dépend que de la nature du métal; il en résulte que l'effet Peltier est proportionnel à la température absolue. Avec le cuivre, si on prend $1^v,1$ pour la force électromotrice du couple Daniell, l'expérience donne

$$m = 0^v,00078.$$

On en déduit $0^v,218$ pour l'effet Peltier à 12°; la mesure directe (**1033**) avait donné $0^v,212$.

1036. Diagrammes thermoélectriques. — La quantité $\left(\frac{dE}{dT}\right)_T$ a été appelée par sir W. Thomson le pouvoir thermoélectrique des deux métaux à la température T.

Clausius a donné le nom d'*entropie* à une fonction telle que la quantité de chaleur relative à une transformation infiniment petite d'un corps est égale au produit de la température absolue correspondante par la variation de l'entropie. Le pouvoir thermoélectrique de deux métaux présente une propriété analogue à la fonction de Clausius, et Maxwell [1] a proposé de l'appeler *entropie électrique*.

Nous avons vu qu'en prenant comme métal de comparaison le plomb, pour lequel la chaleur spécifique d'électricité est nulle (**281**), les courbes qui représentent le pouvoir thermoélectrique en fonction à la température sont, pour la plupart, des métaux, des droites dont le coefficient angulaire représente la chaleur spécifique d'électricité. Il ne paraît y avoir d'exception que pour le fer et le nickel dont les courbes auraient de nombreuses sinuosités.

On trouvera à la fin du volume le diagramme relatif aux principaux métaux par comparaison avec le plomb considéré comme métal neutre. Si les températures sont comptées à partir du zéro absolu, ces courbes donnent une représentation très simple des quantités de chaleur dégagées ou absorbées dans le circuit sous différentes formes pendant le passage d'un courant.

Supposons que la courbe A (fig. 213) figure le pouvoir thermoélectrique $\frac{dE}{dT}$ d'un métal A. L'équation

$$\Pi = T\frac{dE}{dT}$$

montre d'abord qu'à la température T la différence de potentiel de contact avec le métal neutre est représentée par l'aire du rectangle PQ. De même, la valeur de Π relative à la température T_1 est représentée par le rectangle P_1Q_1. En-

[1] Maxwell *Élément. Treatise on Elect.*, p. 137.

fin, comme on l'a vu déjà (**270**), la force électromotrice E, entre les températures T_1 et T, est représentée par l'aire du

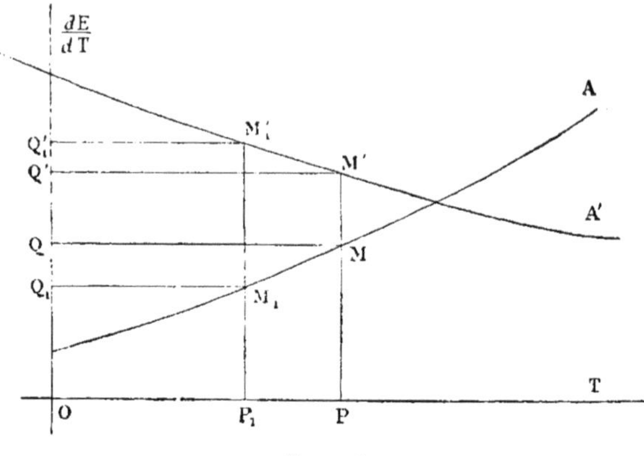

Fig. 213

trapèze curviligne M_1P. La chaleur spécifique d'électricité du métal de comparaison étant nulle, on a (**282**)

$$\int_{T_1}^{T} \sigma dT = H - H_1 - E,$$

c'est-à-dire que cette intégrale est donnée par l'aire du trapèze curviligne MQQ_1M_1.

Si on considère un circuit de deux métaux quelconque A' et A, les forces électromotrices de contact H et H_1 sont représentées par les rectangles MQ' et $M_1Q'_1$, la force électromotrice par le trapèze curviligne $MM'M'_1M_1$ et les différences de potentiel totales, correspondant à l'effet Thomson, par les trapèzes curvilignes MQQ_1M_1 et $M'Q'Q'_1M'_1$.

Ces différentes surfaces représentent également les énergies calorifiques absorbées ou dégagées aux points correspondants du circuit pendant le passage de l'unité du courant.

1037. Relation de la force électromotrice avec les énergies chimiques dans les couples fermés. — Dans toute pile hydro-électrique fermée, le travail électrique est évidemment emprunté à l'énergie chimique, et on ne peut concevoir une pile où les réactions considérées dans leur ensemble ne seraient pas exothermiques. Pour un courant d'intensité I, la somme des travaux chimiques a pour expression $I\Sigma Jap$ (**259**); d'autre part, si le courant ne produit aucune action extérieure, le travail électrique est représenté par EI. S'il y a équivalence entre ces deux ordres de travaux, on a l'égalité

$$E = \Sigma Jap.$$

Dans le couple Daniell à sulfates, le travail chimique se réduit à la substitution du zinc au cuivre, équivalent pour équivalent. Cette substitution correspond au dégagement de 25 300 par équivalent chimique, ce qui donne, d'après la relation précédente, pour la force électromotrice du couple Daniell,

$$2,53 \times 0,432 = 1^{v},09,$$

nombre qui concorde parfaitement avec les déterminations directes.

On peut remarquer que si on admet que la différence de potentiel est nulle au contact de deux dissolutions de sulfate de cuivre et de sulfate de zinc, l'excès $H' - H$ des différences de potentiel de la dissolution sur le métal correspondant conduit (**1033**) à une valeur très voisine $1^{v},06$ pour la différence de potentiel du cuivre et du zinc.

L'accord est aussi satisfaisant pour le couple zinc-cadmium et sulfates de M. Regnauld. Une conformité si remarquable de la théorie et de l'expérience avait conduit sir W. Thomson à poser la loi suivante : *La valeur absolue de la force électromotrice d'un couple hydroélectrique est égale à l'équivalent mécanique de l'action chimique qui y est développée par l'unité d'électricité.*

Il faut remarquer, cependant, que les couples en question présentent des conditions exceptionnelles, ils ne donnent lieu à aucun dégagement de gaz, à aucune action secondaire ; ils ne s'échauffent pas pendant le passage du courant, ou du moins les effets calorifiques aux deux électrodes sont sensiblement égaux et de signes contraires; enfin ils sont complètement réversibles. L'accord ne paraît plus aussi complet pour les autres couples.

1038. — L'application de la loi exige la connaissance exacte des réactions qui interviennent dans le couple sous l'influence du courant, ce qui est parfois impossible dans l'état actuel de la science. Les couples de Volta, dans lesquels le zinc amalgamé se trouve en présence d'un métal considéré comme inaltérable, cuivre, argent, platine, etc., n'ont pas la même force électromotrice, bien qu'il s'y dissolve par unité d'électricité la même quantité de zinc; il y a donc une influence du métal non attaqué qu'il paraît difficile de définir actuellement.

En outre, il y a lieu de faire une distinction entre l'effet direct du courant et les effets secondaires : l'effet direct du courant est la séparation des éléments de l'électrolyse, les effets secondaires dépendent de la nature de ces éléments, de celle des électrodes, et s'accomplissent en vertu des propriétés chimiques des corps en présence et d'une manière indépendante, au moins en apparence, du courant; il faut y joindre les changements d'état, le dégagement des gaz provenant de la décomposition de l'eau, la cristallisation d'un sel formé par l'électrolyse au milieu de la dissolution saturée, etc. Parmi ces actions, quelles sont celles dont on doit tenir compte et celles qu'on doit négliger dans le calcul de la force électromotrice?

Considérons, avec M. Berthelot [1], l'électrolyse du sulfate de potasse. Par chaque unité d'électricité, il se dégage à l'électrode positive un équivalent d'oxygène et un équivalent d'hydrogène à l'électrode négative. En outre, la présence de l'acide sulfurique devient manifeste autour de la première et celle de la potasse autour de la seconde. On explique habituellement ce résultat en admettant que la décomposition de sulfate de potasse se fait de la même manière que celle du sulfate de cuivre, avec cette différence que le potassium mis en liberté à l'électrode négative décompose l'eau par une action secondaire en mettant l'hydrogène en liberté. L'acide

[1] Berthelot, *C. R. de l'Acad. des Sc.*, t. XCIII, p. 661, 1881; *Ann. de ch. et de phys.*, [5], t. XXVII, p. 89, 1882.

sulfurique d'un côté, la potasse reformée de l'autre, se diffusent alors dans le liquide et reproduisent le sulfate de potasse primitif.

Faut-il attribuer seulement à l'effet du courant la mise en liberté d'un équivalent de potassium, les autres actions étant considérées comme purement chimiques et indépendantes; ou la décomposition simultanée d'un équivalent de sulfate de potasse en acide et en base et d'un équivalent d'eau en hydrogène et en oxygène; ou enfin, étant donné que l'acide et la base se recombinent incessamment et que le résultat final se réduit au dégagement de l'oxygène et de l'hydrogène, la décomposition seule d'un équivalent d'eau? Le travail correspondra, suivant le cas, à 98 000, 50 200 ou 34 500 calories; M. Berthelot a montré que c'est le second qui est réalisé. Il associe des couples constants et de forces électromotrices graduées, tels que le couple Daniell, le couple Regnault, etc., et cherche la force électromotrice minimum qui fait apparaître nettement la décomposition. L'électrolyse du sulfate de potasse exige une force électromotrice correspondant au moins à 50 000 calories. Cette force électromotrice ne suffit plus quand on emploie le mercure comme électrode négative, le potassium s'amalgamant au lieu de décomposer l'eau; la force électromotrice nécessaire se rapproche alors de 98 000 calories, tout en restant moindre, puisqu'on doit tenir compte de la chaleur d'amalgamation du potassium.

Un cas intéressant est celui où l'électrolyse peut s'effectuer de plusieurs manières; l'expérience montre que, si on fait croître progressivement la force électromotrice, la réaction qui absorbe la plus petite quantité de chaleur commence par se manifester; chaque mode de décomposition apparaît à son tour quand la force électromotrice a atteint la valeur voulue, sans toutefois que les précédents cessent de se produire.

La même chose a lieu pour un mélange de sels, et on a pu fonder une méthode analytique de séparation de certains métaux sur l'action de forces électromotrices progressivement croissantes.

M. Berthelot conclut de ses expériences qu'on doit comprendre dans la somme des énergies nécessaires pour produire l'électrolyse toutes les réactions effectuées pendant le passage du courant, sans qu'il y ait lieu de distinguer entre les réactions dites primitives et les réactions réputées secondaires, toutes celles du moins qui ont lieu immédiatement et au contact même de l'électrode, l'expérience du sulfate de potasse montrant qu'il n'y a pas lieu de tenir compte de la recomposition du sulfate de potasse qui suit la diffusion de l'acide et de la base à travers l'électrolyte.

1039. — Si on compare les forces électromotrices des différents couples, calculées d'après ces règles, avec les forces électromotrices mesurées directement, on trouve des différences qu'il est difficile d'expliquer par une connaissance insuffisante, soit des réactions, soit des données nécessaires pour les calculer. Généralement l'énergie chimique est plus grande que l'énergie électrique, mais elle est quelquefois plus petite. Dans le premier cas, le couple s'échauffe pendant la marche; il se refroidit dans le second et emprunte de la chaleur au milieu extérieur.

M. Braun [1] a étudié à ce point de vue un grand nombre de couples du genre Daniell, où les sulfates sont remplacés par des chlorures, des bromures et des iodures, et le cuivre par le mercure et l'argent. Il trouve la loi de Thomson le plus souvent en défaut, en particulier pour les couples où le sel qui entoure le pôle positif est insoluble.

M. Braun admet qu'une portion seulement de la chaleur chimique peut être convertie en travail électrique et que, pour chaque composé, il y a un rapport constant, qu'il appelle le coefficient de rendement, entre ces deux quantités; la chaleur non convertie en travail électrique échauffe le couple et produit l'élévation de température qu'on attribue ordinairement aux actions secondaires. A ce point de vue un couple serait l'analogue d'une machine à gaz dans laquelle, en vertu du principe de Carnot, une fraction seulement de l'énergie chimique rendue disponible est convertie en travail mécanique. Poussant l'analogie plus loin, M. Chaperon [2] suppose

[1] Braun, *Wied. Ann.*, t. V, p. 182, 1878; t. XVI, p. 561, 1882; t. XVII, p. 593, 1882.

[2] Chaperon, *C. R. de l'Acad. des sc.*, t. XCII, p. 786, 1881.

que le coefficient de M. Braun est celui qui serait déterminé par le théorème de Carnot pour une machine thermique fonctionnant entre la température actuelle et la température de dissociation du composé; mais les données expérimentales nécessaires pour vérifier cette hypothèse font actuellement défaut.

1040. — M. Helmholtz [1] a cherché à soumettre ces phénomènes à une théorie rigoureuse en ne considérant que des couples réversibles et il est arrivé à cette conclusion, qu'en général l'énergie chimique n'est pas entièrement transformable en énergie électrique. Nous présenterons cette théorie sous la forme que lui a donnée M. Lippmann [2].

On peut considérer l'état d'un couple comme défini par trois variables indépendantes, la température T, la quantité x d'électricité qui l'a traversé à partir d'un certain état initial et le degré de concentration des dissolutions. Pour tenir compte de cette dernière variable, on supposera le système renfermé dans un corps de pompe contenant de la vapeur d'eau à saturation : en soulevant ou en abaissant le piston on fait varier à volonté la concentration, et le volume v du système peut être pris comme troisième variable indépendante. Si le couple est régénérable par le courant, on peut lui faire parcourir un cycle fermé ; dans ce cas, il y a équivalence entre le travail produit — W et l'énergie calorifique absorbée JQ. Soit p la force élastique maximum pour la température T, E la force électromotrice du couple, U l'énergie intérieure du système; en généralisant les raisonnements employés aux nos **645** et **646**, on voit que l'expression

$$dU = J dQ + dW,$$

doit être une différentielle exacte. On a d'ailleurs

$$-dW = p dv + E dx,$$
$$dQ = c dT + l_1 dx + l_2 dv,$$

[1] Helmholtz, *Wied. Ann.*, III, p. 201, 1877; *Wissensch abh.*, I, p. 840.
[2] Lippmann, *C. R. de l'Acad. des sc.*, t. XCIX, p. 845, 1884.

c étant la capacité calorifique du couple, l_1 et l_2 des coefficients définis par l'équation même.

Si la résistance extérieure est assez grande pour que la chaleur dégagée en vertu de la loi de Joule soit négligeable, on peut considérer le cycle comme réversible et appliquer le principe de Carnot.

L'influence de la concentration du liquide peut être étudiée par les propriétés du coefficient l_2. Considérons seulement les variables indépendantes T et x; en remarquant que dans le cas actuel on a

$$a = \mathrm{J}l_1, \quad l = \mathrm{J}c, \quad b = \mathrm{E},$$

l'équation (5) du n° **616** donne

$$\mathrm{J}l_1 = \mathrm{T}\frac{\partial \mathrm{E}}{\partial \mathrm{T}}.$$

Il en résulte ce fait important que, pour maintenir à température constante un couple de concentration donnée, il faut lui fournir une énergie calorifique égale à $\mathrm{T}\frac{\partial \mathrm{E}}{\partial \mathrm{T}}$ pour chaque unité d'électricité qui le traverse; cette chaleur sera fournie surtout par les réactions chimiques. Si on désigne par q la somme des énergies chimiques pour l'unité d'électricité, on aura

$$q = \mathrm{E} - \mathrm{T}\frac{\partial \mathrm{E}}{\partial \mathrm{T}}.$$

Nous avons vu que la force électromotrice du couple Daniell ordinaire varie très peu avec la température, on aura donc sensiblement $q = \mathrm{E}$; mais il n'en est pas de même pour tous les couples du même genre. Ainsi, quand on substitue l'argent au cuivre [1], on a, pour la température ordinaire, $\frac{d\mathrm{E}}{d\mathrm{T}} = -0^{\mathrm{v}},0012$.

[1] Potier, *Bulletin de la Société de Physique*, juillet 1884, p. 179.

Il en résulte que E est plus petit que q de $0^v,36$ environ, ce qui est du reste confirmé par l'expérience. Pour le couple L. Clark, on a environ $\frac{dE}{dT} = -0^v,008$.

Lorsque la force électromotrice croît avec la température, elle surpasse la somme des énergies chimiques ; le couple tend alors à se refroidir par le passage du courant. Tel est le cas du couple à calomel de M. Helmholtz, dans lequel la force électromotrice croît légèrement avec la température, ou un couple analogue dans lequel le chlore est remplacé par le brome. La force électromotrice mesurée vaut environ 1,7 fois celle qu'on déduit de la chaleur chimique.

1041. — Pour qu'un couple satisfasse rigoureusement à la loi de Thomson, il faut donc qu'on ait $\frac{\partial E}{\partial T} = 0$, ou $l_1 = 0$. Cette condition entraîne comme conséquence, d'après l'équation (4) du n° **646**,

$$\frac{\partial c}{\partial x} = 0.$$

La dérivée partielle $\frac{\partial c}{\partial x}$ représente la variation de capacité calorifique du couple par suite du passage d'une unité d'électricité. La condition revient donc à dire que la capacité du système reste la même, que les éléments chimiques qui entrent en jeu dans les réactions soient libres ou combinés, autrement dit que, pour la suite des réactions opérées par le courant, la loi de Wœstyn et de Kopp est vérifiée. Il n'y a donc que les couples qui satisfont à cette loi qui satisfassent en même temps à la loi de Thomson.

Or M. Berthelot a montré (¹) que la loi de Wœstyn n'est satisfaite dans une série de transformations qu'autant que celles-ci ne comportent pas de changements d'état. Dans le cas contraire, la chaleur de combinaison est en outre variable avec la température. Ce sont précisément les couples à dépolarisant solide, comme les couples à sulfate de mercure, à protochlo-

(¹) Berthelot, *Essai de mécanique chimique*, t. I, p. 110, 1879.

rure de mercure, à chlorure d'argent, qui sont les plus sensibles aux variations de température et qui présentent les plus grands écarts avec la loi de Thomson. Les deux ordres de phénomènes sont donc connexes : si la loi des capacités calorifiques est vérifiée, la chaleur chimique et la force électromotrice sont égales entre elles et indépendantes de la température; dans les cas contraires, elles sont inégales et varient avec la température.

Des expériences nombreuses ont été faites par M. Crapski [1] et M. Gockel [2] pour vérifier les conséquences de la théorie de M. Helmholtz. Les valeurs de E et de $\frac{\partial E}{\partial T}$ ont été mesurées pour un grand nombre de couples. Si on compare les valeurs obtenues pour l'expression $T\frac{\partial E}{\partial T}$ avec la différence entre l'énergie chimique et la force électromotrice, on trouve que les vérifications réussissent toujours quant au sens des phénomènes, mais il n'en est plus de même quand on arrive à la comparaison des nombres. La quantité de chaleur représentée par $T\frac{\partial E}{\partial T}$ n'est jamais qu'une fraction plus ou moins grande de la différence positive ou négative entre l'énergie chimique et la force électromotrice. Il n'est guère possible, dans beaucoup de cas, de mettre ces écarts sur le compte des erreurs expérimentales et il reste là pour la théorie quelques points obscurs à éclaircir.

(1) Crapski, *Wied. Ann.*, t. XXI, p. 209, 1884.
(2) Gockel, *Wied. Ann.*, t. XXIV, p. 612, 1885.

CHAPITRE CINQUIÈME

MESURE DES CAPACITÉS. — DIÉLECTRIQUES

1042. Caractères des condensateurs. — Les capacités à mesurer sont presque toujours celles de condensateurs (78), dont le type est la bouteille de Leyde. Ils se composent de deux armatures, séparées par un diélectrique et portées à des potentiels différents. Les câbles sous-marins ou souterrains, qui sont formés par un système de fils conducteurs noyés dans une couche de gutta-percha, satisfont à cette condition et présentent parfois des capacités considérables. Les fils conducteurs, ou l'âme du câble, constituent l'armature intérieure; l'armature extérieure est formée, soit par une enveloppe métallique qui protège le câble, soit par l'eau ou la terre dans laquelle il est plongé.

La bouteille de Leyde est de toutes les formes celle qui se prête le mieux à la conservation d'une charge d'électricité. Certaines qualités de verre paraissent être, aux températures ordinaires, absolument imperméables à l'électricité. Franklin a conservé de l'électricité pendant plusieurs mois dans une bouteille de Leyde dont le col avait été fermé à la lampe. Sir W. Thomson a répété cette expérience avec une bouteille scellée dont l'armature intérieure était formée par une couche d'acide sulfurique : la perte était insensible même au bout de plusieurs années.

Toutefois l'emploi du verre rend les appareils trop fragiles et il n'est pas possible d'obtenir des lames assez minces pour réaliser sous un petit volume de grandes capacités. Les condensateurs feuilletés conviennent beaucoup mieux. On superpose par couches alternatives des feuilles d'étain et des lames minces de mica ou des feuillets de papier paraffiné ; toutes les feuilles d'étain d'ordre pair débordent d'un côté, les feuilles impaires de l'autre ; on les réunit séparément et on obtient ainsi sous un petit volume des surfaces très étendues et très rapprochées.

Tous les diélectriques, solides et liquides, présentent à un degré plus ou moins grand la propriété, encore mal connue, d'*absorber* l'électricité. Si on considère un condensateur chargé, dont le diélectrique ne soit pas un gaz, et qu'après l'avoir déchargé en réunissant les armatures pendant quelques instants, on isole de nouveau les armatures, on constate qu'il reprend ensuite spontanément une charge dite *résiduelle,* qui dépend non seulement de la durée et de l'intensité de la charge primitive, mais encore des charges antérieures qu'il a pu recevoir.

Si une bouteille de Leyde, par exemple, a reçu d'abord une charge positive pendant plusieurs semaines, puis une charge négative pendant vingt-quatre heures et une nouvelle charge positive pendant cinq minutes, le résidu peut donner des oscillations de potentiel alternativement positives et négatives ([1]). Tout se passe comme si l'électricité pénétrait peu à peu dans le diélectrique pour se dissiper ensuite, par un déplacement en sens contraire, lorsque les armatures sont ramenées au même potentiel.

Ces charges résiduelles ont été constatées depuis l'invention de la bouteille de Leyde. Les observations de M. Gaugain ([2]), en particulier, ont montré que :

1° La charge d'un condensateur, pour une différence donnée de potentiel, augmente avec la durée de communication à la source. Cette charge n'est définie que pour un contact assez court ; elle est dite alors *instantanée.*

2° La décharge instantanée, c'est-à-dire celle qui correspond à une communication des armatures durant moins de deux secondes, est sensiblement égale à la charge instantanée.

L'excès de la charge totale sur la décharge instantanée

([1]) Sir W. Thomson, *Congrès intern. des électriciens.* Paris, 1881, p. 217.
([2]) Gaugain, *Ann. de chim. et de phys.* (4), t. II, p. 264, 1864.

représente, si on met à part les pertes par conduction, la charge résiduelle.

M. Clausius [1] et Maxwell [2] ont cherché à expliquer les phénomènes d'absorption électrique par l'hétérogénéité du diélectrique; leurs théories s'accordent à montrer que l'absorption serait nulle dans un milieu parfaitement homogène, et le fait a été vérifié par M. Rowland pour le spath d'Islande, la substance naturelle qui se présente comme la plus pure et la plus homogène. Les autres cristaux naturels ont donné des résidus plus ou moins considérables; l'absorption du quartz a été trouvée le neuvième de celle du verre [3].

Quand il s'agit de mesurer exactement des quantités d'électricité, les condensateurs à air sont donc les seuls qui offrent une sécurité complète, à la condition d'empêcher les poussières de s'introduire entre les deux plaques. Malheureusement ils n'ont jamais qu'une capacité très faible.

1043. Étalons de capacité. — Dans le système électrostatique (**607**), la capacité d'un conducteur est une longueur, et elle peut être déterminée d'après les dimensions géométriques des corps employés.

Le problème se résout facilement dans certains cas, par exemple pour une sphère infiniment éloignée de tout conducteur : la capacité est alors égale au rayon (**73**); mais ces conditions sont impossibles à réaliser et les corps extérieurs, par exemple les parois de la salle dans laquelle on opère, augmentent beaucoup la capacité réelle.

On évite cette difficulté avec un condensateur formé de deux sphères concentriques (**77**). En appelant R et R_1 les rayons intérieur et extérieur, la capacité a pour valeur [4]

$$C = \frac{RR_1}{R_1 - R} = \frac{R}{1 - \frac{R}{R_1}}.$$

Sir W. Thomson a employé un étalon de cette espèce; les

(1) Clausius, *Ann. Pogg.*, t. LXXXVI, p. 337, 1882.

(2) Maxwell, *Electricity and magn.*, t. I, p. 376.

(3) Rowland et Nichols, *Phil. Mag.*, [5], t. XI, p. 414, 1881.

(4) Cette formule conviendrait en particulier pour une sphère isolée au milieu d'une salle de rayon moyen R.

rayons avaient été déduits du poids de l'eau contenue dans la sphère extérieure seule, et dans l'intervalle des deux sphères, quand elles étaient placées concentriquement. Il faut, en outre, tenir compte des cales isolantes qui supportent la sphère intérieure et qui n'agissent pas comme l'air qu'elles remplacent; il faut tenir compte également de l'orifice qu'on doit ménager dans l'armature extérieure pour laisser passer une tige qui communique avec la sphère intérieure, ainsi que de l'influence de cette tige. Ces corrections ne peuvent se faire que d'une manière approchée. Dans l'appareil de sir W. Thomson, pour lequel on avait $R_1 = 5^c,857$, $R = 4^c,511$, et par suite $C = 63^c,264$, ces corrections montaient à $0^c,255$ et portaient la capacité à $63^c,519$.

On pourrait aussi employer des cylindres concentriques (**80**), mais il faudrait alors ajouter à la formule simple un terme de correction relatif aux extrémités.

Les condensateurs formés de deux plans parallèles sont préférables; il est relativement facile de vérifier que les deux surfaces sont bien planes et de mesurer avec précision la distance qui les sépare. Mais on doit remarquer que la densité de la couche électrique est plus grande sur les bords qu'au milieu, et que, par suite, la capacité réelle est plus grande que celle qui se déduit des dimensions. En outre on ne considère pas dans le calcul l'électricité qui existe sur la surface extérieure du disque et qui n'existerait pas en effet, si le système était à une distance infinie de tout autre conducteur. On a vu (**806**) comment sir W. Thomson échappe à ces difficultés par l'emploi de l'*anneau de garde*. L'influence des bords n'est pas entièrement éliminée à cause du petit intervalle qu'il faut laisser entre la plaque et l'anneau; on en tient compte en remplaçant l'aire a de la plaque mobile par la moyenne de cette aire et de l'ouverture a' de l'anneau. La capacité C formée par la plaque a avec un disque parallèle situé à une distance e, et de dimensions assez grandes par rapport à la plaque pour pouvoir être considéré comme indéfini, a pour expression

$$C = \frac{a + a'}{8\pi e}.$$

1011. — On a surtout besoin, dans la pratique, d'avoir la capacité d'un condensateur en unités électromagnétiques; la mesure déduite des dimensions se trouvant exprimée en unités électrostatiques, il serait nécessaire de connaître exactement le rapport des unités dans les deux systèmes (**610**). Il est préférable de déterminer directement par des méthodes électromagnétiques la capacité des étalons.

La capacité d'un condensateur étant le rapport d'une charge électrique à une différence de potentiel, la mesure d'une capacité en valeur absolue sera déterminée par celles d'une charge (**883**) et d'une force électromotrice (**1000**).

Remarquons encore que la capacité peut être considérée (**609**) comme le quotient d'un temps par une résistance ou du carré d'un temps par un coefficient d'induction. La mesure d'une capacité peut donc être ramenée à celle d'une résistance ou d'un coefficient d'induction.

L'unité pratique de capacité est le microfarad égal à 10^{-15} unités C.G.S. (**613**).

On construit des condensateurs feuilletés ne présentant qu'une absorption très faible et qui, convenablement subdivisés, forment des boîtes analogues aux boîtes de résistance.

L'association des capacités en cascade (**85**) donne un résultat comparable à celui des boîtes de conductibilité (**928**) : l'inverse de la capacité d'une batterie de condensateurs disposés en cascade est égal à la somme des inverses des capacités qui constituent la cascade.

Il est intéressant de rappeler que Cavendish avait employé une disposition analogue aux boîtes actuelles [1]. Il se servait de carreaux de Franklin, c'est-à-dire de condensateurs formés d'une lame de verre garnie sur ses deux faces de lames d'étain, et présentant entre eux des rapports déterminés. Il avait remarqué que l'influence des bords empêchait les capacités d'être proportionnelles aux surfaces et reconnu que, pour tenir compte de cet effet, il suffisait d'ajouter à la surface réelle de la feuille d'étain une bande circulaire dont la largeur était

[1] Cavendish, *Electrical Researches*, publiées par Maxwell, p. 157, Cambridge, 1879.

de $1^{mm},5$ pour un verre de 5 millimètres d'épaisseur, et de $2^{mm},25$ pour un verre de $1^{mm},7$.

1045. Condensateurs glissants. — Il est souvent utile d'avoir des capacités pouvant varier d'une manière continue ; c'est ce qu'on obtiendrait avec un condensateur à plateaux, muni d'un anneau de garde, et dans lequel le disque, mobile parallèlement à lui-même, pourrait être déplacé dans le sens de la normale au moyen d'une vis micrométrique. On arrive au même résultat d'une manière plus commode avec des condensateurs dans lesquels une des armatures glisse parallèlement à elle-même, de manière à faire varier l'étendue des deux surfaces en présence, sans modifier la distance qui les sépare.

Considérons en particulier le système de conducteurs dont il a été question au n° **98** et qui est formé de deux enveloppes cylindriques A et B (fig. 214) à axe commun et d'un cylindre C concentrique aux précédents et mobile dans le sens de cet axe (¹). L'enveloppe B communiquant au sol, les cylindres A et C sont réunis entre eux et isolés. Soit C_0 la capacité du

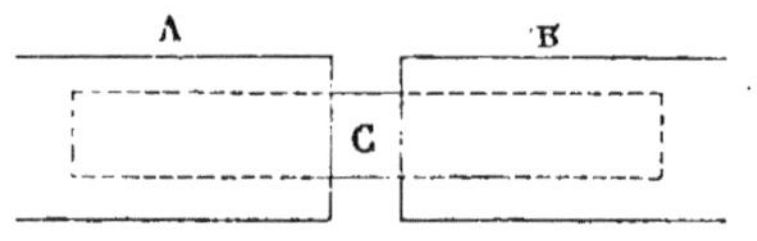

Fig. 214

système formé par la réunion de A et de C, lorsque le cylindre intérieur est dans une position déterminée qui sert de repère, α la capacité de l'unité de longueur du condensateur CB pour la région moyenne où la distribution des densités est uniforme. Si on fait glisser le cylindre C vers la droite d'une longueur x, la capacité du système AC devient $C_0 + \alpha x$; elle varie donc proportionnellement à la quantité x. Il en serait de même pour l'enveloppe B, si elle était seule isolée, le système AC communiquant avec le sol.

Si on appelle R et R_1 les rayons du cylindre intérieur et des

(¹) L'idée de ce condensateur est due à sir W. Thomson. *Voir* Gibson et Barclay, *Phil. Trans. L. R. S.* for 1871, p. 573.

cylindres extérieurs, le coefficient α a pour valeur, en unités électrostatiques (¹),

$$\alpha = \frac{1}{2l.\frac{R_1}{R}}.$$

Quant à la capacité C_0 correspondant au repère ou zéro de l'échelle, on la détermine par comparaison.

La capacité du condensateur glissant est assez faible; mais on peut toujours y adjoindre une capacité convenable, et ne se servir du premier que pour achever le réglage.

Enfin, pour éviter toute perturbation de la part des conducteurs voisins, la partie isolée AC est renfermée dans un cylindre conducteur en communication avec le sol.

La figure 215 représente un condensateur glissant, employé par sir W. Thomson, qui permet, par un double réglage, d'obtenir une capacité déterminée avec une grande approximation. Le cylindre A est isolé, les cylindres B et C

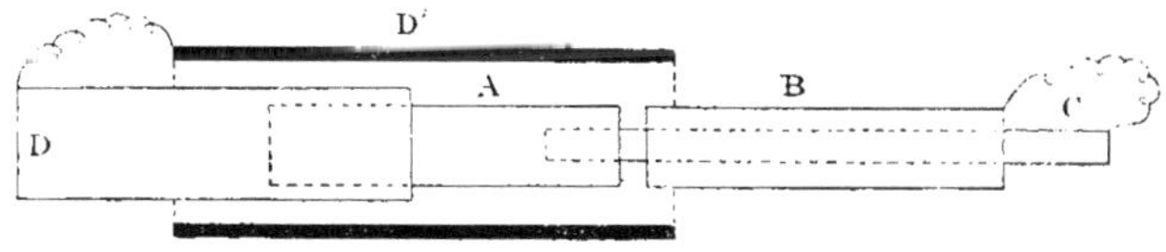

Fig. 215

communiquent entre eux et avec le sol, ainsi que les cylindres D et D'; les cylindres D et C sont mobiles. La capacité de A augmente quand on enfonce le cylindre D ou le cylindre C, mais beaucoup plus dans le premier cas que dans le second pour un même déplacement. Le premier mouvement permettra d'obtenir un équilibre approché dans une expérience de comparaison, et on achève le réglage en déplaçant le cylindre C dans un sens ou dans l'autre.

(¹) Dans le condensateur employé par MM. Gibson et Barclay, le cylindre central C était mû par un bouton glissant dans une rainure de l'enveloppe A, en face d'une échelle divisée. On avait $R_1 = 2^c,4807$, $R = 1,2515$, ce qui donne $\alpha = 0,6514$; les enveloppes A et C avaient 30 centimètres de longueur, et le cylindre C avait 36 centimètres.

1016. Comparaison de deux capacités. Méthodes d'opposition. — Une méthode d'opposition, déjà employée au siècle dernier par Volta et par Cavendish, permet de vérifier l'égalité de deux condensateurs. On les charge à des potentiels égaux et de signes contraires, puis on les décharge l'un sur l'autre ; si leurs capacités sont égales, ils seront tous deux ramenés à l'état neutre.

Considérons, par exemple, deux bouteilles de Leyde dont les armatures intérieures sont A et A' et les armatures extérieures B et B'. On fait communiquer respectivement A avec B', B avec A', et, joignant au sol l'un des systèmes, on électrise l'autre par une source à potentiel élevé. On supprime ensuite les communications avec la source et avec la terre, puis on réunit respectivement les armatures intérieures et les armatures extérieures ; les deux capacités sont égales si les bouteilles se trouvent alors entièrement déchargées. Sous cette forme, la méthode n'est rigoureuse que si la capacité des condensateurs est indépendante du choix des armatures, c'est-à-dire s'ils peuvent être considérés comme entièrement fermés. Dans les condensateurs avec anneau de garde on ne doit comparer ainsi que les surfaces utiles, c'est-à-dire les surfaces des plateaux compris dans l'anneau de garde.

Un procédé simple pour charger deux surfaces à des potentiels égaux et de signes contraires consiste à les mettre respectivement en communication avec les deux pôles d'une pile dont le milieu est relié au sol. Après avoir supprimé les communications avec la pile, on réunit les deux capacités : la charge est réduite à zéro si elles sont égales.

1017. Platymètre. — Sir W. Thomson [1] a donné ce nom à un condensateur double formé de deux anneaux cylindriques A et A' (fig. 216), de même longueur et de même rayon, parfaitement isolés, placés autour d'un cylindre BB' de même axe qui communique avec un électromètre ou un électroscope. Maintenant d'abord le cylindre B en relation avec le sol, on charge l'un des anneaux A à un potentiel V ; on supprime ensuite les communications avec la source et avec le

[1] Sir W. Thomson, *Br. Ass. Rep.* for 1855 (Glasgow). *Voir* Gibson et Barclay, *Trans. Ph. R. S. L.*, fév. 1871, p. 570.

sol. Si alors on joint les deux anneaux, le potentiel commun devient $\frac{V}{2}$ par le partage des charges, et l'électroscope montre que le potentiel du cylindre B reste nul. La même chose aurait lieu d'ailleurs, sauf l'influence inégale des bords, si les anneaux

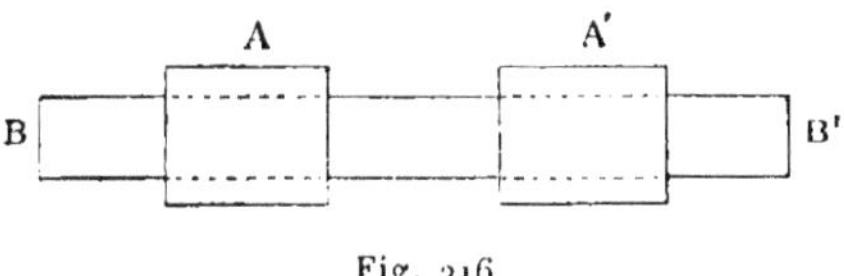

Fig. 216

A et A', toujours de même rayon, avaient des longueurs différentes, leurs capacités a et a' étant proportionnelles à leurs longueurs. Il faut admettre cependant que ces anneaux sont assez éloignés l'un de l'autre pour que leur action inductive réciproque soit négligeable par rapport à celle qu'ils exercent sur le cylindre intérieur.

Pour comparer deux capacités quelconques C et C', il suffit de les réunir séparément aux deux anneaux A et A' du platymètre. Si l'expérience, répétée dans les mêmes conditions, montre que le potentiel du cylindre BB' reste nul, après la communication des deux anneaux, il en résulte que les capacités totales des deux systèmes sont dans le rapport des capacités des anneaux, ce qui donne

$$\frac{a}{a'}=\frac{C+a}{C'+a'}=\frac{C}{C'}.$$

On peut alors vérifier l'égalité de a et de a' : il suffit de permuter les capacités C et C' relativement aux anneaux. Si l'équilibre existe encore, on a aussi

$$\frac{C'}{C}=\frac{a}{a'},$$

et, par suite, $a=a'$.

Lorsque cette condition n'est pas réalisée et que l'équilibre, ayant été établi dans une première expérience avec des capacités C et C', l'est ensuite dans une seconde avec des capacités C'' et C, les équations

$$\frac{C}{C'}=\frac{a}{a'}, \quad \frac{C''}{C}=\frac{a}{a'},$$

donnent

$$C=\sqrt{C'C''}.$$

L'expérience est analogue à celle qui consiste à déterminer le poids d'un corps avec une balance dont les bras sont inégaux, en pesant le corps successivement dans les deux plateaux.

1018. Balances de capacités. — On peut donner ce nom à plusieurs dispositions expérimentales qui rappellent celle du pont de Wheatstone.

Dans la méthode employée par M. De Sauty [1], deux condensateurs C et C' (fig. 217) tiennent la place des deux branches b et b' du pont de Wheatstone, leurs armatures exté-

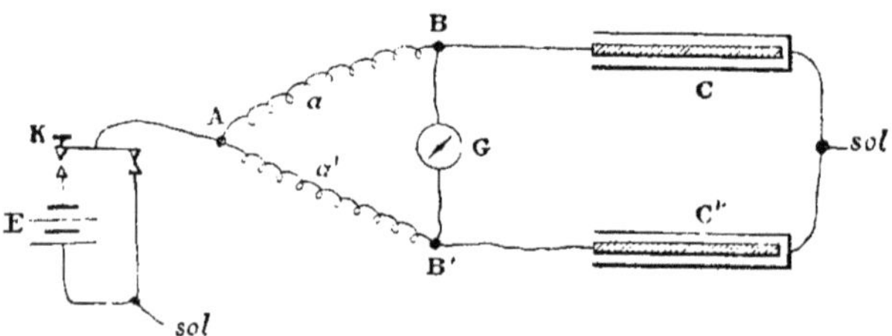

Fig. 217

rieures étant en communication avec le sol. On ajuste les deux résistances a et a' de manière qu'en ouvrant ou fermant la clef K qui établit la communication avec la pile, aucun courant ne passe dans le galvanomètre.

La condition d'équilibre exige évidemment que les extrémités B et B' du pont soient au même potentiel, c'est-à-dire qu'à un instant quelconque, les charges Q et Q' soient proportionnelles aux capacités correspondantes C et C'; comme ces charges sont proportionnelles aux courants qui les amènent

(1) L. Clark and R. Sabine, *Electrical tables and formulæ*, p. 62, 1871.

et ceux-ci en raison inverse des résistances correspondantes a et a', il en résulte

$$\frac{C}{C'} = \frac{a'}{a}.$$

Il est clair qu'on pourrait remplacer le galvanomètre par un électromètre.

Cette méthode est bonne pour les capacités de valeur moyenne et dans lesquelles l'absorption électrique a peu d'influence; elle exige, en effet, que le temps de charge soit le même pour les deux condensateurs. Aussi n'est-elle pas applicable aux grandes capacités, comme les câbles sous-marins; on en est averti par cette circonstance que l'ajustement des résistances qui convient pour la charge ne convient pas pour la décharge.

1019. — Sir W. Thomson [1] a indiqué deux méthodes qui ne dépendent pas du temps de charge, mais seulement de l'état final d'équilibre, et, qui, par suite, sont applicables aux capacités de toute nature.

La première exige l'emploi de trois condensateurs de comparaison, dont l'un au moins ait une capacité variable.

Soient C, C', C_1, C'_1 les quatre capacités à comparer (fig. 218). On charge deux d'entre elles C et C_1, à un même potentiel V_0,

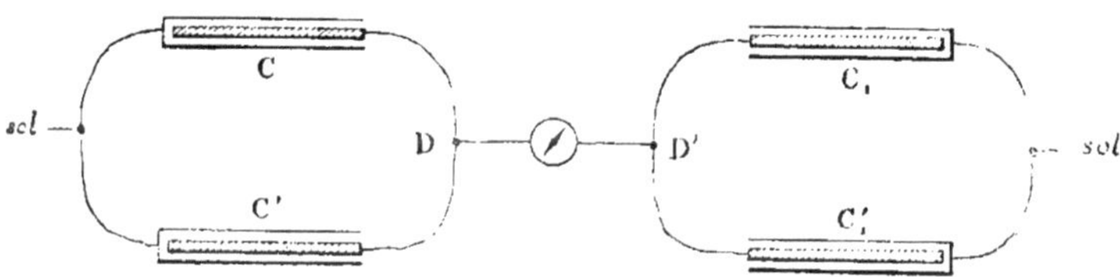

Fig. 218

puis on réunit respectivement C avec C', et C_1 avec C'_1, toutes les armatures extérieures étant au sol. Soient V et V_1 les potentiels de part et d'autre; on a

$$(C + C')V = CV_0,$$
$$(C_1 + C'_1)V_1 = C_1V_0.$$

[1] Sir W. Thomson, *Journ. of Teleg. Eng.*, t. I, 3. 394, 1873.

Si les deux potentiels V et V_1 sont égaux, un galvanomètre intercalé entre les deux systèmes n'indique aucun courant; on a alors

$$\frac{C}{C_1}=\frac{C+C'}{C_1+C'}=\frac{C'}{C'_1}.$$

Il y a avantage à remplacer le galvanomètre par un électromètre, car, chaque système conservant sa charge, on a toute facilité pour ajuster la capacité du condensateur variable de manière que la condition soitsatisfaite.

Dans le cas où l'on emploie le galvanomètre, il faut attendre, pour fermer le courant du galvanomètre entre D et D', que l'équilibre de charge ait le temps de s'établir. Ce temps peut s'élever à plusieurs secondes quand on opère sur de grandes capacités et de grandes résistances.

La seconde méthode n'exige qu'une capacité de comparaison, cette capacité étant d'ailleurs invariable. Les armatures extérieures des deux capacités C et C' à comparer (fig. 219)

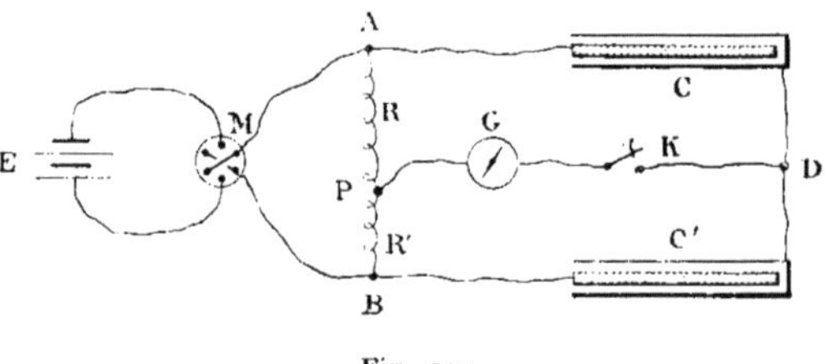

Fig. 219

communiquent entre elles par un fil D et les armatures intérieures sont en relation avec les extrémités d'une résistance considérable AB traversée par un courant permanent. On cherche en quel point P de la résistance AB il faut attacher le fil d'un galvanomètre G pour qu'en établissant la communication entre P et D l'aiguille reste immobile. La position du point P ne change pas quand on renverse le courant de la pile par le commutateur M.

Comme la charge des deux condensateurs est la même, par suite de leur liaison (**85**), on a, en appelant V et V' les potentiels des points A et B et V_1 celui des armatures extérieures,

$$C(V - V_1) = C'(V_1 - V'),$$

ou

$$\frac{V - V_1}{C'} = \frac{V_1 - V'}{C}.$$

D'autre part, si on désigne par x le potentiel au point P, par R et R' les résistances AP et PB, on a aussi

$$\frac{V - x}{R} = \frac{x - V'}{R'}.$$

Pour qu'il n'y ait pas de courant dans le galvanomètre, il faut que les potentiels x et V_1 soient égaux, ce qui exige la condition

$$\frac{C}{C'} = \frac{R'}{R}.$$

Il est encore avantageux de remplacer le galvanomètre par un électromètre, qui permettra de trouver plus facilement la position d'équilibre par tâtonnements.

Cette méthode est susceptible d'une grande précision et se prête très bien à la vérification des boîtes de capacités.

1050. Mesure des potentiels. — Pour comparer deux capacités C et C', on peut comparer par un électromètre le potentiel V que prend la première, pour une charge déterminée M d'électricité, avec le potentiel V' du système quand on réunit les deux capacités C et C'; on a, en effet (**83**),

$$M = CV = (C + C')V',$$

d'où on déduit

$$\frac{C'}{C} = \frac{V - V'}{V'} = \frac{V}{V'} - 1.$$

Telle est, par exemple, la méthode employée par Faraday [1],

[1] Faraday, *Exper. Researches*, t. I, p. 371.

pour déterminer le rapport de deux condensateurs sphériques de mêmes dimensions renfermant l'un de l'air, l'autre un diélectrique solide. Faraday mesurait par la balance de torsion (**801**) les quantités d'électricité prises par une boule isolée sur un même point du premier condensateur avant et après le contact avec le second ; le rapport des charges était égal au rapport des potentiels V et V'.

Si on détermine directement le rapport $\frac{V}{V'}$ par un électromètre gradué, et que la capacité γ de l'instrument ne soit pas négligeable par rapport à celles qu'on évalue, il faut éliminer la première. Pour cela, il suffit de répéter l'expérience en chargeant d'abord l'électromètre seul à un potentiel U_0 et de le réunir à la capacité C, ce qui fait baisser le potentiel à une valeur U ; on a alors

$$\frac{C}{\gamma}=\frac{U_0}{U}-1.$$

La comparaison des capacités C et C' donnant

$$\frac{C'}{C+\gamma}=\frac{V}{V'}-1,$$

il en résulte

$$\frac{C'}{C}=\left(\frac{V}{V'}-1\right)\left(1+\frac{1}{\frac{U_0}{U}-1}\right).$$

Nous avons supposé encore que la capacité de l'électromètre est indépendante de la déviation, ce qui n'est pas tout à fait rigoureux. Enfin il faut avoir soin que les capacités que l'on compare n'aient pas d'action inductive l'une sur l'autre et que la capacité des fils de communication soit elle-même négligeable.

La méthode devient très exacte, surtout pour des capacités très voisines, quand on opère par opposition. Les charges des deux capacités étant M et M' lorsqu'elles sont réunies en croix et que l'une des armatures communes est portée au potentiel V_0, on a

$$M = CV_0, \qquad M' = C'V_0.$$

En joignant les armatures de signes contraires, le potentiel final V est déterminé par l'équation

$$M - M' = (C + C')V;$$

il en résulte

$$\frac{C'}{C} = \frac{V_0 - V}{V_0 + V}.$$

Si les capacités sont très voisines, on peut écrire

$$\frac{C'}{C} = 1 - 2\frac{V}{V_0}.$$

1051. Mesure des charges. — On peut aussi déduire le rapport de deux capacités du rapport des charges qu'elles prennent pour un même potentiel ou, plus généralement, s'il s'agit de condensateurs, du rapport des charges pour une même différence de potentiel entre leurs armatures. Telle est la méthode employée par Gaugain [1] dans un travail important sur les relations qui existent entre la distribution de l'électricité statique dans un système de conducteurs et les courants permanents dans un système corrélatif (**213**).

Les quantités d'électricité étaient mesurées par un électromètre à décharges (**824**) avec lequel on mettait les corps électrisés en communication par un fil de coton. Comme la décharge n'est pas complète, on peut tenir compte du résidu qui correspond à l'état final de l'électromètre ; toutefois ce résidu n'intervient pas dans le cas actuel, car la décharge observée correspond à une même chute de potentiel, depuis la valeur primitive V_0 jusqu'à la valeur finale incapable de provoquer un nouveau contact de la feuille d'or.

L'expérience ayant une certaine durée, on mesure ainsi la

[1] Gaugain, *Ann. de chim. et de phys.* [3], t. LXIV, p. 174. 1862. — *Voir* Mascart, *Traité d'élec. stat.*, t. I, p. 467.

charge totale. Si on veut connaître la décharge instantanée, il suffit, après avoir déterminé la charge totale, d'électriser de nouveau le condensateur au même potentiel, de le décharger sur lui-même pendant un temps très court et de déterminer ensuite la charge résiduelle. La différence des deux valeurs ainsi obtenues correspond à la décharge instantanée.

Au lieu des charges totales, on peut déterminer seulement les vitesses d'écoulement ou les intervalles de temps t qui correspondent à une même chute $V_0 - V$ de potentiel. En effet, si R est la résistance du fil de communication et C la capacité considérée, on a (**985**)

$$t = RCl.\frac{V_0}{V};$$

le temps t est donc proportionnel à la capacité C. Cette méthode n'exige que l'emploi d'un électroscope sensible, sans qu'on ait à se préoccuper de sa graduation.

1052. — Si la décharge d'un condensateur est déterminée par un galvanomètre balistique (**883**), l'angle d'impulsion α de l'aiguille, toutes corrections faites relatives à l'amortissement et à la graduation, donne la relation

$$m = CV = \frac{H}{G}\frac{T}{\pi}\alpha.$$

Le potentiel restant le même dans deux expériences successives, le rapport des capacités est égal au rapport des angles d'impulsion.

Pour comparer des capacités très inégales qui donneraient des impulsions trop différentes, il sera utile de prendre des forces électromotrices V et V′ qui soient dans un rapport connu, par exemple avec des nombres n et n' de couples de même nature. On aura alors

$$\frac{C}{C'} = \frac{\alpha}{\alpha'}\frac{V'}{V} = \frac{n'\alpha}{n\alpha'}.$$

L'expérience est très exacte quand il s'agit de capacités

très voisines et de même nature. Pour des capacités très différentes, la durée des décharges introduit une cause d'erreur qu'il est difficile d'éliminer. On sait d'ailleurs (**881**) qu'avec le galvanomètre balistique l'emploi d'un shunt peut entraîner de graves erreurs.

1053. — Cette méthode donne le moyen de connaître une capacité C en unités absolues dans le système électromagnétique. En effet, si on détermine, directement ou indirectement, la déviation δ du galvanomètre pour le courant produit par la force électromotrice V dans une résistance R, on aura

$$V = R\frac{H}{G}\delta$$

et, par suite,

$$C = \frac{T}{R}\,\frac{\alpha}{\pi\delta}.$$

La capacité C est donc déterminée par la résistance R et la durée T des oscillations de l'aiguille.

Telle est la méthode employée par M. Fl. Jenkin ([1]), par exemple, au nom du Comité de l'Association Britannique, pour vérifier la valeur absolue d'un condensateur feuilleté devant servir d'étalon, dont la capacité était voisine de 10 microfarads (10^{-14} unités C.G.S).

Avec les condensateurs dont le diélectrique est solide, l'expérience présente de grandes difficultés. A moins de rendre les oscillations de l'aiguille extrêmement lentes, ce qui est incommode dans la pratique et ce qui réduit les angles d'impulsion, on n'est jamais sûr que la durée de la décharge ne soit qu'une fraction très petite de la durée d'oscillation (**880**). En outre, à cause de l'absorption d'électricité par le diélectrique, la capacité se présente comme une fonction des temps de charge et décharge.

Ainsi, dans les expériences de M. Jenkin, avec un galvanomètre astatique de Thomson (**810**) dont le moment d'inertie du système mobile avait été augmenté au point de porter la

([1]) Jenkin, *Br. Ass. Rep.*, Dundee, 1867. — *Reprint*, p. 146.

durée d'oscillation à 20^s environ, la charge était obtenue par une pile de 20 couples Daniell. On déchargeait le condensateur après une minute de charge. Suivant qu'on maintenait le contact de décharge pendant un temps très court, pendant $1^s,7$, $3^s,4$ ou 5 secondes, la déviation de l'aiguille était de 156, 161, 164 ou 166 divisions, cette dernière étant la même que pour un contact permanent. Ici encore il est donc nécessaire de spécifier la durée de la décharge.

1054. Galvanomètre différentiel. — Lorsque deux capacités sont égales et qu'après les avoir chargées par une même pile on les décharge à la fois dans un galvanomètre différentiel, l'aiguille reste immobile. Si elles sont inégales, on peut rétablir l'équilibre, soit par une capacité variable, soit par un shunt de résistance convenable établi sur l'une des bobines du galvanomètre.

Si l'on appelle G et G' les constantes des deux bobines, m le pouvoir multiplicateur du shunt établi sur la première, C et C' les capacités correspondantes, on a

$$G\frac{C}{m} = G'C', \quad \text{ou} \quad \frac{C'}{C} = \frac{G}{mG'}.$$

L'emploi des shunts est alors légitime (**881**), à la condition toutefois que les décharges aient la même durée. C'est là le point faible de la méthode imaginée par M. Varley [1].

1055. Courants intermittents. — On peut évaluer une capacité par une série de décharges de même sens, se succédant à des intervalles très courts par rapport à la durée d'oscillation de l'aiguille d'un galvanomètre, sur lequel elles produisent le même effet qu'un courant continu.

Les figures 220 et 221 indiquent deux dispositions employées par M. Werner Siemens [2]. A et B sont les deux armatures d'un condensateur, L une lame vibrante entre deux contacts C et D, et P la pile de charge. Lorsque la lame est en vibration, le galvanomètre est parcouru dans le premier cas par les

(1) L. Clark and R. Sabine, *Electrical tables and formulæ*, p. 63, 1871.
(2) Werner Siemens, *Pogg. Ann.*, t. CII, p. 66, 1857.

courants de charge et dans le second par les courants de décharge. Si la lame fait n vibrations doubles par seconde, avec

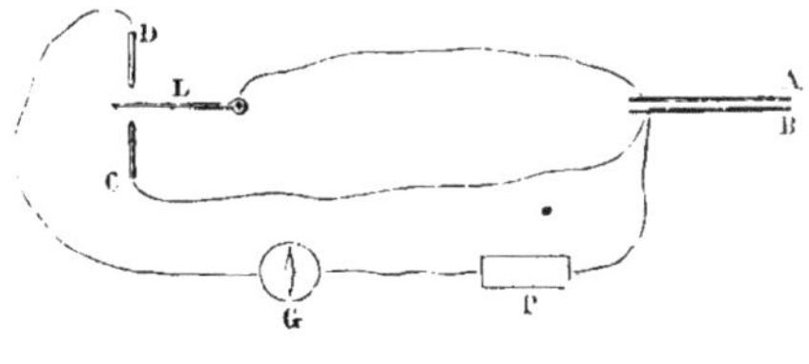

Fig. 220

une pile de force électromotrice E, le courant est nEC. En mesurant la déviation α de l'aiguille et la déviation δ que lui

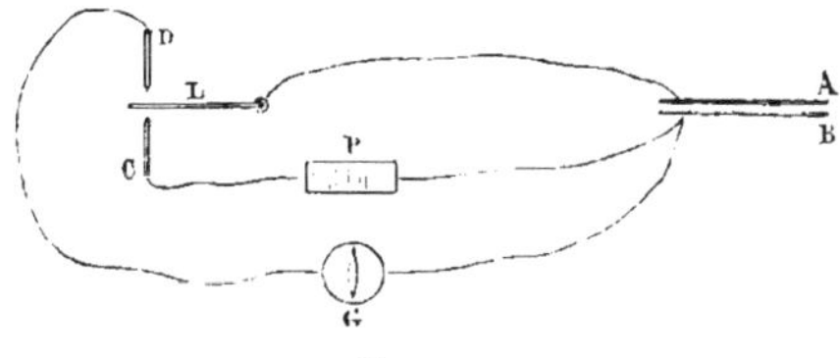

Fig. 221

donnerait le courant de la même pile dans une résistance R, les déviations étant réduites par la graduation, on a encore

$$nEC = \frac{H}{G}\alpha, \qquad E = R\frac{H}{G}\delta;$$

par suite,

$$C = \frac{\alpha}{nR\delta}.$$

Si la résistance R est choisie de manière que le courant soit le même dans les deux cas, on a simplement

$$C = \frac{1}{nR}$$

On obtient ainsi la valeur de la capacité relative à une durée de décharge déterminée par la durée des contacts.

1056. — On peut, à l'aide d'un commutateur à bascule, disposer l'expérience de manière que les courants de charge et de décharge traversent successivement le galvanomètre dans le même sens. Le galvanomètre G (fig. 222) étant placé sur le circuit de la pile qui aboutit aux bornes P et N du commutateur, les armatures du condensateur C sont reliées aux

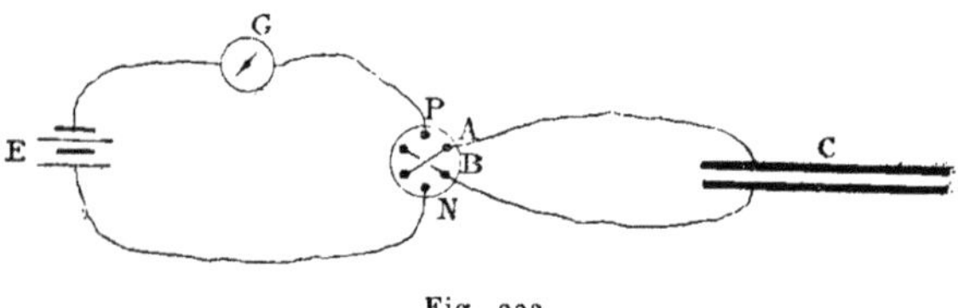

Fig. 222

bornes A et B. Quand on fait manœuvrer le commutateur de part et d'autre, la charge du condensateur est alternativement $\pm$EC et, à chaque opération, la quantité d'électricité qui traverse le galvanomètre est égale à 2EC. S'il y a n renversements par seconde, l'intensité moyenne du courant est $2n$EC. En appelant ρ la résistance du circuit qui donnerait le même courant permanent, on a

$$2nC = \frac{1}{\rho}.$$

Une disposition mécanique est nécessaire pour que les oscillations du commutateur à bascule se fassent régulièrement ; on arrive plus facilement au même résultat avec un commutateur tournant.

1057. — Dans cette méthode, on suppose qu'à chaque opération le contact est maintenu assez longtemps pour que la décharge soit complète. Supposons qu'il en ait été autrement. Soit R la résistance du circuit, y compris les communications avec le condensateur, et m la charge du condensateur à l'époque t. Si les effets d'induction sont négligeables, le courant est déterminé par l'équation

$$\frac{m}{C} + E + R\frac{dm}{dt} = 0,$$

ou, en appelant M la charge initiale, avant l'inversion,

$$m = (M + EC)e^{-\frac{t}{RC}} - EC.$$

Pendant la durée θ du contact, la charge passe de $+M$ à $-M$, ce qui donne

$$M\left(1 + e^{-\frac{\theta}{RC}}\right) = EC\left(1 - e^{-\frac{\theta}{RC}}\right).$$

Le courant moyen I est égal à nM ou à $2nM$, suivant qu'il s'agit de décharges simples ou de décharges avec retournement du condensateur. Dans le second cas, par exemple, on a

$$I = 2nEC\frac{1 - e^{-\frac{\theta}{RC}}}{1 + e^{-\frac{\theta}{RC}}}.$$

1058. Comparaison directe des capacités aux résistances. — Considérons le problème d'une manière plus générale. Entre deux points N et P d'un réseau de conducteurs renfermant des forces électromotrices constantes, on intercale une capacité C et, par l'une des dispositions précédentes, on la décharge n fois par seconde. Si E est la différence de potentiel des deux points dans le régime permanent, et qu'on suppose qu'après chaque interruption ce régime ait le temps de se rétablir, la quantité d'électricité qui traverse dans chaque seconde le fil de jonction est, avec le second mode d'interruption,

$$I = 2nCE.$$

L'intensité est modifiée dans toutes les branches du réseau ; mais, puisque l'état redevient le même après chaque interruption, les courants induits ont une somme nulle. Dès lors l'intensité moyenne est, dans chacune des branches, indépendante de la manière dont se succèdent les décharges entre N et P ; par suite, elle est la même que si on joignait ces deux points par un conducteur de résistance R_1, qui laisserait passer, sous forme de courant continu, la même quantité I d'électricité, et réciproquement. Mais dans ce cas, en appelant R_2 la résistance qui séparait primitivement les deux points, on a, d'après le théorème de M. Thévenin (**916**),

$$I = \frac{E}{R_1 + R_2}.$$

Si la résistance R_1 est ajustée de manière que dans une branche quelconque l'intensité soit la même qu'avec les décharges du condensateur, il en résulte

$$2nC = \frac{1}{R_1 + R_2};$$

la capacité se trouvera ainsi déterminée en fonction de deux résistances connues et du nombre n des interruptions.

On peut se rendre compte plus complètement de la manière dont les courants de décharge se distribuent dans le réseau en remontant aux équations générales. Soit i l'intensité à un instant donné dans une branche quelconque r qui renferme une force électromotrice e, L le coefficient de self-induction de cette branche et Q le flux des forces extérieures, aimants ou courants. La différence de potentiel aux deux extrémités de la branche est (**518**)

$$ri + \frac{d}{dt}(Q + Li) - e.$$

Pour un circuit fermé dont elle fait partie, on a

$$\Sigma ri + \Sigma \frac{d}{dt}(Q + Li) - \Sigma e = 0,$$

ou, en appelant $m' = \int_0^\theta i\,dt$ la quantité d'électricité qui traverse la branche r pendant une décharge,

$$\Sigma rm' + \left[\Sigma (Q + Li)\right]_0^\theta - \Sigma e\theta = 0.$$

Si les intensités sont les mêmes au début et à la fin de chacune des décharges, c'est-à-dire si le régime permanent a le temps de se rétablir et qu'aucun aimant ou courant extérieur n'ait été déplacé ni modifié, la quantité comprise entre parenthèses est nulle et l'on a

$$\Sigma rm' - \Sigma e\theta = 0.$$

Soit i_0 l'intensité du courant relatif au régime permanent et $m = m' - i_0\theta$ l'excès de la décharge sur la quantité d'électricité qui correspondrait à ce régime ; l'équation précédente peut s'écrire

$$\Sigma rm + \theta[\Sigma ri_0 - \Sigma e] = 0,$$

et, comme le second terme est nul, il reste simplement

$$\Sigma rm = 0.$$

Ainsi, dans les conditions indiquées, on peut dire que la décharge m se superpose aux courants permanents et se partage entre les différentes branches en raison de leurs résistances respectives et indépendamment des forces électromotrices qu'elles renferment.

1059. — Ce théorème général conduit à plusieurs méthodes particulières.

Si le réseau se compose d'un fil unique de résistance r et qu'on établisse le même courant dans les deux expériences, soit par les décharges du condensateur, soit par une résistance auxiliaire R_1, on a

$$\rho = \frac{1}{2nC} = R_1 + r;$$

c'est la méthode du n° **1056**.

1060. — Si les points P et N sont réunis par deux résistances r et r' (fig. 223) dont la première renferme une force électromotrice E_0, la résistance du réseau est

$$R_2 = \frac{1}{\frac{1}{r} + \frac{1}{r'}} = \frac{rr'}{r + r'},$$

Pour que le courant soit nul dans la branche r' dans les deux expériences, il faut que la résistance compensatrice R_1 soit nulle ; dans ce cas, on a simplement

$$\rho = \frac{1}{2nC} = \frac{rr'}{r+r'}.$$

Au lieu de ramener les courants à la même valeur, on peut déterminer l'intensité I_0 du courant primitif et les intensités i

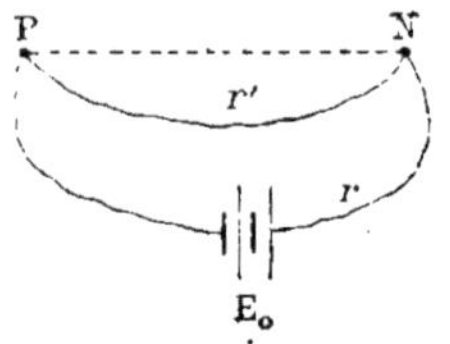

Fig. 223

et i' du courant dans les deux branches pendant le jeu du commutateur ; on a alors

$$E_0 = I_0(r+r'),$$
$$E = I_0 r' = E_0 \frac{r'}{r+r'}.$$

L'intensité moyenne du courant de décharge est

$$I = 2nCE = \frac{E}{\rho} = I_0 \frac{r'}{\rho}.$$

Si on désigne par I' et $I-I'$ les courants de décharge dans les fils r' et r, on a

$$I'r' = (I-I')r,$$

ou

$$I'(r+r') = Ir = I_0 \frac{rr'}{\rho}.$$

Les courants moyens pendant le jeu du commutateur sont

$$i' = I_0 - I' = I_0\left[1 - \frac{rr'}{\rho(r+r')}\right] = I_0\left(1 - \frac{R_2}{\rho}\right),$$
$$i = I_0 + (I - I') = I_0\left(1 + \frac{r'}{r}\frac{R_2}{\rho}\right).$$

Le rapport $\frac{R_2}{\rho}$ peut donc être déterminé, soit par le rapport de deux courants successifs I_0 et i ou I_0 et i', soit par le rapport des deux courants simultanés i et i'.

Un galvanomètre à deux cadres rectangulaires (**851**), intercalé sur les deux branches r et r', donnerait directement le rapport des courants i et i' et, par suite,

$$\frac{\rho}{R_2} = \frac{1 + \frac{i'}{i}\frac{r'}{r}}{1 - \frac{i'}{i}}.$$

La valeur de ρ serait encore déterminée par la comparaison du courant I de décharge, soit avec le courant primitif I_0, soit avec l'un des courants i et i'. Si on introduit, par exemple, un galvanomètre différentiel sur la branche r' et sur la communication d'un des points P ou N avec le condensateur, on peut choisir la résistance r' de façon que l'aiguille reste au zéro. Le galvanomètre étant réglé, la condition $I = i'$ donne

$$\rho = r' + R_2.$$

1061. — Supposons que la capacité à décharges soit inter-

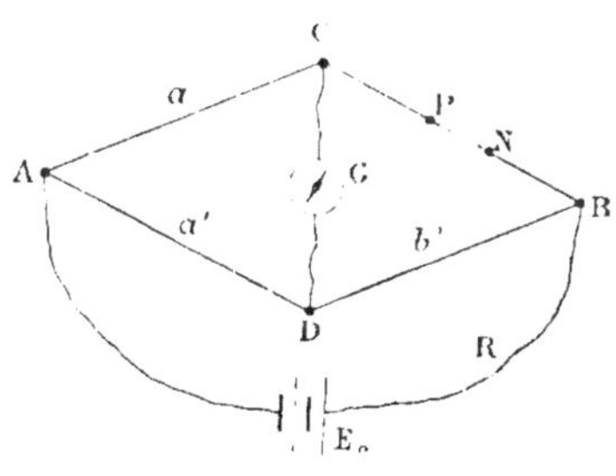

Fig. 224

calée entre deux points P et N sur la branche b d'un parallélogramme de Wheatstone (fig. 224).

Les résistances a, a' et b' étant réglées de façon que le courant soit nul dans le pont pendant les décharges alternantes du condensateur, on remplace ensuite la capacité par une résistance R_1 qui rétablisse l'équilibre et satisfasse à l'équation

$$R_1 = b' \frac{a}{a'}.$$

Quant à la résistance R_2 du réseau entre les points B et C, elle a pour valeur (**917**)

$$R_2 = \frac{a'(a+R)(r+b')+aR(r+b')+rb'(a+R)}{a'(a+R+r+b')+(R+b')(a+r)},$$

et la capacité est donnée par la condition

$$\rho = \frac{1}{2nC} = R_1 + R_2.$$

1062. M. J.-J. Thomson a appliqué cette méthode indiquée par Maxwell [1], en introduisant dans l'expérience une modification qui permet l'emploi d'une lame vibrante [2].

Une des armatures du condensateur est reliée avec le som-

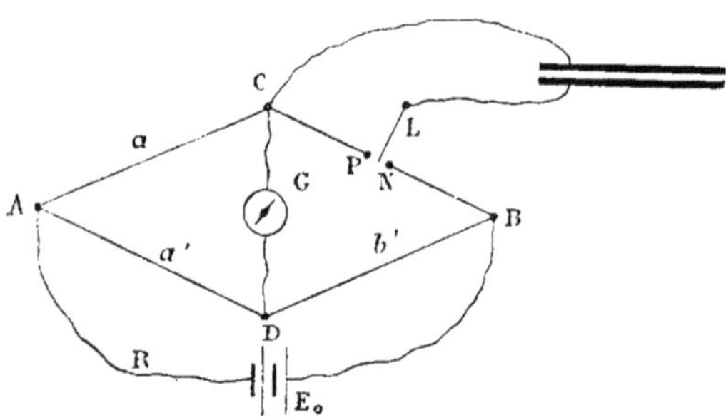

Fig. 225

met C du pont et l'autre avec une lame L qui oscille entre les contacts P et N (fig. 225). Le condensateur se décharge sur lui-même et sa charge seule intervient dans le courant général.

(1) Maxwell, *Electr. and Magn.* T. II, p. 375.
(2) J.-J. Thomson, *Phil. Trans. L. R. S.* for 1883.

Pour n oscillations doubles par seconde, l'intensité moyenne du courant de charge est nCE et, si l'équilibre du pont est réalisé dans les deux expériences, on a

$$\rho = \frac{1}{nC} = R_1 + R_2.$$

La lame L était mise en mouvement par un trembleur électrique et les contacts établis sur des surfaces platinées ; le nombre des vibrations était donné par la hauteur du son. Les valeurs obtenues pour la capacité sont restées très concordantes, avec un écart inférieur à 0,002, quand on a fait varier le nombre des oscillations de 16 à 128 par seconde et modifié dans de grandes limites la durée relative des contacts. Le phénomène est donc bien défini et le condensateur avait le temps de prendre à chaque contact la charge dite instantanée.

L'expression de R_2 peut se simplifier si on choisit convenablement les différentes résistances, comme l'a fait M. Glazebrook [1]. En écrivant cette expression sous la forme

$$R_2 = \frac{ar(a'+R+b') + Rr(a'+b') + b'[a(a'+R)+a'R]}{(a+r)(a+R+b')+a'(R+b')},$$

on voit que, si les résistances R et a' sont petites par rapport à b' et r, on a sensiblement

$$R_2 = (a+R)\frac{r}{a+r},$$

$$\rho = \frac{1}{2nC} = a\frac{b'}{a'} + (a+R)\frac{r}{a+r}.$$

1063. Comparaison d'une capacité avec un coefficient d'induction mutuelle. — La décharge d'un condensateur présente les mêmes caractères que les décharges induites.

Si une capacité C communique avec deux points d'un cir-

(1) R. T. Glazebrook, *Phil. mag.* [5], t. XVIII, p. 98, 1884. Dans les expériences de M. Glazebrook, on avait $a' = 10^\omega$, $R = 5$ à 6^ω, $a = 240$ à 1800^ω, $b' = 1000^\omega$, $\rho = 11\,000^\omega$.

cuit parcouru par un courant permanent I et séparés par une résistance R, la charge qu'elle prend,

$$m = CE = CRI,$$

lancée ensuite dans un galvanomètre balistique, donnera

$$m = CRI = \frac{H}{G}\frac{T}{\pi}\alpha.$$

Supposons que le circuit renferme une bobine, en face de laquelle se trouve une autre bobine faisant partie d'un circuit fermé dont la résistance est r et que le coefficient d'induction mutuelle de deux bobines soit M. Lorsqu'on établit ou qu'on supprime le courant principal I, la décharge induite est

$$m' = \frac{MI}{r}$$

et, si on l'évalue par l'impulsion α' qu'elle produit dans le même galvanomètre, on a aussi

$$\frac{MI}{r} = \frac{H}{G}\frac{T}{\pi}\alpha'.$$

Il en résulte

$$\frac{CRr}{M} = \frac{\alpha}{\alpha'}, \quad \text{ou} \quad C = \frac{M}{Rr}\frac{\alpha}{\alpha'}.$$

Les deux systèmes de décharges peuvent encore être transformés en courants continus [1]. Celle du condensateur étant répétée n fois par seconde et la décharge induite n' fois par seconde, on aura, en appelant i et i' les courants moyens correspondants dans un même galvanomètre,

$$\frac{nCRr}{n'M} = \frac{i}{i'}, \quad \text{ou} \quad C = \frac{M}{Rr}\frac{n'}{n}\frac{i}{i'}.$$

[1] Roiti, *Atti del R. I. Veneto* [6], t. II, 1884.

Avec une disposition mécanique qui établisse les communications convenables, on peut envoyer alternativement les deux espèces de décharges dans le galvanomètre et régler les résistances ou les valeurs de M et de C de manière que l'aiguille reste au zéro; on a alors $n=n'$, $i=i'$ et, par suite,

$$C=\frac{M}{Rr}.$$

1064. Pouvoirs inducteurs spécifiques. — Par comparaison avec les diélectriques solides ou liquides, on peut considérer le pouvoir inducteur spécifique de l'air comme sensiblement égal à l'unité. Le pouvoir inducteur spécifique d'un diélectrique sera donc déterminé par le rapport des capacités d'un condensateur quand le milieu interposé est alternativement le diélectrique considéré et l'air (**108**).

Telle est la méthode employée d'abord par Cavendish ([1]). Le rapport trouvé par expérience entre la capacité d'un carreau de Franklin de surface S et d'épaisseur e et celle d'un système de deux sphères concentriques séparées par de l'air, a toujours été plus grand que celui qui résulterait de la formule théorique $\frac{S}{4\pi e}$. Ces expériences conduisaient à des pouvoirs inducteurs spécifiques très élevés, de 3 à 10, à cause de l'influence du temps et des phénomènes d'absorption.

Dans une première série de recherches sur ce sujet, Faraday ([2]) comparait de même, par le partage des charges (**1038**), les capacités de deux condensateurs sphériques de mêmes dimensions, l'un renfermant de l'air et l'autre un diélectrique solide. Il a trouvé ainsi les valeurs suivantes :

Spermaceti. . . .	1,45	Gomme laque. . .	2,0
Verre.	1,76	Soufre	2,24

1065. — En comparant les charges prises, pour une même différence de potentiel (**1030**), par des condensateurs à pla-

([1]) Cavendish, *Electrical Researches*, publiés par Maxwell, p. 183.
([2]) Faraday, *Exper. Researches*, série XI, §§ 1187, 1837.

teaux de mêmes dimensions, Gaugain a mis en relief l'influence de la durée de la charge sur la valeur apparente du pouvoir inducteur spécifique. Avec de l'acide stéarique du commerce, le pouvoir inducteur spécifique a pris les valeurs très différentes 1,3 — 1,85 — 2,17 — 7, suivant que la charge a duré d'abord une petite fraction de seconde, puis 2 secondes, 1 minute et enfin plusieurs heures.

Ces variations sont très inégales pour les différents corps, et l'ordre même des pouvoirs inducteurs dépend de la durée de la charge. Il a obtenu, par exemple :

Charge d'une fraction de seconde.		Charge de deux secondes.	
Acide stéarique. .	1,30	Soufre.	1,71
Cire.	1,50	Acide stéarique. .	1,92
Soufre.	1,57	Cire.	2,21

Des traces de matières étrangères, telles qu'une couche de poussière ou d'humidité, rendent la surface des corps plus conductrice et ont pour effet d'augmenter la valeur apparente du pouvoir inducteur spécifique. L'altération spontanée de la surface produit le même résultat.

1066. — MM. Gibson et Barclay [1], utilisant les sphères concentriques, ont déterminé de même, par la comparaison des capacités avec un platymètre (**1017**) et un condensateur glissant (**1015**), le pouvoir inducteur spécifique de la paraffine.

Dans ses expériences sur le pouvoir inducteur de différentes sortes de verre d'optique, M. Hopkinson [2] employait le condensateur à anneau de garde et déterminait l'épaisseur de la couche d'air équivalente à la lame considérée. On ajustait le condensateur glissant de manière à lui donner la même capacité que l'appareil avec la lame de verre ; puis, la lame de verre enlevée, on rapprochait le disque jusqu'à ce que l'équilibre fût rétabli ; le condensateur glissant était donc uniquement employé comme tare. On ne compare évidemment que la charge des surfaces utiles, c'est-à-dire de la plaque, tous les autres condensateurs, y compris l'anneau de garde, étant mis en communication avec le sol.

(1) Gibson et Barclay, *Phil. Trans. R. S. L.* for 1871, p. 573.
(2) Hopkinson, *Phil. Trans. L. R. S.* for 1878, p. 17.

1067. Balance d'induction électrostatique. — Le rôle du diélectrique a été mis en évidence par Faraday [1] à l'aide d'une disposition ingénieuse qu'il a appelée balance d'induction ou *inductomètre différentiel*. Entre les deux plateaux A et B (fig. 226), qui sont reliés respectivement avec deux feuilles d'or a et b, on interpose à égales distances un plateau isolé C

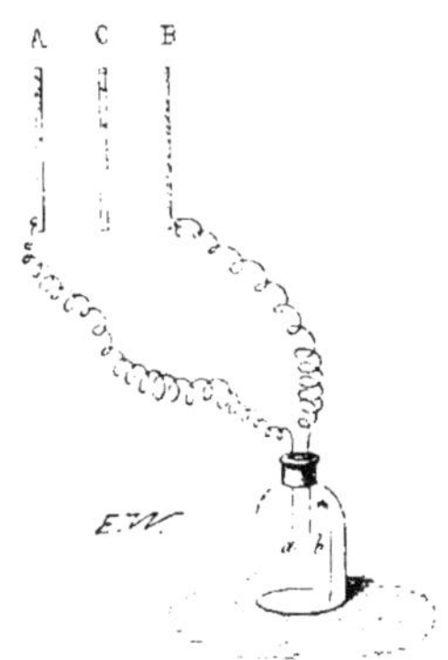

Fig. 226

de mêmes dimensions. Les plateaux A et B communiquant avec le sol, on électrise C positivement et on supprime les communications; les feuilles a et b sont alors au même potentiel et n'ont pas d'action l'une sur l'autre. Il est clair que si on rapproche le plateau B, l'influence sera augmentée de ce côté, la feuille b deviendra positive, la feuille a négative, et on constatera une attraction.

Remettant les plateaux en place, on intercale entre C et B une plaque diélectrique d'épaisseur e; si la distance des plateaux est très petite par rapport à leurs dimensions, la lame introduite équivaut (**122**) à une couche métallique d'épaisseur $e\left(1-\frac{1}{\mu}\right)$ et produit le même effet que si on avait rapproché l'armature B de la même quantité. On observe, en effet, une attraction des feuilles d'or et, en déterminant la

(1) Faraday, *Exper. Researches*, série XI, §§ 1307, 1838; t. I, p. 413.

quantité d dont il faut éloigner l'armature B pour rétablir l'équilibre primitif, on a

$$d = e\left(1 - \frac{1}{\mu}\right) \quad \text{ou} \quad \mu = \frac{e}{e-d}.$$

Cette disposition de Faraday présente l'inconvénient que le défaut d'équilibre, de quelque côté qu'il ait lieu, produit toujours une attraction des feuilles d'or. Si on relie les plateaux A et B aux quadrants d'un électromètre dont l'aiguille communique avec le plateau C, il n'est plus nécessaire de relier d'abord ces plateaux avec le sol ; l'aiguille reste au zéro si l'influence est la même de part et d'autre, et, quel que soit le signe de l'électrisation, le sens de la déviation indique le côté vers lequel a lieu le maximum d'influence.

1068. — M. Gordon ([1]) a utilisé une balance d'induction plus complète, dont l'idée générale est due à sir W. Thomson et à Maxwell.

Afin d'éliminer l'influence des corps extérieurs et de réaliser, autant que possible, le cas de surfaces parallèles indé-

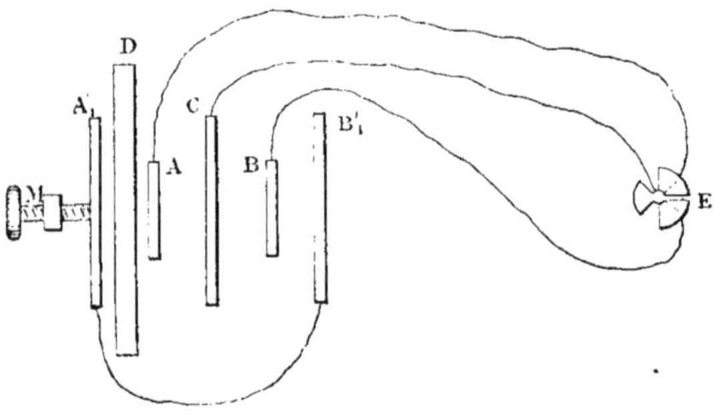

Fig. 227

finies, les plateaux A et B de Faraday, qui communiquent avec les quadrants d'un électromètre E (fig. 227), sont placés dans les intervalles de trois plateaux C, A_1 et B_1 de dimensions plus grandes ; les plateaux extérieurs A_1 et B_1 sont réunis entre

([1]) J. E. H. Gordon, *Phil. Trans. R. S. L.* for 1879, p. 417. — *Traité exp. d'Élect. et de Mag.* Traduction française, t. I, p. 171.

eux et le plateau intermédiaire communique avec l'aiguille de l'électromètre.

Une fois l'équilibre établi, l'aiguille doit rester immobile, quelle que soit la différence de potentiel V qu'on établisse entre les conducteurs C et A_1B_1. C'est ce qui aura lieu, par exemple, si le système est entièrement symétrique par rapport au plateau intermédiaire C. L'un des plateaux extrêmes A_1 est muni d'une vis de rappel qui permet de le déplacer parallèlement à lui-même dans chaque cas, jusqu'à ce que la condition soit réalisée.

On introduit entre A_1 et A une plaque diélectrique D d'épaisseur e, et on mesure avec une vis micrométique M le déplacement d du plateau A_1 nécessaire pour rétablir l'équilibre, ce qui donne le pouvoir inducteur spécifique.

Comme ce pouvoir inducteur est une fonction du temps de charge, on met les conducteurs C et A_1B_1 en communication avec les pôles d'une bobine d'induction dont le courant inducteur est interrompu par une lame vibrante ou par un appareil électromagnétique à rotation qui peut donner jusqu'à 12 000 interruptions par seconde.

M. Gordon a étudié ainsi un grand nombre de substances; il a constaté que pour les verres, en particulier, la manière dont on nettoie les surfaces joue un rôle important et que l'altération spontanée qu'elles subissent avec le temps se manifeste aussi par un accroissement notable du pouvoir inducteur apparent.

1069. Oscillations électriques. — La théorie des oscillations électriques (**538**) a fourni à M. Schiller [1] une méthode qui présente cet avantage que les résultats correspondent à un temps de charge plus petit que dans toute autre.

La disposition générale de l'expérience a été indiquée plus haut (**911**). La durée T d'une oscillation simple est donnée par la formule

$$T^2 = \frac{\pi^2}{\frac{1}{CL} - \frac{R^2}{4L^2}};$$

[1] Schiller, *Pogg. Ann.*, t. CLII, p. 535, 1874.

on peut l'écrire

$$T^2 = \pi^2 CL\left(1 + \frac{R^2}{4L^2}\frac{T^2}{\pi^2}\right),$$

et si on choisit, ce qui est facile, des conditions expérimentales telles que le second terme de la parenthèse soit négligeable devant l'unité, elle se réduit à

$$T^2 = \pi^2 CL.$$

M. Schiller fait trois expériences consécutives, avec le fil de la bobine induite simplement ouvert, avec ce fil mis en communication avec un condensateur à plateaux et comprenant la lame isolante, et enfin avec ce même condensateur quand le lame isolante est enlevée et remplacée par une lame d'air. Soient T_0, T_1 et T_2 les durées des oscillations dans les trois cas γ, $\gamma+\mu C$, $\gamma+C$ les capacités correspondantes ; en appliquant la formule dans les trois cas, on en déduit

$$\mu = \frac{T_1^2 - T_0^2}{T_2^2 - T_0^2}.$$

La durée de la charge était en moyenne de $0^{sec},00005$.

1070. Action sur une sphère diélectrique. — Le pouvoir inducteur spécifique peut encore se déduire de l'action qu'un champ électrique invariable φ exerce sur un corps de petites dimensions. Pour une sphère homogène de volume u, la composante X de cette action dans une direction quelconque (**179**) a pour expression

$$X = \frac{uK}{2}\frac{\partial\varphi^2}{\partial x} = \frac{u}{2}\frac{3}{4\pi}\frac{\mu-1}{\mu+2}\frac{\partial\varphi^2}{\partial x}.$$

L'action X_0 qui s'exercerait sur une sphère conductrice de même volume est

$$X_0 = \frac{u}{2}\frac{3}{4\pi}\frac{\partial\varphi^2}{\partial x};$$

il en résulte

$$\frac{X}{X_0} = \frac{\mu - 1}{\mu + 2},$$

$$\mu = \frac{X_0 + 2X}{X_0 - X} = \frac{1 + 2\frac{X}{X_0}}{1 - \frac{X}{X_0}}.$$

Cette méthode a été employée par M. Boltzmann [1].

Dans une première série d'expériences, le rapport des forces X et X_0 a été déterminé par les déviations de la verticale. Deux balles sphériques de soufre, par exemple, l'une d'elles étant recouverte d'une feuille d'or pour la rendre conductrice, avaient $0^c,7$ de diamètre et étaient suspendues à la distance de 9 centimètres à deux fils de 2 mètres situés en face d'une échelle divisée. Quand on introduit entre elles une boule métallique de $2^c,6$ de diamètre primitivement électrisée, les deux balles sont attirées inégalement; si on règle l'expérience de façon que la boule active reste au milieu de l'intervalle des balles mobiles, le rapport des attractions est égal au rapport des déviations, que l'on observe au microscope, ou, plus généralement, au produit du rapport des déviations par le rapport des poids des balles. La méthode n'est pas très précise parce qu'il est difficile d'assurer l'égalité des distances et d'éviter l'action des courants d'air.

1071. — Une autre disposition employée par M. Boltzmann est plus délicate. La balle mobile B est attachée par deux fils à l'extrémité d'une tige métallique (fig. 228), portée elle-même par une suspension bifilaire F, de manière à constituer une petite balance de torsion; un miroir M sert à mesurer les déviations; l'aiguille de cette balance est protégée par une enveloppe contre les courants d'air. La boule active communique avec une bouteille de Leyde à laquelle on donne une charge déterminée par un électromètre à étincelles (**821**); on vérifie d'ailleurs par une balance de torsion conductrice et communiquant au sol, analogue à la première, que le poten-

[1] Boltzmann, *Wiener Sitz. berichte*, t. LXVIII, part. II, p. 81, 1873.

tiel de la bouteille de Leyde reprend la même valeur dans les expériences successives. Si la balle mobile est formée alternativement d'un diélectrique et d'un conducteur, le rapport des

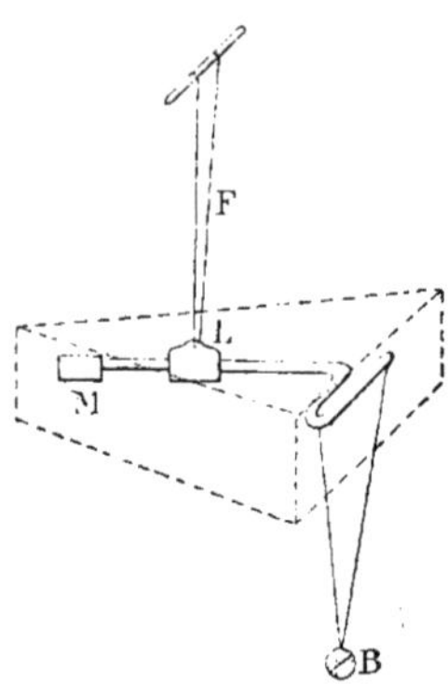

Fig. 238

déviations est égal au rapport des attractions correspondantes. Toutefois il reste à faire de petites corrections qui tiennent soit à la différence de volume des balles, soit au changement de distance produit par les attractions inégales.

Comme les actions qu'on observe sont toujours attractives, quel que soit l'état électrique de la bouteille de Leyde, on peut répéter l'expérience en opérant à la main un certain nombre de charges et de décharges successives, ou même en alternant les signes par le jeu d'une lame qui vibre entre les armatures de deux batteries électrisées en sens contraires. On détermine ainsi l'influence de la durée de charge sur le pouvoir inducteur spécifique.

Dans ces expériences d'attraction, le phénomène dépend de la masse entière du corps électrisé par influence, et non pas seulement de la surface, comme pour les conducteurs; c'est ce que MM. Romich et Fajdiga (1) ont vérifié directement avec des balles de soufre recouvertes de paraffine ou de gomme laque.

1072. — La méthode présente surtout l'avantage de n'exi-

(1) Romich et Fajdiga, *Wiener Sitz. berichte*, t. LXX, part, II, p. 367, 1874.

ger qu'une très petite quantité du corps soumis à l'expérience et de pouvoir être appliquée à des corps cristallisés.

L'électrisation par influence suit les mêmes lois que l'aimantation par influence, l'intensité d'aimantation étant équivalente à l'intensité d'électrisation, c'est-à-dire au moment électrique $K\varphi$ (**178**) de l'unité de volume. De même, pour les corps anisotropes (**391**), l'état électrique est la superposition des trois états qui seraient produits séparément par les trois composantes du champ électrique parallèles aux axes principaux d'élasticité.

M. Boltzmann [1], en mesurant l'attraction exercée sur des sphères de soufre cristallisé, parallèlement aux axes principaux, a obtenu trois valeurs très différentes du pouvoir inducteur spécifique :

$$\mu_1 = 3,811,$$
$$\mu_2 = 3,970,$$
$$\mu_3 = 4,773.$$

MM. Romich et Nowak [2] ont appliqué la même méthode à plusieurs corps isotropes ou cristallisés en faisant varier la durée de la charge entre des limites très étendues. Les matières imparfaitement isolantes ne tardent pas à se comporter comme des conducteurs; même pour des durées très courtes, il est difficile de mettre en évidence l'inégalité des pouvoirs inducteurs spécifiques dans différentes directions.

1073. Liquides. — La détermination du pouvoir inducteur spécifique des liquides présente des difficultés spéciales, tenant à ce que les molécules du liquide transportent l'électricité d'une armature sur l'autre. On sait, par exemple, qu'il est impossible de charger un peu fortement et surtout de maintenir chargé un condensateur à diélectrique liquide.

Sous cette réserve on peut employer les méthodes décrites plus haut. M. Silow [3] s'est servi dans le même but d'une modification de l'électromètre à quadrants. Les quadrants sont remplacés par quatre secteurs cylindriques formés de lames

(1) Boltzmann, *Wiener Sitz. berichte*, t. LXX, part. II, p. 342, 1874.
(2) Romich et Nowak, *Wiener Sitz. berichte*, t. LXX, part. II, p. 380, 1874.
(3) Silow, *Pogg. Ann.*, t. CLVI, p. 389, 1875.

d'étain collées à l'intérieur d'un cylindre de verre, et l'aiguille par deux secteurs cylindriques concentriques aux premiers. L'aiguille est en communication avec le sol et les deux systèmes de quadrants opposés avec les pôles d'une pile isolée dont le milieu est au sol. On mesure la déviation quand l'appareil est plein d'air, puis quand il est rempli de liquide, d'essence de térébenthine par exemple. Pour une même différence de potentiel, la déviation est proportionnelle à la capacité et celle-ci au pouvoir inducteur spécifique; on évite la lecture du zéro en renversant les communications des pôles avec les quadrants et mesurant la double déviation.

1071. Gaz. — L'objection relative au transport de l'électricité par les molécules ne paraît pas avoir la même importance pour les gaz, puisque l'expérience montre qu'on peut conserver pendant un temps très long la charge d'un condensateur à gaz. Faraday [1], malgré de nombreux essais, n'avait pas réussi à mettre en évidence une différence entre les pouvoirs inducteurs spécifiques des différents gaz; ces différences sont trop petites pour pouvoir être manifestées par les procédés qu'il employait. M. Boltzmann [2] et plus tard MM. Ayrton et Perry [3] y ont réussi de la manière suivante.

Le condensateur de M. Boltzmann est formé de deux plateaux métalliques parallèles A et B, placés sous une cloche, et garanti par des plateaux plus larges contre toute influence extérieure. Le plateau A est relié d'une manière permanente au pôle positif d'une pile de 300 couples, dont l'autre pôle communique au sol, et à une des paires de quadrants d'un électromètre dont l'aiguille est électrisée; le plateau B est relié à l'autre paire de quadrants.

L'aiguille ayant été ramenée au zéro par la mise au sol du plateau B pendant un instant, on observe une déviation α de l'aiguille, soit qu'on fasse le vide, soit qu'on remplace l'air par un autre gaz.

Si on appelle V la force électromotrice de la pile, μ et μ' les coefficients relatifs aux deux gaz, la différence de potentiel

(1) Faraday, *Exper. Researches*, §§ 1290, 1837; t. I, p. 407.
(2) Boltzmann, *Wiener Sitz. berichte*, t. LXIX, p. 795, 1874.
(3) Ayrton et Perry, *Mém. lu à la Soc. As. du Japon*, Yokohama, 1877.

entre les deux plateaux, qui était d'abord V, devient dans le second cas $V\frac{\mu'}{\mu}$ (**123**), puisque la charge du plateau B reste sensiblement la même. La variation δV indiquée par l'électromètre est égale à $V\left(1-\frac{\mu}{\mu'}\right)$, ce qui donne

$$\frac{\mu}{\mu'}=1-\frac{\delta V}{V}.$$

Comme l'électromètre doit être très sensible pour ce genre d'observations, on détermine le potentiel V par la déviation que produit un seul couple.

En prenant comme unité le pouvoir inducteur spécifique du vide, on trouve un nombre plus grand que l'unité pour tous les gaz, mais moindre pour l'hydrogène que pour l'air. Il en résulte que la variation δV est négative quand on fait le vide sur un gaz quelconque ou qu'on remplace l'air par l'hydrogène.

MM. Ayrton et Perry ont opéré par la méthode de Thomson (**1019**) en employant deux condensateurs, un étalon à air et un condensateur lamellaire de douze plaques entre lesquelles on pouvait introduire un gaz quelconque ou faire le vide.

La détermination du pouvoir inducteur spécifique d'un diélectrique présente un grand intérêt théorique à cause de la rotation établie par la théorie de Maxwell entre cette constante et l'indice de réfraction (**631**).

1075. Pyroélectricité. — La pyroélectricité ne se manifeste guère que dans les corps mauvais conducteurs et se rattache naturellement à la question des pouvoirs inducteurs spécifiques. Des observations anciennes ont montré qu'une baguette de tourmaline chauffée acquiert la propriété d'attirer les corps légers par ses deux extrémités. Ces phénomènes qu'on a appelés pyroélectriques ont donné lieu à un grand nombre de travaux, et les lois expérimentales ont été surtout établies par Gaugain [1].

[1] Gaugain, *Ann. de chim. et de phys.*, [3], t. LVII, p. 5, 1859. — *Voir* Mascart, *Traité d'Électr. stat.*, t. II, p. 494.

Une tourmaline, maintenue pendant longtemps à température constante, paraît absolument neutre; les propriétés électriques dont elle pourrait être le siège sont compensées par une couche superficielle qui s'est produite spontanément par conductibilité (**619**) ou qu'on a provoquée en mettant la surface en communication avec le sol, par exemple, en passant le cristal dans une flamme.

Quand on échauffe le cristal, une des extrémités devient positive et l'autre négative; l'inverse a lieu si on le refroidit. On peut avec MM. Riess et Rose ([1]) appeler *pôle analogue* l'extrémité du cristal dont le signe électrique est le même que celui de la variation de température et *pôle antilogue* l'extrémité dont le signe électrique est contraire à celui de la variation de température; l'*axe de polarisation* est la direction qui va du pôle antilogue au pôle analogue.

Les extrémités de la tourmaline étant recouvertes par un corps conducteur, une feuille d'étain ou un fil métallique enroulé, par exemple, Gaugain met l'une d'elles en communication avec le sol et l'autre avec un électromètre à décharges: il a ainsi constaté que :

1° Les quantités d'électricité dégagées aux deux pôles, pour une même variation de température, sont égales et de signes contraires, et indépendantes de la vitesse d'échauffement ou de refroidissement;

2° Les quantités d'électricité dégagées à une extrémité sont égales et de signes contraires pour deux variations de température inverses l'une de l'autre;

3° Ces quantités d'électricité sont proportionnelles à la section du cristal perpendiculaire à l'axe optique et indépendantes de sa longueur.

Pour expliquer ces propriétés curieuses de la tourmaline, sir W. Thomson ([2]) admet que le cristal est naturellement dans un état de polarisation électrique.

Une variation de température, à partir d'un état neutre en apparence, fait apparaître une polarisation égale à la différence de celles qui correspondent aux deux températures

([1]) Riess et Rose, *Archives de l'Électricité*, t. III, p. 585.
([2]) Sir W. Thomson, *Phil. Mag.*, [5], t. V, p. 24, 1878.

déterminées t_0 et t_1, et le cristal est comparable à un corps aimanté uniformément. Canton a reconnu, en effet, qu'en brisant une tourmaline électrisée, les fragments présentent chacun deux pôles et que les faces nouvelles correspondant à la rupture sont électrisées en sens contraire.

Si l'on considère une baguette de tourmaline cylindrique terminée par des faces perpendiculaires à l'axe et maintenue isolée pendant la variation de température, le potentiel est positif sur une des moitiés, négatif sur l'autre et, pour un point quelconque, proportionnel à la distance de ce point à la section médiane. Enfin la quantité d'électricité produite sur chacune des surfaces terminales est proportionnelle à l'étendue de cette surface et sensiblement proportionnelle à la différence des températures $t_1 - t_0$.

On peut dire encore que la polarisation apparente est proportionnelle à la dilatation de l'unité de longueur entre les deux températures considérées.

1076. — La polarisation pyroélectrique est en relation,

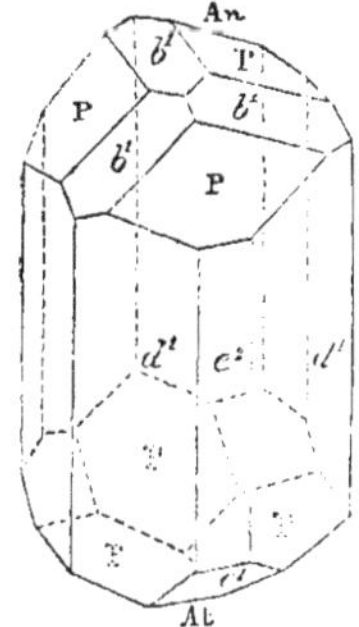

Fig. 229

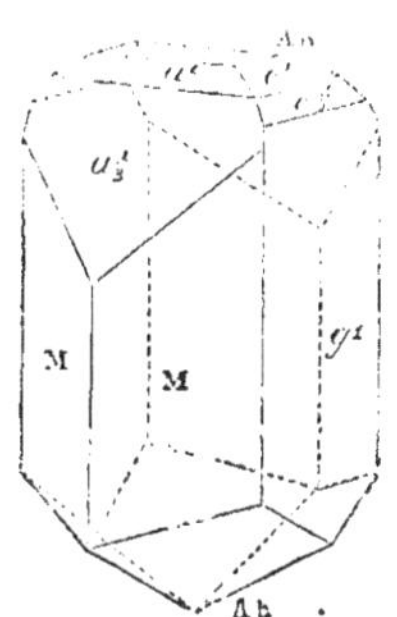

Fig. 230

d'après une remarque ancienne de Haüy ([1]), avec l'hémiédrie à faces obliques.

Dans la *tourmaline*, qui cristallise en rhomboèdres (fig. 229), les facettes qui terminent les baguettes cylindriques ne sont pas distribuées de la même manière aux deux pôles.

([1]) Haüy, *Ann. de chim. et de phys.* (1), t. IX, p. 59, 1800.

Sur le pôle analogue, les faces P du rhomboèdre primitif s'appuient sur les trois faces latérales du prisme triangulaire e^2, et les éléments hémiédriques sont représentés par les facettes b^1 et e^1 de deux rhomboèdres distincts.

Le *silicate de zinc hydraté* ou *calamine*, qui cristallise en prisme rhomboïdal droit, est également pyroélectrique, et l'axe de polarisation est parallèle à l'axe du cristal qui présente des caractères d'hémiédrie. Dans la figure 230, où cet axe est vertical, le pôle analogue est terminé par une troncature horizontale P, et le pôle antilogue par le sommet d'un octaèdre.

Les phénomènes pyroélectriques ont été reconnus sur un assez grand nombre de substances minérales appartenant à différents systèmes cristallins : *boracite*, *scolezite*, *prehnite*, *topaze*, etc. ; et, parmi les cristaux artificiels, *struvite*, *acides tartriques*, *tartrates*, etc.

M. Kundt [1] a indiqué un procédé très simple pour mettre en évidence le mode d'électrisation des diverses plages ; il consiste à projeter sur le cristal le mélange des poudres de minium et de soufre qui sert à la production des figures de Lichtenberg.

1077. — Différents observateurs ont signalé dans certains cristaux, tels que la *topaze*, la *prehnite*, l'*axinite* et la *boracite*, l'existence de deux, trois et même quatre axes de pyroélectricité ; mais M. Friedel a reconnu qu'on ne trouve jamais deux directions différentes auxquelles on puisse assigner les caractères réguliers qui caractérisent la tourmaline. Cette multiplicité d'axes électriques est, en effet, contraire à l'idée de la polarisation. Deux ou plusieurs polarisations de directions différentes équivaudraient, comme pour l'aimantation des corps anisotropes (**391**), à une polarisation unique dans une direction déterminée ; dans un cristal homogène à température uniforme, l'expérience ne peut donc mettre en évidence qu'un axe électrique résultant.

La plupart des expériences où l'on a cru reconnaître des axes différents se rapportent en réalité à des cristaux maclés.

(1) Kundt, *Sitzb. der Ak. der Wiss. zu Berlin*, 1883, p. 421.

Tel est, en particulier, le cas de la *topaze* et de la *prehnite*, qui appartiennent au prisme droit à base rhombe : les tablettes losanges paraissent présenter trois pôles, un analogue au milieu du losange et deux antilogues aux extrémités de la plus courte diagonale, de sorte qu'il y aurait deux axes électriques opposés; mais ces tablettes sont formées de deux fragments dont l'orientation diffère de 180°, et le cristal n'a réellement qu'un axe de pyroélectricité. Toutefois, la vérification expérimentale est souvent difficile parce que les cristaux sont généralement trop petits et trop maclés.

La *scolézite* présente les mêmes caractères et se prête mieux aux expériences.

Dans d'autres circonstances les effets observés tenaient en grande partie à la forme des échantillons employés.

1078. Pour éliminer cette cause d'erreur due à la forme des cristaux, M. Friedel [1] utilise une lame à faces parallèles taillée perpendiculairement à la direction des axes d'hémiédrie, qui sont toujours les axes de pyroélectricité; par une variation de température, l'une des faces devient positive et l'autre négative. La lame étant placée sur un conducteur communiquant au sol, si la face supérieure est couverte d'une feuille d'étain reliée à l'aiguille d'un électromètre, on constate un dégagement d'électricité qui, pour une variation de température déterminée, est proportionnelle à l'étendue de la surface. Si la lame n'est pas perpendiculaire à l'axe de pyroélectricité, la quantité d'électricité est proportionnelle à la projection de cet axe sur la normale à la lame.

Une autre méthode est encore plus simple : la lame étant maintenue à la température ordinaire et communiquant au sol par la face inférieure, on pose sur l'autre face un corps d'épreuve conducteur à une température plus élevée, par exemple la base d'une demi-sphère ; le corps d'épreuve communique avec l'aiguille de l'électromètre, ou plutôt avec une des paires de quadrants, l'autre paire étant reliée au sol, tandis que l'aiguille est maintenue à un potentiel constant. On observe immédiatement une déviation ; l'électricité change

(1) C. Friedel, *Bulletin de la Société de minéralogie*, t. II, p. 31, 1879.

de signe quand on observe la face opposée ou quand le corps d'épreuve est à une température inférieure à celle de la lame. Les résultats ainsi obtenus avec la tourmaline sont entièrement d'accord avec ceux que donnerait un échauffement régulier [1]; on n'observe aucun effet avec les substances homoédriques ou tout au plus une légère déviation dans le même sens pour les deux faces opposées.

1079. — La méthode du corps d'épreuve chaud ou froid permet de mettre en évidence une pyroélectricité particulière qui paraît avoir des axes multiples et se trouverait par conséquent en contradiction avec ce qui a été dit plus haut. Avec des lames de *quartz* parallèles à l'axe, ou même simplement avec un prisme de quartz non taillé, on constate l'existence de trois axes de pyroélectricité perpendiculaires à l'axe du cristal et faisant entre eux des angles de 120°. Ces axes sont dans les plans qui passent par les arêtes du prisme hexagonal et dirigés d'une arête qui porte les facettes rhombes vers l'arête opposée qui n'est pas modifiée; ils sont donc alternativement de sens contraires. Une lame perpendiculaire à l'axe optique ne donne aucune indication régulière.

Dans les mêmes conditions, la *tourmaline* présente également trois axes de pyroélectricité perpendiculaires à l'axe du cristal et formant entre eux des angles de 120°.

Les axes latéraux de polarisation électrique dans le système rhomboédrique ayant une résultante nulle par raison de symétrie, le cristal ne doit pas manifester de phénomènes pyroélectriques par une variation de température homogène; en effet, l'expérience n'indique alors que des traces d'électricité distribuées d'une façon tout à fait irrégulière. Pour la même raison, si la surface du corps d'épreuve est plus grande que celle de la lame, l'échauffement devient plus régulier et l'électrisation beaucoup plus faible.

Cette pyroélectricité apparente semble donc devoir être attribuée à la compression produite dans le cristal par la dilatation inégale des différentes régions qui ne sont pas à la même température (**1081**).

[1] C. Friedel et J. Curie, *C. R. de l'Ac. des sc.*, t. XCVI, p. 1262 et 1389; t. XCVII, p. 61; 1883.

Les cristaux cubiques affectés d'hémiédrie tétraédrique présentent les mêmes caractères. Ici les axes de la polarisation électrique due à l'inégalité des températures sont parallèles aux grandes diagonales du cube. Leur résultante est encore nulle, et toute trace d'électrisation régulière disparaît quand on produit une variation de température homogène; on observe, au contraire, la pyroélectricité quand on touche avec un corps d'épreuve chaud une lame normale à l'un des axes. C'est ce qui a lieu avec la *blende* et le *chlorate de soude*.

La *boracite* est particulièrement remarquable. Cette substance est fortement pyroélectrique et a passé longtemps pour cristalliser en cubes, ce qui serait en contradiction avec les remarques précédentes; mais on sait, par les recherches de M. Mallard, qu'un cristal de boracite, à la température ordinaire, est formé de douze pyramides hémièdres orthorhombiques, et qu'il devient réellement cubique à la température de 265° pour conserver cet état jusqu'à la fusion.

D'autre part, MM. Friedel et J. Curie ont montré que la boracite ne possède plus de propriétés pyroélectriques aux températures supérieures à 265°, c'est-à-dire lorsqu'elle est cubique; mais au moment où, en se refroidissant, le cristal reprend sa forme cristalline complexe, il se produit tout à coup un dégagement considérable d'électricité avec une polarisation bien marquée, car l'effet change de signe suivant qu'on observe l'une ou l'autre des faces d'une lame parallèle à une des faces du tétraèdre.

1080. — Courants pyroélectriques. — Quand on joint par un fil conducteur les deux pôles d'un cristal pyroélectrique, pendant que sa température varie, il se produit dans le fil un courant extrêmement faible, mais qui peut être révélé par un galvanomètre à très grande résistance. L'intensité de ce courant est proportionnelle à la quantité d'électricité dégagée sur le cristal pendant l'unité de temps et, par suite, sensiblement proportionnelle à la vitesse de refroidissement.

Ce mode d'observation permet de reconnaître l'existence de propriétés électriques dans certains cristaux plus conducteurs, avec lesquels les électromètres ne donneraient pas d'effet appréciable.

Le cristal est taillé sous la forme d'une lame à faces parallèles et serré entre deux lames de métal reliées avec un galvanomètre. M. Friedel [1] a constaté ainsi que, par un échauffement ou un refroidissement réguliers, la *panabase* ou *cuivre gris* donne un courant très sensible changeant de signe avec la variation de température et que les axes d'effet maximum sont parallèles aux diagonales du cube. La *chalcopyrite* manifeste les mêmes propriétés, sans qu'il ait été possible de déterminer la direction des axes. Ces deux cristaux présentent également l'hémiédrie à faces inclinées. Toutefois la multiplicité des axes dans la panabase ne semble pas indiquer que l'on se trouve en présence d'une polarisation régulière ou d'une véritable pyroélectricité.

1081. Piezo-électricité. — On a reconnu depuis longtemps que la pression peut électriser certains corps; on obtient ainsi sur les surfaces qui se touchent des charges de signes contraires, mais l'électrisation des corps comprimés se conserve après qu'on a supprimé la pression et ne présente aucun caractère de polarité. Le phénomène paraît être alors un cas particulier de l'électrisation par contact.

MM. J. et P. Curie [2] ont découvert que des déformations mécaniques provoquent également dans les cristaux hémièdres à faces inclinées une polarisation particulière qu'on a appelée *piezo-électrique*.

Considérons, par exemple, un prisme de *tourmaline* terminé par deux bases normales à l'axe. On applique sur chacune d'elles une feuille d'étain, et on comprime le cristal dans la direction de l'axe. Les deux feuilles d'étain se chargent d'électricités contraires et dans le même sens que si le cristal était refroidi ou subissait une contraction calorifique (**651**). Quand on supprime la pression, les feuilles d'étain, ramenées préalablement à l'état neutre, s'électrisent en sens inverse, c'est-à-dire de la même manière que par un échauffement. Enfin en exerçant et supprimant une traction, on observe des effets semblables à ceux qu'on produirait en supprimant ou exer-

[1] C. Friedel, *Ann. de chim. et de phys.* [4], tome XVII, page 92, 1869.

[2] Jacques et Pierre Curie, *C. R. de l'Acad. des sc.*, t. XCI, p. 294, 1880, passim. — *Journal de Physique*, [2], t. I, p. 245.

çant une pression. Dans tous les cas, l'électricité se dégage uniquement sur les bases.

On peut exercer la pression latéralement et recueillir l'électricité sur les bases. Le sens de l'électrisation suivant l'axe est le même dans les deux cas.

Considérons, de même, un prisme rectangle de *quartz* ayant deux faces parallèles à l'axe et les deux autres normales à un axe latéral de pyroélectricité, les feuilles d'étain étant sur les faces perpendiculaires à l'axe électrique. Une pression parallèle à l'axe électrique produit une polarisation, et la feuille d'étain négative correspond à l'arête qui porte les facettes du ditrièdre. Pour une pression normale au plan qui passe par l'axe électrique et l'axe optique, la polarisation a lieu encore, mais en sens contraire. Enfin une pression parallèle à l'axe optique ne produit aucune électricité.

Les axes latéraux de la *tourmaline* donnent des effets de même nature, mais beaucoup plus faibles que pour l'axe principal, et les deux polarisations se superposent.

Les cristaux homoèdres ne présentent rien d'analogue, tandis que tous ceux qui possèdent l'hémiédrie dissymétrique manifestent la polarisation électrique sous l'influence de pressions ou tractions mécaniques.

Dans tous les cas, les lois expérimentales sont les mêmes que pour la pyroélectricité :

1° Les quantités d'électricité dégagées aux deux extrémités d'un axe, pour une même déformation, sont égales et de signes contraires;

2° Les quantités d'électricité dégagées à une extrémité sont égales et de signes contraires pour deux déformations inverses l'une de l'autre;

3° Ces quantités d'électricité sont proportionnelles à la variation de pression ou de traction ;

4° Pour une même variation de pression, l'électricité dégagée sur une électrode est indépendante des dimensions du cristal, si la pression est parallèle à la polarisation observée.

En d'autres termes, la densité électrique ou l'intensité I de polarisation piezo-électrique est proportionnelle à la pression par unité de surface, c'est-à-dire à la contraction du cristal par unité de longueur, et à l'étendue de la surface. Pour une pression P sur une surface S, on peut donc écrire

$$I = k\frac{P}{S}.$$

5° Si la pression a lieu sur une surface S′ perpendiculaire à l'axe optique et à un axe latéral, la polarisation peut encore être représentée par $k'\frac{P}{S'}$ et la quantité d'électricité dégagée sur la surface S normale à l'axe de polarisation est égale à $k'P\frac{S}{S'}$; elle est proportionnelle au quotient de la longueur du cristal parallèle à la pression par l'épaisseur parallèle à l'axe électrique.

Des raisons de symétrie montrent d'ailleurs que l'on doit avoir $k' = -k$, ce qui est confirmé par l'expérience.

1082. — Pour déterminer en valeurs absolues la quantité d'électricité dégagée, MM. Curie opèrent par opposition.

L'aiguille d'un électromètre étant électrisée, on charge l'une des paires de quadrants avec un couple de Daniell ; l'autre paire de quadrants communique avec une des feuilles d'étain et avec un condensateur étalon de capacité C, formé de cylindres concentriques. La seconde feuille d'étain communique avec le sol. On règle alors la pression P par des poids variables jusqu'à ce que l'aiguille de l'électromètre, déviée d'abord par le couple Daniell, revienne au zéro. En appelant D la force électromotrice d'un Daniell, et c la capacité de l'ensemble formé par la feuille d'étain, les conducteurs et la paire de quadrants correspondante, la quantité d'électricité m a pour valeur $m = (C + c)D$.

Supprimant ensuite l'étalon C de capacité, on détermine de nouveau la pression P′ nécessaire pour rétablir l'équilibre; la quantité d'électricité est alors $m' = cD$. La différence $P - P'$ des pressions est donc capable de produire une quantité d'électricité

$$m - m' = CD.$$

On a trouvé ainsi qu'une pression de 1 kilogramme exercée suivant l'axe du cristal de tourmaline dégage une quantité d'électricité égale à 0,053 unités électrostatiques C. G. S ; une pression de 1 kilogramme suivant l'axe électrique d'un cristal de quartz donne de même 0,063 unités.

1083. — Les propriétés électriques qu'acquièrent les cristaux par la compression conduisent à une conséquence remarquable (**654**) relative aux changements de dimensions qu'ils doivent éprouver sous l'action de l'électricité. Pour un parallélépipède de quartz ayant deux faces normales à l'axe optique et deux autres faces normales à un axe électrique, l'établissement d'une différence de potentiel entre les dernières doit produire, soit une dilatation suivant l'axe électrique et une contraction suivant la direction perpendiculaire aux axes optique et électrique, soit les effets inverses, suivant le signe de la différence de potentiel, la longueur parallèle à l'axe optique restant invariable. Cette curieuse expérience a été réalisée par MM. Curie [1], en utilisant la différence de potentiel d'une batterie chargée par une machine de Holtz. Les dilatations observées ont été très sensiblement égales à celles qu'indiquait le calcul.

1084. Capacité de polarisation. — Il existe une analogie étroite entre la charge d'un condensateur et la polarisation des électrodes (**252**). Toute quantité m d'électricité qui traverse un voltamètre, sans provoquer de dégagement apparent de gaz, détermine entre les électrodes une différence de potentiel e; si on pose

$$m = ce,$$

le facteur c peut être défini la capacité de polarisation de l'électrode. Le procédé le plus simple pour mesurer cette constante serait, comme pour un condensateur, de mettre le voltamètre en relation avec une pile de force électromotrice connue, inférieure à la force électromotrice maximum de polarisation, puis de mesurer la décharge obtenue en fermant le voltamètre par un galvanomètre. Cette méthode a été employée par M. Varley [2]. Mais elle est rendue très difficile

[1] J. et P. Curie, *C. R. de l'Ac. des sc.*, t. XCV, p. 914, 1882.
[2] Varley, *Phil. Trans. R. S. L.*, t. 161, p. 129, 1871.

par cette circonstance que, l'équilibre n'étant pas atteint d'une manière instantanée, soit à la charge soit à la décharge, il y a une perte notable due à la dépolarisation par diffusion.

M. Blondlot [1] a cherché à éviter cette cause d'erreur en commençant par étudier comment s'établit la polarisation en fonction de la durée de la charge. Au moyen d'un interrupteur à pendule (**910**) il met le voltamètre en communication avec une force électromotrice donnée pendant un temps très court, puis ferme le voltamètre sur lui-même par une résistance très faible, pour le dépolariser. La quantité d'électricité correspondant au courant de charge est mesurée par l'impulsion de l'aiguille d'un galvanomètre. En faisant varier la durée du contact, on peut construire la courbe des charges en fonction du temps. Cette courbe s'élève rapidement et, sans la déperdition, deviendrait bientôt horizontale; en réalité elle tend à se confondre avec une droite inclinée AL (fig. 231) dont l'inclinaison sur l'axe des abscisses représente

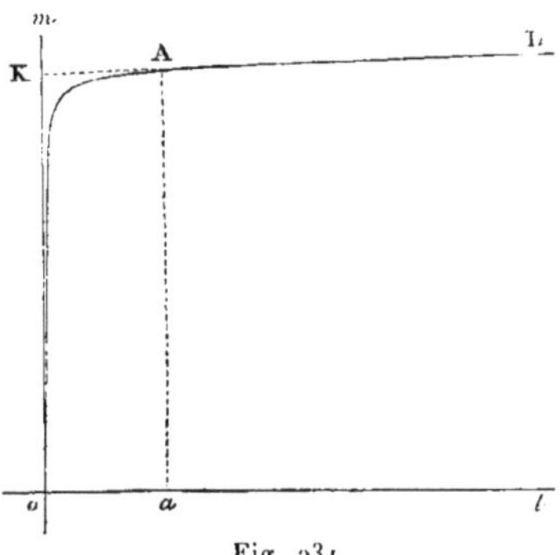

Fig. 231

la déperdition; l'ordonnée à l'origine OK mesure la charge vraie capable de donner aux électrodes une différence de potentiel égale à celle de la pile.

L'expérience étant répétée avec des forces électromotrices variables, on peut construire la courbe représentative des charges en fonction de la force électromotrice. Si la capacité était constante, cette courbe se réduirait à une droite pas-

(1) Blondlot, *Journ. de Physique*, [1], t. X, p. 277, 333, 434; 1881.

sant par l'origine; en réalité elle tourne sa convexité vers l'axe des abscisses, autrement dit les charges croissent beaucoup plus vite que les forces électromotrices. Le coefficient angulaire de la tangente représente en chaque point la capacité vraie; on peut considérer comme *capacité initiale* la valeur limite de ce coefficient quand la force électromotrice tend vers zéro.

1085. — La différence de potentiel des deux électrodes représente la différence que la polarisation établit entre les forces électromotrices de contact, originairement égales, des deux électrodes avec le liquide. Si la surface d'une des électrodes est très grande et comme infinie par rapport à l'autre, on peut admettre que la surface de la première et, par suite, sa force électromotrice de contact n'est pas modifiée; la différence observée représente alors la variation de la force électromotrice de contact de la seconde. En prenant cette dernière alternativement comme électrode positive ou élec-

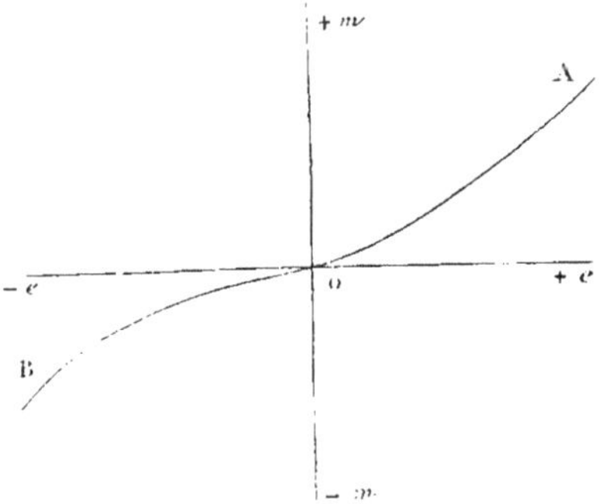

Fig. 232

trode négative, c'est-à-dire en la chargeant d'oxygène ou d'hydrogène, l'expérience donne la même valeur pour la capacité initiale définie comme ci-dessus; celle-ci est donc indépendante du sens de la polarisation. Si on compte les forces électromotrices et les charges correspondantes comme positives ou négatives suivant que l'électrode active est elle-même positive ou négative, on obtient deux courbes qui se raccordent à l'origine, comme on le voit dans la figure 232.

L'expérience montre que la capacité d'une électrode déterminée ne dépend que de la différence de potentiel qui existe entre cette électrode et le liquide en contact, et non de la nature du liquide : c'est l'extension à une surface solide en contact avec un liquide de la loi signalée plus haut (**651**) pour le mercure. La courbe de la figure 232, construite pour le cas de l'eau acidulée par l'acide sulfurique, convient donc pour tout électrolyte donnant de l'hydrogène et de l'oxygène; seulement chaque électrolyte a sur cette courbe son origine propre, correspondant à la force électromotrice normale entre lui et l'électrode.

Pour démontrer cette loi, M. Blondlot place les deux électrodes dans des liquides différents, séparés par une cloison poreuse. Les forces électromotrices de contact étant inégales, le système constitue un couple; mais si on ferme celui-ci sur lui-même jusqu'à ce que le courant devienne nul, la polarisation a précisément pour effet de ramener à l'égalité les chutes de potentiel de part et d'autre. Si l'une des électrodes est très grande et reste sans altération sensible, on trouve que la capacité initiale de la petite est alors la même que lorsqu'elle est plongée dans le même liquide que la grande. Si les électrodes sont égales, M. Blondlot démontre que leurs capacités sont égales en s'appuyant sur la remarque suivante.

Soit e, à un instant donné, la différence de potentiel entre l'électrode et le liquide en contact; pendant le temps dt, cette différence éprouve une variation totale

$$de = \frac{\partial e}{\partial t}\,dt + \frac{\partial e}{\partial q}\,dq, \tag{1}$$

le premier terme correspondant à la dépolarisation spontanée par diffusion, le second au passage d'une quantité dq d'électricité à travers l'électrode. Si on remarque que le rapport $\frac{\partial e}{\partial q}$ représente l'inverse de la capacité, et $\frac{dq}{dt}$ l'intensité i du courant qui traverse l'électrode, on peut écrire

$$de = \left(\frac{\partial e}{\partial t} + \frac{i}{c}\right)dt. \tag{2}$$

Quand on ferme le couple sur lui-même, il se produit un courant très faible et qui finit par devenir constant ; on a alors $de = 0$ et on peut écrire, pour chaque électrode,

$$\frac{\partial e}{\partial t} + \frac{i}{c} = 0$$

$$\frac{\partial e'}{\partial t} - \frac{i'}{c'} = 0.$$

Si $c = c'$, comme le veut la loi en question, il en résulte

$$\frac{\partial (e + e')}{\partial t} = 0,$$

c'est-à-dire que, quand on rompt le circuit, la somme algébrique des forces électromotrices doit rester constante, autrement dit, elles doivent varier de quantités égales et de signes contraires : c'est ce dont on s'assure par l'expérience en reliant chacune des électrodes respectivement à l'armature intérieure de deux condensateurs identiques réunis par leurs armatures extérieures, comme au n° **1019**. La communication étant établie entre les armatures extérieures et l'un des liquides, par l'intermédiaire d'un galvanomètre ou mieux d'un électromètre, on rompt la communication qui fermait le couple sur lui-même. Si les deux électrodes sont égales, l'aiguille reste immobile, ce qui prouve que les deux armatures éprouvent des variations de potentiel égales et de signes contraires ; l'aiguille est déviée dès qu'il existe une différence sensible entre les surfaces des deux électrodes.

Remarquons, en passant, que l'équation (2) fournirait un procédé pour mesurer la capacité c de polarisation. Le voltamètre étant relié à une pile de force électromotrice inférieure au maximum, on mesurerait l'intensité i du courant de dépolarisation par un galvanomètre et, la communication rompue, la déperdition $\frac{\partial e}{\partial t}$ de la force électromotrice au moyen d'un électromètre.

CHAPITRE SIXIÈME

CONSTANTES DES BOBINES

1086. Construction des bobines. — On a vu, dans les chapitres IV et V de la première Partie, comment les propriétés des bobines à enroulement cylindrique et circulaire, à part la résistance, peuvent être déduites des seules données géométriques de la bobine ; mais ces calculs supposent une régularité d'enroulement très difficile à obtenir et qui n'est réalisée que dans des conditions exceptionnelles. En particulier, on doit prendre les précautions les plus minutieuses pour que les spires d'une même couche aient le même rayon et gardent entre elles la même distance.

Une première condition est que le noyau sur lequel on enroule le fil soit bien cylindrique : on s'en assure à l'aide d'un compas d'épaisseur ou d'un comparateur de construction convenable. Le cadre est ordinairement en bois ou en métal. Les cadres en métal peuvent être le siège de courants induits qui nuisent beaucoup dans les expériences où l'on emploie des courants variables ; on atténue les effets d'induction en interrompant la continuité de la masse métallique par une section faite suivant un plan diamétral et dans laquelle on intercale une lame isolante d'ivoire ou d'ébonite. Les cadres en bois ont l'inconvénient de pouvoir se déformer avec le temps ; mais si on emploie un bois sec et dur, comme l'acajou imprégné de paraffine à chaud, surtout si l'on a soin de tourner le cadre dans un bloc formé par l'assemblage d'un grand nombre de morceaux collés ensemble et différemment orientés par rapport aux fibres, on obtient des cadres dans lesquels les déformations sont tout à fait négligeables.

Si le fil, avec son enveloppe isolante, a un diamètre bien constant, un enroulement fait avec soin donne facilement des spires équidistantes. Les couches successives sont habituellement séparées par une lame isolante, telle qu'une ou plusieurs feuilles de papier paraffiné. L'emploi d'un compte-tours permet de connaître le nombre des spires de chaque couche pendant l'enroulement, et il est bon de vérifier directement ce nombre avant que la couche ne soit recouverte. Les spires des couches successives ont évidemment des inclinaisons de sens contraires; on neutralise l'effet de l'inclinaison en donnant à la bobine un nombre pair de couches.

Quant à la longueur du fil on la détermine, soit directement, soit par la mesure du diamètre de la bobine avant et après l'enroulement de la couche, soit par les deux circonférences correspondantes. Un ruban flexible en métal, enroulé sur la bobine, donne la mesure de la circonférence avec une grande approximation; on peut admettre, en effet, que la ligne moyenne du ruban conserve la même longueur malgré la courbure, de sorte que si a est le rayon du cylindre, la longueur observée correspond au rayon a, augmenté de la demi-épaisseur du ruban, et on en déduira la longueur de la circonférence de rayon a.

Il faut remarquer toutefois que, si la bobine renferme plusieurs couches séparées par une matière isolante, la mesure des diamètres ou des circonférences, avant et après l'enroulement d'une couche, ne donne pas une valeur exacte du diamètre moyen, parce que la pression des fils produit un écrasement de la matière isolante.

D'un autre côté, on ne peut pas, sans précautions spéciales, déduire la longueur du fil d'une mesure faite avant l'enroulement sur une base rectiligne, parce que le fil s'allonge d'une manière variable pendant l'enroulement, surtout à cause de la tension qu'on est obligé de lui faire subir pour avoir des couches régulières. D'après M. W. Siemens [1], l'allongement avec des fils de cuivre un peu fins peut aller jusqu'à 5 ou 6 pour 100; il est moindre, mais toujours notable, même avec

[1] W. Siemens, *Pogg. Ann.*, t. CXVII, p. 327, 1866.

les fils les plus gros. Si on veut mesurer le fil avant l'enroulement il est donc nécessaire de lui donner la tension qu'il doit avoir pendant l'opération ; le changement de longueur dû au fait même de l'enroulement est négligeable si le rayon de courbure est très grand par rapport au diamètre du fil.

Toutes les formules relatives aux bobines impliquent la condition que le courant est réparti uniformément dans chaque section du fil, ou, ce qui revient au même, que le courant peut être considéré comme concentré sur l'axe même du fil. Cette condition peut n'être pas rigoureusement remplie, surtout dans le cas des courants variables ; le calcul ne donnera donc qu'une première approximation, et l'erreur peut n'être pas négligeable avec des fils un peu gros.

Enfin une condition évidente, mais que l'expérience montre n'être pas facilement réalisable, est que les différentes spires soient parfaitement isolées les unes des autres. Pour vérifier la parfaite isolation d'une bobine, lord Rayleigh (¹) l'interpose avec ses deux bouts isolés entre les deux bobines d'une balance d'Hughes (**987**). Le silence est rompu dès qu'il y a quelque communication entre les spires.

On ne peut donc soumettre au calcul que des bobines d'une forme et d'une construction toutes spéciales et qui devront, pour ainsi dire, servir d'étalons. Pour les bobines ordinaires, les constantes ne peuvent être déterminées que par comparaison avec les premières.

1087. Champ magnétique d'une bobine. — On obtiendra l'action magnétique d'une bobine en un point, pour l'unité de courant, par les méthodes générales employées pour déterminer l'intensité d'un champ magnétique et sur lesquelles on reviendra plus loin, mais on doit, dans les expériences de comparaison, chercher des méthodes rapides qui n'exigent ni la constance d'un courant ni la mesure des intensités.

Pour déterminer la direction de la force F qu'une bobine B exerce en un point P, il suffit de placer en ce point une aiguille aimantée de dimensions très petites, soumise en même temps à l'action d'un champ extérieur tel que le champ

(¹) Lord Rayleigh et Mrs Sidgwick, *Phil. Tr. R. S. L.*, for 1884, p. 419.

terrestre, et de faire tourner la bobine autour du point P jusqu'à ce que le passage d'un courant ou son changement de sens ne produise aucune déviation. L'axe magnétique de l'aiguille donne alors la direction cherchée.

Dans le cas de courants très intenses, l'emploi des spectres magnétiques donne souvent des indications précieuses; les éléments successifs de la limaille de fer dessinent des lignes de force et donnent une idée immédiate de la forme et de l'intensité du champ.

Le rapport des actions F et F', pour l'unité de courant, de deux bobines B et B' en deux points P et P', s'obtiendra par la méthode employée pour la comparaison de deux galvanomètres (**875**). Les bobines sont placées de manière que leurs actions aux points P et P' soient sensiblement perpendiculaires aux champs extérieurs, ou du moins que les projections X et X' des actions des bobines sur un plan perpendiculaire à l'axe de rotation des aiguilles soient perpendiculaires aux projections H et H' des champs extérieurs, et on place en ces points des aiguilles de dimensions très petites. Les déviations δ et δ', corrigées de la graduation, produites par un même courant qui traverse les deux bobines, donnent

$$(1)\qquad \frac{X}{X'} = \frac{H}{H'}\frac{\delta}{\delta'}.$$

1088. — Pour éliminer le rapport des champs H et H' on fera agir les deux bobines sur la même aiguille (**876**).

Supposons, par exemple, que les bobines soient parcourues respectivement par les courants I et I'. Appelons δ et δ_1 les déviations qu'éprouve l'aiguille par les mêmes courants quand les actions des bobines sont de même sens ou de sens contraires, on aura

$$(2)\qquad \begin{aligned} H \tang\delta &= XI + X'I', \\ H \tang\delta_1 &= XI - X'I'. \end{aligned}$$

On en déduit, en appelant β le rapport $\frac{\tang\delta_1}{\tang\delta}$,

$$(3)\qquad \frac{X'}{X} = \frac{I}{I'}\frac{1-\beta}{1+\beta}.$$

Le rapport $\frac{I}{I'}$ est égal à l'unité si le même courant parcourt les deux bobines. Si les bobines sont placées en dérivation sur un circuit, ce rapport est égal au rapport inverse des résistances g et g' des branches correspondantes. On peut alors modifier ces résistances de manière que la déviation soit nulle dans la seconde expérience, et on a

$$\frac{X}{X'} = \frac{I'}{I} = \frac{g}{g'}.$$

Si la bobine de comparaison B est une boussole de tangentes de dimensions connues, qui permette de calculer X en valeur absolue, l'équation (3) donnera X'.

Lorsque l'aiguille n'est pas infiniment petite par rapport à sa distance aux spires que traverse le courant, les valeurs de X et de X', dont le rapport est donné par l'expérience, ne sont pas exactement celles qui correspondent aux points P et P'. On doit alors leur faire subir une correction (**746** et **796**) relative à la longueur de l'aiguille.

1089. Surface d'une bobine. — Moment magnétique. — La surface électrodynamique S d'une bobine, ou son moment magnétique pour l'unité de courant, a pour valeur, dans le cas d'une bobine cylindrique de rayon moyen a (**727**),

$$S = n\pi a^2\left(1 + \frac{1}{3}\frac{c^2}{a^2}\right) = n\pi a^2(1+\gamma),$$

en représentant par γ le terme de correction.

La valeur de la surface S peut se déduire de l'intensité du champ donné par la bobine en un point situé dans une position principale et à une distance assez grande du centre; la composante X du champ sera d'ailleurs déterminée par comparaison avec la valeur X' d'une bobine étalon, comme dans le paragraphe précédent.

Dans le cas d'une bobine cylindrique dont la gorge a des dimensions assez petites pour qu'on puisse négliger les puissances, supérieures au carré, des rapports de ces dimensions au rayon moyen, l'action **X** en un point **P** situé sur l'axe à une distance x du plan moyen peut s'écrire (**741**)

$$X = \frac{2S}{x^3(1+\gamma)}\left[1+\frac{c^2}{4a^2}+\frac{2b^2}{x^2}-\frac{3a^2}{2x^2}+\frac{3.5}{2.3}\frac{a^4}{x^4}-\ldots\right],$$

ou, désignant par $1+\varepsilon$ le quotient de la parenthèse par $1+\gamma$,

$$X = \frac{2S}{x^3}(1+\varepsilon).$$

Si le point P était situé dans le plan moyen à une distance r du centre, on aurait (**795**)

$$X = \frac{S}{r^3(1+\gamma)}\left[1+\frac{c^2}{3a^2}+\left(\frac{3}{2}\right)^2\frac{c^2}{r^2}-\frac{3b^2}{2r^2}+\frac{1}{2}\left(\frac{3}{2}\right)^2\frac{a^2}{r^2}+\frac{1}{3}\left(\frac{3.5}{2.4}\right)^2\frac{a^4}{r^4}+\ldots\right],$$

qu'on peut écrire

$$X = \frac{S}{r^3}(1+\eta).$$

En prenant comme bobine de comparaison un cercle unique de rayon R ayant en son centre la petite aiguille aimantée et traversé par le même courant que la bobine, on trouve ([1])

$$S = \frac{\pi x^3}{R}\frac{1+\beta}{1-\beta}(1-\varepsilon).$$

Ces deux dispositions présentent l'inconvénient d'exiger une mesure très exacte des distances x et r, lesquelles entrent au cube dans le facteur principal. On pourrait éviter la difficulté en faisant deux observations à deux distances différentes de l'aiguille, le déplacement du cadre pouvant être déterminé avec une grande exactitude, mais les erreurs expérimentales prennent alors beaucoup plus d'importance.

Si on fait tourner le support de l'aiguille de 180° autour d'un axe qui passe sensiblement par le milieu du cadre, la moyenne des résultats obtenus de part et d'autre correspond sensible-

([1]) F. Kohlrausch, *Nachrichten von der K. G. der W. zu Göttingen*, n° 20, p. 654, 1882.

ment à la demi-distance des deux positions de l'aiguille, mais l'expérience serait alors très compliquée parce qu'on devrait aussi déplacer la lunette et l'échelle.

1090. — Il vaut mieux disposer l'expérience de manière à éliminer toute mesure de distance. Les deux bobines dont on veut comparer les surfaces S et S' sont disposées concentriquement, les axes en coïncidence; on les fait agir sur une même aiguille placée à une grande distance et on observe les déviations δ et δ_1 produites quand on fait parcourir les bobines par un même courant dans le même sens ou en sens contraires. On a alors (**1088**), en posant $\beta = \frac{\operatorname{tang}\delta_1}{\operatorname{tang}\delta}$,

$$\frac{X'}{X} = \frac{1-\beta}{1+\beta}.$$

Une série d'expériences alternatives permettent d'éliminer, par des moyennes, les variations du courant principal et les changements de déclinaison. On en déduit, en appelant ε et ε', ou η et η', les termes de corrections relatifs aux deux bobines pour les deux positions principales,

$$\frac{S}{S'} = \frac{1-\beta}{1+\beta}\,\frac{1+\varepsilon'}{1+\varepsilon},$$

ou

$$\frac{S}{S'} = \frac{1-\beta}{1+\beta}\,\frac{1+\eta'}{1+\eta}.$$

La distance de l'aiguille au centre des bobines n'intervient alors que dans les termes de correction et peut être facilement déterminée avec une approximation suffisante.

La méthode est particulièrement précise lorsque les surfaces à comparer sont voisines l'une de l'autre, le rapport β étant alors très petit.

Pour éliminer le défaut de centrage des bobines, on les monte ensemble sur un châssis qui puisse tourner autour d'un axe vertical et on répète plusieurs séries d'expériences en tournant de 180° l'ensemble des deux bobines.

Dans ce cas, il n'est même plus nécessaire que les bobines aient des rayons différents, de manière à être introduites l'une dans l'autre; si la distance de l'aiguille est assez grande, on peut les placer de part et d'autre de l'axe : la moyenne des déviations observées pour les deux positions donne très sensiblement celle qui correspondrait à des bobines centrées sur l'axe de rotation.

Lorsque les bobines sont excentriques, il est évidemment préférable de placer l'aiguille dans la seconde position principale, c'est-à-dire dans le plan moyen des bobines.

1091. — Le rapport des surfaces de deux bobines s'obtiendrait aussi par la comparaison des décharges induites sous l'action d'un même champ extérieur. Supposons, par exemple, que l'on utilise le champ terrestre. Les bobines sont montées sur un même axe vertical et situées d'abord dans un plan perpendiculaire au méridien magnétique. Quand on fait tourner le système brusquement de 180° autour d'un axe vertical, les flux de force magnétique qui traversent les deux bobines sont $2HS$ et $2HS'$ (**258**); leur rapport est celui des surfaces S et S', et ce rapport est d'ailleurs indépendant de l'angle de rotation. Il en est de même si le système tourne autour d'un axe horizontal situé dans le méridien magnétique, la variation du flux de force est produite alors par la composante verticale Z du champ terrestre.

Au lieu de faire tourner le système des bobines, on peut le laisser immobile et changer la direction du champ. Il suffit, pour cela, que le champ soit produit par un courant extérieur dont on renverse le sens. Le rapport des flux de force qui traversent les deux bobines est alors égal au rapport des surfaces multiplié par le rapport des actions moyennes (**753**). Si les bobines n'ont pas exactement le même diamètre, les corrections nécessaires pour calculer le rapport des actions moyennes sont assez complexes, même dans le cas où les bobines induites seraient situées dans le plan du courant inducteur. Il vaut mieux alors employer comme circuit inducteur un système de deux, trois ou quatre cadres (**749** à **751**) dont les diamètres moyens, les distances et les nombres de spires sont choisis de manière à constituer un champ sensiblement uniforme.

1092. — Quel que soit le procédé employé, le problème se trouve ramené dans tous les cas à la comparaison de deux flux de force Q et Q'.

On pourrait d'abord, comme dans le cas des courants permanents, réunir les deux bobines induites en un même circuit contenant un galvanomètre balistique, et observer les impulsions α et α' qui correspondent aux cas où les deux flux d'induction agissent dans le même sens ou en sens contraires. Les quantités d'électricité induites m et m', étant proportionnelles aux angles d'impulsion, ainsi qu'aux flux de force, on aurait, toutes corrections faites (**883**),

$$\frac{\alpha}{\alpha'}=\frac{Q+Q'}{Q-Q'},$$

ou, en appelant β le rapport $\frac{\alpha'}{\alpha}$,

$$\frac{Q'}{Q}=\frac{1-\beta}{1+\beta}.$$

Toutefois on n'aurait ainsi, en général, qu'une approximation très insuffisante, en raison des difficultés que présente la mesure des angles d'impulsion, surtout avec les cadres mobiles, le temps de la rotation devant être très court par rapport à la durée des oscillations du galvanomètre balistique.

1093. — Le galvanomètre différentiel permet de ramener l'observation à celle d'un état d'équilibre. Les bobines B et B' communiquent séparément avec les deux cadres d'un galvanomètre différentiel et on règle par tâtonnements les résistances totales R et R' des deux circuits, de telle façon que l'aiguille reste immobile quand on produit le phénomène d'induction, soit par la rotation des cadres, soit par l'inversion d'un courant inducteur. Les quantités d'électricité induite m et m' étant égales, il en résulte que les flux d'induction sont proportionnels aux résistances correspondantes (**515**) et on a

$$\frac{Q'}{Q}=\frac{R'}{R}.$$

Il suffit alors de déterminer le rapport des résistances aussitôt que l'équilibre est atteint, afin d'éviter l'influence des variations de température.

Cette méthode exigerait un galvanomètre différentiel absolument symétrique, mais, si le défaut de réglage est très faible, on l'élimine d'une manière suffisante en permutant la liaison des bobines avec les cadres ; les résistances qui rétablissent l'équilibre étant R_1 et R'_1, on a sensiblement

$$\frac{Q'}{Q} = \frac{1}{2}\left(\frac{R'}{R} + \frac{R_1}{R'_1}\right).$$

Enfin, une série de bobines de surfaces graduées permettrait d'opérer par opposition. Les bobines B et B' étant placées dans le même circuit, de façon que leurs flux d'induction soient de sens contraires, on y intercale successivement des bobines auxiliaires de surfaces croissantes jusqu'à ce que la déviation soit nulle ou change de signe. En appelant Q_1 et Q_2 les flux de force relatifs aux surfaces que l'on doit ajouter, par exemple à la bobine B', pour obtenir les plus faibles déviations de sens contraires, on on a sensiblement

$$Q = Q' + \frac{Q_1 + Q_2}{2}.$$

En toute rigueur, la lecture des déviations δ_1 et δ_2 relatives aux deux combinaisons les plus approchées permettrait d'obtenir une approximation plus grande, car on peut écrire

$$\frac{Q - Q' - Q_1}{Q_2 + Q' - Q} = \frac{\delta_1}{\delta_2},$$

ce qui donne

$$Q = Q' + Q_1 \frac{\delta_2}{\delta_1 + \delta_2} + Q_2 \frac{\delta_1}{\delta_1 + \delta_2}.$$

Les méthodes de réduction à zéro rendent les observations beaucoup plus précises, parce qu'on peut multiplier les impulsions, en permutant d'une manière convenable les courants induits, et mettre en évidence des déviations trop faibles pour être observées directement.

Toutefois l'emploi du galvanomètre différentiel avec les surfaces graduées ne donne pas le degré de sensibilité auquel on pourrait s'attendre.

Les expériences se font très régulièrement, et l'état d'équilibre s'obtient avec une grande exactitude, quand il s'agit de bobines presque identiques entre elles par leurs formes et leurs dimensions; mais il n'en est plus de même si les modes d'enroulement ou les diamètres diffèrent beaucoup. Dans ce cas, si l'induction est produite par la rotation du système des bobines dans le champ terrestre et que la compensation des surfaces soit presque établie, l'aiguille reçoit deux impulsions très distinctes, de natures différentes, de même sens ou de sens contraires, et il est impossible d'obtenir un état d'équilibre ; si l'aiguille reste finalement au repos, elle n'a pas été immobile pendant la rotation. Des effets analogues se manifestent alors même que l'induction est produite par le renversement d'un courant inducteur.

1094. Coefficients d'induction mutuelle. — Un coefficient d'induction est une force électomotrice instantanée, ou plus exactement l'intégrale d'une force électomotrice par rapport au temps; deux coefficients peuvent être comparés par les décharges électriques correspondantes, comme les forces électromotrices permanentes le sont par les courants continus.

La surface d'une bobine n'est d'ailleurs autre chose que le coefficient d'induction mutuelle de cette bobine avec un circuit capable de donner pour l'unité du courant un champ uniforme égal à l'unité. Les méthodes indiquées plus haut, pour la comparaison des surfaces, peuvent donc être employées pour les coefficients d'induction mutuelle.

Considérons, par exemple, deux systèmes de bobines A et a, A′ et a', dont les coefficients d'induction mutuelle sont respectivement M et M′, et supposons que les deux systèmes soient sans action l'un sur l'autre. On place les bobines A et A′ dans le circuit d'un même courant inducteur I, les coefficients M et M′ sont alors proportionnels aux flux de force Q et Q′ émis respectivement par le courant inducteur dans les bobines a

et a'. En intercalant un galvanomètre balistique sur un circuit qui renferme les bobines a et a', on dispose les communications de manière que les courants induits, dus aux flux de force Q et Q', soient alternativement de même sens et de sens contraires ; le rapport des angles d'impulsion α et α' (**1092**) déterminera le rapport $\frac{Q'}{Q}$ ou le rapport $\frac{M'}{M}$.

De même, un galvanomètre différentiel, dont les deux cadres sont respectivement sur les circuits des bobines a et a', donnera le rapport des coefficients M et M' par le rapport des résistances totales des deux circuits lorsque la condition d'équilibre est réalisée.

Ces méthodes présentent des difficultés particulières et ne comportent pas une très grande précision. Il est préférable de chercher à réaliser une compensation des courants induits analogue à celle que donne le pont de Wheatstone pour les courants permanents.

1093. — Dans la méthode indiqué par Maxwell ([1]), le circuit inducteur comprend les bobines A et A' (fig. 233) ; les

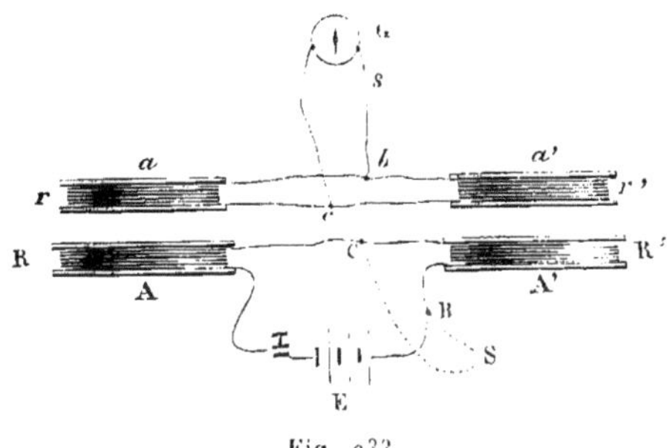

Fig. 233

bobines a et a' sont réunies de manière que les courants induits de part et d'autre s'ajoutent, et on intercale entre deux points b et c du circuit induit une dérivation de résistance s qui renferme un galvanomètre G. On ajuste alors les résistances r et r' des circuits, situés de part et d'autre de la dérivation, de

([1]) Maxwell, *Electr. and Magn.*, t. II, p. 355.

manière que l'aiguille reste immobile au moment de la fermeture ou de l'ouverture du circuit inducteur.

Soit I le courant inducteur, i et i' les courants induits dans les résistances r et r' dont les coefficients de self-induction sont L et L', l le coefficient de self-induction de la dérivation s qui renferme le galvanomètre, et $i'-i$ le courant correspondant. On a, en général, les équations

$$ir+(i'-i)s+L\frac{di}{dt}+l\frac{d(i'-i)}{dt}+M\frac{dI}{dt}=0,$$
$$i'r'-(i'-i)s+L'\frac{di'}{dt}-l\frac{d(i'-i)}{dt}+M'\frac{dI}{dt}=0.$$

Si on intègre ces équations pour toute la durée de l'état variable et qu'on appelle I_0 la variation du courant inducteur, m et m' les décharges induites relatives aux courants i et i', il vient

$$mr+(m'-m)s\pm MI_0=0,$$
$$m'r'-(m'-m)s\pm M'I_0=0.$$

Le signe + devant les derniers termes correspond, par exemple, à l'établissement du courant inducteur et le signe − à sa suppression. Les coefficients de self induction des diverses parties du circuit induit ont disparu, ce qu'on pouvait prévoir, puisque le courant induit est nul aux deux limites.

Si la décharge est nulle dans le galvanomètre, on a $m=m'$ et, par suite,

$$\frac{M}{M'}=\frac{r}{r'}.$$

1096. — M. Brillouin [1] a disposé l'expérience autrement. Les bobines a et a' sont réunies de manière que les courants induits soient opposés; une dérivation de résistance s est placée entre deux points b et c du circuit induit; le galvanomètre, dont la résistance est g et le coefficient de self-induction l, est intercalé sur l'une des portions du circuit, par exemple

[1] M. Brillouin, *Ann. de l'Écol. norm. sup.*, [2], t. XI, p. 352, 1882.

du côté de la bobine a' ; l'intensité du courant dans la dérivation est $i+i'$. Les équations générales

$$ir+(i+i')s+L\frac{di}{dt}+l\frac{d(i+i')}{dt}+M\frac{dI}{dt}=0,$$
$$i'r'+(i+i')s+(g+L')\frac{di'}{dt}+l\frac{d(i+i')}{dt}+M'\frac{dI}{dt}=0,$$

donnent, pour la durée totale de l'état variable,

$$mr+(m+m')s\pm MI_0=0,$$
$$m'r'+(m+m')s\pm M'I_0=0.$$

Si on règle la résistance s de façon que la décharge m' dans le galvanomètre soit nulle, il en résulte

$$\frac{M}{M'}=\frac{r+s}{s}.$$

Pour que la décharge puisse être nulle, il faut qu'on ait $M > M'$; le galvanomètre doit donc être placé du côté de la bobine pour laquelle l'induction est la plus faible.

Les bobines a et a' étant toujours opposées et le galvanomètre dans le circuit induit, on peut enfin placer une déviation S entre deux points B et C du circuit inducteur (fig. 233), par exemple du côté de la bobine A'. On a alors, en appelant I et I' les courants dans les bobines A et A',

$$(r+r'+g)i+(L+L'+\lambda)\frac{di}{dt}+M\frac{dI}{dt}-M'\frac{dI'}{dt}=0,$$

ce qui donne, pour la durée totale de l'état variable,

$$(r+r'+g)m+MI_0-M'I'_0=0.$$

Si la résistance S est tellement choisie que la décharge m soit nulle, l'équation se réduit à

$$MI_0=M'I'_0.$$

Comme les courants I_0 et I'_0 correspondent à un état permanent, on a

$$S(I'_0 - I_0) = R'I'_0,$$

et, par suite,

$$\frac{M}{M'} = \frac{I'_0}{I_0} = \frac{S}{R'+S}.$$

On doit avoir $M < M'$; la dérivation sera donc placée du côté de la bobine dont l'induction est la plus grande.

Dans tous les cas, la détermination du rapport des deux coefficients d'induction mutuelle M et M' est ramenée à celle rapport de deux résistances.

Le seul reproche que l'on puisse faire à ces méthodes est de manquer de sensibilité. On y remédie, soit par la multiplication des décharges, en produisant la rupture et la fermeture du circuit en concordance avec le mouvement de l'aiguille, soit en substituant, au moyen d'un interrupteur tournant, un régime permanent à une impulsion unique. Les courants induits successifs étant égaux et de sens contraires, il faut n'utiliser que l'un des deux effets de fermeture ou de rupture ; il suffit, le circuit induit restant toujours fermé, que l'interrupteur ferme le galvanomètre sur lui-même pendant toute la durée du courant induit que l'on veut éliminer [1].

Cette dernière disposition présente l'inconvénient que la détermination du rapport des coefficients d'induction dépend du rapport de résistances traversées par le courant de la pile, résistance dont la valeur est plus difficile à connaître, à cause de l'échauffement, que celle des résistances correspondantes du circuit induit dans la méthode précédente.

On peut encore remarquer, à propos de la seconde méthode, que, pendant tout le temps de l'établissement ou de la cessation du courant inducteur, le courant induit reste toujours du même sens les éléments de la décharge m sont donc tous de même signe et, par suite, si la décharge est nulle, il faut que chacun de ces éléments soit nul séparément ; les courants induits sont donc, à chaque instant, égaux et de signes con-

[1] M. Brillouin, *loc. cit.*, p. 367.

traires et on pourrait avec avantage se servir du téléphone pour constater la condition d'équilibre.

1097. Coefficients de self-induction. — La comparaison des coefficients de self-induction se fait par une méthode de compensation analogue [1]. Si les branches du parallélogramme de Wheatstone renferment des conducteurs dont les coefficients de self-induction ne soient pas nuls, l'équilibre de l'aiguille dans le pont, pour une variation très courte du courant principal, exige, outre la condition relative à l'état permanent, que l'on ait (**951**)

$$\frac{L_b}{b}-\frac{L_{b'}}{b'}=\frac{L_a}{a}-\frac{L_{a'}}{a'}.$$

De plus, l'équilibre a lieu pour des variations quelconques si la résistance de chacune des branches est proportionnelle à son coefficient de self-induction. Pour utiliser cette propriété, on place les deux bobines à comparer, dont les coefficients sont L et L', dans les deux branches a et a', par exemple, les autres branches étant supposées sans induction. L'équilibre complet exige que l'on réalise en même temps les deux conditions

$$\frac{L}{L'}=\frac{a}{a'}=\frac{b}{b'}.$$

Deux boîtes de résistance sans induction propre sont nécessaires ; l'une est placée sur la même branche que l'une des bobines, l'autre sur une des branches libres. L'expérience est longue, parce qu'on doit réaliser d'abord l'équilibre relatif aux courants permanents, chercher ensuite l'effet des courants momentanés, et que les conditions relatives à l'état permanant et à l'état variable ne sont pas indépendantes ; le résultat final ne peut être atteint qu'après une série de tâtonnements.

1098. Comparaison d'un coefficient de self-induction et d'un coefficient d'induction mutuelle [2]. — On intercale la bobine de coefficient L dans la branche AC du pont de Wheats-

[1] Maxwell, *Elect. and Magn.*, t. II, p. 317.
[2] Maxwell, *Elect. and Magn.*, t. II, p. 356.

tone (fig. 234), et la seconde bobine dans le circuit de la pile, au voisinage de la première; soit M leur coefficient d'induction mutuelle. On introduit ainsi dans la branche AC

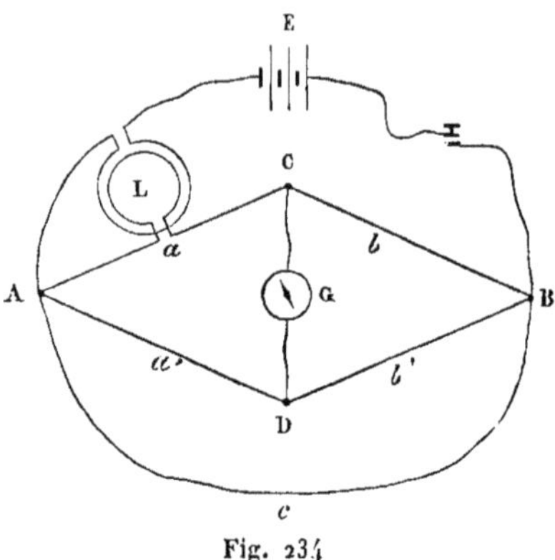

Fig. 234

deux forces électomotrices d'induction, qu'il suffira de rendre égales et contraires pour que l'équilibre du pont relatif à l'état permanent satisfasse également à l'état variable, puisque la branche du pont est conjuguée à la pile et, par conséquent, indifférente aux variations du courant principal.

Dans l'état variable, la différence de potentiel entre les sommets A et C est

$$a\alpha + L\frac{d\alpha}{dt} + M\frac{dI}{dt},$$

tandis que la différence de potentiel entre les sommets A et D est égale à $a'\alpha'$.

L'équilibre complet exige les deux conditions

$$a\alpha = a'\alpha',$$
$$L\frac{d\alpha}{dt} + M\frac{dI}{dt} = 0.$$

Comme on a $I = \alpha + \alpha'$, il en résulte

$$\frac{L}{M} = -\left(1 + \frac{a}{a'}\right).$$

Le coefficient L étant essentiellement positif, il faut que M soit négatif, par suite, que les courants soient de sens contraires dans les deux bobines. En outre, on doit avoir $L > -M$.

Les branches du pont étant dénuées d'induction propre et réglées d'abord pour le régime permanent, on peut ajuster les effets d'induction de plusieurs manières :

1° On fait varier la valeur de M en changeant la position relative des deux bobines, jusqu'à ce que l'équilibre ait lieu pour les courants variables.

2° M étant supposé constant et plus petit que L en valeur absolue, on modifie dans le même rapport les deux résistances a' et b', jusqu'à ce que l'équilibre soit obtenu.

3° On introduit entre les points A et B auxquels aboutit la pile une dérivation de résistance c sans induction propre.

L'intensité γ du courant qui traverse la dérivation satisfait aux équations

$$I = \alpha + \alpha' + \gamma,$$
$$c\gamma = \alpha'(a' + b') = \alpha(a + b).$$

La condition d'équilibre relative à l'état variable reste la même et donne

$$a'(L + M) + a\left(1 + \frac{a' + b'}{c}\right)M = 0,$$

ou

$$\frac{L}{M} = -\left(1 + \frac{a}{a'} + \frac{a + b}{c}\right).$$

La discussion des équations montre que l'erreur relative sur le rapport $\frac{M}{L}$ est environ 100 fois plus grande que celle qu'on commet dans le réglage des résistances [1] ; pour obtenir toute la précision dont la méthode est susceptible, il faudrait donc que le galvanomètre fût de 100 à 1000 fois plus sensible pour les courants instantanés que pour les courants permanents. On a tout avantage à produire un état permanent au moyen d'un commutateur tournant.

[1] M. Brillouin, *loc. cit.*, p. 348.

1099. Comparaison d'une capacité avec un coefficient d'induction. — L'emploi des décharges répétées permet de comparer une capacité avec un coefficient d'induction mutuelle (**1063**); on peut également, par une méthode d'équilibre, déterminer le rapport d'une capacité au coefficient de self-induction L d'une bobine. Plaçons la bobine dans la

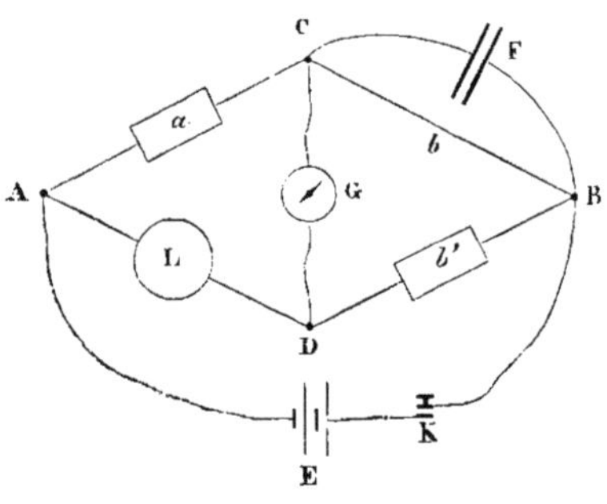

Fig. 235

branche AD du pont de Wheatstone (fig. 235) et le condensateur F en dérivation sur la branche CB. La condition pour qu'il ne passe aucun courant dans le galvanomètre est que les deux points C et D soient au même potentiel; en désignant par V la différence de potentiel des deux armatures à un instant donné, cette condition donne les deux équations

$$a\alpha = a'\alpha' + L\frac{d\alpha'}{dt},$$
$$b\beta = b'\beta' = V.$$

En outre, puisqu'il ne passe pas d'électricité dans la branche CD, on a aussi

$$C\frac{dV}{dt} = \alpha - \beta,$$
$$\alpha' = \beta'.$$

Eliminant α, β, β' et V entre ces équations, on obtient

$$\frac{d\alpha'}{dt}\left(Cb' - \frac{L}{a}\right) = \alpha'\left(\frac{a'}{a} - \frac{b'}{b}\right).$$

Le second membre est nul si le pont est équilibré pour un régime permanent. Le premier membre sera aussi nul, et l'équilibre aura lieu pour l'état variable, si on a

$$L = ab'C.$$

Le réglage ne peut se faire que par tâtonnements ; il exige trois résistances variables, dont deux a et b' étalonnées dans les deux branches restées libres.

La formule des oscillations électriques, réduite, comme au n° **1056**, à

$$T^2 = \pi^2 CL,$$

donne également, entre la durée de la période, la capacité et le coefficient de self-induction, une relation qui pourrait être utilisée dans la pratique.

1100. Comparaison d'un coefficient de self-induction et d'une résistance. — Supposons la bobine placée dans la branche b du parallélogramme de Wheatstone, et le réglage effectué pour l'état permanent. Pendant la période variable, le pont est traversé par un courant (**919**)

$$i = -\frac{aE_b}{M} - \frac{aL}{M}\frac{d\mathfrak{J}}{dt},$$

et la décharge relative à l'établissement du courant principal est

$$m = \int_0^\infty i\,dt = \frac{aL}{M}\mathfrak{J}_0.$$

L'intensité $\mathfrak{J}_0$ du courant permanent est égale à $\frac{a'E}{N}$ (**918**), ce qui donne

$$m = \frac{aa'L}{MN}E.$$

(¹) Lord Rayleigh, *Ph. Tr. R. S. L.* for 1882, p. 677.

D'autre part, si on fait varier de δb la résistance b, le courant permanent qui traverse le galvanomètre est (**912**)

$$i = E\frac{a'(b+\delta b) - ab'}{\Delta} = E\frac{a'}{\Delta}\delta b,$$

ou, en remplaçant Δ par la valeur $\frac{MN}{a}$ qui correspond à l'équilibre du pont,

$$i = E\frac{aa'}{MN}\delta b;$$

par suite,

$$L = \frac{m}{i}\delta b.$$

Si on appelle α l'angle d'impulsion relatif à la décharge m, γ la déviation produite par le courant permanent i qui correspond au défaut de réglage, on en déduit

$$L = \frac{T}{\pi}\frac{\alpha}{\operatorname{tang}\gamma}\delta b.$$

Il eût été équivalent de faire porter la variation de la résistance sur la branche b'.

Au lieu de rompre ou de rétablir le courant de la pile, il vaut mieux le renverser chaque fois ; on obtient alors un effet double. En outre, le circuit de la pile se trouve constamment fermé, sauf pendant le temps très court de l'inversion, et on a l'avantage d'obtenir un courant plus uniforme : les principales difficultés de la méthode tiennent précisément aux variations d'intensité du courant permanent.

1101. — Considérons, dans un même circuit parcouru par un courant sinusoïdal, deux portions AB et A'B' formées respectivement de résistances R et R' avec des coefficients de self-induction L et L' (¹) ; les différences de potentiel entre A et B,

(¹) Joubert, *Ann. de l'École normale sup.*, (2), t. X, p. 131, 1881.

et entre A′ et B′ sont, à un instant donné, s'il n'existe pas d'induction mutuelle,

$$RI + L\frac{dI}{dt} \quad \text{et} \quad R'I + L'\frac{dI}{dt}.$$

Si donc on fait communiquer successivement les deux extrémités de résistance R et R′ avec les électrodes d'un électromètre disposé de manière à mesurer la moyenne des carrés des potentiels (**905**), les déviations correspondantes δ et δ' satisfont à la relation

$$\frac{\delta}{\delta'} = \frac{R^2 + \frac{4\pi^2 L^2}{T^2}}{R'^2 + \frac{4\pi^2 L'^2}{T^2}}.$$

Supposons, en particulier, que les resistances R et R′ soient égales et que le coefficient L′ soit nul, on aura :

$$L = \frac{TR}{2\pi}\sqrt{\frac{\delta'}{\delta} - 1}.$$

1102. Appareils à coefficient d'induction variable. — Il est utile dans certaines circonstances d'avoir des appareils à coefficient d'induction variable, étalonnés à la manière des boîtes de résistances ou de capacités. Les deux dispositions suivantes ont été employées par M. Brillouin ([2]).

Le premier appareil comprend une bobine inductrice intérieure à fil un peu gros et une bobine extérieure, sur laquelle est enroulé un toron formé de vingt fils isolés légèrement tordus ensemble : le coefficient d'induction mutuelle M entre la bobine intérieure et l'un quelconque des vingt fils est le même. Au moyen d'un commutateur, on peut faire que le courant induit traverse $20 - p$ des fils dans un sens et les p autres en sens inverse. Le coefficient d'induction mutuelle entre la bobine in-

([1]) M. Brillouin, *Ann. de l'Éc. norm. sup.*, (2), t. XI, p. 352, 1882.

térieure et les vingt fils ainsi réunis est $2.10\,p_1\,M$. Les fils étant d'ailleurs toujours réunis bout à bout, la résistance de la bobine extérieure reste constante.

Dans le second appareil, le coefficient varie d'une manière continue : il est formé d'une bobine inductrice extérieure à gros fil, ayant la forme d'un cylindre, et d'une bobine intérieure à fil fin placée au centre de la première et pouvant tourner autour d'un axe dirigé suivant un diamètre commun aux deux bobines. Si la bobine extérieure était infiniment longue, le champ intérieur serait uniforme et le coefficient d'induction mutuelle serait rigoureusement proportionnel au cosinus de l'angle des deux axes; mais il suffit que la longueur de la grande bobine soit dix fois celle de la petite pour que l'erreur soit négligeable.

La même condition serait encore réalisée d'une manière approximative en plaçant le centre de la bobine induite dans le plan moyen d'une bobine à gorge quelconque et de rayon beaucoup plus grand. Enfin on obtiendrait un champ intérieur tout à fait uniforme avec une bobine sphérique dont les spires successives seraient situées dans des plans parallèles équidistants.

CHAPITRE SEPTIÈME

MESURE DES RÉSISTANCES EN VALEURS ABSOLUES

1103. Différentes méthodes. — La résistance d'un conducteur en unités électromagnétiques ayant les mêmes dimensions qu'une vitesse (**526**), la détermination d'une résistance en valeur absolue implique nécessairement la mesure d'une longueur et d'un temps, et les autres quantités qui interviennent dans les expériences se ramènent toujours à des rapports numériques.

Les principales méthodes employées pour mesurer une résistance électrique se classent en deux groupes. Dans le premier cas, on déduit la résistance d'un conducteur de l'énergie calorifique dégagée dans ce conducteur pendant un certain temps par un courant d'intensité connue. Dans le second cas, on détermine la résistance d'un circuit par le courant que produit une force électromotrice connue, constante ou variable. Cette force électromotrice doit être rapportée elle-même aux unités fondamentales ; or, les seules forces électromotrices dont on puisse déterminer directement la valeur en unités électromagnétiques sont celles qui proviennent des effets d'induction.

On pourrait encore comparer une résistance avec un coefficient de self induction (**1100**) et déterminer ce dernier soit par un calcul direct, soit par une comparaison avec un coefficient d'induction mutuelle, lequel se déduirait des dimensions des conducteurs, mais on conçoit que l'expérience comporterait difficilement une grande précision.

1104. Mesures calorimétriques. — L'énergie calorifique W dégagée pendant le temps t dans un conducteur de résistance R par un courant I satisfait, d'après la loi de Joule (**917**), à la relation

$$\text{(I)} \qquad R = \frac{W}{I^2 t};$$

la mesure des quantités W, I et t donnera la valeur de R.

1105. Décharges induites. — Dans un circuit qui ne renferme pas de force électromotrice permanente, le couran induit i par la variation du flux de force magnétique Q satisfait à l'équation différentielle (**518**)

$$Ri\,dt + d(Q + Li) = 0.$$

La quantité d'électricité $m = \int i\,dt$ qui traverse le circuit pendant le temps $t_2 - t_1$ est définie par l'équation

$$Rm + [Q + Li]_{t_1}^{t_2} = 0.$$

Lorsque le courant est nul aux deux limites, ou qu'il a repris la même valeur ainsi que le coefficient de self-induction, il reste simplement

$$R = \frac{Q_1 - Q_2}{m}.$$

On peut d'abord déplacer le circuit dans un champ magnétique invariable ; la différence $Q_1 - Q_2$ représente alors la différence des flux de force magnétique qui traversent la surface du circuit dans les deux positions extrêmes.

Supposons, par exemple, que le circuit soit mobile autour d'un axe dans un champ uniforme ; en appelant H la composante du champ normale à l'axe, S la projection maximum de la surface du circuit sur un plan passant par l'axe, x_1 et x_2 les angles de la surface S avec le méridien du champ dans les deux positions extrêmes, on a

$$Q_1 - Q_2 = HS(\sin x_1 - \sin x_2).$$

En faisant $x_1 = \frac{\pi}{2}$ et $x_2 = \frac{3\pi}{2}$, c'est-à-dire en déplaçant le circuit de 180° à partir d'une position où il est perpendiculaire au champ, on obtient

$$\text{(II)} \qquad R = \frac{2HS}{m}.$$

Au lieu de déplacer le circuit, on peut déplacer le champ lui-même. Supposons, qu'un aimant, de moment magnétique M, soit placé dans le centre d'un cadre. Lorsque l'axe de l'aimant fait un angle x avec le plan du cadre, le moment de l'action du cadre sur l'aimant pour l'unité de courant est GM cos x; si le facteur G peut être considéré comme indépendant de l'angle x, le flux de force émané de l'aimant et qui traverse le circuit est égal à GM sin x.

Entre deux positions différentes x_1 et x_2, la variation du flux de force est donc

$$Q_1 - Q_2 = MG(\sin x_1 - \sin x_2).$$

Pour un déplacement de 180° à partir d'une position où l'aimant est perpendiculaire au cadre, on aura encore

$$\text{(III)} \qquad R = \frac{2MG}{m}.$$

Le flux de force Q peut être produit par un courant extérieur I, qui traverse un circuit fixe par rapport au premier, et dont l'intensité passe de la valeur I_1 à la valeur I_2. En appelant M le coefficient d'induction mutuelle des deux circuits, on a

$$\text{(IV)} \qquad R = \frac{M(I_1 - I_2)}{m}.$$

Le numérateur est égal à $\pm$ MI si le phénomène correspond à la suppression ou à l'établissement du courant inducteur; il est égal à 2MI si on a renversé le sens de ce courant.

1106. Amortissement d'un aimant ou d'un cadre. — Lorsqu'un aimant est mobile dans le champ d'un circuit fermé, ou qu'un circuit se déplace dans un champ magnétique, les courants induits dans le circuit tendent à s'opposer au mouvement : l'excès de ralentissement causé par la fermeture du circuit donnera une mesure de sa résistance.

Le problème relatif aux oscillations d'un aimant situé au centre d'un cadre a été étudié au n° **815**. Lorsque les déviations restent très petites, la résistance du circuit est donnée par l'expression

$$\text{(V)} \qquad R = \frac{G^2}{2}\frac{M}{H}\frac{\pi^2\tau_0}{\tau_0\left(\dfrac{\lambda}{\tau} - \dfrac{\lambda_0}{\tau_0}\right)} + L\frac{\lambda}{\tau},$$

dans laquelle entrent la constante G du cadre sur l'aimant, le rapport du moment magnétique M de l'aimant à la composante horizontale H du champ extérieur, et les données fournies par l'étude des oscillations relatives aux cas où le circuit est ouvert ou fermé.

Les oscillations du cadre lui-même dans un champ magnétique, à circuit ouvert ou fermé, fourniront encore une expression analogue.

Supposons que le cadre, de surface S, soit suspendu par un fil dont le couple de torsion est C, et en équilibre dans le méridien ; le flux de force qui le traverse pour une déviation x est $HS \sin x$, et la force électromotrice correspondante $HS \cos x \dfrac{dx}{dt}$. L'équation du courant est

$$L\frac{dI}{dt} + RI + HS\cos x\frac{dx}{dt} = 0.$$

Le moment du couple qui agit sur le courant est

$$IHS\cos x - C_1\frac{dx}{dt} - Cx.$$

Pour des déviations très petites, les équations du courant et du mouvement se réduisent à

$$L\frac{dI}{dt}+RI+HS\frac{dx}{dt}=0,$$

$$K\frac{d^2x}{dt^2}+C_1\frac{dx}{dt}+Cx=HIS.$$

Si on compare ces équations avec les équations (12)′ et (14)′ du n° **815**, on voit qu'il suffit d'y remplacer MG par HS et HM par C, les autres lettres gardant leur signification.

On aura donc pour la résistance du circuit

$$\text{(VI)}\qquad R=\frac{H^2S^2}{2C}\,\frac{\pi^2\varphi_0}{\tau_0\left(\frac{\lambda}{\varphi}-\frac{\lambda_0}{\varphi_0}\right)}+L\frac{\lambda}{\tau}.$$

1107. Courants alternatifs. — La rotation continue d'un cadre dans un champ magnétique, ou d'un aimant dans un cadre, produit une force électromotrice périodique et, lorsque le régime permanent est établi, le courant est lui-même périodique et alternatif.

Si le cadre tourne dans un champ magnétique uniforme avec une vitesse angulaire constante $\omega=\frac{2\pi}{T}$, la force électromotrice d'induction pour une déviation x peut s'écrire, en choisissant d'une manière convenable l'origine du temps t,

$$HS\cos x\frac{dx}{dt}=\omega HS\cos x=\omega HS\sin 2\pi\frac{t}{T}.$$

Lorsque le régime permanent est établi (**535**), le courant est de la forme

$$I=A\sin 2\pi\left(\frac{t}{T}-\varphi\right)$$

et on a

$$A^2=\left(\frac{2\pi}{T}\right)^2\frac{H^2S^2}{R^2+\frac{4\pi^2L^2}{T^2}}=\frac{\omega^2H^2S^2}{R^2+L^2\omega^2}$$

Le carré moyen I'^2 de l'intensité est

$$I'^2 = \frac{A^2}{2} = \frac{\omega^2 H^2 S^2}{2(R^2 + L^2\omega^2)},$$

ce qui donne

$$\text{(VII)} \qquad R^2 = \frac{\omega^2 H^2 S^2}{2 I'^2} - L^2\omega^2.$$

La mesure du carré moyen de l'intensité I'^2 par un électrodynamomètre ou par une méthode calorimétrique donnera la résistance R du circuit. Deux observations faites avec des vitesses différentes permettraient d'ailleurs d'éliminer le coefficient L de self-induction.

Au lieu de faire tourner le cadre, on peut encore donner un mouvement de rotation uniforme à un aimant situé au centre. Pour un angle x de l'aimant avec le plan du cadre, la force électromotrice d'induction a pour valeur

$$GM \cos x \frac{dx}{dt} = \omega GM \cos x.$$

Il suffit donc de remplacer dans l'expression (VII) le produit HS par GM; par suite,

$$\text{(VIII)} \qquad R^2 = \frac{\omega^2 G^2 M^2}{2 I'^2} - L^2\omega^2.$$

1108. Champ moyen d'un cadre tournant. — On peut remarquer, dans l'expérience du cadre tournant, que le courant a toujours la même direction dans un azimut donné, bien qu'il change de sens par rapport au circuit à chaque demi-révolution ; le champ magnétique du courant induit en chaque point varie périodiquement, mais l'action résultante n'est pas nulle. Comme l'intensité du courant est maximum, sauf un retard dû à des effets secondaires, quand le cadre est parallèle au champ extérieur, cette résultante est à peu près perpendiculaire à la composante H du champ normale à l'axe de rotation ; une aiguille aimantée placée dans l'intérieur du cadre sera donc déviée de sa position primitive.

Soit α la déviation de l'aiguille dont le moment magnétique est $\mathbf{M}$ et x celle du cadre. Si on tient compte de la direction réelle du courant et du champ de l'aiguille, la dérivée du flux de force qui traverse le circuit est

$$\begin{aligned}\frac{dQ}{dt} &= -[\mathrm{HS}\cos x + \mathrm{MG}\cos(x-\alpha)]\frac{dx}{dt}\\ &= -\omega\mathrm{HS}\left[\cos x + \frac{\mathrm{MG}}{\mathrm{HS}}\cos(x-\alpha)\right],\end{aligned}$$

et l'équation du courant est

$$\mathrm{L}\frac{d\mathrm{I}}{dt} + \mathrm{RI} = \mathrm{HS}\omega\left[\cos x + \frac{\mathrm{MG}}{\mathrm{HS}}\cos(x-\alpha)\right].$$

On a d'ailleurs $\frac{d\mathrm{I}}{dt} = \frac{d\mathrm{I}}{dx}\omega$; si on pose $\frac{\mathrm{MG}}{\mathrm{HS}} = k$, il vient

$$\mathrm{L}\frac{d\mathrm{I}}{dx} + \frac{\mathrm{R}}{\omega}\mathrm{I} = \mathrm{HS}\left[\cos x + k\cos(x-\alpha)\right].$$

Si le mouvement est uniforme et assez rapide, par rapport à la durée d'oscillation de l'aiguille, pour que celle-ci prenne une déviation permanente lorsque le régime est établi, les quantités ω et α sont des constantes, et l'intégrale de l'équation est de la forme

$$\mathrm{I} = \mathrm{A}\cos x + \mathrm{B}\sin x.$$

L'équation différentielle devient alors

$$\begin{aligned}&\frac{\mathrm{R}}{\omega}(\mathrm{A}\cos x + \mathrm{B}\sin x) - \mathrm{L}(\mathrm{A}\sin x - \mathrm{B}\cos x)\\ &\quad = \mathrm{HS}[\cos x + k\cos(x-\alpha)].\end{aligned}$$

Cette équation devant être satisfaite quel que soit x, il en résulte

$$\begin{aligned}\frac{\mathrm{RA}}{\omega} + \mathrm{LB} &= \mathrm{HS}(1 + k\cos\alpha),\\ \frac{\mathrm{RB}}{\omega} - \mathrm{LA} &= \mathrm{HS}k\sin\alpha,\end{aligned}$$

et, par suite,

$$A = HS\omega \frac{R(1+k\cos\alpha) - L\omega k \sin\alpha}{R^2 + L^2\omega^2},$$

$$B = HS\omega \frac{Rk\sin\alpha + L\omega(1+k\cos\alpha)}{R^2 + L^2\omega^2}.$$

Le couple produit par le courant induit sur l'aiguille est la moyenne des actions IGM $\cos(x-\alpha)$ relatives aux différentes positions qu'occupe le cadre pendant une demi-révolution, c'est-à-dire

$$\frac{GM}{\pi}\int_0^{\pi} [A\cos x + B\sin x]\cos(x-\alpha) = \frac{GM}{2}(A\cos\alpha + B\sin\alpha).$$

Comme l'aiguille est soumise en même temps à l'action du champ (et on tiendra compte, s'il y a lieu, de la torsion du fil), la condition d'équilibre est

$$G(A\cos\alpha + B\sin\alpha) = 2H\sin\alpha.$$

En remplaçant les constantes A et B par leurs valeurs, il vient

$$R^2 + L^2\omega^2 = R\frac{GS\omega}{2}\frac{k+\cos\alpha}{\sin\alpha} + L\omega\frac{GS\omega}{2}.$$

Comme les termes qui renferment le coefficient de self-induction sont très petits, on pourra exprimer la valeur R sous la forme

$$R = \frac{GS\omega}{2}\left[\frac{k+\cos\alpha}{\sin\alpha} + \frac{L\omega}{R}\right] - \frac{L^2\omega^2}{R},$$

ou, en remplaçant k par $\frac{MG}{HS}$ et la résistance R dans les termes de correction par sa valeur approchée $R_0 = \frac{GS\omega}{2\operatorname{tg}\alpha}$,

$$\text{(IX)} \qquad R = R_0 + \frac{G^2M}{2H}\frac{\omega}{\sin\alpha} + L\omega\operatorname{tg}\alpha - \frac{L^2\omega^2}{R_0}.$$

1109. — On peut aussi faire tourner le cadre autour d'un axe horizontal; la composante à considérer est alors la projection de l'action terrestre sur un plan perpendiculaire à l'axe. En appelant α l'angle de ce plan avec le méridien magnétique, la composante efficace a pour valeur (**305**)

$$F_1 = \sqrt{Z^2 + H^2 \cos^2\alpha} = Z\sqrt{1 + \operatorname{cotg}^2 I \cos^2\alpha}$$

et elle fait avec le plan horizontal un angle I′ tel que

$$\operatorname{cotg} I' = \operatorname{cotg} I \cos\alpha.$$

Les conditions les plus simples sont celles où l'axe de rotation est dans le méridien. On a $\alpha = \frac{\pi}{2}$, $I' = \frac{\pi}{2}$ et la force efficace se réduit à la composante verticale. Abstraction faite des effets self-induction, le changement de sens du courant induit se de fait dans le plan horizontal, et pour un observateur situé en dehors du cadre le courant garde la même direction dans tous les azimuts. D'autre part, l'action électromagnétique sur un pôle placé au centre étant à chaque instant perpendiculaire au plan, la résultante est une force horizontale perpendiculaire à l'axe. Tant que l'aiguille horizontale reste dans le méridien, il n'y a pas de variation dans le flux émané de l'aiguille relativement au cadre, et par suite pas d'induction de la part de l'aiguille, quel que soit son moment magnétique. L'effet d'induction peut être considéré comme négligeable, si la déviation reste très petite.

Les conditions de l'expérience paraissent donc plus simples que dans le cas de la rotation autour d'un axe vertical. Mais les effets de self-induction amènent une complication nouvelle; le changement de sens du courant ne se fait pas en réalité dans le plan horizontal et la composante efficace doit être multipliée par le cosinus de l'angle des deux plans, angle dont la détermination exacte présente des difficultés. On perd ainsi le plus grand avantage de la première méthode, où les courants induits ne donnent qu'une composante horizontale.

1110. Forces électromotrices instantanées. — Si le cadre tournant reste ouvert, l'induction du champ n'a d'autre effet que d'établir une différence de potentiel entre les extrémités du fil. Comme la capacité de ce fil est très petite s'il ne communique pas avec des condensateurs, le courant est toujours très faible et le terme relatif au coefficient de self-induction négligeable. Dans ce cas, la différence de potentiel des extrémités du fil est égale à chaque instant à la force électromotrice $\omega HS \cos x$ du champ (**1107**), et elle prend sa valeur maximum quand le cadre passe dans le plan du méridien.

En comparant cette force électromotrice par une méthode d'opposition avec la différence de potentiel de deux points séparés par une résistance R sur un circuit qui est traversé par un courant constant I, on aura

$$(X) \qquad R = \frac{\omega HS \cos x}{I}.$$

Il en est de même si on fait tourner un aimant au centre du cadre maintenu immobile et dont le circuit reste ouvert; la différence de potentiel aux deux extrémités du fil $\omega GM \cos x$ pourra aussi être déterminée à chaque instant par une méthode d'opposition, ce qui donnera l'équation

$$(XI) \qquad R = \frac{\omega GM \cos x}{I}.$$

Dans les deux cas, la force électromotrice constante RI doit être opposée pendant un temps très court, par un contact instantané, à la force électromotrice variable d'induction. Il est important de remarquer que l'on n'a pas pas à faire intervenir la résistance du circuit ni la résistance nécessairement variable des points de contact.

1111. Forces électromotrices constantes. — Enfin, l'emploi d'un contact glissant permet d'obtenir une force électromotrice d'induction constante.

Supposons, par exemple, comme dans l'expérience de Faraday (**530**), qu'on fasse tourner dans un champ magnétique un disque conducteur dont le centre est réuni par un fil conducteur avec un ressort qui touche le contour.

Si le champ est uniforme et qu'on appelle F la composante parallèle à l'axe, a le rayon du disque, la force électromotrice pour une vitesse angulaire ω constante est

$$e = \frac{\omega a^2}{2} F.$$

Si le champ n'est pas uniforme, F étant la valeur de la composante considérée en un point situé à une distance r du centre, sur le rayon du contact, on a

$$dQ = \omega dt \int_0^a F r dr,$$

et, par suite,

$$e = \frac{dQ}{dt} = \omega \int_0^a F r dr.$$

Lorsque la distribution des forces F forme un système de révolution autour de l'axe de rotation, le flux total de force qui traverse le disque a pour expression

$$Q = 2\pi \int_0^a F r dr,$$

ce qui donne

$$e = \frac{\omega Q}{2\pi} = \frac{Q}{T}.$$

Si le champ est produit par un courant d'intensité I qui traverse une bobine ayant même axe que le disque, le flux de force Q est le produit MI du courant par le coefficient d'induction mutuelle de la bobine avec la circonférence du contour, et on a

$$e = \frac{Q}{T} = \frac{MI}{T}.$$

On mesure la force électromotrice e en la compensant par la différence de potentiel RI' qui existe entre les deux extrémités A et B d'une résistance R traversée par un courant constant I', de manière à n'avoir aucun courant dans le disque. Le résultat est encore indépendant de la résistance nécessairement variable des contacts glissants, et on a

$$\text{(XII)} \qquad R = \frac{M}{T} \frac{I}{I'}.$$

Enfin, on évite toute mesure d'intensité, si le courant qui traverse la résistance R est celui même qui parcourt la bobine ; la formule devient simplement

$$\text{(XII')} \qquad R = \frac{M}{T}.$$

Il suffit alors de calculer le coefficient M et de déterminer la période de rotation T qui établit l'équilibre.

1112. — La méthode calorimétrique (I) a été employée par M. Joule [1] en 1866.

La première détermination absolue d'une résistance par l'induction est due à M. Kirchhoff [2], qui a mesuré la décharge provoquée par l'action d'un courant auxiliaire (IV).

W. Weber [3] a indiqué les méthodes II, V et IX, et a appliqué les deux premières.

C'est au Comité de l'Association Britannique que l'on doit d'avoir entrepris, sur la proposition de sir W. Thomson, une série d'expériences en vue de l'établissement d'un étalon de résistance, et on a utilisé la déviation permanente (IX) produite par un cadre tournant [4].

La détermination d'une force électromotrice instantanée (X) a été proposée par M. Carey Foster [5].

(1) J.-P. Joule, *Br. Ass. Rep.* Dundee, 1867. — *Reprint of reports of the committee on electrical standards*, p. 175. — Joule, *Sc. pap.* t. I, p. 542.

(2) Kirchhoff, *Pogg. ann.* Bd LXXVII, 1849. — *Gesamm-Abh.*, p. 118.

(3) W. Weber, *Elektrodyn. Maasb. Widerstandsmessungen.* — *Abh. d. K. S. Gesellsch.*, t. I, p. 199, 1851.

(4) *Br. Ass. Rep.* Newcastle, 1863. — *Reprint*, p. 39.

(5) Carey-Foster, *Electrician*, vol. VII, p. 266, 1881.

Enfin, la dernière méthode (XII), fondée sur la production d'un courant continu par induction, est due à M. Lorenz [1].

Nous passerons en revue les principales expériences.

1113. Méthode calorimétrique. — L'incertitude qui règne sur la véritable valeur de l'équivalent mécanique de la chaleur ne permet pas de déterminer avec une précision suffisante, par une mesure calorimétrique, la valeur absolue d'une résistance ; la loi de Joule doit être considérée comme fournissant entre J et R une relation qui permettra de calculer l'une de ces quantités quand l'autre sera connue exactement. Si dans la relation fondamentale (1), on remplace par JQ l'énergie calorifique W qui correspond au dégagement d'une quantité de chaleur Q et qu'on égale à l'unité les quantités Q, I et t, il reste R = J. L'équivalent mécanique de la chaleur a donc pour expression numérique la valeur absolue de la résistance dans laquelle un courant égal à l'unité dégage une calorie par seconde.

Nous n'avons pas à revenir sur les détails de l'expérience calorimétrique (**917**). M. Joule mesurait l'intensité des courants au moyen d'une boussole des tangentes (**837**) à cadre circulaire, et pour obtenir à chaque instant la valeur de H, il observait en même temps un électrodynamomètre placé sur le même circuit (**866**). On a

$$I = \frac{H}{G} \tang \alpha = \frac{1}{2l}\sqrt{\frac{Sgp}{\pi}}(1+A) = k\sqrt{p}.$$

La constante k était déterminée une fois pour toutes par une série d'observations faites avec les deux instruments tandis qu'on mesurait la valeur de H par le procédé de Gauss.

En exprimant la résistance en unités de l'Association Britannique (B. A. U), M. Joule trouve $J = 4,212.10^7$. Les expériences sur le frottement de l'eau lui avaient donné $4,1624.10^7$; considérant ce dernier nombre comme exact, il en conclut

$$B.A.U = \frac{4162}{4212}10^9 = 0,9881.10^9.$$

[1] Lorenz, *Pogg. ann.*, Bd CXLIX, p. 251. 1870.

D'après cette expérience, l'unité de l'Association britannique serait donc trop faible de 0,0119 ([1]).

La principale cause d'erreur inhérente à la méthode est l'incertitude qui existe sur la température du fil, laquelle doit être toujours supérieure à celle du calorimètre. M. Fletcher ([2]) tourne la difficulté en plaçant aux extrémités du fil R qui plonge dans le calorimètre une dérivation de grande résistance R' communiquant avec un galvanomètre. Si on appelle I' l'intensité du courant extérieur, on a $IR = I'R'$ et, par suite,

$$JQ = I^2Rt = II'R't.$$

On substitue ainsi la mesure de R' à celle de R; on mesure le courant I' et le courant total $I + I'$.

Pour éliminer la détermination de l'équivalent de la chaleur, M. Lippmann ([3]) a proposé de placer dans un même calorimètre le moteur destiné à échauffer le liquide par frottement et le fil qui doit l'échauffer par le passage d'un courant. Faisant agir alternativement le moteur par la chute d'un poids, puis le courant, on peut régler l'expérience de façon que le même échauffement final, équilibré par les rayonnements, soit atteint dans les deux cas; un simple thermoscope suffit alors pour constater l'égalité des températures. L'énergie mécanique W dépensée pendant l'unité de temps est égale à l'énergie électrique I^2R correspondant au même échauffement, ce qui donne la valeur de R.

1111. Mesure des décharges. — Pour obtenir une décharge induite par le déplacement d'un cadre, on a généralement recours au champ terrestre. On peut tourner le cadre de 180° soit autour de la verticale, soit autour d'une horizontale située dans le méridien, à partir d'une position où il est à peu près perpendiculaire à la composante du champ normale à l'axe;

([1]) Joule, *Phil Mag.* [3] t. XXXI, p. 173, 1847. — *Scient. pap.* p. 277. — *Br. Ass. Rep.* Dundee. 1867. — Reprint p. 175. — *Scient. pap.* p. 542. — *Phil. Trans., L. R. S.* fév. 1878 IIe Partie. *Scient pap.* p. 632.

([2]) Lawrence Fletcher, *Ph. Mag.* [5], t. XX, p. 1, 1885,

([3]) Lippmann, *C. R. de l'Acad. des sc.*, t. XCV, p. 634, 1882.

on utilise alors, soit la composante horizontale H, soit la composante verticale Z du champ.

Dans le premier cas, le plus généralement employé, il est nécessaire que l'axe soit bien réglé ou du moins situé dans un plan vertical perpendiculaire au méridien. Si, étant situé dans le méridien, il faisait un angle ε avec la verticale, la composante verticale Z interviendrait dans le phénomène; pour une rotation de 180°, la variation du flux de force serait, en appelant I l'inclinaison,

$$2HS\cos\varepsilon + 2ZS\sin\varepsilon = 2HS\cos\varepsilon(1 + \operatorname{tg} I \operatorname{tg}\varepsilon).$$

Le défaut de réglage étant très faible, $\cos\varepsilon$ ne diffère pas sensiblement de l'unité, mais le second terme peut n'être pas négligeable; il est proportionnel à l'erreur de réglage ε et à la tangente de l'inclinaison.

La décharge m est déterminée par un galvanomètre balistique; appelant g la constante du galvanomètre, h la composante du champ terrestre au point où il est placé, et α l'angle d'impulsion, toutes corrections faites (**883**), on a

$$m = \frac{hT}{g\pi}\alpha, \quad \text{ou} \quad R = 2Sg\frac{H}{h}\frac{\pi}{T\alpha}.$$

Dans ses expériences primitives [1], ainsi que dans celles qu'il a faites depuis avec M. Zöllner [2], et qui ont été terminées par M. Wiedemann [3], Weber employait deux bobines de grandes dimensions, à peu près identiques, dont l'une servait d'inducteur, et l'autre de galvanomètre balistique.

Les valeurs de S et de g sont déterminées directement d'après les dimensions des bobines. En appelant A le rayon moyen de la première, a celui de la seconde, N et n les nombres de spires, A_1 et a_2 les valeurs données par les formules (9) du n° **727** et (14) du n° **729**, on a

$$GSg = 2Nn\pi^2\frac{A_1^2}{a_2}.$$

(1) W. Weber, *Elektr. Maasb.* — *Abh. des K. Sächs. Ges.*, t. I, p. 219, 1846.
(2) W. Weber et Zöllner, *Berichte der Kön. Sächs. Ges.* t. II, p. 77, 1880.
(3) G. Wiedemann, *Versuche zur Bestim. des Ohms*, 1884.

On doit encore apporter au facteur g une correction relative à la longueur de l'aiguille (**716**).

MM. Weber et Zöllner se sont servis de deux barreaux, l'un de 10, l'autre de 20 centimètres. Les résultats obtenus avec le premier dépassent de 0,02 ceux qui correspondent au second; ils attribuent cette différence à la différence de longueur des aiguilles, et, regardant l'erreur comme proportionnelle au carré de la longueur, ils prennent le tiers de cette différence pour la valeur de la correction que l'on doit apporter aux résultats obtenus avec le barreau de 10 centimètres. Ce mode de correction paraît arbitraire et peu en rapport avec le degré de précision des autres mesures.

On déterminait le rapport $\frac{H}{h}$ des champs en faisant osciller une même aiguille au centre des deux instruments.

La durée de l'oscillation du barreau était de 30 secondes dans les expériences de MM. Weber et Zöllner et de 55 à 65 secondes dans celles de Wiedemann; l'angle d'impulsion était déterminé par la méthode du recul (**887**) ou la méthode mixte (**888**).

1115. — M. F. Kohlrausch ([1]) a introduit dans l'expérience une modification qui avait du reste été indiquée par Weber. Au lieu de prendre comme multiplicateur un cadre dans lequel la valeur de g puisse être calculée directement, il emploie un galvanomètre ordinaire, de grande sensibilité, à aiguilles astatiques et même au besoin à aimants correcteurs, et calcule la valeur de g par la différence des amortissements relatifs au circuit ouvert ou fermé.

En négligeant le coefficient de self-induction du système et la petite différence qui existe entre les durées d'oscillation de l'aimant dans les deux cas, on a sensiblement (**815**)

$$\frac{M^2 g^2}{2RK} = \frac{\lambda - \lambda_0}{\tau} = \frac{\lambda - \lambda_0}{\pi}\sqrt{\frac{Mh}{K}},$$

$$g^2 = \frac{2RK}{M^2}\frac{\lambda - \lambda_0}{T} = h^2\frac{2RT^3}{K\pi^2}(\lambda - \lambda_0),$$

([1]) F. Kohlrausch, *Ann. Pogg. Ergänz. band*, VI, p. 1, 1874.

et l'expression de la résistance devient

$$R = 8\frac{S^2H^2}{K}\frac{\lambda' - \lambda_0}{\pi^2}\frac{T}{\alpha^2}.$$

Outre la surface S de l'inducteur et la durée d'oscillation, il faut alors déterminer et le moment d'inertie de l'aiguille, et la composante horizontale du magnétisme terrestre.

Comme cette dernière quantité entre au carré dans la formule finale, l'erreur relative qu'entraîne sa détermination se trouve doublée, et il en est de même de celle qui serait due à une inclinaison de l'axe dans le plan du méridien.

Il est plus simple de déterminer la constante g du galvanomètre par comparaison (**875**) avec un galvanomètre absolu ([1]). En outre, si on transforme le cadre inducteur lui-même en boussole des tangentes, on éliminera du même coup le rapport des intensités des deux champs. Il suffit donc de tourner le cadre inducteur de 90° par rapport à sa direction primitive, pour le ramener dans le méridien, d'installer au centre une aiguille aimantée et de faire passer un même courant dans les deux instruments. Si les sensibilités des deux instruments sont très différentes, l'emploi d'un shunt de valeur connue sur le galvanomètre balistique permettra d'obtenir des déviations de grandeurs convenables. Soit G la constante galvanométrique du cadre, Δ et δ les déviations produites par le courant commun et μ le pouvoir multiplicateur du shunt, s'il y a lieu; l'équation

$$\frac{H}{G}\operatorname{tang}\Delta = \frac{h\mu}{g}\operatorname{tang}\delta$$

donne

$$R = 2\pi SG\frac{\mu \operatorname{tg}\delta}{\operatorname{tg}\Delta}\frac{1}{T\alpha}.$$

Les déviations δ et α relatives au galvanomètre balistique n'entrent dans la formule finale que par leur rapport; il n'est

([1]) Mascart, de Nerville et Benoît, *Résumé d'expériences sur la détermination de l'ohm*, 1884. — *Ann. de Ch. et de Phys.* (6), t. VI, p. 5, 1885.

donc pas nécessaire de déterminer exactement la distance de l'échelle qui sert à les observer, et il n'y a pas de correction à faire pour l'aiguille.

Pour le cadre, au contraire, on doit mesurer avec soin la distance de l'échelle au miroir et tenir compte de la longueur de l'aiguille.

En appelant a le rayon moyen, n le nombre de tours et l la longueur du fil, on a, à des termes de correction près,

$$S = n\pi a^2, \quad G = \frac{2n\pi}{a}.$$

$$SG = 2n^2\pi^2 a,$$

ou, appelant l la longueur totale du fil,

$$SG = n\pi l.$$

Les quantités qu'il importe de déterminer exactement sont donc la longueur l du fil enroulé sur le cadre et la distance de son miroir à l'échelle correspondante, la durée T des oscillations du galvanomètre balistique et l'angle d'impulsion α.

1116. — Quand on utilise l'induction voltaïque pour provoquer la décharge, l'intensité du courant inducteur I est déterminée par la déviation β d'une boussole des tangentes dont les éléments sont H et G ; on a alors

$$I = \frac{H}{G} \operatorname{tang} \beta.$$

Si le courant inducteur a été renversé, la résistance du circuit induit est

$$R = 2\pi M \frac{H}{h} \frac{g}{G} \frac{\operatorname{tg} \beta}{T\alpha},$$

et on doit calculer par les dimensions des bobines la valeur de leur coefficient d'induction mutuelle M.

La plupart des expériences ont été faites avec des bobines égales, de petite section de gorge par rapport au rayon moyen, et placées à une certaine distance l'une de l'autre, les axes en coïncidence. Dans ces conditions, on calcule M par les fonctions elliptiques.

L'erreur relative résultante est une fonction des erreurs relatives commises sur le rayon moyen a et sur la distance x des deux plans moyens.

A part les termes de correction, la valeur de M (**763**) est égale au produit de $4\pi\sqrt{aa'}$ par une fonction de l'angle γ défini par la relation

$$\sin\gamma = \frac{2\sqrt{aa'}}{\sqrt{(a+a')^2+x^2}}.$$

Le coefficient M étant une longueur, ou une fonction homogène du premier degré des variables a, a' et x, on peut poser, en faisant $a=a'$,

$$\frac{dM}{M} = \lambda\frac{da}{a} + \mu\frac{dx}{x},$$

avec la condition

$$\lambda + \mu = 1.$$

En effet, l'équation

$$M = f(a, x)$$

étant homogène et du premier degré, on a

$$M = f(a, x) = af'_a + xf'_x,$$
$$dM = f'_a da + f'_x dx,$$
$$\frac{dM}{M} = \frac{af'_a}{af'_a + xf'_x}\cdot\frac{da}{a} + \frac{xf'_x}{af'_a + xf'_x}\cdot\frac{dx}{x}.$$

La table suivante a été calculée par lord Rayleigh [1]

γ	$\frac{x}{2a}$	λ	μ	$\frac{M}{a}$
60°	0,577	2,61	−1,61	0,316
70°	0,364	2,18	−1,18	0,597
75°	0,268	1,98	−0,98	0,828
80°	0,176	1,76	−0,76	1,186

(1) Lord Rayleigh, *Comparison of meth. for the determ. of resist.*, 1884.

Pour diminuer l'erreur commise sur la distance x des plans moyens, on retourne successivement les bobines sur elles-mêmes, de manière à leur faire occuper dans les expériences toutes les positions relatives. C'est ce qui a conduit les observateurs à employer des bobines à noyaux de bronze tournés avec soin extérieurement.

M. Mascart s'est servi de bobines inégales placées concentriquement avec leurs plans moyens en coïncidence. Le calcul de M se fait alors par la formule (18) du § **762**.

M. Roïti [1] a proposé de prendre comme bobine inductrice un solénoïde fermé. Le coefficient d'induction mutuelle entre un solénoïde circulaire renfermant n_1 spires par unité d'arc et un fil enroulé n' fois autour du premier, a pour expression (**555**)

$$M = 4\pi n_1 n' \int \frac{dS}{x},$$

x étant le rayon de la circonférence sur laquelle se trouve l'élément dS de la section.

Si la section de l'anneau est un cercle de rayon a, et qu'on appelle R le rayon moyen de l'anneau, on a (**502**)

$$M = 8\pi^2 n' n_1 (R - \sqrt{R^2 - a^2});$$

si c'est un rectangle de côtés $2a$ et $2b$,

$$M = 8\pi^2 n' n_1 b l . \frac{R+a}{R-a}.$$

Ces expressions sont très simples, mais l'enroulement régulier du fil présenterait de très grandes difficultés.

On arrive plus facilement à un résultat tout aussi simple en remplaçant la solénoïde fermé par une bobine cylindrique assez longue pour que le correction relative aux bases soit très faible. En appelant n_1 le nombre de spires de la bobine in-

(1) Roïti, *Atti dell' Ac. di Torino*, 30 avril 1882. — *Nuovo Cimento* [3], t. XV, p. 97, 1884.

ductrice par unité de longueur et n' le nombre de tours du fil induits, on a (**551**)

$$M = 4\pi n_1 n' S,$$

ou, en introduisant la longueur l du fil, le nombre total n de spires, la longueur L de la bobine, le rayon moyen a et le rayon a_1 du cercle moyen,

$$M = \frac{l^2}{L}\frac{n'}{n}\left(\frac{a_1}{a}\right)^2.$$

L'effet des bases se calculera comme au § **769**.

1117. — Quant à la mesure des quantités auxiliaires que renferme l'expression de la résistance R, le procédé le plus simple est encore d'éliminer les constantes des galvanomètres et le rapport des composantes terrestres par un courant commun, donnant une déviation Δ dans la boussole et une déviation δ dans le galvanomètre balistique muni d'un shunt ρ. On a alors

$$R = 2\pi \frac{M}{T} \frac{\tang \beta}{\tang \Delta} \frac{\rho \tang \delta}{\alpha}.$$

Les distances des échelles n'ont pas besoin d'être mesurées avec une grande exactitude, puisque les angles β et Δ d'une part, δ et α de l'autre, n'entrent dans la formule que par leurs rapports, et les corrections relatives à la longueur des aiguilles restent très faibles.

Un shunt est alors nécessaire pour la comparaison des galvanomètres; les expériences de M. Mascart et de M. Glazebrook [1], faites par ce procédé, montrent qu'avec des précautions convenables, il peut donner des résultats très exacts.

Pour éviter l'emploi du shunt, M. Rowland [2] et M. F. Weber [3] ont pris une disposition plus compliquée. Le galvanomètre balistique est formé de deux bobines symétriques et

(1) Glazebrook, *Phil. Tr. R. S. L.*, 1883, p. 223.

(2) Rowland, *Amer. Journ. of sc. and arts* t. XV, p. 281, 325, 429; 1878.

(3) F. Weber, *Vierteljahrsschrift der nat. Gesells. in Zurich*, 22e année p. 273, 1877. — *Phil. Mag.* (5), t. V, p. 30, 127, 189; 1877.

de dimensions qui permettent de calculer la constante g. Un cadre indépendant, formé d'un seul fil et placé dans le plan de symétrie, constitue avec la même aiguille une boussole des tangentes dont la constante g' s'obtient facilement avec une grande exactitude.

On fait passer un même courant dans la boussole qui sert à mesurer le courant inducteur et dans le cadre à fil unique; les déviations Δ et δ' donnent

$$\frac{H}{G}\operatorname{tang}\Delta = \frac{h}{g'}\operatorname{tang}\delta'$$

et l'expression de la résistance devient

$$R = 2\pi\frac{M}{T}\frac{g}{g'}\frac{\operatorname{tang}\beta}{\operatorname{tang}\Delta}\frac{\operatorname{tang}\delta'}{\alpha}.$$

1118. — Dans les expériences où cette méthode a été appli-

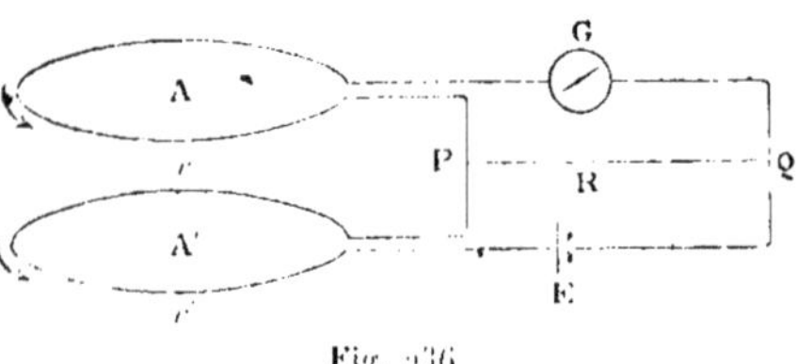

Fig. 236

quée pour la première fois, M. Kirchhoff [1] se servait du même galvanomètre pour mesurer les deux quantités I et m. Les bobines A et A' (fig. 236) étaient placées dans deux parties d'un même circuit, l'une contenant la pile E, l'autre le galvanomètre G; la résistance à mesurer R formait un pont PQ entre ces deux parties. L'expérience consistait à mesurer l'impulsion reçue par l'aiguille quand on faisait passer la bobine inductrice A de la position où elle est parallèle à A' et pour laquelle le coefficient d'induction mutuelle est maximum, à la

(1) Kirchhoff, *Pogg. Ann.*, t. LXXVI, p. 412, 1849. — *Gesamm. Abh.* p. 118.

position perpendiculaire où ce coefficient est nul. En appelant r et r' les résistances des circuits A et A', E la force électromotrice de la pile et I et I' les intensités permanentes des courants, on a

$$I'(R+r') - IR = 0,$$
$$I(R+r) - I'R = E.$$

Si on représente par $I+i$ et $I'+i'$ les courants pendant l'état variable et qu'on tienne compte des équations précédentes, on a alors, L et L' étant les coefficients de self-induction des deux circuits,

$$i'(R+r') - iR + \frac{d}{dt}[M(I+i) + L'(I'+i')] = 0,$$
$$i(R+r) - i'R + \frac{d}{dt}[M(I'+i') + L(I+i)] = 0.$$

Les quantités m et m' d'électricité mises en mouvement par l'induction, pendant toute la durée de l'état variable, satisfont aux équations

$$m'(R+r') - mR - MI = 0,$$
$$m(R+r) - m'R - MI' = 0;$$

il en résulte

$$m' = M\frac{(R+r)I + RI'}{(R+r)(R+r') - R^2} = \frac{M}{R}\frac{(R+r)(R+r') + R^2}{(R+r)(R+r') - R^2}I'.$$

Si la résistance R du pont est très petite par rapport aux résistances r et r' des deux circuits, on peut développer cette expression en une série très convergente, ce qui donne

$$\frac{m'}{I'} = \frac{M}{R}\left[1 + \frac{2R^2}{rr' + R(r+r')} + \ldots\right],$$

ou sensiblement

$$\frac{m'}{I'} = \frac{M}{R}.$$

Le courant I' est donné par la déviation permanente δ du galvanomètre et la décharge m' par l'angle d'impulsion α. La résistance R est alors

$$R = M\frac{\pi}{T}\frac{\operatorname{tg}\delta}{\alpha}\left[1 + \frac{2R^2}{rr' + R(r + r')} + \ldots\right].$$

Si la déviation δ est assez faible, on peut admettre que l'arc d'impulsion à partir de la position d'équilibre est le même qu'à partir du zéro.

1119. — M. Roïti, au lieu d'observer un seul arc d'impulsion, mesure la déviation permanente produite par une succession de décharges correspondant à la rupture ou à la fermeture du circuit; un commutateur interrompt le courant inducteur n fois par seconde, et ne ferme le circuit induit sur le galvanomètre que pendant la durée d'une seule des phases variables du courant inducteur, établissement ou suppression. On obtient ainsi une déviation α correspondant à l'équation

$$i = nm = \frac{h}{g}\operatorname{tang}\alpha.$$

On trouve d'ailleurs, en arrêtant le commutateur et mettant le galvanomètre sur le courant inducteur,

$$I = \frac{h}{g}\operatorname{tang}\delta;$$

on en déduit

$$R = nM\frac{\operatorname{tang}\delta}{\operatorname{tang}\alpha}.$$

Le temps à mesurer est alors celui qui s'écoule entre deux interruptions; les procédés graphiques permettent d'obtenir cette durée avec une grande précision.

La méthode est ainsi ramenée au maximum de simplicité pour ce qui est du nombre des quantités à mesurer; mais elle comporte quelques incertitudes résultant de la rapidité avec laquelle se succèdent les interruptions. On peut craindre que, par suite des effets de polarisation d'une part et des extra-courants de l'autre, l'intensité du courant inducteur au moment de la rupture ne diffère de l'intensité relative au régime permanent; enfin, il est possible encore que l'interruption fasse perdre une partie du courant induit. Cette dernière cause d'erreur, en particulier, aurait pour effet d'augmenter le nombre trouvé pour la résistance R et, par suite, de diminuer la valeur de l'unité.

1120. Méthode d'amortissement. — Cette méthode a été employée d'abord par W. Weber, en observant les oscillations d'un barreau aimanté dans un cadre galvanométrique assez conducteur et assez rapproché du barreau pour produire un amortissement rapide.

Dans le calcul de la résistance par les données que fournit l'expérience, Weber ne faisait pas intervenir le terme relatif au coefficient de self induction, lequel est d'ailleurs très petit.

En tenant compte de la relation (815)

$$\frac{HM}{K} = \frac{\pi^2}{T^2} = \frac{\pi^2 \tau_0^2}{T_0^2},$$

l'expression de la résistance peut être mise sous différentes formes équivalentes

$$R = \frac{G^2 M}{2H} \frac{\pi^2 \tau_0}{T_0\left(\frac{\lambda}{\tau} - \frac{\lambda_0}{\tau_0}\right)} + L\frac{\lambda}{\tau},$$

$$R = \frac{G^2 M^2}{2K} \frac{T_0}{\tau_0\left(\frac{\lambda}{\tau} - \frac{\lambda_0}{\tau_0}\right)} + L\frac{\lambda}{\tau},$$

$$R = \frac{G^2 K}{2H^2} \frac{\pi^4 \tau_0^3}{T_0\left(\frac{\lambda}{\tau} - \frac{\lambda_0}{\tau_0}\right)} + L\frac{\lambda}{\tau}.$$

La constante galvanométrique G entre au carré dans tous les cas. W. Weber et, après lui, M. F. Weber, calculaient cette constante par les dimensions du cadre : mais il faut alors donner au multiplicateur des dimensions qui ne sont pas compatibles avec un amortissement rapide, et on conçoit qu'il y ait intérêt à augmenter autant que possible l'effet qu'on veut mesurer, c'est-à-dire la différence des deux amortissements à circuit ouvert ou à circuit fermé.

Il est donc préférable de déterminer la constante G par comparaison avec un autre galvanomètre G' de dimensions connues, en employant un shunt au besoin. Les déviations δ et δ' produites par un même courant donnent

$$\frac{G^2}{H^2} = \frac{G'^2}{H'^2}\frac{\operatorname{tg}^2\delta}{\operatorname{tg}^2\delta'}.$$

Si on substitue cette valeur dans les expressions de la résistance, on voit qu'en dehors des durées des oscillations τ et τ_0, des décréments logarithmiques λ et λ_0 et de la constante G', on doit déterminer, soit les rapports $\frac{H}{H'}$ et $\frac{M}{H'}$ (1re forme), soit le moment d'inertie K et la composante horizontale H' du champ terrestre (3e forme).

L'expérience revient, en définitive, à employer soit la première des valeurs de R, soit la dernière, c'est-à-dire que l'on doit connaître l'une des deux expressions

$$\frac{G^2M}{2H} = \frac{G'^2}{2}\frac{H}{H'}\frac{M}{H'}\frac{\operatorname{tg}^2\delta}{\operatorname{tg}^2\delta'},$$

$$\frac{G^2K}{2H^2} = \frac{G'^2}{2}\frac{K}{H'^2}\frac{\operatorname{tg}^2\delta}{\operatorname{tg}^2\delta'}.$$

La seconde, employée par M. Dorn [1], ne fait pas intervenir le moment magnétique du barreau, mais la composante H' du champ terrestre entre alors au carré dans la formule, ce qui double l'erreur relative du résultat.

Dans le premier cas, le rapport $\frac{M}{H'}$ se détermine, en général, comme nous le verrons plus loin, par la déviation que produit le barreau sur une boussole quand on le met dans une

(1) Dorn, *Wied. Ann.*, t. XVII, p. 773, 1882.

direction normale au méridien magnétique. Ce barreau n'est pas alors dans le même état que pendant les expériences d'oscillation et on peut avoir à tenir compte de l'influence du champ terrestre sur la valeur du moment magnétique.

Pour échapper à cette difficulté, M. Wild [1] place le plan du multiplicateur à peu près perpendiculairement au méridien magnétique et maintient l'aimant dans la même direction au moyen d'une suspension bifilaire (**721**). Un barreau de cuivre étant amené sans torsion dans cette position, on le remplace par le barreau aimanté et on mesure la torsion θ nécessaire pour l'y maintenir.

Soit C le coefficient du bifilaire, α l'angle que ferait le barreau avec le méridien s'il obéissait seulement à l'action du bifilaire, l'angle $\alpha-\theta$ étant voisin de $90°$. La condition d'équilibre est

$$C\sin\theta - MH\sin(\alpha-\theta) = 0.$$

Lorsque le barreau effectue de petites oscillations autour de sa position d'équilibre, le couple qui tend à l'y ramener a pour expression

$$[C\cos\theta + MH\cos(\alpha-\theta)]\,d\theta = MH[\cot\theta\sin(\alpha-\theta)+\cos(\alpha-\theta)]\,d\theta,$$

ou sensiblement

$$[C\cos\theta + MH\cos(\alpha-\theta)]\,d\theta = MH\cot\theta\,d\theta.$$

Il faut donc, dans l'équation du mouvement (**815**), remplacer le couple MH par MH $\cot\theta$, ou H par H $\cot\theta$, c'est-à-dire diviser l'expression de R trouvée précédemment par $\cot\theta$. La valeur de θ déterminée par l'équation d'équilibre varie d'ailleurs avec α, c'est-à-dire avec la declinaison, et surtout avec H; il est donc nécessaire de suivre pendant les expériences les variations de la composante horizontale.

1121. — Il est digne d'attention que les expériences faites d'après la méthode d'amortissement ont toujours donné des

[1] H. Wild, *Mém. de l'Ac. des sc. de Saint-Pétersb.* (7), t. XXXII, 1884.

nombres plus élevés pour les résistances et, par suite, des valeurs plus petites pour l'unité.

Le calcul suppose que les déviations restent très petites, tandis qu'on est amené par l'expérience à observer des déviations notables pour rendre plus facile la mesure de l'amortissement qui doit être rapide; dans ces conditions, il n'est plus permis de supposer que la constante G est indépendante de l'angle d'écart. Toutefois, les approximations faites dans le calcul, par l'hypothèse de petites déviations, ne paraissent pas fournir une explication suffisante du désaccord que cette méthode présente avec les autres.

L'aimantation du barreau par les courants induits eux-mêmes (**883**) joue un rôle qui ne paraît pas négligeable [1]. Ces courants sont très intenses lorsque l'amortissement est notable et impriment au barreau une aimantation temporaire transversale.

Lorsque le barreau oscille de part et d'autre du méridien, l'intensité d'aimantation temporaire du barreau, normalement au méridien magnétique, est proportionnelle à l'action GI du courant, et peut être représentée par fGI; si l'on appelle V le volume de l'aimant, le moment correspondant est fGIV. Cette aimantation ne modifie guère l'équation (12)′ du n° **815** relative à l'induction, puisque le travail du courant sur l'aimant transversal est à peu près nul, mais l'action de la terre introduit dans l'équation (14)′ un couple HfGIV de signe contraire au couple MGI, de sorte que le second membre de cette équation doit être remplacé par

$$m\mathrm{GI} - \mathrm{H}f\mathrm{GIV} = m\mathrm{GI}\left(1 - \frac{\mathrm{H}f\mathrm{V}}{\mathrm{M}}\right);$$

il en résulte finalement que le second membre de la valeur de R doit être multiplié par le facteur $1 - \dfrac{\mathrm{H}f\mathrm{V}}{\mathrm{M}}$.

Or, si on appelle I_a l'intensité moyenne de l'aimantation principale de l'aimant, I_t celle de la terre, et qu'on suppose

[1] Mascart, *C. R. de l'Acad. des sc.* t. C. p. 313, 1885.

l'expérience faite à la latitude magnétique de 45°, on a (**153**)

$$M = VI_a,$$
$$H = \frac{4}{3}\pi I_t \cos 45° = \frac{2\sqrt{2}}{3}\pi I_t;$$

par suite,

$$\frac{H f V}{M} = \frac{2\sqrt{2}}{3}\pi f \frac{I_t}{I_a}.$$

Cette correction n'est pas toujours négligeable. Il arrive souvent, surtout pour des aimants de largeur notable, que l'intensité moyenne d'aimantation n'est pas 2000 fois plus grande que celle de la terre; on peut donc prendre $\frac{I_t}{I_a} = \frac{1}{2000}$.

Quant au coefficient f, sa valeur dépend de la forme de l'aimant et de la nature du métal.

Si l'aimant était un cylindre très long parallèle au plan de la bobine, ce qui serait la condition la plus avantageuse, on aurait (**387**)

$$f = \frac{k}{1 + 2\pi k};$$

comme le coefficient k est compris entre 30 et 40, il en résulte sensiblement $2\pi f = 1$.

Pour une sphère (**385**) on aurait

$$f = \frac{3}{4\pi}, \quad \text{ou} \quad 2\pi f = \frac{3}{2}.$$

Si l'aimant est une barre rectangulaire aplatie, suivant la forme qu'on leur donne habituellement, on peut l'assimiler à un ellipsoïde. Supposons que les rapports du petit axe c à l'axe moyen b et de ce dernier au grand axe a soient petits, le coefficient M (**387**) relatif à l'axe moyen, a pour valeur approchée

$$M = 4\pi \frac{b}{a}\left[1 - \frac{b}{a} - \frac{1}{2}\frac{c^2}{b^2} l.4\frac{b}{c}\right].$$

En faisant $a = 10b$ et $b = 10c$, on trouve

$$M = 1,107;$$

on a alors

$$f = \frac{k}{1+kM} = \frac{1}{M} \text{ environ},$$

ou

$$2\pi f = 5,6.$$

Avec un aimant de cette dernière forme, le terme de correction serait donc

$$\frac{\mathrm{H}fV}{M} = \frac{\sqrt{2}}{3}\,\frac{5,6}{2000} = 0,0013.$$

Le degré d'aimantation est souvent plus faible que celui que nous avons supposé, de sorte que la correction peut atteindre facilement quelques millièmes; cette cause d'erreur a donc pour effet de d'augmenter le nombre obtenu pour la résistance et de diminuer la valeur de l'unité.

Une autre cause d'erreur, dont il est moins facile de dégager l'influence, est due aux courants induits qui se développent dans la masse de l'aimant lui-même par le fait de son déplacement dans un champ magnétique, et des variations du courant dans le cadre multiplicateur [1].

1122. Rotation continue d'un cadre. — Le Comité de l'Association britannique a utilisé l'action que les courants induits par la terre dans un cadre tournant d'une manière uniforme exercent sur une aiguille aimantée située au centre du cadre. Les expériences du Comité ont été faites en 1863 et 1864 [2]. Des causes d'erreur ayant été signalées dans cette première série d'expériences, elles ont été reprises avec des soins particuliers en 1881 par lord Rayleigh et M. Schuster [3] et en 1882 par lord Rayleigh [4].

(1) Lord Rayleigh, *Wied. Ann.*, Bd XXIV, p. 214, 1885.
(2) *Brit. assoc. reports. for* 1863, Newcastle, for 1864, Bath. — *Reprint*, p. 96 et 115.
(3) Lord Rayleigh and A. Schuster, *Proc. of the R. S. L.*, 1881.
(4) Lord Rayleigh, *Phil. Trans. R. S. L.*, 1882.

Le cadre tournant est formé de deux bobines identiques laissant entre elles l'espace nécessaire pour y placer l'appareil de suspension de l'aiguille. Chacune des bobines comprend 156 spires d'un fil de $1^{mm},37$ de diamètre, le rayon moyen étant de $15^{c},8$; le cadre est en cuivre, mais composé de deux parties séparées par de l'ébonite, de manière à mettre obstacle aux courants induits dans la masse.

Dans les premières expériences, on employait un régulateur de vitesse et un compteur de tours ; dans les dernières, lord Rayleigh mesurait la vitesse par une espèce de phénakisticope. A cet effet, l'axe porte un disque de carton sur lequel sont tracés cinq cercles concentriques divisés en dents alternativement blanches et noires, au nombre de 60, 32, 24, 20, 16 respectivement. On observe ce disque de loin à l'aide d'une lunette et à travers un système de fentes parallèles portées par la branche d'un diapason qui oscille devant un écran fixe portant un système de fentes identique. A chaque oscillation du diapason, qui en fait 127 par seconde, on peut apercevoir le disque tournant, et si les dents d'un des cercles paraissaient immobiles, c'est que celles-ci se substituent les unes aux autres en $\frac{1}{127}$ de seconde. L'observateur qui a l'œil à la lunette peut maintenir la vitesse absolument constante par le simple frottement de la main sur une des cordes qui servent à transmettre le mouvement.

L'aiguille, soutenue par un fil de cocon de 130 centimètres environ, était mise par un tube en verre à l'abri des courants d'air extérieurs. On avait été obligé de donner à cette aiguille un moment magnétique extrêmement faible, pour que son action inductrice sur le cadre n'intervînt que comme terme de correction. Dans les expériences du comité, elle était formée d'une petite sphère d'acier de $0^{c},8$ de diamètre, pesant environ 2 grammes, et son aimantation n'était guère que le quarantième de celle que peut recevoir l'acier. Son moment était égal à celui que prendrait un fil de fer doux de 10 grammes sous la seule action du magnétisme terrestre. Le poids de l'étrier et du miroir était relativement considérable et donnait une durée d'oscillation d'environ 10^{s}.

c'est-à-dire une durée au moins 30 fois plus grande que celle de l'aiguille libre.

Quand il s'agit de mesurer une déviation, la petitesse de l'aiguille et la faiblesse de son moment magnétique n'ont en théorie aucune influence sur l'exactitude du résultat; mais l'action directrice est alors très faible et la torsion du fil peut intervenir pour une part notable. En outre, les causes les plus légères, telles que les courants d'air produits par les moindres variations de température dans la cloche qui renferme le système mobile, suffisent à troubler l'équilibre.

Il importe surtout que l'axe magnétique reste absolument invariable, et sous ce rapport la forme sphérique n'est pas la plus avantageuse. On l'avait choisie à cause de cette propriété qu'une sphère aimantée uniformément exerce la même action extérieure qu'un aimant infiniment petit placé en son centre (**157**); mais on peut atteindre très sensiblement le même résultat avec un cylindre dont la longueur soit au diamètre comme $\sqrt{3}$ est à $\sqrt{2}$. Lord Rayleigh substitue à la sphère un système à quatre petites aiguilles de $0^{c},5$ de longueur, satisfaisant à la condition précédente, montées parallèlement sur les quatre arêtes d'un petit cube de liège.

1123. — Les expériences du comité présentent quelques anomalies dont la plus grave est que les différences des valeurs obtenues s'élèvent en moyenne à 3 pour cent, suivant que le cadre tourne dans un sens ou dans l'autre. Ce résultat ne peut s'expliquer par une torsion préalable du fil de suspension, car cette torsion aurait dû être telle que la position d'équilibre de l'aiguille eût fait un angle de 12°, et même de 26°, dans certaines expériences, avec le méridien magnétique.

Des anomalies du même genre, mais beaucoup plus faibles, se sont montrées dans les expériences de 1881. M. Kohlrausch avait indiqué, comme une des causes possibles, les courants induits dans le bâti métallique de l'appareil. Pour répondre à cette objection, les différentes pièces du bâti ont été coupées et isolées les unes des autres et on pouvait à volonté rétablir entre elles les communications; l'expérience a montré que les courants n'avaient qu'une influence négligeable, et qui paraissait tendre à diminuer la déviation.

Dans l'expression de la résistance (IX)

$$R = \frac{GS\omega}{2 \operatorname{tg} \alpha} + \frac{G^2}{2}\frac{M}{H}\frac{\omega}{\sin \alpha} + L\omega \operatorname{tg} \alpha - \frac{L^2\omega^2}{R_a},$$

le terme principal comprend, outre la déviation observée et la vitesse angulaire, le produit SG qui est donné par les dimensions du cadre. Le second terme exige que l'on connaisse le rapport du moment magnétique de l'aiguille au champ terrestre ; ce rapport est petit et peut être évalué facilement avec toute l'approximation désirable. Les deux autres termes renferment le coefficient de self-induction du cadre ; on pourrait bien éliminer ce coefficient par deux expériences faites avec des vitesses différentes, mais il vaut mieux le calculer directement, ou le déterminer par comparaison avec un coefficient d'induction mutuelle (**1098**). C'est par suite d'une erreur commise dans le calcul du coefficient de self-induction que la valeur de l'ohm adoptée par le comité de l'Assodiation britannique s'est trouvée un peu trop éloignée de la vérité.

M. H. Weber [1] a employé la même méthode en faisant tourner le cadre autour d'un axe horizontal situé dans le méridien magnétique.

1121. Mesure des forces électromotrices instantanées. — Cette méthode a été appliquée par M. Carey-Foster [2], mais seulement à titre d'essai, avec un cadre tournant qui servait également de boussole des tangentes. On réglait par expérience le courant I, la vitesse de rotation ou la résistance R entre les points de contact pour qu'il y eut équilibre au moment où la force électromotrice est maximum, c'est-à-dire où le cadre passe dans le méridien. Un courant de même valeur passant ensuite dans le cadre donnait une déviation δ.

La formule (X) donne alors

$$\omega HS = R\frac{H}{G}\operatorname{tang}\delta, \quad \text{ou} \quad R = \frac{\omega GS}{\operatorname{tang}\delta}.$$

La méthode est très simple ; toutefois il n'est pas absolu-

(1) H. F. Weber, *Der absol. Werth der S. Q. E.*, Zurich, 1884.

(2) Carey-Foster, *British Ass. Rep.* for 1881, p. 2.

ment exact que le maximum de la force électromotrice corresponde précisément au passage du cadre par le méridien. Supposons que les extrémités du fil, au lieu d'être libres, communiquent séparément avec un condensateur C. Le problème est alors résolu par les équations du n° **993** dans lesquelles on fera $R' = \infty$. La force électromotrice d'induction étant

$$E = \omega HS \sin 2\pi \frac{t}{T} = \omega HS \sin \omega t,$$

et V la différence de potentiel des armatures, le courant I qui traverse le circuit est égal à $C\frac{dV}{dt}$; l'équation d'induction devient alors

$$CL\frac{d^2V}{dt^2} + CR\frac{dV}{dt} + V = E.$$

On peut écrire

$$V = A \sin 2\pi\left(\frac{t}{T} - \varphi\right),$$

et on trouve, en suivant la marche habituelle,

$$\operatorname{tang} 2\pi\varphi = \frac{CR\omega}{1 - CL\omega^2},$$

$$A^2 = \frac{H^2S^2\omega^2}{C^2R^2\omega^2 + (1 - CL\omega^2)^2} = \frac{H^2S^2}{C^2R^2} \sin^2 2\pi\varphi.$$

Il existe donc une différence de phase, ou un retard, qui ne peut s'annuler en toute rigueur que si la capacité est nulle. Ce retard, ainsi que la valeur maximum de V sont des fonctions de la capacité et du coefficient de self-induction. Au moment où le cadre passe dans le méridien, la différence de potentiel des armatures est $A \cos 2\pi\varphi$; pour un contact fait à ce moment, l'erreur commise est donc

$$HS - A \cos 2\pi\varphi = \omega HS\left[1 - \frac{\sin 4\pi\varphi}{2CR\omega}\right].$$

En réalité, la condition $C=0$ n'est jamais remplie, puisque le fil ouvert a une capacité propre qui peut devenir notable si la bobine se compose d'un grand nombre de spires; toutefois, l'influence de la capacité du fil peut, en général, être considérée comme négligeable [1].

Cette disposition présente le grand avantage que le fil dont on mesure la résistance n'est plus, comme dans les méthodes précédentes, le fil de la bobine en expérience, mais un fil séparé dont il est plus facile de connaître la température.

1125. — On pourrait encore [2], au lieu de prendre un contact instantané, mettre les extrémités du fil en communication avec un électromètre disposé comme au n° **816**. On aurait ainsi le carré moyen $\frac{A^2}{2}$ de la force électromotrice, ou sensiblement $\frac{\omega^2 H^2 S^2}{2}$, que l'on comparerait par le même instrument à la différence de potentiel existant entre les deux extrémités d'une résistance R traversée par un courant constant. Le cadre même employé comme galvanomètre donnant une déviation δ pour ce courant, on aurait

$$\frac{\omega HS}{\sqrt{2}} = R\frac{H}{G}\tang \delta,$$

ou

$$R = \frac{\omega GS}{\sqrt{2}\tang \delta}.$$

La plus grande difficulté de cette méthode serait d'obtenir un électromètre de faible capacité suffisamment sensible.

1126. Mesure d'une force électromotrice constante. — La méthode de M. Lorenz [3], dans laquelle on compense la force électromotrice du disque par la chute de potentiel d'une résistance traversée par le courant même qui parcourt la bobine, est évidemment celle qui présente le plus haut degré de

[1] Lippmann, *C. R. de l'acad. des sciences*, t. XCIII, p. 813 et 955, 1881 — Brillouin, *ibid.* p. 845 et 1069.

[2] Joubert. *C. R. de l'Acad. des sc.*, t. XCIV, p. 1519, 1882.

[3] Lorenz, *Pogg. Ann.* t. CIXL p. 251, 1873. — *Wied. Ann.*, t. XXV, p. 1, 1885.

simplicité, puisqu'elle exige seulement la mesure d'un coefficient d'induction, c'est-à-dire d'une longueur, et d'une vitesse de rotation, c'est-à-dire d'un temps.

Les difficultés qui lui sont particulières tiennent, d'une part à la petitesse de la force électromotrice développée par l'induction, et d'autre part à la grandeur relative des forces thermo-électriques qui se produisent au contact des pièces glissantes. On atténue ces dernières en employant des ressorts de contact du même métal que le disque et, si elles sont sensiblement constantes, on élimine leur effet en prenant les moyennes des résultats obtenus pour deux directions inverses du champ. La petitesse de la force électromotrice d'induction exige que la résistance, à laquelle viennent se terminer les électrodes soit très petite. Pour éviter les erreurs qu'entraîne la comparaison des résistances trop inégales, M. Lorenz opère directement sur des colonnes de mercure renfermées dans des tubes de 2 à 3 centimètres de diamètre soigneusement calibrés, de manière à pouvoir en déduire par un simple calcul la valeur de l'unité mercurielle. Les résistances employées variaient de $0^{\omega},0002$ à $0,0015$. Ces colonnes de mercure doivent d'ailleurs être placées dans des bains que l'on maintient à température constante.

Lord Rayleigh et Mrs Sidgwick tournent la difficulté par une sorte de multiplication. Deux points A et B du circuit principal étant séparés par une résistance R supérieure à celle qui conviendrait pour l'équilibre, on les joint par une dérivation de résistance notablement plus grande r. On cherche ensuite sur la dérivation quelle est la résistance ρ, à partir du point A, qu'on doit interposer entre les électrodes communiquant aux ressorts du disque pour établir l'équilibre.

Le courant principal étant I, le courant de dérivation est égal à $I\frac{R}{R+r}$ et la différence de potentiel qui correspond à la résistance ρ est

$$I\frac{R\rho}{R+r}.$$

[1] Lord Rayleigh et Mrs Sidgwick. *Phil. Trans. L. R. S.*, for 1883, p. 245.

La condition d'équilibre est donc

$$\frac{M}{T} = R\frac{R+r}{\rho}.$$

Si le rapport $\frac{\rho}{R+r}$ est égal à $\frac{1}{100}$ par exemple, on peut opérer sur une résistance R 100 fois plus grande qu'avec un contact direct.

L'erreur commise dans le calcul de M provient surtout de l'évaluation du rayon moyen a de la bobine; le rayon a' du disque peut être connu avec une exactitude beaucoup plus grande. Dans ses premières expériences, M. Lorenz avait donné à a' une valeur trop voisine de a; l'intensité du champ croissant très rapidement dans le voisinage du contact de la bobine, la moindre erreur commise sur le rayon entraîne une erreur considérable sur le coefficient M. Dans ses dernières expériences, il plaçait le disque dans le champ sensiblement uniforme d'une bobine longue. Celle-ci était formée d'une seule couche de fil comprenant 472 spires enroulées sur un cylindre en laiton de 100 centimètres de long et 33 centimètres de diamètre. Le calcul était fait par une formule analogue à celle du n° 771.

Lord Rayleigh employait deux bobines sensiblement identiques placées soit au contact, soit à une distance $2x = a\sqrt{2}$. Avec cette dernière disposition, l'erreur relative de M est à peu près indépendante de l'erreur commise sur l'évaluation du rayon moyen et dépend surtout de l'erreur commise sur la distance $2x$, quantité beaucoup plus facile à mesurer. En effet, si chacune des bobines renferme n spires et qu'on prenne pour valeur approchée

$$M = 4n\pi^2\frac{a^2a'^2}{u^3},$$

on en déduit

$$\frac{dM}{M} = 2\frac{da}{a} + 2\frac{da'}{a'} - 3\frac{du}{u}.$$

En tenant compte de la relation $u^2 = a^2 + x^2$, on obtient

$$\frac{dM}{M} = \frac{da}{a}\left(2 - 3\frac{a^2}{u^2}\right) + 2\frac{da'}{a'} - 3\frac{x^2}{u^2}\frac{dx}{x};$$

or, le premier terme du second membre s'annule pour la condition $2u^2 = 3a^2$, ou $2x^2 = a^2$.

1127. Résumé des expériences. — Nous résumons dans le tableau suivant les nombres fournis par les diverses méthodes pour la longueur de la colonne de mercure à zéro, d'un millimètre carré de section, qui représente la valeur de l'ohm, ou une résistance de 10^9 unités absolues (G.G.S.).

Dans certains cas, le conducteur dont on déterminait la résistance absolue a été comparé soit à une copie de l'unité de Siemens, soit à une colonne de mercure de dimensions connues ; dans d'autres cas, la comparaison a été faite avec une copie de l'unité de l'Association Britannique, dont on doit connaître ensuite la valeur en mercure. Le rapport de l'unité mercurielle à l'unité de l'Association Britannique est

D'après L. Rayleigh.	0,95412
— Mascart, de Nerville, Benoît. . .	0,95374
Moyenne.	0,95393

Ces deux résultats diffèrent de 0,0004 ; nous en prendrons la valeur moyenne pour exprimer en colonne de mercure les expériences qui ont été rapportées seulement à l'unité de l'Association Britannique.

Aux résultats des expériences citées précédemment, nous ajouterons quelques nombres que l'on doit à d'autres observateurs : MM. Rowland et Kimball par les décharges induites, M. Himstedt ([1]) par le courant moyen d'une série de décharges induites, M. Baille ([2]) par l'amortissement, M. Lenz ([3]) et MM. Rowland, Kimball et Duncan par la méthode de M. Lorenz.

([1]) Himstedt, *Sitz. des K. Ak. der Wiss.* Berlin, juillet 1885.
([2]) Baille, *Ann. télégraph.* (3), t. XI, p. 261, 1884.
([3]) Lenz, *Conf. internat. des unités électr.* 2e session, p. 30, 1884.

TABLEAU DES RÉSULTATS

Méthode calorimétrique.

Date et observateur.	Valeur de l'ohm en colonne de mercure.
1866. Joule	106,22
1867. —	106,10
1877. H. F. Weber	105,88
1885. Fletcher	105,95

Décharge induite dans un cadre par une rotation de 180°.

1874. F. Kohlrausch	105,91
1884. Mascart, de Nerville et Benoît	106,37
1884. G. Wiedemann	106,19

Décharge induite par un courant.

1878. Rowland	106,16
1882. Glazebrook	106,29
1883. Kimball	106,25
1884. Mascart, de Nerville et Benoît	106,30
1884. H. F. Weber	105,37
1884. Rowland et Kimball	106,31

Courant moyen d'une série de décharges induites.

1884. Roïti	105,89
1885. Himstedt	105,98

Amortissement des aimants.

1882. Dorn	105,46
1884. Wild	106,03
1884. H. F. Weber	105,26
1884. Baille	105,67

Action moyenne du courant induit dans un cadre tournant.

1865. Comité de l'Association britannique	104,83
1881. L. Rayleigh et Schuster	105,95
1882. L. Rayleigh	106,25
1882. H. F. Weber	106,16

Courant d'induction continu.

1873.	Lorenz.	107,10
1883.	L. Rayleigh et Mrs Sidgwich.	106,22
1884.	Lorenz.	106,19
1884.	Lenz.	106,13
1884.	Rowland, Kimball et Duncan. . . .	106,29
1885.	Lorenz.	105,93

1128. — Ces résultats ne présentent pas une concordance irréprochable et le choix d'une valeur définitive comporte une part d'arbitraire; cependant les causes d'erreur inhérentes à quelques-unes des méthodes suffisent à expliquer les résultats les plus divergents.

La méthode calorimétrique est excellente en principe, mais l'incertitude qui peut exister encore sur l'équivalent mécanique de la chaleur qu'on a fait intervenir dans les calculs laisse un doute sur l'exactitude des résultats.

L'amortissement des aimants et les décharges induites successives ont donné les nombres les plus faibles; nous avons assez insisté sur les difficultés que présentent ces deux méthodes.

La nécessité de rendre l'axe de rotation parfaitement vertical, et surtout la durée du déplacement d'un cadre de grandes dimensions, sont des motifs qui inspireront peut-être quelques doutes sur les résultats fournis par la première méthode de Weber.

Les trois autres méthodes ne paraissent pas donner lieu à des objections fondées, dans l'état actuel de la science.

Si on élimine de la troisième série le nombre de M. F. Weber, qui est manifestement trop faible, les deux premiers nombres de la sixième série et le premier de la septième, elles donnent respectivement comme moyennes

3e série.	106,26	± 0,05
6e série.	106,20	± 0,05
7e série.	106,15	± 0,10
Moyenne.	106,207	± 0,069

On jugera peut-être, d'après ces moyennes et d'après l'examen des expériences isolées, que la véritable valeur de l'ohm est comprise entre 106,2 et 106,3. On sait d'ailleurs que la commission internationale, n'étant pas fixée sur la valeur du quatrième chiffre, a adopté pour l'*ohm légal* le nombre rond 106 centimètres.

L'étalon de l'Association britannique vaudrait alors, en ohm égal,

$$\frac{104,83}{106} = 0,98895 = \frac{1}{1,0112}.$$

Une circonstance dont on n'a pas toujours tenu compte d'une manière suffisante dans les expériences et sur laquelle L. Rayleigh [1] a appelé l'attention, est le défaut d'isolement des spires des bobines. Cette cause d'erreur peut être très importante dans les expériences où la force électromotrice d'induction, étant variable, peut atteindre à un certain moment une grande valeur; il est possible que l'isolement laisse alors beaucoup à désirer, tandis qu'il serait suffisant pour des courants faibles et continus.

Dans le cas plus simple où un contact existerait entre deux ou plusieurs spires consécutives du circuit induit, l'inexactitude du résultat correspond évidemment à une erreur d'une ou plusieurs unités sur le nombre des spires; elle a pour effet d'augmenter la valeur numérique de la résistance observée et de diminuer celle de l'unité. Un effet de même sens se produit lorsque le défaut d'isolement est variable avec la force électromotrice, de sorte qu'à ce point de vue les nombres les plus élevés seraient les plus probables.

[1] Lord Rayleigh. *Phil. Trans. L. R. S.* for 1883, p. 321.

CHAPITRE HUITIÈME

RAPPORT DES UNITÉS

1129. Différentes méthodes. — Le rapport a de l'unité électromagnétique d'électricité à l'unité électrostatique (**610**) est le rapport d'une longueur à un temps et par conséquent de la même nature qu'une vitesse; c'est une quantité dont la valeur absolue est indépendante du choix des unités fondamentales de longueur, de masse et de temps. La détermination expérimentale de ce rapport se ramène donc à la comparaison d'une longueur et d'un temps; en particulier, comme une résistance en mesures électromagnétiques est également une vitesse, on pourra l'exprimer en fonction de la résistance d'un circuit.

Il est évident d'ailleurs, par la suite d'égalités

$$a = \frac{q}{Q} = \frac{i}{I} = \frac{E}{e} = \sqrt{\frac{c}{C}} = \sqrt{\frac{R}{r}},$$

qu'il y a autant de méthodes, pour déterminer cette constante a, que de quantités pouvant être mesurées à la fois en unités électrostatiques et en unités électromagnétiques. Toutefois, ces méthodes ne sont pas entièrement distinctes et se ramènent souvent aux mêmes mesures expérimentales; on peut les réduire à trois méthodes principales correspondant aux seules quantités qu'il soit possible de mesurer directement en unités électrostatiques : savoir, une charge électrique, une différence de potentiel ou une capacité.

1130. Mesure d'une quantité d'électricité. — Les premières recherches sur ce sujet sont dues à Weber et à Kohlrausch [1]; nous en indiquerons le détail, à cause de leur importance historique. On mesurait la charge d'une bouteille de Leyde en unités électrostatiques en déterminant la répulsion des deux balles de la balance de Coulomb quand elles avaient reçu une *fraction connue* de la charge totale ; la mesure en unités électromagnétiques était donnée par la décharge de la bouteille à travers un galvanomètre balistique.

Pour la mesure électrostatique, une fois la bouteille chargée, on touche le bouton avec une sphère conductrice de rayon R, et celle-ci avec une balle de rayon r qu'on isole ensuite et qui sert de boule fixe pour la balance de Coulomb. La boule mobile s'électrise par contact avec la première, et on évalue leur répulsion à une distance déterminée.

Il faut connaître d'abord, par une expérience préliminaire, la fraction de la charge totale sur laquelle on opère. Après avoir électrisé la bouteille, on établit pendant un temps très court quatre contacts successifs entre le bouton et la sphère isolée R, qu'on ramène chaque fois à l'état neutre. Avant le premier contact et après le dernier, on relie la bouteille avec un électromètre à graduation systématique (électromètre des sinus) qui donne le rapport des potentiels dans les deux cas. Soient C la capacité de la bouteille, C′ celle de la sphère au moment du contact, V, V_1, V_2, V_3, V' les potentiels successifs ; on a

$$\frac{C+C'}{C} = \frac{V}{V_1} = \frac{V_1}{V_2} = \frac{V_2}{V_3} = \frac{V_3}{V'}$$

et, par suite,

$$\left(1+\frac{C'}{C}\right)^4 = \frac{V}{V'}, \quad \text{ou} \quad \frac{C'}{C} = \sqrt[4]{\frac{V}{V'}} - 1.$$

Deux observations faites à l'électromètre avant les contacts, et deux autres après, permettent de tenir compte de la déperdition. Le rapport $\frac{C'}{C}$ a été trouvé égal à 0,03276.

(1) Weber et Kohlrausch, *Electr. Maasb.*, *Abh. der K. S. Ges. der Wissensch.*, t. V, p. 219, 1856.

La capacité électrostatique C′ de la sphère, dans les conditions de l'expérience, n'est pas égale à son rayon, mais il n'est pas nécessaire de la connaître exactement et on peut admettre, sans grande erreur, que le partage de l'électricité entre cette sphère et la petite boule se fait dans le même rapport que si le système était soustrait à toute influence extérieure; ce rapport est donné par les tables de Plana calculées d'après les formules de Poisson [1].

On avait, dans l'expérience,

$$R = 7,973, \qquad r = 0,5768, \qquad \frac{r}{R} = 0,07234;$$

le rapport de la capacité c de la petite boule à celle de la sphère est alors

$$\frac{c}{C'} = 0,007875.$$

Il en résulte

$$\frac{c}{C} = \frac{C'}{C} \cdot \frac{c}{C'} = \frac{1}{3876};$$

telle est la fraction de la charge restante q que prend la petite boule au moment du contact.

La boule mobile de la balance, ayant sensiblement le même rayon $0^c,5798$ que la première, la charge commune, après leur contact, se partage également entre elles et chacune d'elles a une quantité d'électricité

$$q' = \frac{q}{7752}.$$

Après cette détermination préliminaire, deux observateurs sont nécessaires pour la suite des expériences.

La bouteille étant chargée, un des observateurs fait les contacts indiqués, porte la petite boule dans la balance de Coulomb et procède à la mesure de la répulsion; l'autre observa-

[1] *Voir* Mascart, *Traité d'électr. stat.*, t. I, p. 281.

teur décharge le résidu q dans un galvanomètre balistique et fait les lectures correspondantes.

Les boules de la balance étaient creuses, tournées avec soin, dorées et polies; on cherchait la torsion nécessaire pour les maintenir à 90°, ou plus exactement, après avoir donné une torsion un peu trop faible, on notait l'époque à laquelle l'angle d'écart passait par 90°, par suite de la déperdition, et on faisait ensuite les corrections nécessaires.

La distance de la boule fixe à l'axe était de $9^c,353$, celle de la boule mobile $6^c,17$; par suite, la distance des centres pour un écart de 90° est $11^c,205$, mais cette distance doit être augmentée de $0^c,0124$ pour tenir compte de la distribution. La répulsion des boules est donc

$$f = \left(\frac{q'}{11,2174}\right)^2.$$

D'après ces données, la distance h de l'axe à la ligne des centres est égale à $5^c,1502$ et le couple de l'action électrique a pour expression

$$fh = 5,1502\left(\frac{q'}{11,2174}\right)^2 = \frac{q'^2}{24,43}.$$

La torsion du fil, déterminée par la méthode des oscillations, donnait pour un angle de 1' un couple de 0,0050615. T étant le nombre des minutes observé, correction faite de la déperdition, on avait donc

$$\frac{q'^2}{24,43} = 0,0050615\,\text{T},$$

ou

$$q' = \frac{q}{7752} = 0,35164\sqrt{\text{T}},$$

$$q = 2726\sqrt{\text{T}}.$$

La même charge, représentée par Q en unités électromagnétiques, était donnée par l'angle d'impulsion α du galvanomètre, toutes corrections faites.

Les dimensions du cadre étaient

$$\begin{aligned} a &= 13^{c},324, \\ 2c &= 4,080, \\ 2b &= 7,204, \\ n &= 5635, \end{aligned}$$

et l'aiguille avait 2^{c} de longueur; on en déduit $G = 2621$.

L'étude des oscillations de l'aiguille avait donné :

$$\begin{aligned} \tau &= 9^{s},244, \\ \lambda &= 0,070. \end{aligned}$$

En prenant pour la composante terrestre $H = 0,17983$ et tenant compte d'une correction de 0,0014 relative à la torsion du fil, on a finalement

$$Q = \frac{H \times 1,0014 \times \tau}{G\pi \times 1,0024}\,\alpha = \frac{\alpha}{4937}$$

et, par suite,

$$u = \frac{q}{Q} = 13,46 \times 10^{6}\frac{\sqrt{T}}{\alpha}.$$

Les moyennes de cinq séries d'expériences ont fourni les nombres suivants :

Q	q	$u = \frac{q}{Q}$
$1,194.10^{-6}$	$36,06.10^{3}$	$30,20.10^{9}$
1,300	41,94	32,26
1,568	49,70	31,70
1,480	44,35	29,96
1,586	49,66	31,25
	Moy.	$31,07.10^{9}$

Cette expérience présente les plus grandes difficultés. La loi de partage admise pour le contact de la petite boule et de la sphère ne serait rigoureuse que si les deux conducteurs étaient soustraits à toute action étrangère, condition qui ne peut être réalisée.

La cage, de forme rectangulaire, avait 144^c de hauteur sur 116^c de longueur et 87^c de largeur. Ces dimensions sont assez grandes pour qu'il n'y ait pas lieu, surtout pour une mesure de charges (**803**), de tenir compte de l'influence des parois.

La plus grande cause d'erreur tient peut-être aux phénomènes d'absorption et aux résidus de la bouteille de Leyde; Kohlrausch (¹), dans une étude préalable, avait cherché à déterminer la loi du résidu et la déperdition par l'air relatives à la bouteille même qui servait aux expériences. Pour une charge q_0 de la bouteille, la charge q disponible au bout d'un temps t est égale à l'excès de la charge primitive sur la perte par l'air a_t et le résidu b^t; Kohlrausch avait trouvé pour b_t l'expression

$$b_t = p\left[q_t - q_0 e^{-\frac{k}{m+1}t^{m+1}}\right],$$

dans laquelle on a $q_t = q_0 - a_t$, et où les coefficients ont pour valeurs $p = 0{,}01494$, $k = 0{,}1834$, $m = 0{,}4255$, ce dernier ne dépendant que des dimensions de la bouteille.

On pouvait ainsi tenir compte des variations de charge dues à la déperdition et au résidu, d'abord pendant un premier intervalle de 40^s, qui s'écoulait entre les deux mesures électrométriques et qui était employé aux quatre contacts avec la grosse sphère, ensuite pendant un second intervalle de 3 entre l'instant de la dernière observation électrométrique et la décharge de la bouteille à travers le galvanomètre. Cette dernière correction était d'ailleurs insignifiante.

MM. Kohlrausch et Weber n'ont jamais considéré ces expériences comme exactes à plus de 2 o/o. La différence entre les valeurs extrêmes s'élève environ à 7 o/o.

1131. Mesure d'une force électromotrice. — Cette méthode a été employée d'abord par sir W. Thomson (²). Considérons deux points A et B d'un conducteur traversé par un courant permanent. La différence de potentiel électromagnétique E entre les deux points est égale au produit IR de l'intensité du courant et de la résistance qui les sépare, évaluées dans le même sys-

(¹) Kohlrausch, *Pogg. Ann.*, t. XCI, p. 56, 1854.

(²) Sir W. Thomson, *Brit. Ass. Rep.*, 1869.

tème, et sa valeur électrostatique e peut être donnée par un électromètre absolu (**806**) dont les plateaux sont en relation avec les deux points A et B.

La résistance R est mesurée par comparaison avec des résistances étalonnées.

Pour éviter la détermination de H, l'intensité était mesurée par un électro-dynamomètre à suspension unifilaire (**863**) qui donne, pour une déviation θ,

$$I^2 = \frac{C}{GS'}\theta.$$

La différence de potentiel des deux points A et B est donc

$$E = RI = R\sqrt{\frac{C\theta}{GS'}}.$$

En même temps, on met alternativement en communication avec le plateau de l'électromètre chacun des points A et B, l'autre point étant en communication avec la cage de l'instrument. Si F est la force nécessaire pour amener le disque mobile à la position de repère, D et D' les deux lectures relatives à la distance des plateaux, A la surface de la plaque mobile corrigée, on a (**807**)

$$e = V - V' = (D - D')\sqrt{\frac{8\pi F}{A}};$$

par suite

$$\alpha = \frac{E}{e} = \frac{R}{D - D'}\sqrt{\frac{C\theta}{GS'}\cdot\frac{A}{8\pi F}}.$$

La bobine fixe de l'électro-dynamomètre (**865**) est formée par deux cadres distincts. Le courant est amené par le fil de suspension de la bobine mobile et sort ensuite par un fil très léger contourné en spirale, suspendu à la bobine et plongeant dans un godet plein de mercure.

Des aimants convenablement disposés annulaient presque entièrement l'action du champ terrestre sur la bobine. Comme la compensation ainsi obtenue n'est jamais complète, on faisait passer le courant alternativement en sens contraires et on prenait comme déviation finale la moyenne des deux lectures, lesquelles différaient très peu l'une de l'autre.

La bobine mobile était formée de 3000 tours d'un fil très fin; son rayon étant trop petit pour qu'on pût calculer la surface S, celle-ci était mesurée par comparaison avec une surface étalonée.

La résistance de l'électro-dynamomètre était d'environ 15600 ohms. Pour avoir des différences de potentiel plus grandes à l'électromètre, on introduisait une résistance supplémentaire de 10000 ohms entre les deux points A et B, et on faisait varier en conséquence le nombre des couples de la pile. Celle-ci était tantôt de 90, tantôt de 180 Daniell montés en série. On ne fermait le circuit que pendant le temps des observations pour éviter l'échauffement des fils.

Les premières expériences ont été faites par M. King (1) en 1869 sous la direction de sir W. Thomson; elles ont été reprises de 1870 à 1872 par M. Dugald M'Kichan (2).

1132. La même méthode a été appliquée par M. Shida (3) avec quelques modifications.

On ne cherchait pas à ramener la charge de l'électromètre à une valeur fixe par l'emploi du *replenisher* et de la *jauge*; mais, mettant alternativement le plateau et la cage en communication avec les deux pôles A et B d'une pile fermée par une résistance R, on obtenait, en opérant à des intervalles égaux, des lectures D_1, D'_1; D_2, D'_2; D_3, D'_3.... et on prenait, pour la moyenne des différences, les valeurs

$$\frac{D_1 + D_2}{2} - D'_2, \quad \frac{D'_1 + D'_2}{2} - D_2, \ldots$$

qui doivent être sensiblement égales entre elles, aux erreurs de lecture près.

L'intensité du courant était déterminée par une boussole

(1) King, *Report of the committee on electr. stand.* 1869. *Reprint*, p. 166.
(2) Dugald M'Kichan, *Phil. Tr. L. R. S. for* 1879, p. 409, 427.
(3) Shida, *Phil. mag.*, [5] t. X, p. 401, 1880.

des tangentes disposée comme celle de M. Joule (**837**). Si on observait la déviation Δ de la boussole au moment de la mesure électrostatique, on aurait

$$E = IR = \frac{H}{G} R \operatorname{tg} \Delta.$$

Au lieu d'opérer de cette manière, M. Shida détermine ensuite la déviation δ que l'on obtient en fermant la pile, dont la résistance est R_0 et la force électromotrice E_0, par une résistance auxiliaire r. L'intensité i du courant donne

$$E_0 = i(R_0 + r) = \frac{H}{G}(R_0 + r) \operatorname{tg} \delta.$$

Si la force électromotrice de la pile est invariable, le produit $(R_0 + r) \operatorname{tg} \delta$ conserve une valeur constante C quand on fait varier la résistance extérieure et on peut choisir des conditions telles que la déviation soit voisine de 45°, ce qui correspond au maximum de sensibilité (**833**). On a alors

$$E = \frac{H}{G} \frac{R}{R_0 + R}(R_0 + R) \operatorname{tg} \Delta = \frac{H}{G} \frac{R}{R_0 + R} C.$$

Cette manière de diriger les expériences ne paraît pas très avantageuse parce que les observations relatives aux deux systèmes de mesures ne sont pas simultanées et qu'on fait intervenir dans les calculs la résistance de la pile, résistance dont la détermination présente toujours quelques difficultés.

1133. — Dans les expériences qui précèdent, on compare en réalité deux forces, l'attraction qui s'exerce entre les deux plateaux de l'électromètre et l'action mutuelle des deux bobines de l'électrodynamomètre. Au lieu de mesurer séparément ces deux forces, Maxwell [1] a disposé l'expérience de manière à les équilibrer l'une par l'autre. Deux systèmes sont mis en présence, composés chacun d'un disque conducteur et

[1] Maxwell, *Phil. Trans. L. R. S. for* 1868, p. 643.

d'une bobine juxtaposés; l'un des systèmes est fixe et l'autre mobile.

Les deux plateaux, étant chargés d'électricités de signes contraires avec une différence de potentiel constante, s'attirent; les deux bobines, qui sont parcourues par des courants de sens contraires, se repoussent. La première force est sensiblement en raison inverse du carré de la distance des plateaux, tandis que la seconde varie suivant une loi moins rapide ; il existe toujours une position des deux systèmes pour laquelle l'équilibre a lieu. Il faut remarquer que c'est une position d'équilibre instable, ce qui rend les expériences un peu difficiles.

La figure 237 montre la disposition des deux systèmes :

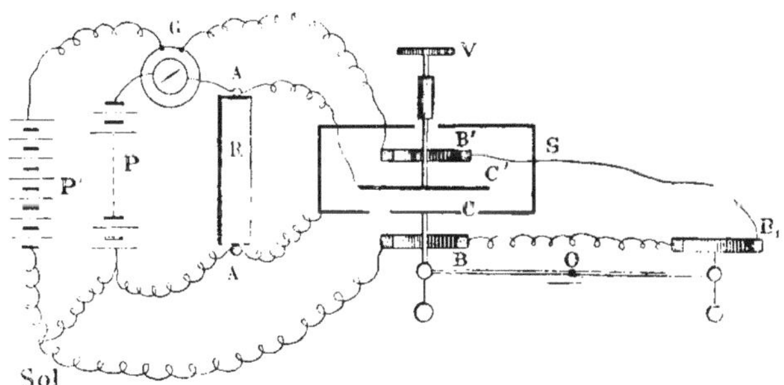

Fig. 237

C et C' sont les deux plateaux, B et B' les deux bobines. Le plateau C' est isolé et peut, avec la bobine correspondante B', être déplacé parallèlement à lui-même au moyen d'une vis micrométrique V. Le plateau C, en communication avec le sol, est placé à l'extrémité d'un fléau mobile autour du point O. Il passe exactement dans l'ouverture d'une boîte S, également en communication avec le sol, laquelle renferme le plateau C' et sert d'anneau de garde pour le plateau C.

Au moment de l'observation, le plateau C doit être maintenu dans le plan de l'anneau de garde, la distance des deux systèmes étant modifiée par le jeu de la vis micrométrique V. Cette position est déterminée au moyen de deux petits miroirs argentés placés l'un sur la partie postérieure du plateau C et l'autre sur l'anneau lui-même; le disque et l'anneau sont dans le même plan lorsque les portions de l'image d'une même droite données par les deux miroirs paraissent exactement dans le prolongement l'une de l'autre; cette position est repérée sur une plaque divisée portée par le système mobile et qu'on observe avec un microscope. Quant à la distance des deux plateaux C et C', elle se déduit de mesures de comparaison faites sur le micromètre et sur l'échelle divisée, pendant qu'on déplace simultanément les deux disques C et C', mis en contact l'un avec l'autre.

Pour compenser l'action de la terre sur la bobine B, quand elle est traversée par le courant, le fléau porte à son extrémité une bobine identique B_1 dans laquelle le courant circule dans le même sens. Le système constitué par ces deux bobines est parfaitement astatique.

Le fléau est suspendu à un fil de cuivre qui sert à amener le courant aux bobines; celui-ci s'échappe ensuite par un fil plongeant dans un godet à mercure. La durée de l'oscillation du système était de 7 secondes; ces oscillations s'éteignent très vite à cause des variations de pression qu'elles déterminent dans la boîte S. Il n'y a pas d'ailleurs à tenir compte de la torsion du fil, la position d'équilibre correspondant à une torsion nulle.

La différence de potentiel établie entre les deux plateaux C et C' est celle de deux points A et A' d'un circuit traversé par le courant d'une pile P de 2600 couples au bichlorure de mercure. La résistance R qui sépare les deux points A et A' est formée par une bobine étalonnée valant un million d'ohms environ, et le courant est déterminé par un galvanomètre G.

Une seconde pile P' fournit le courant qui traverse les trois bobines B, B' et B_1. Ce courant traverse dans le galvanomètre G un second cadre formé d'un petit nombre de spires et superposé au premier, de manière à constituer un galvanomètre différentiel. Une partie du courant est dérivée dans un shunt dont on modifie la résistance de manière que l'aiguille reste au zéro.

On établit les deux courants pendant un temps très court,

au moment où l'oscillation du fléau l'amène dans la position d'équilibre ; alors on fait varier la distance des deux plateaux, de manière que le plateau mobile ne soit ni attiré ni repoussé et, d'autre part, on modifie le shunt jusqu'à ce que l'aiguille du galvanomètre reste au zéro.

Deux circonstances rendent les expériences difficiles : l'instabilité de l'équilibre du fléau et la variation rapide de la force électromotrice de la pile P, à partir du moment où le circuit est fermé.

L'attraction des deux disques, pour la distance x et une différence de potentiel électrostatique égale à e, est $\frac{A}{8\pi}\frac{e^2}{x^2}$; la répulsion des deux bobines, en appelant M leur coefficient d'induction mutuelle et I′ l'intensité du courant qui les traverse, a pour expression (**785**) $I'^2\frac{\partial M}{\partial x}$. Comme ces deux forces sont égales, il en résulte

$$e = I'x\sqrt{\frac{8\pi}{A}\frac{\partial M}{\partial x}}.$$

L'intensité I du courant fourni par la pile P donne la différence de potentiel électromagnétique $E = IR$ des deux plateaux. Comme d'ailleurs l'aiguille du galvanomètre est au zéro, quand on met sur le fil de résistance g un shunt égal à s, on a, en appelant G et G′ les constantes des deux cadres,

$$\frac{s}{s+g}IG = I'G',$$

$$E = IR = RI'\frac{G'}{G}\frac{s+g}{s};$$

par suite,

$$a = \frac{E}{e} = \frac{R}{x}\frac{G'}{G}\frac{s+g}{s}\sqrt{\frac{A}{8\pi\frac{\partial M}{\partial x}}}.$$

Pour déterminer le rapport $\frac{G}{G'}$ on faisait passer un même courant dans les deux cadres, avec un shunt convenable sur le cadre à fil fin, de manière à ramener l'aiguille au zéro.

Enfin, le coefficient de self-induction M se détermine par les fonctions elliptiques. Pour deux cercles de rayon a et a', dont les courants sont de sens contraires, on a, en fonction de quantités qui ont été définies plus haut (**763**),

$$\frac{\partial M}{\partial x} = -4\pi\sqrt{aa'}\left[\frac{2F}{k^2} + \frac{k^2-2}{k^2(1-k^2)}E\right]\frac{\partial k}{\partial x}$$
$$= -\frac{\pi}{\sqrt{aa'}}\left[\frac{2}{k^2}F + \frac{k^2-2}{k^2(1-k^2)}E\right]k^3x,$$

et le calcul relatif aux deux bobines peut être fait par la méthode de lord Rayleigh (**765**).

1131. Mesure d'une capacité. — La mesure d'une capacité peut se déterminer directement, en unités électrostatiques. La disposition la plus simple et la plus sûre est celle de deux plateaux parallèles dont l'un est entouré d'un plateau de garde, pour éviter les effets des bords.

Pour déterminer la même capacité en unités électromagnétiques, on emploiera la méthode que nous avons indiquée aux n^{os} **1053** et suivants. La mesure se ramène à celles d'une résistance et d'un temps. Dans le cas d'une décharge unique, soit T la durée d'oscillation de l'aiguille du galvanomètre, α l'arc d'impulsion, donné par la décharge du condensateur dont les armatures ont une différence de potentiel E, et δ la déviation, corrigée de la graduation, que donnerait dans le même galvanomètre le courant produit par la force électromotrice E dans une résistance R ; la capacité C a pour expression

$$(1) \qquad C = \frac{1}{R}\frac{T}{\pi}\frac{\alpha}{\delta}.$$

Si c est la valeur de la même capacité en unités électrostatiques, il en résulte

$$a^2 = \frac{c}{C} = cR\frac{\pi\delta}{T\alpha}.$$

L'avantage de la méthode est que le rapport a ne dépend que de la racine carrée d'une résistance R, de sorte que l'erreur relative commise sur cette dernière quantité n'entraîne qu'une erreur moitié moindre sur la valeur de a.

1135. — Dans les expériences de MM. Ayrton et Perry [1], le condensateur était de forme carrée, et le plateau A compris dans l'anneau de garde avait une surface de 1325,14 cq. La distance des deux plateaux était de 0,7728.

La pile P, composée de 382 couples Daniell, était fermée par une résistance AB (fig. 238) de 10000 ohms environ. C'est la

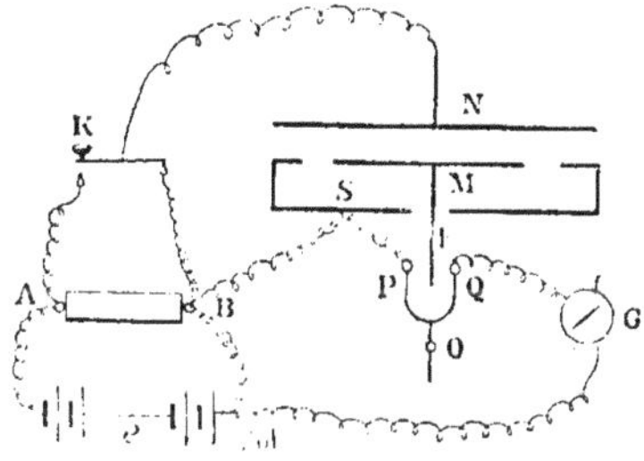

Fig. 238

différence de potentiel des extrémités de cette résistance qu'on utilise pour charger le condensateur. A cet effet, on abaisse la clef K et on fait basculer la fourchette isolée PQ, mobile autour du point O, de manière à relier la branche P avec la tige F qui soutient le disque M. On fait ainsi communiquer, d'une part le point A avec le plateau N et, d'autre part, le point B avec le disque M et l'anneau de garde; le condensateur se charge. On sépare immédiatement P de F et on laisse la clef K se relever; la plateau N et la boîte S se trouvent alors en communication avec B. On fait toucher F par la branche Q de la fourchette; la charge du disque M s'écoule au sol par le galvanomètre.

Reste à mesurer la différence de potentiel E des deux points A et B. On met une résistance très grande ρ sur le circuit du galvanomètre et on en attache les deux extrémités,

[1] Ayrton et Perry, *Journ. of tel. Eng.*, t. VIII, p. 126, 1879.

l'une en A, l'autre en un point D de la résistance AB, tel que la résistance AD soit une fraction m de la résistance AB, de sorte que la différence de potentiel entre A et D est égale à mE. En outre, le galvanomètre étant shunté, le courant i mesuré par la déviation δ est une fraction $\frac{s}{s+g}$ de celui que donnerait la force électromotrice mE dans une résistance $\rho+\frac{gs}{g+s}=\frac{\rho(g+s)+gs}{s+g}$; c'est donc le courant que produirait la force électromotrice E dans la résistance $\frac{\rho(g+s)+gs}{ms}$ et on a, d'après l'équation (1),

$$C=\frac{ms}{\rho(s+g)+sg}\frac{T}{\pi}\frac{\alpha}{\delta}.$$

Le galvanomètre était un galvanomètre astatique de Thomson dont on avait remplacé les aiguilles ordinaires, pour augmenter la durée de l'oscillation et diminuer l'amortissement, par deux systèmes de 20 barreaux chacun montés dans une espèce de chape de plomb, de manière à figurer une petite sphère. La durée de l'oscillation atteignait 39^s,5 et le décrément logarithmique était réduit à 0,1565.

1136. — Au lieu d'une décharge unique, on peut employer une succession de décharges. En appelant β la déviation permanente due aux décharges, δ celle qui correspond au courant produit dans une résistance R par la force électromotrice établie entre les armatures, et n le nombre des décharges par seconde, on a

$$a^2=ncR\frac{\delta}{\beta}.$$

Si on choisit des conditions telles que les déviations δ et β soient égales, il reste simplement $a^2=nc$R. Dans ces conditions, il n'est pas nécessaire que l'appareil ait d'aussi grandes dimensions que pour une décharge unique, et la pile peut être réduite à un petit nombre de couples.

Cette méthode est celle qui a donné lieu au plus grand nombre d'expériences; nous citerons en particulier celles de

M. Stoletow [1], de M. J.-J. Thomson [2] et de M. Klemencic [3]. Le condensateur de M. Stoletow était formé de deux plateaux circulaires très voisins. M. J.-J. Thomson emploie la disposition du n° **1062** et se sert de condensateurs cylindriques avec anneau de garde.

M. Klemencic a recours au galvanomètre différentiel. Le courant de la pile se bifurque : une des parties traverse une boîte de résistances et l'une des bobines, l'autre partie va à l'interrupteur et passe sous forme de décharges à travers la seconde bobine. On règle les résistances de manière que l'aiguille reste au zéro. Le condensateur est formé de deux plateaux circulaires dont la distance est variable : on tient compte de l'effet des bords par la formule suivante de M. Kirchhoff [4], dans laquelle A représente le rayon des plateaux, b leur épaisseur et e la distance qui les sépare

$$c = \frac{A^2}{4e} + \frac{A}{4\pi}\left[l.\frac{16\pi(e+b)}{e^2} + \frac{b}{e}\, l.\frac{e+b}{b} - 1 \right].$$

1137. — Enfin une dernière méthode consisterait à déterminer la capacité électromagnétique C d'un condensateur par le temps t nécessaire pour que la différence de potentiel des deux armatures, reliées par une résistance R, passe d'une valeur V_0 à la valeur V, le rapport $\frac{V_0}{V}$ étant déterminé par un électromètre. On aurait alors (**985**)

$$\frac{1}{C} = \frac{R}{t}\, l.\frac{V_0}{V}.$$

La capacité électrostatique c du condensateur étant mesurée directement, il en résulte

$$a^2 = \frac{c}{C} = \frac{cR}{t}\, l.\frac{V_0}{V}.$$

(1) Stoletow, *Journ. de physique*, (2), t. X, p. 468, 1881.
(2) J.-J. Thomson, *Phil. Trans.*, *L. R. S.* for 1883, p. 707.
(3) Klemencic, *Wiener Berichte* (3) t. LXXXIII, p. 88, 1884.
(4) Kirchhoff, *Mon. Ber. der Ak. zu Berlin*, 1877. — *Gesamm. Abh.*, p. 101.

1138. Résumé des expériences. — A part la méthode de Weber et Kohlrausch où la valeur de a est empruntée seulement aux nombres fournis par l'expérience même, les autres méthodes font intervenir la valeur numérique d'une résistance, laquelle a été souvent estimée par l'Unité de l'Association Britannique. Si on admet (**1128**) que la valeur la plus probable de l'ohm soit représentée par $106^c,25$ de mercure, l'unité (B. A. U.) est égale à 0,98664; en corrigeant les résultats de l'erreur commise dans l'évaluation des résistances, on trouve comme moyennes des nombres obtenus par les différents expérimentateurs :

Date et observateur.		Valeur de a obtenue.	Valeur de a corrigée.
1856	Weber et Kohlrausch.	$31,07 \cdot 10^9$	$31,07 \cdot 10^9$
1869	W. Thomson et King.	28,46	28,08
1872	Dugald M'Kichan . . .	29,35	28,96
1880	Shida.	29,95	29,55
1879	Ayrton et Perry. . . .	29,80	29,60
1883	J.-J. Thomson.	29,20	29,20
1884	Klemencic.	30,19	30,19
	Moyenne.		29,52

Les recherches les plus récentes ont donné pour la vitesse de la lumière :

1862	Foucault.	$29,80 \cdot 10^9$
1874	Cornu.	30,04
1879	Michelson.	29,98

On voit donc que, selon toute probabilité, ou du moins avec une erreur qui paraît inférieure à un centième, la vitesse de la lumière dans le vide et le rapport des unités électromagnétique et électrostatique d'électricité, sont représentés par le même nombre.

TROISIÈME PARTIE — MESURES MAGNÉTIQUES

CHAPITRE PREMIER

CHAMP MAGNÉTIQUE

1139. — Les méthodes employées pour déterminer le champ d'un courant conviennent également pour un champ magnétique quelconque. Mais la mesure des champs magnétiques, et en particulier celle du champ terrestre qui intervient si souvent dans les mesures électriques, présente une telle importance qu'il est nécessaire de reprendre avec quelques détails la question surtout à ce dernier point de vue.

1140. Oscillations d'une aiguille aimantée. — La méthode la plus ancienne est celle des oscillations. Si K est le moment d'inertie d'une aiguille aimantée mobile autour d'un axe, M la composante normale à l'axe de son moment magnétique, N le nombre des oscillations, réduites aux angles infiniment petits, qu'elle effectue pendant l'unité de temps sous l'action d'un champ magnétique sensiblement uniforme dans l'espace occupé par l'aiguille et dont la composante normale à l'axe est H, on a

$$\pi^2 KN^2 = MH. \tag{1}$$

Cette équation fournit le produit HM du champ par le moment magnétique de l'aiguille, ou le couple directeur, si l'on connaît le moment d'inertie de l'aiguille.

Si l'observation est faite successivement dans deux champs différents H et H', leur rapport est égal au carré du rapport des nombres d'oscillations qu'une même aiguille sous leur influence exécuterait dans le même temps.

Toutefois l'état magnétique de l'aiguille est modifié par le champ lui-même, mais l'aimantation induite n'est pas rigoureusement parallèle à la force magnétisante (**398**). Tant que les oscillations restent très petites, on peut admettre que le magnétisme induit se compose de deux termes : l'un parallèle au champ, qui se déplace par rapport à l'aiguille pendant les oscillations et ne produit pas de couple ; l'autre, parallèle à la plus grande longueur de l'aiguille, qui augmente son moment magnétique d'une quantité à peu près constante et proportionnelle à l'intensité du champ. Pour calculer les oscillations, on doit donc ajouter au moment magnétique M_0, qui correspond au magnétisme rigide, un terme de la forme iH et l'équation (1) devient alors

$$(1)' \qquad \pi^2 K N^2 = (M_0 + iH)H = M_0 H\left(1 + \frac{i}{M_0}H\right) = M_0 H(1 + \varphi H).$$

Le coefficient φ dépend de la forme de l'aiguille et de son aimantation primitive. Il est très petit pour les barreaux d'acier très aimantés tels que ceux dont on fait usage dans les observations sur le magnétisme terrestre. La relation

$$(2) \qquad \frac{N^2}{N'^2} = \frac{H(1+\varphi H)}{H'(1+\varphi H')}$$

peut alors s'écrire

$$\frac{N^2}{N'^2} = \frac{H}{H'}\left[1 + \varphi(H - H')\right].$$

Cette simplification n'est plus possible quand il s'agit de champs très intenses, où l'aimantation temporaire peut acquérir une influence prédominante. Si l'aiguille est formée de fer doux ou mieux d'une substance peu magnétique, il ne reste dans chaque cas que l'aimantation proportionnelle au champ; alors l'équation (2) donne sensiblement

$$\frac{N}{N'} = \frac{H}{H'}.$$

1141. — Pour comparer deux champs quelconques F et F' que l'on peut déplacer à volonté, comme ceux d'un courant ou d'un aimant, on dispose chaque expérience de manière que le champ observé soit parallèle au champ terrestre, dans le même sens ou en sens contraire, c'est-à-dire ne dévie pas l'aiguille, et on élimine l'action de la terre par différence : telle est l'expérience de Biot et Savart (**114**).

Pour plus de rigueur, on peut remarquer que le moment magnétique efficace de l'aiguille, qui est $M_0(1+\varphi H)$ dans le champ terrestre, devient $M_0[1+\varphi(H+F)]$ dans le champ $H+F$. Si ce dernier est de l'ordre du champ terrestre, les nombres d'oscillations N_0 et N, relatifs aux deux expériences, donnent

$$(3)\qquad \frac{N^2-N_0^2}{N_0^2} = \frac{F}{H}\,\frac{1+\varphi(2H+F)}{1+\varphi H} = \frac{F}{H}\Big[1+\varphi(H+F)\Big],$$

ou, en remplaçant $H+F$ dans le terme de correction par sa valeur approchée,

$$\frac{F}{H} = \frac{N^2-N_0^2}{N_0^2}\Big[1-\varphi H\frac{N^2}{N_0^2}\Big].$$

Le nombre N' des oscillations dans le champ $H+F'$ donne une équation analogue et on obtient finalement

$$(4)\qquad \frac{F}{F'} = \frac{N^2-N_0^2}{N'^2-N_0^2}\Big[1+\varphi H\,\frac{N'^2-N^2}{N_0^2}\Big].$$

Lorsque le champ F, au lieu d'être parallèle au champ terrestre, fait avec lui un petit angle α, le champ résultant R est donné par la relation

$$R^2 = F^2+H^2+2HF\cos\alpha = (H+F)^2\Big[1-\frac{HF}{(H+F)^2}\alpha^2\Big].$$

L'erreur commise en prenant $R = H + F$ est de l'ordre du carré de l'angle d'écart et, par suite, négligeable, pourvu que la somme $H + F$ ne soit pas très petite, ce qui correspondrait à deux champs opposés.

1142. Méthodes de torsion. — L'aiguille aimantée étant suspendue par un fil métallique dont le coefficient est C, et située d'abord dans le méridien magnétique, on mesure la torsion ω nécessaire pour l'amener dans une direction déterminée. Si elle est à peu près normale au méridien, c'est-à-dire voisine de la position transverse (**721**), l'aimantation induite donne un couple nul par raison de symétrie et le magnétisme rigide intervient seul. En appelant ω la rotation du tambour et θ la déviation de l'aiguille, le couple directeur M_0H sera donné en fonction du coefficient C par l'équation

$$C(\omega - \theta) = M_0 H \sin\theta. \tag{5}$$

Quelques précautions sont encore nécessaires pour éliminer les défauts de réglage. Si l'aiguille, dans sa position primitive, au lieu d'être rigoureusement parallèle au méridien magnétique, fait avec ce plan un petit angle α, le fil ayant lui-même une torsion initiale ε, on a

$$C\varepsilon = M_0 H \sin\alpha,$$

et l'équation d'équilibre (5) doit être remplacée par

$$C(\omega - \theta + \varepsilon) = M_0 H \sin(\theta + \alpha). \tag{5'}$$

La même expérience, répétée de l'autre côté, donne

$$C(\omega_1 - \theta_1 - \varepsilon) = M_0 H \sin(\theta_1 - \alpha).$$

Lorsque les deux positions d'équilibre sont opposées, c'est-à-dire que la somme des angles θ et θ_1 est très voisine de π, ces angles étant sensiblement égaux, il est facile de vérifier, en ajoutant et retranchant les deux équations d'équilibre, que l'erreur de réglage ε est égale à $\frac{\omega_1 - \omega}{2}$. Si cette différence est petite on peut dans l'équation (5) remplacer les angles ω et θ par les moyennes des lectures à droite et à gauche.

Appelons ω_0 et θ les valeurs moyennes des angles observés dans une première expérience sous la seule influence de la terre, ω la torsion nécessaire pour obtenir la même déviation θ dans le champ $H+F$, on a

$$C(\omega - \omega_0) = M_0 F \sin(\theta + \alpha);$$

il en résulte, pour deux champs différents F et F',

$$\frac{F'}{F} = \frac{\omega' - \omega_0}{\omega - \omega_0}. \tag{6}$$

Si la direction des champs F et F', au lieu d'être parallèle au champ terrestre, est réglée de manière que l'aiguille ne soit pas déviée, ils font eux-mêmes l'angle α avec le méridien ; il suffit alors de produire les déviations d'un côté, les erreurs de réglage disparaissent dans la différence des torsions et le rapport des champs est encore donné par l'équation (6).

D'une manière plus générale, si les directions des champs F et F' et du champ terrestre sont très voisines, on verrait aisément que l'erreur commise est seulement de l'ordre du carré des angles d'écart.

Une suspension bifilaire donnerait des résultats tout semblables. L'appareil étant bien réglé, on aurait

$$C \sin(\omega - \theta) = M_0 H \sin\theta. \tag{7}$$

On éliminera le défaut de réglage par la moyenne des lectures relatives à deux observations à droite et à gauche, avec des positions d'équilibre sensiblement opposées ; si la différence des angles observés est très faible, on peut dans l'équation (7) remplacer les angles ω et θ par les moyennes de deux lectures à droite et à gauche.

Pour une déviation moyenne θ est de $90°$, il reste simplement

$$M_0 H = C \cos\omega.$$

Dans ce cas, si la torsion moyenne est ω_0 avec le champ terrestre, ω et ω' avec les champs $H+F$ et $H+F'$, on a

$$\frac{F'}{F} = \frac{\cos\omega_0 - \cos\omega'}{\cos\omega_0 - \cos\omega}.$$

1113. — Supposons l'appareil bien réglé, avec une suspension unifilaire ou bifilaire. Pour un petit déplacement $d\theta$, à partir de la position d'équilibre déterminée par les équations (5) ou (7), le couple qui ramène l'aiguille dans sa position d'équilibre a pour valeur l'une des expressions

$$(M_0 H \cos\theta + C)\,d\theta = M_0 H\left(\cos\theta + \frac{\sin\theta}{\omega - \theta}\right)d\theta,$$

$$[M_0 H \cos\theta + C\cos(\omega - \theta)]\,d\theta = M_0 H\,\frac{\sin\omega}{\sin(\omega - \theta)}\,d\theta,$$

et les nombres d'oscillations correspondantes N' et N'' donnent

$$\pi^2 K N'^2 = M_0 H\left[\cos\theta + \frac{\sin\theta}{\omega - \theta}\right],$$

$$\pi^2 K N''^2 = M_0 H\,\frac{\sin\omega}{\sin(\omega - \theta)}.$$

Il est à remarquer que, pour des déviations voisines de $90°$, les oscillations ne dépendent que du magnétisme rigide M_0.

1114. — On peut encore disposer le champ auxiliaire dans une direction perpendiculaire au champ terrestre et déterminer la torsion ω nécessaire pour ramener l'aiguille dans sa direction primitive. On aura alors, suivant le mode de suspension,

$$C\omega = M_0 F, \quad \text{ou} \quad C\sin\omega = M_0 F.$$

L'expérience est la même que pour la mesure des courants par la méthode de torsion (**830**) et on éliminera encore les défauts de réglage par des observations faites dans les deux sens, à droite et à gauche.

1145. Méthodes de déviations. — Lorsque le champ F fait un angle notable α avec le méridien magnétique et que l'aiguille est suspendue par un fil sans torsion, la condition d'équilibre relative à la déviation δ est

$$F \sin(\alpha - \delta) = H \sin \delta,$$

et, si les deux champs sont rectangulaires,

$$F = H \tang \delta;$$

on éliminera les défauts de réglage comme dans la boussole des tangentes.

On peut opérer aussi comme dans la boussole des sinus. L'aiguille étant dans le méridien magnétique, on fait agir le champ perpendiculairement à la direction primitive de l'aiguille et on le fait ensuite tourner jusqu'à ce qu'il reprenne la même position par rapport à l'aiguille, c'est-à-dire qu'il soit perpendiculaire à sa direction finale. Si δ est la rotation observée, on a

$$F = H \sin \delta.$$

Ces deux méthodes, utilisées d'abord par Gauss pour observer l'action d'un barreau aimanté, équivalent à l'emploi des boussoles pour la mesure des courants. Ici encore il n'y a pas à tenir compte des variations qu'éprouve l'aimantation de l'aiguille, puisque son axe magnétique reste parallèle à la direction du champ résultant.

Il y aura, comme dans le galvanomètre, à tenir compte des dimensions de l'aiguille lorsque le champ considéré n'est pas uniforme dans l'espace qu'elle occupe.

1046. — Si la direction du champ est inconnue, la mesure de la déviation et celle des oscillations dans les deux cas donnent la direction du champ et sa valeur en fonction du champ terrestre. Soit, en effet, α l'angle du champ F avec le méridien, δ la déviation, N_0 et N les nombres d'oscillations qui correspondent à la direction primitive et à l'aiguille déviée, R la résultante des forces F et H, on a, en négligeant l'aimantation induite,

$$\frac{F}{\sin\delta} = \frac{R}{\sin\alpha} = \frac{H}{\sin(\alpha-\delta)},$$

$$\frac{N^2}{N_0^2} = \frac{R}{H}.$$

On en déduit

$$\cot g\,\alpha = \cot g\,\delta - \frac{N_0^2}{N^2 \sin\delta},$$

$$F = H\,\frac{\sin\delta}{\sin(\alpha-\delta)}.$$

1017. — La méthode des déviations peut encore être utilisée lors même que les champs à comparer sont parallèles au champ terrestre.

Supposons que l'aiguille d'un déclinomètre, de moment M, soit portée par une suspension bifilaire et déviée de l'angle θ. L'équation d'équilibre est

$$HM\sin\theta = C\sin(\omega-\theta). \tag{7}$$

ω étant la torsion du système à partir du méridien.

Dans ces conditions, si on déplace l'aiguille d'un angle δ, le couple qui tend à la ramener dans sa première position est

$$\begin{aligned} P &= HM\sin(\theta+\delta) - C\sin(\omega-\theta-\delta) \\ &= \frac{C}{\sin\theta}\Big[\sin(\theta+\delta)\sin(\omega-\theta) - \sin\theta\sin(\omega-\theta-\delta)\Big]. \end{aligned}$$

En remplaçant les produits de sinus par des sommes de cosinus, on trouve finalement

$$P = C\,\frac{\sin\omega}{\sin\theta}\sin\delta = HM\,\frac{\sin\omega}{\sin(\omega-\theta)}\sin\delta. \tag{8}$$

Le couple étant proportionnel au sinus du déplacement, l'aiguille se comporte exactement comme si elle était située dans un champ uniforme parallèle à la direction d'équilibre et d'intensité

$$H' = H\frac{\sin(\omega-\theta)}{\sin\omega}.$$

Supposons que ce déplacement δ ait été obtenu en ajoutant au champ terrestre un champ F parallèle et de même sens, la déviation de l'aiguille est $\theta-\delta$. En égalant au couple P relatif au déplacement δ le couple produit par le nouveau champ, la condition d'équilibre est

$$(9)\qquad FM\sin(\theta-\delta) = C\frac{\sin\omega}{\sin\theta}\sin\delta = HM\frac{\sin\omega}{\sin(\omega-\theta)}\sin\delta.$$

Cette équation donne le rapport des champs F et H si on connaît l'angle ω, et on éliminera les défauts de réglage par une expérience faite de l'autre côté.

Si l'équilibre primitif est exactement dans la position transverse, l'angle θ étant de 90°, on a

$$F = \frac{C}{M}\sin\omega\operatorname{tang}\delta = -H\operatorname{tg}\omega\operatorname{tang}\delta.$$

Un autre champ F′ parallèle au champ terrestre donnera, de même, un déplacement δ' et on en déduit

$$(10)\qquad \frac{F}{F'} = \frac{\sin\delta}{\sin\delta'}\cdot\frac{\sin(\theta-\delta')}{\sin(\theta-\delta)},$$

les déviations δ et δ' étant du même signe ou de signes différents, suivant que les champs F et F′ sont de même sens ou de sens contraires.

Pour un premier équilibre dans la position transverse, on a simplement

$$(10)'\qquad \frac{F}{F'} = \frac{\operatorname{tang}\delta}{\operatorname{tang}\delta'}.$$

Il est important de remarquer, d'abord que la torsion ω n'entre pas dans les équations (10), ensuite que les déplacements δ et δ' sont donnés directement par l'expérience. Enfin, le rapport $\frac{\sin(\theta - \delta')}{\sin(\theta - \delta)}$ est sensiblement égal à $\frac{\cos \delta'}{\cos \delta}$ lorsque ces déplacements sont très petits, quand même l'angle θ ne serait pas rigoureusement de 90°.

1118. — On peut même éliminer les angles θ et θ' par l'observation des oscillations. En effet, quand l'aiguille est soumise au champ $H + F$ et qu'on la déplace de l'angle ε, le couple Q qui tend à l'y ramener est, d'après les équations (8) et (9),

$$Q = C \frac{\sin \omega}{\sin(\theta - \delta)} \sin \varepsilon = FM \frac{\sin \theta}{\sin \delta} \sin \varepsilon,$$

et le nombre N des oscillations correspondantes satisfait à l'équation

$$\pi^2 KN^2 = C \frac{\sin \omega}{\sin(\theta - \delta)} = FM \frac{\sin \theta}{\sin \delta}.$$

Une expression analogue pour le nombre N' d'oscillations relatives au champ $H + F'$ donne

$$\frac{F}{F'} = \frac{N^2 \sin \delta}{N'^2 \sin \delta'}, \tag{11}$$

et cette équation ne renferme plus que les angles δ et δ'.

En comparant les équations (10) et (11), il en résulte, comme condition à vérifier par expérience,

$$\frac{N^2}{N'^2} = \frac{\sin(\theta - \delta')}{\sin(\theta - \delta)}.$$

1119. Emploi des galvanomètres. — L'action d'un champ magnétique peut être comparée avec celle d'un courant par des expériences très variées.

Supposons, par exemple, qu'un galvanomètre dont la constante est G soit placé dans un champ F parallèle au cadre et qu'on y fasse passer un courant I déterminé en valeur absolue par un autre instrument; la déviation δ de l'aiguille donnera le champ F par la relation

$$GI = F \operatorname{tang} \delta.$$

Si le champ F est perpendiculaire au cadre, on peut régler l'expérience de manière que la déviation soit nulle, et on a simplement

$$F = GI.$$

Le galvanomètre de M. Lippmann (**862**) est particulièrement propre à l'étude par points de champs très intenses, parce qu'il peut être réduit à des dimensions très petites. En mesurant le changement de pression p qui correspond à l'action du champ sur un courant I qui traverse une couche de mercure d'épaisseur e, on aura la composante F du champ normale à la cuve par la relation

$$F = \frac{ep}{I}.$$

La mesure de l'épaisseur e et du courant I permet de déterminer F en valeur absolue. Dans tous les cas, pour des expériences de comparaison, le champ F est proportionnel à la différence de pression p.

M. Leduc [1] s'est servi de cette disposition et il a même rendu l'appareil beaucoup plus sensible en évaluant la différence de pression par une colonne d'eau.

Enfin, on a vu précédemment (**857**) comment l'emploi simultané d'une boussole des tangentes et d'un cadre mobile permettent de déterminer séparément l'intensité du courant qui traverse les deux appareils, et celle du champ dans lequel ils sont placés, par les déviations de l'aiguille et du cadre, quand on connaît les dimensions des instruments.

On peut aussi par une disposition convenable (**858** et **859**), arriver au même résultat en observant la déviation du cadre par le champ, et celle qu'il produit sur une aiguille voisine située dans une position principale par rapport au plan primitif du cadre. Ces dernières méthodes conviennent particulièrement pour la détermination du champ terrestre.

1150. Courants induits. — La mesure des décharges induites détermine les variations du flux de force dans la surface d'un circuit, et, par suite, la valeur moyenne F_m du champ sur

[1] A. Leduc, *C. R. de l'Acad. des sc.* T. XCIX, p. 186, 1884.

cette surface. Cette méthode a été utilisée d'abord par Verdet [1] pour mesurer l'intensité du champ dans lequel il plaçait des substances jouissant du pouvoir rotatoire magnétique; elle est particulièrement avantageuse quand il s'agit de champs très intenses, comme ceux que produisent les électro-aimants ou les machines industrielles.

Une petite bobine est placée sur un support qui permet de lui donner rapidement une rotation de 180° autour d'un axe parallèle au plan des spires et elle est intercalée dans le circuit d'un galvanomètre balistique. L'axe de la bobine étant d'abord parallèle à la direction du champ, on observe l'impulsion qui correspond à une rotation de 180°. Pour une bobine de n spires dont la surface moyenne est S, la quantité q d'électricité induite dans un circuit de résistance R, est

$$q = \frac{nS}{R} F_m.$$

L'expérience donne elle-même le moyen de vérifier que l'axe de la bobine est parallèle au champ, par la condition que la décharge induite soit maximum.

Pour faire la tare du galvanomètre balistique, il suffit d'avoir soin que le circuit renferme un cadre de surface connue S'. En retournant ce cadre face pour face, à partir d'une position horizontale ou d'une position verticale perpendiculaire au méridien, la décharge induite correspond au flux de force $2ZS'$ ou $2HS'$; on évite ainsi toute mesure de résistance, de constante galvanométrique et de durée d'oscillation.

Lorsque le champ terrestre entre pour une part notable dans l'effet produit, on en élimine l'action en déplaçant la bobine parallèlement à elle-même jusqu'à ce qu'elle sorte des limites du champ observé.

Avec des champs très intenses, la surface S peut être assez petite pour permettre une étude par points de la distribution des forces.

S'il s'agit seulement d'expériences de comparaison, et que les écarts du galvanomètre restent petits avec un faible amortisse-

(1) Verdet, *Ann. de Chim. et de Phys.* (3) t. XLI, p. 395, 1854.

ment, le rapport des champs est égal simplement au rapport des angles d'impulsion observés.

Nous devons insister, en particulier, sur cette circonstance que la méthode d'induction s'applique à des champs quelconques et n'entraîne aucune des corrections que nous avons signalées dans les autres cas.

1151. Champ d'un aimant. — A une grande distance par rapport aux dimensions d'un aimant, le champ magnétique est le même que celui de deux masses infiniment voisines égales et de signes contraires.

Prenons pour axe des x l'axe magnétique de l'aimant, ou la ligne polaire, et pour axe des y une droite située dans le plan perpendiculaire passant par le milieu de l'aimant, c'est-à-dire dans son équateur magnétique. Soient x et y les coordonnées d'un point P très éloigné, R la distance $\sqrt{x^2+y^2}$ de ce point au centre de l'aimant, ω l'angle de la droite R avec l'axe polaire; les composantes X et Y du champ au point P et les composantes Z et H, l'une normale et l'autre tangente à la sphère de rayon R, ont pour expressions (**152**)

$$X = \frac{M}{R^3}\left(3\frac{x^2}{R^2} - 1\right) = \frac{M}{R^3}(3\cos^2\omega - 1),$$

$$Y = \frac{M}{R^3} 3xy = \frac{M}{R^2} 3\cos\omega \sin\omega.$$

$$Z = 2\frac{M}{R^3}\cos\omega,$$

$$H = \frac{M}{R^3}\sin\omega.$$

Les expressions de ces différentes forces sont beaucoup plus complexes lorsque la distance R n'est pas très grande par rapport à la longueur $2L$ de l'aimant. Si on les développe suivant les puissances croissantes du rapport $\frac{L}{R}$, elles seront formées d'un facteur principal donné par la valeur qui convient pour les grandes distances, multiplié par une série dont le premier terme est l'unité et qui ne renfermera que les puissances paires du rapport considéré.

En effet, toutes ces forces conservent les mêmes valeurs, au signe près, quand on renverse l'aimant, c'est-à-dire quand on change le signe de L; le moment M qui existe dans le facteur principal changeant de signe, les termes de la série ne doivent pas changer.

1152. — Pour avoir une idée de la forme de ces expressions, on peut assimiler l'aimant M à deux masses de signes contraires $\pm m$ situées aux pôles et définies par la condition $2Lm = M$. Les distances du point P aux masses $+m$ et $-m$ étant r et r', le potentiel magnétique est

$$V = m\left(\frac{1}{r} - \frac{1}{r'}\right);$$

les composantes Z et H sont respectivement égales à

$$-\frac{\partial V}{\partial R} \quad \text{et} \quad -\frac{1}{R}\frac{\partial V}{\partial \omega}.$$

En posant

$$z = \frac{2LR}{R^2+L^2}\cos\omega,$$

on trouve aisément

$$\begin{aligned} Z = \frac{2M\cos\omega}{(R^2+L^2)^{\frac{3}{2}}}\frac{R^2}{R^2+L^2}\Bigg[1 - \frac{L^2}{2R^2} &+ \frac{3.5}{2.4}z^2\left(\frac{2}{3} - \frac{L^2}{2R^2}\right) \\ &+ \frac{3.5.7.9}{2.4.6.8}z^4\left(\frac{3}{5} - \frac{L^2}{2R^2}\right) \\ &+ \frac{3.5\ldots13}{2.4\ldots12}z^6\left(\frac{4}{7} - \frac{L^2}{2R^2}\right) + \ldots\Bigg], \end{aligned}$$

$$H = \frac{M\sin\omega}{(R^2+L^2)^{\frac{3}{2}}}\left[1 + \frac{3.5}{2.4}z^2 + \frac{3.5.7.9}{2.4.6.8}z^4 + \ldots\right].$$

Si on remplace z par sa valeur et que, mettant partout la distance R en facteur, on achève les développements en série, on n'obtiendra finalement dans la parenthèse que les puissances paires du rapport $\frac{L}{R}$, mais la loi de formation des termes successifs est alors très compliquée.

On remarquera, en particulier, que dans l'équateur de l'aimant, où $z=0$, la valeur de H est simplement en raison inverse du cube de la distance aux pôles $\sqrt{R^2+L^2}$.

1153. Couple réciproque de deux aimants. — D'une manière plus générale, considérons deux aimants symétriques, dont les moments magnétiques sont M et m (fig. 239), les longueurs $2L$ et $2l$, et dont les axes magnétiques, situés dans un même plan, font les angles ω et δ avec la droite $OO'=R$ qui joint

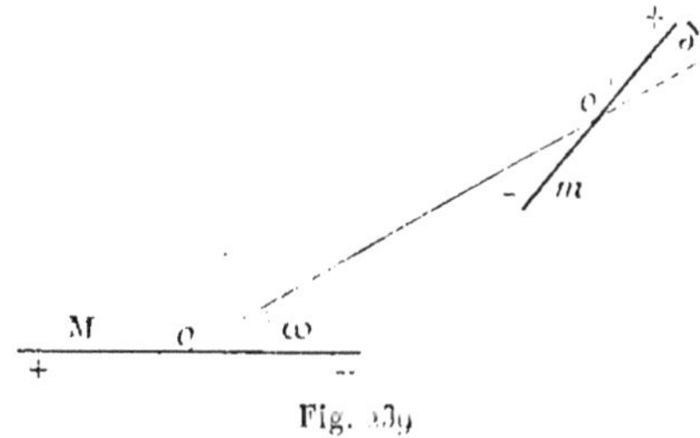

Fig. 239

leurs milieux. Si les deux aimants étaient très petits par rapport à leur distance, le moment D du couple réciproque serait

$$D=m(Z\sin\delta-H\cos\delta)=\frac{Mm}{R^3}(2\cos\omega\sin\delta-\sin\omega\cos\delta).$$

Le couple des deux aimants est encore égal au produit de cette expression par une fonction $f(L, l, \omega, \delta)$ qui ne doit renfermer que les puissances paires des longueurs L et l. En effet, si on change de signe l'une de ces longueurs, le moment magnétique correspondant change de signe; le couple D conservant la même valeur, au signe près, la fonction f ne doit pas changer. On peut donc écrire

$$D=\frac{Mm}{R^3}\left(2\cos\omega\sin\delta-\sin\omega\cos\delta\right)\left|1+\frac{h_2}{R^2}+\frac{h_4}{R^4}+\ldots\right|;$$

les numérateurs h_2, h_4, ... sont respectivement des polynomes homogènes du 2e, 4e degré en L et l, ne renfermant que des puissances paires de ces deux longueurs.

Si on réduit les aimants à quatre pôles, on calculera le

couple résultant, soit par les actions Z et H du premier sur chacun des pôles du second, soit par les quatre actions des pôles deux à deux. Le développement a été poussé par M. Lamont [1] jusqu'aux termes du 4e degré pour les cas où le milieu du second aimant occupe une position principale par rapport au premier, c'est-à-dire est situé sur la ligne des pôles ou dans le plan de l'équateur. En appelant α et β les angles que fait l'axe magnétique du barreau $2l$ avec l'équateur du premier, les moments A et B des couples relatifs à ces deux positions principales sont

$$A = \frac{2Mm\cos\alpha}{R^3}\left[1 + \frac{2L^2 - 3l^2(1 - 5\sin^2\alpha)}{R^2} + 3\,\frac{L^4 - 5L^2l^2(1 - 5\sin^2\alpha) + \frac{15}{8}l^4(1 - 14\sin^2\alpha + 21\sin^4\alpha)}{R^4}\right],$$

$$B = \frac{Mm\cos\beta}{R^3}\left[1 - \frac{3}{2}\,\frac{L^2 - l^2(4 - 15\sin^2\beta)}{R^2} + \frac{15}{8}\,\frac{L^4 - 2L^2l^2(6 - 23\sin^2\beta) + 8l^4(1 - 42\sin^2\beta - 21\sin^4\beta)}{R^4}\right].$$

On peut remarquer que, dans le développement du couple A, les termes de correction relatifs à l'angle α ont la même forme que pour une bobine agissant sur une aiguille centrée sur l'axe (**716**), ce qui devait être puisque l'action de l'aimant équivaut à celle d'une bobine.

Ces expressions seront très importantes pour déterminer le champ d'un aimant M par l'action qu'il exerce sur un second aimant m de dimensions plus petites et il est utile d'examiner quelle peut être l'importance des termes de correction.

Dans tous les cas, les expressions des couples A et B peuvent se mettre sous la forme

$$(12)\qquad \begin{aligned} A &= \frac{2Mm}{R^3}\cos\alpha\,[1 + p + p'],\\ B &= \frac{Mm}{R^3}\cos\beta\,[1 + q + q']. \end{aligned}$$

[1] J. Lamont, *Handbuch des Magnetismus*, p. 281, 1867.

1154. — Supposons d'abord que le second aimant puisse être considéré comme infiniment petit par rapport à sa distance au centre du premier. En posant $\rho = \frac{L}{R}$, on a

$$p = 2\rho^2, \qquad p' = 3\rho^4;$$
$$q = -\frac{3}{2}\rho^2, \qquad q' = \frac{15}{8}\rho^4.$$

Si la distance R est quatre fois, par exemple, la longueur de l'aimant, ou $R = 8L$, il en résulte $\rho^2 = 0{,}015625$, $\rho^4 = 0{,}000244$ et les termes de correction sont

$$p = 0{,}031250, \qquad p' = 0{,}000732;$$
$$q = -0{,}023437, \qquad q' = 0{,}000457.$$

1155. — Lorsque la longueur du second aimant n'est pas très petite, nous supposerons que les deux aimants sont presque perpendiculaires entre eux ou presque parallèles.

Si les aimants sont presque perpendiculaires entre eux, les angles α et β sont négligeables dans les termes de correction. En posant $\frac{l}{L} = \lambda$, on a alors

$$p = 2\rho^2\left(1 - \frac{3}{2}\lambda^2\right), \qquad p' = 3\rho^4\left(1 - 5\lambda^2 + \frac{15}{8}\lambda^4\right).$$
$$q = -\frac{3}{2}\rho^2(1 - 4\lambda^2), \qquad q' = \frac{15}{8}\rho^4(1 - 12\lambda^2 + 8\lambda^4).$$

Pour que le second des termes de correction, p' ou q', ait une valeur nulle, il faut que le rapport λ des longueurs des aimants soit donné par la racine positive plus petite que l'unité de l'une des deux équations

$$1 - 5\lambda^2 + \frac{15}{8}\lambda^4 = 0, \qquad \text{ou} \qquad \lambda = \frac{1}{2{,}15},$$
$$1 - 12\lambda^2 + 8\lambda^4 = 0, \qquad \lambda = \frac{1}{3{,}36}.$$

On satisfait à peu près à la première condition avec la valeur $\lambda = \frac{1}{2}$, qui annule q; en prenant encore $\rho = \frac{1}{8}$, on a

$$p = 2\rho^2 \frac{5}{8} = 0{,}019\,531, \qquad p' = -3\rho^4 \frac{17}{8.16} = 0{,}000\,097;$$

$$q = 0, \qquad q' = -\frac{15}{8}\rho^4 \frac{3}{2} = -0{,}000\,685.$$

Lorsque les aimants sont presque parallèles, les angles α et β diffèrent très peu de $90°$. En appelant α_1 et β_1 les angles complémentaires $\frac{\pi}{2} - \alpha$ et $\frac{\pi}{2} - \beta$, les expressions des couples A et B deviennent

$$(13) \quad \begin{cases} A = \dfrac{2Mm}{R^3} \sin \alpha_1 [1 + p + p'], \\ B = \dfrac{Mm}{R^3} \sin \beta_1 [1 + q + q']. \end{cases}$$

Les sinus des angles α et β étant remplacés par l'unité dans les termes de correction, on a alors

$$p = 2\rho^2 (1 - 6\lambda^2), \qquad p' = 3\rho^4 (1 + 20\lambda^2 + 15\lambda^4);$$

$$q = -\frac{3}{2}\rho^2 (1 + 11\lambda^2), \qquad q' = \frac{15}{8}\rho^4 (1 + 34\lambda^2 - 496\lambda^4).$$

Dans ce cas, il n'est plus possible d'annuler le second terme p' pour la première position principale et ce terme serait nul pour la seconde en faisant $\lambda = \frac{1}{3{,}32}$. Avec les valeurs précédentes de λ et de ρ, on aurait

$$p = 0{,}078\,125, \qquad p' = 0{,}005\,078;$$

$$q = -0{,}087\,898, \qquad q' = -0{,}009\,825.$$

La meilleure disposition, quand on se propose seulement de diminuer l'importance des termes de correction est donc d'employer un petit aimant dont la longueur soit moitié de celle de l'aimant principal et de le placer dans l'équateur du second. Dans tous les cas, même les moins avantageux, le second terme de correction est au plus de l'ordre des millièmes.

1156. — D'ailleurs, le calcul *a priori* des termes de correction ne peut être d'aucun usage dans la pratique, parce que l'action de deux aimants n'est pas réductible à celle de quatre pôles. Si les valeurs de ρ et de λ ne sont pas supérieures à celles qui ont servi aux calculs précédents, on pourra toujours, lorsque l'aimant dévié est dans une position principale par rapport au premier et à peu près perpendiculaire ou parallèle à sa direction, exprimer le moment du couple par l'une des formules (12) ou (13) dans lesquelles on ne prendra que le second terme de la série sous la forme $\frac{h}{R^2}$, le coefficient h étant déterminé par la comparaison des résultats obtenus pour deux distances différentes R et R'. Il n'est même pas nécessaire de supposer que le terme du quatrième degré est négligeable, parce que le mode de détermination englobe dans la valeur obtenue pour le premier terme la plus grande partie de la correction relative au terme suivant.

1157. Loi des actions magnétiques. — L'étude du champ d'un aimant peut servir à déterminer la loi des actions magnétiques. Supposons, en effet, que l'action qui s'exerce entre deux masses magnétiques soient en raison inverse de la n^e puissance de leur distance.

Le champ magnétique d'une masse m à la distance r est égal à $\frac{m}{r^n}$ et son potentiel à $\frac{1}{n-1}\frac{m}{r^{n-1}}$.

Si on considère deux masses très voisines $\pm m$ égales et de signes contraires et éloignées de $2a$, le potentiel en un point P, dont les distances aux masses considérées sont respectivement r et r', est

$$V = \frac{m}{n-1}\left(\frac{1}{r^{n-1}} - \frac{1}{r'^{n-1}}\right) = \frac{m}{r^n}\,dr.$$

Or, le produit $m dr$ est la projection du moment magnétique $2am = M$ des deux masses sur la droite qui joint au point P le milieu de leur distance. L'angle de ces deux directions étant ω, on a

$$V = M\frac{\cos\omega}{r^n}.$$

Les composantes de la force, l'une normale et l'autre tangente à la sphère de rayon r, sont

$$Z = -\frac{\partial V}{\partial r} = n\frac{M}{r^{n+1}}\cos\omega,$$

$$H = -\frac{1}{r}\frac{\partial V}{d\omega} = \frac{M}{r^{n+1}}\sin\omega.$$

On verrait encore, comme précédemment, que pour deux masses quelconques et, par suite, pour un aimant symétrique, les composantes de champ en un point, développées en fonction de sa distance au milieu de l'aimant, auront les mêmes expressions, sauf des termes de correction ne renfermant que les puissances paires de la longueur de l'aimant.

Remarquons, en particulier, que, pour une grande distance R, les valeurs F_p et F_e du champ d'un aimant sur la ligne des pôles et dans le plan de l'équateur sont

$$F_p = n\frac{M}{R^{n+1}},$$

$$F_e = \frac{M}{R^{n+1}};$$

le rapport de ces deux expressions est égal à l'indice n de la puissance qui définit l'action élémentaire.

1158. Expériences de Gauss. — Dans une série d'expériences instituées en vue de vérifier la loi des actions magnétiques, Gauss [1] fit agir sur un barreau mobile un second barreau placé à des distances variables de $1^m,3$ à 4^m.

Le barreau déviant était toujours perpendiculaire au méri-

[1] Gauss, *Intensitas vis magneticæ terrestris*, etc. — *Comment. soc. reg. Gotting.*, t. VIII, 1841. — *Gauss Werke*, t. V, p. 81.

dien magnétique et la ligne des centres perpendiculaire ou parallèle au méridien. Pour chaque distance, la déviation du barreau mobile était obtenue par les moyennes de quatre lectures relatives à deux positions du barreau déviant de de part et d'autre du barreau mobile et deux retournements, afin d'éliminer les défauts de symétrie.

Dans chaque cas, la tangente de la déviation était égale, à des termes de correction près, au rapport du champ du barreau déviant au champ terrestre. Les déviations δ et δ' relatives à la distance R, pour les deux dispositions différentes, satisfont d'une manière très satisfaisante aux relations

$$\begin{aligned} \operatorname{tang}\delta &= 0,086870\,R^{-3} - 0,002185\,R^{-5}, \\ \operatorname{tang}\delta' &= 0,043435\,R^{-3} + 0,002449\,R^{-5}, \end{aligned}$$

comme en le voit par le tableau suivant :

Distance R	δ Observ.	Obs. — Calc.	δ' Observ.	Obs. — Calc.
1^m,3	2° 13′ 51″,2	+ 0″,8	1° 10′ 19″,3	+ 6″,0
1,4	1 47 28,6	+ 4,5	55 58,9	+ 0,2
1,5	1 27 19,1	− 9,6	45 14,3	− 6,6
1,6	1 12 7,6	− 3,3	37 12,2	− 3,2
1,7	1 0 9,9	− 5,0	30 57,9	− 1,2
1,8	50 52,5	+ 4,2	25 59,5	− 3,4
1,9	43 21,8	+ 7,8	22 9,2	+ 2,6
2,0	37 16,2	+ 10,6	19 1,6	+ 5,9
2,1	32 4,6	+ 0,9	16 24,7	+ 4,9
2,5	18 51,9	− 10,2	9 36,1	− 2,5
3,0	11 0,7	− 1,1	5 33,7	− 0,2
3,5	6 56,9	− 0,2	3 28,9	− 1,0
4,0	4 35,9	− 3,7	2 22,2	+ 1,7

Pour une grande distance le rapport des tangentes des déviations, c'est-à-dire des champs du barreau déviant sur la ligne des pôles et dans le plan de l'équateur, est égal au rapport des premiers coefficients, lequel est exactement 2.

La loi du carré des distances se trouve ainsi établie directement avec un degré d'exactitude que ne comportaient pas les expériences de Coulomb.

1159. Champ terrestre. — Déclinaison. — On détermine habituellement le champ magnétique terrestre (**305**) par la déclinaison et l'inclinaison, qui en donnent la direction, et par la valeur d'une des composantes. Il suffirait également de connaître la déclinaison et deux des composantes.

Pour connaître la déclinaison, il faut déterminer d'abord le méridien géographique, puis l'azimut dans lequel se place l'axe magnétique d'un aimant mobile autour d'un axe vertical. Cette seconde observation présente quelques difficultés parce que l'axe magnétique d'un aimant n'est pas en général parallèle à l'axe de figure : on corrige l'erreur par le retournement face pour face en observant dans chaque position la direction d'une ligne de foi ; la moyenne des deux azimuts est celui qui passe par l'axe magnétique.

La ligne de foi est formée soit par les extrémités d'une aiguille taillée en losange aigu, soit par deux croisées de fils portés aux extrémités d'un barreau, comme dans la boussole de Gambey, soit par deux traits tracés sur les faces terminales de l'aimant et que l'on vise avec un microscope. On peut encore employer des barreaux creux transformés en collimateurs par un objectif encastré dans l'un des bouts et une échelle divisée sur verre ou un réticule à l'autre bout.

1160. — Une boussole de déclinaison, ou *déclinomètre*, est un véritable théodolite muni de pièces accessoires pour les observations magnétiques.

Dans les instruments de construction ancienne, tels que ceux de Gambey et le déclinomètre de Gauss, l'aimant était en général d'une grande longueur, ce qui présente beaucoup d'inconvénients dont le principal est la durée des oscillations. En effet, pour une même intensité moyenne d'aimantation et des barreaux de même forme, le moment magnétique est proportionnel au volume et le moment d'inertie au produit du volume par le carré de la longueur ; la durée des oscillations est donc proportionnelle à la longueur. Il devient impossible d'arrêter les barreaux dans la position d'équilibre et la lenteur des oscillations rend l'observation très longue.

Nous indiquerons, comme exemple, le dernier modèle de boussole construit par MM. Brunner (fig. 240). L'aimant est un prisme à section carrée muni de deux goupilles au milieu; il porte à chaque extrémité un disque d'argent sur lequel est tracée une division. Cet aimant se place dans un

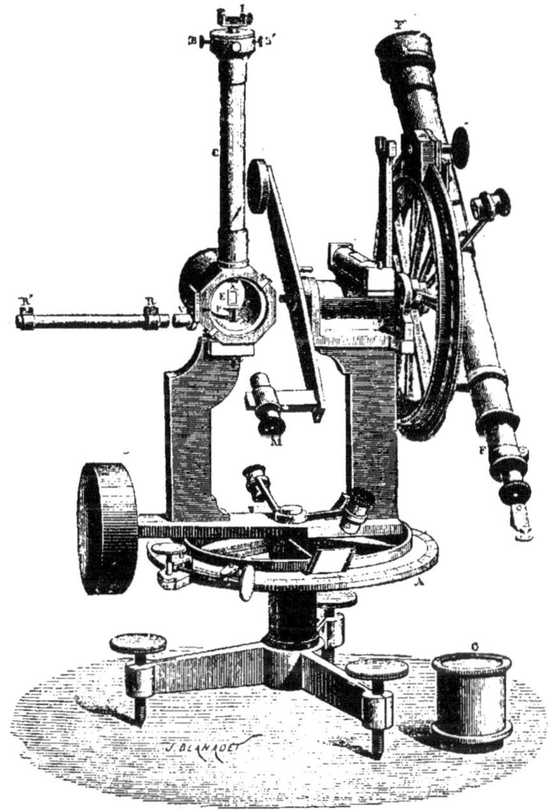

Fig. 240

étrier E suspendu par un fil de cocon qui s'enroule sur un treuil I à la partie supérieure. L'aimant se meut dans une boîte métallique terminée par deux lames de verre à faces parallèles et montée sur l'équipage mobile du théodolite. L'axe horizontal porte un microscope M qui peut passer sous la boîte et viser les extrémités de l'aimant : un réticule à trois fils verticaux équidistants sert à faire les pointés.

Un petit plan P que l'on fait monter ou descendre par un bouton extérieur, permet d'arrêter les oscillations.

Enfin, le treuil est monté sur un petit cercle divisé mobile et des boutons latéraux permettent de centrer le fil de suspension, de manière que, pour une position donnée de l'aimant, le microscope pointe alternativement sur les traits médians des divisions.

1161. — Le théodolite étant réglé à la manière ordinaire, on détermine d'abord le méridien géographique, soit par l'étoile polaire, soit par les hauteurs correspondantes d'une

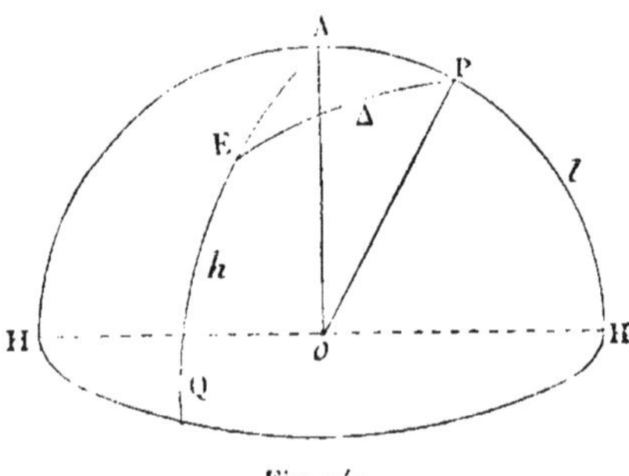

Fig. 241

étoile ou du soleil, etc. ; le soleil est observé à l'aide d'un verre noir et, au lieu de viser un des bords, il est plus avantageux d'employer un réticule qui permette d'encadrer l'image entre quatre fils tangents rectangulaires.

Supposons, par exemple, que l'on connaisse seulement la latitude du lieu. Soit OP (fig. 241) l'axe du monde, OA la verticale, OE la direction de l'astre au moment de l'observation, l la latitude du lieu ou la hauteur du pôle, h la hauteur EQ de l'astre.

Dans le triangle sphérique APE, le côté PA est égal à $90° - l$, le côté AE à $90° - h$ est le côté EP est la distance polaire Δ de l'astre ou le complément de sa déclinaison. L'angle h est donné par le cercle vertical et on fait la lecture correspondante des verniers sur le cercle horizontal.

En posant

$$h + l + \Delta = 2S,$$

les angles A et P seront déterminés par les formules

$$\cos\frac{A}{2} = \sqrt{\frac{\sin S \cos(S - \Delta)}{\cos l \cos h}},$$

$$\sin\frac{P}{2} = \sqrt{\frac{\sin S \cos(S - h)}{\cos l \sin \Delta}}.$$

A est l'azimut de l'astre, c'est-à-dire l'angle dont il faut tourner l'équipage pour que la lunette soit dans le méridien géographique; on connaîtra donc la position correspondante des verniers sur le cercle horizontal. P est l'angle horaire de l'astre; on en déduit l'heure locale de l'observation.

Plusieurs corrections sont nécessaires. Comme le zéro de la graduation du cercle vertical ne correspond pas rigoureusement à la position horizontale de la lunette, deux observations avec lunette à droite et à gauche donnent le double de la distance zénitale de l'astre.

D'autre part, la hauteur observée doit être corrigée de la réfraction atmosphérique. Enfin, pour les astres à mouvement rapide, la déclinaison astronomique change avec l'heure de la journée, mais cette variation n'atteint pas 1' par heure pour le soleil; une connaissance approchée de l'heure ou de la longitude suffit donc pour calculer la déclinaison par les tables astronomiques. L'observation est surtout précise lorsque la hauteur de l'astre varie très rapidement, c'est-à-dire quand il est situé à l'est ou à l'ouest, dans le voisinage du premier vertical.

1162. — Pour l'observation magnétique, on doit s'assurer d'abord que le fil n'a pas de torsion initiale. On y suspend un barreau de cuivre de même poids que l'aimant et on tourne le cercle du treuil jusqu'à ce que ce barreau reste immobile dans le plan de visée du microscope. On substitue l'aimant au barreau, on vise l'une des extrémités avec le microscope et, après avoir rendu les oscillations très petites, on règle la direction du microscope par la vis de rappel de l'équipage de façon que les oscillations du trait médian soient symétriques par rapport au système de fils verticaux; on lit alors les verniers et on répète la même observation à l'autre bout. La moyenne des deux lectures correspond à la direction de la ligne de foi de l'aimant. On retourne ensuite l'aimant face pour face dans son étrier et on répète deux observations semblables. La moyenne des quatre lectures correspond à la direction de l'axe magnétique; on en déduit la déclinaison.

Comme l'observateur est placé très près de l'aimant, les moindres objets en fer qu'il peut porter et même les traces de fer qui existent dans certaines étoffes peuvent produire des perturbations considérables; les précautions que l'on prend sous ce rapport sont rarement suffisantes.

L'instrument lui-même doit être en cuivre ou en bronze, exempt de fer, car il n'existe aucune méthode de correction qui permette d'éliminer cette cause d'erreur. On peut bien retourner l'aimant bout par bout et répéter les observations, mais la concordance des résultats n'est pas une garantie absolue et la moyenne ne corrige par l'erreur si elle existe.

La série des quatre observations étant d'assez longue durée, la déclinaison magnétique a pu varier dans l'intervalle des lectures; les indications d'un appareil de variations observé en même temps, ou mieux encore, d'un enregistreur, permettraient de corriger chacune des lectures pour les ramener à la même époque. Dans tous les cas, il est avantageux de faire les observations au moment où la déclinaison passe par un maximum ou un minimum; cette précaution est surtout importante en été, lorsque l'amplitude de la variation diurne est la plus grande.

Au lieu de faire coïncider, dans chaque pointé, le trait médian des divisions avec le fil central du réticule, on peut déterminer la valeur angulaire des divisions et celle de la distance des fils, ce qui permettrait quelquefois de faire les observations d'une manière plus rapide, en notant la division qui correspond au fil central.

Enfin, il est bon de connaître le couple C de torsion du fil:

il suffit d'observer la déviation δ produite par une torsion notable, par exemple d'une demi-circonférence, et on a

$$C\pi = HM \sin\delta, \qquad \text{ou} \qquad \frac{C}{HM} = \frac{\sin\delta}{\pi};$$

le fil ne convient pas, si ce rapport n'est pas très petit.

Des formes très différentes ont été données aux boussoles de déclinaison; quel que soit le mode de construction, l'appareil doit comporter les moyens de correction nécessaires, et la marche des observations est toujours la même.

Dans la boussole qu'on vient de décrire, le point d'attache de l'étrier au fil de suspension est assez élevé au-dessus du centre de gravité du système mobile pour que le couple provenant de la composante verticale ne fasse pas incliner le barreau d'une manière appréciable; mais, si l'aiguille est portée sur un pivot, il est quelquefois nécessaire de tenir compte de cette cause d'erreur, et on est obligé à différentes latitudes magnétiques de ramener l'aiguille à l'horizontalité par de petits contre-poids.

1163. Inclinaison. — On peut déterminer, soit directement l'inclinaison d'une aiguille qui se meut autour d'un axe perpendiculaire au méridien magnétique, soit l'inclinaison apparente dans un plan qui fait un angle connu avec le méridien, soit dans deux plans rectangulaires.

Dans les boussoles d'inclinaison, ou *inclinomètres*, comme celles de Gambey, on employait autrefois des aiguilles longues pour faciliter les pointés. Ici encore, outre que l'appareil prend de grandes dimensions, la durée des oscillations rend les observations beaucoup plus lentes, sans rien ajouter à leur exactitude.

La figure 242 représente une boussole d'inclinaison de dimensions très petites, construite par MM. Brunner, où l'aiguille n'a que 7 centimètres de longueur. C'est une lame d'acier en forme de losange très aigu, traversée en son milieu par un axe d'acier dont les bouts sont bien cylindriques et qui repose sur deux agates en biseau dont les bords supérieurs sont dans le même plan horizontal. Les agates sont portées par un équipage qui tourne sur un cercle horizontal, et l'aiguille se meut en face d'un cercle vertical. L'axe de l'aiguille en roulant sur les agates peut quitter le centre du cercle ; on l'y ramène en relevant par un bouton L un étrier taillé en V qui soulève l'axe et on laisse ensuite reposer cet axe doucement sur les agates.

Les lectures se font par un procédé très délicat, décrit plus haut (**661**) ; en observant avec des loupes l, on fait coïncider

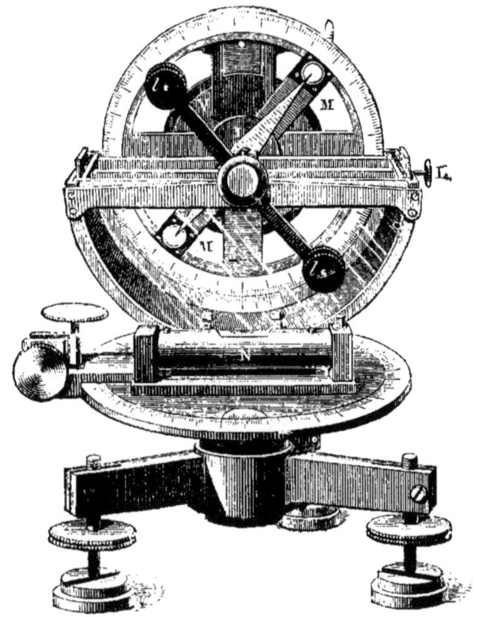

Fig. 242

la pointe de l'aiguille avec son image réelle dans un miroir concave M porté par le cercle vertical.

1164. — Les causes d'erreur sont ici encore plus nombreuses que dans la boussole de déclinaison. En effet, pour que l'inclinaison puisse être déterminée par une seule lecture, il est nécessaire : 1° de connaître la ligne d'horizon sur le cercle vertical ; 2° que l'aiguille soit centrée sur ce cercle ; 3° que l'axe magnétique de l'aiguille soit parallèle à la ligne des pointes; 4° que le centre de gravité de l'aiguille soit sur l'axe de rotation; 5° enfin que le plan des agates soit horizontal. Toutes ces conditions ne peuvent être réalisées que d'une manière approximative.

1° Pour connaître la ligne d'horizon ou la verticale, on remplace l'aiguille par un fil à plomb situé dans le même plan et on observe ce fil successivement en haut et en bas dans les deux miroirs; la moyenne des lectures donne la division qui se trouve au zéro du vernier quand le plan qui passe par les axes des deux miroirs est vertical. Cette détermination sera utile pour rendre l'aiguille verticale dans certains cas; toutefois, dans l'observation ordinaire, il suffit de tourner l'équipage de 180°, pour que la différence des lectures donne le double de l'angle de l'aiguille avec la verticale.

2° Le défaut de centrage est éliminé par la moyenne des lectures relatives à l'observation des deux bouts de l'aiguille.

3° Après avoir observé l'aiguille dans une position, on la retourne face pour face; la moyenne des lectures élimine le défaut de parallélisme de l'axe magnétique avec la ligne des pointes.

4° Le poids de l'aiguille augmente ou diminue l'inclinaison apparente lorsque le centre de gravité est excentrique et situé plus bas ou plus haut que l'axe de rotation. On obtiendra un effet inverse en renversant l'aimantation de l'aiguille et on prendra encore la moyenne des résultats.

5° Si le plan des agates, quoique parallèle à l'axe du cercle vertical, n'est pas lui-même horizontal, l'aiguille a une tendance à rouler dans un sens ou dans l'autre et l'erreur change de signe quand on tourne l'équipage de 180°. Cette erreur est encore éliminée par la moyenne des lectures. En outre, on s'assurera que le défaut n'existe pas si la demi-différence des lectures correspond à la verticale donnée par l'observation du fil à plomb.

1165. — Toutefois, comme plusieurs causes d'erreur agissent simultanément, il est nécessaire de démontrer que la compensation donnée par ces retournements est exacte, surtout en ce qui concerne la position du centre de gravité.

Supposons que l'aiguille se meuve dans un plan qui fait

l'angle α avec le méridien magnétique. L'inclinaison apparente I_α (**305**) satisfait à l'équation

$$\cot I_\alpha = \cot I \cos\alpha.$$

Soient :

I' l'inclinaison donnée par la ligne des pointes OA de l'aiguille (fig. 243);

G le centre de gravité de l'aiguille, situé à la distance d

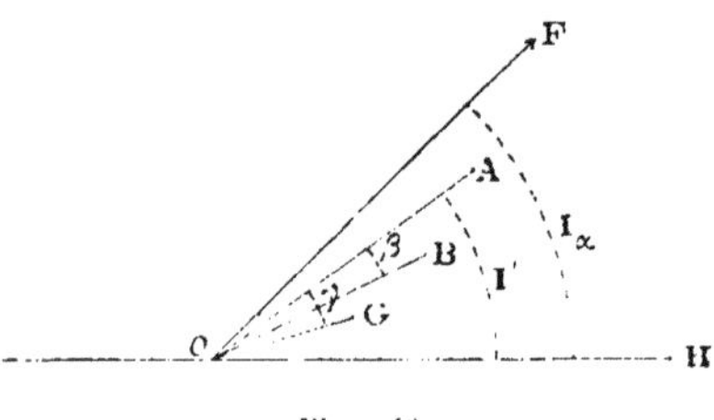

Fig. 243

de l'axe sur une droite qui fait l'angle γ avec la ligne des pointes;

β l'angle de la ligne des pointes avec l'axe magnétique OB;

F la composante du champ terrestre dans le plan de l'aiguille, en unités C.G.S;

p le poids de l'aiguille avec les mêmes unités;

M_1 son moment magnétique.

Le plan des agates étant supposé horizontal, la condition d'équilibre est

$$(14) \qquad pd\cos(I'-\gamma) = FM_1\sin(I_\alpha - I' + \beta).$$

Quand on retourne l'aiguille face pour face, les angles β et γ changent de signe; la nouvelle inclinaison observée I'' donne

$$(15) \qquad pd\cos(I''+\gamma) = FM_1\sin(I_\alpha - I'' + \beta).$$

En ajoutant ces deux équations membre à membre, appelant I_1 la demi-somme et i la demi-différence des angles observés I' et I'', il vient

$$(16) \qquad pd\cos I_1 = FM_1 \sin(I_\alpha - I_1)\frac{\cos(i+\beta)}{\cos(i+\gamma)}.$$

Si les angles I' et I'' diffèrent très peu l'un de l'autre, de 1° au maximum, il en résulte, comme on le verrait par la différence des équations (14) et (15) membre à membre, que l'angle $\gamma-\beta$ de la direction du centre de gravité avec l'axe magnétique est très petit; le rapport des cosinus qui entre dans le second membre de l'équation (16) ne diffère pas sensiblement de l'unité et on peut écrire

$$(17) \qquad pd\cos I_1 = FM_1 \sin(I_\alpha - I_1).$$

L'aiguille ayant reçu, en sens contraire, un moment magnétique M_2 peu différent du premier, le centre de gravité se met au-dessous de l'axe et l'inclinaison I_2, donnée par la moyenne des observations avec retournement, est plus grande que I_α, ce qui conduit à l'équation

$$(18) \qquad pd\cos I_2 = FM_2 \sin(I_2 - I_\alpha).$$

Nous supposerons encore que les angles I_1 et I_2 diffèrent très peu l'un de l'autre, sans quoi l'aiguille serait trop défectueuse. Les angles $I_\alpha - I_1$ et $I_2 - I_\alpha$ sont alors très petits et on peut remplacer leurs sinus par les angles corespondants dans le rapport des équations (17) et (18) membre à membre; on en déduit

$$(19) \qquad \frac{I_\alpha - I_1}{I_2 - I_\alpha} = \frac{M_2}{M_1}\frac{\cos I_1}{\cos I_2}.$$

Le second membre de cette équation diffère peu de l'unité, puisque les angles I_1 et I_2 sont supposés très voisins et les aimantations aussi égales que possible. A une erreur du second ordre près, il en résulte donc

$$(20) \qquad I_\alpha = \frac{I_1 + I_2}{2}.$$

L'angle I' est donné en réalité par la moyenne de deux lectures relatives aux deux pointes de l'aiguille et de deux autres lectures correspondant au retournement du cadre de 180°. Les angles I_1 et I_2 sont donc chacun la moyenne de huit lectures; la valeur I_α que l'on devrait observer est donnée, sans erreur sensible, par la moyenne des seize lectures relatives au retournement face pour face et au changement d'aimantation.

On verrait que, dans les mêmes conditions, le défaut d'horizontalité des agates est éliminé par une seconde observation faite en retournant le cadre de 180°.

Si les aimantations étaient très différentes, on pourrait déterminer le rapport m des moments M_1 et M_2 par les durées d'oscillation de l'aiguille dans un même azimut. L'équation (19) donnerait alors

$$(20)' \qquad I_\alpha = \frac{m I_2 + I_1}{1 + m}.$$

On vérifie, dans tous les cas, si les durées d'oscillation sont notablement différentes; mais l'introduction de cette correction nouvelle, si elle était nécessaire, serait une condition désavantageuse.

Lorsque le retournement de l'aiguille, l'aimantation inverse et la rotation du cadre donnent des variations de plusieurs degrés dans les lectures, l'appareil est manifestement médiocre, et aucun mode de correction ne permet d'obtenir une inclinaison exacte.

Dans les boussoles de MM. Brunner, tous ces retournements et inversions ne donnent pas des variations qui dépassent 5', mais on doit ajouter qu'une si grande perfection est rarement atteinte.

1166. — Pour observer l'inclinaison directement, il faut connaître la direction du méridien magnétique; on le détermine par cette propriété que dans un plan perpendiculaire au méridien l'aiguille d'inclinaison devient verticale.

Avec une bonne aiguille, il suffit de prendre la direction moyenne des deux azimuts dans lesquels l'aiguille est verticale avant et après un retournement face pour face. Il suffirait même de viser une pointe dans un azimut quelconque, puis de tourner l'équipage jusqu'à ce que cette pointe se retrouve dans la même position, par rapport au cercle vertical. Les bissectrices de deux positions correspondantes donnent l'une le méridien et l'autre l'azimut perpendiculaire au méridien. Il est facile de trouver rapidement par cette méthode, sauf quand l'inclinaison dépasse 70°, la direction du méridien à moins de quelques minutes, et il suffit que l'erreur soit inférieure à 1°.

Les boussoles ne permettent pas en général de déterminer directement des inclinaisons très petites. Au voisinage de l'équateur il est donc préférable de faire l'observation dans deux azimuts rectangulaires ou deux azimuts quelconques situés de part et d'autre à la même distance du méridien.

Dans ce dernier cas, il n'est pas nécessaire encore de connaître exactement la direction du méridien. La distance des plans azimutaux étant de 20°, par exemple, la moyenne des observations donne l'inclinaison que l'on obtiendrait à 10° du méridien. On en déduit l'inclinaison réelle par la relation

$$\tang I = \tang I_\alpha \cos \alpha.$$

1167. La mesure de l'inclinaison est toujours le résultat d'un grand nombre de lectures différentes ; il est important de disposer les observations dans un ordre méthodique pour simplifier la manœuvre et toucher le moins possible à l'aiguille. L'une des faces de l'aiguille porte d'un côté une marque distinctive, par exemple un point gravé sur la monture près de l'axe, qui permet de définir la position de l'aiguille dans chaque cas.

Supposons, par exemple, qu'on fasse les observations dans deux azimuts rectangulaires, à peu près à 45° de part et d'autre du méridien.

Pour aimanter l'aiguille, on la place sur une planchette dans une cavité un peu plus profonde que l'épaisseur de l'aiguille et on l'y maintient par une vis de pression. Avec deux aimants dont la largeur est plus grande que celle de la cavité, de manière qu'ils ne frottent jamais sur l'aiguille, on fait un nombre de passes déterminé, 10 ou 20 par exemple, par la méthode des touches séparées et on répète la même opération pour l'autre face. On a ainsi une première aimantation qui servira pour une série d'observations.

On porte l'aiguille dans la boussole et on met le cercle vertical dans un premier azimut. Nous appelerons *face* de l'instrument celle qui regarde l'observateur au moment des pointés. Si, pour cette première aimantation, la marque de l'aiguille se met en haut, les différentes opérations pourront être indiquées de la manière suivante :

PREMIÈRE AIMANTATION. — MARQUE EN HAUT.

Premier azimut.

Marque en avant		Marque en arrière	
Face au SE	Face au NO	Face au SE	Face au NO
(1)	(2)	(8)	(7)

Deuxième azimut.

Face au NE	Face au SO	Face au NE	Face au SO
(3)	(4)	(6)	(5)

En faisant les observations dans l'ordre indiqué par les numéros, on n'aura besoin de toucher à l'aiguille qu'une fois.

On l'aimante ensuite en sens contraire par le même nombre de passes ; la marque se trouvera en bas et on recommence les lectures dans le même ordre.

Ajoutons encore que, pour chaque position, on ne doit pas se contenter d'une seule lecture haut et bas ; il est nécessaire de recommencer plusieurs fois, en soulevant l'aiguille par son étrier et la laissant reposer sur les agates, et on prend la la moyenne des lectures.

On peut déterminer la déclinaison magnétique avec une erreur moindre qu'une minute, mais, quel que soit la perfection des instruments, il est difficile d'obtenir sûrement l'inclinaison à une minute près.

1168. Mesure indirecte. — L'inclinaison peut être déterminée par la relation $Z = H \tang I$, quand on connaît le rapport des composantes horizontale et verticale du champ terrestre.

On pourrait déterminer par exemple, le rapport des couples directeurs MH et MZ d'un aimant mobile successivement autour d'un axe vertical et d'un axe horizontal perpendiculaire au méridien (**1191**).

M. Lloyd [1] a eu l'idée de faire agir sur une boussole de déclinaison une des extrémités d'un barreau de fer doux vertical qui prend une aimantation induite proportionnelle à la composante Z. L'observation donne ainsi une quantité proportionnelle au rapport des composantes Z et H et, par suite, à la tangente de l'inclinaison.

Cette méthode a été employée par Lamont [2]; elle a l'avantage de donner par un seul instrument tous les éléments du magnétisme terrestre.

Dans le théodolite de Lamont, un barreau de fer doux, ou mieux deux barreaux symétriques, sont disposés verticalement dans une monture fixe, de manière que le bout supérieur de l'un et le bout inférieur de l'autre soient dans le plan de l'aimant mobile. L'action de l'aimantation induite sur l'aimant mobile peut être représentée par CZ et, si les barreaux déviants sont dans un plan perpendiculaire à l'aiguille, la déviation moyenne α donne

$$\sin \alpha = \frac{CZ}{H} = C \tang I,$$

le coefficient C étant déterminé par comparaison avec une boussole d'inclinaison. Une série de retournements permettent d'éliminer les défauts de symétrie des barreaux et leur magnétisme résiduel.

Toutefois les propriétés du fer sont modifiées par tant de causes, physiques ou mécaniques, qu'on ne peut pas être assuré que le barreau restera toujours identique à lui-même :

(1) Lloyd, *Account of the magn. Observatory of Dublin*, 1842.
(2) J. Lamont, *Handbuch des Erdmagnetismus*, p. 212, 1849.

l'expérience montre, en effet, que le coefficient C n'est pas invariable et qu'on n'obtient ainsi qu'une valeur approchée de l'inclinaison.

1169. Méthode d'induction. — Dans l'inclinomètre à induction de W. Weber [1], le rapport des composantes Z et H est déterminé par les décharges induites dans un cadre qui tourne de 180° autour d'une verticale à partir d'un plan perpendiculaire au méridien et autour d'une horizontale parallèle au méridien à partir d'un plan horizontal (**529**).

Avec cette disposition, il est nécessaire de mesurer les impulsions du galvanomètre balistique qui correspondent aux deux décharges induites et l'erreur relative sur l'inclinaison de même ordre que celle des deux lectures.

On diminue beaucoup l'erreur en cherchant par tâtonnement quelle doit être la position initiale du cadre dans le second cas pour que la décharge soit la même que dans le premier [2]. Plus généralement, le cadre étant rendu mobile autour d'un axe perpendiculaire au méridien, on détermine deux positions initiales telles que la déviation du galvanomètre balistique soit la même pour une rotation de 180°; la bissectrice donne la direction de l'inclinaison.

On élimine même toute mesure de décharge, ainsi que le réglage des positions initiale et finale du cadre mobile, en déterminant par expérience la droite autour de laquelle doit avoir lieu la rotation, pour qu'il n'y ait aucun courant induit [3]. L'appareil est entièrement analogue à une boussole d'inclinaison; l'axe de rotation du cadre peut se déplacer sur un cercle vertical mobile lui-même par rapport à un cercle horizontal.

Un bouton permet de donner au cadre des déplacements de 180° à droite et à gauche. Les déviations observées dans un galvanomètre balistique permettent, par une série de tâtonnements méthodiques, de mettre d'abord l'axe de rotation dans le méridien, puis dans la direction de l'aiguille d'incli-

(1) W. Weber, *Pogg. Ann.*, t. XLIII, p. 293, 1838.

(2) H. Wild, *Bulletin de l'Acad. des sc. de Saint-Pétersbourg*, t. XXVII, p. 320, 1881.

(3) Mascart, *C. R. de l'Acad. des sc.*, t. XCVII, p. 1191, 1883.

naison. La précision des observations est beaucoup augmentée parce qu'on peut, dans le voisinage du courant nul, combiner les mouvements du cadre avec ceux du galvanomètre balistique et multiplier les angles d'impulsion.

Le réglage relatif au méridien magnétique est même assez précis pour que l'appareil puisse servir comme boussole de déclinaison.

On peut d'ailleurs augmenter la sensibilité en mettant du fer doux dans le cadre, puisque les changements d'aimantation restent nuls pour une rotation quelconque autour d'un axe parallèle au champ.

On peut enfin remplacer le galvanomètre balistique par un téléphone, en donnant au cadre un mouvement continu. Les courants périodiques produits dans ces conditions ne varient pas d'une manière assez brusque et sont difficilement perceptibles dans un téléphone [1], mais ils deviennent plus appréciables quand on introduit dans le circuit un interrupteur, par exemple une roue dentée. Avec ce mode d'observation, si le cadre tourne d'une manière continue, le téléphone ne reste silencieux que pour une rotation autour d'une parallèle à l'aiguille d'inclinaison, mais sans donner une approximation suffisante. On obtient de meilleurs résultats en introduisant du fer doux dans le cadre [2].

1170. Intensité. — La méthode des oscillations (**1137**) a été appliquée souvent pour comparer les composantes horizontales du champ terrestre. Dans ce cas, la correction d'aimantation induite est généralement négligeable, mais on doit tenir compte des variations du moment magnétique de l'aiguille avec la température (**303**). L'observation est faite à la température t; soit M_0 le moment magnétique à zéro et a le coefficient de variation, on a

$$\pi^2 K N^2 = M_0(1 - at) H,$$

ou

$$\pi^2 K \frac{N^2}{1 - at} = M_0 H.$$

(1) J. Stefan, *Sitzunsb. der K. Ak. der Wiss. in Wien*, 1880, p. 262.

(2) W. Schaper, *Meteorolog. Zeitschrift*, 1886, p. 71.

Le carré N^2 du nombre des oscillations devra donc, pour chaque observation, être divisé par la binôme relatif à la température correspondante.

La valeur de a est toujours inférieure à un millième, de sorte qu'il n'est pas nécessaire de connaître exactement la température de l'observation.

1171. — Ce coefficient doit être déterminé directement pour chaque aiguille. Les nombres d'oscillations N et N' relatives à deux températures différentes t et t' donnent la valeur de a par l'équation

$$\frac{N^2}{1-at}=\frac{N'^2}{1-at'}.$$

Toutefois l'expérience est assez délicate, car, si on ne profite pas seulement des variations de la température ambiante, il est difficile de connaître la température d'une aiguille qui oscille librement dans une enceinte chauffée.

Il vaut mieux disposer l'expérience de manière à observer directement les variations du champ magnétique du barreau considéré par son action sur une autre aiguille servant de déclinomètre.

On constitue une sorte de calorimètre avec deux vases en verre de Bohème, emboîtés l'un dans l'autre, qui laissent entre eux une couche d'air immobile. Le barreau est enfermé dans un tube de verre ou de métal et placé au milieu du vase intérieur, qui est rempli d'eau et fermé par un couvercle en bois. On y introduit d'abord de l'eau chaude à une température d'environ 60° ; on agite le liquide en y insufflant de l'air au moment de chaque observation. Dans ces conditions, le refroidissement est très lent et le liquide met plus de six heures pour revenir à la température ambiante.

Le barreau M étant placé dans un plan perpendiculaire au méridien magnétique et dirigé vers le déclinomètre, on détermine les déviations δ, δ', ... produites aux températures différentes t, t', ...; on a alors

$$\frac{\operatorname{tang}\delta}{1-at}=\frac{\operatorname{tang}\delta'}{1-at'}=\dots$$

Comme l'expérience dure quelque temps, il est bon d'éliminer les variations de déclinaison. Le calorimètre est placé sur une plate-forme mobile autour d'un axe vertical qui passe à peu près par le centre de l'aimant. Quand on tourne la plate-forme de 180°, l'action de l'aimant sur le déclinomètre change de signe et la différence des lectures correspond au double de la déviation δ. On admet seulement que la composante horizontale ne varie pas d'une manière notable pendant la série des expériences ; s'il y a lieu, on fera les corrections nécessaires d'après les indications d'un appareil de variations.

Le coefficient a pouvant avoir des valeurs très différentes suivant la nature et la trempe de l'acier, Lamont [1] avait imaginé de constituer un système magnétique formé de deux aimants opposés M et M' dont les coefficients a et a' fussent très inégaux. Le moment magnétique $M_0(1 - at) - M'_0(1 - a't)$ du système peut s'écrire $M_0 - M'_0 - (M_0 a - M'_0 a')t$: il est indépendant de la température si les coefficients a et a' sont en raison inverse des moments correspondants. On peut ainsi constituer un aimant résultant compensé de la température, mais la compensation exacte paraît difficile à réaliser.

1172. — D'autre part, le magnétisme d'une aiguille s'affaiblit avec le temps, d'abord assez rapidement dans les premières semaines qui suivent l'aimantation, puis d'une manière beaucoup plus lente ; on détermine cette variation par deux observations faites au même lieu et à la même température après un long intervalle de temps.

Cette variation est très inégale suivant la nature des aimants, le degré d'aimantation et le temps qui s'est écoulé depuis que cette opération a eu lieu. Par exemple, pour sept aiguilles observées pendant le voyage de la *Recherche* [2], l'affaiblissement magnétique pendant une année a varié de 0,0025 à 0,0486. On fait la correction correspondante, pour les observations intermédiaires, en admettant que cette diminution a été proportionnelle au temps.

(1) Lamont, *Handbuch des Magnetismus*, p. 402, 1867.

(2) *Voyage de la Recherche en Islande et au Groenland.* — *Magnétisme*, t. II, p. 326.

1173. — Enfin le magnétisme d'une aiguille peut être modifié brusquement par un choc, le voisinage d'un aimant ou d'une pièce de fer, ou par toute autre cause inconnue. On évite ces accidents, au moins en partie, par l'emploi d'un nombre impair d'aiguilles, 3 ou 5. Si les rapports des résultats obtenus dans deux stations différentes sont les mêmes pour les 3 aiguilles, il y a toute probabilité qu'ils sont exacts; quand l'une d'elles se met en désaccord sur les deux autres, on doit admettre que son magnétisme a subi une variation accidentelle et pris une nouvelle valeur qui servira pour les observations suivantes. De cette manière, pourvu que deux au moins des aiguilles n'aient pas été modifiées dans l'intervalle de deux stations, la série des observations n'est jamais interrompue, quelques changements qui aient pu intervenir dans l'état des aiguilles.

1174. Méthode de Poisson. — Poisson [1] a indiqué le premier comment la composante horizontale en un lieu peut être déterminée en mesures absolues indépendantes du moment magnétique des aimants.

Les oscillations qu'effectue un barreau sous l'influence de la terre déterminent le couple directeur $MH = A$. D'autre part, le champ magnétique du barreau est proportionnel à M, et la comparaison de ce champ avec le champ terrestre détermine le rapport $\frac{M}{H} = B$. Deux nombres ainsi fournis par l'expérience permettent de calculer séparément les valeurs de M et H :

$$(21) \qquad \begin{aligned} M^2 &= AB, \\ H^2 &= \frac{A}{B}. \end{aligned}$$

Si on tient compte de l'aimantation induite, l'observation des oscillations donne le couple

$$A' = MH(1 + \rho H) = A(1 + \rho H).$$

On fait agir ensuite le barreau sur une aiguille qui lui est

[1] Poisson, *Connaissance des temps pour* 1828, p. 113.

parallèle, et qui est située à la distance R dans une position principale, par rapport au barreau, par exemple sur son prolongement. On détermine ainsi, par les oscillations nouvelles (**1140**), le rapport $\frac{F}{H} = B'$ du champ de l'aimant sur l'aiguille au champ terrestre.

Le barreau étant parallèle au méridien magnétique et dirigé dans le même sens, son moment magnétique, augmenté de l'aimantation induite, peut être représenté par $M(1 + fH)$; en désignant par p le terme de correction relatif à la distance R (**1135**), on a

$$F = \frac{2M(1 + fH)}{R^3}(1 + p) = B'H$$

et la valeur de p sera déterminée par deux expériences faites à des distances différentes. On en déduit

$$B = \frac{M}{H} = \frac{B'}{2}\frac{R^3}{(1 + fH)(1 + p)}$$

et, par suite

(22)
$$M^2 = \frac{A'B'}{2}\frac{R^3}{[1 + (f + \varphi)H](1 + p)},$$
$$H^2 = \frac{2A'}{B'}\frac{[1 + (f - \varphi)H](1 + p)}{R^3}.$$

La composante H se trouve alors exprimée en fonction des données de l'expérience et elle serait indépendante de l'aimantation induite sur le barreau si l'on pouvait admettre que les coefficiens f et φ sont sensiblement égaux.

Les corrections de température relatives à la distance R et au moment d'inertie du barreau n'ont pas grande importance, car elles sont de l'ordre de la dilatation des métaux, c'est-à-dire inférieures à 0,0002 pour une variation de 10°.

Lorsqu'il s'agit seulement de mesures comparatives, il est inutile de connaître le moment d'inertie du barreau et la distance R, pourvu que ces quantités restent les mêmes dans toutes les expériences.

1175. Méthode de Gauss. — Poisson avait ainsi posé les principes de la méthode, mais l'emploi des oscillations à l'inconvénient de ne donner le rapport des champs F et H que par la différence des carrés des nombres observés et ne comporte pas une très grande précision; la détermination du terme de correction p en particulier serait obtenue par une expression renfermant des différences de nombres d'oscillations difficiles à évaluer exactement.

La méthode de Poisson a été très rarement appliquée; elle paraissait même peu connue lorsque Gauss [1] a indiqué une disposition expérimentale d'une application plus facile, qui a été depuis généralement adoptée. La comparaison du champ magnétique de l'aimant avec le champ terrestre se fait par une méthode de déviation (**1145**). L'aiguille auxiliaire du déclinomètre est placée dans une position principale par rapport au barreau, soit sur sa direction (1re position), soit dans le plan de l'équateur (2e position).

Considérons, par exemple, le premier cas et supposons que le barreau déviant reste perpendiculaire au méridien magnétique; son moment n'est pas modifié par l'action de la terre et la déviation α du déclinomètre satisfait à l'équation

$$(23)\qquad \tang \alpha = \frac{F}{H} = \frac{2M}{HR^3}(1+p).$$

A la distance R', la déviation α' donnerait, de même,

$$(24)\qquad \tang \alpha' = \frac{2M}{HR'^3}\left(1+p\frac{R^2}{R'^2}\right).$$

1176. — Il est important de chercher comment on doit choisir le rapport des distances R et R' pour déterminer le plus exactement possible le terme de correction p. En posant

$$\rho = \frac{R}{R'},$$

(1) Gauss, *Intensitas vis magnet.*, *Comm. S. R. Götting*, t. VIII.

on déduit des équations (23) et (24)

$$(25)\qquad p=\frac{1-\dfrac{1}{\rho^3}\dfrac{\operatorname{tg}\alpha'}{\operatorname{tg}\alpha}}{\dfrac{1}{\rho^3}\dfrac{\operatorname{tg}\alpha'}{\operatorname{tg}\alpha}-\rho^2}.$$

Comme la valeur de p est inférieure à 0,02 lorsque les distances sont au moins quatre fois la longueur de l'aimant déviant, et les longueurs des barreaux dans le rapport de 2 à 1 (**1155**), la fraction $\frac{1}{\rho^3}\frac{\operatorname{tg}\alpha'}{\operatorname{tg}\alpha}$ est voisine de l'unité; si les déviations α et α' sont elles-mêmes petites, ce qui est le cas général, on obtient comme valeur approchée

$$p=\frac{1}{1-\rho^2}-\frac{1}{\rho^3(1-\rho^2)}\frac{\alpha'}{\alpha}.$$

Supposons que, les distances R et de R' étant connues exactement, les erreurs commises dans la mesure des angles α et α' soient $d\alpha$ et $d\alpha'$; l'erreur correspondante sur p sera

$$dp=-\frac{\alpha'}{(1-\rho^2)\rho^3\alpha}\left(\frac{d\alpha'}{\alpha'}-\frac{d\alpha}{\alpha}\right).$$

Toutes choses égales, cette erreur est la plus faible possible quand le produit $(1-\rho^2)\rho^3$ est maximum, c'est-à-dire quand on a

$$\rho^2=\frac{3}{5},\qquad \text{ou}\qquad \frac{R'}{R}=1,29 \text{ environ.}$$

Avec cette valeur de ρ, les angles α et α' sont à peu près dans le rapport de 2 à 1 et on a sensiblement $\rho^3\alpha=\alpha'$, ce qui donne

$$dp=-\frac{5}{2}\left(\frac{d\alpha'}{\alpha'}-\frac{d\alpha}{\alpha}\right).$$

Pour que l'erreur dp soit inférieure à 0,001 il faut donc que les erreurs relatives $\frac{d\alpha'}{\alpha'}$ et $\frac{d\alpha}{\alpha}$, que nous supposerons égales et de signes contraires, soient inférieurs à 0,0002. Si l'angle α est de 10° ou 600', l'erreur probable $d\alpha'$ doit donc être inférieure à 4″; ce sont des conditions qu'il est assez difficile de réaliser dans la pratique.

L'erreur relative sur la détermination du rapport $\frac{M}{H}$ est égale à dp, et l'erreur relative correspondante sur la valeur de la composante est moitié moindre. On voit, d'après cela, que la principale difficulté de l'expérience consiste dans la détermination de ce terme de correction.

Dans les observatoires permanents il est préférable d'employer un appareil spécial pour ce genre d'expériences.

1177. — Pour les observations de voyage, les théodolites magnétiques ont des dispositions spéciales qui permettent de comparer ainsi le champ des aimants au champ terrestre. Dans la boussole de MM. Brunner (fig. 240), une tige latérale installée sur la boîte de l'aimant porte deux étriers R et R' sur lesquels on peut placer un barreau à deux distances différentes, pour le faire agir sur un autre aimant, de longueur moitié moindre et prolongé par des bouts de cuivre.

Le microscope étant pointé sur l'aimant mobile, on place le barreau déviant sur un étrier et on tourne l'instrument de façon que le pointé du microscope ne soit pas modifié ; puis on fait la même observation après avoir renversé le barreau déviant. La demi-différence des lectures donne la déviation α et la condition d'équilibre est

$$\sin\alpha = \frac{F}{H} = \frac{2M}{HR^3}(1+p).$$

Les déviations α n'étant pas très grandes, il n'y a pas à tenir compte de l'aimantation induite sur le barreau déviant. La série des observations est la même que dans le cas précédent, avec cette différence que les déviations entrent dans les formules par leurs sinus et non par leurs tangentes.

Les distances R et R' du centre des étriers au barreau dévié ont été déterminées une fois pour toutes, en mesurant avec un microscope porté par le chariot d'une machine à diviser la distance du fil de suspension aux extrémités de l'aimant placé sur un étrier, puis retourné bout pour bout. Comme le barreau ne peut pas être placé de l'autre côté pour corriger l'erreur de centrage, il est nécessaire que la position du fil reste invariable ; on le centre chaque fois avec les boutons B B' de manière que le microscope, en tournant de 180° autour de l'axe horizontal, vise les deux traits de repère d'un barreau sans déplacement de l'équipage.

Le changement de côté est possible quand on remplace la tige T par une autre tige parallèle à l'aimant mobile, et portant des étriers sur lesquels on peut placer le barreau déviant dans une direction perpendiculaire à la tige; dans ce cas, les observations faites à droite ou à gauche éliminent le défaut de centrage du fil. Toutefois le déclinomètre est alors dans le plan équatorial du barreau déviant; les déviations sont à peu près moitié moindres que dans le premier cas et ne permettent pas d'obtenir la même exactitude, mais il est utile de faire les observations dans les deux positions, comme contrôle, lorsque la construction de l'appareil le permet.

On a supposé que le champ terrestre est resté le même pendant l'observation des oscillations et la série des lectures du déclinomètre ; les données d'un appareil de variations observé simultanément permettront de ramener toutes les lectures à une même époque. Enfin, on doit s'assurer si le fil de suspension a une torsion appréciable et on en corrige la durée des oscillations.

1178. — Gauss déterminait le couple directeur MH par la méthode de torsion (**1112**) avec une suspension unifilaire ou bifilaire et en mesurant, par les méthodes ordinaires le coefficient C relatif au système de suspension. Dans ce cas, l'aimantation induite n'intervient pas, si la déviation est voisine de 90°.

On peut alors, comme pour l'emploi d'un courant avec le bifilaire et la boussole des tangentes (**858**), disposer l'expérience de manière à faire les deux observations en même temps.

Supposons, par exemple, que le barreau déviant M soit placé au-dessus du déclinomètre à la distance R et porté par une suspension bifilaire. Lorsque ce barreau est perpendiculaire au méridien, la déviation α produite sur le déclinomètre donne

$$\tang \alpha = \frac{M}{HR^3}(1+q),$$

et le couple HM est déterminé par la torsion du bifilaire. Cette disposition permet même de régler facilement la position du bifilaire, car la déviation doit être nulle lorsque le barreau déviant est exactement dans le méridien.

Il en serait de même si le barreau déviant était placé à la même hauteur que le déclinomètre, soit dans le méridien, soit dans un plan perpendiculaire au méridien, et ce dernier cas correspondrait à des déviations à peu près doubles.

1179. Correction de l'aimantation induite par la terre. — Quand on évalue le couple MH par les oscillations, comme on le fait habituellement, il est nécessaire de déterminer par expérience le coefficient φ qui correspond à l'aimantation induite.

En toute rigueur, ce coefficient doit être déduit d'une expérience d'oscillation, et on pourrait opérer de la manière suivante. Le barreau étant porté par une suspension bifilaire et en équilibre dans le méridien magnétique, les oscillations du système donnent le couple

$$C + HM(1+\varphi H) = A_1.$$

On retourne ensuite le barreau bout pour bout ; l'aimantation induite est alors de sens contraire au moment magnétique, et si on admet qu'elle ait sensiblement le même effet, les oscillations nouvelles donnent le couple

$$C - HM(1-\varphi H) = A_2.$$

Il en résulte

$$2HM = A_1 - A_2,$$
$$C + 2HM\varphi H = A_1 + A_2,$$

et, par suite,

$$\varphi H = \frac{A_1 + A_2 - C}{A_1 - A_2}.$$

On peut combiner encore les oscillations du bifilaire dans le méridien avec celles qui seraient obtenues dans un autre azimut. Si le bifilaire est dévié d'un angle θ, voisin de $90°$, le couple directeur A' déterminé par les oscillations est (**1117**)

$$A' = C\frac{\sin\omega}{\sin\theta} = HM\frac{\sin\omega}{\sin(\omega - \theta)}.$$

On a alors

$$A_1 = HM\left[1 + \varphi H + \frac{\sin\theta}{\sin(\omega - \theta)}\right],$$

et, par suite,

$$\frac{A_1}{A'} = (1 + \varphi H)\frac{\sin(\omega - \theta)}{\sin\omega} + \frac{\sin\theta}{\sin\omega}.$$

Lorsque l'angle θ est exactement de $90°$, il en résulte

$$\varphi H = \frac{1 - \cos\omega}{\cos\omega} - \frac{A_1}{A'}\operatorname{tang}\omega.$$

et le rapport des couples directeurs A_1 et A' est donné par le rapport des carrés des nombres d'oscillations correspondantes N_1 et N'.

1180. — On admet généralement que les coefficients f et φ sont égaux et on détermine l'accroissement réel du moment magnétique sous l'influence de la terre.

Lamont [1] dispose l'aimant sur l'équipage d'un théodolite magnétique dans une position verticale, de façon que l'une de ses extrémités soit voisine du plan horizontal qui passe par l'aiguille du déclinomètre, et ce barreau est toujours au moment de l'observation dans un plan perpendiculaire à l'aiguille.

Le pôle S de l'aimant étant alternativement haut et bas, le

[1] Lamont, *Handbuch des Erdmagnetismus*, p. 152, 1849.

moment magnétique résultant prend les valeurs $M(1+fZ)$ et $M(1-f'Z)$; les déviations correspondantes α et α' satisfont à l'équation

$$\frac{1+fZ}{\sin\alpha}=\frac{1-f'Z}{\sin\alpha'}.$$

Si le moment magnétique induit reste sensiblement le même quand il est parallèle ou de sens contraire au magnétisme rigide, on en déduit, en remarquant que la différence des déviations est très faible,

$$fH=\frac{H}{Z}\frac{\sin\alpha-\sin\alpha'}{\sin\alpha+\sin\alpha'}=\frac{\alpha-\alpha'}{2\operatorname{tg}I\operatorname{tg}\alpha}.$$

Une série de retournements permettent encore d'éliminer les défauts de symétrie de l'aimant.

Avec une série d'aimants, Lamont a obtenu pour ce terme de correction fH des valeurs très différentes, de 0,00053 à 0,00198. Toutefois nous verrons plus loin que les coefficients f et φ n'ont pas exactement la même signification.

1181. — M. Joule [1] a indiqué une méthode qui permet d'éliminer l'aimantation induite dans l'observation des oscillations. On prend deux barreaux à peu près identiques M_1 et M_2; on les dispose parallèlement entre eux sur un même équipage et à une distance telle que l'action de l'un sur le milieu de l'autre soit sensiblement égale au champ terrestre. Chaque barreau, étant alors dans un champ à peu près nul, ne conserve que son aimantation rigide; dans ce cas, les oscillations du système ne dépendent que de la somme des moments M_1 et M_2, ou du couple directeur

$$(M_1+M_2)H=A.$$

Les oscillations des deux aimants séparément donnent les couples

$$M_1H(1+\varphi H)=A_1,$$
$$M_2H(1+\varphi H)=A_2.$$

[1] Joule, *Proc. of the Manchester Lit. and Phil. Society*, vol. VI, p. 129, 1867; — *Scient. pap.*, t. I, p. 561.

On déduit des deux dernières expériences le rapport

$$\frac{M_1}{M_2} = \frac{A_1}{A_2} = m;$$

par suite,

$$M_1 H = A \frac{m}{1+m},$$

$$M_2 H = A \frac{1}{1+m}.$$

1182. Déflecteurs de comparaison. — Pour les instruments de voyage, il n'est pas nécessaire de connaître la distance du barreau déviant à l'aiguille déviée, pourvu que cette distance reste la même dans toutes les observations.

Les oscillations du barreau déviant donnent une quantité proportionnelle au couple directeur MH, et on peut écrire

$$MH = C'N^2.$$

La déviation α observée par la méthode des sinus, afin que les barreaux restent toujours dans la même position relative, donne aussi une quantité proportionnelle au rapport $\frac{M}{H}$:

$$\frac{M}{H} = C'' \sin\alpha;$$

par suite,

$$H^2 = \frac{C'}{C''} \frac{N^2}{\sin\alpha}, \quad \text{ou} \quad H = C \frac{N}{\sqrt{\sin\alpha}}.$$

Le facteur constant C est déduit de comparaisons avec des mesures absolues faites dans une station principale. On prend en outre la précaution de déterminer la déviation α par la moyenne des observations relatives au retournement du barreau déviant et au changement de côté par rapport à l'aiguille déviée, pour éliminer les défauts de symétrie et de centrage.

1183. — M. Lloyd [1] a appliqué cette méthode à la bous-

[1] *Admiralty Manual of scient. enquiry*, 4e édit., p. 105, 1871.

sole d'inclinaison. Outre les aiguilles A_1 et A_2, qui servent pour les observations ordinaires, on emploie deux aiguilles spéciales A_3 et A_4, dont l'aimantation n'est jamais renversée. La première A_3 est bien équilibrée, la seconde A_4 est munie d'un contrepoids convenable qui met le centre de gravité en dehors de l'axe.

L'observation est d'abord faite avec la dernière aiguille dans le méridien magnétique. Soit M son moment magnétique et I' l'inclinaison apparente; l'équation (17) donne

$$pd \cos I' = TM \sin (I - I'). \tag{26}$$

Cette aiguille est ensuite montée à peu près à angle droit et dans une position qui sera toujours la même sur l'alidade qui porte les microscopes ou les loupes de visée; on met en place l'aiguille A_3 et on observe son inclinaison apparente I_1.

Le retournement de l'équipage donne une inclinaison I_2, qui correspond à une déviation de sens contraire, et la moyenne des déviations est

$$\delta = \frac{I - I_1}{2} + \frac{I_2 - I}{2} = \frac{I_2 - I_1}{2}.$$

Le champ magnétique moyen de l'aiguille déviante sur l'aiguille déviée est proportionnel à son moment, soit C'M, et fait avec la direction de la seconde aiguille un angle constant θ; la condition d'équilibre est

$$C'M \sin \theta = T \sin \delta. \tag{27}$$

En comparant les équations (26) et (27), on obtient

$$T^2 = C' \frac{pd \sin \theta}{\sin \delta} \frac{\cos I'}{\sin (I - I')} = \frac{C}{\sin \delta} \frac{\cos I'}{\sin (I - I')}.$$

On connaîtra ainsi la force totale T, si la constante C a été déterminée par comparaison avec des mesures absolues.

1183. Appareils de variations. — Dans les observatoires permanents on installe des appareils qui donnent, soit par l'observation directe fréquemment répétée, soit plutôt par un enregistrement continu, les variations des éléments magnétiques. Il nous suffira d'en indiquer le principe.

La boussole de Gambey, pour les variations de déclinaison, se compose d'un barreau aimanté de 50 cent. de longueur suspendu par des fils de soie et portant à chaque extrémité une échelle divisée que l'on observe avec un miscroscope. La valeur angulaire de la division étant déterminée, l'observation donne la variation de la déclinaison dD, à partir d'un repère qui correspond à une déclinaison connue.

Les aiguilles longues présentent l'inconvénient grave que les oscillations sont trop lentes; les variations rapides peuvent alors échapper à l'observation, et les perturbations notables donnent au barreau des oscillations de grande amplitude qui s'éteignent très lentement. Il vaut mieux prendre des aimants courts et observer par la méthode du miroir.

1184. — Plusieurs dispositions peuvent être employées pour les variations de la composante horizontale.

L'aimant d'un déclinomètre étant porté par un fil sans torsion, on lui donne une déviation permanente par un barreau auxiliaire M installé à poste fixe dans le voisinage, de manière que le champ moyen F de ce barreau sur le déclinomètre soit, à peu près, perpendiculaire au méridien magnétique.

Supposons, d'une manière générale, que la direction du champ F fasse un angle α avec la normale au méridien et l'angle θ avec la direction de l'aimant dévié. La condition d'équilibre est

$$H\cos(\theta+\alpha) = F\sin\theta.$$

Lorsque la composante horizontale varie de dH et la déclinaison de $dD = d\alpha$, ces variations étant très petites, la déviation correspondante $d\theta$ du déclinomètre satisfait à l'équation

$$\frac{dH}{H} - \operatorname{tg}(\theta+\alpha)(d\theta + d\alpha) = \frac{dF}{F}\cot\theta + d\theta.$$

Si le défaut de réglage α est très petit et l'angle θ voisin de $45°$, comme on le fait habituellement, on peut écrire

$$\frac{dH}{H} = \frac{dF}{F} + 2 d\theta + dD,$$

dD étant donné par l'appareil à variations de déclinaison.

La force F change avec la température et avec le temps. Si F_0 est sa valeur à une certaine époque et à la température de zéro, on peut la représenter à la température t et au bout du temps T, par une expression de la forme

$$F = F_0(1 - at)(1 - bT) = F_0(1 - at - bT);$$

il en résulte

$$\frac{dH}{H} = -at - bT + 2 d\theta + dD. \tag{28}$$

La plus grande difficulté est de connaître le coefficient b d'affaiblissement graduel; il est nécessaire de comparer souvent les indications de l'appareil avec les résultats donnés par des déterminations directes de H.

1185. — Une autre méthode consiste à porter un barreau par une suspension bifilaire, avec une torsion telle que le barreau soit à peu près dans la position transverse.

Soit θ l'angle du barreau avec la direction qu'il prendrait s'il n'était pas aimanté, et par conséquent la torsion du bifilaire, et α l'angle de ce barreau avec la normale au méridien magnétique ; la condition d'équilibre est

$$HM \cos \alpha = C \sin \theta,$$

et les variations simultanées des éléments donnent

$$\frac{dH}{H} + \frac{dM}{M} - \operatorname{tg} \alpha \, d\alpha = \frac{dC}{C} + \cot \theta \, d\theta.$$

Si on appelle c le coefficient de variation du couple bifilaire avec la température, on peut écrire, en remarquant que l'angle α est très petit,

$$(29)\qquad \begin{aligned}\frac{dH}{H} &= \cot\theta\, d\theta + ct + at + bT,\\ &= \cot\theta\, d\theta + (a+c)t + bT.\end{aligned}$$

Cette disposition présente l'avantage que les variations de déclinaison n'interviennent pas d'une manière sensible. On détermine en bloc le coefficient $(a+c)$ par les observations elles-mêmes et la valeur de $\cot\theta$ est donnée directement dans l'installation du bifilaire.

1186. — Pour obtenir les variations de la composante verticale, on observe les changements de direction d'un barreau aimanté qui repose par un couteau sur un plan d'agate, comme les fléaux de balance, et qui est réglé de manière à se maintenir en équilibre dans le voisinage d'une direction horizontale. L'axe de rotation peut être perpendiculaire ou parallèle au méridien magnétique.

Considérons le cas général. Soient Z et H' les composantes verticale et horizontale de la projection du champ terrestre sur un plan perpendiculaire à l'axe de rotation, I' l'inclinaison apparente dans ce plan, θ l'angle de l'axe magnétique du barreau avec l'horizon, β l'angle du plan normal à cet axe avec la perpendiculaire d abaissée du centre de gravité sur l'axe de rotation, $Q = pd$ le produit du poids p du barreau par la distance d. L'équation d'équilibre est

$$ZM\cos\theta = Q\sin(\beta+\theta) + H'M\sin\theta.$$

Comme l'angle θ est très petit, les variations donnent, abstraction faite de quantités négligeables,

$$M\,dZ + Z\,dM = Q\cos\beta\, d\theta + \sin\beta\, dQ + H'M\, d\theta.$$

Si l'on remarque que $\operatorname{tg} I' = \frac{Z}{H'}$, et qu'on divise cette équation par la première, membre à membre, on obtient, au même degré d'approximation,

$$\frac{dZ}{Z}+\frac{dM}{M}=(\cot\beta+\cot I')\,d\theta+\frac{dQ}{Q},$$

ou, en désignant par q le coefficient de variation du produit Q avec la température,

$$(30)\qquad \frac{dZ}{Z}=(\cot\beta+\cot I')\,d\theta+(a+q)\,t+b\mathrm{T}.$$

Le facteur principal $(\cot\beta+\cot I')$, par lequel on doit multiplier la variation angulaire observée $d\theta$, sera déterminé par expérience.

Si l'axe de rotation est perpendiculaire au méridien, $I'=I$; s'il est parallèle au méridien, $\cot I'=0$. Dans ce dernier cas, la formule est plus simple, mais l'action de la terre tend à faire tourner le couteau sur les plans, et la marche de l'instrument peut être moins régulière.

Dans le cas général, le couple qui tend à ramener le barreau dans sa position d'équilibre, une fois qu'il est dévié d'un angle très petit ε, est

$$[Q\cos(\beta+\theta)+H'M\cos\theta+ZM\sin\theta]\,\varepsilon,$$

expression qui peut se réduire, lorsque l'angle θ est très petit, à

$$(Q\cos\beta+H'M)\,\varepsilon.$$

Si donc on fait osciller la balance dans le méridien, puis dans un plan perpendiculaire au méridien, les nombres d'oscillations correspondants n et n' donnent

$$\frac{n^2}{n'^2}=\frac{Q\cos\beta+HM}{Q\cos\beta}=1+\frac{HM}{Q\cos\beta}.$$

Comme on a sensiblement

$$ZM=Q\sin\beta,$$

il en résulte

$$\cot\beta = \frac{H}{Z}\frac{n'^2}{n^2 - n'^2} = \frac{n'^2}{n^2 - n'^2}\cot I.$$

Le nombre N des oscillations du barreau oscillant autour d'un axe vertical donnerait, de même,

$$\frac{N^2}{n'^2} = \frac{HM}{Q\cos\beta};$$

il en résulte, comme vérification,

$$N^2 = n'^2 - n^2.$$

1187. — La meilleure méthode consiste à déterminer les coefficients des trois instruments de variations par une comparaison directe. A part les effets de température, les variations des deux composantes sont données par des expressions telles que

$$\frac{dH}{H} = A\,d\theta, \qquad \text{et} \qquad \frac{dZ}{Z} = B\,d\theta.$$

On place un barreau auxiliaire M' successivement à la même distance des trois appareils de variation, de manière que son action F soit perpendiculaire à la composante H pour le déclinomètre, parallèle à H pour le bifilaire, et verticale pour la balance. Le barreau déviant étant, par exemple, dans la deuxième position de Gauss pour chaque expérience, les déviations correspondantes δ, δ' et δ'' des trois appareils, supposées très petites, donnent

$$F = H\delta = AH\delta' = BZ\delta'',$$

les coefficients des appareils ont pour valeurs

$$A = \frac{\delta}{\delta'},$$

$$B = \frac{H}{Z}\frac{\delta}{\delta''} = \frac{\delta}{\delta''}\cot I.$$

1188. — Les variations d'inclinaison peuvent être observées directement sur une boussole d'inclinaison portée par un couteau et bien réglée, mais on préfère en général les calculer par les variations des deux composantes principales.

De l'équation

$$Z = H \operatorname{tg} I$$

on déduit

$$\frac{2}{\sin 2I} dI = \frac{dZ}{Z} - \frac{dH}{H}. \tag{31}$$

Les valeurs de dI seront donc données, à un facteur près, par la différence des variations relatives de Z et de H.

Il en est de même pour la force totale T. L'équation

$$T^2 = Z^2 + H^2$$

donne

$$\frac{dT}{T} = \frac{Z dZ + H dH}{T^2} = \frac{dZ}{Z} \sin^2 I + \frac{dH}{H} \cos^2 I. \tag{32}$$

CHAPITRE DEUXIÈME

CONSTANTES D'AIMANTATION

1189. Moments magnétiques. — Oscillations et déviations. — On a déjà utilisé les oscillations d'un barreau aimanté (**1140**) pour évaluer le couple directeur MH dans un champ magnétique uniforme, d'intensité H ; le moment M sera déterminé en valeur absolue si on connaît l'intensité du champ.

Quand on veut trouver seulement le rapport de deux moments magnétiques M et M', deux expériences successives dans le même champ donnent, en appelant n et n' le nombre d'oscillations pendant le même temps, K et K' les moments d'inertie correspondants,

$$\frac{M}{M'} = \frac{n^2}{n'^2}\frac{K}{K'}.$$

Si les barreaux ont une forme géométrique qui permette de calculer leurs rayons de giration et que l'appareil de suspension ait un poids négligeable, comme une chape en papier, on a, en appelant P et P' les poids des barreaux, ρ et ρ' leurs rayons de giration,

$$\frac{M}{M'} = \frac{n^2}{n'^2}\frac{P}{P'}\frac{\rho^2}{\rho'^2}.$$

On peut éliminer encore le moment d'inertie du système en ayant soin qu'il reste le même dans les deux cas. On suspend, par exemple, les deux barreaux à un même système oscillant, de manière qu'ils soient parallèles, d'abord dans le même sens et ensuite en sens contraire. Le rapport des carrés des nombres d'oscillations donne le rapport de la somme des moments $M+M'$ à leur différence $M-M'$; on en déduit le rapport des deux moments M et M'.

On n'obtient ainsi, en toute rigueur, que le rapport des moments magnétiques apparents. Dans la dernière disposition, en particulier, les aimants doivent être placés sur l'équipage à une distance assez grande l'un de l'autre, pour que leur action réciproque soit négligeable.

Lorsque les barreaux M et M' montés sur l'équipage commun font entre eux un angle θ, l'aimant résultant R se dirige dans le méridien magnétique, et si on appelle α l'angle que fait le barreau M avec le méridien, on a

$$\frac{R}{\sin\theta} = \frac{M}{\sin(\theta-\alpha)} = \frac{M'}{\sin\alpha}.$$

Le couple directeur du système a pour valeur

$$RH = MH\frac{\sin\theta}{\sin(\theta-\alpha)} = M'H\frac{\sin\theta}{\sin\alpha}.$$

Le rapport des moments magnétiques M et M' est déterminé par les angles θ et α, car on a

$$\frac{M'}{M} = \frac{\sin\alpha}{\sin(\theta-\alpha)};$$

si les barreaux sont rectangulaires, il reste simplement

$$\frac{M'}{M} = \operatorname{tang}\alpha.$$

Cette méthode employée par M. Bouty [1], permet de comparer rapidement les moments magnétiques des barreaux.

1190. Méthodes de torsion. — Les méthodes de torsion (**1142**) donnent également le couple directeur d'un champ sur un ai-

[1] Bouty, *Ann. de l'éc. norm.* (2), t. IV, p. 9, 1875.

mant. Elles présentent même cet avantage particulier que, si la déviation est voisine de 90°, le couple directeur ne dépend que du magnétisme rigide.

Quand il s'agit seulement de comparer deux moments magnétiques et qu'on opère dans le même champ, les angles ω et θ, ω' et θ' relatifs aux aimants M et M' donnent, suivant le mode de suspension,

$$\frac{M'}{M} = \frac{\omega' - \theta'}{\omega - \theta} \frac{\sin \theta}{\sin \theta'},$$

$$\frac{M'}{M} = \frac{C'}{C} \frac{\sin(\omega' - \theta')}{\sin(\omega - \theta)} \frac{\sin \theta}{\sin \theta'}.$$

Avec une suspension bifilaire, le rapport des coefficients C et C' est égal au rapport de poids correspondants P et P' du système total.

1191. Emploi de la balance. — Le couple directeur d'un aimant peut être équilibré par des poids au moyen de la balance ordinaire. Si on fixe un barreau aimanté, dans une position verticale, au fléau d'une balance en laiton, pour éviter toute action perturbatrice [1], et qui oscille dans le méridien magnétique, le couple MH tend à faire basculer la balance d'un côté, et son action change de sens quand on renverse l'aimant bout pour bout. On équilibre la balance dans les deux cas par des poids P_1 et P_2. La demi-longueur du fléau étant l et les poids évalués en grammes, le produit $(P_1 - P_2)gl$ équivaut au double du couple directeur et on a

$$2MH = (P_1 - P_2)gl. \qquad (1)$$

C'est une sorte de double pesée dans laquelle l'aimantation induite n'a pas d'influence sensible, parce que son action est de même sens dans les deux cas ; la différence des aimantations induites intervient seule.

Lorsque l'aimant est placé horizontalement dans le sens du fléau, on fait de même deux observations en le retournant

[1] A. Töpler, *Wied. Ann.*, t. XXI, p. 158, 1884.

bout pour bout, ou en faisant tourner de 180° le support de la balance. La différence des tares Q_1 et Q_2 équilibre le double du couple produit par la composante verticale et on a

$$(2) \qquad 2MZ = (Q_1 - Q_2) gl.$$

En divisant les équations (1) et (2) membre à membre, on aura par un rapport de poids le rapport des composantes H et Z et, par suite, la valeur de l'inclinaison (**1167**).

1192. — M. Helmholtz [1] a indiqué une autre manière d'utiliser la balance. Sur l'un des plateaux on met un barreau vertical; sur l'autre un barreau horizontal dirigé vers le milieu du premier. Soient M_1 et $2L_1$ le moment magnétique du barreau horizontal et la distance des pôles, M_2 et $2L_2$ les mêmes quantités pour le barreau vertical, R la distance des centres, D la distance du centre du barreau M_1 au pôle du barreau M_2, ω l'angle des direction D et R.

L'action de l'aimant M_1 sur le pôle $+m_2$ du barreau M_2 a pour composante verticale une expression dont le terme principal est (**1146**)

$$Ym_2 = 3\frac{M_1 m_2}{D^3}\cos\omega\sin\omega = 3\frac{M_1 m_2 L_2}{D^4}\frac{R}{D}.$$

L'action verticale qui s'exerce sur le pôle $-m_2$ a la même valeur, puisqu'il faut changer en même temps les signes de m et de Y. Si l'on remplace $2m_2L_2$ par M_2 et la distance D par $\sqrt{R^2+L_2^2}$, on voit que $3\frac{M_1M_2}{R^4}$ est le terme principal de l'action résultante.

L'action de l'aimant M_2 sur l'aimant M_1 est égale et de signe contraire, mais elle a lieu de l'autre côté et tend à faire basculer la balance dans le même sens.

Enfin l'action change de signe quand on retourne un des barreaux bout pour bout. Si on désigne par $P_{1.2}$ la différence

[1] Helmholtz, *Ber. der Ak. der Wiss. zu Berlin*, t. XVI, 1883.

des tares nécessaires pour rétablir l'équilibre dans les deux cas, on peut donc écrire

$$P_{1,2}l = 12\frac{M_1M_2}{R^4}(1+p),$$

et on déterminerait le terme de correction p en opérant à deux distances différentes. On élimine tous les défauts de symétrie en retournant les aimants et en permutant les plateaux. Ici encore les aimantations induites par la terre n'interviennent que par leur différence.

Avec trois barreaux différents, l'expérience donnera les produits M_1M_2, M_1M_3 et M_2M_3. Abstraction faite du terme de correction, on en déduit les rapports

$$\frac{M_1}{M_2}=\frac{P_{1.3}}{P_{2.3}}, \qquad \frac{M_1}{M_3}=\frac{P_{1.2}}{P_{2.3}}, \qquad \frac{M_2}{M_3}=\frac{P_{1.2}}{P_{1.3}},$$

qui donnent aussi le moment de chaque barreau, car on a

$$M_1^2=\frac{(M_1M_2)(M_1M_3)}{M_2M_3}=\frac{R^4l}{12}\,\frac{P_{1.2}P_{1.3}}{P_{2.3}}.$$

1193. Mesure du moment par le champ. — Dans cette expérience de M. Helmholtz le moment magnétique d'un barreau est déterminé par la mesure de son champ à une certaine distance. Ce champ peut être évalué par tout autre procédé, par exemple par les oscillations ou les déviations.

Si l'aimant est placé de manière que son champ sur une aiguille soit parallèle au champ terrestre, on déterminera les oscillations de l'aiguille (**1110**) dans le champ terrestre seul, puis dans le champ formé par la somme ou la différence du champ terrestre et du champ de l'aimant.

On peut encore opérer par déviation, en faisant agir l'aimant sur un déclinomètre placé dans la position transversale par une suspension bifilaire (**1112**), ou par une combinaison des oscillations et des déviations.

On déterminera ainsi soit le rapport du champ d'un aimant

au champ terrestre, soit le rapport des champs de deux aimants. En tenant compte de la distance et du terme de correction s'il y a lieu, on en déduira soit le rapport du moment magnétique M_1 au champ terrestre soit le rapport de deux moments magnétiques M_1 et M_2, par le rapport des champs correspondants F_1 et F_2.

Si le champ de l'aimant est perpendiculaire au méridien magnétique, on le fera de même agir sur une aiguille située d'abord dans le méridien et on mesurera la déviation produite, comme dans la méthode de Gauss (**1171**). On peut encore observer les oscillations d'un déclinomètre situé dans la position transversale et soumis d'abord au champ résultant de la terre et du bifilaire, puis à la somme ou à la différence des actions de ce champ et d'un aimant.

1191. Méthode d'induction. — Supposons qu'un corps aimanté de forme quelconque soit entouré par un circuit fermé situé dans un plan perpendiculaire à l'axe des x. La composante de l'induction magnétique normale à ce plan étant X_1, le flux d'induction qui traverse le circuit est (**321**)

$$Q = \iint X_1 dy\,dz = -\iint \frac{\partial V}{\partial x} dy\,dz + 4\pi \iint A\,dy\,dz,$$

l'intégrale étant étendue à toute la surface S du circuit.

Si l'on supprimait brusquement l'aimantation, le circuit serait le siège d'une décharge induite qui donnerait la mesure de Q ; la décharge sera la même si on emporte le circuit à une grande distance de l'aimant ou dans une position pour laquelle le flux qui le traverse soit nul.

Lorsque le circuit enserre étroitement la surface de l'aimant, la décharge donne le flux d'induction intérieur à l'aimant dans la section correspondante.

Avec un aimant cylindrique, la valeur de Q pour les différents points permettra de construire ce que Gaugain a appelé la *courbe de désaimantation* (**117**). Lorsque le circuit se déplace entre deux positions x_1 et x_2, la décharge induite mesure la variation $Q_1 - Q_2$ du flux d'induction intérieur d'une section à l'autre, c'est-à-dire le flux de force qui sort du barreau (**321**) par la surface latérale entre les deux sections correspondantes.

1195. — Supposons maintenant que le circuit S fasse partie d'une bobine cylindrique ayant n_1 spires par unité de longueur. Le flux d'induction qui traverse les spires comprises dans une longueur dx est

$$dQ = -n_1\,dx \iint \frac{\partial V}{\partial x}\,dy\,dz + 4\pi n_1\,dx \iint A\,dy\,dz.$$

Les extrémités de la bobine étant dans les plans x_1 et x_2, le flux total d'induction qui la traverse est l'intégrale de cette expression entre les limites x_1 et x_2 : en appelant V_1 et V_2 les potentiels dans les plans limites et dv un élément de volume de l'aimant, on peut écrire

$$Q = n_1 \iint V_1\,dy\,dz - n_1 \iint V_2\,dy\,dz + 4\pi n_1 \int_1^2 A\,dv.$$

Si les extrémités de la bobine sont assez éloignées, de part et d'autre de l'aimant, pour que le potentiel y soit sensiblement nul, il reste simplement

$$Q = 4\pi n_1 \int A\,dv = 4\pi n_1 M_x,$$

M_x désignant la projection sur l'axe des x du moment magnétique du corps.

Si on enlève l'aimant, la décharge induite dans le circuit de la bobine permettra de déterminer le moment M_x.

D'une manière plus générale, on sait (**338**) que l'énergie potentielle d'un aimant M dans un champ uniforme F avec lequel il fait un angle θ est égale à $-MF\cos\theta$. Si un cadre de forme quelconque parcouru par un courant I produit un champ uniforme GI, l'énergie potentielle de l'aimant placé dans ce champ serait $-MGI\cos\theta$ et le travail WI nécessaire pour amener l'aimant dans une autre direction θ' serait

$$WI = MGI(\cos\theta - \cos\theta').$$

Or, le produit de la décharge induite q par la résistance R du circuit (**515**) est égal au travail W qui correspondrait à l'unité de courant. On a donc

$$Rq = MG(\cos\theta - \cos\theta').$$

Si le circuit communique seulement avec un galvanomètre balistique et que l'aimant soit brusquement emporté à une grande distance, la décharge correspondante q donnera le produit MG cos θ, c'est-à-dire le produit de la constante G du cadre par la composante $M_x = M\cos\theta$ du moment magnétique parallèle au champ.

Si l'aimant était d'abord parallèle au champ, une rotation de 90° donnerait le produit MG, et un retournement bout pour bout la valeur de 2MG.

On peut utiliser ainsi soit une longue bobine cylindrique, soit une bobine sphérique (**197**), soit un système quelconque de cadres à champ uniforme (**750** et **751**).

En mesurant par cette méthode les composantes M_x, M_y et M_z du moment magnétique du corps par rapport à trois axes rectangulaires, on en déduira le moment résultant

$$M^2 = M_x^2 + M_y^2 + M_z^2,$$

et les angles α, β et γ de la direction de ce moment avec les axes seront déterminés par les relations

$$\frac{\cos\alpha}{M_x} = \frac{\cos\beta}{M_y} = \frac{\cos\gamma}{M_z} = \frac{1}{M}.$$

1196. Intensité d'aimantation. — Le quotient du moment magnétique d'un corps par son volume donne l'intensité d'aimantation moyenne.

D'après les expériences de Gauss[1], par exemple, le moment magnétique de la terre en unités C. G. S. est

$$0,33092\ R^3 = 8,55 \cdot 10^{25}.$$

(1) Gauss. *Allgem. theorie des Erdmagn.* Œuvres, t. V, p. 164.

En d'autres termes, la valeur moyenne de la composante horizontale du champ terrestre à l'équateur magnétique étant d'environ 0,33092, l'intensité d'aimantation du globe, assimilé à une sphère aimantée uniformément, est égale à la fraction $\frac{3}{4\pi}$ de son action à l'équateur (**355**), ce qui donne

$$I_a = \frac{3}{4\pi} 0,33092 = 0,079.$$

Gauss a trouvé, de même, que le moment magnétique d'un barreau d'acier pesant une livre était de 10087,7, ses nombres étant réduits en unités C.G.S. En admettant que la densité de l'acier fût de 7,8 et que la livre dont il est question soit de 453,6 grammes, l'intensité d'aimantation moyenne serait 174, ou 2200 fois l'aimantation terrestre.

Les aimants, tels qu'on les emploie dans les laboratoires ou pour les observations relatives au magnétisme terrestre, ont souvent une aimantation moyenne de 300 à 400 unités. Toutefois l'aimantation maximum que peut acquérir un aimant dépend non seulement de la nature de l'acier et de son mode de trempe, mais aussi des dimensions du barreau. Elle est d'autant plus grande que le barreau a la forme d'un cylindre plus allongé et plus mince.

L'aimantation, en effet, est surtout localisée dans les couches superficielles, soit parce que les procédés d'aimantation employés n'agissent pas facilement sur les parties intérieures, soit parce que les effets de la trempe n'ont pas eux-mêmes pénétré à une grande profondeur. En outre la réaction d'un aimant sur lui-même, ou la force démagnétisante (**107**), est d'autant moindre que le barreau a une forme plus allongée dans le sens de l'aimantation.

En opérant sur des tiges très minces, M. Kohlrausch [1] a constaté que le moment magnétique de l'acier pouvait atteindre 100 unités par gramme, ce qui donnerait une intensité d'aimantation de 780, ou presque 10 000 fois l'aimantation terrestre.

[1] Kohlrausch, *Leitfaden der prakt. Phys.* 4e éd. p. 174, 1880.

1197. Méthode d'arrachement. — L'intensité d'aimantation peut dans certains cas être déterminée directement, sans passer par la mesure d'un moment magnétique.

Supposons que dans un cylindre aimanté uniformément, on ait pratiqué une section S perpendiculaire à l'axe et que les deux surfaces aient été rapprochées au contact. La densité magnétique sur les surfaces en regard est égale à l'intensité d'aimantation I_a (**322**); l'action par unité de surface est égale à $2\pi I_a^2$, comme pour des surfaces électrisées (**11**), et l'attraction totale des deux surfaces égales à $2\pi I_a^2 S$. En déterminant le poids P nécessaire pour les détacher l'une de l'autre ou les arracher au contact, on a

$$2\pi I_a^2 S = gP, \quad \text{ou} \quad I_a = \sqrt{\frac{gP}{2\pi S}}.$$

Si la surface S faisait un angle θ avec la direction de l'aimantation, on aurait

$$gP = 2\pi I_a^2 S \sin\theta.$$

1198. Méthode d'induction. — Le flux d'induction Q (**1191**), qui traverse un circuit entourant un aimant peut s'écrire

$$Q = FS + 4\pi A S',$$

en désignant par F la force moyenne dans la surface S du circuit et par A la composante d'aimantation moyenne dans la section S' correspondante de l'aimant. On obtiendra la valeur de Q, soit par la décharge relative à la suppression brusque ou à l'établissement de l'aimantation, soit par celle qui se produit quand on emporte le circuit à une grande distance ou dans une position par laquelle le flux d'induction qui le traverse est nul.

La force magnétique F est due seulement au magnétisme libre de l'aimant, ou aux extrémités libres des filets magnétiques qui le composent. La valeur du terme FS est minimum quand le circuit enserre étroitement l'aimant. Si celui-ci a la forme d'un cylindre très allongé et que le circuit soit placé au voisinage de la région moyenne, la force F est sensiblement nulle, et il reste

$$Q = 4\pi A S'.$$

Cette équation est même tout à fait rigoureuse pour un aimant annulaire (**371**) formant un solénoïde fermé.

1199. — Les changements brusques d'aimantation nécessaires pour l'application de cette méthode ne peuvent être facilement produits que par des courants.

Supposons, par exemple, qu'un barreau cylindrique, de section S' et de grande longueur par rapport à son diamètre, soit placé dans le champ uniforme produit par un courant I, par exemple le champ $4\pi n_1 I$ d'une bobine cylindrique (**195**) très longue par rapport au barreau ou, plus généralement, dans le champ GI d'un cadre à champ uniforme. Si l'action des extrémités de l'aimant lui-même dans la section médiane du barreau est négligeable, l'intensité d'aimantation du barreau étant I_a, le flux d'induction qui traverse un circuit fermé S qui entoure la section médiane a pour valeur

$$Q_1 = GIS + 4\pi I_a S'.$$

En déterminant ce flux par la décharge induite, et répétant ensuite la même expérience avec la bobine seule, qui donnera $Q_2 = GIS$, on obtient, par différence,

$$Q_1 - Q_2 = 4\pi I_a S'.$$

Si le barreau a la forme d'un anneau entouré par une bobine annulaire (**751**), le champ intérieur est sensiblement uniforme quand la section du barreau est petite par rapport au diamètre de l'anneau ; dans tous les cas, l'expérience donne encore l'aimantation moyenne.

Avec les anneaux, on n'a que les variations d'aimantation, sans que l'expérience indique rien sur le magnétisme résiduel du système et par conséquent sur son aimantation totale.

1200. Aimantation induite. — Les quantités que l'on doit chercher à déterminer par expérience sont le coefficient d'aimantation k, que sir W. Thomson a appelé la *susceptibilité magnétique* (**383**), et le coefficient d'induction $\mu = 1 + 4\pi k$, ou la *perméabilité magnétique*.

Ces quantités varient d'ailleurs avec la force magnétisante, et le problème ne peut être complètement résolu que dans des conditions particulières.

La force magnétisante résulte du champ primitif et du magnétisme induit (**385**); par suite, même pour un corps placé dans un champ uniforme, elle varie d'un point à l'autre. Comme l'état réel d'un aimant ne peut pas être déduit de ses actions extérieures, il faut se restreindre aux cas pour lesquels, le champ étant uniforme, le magnétisme induit donne lui-même un champ uniforme ou négligeable.

Dans un champ uniforme d'intensité φ, si le champ du magnétisme induit est également uniforme, l'aimantation I_a du corps est liée, en général, à l'intensité du champ par une expression de la forme (**385**)

$$I_a = \frac{k}{1 - kC}\varphi.$$

La valeur de la constante C est égale à $-\frac{4}{3}\pi$ pour une sphère (**386**) ou à l'un des coefficients $-L$, $-M$, $-N$ pour un ellipsoïde dont l'axe correspondant est parallèle au champ (**388**). On peut ajouter le cas d'un cylindre de grande longueur, pour lequel $C = 0$ ou $C = -2\pi$, suivant que son axe est parallèle ou perpendiculaire au champ. Enfin, on a encore $C = 0$ pour un anneau entouré par une bobine annulaire.

Les formes qui présentent le plus d'avantages dans la pratique sont donc : une sphère, un ellipsoïde de révolution allongé dont le grand axe est parallèle au champ, un cylindre très allongé qu'on peut assimiler à un ellipsoïde de même section transversale et de même longueur ou mieux considérer comme indéfini, enfin un anneau circulaire.

L'expérience montre que le coefficient k, pour un corps de nature donnée, le fer par exemple, dépend non seulement de son état actuel, de sa pureté, de la température, de la trempe, mais encore des états successifs par lesquels il a passé et, pour ainsi dire, de son histoire antérieure au point de vue magnétique.

Toute modification apportée à l'état magnétique d'un corps, même passagère en apparence, doit donc être considérée comme ayant produit une altération permanente de sa constitution, et cette altération ne peut disparaître que si le corps est porté au rouge. D'un autre côté, une telle opération modifie l'état chimique ou physique, de sorte que rien n'est plus difficile que d'obtenir des échantillons d'une même substance que l'on puisse considérer comme parfaitement identiques.

Les champs uniformes que l'on utilise ordinairement sont le champ intérieur d'une bobine longue par rapport aux dimensions du corps, le champ d'un système de cadres convenablement disposés, le champ produit par un système d'aimants, ou simplement le champ terrestre.

La remarque qui précède montre, en outre, que la manière dont on introduit le corps dans le champ peut n'être pas indifférente. Si le corps est placé dans une bobine et qu'on établisse ou qu'on rompe brusquement le courant, on peut avoir des effets d'induction qui donnent à l'intensité du champ, à un moment donné, une valeur toute différente de sa valeur permanente, surtout lorsque la bobine renferme un noyau magnétique ; dans un champ aussi variable, le corps éprouve une sorte de secousse qui modifie l'état final.

Ainsi, quand un morceau de fer doux est aimanté dans une bobine et qu'on l'enlève lentement, son magnétisme résiduel peut être presque double de celui qu'on aurait obtenu par la suppression brusque du courant.

La méthode des décharges induites ne doit donc être employée qu'avec certaines précautions. Si on introduit le corps dans la bobine quand le courant est déjà établi, il passe par un champ variable avant d'arriver dans la partie uniforme. La meilleure manière serait d'introduire le corps dans la bobine inactive et de s'astreindre à n'établir et ne rompre le courant que d'une manière lente et progressive.

1201. — Le champ d'une bobine étant proportionnel, par un facteur connu G qui dépend de la forme du circuit, à l'intensité du courant, le problème revient à déterminer l'intensité d'aimantation en fonction de celle du courant. On mesurera alors, soit l'intensité d'aimantation du corps par arrachement ou par induction, soit son moment magnétique par une méthode de déviation.

Dans ce dernier cas, si le corps est placé dans le champ d'une bobine, on devra déterminer le moment magnétique du courant lui-même et le retrancher du résultat obtenu pour l'ensemble de la bobine et du corps aimanté. Il est alors préférable d'éliminer l'action de la bobine magnétisante sur le déclinomètre en la compensant par celle d'une autre bobine placée de l'autre côté à une distance convenable et qu'on fait traverser par le même courant.

De même encore, quand on veut comparer des corps de mêmes dimensions au point de vue de leurs propriétés magnétiques, par exemple des barreaux d'acier de natures différentes et soumis à des opérations différentes de trempe ou de recuit, il est avantageux d'opérer par une méthode de réduction à zéro. Un barreau type étant installé à poste fixe d'un côté d'un déclinomètre, on place le barreau à étudier de l'autre côté et on modifie sa distance jusqu'à ce que l'aiguille soit ramenée à sa position primitive. Le rapport des moments magnétiques de deux barreaux est égal, à des termes de correction près, au cube du rapport inverse des distances pour lesquelles ils font équilibre au barreau type.

1202. — Avec les bobines annulaires, la force magnétisante n'est pas constante dans toute l'étendue de la section S de la bobine et il en est de même du coefficient k, mais les variations de ce facteur sont, en général, négligeables et on peut considérer le champ intérieur comme ayant une intensité constante $F'_m I$ (**751**), la valeur moyenne F'_m se rapportant à la section S′ de l'anneau magnétique. Dans ces conditions, l'intensité d'aimantation est égale à $kF'_m I$ et le flux d'induction correspondant $4\pi k F'_m S'$.

Le flux total d'induction qui traverse un circuit fermé entourant p fois la section de l'anneau, est donc

$$Q = pI(F'_m S + 4\pi k F'_m S')$$

et, si le fil est appliqué exactement sur l'anneau,

$$Q = pI(1 + 4\pi k)F_m S = \mu p F_m SI :$$

La détermination de Q par une décharge induite donnera la valeur de μ.

La méthode des anneaux ne donnant que les variations de l'état magnétique, on ne connaît le magnétisme temporaire que par les décharges induites qui correspondent à l'établissement ou à l'inversion du courant principal et on estime le magnétisme résiduel par la différence des décharges relatives à l'établissement et à la suppression du courant.

L'anneau se trouve ainsi après chaque expérience dans un état mal connu; on doit, en particulier, s'astreindre à n'employer que des courants croissants, sans retour vers des intensités plus faibles, et l'appareil est hors d'usage quand il a passé par les courants les plus forts.

1203. Propriétés du fer. — Les premiers résultats numériques sur l'aimantation du fer doux par les courants sont dus à Lenz et Jacobi [1]. Ils employaient la méthode d'induction avec des barreaux cylindriques et ils concluent de leurs expériences que l'aimantation est proportionnelle à l'intensité du courant. Vers la même époque, M. Joule [2] mettait en évidence le fait capital de l'existence d'un maximum. Il opérait par arrachement, en déterminant le poids nécessaire pour

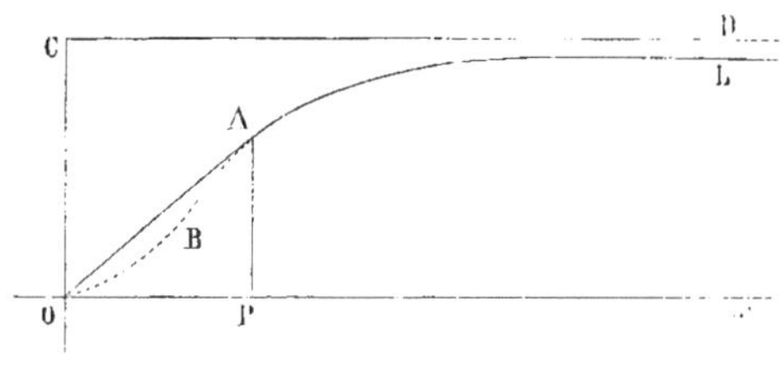

Fig. 244

(1) Lenz et Jacobi, *Pogg. Ann.*, t. XLVIII, p. 225, 1839.

(2) Joule, *Ann. of Electricity*, vol. IV, p. 474, 1839; t. V, p. 187, 1840. — *Scient. pap.*, p. 15 à 38.

séparer deux cylindres placés bout à bout et aimantés par un courant, ou deux segments d'un anneau suivant un plan parallèle à l'axe. M. Joule remarque que le poids commence par varier proportionnellement au carré de l'intensité, c'est-à-dire de la force magnétisante, conformément à loi de Lenz et Jacobi, mais ensuite beaucoup moins vite et tend enfin vers un maximum. Dans le tableau suivant, extrait de son mémoire, les quatre premiers nombres sont relatifs à ses propres expériences, les trois suivants sont déduits d'expériences antérieures de Nesbit, de Henry et de Sturgeon :

Sect. des barreaux en cent. carrés.	Poids maximum en grammes par cent. carré.	Aimantation maximum I_a.	Champ $4\pi I_a$.
64,5	19 478	1742	21 880
1,263	17 570	1656	20 810
0,281	19 337	1740	21 860
0,0087	11 391	1334	16 750
29,02	22 291	1862	23 390
25,40	13 360	1442	18 120
1,26	17 931	1671	20 990

L'intensité d'aimantation serait donc représentée en fonction de l'intensité du courant ou de la force magnétisante, par une courbe (fig. 244), composée d'une partie rectiligne OA et d'une autre partie concave vers l'axe des abscisses ayant pour asymptote une horizontale CD qui correspondrait à une intensité d'aimantation de 1700 à 1800.

Des nombres de même ordre ont été obtenus par différents observateurs pour le maximum d'aimantation :

Von Waltenhofen (1). 1670,
Stefan (2). 1400,
Fromme (3). . . . . 1731.

L'existence du maximum d'aimantation est une conséquence immédiate de l'hypothèse d'Ampère, qui consiste à considérer

(1) Von Waltenhofen, *Pogg. Ann.*, t. CXXVII, p. 518, 1869.
(2) Stefan, *Wiener Berichte*, [2], t. LXIX, p. 200, 1874.
(3) Fromme, *Wied. Annal.*, t. XIII, p. 695, 1881.

les courants particulaires comme préexistant dans le fer doux, et le fait de l'aimantation comme une simple orientation des courants primitifs ([1]).

Cette hypothèse se trouve confirmée par une expérience ingénieuse de Beetz ([2]). Un fil d'argent recouvert de vernis sauf sur une ligne très fine parallèle à une génératrice est pris comme électrode négative dans un bain de fer, au milieu d'un champ magnétique parallèle à sa longueur. Le mince filet de fer obtenu dans ces conditions présente une aimantation permanente d'intensité très considérable, d'autant plus grande d'ailleurs qu'il est plus fin et que, par suite, la réaction des particules contiguës se fait moins sentir.

Des expériences de M. Joule ([3]), quoique bornées au magnétisme permanent, montrent déjà que pour les forces très petites l'aimantation croît d'une manière plus rapide que la force magnétisante.

Ce résultat a été mis nettement en évidence par les expériences de M. G. Wiedemann ([4]) sur l'aimantation de barreaux cylindriques par les courants, en employant la méthode des déviations et en déterminant séparément l'aimantation totale et l'aimantation résiduelle, d'où l'on déduit par différence l'aimantation temporaire. Il en résulte que la courbe figurative de l'intensité d'aimantation (fig. 244) n'a pas de partie rectiligne OA; elle commence par tourner sa convexité vers l'axe des abscisses, présente au point d'inflexion en B, et tend ensuite vers le maximum. La courbe du magnétisme total et celle du magnétisme permanent ont la même allure. L'intensité d'aimantation commence donc par croître plus vite que la force magnétisante.

1201. Variation de l'aimantation avec la force magnétisante. — Plusieurs procédés peuvent être employés pour traduire les résultats des expériences. La méthode qui répond le plus directement aux besoins de la pratique consiste à exprimer,

([1]) Ampère, *Réponse à Van Beck*, 1822. — *Collect. de Mém. de la Société française de phys.*, t. II, p. 214.
([2]) Beetz, *Pogg. Ann.*, t. CXI, p. 107, 1860.
([3]) Joule, *Phil. Trans. L. R. S.* for 1856, p. 287.
([4]) G. Wiedemann, *Galvanismus*, 1re éd., t. II, p. 297.

par une courbe ou par une formule, la relation qui existe entre le moment magnétique, ou l'intensité d'aimantation, et la force magnétisante.

Lamont [1] a obtenu une expression assez rationnelle en admettant que l'accroissement dm du moment magnétique, produit par un accroissement $d\varphi$ de la force magnétisante, est à chaque instant proportionnel à l'excès du moment maximum M sur la valeur actuelle m, c'est-à-dire à l'accroissement total de magnétisme que le barreau est encore capable de recevoir. Si on pose

$$\frac{dm}{d\varphi} = a(\mathrm{M} - m), \quad \text{ou} \quad \frac{dm}{\mathrm{M} - m} = a\,d\varphi,$$

il en résulte

$$\mathrm{M} - m = \mathrm{A}e^{-a\varphi};$$

comme on a $\mathrm{M} = \mathrm{A}$ pour $\varphi = 0$, il vient

$$\frac{m}{\mathrm{M}} = 1 - e^{-a\varphi}.$$

La courbe qui figure le rapport $\frac{m}{\mathrm{M}}$, en fonction de la force magnétisante φ, part de l'origine, où le coefficient angulaire de la tangente est a, et elle est asymptote à la droite $y = 1$. On retrouve ainsi cette propriété générale que le moment magnétique m est d'abord proportionnel à la force magnétisante et tend vers un maximum. L'intensité d'aimantation est proportionnelle à m et peut être représentée par $b(1 - e^{-a\varphi})$; il en résulte

$$k = \frac{1 - e^{-a\varphi}}{b\varphi}.$$

La valeur initiale du coefficient d'aimantation k serait égale au rapport $\frac{a}{b}$ et irait en diminuant jusqu'à zéro.

[1] Lamont, *Handbuch des magnetismus*, p. 407, 1867.

Cette formule de Lamont représente très exactement les phénomènes observés par M. Joule et, en général, ceux qui correspondent aux forces magnétisantes assez grandes pour que l'on ait dépassé les premiers éléments de la courbe à courbure inverse.

Au lieu d'employer une formule exponentielle, qui a l'inconvénient de compliquer beaucoup les calculs dans la pratique, on peut représenter le moment magnétique, comme l'a fait M. Fröhlich (1), par une branche d'hyperbole, soumise à la condition d'avoir la même tangente à l'origine et la même asymptote que la courbe exponentielle de Lamont. On aurait alors

$$\frac{m}{M} = \frac{a\varphi}{1 + a\varphi}, \quad \text{ou} \quad k = \frac{a\varphi}{b\varphi(1 + a\varphi)}.$$

Müller (2) a trouvé que, pour un barreau de fer doux de diamètre d, le moment magnétique M correspondant à un champ φ est représenté assez exactement par une expression empirique de la forme

$$M = Cd^2 \operatorname{arc\,tg} \frac{\varphi}{Ad^{\frac{3}{2}}},$$

dans lesquelles A et C sont des constantes; mais cette formule répond seulement au cas particulier d'un barreau aimanté par une bobine beaucoup plus courte placée en son milieu. Elle n'a donc pas de caractère général, mais elle indique aussi un maximum d'aimantation, et ce maximum est atteint d'autant plus vite que le barreau est plus étroit.

W. Weber (3) a fait, avec des tiges cylindriques et par la méthode des déviations, une série d'expériences qui ont été calculées par M. Kirchhoff (4). Pour des forces magnétisantes

(1) Fröhlich, *Electrotechn. Zeitschrift*, t. II, p. 134, 1881.

(2) Müller, *Pogg. Ann.*, t. LXXIX, p. 337, 1850; t. LXXXII, p. 181, 1851.

(3) W. Weber, *Electr. Maasbest., Diamagnetism.* — *Abhand. der König. Götting. Ges.*, t. I, p. 170, 1852.

(4) Kirchhoff, *Crell's Journal*, t. XLVIII, 1853. — *Gesamm. Abh.*, p. 193.

d'abord croissantes puis décroissantes, elles donnent les valeurs suivantes du coefficient d'aimantation k :

φ	k	φ	k
29,6	25,0	248,4	5,6
30,1	23,5	197,5	6,7
82,3	13,5	158,3	8,1
118,4	10,2	129,7	9,5
151,2	8,4	96,7	12,0
208,0	6,4	61,2	16,9
239,7	5,7	29,2	25,0

Les valeurs de k, ou de l'aimantation $k\varphi$, sont un peu plus grandes quand les forces magnétisantes diminuent, mais les résultats s'accordent, dans les deux cas, soit avec la formule de Lamont, soit avec celle de M. Fröhlich.

M. Thalen [1] a déterminé par une méthode d'induction et sous la simple action de la terre l'aimantation de baguettes cylindriques de fer, de 2 à 4 cent. de diamètre et de 40 cent. de longueur, qu'il plaçait dans la position verticale et qu'il retournait brusquement. Avec différents échantillons de fer suédois recuit, le coefficient k a varié de 27 à 45.

Des expériences analogues faites par M. Riecke [2], avec des ellipsoïdes de différentes excentricités et des forces magnétisantes de 0,032 à 0,072, ont donné des valeurs de 13,5 à 25,4 pour le coefficient k.

M. Quintus Icilius [3] s'est servi de deux ellipsoïdes dont la longueur était 101 ou 165 fois le diamètre. Il opérait par la méthode des déviations pour les forces magnétisantes un peu considérables et par induction pour les forces faibles. Les deux séries d'observations étaient raccordées par une expérience faite dans les mêmes conditions et simultanément par les deux méthodes.

Les résultats, calculés par M. Stoletow [4], conduisent à des valeurs du coefficient d'aimantation d'abord croissantes et qui

[1] R. Thalen, *Nova acta R. S. Upsal*, 3e série, t. IV, 1863.

[2] Riecke, *Pogg. Ann.*, t. CXLI, p. 543, 1870.

[3] Quintus Icilius, *Pogg. Ann.*, t. CXXI, p. 125, 1864.

[4] Stoletow, *Pogg. Ann.*, t. CXLVI, p. 442, 1872.

atteignent un maximum de 110 ou 120, correspondant à des forces magnétisantes de 4 à 5 unités.

M. Stoletow a employé lui-même un anneau à section rectangulaire; il a trouvé des valeurs croissant de 21,5 à 174,2; le maximum a lieu pour un champ égal à 3,21. La courbe I (fig. 245) représente le coefficient k en fonction du champ

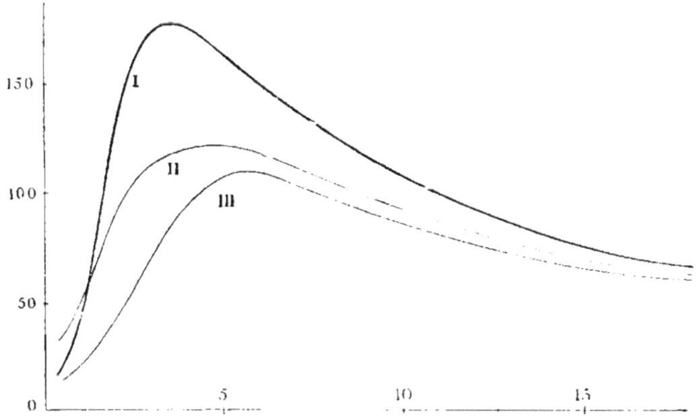

Fig. 245

d'après M. Stoletow; les courbes II et III se rapportent aux expériences de M. Quintus Icilius.

M. Rowland ([1]) a étudié, par la même méthode, plusieurs espèces de fer et d'acier sous la forme d'anneaux à section circulaire. Les courbes I, II et III (fig. 246) représentent l'aimantation totale, l'aimantation temporaire et l'aimantation permanente pour un bon fer de Norvège. Elles montrent que l'accroissement de l'aimantation est très rapide pour les petites forces, que le magnétisme est d'abord uniquement temporaire (et cet effet est encore plus marqué pour l'acier que pour le fer), enfin que le maximum est atteint plus vite pour le magnétisme permanent que pour le magnétisme total.

1205. — Au lieu de représenter l'intensité d'aimantation, ou le coefficient k, en fonction de la force magnétisante, M. Rowland emploie un mode de représentation qui paraît

([1]) Rowland, *Phil mag.*, [4], t. XLVI, p. 140, 1788.

bien préférable parce qu'il permet d'obtenir, pour toutes le grandeurs d'aimantation, des courbes finies très régulières, à l'aide desquelles on peut déterminer avec plus de préci-

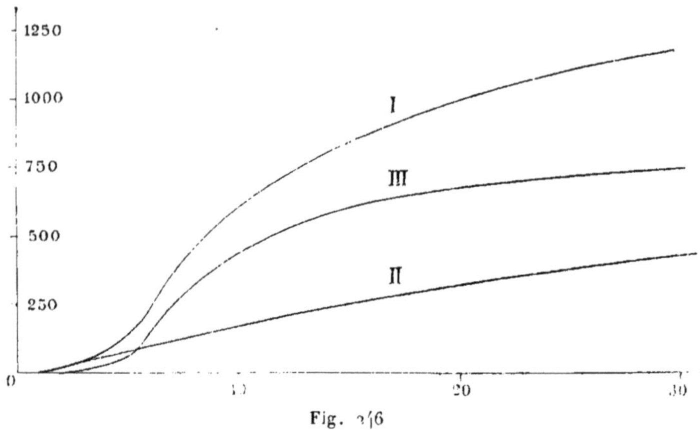

Fig. 246

sion la valeur du maximum. Il consiste à prendre comme abscisse l'intensité d'aimantation I_a, ou l'induction magnétique

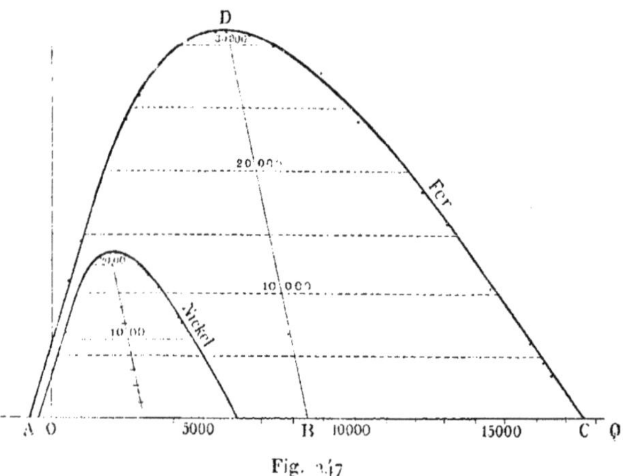

Fig. 247

$F_1 = \varphi + 4\pi I_a = \varphi(1 + 4\pi k) = \mu\varphi$, et à porter en ordonnées la perméabilité magnétique μ, ou la quantité $\lambda = 4\pi\mu$.

Les courbes ainsi obtenues (fig. 247) ont la forme de paraboles inclinées et sont bien représentées par la formule

$$\lambda = \mathrm{A} \sin \frac{\mathrm{F}_1 + a\lambda + b}{c},$$

dans laquelle a, b et c, sont des constantes qui dépendent du métal observé et A la valeur maximum de λ.

La figure se rapporte à une série d'observations sur un fer forgé de bonne qualité. La constante A est égale à 30860, ce qui donne $\mu = 2456$, ou $k = 195$, pour $\mathrm{F}_1 = 5968$ ou $\varphi = 2,43$. Le point où la courbe rencontre l'axe des x correspond au maximum d'aimantation, qui serait de 1400 pour $\mathrm{F}_1 = 17500$.

Le fer de Norwège déjà cité a donné $\mathrm{A} = 57820$, ou $\mu = 4602$ et $k = 366$, pour $\mathrm{F}_1 = 5380$ ou $\varphi = 1,169$.

1206. — Il est digne d'attention que ces valeurs si élevées du coefficient d'aimantation ont été obtenues par la méthode d'induction appliquée à des pièces de fer doux en forme d'anneaux, tandis que la mesure directe des moments magnétiques par les déviations ne donne pas des nombres de même ordre. De telles différences peuvent tenir en partie aux défauts de la méthode d'observation, mais elles sont dues principalement à l'action démagnétisante des tiges cylindriques. Cette action ne devient négligeable que si le rapport de la longueur du cylindre à son diamètre est extrêmement grand; on le reconnaît en employant simultanément les deux méthodes [1].

Des tiges de fer aimantées par une longue bobine cylindrique sont en même temps, dans leur région moyenne, entourées par une courte bobine de p spires, qui communique avec un galvanomètre balistique; on détermine le moment magnétique M par la déviation d'un déclinomètre et la décharge Q qui correspond au renversement du courant d'aimantation I.

Le quotient du moment magnétique M par le volume de la tige donne son aimantation moyenne A. D'un autre côté, si on appelle A_1 l'aimantation dans la section médiane, F_1 l'action

[1] Mascart, *C. R. de l'Acad. des sc.*, t. CII, p. 992, 1886.

démagnétisante et S la section de la tige, la décharge Q donne le produit

$$2ps(4\pi A_1 - F_1) = 8p\pi S\left(A_1 - \frac{F_1}{4\pi}\right) = 8p\pi SA'.$$

Les rapports des quantités A et A′ à la force magnétisante $4\pi n_1 I$ donnent deux coefficients f et f' qui n'ont pas la même signification, mais qui doivent être égaux entre eux et au coefficient d'aimantation k, si le rapport du diamètre de la tige à sa longueur est assez petit pour que l'aimantation puisse être considérée comme uniforme.

L'expérience montre d'abord que dans toutes les circonstances on a $f'' > f$; très différents pour des cylindres courts, ces deux coefficients se rapprochent de plus en plus, et leur rapport tend vers l'unité, à mesure que la tige devient plus longue. En second lieu, le champ dans lequel se produit le maximum de f ou de f'' est d'autant plus intense que la tige est plus courte.

Avec des fils de fer de même nature, quand la longueur variait de 40 à 600 fois le diamètre, la valeur maximum des coefficients f ou f' a varié de 25 à 190, ou de 40 à 220, tandis que les champs correspondants diminuaient depuis 20 unités C.G.S jusqu'à 3 unités. Les mêmes fils, employés sous la forme d'anneaux, donnaient pour le coefficient k un maximum d'environ 200 avec un champ de 3 unités. La concordance de ces résultats peut être considérée comme suffisante si on remarque combien il est difficile d'obtenir la parfaite identité des échantillons sur lesquels on opère.

On peut donc étudier les propriétés magnétiques du fer avec des tiges cylindriques à condition que la longueur soit au moins 500 fois le diamètre; on y trouve cet avantage que l'on peut connaître à chaque instant l'état magnétique du métal et qu'il est facile de le désaimanter pour le soumettre à de nouvelles épreuves.

1207. Nickel et Cobalt. — Avec le nickel et le cobalt, M. Rowland a constaté, à l'intensité près, les mêmes phénomènes que pour le fer. Les courbes de perméabilité en fonction de l'intensité d'aimantation ont la même allure (fig. 247).

A la température ordinaire, le maximum d'aimantation est de 500 environ pour le nickel et 800 pour le cobalt. La perméabilité maximum est environ 10 fois plus grande pour le cobalt doux que pour le cobalt trempé.

Enfin M. Berson [1] a constaté que le nickel laminé est plus coercitif que le nickel fondu ; l'aimantation permanente est alors supérieure à l'aimantation temporaire.

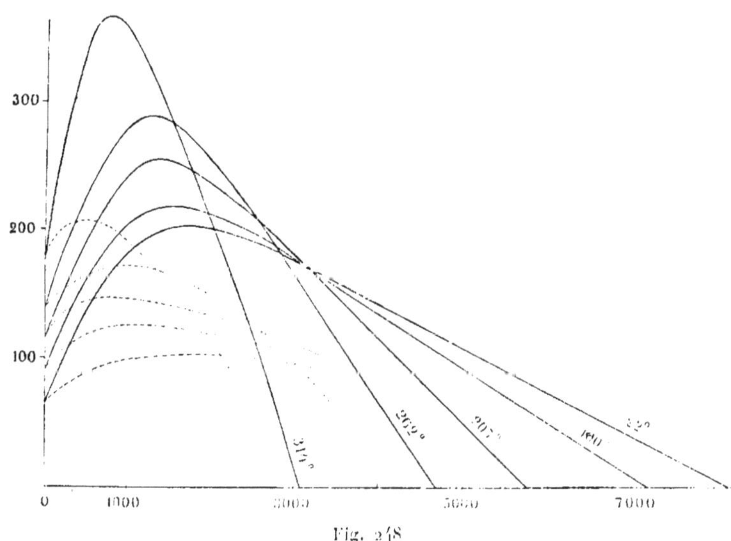

Fig. 248

1208. Influence de la température. — Les expériences de M. Rowland, confirmées par celles de MM. Trowbridge et Mc Rae [2], ont montré que la perméabilité du fer est sensiblement indépendante de la température entre 0° et 280° ; M. Berson a vérifié cette propriété jusqu'à 330°. Pour les températures plus élevées, la perméabilité doit diminuer, puisque le métal n'est plus magnétique au rouge cerise.

La trempe a une importance plus grande que toute autre propriété physique. Tandis que le maximum de μ serait de

(1) Berson, *Ann. de ch. et de phys.*, 6, t. VIII, p. 432, 1886.

(2) J. Trowbridge et Mc Rae, *Proceed of the Amer. Acad. of arts and sc.*, 13 mai 1885.

4600 pour le fer porté au rouge, puis refroidi lentement, cette valeur n'est plus que de 2250 pour le métal trempé et s'élève à 6260 quand on le recuit après la trempe.

Pour le nickel et le cobalt, M. Rowland ([1]) a trouvé ce résultat curieux qu'à la température de 220°, la courbe de perméabilité se resserre beaucoup, avec un maximum plus élevé; autrement dit, les variations de la perméabilité sont plus rapides et l'intensité maximum d'aimantation a diminué.

Les expériences sur le nickel ont été complétées et étendues par M. Perkins ([2]). Les courbes de la figure 248 représentent les résultats relatifs à plusieurs températures différentes. Les courbes pointillées se rapportent au magnétisme temporaire; elles partent toutes de la même origine que les courbes correspondantes du magnétisme total, c'est-à-dire que, comme pour le fer, le magnétisme développé par les faibles forces magnétisantes est uniquement temporaire.

D'après M. Berson, l'aimantation temporaire du nickel est croissante de 0° jusqu'à 250° ou 260° et diminue ensuite rapidement, surtout à partir de 280°, pour s'annuler vers 340°. L'aimantation résiduelle décroît constamment à mesure que la température s'élève et s'annule vers 330°. Quant à l'aimantation totale, elle croît d'abord légèrement jusqu'aux environs de 200°, puis diminue et devient nulle ensuite à 340°.

Le moment magnétique d'un barreau de nickel, aimanté à froid, s'affaiblit graduellement à mesure que la température s'élève et s'annule vers 330°, comme pour l'acier; mais il présente cette particularité curieuse que, si on l'aimante à chaud, de 200° à 290°, le magnétisme résiduel augmente d'abord pendant le refroidissement pour diminuer ensuite légèrement, tout en restant à la température ordinaire supérieur à ce qu'il était à la température d'aimantation.

Pour le cobalt, les aimantations temporaire et résiduelle vont constamment en croissant avec la température entre 20° et 325°. A l'inverse de ce qui a lieu pour le nickel, le moment magnétique résiduel du cobalt diminue toujours quand on

([1]) Rowland, *Phil. Mag.*, (4), t. XLVIII, p. 321, 1874.
([2]) Perkins, *Amer. Journ. of sc.*, vol. XXX, p. 218, 1885.

s'éloigne de la température d'aimantation, dans un sens ou dans l'autre.

Ces résultats sont d'accord avec des expériences anciennes dans lesquelles Faraday [1] avait reconnu qu'à la température où l'huile d'olive commence à se décomposer, les propriétés magnétiques du fer sont à peine modifiées, tandis que celles du nickel ont beaucoup diminué et, au contraire, celles du cobalt ont augmenté.

1209. Aciers et fontes. — Les résultats relatifs à l'acier sont moins concordants, la complexité des phénomènes étant beaucoup plus grande. Lorsqu'un acier est aimanté pour la première fois, il y aurait à tenir compte de la composition du métal, du degré et des conditions de la trempe, de la température et de la durée du recuit, de la forme et des dimensions du barreau, etc. Ajoutons que, dans les barreaux un peu gros, la matière est nécessairement hétérogène, les effets de la trempe ne se faisant pas sentir également sur les différentes couches. Enfin, après plusieurs aimantations successives, de même sens ou de sens contraires, le magnétisme résiduel peut avoir une distribution très irrégulière et même être formé de plusieurs couches successives ayant des aimantations de sens contraires.

On doit à MM. Barus et Strouhal [2] de nombreuses expériences sur des barreaux d'acier, toujours avec de faibles diamètres, afin d'obtenir une matière plus homogène.

Les différentes variétés de fer, fer doux, acier, fonte, présentent de très grandes différences au point de vue de la conductibilité électrique ; la résistance spécifique à 0°, qui est égale à 10 microhms environ pour le fer doux, s'élève à près de 100 pour la fonte dure, et varie de 47 à 15 pour l'acier suivant le degré du recuit. Le coefficient de variation de la résistance avec la température est lié à la résistance elle-même par une loi qui paraît être la même pour les diverses espèces de fer, ainsi qu'on le voit par la courbe de la figure 249, dans laquelle on a pris comme abscisses les résis-

(1) Faraday, *Exp. Researches*, XXX, § 3424, 1855.
(2) Barus et Strouhal, *Bulletin of U. S. geolog. Survey*, n° 14, p. 1, 1885.

tances spécifiques et comme ordonnée la variation pour 1° à la température de zéro, l'unité étant le microhm.

Le pouvoir thermoélectrique de l'acier varie en même temps que la résistance et, suivant les mêmes physiciens, proportionnellement. Les nombres restent sensiblement constants pour des aciers de même origine ; ils ne varient que dans des

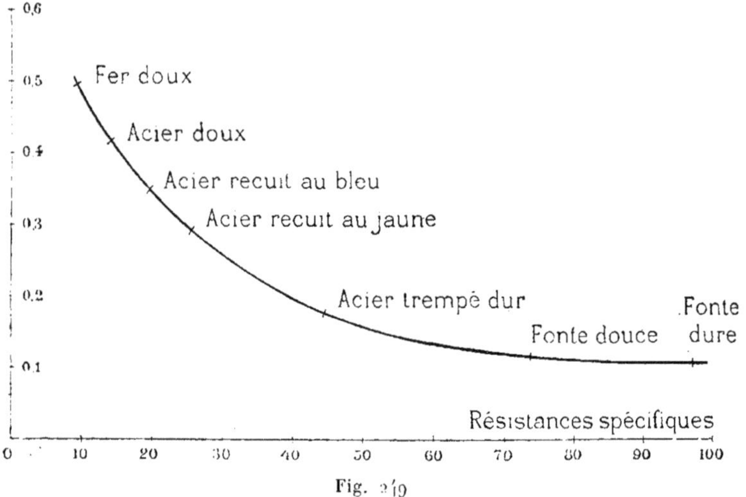

Fig. 249

limites étroites, mais de la même manière, quand on passe d'un échantillon à un autre. Il paraît naturel, dès lors, de définir l'état de l'acier soit par sa résistance spécifique, soit par son pouvoir thermoélectrique.

On reconnaît ainsi que l'effet du recuit se fait sentir d'une manière très marquée, même pour des températures inférieures à 100°, circonstance dont il est important de tenir compte. Pour une température donnée, l'effet du recuit augmente avec le temps et tend vers une limite.

Pour étudier l'influence de l'état de l'acier sur le magnétisme permanent, les expériences ont été faites avec des barreaux d'acier très minces de la variété connue sous le nom de *Silver Steel*. Ils étaient portés au rouge par un courant électrique, puis refroidis brusquement par un courant d'eau ; on les aimantait alors à saturation en les plaçant dans une bobine longue traversée par un courant qu'on amenait lentement à une valeur fixe et qu'on faisait décroître de même, et on déterminait l'aimantation permanente. Le barreau était ensuite recuit à des températures successives, et pendant un temps indiqué par le tableau suivant, puis aimanté de nouveau de la même manière et dans le même sens.

	Rés. spécif. en microhms.
Barreau trempé dur.	47,2
Recuit 1^h dans la vapeur d'eau à 100°. . .	42,0
— 3^h — — . . .	39,5
— 6^h — — . . .	38,2
— 10^h — — . . .	37,4
— 20^m dans la vapeur d'aniline à 185°.	31,5
— 1^h — —	29,7
— 3^h — —	27,9
— 7^h — —	26,2
— 13^h — —	24,8
— 10^m dans l'étain fondu à 240°. . . .	24,0
— 10^m dans le plomb fondu à 330°. . .	20,0
— 1^h dans le zinc fondu à 420°. . .	17,5
— au rouge (acier doux).	15,7

Les courbes de la figure 250 représentent le moment magnétique permanent par unité de poids, ou moment spécifique, c'est-à-dire le quotient de l'aimantation permanente par la densité, qui correspond aux divers degrés de recuit ou de résistance, pour des barreaux ayant le même diamètre 0^c,15, et des longueurs égales respectivemenent à 10, 20, 30, 40 et 50 fois le diamètre.

On voit que le recuit commence par faire croître le moment spécifique jusqu'à un maximum qui est atteint pour un recuit d'autant plus faible que le barreau est plus long. Le moment diminue ensuite très rapidement et retombe à une valeur très faible pour l'acier recuit au rouge ou tout à fait doux. Avec les barreaux longs recuits au bleu, on peut obtenir un moment spécifique dépassant 100 unités C.G.S, autrement dit une intensité d'aimantation égale à 780, atteignant ainsi la moitié environ de l'aimantation maximum que prend le fer doux.

La grandeur du moment spécifique n'est pas la seule qualité à considérer dans un aimant ; il faut encore que ce moment reste aussi constant que possible et n'éprouve aucune altération permanente par l'effet des changements de températures, des chocs, des vibrations et du temps. L'acier peut acquérir un magnétisme instable très élevé, une sorte de sur-

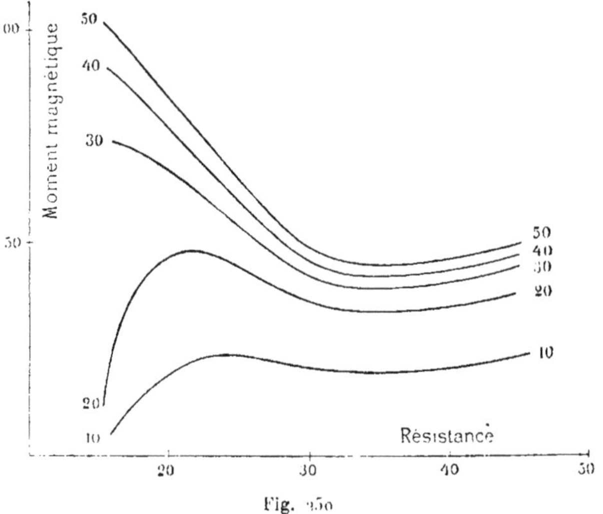

Fig. 250

saturation magnétique, qui ne résiste pas aux actions mécaniques, telles que des vibrations ou des chocs. Il suffit quelquefois de laisser tomber d'une hauteur d'un mètre un barreau d'acier pour qu'il perde une fraction considérable, même la moitié de son magnétisme, et son aimantation ne devient à peu près permanente qu'après un certain nombre de chocs.

D'autre part, l'expérience montre que, si on fait recuire un barreau à une température déterminée pendant un temps suffisant à des intervalles quelconques, en le réaimantant chaque fois, on finit par le rendre insensible, quant au moment permanent, à l'action de toute température inférieure à celle du recuit. D'après MM. Barus et Strouhal, on obtiendrait des aimants satisfaisant le mieux possible aux conditions de permanence, en les portant pendant 20 ou 30 heures en une ou plusieurs fois à la température de 100°, dans la vapeur d'eau par exemple, les aimantant à saturation, les soumettant de nouveau à l'action de la vapeur pendant 5 ou 6 heures et les aimantant une dernière fois. Les aimants possèdent alors la résistance limite correspondant à 100° et ne sont plus modifiés d'une manière permanente par les températures inférieures. Le moment spécifique ainsi obtenu peut atteindre 45 ou 50, correspondant à une intensité d'aimantation de 300 environ. Dans ces conditions, les variations temporaires dues aux changements de température sont également très faibles.

M. Berson a constaté aussi des effets curieux de la température. Avec de l'acier trempé qui a été recuit à une température supérieure à celles qui seront atteintes dans les expériences, l'aimantation temporaire et l'aimantation totale croissent avec la température, entre 0° et 340°, tandis que l'aimantation résiduelle va constamment en décroissant. Les variations de température pendant l'action de la force magnétisante ont une influence très marquée. Pour un barreau aimanté à 290° par exemple, les trois espèces d'aimantation, temporaire, résiduelle et totale, sont notablement plus petites que si la force magnétisante a été appliquée pendant que la température s'élève de 240° à 290°.

Il se présente même des cas singuliers d'équilibre instable. Un barreau d'acier trempé et non recuit, aimanté à 240° et refroidi brusquement aussitôt après l'aimantation, garde une aimantation résiduelle notablement supérieure à celle qu'il aurait prise à froid sous l'action de la même force magnétisante. Mais le barreau est pour ainsi dire sursaturé, car cette aimantation disparaît sous l'influence des chocs et des trépidations, beaucoup plus vite que celle qui serait produite dans les conditions ordinaires.

1210. Actions mécaniques. — Cette influence des actions mécaniques sur l'aimantation est un fait général et très anciennement connu. Un coup de marteau appliqué à l'extrémité d'une barre de fer doux placée parallèlement au champ terrestre rend permanente l'aimantation temporaire qu'elle devait à sa situation. Un nouveau coup sur la barre placée transversalement au champ lui enlèvera tout son magnétisme. Outre l'influence sur la force coercitive, on peut dire que tout choc, toute vibration aide à l'effet des forces magnétisantes actuelles, comme s'ils facilitaient l'orientation des molécules en les rendant plus mobiles; ainsi pendant l'aimantation, les chocs contribuent à augmenter le moment magnétique pris par le barreau; après l'aimantation, les chocs favorisent les actions démagnétisantes et peuvent faire perdre à un barreau d'acier, comme on l'a vu plus haut, une grande partie de son magnétisme.

M. Joule [1] a démontré qu'un barreau de fer s'allonge pendant l'aimantation; quand on supprime l'action du champ, le barreau se raccourcit sans revenir tout à fait à sa longueur première. L'allongement produit par l'aimantation n'est plus aussi grand si le fil est déjà fortement tendu; le fil se raccourcit même s'il est soumis à une tension voisine de celle qui produirait la rupture. Le cobalt se comporte comme le fer, mais l'effet est inverse pour le nickel : l'aimantation raccourcit le barreau. D'après M. Barrett [2] une même force magnétisante, dans des conditions analogues, produit un allongement de $\frac{1}{260\,000}$ pour le fer, de $\frac{1}{425\,000}$ pour le cobalt, et un raccourcissement de $\frac{1}{130\,000}$ pour le nickel.

Corrélativement, sir W. Thomson [3] trouve qu'en général une traction augmente le magnétisme d'un barreau de fer et diminue celui d'un barreau de nickel. Quand on augmente progressivement l'intensité du champ où est placé le barreau, on trouve que l'augmentation du moment due à la traction va en croissant jusqu'à un maximum, puis décroît et devient nulle pour une certaine valeur du champ; au delà de cette valeur critique, la traction diminue l'aimantation. Il paraît

(1) Joule, *Ann. of Electr.*, VIII, p. 219, 1842. — *Sc. pap.*, p. 46. — *Phil. mag.*, [3], XXX, p. 76 et 225, 1847. — *Sc. pap.*, p. 205.

(2) Barrett, *Nature*, t. XXVI, 1882.

(3) Sir W. Thomson, *Proc. R. S. L.*, t. XXIII, p. 445 et 473, 1875; t. XXXII, p. 442, 1878. — *Phil. Trans. R. S. L.*, t. CLXVI, (2), p. 693, 1877.

y avoir également pour le nickel une valeur critique du champ, pour laquelle l'effet de la traction sur l'aimantation change de signe, mais cette limite est plus élevée que pour le fer et n'a pas été atteinte.

Les déformations qui accompagnent l'aimantation expliquent les sons rendus par le fer et l'acier, lorsque ces métaux sont soumis à une succession rapide d'aimantations et de désaimantations. Les sons dus à cette cause pourraient jouer un rôle important dans le téléphone.

Un barreau de fer doux s'échauffe quand on le soumet à une série d'aimantations et de désaimantations successives, ou à des aimantations de sens contraires; M. Joule [1] a même utilisé ce phénomène pour une de ses déterminations de l'équivalent mécanique de la chaleur. Mais il est impossible de faire le départ de la chaleur développée par les courants induits dans la masse de fer doux de celle qui pourrait correspondre au travail d'aimantation et de désaimantation. Une question analogue, et qui paraît tout aussi difficile à résoudre, est celle du retard que présente un barreau de fer doux, placé dans un champ périodiquement variable, et par suite duquel le maximum d'aimantation suit, à un intervalle plus ou moins grand, l'instant où se produit le maximum du champ; il est difficile de dire si ce retard est dû uniquement aux courants induits ou si réellement l'aimantation met un temps appréciable à s'établir. MM. Bichat et Blondlot [2] ont constaté qu'en faisant passer la décharge oscillante d'une bouteille de Leyde (**536**) dans une bobine entourant un morceau de flint, les oscillations du plan de polarisation coïncident, à moins de 0,00003 de seconde près, avec les oscillations de l'étincelle; si le retard existe dans le cas du diamagnétisme, il n'atteint donc pas cette valeur.

1211. Distribution du magnétisme dans les aimants. — On sait (**315**) que l'action extérieure d'un aimant est équivalente à celle d'une couche fictive formée de deux masses égales et

(1) Joule, *Phil. mag.*, (3), t. XXIII, p. 260, 347 et 405, 1843. — *Sc. pap.*, p. 120.

(2) Bichat et Blondlot, *C. R. de l'Acad. des Sc.*, t. XCIV, p. 1590, 1882.

de signes contraires distribuées sur sa surface ou, plus généralement, sur une surface fermée S qui l'entoure [1]. On peut donc se proposer de déterminer, soit la densité fictive du magnétisme sur cette surface, et le problème est alors défini, soit la distribution réelle des aimantations intérieures, si on y ajoute une hypothèse sur le mode de distribution.

On a vu encore (**498**) que l'action extérieure d'un aimant équivaut à celle d'un système de courants superficiels, c'est-à-dire de feuillets magnétiques. On peut donc remplacer l'aimant par un corps de même forme ayant une aimantation solénoïdale ou une aimantation lamellaire.

Les méthodes de Coulomb, par les oscillations d'une aiguille aimantée au voisinage de l'aimant (**414**) ou par la balance de torsion (**415**), donnent la composante normale de la force, si l'on prend soin toutefois que le magnétisme des aiguilles ne soit pas modifié par le champ et ne réagisse pas sur l'aimant lui-même.

L'emploi du fer doux (**416**), par les oscillations ou par le contact d'épreuve, permet de faire les expériences au voisinage de la surface, mais il ne donne pas de résultats plus certains, parce que l'on doit admettre, en outre, que le coefficient d'aimantation est indépendant de la force magnétisante, ce qui est loin de la vérité.

Une méthode plus correcte consisterait à appliquer sur la surface S un petit circuit de surface S' que, par analogie avec plan d'épreuve, on peut appeler *anneau d'épreuve*, et à mesurer la décharge induite quand on l'emporte à une grande distance; on aurait ainsi le flux total de force dans la surface S' et, par suite, la valeur moyenne de la composante normale. On peut même placer le circuit S' d'une manière quelconque dans le champ de l'aimant et déterminer, par exemple, les composantes dans trois directions rectangulaires, ce qui donnerait la force réelle en chaque point.

Enfin, lorsque l'aimant est de révolution, les spectres magnétiques produits par la limaille de fer dans un plan méridien donnent très sensiblement la direction des lignes de force, et

(1) Poisson, *Ann. de Ch. et de Phys.*, (2), t. XXV, p. 127, 1824.

on en peut déduire les grandeurs relatives des forces. Supposons qu'en un point P, situé à une distance r de l'axe de révolution, la force soit F et la distance normale de deux lignes de force voisines l; le tube de force déterminé par ces deux lignes, et par les lignes correspondantes d'un plan méridien qui fait l'angle θ avec le premier, a pour section $l \times r\theta$ et le flux correspondant est $Flr\theta$. Pour une autre section $l'r'\theta$ du même tube, où la force est F', le flux de force a la même valeur, ce qui donne

$$Flr = F'l'r', \quad \text{ou} \quad \frac{F'}{F} = \frac{l'r'}{lr}.$$

1212. Détermination de la couche fictive. — On a considéré souvent la courbe des composantes normales comme représentant la loi de distribution du magnétisme ; mais les raisonnements par lesquels Coulomb a essayé de justifier cette manière de voir sont tout à fait insuffisants. Il n'existe en réalité aucune relation simple (**418**) entre la distribution réelle, ni même entre la distribution de la couche fictive, et le champ extérieur des aimants; il n'est pas inutile de le montrer avec plus de détails par quelques exemples.

Prenons encore le cas d'un aimant linéaire uniforme, qui équivaut à deux masses isolées $\pm m$ situées à la distance $2L$; le potentiel en un point P (**1152**), situé aux distances r et r' des masses $+m$ et $-m$, est

$$V = m\left(\frac{1}{r} - \frac{1}{r'}\right).$$

Si on appelle y la distance du point P à la droite $2L$, ω et ω' les angles des rayons vecteurs r et r' avec cette même droite comptée dans la direction de l'aimantation, la composante de la force parallèle à y est

$$-\frac{\partial V}{\partial y} = my\left(\frac{1}{r^3} - \frac{1}{r'^3}\right) = \frac{m}{y^2}(\sin^3\omega - \sin^3\omega').$$

Telle serait donc l'expression de la composante normale

à la surface d'un cylindre de rayon ρ concentrique à l'aimant. Si ce rayon est très petit par rapport à la distance $2L$ des deux masses et que l'on considère les points situés au voisinage de l'une d'elles m, l'action de l'autre masse est négligeable.

En appelant ζ la force normale et x l'abscisse du point P, comptée sur l'axe de l'aimant, à partir de la masse $+m$ comme origine, on peut écrire

$$\zeta = \frac{m}{\rho^2}\sin^3\omega = \frac{m\rho}{(\rho^2+x^2)^{\frac{3}{2}}}.$$

La courbe correspondant à cette équation, dans laquelle ρ est considéré comme une constante, présente exactement la même allure que celles qui ont été données par Coulomb pour représenter la distribution du magnétisme dans les aimants cylindriques (**119**), si l'on met à part l'ordonnée relative à l'extrémité de l'aimant, mais on sait que cette valeur extrême était le résultat d'une interprétation.

Nous comparerons, par exemple, les valeurs calculées dans l'hypothèse d'une aimantation linéaire uniforme avec une expérience dont Coulomb [1] a reproduit tous les détails et qu'il indique comme donnant de la manière la plus approchée la distribution des densités magnétiques sur une tige mince d'acier de 2 lignes de diamètre.

Le petit aimant employé pour les oscillations avait 6 lignes de longueur et était placé à 8 lignes de la tige étudiée. La distance du milieu de l'aimant à l'axe de la tige était donc de 1 pouce et les nombres de Coulomb représentent les actions produites en regard de points situés à différentes distances de l'extrémité. On peut alors, soit faire $\rho = 1$ pouce dans la formule précédente et calculer la constante $m\rho$ par un des nombres de Coulomb, soit déterminer à quelle distance ρ devrait être placé l'aimant pour satisfaire à deux des nombres de l'expérience. On trouve ainsi :

[1] Coulomb, *Mém. de l'Acad. des Sc.*, 1789, 3e mém., 8e exp. — *Collection de mém. de la Société de Physique*, t. I, p. 293.

Distance à l'extrémité de l'aimant x.	D'après les exp. de Coulomb.	Valeurs de σ calculées en supposant $\lambda = 1^p$.	$\lambda = 2^p,096$.
0	165	536,6	122,4
1^p	90	189,7	»
2	48	»	46,4
3	23	17,0	»
4,5	9	5,5	9,2
6	6	2,4	4,4

L'expérience est assurément en contradiction avec l'hypothèse d'une aimantation uniforme et on peut dire qu'il y avait du magnétisme en dehors des extrémités. Mais, si aussi bien les mêmes résultats avaient été obtenus à une distance double, le raisonnement de Coulomb ne serait pas sensiblement modifié, tandis que l'aimantation réelle équivaudrait aux masses $\pm m$ situées au centre des deux bases.

Dans le cas d'un cylindre court aimanté uniformément, le même mode de raisonnement appliqué aux différents filets magnétiques donnerait la composante normale sur les faces latérales, ou plutôt sur la surface d'un cylindre concentrique d'un diamètre un peu plus grand. On pourrait alors appliquer les formules qui permettent de calculer l'action extérieure d'une couche circulaire uniforme (**767**) ou l'action extérieure d'une bobine cylindrique (**768**).

1213. — Supposons encore que la surface S qui entoure l'aimant soit un plan indéfini ou une surface sphérique. La couche fictive sur cette surface est la somme algébrique de celles qui correspondent aux différentes masses intérieures : c'est le problème des images électriques (**118**). Pour une masse m située dans une sphère de rayon R, à une distance L du centre, la densité σ_1 de la couche fictive en un point P, situé à la distance r de la masse agissante, a pour valeur (**172**), en posant $k^2 = \frac{R}{L}$,

$$\sigma_1 = \frac{2a}{4\pi k^2}\frac{m}{r^3}.$$

Le numérateur $2a$, qui représente la distance de cette masse à son image extérieure, a pour valeur

$$2a = R\frac{k^4-1}{k^2} = Rk^2\frac{k^4-1}{k^4} = Rk^2\frac{R^2-L^2}{R^2};$$

il en résulte

$$\sigma_1 = \frac{R^2-L^2}{4\pi R}\frac{m}{r^3}. \tag{3}$$

En appelant ω l'angle que fait le rayon du point P avec la droite L, la composante normale de la force est

$$N_1 = \frac{m}{r^3}(R - L\cos\omega).$$

Lorsque l'aimant se réduit à deux masses $\pm m$ situées de part et d'autre du centre de la sphère à la distance $2L$, la distance du point à la masse $-m$ étant r', la densité de la couche fictive est

$$\sigma = \frac{R^2-L^2}{4\pi R} m\left(\frac{1}{r^3} - \frac{1}{r'^3}\right). \tag{4}$$

Si on développe cette valeur de σ en fonction de la quantité

$$z = \frac{2LR}{R^2+L^2}\cos\omega,$$

on trouve

$$\sigma = \frac{3}{4\pi}\frac{(R^2-L^2)m}{R(R^2+L^2)^{\frac{5}{2}}}\left[1 + \frac{5.7}{4.6}z^2 + \frac{5.7.9.11}{4.6.8.10}z^4 + \ldots\right].$$

Cette expression de la densité est très différente de celle de la composante normale de l'action

$$N = m\left(\frac{R - L\cos\omega}{r^3} - \frac{R + L\cos\omega}{r'^3}\right),$$

dont on a donné plus haut (**1152**) le développement en fonction de la même valeur de z.

Pour un aimant d'une constitution quelconque compris

dans la sphère, on déterminera la couche superficielle par la superposition des couches σ_1 relatives à toutes les masses et, si l'aimantation est symétrique par rapport au centre, par la superposition des couches σ relatives aux filets magnétiques uniformes dans lesquels on peut le décomposer.

1214. — Le problème général de la distribution de la couche fictive sur la surface S, quand on connaît la distribution intérieure du magnétisme, est le même que celui qui consiste à calculer la couche électrique dont les actions extérieures équivalent à celles des masses comprises dans une surface; il présente de grandes difficultés, et le problème inverse de déterminer la couche fictive par les actions extérieures est de la même nature.

Remarquons d'abord que le champ d'un aimant à l'extérieur d'une surface fermée S qui l'entoure est complètement défini quand on connaît le potentiel et ses dérivées normales en tous les points de cette surface.

Si dans la formule de Green (**31**) on permute les lettres U et V et qu'on retranche les deux équations membre à membre, on obtient

$$(5)\qquad \int U\Delta V dv - \int V\Delta U dv = \int \left(U\frac{\partial V}{\partial n} - V\frac{\partial U}{\partial n}\right) dS,$$

le second membre étant étendu à toute la surface S et le premier au volume qu'elle renferme.

Nous appliquerons cette équation au volume de l'aimant en supposant d'abord que V représente son potentiel et ρ la densité magnétique en un point M. Considérant un point extérieur P, à la distance r du point M, nous représenterons par U le potentiel $\frac{1}{r}$ en M d'une masse égale à l'unité située au point P; on aura alors, dans les limites de l'intégrale,

$$\Delta U = 0, \qquad \Delta V = -4\pi\rho.$$

Le premier membre de l'équation (5) se réduit à

$$\int U\Delta V dv = -4\pi \int \frac{\rho dv}{r} = -4\pi V_p.$$

en désignant par V_p le potentiel au point P ; il en résulte

$$(6)\qquad 4\pi V_p = \int V \frac{\partial \frac{1}{r}}{\partial n} dS - \int \frac{1}{r} \frac{\partial V}{\partial n} dS.$$

La valeur de V_p ne dépend donc que du potentiel V et de sa dérivée normale à l'extérieur de la surface S.

Il suffit de connaître, à une constante près, le potentiel sur la surface, car, en calculant le potentiel extérieur, on déterminerait cette constante par la condition que le potentiel soit nul à une grande distance de l'aimant.

Il existe d'ailleurs une relation entre le potentiel V sur la surface et sa dérivée normale. Considérons, en effet, un point intérieur et, la fonction U étant définie de la même manière, appliquons l'équation (5) au volume limité par la surface S et par la surface S' d'une sphère de rayon r' très petit ayant son centre au point considéré. L'équation (6) est encore exacte à la condition que l'intégrale du second membre soit étendue aux surfaces S et S'.

Dans ce cas, le second membre renferme implicitement le terme $4\pi V_p$, car, pour la surface S', on a $dn = -dr'$, $dS' = r'^2 d\omega$, en désignant par $d\omega$ l'angle au centre qui correspond à la surface dS', et

$$\int V \frac{\partial \frac{1}{r}}{\partial n} dS' - \int \frac{1}{r} \frac{\partial V}{\partial n} dS' = r' \int \frac{\partial V}{\partial r'} d\omega + \int V d\omega.$$

Quand le rayon r' devient nul, le premier terme du second membre tend vers zéro et le second terme vers $4\pi V_p$. L'équation (6) se réduit donc à

$$(7)\qquad \int V \frac{\partial \frac{1}{r}}{\partial n} dS = \int \frac{1}{r} \frac{\partial V}{\partial n} dS.$$

Cette condition étant indépendante de la position du point P, il en résulte que les deux quantités V et $\frac{\partial V}{\partial n}$ sont fonction de l'autre; le champ extérieur des masses comprises dans une surface S est donc déterminé quand on connaît le potentiel sur la surface ou la dérivée normale du potentiel, c'est-à-dire la composante normale de la force sur un point infiniment voisin.

Si S est la surface d'une sphere de rayon R et qu'on prenne le point P' au centre, on a

$$\int -\frac{1}{r}\frac{\partial V}{\partial n}\,dS = \frac{1}{R}\int -\frac{\partial V}{\partial n}\,dS = \frac{Q}{R} = \frac{4\pi M}{R},$$

Q désignant le flux de force total qui sort de la sphère et M la somme des masses agissantes qu'elle renferme: en outre,

$$\int V\frac{\partial \frac{1}{r}}{\partial n}\,dS = -\frac{1}{R^2}\int V\,dS.$$

Il en résulte

$$\int V\,dS = 4\pi RM.$$

Quand il s'agit d'un aimant, $M = 0$; dans ce cas, la valeur moyenne du potentiel sur la surface est également nulle.

1215. — Si on a déterminé, par une méthode quelconque, le potentiel extérieur de l'aimant et le potentiel intérieur de la couche fictive, à l'aide du potentiel sur la surface, la densité en chaque point (**198**) sera donnée par la relation

$$(8)\qquad 4\pi\sigma + \frac{\partial V}{\partial n} + \frac{\partial V}{\partial n'} = 0,$$

les normales extérieure et intérieure, n et n', étant comptées à partir de la surface.

La détermination de ces potentiels se ramène à des problèmes d'influence électrique.

Supposons que la fonction U représente le potentiel d'une masse égale à l'unité située en un point P et de la couche que cette masse, si elle était électrique, produirait par influence sur la surface S, supposée conductrice et en communication avec le sol, et soit u la densité de cette couche sur l'élément dS.

Nous appliquerons l'équation (5) au volume limité par la surface S et la surface S' d'une sphère de rayon r' infiniment petit ayant pour centre le point P.

Pour la surface S', la valeur de U tend à devenir égale à $\frac{1}{r'}$ et on a, quand r' tend vers zéro,

$$\int U \frac{\partial V}{\partial n} dS' = -\int \frac{1}{r'} \frac{\partial V}{\partial r'} r'^2 d\omega = -r' \int \frac{\partial V}{\partial r'} d\omega = 0,$$

$$\int V \frac{\partial U}{\partial n} dS' = -V_p \int \frac{\partial \frac{1}{r'}}{\partial r'} r'^2 d\omega = 4\pi V_p.$$

La valeur du second membre de l'équation (5) relative à la surface S' se réduit donc à $-4\pi V_p$.

Les termes du second membre relatifs à la surface S sont nuls, car on a $U = 0$ et $\frac{\partial U}{\partial n} = 0$, cette dérivée étant comptée vers l'intérieur ou vers l'extérieur de la surface, suivant que le point P est lui-même à l'extérieur ou à l'intérieur.

Si le point P est extérieur, $\Delta V = 0$ dans les limites de l'intégrale, sauf peut-être sur la surface S, mais alors $U = 0$; on a donc

$$\int U \Delta V dv = 0.$$

D'autre part, $\Delta U = 0$ dans les mêmes conditions, mais il faut tenir compte de la couche située sur la surface S, où V n'est pas nul. Le premier membre de l'équation (5) devient alors

$$-\int V \Delta U dv = 4\pi \int V u dS.$$

Il en résulte

$$V_p = -\int V u dS.$$

Le potentiel extérieur de l'aimant se trouve ainsi exprimé uniquement en fonction du potentiel sur la surface.

Si le point P est intérieur à la surface S, on remplacera l'aimant par la couche fictive superficielle. Le même raisonnement s'applique alors sans aucune modification, et le potentiel a la même expression.

Dans les deux cas, la densité u serait déterminée, à l'aide du potentiel U, par la condition

$$4\pi u = -\frac{\partial U}{\partial n}.$$

Si on appelle a la distance normale du point P à la surface, la densité u sur l'élément dS est une fonction de a et on a

$$\frac{\partial V_p}{\partial a} = \int V \frac{\partial u}{\partial a} dS.$$

Les valeurs de cette expression, à l'extérieur et à l'intérieur, pour $a = 0$, donneront la densité σ par l'équation (8).

L'étude du champ extérieur par une des méthodes indiquées précédemment permettrait de connaître le potentiel sur la surface, à une constante près, en partant d'une surface de niveau quelconque V_1 et prenant le long d'une ligne de force, jusqu'à la surface S, l'intégrale $\int F dn$, qui est égale à $V_1 - V$. S'il s'agit d'un barreau aimanté par exemple, on choisira deux surfaces de niveau V_1 et V_2 qui entourent les extrémités; on déterminera la différence des potentiels $V_1 - V_2$ et, partant de l'une ou de l'autre, le potentiel sur toute la surface.

1216. Pôles des aimants. — Les pôles des aimants, ou les centres de gravité des masses positive et négative qu'ils renferment (**295**), peuvent être déterminés si on connaît leur structure magnétique, ou simplement la distribution de la couche fictive superficielle.

Dans le cas de cylindres de petit diamètre, le centre de gravité de la surface limitée par la courbe de distribution latérale donnerait la position du pôle, à la condition toutefois que la surface élémentaire voisine de l'extrémité comprenne aussi le magnétisme qui se trouve sur les faces terminales.

D'après les expériences de Coulomb (**419**), la distance x_1 du pôle à l'extrémité serait $\frac{1}{6}$ de la longueur pour les aimants courts à distribution linéaire, ou $\frac{25d}{3}$ pour les aimants dont la longueur dépasse 50 fois le diamètre d.

Si on remplaçait la courbe de distribution par une parabole tangente à la direction de l'aimant, à la distance l de l'extrémité, on aurait $x_1 = \frac{l}{4}$.

Enfin la loi de Biot, $\lambda = a\mu^x$, où la constante μ est plus petite que l'unité, donne $x_1 = -\frac{1}{l.\mu}$. Pour des barreaux aimantés à saturation, la constante a ne dépendrait, d'après les expériences de M. Jamin [1], que de la nature de l'acier et la constante μ de son état de trempe ou de recuit.

Toutefois ces différentes méthodes pèchent précisément par la manière dont on détermine la loi de distribution.

1217. — La mesure des moments magnétiques donne de meilleurs résultats, mais il est encore nécessaire d'avoir recours à quelque hypothèse.

Coulomb a trouvé que pour des barreaux semblables, aimantés à saturation, les moments magnétiques sont proportionnels au cube des dimensions homologues; l'aimantation moyenne est alors constante et la distribution du magnétisme doit être indépendante des dimensions.

Pour des aiguilles de 2 lignes de diamètre dont la longueur croît jusqu'à 5 pouces, ou 30 fois le diamètre, le moment magnétique est à peu près proportionnel au carré de la longueur; l'aimantation moyenne est donc proportionnelle à la longueur. Avec une distribution linéaire, la densité magnétique à l'extrémité de l'aiguille serait constante et la masse totale de chacun des pôles proportionnelle à la longueur.

Lorsque le rapport de la longueur au diamètre est supérieur à 30, l'accroissement du moment magnétique est à peu près proportionnel à l'accroissement de longueur, quoique un peu

(1) Jamin, *C. R. de l'Acad. des Sc.*, t. LXXX, p. 1553, 1875.

plus rapide; on peut donc écrire, au moins d'une manière approchée, en appelant m et x_1 deux constantes et $2l$ la longueur,

$$M = 2m(l - x_1). \tag{9}$$

Dans ce cas, l'aimantation moyenne, étant proportionnelle au rapport $1 - \frac{x_1}{l}$, irait en croissant avec la longueur.

Si l'on considère le facteur m comme représentant la masse de chaque pôle, la distance x_1 du pôle à l'extrémité serait constante; mais la restriction apportée par Coulomb lui-même à l'exactitude de cette relation expérimentale montre que la masse des pôles augmente avec la longueur, et il doit en être ainsi puisque, pour une même distribution aux extrémités, la force démagnétisante diminue à mesure que la longueur de l'aimant augmente.

Il en est de même, d'après M. Bouty [1], pour l'aimantation temporaire d'aiguilles d'acier de longueurs différentes dans le champ uniforme d'une bobine. La distance du pôle à l'extrémité, calculée par l'équation (9), s'est montrée sensiblement indépendante de la longueur de l'aiguille et de la force magnétisante; toutefois ce dernier résultat est en contradiction avec une expérience ingénieuse par laquelle M. Rowland a constaté que la distribution du magnétisme induit change avec la grandeur de la force magnétisante [2].

La formule de Green (**122**)

$$M = 2m\left[l - \frac{1}{\delta}\frac{e^{\delta l} - e^{-\delta l}}{e^{\delta l} + e^{-\delta l}}\right]$$

donne encore, pour la distance du pôle à l'extrémité, une quantité constante $\frac{1}{\delta}$ quand il s'agit d'aimants longs; elle représente aussi, d'une manière satisfaisante, les expériences de M. Bouty sur le moment magnétique des fragments d'une ai-

(1) Bouty, *Journal de Physique*, t. IV, p. 367, 1875.
(2) Rowland, *Phil. mag.*, 4e s., t. XLVI, p. 142, 1873.

guille aimantée à saturation, en tant du moins que la longueur dépasse 10 fois le diamètre, mais elle ne convient pas pour des barreaux plus courts.

Enfin, si on donne une aimantation temporaire à un barreau déjà aimanté, le magnétisme total ([1]) ne serait plus représenté par la formule de Green, mais par la somme de deux formules semblables avec des constantes différentes. Il y aurait une indépendance presque absolue entre le magnétisme rigide et le magnétisme temporaire, les pôles de ce dernier étant beaucoup plus rapprochés des extrémités, et sa distribution comparable à celle des aimants longs.

La comparaison des moments magnétiques de barreaux de même section et de longueurs différentes donne ainsi une valeur plus approchée de la position des pôles, quoique l'hypothèse qu'elle implique de masses constantes soit d'autant moins exacte que les barreaux sont plus courts.

1218. — M. Kohlrausch ([2]) a cherché à déterminer la longueur magnétique $2L$ d'un aimant par le deuxième terme de la série qui exprime l'action de l'aimant en fonction des puissances croissantes de la distance. Dans la direction de l'axe, par exemple, et en supposant l'aimant réduit à ses deux pôles, l'action est sensiblement (**1153**)

$$F = \frac{2M}{R^3}\left[1 + \frac{2L^2}{R^2}\right],$$

et on peut, par des expériences faites à deux distances différentes, en déduire la constante $2L$.

En opérant avec des forces magnétisantes très différentes sur des barreaux cylindriques pleins ou creux, trempés ou recuits, dont la longueur variait de 10 à 30 fois le diamètre, ou même avec des parallélipipèdes dont les dimensions étaient $44 \times 2, 3 \times 1$, le rapport de la constante $2L$ à la longueur de l'aimant a oscillé entre 0,81 et 0,86 ; on pourrait donc considérer cette fraction comme étant dans tous les cas sensiblement égale à 0,83 ou cinq sixièmes.

([1]) Bouty, *Journ. de Phys.*, t. V, p. 346, 1876.
([2]) F. Kohlrausch, *Wied. Ann.*, t. XXII, p. 411, 1884.

Toutefois, outre que l'expérience ne comporte pas une grande précision (**1175**), elle ne donne pas encore la distance réelle des pôles. Supposons, en effet, qu'il s'agisse d'un aimant linéaire et symétrique dont la densité linéaire soit λ à une distance x du centre. La masse relative à la longueur dx étant λdx, le moment magnétique des deux masses symétriques serait $2\lambda x dx$; on aurait donc, en appelant $2l$ la longueur de l'aimant,

$$\mathrm{ML}^2 = 2m\mathrm{L}^3 = 2\int_0^l \lambda x^3 dx,$$

$$\mathrm{L}^3 \int_0^l \lambda dx = \int_0^l \lambda x^3 dx.$$

Cette équation donnera la constante L, mais la distance a du milieu de l'aimant au centre de gravité de chaque couche est définie, au contraire, par la condition

$$a \int_0^l \lambda dx = \int_0^l \lambda x dx$$

et, quel que soit le mode de distribution, en dehors du cas de deux masses, on a toujours $\mathrm{L} > a$.

Pour une distribution linéaire, par exemple, dans laquelle la densité λ est proportionnelle à x, les rapports des valeurs de a et de L à la demi-longueur de l'aimant seraient

$$\frac{a}{l} = \frac{2}{3} = 0,667,$$

$$\frac{\mathrm{L}}{l} = \sqrt{\frac{2}{5}} = 0,737.$$

Ces quelques exemples suffiront pour montrer les difficultés que présente le problème de la distribution du magnétisme et de la position des pôles.

1219. Corps faiblement magnétiques ou diamagnétiques. — Après le fer, le nickel et le cobalt, les corps les plus fortement magnétiques sont les oxydes et les sels de fer, mais dans une proportion beaucoup moindre; l'aimantation est encore bien plus faible quand on passe aux corps diamagnétiques. Les expériences présentent alors des difficultés spéciales tenant, d'une part à la petitesse de l'effet à mesurer et, d'autre part, aux causes d'erreur qu'entraîne la présence des moindres traces de fer dans les substances employées.

Au moment de la découverte des phénomènes diamagnétiques, Faraday les avait expliqués par une polarité inverse de celle que donnerait un corps magnétique ; il abandonna ensuite cette explication, quand il eut montré qu'il suffisait, pour rendre compte de tous les faits, d'admettre que les corps magnétiques marchent vers les points où la force est maximum et les corps diamagnétiques vers les points de force minimum. L'opinion des physiciens s'est d'abord partagée entre ces deux vues de Faraday, mais toute divergence devint sans objet, du jour où sir W. Thomson fit voir que les deux explications se confondent (**395**).

Nous citerons deux expériences de M. Tyndall [1] qui mettent bien en évidence la polarité inverse du bismuth.

Un barreau de bismuth est suspendu horizontalement dans l'axe d'une bobine magnétisante A, de manière que ses extrémités soient vis-à-vis des pôles de noms contraires de deux électro-aimants. La déviation du barreau est inverse de celle que donnerait un barreau de fer ; le courant de la bobine A développe donc dans le bismuth un pôle N à sa droite et un pôle S à sa gauche. La déviation change d'ailleurs de sens avec le sens du courant dans la bobine A, ce qui prouve que l'aimantation du bismuth est due principalement au champ de cette bobine, et que l'influence exercée par les électroaimants n'est que secondaire.

Le principe de la seconde expérience est dû à Weber [2]. L'appareil se compose des deux longues bobines verticales AB, A'B' (fig. 251) placées côte à côte. Un fil sans fin passant sur deux poulies de renvoi permet de déplacer en sens contraires, suivant l'axe de chaque bobine, deux barreaux de bismuth *ab* et *a'b'*. Deux aiguilles aimantées *ns*, *n's'*, situées dans un même plan horizontal et formant un système presque astatique, comprennent entre elles les deux bobines.

(1) Tyndall, *Phil. Trans. R. S. L.*, 1855, p. 24.

(2) W. Weber, *Electr. Maasb. Diamagn.* — *Abh. der K. G. S.*, t. I, p. 483, 1852.

Le système astatique, auquel on laisse une petite force directrice, est placé dans le plan de symétrie perpendiculaire à l'axe des bobines, et il ne doit éprouver de leur part aucune action; cette neutralité absolue est difficile à obtenir, mais on compense l'effet résiduel par une petite bobine auxiliaire. Les aiguilles sont renfermées dans une boîte de cuivre rouge qui sert d'amortisseur.

On fait passer le courant en sens contraires dans les deux bobines et on observe, par la méthode du miroir, la position d'équilibre du système, quand les deux barreaux occupent la position (I), puis la position (II); on constate qu'avec le bismuth

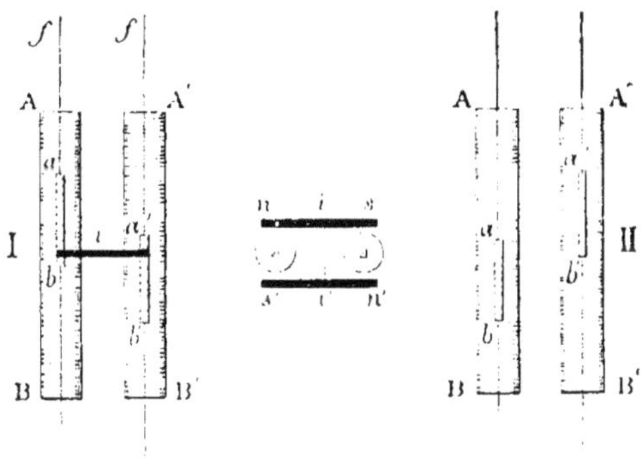

Fig. 251.

le sens de la déviation est inverse de celle qu'on obtiendrait avec un corps magnétique.

On peut, comme le faisait Weber, augmenter les déviations par la méthode de multiplication, en imprimant aux deux barreaux un mouvement de va-et-vient en concordance avec les oscillations de l'aiguille.

Les bobines étant assez longues pour que le champ puisse être considéré comme uniforme dans les limites des excursions, il n'y a d'autres courants d'induction que ceux qui sont dus au déplacement des barreaux par rapport aux aiguilles. L'expérience montre que cet effet est presque nul, même avec des barreaux de cuivre.

1220. Méthodes expérimentales. — Pour déterminer la susceptibilité magnétique k des corps peu magnétiques ou des corps diamagnétiques, on a recours à l'action d'un champ non uniforme. La variation d'énergie d'un petit volume u, en un point où l'intensité du champ est φ, est égale à $-\frac{uk}{2}d\varphi^2$ et l'effort avec lequel il tend à se déplacer suivant un chemin ds a pour expression $-\frac{uk}{2}\frac{\partial\varphi^2}{\partial s}$ (**391**).

La dérivée $\frac{\partial\varphi^2}{\partial s}$ dépend de la forme du champ, mais il n'est pas nécessaire de la connaître pour les expériences de comparaison, puisqu'elle disparaît dans les rapports. On pourrait d'ailleurs la déterminer en étudiant le champ par points par la méthode de Verdet.

Si le champ est produit par un courant, la valeur de $\frac{\partial\varphi^2}{\partial s}$ est le produit du carré de l'intensité I du courant par un facteur qui dépend de la forme de la bobine. Dans une série d'expériences successives, on devra donc conserver au courant une valeur constante ou tenir compte des variations.

Lorsqu'on emploie le champ magnétique produit par des électro-aimants, il se présente une nouvelle difficulté. L'action n'est plus dans une relation simple avec l'intensité du courant excitateur, et la forme même du champ peut aussi être modifiée d'une manière notable; il est alors nécessaire que le courant reste invariable.

1221. — Lorsque le champ a deux plans de symétrie, les oscillations d'une petite aiguille (**404**) permettent de déterminer le coefficient k. On a alors

$$k = \frac{\pi^2}{A+B}\,\frac{\rho}{t^2},$$

ρ désignant la densité de la substance, A et B des constantes définies par la forme du champ. Dans ce cas, la durée t des oscillations est indépendante de la longueur de l'aiguille, de sorte que, pour des expériences de comparaison, il n'est pas nécessaire d'employer des aiguilles de même longueur ni de connaître la forme du champ.

Si l'aiguille est trop longue pour que les variations de φ^2, dans l'espace occupé par l'aiguille, puissent être exprimées par les deux premiers termes du développement en série (**184**), on peut encore écrire

$$k = A'\frac{\varphi}{l^2},$$

mais le coefficient A′ est une fonction de la forme du champ et de la longueur de l'aiguille. Dans ce cas, on devra donc s'astreindre à n'employer, pour les comparaisons, que des aiguilles de mêmes dimensions.

1222. — La balance de torsion fournit une méthode fréquemment employée, qui n'exige plus que le champ soit symétrique. On place à une des extrémités de l'aiguille un petit corps, une sphère par exemple, de la substance à étudier. Lorsqu'on fait agir le champ magnétique, la sphère tend à marcher vers les points où la force est maximum ou minimum, suivant le signe de k, et on la ramène vers sa position primitive par une torsion A du fil. En appelant l la longueur du bras de levier, ds l'élément de circonférence que peut décrire la sphère et $d\theta$ l'angle correspondant, le couple produit sur la sphère par l'action du champ est

$$-l\frac{uk}{2}\frac{\partial\varphi^2}{\partial s} = -\frac{uk}{2}\frac{\partial\varphi^2}{\partial\theta}.$$

L'équation d'équilibre est donc, en appelant m le moment magnétique de la sphère et C le coefficient du fil,

$$CA = -\frac{uk}{2}\frac{\partial\varphi^2}{\partial\theta} = -uk\varphi\frac{\partial\varphi}{\partial\theta} = -m\frac{\partial\varphi}{\partial\theta}.$$

Si le champ est obtenu, par exemple, à l'aide des électro-aimants de Faraday munis d'armatures symétriques par rapport à l'axe commun, l'aiguille sera disposée de manière que la sphère puisse se déplacer suivant cette ligne, la position primitive étant d'ailleurs en dehors du centre ; le centre correspondrait, en effet, à une position d'équilibre instable pour les corps diamagnétiques.

Il y a même avantage à placer sur les électro-aimants des armatures symétriques entre elles par rapport au centre, mais dissymétriques par rapport à l'axe commun, et à employer une aiguille longue dont le milieu soit situé au centre de symétrie ([1]). La direction d'équilibre de l'aiguille faisant un angle θ avec l'axe, le couple produit par l'action du champ sur un élément de volume du est $-k\varphi\frac{\partial\varphi}{\partial\theta}du$; le couple résultant donne, comme condition d'équilibre,

$$CA = -k\int\varphi\frac{\partial\varphi}{\partial\theta}du.$$

L'intégrale par laquelle on doit multiplier le coefficient k sera constante pour des aiguilles de même forme placées dans le même champ, pourvu que la position d'équilibre ne soit pas modifiée.

M. Ed. Becquerel s'est aussi servi de la balance ordinaire et cette méthode convient surtout dans le cas des gaz. Un ballon en verre est placé au-dessus de l'armature d'un électro-aimant et suspendu à un fléau de balance. Le poids nécessaire pour rétablir l'équilibre, quand on excite les électro-aimants, donne la mesure de l'action du champ sur le ballon et le gaz qu'il renferme. Le ballon étant d'abord vide, puis plein d'un gaz à pression connue, la différence des poids donne l'action sur le gaz. M. Ed. Becquerel a reconnu que l'air est magnétique et que ce magnétisme est dû à l'oxygène seul.

1223. — Ainsi que l'a montré Faraday ([2]), les expériences faites dans l'air ne donnent que les valeurs *apparentes* du coefficient d'aimantation, c'est-à-dire l'excès de la valeur du coefficient relatif au vide sur le coefficient de l'air également par rapport au vide. M. Ed. Becquerel a utilisé cette relation pour un grand nombre de liquides et de gaz.

([1]) Ed. Becquerel, *Ann. de ch. et de phys.* [3], t. XXXII, p. 68, 1851.
([2]) Faraday, *Exp. Researches*, § 2362, 1845.

Soit k_1 le coefficient apparent d'une substance dans l'air, k sa valeur dans le vide et k' le coefficient de l'air ; on a

$$k_1 = k - k'.$$

Sans rien changer au reste de l'expérience, on remplace l'air par un autre milieu, l'eau par exemple, dont le coefficient est k'' ; la nouvelle valeur observée k_2 donne, de même,

$$k_2 = k - k''.$$

Le coefficient de l'eau relatif à l'air est alors

$$k_1 - k_2 = k'' - k'.$$

1224. — Une disposition employée par Faraday, puis par Weber [1], consiste à placer un barreau de la substance à étudier, de bismuth par exemple, dans le champ sensiblement uniforme d'une longue bobine cylindrique. Entre le barreau et la bobine magnétisante est interposée une seconde bobine, dans laquelle le fil est enroulé en sens contraires sur les deux moitiés. Les deux extrémités de cette bobine sont reliées à un galvanomètre sensible. Quand on déplace le barreau de part et d'autre du centre suivant l'axe, on ne change pas son état magnétique, mais les deux pôles développent dans chacune des deux moitiés de la bobine des courants induits qui s'ajoutent. En combinant ce mouvement du barreau avec celui de l'aiguille, on peut opérer par multiplication. On peut aussi, en donnant au barreau un mouvement rapide de va-et-vient et redressant les courants par un commutateur, obtenir une déviation permanente. L'effet produit est ensuite comparé à celui que donne un petit barreau de fer doux. Weber a trouvé par ce procédé qu'à poids égal, le moment du bismuth est 456 000 fois plus petit que celui du fer.

La différence des effets d'induction de deux bobines concentriques, suivant qu'on introduit ou non un noyau magné-

[1] Weber, *Maasbest. Diamagnet. loc. cit.*

tique dans l'axe, permet de déterminer le coefficient d'aimantation du noyau; la méthode directe ne donnerait aucun résultat avec le bismuth, mais elle devient applicable si l'on en fait une méthode différentielle. Soient deux systèmes de bobines identiques composés chacun d'une bobine inductrice et d'une bobine induite concentrique. Les bobines inductrices sont traversées par le même courant, et les deux bobines induites sont reliées entre elles par un galvanomètre sensible, de manière que leurs courants n'aient aucune action sur l'aiguille. En introduisant dans l'une des bobines le barreau de bismuth, on diminue dans celle-ci les effets d'induction; le galvanomètre mesure alors la différence des deux courants induits, qui permet de déterminer le coefficient k ([1]).

Il faut remarquer qu'avec un noyau conducteur sans action magnétique il se manifesterait une diminution de même genre, par suite des courants d'induction développés dans la masse; mais on peut s'assurer qu'un barreau de cuivre produit une diminution beaucoup moindre qu'un barreau de bismuth. Toutefois il y a là une cause d'erreur dont on doit tenir compte quand il s'agit de corps très faiblement magnétiques ou diamagnétiques, s'ils ne sont pas mauvais conducteurs; elle tend à donner une valeur trop grande pour le coefficient des corps diamagnétiques.

1225. — Cette même méthode a été appliquée au perchlorure de fer. Il suffit de prendre comme noyau un vase cylindrique rempli de la dissolution. M. Silow ([2]) emploie un long tube placé verticalement sur lequel est enroulée la spirale magnétisante ; la bobine induite, de longueur beaucoup moindre, est placée à égale distance des extrémités. M. Bergmann ([3]) place le liquide entre les deux bobines concentriques et de même longueur. Le coefficient d'induction mutuelle M (**771**) doit être alors multiplié par $1+4\pi k$. Le même physicien s'est également servi de bobines annulaires. M. Silow a montré que la dissolution du perchlorure de fer présente la même loi que les métaux fortement magnétiques : le coefficient k com-

([1]) Töpler, *Pogg. Ann.*, t. CLIV, p. 60, 1875.
([2]) Silow, *Wied. Ann.*, XI, p. 324, 1880.
([3]) Bergmann, *Beiblätter der Physik*, t. III, p. 812, 1879.

mence par croître rapidement avec la force magnétisante, passe par un maximum et décroît ensuite lentement. Le maximum a lieu pour une force magnétisante de 0,4 en unités C.G.S. et atteint 179.10^{-6}.

On admet généralement que, pour les corps faiblement magnétiques ou diamagnétiques, la valeur de k est constante. Il faut remarquer cependant que, dans la plupart des expériences, on a comparé l'intensité d'aimantation, non à l'intensité du champ lui-même, mais à l'intensité du courant, ce qui ne peut être considéré comme équivalent quand il s'agit d'électro-aimants. Nous venons de voir que, dans tous les cas, cette loi ne se vérifie pas pour le perchlorure de fer en dissolution, au moins pour les petites forces. Pour les forces plus grandes, le coefficient paraît rester sensiblement constant.

Les expériences ne semblent pas indiquer de maximum pour le bismuth. Voici les principaux résultats obtenus :

Weber [1]	$16,4.10^{-6}$
Töpler, et Ettingshausen [2]	15,1
Christie [3]	14,6
Ettingshausen [4]	14,5

Les trois premiers nombres ont été déterminés par comparaison avec le fer, le dernier par des mesures absolues directes, à l'aide d'une méthode de torsion.

1226. Corps anisotropes. — Les propriétés magnétiques des substances à structure fibreuse ou cristalline ont été découvertes par Plücker [5]. Le cas général d'un corps non homogène, situé dans un champ qui n'est pas uniforme, donne lieu à des phénomènes très complexes, parce que chaque élément de volume est attiré vers les régions de force maximum ou minimum, suivant qu'il est magnétique ou diamagnétique, en même temps que l'axe de plus grande aimantation tend

(1) W. Weber, *Elektr. Maassb. — Diam.*, p. 523.
(2) Töpler et Ettingshausen, *Pogg. Ann.*, t. CLX, p. 1, 1877.
(3) Christie, *Pogg. Ann.*, t. CXXXIII, p. 589, 1858.
(4) Ettingshausen, *Wied. Ann.*, t. XVII, p. 272, 1882.
(5) Plücker, *Pogg. Ann.*, t. LXXII, p. 315, 1847.

à se placer dans une direction parallèle ou perpendiculaire au champ (**397**). L'action se réduit à un couple lorsque le champ est uniforme.

Considérons un corps homogène de volume u placé dans un champ uniforme φ, dont la direction fait avec les axes principaux d'aimantation des angles dont les cosinus sont λ, λ' et λ'' (**392**). Si les coefficients principaux k, k' et k'' sont très petits, l'aimantation résultante est indépendante de la forme du corps. Les moments magnétiques m, m' et m'', parallèles aux axes, sont respectivement

$$m = u\varphi k\lambda, \qquad m' = u\varphi k'\lambda', \qquad m'' = u\varphi k''\lambda'',$$

et les couples relatifs aux trois axes

$$\begin{aligned} D &= m'\varphi\lambda'' - m''\varphi\lambda' = u\varphi^2(k' - k'')\lambda'\lambda'', \\ D' &= m''\varphi\lambda - m\varphi\lambda'' = u\varphi^2(k'' - k)\lambda''\lambda, \\ D'' &= m\varphi\lambda' - m'\varphi\lambda = u\varphi^2(k - k')\lambda\lambda'. \end{aligned}$$

Si les coefficients principaux restent constants, sans être très petits, on donnera au corps la forme sphérique. L'aimantation parallèle à la composante $\varphi\lambda$ du champ est alors

$$\frac{k}{1 + \frac{4}{3}\pi k}\varphi\lambda = \frac{3}{4\pi}\frac{\mu - 1}{\mu + 2}\varphi\lambda = \frac{3h}{4\pi}\varphi\lambda,$$

et les coefficients $\frac{3h}{4\pi}$ relatifs à chacun des axes principaux joueront le même rôle que les coefficients k.

Sous le bénéfice de cette remarque, toutes les propriétés que nous allons établir, dans l'hypothèse de coefficients très petits, pourront être appliquées à des sphères anisotropes dont les coefficients d'aimantation seraient d'un ordre de grandeur quelconque.

1227. — Lorsque la structure du corps est symétrique par rapport à une droite, la même symétrie se retrouve dans les propriétés magnétiques et deux des coefficients, par exemple k' et k'', sont égaux entre eux.

Dans ce cas, si le corps est mobile autour de son axe de symétrie, le couple D relatif à cet axe est nul et le corps est en équilibre indifférent dans toutes les directions.

Si le corps est mobile autour d'une perpendiculaire à l'axe de symétrie, la composante H du champ normale à l'axe de rotation agit seule. En appelant δ l'angle de cette force avec l'axe de symétrie, l'expression du couple D″ devient

$$D'' = uH^2(k-k')\sin\delta\cos\delta;$$

l'équilibre a lieu quand l'axe de symétrie est parallèle ou perpendiculaire à la composante efficace H, suivant que l'on a $k>k'$ ou $k<k'$.

On peut mesurer ce couple par une méthode de torsion, par exemple par un bifilaire C qu'on aura tourné de l'angle ω à partir de la direction d'équilibre; on a alors

$$k-k' = \frac{2C\sin(\omega-\delta)}{uH^2\sin 2\delta}.$$

Si le corps est suspendu par un fil sans torsion et oscille librement, le couple directeur pour des déviations très petites est $uH^2(k-k')$. En appelant Δ la densité du corps, ρ son rayon de giration et n le nombre des oscillations par seconde, on a

$$k-k' = \frac{\pi^2\Delta\rho^2}{H^2}n^2.$$

On n'obtient ainsi que la différence des coefficients k et k'; une autre expérience sera nécessaire pour déterminer l'un d'eux en valeur absolue.

Le *bismuth* présente le caractère de symétrie dont il vient d'être question [1]. Sa forme cristalline est un rhomboèdre de 87°40′ avec un clivage plus facile perpendiculairement à l'axe. Il est diamagnétique et uniaxe. En outre, la direction de l'axe se met en équilibre stable parallèlement au champ; on a donc, en valeurs numériques, $k'<k$.

[1] Faraday, *Exp. Researches*, XXIIe série, 1848.

Le *spath d'Islande* [1] paraît souvent magnétique, mais il ne présente ce caractère que lorsqu'il renferme des traces de carbonate de fer. A l'état pur, il est diamagnétique, et, à l'inverse de ce qui a lieu pour le bismuth, l'axe de cristallisation se met en équilibre perpendiculairement au champ, c'est-à-dire qu'on a $k > k'$.

Lorsque les trois coefficients k, k' et k'' sont inégaux, on peut déterminer leurs différences deux à deux au moyen des couples D, D' et D'' relatifs à une même direction suivant laquelle on aura placé successivement les axes principaux.

Les nombres d'oscillations n, n' et n'', par exemple, observés dans les trois cas, donneraient, en supposant $k > k' > k''$,

$$\frac{k' - k''}{n^2} = \frac{k - k''}{n'^2} = \frac{k - k'}{n''^2} = \frac{\pi^2 \Delta \rho^2}{H^2}.$$

L'équation de condition $n'^2 = n^2 + n''^2$, qui en résulte, a été vérifiée par Plücker avec le *formiate de cuivre*, qui cristallise dans le système clinorhombique.

1228. Ellipsoïde d'induction. — Les propriétés magnétiques des corps anisotropes peuvent être représentées par un ellipsoïde [2], analogue à l'ellipsoïde de polarisation à l'aide duquel Fresnel a représenté la double réfraction de la lumière; on trouve ainsi des propriétés corrélatives dans les deux ordres de phénomènes.

Appelons *ellipsoïde d'induction* un ellipsoïde rapporté aux axes principaux et dont l'équation est

$$kx^2 + k'y^2 + k''z^2 = 1,$$

les inverses des carrés des axes de l'ellipsoïde étant respectivement égaux à k, k' et k''.

Si le corps tourne autour de l'axe des x, le couple de rotation est proportionnel à $k' - k''$, c'est-à-dire à la différence des inverses des carrés des axes de la section principale de

[1] Tyndall et Knoblauch, *Phil. mag.*, t. XXXVI, p. 178, 1850.
[2] Plücker, *Phil. mag.*, (4), t. I, p. 177, 1858.

l'ellipsoïde d'induction par le plan perpendiculaire à l'axe de rotation.

Cette propriété est générale. Si le corps tourne autour d'une direction quelconque, le couple est proportionnel à la différence des inverses des carrés des axes de l'ellipse obtenue en coupant l'ellipsoïde d'induction par un plan diamétral perpendiculaire à l'axe de rotation. En particulier, si cet axe est perpendiculaire à l'un des plans cycliques de l'ellipsoïde, la courbe d'intersection est circulaire et l'équilibre indifférent. Les directions correspondantes sont situées dans le plan xz des aimantations extrêmes et satisfont à la condition

$$(k-k')x^2=(k'-k'')z^2;$$

l'angle A qu'elles font avec l'axe de plus petite aimantation est donné par l'équation

$$\tang^2 A=\frac{x^2}{z^2}=\frac{k'-k''}{k-k'}.$$

Les coefficients k, k' et k'' jouent donc le même rôle que les carrés des vitesses de propagation principales des ondes planes dans les milieux biréfringents à deux axes et tous les théorèmes établis en optique ont leurs analogues dans les phénomènes d'aimantation.

Par analogie, on peut distinguer les corps cristallisés en cristaux à *un axe* ou à *deux axes* magnétiques.

De même aussi, les corps magnétiques uniaxes seront considérés comme *positifs* ou *négatifs*, suivant que le coefficient d'aimantation dans la direction de l'axe de symétrie est plus grand ou plus petit en valeur numérique que dans une direction perpendiculaire. D'après ce qui a été dit plus haut, le bismuth est négatif et le spath d'Islande positif.

Enfin les corps magnétiques à deux axes sont positifs ou négatifs, suivant que l'angle A des axes magnétiques avec la direction de plus petite aimantation est inférieur ou supérieur à 45°, c'est-à-dire suivant que l'on a

$$k'-k''\lesseqgtr k-k', \qquad \text{ou} \qquad 2k'\lesseqgtr k+k''.$$

1229. — La direction que prend le cristal dans un champ uniforme ne dépend que de la différence des coefficients; on peut donc ajouter à chacun d'eux une valeur constante sans modifier les phénomènes. Il résulte de là que les conditions d'équilibre ne changent pas quand le corps est plongé dans un milieu quelconque, magnétique ou diamagnétique [1].

S'il existait des corps (**397**) dont les coefficients k, k' et k'' ne fussent pas tous de même signe, le corps étant magnétique dans certaines directions et diamagnétique dans d'autres, les propriétés pourraient encore se représenter par un ellipsoïde d'induction que l'on obtiendrait en ajoutant une quantité constante à tous les coefficients.

Cette indifférence du milieu n'existe plus pour un champ non uniforme, puisqu'un élément de volume est attiré vers les points de force maximum ou minimum suivant que le coefficient d'aimantation apparente est positif ou négatif. Faraday a reconnu, par exemple, qu'un cristal de cyanure rouge, verni à sa surface pour éviter la dissolution, est entraîné dans le sens des forces croissantes quand il est plongé dans l'eau et, au contraire, vers les forces décroissantes quand il est plongé dans une dissolution concentrée de sulfate de fer. Mais, dans un liquide formé par 15 volumes de la dissolution concentrée auxquels on ajoute 6 volumes d'eau, le cristal se montre magnétique ou diamagnétique, suivant que son axe de symétrie est parallèle ou perpendiculaire aux lignes de force, c'est-à-dire que, dans le premier cas, il tend vers les forces croissantes et, dans le second, vers les forces décroissantes.

MM. Tyndall et Knoblauch [2] ont reconnu qu'on peut obtenir des phénomènes analogues avec des corps en poudre comprimés dans une direction déterminée, ou des systèmes formés de couches superposées. La direction de plus grande densité tend toujours à se diriger parallèlement aux lignes de force, quand il s'agit de corps magnétiques, et normalement à ces lignes pour les corps diamagnétiques. On réalise, par

[1] Faraday, *Exp. researches*, séries XXII et XXX, 1855.
[2] Tyndall et Knoblauch, *Phil. mag.*, t. XXXVI, p. 178, 1850.

exemple, ces expériences avec une pâte de gomme dans laquelle on a incorporé du bismuth réduit en poudre ou des grains de carbonate de fer.

En comprimant une série de feuilles de papier qu'on découpe ensuite sous forme de cylindre, l'axe du cylindre est magnétique avec du papier d'émeri et diamagnétique avec du papier recouvert de poudre de bismuth.

De même un cube de bismuth qui a été comprimé se dirige de manière que la ligne de pression soit axiale.

Ces expériences sembleraient indiquer qu'en partie au moins, les phénomènes de magnétisme cristallin seraient dus aux inégalités de pression qui résultent de la structure moléculaire, plutôt qu'aux molécules elles-mêmes.

1230. Influence de la forme pour les corps isotropes. — Les considérations qui précèdent ne s'appliquent plus lorsque les coefficients d'aimantation ont des valeurs notables, parce qu'on doit tenir compte de l'aimantation induite (**385**), qui dépend de la forme des corps; mais les corps isotropes de forme quelconque donnent encore des résultats analogues dans certains cas particuliers.

Supposons qu'un ellipsoïde de substance isotrope soit placé dans un champ uniforme et que le coefficient d'aimantation soit constant. Les moments magnétiques parallèles aux trois axes sont respectivement proportionnels (**388**) à

$$\frac{k}{1+kL}, \quad \frac{k}{1+kM} \quad \text{et} \quad \frac{k}{1+kN}.$$

Ces trois facteurs, que nous désignerons par f, f' et f'', peuvent être considérés comme des coefficients d'aimantation moyenne; on voit que l'ellipsoïde se comporte comme un corps cristallisé ayant pour coefficients principaux d'aimantation les mêmes quantités f, f' et f'', et tous les théorèmes précédents sont applicables. En particulier, les couples relatifs aux trois axes sont proportionnels respectivement aux différences $f-f'$, $f'-f''$ et $f-f''$.

Il en est de même pour un parallélipipède de dimensions $2a$, $2b$ et $2c$; le couple de rotation autour d'une parallèle à un système d'arêtes ne dépend que de la différence des coefficients moyens d'aimantation parallèles aux deux systèmes d'arêtes perpendiculaires au premier.

Tel est le cas d'un aimant qui oscille dans le champ terrestre. En appelant f et f'' les coefficients moyens d'aimantation longitudinale et transversale, M le moment magnétique rigide de l'aimant et u son volume, le couple directeur est

$$\mathrm{MH} + u\mathrm{H}^2(f - f') = \mathrm{MH}\left[1 + \frac{u(f - f')}{\mathrm{M}}\mathrm{H}\right].$$

Le facteur φ, qui a été employé précédemment (**1140**) pour représenter l'influence de l'aimantation induite par la terre dans les oscillations, est donc proportionnel à la différence $f - f'$, et non pas seulement à l'aimantation parallèle à la longueur de l'aimant.

Si le barreau tourne autour d'une parallèle aux arêtes c, le moment magnétique induit a pour composantes $u\mathrm{H}f\lambda$ et $u\mathrm{H}f'\lambda'$. On peut le décomposer en deux autres, l'un m parallèle à la plus grande longueur a, l'autre m' parallèle au champ, m et m' satisfaisant aux conditions

$$m + m'\lambda = u\mathrm{H}f\lambda,$$
$$m'\lambda' = u\mathrm{H}f'\lambda',$$

qui donnent

$$m' = u\mathrm{H}f',$$
$$m = u\mathrm{H}(f - f')\lambda.$$

On voit que le moment magnétique m' parallèle au champ est une constante et que le moment m est sensiblement constant quand les déviations sont très petites; le premier ne donne pas de couple et le second peut être considéré comme s'ajoutant à l'aimantation rigide M (**1140**).

D'une manière plus générale, quelle que soit la forme d'un corps isotrope placé dans un champ uniforme, il existe toujours trois directions rectangulaires pour lesquelles l'aimantation est parallèle au champ et peut être définie par des coefficients moyens f, f' et f''. Ceux-ci déterminent le même ellipsoïde d'induction

$$fx^2+f'y^2+f''z^2=1,$$

que s'il s'agissait d'un corps anisotrope défini par des coefficients d'aimantation f, f' et f''.

1231. Boussoles marines. — On donne habituellement le nom de *compas* aux boussoles employées pour la navigation. Elles sont formées d'une aiguille ou d'un système d'aiguilles tournant sur un pivot ; l'aiguille porte un disque ou *rose*, sur laquelle est une *ligne de foi* correspondant à l'axe magnétique et une série de divisions circulaires. La ligne de foi ne se met pas en général dans le méridien magnétique : le fer et l'acier qui entrent dans la construction ou dans le chargement du navire causent une déviation qu'il est nécessaire de corriger ou de compenser. La correction des compas repose sur une théorie qui a été donnée par Poisson (1).

Les masses d'acier ou de fer dur qui ont été aimantées pendant la construction se comportent comme des aimants : on appelle quelquefois ce magnétisme *sous-permanent*, parce que sa valeur, qui dépend de la position du navire en chantier, diminue lentement à la mer et ne devient définitive qu'après un certain temps de navigation. D'autre part, le fer doux s'aimante par la terre ; le magnétisme temporaire ainsi produit varie avec l'orientation du navire et sa position géographique. Il y a ainsi deux espèces d'actions perturbatrices, les unes constantes, les autres variables avec la position du navire.

Supposons d'abord le navire droit. On appelle *cap* la direction du plan de symétrie comptée de poupe à proue, c'est-à-dire de l'arrière à l'avant. Soient

ζ l'azimut du cap avec le méridien magnétique, ou la *route magnétique*, cet angle étant compté vers l'est ;

ζ' l'azimut du cap avec la direction du compas, ou la *route au compas* ;

$\delta=\zeta-\zeta'$ la *déviation* du compas.

(1) Poisson, *Mém. de l'Institut*, t. V, p. 321, 1824.

On appelle *variation* l'angle V, compté aussi vers l'est, que fait le compas avec le méridien géographique, ou la déclinaison apparente. Si Δ est la déclinaison réelle, on a

$$V = \Delta + \delta.$$

Nous admettrons que le magnétisme du navire, tant permanent que sous-permanent, est indépendant de la température; les variations qu'il pourrait éprouver de ce chef sont négligeables par rapport aux autres causes d'erreur.

Pour les pièces de fer doux, on admettra que l'aimantation induite est proportionnelle à la force magnétisante, d'où il résultera que les aimantations produites par différentes causes se superposent; ces conditions sont réalisées d'une manière suffisante quand il s'agit d'actions de même ordre que celles de la terre.

Enfin, on supposera que l'aiguille du compas est très petite par rapport à sa distance aux masses de fer ou d'acier les plus voisines, et par conséquent qu'elle se meut dans un champ sensiblement uniforme. Il suffit dès lors de calculer la perturbation du champ terrestre au centre du compas.

1232. — Considérons trois axes de coordonnées rectangulaires, l'un x suivant le cap, l'autre y de babord à tribord, c'est-à-dire vers la droite, le troisième z de haut en bas, vers la quille. Ce dernier axe est vertical et les deux premiers horizontaux quand le navire est droit.

Le magnétisme permanent et l'aimantation induite qu'il produit dans les masses de fer doux donnent sur le compas une force constante en grandeur et en direction par rapport au navire; soient P, Q et R ses projections sur les trois axes. Lorsque la distribution des aimants et du fer doux est symétrique, la valeur de Q est très petite et la composante horizontale $F_1 = \sqrt{P^2 + Q^2}$ est sensiblement parallèle au plan de symétrie, si le compas est lui-même situé dans ce plan. Mais la composante Q a des valeurs sensibles toutes les fois que le cap du navire sur les chantiers n'était pas dans le méridien magnétique; la force F_1 fait alors avec le cap un angle α appelé *angle tribord*.

Si cette action existait seule on aurait, en appelant H la composante horizontale de la terre, H_1 la résultante des forces H et F_1, et δ_1 la déviation ou l'angle de la résultante H_1 avec le méridien magnétique,

$$\frac{\sin(\zeta+\alpha)}{H_1} = \frac{\sin\delta_1}{F_1} = \frac{\sin(\zeta+\alpha-\delta_1)}{H}.$$

La déviation δ_1 est nulle quand le cap est dans l'azimut $-\alpha$ ou $\pi-\alpha$, et elle change de signe quand il passe d'un côté à l'autre de cette direction ; c'est une déviation *semi-circulaire*. Si le rapport des forces F_1 et H est très petit, on peut écrire, d'une manière approchée,

$$(10) \qquad \sin\delta_1 = \frac{F_1}{H}\sin(\zeta+\alpha) = \frac{P}{H}\sin\zeta + \frac{Q}{H}\cos\zeta.$$

La déviation est sensiblement en raison inverse de H; elle a le même signe sur toute la terre et la même valeur en tous les points d'un parallèle magnétique.

1233. — Pour le champ terrestre, nous remarquerons d'abord que la composante verticale Z produit une aimantation indépendante de l'orientation du navire et que son action sur le compas donne une composante située sensiblement dans le plan de symétrie. La déviation correspondante est donc aussi *semi-circulaire;* elle devient nulle à l'équateur et change de signe quand on passe d'un hémisphère à l'autre.

Pour calculer l'effet de la composante horizontale H, nous la remplacerons par ses deux projections

$$X = H\cos\zeta, \qquad Y = -H\sin\zeta.$$

L'aimantation produite par la première donne une action dont la composante horizontale F_2 est dirigée dans le plan de symétrie. Si on pose

$$F_2 = aH\cos\zeta,$$

et qu'on appelle H_2 la résultante des forces H et F_2, la déviation δ_2 due à la composante horizontale serait déterminée par les équations

$$\frac{\sin\zeta}{H}=\frac{\sin\delta_2}{F_2}=\frac{\sin(\zeta-\delta_2)}{H},$$

qui donnent sensiblement

$$(11)\qquad \sin\delta_2=\frac{a}{2}\sin 2\zeta.$$

Cette déviation est nulle quand le cap est dirigé vers l'un des quatre points cardinaux magnétiques, et elle prend des valeurs de signes contraires dans deux quadrants voisins; c'est une déviation *quadrantale*.

La projection $Y=-H\sin\zeta$ donne, de même, une action horizontale

$$F'_2=-eH\sin\zeta.$$

La déviation correspondante δ'_2 est déterminée sensiblement par l'équation

$$(12)\qquad \sin\delta'_2=-\frac{e}{2}\sin 2\zeta;$$

c'est encore une déviation *quadrantale*.

1231. — Lorsque les actions perturbatrices sont faibles, on peut admettre que les déviations produites par chacune d'elles s'ajoutent simplement et représenter la déviation totale par une expression de la forme

$$(13)\quad \sin\delta=(A)+B\sin\zeta+C\cos\zeta+D\sin 2\zeta+(E\cos 2\zeta).$$

Les deux termes mis entre parenthèses sont généralement très petits puisqu'ils tiennent uniquement aux défauts de symétrie dans la distribution des masses de fer et d'acier, ou la position dissymétrique du compas à bord.

Enfin on peut encore, au même degré d'approximation, remplacer dans le second membre l'azimuth vrai ζ du cap, qui est inconnu, par l'azimuth apparent ζ'; la déviation s'exprime alors par la formule

$$\sin\delta = A + B\sin\zeta' + C\cos\zeta' + D\sin 2\zeta' + E\cos 2\zeta', \tag{14}$$

dont les coefficients seront à déterminer par expérience. Le premier terme A est la valeur moyenne de la déviation, les deux suivants représentent une déviation semi-circulaire et les deux derniers une déviation quadrantale.

1235. — Enfin il reste encore à considérer l'action produite par l'obliquité du navire ou l'erreur de *bande*. Soit i l'inclinaison du navire sur tribord, ou vers la droite. Les composantes de l'action terrestre doivent être remplacées par

$$\begin{aligned} Y_i &= Y\cos i + Z\sin i, \\ Z_i &= Z\cos i - Y\sin i, \end{aligned}$$

et la composante X ne change pas. Dans ce cas, chacun des coefficients A, C et D renferme un terme sensiblement proportionnel à l'inclinaison.

1236. — Pour faire le calcul plus complètement, nous remarquerons que, lorsque le navire est droit, et dans l'hypothèse de la superposition des différentes aimantations, les composantes X', Y' et Z' du champ résultant peuvent être représentées par les expressions

$$\begin{aligned} X' &= X + P + aX + (bY) + cZ, \\ Y' &= Y + Q + (dX) + eY + (fZ), \\ Z' &= Z + R + gX + (hY) + kZ, \end{aligned} \tag{15}$$

dans lesquelles les paramètres a, b, c, d, ... sont relatifs à l'aimantation induite par la terre. On a mis encore entre parenthèses les termes qui sont très petits puisqu'ils s'annulent dans les conditions de symétrie du navire et du compas.

En appelant H' la composante horizontale du champ résultant, I l'inclinaison magnétique, on a

$$\begin{aligned} X &= H\cos\zeta, \quad & Y &= -H\sin\zeta, \quad & Z &= H\ \text{tang}\ I. \\ X' &= H'\cos\zeta', \quad & Y' &= -H'\sin\zeta'. \end{aligned}$$

Posons encore

$$P = pH, \qquad Q = qH, \qquad R = rZ;$$
$$H' = h'H, \qquad Z' = z'Z.$$

En substituant ces valeurs dans les expressions précédentes, on obtient

$$\begin{aligned} h'\cos\zeta' &= (p + c \operatorname{tg} I) + (1 + a)\cos\zeta - b\sin\zeta, \\ -h'\sin\zeta' &= (q + f \operatorname{tg} I) - (1 + e)\sin\zeta + d\cos\zeta, \\ z' &= (r + 1 + k) + g\cot I\cos\zeta - h\cot I\sin\zeta. \end{aligned}$$

Ces équations donnent les composantes du champ résultant en fonction du champ terrestre, du magnétisme permanent, des paramètres et de la direction du cap.

Pour avoir la déviation elle-même, on ajoute les deux premières équations, après les avoir multipliées respectivement par $\sin\zeta$ et $\cos\zeta$, puis on retranche la seconde de la première après les avoir multipliées respectivement par $\cos\zeta$ et $\sin\zeta$, afin que le premier membre renferme le sinus et le cosinus de l'angle $\zeta - \zeta' = \delta$. On trouve ainsi, après quelques réductions faciles,

$$\begin{aligned} h'\sin\delta &= \frac{d - b}{2} + (p + c \operatorname{tg} I)\sin\zeta + (q + f \operatorname{tg} I)\cos\zeta \\ &\quad + \frac{a - e}{2}\sin 2\zeta + \frac{b + d}{2}\cos 2\zeta, \\ h'\cos\delta &= 1 + \frac{a + e}{2} + (p + c \operatorname{tg} I)\cos\zeta - (q + f \operatorname{tg} I)\sin\zeta \\ &\quad + \frac{a - e}{2}\cos 2\zeta - \frac{b + d}{2}\sin 2\zeta. \end{aligned}$$

Divisant ces deux équations par la quantité

$$\lambda = 1 + \frac{a + e}{2},$$

puis la première par la seconde, membre à membre, on obtient, en désignant par A, B, C, D, E des coefficients dont la signification est indiquée par la marche du calcul,

$$\frac{\sin\delta}{\cos\delta}=\frac{A+B\sin\zeta+C\cos\zeta+D\sin 2\zeta+E\cos 2\zeta}{1+B\cos\zeta-C\sin\zeta+D\cos 2\zeta-E\sin 2\zeta}.$$

Chassant le dénominateur, et remplaçant l'angle $\zeta-\delta$ par ζ', on a enfin

$$(16)\quad \sin\delta=A\cos\delta+B\sin\zeta'+C\cos\zeta'+D\sin(2\zeta'+\delta)+E\cos(2\zeta'+\delta).$$

On voit que, par leur définition même, si on se reporte aux équations primitives (15), les coefficients A et E sont très petits. En négligeant δ dans les termes de correction, on retrouverait l'expression (14).

On peut encore, dans l'équation (16), remplacer $\cos\delta$ par l'unité, ce qui donne

$$\sin\delta=\frac{A+B\sin\zeta'+C\cos\zeta'+D\sin 2\zeta'+E\cos 2\zeta'}{1-D\cos 2\zeta'+E\sin 2\zeta'},$$

le terme $E\sin 2\zeta'$ étant négligeable au dénominateur.

Sans insister sur les méthodes employées pour déterminer les valeurs des coefficients, nous ajouterons que ce mode de correction donne d'excellents résultats lorsque la déviation ne dépasse pas 20°, mais qu'il devient très difficile à appliquer lorsque les déviations sont considérables, comme il arrive souvent pour les navires actuels, qui renferment de grandes masses de fer et d'acier.

1237. Compensation des compas. — L'action du navire sur le compas équivaut en réalité à celle d'un aimant qui produirait les composantes P, Q, R, et d'une masse de fer doux placée au voisinage du compas dans une direction déterminée et à une distance convenable, à la condition toutefois que l'action du compas lui-même sur cette masse de fer doux ne produise pas une aimantation induite capable de donner une perturbation notable par réaction sur le compas.

Il est donc possible de compenser exactement l'action du

navire en plaçant à poste fixe, dans le voisinage du compas, un aimant dont le champ ait pour composantes $-P$, $-Q$ et $-R$, et une masse de fer doux qui fasse équilibre à l'aimantation du navire par la terre ; la déviation serait annulée. Toutefois il serait très difficile de régler la compensation de cette manière par des tâtonnements méthodiques; il est plus pratique d'employer plusieurs aimants qui permettent d'annuler séparément les différents termes de la déviation.

C'est surtout à sir G. Airy [1] que l'on doit l'emploi de ce mode de correction. On peut remarquer d'abord que la composante verticale Z et les paramètres g, h, k n'interviennent pas dans la déviation du navire droit; il suffit donc d'annuler les composantes P et Q et les autres paramètres. On installe sur le pont, à des distances convenables, des aimants longitudinaux et des aimants transversaux qui annulent séparément P et Q, puis des barres de fer doux ou des boîtes de chaînes qui compensent l'aimantation induite par la terre.

Les compas ordinaires ont des aiguilles longues et très aimantées, de sorte qu'il est nécessaire d'éloigner beaucoup les organes de correction pour qu'ils produisent sur l'aiguille un champ à peu près uniforme et pour éviter la réaction de l'aimantation induite. On est ainsi entraîné à employer des aimants très puissants et des masses de fer considérables.

1238. — Pour se rapprocher davantage de la théorie, sir W. Thomson emploie, au contraire, une série de petites aiguilles réunies par des fils de soie à une rose très légère en papier ou en mica, de manière que l'ensemble ne pèse pas plus de 30 grammes. Quoique ces aiguilles soient en outre très peu aimantées, le moment d'inertie du système est assez faible pour que le compas prenne rapidement sa position d'équilibre sans qu'on soit obligé d'avoir recours à des moyens artificiels comme dans les compas à liquide. La petitesse des aiguilles et la faible valeur de leur moment magnétique permet alors de rapprocher beaucoup les organes correcteurs : les aimants sont placés dans la boîte même du compas et le fer doux est formé de deux sphères symétriques portées sur l'habi-

(1) G. Airy, *Phil. Trans. L. R. S.*, 1856.

tacle, aux deux extrémités d'un diamètre horizontal qui passe par l'aiguille.

La composante Q est compensée par un aimant transversal et la composante P par une paire d'aimants longitudinaux, symétriquement placés sous le compas par rapport à la verticale. On supprime ainsi l'erreur *semi-circulaire.*

L'erreur *quadrantale* est annulée par les deux sphères placées à une distance convenable et normalement au plan de symétrie du navire dans le cas habituel, ou dans une direction oblique si le coefficient E n'est pas nul, c'est-à-dire si l'erreur quadrantale est elle-même oblique. Cette dernière circonstance se présente quand le compas n'est pas dans le plan de symétrie ou que la distribution du fer à bord n'est pas symétrique. Dans ce cas, il reste aussi une erreur constante A indépendante de l'orientation du navire et qu'il suffit de déterminer une fois pour toutes, si on ne préfère la corriger par une simple rotation de l'habitacle.

Enfin un aimant vertical corrige l'erreur de *bande.*

Le réglage des corrections est facile quand le navire peut évoluer en vue de terre, ou par un ciel découvert, parce qu'on peut mettre le cap dans les directions qui annulent séparément les différents termes.

La correction de la déviation *quadrantale* par les masses de fer doux, une fois faite, reste exacte pour toutes les latitudes magnétiques.

Il n'en est pas de même pour la déviation *semi-circulaire* corrigée avec des aimants. L'expérience faite en un même lieu ne permet pas de séparer dans les coefficients B et C le magnétisme sous-permanent de l'aimantation produite par la composante verticale de la terre. Comme cette dernière varie avec la latitude, la correction faite pour un lieu déterminé cesse d'être exacte à mesure qu'on s'en éloigne.

Sir W. Thomson remédie à ce défaut en corrigeant la déviation *semi-circulaire* à la fois avec des aimants et avec une pièce verticale de fer doux appelée *barreau de Flinders;* on fait au départ une correction approchée et on la modifie au cours de la navigation en variant le rapport des actions du barreau et des aimants. Quand on a trouvé ainsi par tâtonnements la valeur convenable de ce rapport, la correction reste bonne pour tous les déplacements ultérieurs.

Une remarque analogue s'appliquerait à la correction de bande, mais on n'y a pas égard dans la pratique.

Lorsque la correction est complète, le compas n'est plus soumis qu'à l'action du champ terrestre. On vérifie alors, avec un aimant *déflecteur*, posé sur le couvercle du compas dans une position déterminée, que la déviation produite lorsque le déflecteur est à angle droit avec l'aiguille est indépendante de la direction du navire.

L'erreur de bande est elle-même corrigée, si l'on a $Z'=Z$, c'est-à-dire si l'inclinaison apparente déterminée à bord est égale à l'inclinaison magnétique du lieu.

Ces deux modes de vérification donnent le moyen de rétablir les corrections, même en pleine mer, et en supposant que l'état du ciel ne permette pas de déterminer la direction du méridien géographique par des observations astronomiques. Il suffit, en effet, que la déviation produite par le déflecteur soit indépendante du cap et que l'inclinaison mesurée à bord soit égale à l'inclinaison réelle que l'on connaît par la position approximative du navire.

QUATRIÈME PARTIE — COMPLÉMENT

CHAPITRE PREMIER

APPLICATIONS INDUSTRIELLES

1239. Caractères généraux. — Les applications si nombreuses auxquelles a donné lieu l'électricité peuvent être classées en différents groupes.

Les secousses produites par les étincelles électriques ont été le point de départ d'une science aujourd'hui très étendue, l'électro-physiologie, qui comprend les effets de l'électricité sur les êtres vivants, et l'étude des forces électromotrices dont leurs organes sont le siège.

Dans une autre série d'applications, on met surtout à profit la rapidité avec laquelle les phénomènes électriques se propagent dans un conducteur. Le travail des courants y est quelquefois utilisé directement pour produire un effet mécanique à distance, comme dans les sonneries ou les télégraphes directs ; mais, le plus souvent, l'électricité ne sert qu'à provoquer un signal ou à mettre en jeu par une sorte de déclic d'autres forces mécaniques, telles que l'action d'un poids, d'un ressort ou d'une pile locale : tels sont la plupart des télégraphes à marche rapide, les enregistreurs, les microphones, etc. Dans tous les cas, le travail et la dépense relatives à l'énergie électrique utilisée n'interviennent que pour une faible part ; tous les progrès à réaliser dans ce genre d'appareils ont pour objet d'augmenter la rapidité de succession des signaux et la sûreté dans la marche des organes.

Nous nous occuperons seulement des applications dans lesquelles on se propose surtout d'utiliser l'énergie électrique elle-même, comme dans la galvanoplastie, l'éclairage ou la transmission de la force. Dans ces différents cas, on doit se préoccuper de la quantité de travail utilisée et de son rendement économique.

1210. Des machines électrostatiques. — Dans les appareils producteurs d'électricité statique, comme les machines à frottement ou à multiplication (**191**), le mouvement que l'on entretient effectue un transport continu d'électricité entre deux conducteurs qui forment les collecteurs ou les pôles de la machine. Si les pôles sont réunis entre eux par un conducteur, le jeu de la machine entretient dans ce conducteur un courant continu, et la différence de potentiel des pôles reste très faible. Si le conducteur intermédiaire est interrompu par un excitateur à étincelles, il s'y produit une série de décharges, et la différence de potentiel des pôles augmente périodiquement pour s'annuler à chaque étincelle. Dans tous les cas, le débit de la machine est la quantité d'électricité qui s'écoule pendant l'unité de temps.

La *distance explosive*, qui croît avec la différence de potentiel, n'est limitée que par la dimension des organes et la distance des collecteurs.

Le *débit* d'électricité est à peu près indépendant de la distance explosive, tant que celle-ci reste très petite par rapport à la distance explosive maximum, c'est-à-dire de quelques millimètres dans les machines ordinaires, mais il diminue ensuite assez rapidement. Toutes choses égales, le débit est proportionnel à la vitesse de rotation, ou plus exactement à l'étendue de la surface des plateaux ou cylindres qui sont utilisés par le peigne pendant l'unité de temps. Le rapport du débit à cette surface utilisée paraît plus grand pour les machines à réaction que pour les machines à frottement, et varie notablement avec la nature des verres employés.

Il est intéressant d'évaluer la quantité de travail transformée en électricité dans les machines électrostatiques. Une machine de Holtz à deux plateaux tournants de $0^m,60$ de diamètre [1] a été employée pour charger une batterie dont la capacité électrostatique était de 225 mètres ou 22 500 (C.G.S), c'est-à-dire, en unités pratiques (**613**),

$$\frac{225.10^2}{3^2.10^{20}} = 0,025.10^{-15}, \quad \text{ou} \quad 0,025 \text{ microfarads.}$$

Avec 7 tours de la machine, la charge de la batterie était suffisante pour provoquer une étincelle de $0^c,1$ dans un excitateur dont les boules avaient $2^c,2$ de diamètre, ce qui correspondait à une différence de potentiel (**822**) de 5 490 volts.

La charge de la batterie en coulombs était donc de

$$0,025.10^{-6}.5490 = 137,25.10^{-6},$$

ce qui faisait par tour environ 0,00002 coulomb.

Si la machine faisait 10 tours par seconde, le courant serait donc de 0,0002 ampère ; c'est à peu près le résultat auquel on arrive en réunissant les pôles par un galvanomètre dont les fils sont convenablement isolés.

Dans le cas précédent, le travail utilisé U équivaut à la décharge de la batterie, ce qui donne en kilogrammètres

$$U = \frac{137,25.10^{-6}.5490}{2 \times 9,81} = 0,0384 \text{ kgm.}$$

Le travail utilisé par tour est donc 0,0055 kgm., et il serait double si la différence de potentiel restait constante. Pour une vitesse de 10 tours, le travail par seconde serait de 0,11 kgm. : il représenterait environ $\frac{1}{682}$ de cheval-vapeur.

Toutefois le travail électrique qui correspond au jeu de la machine augmente beaucoup avec la distance explosive. Pour en avoir une idée, nous pouvons supposer que le débit reste

[1] Mascart, *Traité d'électricité statique*, t. II, p. 324.

constant, et que les pôles sont écartés de manière à maintenir invariable la différence de potentiel qui donne le maximum de distance explosive, laquelle était de 22^c, ce qui correspond environ à 133 000 volts. Dans ce cas, le travail par seconde et pour la même vitesse de 10 tours serait $\frac{133000}{5490} = 24,68$ fois plus grand; il représenterait donc $\frac{1}{27,6}$ de cheval-vapeur.

Ces considérations suffisent pour montrer que l'énergie utilisée par les machines électrostatiques est en réalité très petite; on constate bien, avec les machines à réaction, que le travail nécessaire pour entretenir leur mouvement augmente quand elles sont amorcées, mais la plus grande partie du travail dépensé est absorbée dans les frottements et dans les pertes d'électricité.

1241. Des piles électriques. — Dans une pile ordinaire, l'énergie est empruntée au travail des actions chimiques. Supposons la pile composée de N couples identiques associés en q séries parallèles de n couples chacune; soit e la force électromotrice et r la résistance de chaque couple, la force électromotrice de la pile est $E = ne$, et sa résistance intérieure $R_0 = \frac{nr}{q}$.

Si l'intensité du courant est I, le travail fourni par les actions chimiques dans chaque unité de temps est

$$W = EI$$

et le travail utilisable extérieur

$$U = EI - R_0 I^2 = EI\left(1 - \frac{R_0 I}{E}\right) = R_0 I\left(\frac{E}{R_0} - I\right);$$

le rendement u est donc

$$u = \frac{U}{W} = 1 - \frac{R_0 I}{E}.$$

En appelant $I_0 = \frac{E}{R_0}$ l'intensité du courant qui correspondrait à un travail extérieur nul, les expressions de U et de u deviennent

$$U = R_0 I (I_0 - I)$$
$$u = 1 - \frac{I}{I_0} = \frac{I_0 - I}{I_0}.$$

Le travail extérieur U augmente d'abord pour diminuer ensuite quand le courant diminue à partir de sa valeur maximum I_0 jusqu'à zéro; le rendement, au contraire, croît toujours dans les mêmes conditions et tend vers l'unité quand le travail utile tend vers zéro.

La somme des deux facteurs I et $I_0 - I$ étant constante, le travail extérieur atteint sa valeur maximum U_m pour la condition $I_0 = 2I$. Le rendement est alors égal à 0,50 et on a

$$U_m = \frac{R_0 I_0^2}{4} = \frac{E^2}{4R_0} = nq\frac{e^2}{4r} = N\frac{e^2}{4r}.$$

Le maximum du travail utilisable par seconde est donc simplement proportionnel au nombre des couples, quel que soit leur arrangement, et le travail maximum de chaque couple, ou sa puisance mécanique, a pour valeur $\frac{e^2}{4r}$. Ce nombre est une caractéristique du couple considéré. On sait que la valeur de e ne dépend que de la nature des corps qui constituent les couples; celle de r dépend, en outre, de la forme et des dimensions qu'on leur donne.

Dans les couples usuels, la force électromotrice e atteint rarement 2 volts. La résistance r varie, au contraire, dans de larges limites ; c'est avec les couples Bunsen qu'on obtient les valeurs les plus faibles, aussi les emploie-t-on toutes les fois que la pile doit fournir un travail considérable.

On appelle souvent *watt* la puissance mécanique qui correspond à l'unité de travail électrique par seconde; d'après cette définition, un watt vaut donc $\frac{1}{9,81} \times \frac{1}{75}$, ou environ $\frac{1}{736}$

de cheval-vapeur. Un couple de Bunsen, par exemple, pour lequel $e=1^v,8$ et $r=0^\omega,01$, aurait une puissance mécanique de 81 watts ou $\frac{1}{9}$ de cheval-vapeur.

1212. Dépense chimique. — Soit p l'équivalent électrochimique d'un des corps qui interviennent dans les réactions (**257**), c'est-à-dire le poids de ce corps qui correspond à un ampère par seconde ou un coulomb; pour un courant total d'intensité I, le poids de ce corps qui entre en jeu dans chacun des couples pendant l'unité de temps est $p\frac{I}{q}$. Le poids P relatif à la pile entière pendant le temps t est donc

$$P=Np\frac{I}{q}t=npIt,$$

et l'énergie correspondant à cette action chimique exprimée en kilogrammètres, est

$$W=\frac{EIt}{9,81}=\frac{e}{9,81}\frac{P}{p}.$$

Comme on pouvait le prévoir, l'énergie dépensée est indépendante du temps de l'opération, du nombre et de la disposition des couples; elle ne dépend que de la force électromotrice de chaque couple et du nombre $\frac{P}{p}$ d'équivalents engagés.

Le travail d'un cheval-vapeur pendant une heure, ou le cheval-heure, étant de $75\times 3600=270\,000$ kilogrammètres, le nombre d'équivalents électrochimiques qui correspond à un cheval-heure est

$$\frac{P}{p}=\frac{9,81}{e}270\,000=\frac{2,65}{e}\,10^6,$$

ce qui représente pour l'hydrogène, dont l'équivalent électrochimique (**918**) est de $0^{gr},1035.10^{-4}$, un poids égal à

$$\frac{2,65\times 10,35}{e}=\frac{27^{gr},42}{e}.$$

Cette valeur relative à l'hydrogène permettra de calculer les poids correspondants des différents corps, pourvu que les réactions soient bien connues, mais il arrive souvent que les effets sont assez complexes. Tel est, par exemple, le cas de l'acide azotique, qui sert comme dépolarisant dans la pile de Bunsen. Le passage d'un coulomb détruit alors un équivalent ou seulement un tiers d'équivalent, suivant que l'acide est transformé en acide hypoazotique ou en bioxyde d'azote; on peut prendre comme moyenne la moitié d'un équivalent. On trouve ainsi, pour les deux couples les plus employés :

DÉPENSE POUR UN CHEVAL-HEURE.

Couple Daniell ($e = 1$).

Zinc ($Zn = 33$). . . . . = $0^k,905$
Acide sulfurique ($SO^3,HO = 49$). . . . . = 1 ,344
Sulfate de cuivre ($CuO,SO^3 + 5HO = 124,75$) = 3 ,420

Couple Bunsen ($e = 1,8$).

Zinc ($Zn = 33$). . . . . = 0 ,503
Acide sulfurique ($SO^3,HO = 49$). . . . . = 0 ,746
Acide azotique ($AzO^5,4HO = 90$) . . . . = 0 ,685

Le sulfate de zinc peut être considéré comme un produit inutilisable dans les deux cas. Il est possible, au contraire, dans le couple Daniell, de reconstituer le sulfate de cuivre avec le cuivre déposé, de sorte que la dépense se réduirait à celle de l'acide sulfurique correspondant.

On peut estimer le prix du kilogramme de ces différentes substances à $0^{fr},50$ pour le zinc, $0^{fr},50$ pour l'acide azotique et $0^{fr},10$ pour l'acide sulfurique; mais l'amalgamation du zinc qui est nécessaire pour éviter une usure inutile est bien près de doubler le prix du métal. On a alors :

PRIX DU CHEVAL-HEURE.

$1^f,27$ avec le couple Daniell.
$0^f,92$ — Bunsen.

Il est important de remarquer encore qu'une fraction seulement de cette énergie est utilisable à l'extérieur. Dans les conditions de travail maximum, il faudrait doubler tous les nombres qui précèdent.

La comparaison de cette dépense avec celle des machines à feu montre qu'il serait illusoire de chercher aucune économie dans l'emploi des piles comme sources d'énergie. En outre, les liquides ne peuvent plus servir utilement lorsqu'ils n'ont plus la concentration convenable, ou qu'ils sont trop chargés d'autres corps en dissolution; enfin, il se produit toujours sur les électrodes des actions locales qui représentent une énergie dépensée sans profit. Toutes ces causes contribuent encore à augmenter le prix de l'énergie électrique.

1213. Travail disponible. — Le travail demandé au courant consiste à vaincre, soit une résistance R', soit une force électromotrice E', soit les deux à la fois; l'intensité étant I, le travail utile est $R'I^2$, $E'I$ ou $R'I^2+E'I$, suivant les cas. En outre, des fils de communication de résistance ρ sont nécessaires pour relier l'électromoteur avec les points où le travail s'effectue, de sorte que la résistance totale non utilisée est

$$R=R_0+\rho=\frac{nr}{q}\left(1+\rho\frac{q}{n}\right).$$

Le travail U réellement utile est donc $U=EI-RI^2$, et le rendement a pour expression

$$u=\frac{U}{W}=1-\frac{RI}{E}.$$

Enfin le travail utile maximum, qui correspond à un rendement de 50 p. 100, est

$$U=\frac{1}{4}\frac{E^2}{R}=N\frac{e^2}{4\left(r+\rho\frac{q}{n}\right)}.$$

On remarquera que le travail utile

$$U=E'I+R'I^2=(E'+IR')I=\left(R'+\frac{E'}{I}\right)I^2$$

équivaut à celui qui serait absorbé, soit par une force électromotrice $E_1 = E' + IR'$, soit par une résistance $x = R' + \frac{E'}{I}$, et que le rendement peut s'écrire

$$u = \frac{E_1}{E} = \frac{x}{R+x}.$$

Pour un rendement de 50 p. 100, la résistance utile x doit être égale à la résistance inutile R, ou la force électromotrice utile E_1 égale à la moitié de celle de la pile.

Les équations

$$W = EI = (R+x)I^2,$$
$$U = EI - RI^2 = xI^2 = E_1 I,$$
$$u = \frac{U}{W} = \frac{E_1}{E} = \frac{x}{R+x},$$

renferment plusieurs quantités qui donnent lieu à un grand nombre de problèmes quand on laisse trois inconnues seulement, ou quand on établit entre elles des relations quelconques, pourvu que ces relations soient compatibles avec le phénomène physique.

Ajoutons encore que les mêmes considérations s'appliquent à un électromoteur de nature quelconque, chimique ou mécanique, qui serait caractérisé par une force électromotrice constante E et une résistance constante R_0.

1241. Choix des conducteurs. — Si on appelle S la section d'un conducteur, σ sa résistance spécifique, la résistance par unité de longueur est $\frac{\sigma}{S}$ et la perte d'énergie correspondante par seconde est $\frac{\sigma}{S}I^2$. Deux conducteurs de métaux différents sont donc équivalents, pour le même courant, quand les sections sont proportionnelles aux résistances spécifiques. Avec le fer et le cuivre, par exemple, les sections doivent être dans le rapport de 6 à 1.

Toutefois, on ne doit pas en conclure qu'il faut employer

dans tous les cas, les métaux les plus conducteurs et sous la plus grande section possible, parce que le prix du métal et les frais d'établissement des fils interviennent pour une part importante.

Lorsqu'il s'agit de conducteurs nus [1], les conditions les plus économiques correspondent à une densité déterminée du courant pour chaque espèce de métal. Soient, en effet,

- P le prix de l'unité de travail dans les conditions où il est fourni par l'électromoteur chimique ou mécanique,
- n le nombre de secondes par jour (86400),
- f la fraction du temps total pendant laquelle on utilise le courant,
- Q le prix de l'unité de volume du métal,
- t le taux auquel on évalue l'intérêt et l'amortissement du capital engagé,
- N le nombre de jours de l'année (365).

L'énergie perdue dans l'échauffement des conducteurs, par jour et par unité de longueur, est égale à $fn\frac{\sigma}{S}I^2$ et la dépense correspondante $Pfn\frac{\sigma}{S}I^2$.

D'autre part, le prix de l'unité de longueur du conducteur est QS et les frais par jour $QS\frac{t}{100\,N}$.

Le total de la dépense D, évaluée par jour et par unité de longueur, est donc

$$D = QS\frac{t}{100\,N} + Pfn\frac{\sigma}{S}I^2.$$

La section du conducteur qui convient pour réduire cette dépense au minimum est déterminée par la condition que la dérivée du second membre soit nulle, c'est-à-dire que les deux termes soient égaux. Dans ce cas, les frais d'intérêt et

[1]) Sir W. Thomson, *Br. Ass. Rep.* 1881, p. 526, York.

d'amortissement représentent une somme égale à la dépense qui correspond à l'énergie perdue et on a

$$I^2 = \frac{S^2}{100}\frac{Qt}{NnP}\frac{1}{f\rho},$$

$$D^2 = 4I^2\frac{ftn}{100N}PQ\rho.$$

On voit que, pour une dépense totale minimum, la densité du courant $i = \frac{I}{S}$ ne dépend que du choix du métal et du prix de l'énergie, et que la dépense relative à un même courant est indépendante de la section du fil.

Avec deux métaux différents, dont les prix par kilogramme sont respectivement K et K′, les densités d et d' et les taux d'amortissement t et t', le rapport des densités de courant i et i' et celui des dépenses D et D′ correspondantes sont

$$\frac{i}{i'} = \sqrt{\frac{Qt}{Q't'}\frac{\rho'}{\rho}} = \sqrt{\frac{Kdt}{K'd't'}\frac{\rho'}{\rho}},$$

$$\frac{D}{D'} = \sqrt{\frac{Qt\rho}{Q't'\rho'}} = \sqrt{\frac{Kdt\rho}{K'd't'\rho'}}.$$

On peut estimer qu'à volume égal, le prix du cuivre de bonne conductibilité vaut 10 fois le prix du fer. En faisant dans les expressions précédentes

$$\frac{Q}{Q'} = \frac{Kd}{K'd'} = 10,$$

et en supposant que l'amortissement soit le même dans les deux cas, on trouve

$$\frac{i}{i'} = 1{,}299, \quad \frac{D}{D'} = 7{,}74.$$

La densité du courant serait donc un peu plus grande avec le cuivre qu'avec le fer, mais la dépense est de beaucoup supérieure. On doit remarquer cependant que, pour un même courant, les sections des fils sont en raison inverse des valeurs de i et de i'; le poids du fer est donc plus élevé, ce qui augmente les frais d'établissement et, en outre, le métal se détériore d'une manière beaucoup plus rapide, ce qui obligera à élever le taux d'amortissement.

Enfin ces considérations ne s'appliquent pas aux fils recouverts de matières isolantes; les frais d'isolement augmentent dans de grandes proportions la valeur des conducteurs, et l'emploi du cuivre se trouve alors justifié.

Pour déterminer la densité du courant en valeur numérique, il faut évaluer le prix de l'énergie. Le kilogrammètre vaut $9,81.10^7$ unités de travail (**612**) C.G.S., et un cheval-vapeur est capable de produire $75 \times 9,81.10^7 = 74.10^8$ unités de travail par seconde.

Appelant C le prix d'un cheval-vapeur marchant d'une manière continue pendant toute l'année, le prix de l'unité de travail est

$$P = \frac{C}{Nn} \frac{1}{74.10^8},$$

ce qui donne

$$NnP = \frac{C}{74.10^8}.$$

La densité du courant la plus avantageuse devient alors

$$i = \frac{I}{S} = \frac{1}{10} \sqrt{\frac{Qt}{f\rho} \frac{74.10^8}{C}} = 10^3 \sqrt{\frac{74Qt}{Cf\rho}}.$$

La résistance spécifique du cuivre est environ 1600. Admettons que le prix du cuivre soit de $1^f,75$ le kilogramme ou $0^f,0156$ le centimètre cube, et que le prix du cheval-vapeur par an soit de 250 fr. L'électromoteur étant produit par des moyens mécaniques, supposons que le courant soit employé sans interruption et que l'amortissement soit de 10 pour 100; on fera alors $t = 10$, $f = 1$, ce qui donne

$$i = \sqrt{\frac{74 \times 0,156}{0,25 \times 1,60}} = 5,37.$$

Le courant serait donc de 5,4 unités C.G.S. par centimètre carré ou de 54 ampères, c'est-à-dire de 0,54 ampère par millimètre carré.

Ajoutons encore que ces résultats ne s'appliquent pas aux conditions habituelles, car les frais d'installation et surtout l'emploi des isolants conduisent à élever beaucoup le prix Q de l'unité de volume du métal. En outre, le facteur f est plus petit que l'unité quand le jeu des appareils n'est pas continu, ce qui arrive dans la plupart des cas, par exemple pour l'éclairage. En réalité, on emploie dans la pratique des courants beaucoup plus denses, qui vont jusqu'à 3 ou 4 ampères par millimètre carré.

1245. Éclairage par incandescence. — Dans l'éclairage par incandescence, l'énergie calorifique du courant est utilisée pour porter à une température très élevée un filament de charbon placé dans le vide.

L'éclat lumineux augmente rapidement avec la température, mais il est nécessaire en pratique de maintenir l'échauffement notablement au-dessous de la température à laquelle le fil se brise ou se détériore rapidement.

Lorsque l'équilibre de température est atteint, l'énergie du courant est compensée par le rayonnement. Le rapport de la quantité de lumière émise par la lampe à l'énergie dépensée est une fonction de la température seule et ne dépend pas de la forme des filaments de charbon, à la condition qu'ils aient tous le même pouvoir émissif.

L'expérience indique, par exemple, que l'on obtient de bonnes conditions d'éclat et de durée avec des lampes à incandescence équivalant à 1,71 carcel environ, quand elles sont traversées par un courant de 0,8 ampère avec une différence de potentiel aux bornes de 100 volts.

La résistance de chaque lampe est alors de $\frac{100}{0,8} = 125$ ohms et l'énergie nécessaire à son entretien est de $100 \times 0,8 = 80$ unités de travail par seconde, ou 8,155 kilogrammètres; l'énergie électrique équivalant à un cheval-vapeur serait donc capable de produire un éclairage de $\frac{75 \times 1,71}{8,155} = 15,73$ ou

16 lampes carcel. Les expériences faites à l'Exposition d'électricité de 1881 ont donné de 12 à 22 carcels [1].

Si l'éclairage était fait avec des piles de Bunsen et un rendement de 80 p. 100, le prix par heure du cheval électrique serait de $\frac{0^f,92}{0,8} = 1^f,15$, et celui d'une carcel de $0^f,072$.

Les lampes sont généralement installées en dérivation sur le circuit. Supposons qu'il y ait m lampes identiques ; soit r la résistance de chacune d'elles, i le courant qui la traverse, E la force électromotrice de l'électromoteur, R sa résistance avec les communications. La résistance de l'ensemble des lampes est $x = \frac{r}{m}$ et on a

$$E = (R + x)mi = (mR + r)i,$$
$$u = \frac{x}{R + x} = \frac{r}{mR + r}.$$

1246. — Les lampes à incandescence fournissent beaucoup plus de lumière, pour la même dépense d'énergie, quand on augmente la différence de potentiel aux bornes, mais l'usure devient très rapide. Dans des conditions voisines de la pratique, l'éclat est à peu près proportionnel à la 6e puissance de la différence de potentiel V aux bornes, et l'usure proportionnelle à la 25e puissance de V [2].

Soit H le nombre d'heures que dure une lampe, L son intensité lumineuse en carcels et W l'énergie qu'elle consomme par heure; on peut poser, d'une manière générale, en admettant que ces différentes quantités soient proportionnelles à des puissances de V,

$$L = AV^{\alpha}, \quad H = BV^{-\beta}, \quad W = CV^{\gamma}.$$

Appelons P le prix de la lampe et Q le prix de l'unité de travail électrique, en tenant compte du combustible ou de

(1) Allard, Le Blanc, Joubert, Potier et Tresca, *C. R. de l'Acad. des sc.*, t. XCV, p. 946, 1882.

(2) J. A. Fleming, *Phil. mag.*, [5], t. XIX, p. 368, 1885.

l'usure des produits, suivant qu'il s'agit d'électromoteurs mécaniques ou de piles, de l'amortissement des installations et du rendement. La dépense par carcel-heure est $p = \frac{P}{HL}$ du fait de la lampe et $q = \frac{QW}{L}$ du fait de l'électromoteur; la dépense totale

$$p + q = \frac{P}{AB} V^{\beta - \alpha} + \frac{QC}{A} V^{\gamma - \alpha}$$

est évidemment minimum pour les conditions qui rendent nulle la dérivée du second membre par rapport à V, c'est-à-dire quand on a

$$(\beta - \alpha) p = (\alpha - \gamma) q.$$

Le rapport de la dépense des lampes à la dépense totale est alors

$$\frac{p}{p+q} = \frac{\alpha - \gamma}{\beta - \gamma}.$$

L'exposant γ serait égal à 2 si la résistance du charbon était constante; en réalité il est plus grand et on aura une limite supérieure du rapport en faisant $\gamma = 2$. Dans cette hypothèse, et avec les nombres cités plus haut, on obtient

$$\frac{p}{p+q} = \frac{6-2}{25-2} = 0,174.$$

Il est remarquable que ce rapport soit indépendant de la nature et du prix de l'électromoteur, l'éclat des lampes établissant dans chaque cas la compensation.

1217. Galvanoplastie. — Pour le dépôt galvanique des métaux, le travail utile se compose uniquement d'une force électromotrice à vaincre. Dans la pratique, cette force électromotrice est extrêmement faible quand l'électrode positive est formée par le métal même que l'on veut déposer; il s'en dissout alors autant d'un côté qu'il s'en dépose de l'autre et les liqueurs conservent la même richesse. Le rendement utile $u = \frac{E_1}{E}$ augmente à mesure que l'on diminue la force électromotrice de la pile. Pour obtenir un travail important sans trop affaiblir le rendement, il faut réduire autant que possible la résistance intérieure de la pile et les résistances des communications.

1248. Arc électrique. — Entre les charbons qui produisent l'arc électrique il existe une chute de potentiel variant de 40 à 70 volts suivant l'intensité du courant. M. Edlund [1] a montré, et toutes les expériences ont confirmé depuis, que la plus grande partie de cette chute est représentée par une force électromotrice inverse qu'on peut estimer à 30 volts; le reste est dû à la résistance de la couche gazeuse interposée, résistance variable avec la longueur de l'arc et sa température, et comprise généralement entre 0,5 et 1,5 ohms.

L'éclat des lampes varie beaucoup avec la densité du courant et avec la longueur de l'arc, laquelle peut être presque nulle ou atteindre plusieurs millimètres, c'est-à-dire finalement avec l'étendue des surfaces incandescentes et leur température [2].

Avec un courant continu, l'entretien d'une belle lumière à arc de 100 carcels exige un courant d'environ 15 ampères et une chute de potentiel de 50 volts; le travail électrique par seconde est

$$U = \frac{50 \times 15}{9,81} = 76,45 \text{ kilogrammètres,}$$

ou 1,02 cheval-vapeur. Pour une même dépense, la lumière fournie par les arcs est donc 6 fois plus grande que par les lampes à incandescence.

1249. Des accumulateurs. — Lorsqu'on réunit par un conducteur deux électrodes dont l'une au moins est polarisée, le courant secondaire (**253**), ou plutôt la décharge de dépolarisation, est en général assez faible, à moins que la polarisa-

(1) Edlund, *Ann. de chim. et de phys.*, [4], t. XIII, p. 450; t. XIV, p 493; t. XV, p. 479; 1868.

(2) Allard, Le Blanc, Joubert, Potier et Tresca, *C. R. de l'Acad. des sc.*, t. XCV, p. 747 et 806, 1882.

tion ne soit entretenue par une cause étrangère, comme dans les couples à gaz de Grove, où les deux lames de platine qui servent d'électrodes sont respectivement placées dans l'oxygène et dans l'hydrogène.

Toutefois, avec certains métaux (**1081**), la capacité de polarisation peut devenir très grande parce que les réactions chimiques, au lieu d'être limitées à une mince couche superficielle, pénètrent dans l'intérieur de l'électrode et mettent en jeu un poids de matière important.

M. G. Planté [1] a étudié la plupart des métaux à ce point de vue et montré qu'on peut accumuler sur une pile secondaire ainsi constituée une quantité d'électricité et, par suite, une quantité d'énergie considérable. Depuis quelques années on a appelé ces couples secondaires des *accumulateurs* d'électricité.

La disposition qui convient le mieux, d'après M. Planté, consiste à employer deux lames de plomb parallèles et très rapprochées plongeant dans une dissolution d'acide sulfurique. La force électromotrice maximum de polarisation est supérieure à 2 volts. Une propriété remarquable, constatée aussi par M. Planté [2], c'est que la capacité de polarisation augmente de plus en plus à mesure qu'on *forme* les accumulateurs, c'est-à-dire qu'on les charge et qu'on les décharge un plus grand nombre de fois, de manière à faire pénétrer plus profondément l'action oxydante du courant primaire, en raison de la porosité exceptionnelle des dépôts galvaniques. On accélère beaucoup la formation des couples en couvrant les lames de plomb ou en remplissant les cavités qu'elles renferment par une couche de minium. Cette idée paraît due à M. Faure [3]; mais on rencontre dans la pratique la difficulté d'établir l'adhérence entre les lames de plomb et le métal qui provient de l'oxyde réduit.

M. Planté [4] a reconnu qu'on accélère beaucoup la formation électrochimique des couples par une élévation de tempé-

(1) G. Planté, *Recherches sur l'électricité*, Paris, 1879.
(2) G. Planté, *C. R. de l'Acad. des Sc.*, t. LXXIV, p. 592, 1872.
(3) E. Reynier, *C. R. de l'Acad. des Sc.*, t. XCII, p. 951, 1881.
(4) G. Planté, *C. R. de l'Acad. des Sc.*, t. XCV, p. 418, 1882.

rature, mais il arrive encore plus rapidement au même résultat en plongeant d'abord les lames de plomb pendant un ou deux jours dans l'acide azotique étendu de moitié de son volume d'eau. Avec une perte de poids très faible, le métal éprouve une sorte de décapage qui augmente sans doute sa porosité et facilite la pénétration ultérieure de l'oxydation produite par le courant primaire.

Quoi qu'il en soit, lorsqu'un accumulateur formé est polarisé à refus, l'électrode qui devient positive dans la décharge porte une certaine quantité de bioxyde de plomb PbO^2 et l'électrode négative une couche équivalente de plomb à l'état poreux. Le couple étant fermé, l'électrode positive se réduit, l'autre s'oxyde; la force électromotrice du couple secondaire conserve une valeur constante pendant la plus grande partie de la décharge et diminue ensuite lentement jusqu'à ce que la dépolarisation soit complète.

Il n'y a intérêt, dans la pratique, à utiliser que la première partie de l'opération, celle qui correspond à une force électromotrice constante; on procède alors à une nouvelle charge de l'accumulateur, soit par une pile, soit par tout autre électromoteur. Il est avantageux de grouper les accumulateurs en batterie pendant la charge, afin de n'avoir à vaincre qu'une faible force électromotrice, et de les grouper en série pour utiliser la décharge.

1250. — L'analyse des réactions qui ont lieu dans la décharge d'un accumulateur est assez délicate. D'après les recherches thermochimiques de M. Tscheltzow [1], il se formerait simplement du sulfate de plomb sur les deux électrodes, conformément à l'équation

$$Pb + PbO^2 + 2SO^3 + Aq = 2PbO.SO^3 + Aq.$$

La somme des quantités de chaleur dégagées par cette réaction correspond, en effet, à $1^v,93$ et représente très sensiblement la force électromotrice de l'accumulateur.

Comme l'équivalent du plomb est 103,5, le poids de plomb

[1] Tschelzow, *C. R. de l'Acad. des sc.*, t. C, p. 1458, 1885.

dans le bioxyde qui correspond au passage d'un coulomb est (**1242**) de 1,0712 milligrammes, de sorte qu'un kilogramme de plomb total, dont la moitié intervient sur chaque électrode, peut fournir

$$\frac{500\,000}{1,0712} = 467\,000 \text{ coulombs.}$$

Si la force électromotrice est de 2,1 volts, l'énergie disponible par kilogramme de plomb engagé est de

$$\frac{467\,000 \times 2,1}{9,81} = 100\,000 \text{ kilogrammètres.}$$

Le travail d'un cheval-heure exige donc que la réaction ait lieu sur 2^k,7 de plomb.

Il est utile, par comparaison, de faire le même calcul pour le zinc employé dans les piles. L'équivalent électrochimique du zinc étant 33 × 0,01035 ou 0,3416 milligrammes, la dissolution d'un kilogramme de zinc produit

$$\frac{1\,000\,000}{0,3416} = 2\,927\,000 \text{ coulombs.}$$

Pour une force électromotrice de 1,8 volts, comme dans le couple Bunsen, le travail disponible est

$$\frac{2\,927\,000 \times 1,8}{9,81} = 537\,000 \text{ kilogrammètres.}$$

A poids égal, le zinc des piles Bunsen donne donc 5 fois plus de travail que le plomb des accumulateurs.

Il faut tenir compte évidemment des acides et des vases qui sont nécessaires dans les deux cas et du charbon qui forme le pôle positif des couples Bunsen.

1251. — La principale qualité d'un accumulateur, outre sa durée, est la quantité d'énergie qu'il peut fournir sous un poids donné.

D'après les expériences faites par la Commission de l'Exposition [1], 35 accumulateurs Faure disposés en série et pesant chacun $43^{k},7$ ont donné un débit utile de 619600 coulombs, avec une force électromotrice de 2,1 volts par couple. Le débit par kilogramme de couple est donc

$$\frac{619600}{43,7} = 14179 \text{ coulombs.}$$

et l'énergie disponible

$$\frac{619600 \times 2,1}{43,7 \times 9,81} = 3035 \text{ kilogrammètres.}$$

Il faudrait donc 89 kilogrammes pour obtenir un cheval-heure. Le poids du plomb engagé dans la réaction est alors une fraction du poids total égale à

$$\frac{14179}{467000} = 0,03 \text{ environ.}$$

Si on admet que le plomb entre pour les deux tiers dans le poids du couple, on en conclut que le kilogramme de plomb emmagasinerait 21269 coulombs.

M. Planté est arrivé à des nombres beaucoup plus élevés, à 36000 et même 61765 coulombs par kilogramme de plomb, ce qui correspond à 0,08 et 0,14 du poids total, ou à $30^{k},65$ d'accumulateur pour un cheval-heure.

On n'a guère de renseignements pratiques sur le travail que peut produire utilement une pile Bunsen. D'après M. Duboscq, qui en a une grande expérience, il est possible, avec 100 couples Bunsen, d'obtenir un bel arc pendant 15 heures, à la condition d'employer 50 couples pendant le premier tiers du temps, 50 autres pendant le second tiers et les 100 couples par deux séries de 50 en batterie pendant le dernier tiers.

Si la lumière est de 80 carcels, l'énergie dépensée dans la lampe est $76,45 \times 0,8 \times 15 \times 3600 = 3300000$ kilogrammètres.

(1) Allard, Joubert, Potier et Tresca, *C. R. de l'Acad. des Sciences*, t. XCIV, p. 603, 1882.

Chacun des couples pesant 6 kilogrammes, l'énergie utilement disponible par kilogramme de pile est

$$\frac{3\,300\,000}{600} = 5\,500 \text{ kilogrammètres.}$$

Le travail de la pile correspondrait à un cheval-heure pour 49 kilogrammes. Quant au zinc dissous, abstraction faite des actions locales, c'est une fraction du poids total égale à

$$\frac{5\,500}{537\,000} = 0,01 \text{ environ.}$$

1252. — Une autre qualité de l'accumulateur est de restituer la plus grande fraction possible de l'énergie électrique qu'il a reçue pendant la charge. La Commission a constaté que les accumulateurs étudiés, ayant absorbé 694 500 coulombs, en ont restitué 619 600. Le rendement en électricité est donc

$$\frac{619\,600}{694\,500} = 0,89.$$

Toutefois ce rapport n'indique pas le rendement en énergie parce que, pendant la charge, l'électricité entre dans la pile à un potentiel moyen plus grand que celui qui correspond à la décharge. Soient E, I et R la force électromotrice de la pile, le courant et la résistance pendant la charge, E', I' et R' les mêmes quantités pendant la décharge; la différence de potentiel aux bornes est E + IR dans le premier cas et E' − I'R' dans le second. Les quantités d'électricité mises en jeu étant Q et Q' le rendement en énergie est

$$u = \frac{Q'(E' - I'R')}{Q(E + IR)}.$$

Il y a toujours intérêt dans la pratique à utiliser pour la charge un courant plus faible que pour la décharge, c'est-à-dire à faire $I < I'$; on obtient ainsi un meilleur rendement.

Dans les expériences citées, les différences de potentiel aux bornes étaient dans le rapport de 2 à 3; il en résulte

$$u = \frac{Q'}{Q}\,\frac{2}{3} = 0,89\,\frac{2}{3} = 0,59.$$

1253. Électromoteurs à induction. — Peu de temps après la découverte de Faraday, qui a été communiquée à l'Académie des sciences le 26 décembre 1831, Pixii construisait sous la direction d'Ampère [1] une machine destinée à obtenir des courants induits par la rotation d'un aimant en face d'un électro-aimant. Par l'effet de la rotation, le courant produit dans le fil de l'électro-aimant est naturellement alternatif, mais un commutateur installé sur l'axe de rotation permettait de redresser les courants induits dans le circuit extérieur.

Cette première machine de Pixii a été modifiée de bien des manières. Clarke [2] laissant l'aimant immobile faisait tourner l'électro-aimant; Page [3] entourait l'aimant d'un fil conducteur et faisait tourner devant lui un morceau de fer doux, etc. Enfin les recherches de Masson et Breguet [4] ont permis d'obtenir des effets remarquables par l'induction des courants interrompus. La bobine d'induction dont ils faisaient usage est devenue, à la suite de plusieurs perfectionnements, d'un emploi général.

Depuis quelques années, ces machines sont sorties des laboratoires et ont pris une place importante dans l'industrie. On peut les diviser en deux groupes, suivant que le courant qu'elles produisent est sensiblement *uniforme*, c'est-à-dire conserve toujours le même sens avec de petites variations d'intensité, ou *non uniforme*, le courant pouvant changer de sens ou éprouver de brusques variations.

1254. — Les machines qui donnent un courant uniforme, ou du moins un courant dont la direction reste constante, quand on entretient leur mouvement par une force extérieure,

(1) Ampère, *Ann. ch. et phys.*, (2), t. LI, p. 7[illegible], 1832.

(2) Clarke, *Phil. mag.*, (3), t. IX, p. 262, 1836.

(3) Page, *Ann. of electricity, magn. and chemistry*, t. III, p. 489, 1838-39.

(4) Masson et Breguet, *Ann. de chim. et de phys.*, (3), t. IV, p. 129, 1842.

deviennent, au contraire, des moteurs quand on les excite par un courant extérieur.

Nous supposerons d'abord qu'il s'agisse de machines parfaites, comme le disque de Faraday, où le courant est absolument uniforme. Dans ce cas (**556** et **557**), la force électromotrice d'induction E est, toutes choses égales, proportionnelle à la vitesse, c'est-à-dire au nombre n de tours par seconde et à une fonction $\varphi(I)$ de l'intensité du courant, dont la forme dépend du mode de construction et du jeu de la machine; on peut écrire

$$E = n\varphi(I).$$

Si on emploie la machine comme moteur en l'excitant par une source de force électromotrice constante E_0, l'intensité du courant dans un circuit de résistance R est donnée par l'équation

$$IR = E_0 - E = E_0 - n\varphi(I).$$

Le travail dépensé pendant l'unité de temps est $W = E_0 I$. En appelant I_0 le courant $\frac{E_0}{R}$ qui correspondrait au moteur en repos, le travail utilisé peut s'écrire

$$U = EI = E_0 I - RI^2 = RI(I_0 - I),$$

et le rendement,

$$u = \frac{U}{W} = \frac{E}{E_0} = \frac{n\varphi(I)}{E_0}.$$

Le travail utile étant maximum et le rendement égal à 0,50 quand on a $2I = I_0$, la vitesse correspondante du moteur est

$$n = \frac{E_0}{2\varphi\left(\frac{E_0}{2R}\right)}.$$

Si la machine est abandonnée à elle-même, en supposant que tous les frottements soient supprimés, la vitesse va croissant jusqu'à ce que le courant soit nul; la force électromotrice de la machine est alors égale à celle de la source et le rendement égal à l'unité.

Le nombre maximum N de tours par seconde est donné par la condition $N\varphi(0) = E_0$, qui correspond à une vitesse finie ou infinie suivant la forme de la fonction $\varphi(I)$.

1255. — Lorsque la machine est employée comme électromoteur, le courant ne peut s'entretenir que si l'énergie dépensée EI est supérieure ou au moins égale à l'énergie RI^2 que consomme l'échauffement du circuit, c'est-à-dire que si l'on a

$$n\varphi(I) \geqq IR.$$

Pour que la machine s'amorce d'elle-même par la mise en mouvement, il faut qu'en supposant le circuit parcouru par un courant très petit i, on ait

$$n\varphi(i) > iR.$$

Si le travail extérieur se réduit à la chaleur dégagée dans le circuit, l'équilibre a lieu pour un courant I_0 déterminé par l'équation

$$n\varphi(I_0) = I_0R,$$

qui donne généralement une valeur finie pour I_0. Comme l'intensité du courant diminue à mesure que la résistance augmente, pour une vitesse donnée, on voit que le rapport $\dfrac{I}{\varphi(I)}$ augmente en général avec l'intensité.

1256. — De même que dans les piles, le travail utilisable U d'un électromoteur à induction n'est que l'excès de l'énergie dépensée EI sur celle qui correspond à la chaleur dégagée dans la résistance R de la machine seule. On a donc

$$U = EI - RI^2 = I[n\varphi(I) - IR],$$

et le maximum de travail utile correspond à la condition

$$\frac{dU}{dI} = 0, \quad \text{ou} \quad n[\varphi(I) + I\varphi'(I)] = 2IR.$$

Le courant I qui donne le travail utile maximum n'est plus, en général, la moitié du courant I, que produirait la machine fermée sur elle-même.

Le rendement relatif au travail maximum est

$$u_m = 1 - \frac{IR}{n\varphi(I)} = \frac{1}{2} - \frac{I\varphi'(I)}{2\varphi(I)}.$$

Ce rendement n'est égal à 0,50 que si la fonction $\varphi(I)$ est une constante; il est inférieur ou supérieur à 0,50 suivant que la dérivée $\varphi'(I)$ est positive ou négative.

Supposons enfin deux machines parcourues par le même courant I, dont l'une sert d'électromoteur et l'autre de moteur, la première absorbant le travail $nI\varphi(I)$, et la seconde produisant le travail utile $n_1I\varphi_1(I)$. Le rendement a pour expression

$$u = \frac{n_1\varphi_1(I)}{n\varphi(I)};$$

il est simplement égal au rapport des vitesses lorsque la fonction $\varphi(I)$ est la même dans les deux machines.

1257. Divers types de machines. — Toutes les propriétés d'une machine à courant rigoureusement uniforme sont donc déterminées par la fonction $\varphi(I)$, et la forme de cette fonction pourra servir à classer les différents types de machines. Nous remarquerons que le produit $I\varphi(I)$ représente le travail W_1 absorbé par la machine pendant une période.

1° Nous appellerons *électrodynamiques* des machines dans lesquelles l'inducteur et l'induit sont uniquement composés de fils et parcourus par le même courant. Le travail W_1 est alors proportionnel au carré de l'intensité du courant, et on peut écrire

$$W_1 = CI^2, \quad \text{ou} \quad \varphi(I) = CI.$$

2° Dans les machines *magnétiques*, l'induction se produit par le mouvement relatif d'un circuit et d'un champ magnétique invariable, comme celui d'un système d'aimants permanents ou de courants extérieurs. Le travail W_1 est alors proportionnel au courant, ce qui donne

$$W_1 = AI, \qquad \varphi(I) = A.$$

3° Dans les machines *magnéto-électriques*, l'inducteur et l'induit sont des bobines renfermant du fer doux, ou des électro-aimants, les deux systèmes de fils étant traversés par un même courant, ou par des fractions déterminées du même courant. Le travail W_1 comprend : 1° un terme de la forme CI^2 dû à l'action des deux systèmes de fils ; 2° un terme C_1MI dû à l'action du fer aimanté de chacun des systèmes sur les fils de l'autre, et proportionnel au magnétisme M ; 3° enfin un terme C_2M^2 dû à l'action de deux systèmes d'aimants.

Si les courants sont faibles, le magnétisme M des armatures est sensiblement proportionnel au courant et on peut écrire

$$W_1 = (C + C_1 + C_2) I^2, \qquad \varphi(I) = (C + C_1 + C_2) I.$$

A mesure que le courant augmente, l'intensité d'aimantation du fer tend vers un maximum ; les produits C_1M et C_2M^2 tendent à devenir des constantes C' et C'', ce qui donne

$$W_1 = CI^2 + C'I + C'', \qquad \varphi(I) = CI + C' + \frac{C''}{I}.$$

4° Enfin, on peut appeler *mixtes* des machines dans lesquelles l'inducteur est un champ magnétique invariable d'origine extérieure et l'induit un électro-aimant.

Le travail W_1 est formé alors de deux termes $AI + A_1M$ qui correspondent à l'action du champ sur le fil et sur le fer aimanté de l'induit.

Pour des courants faibles, on a encore

$$W_1 = (A + A_1) I, \qquad \varphi(I) = A + A_1$$

et, lorsque les courants sont capables de produire le maximum d'aimantation,

$$W_1 = AI + A', \qquad \varphi(I) = A + \frac{A'}{I}.$$

Les machines électrodynamiques ne présentent pas d'intérêt pratique, parce que leur force électromotrice n'aurait de valeur notable que pour des vitesses excessives.

On pourrait considérer comme magnétiques un des types de machines de Siemens, et la machine Thomson-Ferranti ; mais elles ne sont utilisées que pour des courants alternatifs.

La plupart des machines actuelles sont magnéto-électriques. Si l'un des systèmes ne renferme que du fer, le coefficient C est nul ; c'est le cas des moteurs de Froment.

Enfin, les machines anciennes sont *mixtes*, si on fait abstraction de cette circonstance qu'elles produisent naturellement des courants alternatifs, et que, même avec un commutateur, le courant ne peut être considéré comme sensiblement uniforme. Telles sont les machines de Pixii, de Clarke, de Nollet, de Méritens, etc. Les machines de Gramme sont mixtes et à courant sensiblement uniforme, lorsque le champ est produit par des aimants, ou que les électro-aimants inducteurs sont excités par un courant étranger.

1258. Exemples. — Quelques cas particuliers donnent lieu à des propriétés remarquables.

1° Si la fonction $\varphi(I)$ est une constante (machines magnétiques, ou machines mixtes à courant faible), la force électromotrice est proportionnelle à la vitesse. Pour un régime déterminé, la machine employée comme électromoteur est exactement comparable à une pile ordinaire.

2° Si la fonction $\varphi(I)$ est de la forme CI (machines électrodynamiques ou magnéto-électriques à courant faible), et qu'on emploie la machine comme moteur, le courant est donné par l'équation

$$E_a = nCI + IR, \qquad I = \frac{E_a}{R + nC}.$$

La machine n'intervient dans l'expression du courant que sous la forme d'une résistance proportionnelle à la vitesse : le rendement est

$$u = \frac{nCI}{E_a} = \frac{nC}{R + nC} = \frac{1}{1 + \frac{R}{nC}}.$$

Abstraction faite des frottements, la vitesse irait donc en croissant sans limite.

Si la machine est employée comme électromoteur, elle ne peut s'amorcer que lorsque l'on a

$$nCI > IR, \quad \text{ou} \quad n > \frac{R}{C}.$$

Pour une vitesse plus faible la machine s'éteint, quel que soit le courant. Pour une vitesse supérieure à cette limite, l'énergie absorbée nCI^2 est supérieure à l'énergie calorifique RI^2 dégagée; le circuit s'échauffe, quels que soient les moyens de refroidissement, jusqu'à ce que la résistance, qui varie avec la température, satisfasse à la condition $R = nC$.

Si la machine avec son circuit est maintenue dans un bain qui égalise les températures, l'équilibre n'est possible que pour une certaine température qui dépend de la vitesse.

L'intensité du courant qui donne la température d'équilibre ne dépend elle-même que de l'énergie calorifique Q perdue et, par suite, du mode de refroidissement; on a

$$I^2 = \frac{Q}{R} = \frac{Q}{nC}.$$

3° Dans les machines magnéto-électriques, le terme CI, qui correspond à l'action électrodynamique, est généralement très petit par rapport à l'action des pièces aimantées: la fonction $\varphi(I)$ est d'abord proportionnelle à l'intensité I pour des courants faibles et tend à devenir constante pour des courants très intenses.

1259. — Considérons, comme exemple, un conducteur rectiligne AB (fig. 252), de longueur $2a$, mobile autour d'un axe vertical passant par son milieu O, et dont les extrémités recourbées plongent dans un bain de mercure annulaire A'B' : le

Fig. 252.

mercure communique avec le point O par un autre conducteur, de manière à constituer un circuit de résistance R.

La seule force efficace est la composante verticale Z du champ terrestre. Si la rotation est uniforme, et de n tours par seconde, le flux de force coupé par chaque branche dans l'unité de temps est $n\pi a^2 Z$, soit pour les deux $2n\pi a^2 Z$.

Si le courant total est I, ou $\frac{I}{2}$ sur chaque branche, le travail nécessaire pour entretenir le mouvement est $n\pi a^2 ZI$, et la force électromotrice

$$E = n\pi a^2 Z.$$

C'est une machine rentrant dans le type que nous avons appelé magnétique.

La valeur de Z à Paris étant environ 0,422 (C. G. S.), on a, en supposant $a = 1$ mètre,

$$E = n\pi 10^4 \times 0,422 = n\,1,33 \,.\, 10^4 \text{ (C.G.S.)},$$

$$E = \frac{n\,1,33}{10^4} \text{ volts.}$$

Pour obtenir un volt, le nombre de tours par seconde devrait être $n = \frac{10^4}{1,33} = 7\,474$.

1260. — Le même appareil peut être transformé en machine électrodynamique. Supposons que le circuit comprenne une bobine DD′, dont le plan moyen passe par le conducteur AB et dont l'axe coïncide avec l'axe de rotation.

L'action moyenne de la bobine sur le cercle de rayon a étant F_m pour l'unité du courant, la force électromotrice, pour un courant I, serait, abstraction faite de l'action de la terre,

$$E = n\pi a^2 F_m I.$$

Employée comme électromoteur, la machine ne peut produire un courant que si l'on a $n > \frac{R}{\pi a^2 F_m}$.

Si la bobine renferme N spires de rayon moyen A, et qu'on prenne comme valeur approchée de l'action moyenne $F_m = \frac{2N\pi}{A}$, il vient $n > \frac{RA}{2N\pi^2 a^2}$.

La longueur totale du circuit est sensiblement $2N\pi A$, et, en appelant S la section du fil et ρ sa résistance spécifique, la résistance R est égale à $\frac{\rho}{S} 2N\pi A$: il en résulte $n > \frac{\rho}{S} \frac{A^2}{\pi a^2}$.

Cette condition ne dépend que du rapport des carrés des rayons A et a, et, par conséquent, du rapport des surfaces correspondantes.

La résistance spécifique du cuivre est d'environ 1600 ; si on emploie des fils dont la section soit de 1^{mq}, et en supposant $A^2 = 2\pi a^2$, il vient $n > 3200$.

1261. — Les résultats qui précèdent se vérifient d'une manière très approchée [1] pour les machines, comme celles de Gramme, où le courant est sensiblement uniforme, soit qu'on mesure les forces électromotrices, soit qu'on détermine le rendement. Toutefois plusieurs causes contribuent à compliquer les effets.

1° Le courant n'est jamais uniforme en toute rigueur et les variations d'intensité exigent que l'on tienne compte des extra-courants qui en résultent.

2° Il est probable que le fer doux dans les électro-aimants ne s'aimante pas d'une manière instantanée, et ce retard à l'aimantation donne lieu à une perte d'effet utile.

3° Pour les aimants eux-mêmes, il se produit des changements d'aimantation dans un sens ou dans l'autre et d'une manière inégale, suivant que les actions sont répulsives ou attractives, ce qui cause encore une perte analogue. Il en est de même pour les électro-aimants.

4° Enfin les aimants et les noyaux des électro-aimants sont le siège de courants induits, dits *courants de Foucault*, qui les échauffent au détriment du travail utile.

On peut représenter l'influence de toutes ces réactions, au moins d'une manière approximative, en ajoutant au circuit

[1] Mascart et Angot, *Journ. de phys.*, t. VII, p. 79 et 363, 1878.

une résistance *fictive* qui serait sensiblement proportionnelle à la vitesse de la machine.

1262. Machine Gramme. — Pacinotti [1] avait réalisé, dès 1860, le principe de cette machine, mais son invention était restée inconnue et sans applications. M. Gramme [2] retrouva plus tard le même principe et eut le mérite de l'appliquer à la construction de véritables machines industrielles; ces machines ont servi de modèle à la plupart de celles qui sont employées aujourd'hui.

L'organe principal est une bobine formée d'une série de *boucles* B (fig. 253), entourant un anneau A de fer doux: les boucles sont réunies séparément à une série de lames conductrices, ou de *touches*, isolées les unes des autres et distribuées à la surface d'un cylindre qui fait fonction de commutateur;

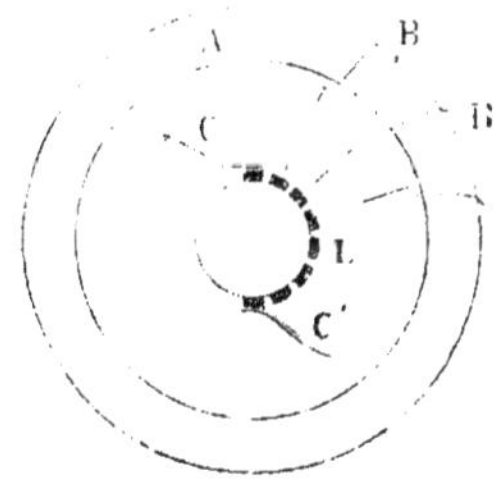

Fig. 253

chacune des boucles peut être formée d'ailleurs de plusieurs spires. Le circuit des boucles est ainsi fermé sur lui-même, mais les deux moitiés sont parcourues par des courants de sens contraires; deux balais C et C', appuyant sur deux touches diamétralement opposées, servent à conduire le courant dans un circuit extérieur et constituent les pôles de la machine.

Lorsque l'anneau tourne dans un champ magnétique, on peut se proposer de déterminer la force électromotrice dans chaque boucle, la position des balais qui produira le maximum de courant et l'intensité de ce courant.

(1) A. Pacinotti, *Nuovo Cimento*, t. XIX, p. 378, 1864.
(2) Gramme, *C. R. de l'Acad. des Sc.*, t. LXXIII, p. 175, 1871.

Soient :

$4m$ le nombre total des boucles,
p le nombre des spires de chaque boucle,
$P = 4mp$ le nombre total des spires,
n le nombre de tours par seconde,
$\omega = 2n\pi$ la vitesse angulaire,
ρ la résistance d'une spire,
$r = p\rho$ la résistance d'une boucle,
l son coefficient de self-induction,
a la résistance de la bobine annulaire,
R la résistance totale inutile, comprenant les fils de la machine et les communications.

Lorsque les balais appuient sur une touche seulement, la résistance de la bobine est $\frac{1}{2}2mr = mr = P\frac{\rho}{4}$, et quand chacun

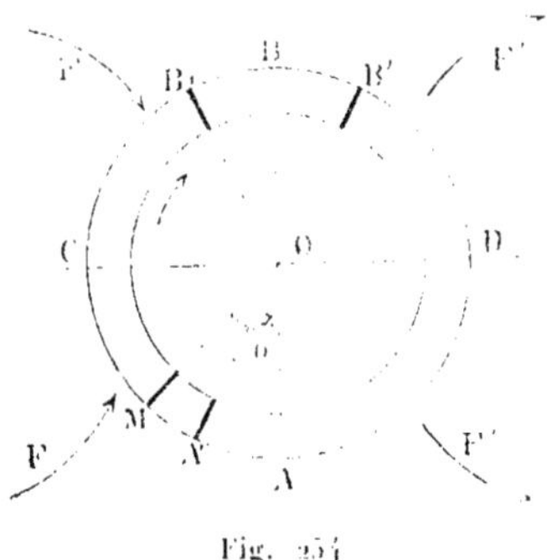

Fig. 254.

appuie sur deux touches successives, $\frac{1}{2}(2m-1)r = (P-2p)\frac{\rho}{4}$. On peut, sans erreur sensible, remplacer cette résistance variable par une valeur intermédiaire constante

$$a = mr - \frac{r}{4} = (P-p)\frac{\rho}{4}.$$

1263. — Nous supposerons que le champ extérieur est symétrique par rapport à un plan CD (fig. 254) passant par l'axe de rotation ; nous admettrons aussi qu'il est symétrique, au signe près, par rapport au plan transversal AB perpendiculaire au premier, c'est-à-dire que les forces F situées d'un côté sont dirigées vers le plan transversal, tandis que les forces symétriques F' s'éloignent de ce plan. L'anneau de fer doux introduit dans le champ ne modifie pas le mode de symétrie. Le flux de force est absorbé d'un côté par l'anneau ; un flux égal est émis de l'autre, et une partie du flux total, la moindre possible, va d'une moitié de l'anneau à l'autre par le vide intérieur. Le spectre donné par la limaille de fer montre bien cette distribution.

On admettra que l'aimantation de l'anneau par le champ est la même dans le mouvement qu'à l'état de repos, c'est-à-dire qu'il n'y a pas de retard à l'aimantation.

Lorsqu'une spire va de A en M, elle coupe un flux de force qui est une fonction $f(\alpha)$ de l'angle α que fait son plan avec le plan transversal. Le flux de force coupé par une boucle dont le plan moyen a parcouru le même angle est

$$q = pf(\alpha).$$

Pour un déplacement $d\alpha$, la force électromotrice induite dans la boucle est

$$\frac{dq}{dt} = pf'(\alpha)\frac{d\alpha}{dt} = p\omega f'(\alpha).$$

Si θ est l'angle de calage des balais, c'est-à-dire l'angle du diamètre A'B' des contacts avec le plan transversal, le flux de force coupé par la boucle de A' en B' comprend deux parties symétriques B_1B et BB', qui donnent des flux de signes contraires et s'annulent. Il ne reste donc pour l'effet utile que l'angle $A'OB_1 = \pi - 2\theta$; le flux de force correspondant, qui est égal à $p[f(\pi) - 2f(\theta)]$, tend à rendre le balai B' positif, par exemple, et le balai A' négatif.

Quand la boucle a dépassé le balai B', elle subit la même influence en sens contraire dans la seconde moitié de l'anneau, de sorte qu'elle tend à donner les mêmes signes respectivement aux deux balais.

Le flux de force utile coupé par une boucle pendant un tour entier est

$$2p[f(\pi) - 2f(0)].$$

Pour les $4m$ boucles, avec la vitesse indiquée, le flux de force total coupé par seconde est donc

$$Q = 4mn2p[f(\pi) - 2f(0)] = 2Pn[f(\pi) - 2f(0)].$$

Le courant n'est pas absolument uniforme, même en supposant constante la résistance extérieure, parce que la force électromotrice dans chacune des moitiés de l'anneau est donnée par la somme $p\omega\Sigma f'(\alpha)$ des termes relatifs à chaque boucle et que la résistance du fil induit varie périodiquement. La période T des variations du courant est le temps nécessaire pour qu'une boucle se substitue à la précédente, c'est-à-dire $\frac{1}{4mn}$, et le courant extérieur peut être représenté par une expression de la forme $I + A\sin 2\pi(4mnt + \beta)$, dans laquelle A et β sont deux constantes. L'introduction d'un téléphone dans le circuit ou dans une dérivation du circuit mettrait facilement ces oscillations en évidence.

Toutefois, si les boucles sont nombreuses, les ondulations du courant sont très petites par rapport à sa valeur moyenne I, et on peut le considérer comme sensiblement uniforme.

1261. — Le courant étant $\frac{I}{2}$ dans chacune des moitiés du fil induit, le travail électromagnétique par seconde est

$$W = nP[f(\pi) - 2f(0)]I = nE_1 I.$$

La force électromotrice est nE_1 et le facteur E_1 représente la force électromotrice pour un tour par seconde.

En réalité, l'anneau reçoit une aimantation nouvelle du courant qui l'entoure, de sorte que le champ ne conserve plus sa symétrie ; mais on peut admettre, encore comme première approximation, que cette aimantation se superpose à l'aimantation primitive. Dans ce cas, elle ne change rien à la force électromotrice, puisque la somme des flux de force correspondants coupés par une boucle de A′ en B′ est nulle.

L'énergie perdue comprend d'abord celle qui provient de l'échauffement du circuit, ou $\mathrm{I}^2\mathrm{R}$.

En outre, chaque fois qu'une boucle est fermée sur elle-même par le contact du balai sur deux touches voisines, le courant est supprimé et l'énergie intrinsèque (**521**) se trouve perdue; la perte est $\frac{l}{2}\frac{\mathrm{I}^2}{4}$ à chaque balai, soit $l\frac{\mathrm{I}^2}{4}$ par tour, ou $mnl\mathrm{I}^2 = a_1\mathrm{I}^2$ par seconde pour toutes les boucles [1].

Finalement, l'excès de l'énergie dépensée sur l'énergie perdue, ou l'énergie disponible U, est

$$\mathrm{U} = n\mathrm{E}_1\mathrm{I} - (\mathrm{R} + a_1)\mathrm{I}^2.$$

Les effets de self-induction peuvent donc être représentés par une résistance fictive a_1 proportionnelle à la vitesse.

1265. — Le meilleur angle de calage est déterminé pratiquement par la condition de supprimer les étincelles. Or ces étincelles sont dangereuses, non pas au moment où le balai rencontre une touche, mais lorsqu'il s'en détache. Il faut donc que deux touches successives, celle qui reste sous le balai et celle qui lui échappe, soient au même potentiel, ou que la boucle correspondante renferme à ce moment une force électromotrice capable de produire le courant moyen $\frac{\mathrm{I}}{2}$.

Cette force électromotrice comprend une partie $p\omega f(\theta)$ qui est due au champ, et un terme de sens contraire proportionnel à l'aimantation M de l'anneau à la vitesse et au nombre des spires, et qu'on peut écrire $-\omega p\mathrm{M}$.

Si le courant a eu le temps de s'établir dans la boucle formée, l'équation qui définit l'angle de calage est donc

$$p\omega[f(\theta) - \mathrm{M}] = r\frac{\mathrm{I}}{2} = p\rho\frac{\mathrm{I}}{2},$$

$$f(\theta) = \mathrm{M} + \frac{\rho}{\omega}\frac{\mathrm{I}}{2}.$$

(1) Joubert, *C. R. de l'Acad. des Sc.*, t. XCVI, p. 641, 1883.

Lorsque l'aimantation M est proportionnelle au courant, on peut la représenter par $M = r'\frac{I}{2}$, ce qui donne

$$f''(\theta) = \frac{I}{2\omega}(\rho + \omega r').$$

L'aimantation n'interviendrait alors dans l'angle de calage que par un accroissement fictif de la résistance d'une spire, lequel serait proportionnel à la vitesse.

1266. — Le travail utile peut être représenté par une résistance x équivalant aux résistances utiles et aux forces électromotrices vaincues. Le courant et l'angle de calage sont alors donnés par les équations

$$I = \frac{nP[f(\pi) - 2f(\theta)]}{R + a_1 + x},$$

$$f''(\theta) = M + \frac{f(\pi) - 2f(\theta)}{4\pi} \frac{P\rho}{R + a_1 + x},$$

et, si l'aimantation M est proportionnelle au courant,

$$f''(\theta) = \frac{f(\pi) - 2f(\theta)}{4\pi} \frac{P(\rho + \omega r')}{R + a_1 + x}.$$

On remarquera aussi que le coefficient l est proportionnel au carré du nombre des spires de chaque boucle et peut être représenté par $4\lambda p^2$; on a donc

$$a_1 = mnl = 4mnp^2\lambda = nPp\lambda.$$

Pour diminuer l'importance des effets de self-induction, il y a donc avantage, autant que possible, à constituer les boucles par une seule spire.

En conservant les mêmes hypothèses, l'angle de calage pour une vitesse infinie serait

$$f''(\theta) = \frac{f(\pi) - 2f(\theta)}{2} \frac{r'}{p\lambda}.$$

Il y aurait encore à faire intervenir d'autres pertes de travail qui sont dues, par exemple, aux courants induits dans l'anneau, à l'action du champ sur l'anneau mobile, s'il existe un retard à l'aimantation, à la réaction de cet anneau sur le champ extérieur, etc. ; ces différents effets peuvent également être représentés, au moins d'une manière approximative, par un accroissement fictif de résistance proportionnel à la vitesse et compris dans le terme $a_1 = mnl$.

1267. — Si on représente la fonction $f'(\alpha)$ par les ordonnées d'une courbe C (fig. 255), rapportée à la demi-circonférence AB rectifiée, le flux de force $f(\pi)$ est figuré par l'aire totale ACB, et le terme $2f(\theta)$ par la somme des aires AMP et M'P'B, de sorte que la force électromotrice totale est proportionnelle à l'aire PCP'. On peut d'ailleurs déterminer la courbe $f'(\alpha)$ par expérience.

1° Si on ferme une boucle unique par un galvanomètre, et qu'on déplace cette boucle brusquement d'un angle très petit $\Delta\alpha$, la décharge induite donne le flux de force correspondant $pf'(\alpha)\Delta\alpha$, c'est-à-dire l'ordonnée $f'(\alpha)$ de la courbe C.

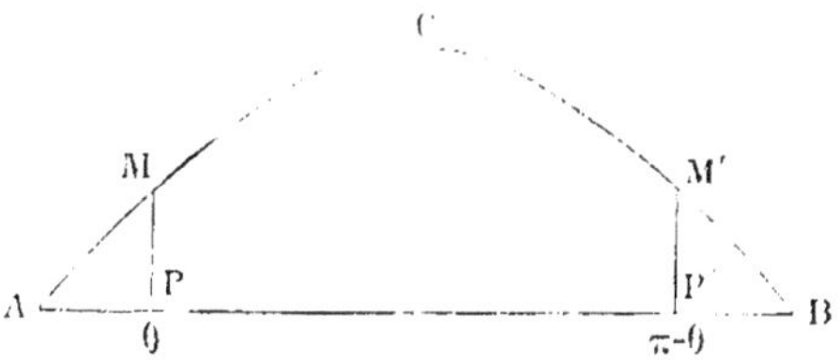

Fig. 255

L'opération étant répétée pour une série de déplacements égaux $\Delta\alpha$, de o à π, on en déduira $f(\alpha)$ par une intégration ou par la mesure de la surface.

2° Si la boucle passe brusquement de l'angle α_1 à l'angle α_2, la décharge induite donne $p[f(\alpha_2) - f(\alpha_1)]$; on peut donc aussi déterminer $f(\pi - \theta) - f(\theta) = f(\pi) - 2f(\theta)$.

3° Au lieu d'isoler une boucle, on relie les balais au galvanomètre balistique. S'ils sont d'abord dans le plan transversal et qu'on tourne l'anneau de l'angle de deux boucles consécutives $\frac{2\pi}{4m} = \beta$, l'effet est le même que si une boucle unique avait, pour chaque moitié de l'anneau, tourné de l'angle π; la décharge induite correspond au flux de force $pf(\pi)$.

4° Si les balais font l'angle β avec le plan transversal, une rotation β correspond au flux de force $p[f(\pi) - 2f(\beta)]$. On a donc une série de déterminations

$$\begin{aligned} A_0 &= f(\pi), \\ A_1 &= f(\pi) - 2f(\beta), \\ A_2 &= f(\pi) - 2f(2\beta), \\ & \ldots\ldots\ldots\ldots ; \end{aligned}$$

par suite

$$f(\beta) = \frac{A_0 - A_1}{2},$$

$$f(2\beta) = \frac{A_0 - A_2}{2}, \text{ etc.}$$

Ces valeurs successives de la fonction, depuis $f(\beta)$ jusqu'à $f(m\beta)$, déterminent d'une manière suffisante toutes les valeurs intermédiaires.

1268. Cas particulier. — L'anneau est habituellement une sorte de cylindre creux formé par des fils de fer ou par une lame mince enroulée en spirale, dont les couches successives sont isolées. On évite ainsi les courants induits qui tendent à se produire dans la section méridienne et qui, en échauffant le métal, causeraient une perte notable d'énergie.

Si le champ primitif est uniforme et d'intensité F, l'anneau s'aimante à peu près comme un cylindre indéfini (**388**), c'est-à-dire uniformément, et l'intensité d'aimantation est

$$I_a = \frac{k}{1 + 2\pi k} F,$$

ou sensiblement

$$I_a = \frac{F}{2\pi}.$$

Si a est le rayon du cylindre, son potentiel à la distance r de l'axe, en un point extérieur dont l'abcisse est x a pour expression (**359**)

$$V_2 = I_a \frac{2\pi a^2}{r^2} x = F \frac{a^2}{r^2} x.$$

Le potentiel du champ primitif étant $V_0 - Fx$, le potentiel résultant est

$$V = V_1 + V_2 = V_0 - Fx\left(1 - \frac{a^2}{r^2}\right).$$

La composante $\mathbf{N}$ du champ suivant la direction r est

$$N = -\frac{\partial V}{\partial r} = F\left[\left(1 - \frac{a^2}{r^2}\right)\frac{\partial x}{\partial r} + x\frac{2a^2}{r^3}\right],$$

ce qui donne pour $r = a$, c'est-à-dire à la surface du cylindre,

$$N = 2F\frac{x}{r} = 2F\sin\alpha;$$

c'est une valeur double de la composante qui serait due au champ primitif seul.

Appelant L la longueur du cylindre, on a

$$f'(\alpha) = 2FLa\sin\alpha,$$

$$f(\alpha) = \int_0^\alpha f'(\alpha)\,d\alpha = 2FLa(1-\cos\alpha),$$

$$f(\pi) = 4FLa,$$

$$f(\pi) - 2f(\theta) = f(\pi)\cos\theta,$$

$$E = nPf(\pi)\cos\theta,$$

$$I = \frac{nPf(\pi)\cos\theta}{R + a_1 + x}.$$

L'équation qui définit l'angle de calage (**1265**) devient

$$\frac{f(\pi)}{2}\sin\theta = M + \frac{\rho}{\omega}\frac{I}{2} = M + \frac{f(\pi)\cos\theta}{4\pi}\,\frac{P\rho}{R + a_1 + x},$$

et, si l'aimantation $\mathbf{M}$ de l'anneau peut être considérée comme proportionnelle au courant,

$$\sin\theta = \frac{2}{f(\pi)}\left(r' + \frac{\rho}{\omega}\right)\frac{I}{2}.$$

A vitesse constante, le sinus de l'angle de calage est donc proportionnel à l'intensité du courant et, pour un même courant, cet angle diminue à mesure que la vitesse augmente.

En fonction du circuit extérieur, on a

$$\operatorname{tang}\theta = \frac{P}{2\pi}\,\frac{\rho + \omega r'}{R + a_1 + x},$$

et, pour une vitesse infinie,

$$\operatorname{tang}\theta = \frac{r'}{p\lambda}.$$

1269. Des dynamos. — On donne habituellement ce nom dans la pratique aux machines magnéto-électriques, analogues à celle de Gramme, dans lesquelles le courant lui-même est employé en totalité ou en partie pour exciter les inducteurs. Le courant des inducteurs étant I, la fonction $\varphi(I)$ que l'on peut, avec M. Marcel Deprez, appeler *fonction caractéristique*, est d'abord nulle pour $I = 0$, au magnétisme rémanent près; elle augmente ensuite avec l'intensité et tend, en général, vers un maximum avec l'aimantation des armatures.

Pour une machine à plein courant, l'énergie absorbée par tour d'anneau, $W_1 = I\varphi(I)$, ne dépend que de l'intensité du courant. Le même travail W_1 serait accompli par une force appliquée à l'extrémité d'un levier égal à l'unité et ayant pour valeur numérique $\frac{W_1}{2\pi}$; ce quotient $\frac{W_1}{2\pi}$ est le *couple moteur* de la machine. W_1 est encore la valeur numérique de la force qu'il faudrait appliquer à l'extrémité d'un rayon de longueur $\frac{1}{2\pi}$, correspondant à une circonférence égale à l'unité, pour obtenir le même travail; c'est ce qui a conduit M. Marcel Deprez [1] à appeler cette quantité l'*effort statique* de la machine.

Dans l'expression

$$W_1 = I\varphi(I) = PI[f(\pi) - 2f(0)],$$

[1] Marcel Deprez, *C. R. de l'Acad. des Sc.*, t. XCV, p. 778, 1882.

le facteur entre parenthèses ne dépend que du champ magnétique, c'est-à-dire des inducteurs; les deux premiers dépendent de l'anneau et de l'intensité du courant.

L'excitation des inducteurs, s'ils ne sont pas des aimants permanents, exige une dépense d'énergie que l'on doit chercher à rendre minimum. Si on se donne les armatures des inducteurs, l'aimantation est déterminée par les courants qui les entourent. Dans ce cas, avec des fils recouverts d'une couche isolante proportionnelle à leur épaisseur et occupant un volume déterminé, l'énergie dépensée pour donner un même champ magnétique est indépendante du diamètre du fil ainsi que de l'intensité du courant (**728**) et ne dépend que de la *densité* du courant dans la section méridienne occupée par le fil; on devra donc chercher l'économie uniquement dans le choix du fer, la forme des noyaux et des pièces polaires, et le mode de distribution des courants.

Toutes choses égales, l'énergie dépensée dans l'échauffement des inducteurs est proportionnelle au carré de l'intensité du courant, tandis que l'aimantation croît d'une manière plus lente et tend vers un maximum. Le rapport de l'énergie dépensée au champ produit croît donc rapidement, et il y a un degré d'aimantation qu'il n'est pas avantageux de dépasser dans la pratique.

D'autre part, le champ étant déterminé, le couple moteur est proportionnel au produit PI, c'est-à-dire au courant total par unité de section de l'ensemble des fils qui entourent l'anneau, ou à la densité du courant. Là encore, en négligeant les effets de self-induction qui se manifestent au passage des balais, l'énergie calorifique correspondante ne change pas si ce produit reste le même.

Sauf une réserve relative aux effets d'induction mutuelle ou de self-induction des diverses parties du circuit, on peut donc dire, avec M. Marcel Deprez, que l'énergie nécessaire pour produire un couple moteur (ou un effort statique) déterminé, est indépendante de la résistance des fils que l'on enroule sur les inducteurs et sur l'anneau, pourvu que le volume occupé respectivement par ces deux systèmes de fils ne change pas.

1270. — Différentes méthodes permettent de déterminer par expérience la fonction caractéristique.

1° On fait passer dans l'inducteur un courant auxiliaire I, en laissant les balais dans la position qu'ils doivent occuper, et on fait tourner l'anneau : la force électromotrice $n\varphi(\mathrm{I})$ se mesurera par opposition, soit avec un électromètre, soit avec un galvanomètre à grande résistance.

2° La détermination préalable de la fonction $f(\alpha)$ donnerait

$$\varphi(\mathrm{I}) = \mathrm{P}[f(\pi) - 2f(0)].$$

Ces deux méthodes ont l'inconvénient de donner la force électromotrice qui correspond à un courant nul dans l'anneau et laissent de côté l'effet dû à l'aimantation de l'anneau.

3° La machine étant en mouvement et produisant le courant I, on appuie sur l'anneau, dans un certain azimut α, une sorte de contact en fourche formé de deux branches qui sont maintenues par une lame isolante à la distance de deux touches et qui communiquent avec un galvanomètre à très grande résistance g. La différence de potentiel ε_α de deux touches successives est égale à l'excès de la force électromotrice correspondante e_α sur le produit de la résistance r de la boucle par le courant $\frac{\mathrm{I}}{2}$; le courant i dans le galvanomètre donne donc

$$\varepsilon_\alpha = e_\alpha - \frac{\mathrm{I}}{2} r = ig, \quad \text{ou} \quad e_\alpha = ig + \frac{\mathrm{I}}{2} r.$$

Partant de l'un des balais, on déterminera successivement

$$e_\beta,\ e_{2\beta},\ e_{3\beta},\ \ldots\ e_{(2m-1)\beta},\ e_{2m\beta} = e_\pi,$$

et on aura

$$\mathrm{E}_1 = \varphi(\mathrm{I}) = e_\beta + e_{2\beta} + \ldots + e_{(2m-1)\beta} + e_\pi.$$

Dans le cas actuel, chacune des valeurs de e est la somme algébrique des forces électromotrices correspondant aux deux flux de force du champ et de l'anneau.

4° On évalue quelquefois la force électromotrice d'une machine par le courant I qu'elle produit dans un circuit de résistance totale $R+x$, à l'aide de la relation $E=I(R+x)$, et on en déduit la fonction caractéristique

$$\varphi(I)=\frac{E}{n}=I\frac{R+x}{n};$$

mais cette manière d'opérer n'est pas tout à fait exacte, car la résistance de l'anneau induit doit être considérée comme renfermant un terme fictif, à peu près proportionnel à la vitesse de rotation, et on ne peut pas négliger cette correction dans le calcul de la force électromotrice.

On peut déterminer cette résistance fictive ρ et la force électromotrice E par deux expériences dans lesquelles les inducteurs sont excités par un courant extérieur I, en mesurant les courants induits i et i' obtenus pour la même vitesse, avec des résistances extérieures x et x'. Les équations

$$E=i(R+x+\rho)=i'(R'+x'+\rho),$$

donnent

$$\rho=\frac{i'x'-ix}{i-i'}-R,\quad E=i\frac{i'}{i-i'}(x'-x).$$

1271. — La connaissance de la fonction $\varphi(I)$ permet de déterminer toutes les propriétés de la machine.

Dans une série de recherches sur les dynamos, M. Frœlich a donné à cette quantité le nom de *magnétisme actif*; il a constaté que, si l'angle de calage des balais reste invariable, on peut la représenter par une expression de la forme

$$\varphi(I)=\frac{I}{A+BI},$$

dans laquelle A et B sont des constantes à déterminer par expérience.

Traduite géométriquement en prenant les intensités pour abscisses, cette équation représente une hyperbole passant par l'origine et ayant une asymptote horizontale. Elle ne convient d'ailleurs réellement que pour des intensités moyennes du courant, dans les régions où la courbure de la caractéristique est assez grande.

Lorsque la machine agit comme électromoteur et qu'on ajoute au circuit une résistance extérieure x, le courant est

$$I = \frac{n\varphi(I)}{R+x} = \frac{nI}{(A+BI)(R+x)},$$

ou

$$A+BI = \frac{n}{R+x}, \qquad I = \frac{n}{B(R+x)} - \frac{A}{B}.$$

Pour que la machine puisse s'amorcer (**1255**), on doit avoir

$$\frac{n}{A} > R+x.$$

La vitesse minimum pour une résistance extérieure nulle est donc égale à AR.

La condition relative au travail utile maximum (**1256**) devient, dans le cas actuel,

$$\frac{2IR}{n} = \frac{I(2A+BI)}{(A+BI)^2},$$

$$A+BI = \frac{n}{4R}\left(1+\sqrt{1+\frac{8AR}{n}}\right).$$

Si on remplace $A+BI$ par sa valeur $\frac{n}{R+x}$, on a donc, dans le cas du travail utile maximum,

$$\frac{2R}{R+x} = \frac{1}{2}\left(1+\sqrt{1+\frac{8AR}{n}}\right).$$

Le second membre étant plus grand que l'unité, la résistance extérieure doit être plus faible que celle de la machine, mais elle s'approche d'autant plus de lui être égale que la vitesse est plus grande.

Le rendement relatif à ce travail maximum est

$$u_m = \frac{x}{R+x} = 1 - \frac{R}{R+x} = \frac{3}{4} - \frac{1}{4}\sqrt{1 + \frac{8AR}{n}}.$$

Si le champ magnétique avait sa valeur maximum, $\varphi(I)$ serait égal à $\frac{1}{B}$ et le courant produit par le mouvement de l'anneau, dans une résistance égale $R+x$, serait

$$I_1 = \frac{n}{B(R+x)}.$$

D'autre part, le courant I_2 capable de donner au champ une intensité moitié moindre que celle du maximum est déterminé par la condition

$$\frac{I_2}{A+BI_2} = \frac{1}{2B}, \quad \text{ou} \quad I_2 = \frac{A}{B};$$

il en résulte cette propriété curieuse

$$I = I_1 - I_2.$$

En d'autres termes, le courant réel I est égal à l'excès du courant I_1 qui serait produit, pour la même vitesse, dans un champ d'intensité maximum, sur le courant I_2 qui donnerait aux inducteurs une aimantation moitié moindre que celle du maximum. Le courant I_1 ne dépend que de l'anneau mobile, tandis que le courant I_2 ne dépend que des inducteurs; le courant réel se trouve ainsi exprimé par deux termes de caractères très différents.

1272. Résistances de l'inducteur et de l'induit. — On peut chercher quel doit être le rapport des résistances de l'inducteur et de l'induit pour obtenir le meilleur rendement (1). Supposons d'abord que les deux organes ne sont pas parcourus par le même courant et qu'on se donne les volumes occupés par l'enroulement des fils.

(1) Sir W. Thomson, *C. R. de l'Acad. des Sc.*, t. XCIII, p. 474, 1881.

Soient, pour la bobine annulaire :

V le volume total du fil, y compris la matière isolante,
L la longueur du fil,
S la section, y compris la matière isolante,
$\frac{1}{m}$ la fraction de cette section occupée par le conducteur,
ρ la résistance spécifique du métal,
a la résistance totale,
I le courant.

Appelons, de même, V', L', S', m', ρ', b et I' les quantités analogues pour l'inducteur. On a

$$V = SL, \qquad a = m\rho\frac{L}{S} = m\rho\frac{V}{S^2};$$

en posant $K^2 = m\rho V$, on peut écrire

$$S^2 = \frac{K^2}{a}.$$

On aura, de même, en posant $K'^2 = m\rho' V'$,

$$S'^2 = \frac{K'^2}{b}.$$

Le champ du courant inducteur est proportionnel à $I'L'$, ou à $V'\frac{I'}{S'}$, c'est-à-dire à sa densité moyenne $\frac{I'}{S'}$, et le champ produit est une fonction $\varphi\left(\frac{I'}{S'}\right)$ de cette densité. La force électromotrice étant proportionnelle au champ, à la vitesse et à la longueur L ou $\frac{V}{S}$ du fil induit, on peut écrire

$$E = C\frac{n}{S}\varphi\left(\frac{I'}{S'}\right) = Cn\frac{\sqrt{a}}{K}\varphi\left(\frac{I'\sqrt{b}}{K'}\right).$$

Les quantités K et K' sont des constantes si l'épaisseur de l'isolant est proportionnelle au diamètre du fil ; le facteur C dépend des volumes V et V et de la qualité du fer, surtout en ce qui concerne l'inducteur.

Le travail utile est

$$U = EI - (aI^2 + bI'^2)$$

et le rendement

$$u = 1 - \frac{aI^2 + bI'^2}{EI}.$$

Lorsque l'inducteur reçoit la totalité du courant, on a

$$u = 1 - \frac{(a+b)I}{E}.$$

et ce rendement est maximum pour le courant qui rend maximum la fraction

$$\frac{E}{(a+b)I} = \frac{Cn}{KI}\frac{\sqrt{a}}{a+b}\varphi\left(\frac{I\sqrt{b}}{K'}\right).$$

Si la force électromotrice était simplement proportionnelle au courant des inducteurs, il suffirait de rendre maximum le rapport $\frac{\sqrt{ab}}{a+b} = \frac{1}{\sqrt{\frac{a}{b}} + \sqrt{\frac{b}{a}}}$, ce qui a lieu quand les deux résistances a et b sont égales entre elles.

Avec la formule de M. Frœlich, on devrait poser

$$\varphi\left(\frac{I\sqrt{b}}{K'}\right) = \frac{\sqrt{b}}{K'}\frac{1}{A + \frac{B\sqrt{b}}{K'}I}.$$

et on aurait

$$\frac{E}{(b+b)I} = \frac{Cn}{K}\frac{\sqrt{ab}}{a+b}\frac{1}{A + \frac{B\sqrt{b}}{K'}I}.$$

Le maximum du second membre ne correspond pas tout à fait au maximum du facteur $\frac{\sqrt{ab}}{a+b}$, à cause la présence de $\sqrt{b}$ au dénominateur du facteur suivant; on devra donc diminuer b et par conséquent faire $a > b$.

Supposons la machine excitée en dérivation; une partie seulement I′ du courant principal est employée pour les inducteurs, et l'autre partie I — I′ est prise sur les bornes par une résistance utile x. On a alors

$$I'b = (I - I')x, \quad I' = I\frac{x}{b+x},$$
$$E = Ia + I'b = I\left(a + \frac{bx}{b+x}\right),$$

et le rendement a pour expression

$$u = 1 - \frac{a + b\left(\frac{x}{b+x}\right)^2}{a + \frac{bx}{b+x}} = \frac{b^2}{(a+b)x + \frac{ab^2}{x} + b(2a+b)}.$$

Ce rendement est maximum quand la résistance x satisfait à la condition

$$x^2 = \frac{ab^2}{a+b} = \frac{ab}{\frac{a}{b}+1}$$

et il a pour valeur

$$u_m = \frac{b^2}{b(2a+b) + 2b\sqrt{a(a+b)}} = \frac{1}{1 + 2\frac{a}{b} + 2\sqrt{\frac{a}{b}\left(1+\frac{a}{b}\right)}}.$$

Le rendement est d'autant plus voisin de l'unité que le rapport des résistances a et b est plus petit. A l'inverse de ce qui a lieu pour les machines à plein courant, on devra donc prendre $b > a$; si on suppose que le rapport $\frac{a}{b}$ soit extrêmement petit, on a, comme valeurs approchées,

$$x = \sqrt{ab}, \text{ et } u_m = \frac{1}{1 + 2\sqrt{\frac{a}{b}}}.$$

Si on se donne la valeur de u_m, on en déduit, pour le rapport des résistances a et b,

$$\frac{a}{b} = \frac{1}{4}\left[\frac{1}{u_m} - 1\right]^2.$$

1273. Dimensions des machines. — Considérons deux machines entièrement semblables, le nombre des spires restant le même tant sur l'inducteur que sur l'induit, et les dimensions de la seconde étant μ fois celles de la première.

Supposons que les machines soient des dynamos marchant à plein courant. Une première condition d'ordre mécanique, imposée par la pratique, est que la vitesse absolue de l'anneau à sa circonférence, quel qu'en soit le diamètre, ne dépasse pas une valeur déterminée. Comme on cherche à atteindre la plus grande vitesse dans chaque cas, le nombre n' de tours de la seconde machine sera donc égal à $\frac{n}{\mu}$.

D'autre part, l'aimantation des armatures est portée à une valeur voisine du maximum ou, du moins, devra être la même dans les deux cas. Pour un même courant, le champ des fils dans la seconde machine, toutes choses égales, est μ fois plus faible ; l'intensité I′ devra donc être égale à μI.

L'action d'un aimant étant proportionnelle à son volume et en raison inverse du cube de la distance, les champs de deux aimants semblables et de même aimantation, en deux points homologues, sont égaux entre eux. Le champ des inducteurs est donc le même dans les deux machines.

La surface parcourue par les spires de l'anneau étant μ^2 fois plus grande et le champ restant le même, le flux de force coupé par tour, ou la fonction caractéristique, devient μ^2 fois plus grande, c'est-à-dire $\mu^2\varphi(I)$. La force électromotrice de la seconde machine

$$E' = n'\mu^2\varphi(I) = \mu n\varphi(I) = \mu E$$

est donc μ fois plus grande que celle de la première.

Enfin la résistance du fil inducteur, étant proportionnelle à sa longueur et en raison inverse de sa section, est en raison inverse de μ; la même relation ayant lieu pour le fil induit, la résistance totale $a'+b'$ de la seconde machine est égale à $\frac{a+b}{\mu}$.

L'énergie perdue par échauffement,

$$(a'+b')I'^2 = \mu(a+b)I^2,$$

est donc proportionnelle au rapport de similitude. La chaleur perdue par rayonnement pour une même élévation de température est proportionnelle à la surface, c'est-à-dire à μ^2. L'échauffement sera donc beaucoup moindre pour la plus grande machine.

Le rapport des énergies dépensées est

$$\frac{W'}{W} = \frac{n'I'\mu^2\varphi(I)}{nI\varphi(I)} = \mu^2;$$

le travail utile est

$$U' = \mu^2 W - \mu(a+b)I^2,$$

et le rendement

$$u' = 1 - \frac{RI}{\mu n\varphi(I)}.$$

Ce rendement augmente donc avec les dimensions. La résistance fictive qui équivaut aux effets de self-induction ne change pas, car le coefficient l relatif à chaque boucle est proportionnel à ses dimensions, c'est-à-dire à μ, et on a

$$mn'l' = mnl = a_1.$$

Mais, comme la résistance de la machine est diminuée, l'importance relative des effets de self-induction augmente avec les dimensions.

Le volume et le poids d'une machine de forme donnée sont proportionnels au cube de ses dimensions. Comme le rapport $\frac{W'}{\mu^2}$ est à peu près constant, il en résulte que le quotient de l'énergie dépensée par le volume, c'est-à-dire le travail par unité de volume est d'autant plus grand que la machine est plus petite. Toutefois le prix d'une machine croît moins rapidement que son poids total, et il n'y a pas intérêt à trop réduire les dimensions. Il semble donc que l'on doive choisir une forme telle que le prix de la machine soit proportionnel au carré de ses dimensions.

Il résulte encore de ces remarques que, si une machine donne des résultats excellents, rien n'indique qu'on doive conserver les mêmes rapports pour une autre de dimensions beaucoup plus grandes. Il vaut mieux alors changer la forme générale et multiplier les organes, en les ramenant à des dimensions de même ordre que celles des organes correspondants de la première machine.

Si les inducteurs sont excités par un courant étranger, l'énergie nécessaire pour l'aimantation est proportionnelle à μ, c'est-à-dire aux simples dimensions. La résistance de la bobine devient μ fois plus faible et la force électromotrice μ fois plus grande. Pour une même résistance extérieure x, le rapport des courants serait donc

$$\frac{I'}{I} = \frac{\mu E}{E}\,\frac{a + a_1 + x}{\frac{a}{\mu} + a_1 + x} = \frac{\mu^2(a + a_1 + x)}{a + \mu(a_1 + x)}.$$

Ce rapport est égal à μ si la résistance x est très grande par rapport à celle de la machine.

1271. Propriétés graphiques des caractéristiques. — Au lieu de calculer les effets des machines par l'expression algébrique de φ (I), M. Marcel Deprez [1] les détermine par des

[1] Marcel Deprez, *C. R. de l'Acad. des sc.*, t. XCII, p. 1152, 1881.

constructions graphiques sur la courbe *caractéristique*, c'est-à-dire sur la courbe expérimentale qui représente cette fonction. Avec la formule de M. Frœlich, cette courbe est une hyperbole, mais les résultats ainsi calculés ne s'accordent pas d'une manière complète avec l'expérience.

Lorsque les inducteurs n'ont pas de magnétisme rémanent, $\varphi(I)$ est nul pour $I = 0$ et tend vers une valeur maximum quand I augmente ; la forme générale de la courbe est donc hyperbolique.

Admettons que la résistance R de la machine soit indépendante de la vitesse, c'est-à-dire qu'on néglige la résistance fictive qui représente les effets de self-induction, et que le calage des balais reste invariable; pour une machine auto-excitatrice à plein courant, en appelant x la résistance extérieure utile, on a l'équation

$$I = \frac{n\varphi(I)}{R+x} = \frac{nE_1}{R+x},$$

qu'on peut écrire

$$\frac{E_1}{I} = \frac{\varphi(I)}{I} = \frac{R+x}{n}.$$

La caractéristique étant donnée par une courbe E_1 en fonc-

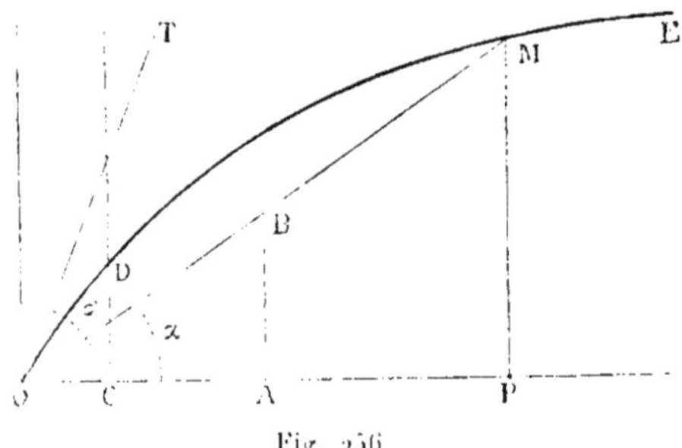

Fig. 256

tion de I (fig. 256), on prend $OA = 1$ et $AB = \frac{R+x}{n}$, c'est-à-dire qu'on mène une droite OB dans une direction α déterminée numériquement par la condition $\tan\alpha = \frac{R+x}{n}$. Le point M où cette droite rencontre la caractéristique donne la force électromotrice $E = n \times MP$, et l'intensité correspondante OP du courant.

Pour que la machine puisse produire un courant dans les conditions données, il faut que la droite OB rencontre la courbe, c'est-à-dire que l'angle α soit plus petit que l'angle β de la tangente OT à l'origine.

Si les inducteurs ont un magnétisme rémanent appréciable, la courbe E_1 ne passe plus par l'origine ; on peut considérer ce magnétisme rémanent comme équivalent à celui que produi-

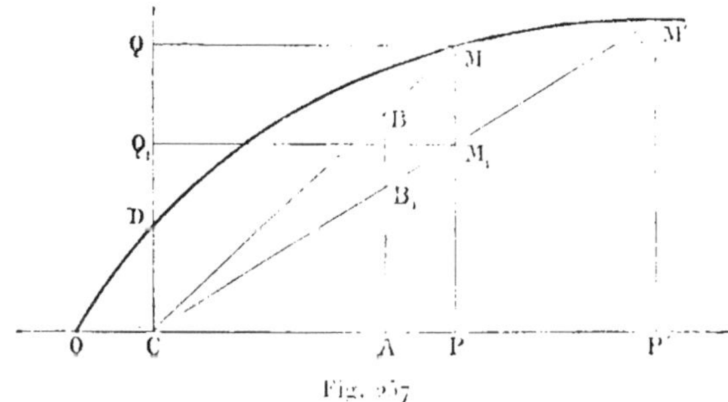

Fig. 257

rait un courant initial i_0 et la caractéristique est sensiblement représentée par $\varphi(I+i_0)$; c'est la même courbe (fig. 257), dont on a déplacé l'origine de $OC = i_0$. On a encore

$$\frac{E_1}{I} = \frac{\varphi(I+i_0)}{I} = \frac{R+x}{n};$$

en faisant la même construction, à partir du point C, on déterminera la valeur MP de E_1 et l'intensité correspondante CP. Dans ce cas, le problème est toujours possible.

Si le travail utile est une force électromotrice à vaincre e, l'équation du courant

$$I = \frac{nE_1 - e}{R}$$

donne alors

$$I\frac{R}{n} = E_1 - \frac{e}{n}.$$

A partir d'un point C', pris à une distance $CC' = \frac{e}{n}$ de l'origine, on mène la droite C'B' (fig. 258) dans la direction α donnée par la condition $\tang \alpha = \frac{R}{n}$; on a

$$E_1 - \frac{e}{n} = MP'.$$

$$E_1 = MP, \text{ et } I = CP.$$

Le problème est toujours possible lorsque le point C' est au-dessous de la courbe, c'est-à-dire lorsqu'on a $e < \varphi(i_0)$. Si ce point est au-dessus de la courbe, en C'', la droite de cons-

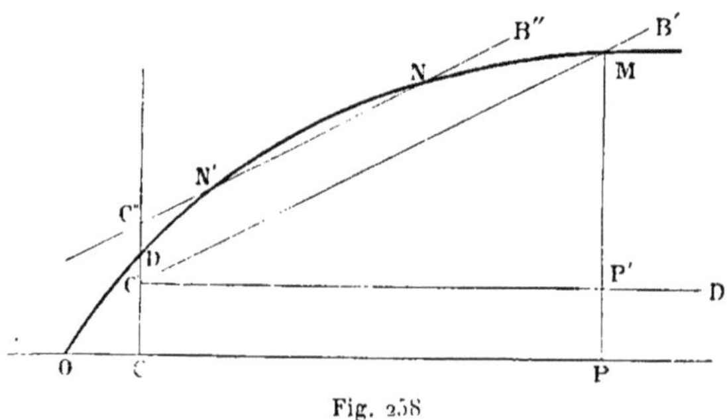

Fig. 258

truction C''B'' peut rencontrer la courbe en deux points N et N, dont le premier correspond à un équilibre instable. Enfin le problème est impossible si cette droite ne rencontre pas la courbe.

Les mêmes constructions donnent également une représentation du travail.

L'énergie totale dépensée pendant l'unité de temps $W = nE_1 I$ est égale à n fois l'aire du rectangle PQ (fig. 257).

Le rapport du travail utile au travail inutile est $\frac{x}{R}$; en prenant $AB_1 = \frac{R}{n}$, ce rapport est égal à $\frac{BB_1}{B_1A}$ ou $\frac{MM_1}{M_1P}$. Le travail utile est donc n fois l'aire du rectangle QM_1, et le rendement u a pour valeur $\frac{MM_1}{MP}$.

Si l'on prolonge la droite CB_1 jusqu'à la rencontre de la courbe en M', CP' réprésente le courant I_0 que l'on aurait dans la résistance R seule. Pour obtenir le travail utile maximum, il faut déterminer le point M de la courbe tel que la surface du rectangle QM_1 soit maximum.

1273. — Enfin des considérations analogues permettent

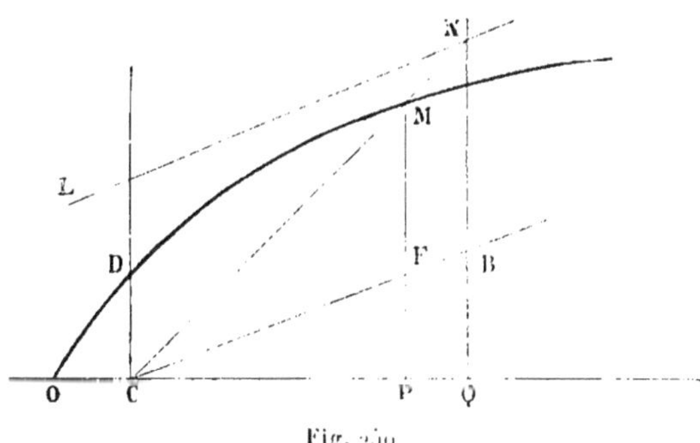

Fig. 259

de représenter le jeu des dynamos lorsque les inducteurs sont excités en dérivation.

En appelant I' le courant des inducteurs, $i = I - I'$ le courant extérieur, a la résistance de l'anneau, b celle des inducteurs, et posant

$$(1) \qquad y = (a+b)x + ab,$$

on a (**1272**)

$$(2) \qquad I = nE_1 \frac{b+x}{y},$$

$$(3) \qquad I' = I \frac{x}{b+x} = nE_1 \frac{x}{y},$$

$$(4) \qquad i = I' \frac{b}{x} = nE_1 \frac{b}{y}.$$

Construisant la droite L (fig. 259) définie par l'équation (1) dans laquelle on considère comme coordonnées les valeurs numériques de x et de y, on prend $CQ = x$, on mène la verticale QN et on joint CN. Le point de rencontre M de cette droite avec la courbe caractéristique donne la force électromotrice E_1 et l'on a, d'après l'équation (3),

$$I = n \times CP.$$

La condition $ix = I'b$ (4) montre aussi que, si l'on prend $QB = b$ et qu'on joigne CB, le courant i est représenté par $n \times PF$. Enfin le courant total est $I = n(CP + PF)$.

Pour que l'intensité i du courant extérieur soit indépendante de la résistance x, il faudrait que le rapport $\frac{E_1}{x}$ fût constant, c'est-à-dire que la courbe caractéristique fût une droite parallèle à L.

1276. Caractéristiques transformées. — Lorsque la courbe caractéristique a été trouvée pour une machine, on peut en déduire par une simple construction géométrique la courbe

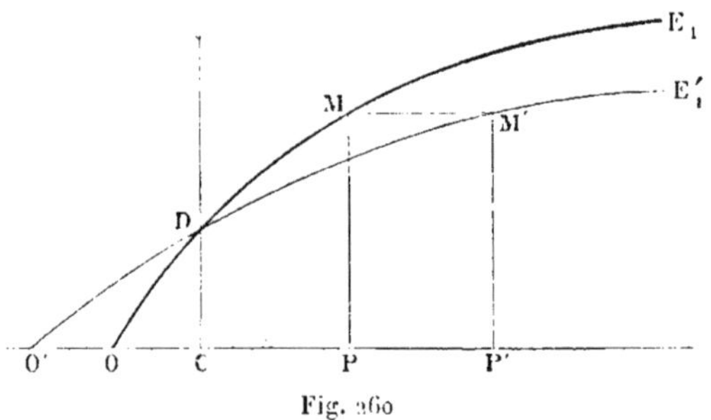

Fig. 260

qui conviendrait pour la même machine dont on aurait changé les fils, en conservant le même volume total et le même enroulement.

En effet, pour l'inducteur, le champ du courant qui parcourt les fils est proportionnel au nombre des tours et à l'intensité du courant. Le champ sera donc le même et, par suite, l'aimantation ne sera pas modifiée, si on remplace le nombre de tours N par N', à condition que l'intensité nouvelle I' satisfasse à l'équation

$$NI = N'I'.$$

La valeur primitive de E_1 relative au courant I est donc la même dans la machine nouvelle pour le courant

$$I' = \frac{N}{N'} I,$$

et la courbe caractéristique E_1' de la nouvelle machine se déduira de la courbe caractéristique E_1 relative à la première, en prenant, pour la même ordonnée MP (fig. 260), des abscisses C'P' et CP qui soient dans le rapport de N à N'.

De même, si l'anneau de fer ne change pas et qu'on remplace le nombre de spires P par un autre nombre P' de spires occupant le même volume, les fonctions caractéristiques correspondantes sont dans le rapport de P à P'.

1277. Distribution de l'énergie. — On a souvent besoin d'utiliser par fractions le courant d'un électromoteur, par exemple dans l'éclairage par incandescence ou dans le transport des forces à distance. C'est le problème de la distribution de l'énergie.

La disposition la plus simple consiste à mettre tous les organes de réception en série dans le circuit, ce qui permet d'utiliser sur chacun d'eux une fraction quelconque du travail. On rencontre alors le double inconvénient qu'il faut recourir à des forces électromotrices très élevées, qui peuvent être dangereuses et donner lieu à des pertes importantes par défaut d'isolement, et que la suppression du courant sur l'un des organes interrompt le travail de tous les autres.

On doit chercher à disposer les appareils de telle façon que la suppression du travail dans l'un des organes n'empêche pas la marche générale et, autant que possible, qu'une modification dans le travail utile ne change pas le régime. Le problème est le même que celui de la régulation des machines à vapeur; il ne comporte pas de solution rigoureuse.

Dans l'éclairage par incandescence, les lampes sont habituellement disposées en séries parallèles entre deux conducteurs de large section communiquant avec la machine. Soient A et B (fig. 261) les deux pôles de la machine; AA_1 et BB_1 les conducteurs principaux; A_1B_1, A_2B_2,... A_nB_n les points d'attache des résistances utiles x_1, x_2,.. x_3; a_1, a_2... a_n les résistances des conducteurs principaux compris entre deux attaches successives, c'est-à-dire les résistances des portions du circuit $A_1A_2+B_1B_2$, $A_2A_3+B_2B_3$,... A_nA+B_nB ; $y_1, y_2, \ldots y_n$, les

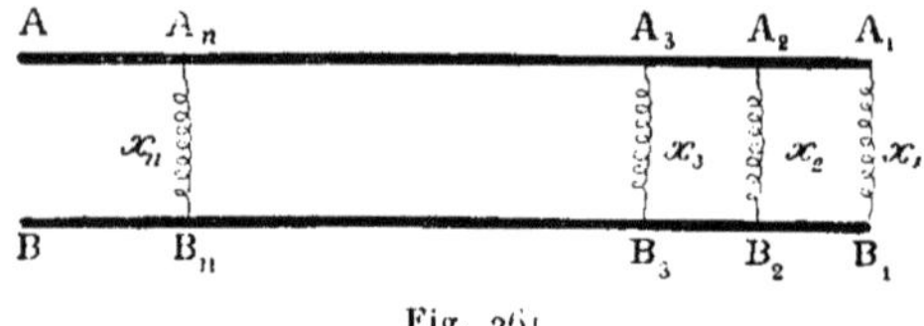

Fig. 261

résistances totales entre deux points d'attache correspondants A_2B_2, A_3B_3... A_nB_n AB, sans compter la déviation intercalée directement entre eux. On a

$$y_1 = a_1 + x_1,$$
$$y_2 = a_2 + \frac{1}{\frac{1}{x_2}+\frac{1}{y_1}},$$
$$\vdots \quad \vdots$$
$$y_n = a_n + \frac{1}{\frac{1}{x_n}+\frac{1}{y_{n-1}}}.$$

La résistance totale y_n entre les deux pôles A et B devient, en remplaçant les résistances intermédiaires y par leurs valeurs,

$$y_n = a_n + \cfrac{1}{\cfrac{1}{x_n} + \cfrac{1}{a_{n-1} + \cfrac{}{\ldots + \cfrac{1}{a_2 + \cfrac{1}{\cfrac{1}{x_2}+\cfrac{1}{a_1+x_1}}}}}}.$$

Soient enfin $e_1, e_2, \ldots e_n$ les différences de potentiel aux points d'attache correspondants ; $i_1, i_2, \ldots i_n$ les courants dans les résistances $a_1, a_2, \ldots a_n$. On a, en général,

$$e_p = i_{p-1}y_{p-1} = i_{p-1}a_{p-1} + e_{p-1},$$

ou

$$e_{p-1} = e_p\left[1 - \frac{a_{p-1}}{y_{p-1}}\right].$$

La différence de potentiel disponible sur les organes successifs va en décroissant à mesure qu'ils s'éloignent de la machine; la chute n'est négligeable que si la somme des résistances a est très petite par rapport à celle de l'un quelconque des organes ρ.

1278. — On obtiendrait une solution un peu plus satisfai-

Fig. 262

sante du problème en faisant communiquer les pôles de la machine avec les bouts opposés A et B (fig. 262) des deux conducteurs principaux.

Soient $a_1, a_2, \ldots a_{n-1}$ les résistances A_1A_2, A_2A_3, ... $A_{n-1}A_n$; $b_1, b_2, \ldots b_{n-1}$ les résistances correspondantes du conducteur B; $\alpha_1, \alpha_2, \ldots \alpha_{n-1}$ et $\beta_1, \beta_2, \ldots \beta_{n-1}$ les courants respectifs; I le courant total. On a évidemment

$$\alpha_{n-p} + \beta_{n-p} = \alpha_{n-p-1} + \beta_{n-p-1} = \mathrm{I},$$

car la somme des courants qui traversent un plan quelconque coupé par les conducteurs principaux est constante et égale à I; on en déduit

$$\Sigma\alpha + \Sigma\beta = (n-1)\,\mathrm{I}.$$

Soient $i_1, i_2, \ldots i_n$ les courants dans les résistances $x_1, x_2, \ldots x_n$. Si toutes les résistances x, a, b, sont respectivement égales entre elles, on a, par raison de symétrie, à égale distance des extrémités,

$$i_{n-p} = i_{p+1},$$

$$\alpha_{n-p} = \beta_{p+1},$$

$$\Sigma\alpha = \Sigma\beta = \frac{n-1}{2}\,\mathrm{I} = \frac{n-1}{2}\,\Sigma i.$$

Les courants dérivés vont en diminuant depuis les extrémités des conducteurs principaux jusqu'au milieu, car on a

$$a\alpha_p + xi_p = xi_{p+1} + b\beta_p,$$

ou

$$x(i_p - i_{p+1}) = b\beta_p - a\alpha_p = (b+a)\beta_p - a\mathbf{I},$$

$$x(i_p - i_{p+1}) = 2a\left(\beta_p - \frac{\mathbf{I}}{2}\right).$$

Or la différence $\beta_p - \frac{\mathbf{I}}{2}$ est positive tant que $p > \frac{n}{2}$. Dans ces conditions, les différents organes recevaient deux à deux la même énergie. Toutefois, le bénéfice de cette disposition n'est pas assez grand pour compenser les inconvénients que le mode d'attache présente dans la pratique.

Dans les deux cas, la suppression d'un des organes de dérivation a pour conséquence d'augmenter le courant général. On peut parer à cet inconvénient, soit par un régulateur de courant qui introduit des résistances variables dans le circuit, soit à l'aide d'un courant auxiliaire emprunté au circuit par dérivation et qui maintient constante la force électromotrice de la machine par des moyens automatiques, en déplaçant les balais ou en agissant sur la distribution de vapeur.

1279. — Les propriétés des caractéristiques ont fourni à M. Marcel Deprez [1] deux solutions mécaniques ingénieuses pour des machines à vitesse constante.

Si tous les organes de réception sont disposés en série et les inducteurs de la machine en dérivation, la compensation peut être très approchée quand on utilise la courbe caractéristique dans la région où elle est à peu près parallèle à la droite L

$$y = (a+b)x + ab.$$

Menons par le point D (fig. 263) une droite DN parallèle à la première. Si on fait croître la résistance x, c'est-à-dire le travail utile, à partir de zéro, le courant extérieur, qui a pour expression $i = nb\frac{E_1}{y}$, varie comme le rapport $\frac{E_1}{y}$.

[1] Marcel Deprez, *C. R. de l'Acad. des sc.*, t. XCIII, p. 892 et 950, 1881.

Ce rapport est d'abord égal à $\frac{DC}{D'C}$, lorsque la résistance est nulle ; il augmente ensuite jusqu'à un maximum $\frac{MP}{M'P}$ pour la résistance $x = CP_1$, puis il diminue et reprend sa valeur primitive $\frac{NQ}{N'Q}$ pour une résistance qui serait donnée par l'abscisse du point où la droite CN rencontre la droite L.

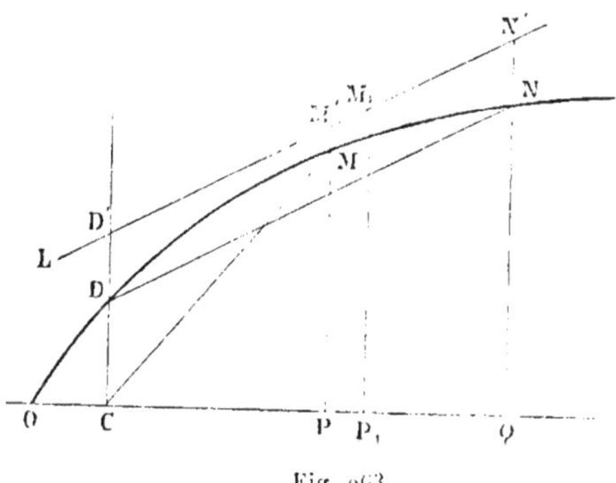

Fig. 263

Tant que la résistance x est inférieure à CP_1, la machine présente donc cette propriété curieuse qu'à vitesse constante le travail extérieur croît avec la résistance, de sorte que l'introduction d'un nouvel organe dans le circuit augmente le travail de chacun des organes précédents. On comprend ainsi qu'entre certaines limites il soit possible d'obtenir une régulation satisfaisante.

La seconde solution convient au cas où les organes sont placés en dérivation. Soient :

e la différence de potentiel des pôles A et B qu'il s'agit de maintenir constante,
x la résistance intercalée,
R la résistance de la machine,

on a

$$I = \frac{E - e}{R}.$$

Si la force électromotrice E était de la forme $E = e + IR$, cette équation serait satisfaite pour une valeur quelconque de I, et le courant

$$I = \frac{e}{x}$$

serait proportionnel à $\frac{1}{x}$, c'est-à-dire au nombre des organes intercalés entre les pôles.

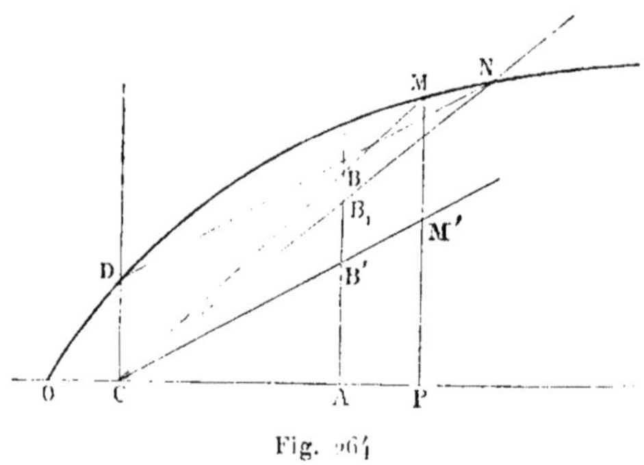

Fig. 264

En représentant par une courbe (fig. 264) la force électromotrice totale E, et faisant la construction ordinaire

$$AB' = R,$$
$$B'B = x,$$

on a

$$E = MP, \qquad e = MM'.$$

Pour que la valeur de MM' soit indépendante de x, il faut que la courbe ODM soit une droite parallèle à CB', c'est-à-dire représentée par $e + IR$.

M. Marcel Deprez réalise ces conditions dans la pratique en formant la bobine des inducteurs avec deux fils, l'un f parcouru par un courant constant i, l'autre F parcouru par le courant total I de la machine. Si l'aimantation était proportionnelle au courant, on aurait

$$E = C(i + I) = C' + CI.$$

On change par tâtonnements la valeur du courant i et l'enroulement du fil de façon à obtenir une solution approchée. On obtient une courbe analogue à la précédente dans laquelle on utilisera la portion DN, sensiblement parallèle à CB'.

Pour une résistance x très grande, c'est-à-dire un seul organe interposé, on a $e = DC$. A mesure que cette résistance diminue, c'est-à-dire qu'on augmente le nombre des organes, la différence de potentiel e va d'abord croissant, puis diminue et reprend la valeur primitive pour $x = B'B_1$. A partir de ce point, l'addition de nouveaux organes diminue rapidement le travail de chacun.

On appelle souvent machines composées (*compound*) celles qui sont ainsi munies d'un double enroulement.

1280. Machines à courant variable. — Le courant produit par les électromoteurs mécaniques est naturellement alternatif et il peut être utilisé sous cette forme.

Soient :

L le coefficient de self-induction du circuit,
Q le flux de force magnétique qui le traverse à l'époque t,
R sa résistance totale;

le courant induit I (**518**) est défini par l'équation

$$L\frac{dI}{dt} + RI + \frac{dQ}{dt} = 0. \tag{5}$$

On remarquera toutefois que, si les bobines induites renferment du fer doux, le coefficient L n'est plus constant, à moins que l'aimantation du fer ne soit proportionnelle à la force magnétisante. Dans le cas général, on doit considérer le flux de force LI comme une fonction du courant qui tend vers un maximum avec l'aimantation, et remplacer le premier terme de l'équation (5) par

$$\frac{d(LI)}{dt} = \left(L + I\frac{dL}{dI}\right)\frac{dI}{dt}.$$

Les résultats qui suivent ne peuvent donc être appliqués qu'avec restriction aux machines à électro-aimants.

Le flux de force Q étant périodique, ainsi que sa dérivée, le courant présente les mêmes caractères. Si ce flux de force est sinusoïdal, comme pour un cadre qui tournerait dans un champ uniforme avec une vitesse constante ω (**535**), on aura, en appelant T, la durée de la période

$$Q = Q_0 \cos 2\pi \frac{t}{T} = Q_0 \cos \omega t,$$

$$E = -\frac{dQ}{dt} = Q_0 \omega \sin \omega t.$$

Pour une machine, le facteur ω est le produit de la vitesse angulaire par la moitié du nombre des inversions de courant à chaque révolution.

L'expression du courant, à partir de la fermeture du circuit, renferme d'abord une exponentielle; mais, si le régime est permanent, le courant est lui-même sinusoïdal et de la forme

$$I = A \sin 2\pi\left(\frac{t}{T} - \varphi\right) = A \sin \omega(t - \varphi T),$$

avec les conditions

$$A^2 = \frac{Q_0^2 \omega^2}{R^2 + L^2\omega^2},$$

$$\operatorname{tang} 2\pi\varphi = \frac{L\omega}{R}.$$

Le coefficient A représente l'intensité maximum du courant et $2\pi\varphi$ la différence de phase, étant la fraction de période qui s'écoule entre le moment où la force électromotrice est nulle et celui où le courant passe par zéro.

La quantité $\sqrt{R^2 + L^2\omega^2}$ peut être appelée la *résistance apparente :* tout se passe comme si on ajoutait au carré de la résistance réelle le carré d'une résistance fictive $L\omega$, proportionnelle à la vitesse.

Le carré moyen de l'intensité

$$I'^2 = \frac{A^2}{2} = \frac{Q_0^2 \omega^2}{2(R^2 + L^2\omega^2)}$$

est égal au quotient du carré moyen de la force électromotrice par le carré de la résistance apparente. Cette valeur ne croît pas indéfiniment avec la vitesse; elle tend vers une limite $\frac{Q_0^2}{2L^2}$ indépendante de la résistance.

La différence de phase croît avec la vitesse et on a à la limite $2\pi\varphi = \frac{\pi}{2}$, ou $\varphi = \frac{1}{4}$.

1281. — L'énergie dépensée pendant l'unité de temps est

$$W = I^2 R = R\frac{A^2}{2} = \frac{Q_0^2\omega^2}{2\left(R + \frac{L^2\omega^2}{R}\right)}.$$

Pour une vitesse donnée, cette énergie est maximum quand on a $R = L\omega$, ce qui donne

$$W_m = \frac{Q_0^2}{4L}\omega,$$

$$I_m^2 = \frac{Q_0^2}{4L^2},$$

$$\operatorname{tg} 2\pi\varphi = 1, \quad \text{ou} \quad \varphi = \frac{1}{8}.$$

La résistance qui correspond au maximum d'énergie et la valeur de ce maximum sont proportionnelles à la vitesse. Le carré moyen de l'intensité et le retard relatifs au maximum ont d'ailleurs des valeurs constantes moitié moindres que si la vitesse était infinie [1].

Si la résistance totale R est formée de deux parties, l'une a qui comprend la machine et les communications, l'autre x correspondant à un travail utile U et n'ayant pas d'induction propre, on a

$$U = I^2 x = W\frac{x}{a + x},$$

$$U = \frac{Q_0^2\omega^2}{2}\,\frac{x}{(a+x)^2 + L^2\omega^2} = \frac{Q_0^2\omega^2}{2}\,\frac{1}{2a + x + \frac{a^2 + L^2\omega^2}{x}}.$$

(1) J. Joubert, *Ann. de l'école normale supérieure* [2], t. X, p. 131, 1881.

On voit qu'à vitesse constante le travail utile est maximum quand la valeur de x est égale à la résistance apparente de l'électromoteur ; les valeurs correspondantes du travail utile et du rendement sont alors

$$U_m = \frac{Q_0^2\omega^2}{4}\,\frac{1}{a+\sqrt{a^2+L^2\omega^2}},$$

$$u_m = \frac{x}{a+x} = \frac{1}{1+\dfrac{a}{\sqrt{a^2+L^2\omega^2}}} > \frac{1}{2}.$$

Les machines à courant alternatif présentent donc cette propriété remarquable que le rendement relatif au travail utile maximum est supérieur à 50 p. 100. Ce rendement s'approche d'autant plus de l'unité que la vitesse et le coefficient de self-induction sont plus grands.

1282. — Pour redresser les courants dans le circuit extérieur, on emploiera un commutateur formé, par exemple, de deux demi-anneaux B et B′, reliés respectivement aux deux extrémités du fil induit, et de deux ressorts b et b' formant la terminaison du circuit extérieur. Les ressorts doivent passer d'une moitié à l'autre de l'anneau au moment où le courant est nul; à cet effet, il faut que le diamètre des contacts bb' soit déplacé dans le sens du mouvement d'un angle $2\pi\varphi$, à partir de la position qu'occupe le diamètre de section au moment où la force électromotrice est nulle.

Si ces conditions étaient réalisées exactement, l'intensité moyenne I′ du courant extérieur (**535**) serait

$$I'^2 = \frac{4A^2}{\pi} = \frac{4Q_0^2\omega^2}{\pi\left[(a+x)^2+L^2\omega^2\right]}.$$

Il ne devrait pas se produire d'étincelles au commutateur; mais on ne peut les supprimer entièrement, parce que le courant varie très rapidement au moment où il passe par zéro, et qu'au moment de l'inversion chacun des ressorts reste pendant un temps appréciable en contact avec les deux demi-anneaux. La machine est alors fermée sur elle-même; de là une perte d'énergie par l'échauffement du circuit et une production d'étincelles à la rupture des contacts. Toutefois l'inconvénient du redressement des courants tient moins aux pertes d'énergie qu'à l'usure rapide du commutateur.

1283. — Supposons que le circuit extérieur renferme une force électromotrice E'; l'équation différentielle devient

$$L\frac{dI}{dt} + RI + \frac{dQ}{dt} = E'. \tag{6}$$

Lorsque cette force électromotrice est constante, comme celle d'une pile, l'intensité du courant pour un régime permanent a une expression de la forme

$$I = A \sin \omega(t - \varphi T) + \frac{E'}{R}.$$

Le courant induit se superpose simplement avec son signe au courant de la pile ; le courant total est toujours de même sens ou alternativement en sens contraires, suivant que E' est plus grand ou plus petit que AR. Dans ces conditions la machine resterait sans application ; elle ne peut produire de résultat utile que si l'on renverse à chaque demi-période le sens de l'une des forces électromotrices.

Ce renversement se produit de lui-même quand la force électromotrice extérieure est une polarisation, comme celle d'un voltamètre ou d'un arc électrique.

Si la force électromotrice de polarisation reste toujours inférieure à sa valeur maximum, le courant est encore sinusoïdal (**992**), et le travail utile est nul. Lorsque la force électromotrice de la machine peut devenir supérieure à la polarisation maximum, le courant présente deux caractères bien distincts. Tant que la polarisation n'est pas vaincue, l'équation différentielle est d'abord, en appelant c la capacité des électrodes,

$$L\frac{d^2I}{dt^2} + R\frac{dI}{dt} + \frac{I}{c} + \frac{d^2Q}{dt^2} = 0. \tag{7}$$

On doit ensuite prendre l'équation (6) pendant la fraction de période pour laquelle le maximum E' de polarisation est atteint. L'expression du courant est alors très complexe, puisque les conditions sont différentes pour deux portions d'une même période et que les exponentielles ne s'annulent pas.

1284. Des transformateurs. — M. Jablochkoff (1) a eu l'idée d'interposer dans le circuit d'une machine à courants alternatifs une série de condensateurs en dérivation, afin de distribuer l'énergie du courant sur les différents circuits parallèles, en raison de leur résistance et de la capacité du condensateur correspondant. Il appliqua ensuite la même disposition aux courants secondaires d'une bobine d'induction excitée par un courant primaire alternatif.

Si le même courant primaire alimente plusieurs bobines disposées en série, le courant induit de chacune d'elles emprunte son énergie sous une forme indirecte au circuit principal; on réalise alors un mode de distribution de l'énergie comparable à l'emploi des fils de dérivation pour les courants continus. C'est là le principe des appareils employés depuis quelques années sous le nom de *transformateurs*.

Supposons qu'un circuit, renfermant une force électromotrice sinusoïdale $E_0 \sin \omega t$, agisse sur un circuit fermé voisin, en admettant qu'il n'y ait pas d'électro-aimants, ou du moins que l'aimantation du fer reste proportionnelle à la force magnétisante.

Lorsque le régime permanent est atteint, le courant primaire et le courant secondaire ont des expressions de la forme

$$I = A \sin 2\pi\left(\frac{t}{T} - \varphi\right) = A \sin \omega(t - \varphi T),$$

$$I' = A' \sin 2\pi\left(\frac{t}{T} - \varphi'\right) = A' \sin \omega(t - \varphi' T).$$

Les constantes des circuits étant définies de la même manière que précédemment (**511**), si on pose

$$r = R + R'\frac{M^2\omega^2}{R'^2 + L'^2\omega^2}$$

$$l = L - L'\frac{M^2\omega^2}{R'^2 + L'^2\omega^2},$$

(1) P. Jablochkoff, *C. R. de l'Acad. des sc.*, t. LXXXV, p. 1098, 1877.

on a

$$A^2 = \frac{E_0^2}{r^2 + l^2\omega^2}, \qquad \operatorname{tg} 2\pi\varphi = \frac{l\omega}{r},$$

$$A'^2 = A^2 \frac{M^2\omega^2}{R'^2 + L'^2\omega^2}, \qquad \operatorname{tg} 2\pi\varphi' = -\frac{1}{\omega}\,\frac{1 - \dfrac{LL' - M^2}{RR'}\omega^2}{\dfrac{L}{R} + \dfrac{L'}{R'}}.$$

L'énergie dépensée sur l'ensemble des circuits, pendant l'unité de temps, est

$$W = R\frac{A^2}{2} + R'\frac{A'^2}{2},$$

et l'énergie transformée

$$W' = R'\frac{A'^2}{2}.$$

La fraction de l'énergie totale transformée, ou le coefficient de transformation, est

$$w = \frac{W'}{W} = \frac{R'A'^2}{RA^2 + R'A'^2} = \frac{1}{1 + \dfrac{R}{R'}\,\dfrac{R'^2 + L'^2\omega^2}{M^2\omega^2}}.$$

Cette fraction augmente avec ω; le maximum, qui correspond à une vitesse infinie de l'électromoteur, a pour valeur

$$w_m = \frac{1}{1 + \dfrac{R}{R'}\,\dfrac{L'^2}{M^2}}.$$

Dans les transformateurs de MM. Gaulard et Gibbs (¹), les deux fils, primaire et secondaire, sont enroulés ensemble sur un noyau cylindrique formé d'un faisceau de fils de fer. Les transformateurs de MM. Zipernowsky, Deri et Blathy (²), au contraire, sont constitués par un anneau de fils de fer sur

(¹) L. Gaulard et J.-D. Gibbs, *La lumière électrique*, t. VIII, p. 180, 1883.
(²) G. Ferraris, *La lumière électrique*, t. XVII, p. 145, 1885.

lequel les deux circuits sont enroulés ensemble, comme les spires de l'anneau Gramme.

1285. — Le coefficient de self-induction du circuit primaire renferme un terme relatif à la machine elle-même; nous le supposerons très petit par rapport à celui qui provient de la portion du circuit comprise dans le transformateur. Si les circuits inducteur et induit ont des nombres de spires différents N et N', et que le diamètre moyen soit à peu près le même, on a sensiblement

$$\frac{L}{N^2}=\frac{L'}{N'^2}=\frac{M}{NN'} \quad \text{et } LL'-M^2=0;$$

on peut écrire alors

$$w_m=\frac{1}{1+\frac{R}{R'}\frac{N'^2}{N^2}}.$$

Considérons la résistance R' du circuit secondaire comme formée de deux parties, l'une b' comprenant le transformateur et les communications et l'autre x qui correspond au travail utile U; on a

$$U=x\frac{A'^2}{2}=x\frac{A^2}{2}\frac{M^2\omega^2}{R'^2+L'^2\omega^2}.$$

Quand on suppose la durée de la période très petite, on a sensiblement

$$l=L-\frac{M^2}{L'}=0,$$

$$r=R+R'\frac{M^2}{L'^2}=R+R'\frac{N^2}{N'^2},$$

$$A=\frac{E_0}{R+R'\frac{N^2}{N'^2}}.$$

Le rendement est

$$u=\frac{U}{W}=\frac{xA'^2}{RA^2+(b'+x)A'^2}=\frac{x}{b'+x+R\frac{A^2}{A'^2}}.$$

Ce rendement croît encore avec ω et sa valeur maximum

$$u_m = \frac{x}{b' + x + R\frac{L'^2}{M^2}} = \frac{x}{b' + x + R\frac{N'^2}{N^2}}$$

donne, pour $N = N'$,

$$u_m = \frac{x}{b' + x + R}.$$

Dans le cas où les deux fils du transformateur ont le même enroulement, le rendement utile est égal au quotient de la résistance utile par la résistance totale, comme pour les courants permanents. Le travail utile maximum correspond à la condition $x = b' + R$, et le rendement est alors de 0,50.

On doit remarquer que le rendement maximum u_m est d'autant plus grand que le rapport $\frac{N'}{N}$ est plus petit. Il y a donc avantage à donner au fil secondaire un nombre de tours moindre qu'au fil primaire.

D'autre part, le circuit primaire comprend deux résistances, l'une a dans l'électromoteur et l'autre b dans le transformateur; on peut dire que le rendement propre au transformateur lui-même a pour expression

$$\nu = \frac{xA'^2}{(b' + x)A'^2 + bA^2}.$$

1286. — Si on installe une série d'organes semblables sur le parcours du circuit primaire, le problème se déterminera comme le précédent, à l'aide d'une série d'équations différentielles (**510**) relatives à chacun des transformateurs et qui devront être satisfaites en même temps :

$$\Sigma M\frac{dI'}{dt} + L\frac{dI}{dt} + RI - E = 0,$$

$$M_1\frac{dI}{dt} + L'_1\frac{dI'_1}{dt} + R'_1I'_1 = 0,$$

$$M_2\frac{dI}{dt} + L'_2\frac{dI'_2}{dt} + R'_2I'_2 = 0, \quad \text{etc.}$$

Au lieu de traiter ce cas général, on peut supposer simplement que tous les transformateurs sont identiques et que chacun d'eux porte la même résistance inutile.

Les courants dérivés étant égaux, le résultat est le même que si tous les circuits induits étaient réunis en série, sans addition de résistances nouvelles. Le rendement a la même expression que plus haut, à condition de considérer b' et x comme représentant, sur les fils secondaires, les résistances totales des transformateurs et du travail utile.

Les effets sont en réalité plus complexes, parce qu'on doit considérer les coefficients d'induction comme des fonctions des intensités.

1287. Bobines d'induction. — La bobine d'induction est un véritable transformateur par lequel on cherche à obtenir sur le fil induit des forces électromotrices considérables, capables de produire de longues étincelles, de charger des batteries et de reproduire les phénomènes que l'on réalise avec les machines électrostatiques. Le courant primaire est fourni par une force électromotrice constante, les courants induits par l'ouverture ou la fermeture du circuit primaire.

Ces bobines, comme on le sait, sont formées d'un cylindre central en fils de fer sur lequel est enroulé un fil de gros diamètre qui reçoit le courant primaire, puis un fil secondaire de diamètre plus petit, qui sera le siège des courants induits, et dont les spires, convenablement isolées les unes des autres, aboutissent à deux bornes qui en forment les pôles.

Les courants induits dépendent surtout du coefficient d'induction mutuelle M. On a vu (**551**) que les meilleures conditions sont à peu près réalisées quand le rayon x du noyau, le rayon extérieur y du circuit primaire et le rayon extérieur z du circuit secondaire sont entre eux comme les nombres 2, 3 et 4; les épaisseurs $y-x$ et $z-y$ des deux bobines sont alors égales entre elles et égales à $\frac{z}{4}$.

La valeur approchée de M est, en supposant k constant,

$$M=\left(\frac{19}{12}+4\pi k\right)\pi^2 n_1^2 n_2^2 l(z-y)(y-x)z^2.$$

Si on désigne par N et N′ les nombres de spires $n_1^2 l(y-x)$ et $n_2^2 l(z-y)$ du fil principal et du fil secondaire, on peut écrire

$$M=\left(\frac{19}{12}+4\pi k\right)\pi^2 N N' \frac{z^2}{l}.$$

Le coefficient de self-induction de la bobine secondaire est

$$L'=\left(\frac{19}{12}+4\pi k\right)\pi^2 N'^2 \frac{z^2}{l},$$

et celui du fil primaire

$$L=\left(\frac{19}{12}+4\pi k\right) n^2 N^2 \frac{z^2}{l}.$$

Si le circuit secondaire restait fermé, la décharge induite par la suppression ou l'établissement du courant primaire I serait égale à $\frac{MI}{R'}$ et indépendante de la durée de l'état variable; mais, lorsque le circuit secondaire est interrompu, il faut diminuer autant que possible la durée de l'état variable, afin que la décharge puisse franchir par une étincelle l'interruption ménagée entre les pôles.

On voit déjà que le résultat sera meilleur à la rupture qu'à l'établissement du courant principal. Toutefois, comme le coefficient L est très grand, l'extra-courant de rupture produit une forte étincelle qui a pour résultat d'augmenter la durée de variation du courant inducteur et, par suite, de diminuer la force électromotrice induite.

1288. — Un premier perfectionnement, dû à Foucault [1], consiste à remplacer les interrupteurs métalliques par une pointe de platine qui plonge dans une couche de mercure recouverte d'eau ou d'alcool. L'étincelle est plus courte, car l'alcool condense rapidement les vapeurs métalliques qui facilitent le passage de l'extra-courant.

Un progrès plus important avait été réalisé par M. Fizeau [2].

(1) Foucault, *C. R. de l'Acad. des sc.*, t. XLII, p. 215, 1856.
(2) Fizeau, *C. R. de l'Acad. des sc.*, t. XXXVI, p. 418, 1853.

Les extrémités du circuit principal situées de part et d'autre du point où se fait l'interruption communiquent séparément avec les armatures d'un condensateur. On diminue ainsi la différence de potentiel des deux points de rupture, parce que l'électricité produite par l'extra-courant trouve à s'écouler dans le condensateur. Ce condensateur se décharge ensuite au moment où l'on rétablit le contact, de sorte qu'en augmentant de plus en plus sa capacité, on diminue toujours les étincelles de rupture, mais on finit par augmenter celles de fermeture. Entre ces deux extrêmes, l'expérience indique quelle est la capacité qui donne les meilleurs résultats.

Enfin les spires du fil secondaire sont habituellement disposées par couches successives occupant toute la longueur de la bobine et séparées les unes des autres par des feuilles isolantes. Pour les bobines de grandes dimensions, cette disposition présente l'inconvénient que les spires voisines de deux couches consécutives sont séparées par une grande longueur de fil induit; il existe donc entre elles une grande différence de potentiel, capable de percer la couche isolante ou au moins de provoquer des pertes d'électricité. On doit à Poggendorff [1] l'idée de *cloisonner* les bobines, c'est-à-dire de disposer le fil secondaire dans une série de loges successives séparées les unes des autres par des lames isolantes perpendiculaires à l'axe de la bobine. Le potentiel du fil secondaire va ainsi en croissant d'une extrémité à l'autre de la bobine, sans qu'une différence de potentiel trop grande existe entre deux couches voisines d'une même loge.

Lorsqu'on fait communiquer les extrémités du fil secondaire avec les armatures d'un condensateur, la différence de potentiel maximum diminue, puisque l'on augmente la capacité du fil induit, mais cette communication équivaut à l'introduction d'un conducteur; la décharge est donc augmentée. Si les pôles sont séparés par une distance assez faible pour qu'une étincelle puisse la franchir, la quantité d'électricité qui correspond à la décharge augmente alors avec la capacité du condensateur. La distance explosive étant portée au maximum

(1) Poggendorff, *Pogg. Ann.*, t. XCIV, p. 289, 1850.

dans chaque cas, l'énergie correspondante augmente également à mesure que la distance diminue.

Si l'on veut que la distance explosive ne diminue pas beaucoup par l'introduction d'un condensateur, il faut que la capacité de ce condensateur soit assez faible et qu'il puisse supporter une grande différence de potentiel. Il est alors avantageux, comme l'a fait Cazin ([1]), d'employer les batteries ou les bouteilles de Leyde réunies en cascade (**95**).

1289. — Il est assez difficile de rendre compte de tous les effets d'une bobine d'induction, parce que l'étincelle de rupture introduit dans le circuit principal une résistance rapidement variable qui joue le rôle le plus important dans le caractère de la décharge induite. On peut se faire une idée du jeu de l'appareil en supposant que les deux circuits restent fermés et que la bobine est employée comme transformateur avec une force électromotrice sinusoïdale de très courte période dans le circuit primaire. On a alors sensiblement $A'L' = AM$.

La force électromotrice maximum sur le fil induit est

$$A'R' = AR\,\frac{M}{L}\cdot\frac{R'}{R}.$$

En appelant U et U' les volumes des fils, δ et δ' leurs diamètres, si l'épaisseur de la couche isolante est proportionnelle au diamètre du fil dans les deux bobines, le rapport des résistances R' et R est (**726**)

$$\frac{R'}{R} = \frac{U'}{U}\left(\frac{\delta}{\delta'}\right)^4.$$

Or, on a (**1287**)

$$\frac{U'}{U} = \left(\frac{4}{3}\right)^2, \quad N'\delta'^2 = N\delta^2;$$

par suite

$$\frac{R'}{R} = \left(\frac{4}{3}\right)^2 \frac{N'^2}{N^2}.$$

([1]) Cazin, *C. R. de l'Acad. des sc.*, t. LVI, p. 307, 1863.

Enfin le rapport des coefficients M et L′ est sensiblement égal au rapport de N et N′, ce qui donne

$$\frac{A'R'}{AR}=\left(\frac{4}{3}\right)^2\frac{N'}{N}.$$

La force électromotrice maximum développée sur le fil induit est donc proportionnelle au nombre de tours.

Le rapport de l'énergie dégagée sur le fil secondaire à celle qui est dépensée sur le fil principal est

$$\frac{A'^2R'}{A^2R}=\frac{A'^2R'^2}{A^2R^2}\frac{R}{R'}=\left(\frac{4}{3}\right)^4\frac{N'^2}{N^2}\left(\frac{3}{4}\right)^2\frac{N^2}{N'^2}=\left(\frac{4}{3}\right)^2=\frac{16}{9},$$

et le rendement

$$w=\frac{16}{25}=0,64.$$

Toutefois, ces considérations supposent que l'aimantation du fer est proportionnelle à la force magnétisante, hypothèse qui est sans doute assez loin de la vérité.

CHAPITRE DEUXIÈME

CONSTANTES NUMÉRIQUES

1290. Actions chimiques. — L'expérience indique qu'un coulomb, ou un ampère par seconde, réduit $1^{mg},1173$ d'argent et décompose $0^{mg},09316$ d'eau (**918**) ; il en résulte

ACTION D'UN AMPÈRE.

		Pendant une minute.	Pendant une heure.
Argent réduit.	Ag = 107,93	$67,04^{mg}$	$4,022^{gr}$
Cuivre réduit	Cu = 31,98	19,74	1,184
Eau décomposée	HO = 9	5,59	0,3354
Hydrogène.	H = 1	0,6211	0,03726
Volume d'hydrogène à 0° et 760^{c}.	»	$6,933^{cc}$	416^{cc}
Gaz de l'eau.	»	10,40	624

1291. Résistances. — Toutes les résistances qui suivent sont rapportées à l'ohm légal. Si on admettait que la résistance de 10^9 unités C.G.S. fût représentée par une colonne de mercure de $106^{c},25$, au lieu de 106^{c}, on devrait multiplier les conductibilités par le rapport $\frac{106,25}{106} = 1,0024$ et diviser les résistances par le même nombre.

MÉTAUX ET ALLIAGES.

A la température de 0°.

Nature des conducteurs.	Valeurs en unités CGS. Résistance spécifique.	Conductibilité spécifique.	Résistance en ohms. 1 mètre pesant 1^{gr}	100 mètres 1^{mm} de diam.
Argent recuit.	$1,492.10^3$	$67,03.10^{-5}$	0,1517	1,899
— écroui	1,620	61,73	0,1650	2,062
Cuivre recuit.	1,584	63,13	0,1415	2,017
— écroui.	1,621	61,69	0,1443	2,063

Or recuit	2,041	49,00	0,4007	2,598
— écroui	2,077	48,14	0,4076	2,644
Aluminium recuit	2,889	34,61	0,0743	3,678
Zinc comprimé	5,580	17,92	0,3995	7,105
Platine recuit	8,981	11,14	1,925	11,435
Fer recuit	9,636	10,38	0,7518	12,27
Nickel recuit	12,356	8,093	1,052	15,73
Étain comprimé	13,103	7,632	0,9564	16,68
Plomb comprimé	19,465	5,137	2,217	24,78
Antimoine comprimé	35,21	2,84	2,370	44,83
Bismuth comprimé	130,10	0,769	12,80	165,60
Mercure liquide	94,34	1,06	12,826	120,11
Alliage 2Pt + 1Ag	24,187	4,135	2,907	30,79
— 2Au + 1Ag	10,776	9,280	1,638	13,72
— 9Pt + 1Ir	21,633	4,627	4,651	27,54
Maillechort	20,76	4,817	1,817	26,43

Les nombres de la première colonne, abstraction faite du facteur 10^3, représentent les résistances spécifiques évaluées en microhms. Les mêmes nombres représentent en ohms la résistance d'un fil de 100 mètres de longueur ayant une section d'un millimètre carré.

Influence de la température.

La variation de résistance des métaux et des alliages avec la température peut en général (**998**) s'exprimer par la formule

$$R = R_0(1 + \alpha t + \beta t^2).$$

Pour le mercure dans le verre, jusqu'à 100°, les valeurs des coefficients α et β sont

α	β	
0,000 8649	0,000 001 12	[1]
0,000 8577	0,000 000 897	[2].

Pour les autres conducteurs les résultats varient d'un échantillon à l'autre, sans doute à cause des traces d'impuretés ou

(1) Mascart, De Nerville et Benoît, *Ann. de Ch. et de Phys.*, (6), t. VI, p. 77, 1885.

(2) R. Lenz et N. Restzoff, *Études électrométrologiques*, II, 1884.

des changements d'état physique, et on ne peut guère dans l'état actuel indiquer que des valeurs moyennes.

Coefficient moyen entre 0° et 20°.

Argent	$0,377.10^{-2}$ à $0,405.10^{-2}$ (1).
Cuivre.	0,388
Or.	0,365
Aluminium	0,390 (2)
Platine	0,247 (2)
Fer	0,453 (2)
Étain.	0,365
Plomb.	0,387
Antimoine.	0,389
Bismuth.	0,354
Mercure.	0,0887 (3)
Alliage 2Pt + 1Ag . . .	0,022 (4) à 0,0311
— 2Au + 1Ag . . .	0,065
— 9Pt + 1Ir. . . .	0,133 (4)
Maillechort	0,028 (4) à 0,044

Les nombres sans indication sont déduits des expériences de M. Matthiessen.

Basses températures (5).

Argent.	$0,305.10^{-2}$	entre + 30° et	120°
Aluminium	0,388	28	90
Magnésium	0,390	0	88
Étain.	0,424	0	85
Cuivre.	0,418	0	58
—	0,425	63	103
Fer.	0,490	9 —	92
Platine.	0,342	0 —	95
Mercure solide . .	0,407	40	92

Pour les températures très élevées et jusque vers 1000°, sir W. Siemens trouve que la résistance, en fonction de la température absolue T (**998**), est donnée par les expressions

(1) Ch. Rivière, 1884.
(2) Benoît, *C. R. de l'Acad. des sc.*, t. LXXVI, p. 345, 1873.
(3) L. Rayleigh admet 0,0861 et M. Lenz 0,0879.
(4) Mascart, De Nerville et Benoît, *loc. cit.*
(5) Cailletet et Bouty, *C. R. de l'Acad. des sc.*, t. C, p. 1188, 1885.

suivantes, où R_0 représente la résistance à la température de 0° centigrade,

Platine. . . . . $R = R_0[0{,}16315\sqrt{T} + 0{,}008968T - 1]$,
Cuivre. . . . . $R = R_0[0{,}11682\sqrt{T} + 0{,}013821T - 1]$,
Fer. . . . . $R = R_0[0{,}05852\sqrt{T} + 0{,}003076T - 1]$.

LIQUIDES.

La conductibilité d'une dissolution augmente d'abord avec sa richesse et passe généralement par un maximum, surtout quand il s'agit de corps très solubles. En outre, la conductibilité augmente avec la température.

Dans les tableaux relatifs aux liquides les résistances spécifiques sont évaluées en *ohms*.

Par la méthode indiquée au n° **990**, M. Paalzow a obtenu pour différentes dissolutions les nombres suivants,

Dissolutions dans l'eau.

Corps dissous.	Composition.	Température.	Résistance spécifique.
Acide sulfurique. . . .	SO^3HO	15°	9,146
	$SO^3HO + 14HO$	19	1,336
	$SO^3HO + 13HO$	22	1,256
	$SO^3HO + 499HO$	22	17,431
Sulfate de zinc.	$ZnOSO^3 + 23HO$	23	18,31
	$ZnOSO^3 + 24HO$	23	18,02
	$ZnOSO^3 + 105HO$	23	33,04
Sulfate de cuivre . . .	$CuOSO^3 + 45HO$	22	19,10
	$CuOSO^3 + 105HO$	12	31,42
Sulfate de magnésie. .	$MgOSO^3 + 34HO$	22	18,44
	$MgOSO^3 + 107HO$	22	30,06
Acide chlorhydrique. .	$HCl + 7{,}5HO$	23	1,285
	$HCl + 250HO$	23	8,177

MM. R. Kohlrausch et Nippoldt [1] ont étudié par l'emploi des courants sinusoïdaux (**992**), un grand nombre de dissolutions et rapporté leurs résultats à la richesse du liquide en centièmes.

[1] Kohlrausch, *Leitfaden der Prakt. Physik*, p. 298.

Résistances spécifiques de dissolutions dans l'eau.

Poids du corps en centièmes.	Sel marin.	Chlorhydrate d'ammoniaque.	Sulfate de soude.	Sulfate de zinc (1).	Potasse.
5	14,97	10,82	24,82	52,40	5,86
10	8,34	5,683	14,74	31,44	3,20
15	6,16	3,898	11,37	24,19	2,37
20	5,15	2,995	»	21,94	2,02
25	4,72	2,501	»	21,43	1,87
30	»	»	»	23,01	1,86
35	»	»	»	28,58	1,98

	Acide sulfurique.	Acide azotique.	Acide chlorhydrique.	Azotate d'argent.	Iodure de potassium.
5	4,84	3,92	2,56	39,31	29,49
10	2,58	2,19	1,59	21,39	14,75
15	1,86	1,65	1,35	14,74	9,62
20	1,55	1,42	1,32	11,64	6,92
25	1,41	1,31	1,39	9,53	5,39
30	1,38	1,29	1,52	8,13	4,38
35	1,39	1,31	1,71	7,20	3,67
40	1,49	1,38	1,95	6,46	2,25
50	1,87	1,59	»	5,45	2,57
60	2,70	1,96	»	4,81	2,27
70	4,67	2,55	»	»	»
80	9,15	3,78	»	»	»

Maximum de conductibilité.

Corps dissous.	Poids en centièmes.	Densité.	Résistance spécifique.
Acide azotique	20,7	1,185	1,287
Acide chlorhydrique . . .	18,3	1,1092	1,315
Acide sulfurique	30,4	1,224	1,364
Potasse	28,0	1,274	1,850
Sulfate de zinc	23,5	1,286	21,35

Résistances spécifiques des dissolutions en fonction de leur densité.

Acide sulfurique à 22° (Kohlrausch et Nippolt).

Densité de la dissolution.	Proportion d'acide.	Résistance spécifique.	Accroissement relatif de conductibilité pour 1°.
0,9985	0,0	70,41	$0,47.10^{-2}$
1,0000	0,2	41,05	0,47

(1) Les trois premiers nombres relatifs au sulfate de zinc conviennent également pour le sulfate de cuivre.

1,0504	8,3	3,252	0,653
1,0989	14,2	1,787	0,646
1,1431	20,2	1,414	0,799
1,2045	28,0	1,239	1,317
1,2631	35,2	1,239	1,259
1,3163	41,5	1,347	1,410
1,3547	46,0	1,487	1,674
1,3994	50,4	1,672	1,582
1,4482	55,2	1,962	1,417
1,5026	60,3	2,412	1,794

Sulfate de cuivre à 10° (Ewing et Mac Gregor) (¹).

Densité.	Résistance spécifique.	Densité.	Résistance spécifique.
1,0167	164,4	1,1386	35,0
1,0216	134,8	1,1432	34,1
1,0318	98,7	1,1679	31,7
1,0622	59,0	1,1829	30,6
1,0858	47,3	1,2051	29,3
1,1174	38,1	(saturée).	

Sulfate de zinc à 10° (Ewing et Mac Gregor).

Densité.	Résistance spécifique.	Densité.	Résistance spécifique.
1,0140	182,9	1,2709	28,5
1,0187	140,5	1,2891	28,3
1,0278	111,1	1,2895	28,5
1,0540	63,8	1,2987	28,7
1,0760	50,8	1,3288	29,2
1,1019	42,1	1,3530	31,0
1,1582	33,7	1,4053	32,1
1,1845	32,1	1,4174	33,4
1,2186	30,3	1,4220	33,7
1,2562	29,2	(saturée).	

Acide azotique (Densité = 1,36).

Température.	Résistance spécifique.	Température.	Résistance spécifique.
2°	1,74	16°	1,39
4	1,83	20	1,30
8	1,65	24	1,22
12	1,50	28	1,28

(¹) Ces valeurs sont notablement plus élevées que celles de M. Kohlrausch.

Solution de chlorure de potassium.

M. Bouty (1) a déterminé avec des soins particuliers la résistance de dissolutions de chlorure de potassium qui pourront être employées comme étalons dans des expériences de comparaison. Entre 0° et 30°, on a, en posant $R_t = R_0(1 + \alpha t)$,

Nombre d'équivalents par litre 1 éq. = 74gr,59	Résistance spécifique à 0° R_0	Coefficient de variation α	Nombre d'équivalents par litre 1 éq. = 74gr,59	Résistance spécifique à 0° R_0	Coefficient de variation α
3	5,172	0,0230	0,2	72,23	0,0326
2	7,785	0,0259	0,1	141,0	0,0327
1	15,415	0,0291	0,01	1325	0,0333
0,5	30,49	0,0302	0,001	12697	0,0333

Eau.

Les propriétés de l'eau dépendent beaucoup des traces de matières étrangères, insensibles à toute analyse, qu'elle peut contenir. La résistance spécifique varie, suivant les observateurs, depuis 0,3 meghom (Foussereau) jusqu'à 7 megohms (Kohlrausch). La glace est au moins 100 000 plus résistante que l'eau liquide à la même température.

DIÉLECTRIQUES.

La résistance spécifique en ohms peut être exprimée, en fonction de la température, par la formule (2)

$$\log. R = A - Bt + Ct^2.$$

	Densité.	A	B	C	Temp. extrêmes.	
Verre de Bohême.	2,431	13,783	0,0495	7,11.10⁻⁵	—15°	à 50°
Verre ordinaire.	2,539	15,005	0,0527	0,37	—17	60
Cristal.	2,933	19,224	0,0380	28,07	45	105
Porcelaine. . . .	»	17,734	0,0520	7,21	50	210
Phosphore solide. . . .		11,2103	0,01475	—22,55	10	42
— liquide . . .		6,3833	0,00520	4,34	25	100
Glace.		9,6006	0,08797	—127,2	—1	—17

(1) Bouty, *C. R. de l'Acad. des sc.*, t. CII, p. 1097, 1886.
(2) Foussereau, *Ann. de chim. et de phys.*, (6), t. V, p. 317, 1885.

A la température de zéro

	Résistance spécifique.		
Verre de Bohème. .	$6,07 \cdot 10^{13}$, ou	60,7	millions de megohms.
Verre ordinaire. . .	$1,012 \cdot 10^{15}$	1012	»
Cristal.	$1,675 \cdot 10^{19}$	$1675 \cdot 10^4$	»
Porcelaine.	$5,421 \cdot 10^{17}$	$5421 \cdot 10^2$	»

Après plusieurs minutes d'électrisation [1].

	Résistance spécifique.	Température.
Mica.	$0,084 \cdot 10^9$ megohms.	20°
Gutta percha	0,45 »	24
Gomme laque. . . .	9,0 »	28
Ébonite	28,0 »	46
Paraffine	34,0 »	46

1292. Forces électromotrices. — Le *volt* pris pour unité est la force électromotrice capable de maintenir un courant d'un ampère dans un ohm légal.

FORCES ÉLECTROMOTRICES DE CONTACT.

Si on représente par 100 la différence de potentiel de contact du zinc et du cuivre, la force électromotrice de contact du zinc avec différents métaux a les valeurs suivantes; on en déduira la force électromotrice de contact de ces métaux entre eux :

Contact des métaux.

		Volta.	Kohlrausch.	Hankel.	Ayrton et Perry.
Zinc	Platine.	»	123	123	131
»	Charbon	»	»	122	146
»	Palladium.	»	»	115	»
»	Or.	»	115	110	»
»	Argent	109	109	118	»
»	Cuivre.	100	100	100	»
»	Fer	82	75	84	80
»	Mercure	»	»	81	»
»	Bismuth	»	»	72	»
»	Antimoine	»	»	69	»
»	Étain	55	»	23	37
»	Plomb	45	»	44	28
»	Cadmium.	»	»	24	»
»	Aluminium. . . .	»	»	—25	»

(1) Ayrton et Perry, *Proc. R. S. L.*, 21 mars 1878.

D'après Kohlrausch, le contact zinc | cuivre vaudrait environ un demi-Daniell, ou $0^v,5$. M. Pellat [1] a trouvé, au contraire, $0^v,80$ par des mesures électrométriques directes. D'autre part, il résulterait d'une expérience de sir W. Thomson [2] que la différence de potentiel du zinc et du cuivre n'est pas modifiée quand on remplace le contact direct par une goutte d'eau ; le contact du zinc et du cuivre suffirait donc pour donner la force électromotrice totale du couple de Volta, qui paraît être d'environ $0^v,85$ dans les premiers instants où des métaux neufs sont en contact avec l'eau. Enfin MM. Ayrton et Perry évaluent la force électromotrice du contact zinc | cuivre à $0^v,75$.

Les résultats obtenus par les différents expérimentateurs, pour le contact des métaux avec les liquides ou des liquides entre eux, ne sont pas assez concordants pour que l'on puisse les résumer simplement.

Forces électromotrices de contact en volts, à 25°, déduites de l'effet Peltier [3].

Cuivre | Antimoine E. B. [4]	−0,0151
» Antimoine du commerce	−0,0056
» Fer	−0,0029
» Cadmium	−0,00053
» Zinc	−0,00045
» Maillechort	+0,0287
» Bismuth pur	+0,0222
» Bismuth E. B. [5]	+0,0300
Fer | Zinc à 13°,8	+0,0025 [6]
Cuivre | Sulfate de cuivre à 12°	+0,212 [7]
Zinc | Sulfate de zinc à 12°	+0,241

Ces nombres sont très différents de ceux qui ont été obtenus par des mesures électrostatiques.

(1) Pellat, *Journal de phys.*, t. IX, p. 123, 1880.
(2) Jenkin, *Electricity and magn.*, p. 46, 1873.
(3) Le Roux, *Ann. de chim. et de phys.*, 4e s., t. X, p. 248, 1867.
(4) Alliage contenant 1 éq. d'antimoine, 1 éq. de cadmium et 1/5 du poids total de bismuth.
(5) 10 bismuth + 1 antimoine.
(6) Bellati, *Atti del R. I. V.* [5], t. V, 1879.
(7) Bouty, *Journ. de phys.*, t. IX, p. 229, 1880.

FORCES ÉLECTROMOTRICES DES PRINCIPAUX COUPLES A LIQUIDES.

Couples étalons, à 15° (1).

Couple	Éléments	F. é. m.
Sir W. Thomson. .	Zinc . . . . Solution saturée de sulfate de zinc. . Solution demi saturée de sulfate de cuivre . . . . Cuivre	1,074
Latimer Clark (2). .	Zinc . . . . Sulfate de zinc fondu . . . . Sulfate de mercure pâteux . . . . . . Mercure	1,435

Couples usuels.

Couple	Éléments	F. é. m.
Volta (3).	Zinc . . . . Eau ordinaire. . . . . Cuivre	0,98
Leclanché	Zinc amalgamé . . . . Solution de sel ammoniac . . . . . . Bioxyde managnèse et charbon. . . .	1,46
Poggendorf.	Zinc amalgamé . . . . Solution de chromate de potasse. . . Charbon.	1,08
Warren de la Rue.	Zinc . . . . Solution de sel ammoniac. . . . . . Chlorure d'argent et argent.	1,02
Daniell.	Zinc amalgamé . . . . 1 acide sulfurique + 4 eau . . . . . . Solution saturée de sulfate de cuivre. Cuivre.	1,07
»	Zinc amalgamé . . . . 1 acide sulfurique + 12 eau . . . . . Solution saturée de sulfate de cuivre. Cuivre	0,97

(1) L. Rayleigh, *Phil. trans. L. R. S.* 1884, part. II, p. 459.

(2) La force électromotrice diminue quand la température augmente. La variation relative pour 1° est de 0,00082 d'après L. Rayleigh et de 0,000781 d'après M. Pellat.

(3) La force électromotrice est d'abord plus faible et atteint au bout de quelque temps la valeur constante 0,98. On arrive immédiatement au même résultat en ajoutant au liquide un peu de sulfate de zinc.

J. Regnault.	Zinc amalgamé . . . . 1 acide sulfurique + 12 eau . . . . . Sulfate de cadmium. . . . . Cadmium	0,34
Marié-Davy.	Zinc amalgamé . . . . 1 acide sulfurique + 12 eau . . . . . Pâte de sulfate de protoxyde de mercure . . . . Charbon	1,51
Bunsen.	Zinc amalgamé. . . . . 1 acide sulfurique + 12 eau. . . . . . Acide azotique fumant . . . . Charbon.	1,94
»	Zinc amalgamé . . . . 1 acide sulfurique + 12 eau . . . . . Acide azotique ($d = 1,38$). . . . . . . Charbon.	1,87
Grove.	Zinc amalgamé . . . . 1 acide sulfurique + 4 eau. . . . . . Acide azotique fumant . . . . Platine.	1,95
Poggendorff	Zinc amalgamé . . . . 12 bichromate de potasse + 25 acide sulfurique + 100 eau. . . . . Charbon.	2,01

1293. Couples thermoélectriques. — Le pouvoir thermoélectrique de deux métaux est une fonction linéaire de la température (**280**). La chaleur spécifique d'électricité étant nulle pour le plomb, d'après M. Le Roux (**281** et **1031**), on peut écrire, si on rapporte tous les métaux au plomb,

$$\varphi(t) = \frac{dE}{dt} = A + Bt = k(t_n - t).$$

Le coefficient $k = -B$, dans l'hypothèse de M. Tait (**281**), est le rapport constant de la chaleur spécifique d'électricité à la température absolue; la constante $t_n = -\frac{A}{B}$ représente le point neutre du couple formé par le métal considéré avec le plomb.

Pour deux métaux différents M et M', le pouvoir thermoélectique est

$$\frac{dE}{dt} = A + Bt - (A' + B't);$$

la force électromotrice E_1^2, entre deux températures t_1 et t_2, dont la moyenne est $\theta = \frac{t_1 + t_2}{2}$, a pour expression

$$E_1^2 = (B' - B)(t_2 - t_1)\left[\frac{A - A'}{B' - B} - \theta\right].$$

Cette force électromotrice est égale au produit de la différence de température $t_2 - t_1$ des deux soudures par la différence des pouvoirs thermoélectriques des métaux relatifs à la température moyenne θ ; on voit aussi que le point neutre du couple est

$$t_n = -\frac{A - A'}{B - B'}.$$

Il n'y a pas lieu de s'étonner que les nombres obtenus par différents expérimentateurs ne soient pas très concordants, car des traces de matières étrangères et les moindres changements d'état physique suffisent pour modifier le pouvoir thermoélectrique. Il est difficile d'obtenir, par exemple, des couples bismuth-cuivre, dont le barreau de bismuth est préparé par fusion, qui soient identiques à $\frac{1}{10}$ près ; l'addition d'un dixième d'antimoine au bismuth fait presque doubler la force électromotrice du couple.

Le tableau suivant a été calculé d'après les expériences de M. Tait [1], en admettant que le couple de Grove pris comme terme de comparaison soit de $1^v,95$.

[1] Tait, *Phil. Trans. R. S. E.*, 1873, t. XXVII, p. 125.

POUVOIRS THERMOÉLECTRIQUES EN MICROVOLTS.

Corps.	Rapportés au plomb. $A + Bt$. A	B	à 20°	à 50°	Rapportés au cuivre à 50°.
Cadmium	−2,63	−4,24.10−2	−3,48	−4,75	−2,94
Zinc	−2,32	−2,38	−2,79	−3,51	−1,72
Argent	−2,12	−1,47	−2,41	−2,86	−1,05
Or	−2,80	−1,01	−3,00	−3,30	−1,49
Cuivre	−1,34	−0,94	−1,52	−1,81	»
Alliage (85Pt + 15Ir)	−7,90	−0,62	−8,03	−8,21	−6,40
Alliage (95Pt + 5Ir)	−6,15	−0,55	−6,26	−6,42	−4,61
Étain	+0,43	−0,55	+0,32	+0,16	+1,97
Aluminium	+0,76	−0,39	+0,68	+0,56	+2,37
Platine écroui	−2,57	+0,74	−2,42	−2,20	−0,39
Magnésium	−2,22	+0,94	−2,03	−1,75	+0,06
Platine malléable	+0,60	+1,09	+8,82	+1,15	+2,96
Alliage (90Pt + 10Ir)	−5,90	+1,33	−5,63	−5,23	−3,42
Acier	−11,27	+3,25	−10,62	−9,65	−7,84
Palladium	+6,18	+3,55	+6,90	+7,96	+9,77
Fer	−17,15	+4,82	−16,20	−14,74	−12,93
Maillechort	+11,94	+5,06	+12,95	+14,47	+16,28
Nickel (−18° à 175°)	+21,80	+5,06	+22,81	+24,33	+26,14
— (250° à 300°)	+83,57	−31,84	+78,80	+71,65	+73,46
— au delà de 340°	+3,04	+5,06	+8,04	+5,57	+7,38

M. Fleeming Jenkin [1] a déduit des expériences de M. Matthiessen les pouvoirs thermoélectriques de différents corps par rapport au plomb, à la température de 20° :

Bismuth ord. comprimé	+96	Antimoine comprimé	−2,8
» pur »	+88	Argent pur écroui	−3,0
» cristallisé axial	+64	Zinc pur comprimé	−3,7
» » équat.	+45	Cuivre galvanoplastique	−3,8
Cobalt	+22	Antimoine comprimé	−6,0
Maillechort	+11,63	Arsenic	−13,41
Mercure	+0,413	Acier (cordes de piano)	−17,31
Plomb	0	Antimoine axial	−22,4
Étain	−0,1	» équatorial	−26,1
Cuivre ordinaire	−0,1	Phosphore rouge	−29,4
Platine	−0,9	Tellure	−500,0
Or	−1,2	Sélénium	800,0

(1) Fl. Jenkin, *Electricity and magnetism*, p. 176, 1873.

Enfin les mesures de M. Ed. Becquerel (1) donnent, pour les couples formés par le cuivre avec différents métaux ou alliages, en prenant 1v,07 pour le couple à sulfate de cuivre auquel elles ont été rapportées :

Couple formé avec le cuivre et l'un des métaux suivants.	Force électromotrice entre 0° et 100° (2) en milliém. de Daniell.	en milliém. de volt.	Pouvoir thermoélectrique à 50° en microvolts par rapport au cuivre.	par rapport au plomb.
Tellure	+39,95	+42,74	−427,4	−429,3
Sulfure de cuivre fondu.	+32,76	+35,05	−350,5	−352,4
Antimoine et cadmium, équivalents égaux	+18,13	+19,40	−194,0	−195,0
Antimoine et zinc, équivalents égaux	+9,02	+9,65	−96,5	−98,4
Antimoine ordinaire	+1,41	+1,51	−15,1	−17,0
Fer du commerce	+0,95	+1,02	−10,2	−12,1
» , autre fil	+0,674	+0,72	−7,2	−9,1
Cadmium fondu	+0,033	+0,035	−0,35	−2,45
Argent en fil	+0,026	+0,028	−0,28	−2,18
Zinc ordinaire fondu	−0,018	−0,019	+0,19	−1,71
» autre	−0,037	−0,039	+0,39	−1,51
Platine en fil	−0,090	−0,096	+0,96	−0,94
» autre	−0,378	−0,404	+4,04	+2,14
Charbon de cornue	−0,142	−0,152	+1,52	−0,38
Étain ordinaire	−0,147	−0,157	+1,57	−0,33
Plomb ordinaire	−0,187	−0,19	+1,9	»
Mercure	−0,483	−0,52	+5,2	+3,3
Palladium en fil	−0,82	−0,88	+8,8	+6,9
Maillechort en fil	−1,26	−1,35	+13,6	+12,7
Nickel en fil	−1,63	−1,74	+17,4	+15,5
Bismuth ordinaire	−3,91	−4,18	+41,8	+39,9
10 Bismuth + 1 antimoine.	−6,20	−6,63	+66,3	+64,4

On a souvent pris comme terme de comparaison le couple bismuth-cuivre, dont la marche est sensiblement régulière entre les températures de 0° et de 100°, mais les résultats obtenus pour ce couple sont très discordants.

D'après M. Regnault (3), un volt vaudrait 3 couples à sul-

(1) Ed. Becquerel *Ann. de chim. et de phys.*, [4], t. VIII, p. 389, 1866.

(2) Le courant va du métal au cuivre par la soudure chaude, ou inversement, suivant que la force électromotrice est positive ou négative.

(3) J. Regnault, *Ann. de chim. et de phys.*, [3], t. LXIV, p. 453, 1854.

fates de zinc et de cadmium, et chacun de ces derniers 55 couples bismuth-cuivre, entre les températures de 0° et de 100°; de sorte qu'un volt équivaudrait à 165 couples bismuth-cuivre. Les mesures de M. Ed. Becquerel donneraient 239 couples, et celles de M. F. Jenkin un nombre variable entre 100 et 210 couples suivant l'état du bismuth.

1294. Pouvoirs inducteurs spécifiques. — La durée de la charge a une telle influence qu'il est difficile d'obtenir avec quelque exactitude la valeur du pouvoir inducteur spécifique, surtout pour les substances solides ou les liquides. Dans la plupart des cas, les nombres qui suivent ne peuvent donc être considérés que comme des valeurs approximatives.

SOLIDES ET LIQUIDES.

Flint, de densité 2,87	6,57 (1)
— 3,2	6,85
— — 3,66	7,4
— — 4,65	10,1
Verre ordinaire	5,83 à 6,34 (2)
Flint très lourd	3,164 (3)
— lourd	3,050
— léger	3,013
Crown-glass	3,108
Paraffine	1,85 à 2,47 (4)
Ébonite	2,21 à 3,15 (5)
Soufre	2,579 à 3,21 (6)
— pour les trois axes	4,770-3,970-3,811 (7)
Gomme laque	3,15
Essence de térébenthine	2,15 à 2,22 (8)
Benzine	2,199
Pétrole	2,039 à 2,071

(1) Hopkinson, *Phil. Trans. L. R. S.*, 1877, p. 23.

(2) Wulner, *Sitz. Beyrrio* Ac. 1877. — Schiller, *Pogg. ann.* t. CLII, p. 535, 1874.

(3) Gordon, *Proc. R. S. L.* 1878.

(4) Gibson et Barclay, *Phil. Trans. R. S. L.* 1871, p. 173. — Hopkinson, Wulner, etc., *loc. cit.*

(5) Wulner, Schiller, Gordon, *loc. cit.* — Boltzmann, *Carl's Repertorium*, t. X, p. 92.

(6) Wulner, Boltzmann, Gordon, *loc. cit.*

(7) Boltzmann, *Ber. W. A. K.*, t. LXX, p. 342, 1879.

(8) Silow, *Pogg. ann.* t. CLVI et CLVIII.

Gaz (1).

Air	1,000
Vide	0,9985
Acide carbonique	1,0008
Hydrogène	0,9998
Gaz de l'éclairage	1,0004
Acide sulfureux	1,0007

1295. Constantes magnétiques. — Les grandeurs magnétiques sont évaluées en unités C. G. S., qui conduisent à des nombres beaucoup plus simples que les unités pratiques.

Éléments du magnétisme terrestre.

A Paris, au 1er janvier 1886.

Déclinaison	16° 3',5
Inclinaison	65°15',7
Composante horizontale	0,1943
Composante verticale	0,4217
Force totale	0,4644

Intensité maximum d'aimantation.

Fer	1400
Acier doux	780
Cobalt	800
Nickel	494

COEFFICIENTS D'AIMANTATION.

Corps diamagnétiques.

Valeurs calculées, en prenant $14,6.10^{-6}$ pour le bismuth.

Verre	$0,135.10^{-6}$ (2)	
Cire		$0,38.10^{-6}$ (3)
Zinc	0,56	0,17
Éther	0,56	
Alcool absolu	0,58	0,53
Camphre	0,61	

(1) Ayrton et Perry, *Gordon, Traité d'électr.*, etc., t. I, p. 212.
(2) Faraday, *Exp. Research*, t, III, p. 497. *Proc. R. I.* janv. 1853.
(3) Ed. Becquerel, *Ann. de chim. et de phys.* [3], t. XXVIII, p. 283, 1850.

Huile de lin	0,63	
— d'olive	0,64	
Poix.	0,65	
Acide azotique	0,65	
Eau.	0,72	0,67
Solution d'ammoniaque. . . .	0,73	
Sulfure de carbone	0,74	0,89
Acide sulfurique.	0,77	
Soufre.	0,87	0,76
Chlorure d'arsenic.	0,91	
Borate de plomb fondu	1,02	
Plomb.		1,03
Phosphore	1,24	1,10
Sélénium.	1,25	1,11
Cuivre.	1,27	
Argent	1,74	
Or.	2,60	

Dissolutions (¹).

	Densités.	Coefficients.
Eau	1	— $0,67.10^{-6}$
Chlorure de sodium	1,2080	— 0,75
— de magnésium. .	1,3197	— 0,81
Sulfate de cuivre.	1,1265	+ 0,54
— de nickel	1,0827	+ 1,46
— de fer.	1,1923	+ 14,17
—	1,1728	+ 12,09
Protochlorure de fer	1,0695	+ 6,17
	1,2767	+ 24,21
	1,4334	+ 44,16
Sulfate de sesq. de fer. . .	1,1587	+ 9,24

Gaz.

Valeurs par rapport à l'eau, les gaz étant pris à la pression de 0^{m},76.

	Faraday (²).	E. Becquerel
Oxygène.	+ 0,1295	+ 0,1823
Air.	+ 0,0253	+ 0,0383
Azote	+ 0,0022	0
Vide.	0	
Acide carbonique. .	0	— 0,0051

(¹) Ed. Becquerel, *Ann. de chim. et de phys.* [3], t. XLIV, p. 209, 1855.
(²) Faraday, *Exp. Researches*, t. III, p. 497, 1853.

Hydrogène	— 0,0007	
Ammoniaque. . . .	— 0,0037	— 0,002
Cyanogène	— 0,0067	
Protoxyde d'azote. .		— 0,018
Bioxyde d'azote. . .		+ 0,0498
Éthylène.	+ 0,0045	— 0,0082
Chlore.		— 0,0046
Acide sulfureux. . .		— 0,0005

Magnétisme spécifique (à poids égal),
d'après Plücker [1].

Fer.	100000
Oxyde magnétique de fer	40227
Sesquioxyde de fer	286
Hématite	134
Fer oligiste	533
Hydrate de sesquioxyde de fer	156
Sulfate de sesquioxyde de fer.	111
— de protoxyde de fer.	78
Azotate de fer en solution concentrée . .	34
Sesquichlorure de fer concentré.	98
Sulfate de sesquioxyde de fer concentré.	58
Protochlorure de fer concentré.	84
Sulfate de protoxyde de fer concentré. .	126
Oxyde de nickel.	35
Hydrate d'oxyde de nickel.	106
Oxyde de manganèse hydraté.	70
Oxyde salin de manganèse.	167

1296. Pouvoirs rotatoires magnétiques. — Les expériences les plus précises sur la détermination en valeur absolue de la *constante de Verdet*, c'est-à-dire de la rotation du plan de polarisation, entre deux points dont la différence de potentiel magnétique est égale à l'unité G.G.S., ont été faites sur le *sulfure de carbone*.

Pour la température de zéro et la raie D, les valeurs indiquées précédemment (**916**), d'après MM. Gordon, H. Becquerel et L. Rayleigh, varient de 0',0426 à 0'0463. Les expé-

[1] Plücker, *Pogg. Ann.*, t. LXXIV, p. 321, 1848. — Le défaut de termes de comparaison ne permet pas de ramener ces nombres à des mesures absolues.

riences plus récentes de M. Kœpsel [1] et de M. H. Becquerel [2] ont donné respectivement 0',04297 et 0',04341. Nous rapporterons toutes les mesures à la valeur moyenne 0',043, qui est exacte à un centième près.

Sulfure de carbone.

Variation avec la température, d'après M. Bichat [3].

$$R = R_0 [1 - 0{,}00104t - 0{,}000014t^2].$$

Rotation pour les diverses raies du spectre à 25° [4].

C	D	E	F	G
0',0319	0',0415	0',0637	0',0667	0',0920

Liquides [5].

(Raie D, temp. 15°).

Acide sulfurique monohydraté. . .	0',0104
Alcool méthylique.	106
— propylique.	117
Acide azotique ordinaire	123
Alcool butylique.	124
Eau distillée.	130
Alcool amylique.	131
Chloroforme.	160
Protochlorure de carbone	170
Chlorure de silicium.	187
Acide chlorhydrique pur.	206
Xylène.	221
Toluène	242
Benzine	268
Protochlorure de phosphore. . . .	275
Perchlorure de carbone	321
Bichlorure de soufre SCl.	393
Protochlorure de soufre S^2Cl. . . .	415

(1) Kœpsel, *Wied. Ann.* t. XXVI, p. 456, 1885. — Observation faite à 18° et réduite par la formule de M. Bichat.

(2) H. Becquerel, *Ann. de chim. et de phys.* (6), t. VI, p. 245, 1885. — Observation faite dans le voisinage de 0°.

(3) Bichat, *Journ. de phys.*, t. VIII, p. 204, 1879.

(4) Verdet, *Ann. de chim. et de phys.* (3), t. LII, p. 129, 1857.

(5) H. Becquerel, *Ann. de chim. et de phys.* (5), t. XII, p. 34, 1877.

Sulfure de carbone	422
Chlorure d'arsenic	422
Bichlorure d'étain	437
Soufre fondu (114°)	803
Phosphore fondu (33°)	1316
Bichlorure de titane	151
Acide sulfureux liquide	153 (1)

Solides (2).

(Raie D, temp. 15°).

Verre, crown	0',0203
— flint	325
— —	416
Flint lourd	574
— —	647
Silvine (KCl)	283
Sel gemme (NaCl)	355
Blende	2234
Spath fluor 1	87
— — 2	98
Spinelle (coloré par le chrome)	209
Diamant	127

Pour la raie B, la rotation de sélénium est 10,96 fois et la rotation de l'oxydule de cuivre (*zigueline*) 14 fois celle du sulfure de carbone.

Gaz.

Raie D, sous la pression atmosphérique et à la temp. ordinaire.

Oxygène	$6',28.10^{-6}$	(3)
Air atmosphérique	6,83	»
Azote	6,92	»
Acide carbonique	13,00	»
Protoxyde d'azote	16,90	»
Acide sulfureux	31,39	»
Éthylène	34,48	»
Acide sulf. (à 20°, press. 2460mm)	38,40	(4)
Sulf. de carb. (à 70°, press. 740mm)	23,49	»

(1) Bichat, *Jour. de phys.* t. IX, p. 275, 1880.
(2) H. Becquerel, *Ann. de chim. et de phys.* [5], t. XII, p. 30, 1877.
(3) H. Becquerel, *Journ. de phys.*, t. IX, p. 270, 1880.
(4) Bichat, *Journ. de phys.*, t. IX, p. 275, 1880.

Dissolutions.

NATURE de la DISSOLUTION.	DENSITÉ.	POIDS DE SEL ANHYDRE CONTENU dans l'unité de poids de la dissolut.	POIDS DE SEL ANHYDRE CONTENU dans l'unité de volume de la dissolut.	POUVOIR ROTAT. MAGNET. TOTAL.	POUVOIR ROT. MAGN. MOLÉC. DU SEL DISSOUS.	
Protochlorure d'étain.....	1,3980	0,302	0,401	+0,0266	+0,0362	Verdet, *Ann. de ch. et phys.* 3, t. LII, p. 129.
»	1,1637	0,170	0,198	+0,0198	+0,0365	
»	1,1112	0,120	0,133	+0,0175	+0,0352	
Chlorure de zinc.........	1,2851	0,266	0,342	+0,0196	+0,0214	»
»	1,1595	0,150	0,174	+0,0161	+0,0207	»
Sel ammoniac............	1,0718	0,247	0,265	+0,0178	+0,0279	»
»	1,0493	0,129	0,135	+0,0154	+0,0260	»
Chlorure de sodium......	1,2050		0,316	+0,0180	+0,0206	H. Becquerel, *Ann. de ch. et de ph.* 5e, t. XII, p. 48.
»	1,1058		0,158	+0,0155	+0,0195	
»	1,0546		0,079	+0,0144	+0,0224	
Chlorure de potassium...	1,6000		0,264	+0,0163	+0,0177	»
Iodure de potassium (1)...	1,6743		0,964	+0,0338	+0,0254	»
»	1,3398		0,482	+0,0237	+0,0258	»
»	1,1705		0,241	+0,0182	+0,0256	»
»	1,0871		0,120	+0,0158	+0,0270	»
Bichlorure de cuivre.....	1,5158		0,6408	+0,0221	+0,0168	»
»	1,2789		0,3204	+0,0186	+0,0191	»
»	1,1330		0,1602	+0,0156	+0,0188	»
Protoch. d'antim. dissous dans l'ac. chlorhydrique.	2,4755		2,1611	+0,0603	+0,0250	»
»	1,8573		1,0805	+0,0449	+0,0270	»
»	1,5197		0,5402	+0,0347	+0,0273	»
»	1,3420		0,2701	+0,0277	+0,0212	»
Chlorure de bismuth dissous dans l'ac. chlorhyd.	2,6800		1,3204	+0,0509	+0,0296	»
»	1,6550		0,6602	+0,0406	+0,0309	»
»	1,4156		0,3301	+0,0305	+0,0350	»
Protochlorure de fer dans l'eau..................	1,4331		0,5283	+0,0025	−0,0174	»
»	1,2141		0,2461	+0,0099	−0,0091	»
»	1,1093		0,1320	+0,0118	−0,0068	»
»	1,0548		0,0660	+0,0124	−0,0067	»
Perchlorure de fer dans l'eau..................	1,6933		1,0247	−0,2026	−0,2063	»
»	1,5315		0,7657	−0,1140	−0,1618	»
»	1,3230		0,4410	−0,0348	−0,1047	»
»	1,1681		0,2205	−0,0015	−0,0627	»
»	1,0864		0,1102	+0,0081	−0,0418	»
»	1,0445		0,0551	+0,0113	−0,0282	»
»	1,0232		0,0275	+0,0122	−0,0280	»
Chromate neutre de potasse	1,3598	0,319	0,394	+0,0098	−0,0026	Verdet, *loc. cit.*
Bichromate de potasse....	1,0786	0,101	0,109	+0,0126	−0,0065	»
Acide chromique.........	1,3535	0,341	0,470	+0,0040	−0,0157	»
Azotate d'urane..........	2,0267		1,2727	+0,0053	−0,0035	H. Becquerel, *loc. cit.*
»	1,7640		0,9245	+0,0078	−0,0034	
»	1,3865		0,4622	+0,0105	−0,0033	»
»	1,1963		0,2311	+0,0117	−0,0033	»
Chlorure de nickel.......	1,4685		0,5311	+0,0270	+0,0279	»
»	1,2432		0,2655	+0,0196	+0,0260	»
»	1,1233		0,1327	+0,0161	+0,0242	»
»	1,069		0,0663	+0,0146	+0,0252	»

(1) D'après MM. Cornu et Potier (*C. R. de l'Acad. des sc.*, t. CII, p. 387, 1886), la solution saturée d'iodure rouge de mercure et d'iodure de potassium a un pouvoir rotatoire triple environ de celui du sulfure de carbone.

Corps magnétiques à pouvoir rotatoire négatif (d'après Verdet.)

Sels de protoxyde de fer.
— de sesquioxyde de fer.
— — de manganèse.
Acide chromique.
Chromate de potasse.
Bichromate de potasse.
Bichlorure de titane.
Sels de cérium.

Corps magnétiques à pouvoir rotatoire positif (id.).

Sels de nickel.
— de cobalt.
— de protoxyde de manganèse.
Cyanure rouge de fer et de potassium.

Corps diamagnétiques à pouvoir rotatoire positif (id.).

La presque totalité des corps diamagnétiques.
Molybdate de soude.
— d'ammoniaque.
Sels d'aluminum.

Corps diamagnétiques à pouvoir rotatoire négatif (id.).

Chlorate neutre de potasse.
Bichlorure de titane.
Nitrate d'urane.
Sels de magnésium.

FIN

TABLE DES MATIÈRES

PREMIÈRE PARTIE

MÉTHODES DE MESURE

CHAPITRE PREMIER

MESURE DES ANGLES

CHAPITRE DEUXIÈME

MESURE DES OSCILLATIONS

CHAPITRE TROISIÈME

MESURE DES COUPLES

CHAPITRE QUATRIÈME

PROPRIÉTÉS DES COURANTS CIRCULAIRES

CHAPITRE CINQUIÈME

COEFFICIENTS D'INDUCTION

DEUXIÈME PARTIE

MESURES ÉLECTRIQUES

CHAPITRE PREMIER

ÉLECTROMÉTRIE

CHAPITRE DEUXIÈME

MESURE DES COURANTS

CHAPITRE TROISIÈME

COMPARAISON DES RÉSISTANCES

CHAPITRE QUATRIÈME

MESURE DES FORCES ÉLECTROMOTRICES

CHAPITRE CINQUIÈME

MESURE DES CAPACITÉS. — DIÉLECTRIQUES.

CHAPITRE SIXIÈME

CONSTANTES DES BOBINES

CHAPITRE SEPTIÈME

MESURE DES RÉSISTANCES EN VALEURS ABSOLUES

CHAPITRE HUITIÈME

RAPPORT DES UNITÉS

TROISIÈME PARTIE

MESURES MAGNÉTIQUES

CHAPITRE PREMIER

CHAMP MAGNÉTIQUE

CHAPITRE DEUXIÈME

CONSTANTES D'AIMANTATION

QUATRIÈME PARTIE

COMPLÉMENT

CHAPITRE PREMIER

APPLICATIONS INDUSTRIELLES

CHAPITRE DEUXIÈME

CONSTANTES NUMÉRIQUES

1661-80. Corbeil. Typ. et Stér. Crété

www.ingramcontent.com/pod-product-compliance
Ingram Content Group UK Ltd.
Pitfield, Milton Keynes, MK11 3LW, UK
UKHW020236180726
13839UKWH00001B/1